中国水稻新品种试验

2018年度国家水稻区试品种报告

农业农村部种业管理司
全国农业技术推广服务中心
中国水稻研究所
中国农业科学院作物科学研究所
编

中国农业科学技术出版社

图书在版编目（CIP）数据

中国水稻新品种试验：2018年度国家水稻区试品种报告 / 农业农村部种业管理司等编. —北京：中国农业科学技术出版社，2019.6

ISBN 978-7-5116-4209-7

Ⅰ.①中… Ⅱ.①农… Ⅲ.①水稻-品种试验-试验报告-中国-2018 Ⅳ.①S511.037

中国版本图书馆CIP数据核字（2019）第103570号

责任编辑 姚 欢
责任校对 贾海霞

出 版 者 中国农业科学技术出版社
北京市中关村南大街12号 邮编：100081
电 话 (010) 82106631（发行部）(010) 82106636（编辑室）
(010) 82109703（读者服务部）
传 真 (010) 82106631
网 址 http://www.castp.cn
经 销 者 各地新华书店
印 刷 者 北京建宏印刷有限公司
开 本 889 mm×1 194 mm 1/16
印 张 48.125
字 数 1 600千字
版 次 2019年6月第1版 2019年6月第1次印刷
定 价 120.00元

版权所有·翻印必究

《中国水稻新品种试验
2018年度国家水稻区试品种报告》
编辑委员会（上篇）

主　　任： 张延秋　刘天金

副 主 任： 孙好勤　刘　信

委　　员： 马志强　张　毅　邹　奎　厉建萌　陶伟国　邱　军　王　然　许靖波
曹立勇　陈金节　刘万才　杨远柱　陈坤朝　许华勇　周广春　邹德堂
徐希德　许　明　朱国邦　黄庭旭　贺国良　吕德安　李绍清　徐振江
李永青　符海秋　沈　丽　林金平　程尚明　李小林

主　　编： 张　毅　杨仕华　曾　波

副 主 编： 程本义　龚俊义　钟育海　秦光才　夏俊辉

编写人员（按姓氏笔画排列）：

丁　军　丁家盛　于永红　马秀云　文　聃　王　林　王　炜　王　春
王　斌　王　新　王　瑾　王子敏　王小光　王中花　王仁杯　王孔俭
王延春　王成豹　王怀昕　王国兴　王青林　王俊杰　王宪芳　王晓宏
王海德　王淑芬　王惠昭　车慧燕　邓　飞　邓　松　邓　猛　韦荣维
付高平　兰宣莲　冉忠领　冯开永　冯胜亮　卢代华　卢继武　叶祖芳
叶朝辉　田永宏　田进山　白建江　龙俐华　乔保建　全　华　全海晏
刘　芳　刘　建　刘　霞　刘广青　刘中来　刘文革　刘长兵　刘四清
刘光华　刘华曙　刘廷海　刘红声　刘宏珺　刘谷如　刘垂涛　刘定友
刘庭云　刘春江　刘席中　刘桂珍　刘海平　刘森才　向　乾　孙明法
孙菊英　安兴智　朱小源　朱仕坤　朱永川　朱国平　朱国邦　江　生
江青山　汤　雷　许　明　许化武　邬　亚　何　芳　何　虎　何　俊
何旭俊　余　玲　余行道　余厚理　吴　尧　吴　辉　吴双清　吴兰英
吴先浩　吴光煋　吴晓芸　宋国显　宋慧洁　张　瑜　张　耀　张才能
张从合　张文华　张光纯　张红文　张学艳　张建国　张金明　张晓东
张晓梅　张海新　张爱芳　张益明　张辉松　李　刚　李　坤　李　钦
李三元　李卫东　李小平　李小娟　李天海　李龙飞　李全衡　李昊昊
李茂柏　李贤勇　李城忠　李春勇　李树杏　李洪胜　李爱宏　李素莲
李继辉　杜　胜　杨　洁　杨一琴　杨光好　杨秀军　杨迎春　杨忠发

杨春沅　杨素华　杨粟栋　汪　淇　汪东兵　肖本泽　苏正亮　邱在辉
邹贤斌　陈　勇　陈　深　陈　琳　陈　震　陈人慧　陈双龙　陈玉英
陈仲山　陈伟雄　陈向军　陈庆元　陈丽平　陈志森　陈进周　陈进明
陈国跃　陈国新　陈忠明　陈明霞　陈治杰　陈炜平　陈荼光　陈健晓
陈晓阳　陈海凤　陈雪瑜　陈景平　依佩遥　卓宁敏　周　彤　周　昆
周小玲　周元坤　周文华　周志军　周沈军　周建霞　周城勇　周桂香
周继勇　庞立华　房振兵　易大成　林建勇　林朝上　欧根友　罗　廷
罗华峰　罗同平　罗志勇　罗志祥　罗来保　苟术淋　郑会坦　金红梅
金兵华　金志刚　金荣华　姚忠清　姜方洪　施　伟　施伏芝　施昌华
柯　瓊　祝鱼水　胡　海　胡　燕　胡永友　胡远琼　胡学友　贺　丽
贺森尧　赵万兵　赵如敏　郝中娜　项祖芬　饶建辉　饶登峰　倪万贵
倪大虎　凌伟其　唐　涛　唐　静　唐　霞　唐乐尧　唐善军　徐文霞
徐正猛　徐礼森　敖正友　浦选昌　涂　敏　涂军明　莫千持　莫兴丙
莫振勇　莫海玲　袁飞龙　袁永召　袁熙军　袁德明　贾兴娜　郭忠庆
钱文军　陶元平　顾见勋　高国富　曹厚明　曹清春　梁　青　梁　浩
梁　浩　梁林生　章良儿　麻　庆　黄　玮　黄　宣　黄　斌　黄　蓉
黄一飞　黄卫群　黄水龙　黄四民　黄伟群　黄丽秀　黄秀泉　黄建华
黄明永　黄贵民　黄海清　黄海勤　黄乾龙　黄溪华　龚　琪　傅　强
傅黎明　喻廷强　彭　源　彭从胜　彭贤力　彭金好　彭勇宜　彭绪冰
彭朝才　揭春玉　曾海泉　曾跃华　温灶婵　温建威　程　雨　程子硕
程凯青　童小荣　董保萍　蒋云伟　蒋茂春　覃德斌　谢　力　谢会琼
谢芳腾　谢雪梅　韩友学　韩海波　蒙月群　虞　涛　詹金碧　赖　汉
赖凤香　雷安宁　雷琼英　廖茂文　慕容耀明　蔡　会　蔡海辉　谭长华
谭安平　谭家刚　谭桂英　赫迁平　潘世文　颜　群　霍二伟　戴修纯
瞿景祥

《中国水稻新品种试验
2018 年度国家水稻区试品种报告》
编辑委员会（下篇）

主　　任： 张延秋　刘天金

副 主 任： 孙好勤　刘　信

委　　员： 马志强　张　毅　邹　奎　厉建萌　陶伟国　邱　军　王　然　许靖波
曹立勇　陈金节　刘万才　杨远柱　陈坤朝　许华勇　周广春　邹德堂
徐希德　许　明　朱国邦　黄庭旭　贺国良　吕德安　李绍清　徐振江
李永青　符海秋　沈　丽　林金平　程尚明　李小林

主　　编： 张　毅　王　洁　曾　波

副 主 编： 张　芳　孙世贤　钟育海

编写人员（按姓氏笔画排列）：

丁　华　于福安　王　亮　王　洁　王　营　王　磊　王　镇　王书玉
王生轩　王孝甲　王秀梅　王健康　王祥久　王艳茹　邓钰富　兰　莹
冯延楠　白良明　任应党　全成哲　关云志　刘　飞　刘　浩　刘士斌
刘才哲　刘永锋　刘华荣　刘林斌　刘振蛟　刘晓梅　刘桂珍　刘桂萍
吕　军　吕维君　孙召文　孙玉友　孙国才　朱国邦　毕崇明　许　明
闫喜东　齐国锋　初秀成　吴向东　张启星　张志刚　张洪宾　张瑞华
李　冬　李广贤　李守训　李丽君　杨　洁　杨百战　杨秀荣　沈　静
苏京平　陈　亮　陈　春　陈卫军　周　彤　周学标　侯新河　姜秀英
柳玉山　赵长海　赵剑锋　赵淑琴　凌凤楼　徐大勇　徐伟豪　耿雷跃
袁龙照　郭荣良　郭晓雷　崔月峰　麻大光　黄玉锋　强爱玲　董　海
韩　勇　鲁伟林　赖上坤　綦占林　魏才强

前　言

为鉴定评价新选育水稻品种在我国稻区的丰产性、适应性、稳产性、抗性、品质及其他重要特征特性表现，为国家品种审定提供科学依据，根据《主要农作物品种审定办法》的有关规定，2018 年度国家水稻品种试验顺利展开，本书将分上、下篇南方稻区和北方稻区的试验情况进行详细描述并做出结论分析。

上篇主要介绍 2018 年南方稻区国家水稻品种试验组织开展情况，包括：华南稻区早籼、感光晚籼、长江上游稻区中籼迟熟、长江中下游稻区早籼早中熟、早籼迟熟、中籼迟熟、晚籼早熟、晚籼中迟熟、单季晚粳、麦茬籼稻以及武陵山区中籼共 11 个类型 25 组区试和 10 组生产试验，参试品种共计 336 个次（不含对照品种）。南方稻区海南、广东、广西、福建、江西、湖南、湖北、安徽、浙江、上海、江苏、四川、重庆、贵州、云南、陕西、河南等 17 个省（自治区、直辖市）的 120 多个农业科研、良种繁育、种子管理和种子企业单位承担了试验。2018 年度南方稻区国家水稻品种试验在农业农村部国家农作物品种审定委员会的悉心指导下，在有关省种子管理部门的大力支持下，经过各承担试验单位的共同努力，圆满完成了全年试验任务，取得显著成效。根据 2018 年国家水稻品种区试年会审议意见，荃优丝苗等 64 个品种完成了试验程序，可以申报国家审定；黄广华占 1 号等 36 个品种经过两年区试表现优良，2019 年进行生产试验；神农优 452 等 24 个品种经过一年区试表现突出，2019 年继续区试并同步进行生产试验；荃香优 801 等 42 个品种经过一年区试表现优良，2019 年继续区试。

下篇主要介绍 2018 年北方稻区国家水稻品种试验组织开展情况，包括：黄淮粳稻 A 组、黄淮粳稻 B 组、黄淮粳稻 C 组、京津唐粳稻组、中早粳晚熟组、中早粳中熟组、早粳晚熟组和早粳中熟组共计 8 个熟期组的区试及生产试验。供试品种（组合）共计 117 个，来自北方稻区黑龙江、吉林、辽宁、宁夏、新疆、内蒙、北京、天津、河北、河南、山东、江苏、安徽 13 个省（市、自治区）的 54 个农业科研与良种繁育单位承担了试验，试验点次共 120 个。在农业农村部的领导下，在国家农作物品种审定委员会的指导下，在北方稻区各省（市、自治区）种子管理站的大力支持下，经过各承担单位的共同努力，较好地完成了试验任务。经过对试验资料的分析总结和区试年会讨论，赛粳 16 等 23 个品种（组合）完成试验程序，可以申报国家审定，中作 1401 等 26 个品种（组合）经过两年区试表现优良，2019 年进行生产试验。

试验内容包括多点试验和特性鉴定两部分。多点试验着重评价参试品种的生育特性、丰产性、稳产性、适应性及其他重要农艺性状表现；特性鉴定即由专业机构鉴定参试品种的抗病性（稻瘟病、白叶枯病、条纹叶枯病、黑条矮缩病等）、抗虫性（白背飞虱、褐飞虱等）、抗逆性（耐冷性、耐热性等）和稻米品质等重要特性表现。在试验管理方面，为确保试验的公正性，2018 年度试验继续实施统一供种、品种密码编号与实名制相结合、试验封闭管理与定期开放相结合，并组织国家农作物品种审定委员会稻专业委员会委员、育种者代表、试验鉴定人员对区试、生产试验、抗性鉴定进行现场鉴评；为确保试验的严肃性，2018 年度试验继续对所有参试品种进行 DNA 指纹鉴定和转基因检测；为加强对试验的监督检查，增强对品种的全面了解，2018 年度试验继续在关键时期组织国家农作物品种审定委员会稻专业委员会委员和相关专家对试验实施情况和品种表现情况进行实地考察，并对试验人员进行多种形式的技术培训；为提高试验的规范化水平和工作效率，2018 年度试验全面启动“国家水稻品种试验数据管理平台”，实现试验结果网上填报、分析和总结。在试验评价方面，依据 NY/T 1300—2007《农作物品种区域试验技术规范　水稻》、试验实地考察情况以及试验点对试验实施情况和品种表现情况所作的说明，对试验及鉴定结果的可靠性、有效性、准确性进行分析评估，确保试验质量。在品种评价方面，依据国家农作物品种审定委员会 2017 年新修订的《主要农作物品种审定标准（国家级）》，按照高产稳产、绿色优质、特殊类型对参试品种进行分类评价，确保选拔品种适应农业供给侧结构性改革要求，保障粮食安全，突出绿色发展，符合市场需求。

本书分类型熟期组概述了试验基本情况，着重分析了参试品种的丰产性、适应性、稳产性、抗病虫性、稻米品质及其他重要性状表现，并对各参试品种逐一做了综合评价。附表列出了各参试品种的产量和主要性状汇总数据、抗性鉴定和米质检测数据，以及分品种在各试验点的产量、生育特性、主要性状表现等详细资料。

需要说明的是，鉴于试验、鉴定年份与地点的局限性，本试验、鉴定结果不一定能完全准确表达品种的真实情况，各地在引种时应根据具体情况进一步做好试验、鉴定工作。同时，由于汇编时间仓促，本书疏漏之处在所难免，恭请读者指正，文中结果分析、品种简评中的数据与表中的相应数据如有出入，一般以表中的数据为准。

编　者

2019 年 1 月

目　录

上篇　2018 年度南方稻区国家水稻区试品种报告

下篇　2018年度北方稻区国家水稻区试品种报告

上　　篇

2018 年度南方稻区国家水稻区试品种报告

第一章　2018 年华南早籼 A 组国家水稻品种试验汇总报告

一、试验概况

（一）试验目的

鉴定评价我国华南稻区新选育和引进的早籼新品种（组合，下同）的丰产性、稳产性、适应性、抗性、米质及其他重要性状表现，为国家水稻品种审定提供科学依据。

（二）参试品种

区试品种 11 个，荃优华占、荃优丝苗、黄广华占 1 号、恒丰优 7166、裕优 098、胜优黄占为续试品种，其余品种为新参试品种，以天优华占（CK）为对照；生产试验品种 2 个，也以天优华占（CK）为对照。品种编号、名称、类型、亲本组合、选育/供种单位见表 1-1。

（三）承试单位

区试点 10 个，分布在海南、广东、广西和福建 4 个省（区）。承试单位、试验地点、经纬度、海拔高度、试验负责人及执行人见表 1-2。

（四）试验设计、栽培管理与观察记载

各试验点均按《2018 年南方稻区国家水稻品种试验实施方案》及 NY/T 1300—2007《农作物品种区域试验技术规范　水稻》进行试验。采用完全随机区组排列，3 次重复，小区面积 0.02 亩。同组试验所有品种同期播种、移栽，施肥水平中等偏上，其他栽培管理措施与当地大田生产相同。

观察记载项目与标准按 NY/T 1300—2007《农作物品种区域试验技术规范　水稻》以及《国家水稻品种试验观察记载项目、方法及标准》《南方稻区国家水稻品种区试及生产试验记载表》等的要求执行。

（五）特性鉴定

抗性鉴定：广东省农业科学院植保所、广西区农业科学院植保所和福建上杭县茶地乡农技站负责稻瘟病抗性鉴定，鉴定采用人工接菌与病区自然诱发相结合；广东省农业科学院植保所负责白叶枯病抗性鉴定；中国水稻研究所稻作发展中心负责稻飞虱抗性鉴定。鉴定种子由广州市农科所试验点统一提供，鉴定结果由广东省农业科学院植保所负责汇总。

米质分析：由广东高州市良种场、广西玉林市农科所和广西区农业科学院水稻所提供样品，农业农村部稻米及制品质量监督检验测试中心负责检测分析。

DNA 指纹特异性与一致性：由中国水稻研究所国家水稻改良中心进行参试品种的特异性及续试、生产试验品种年度间的一致性鉴定。

（六）试验评价

依据 NY/T 1300—2007《农作物品种区域试验技术规范　水稻》、试验实地检查考察情况以及试验点对试验实施情况和品种表现情况所做的说明，对各试验（鉴定）点试验（鉴定）结果的可靠性、有效性、准确性进行分析评估，确保试验质量。

2018 年海南省农业科学院粮作所区试点试验误差大，试验结果未纳入汇总；其余区试点、生产

试验点以及特性鉴定点的试验（鉴定）结果正常，纳入汇总。

（七）品种评价

依据国家农作物品种审定委员会2017年发布的《主要农作物品种审定标准（国家级）》，对参试品种进行分析评价。

产量联合方差分析采用混合模型，品种间产量差异多重比较采用Duncan's新复极差法；参试品种的丰产性主要以品种在区试和生产试验中相对于对照品种产量衡量；参试品种的适应性主要以品种在区试和生产试验中比对照品种增产的试验点比例衡量；参试品种的稳产性主要以品种在年度间区试中相对于对照品种产量的差异变化程度衡量。

参试品种的生育期主要以全生育期比对照品种长短的天数衡量。

参试品种的抗性以指定的鉴定单位的鉴定结果为主要依据，对稻瘟病抗性的主要评价指标为综合指数和穗瘟损失率最高级，对其他病虫害抗性的主要评价指标为最高级。

参试品种的米质评价按照农业行业标准NY/T 593—2013《食用稻品种品质》，分优质1级、优质2级、优质3级，未达到优质级的品种米质均为普通级。

二、结果分析

（一）产量

依据比对照增减产幅度衡量：在2018年区试品种中，产量高，比对照增产5%以上的品种有恒丰优7166、荃香优801等2个；产量较高，比对照增产3%~5%的品种有荃优华占、荃优丝苗等2个；产量中等，比对照增、减产在3%以内的品种有香龙优2018、胜优黄占、粤银软占、隆晶优4456、黄广华占1号等5个；产量一般，比对照减产超过3%的品种有莉苗占、裕优098等2个。

区试参试品种产量汇总结果见表1-3，生产试验参试品种产量汇总结果见表1-4。

（二）生育期

依据全生育期比对照品种长短的天数衡量：在2018年区试品种中，熟期较早，比对照早熟的品种有裕优098；熟期适宜，比对照迟熟不超过7天的品种有恒丰优7166、荃香优801、荃优华占、荃优丝苗、香龙优2018、胜优黄占、粤银软占、隆晶优4456、黄广华占1号、莉苗占等10个。

区试参试品种生育期汇总结果见表1-3，生产试验参试品种生育期汇总结果见表1-4。

（三）主要农艺经济性状

区试品种有效穗、株高、每穗总粒数、每穗实粒数、结实率、千粒重等主要农艺经济性状汇总结果见表1-3。

（四）抗性

根据1~2年鉴定结果，稻瘟病穗瘟损失率最高级1级的品种有黄广华占1号、隆晶优4456等2个；稻瘟病穗瘟损失率最高级3级的品种有荃优华占、裕优098、莉苗占等3个；稻瘟病穗瘟损失率最高级5级的品种有荃优丝苗、恒丰优7166、胜优黄占、荃香优801、天优华占（CK）等5个；稻瘟病穗瘟损失率最高级7级的品种有香龙优2018、粤银软占等2个。

2018年区试品种在各稻瘟病抗性鉴定点的鉴定结果见表1-5，1~2年区试品种抗性鉴定汇总结果见表1-6。

（五）米质

依据农业行业标准NY/T 593—2013《食用稻品种品质》，根据1~2年检测结果：优质2级的品种有荃优丝苗、黄广华占1号、香龙优2018、隆晶优4456、莉苗占、粤银软占等6个；优质3级的品种有荃优华占；普通品种有恒丰优7166、裕优098、胜优黄占、荃香优801、天优华占（CK）等5个。

区试品种米质指标表现和综合评级结果见表1-7。

（六）品种在各试验点的表现

区试品种在各试验点的表现情况见表1-8-1至表1-8-12，生产试验品种在各试验点的表现情况见表1-9。

三、品种简评

（一）生产试验品种

1. 荃优华占

2017年初试平均亩产525.92千克，比天优华占（CK）增产1.55%，增产点比例66.7%；2018年续试平均亩产556.47千克，比天优华占（CK）增产4.69%，增产点比例100.0%；两年区试平均亩产541.19千克，比天优华占（CK）增产3.14%，增产点比例83.3%；2018年生产试验平均亩产540.12千克，比天优华占（CK）增产4.62%，增产点比例80.0%。全生育期两年区试平均128.7天，比天优华占（CK）迟熟5.7天。农艺性状表现：有效穗17.5万穗/亩，株高115.2厘米，穗长24.8厘米，每穗总粒数173.9粒，结实率83.0%，千粒重25.5克。抗性表现：稻瘟病综合指数平均级2.7级，穗瘟损失率最高级3级；白叶枯病平均级6级，最高级9级；白背飞虱平均级6级，最高级7级。米质主要指标：糙米率82.3%，精米率73.4%，整精米率62.9%，粒长6.7毫米，长宽比3.0，垩白粒率10.0%，垩白度1.2%，透明度2.0级，碱消值5.0级，胶稠度80.0毫米，直链淀粉含量14.6%，综合评级为部标优质3级。

2018年国家水稻品种试验年会审议意见：已完成试验程序，可以申报国家审定。

2. 荃优丝苗

2017年初试平均亩产522.33千克，比天优华占（CK）增产0.86%，增产点比例55.6%；2018年续试平均亩产553.79千克，比天优华占（CK）增产4.19%，增产点比例77.8%；两年区试平均亩产538.06千克，比天优华占（CK）增产2.55%，增产点比例66.7%；2018年生产试验平均亩产542.31千克，比天优华占（CK）增产5.20%，增产点比例80.0%。全生育期两年区试平均128.6天，比天优华占（CK）迟熟5.6天。农艺性状表现：有效穗16.2万穗/亩，株高116.3厘米，穗长25.2厘米，每穗总粒数175.9粒，结实率82.7%，千粒重26.1克。抗性表现：稻瘟病综合指数平均级3.7级，穗瘟损失率最高级5级；白叶枯病平均级6级，最高级7级；白背飞虱平均级7级，最高级9级。米质主要指标：糙米率82.1%，精米率73.2%，整精米率65.1%，粒长6.7毫米，长宽比3.0，垩白粒率5.3%，垩白度0.8%，透明度1.3级，碱消值6.4级，胶稠度85.0毫米，直链淀粉含量15.7%，综合评级为部标优质2级。

2018年国家水稻品种试验年会审议意见：已完成试验程序，可以申报国家审定。

（二）续试品种

1. 黄广华占1号

2017年初试平均亩产491.96千克，比天优华占（CK）减产5.00%，增产点比例22.2%；2018年续试平均亩产517.59千克，比天优华占（CK）减产2.62%，增产点比例33.3%；两年区试平均亩产504.78千克，比天优华占（CK）减产3.80%，增产点比例27.8%；全生育期两年区试平均127.7天，比天优华占（CK）迟熟4.7天。农艺性状表现：有效穗16.3万穗/亩，株高112.6厘米，穗长23.1厘米，每穗总粒数167.8粒，结实率86.4%，千粒重24.7克。抗性表现：稻瘟病综合指数平均级1.9级，穗瘟损失率最高级1级；白叶枯病平均级5级，最高级5级；白背飞虱平均级9级，最高级9级。米质主要指标：糙米率81.4%，精米率73.0%，整精米率58.4%，粒长6.4毫米，长宽比2.9，垩白粒率14.3%，垩白度2.1%，透明度1.3级，碱消值6.2级，胶稠度83.3毫米，直链淀粉含量14.5%，综合评级为部标优质2级。

2018 年国家水稻品种试验年会审议意见：2019 年进行生产试验。

2. 恒丰优 7166

2017 年初试平均亩产 526.67 千克，比天优华占（CK）增产 1.70%，增产点比例 66.7%；2018 年续试平均亩产 569.24 千克，比天优华占（CK）增产 7.09%，增产点比例 88.9%；两年区试平均亩产 547.95 千克，比天优华占（CK）增产 4.43%，增产点比例 77.8%；全生育期两年区试平均 124.8 天，比天优华占（CK）迟熟 1.8 天。农艺性状表现：有效穗 17.0 万穗/亩，株高 1141.4 厘米，穗长 21.9 厘米，每穗总粒数 163.9 粒，结实率 84.4%，千粒重 27.4 克。抗性表现：稻瘟病综合指数平均级 3.4 级，穗瘟损失率最高级 5 级；白叶枯病平均级 7 级，最高级 7 级；白背飞虱平均级 8 级，最高级 9 级。米质主要指标：糙米率 82.6%，精米率 72.6%，整精米率 32.9%，粒长 6.9 毫米，长宽比 2.8，垩白粒率 49.7%，垩白度 5.7%，透明度 2.0 级，碱消值 5.2 级，胶稠度 65.3 毫米，直链淀粉含量 21.7%，综合评级为部标普通。

2018 年国家水稻品种试验年会审议意见：终止试验。

3. 裕优 098

2017 年初试平均亩产 510.60 千克，比天优华占（CK）减产 1.40%，增产点比例 66.7%；2018 年续试平均亩产 504.39 千克，比天优华占（CK）减产 5.11%，增产点比例 33.3%；两年区试平均亩产 507.49 千克，比天优华占（CK）减产 3.28%，增产点比例 50.0%；全生育期两年区试平均 123.6 天，比天优华占（CK）迟熟 0.6 天。农艺性状表现：有效穗 15.9 万穗/亩，株高 112.7 厘米，穗长 22.9 厘米，每穗总粒数 167.1 粒，结实率 83.7%，千粒重 26.2 克。抗性表现：稻瘟病综合指数平均级 3.0 级，穗瘟损失率最高级 3 级；白叶枯病平均级 2 级，最高级 3 级；白背飞虱平均级 7 级，最高级 9 级。米质主要指标：糙米率 81.4%，精米率 71.4%，整精米率 47.1%，粒长 7.1 毫米，长宽比 3.3，垩白粒率 8.3%，垩白度 1.0%，透明度 1.3 级，碱消值 4.7 级，胶稠度 82.0 毫米，直链淀粉含量 13.3%，综合评级为部标普通。

2018 年国家水稻品种试验年会审议意见：终止试验。

4. 胜优黄占

2017 年初试平均亩产 530.41 千克，比天优华占（CK）增产 2.42%，增产点比例 77.8%；2018 年续试平均亩产 531.68 千克，比天优华占（CK）增产 0.03%，增产点比例 22.2%；两年区试平均亩产 531.05 千克，比天优华占（CK）增产 1.21%，增产点比例 50.0%；全生育期两年区试平均 123.6 天，比天优华占（CK）迟熟 0.6 天。农艺性状表现：有效穗 17.2 万穗/亩，株高 106.3 厘米，穗长 22.5 厘米，每穗总粒数 162.1 粒，结实率 86.0%，千粒重 24.7 克。抗性表现：稻瘟病综合指数平均级 3.5 级，穗瘟损失率最高级 5 级；白叶枯病平均级 6 级，最高级 7 级；白背飞虱平均级 8 级，最高级 9 级。米质主要指标：糙米率 82.1%，精米率 72.4%，整精米率 47.0%，粒长 6.8 毫米，长宽比 3.1，垩白粒率 7.0%，垩白度 0.9%，透明度 2.0 级，碱消值 6.2 级，胶稠度 76.0 毫米，直链淀粉含量 14.0%，综合评级为部标普通。

2018 年国家水稻品种试验年会审议意见：终止试验。

（三）新参试品种

1. 荃香优 801

2018 年初试平均亩产 563.35 千克，比天优华占（CK）增产 5.99%，增产点比例 100.0%。全生育期 122.3 天，比天优华占（CK）迟熟 1.5 天。农艺性状表现：有效穗 16.2 万穗/亩，株高 111.5 厘米，穗长 23.6 厘米，每穗总粒数 181.8 粒，结实率 84.9%，千粒重 27.3 克。抗性表现：稻瘟病综合指数平均级 4.1 级，穗瘟损失率最高级 5 级；白叶枯病平均级 5 级，最高级 5 级；白背飞虱平均级 9 级，最高级 9 级。米质表现：糙米率81.9%，精米率71.9%，整精米率48.0%，粒长7.2毫米，长宽比 3.1，垩白粒率 26.7%，垩白度 2.3%，透明度 1.7 级，碱消值 6.1 级，胶稠度 81.3 毫米，直链淀粉含量 14.2%，综合评级为部标普通。

2018 年国家水稻品种试验年会审议意见：2019 年续试。

2. 隆晶优 4456

2018 年初试平均亩产 528.87 千克，比天优华占（CK）减产 0.50%，增产点比例 55.6%。全生育期 123.7 天，比天优华占（CK）迟熟 2.9 天。农艺性状表现：亩有效穗 16.3 万穗/每，株高 105.5 厘米，穗长 24.9 厘米，每穗总粒数 152.9 粒，结实率 90.0%，千粒重 26.6 克。抗性表现：稻瘟病综合指数平均级 2.6 级，穗瘟损失率最高级 1 级；白叶枯病平均级 5 级，最高级 5 级；白背飞虱平均级 9 级，最高级 9 级。米质表现：糙米率 81.3%，精米率 72.0%，整精米率 57.5%，粒长 7.2 毫米，长宽比 3.3，垩白粒率 5.0%，垩白度 0.6%，透明度 2.0 级，碱消值 6.4 级，胶稠度 85.0 毫米，直链淀粉含量 13.8%，综合评级为部标优质 2 级。

2018 年国家水稻品种试验年会审议意见：2019 年续试。

3. 莉苗占

2018 年初试平均亩产 514.90 千克，比天优华占（CK）减产 3.13%，增产点比例 44.4%。全生育期 124.2 天，比天优华占（CK）迟熟 3.4 天。农艺性状表现：有效穗 17.3 万穗/亩，株高 115.4 厘米，穗长 24.6 厘米，每穗总粒数 172.2 粒，结实率 84.4%，千粒重 22.8 克。抗性表现：稻瘟病综合指数平均级 2.8 级，穗瘟损失率最高级 3 级；白叶枯病平均级 5 级，最高级 5 级；白背飞虱平均级 7 级，最高级 7 级。米质表现：糙米率 81.9%，精米率 72.7%，整精米率 57.6%，粒长 6.7 毫米，长宽比 3.3，垩白粒率 5.7%，垩白度 0.6%，透明度 1.7 级，碱消值 6.3 级，胶稠度 78.7 毫米，直链淀粉含量 15.2%，综合评级为部标优质 2 级。

2018 年国家水稻品种试验年会审议意见：2019 年续试。

4. 香龙优 2018

2018 年初试平均亩产 544.92 千克，比天优华占（CK）增产 2.52%，增产点比例 77.8%。全生育期 123.2 天，比天优华占（CK）迟熟 2.4 天。农艺性状表现：有效穗 17.0 万穗/亩，株高 113.6 厘米，穗长 25.1 厘米，每穗总粒数 172.9 粒，结实率 82.3%，千粒重 27.6 克。抗性表现：稻瘟病综合指数平均级 6.3 级，穗瘟损失率最高级 7 级；白叶枯病平均级 5 级，最高级 5 级；白背飞虱平均级 9 级，最高级 9 级。米质表现：糙米率 81.1%，精米率 71.6%，整精米率 55.0%，粒长 6.8 毫米，长宽比 3.0，垩白粒率 19.0%，垩白度 1.9%，透明度 2.0 级，碱消值 6.2 级，胶稠度 76.3 毫米，直链淀粉含量 15.4%，综合评级为优质 2 级。

2018 年国家水稻品种试验年会审议意见：终止试验。

5. 粤银软占

2018 年初试平均亩产 529.37 千克，比天优华占（CK）减产 0.41%，增产点比例 44.4%。全生育期 126.9 天，比天优华占（CK）迟熟 6.1 天。农艺性状表现：有效穗 16.8 万穗/亩，株高 110.9 厘米，穗长 24.7 厘米，每穗总粒数 188.2 粒，结实率 85.8%，千粒重 21.5 克。抗性表现：稻瘟病综合指数平均级 4.3 级，穗瘟损失率最高级 7 级；白叶枯病平均级 5 级，最高级 5 级；白背飞虱平均级 9 级，最高级 9 级。米质表现：糙米率 81.7%，精米率 72.5%，整精米率 60.7%，粒长 6.4 毫米，长宽比 3.0，垩白粒率 6.7%，垩白度 0.8%，透明度 1.7 级，碱消值 6.5 级，胶稠度 78.0 毫米，直链淀粉含量 14.9%，综合评级为优质 2 级。

2018 年国家水稻品种试验年会审议意见：终止试验。

表 1-1　华南早籼 A 组（181011H-A）区试及生产试验品种基本情况

品种名称	鉴定编号	品种类型	亲本组合	申请者（非个人）	选育/供种单位
区试					
荃优华占	12	杂交稻	荃 9311A×华占	湖北荃银高科种业有限公司	湖北荃银高科种业有限公司
荃优丝苗	11	杂交稻	荃 9311A×五山丝苗	安徽荃银高科种业股份有限公司	安徽荃银高科种业股份有限公司
黄广华占 1 号	5	常规稻	黄广油占/丰粤华占	广东省农业科学院水稻研究所	广东省农业科学院水稻研究所
恒丰优 7166	7	杂交稻	恒丰 A×粤恢 7166	广东粤良种业有限公司	广东粤良种业有限公司
裕优 098	4	杂交稻	裕 A×G098	广东省良种引进服务公司	广东省良种引进服务公司
胜优黄占	3	常规稻	胜 A×金黄占	广东鲜美种苗股份有限公司	广东鲜美种苗股份有限公司
*香龙优 2018	6	杂交稻	香龙 A/中种恢 2018	中国种子集团有限公司三亚分公司	中国种子集团有限公司、中国种子集团有限公司三亚分公司
*荃香优 801	10	杂交稻	荃香 9A×YHR801	安徽荃银欣隆种业有限公司	安徽荃银欣隆种业有限公司
*隆晶优 4456	2	杂交稻	隆晶 4302A/华恢 4456	湖南亚华种业科学研究院	袁隆平农业高科技股份有限公司，湖南隆平高科种业科学研究院有限公司，湖南亚华种业科学研究院
*莉苗占	1	常规稻	粤广丝苗//黄莉占/矮秀占	佛山市农业科学研究所	佛山市农业科学研究所
*粤银软占	8	常规稻	粤丰丝苗//黄软占/粤银丝苗	广东省农业科学院水稻研究所	广东省农业科学院水稻研究所
天优华占（CK）	9	杂交稻	天丰 A×华占		北京金色农华种业科技有限公司
生产试验					
荃优华占	1	杂交稻	荃 9311A×华占	湖北荃银高科种业有限公司	湖北荃银高科种业有限公司
荃优丝苗	6	杂交稻	荃 9311A×五山丝苗	安徽荃银高科种业股份有限公司	安徽荃银高科种业股份有限公司
天优华占（CK）	4	杂交稻	天丰 A×华占		北京金色农华种业科技有限公司

*为 2018 年新参试品种。

表 1-2　华南早籼 A 组（181011H-A）区试点基本情况

承试单位	试验地点	经度	纬度	海拔高度（米）	试验负责人及执行人
区试					
海南省农业科学院粮作所	澄迈县永发镇	110°31′	20°01′	15.0	林朝上、王延春、陈健晓
广东广州市农业科学院	广州市南沙区万顷沙镇	113°32′	22°42′	1.0	戴修纯、梁青、陈伟雄、陈雪瑜、陈玉英、王俊杰
广东高州市良种场	高州市分界镇	110°55′	21°48′	31.0	吴辉、黄海勤
广东肇庆市农科所	肇庆市鼎湖区坑口	112°31′	23°10′	22.5	贾兴娜、慕容耀明、蔡海辉
广东惠州市农科所	惠州市汤泉	114°21′	23°11′	7.2	曾海泉、罗华峰、王惠昭
广东清远市农业科技推广中心	清远市清城区源潭镇	113°21′	23°05′	12.0	林建勇、温灶婵、陈明霞、陈国新
广西区农业科学院水稻所	南宁市	108°15′	22°51′	80.0	莫海玲、罗同平、雷琼英
广西玉林市农科所	玉林市仁东	110°03′	22°38′	80.0	陈海凤、何俊、莫振勇、赖汉、梁林生、唐霞、莫兴丙
广西钦州市农科所	钦州市钦北区大寺镇四联村	108°43′	22°07′	23.0	张辉松、宋国显、李钦、钱文军
福建漳州江东良种场	本场郭洲作业区	117°30′	24°18′	8.0	黄溪华、陈国跃、王国兴
生产试验					
广东肇庆市农科所	肇庆市鼎湖区坑口	112°31′	23°10′	22.5	贾兴娜、慕容耀明、蔡海辉
广东高州市良种场	高州市分界镇	110°55′	21°48′	31.0	吴辉、黄海勤
广西区农业科学院水稻所	南宁市	108°31′	22°35′	80.7	莫海玲、罗志勇、罗扬浪
广西玉林市农科所	玉林市仁东	110°03′	22°38′	80.0	陈海凤、何俊、莫振勇、赖汉、梁林生、唐霞、莫兴丙
福建龙海市东园镇农科所	龙海市东园镇农科所	117°34′	24°11′	4.0	黄水龙、陈进明

表 1-3 华南早籼 A 组（181011H-A）区试品种产量、生育期及主要农艺经济性状汇总分析结果

品种名称	区试年份	亩产（千克）	比 CK± %	比 CK 增产点（%）	产量差异显著性		全生育期（天）	比 CK± 天	有效穗（万/亩）	株高（厘米）	穗长（厘米）	总粒数/穗	实粒数/穗	结实率（%）	千粒重（克）
					5%	1%									
荃优华占	2017—2018	541.19	3.14	83.3			128.7	5.7	17.5	115.2	24.8	173.9	144.3	83.0	25.5
荃优丝苗	2017—2018	538.06	2.55	66.7			128.6	5.6	16.2	116.3	25.2	175.9	145.5	82.7	26.1
恒丰优 7166	2017—2018	547.95	4.43	77.8			124.8	1.8	17.0	111.4	21.9	163.9	138.3	84.4	27.4
胜优黄占	2017—2018	531.05	1.21	50.0			123.6	0.6	17.2	106.3	22.5	162.1	139.5	86.0	24.7
黄广华占 1 号	2017—2018	504.78	-3.80	27.8			127.7	4.7	16.3	112.6	23.1	167.8	144.9	86.4	24.7
裕优 098	2017—2018	507.49	-3.28	50.0			123.6	0.6	15.9	112.7	22.9	167.1	139.9	83.7	26.2
天优华占（CK）	2017—2018	524.70	0.00	0.0			123.0	0.0	18.3	103.0	22.1	161.5	141.6	87.7	24.8
恒丰优 7166	2018	569.24	7.09	88.9	a	A	121.9	1.1	17.2	110.5	22.6	168.8	144.7	85.7	27.3
荃香优 801	2018	563.35	5.99	100.0	ab	AB	122.3	1.5	16.2	111.5	23.6	181.8	154.5	84.9	27.3
荃优华占	2018	556.47	4.69	100.0	bc	B	126.7	5.9	17.5	115.4	25.0	174.2	145.8	83.7	25.3
荃优丝苗	2018	553.79	4.19	77.8	c	BC	126.1	5.3	16.2	116.7	25.4	178.7	152.3	85.2	25.8
香龙优 2018	2018	544.92	2.52	77.8	d	C	123.2	2.4	17.0	113.6	25.1	172.9	142.4	82.3	27.6
胜优黄占	2018	531.68	0.03	22.2	e	D	121.1	0.3	17.6	106.6	23.0	168.7	146.8	87.0	24.4
天优华占（CK）	2018	531.53	0.00	0.0	e	D	120.8	0.0	17.8	105.1	23.0	164.5	145.8	88.6	24.7
粤银软占	2018	529.37	-0.41	44.4	e	D	126.9	6.1	16.8	110.9	24.7	188.2	161.5	85.8	21.5
隆晶优 4456	2018	528.87	-0.50	55.6	e	D	123.7	2.9	16.3	105.5	24.9	152.9	137.6	90.0	26.6
黄广华占 1 号	2018	517.59	-2.62	33.3	f	E	125.6	4.8	16.4	111.8	23.3	169.0	148.8	88.0	24.6
莉苗占	2018	514.90	-3.13	44.4	f	EF	124.2	3.4	17.3	115.4	24.6	172.2	145.3	84.4	22.8
裕优 098	2018	504.39	-5.11	33.3	g	F	120.0	-0.8	15.9	112.5	23.6	164.5	139.3	84.7	25.9

表 1-4 华南早籼 A 组（181011H-A）生产试验品种产量、生育期汇总结果及各试验点综合评价等级

品种名称	荃优华占	荃优丝苗	天优华占（CK）
生产试验汇总表现			
全生育期（天）	128.4	127.2	121.6
比 CK±天	6.8	5.6	0.0
亩产（千克）	540.12	542.31	517.79
产量比 CK±%	4.62	5.20	0.00
增产点比例（%）	80.0	80.0	0.0
各生产试验点综合评价等级			
福建龙海市东园镇农科所	A	A	A
广东高州市良种场	B	B	C
广东肇庆市农科所	A	A	A
广西区农业科学院水稻所	B	C	B
广西玉林市农科所	A	A	C

注：1. 因品种较多，部分试验点加设 CK 后安排在 2~3 块田中试验，表中产量比 CK±%系与同田块 CK 比较的结果。
2. 综合评价等级：A—好，B—较好，C—中等，D——一般。

表 1-5　华南早籼 A 组（181011H-A）区试品种稻瘟病抗性各地鉴定结果（2018 年）

品种名称	2018 年福建					2018 年广西					2018 年广东				
	叶瘟级	穗瘟发病		穗瘟损失		叶瘟级	穗瘟发病		穗瘟损失		叶瘟级	穗瘟发病		穗瘟损失	
		%	级	%	级		%	级	%	级		%	级	%	级
荃优华占	3	2	1	0	1	3	48	7	5	3	3	28	7	2	1
荃优丝苗	3	17	5	9	3	2	75	9	17	5	3	24	5	2	1
黄广华占 1 号	2	4	1	1	1	3	30	7	3	1	1	25	5	1	1
恒丰优 7166	2	8	3	3	1	3	74	9	15	5	5	66	9	5	1
裕优 098	3	15	5	6	3	3	38	7	5	3	4	28	7	2	1
胜优黄占	4	31	7	16	5	3	48	7	6	3	4	40	7	5	1
香龙优 2018	5	64	9	32	7	4	100	9	32	7	6	60	9	11	3
荃香优 801	3	19	5	8	3	4	84	9	29	5	3	37	7	4	1
隆晶优 4456	2	6	3	2	1	4	41	7	5	1	2	27	7	2	1
莉苗占	3	8	3	3	1	3	49	7	5	3	3	25	5	2	1
粤银软占	3	12	5	5	3	3	100	9	31	7	3	37	7	2	1
天优华占（CK）	3	20	5	8	3	4	68	9	22	5	4	51	9	3	1
感稻瘟病（CK）	7	100	9	81	9	8	100	9	89	9	8	100	9	92	9

注：1. 稻瘟病鉴定单位分别为广东省农业科学院植保所、广西区农业科学院植保所、福建省上杭县茶地乡农技站。

2. 感稻瘟病（CK）广东为“广陆矮 4 号”，广西为“桂井 6 号”，福建为“龙黑糯 2 号+广陆矮 4 号”。

表 1-6　华南早籼 A 组（181011H-A）区试品种对主要病虫抗性综合评价结果（2017—2018 年）

品种名称	年份	稻瘟病							白叶枯病（级）			褐飞虱（级）			白背飞虱（级）		
		2018 年各地综合指数（级）				2018 年穗瘟损失率最高级	1~2 年综合评价		2018 年	1~2 年综合评价		2018 年	1~2 年综合评价		2018 年	1~2 年综合评价	
		福建	广西	广东	平均		平均综合指数	穗瘟损失率最高级		平均	最高		平均	最高		平均	最高
荃优华占	2017—2018	1.5	4.0	3.0	2.8	3	2.7	3	3	6	9	9	9	9	7	6	7
荃优丝苗	2017—2018	3.5	5.3	2.5	3.8	5	3.7	5	7	6	7	9	9	9	9	7	9
黄广华占 1 号	2017—2018	1.3	3.0	2.0	2.1	1	1.9	1	5	5	5	9	9	9	9	9	9
恒丰优 7166	2017—2018	1.8	5.5	4.0	3.8	5	3.4	5	7	7	7	9	9	9	9	8	9
裕优 098	2017—2018	3.5	4.0	3.3	3.6	3	3.0	3	3	2	3	9	8	9	9	7	9
胜优黄占	2017—2018	5.3	4.0	3.3	4.2	5	3.5	5	5	6	7	9	9	9	9	8	9
天优华占（CK）	2017—2018	3.5	5.8	3.8	4.3	5	4.4	5	7	7	7	9	8	9	7	6	7
香龙优 2018	2018	7.0	6.8	5.3	6.3	7	6.3	7	5	5	5	9	9	9	9	9	9
荃香优 801	2018	3.5	5.8	3.0	4.1	5	4.1	5	5	5	5	9	9	9	9	9	9
隆晶优 4456	2018	1.8	3.3	2.8	2.6	1	2.6	1	5	5	5	9	9	9	9	9	9
莉苗占	2018	2.0	4.0	2.5	2.8	3	2.8	3	5	5	5	9	9	9	7	7	7
粤银软占	2018	3.5	6.5	3.0	4.3	7	4.3	7	5	5	5	9	9	9	9	9	9
天优华占（CK）	2018	3.5	5.8	3.8	4.3	5	4.3	5	7	7	7	9	9	9	7	7	7
感病虫（CK）	2018	8.5	8.8	8.8	8.7	9	8.7	9	9	9	9	9	9	9	9	9	9

注：1. 稻瘟病综合指数=叶瘟平均级×25%+穗瘟发病率平均级×25%+穗瘟损失率平均级×50%。
2. 白叶枯病和褐飞虱、白背飞虱鉴定单位分别为广东省农业科学院植保所和中国水稻研究所稻作发展中心。
3. 感白叶枯病、稻飞虱 CK 分别为金刚 30、TN1。

表 1-7　华南早籼 A 组（181011H-A）区试品种米质检测结果

品种名称	年份	糙米率（%）	精米率（%）	整精米率（%）	粒长（毫米）	长宽比	垩白粒率（%）	垩白度（%）	透明度（级）	碱消值（级）	胶稠度（毫米）	直链淀粉（%）	部标（等级）
荃优华占	2017—2018	82.3	73.4	62.9	6.7	3.0	10	1.2	2	5.0	80	14.6	优 3
荃优丝苗	2017—2018	82.1	73.2	65.1	6.7	3.0	5.3	0.8	1.3	6.4	85.0	15.7	优 2
黄广华占 1 号	2017—2018	81.4	73.0	58.4	6.4	2.9	14.3	2.1	1.3	6.2	83.3	14.5	优 2
恒丰优 7166	2017—2018	82.6	72.6	32.9	6.9	2.8	49.7	5.7	2.0	5.2	65.3	21.7	普通
裕优 098	2017—2018	81.4	71.4	47.1	7.1	3.3	8.3	1.0	1.3	4.7	82.0	13.3	普通
胜优黄占	2017—2018	82.1	72.4	47.0	6.8	3.1	7.0	0.9	2.0	6.2	76.0	14.0	普通
天优华占（CK）	2017—2018	81.7	72.5	47.1	6.8	3.1	12.3	1.4	2.0	4.3	76.0	20.9	普通
香龙优 2018	2018	81.1	71.6	55.0	6.8	3.0	19.0	1.9	2.0	6.2	76.3	15.4	优 2
荃香优 801	2018	81.9	71.9	48.0	7.2	3.1	26.7	2.3	1.7	6.1	81.3	14.2	普通
隆晶优 4456	2018	81.3	72.0	57.5	7.2	3.3	5.0	0.6	2.0	6.4	85.0	13.8	优 2
莉苗占	2018	81.9	72.7	57.6	6.7	3.3	5.7	0.6	1.7	6.3	78.7	15.2	优 2
粤银软占	2018	81.7	72.5	60.7	6.4	3.0	6.7	0.8	1.7	6.5	78.0	14.9	优 2
天优华占（CK）	2018	81.7	72.5	47.1	6.8	3.1	12.3	1.4	2.0	4.3	76.0	20.9	普通

注：1. 供样单位：广东高州市良种场（2017—2018 年）、广西农业科学院水稻所（2017—2018 年）、广西玉林市农科所（2017—2018 年）。

2. 检测单位：农业农村部稻米及制品质量监督检验测试中心。

表 1-8-1 华南早籼 A 组（181011H-A）区试品种在各试点的产量、生育期及主要农艺经济性状表现

品种名称/试验点	亩产（千克）	比 CK ±%	产量位次	播种期（月/日）	齐穗期（月/日）	成熟期（月/日）	全生育期（天）	有效穗（万/亩）	株高（厘米）	穗长（厘米）	总粒数/穗	实粒数/穗	结实率（%）	千粒重（克）	杂株率（%）	倒伏性	穗颈瘟	白叶枯病	纹枯病	综合评级
莉苗占																				
福建漳州市江东良种场	554.23	-11.47	11	3/2	6/15	7/14	134	13.5	116.2	24.9	284.3	258.0	90.7	23.0	0.0	直	未发	无	轻	A
广东高州市良种场	507.92	-5.72	12	2/26	5/31	6/28	122	19.4	107.5	23.7	121.6	108.9	89.6	24.9	0.8	直	未发	无	轻	C
广东广州市农业科学院	502.58	-10.92	12	2/28	6/6	7/8	130	18.5	115.3	24.1	160.1	120.7	75.4	22.4	0.0	直	未发	未发	无	D
广东惠州市农科所	561.81	-2.26	11	3/2	6/5	7/7	127	20.0	114.4	23.9	152.0	126.3	83.1	22.4	0.0	直	未发	未发	轻	C
广东清远市农技推广站	452.28	0.19	9	3/8	6/10	7/10	124	15.1	127.3	26.1	187.4	155.0	82.7	22.2	0.0	直	未发	未发	中	C
广东肇庆市农科所	488.76	6.19	8	3/3	6/4	7/4	123	17.0	111.2	23.6	175.2	133.5	76.2	22.1	0.0	直	未发	未发	无	B
广西钦州市农科所	469.94	-1.41	11	3/10	6/12	7/11	123	18.0	112.1	24.2	137.7	120.6	87.6	22.1	0.0	直	未发	未发	轻	C
广西区农业科学院水稻所	554.14	0.30	9	3/2	6/3	6/30	120	16.1	117.5	25.2	181.6	149.4	82.3	22.5	0.0	直	未发	未发	轻	C
广西玉林市农科所	542.47	0.62	4	3/9	6/4	7/2	115	18.1	117.1	25.6	150.2	135.2	90.0	24.0	0.0	直	未发	未发	轻	B

注：综合评级 A—好，B—较好，C—中等，D——般。

表 1-8-2 华南早籼 A 组（181011H-A）区试品种在各试点的产量、生育期及主要农艺经济性状表现

品种名称/试验点	亩产（千克）	比 CK ±%	产量位次	播种期（月/日）	齐穗期（月/日）	成熟期（月/日）	全生育期（天）	有效穗（万/亩）	株高（厘米）	穗长（厘米）	总粒数/穗	实粒数/穗	结实率（%）	千粒重（克）	杂株率（%）	倒伏性	穗颈瘟	白叶枯病	纹枯病	综合评级
隆晶优 4456																				
福建漳州市江东良种场	638.68	2.02	6	3/2	6/12	7/17	137	12.0	105.3	26.6	244.1	233.5	95.7	26.3	0.0	直	未发	无	轻	B
广东高州市良种场	515.24	-4.36	10	2/26	5/28	6/26	120	19.6	105.7	23.2	109.2	97.6	89.4	27.4	1.3	直	未发	无	轻	C
广东广州市农业科学院	544.06	-3.57	8	2/28	6/4	7/6	128	18.9	106.7	23.7	121.6	107.8	88.7	26.0	0.0	直	未发	未发	轻	B
广东惠州市农科所	571.15	-0.64	8	3/2	6/3	7/4	124	15.6	104.0	25.8	150.9	141.4	93.7	28.0	1.5	直	未发	未发	轻	C
广东清远市农技推广站	460.61	2.03	7	3/8	6/7	7/7	121	17.2	104.6	25.0	142.4	131.6	92.4	25.7	0.0	直	未发	未发	轻	C
广东肇庆市农科所	418.79	-9.01	12	3/3	6/5	7/5	124	14.4	97.3	25.3	156.8	112.5	71.7	26.7	0.0	直	未发	未发	轻	C
广西钦州市农科所	498.48	4.58	4	3/10	6/12	7/12	124	16.1	111.3	24.1	146.7	132.5	90.3	25.7	0.0	直	未发	未发	轻	B
广西区农业科学院水稻所	571.65	3.47	6	3/2	6/2	6/30	120	14.6	106.5	26.6	169.9	157.9	92.9	27.5	0.0	直	未发	未发	轻	B
广西玉林市农科所	541.14	0.37	5	3/9	6/4	7/2	115	17.9	107.7	24.2	134.5	123.2	91.6	26.3	0.0	直	未发	未发	轻	B

注：综合评级 A—好，B—较好，C—中等，D——般。

表 1-8-3　华南早籼 A 组（181011H-A）区试品种在各试点的产量、生育期及主要农艺经济性状表现

品种名称/试验点	亩产（千克）	比 CK ±%	产量位次	播种期（月/日）	齐穗期（月/日）	成熟期（月/日）	全生育期（天）	有效穗（万/亩）	株高（厘米）	穗长（厘米）	总粒数/穗	实粒数/穗	结实率（%）	千粒重（克）	杂株率（%）	倒伏性	穗颈瘟	白叶枯病	纹枯病	综合评级
胜优黄占																				
福建漳州市江东良种场	621.69	-0.69	8	3/2	6/9	7/11	131	14.9	116.3	25.4	303.3	266.0	87.7	24.5	0.0	直	未发	无	轻	A
广东高州市良种场	533.07	-1.05	8	2/26	5/25	6/23	117	21.6	104.4	19.6	110.3	98.5	89.3	25.6	0.8	直	未发	无	轻	C
广东广州市农业科学院	532.57	-5.61	10	2/28	6/3	7/4	126	17.8	108.0	22.9	155.7	129.6	83.2	23.5	0.0	直	未发	未发	轻	C
广东惠州市农科所	568.65	-1.07	9	3/2	5/31	7/4	124	17.8	106.0	23.3	148.3	126.8	85.5	25.3	0.0	直	未发	未发	中	B
广东清远市农技推广站	445.61	-1.29	11	3/8	6/7	7/7	121	18.1	107.6	23.7	179.9	147.2	81.8	22.0	0.0	直	未发	未发	轻	A
广东肇庆市农科所	534.24	16.07	4	3/3	5/30	7/1	120	19.1	101.8	21.5	146.0	130.4	89.3	24.5	0.0	斜	未发	未发	中	A
广西钦州市农科所	509.06	6.80	1	3/10	6/9	7/9	121	17.2	101.6	23.0	136.1	123.9	91.0	25.2	0.7	直	未发	未发	轻	A
广西区农业科学院水稻所	532.64	-3.59	11	3/2	5/31	6/29	119	13.5	102.6	24.9	193.8	168.5	86.9	25.4	0.3	直	未发	未发	轻	C
广西玉林市农科所	507.63	-5.84	11	3/9	5/30	6/28	111	18.1	110.9	22.7	144.5	130.4	90.2	23.6	0.0	直	未发	未发	轻	D

注：综合评级 A—好，B—较好，C—中等，D——般。

表 1-8-4　华南早籼 A 组（181011H-A）区试品种在各试点的产量、生育期及主要农艺经济性状表现

品种名称/试验点	亩产（千克）	比 CK ±%	产量位次	播种期（月/日）	齐穗期（月/日）	成熟期（月/日）	全生育期（天）	有效穗（万/亩）	株高（厘米）	穗长（厘米）	总粒数/穗	实粒数/穗	结实率（%）	千粒重（克）	杂株率（%）	倒伏性	穗颈瘟	白叶枯病	纹枯病	综合评级
裕优 098																				
福建漳州市江东良种场	538.90	-13.92	12	3/2	6/7	7/8	128	12.9	122.2	25.3	264.2	239.3	90.6	25.0	0.0	直	未发	无	轻	B
广东高州市良种场	545.73	1.30	5	2/26	5/24	6/23	117	19.2	106.6	21.2	119.8	104.2	87.0	27.8	2.4	直	未发	无	轻	C
广东广州市农业科学院	536.90	-4.84	9	2/28	6/1	7/2	124	16.6	112.2	23.3	145.1	114.2	78.7	25.9	3.0	直	未发	未发	无	C
广东惠州市农科所	582.82	1.39	5	3/2	5/31	7/2	122	16.8	114.4	23.5	149.5	133.9	89.6	27.2	1.0	直	未发	未发	轻	B
广东清远市农技推广站	422.29	-6.46	12	3/8	6/4	7/4	118	16.3	114.6	25.0	159.9	125.7	78.6	24.7	0.0	直	未发	未发	中	B
广东肇庆市农科所	465.44	1.12	9	3/3	6/1	7/2	121	15.4	106.5	21.9	170.6	144.2	84.5	25.1	0.0	斜	未发	未发	无	B
广西钦州市农科所	467.86	-1.85	12	3/10	6/10	7/10	122	15.7	112.6	24.9	141.5	118.8	84.0	26.6	0.0	直	未发	未发	轻	C
广西区农业科学院水稻所	506.46	-8.33	12	3/2	5/31	6/29	119	14.1	112.5	23.4	174.6	147.6	84.5	26.0	4.8	直	未发	未发	轻	C
广西玉林市农科所	473.12	-12.25	12	3/9	5/29	6/26	109	16.4	111.1	23.7	154.9	125.9	81.3	24.9	5.0	直	未发	未发	轻	D

注：综合评级 A—好，B—较好，C—中等，D——般。

表 1-8-5 华南早籼 A 组（181011H-A）区试品种在各试点的产量、生育期及主要农艺经济性状表现

品种名称/试验点	亩产（千克）	比 CK ±%	产量位次	播种期（月/日）	齐穗期（月/日）	成熟期（月/日）	全生育期（天）	有效穗（万/亩）	株高（厘米）	穗长（厘米）	总粒数/穗	实粒数/穗	结实率（%）	千粒重（克）	杂株率（%）	倒伏性	穗颈瘟	白叶枯病	纹枯病	综合评级
黄广华占 1 号																				
福建漳州市江东良种场	585.71	-6.44	9	3/2	6/19	7/20	140	15.3	127.3	24.9	274.8	257.5	93.7	25.3	0.0	直	未发	无	轻	A
广东高州市良种场	518.91	-3.68	9	2/26	6/1	6/24	118	18.2	108.2	21.6	117.9	105.6	89.6	27.3	0.6	直	未发	无	轻	C
广东广州市农业科学院	516.08	-8.53	11	2/28	6/5	7/7	129	17.9	117.1	22.5	153.1	122.3	79.9	23.0	0.0	直	未发	未发	轻	D
广东惠州市农科所	506.80	-11.83	12	3/2	6/6	7/6	126	15.6	114.2	23.6	165.4	141.7	85.7	23.7	0.0	直	未发	未发	轻	C
广东清远市农技推广站	468.93	3.88	6	3/8	6/15	7/14	128	14.3	107.1	23.4	178.8	165.6	92.6	24.4	0.0	直	未发	未发	轻	B
广东肇庆市农科所	499.92	8.61	6	3/3	6/7	7/6	125	15.6	106.6	23.5	170.1	149.7	88.0	23.9	0.0	直	未发	未发	轻	A
广西钦州市农科所	472.51	-0.87	10	3/10	6/14	7/14	126	16.0	101.3	22.8	165.5	137.0	82.8	24.2	0.0	直	未发	未发	轻	C
广西区农业科学院水稻所	567.64	2.75	7	3/2	6/6	7/1	121	17.0	115.3	23.5	154.3	130.6	84.6	25.1	0.0	直	未发	未发	轻	B
广西玉林市农科所	521.80	-3.22	8	3/9	6/6	7/4	117	17.5	109.1	23.9	141.2	129.0	91.4	24.8	0.0	直	未发	未发	轻	C

注：综合评级 A—好，B—较好，C—中等，D——般。

表 1-8-6 华南早籼 A 组（181011H-A）区试品种在各试点的产量、生育期及主要农艺经济性状表现

品种名称/试验点	亩产（千克）	比 CK ±%	产量位次	播种期（月/日）	齐穗期（月/日）	成熟期（月/日）	全生育期（天）	有效穗（万/亩）	株高（厘米）	穗长（厘米）	总粒数/穗	实粒数/穗	结实率（%）	千粒重（克）	杂株率（%）	倒伏性	穗颈瘟	白叶枯病	纹枯病	综合评级
香龙优 2018																				
福建漳州市江东良种场	643.02	2.71	4	3/2	6/8	7/14	134	17.4	119.3	24.9	295.1	272.0	92.2	28.3	0.0	直	未发	无	轻	B
广东高州市良种场	561.72	4.27	3	2/26	5/30	6/28	122	19.0	109.5	22.8	115.2	103.2	89.6	29.0	1.6	直	未发	无	轻	B
广东广州市农业科学院	586.21	3.90	3	2/28	6/4	7/5	127	17.8	119.7	25.5	169.2	135.2	79.9	27.5	0.0	直	未发	未发	轻	A
广东惠州市农科所	606.49	5.51	2	3/2	6/1	7/3	123	16.6	114.6	24.3	147.9	126.0	85.2	28.8	0.0	直	未发	未发	轻	A
广东清远市农技推广站	478.10	5.90	2	3/8	6/11	7/10	124	16.8	114.5	26.3	177.8	148.1	83.3	26.8	0.0	直	未发	未发	中	A
广东肇庆市农科所	448.61	-2.53	11	3/3	6/2	7/2	121	15.1	112.7	26.6	196.0	132.7	67.7	26.2	0.0	直	未发	未发	中	C
广西钦州市农科所	489.02	2.59	7	3/10	6/12	7/12	124	15.5	111.2	26.2	162.7	132.1	81.2	27.3	0.0	直	未发	未发	轻	B
广西区农业科学院水稻所	580.48	5.07	3	3/2	6/2	7/1	121	16.6	114.9	23.9	142.9	120.3	84.2	28.1	0.0	直	未发	未发	轻	A
广西玉林市农科所	510.63	-5.29	10	3/9	6/2	6/30	113	18.0	106.0	25.1	149.3	111.6	74.7	26.8	0.0	直	未发	未发	轻	D

注：综合评级 A—好，B—较好，C—中等，D——般。

表 1-8-7　华南早籼 A 组（181011H-A）区试品种在各试点的产量、生育期及主要农艺经济性状表现

品种名称/试验点	亩产（千克）	比CK ±%	产量位次	播种期（月/日）	齐穗期（月/日）	成熟期（月/日）	全生育期（天）	有效穗（万/亩）	株高（厘米）	穗长（厘米）	总粒数/穗	实粒数/穗	结实率（%）	千粒重（克）	杂株率（%）	倒伏性	穗颈瘟	白叶枯病	纹枯病	综合评级
恒丰优 7166																				
福建漳州市江东良种场	665.17	6.25	1	3/2	6/9	7/10	130	14.1	125.1	23.5	302.9	299.2	98.8	24.5	0.0	直	未发	无	轻	A
广东高州市良种场	594.04	10.27	1	2/26	5/24	6/24	118	19.4	103.9	21.8	121.0	104.5	86.4	29.5	0.9	直	未发	无	轻	A
广东广州市农业科学院	597.37	5.88	2	2/28	6/1	7/2	124	18.6	111.7	21.3	137.7	115.2	83.7	27.2	0.0	直	未发	未发	轻	A
广东惠州市农科所	613.16	6.67	1	3/2	6/2	7/5	125	17.4	109.8	23.4	142.3	125.3	88.1	28.4	0.0	直	未发	未发	轻	A
广东清远市农技推广站	475.60	5.35	4	3/8	6/11	7/10	124	18.9	106.3	22.8	174.5	127.3	73.0	26.8	0.0	直	未发	未发	轻	A
广东肇庆市农科所	540.07	17.34	3	3/3	6/1	7/3	122	18.2	110.4	21.8	177.3	133.3	75.2	25.8	0.0	直	未发	未发	无	A
广西钦州市农科所	507.62	6.49	2	3/10	6/10	7/10	122	16.2	105.0	23.3	140.6	121.3	86.3	28.1	0.1	直	未发	未发	轻	A
广西区农业科学院水稻所	592.15	7.18	2	3/2	5/31	7/1	121	14.8	112.9	23.9	170.1	150.5	88.5	28.3	0.0	直	未发	未发	轻	A
广西玉林市农科所	537.97	-0.22	7	3/9	5/30	6/28	111	17.3	109.1	21.8	153.2	125.8	82.1	26.7	0.0	倒	未发	未发	轻	C

注：综合评级 A—好，B—较好，C—中等，D——般。

表 1-8-8　华南早籼 A 组（181011H-A）区试品种在各试点的产量、生育期及主要农艺经济性状表现

品种名称/试验点	亩产（千克）	比CK ±%	产量位次	播种期（月/日）	齐穗期（月/日）	成熟期（月/日）	全生育期（天）	有效穗（万/亩）	株高（厘米）	穗长（厘米）	总粒数/穗	实粒数/穗	结实率（%）	千粒重（克）	杂株率（%）	倒伏性	穗颈瘟	白叶枯病	纹枯病	综合评级
粤银软占																				
福建漳州市江东良种场	577.21	-7.80	10	3/2	6/18	7/18	138	15.3	125.2	24.4	263.5	241.3	91.6	21.0	0.0	直	未发	无	轻	A
广东高州市良种场	509.75	-5.38	11	2/26	6/1	6/30	124	18.9	107.4	23.2	135.4	118.2	87.3	23.0	1.2	直	未发	无	轻	C
广东广州市农业科学院	562.72	-0.27	6	2/28	6/8	7/10	132	17.8	113.1	24.7	200.7	160.8	80.1	19.1	0.0	直	未发	未发	无	B
广东惠州市农科所	572.15	-0.46	7	3/2	6/7	7/9	129	17.8	115.2	24.7	174.9	145.9	83.4	22.3	0.0	直	未发	未发	轻	B
广东清远市农技推广站	473.93	4.98	5	3/8	6/15	7/15	129	14.5	112.1	23.6	207.0	171.0	82.6	21.3	1.5	直	未发	未发	轻	C
广东肇庆市农科所	497.75	8.14	7	3/3	6/6	7/6	125	17.5	106.3	23.8	156.2	134.7	86.2	21.3	0.0	直	未发	未发	轻	A
广西钦州市农科所	483.89	1.51	8	3/10	6/14	7/14	126	17.1	95.7	25.6	168.5	139.7	82.9	22.0	0.0	直	未发	未发	轻	C
广西区农业科学院水稻所	565.98	2.44	8	3/2	6/4	7/3	123	14.1	114.9	26.7	227.0	196.9	86.7	21.8	0.0	直	未发	未发	轻	B
广西玉林市农科所	520.97	-3.37	9	3/9	6/7	7/3	116	18.2	108.5	25.9	160.9	145.2	90.2	21.4	0.0	直	未发	未发	轻	C

注：综合评级 A—好，B—较好，C—中等，D——般。

表 1-8-9　华南早籼 A 组（181011H-A）区试品种在各试点的产量、生育期及主要农艺经济性状表现

品种名称/试验点	亩产（千克）	比 CK ±%	产量位次	播种期（月/日）	齐穗期（月/日）	成熟期（月/日）	全生育期（天）	有效穗（万/亩）	株高（厘米）	穗长（厘米）	总粒数/穗	实粒数/穗	结实率（%）	千粒重（克）	杂株率（%）	倒伏性	穗颈瘟	白叶枯病	纹枯病	综合评级
天优华占（CK）																				
福建漳州市江东良种场	626.02	0.00	7	3/2	6/11	7/13	133	19.8	112.3	24.7	241.3	227.7	94.4	24.0	0.0	直	未发	无	轻	B
广东高州市良种场	538.73	0.00	7	2/26	5/24	6/24	118	20.1	95.6	20.4	121.4	105.2	86.7	25.7	1.7	直	未发	无	轻	C
广东广州市农业科学院	564.22	0.00	5	2/28	6/1	7/2	124	19.0	107.0	23.6	164.1	150.1	91.5	24.1	0.0	直	未发	未发	轻	B
广东惠州市农科所	574.81	0.00	6	3/2	5/30	7/2	122	18.8	102.6	22.7	143.0	122.2	85.5	25.8	0.0	直	未发	未发	中	B
广东清远市农技推广站	451.44	0.00	10	3/8	6/8	7/8	122	15.2	106.8	26.0	191.8	156.7	81.7	23.5	0.0	直	未发	未发	轻	A
广东肇庆市农科所	460.27	0.00	10	3/3	5/30	6/30	119	16.7	99.7	22.0	160.6	136.2	84.8	24.4	0.0	直	未发	未发	轻	A
广西钦州市农科所	476.67	0.00	9	3/10	6/6	7/7	119	16.0	102.0	23.5	156.3	139.2	89.1	24.6	0.0	直	未发	未发	轻	B
广西区农业科学院水稻所	552.47	0.00	10	3/2	5/30	6/29	119	16.0	105.0	23.3	166.4	151.9	91.3	25.3	0.3	直	未发	未发	轻	C
广西玉林市农科所	539.14	0.00	6	3/9	5/29	6/28	111	18.9	114.8	21.2	135.7	122.7	90.4	24.5	0.0	直	未发	未发	轻	B

注：综合评级 A—好，B—较好，C—中等，D—一般。

表 1-8-10　华南早籼 A 组（181011H-A）区试品种在各试点的产量、生育期及主要农艺经济性状表现

品种名称/试验点	亩产（千克）	比 CK ±%	产量位次	播种期（月/日）	齐穗期（月/日）	成熟期（月/日）	全生育期（天）	有效穗（万/亩）	株高（厘米）	穗长（厘米）	总粒数/穗	实粒数/穗	结实率（%）	千粒重（克）	杂株率（%）	倒伏性	穗颈瘟	白叶枯病	纹枯病	综合评级
荃香优 801																				
福建漳州市江东良种场	640.52	2.32	5	3/2	6/8	7/15	135	13.5	117.2	26.5	307.8	287.5	93.4	28.0	0.0	直	未发	无	轻	B
广东高州市良种场	553.56	2.75	4	2/26	5/25	6/25	119	21.3	107.4	21.9	102.2	90.3	88.4	29.4	1.6	直	未发	无	轻	B
广东广州市农业科学院	599.70	6.29	1	2/28	6/3	7/3	125	17.3	116.7	22.3	152.7	120.0	78.6	27.1	0.0	直	未发	未发	轻	A
广东惠州市农科所	598.82	4.18	3	3/2	6/2	7/5	125	15.6	110.6	23.4	164.3	141.9	86.4	26.8	0.5	直	未发	未发	轻	A
广东清远市农技推广站	456.44	1.11	8	3/8	6/6	7/6	120	16.5	109.8	25.4	208.5	159.9	76.7	27.2	0.0	直	未发	未发	中	B
广东肇庆市农科所	578.55	25.70	1	3/3	5/31	7/2	121	15.0	110.4	24.0	229.6	176.2	76.7	25.3	1.4	直	未发	未发	无	A
广西钦州市农科所	494.79	3.80	5	3/10	6/11	7/11	123	15.4	108.6	23.1	139.2	121.8	87.5	28.9	0.0	直	未发	未发	轻	B
广西区农业科学院水稻所	600.32	8.66	1	3/2	5/31	6/30	120	14.1	112.9	23.0	176.6	161.8	91.6	26.7	2.1	直	未发	未发	轻	B
广西玉林市农科所	547.47	1.55	3	3/9	6/1	6/30	113	17.2	109.8	22.7	155.5	130.7	84.1	26.6	0.0	直	未发	未发	轻	B

注：综合评级 A—好，B—较好，C—中等，D—一般。

表 1-8-11　华南早籼 A 组（181011H-A）区试品种在各试点的产量、生育期及主要农艺经济性状表现

品种名称/试验点	亩产（千克）	比 CK ±%	产量位次	播种期（月/日）	齐穗期（月/日）	成熟期（月/日）	全生育期（天）	有效穗（万/亩）	株高（厘米）	穗长（厘米）	总粒数/穗	实粒数/穗	结实率（%）	千粒重（克）	杂株率（%）	倒伏性	穗颈瘟	白叶枯病	纹枯病	综合评级
荃优丝苗																				
福建漳州市江东良种场	663.34	5.96	2	3/2	6/18	7/19	139	14.4	127.3	26.4	308.4	275.0	89.2	26.5	0.0	直	未发	无	轻	B
广东高州市良种场	562.55	4.42	2	2/26	6/1	6/29	123	17.8	112.5	23.9	129.3	114.3	88.4	27.8	1.4	直	未发	无	轻	C
广东广州市农业科学院	546.73	-3.10	7	2/28	6/6	7/8	130	16.1	119.7	25.3	179.2	143.7	80.2	23.6	0.0	直	未发	未发	无	B
广东惠州市农科所	567.48	-1.28	10	3/2	6/6	7/8	128	16.2	120.6	25.0	148.8	128.9	86.6	26.3	1.2	直	未发	未发	中	C
广东清远市农技推广站	481.43	6.64	1	3/8	6/11	7/11	125	16.6	114.5	24.3	174.7	157.2	90.0	24.9	0.0	直	未发	未发	中	B
广东肇庆市农科所	522.91	13.61	5	3/3	6/5	7/5	124	15.4	113.4	26.1	176.9	142.2	80.4	26.2	0.0	直	未发	未发	无	A
广西钦州市农科所	504.89	5.92	3	3/10	6/15	7/15	127	15.7	113.6	25.6	159.6	136.7	85.7	26.1	0.0	直	未发	未发	轻	A
广西区农业科学院水稻所	573.65	3.83	5	3/2	5/31	7/1	121	16.6	116.7	25.3	165.8	134.4	81.1	24.9	1.2	直	未发	未发	轻	B
广西玉林市农科所	561.14	4.08	2	3/9	6/7	7/5	118	17.1	112.1	26.5	165.7	138.6	83.6	25.6	0.0	直	未发	未发	轻	A

注：综合评级 A—好，B—较好，C—中等，D——般。

表 1-8-12　华南早籼 A 组（181011H-A）区试品种在各试点的产量、生育期及主要农艺经济性状表现

品种名称/试验点	亩产（千克）	比 CK ±%	产量位次	播种期（月/日）	齐穗期（月/日）	成熟期（月/日）	全生育期（天）	有效穗（万/亩）	株高（厘米）	穗长（厘米）	总粒数/穗	实粒数/穗	结实率（%）	千粒重（克）	杂株率（%）	倒伏性	穗颈瘟	白叶枯病	纹枯病	综合评级
荃优华占																				
福建漳州市江东良种场	646.51	3.27	3	3/2	6/20	7/21	141	13.8	124.1	26.0	282.9	250.9	88.7	24.3	0.0	直	未发	无	轻	A
广东高州市良种场	543.73	0.93	6	2/26	6/3	6/30	124	20.4	113.7	23.7	110.4	97.6	88.4	27.5	0.8	直	未发	无	轻	C
广东广州市农业科学院	567.55	0.59	4	2/28	6/7	7/9	131	18.9	120.3	25.3	186.1	148.4	79.7	24.4	0.0	斜	未发	未发	无	B
广东惠州市农科所	589.82	2.61	4	3/2	6/8	7/9	129	17.2	120.4	24.4	156.9	136.1	86.7	25.3	0.0	直	未发	未发	轻	B
广东清远市农技推广站	477.26	5.72	3	3/8	6/12	7/10	124	18.6	109.6	24.5	153.1	129.8	84.8	24.9	2.0	直	未发	未发	轻	A
广东肇庆市农科所	544.23	18.24	2	3/3	6/5	7/4	123	16.4	112.0	25.9	195.9	158.2	80.8	24.9	0.0	直	未发	未发	中	A
广西钦州市农科所	493.03	3.43	6	3/10	6/16	7/16	128	16.3	112.3	26.5	153.5	123.6	80.5	27.0	0.0	直	未发	未发	轻	B
广西区农业科学院水稻所	578.31	4.68	4	3/2	5/31	7/1	121	17.0	118.3	25.2	172.1	134.1	77.9	25.5	0.0	直	未发	未发	轻	A
广西玉林市农科所	567.81	5.32	1	3/9	6/8	7/6	119	18.9	107.7	23.8	156.6	133.4	85.2	23.8	0.0	直	未发	未发	轻	A

注：综合评级 A—好，B—较好，C—中等，D——般。

表 1-9　华南早籼 A 组（181011H-A）生产试验品种在各试验点的产量、生育期、主要特征及田间抗性表现

品种名称/试验点	亩产（千克）	比CK ±%	增产位次	播种期（月/日）	齐穗期（月/日）	成熟期（月/日）	全生育期(天)	耐寒性	整齐度	杂株率（%）	株型	叶色	叶姿	长势	熟期转色	倒伏性	落粒性	叶瘟	穗颈瘟	白叶枯病	纹枯病
荃优华占																					
福建龙海市东园镇农科所	492.55	1.17	5	2/22	6/19	7/19	147	未发	整齐	0.0	适中	浓绿	挺直	繁茂	好	直	易	未发	未发	无	轻
广东高州市良种场	589.77	4.40	4	2/27	6/1	6/29	122	未发	整齐	0.9	适中	绿	挺直	繁茂	好	直	中	未发	未发	未发	轻
广东肇庆市农科所	527.54	17.81	1	3/5	6/11	7/10	127	强	整齐	0.0	适中	浓绿	挺直	繁茂	中	直	易	未发	未发	未发	中
广西区农业科学院水稻所	551.22	-7.98	5	3/6	6/14	7/11	127	未发	一般	0.0	适中	浓绿	挺直	繁茂	好	直	易	未发	未发	未发	未发
广西玉林市农科所	539.54	7.71	1	3/9	6/8	7/6	119	中	整齐	0.0	适中	绿	披垂	繁茂	好	直	中	无	无	未发	轻
荃优丝苗																					
福建龙海市东园镇农科所	485.49	1.98	3	2/22	6/13	7/14	142	未发	整齐	0.0	适中	浓绿	挺直	繁茂	好	直	中	未发	未发	无	轻
广东高州市良种场	588.05	4.10	5	2/27	5/31	6/29	122	未发	一般	1.6	适中	绿	挺直	繁茂	好	直	中	未发	未发	未发	轻
广东肇庆市农科所	514.15	14.82	3	3/5	6/13	7/10	127	强	整齐	0.0	适中	浓绿	挺直	繁茂	中	直	易	未发	未发	未发	中
广西区农业科学院水稻所	589.00	-1.67	2	3/6	6/14	7/11	127	未发	一般	1.2	适中	浓绿	挺直	繁茂	好	直	易	未发	未发	未发	未发
广西玉林市农科所	534.88	6.78	2	3/9	6/7	7/5	118	中	一般	0.0	适中	绿	挺直	繁茂	好	直	易	轻	无	未发	轻
天优华占（CK）																					
福建龙海市东园镇农科所	477.51	0.00	6	2/22	6/5	7/8	136	未发	整齐	0.0	适中	浓绿	一般	繁茂	好	倒	中	未发	未发	无	轻
广东高州市良种场	564.91	0.00	6	2/27	5/25	6/23	116	未发	整齐	1.5	适中	绿	挺直	繁茂	好	直	中	未发	未发	未发	轻
广东肇庆市农科所	447.78	0.00	6	3/5	6/1	7/6	123	中	整齐	0.0	适中	绿	挺直	一般	中	直	中	未发	未发	未发	无
广西区农业科学院水稻所	597.84	0.00	1	3/6	6/9	7/6	122	未发	整齐	0.3	适中	浓绿	一般	繁茂	好	直	易	未发	未发	未发	未发
广西玉林市农科所	500.90	0.00	6	3/9	5/30	6/28	111	中	一般	0.0	适中	绿	挺直	繁茂	好	直	中	无	无	未发	轻

第二章　2018 年华南早籼 B 组国家水稻品种试验汇总报告

一、试验概况

（一）试验目的

鉴定评价我国华南稻区新选育和引进的早籼新品种（组合，下同）的丰产性、稳产性、适应性、抗性、米质及其他重要性状表现，为国家水稻品种审定提供科学依据。

（二）参试品种

区试品种 11 个，南桂占、隆 8 优华占、晶两优 8612、香龙优 176 为续试品种，固广油占、胜优美占、恒丰优 3512、裕优黄占、禅山占、汉两优美占、恒丰优粤农丝苗为新参试品种，以天优华占（CK）为对照；生产试验品种 3 个，也以天优华占（CK）为对照。品种编号、名称、类型、亲本组合、选育/供种单位见表 2-1。

（三）承试单位

区试点 10 个，分布在海南、广东、广西和福建 4 个省（区）。承试单位、试验地点、经纬度、海拔高度、试验负责人及执行人见表 2-2。

（四）试验设计、栽培管理与观察记载

各试验点均按《2018 年南方稻区国家水稻品种试验实施方案》及 NY/T 1300—2007《农作物品种区域试验技术规范　水稻》进行试验。

区试采用完全随机区组排列，3 次重复，小区面积 0.02 亩。生产试验采用大区随机排列，不设重复，大区面积 0.5 亩。

分区试、生产试验，同组试验所有品种同期播种、移栽，施肥水平中等偏上，其他栽培管理措施与当地大田生产相同。

观察记载项目与标准按 NY/T 1300—2007《农作物品种区域试验技术规范　水稻》以及《国家水稻品种试验观察记载项目、方法及标准》《南方稻区国家水稻品种区试及生产试验记载表》等的要求执行。

（五）特性鉴定

抗性鉴定：广东省农业科学院植保所、广西区农业科学院植保所和福建上杭县茶地乡农技站负责稻瘟病抗性鉴定，鉴定采用人工接菌与病区自然诱发相结合；广东省农业科学院植保所负责白叶枯病抗性鉴定；中国水稻研究所稻作发展中心负责稻飞虱抗性鉴定。鉴定种子由广州市农科所试验点统一提供，鉴定结果由广东省农业科学院植保所负责汇总。

米质分析：由广东高州市良种场、广西玉林市农科所和广西区农业科学院水稻所提供样品，农业农村部稻米及制品质量监督检验测试中心负责检测分析。

DNA 指纹特异性与一致性：由中国水稻研究所国家水稻改良中心进行参试品种的特异性及续试、生产试验品种年度间的一致性鉴定。

（六）试验评价

依据 NY/T 1300—2007《农作物品种区域试验技术规范　水稻》、试验实地检查考察情况以及试

验点对试验实施情况和品种表现情况所做的说明，对各试验（鉴定）点试验（鉴定）结果的可靠性、有效性、准确性进行分析评估，确保试验质量。

2018 年海南省农业科学院粮作所区试点试验误差大，试验结果未纳入汇总；其余区试点、生产试验点以及特性鉴定点的试验（鉴定）结果正常，纳入汇总。

（七）品种评价

依据国家农作物品种审定委员会 2017 年发布的《主要农作物品种审定标准（国家级）》，对参试品种进行分析评价。

产量联合方差分析采用混合模型，品种间产量差异多重比较采用 Duncan's 新复极差法；参试品种的丰产性主要以品种在区试和生产试验中相对于对照品种产量衡量；参试品种的适应性主要以品种在区试和生产试验中比对照品种增产的试验点比例衡量；参试品种的稳产性主要以品种在年度间区试中相对于对照品种产量的差异变化程度衡量。

参试品种的生育期主要以全生育期比对照品种长短的天数衡量。

参试品种的抗性以指定的鉴定单位的鉴定结果为主要依据，对稻瘟病抗性的主要评价指标为综合指数和穗瘟损失率最高级，对其他病虫害抗性的主要评价指标为最高级。

参试品种的米质评价按照农业行业标准 NY/T 593—2013《食用稻品种品质》，分优质 1 级、优质 2 级、优质 3 级，未达到优质级的品种米质均为普通级。

二、结果分析

依据比对照增减产幅度衡量：在 2018 年区试品种中，产量高，比对照增产 5%以上的品种有隆 8 优华占；产量较高，比对照增产 3%～5%的品种有香龙优 176；产量中等，比对照增、减产在 3%以内的品种有恒丰优 3512、恒丰优粤农丝苗、南桂占、汉两优美占、裕优黄占、胜优美占等 6 个；产量一般，比对照减产超过 3%的品种有晶两优 8612、禅山占、固广油占等 3 个。

区试参试品种产量汇总结果见表 2-3，生产试验参试品种产量汇总结果见表 2-4。

（一）生育期

依据全生育期比对照品种长短的天数衡量：在 2018 年区试品种中，熟期较早，比对照早熟的品种有恒丰优粤农丝苗、胜优美占等 2 个；熟期适宜，比对照迟熟不超过 7 天的品种有隆 8 优华占、香龙优 176、恒丰优 3512、南桂占、汉两优美占、裕优黄占、禅山占、固广油占等 8 个；熟期偏迟、比对照迟熟 7 天以上的品种有晶两优 8612。

区试参试品种生育期汇总结果见表 2-3，生产试验参试品种生育期汇总结果见表 2-4。

（二）主要农艺经济性状

区试品种有效穗、株高、每穗总粒数、每穗实粒数、结实率、千粒重等主要农艺经济性状汇总结果见表 2-3。

（三）抗性

根据 1～2 年鉴定结果，稻瘟病穗瘟损失率最高级 1 级的品种有禅山占；稻瘟病穗瘟损失率最高级 3 级的品种有南桂占、晶两优 8612、固广油占、裕优黄占等 4 个；稻瘟病穗瘟损失率最高级 5 级的品种有隆 8 优华占、香龙优 176、恒丰优粤农丝苗、天优华占（CK）等 4 个；稻瘟病穗瘟损失率最高级 7 级的品种有胜优美占、恒丰优 3512、汉两优美占等 3 个。

2018 年区试品种在各稻瘟病抗性鉴定点的鉴定结果见表 2-5，1～2 年区试品种抗性鉴定汇总结果见表 2-6。

（四）米质

依据农业行业标准 NY/T 593—2013《食用稻品种品质》，根据 1～2 年检测结果：优质 1 级的品种有南桂占；优质2级的品种有固广油占、禅山占等2个；优质3级的品种有隆8优华占、晶两优8612、香龙优176等3个；普通品种有胜优美占、恒丰优3512、裕优黄占、汉两优美占、恒丰优粤农丝苗、天优华占（CK）等7个。

区试品种米质指标表现和综合评级结果见表2-7。

（五）品种在各试验点的表现

区试品种在各试验点的表现情况见表2-8-1至表2-8-12，生产试验品种在各试验点的表现情况见表2-9-1至表2-9-2。

三、品种简评

（一）生产试验品种

1. 隆8优华占

2017年初试平均亩产547.91千克，比天优华占（CK）增产5.63%，增产点比例88.9%；2018年续试平均亩产561.09千克，比天优华占（CK）增产5.91%，增产点比例88.9%；两年区试平均亩产554.50千克，比天优华占（CK）增产5.77%，增产点比例88.9%；2018年生产试验平均亩产548.68千克，比天优华占（CK）增产6.18%，增产点比例80.0%。全生育期两年区试平均126.2天，比天优华占（CK）迟熟3.2天。农艺性状表现：有效穗18.9万穗/亩，株高109.0厘米，穗长23.3厘米，每穗总粒数169.5粒，结实率83.9%，千粒重24.2克。抗性表现：稻瘟病综合指数平均级3.8级，穗瘟损失率最高级5级；白叶枯病平均级6级，最高级7级；白背飞虱平均级7级，最高级9级。米质主要指标：糙米率82.1%，精米率73.1%，整精米率52.1%，粒长6.7毫米，长宽比3.1，垩白粒率11.0%，垩白度1.6%，透明度2.0级，碱消值5.2级，胶稠度75.0毫米，直链淀粉含量14.7%，综合评级为部标优质3级。

2018年国家水稻品种试验年会审议意见：已完成试验程序，可以申报国家审定。

2. 香龙优176

2017年初试平均亩产537.98千克，比天优华占（CK）增产3.72%，增产点比例77.8%；2018年续试平均亩产552.92千克，比天优华占（CK）增产4.37%，增产点比例88.9%；两年区试平均亩产545.45千克，比天优华占（CK）增产4.05%，增产点比例83.3%；2018年生产试验平均亩产541.56千克，比天优华占（CK）增产5.07%，增产点比例80.0%。全生育期两年区试平均126.9天，比天优华占（CK）迟熟3.9天。农艺性状表现：有效穗17.0万穗/亩，株高116.6厘米，穗长24.6厘米，每穗总粒数169.1粒，结实率84.7%，千粒重25.9克。抗性表现：稻瘟病综合指数平均级3.5级，穗瘟损失率最高级5级；白叶枯病平均级7级，最高级7级；白背飞虱平均级9级，最高级9级。米质主要指标：糙米率82.4%，精米率73.6%，整精米率52.8%，粒长6.7毫米，长宽比3.1，垩白粒率15.0%，垩白度1.7%，透明度2.0级，碱消值6.4级，胶稠度73.0毫米，直链淀粉含量15.1%，综合评级为部标优质3级。

2018年国家水稻品种试验年会审议意见：已完成试验程序，可以申报国家审定。

3. 裕优美占

2016年初试平均亩产507.40千克，比天优华占（CK）增产0.14%，增产点比例50.0%；2017年续试平均亩产548.53千克，比天优华占（CK）增产5.75%，增产点比例88.9%；两年区试平均亩产527.96千克，比天优华占（CK）增产2.96%，增产点比例69.4%；2018年生产试验平均亩产517.64千克，比天优华占（CK）增产0.59%，增产点比例80.0%。全生育期两年区试平均125.0天，比天优华占（CK）迟熟0.9天。主要农艺性状两年区试综合表现：有效穗16.7万穗/亩，株高110.5厘米，穗长22.5厘米，每穗总粒数174.4粒，结实率82.9%，千粒重24.9克。抗性两年综合表现：稻瘟病综合指数两年分别为3.5级、3.1级，穗瘟损失率最高级3级；白叶枯病5级；褐飞虱9级；白背飞虱9级。米质主要指标两年综合表现：糙米率82.1%，整精米率48.0%，垩白度0.9，透明度2级，碱消值5.1级，胶稠度74毫米，直链淀粉含量14.0%，综合评级为国标等外、部标普通。

2018 年国家水稻品种试验年会审议意见：已完成试验程序，可以申报国家审定。

（二）续试品种

1. 南桂占

2017 年初试平均亩产 496.82 千克，比天优华占（CK）减产 4.22%，增产点比例 22.2%；2018 年续试平均亩产 527.73 千克，比天优华占（CK）减产 0.38%，增产点比例 33.3%；两年区试平均亩产 512.28 千克，比天优华占（CK）减产 2.28%，增产点比例 27.8%。全生育期两年区试平均 127.1 天，比天优华占（CK）迟熟 4.1 天。农艺性状表现：有效穗 18.4 万穗/亩，株高 110.7 厘米，穗长 23.4 厘米，每穗总粒数 171.0 粒，结实率 84.1%，千粒重 21.4 克。抗性表现：稻瘟病综合指数平均级 3.0 级，穗瘟损失率最高级 3 级；白叶枯病平均级 5 级，最高级 5 级；白背飞虱平均级 9 级，最高级 9 级。米质主要指标：糙米率 82.3%，精米率 72.9%，整精米率 59.5%，粒长 6.6 毫米，长宽比 3.4，垩白粒率 5.0%，垩白度 0.5%，透明度 1.0 级，碱消值 6.8 级，胶稠度 66.0 毫米，直链淀粉含量 16.1%，综合评级为部标优质 1 级。

2018 年国家水稻品种试验年会审议意见：2019 年进行生产试验。

2. 晶两优 8612

2017 年初试平均亩产 516.63 千克，比天优华占（CK）减产 0.40%，增产点比例 66.7%。2018 年续试平均亩产 512.17 千克，比天优华占（CK）减产 3.32%，增产点比例 22.2%；两年区试平均亩产 514.40 千克，比天优华占（CK）减产 1.88%，增产点比例 44.4%。全生育期两年区试平均 130.2 天，比天优华占（CK）迟熟 7.2 天。农艺性状表现：有效穗 16.4 万穗/亩，株高 116.7 厘米，穗长 25.9 厘米，每穗总粒数 186.4 粒，结实率 76.6%，千粒重 24.1 克。抗性表现：稻瘟病综合指数平均级 3.0 级，穗瘟损失率最高级 3 级；白叶枯病平均级 6 级，最高级 7 级；白背飞虱平均级 9 级，最高级 9 级。米质主要指标：糙米率 81.0%，精米率 72.3%，整精米率 61.8%，粒长 6.5 毫米，长宽比 3.1，垩白粒率 11.0%，垩白度 2.0%，透明度 2.0 级，碱消值 5.4 级，胶稠度 79.0 毫米，直链淀粉含量 13.7%，综合评级为部标优质 3 级。

2018 年国家水稻品种试验年会审议意见：2019 年进行生产试验。

（三）新参试品种

1. 恒丰优 3512

2018 年初试平均亩产 543.23 千克，比天优华占（CK）增产 2.54%，增产点比例 88.9%。全生育期 122.3 天，比天优华占（CK）迟熟 1.3 天。农艺性状表现：有效穗 17.6 万穗/亩，株高 110.0 厘米，穗长 22.9 厘米，每穗总粒数 166.3 粒，结实率 83.4%，千粒重 26.1 克。抗性表现：稻瘟病综合指数平均级 4.1 级，穗瘟损失率最高级 7 级；白叶枯病平均级 1 级，最高级 1 级；白背飞虱平均级 9 级，最高级 9 级。米质表现：糙米率 82.8%，精米率 73.4%，整精米率 28.8%，粒长 6.8 毫米，长宽比 2.9，垩白粒率 48.7%，垩白度 7.0%，透明度 2.0 级，碱消值 4.3 级，胶稠度 77.0 毫米，直链淀粉含量 21.0%，综合评级为部标普通。

2018 年国家水稻品种试验年会审议意见：终止试验。

2. 恒丰优粤农丝苗

2018 年初试平均亩产 539.48 千克，比天优华占（CK）增产 1.83%，增产点比例 77.8%。全生育期 120.1 天，比天优华占（CK）早熟 0.9 天。农艺性状表现：有效穗 18.1 万穗/亩，株高 105.1 厘米，穗长 22.6 厘米，每穗总粒数 153.0 粒，结实率 89.1%，千粒重 24.1 克。抗性表现：稻瘟病综合指数平均级 3.8 级，穗瘟损失率最高级 5 级；白叶枯病平均级 7 级，最高级 7 级；白背飞虱平均级 9 级，最高级 9 级。米质表现：糙米率 81.8%，精米率 72.3%，整精米率 55.5%，粒长 6.9 毫米，长宽比 3.3，垩白粒率 5.3%，垩白度 0.9%，透明度 2.0 级，碱消值 4.8 级，胶稠度 82.3 毫米，直链淀粉含量 13.9%，综合评级为部标普通。

2018 年国家水稻品种试验年会审议意见：终止试验。

3. 汉两优美占

2018 年初试平均亩产 521.06 千克，比天优华占（CK）减产 1.64%，增产点比例 44.4%。全生育期 123.4 天，比天优华占（CK）迟熟 2.4 天。农艺性状表现：有效穗 17.1 万穗/亩，株高 113.4 厘米，穗长 24.6 厘米，每穗总粒数 168.9 粒，结实率 82.7%，千粒重 24.0 克。抗性表现：稻瘟病综合指数平均级 4.9 级，穗瘟损失率最高级 7 级；白叶枯病平均级 5 级，最高级 5 级；白背飞虱平均级 9 级，最高级 9 级。米质表现：糙米率 81.7%，精米率 71.5%，整精米率 48.7%，粒长 7.0 毫米，长宽比 3.4，垩白粒率 7.0%，垩白度 1.0%，透明度 1.7 级，碱消值 6.3 级，胶稠度 82.3 毫米，直链淀粉含量 14.9%，综合评级为部标普通。

2018 年国家水稻品种试验年会审议意见：终止试验。

4. 裕优黄占

2018 年初试平均亩产 517.31 千克，比天优华占（CK）减产 2.35%，增产点比例 33.3%。全生育期 121.2 天，比天优华占（CK）迟熟 0.2 天。农艺性状表现：有效穗 17.3 万穗/亩，株高 107.1 厘米，穗长 22.7 厘米，每穗总粒数 165.3 粒，结实率 84.5%，千粒重 25.8 克。抗性表现：稻瘟病综合指数平均级 3.6 级，穗瘟损失率最高级 3 级；白叶枯病平均级 7 级，最高级 7 级；白背飞虱平均级 7 级，最高级 7 级。米质表现：糙米率 82.0%，精米率 72.5%，整精米率 45.8%，粒长 6.9 毫米，长宽比 3.2，垩白粒率 16.0%，垩白度 1.8%，透明度 1.7 级，碱消值 4.1 级，胶稠度 80.7 毫米，直链淀粉含量 13.5%，综合评级为部标普通。

2018 年国家水稻品种试验年会审议意见：2019 年续试。

5. 胜优美占

2018 年初试平均亩产 516.39 千克，比天优华占（CK）减产 2.53%，增产点比例 44.4%。全生育期 120.4 天，比天优华占（CK）早熟 0.6 天。农艺性状表现：有效穗 18.1 万穗/亩，株高 106.9 厘米，穗长 23.4 厘米，每穗总粒数 174.0 粒，结实率 84.0%，千粒重 23.6 克。抗性表现：稻瘟病综合指数平均级 5.3 级，穗瘟损失率最高级 7 级；白叶枯病平均级 5 级，最高级 5 级；白背飞虱平均级 9 级，最高级 9 级。米质表现：糙米率 82.1%，精米率 72.9%，整精米率 50.4%，粒长 6.8 毫米，长宽比 3.2，垩白粒率 7.3%，垩白度 1.1%，透明度 2.0 级，碱消值 6.0 级，胶稠度 72.3 毫米，直链淀粉含量 13.6%，综合评级为部标普通。

2018 年国家水稻品种试验年会审议意见：终止试验。

6. 禅山占

2018 年初试平均亩产 509.19 千克，比天优华占（CK）减产 3.88%，增产点比例 44.4%。全生育期 123.7 天，比天优华占（CK）迟熟 2.7 天。农艺性状表现：有效穗 19.6 万穗/亩，株高 106.3 厘米，穗长 22.7 厘米，每穗总粒数 150.3 粒，结实率 86.3%，千粒重 21.3 克。抗性表现：稻瘟病综合指数平均级 2.8 级，穗瘟损失率最高级 1 级；白叶枯病平均级 5 级，最高级 5 级；白背飞虱平均级 9 级，最高级 9 级。米质表现：糙米率 81.2%，精米率 72.7%，整精米率 62.5%，粒长 6.3 毫米，长宽比 3.1，垩白粒率 1.0%，垩白度 0.1%，透明度 1.7 级，碱消值 6.4 级，胶稠度 82.0 毫米，直链淀粉含量 15.4%，综合评级为部标优质 2 级。

2018 年国家水稻品种试验年会审议意见：2019 年续试。

7. 固广油占

2018 年初试平均亩产 505.23 千克，比天优华占（CK）减产 4.63%，增产点比例 33.3%。全生育期 125.0 天，比天优华占（CK）迟熟 4.0 天。农艺性状表现：有效穗 17.3 万穗/亩，株高 110.8 厘米，穗长 24.6 厘米，每穗总粒数 174.6 粒，结实率 86.3%，千粒重 22.5 克。抗性表现：稻瘟病综合指数平均级 3.1 级，穗瘟损失率最高级 3 级；白叶枯病平均级 5 级，最高级 5 级；白背飞虱平均级 9 级，最高级 9 级。米质表现：糙米率 81.4%，精米率 71.5%，整精米率 60.1%，粒长 6.7 毫米，长宽比 3.4，垩白粒率 4.3%，垩白度 0.8%，透明度 2.0 级，碱消值 6.2 级，胶稠度 80.3 毫米，直链淀粉含量 14.0%，综合评级为部标优质 2 级。

2018 年国家水稻品种试验年会审议意见：2019 年续试。

表 2-1 华南早籼 B 组（181011H-B）区试及生产试验品种基本情况

品种名称	鉴定编号	品种类型	亲本组合	申请者（非个人）	选育/供种单位
区试					
南桂占	3	常规稻	佳辐早占/丰华占//黄丝占	广东省农业科学院水稻研究所	广东省农业科学院水稻研究所
隆 8 优华占	11	杂交稻	隆 8A×华占	湖南民生种业科技有限公司	湖南民生种业科技有限公司
晶两优 8612	4	杂交稻	晶 4155S×华恢 8612	湖南亚华种业科学研究院	湖南亚华种业科学研究院
香龙优 176	10	杂交稻	香龙 A×中种恢 176	中国种子集团有限公司三亚分公司	中国种子集团有限公司三亚分公司、肇庆学院
*固广油占	9	常规稻	固广占/黄广油占	广东省农业科学院水稻研究所	广东省农业科学院水稻研究所
*胜优美占	1	杂交稻	胜 A/金美占	广东鲜美种苗股份有限公司	广东鲜美种苗股份有限公司
*恒丰优 3512	2	杂交稻	恒丰 A/粤恢 3512	广东粤良种业有限公司	广东粤良种业有限公司
*裕优黄占	6	杂交稻	裕 A/金黄占	广东鲜美种苗股份有限公司	广东鲜美种苗股份有限公司
*禅山占	8	常规稻	五山丝苗/小粒香占	佛山市农业科学研究所	佛山市农业科学研究所
*汉两优美占	12	杂交稻	W276S/美香新占	湖北华之夏种子有限责任公司	湖北华之夏种子有限责任公司
*恒丰优粤农丝苗	5	杂交稻	恒丰 A/粤农丝苗	江西先农种业有限公司	江西先农种业有限公司
天优华占（CK）	7	杂交稻	天丰 A×华占		北京金色农华种业科技有限公司
生产试验					
裕优美占	2	杂交稻	裕 A×金美占	广东鲜美种苗股份有限公司	广东鲜美种苗股份有限公司
隆 8 优华占	3	杂交稻	隆 8A×华占	湖南民生种业科技有限公司	湖南民生种业科技有限公司
香龙优 176	5	杂交稻	香龙 A×中种恢 176	中国种子集团有限公司三亚分公司	中国种子集团有限公司三亚分公司、肇庆学院
天优华占（CK）	4	杂交稻	天丰 A×华占		北京金色农华种业科技有限公司

*为 2018 年新参试品种。

表 2-2　华南早籼 B 组（181011H-B）区试及生产试验点基本情况

承试单位	试验地点	经度	纬度	海拔高度（米）	试验负责人及执行人
区试					
海南省农业科学院粮作所	澄迈县永发镇	110°31′	20°01′	15.0	林朝上、王延春、陈健晓
广东广州市农业科学院	广州市南沙区万顷沙镇	113°32′	22°42′	1.0	戴修纯、梁青、陈伟雄、陈雪瑜、陈玉英、王俊杰
广东高州市良种场	高州市分界镇	110°55′	21°48′	31.0	吴辉、黄海勤
广东肇庆市农科所	肇庆市鼎湖区坑口	112°31′	23°10′	22.5	贾兴娜、慕容耀明、蔡海辉
广东惠州市农科所	惠州市汤泉	114°21′	23°11′	7.2	曾海泉、罗华峰、王惠昭
广东清远市农业科技推广中心	清远市清城区源潭镇	113°21′	23°05′	12.0	林建勇、温灶婵、陈明霞、陈国新
广西区农业科学院水稻所	南宁市	108°15′	22°51′	80.0	莫海玲、罗同平、雷琼英
广西玉林市农科所	玉林市仁东	110°03′	22°38′	80.0	陈海凤、何俊、莫振勇、赖汉、梁林生、唐霞、莫兴丙
广西钦州市农科所	钦州市钦北区大寺镇四联村	108°43′	22°07′	23.0	张辉松、宋国显、李钦、钱文军
福建漳州江东良种场	本场郭洲作业区	117°30′	24°18′	8.0	黄溪华、陈国跃、王国兴
生产试验					
广东肇庆市农科所	肇庆市鼎湖区坑口	112°31′	23°10′	22.5	贾兴娜、慕容耀明、蔡海辉
广东高州市良种场	高州市分界镇	110°55′	21°48′	31.0	吴辉、黄海勤
广西区农业科学院水稻所	南宁市	108°31′	22°35′	80.7	莫海玲、罗志勇、罗扬浪
广西玉林市农科所	玉林市仁东	110°03′	22°38′	80.0	陈海凤、何俊、莫振勇、赖汉、梁林生、唐霞、莫兴丙
福建龙海市东园镇农科所	龙海市东园镇农科所	117°34′	24°11′	4.0	黄水龙、陈进明

表 2-3　华南早籼 B 组（181011H-B）区试品种产量、生育期及主要农艺经济性状汇总分析结果

品种名称	区试年份	亩产（千克）	比 CK± %	比 CK 增产点（%）	产量差异显著性		全生育期（天）	比 CK± 天	有效穗（万/亩）	株高（厘米）	穗长（厘米）	单穗总粒数	单穗实粒数	结实率（%）	千粒重（克）
					5%	1%									
隆 8 优华占	2017—2018	554.50	5.77	88.9			126.2	3.2	18.9	109.0	23.3	169.5	142.2	83.9	24.2
香龙优 176	2017—2018	545.45	4.05	83.3			126.9	3.9	17.0	116.6	24.6	169.1	143.3	84.7	25.9
南桂占	2017—2018	512.28	-2.28	27.8			127.1	4.1	18.4	110.7	23.4	171.0	143.9	84.1	21.4
晶两优 8612	2017—2018	514.40	-1.88	44.4			130.2	7.2	16.4	116.7	25.9	186.4	142.8	76.6	24.1
天优华占（CK）	2017—2018	524.23	0.00	0.0			123.0	0.0	18.0	102.6	22.3	161.9	141.8	87.6	24.7
隆 8 优华占	2018	561.09	5.91	88.9	a	A	123.6	2.6	19.0	110.7	24.0	174.4	145.6	83.5	23.9
香龙优 176	2018	552.92	4.37	88.9	a	AB	124.7	3.7	16.9	116.8	25.3	167.0	141.8	84.9	25.8
恒丰优 3512	2018	543.23	2.54	88.9	b	BC	122.3	1.3	17.6	110.0	22.9	166.3	138.7	83.4	26.1
恒丰优粤农丝苗	2018	539.48	1.83	77.8	b	CD	120.1	-0.9	18.1	105.1	22.6	153.0	136.3	89.1	24.1
天优华占（CK）	2018	529.77	0.00	0.0	c	DE	121.0	0.0	17.9	104.3	23.0	161.9	142.1	87.8	24.5
南桂占	2018	527.73	-0.38	33.3	c	EF	124.4	3.4	18.3	111.8	23.7	173.2	147.9	85.4	21.3
汉两优美占	2018	521.06	-1.64	44.4	cd	EFG	123.4	2.4	17.1	113.4	24.6	168.9	139.8	82.7	24.0
裕优黄占	2018	517.31	-2.35	33.3	de	FGH	121.2	0.2	17.3	107.1	22.7	165.3	139.7	84.5	25.8
胜优美占	2018	516.39	-2.53	44.4	de	FGH	120.4	-0.6	18.1	106.9	23.4	174.0	146.1	84.0	23.6
晶两优 8612	2018	512.17	-3.32	22.2	def	GH	129.4	8.4	16.5	116.6	25.4	182.7	143.5	78.5	23.9
禅山占	2018	509.19	-3.88	44.4	ef	GH	123.7	2.7	19.6	106.3	22.7	150.3	129.7	86.3	21.3
固广油占	2018	505.23	-4.63	33.3	f	H	125.0	4.0	17.3	110.8	24.6	174.6	150.7	86.3	22.5

表 2-4 华南早籼 B 组（181011H-B）生产试验品种产量、生育期汇总结果及各试验点综合评价等级

品种名称	隆 8 优华占	香龙优 176	裕优美占	天优华占（CK）
生产试验汇总表现				
全生育期（天）	124.4	125.8	121.8	121.6
比 CK±天	2.8	4.2	0.2	0.0
亩产（千克）	548.68	541.56	517.64	517.79
产量比 CK±%	6.18	5.07	0.59	0.00
增产点比例（%）	80.0	80.0	80.0	0.0
各生产试验点综合评价等级				
福建龙海市东园镇农科所	A	A	A	A
广东高州市良种场	B	B	B	C
广东肇庆市农科所	A	A	A	A
广西区农业科学院水稻所	B	B	C	B
广西玉林市农科所	B	C	C	C

注：1. 因品种较多，部分试验点加设 CK 后安排在 2~3 块田中试验，表中产量比 CK±%系与同田块 CK 比较的结果。

2. 综合评价等级：A—好，B—较好，C—中等，D——般。

表 2-5　华南早籼 B 组（181011H-B）区试品种稻瘟病抗性各地鉴定结果（2018 年）

品种名称	2018 年福建					2018 年广西					2018 年广东				
	叶瘟级	穗瘟发病		穗瘟损失		叶瘟级	穗瘟发病		穗瘟损失		叶瘟级	穗瘟发病		穗瘟损失	
		%	级	%	级		%	级	%	级		%	级	%	级
南桂占	3	5	1	2	1	3	45	7	5	3	4	34	7	3	1
隆 8 优华占	3	22	5	10	3	3	83	9	20	5	3	48	7	3	1
晶两优 8612	2	4	1	1	1	2	43	7	6	3	4	37	7	3	1
香龙优 176	3	15	5	5	3	3	73	9	16	5	4	59	9	5	1
固广油占	3	5	1	1	1	3	42	7	4	1	4	55	9	7	3
胜优美占	4	56	9	32	7	2	59	9	11	3	4	71	9	9	3
恒丰优 3512	2	6	3	1	1	3	100	9	38	7	5	53	9	5	1
裕优黄占	3	8	3	2	1	3	48	7	6	3	4	65	9	6	3
禅山占	3	9	3	3	1	2	43	7	4	1	4	76	9	5	1
汉两优美占	5	76	9	41	7	2	83	9	11	3	5	45	7	5	1
恒丰优粤农丝苗	3	12	5	4	1	4	82	9	19	5	4	49	7	5	1
天优华占（CK）	3	24	5	10	3	4	53	9	18	5	4	53	9	4	1
感稻瘟病（CK）	7	100	9	81	9	8	100	9	88	9	8	100	9	96	9

注：1. 稻瘟病鉴定单位分别为广东省农业科学院植保所、广西区农业科学院植保所、福建省上杭县茶地乡农技站。

2. 感稻瘟病（CK）广东为“广陆矮 4 号”，广西为“桂井 6 号”，福建为“龙黑糯 2 号+广陆矮 4 号”。

表 2-6　华南早籼 B 组（181011H-B）区试品种对主要病虫抗性综合评价结果（2017—2018 年）

品种名称	年份	稻瘟病							白叶枯病（级）			褐飞虱（级）			白背飞虱（级）		
		2018 年各地综合指数（级）				2018 年穗瘟损失率最高级	1~2 年综合评价		2018 年	1~2 年综合评价		2018 年	1~2 年综合评价		2018 年	1~2 年综合评价	
		福建	广西	广东	平均		平均综合指数	穗瘟损失率最高级		平均	最高		平均	最高		平均	最高
南桂占	2017—2018	1.5	4.0	3.3	2.9	3	3.0	3	5	5	5	9	9	9	9	9	9
隆 8 优华占	2017—2018	3.5	5.5	3.0	4.0	5	3.8	5	5	6	7	9	9	9	9	7	9
晶两优 8612	2017—2018	1.3	3.8	3.3	2.8	3	3.0	3	5	6	7	9	9	9	9	9	9
香龙优 176	2017—2018	3.5	5.5	3.8	4.3	5	3.5	5	7	7	7	9	8	9	9	9	9
天优华占（CK）	2017—2018	3.5	5.8	4.0	4.4	5	4.4	5	7	7	7	9	8	9	7	6	7
固广油占	2018	1.5	3.0	4.8	3.1	3	3.1	3	5	5	5	9	9	9	9	9	9
胜优美占	2018	6.8	4.3	4.8	5.3	7	5.3	7	5	5	5	9	9	9	9	9	9
恒丰优 3512	2018	1.8	6.5	4.0	4.1	7	4.1	7	1	1	1	9	9	9	9	9	9
裕优黄占	2018	2.0	4.0	4.8	3.6	3	3.6	3	7	7	7	9	9	9	7	7	7
禅山占	2018	2.0	2.8	3.8	2.8	1	2.8	1	5	5	5	9	9	9	9	9	9
汉两优美占	2018	7.0	4.3	3.5	4.9	7	4.9	7	5	5	5	9	9	9	9	9	9
恒丰优粤农丝苗	2018	2.5	5.8	3.3	3.8	5	3.8	5	7	7	7	9	9	9	9	9	9
天优华占（CK）	2018	3.5	5.8	4.0	4.4	5	4.4	5	7	7	7	9	9	9	7	7	7
感病虫（CK）	2018	8.5	8.8	8.8	8.7	9	8.7	9	9	9	9	9	9	9	9	9	9

注：1. 稻瘟病综合指数=叶瘟平均级×25%+穗瘟发病率平均级×25%+穗瘟损失率平均级×50%。
2. 白叶枯病和褐飞虱、白背飞虱鉴定单位分别为广东省农业科学院植保所和中国水稻研究所稻作发展中心。
3. 感白叶枯病、稻飞虱 CK 分别为金刚 30、TN1。

表 2-7 华南早籼 B 组（181011H-B）区试品种米质检测结果

品种名称	年份	糙米率（%）	精米率（%）	整精米率（%）	粒长（毫米）	长宽比	垩白粒率（%）	垩白度（%）	透明度（级）	碱消值（级）	胶稠度（毫米）	直链淀粉（%）	部标（等级）
南桂占	2017—2018	82.3	72.9	59.5	6.6	3.4	5	0.5	1	6.8	66	16.1	优 1
隆 8 优华占	2017—2018	82.1	73.1	52.1	6.7	3.1	11	1.6	2	5.2	75	14.7	优 3
晶两优 8612	2017—2018	81.0	72.3	61.8	6.5	3.1	11	2.0	2	5.4	79	13.7	优 3
香龙优 176	2017—2018	82.4	73.6	52.8	6.7	3.1	15	1.7	2	6.4	73	15.1	优 3
天优华占（CK）	2017—2018	82.4	73.0	47.0	6.7	3.0	18	2.3	2	4.7	66	20.9	普通
固广油占	2018	81.4	71.5	60.1	6.7	3.4	4.3	0.8	2.0	6.2	80.3	14.0	优 2
胜优美占	2018	82.1	72.9	50.4	6.8	3.2	7.3	1.1	2.0	6.0	72.3	13.6	普通
恒丰优 3512	2018	82.8	73.4	28.8	6.8	2.9	48.7	7.0	2.0	4.3	77.0	21.0	普通
裕优黄占	2018	82.0	72.5	45.8	6.9	3.2	16.0	1.8	1.7	4.1	80.7	13.5	普通
禅山占	2018	81.2	72.7	62.5	6.3	3.1	1.0	0.1	1.7	6.4	82.0	15.4	优 2
汉两优美占	2018	81.7	71.5	48.7	7.0	3.4	7.0	1.0	1.7	6.3	82.3	14.9	普通
恒丰优粤农丝苗	2018	81.8	72.3	55.5	6.9	3.3	5.3	0.9	2.0	4.8	82.3	13.9	普通
天优华占（CK）	2018	81.9	71.9	47.1	6.7	3.1	8.7	1.3	2.0	4.2	74.3	21.1	普通

注：1. 供样单位：广东高州市良种场（2017—2018 年）、广西农业科学院水稻所（2017—2018 年）、广西玉林市农科所（2017—2018 年）。

2. 检测单位：农业农村部稻米及制品质量监督检验测试中心。

表 2-8-1　华南早籼 B 组（181011H-B）区试品种在各试点的产量、生育期及主要农艺经济性状表现

品种名称/试验点	亩产（千克）	比 CK ±%	产量位次	播种期（月/日）	齐穗期（月/日）	成熟期（月/日）	全生育期（天）	有效穗（万/亩）	株高（厘米）	穗长（厘米）	总粒数/穗	实粒数/穗	结实率（%）	千粒重（克）	杂株率（%）	倒伏性	穗颈瘟	白叶枯病	纹枯病	综合评级
胜优美占																				
福建漳州市江东良种场	631.52	1.28	6	3/2	6/9	7/9	129	15.2	116.0	26.3	321.2	276.4	86.1	24.0	0.0	直	未发	无	轻	B
广东高州市良种场	528.97	0.64	6	2/27	5/24	6/25	118	20.3	99.7	21.7	118.4	103.5	87.4	25.6	0.8	直	未发	未发	轻	C
广东广州市农业科学院	527.57	-8.63	11	2/28	6/2	7/3	125	21.5	106.0	22.9	157.9	122.7	77.7	23.6	1.0	直	未发	未发	轻	D
广东惠州市农科所	554.64	-4.29	9	3/2	6/1	7/4	124	17.8	106.0	23.3	165.3	135.8	82.2	23.9	1.2	直	未发	未发	轻	C
广东清远市农技推广站	423.12	-7.97	10	3/8	6/7	7/7	121	16.5	110.2	23.0	185.6	152.9	82.4	22.0	0.0	直	未发	未发	轻	B
广东肇庆市农科所	440.28	2.20	9	3/3	5/29	7/1	120	19.1	107.0	22.3	148.4	119.0	80.2	22.7	2.9	直	未发	未发	无	B
广西钦州市农科所	477.48	-0.53	9	3/10	6/4	7/4	116	17.5	101.1	24.2	148.6	128.9	86.7	22.9	0.0	直	未发	未发	轻	C
广西区农业科学院水稻所	518.13	-7.11	12	3/2	5/31	6/28	118	15.9	106.9	23.3	161.7	139.4	86.2	24.7	3.2	直	未发	未发	轻	C
广西玉林市农科所	545.81	2.31	4	3/9	5/31	6/30	113	18.7	109.5	23.6	158.9	136.3	85.8	22.6	5.0	直	未发	未发	轻	B

注：综合评级 A—好，B—较好，C—中等，D——般。

表 2-8-2　华南早籼 B 组（181011H-B）区试品种在各试点的产量、生育期及主要农艺经济性状表现

品种名称/试验点	亩产（千克）	比 CK ±%	产量位次	播种期（月/日）	齐穗期（月/日）	成熟期（月/日）	全生育期（天）	有效穗（万/亩）	株高（厘米）	穗长（厘米）	总粒数/穗	实粒数/穗	结实率（%）	千粒重（克）	杂株率（%）	倒伏性	穗颈瘟	白叶枯病	纹枯病	综合评级
恒丰优 3512																				
福建漳州市江东良种场	648.01	3.93	2	3/2	6/10	7/10	130	17.9	117.0	25.0	300.6	245.3	81.6	25.0	0.0	直	未发	无	轻	A
广东高州市良种场	537.47	2.25	5	2/27	5/30	6/28	121	20.6	105.7	20.6	107.2	92.3	86.1	28.4	1.4	直	未发	未发	轻	C
广东广州市农业科学院	594.87	3.03	3	2/28	6/1	7/2	124	18.7	107.9	23.3	159.7	129.5	81.1	25.8	0.0	直	未发	未发	轻	A
广东惠州市农科所	586.82	1.27	4	3/2	6/3	7/4	124	17.4	114.6	24.3	147.9	126.0	85.2	27.5	0.5	直	未发	未发	轻	B
广东清远市农技推广站	473.10	2.90	6	3/8	6/7	7/6	120	19.0	116.3	23.6	151.0	123.5	81.8	24.4	0.0	直	未发	未发	轻	B
广东肇庆市农科所	482.93	12.10	3	3/3	5/30	7/6	125	15.8	106.8	21.6	162.5	128.8	79.3	25.0	0.0	直	未发	未发	无	B
广西钦州市农科所	490.30	2.14	6	3/10	6/8	7/11	123	16.3	100.1	22.4	153.8	131.7	85.6	25.6	0.1	直	未发	未发	轻	B
广西区农业科学院水稻所	563.98	1.11	4	3/2	6/1	7/1	121	14.7	109.0	23.5	180.3	155.4	86.2	25.9	1.4	直	未发	未发	轻	A
广西玉林市农科所	511.63	-4.09	7	3/9	6/2	6/30	113	17.8	112.3	22.0	133.9	115.8	86.5	26.9	0.0	直	未发	未发	轻	C

注：综合评级 A—好，B—较好，C—中等，D——般。

表 2-8-3　华南早籼 B 组（181011H-B）区试品种在各试点的产量、生育期及主要农艺经济性状表现

品种名称/试验点	亩产（千克）	比CK ±%	产量位次	播种期（月/日）	齐穗期（月/日）	成熟期（月/日）	全生育期（天）	有效穗（万/亩）	株高（厘米）	穗长（厘米）	总粒数/穗	实粒数/穗	结实率（%）	千粒重（克）	杂株率（%）	倒伏性	穗颈瘟	白叶枯病	纹枯病	综合评级
南桂占																				
福建漳州市江东良种场	621.19	-0.37	9	3/2	6/13	7/19	139	15.9	113.0	23.8	238.3	222.3	93.3	22.5	0.0	直	未发	无	轻	B
广东高州市良种场	508.80	-3.20	9	2/27	5/31	6/23	116	20.9	107.8	21.8	138.9	123.3	88.8	23.0	1.6	直	未发	未发	轻	C
广东广州市农业科学院	543.56	-5.86	7	2/28	6/8	7/8	130	19.5	114.4	23.6	208.2	149.4	71.8	18.2	0.0	直	未发	未发	无	B
广东惠州市农科所	536.97	-7.34	10	3/2	6/6	7/7	127	19.6	120.4	24.4	139.9	120.1	85.8	21.4	0.0	直	未发	未发	轻	C
广东清远市农技推广站	476.43	3.62	5	3/8	6/11	7/10	124	16.2	113.0	24.7	201.6	172.6	85.6	20.3	0.0	直	未发	未发	轻	B
广东肇庆市农科所	479.43	11.29	4	3/3	6/4	7/2	121	17.9	109.7	23.5	161.7	137.5	85.0	20.9	0.0	直	未发	未发	无	A
广西钦州市农科所	473.95	-1.27	11	3/10	6/15	7/15	127	17.5	104.7	24.1	156.8	135.1	86.2	22.1	0.0	直	轻	未发	轻	C
广西区农业科学院水稻所	546.14	-2.09	9	3/2	6/5	7/1	121	16.5	115.6	23.6	167.4	139.5	83.3	22.5	0.0	直	未发	未发	轻	A
广西玉林市农科所	563.14	5.56	1	3/9	6/4	7/2	115	20.5	107.2	23.6	146.3	131.1	89.6	20.8	0.0	直	未发	未发	中	A

注：综合评级 A—好，B—较好，C—中等，D——般。

表 2-8-4　华南早籼 B 组（181011H-B）区试品种在各试点的产量、生育期及主要农艺经济性状表现

品种名称/试验点	亩产（千克）	比CK ±%	产量位次	播种期（月/日）	齐穗期（月/日）	成熟期（月/日）	全生育期（天）	有效穗（万/亩）	株高（厘米）	穗长（厘米）	总粒数/穗	实粒数/穗	结实率（%）	千粒重（克）	杂株率（%）	倒伏性	穗颈瘟	白叶枯病	纹枯病	综合评级
晶两优 8612																				
福建漳州市江东良种场	576.05	-7.61	11	3/2	6/21	7/27	147	16.8	128.0	26.0	243.0	203.3	83.7	24.0	0.0	直	未发	无	轻	A
广东高州市良种场	446.95	-14.97	12	2/27	6/5	7/3	126	16.9	116.6	24.7	123.4	105.2	85.3	25.5	1.3	直	未发	未发	轻	D
广东广州市农业科学院	574.05	-0.58	6	2/28	6/9	7/9	131	17.1	117.7	24.6	184.3	146.2	79.3	22.1	0.0	直	未发	未发	无	B
广东惠州市农科所	560.98	-3.19	8	3/2	6/8	7/10	130	16.6	114.2	23.6	189.8	148.9	78.5	23.2	0.0	直	未发	未发	轻	C
广东清远市农技推广站	416.46	-9.42	12	3/8	6/20	7/19	133	16.5	117.1	23.5	167.9	129.0	76.8	23.6	0.0	直	未发	未发	轻	B
广东肇庆市农科所	465.44	8.04	7	3/3	6/6	7/8	127	15.8	112.2	26.5	202.2	138.4	68.4	24.2	0.0	直	未发	未发	无	B
广西钦州市农科所	468.98	-2.30	12	3/10	6/19	7/19	131	16.1	112.4	27.2	161.2	132.1	81.9	24.3	0.0	直	未发	未发	轻	C
广西区农业科学院水稻所	552.31	-0.99	7	3/2	6/5	7/3	123	14.0	118.5	27.0	210.3	155.5	73.9	25.0	0.0	直	未发	未发	轻	B
广西玉林市农科所	548.31	2.78	3	3/9	6/6	7/4	117	18.3	113.1	25.5	162.4	133.1	82.0	23.3	0.0	直	未发	未发	轻	B

注：综合评级 A—好，B—较好，C—中等，D——般。

表 2-8-5　华南早籼 B 组（181011H-B）区试品种在各试点的产量、生育期及主要农艺经济性状表现

品种名称/试验点	亩产（千克）	比 CK ±%	产量位次	播种期（月/日）	齐穗期（月/日）	成熟期（月/日）	全生育期（天）	有效穗（万/亩）	株高（厘米）	穗长（厘米）	总粒数/穗	实粒数/穗	结实率（%）	千粒重（克）	杂株率（%）	倒伏性	穗颈瘟	白叶枯病	纹枯病	综合评级
恒丰优粤农丝苗																				
福建漳州市江东良种场	631.52	1.28	7	3/2	6/15	7/14	134	14.7	113.3	24.1	225.1	212.1	94.2	23.3	0.0	直	未发	无	轻	B
广东高州市良种场	550.47	4.73	3	2/27	5/24	6/23	116	22.8	98.4	20.9	107.2	95.3	88.9	25.5	0.8	直	未发	未发	轻	B
广东广州市农业科学院	531.24	-7.99	9	2/28	5/31	7/1	123	19.2	107.8	21.9	141.9	122.6	86.4	23.4	0.0	直	未发	未发	轻	C
广东惠州市农科所	610.82	5.41	3	3/2	5/31	7/1	121	17.6	115.2	24.7	147.3	139.0	94.4	25.5	0.5	直	未发	未发	轻	A
广东清远市农技推广站	482.26	4.89	4	3/8	6/5	7/5	119	18.3	103.9	25.0	174.0	138.6	79.7	22.7	0.0	直	未发	未发	轻	A
广东肇庆市农科所	422.62	-1.90	12	3/3	5/28	7/5	124	15.7	101.9	21.3	160.5	140.6	87.6	23.7	0.0	直	未发	未发	轻	C
广西钦州市农科所	499.76	4.11	4	3/10	6/5	7/5	117	18.0	97.3	22.6	138.8	121.7	87.7	24.5	0.0	直	未发	未发	轻	A
广西区农业科学院水稻所	571.48	2.45	3	3/2	5/29	6/28	118	17.9	103.8	21.4	134.0	121.7	90.8	24.8	0.7	直	未发	未发	轻	B
广西玉林市农科所	555.14	4.06	2	3/9	5/28	6/26	109	18.4	104.3	21.7	148.5	135.5	91.2	23.9	0.0	直	未发	未发	轻	B

注：综合评级 A—好，B—较好，C—中等，D——般。

表 2-8-6　华南早籼 B 组（181011H-B）区试品种在各试点的产量、生育期及主要农艺经济性状表现

品种名称/试验点	亩产（千克）	比 CK ±%	产量位次	播种期（月/日）	齐穗期（月/日）	成熟期（月/日）	全生育期（天）	有效穗（万/亩）	株高（厘米）	穗长（厘米）	总粒数/穗	实粒数/穗	结实率（%）	千粒重（克）	杂株率（%）	倒伏性	穗颈瘟	白叶枯病	纹枯病	综合评级
裕优黄占																				
福建漳州市江东良种场	604.53	-3.04	10	3/2	6/9	7/21	141	19.2	118.0	24.9	278.7	246.0	88.3	24.5	0.0	直	未发	无	轻	B
广东高州市良种场	547.81	4.22	4	2/27	5/23	6/21	114	20.4	100.9	20.2	110.2	98.2	89.1	27.8	0.7	直	未发	未发	轻	B
广东广州市农业科学院	529.57	-8.28	10	2/28	6/1	7/2	124	17.3	107.2	22.3	136.1	116.4	85.5	26.3	0.0	直	未发	未发	轻	D
广东惠州市农科所	581.98	0.43	5	3/2	5/29	7/1	121	16.4	110.6	23.4	157.9	140.8	89.2	26.3	0.0	直	未发	未发	轻	B
广东清远市农技推广站	417.29	-9.24	11	3/8	6/5	7/5	119	16.6	105.7	24.5	180.9	128.8	71.2	24.9	0.0	直	未发	未发	轻	C
广东肇庆市农科所	470.10	9.13	6	3/3	5/30	7/3	122	17.7	106.8	21.2	145.9	121.4	83.2	24.9	0.0	直	未发	未发	轻	A
广西钦州市农科所	475.87	-0.87	10	3/10	6/10	7/10	122	16.7	103.7	21.1	141.7	120.8	85.3	26.1	0.0	直	未发	未发	轻	C
广西区农业科学院水稻所	550.14	-1.37	8	3/2	5/29	6/29	119	13.9	105.5	24.0	194.1	164.4	84.7	26.1	0.7	直	未发	未发	轻	B
广西玉林市农科所	478.46	-10.31	11	3/9	5/28	6/26	109	17.1	105.7	22.5	142.6	120.5	84.5	25.4	0.0	直	未发	未发	轻	D

注：综合评级 A—好，B—较好，C—中等，D——般。

表 2-8-7　华南早籼 B 组（181011H-B）区试品种在各试点的产量、生育期及主要农艺经济性状表现

品种名称/试验点	亩产（千克）	比 CK ±%	产量位次	播种期（月/日）	齐穗期（月/日）	成熟期（月/日）	全生育期（天）	有效穗（万/亩）	株高（厘米）	穗长（厘米）	总粒数/穗	实粒数/穗	结实率（%）	千粒重（克）	杂株率（%）	倒伏性	穗颈瘟	白叶枯病	纹枯病	综合评级
天优华占（CK）																				
福建漳州市江东良种场	623.52	0.00	8	3/2	6/11	7/13	133	18.0	113.0	24.2	241.9	222.7	92.1	23.0	0.0	直	未发	无	轻	B
广东高州市良种场	525.63	0.00	7	2/27	5/25	6/25	118	19.7	97.7	20.5	132.4	106.8	80.7	25.8	1.9	直	未发	未发	轻	C
广东广州市农业科学院	577.38	0.00	5	2/28	6/2	7/2	124	19.3	108.7	24.5	165.6	143.4	86.6	24.5	0.0	直	未发	未发	轻	B
广东惠州市农科所	579.48	0.00	6	3/2	5/31	7/2	122	18.2	102.6	22.7	143.2	125.2	87.4	25.6	0.0	直	未发	未发	中	B
广东清远市农技推广站	459.77	0.00	7	3/8	6/8	7/8	122	18.7	109.2	25.1	162.9	133.4	81.9	22.8	0.0	直	未发	未发	轻	A
广东肇庆市农科所	430.79	0.00	11	3/3	5/28	6/30	119	15.8	100.1	22.2	158.7	143.9	90.7	24.8	0.0	直	未发	未发	无	A
广西钦州市农科所	480.04	0.00	8	3/10	6/6	7/7	119	16.3	97.2	23.8	151.2	130.1	86.0	25.0	0.0	直	未发	未发	轻	B
广西区农业科学院水稻所	557.81	0.00	6	3/2	5/30	6/30	120	16.3	105.1	23.0	161.1	145.5	90.3	25.1	0.3	直	未发	未发	轻	C
广西玉林市农科所	533.47	0.00	5	3/9	5/30	6/29	112	18.8	105.2	21.4	140.5	128.3	91.3	23.9	0.0	直	未发	未发	轻	B

注：综合评级 A—好，B—较好，C—中等，D—一般。

表 2-8-8　华南早籼 B 组（181011H-B）区试品种在各试点的产量、生育期及主要农艺经济性状表现

品种名称/试验点	亩产（千克）	比 CK ±%	产量位次	播种期（月/日）	齐穗期（月/日）	成熟期（月/日）	全生育期（天）	有效穗（万/亩）	株高（厘米）	穗长（厘米）	总粒数/穗	实粒数/穗	结实率（%）	千粒重（克）	杂株率（%）	倒伏性	穗颈瘟	白叶枯病	纹枯病	综合评级
禅山占																				
福建漳州市江东良种场	640.85	2.78	3	3/2	6/15	7/14	134	16.2	114.3	24.0	240.1	204.3	85.1	22.3	0.0	直	未发	无	轻	A
广东高州市良种场	482.46	-8.21	10	2/27	5/30	6/23	116	22.8	99.4	21.7	108.6	95.2	87.7	22.9	1.3	直	未发	未发	轻	C
广东广州市农业科学院	517.08	-10.44	12	2/28	6/5	7/5	127	24.1	107.9	22.1	132.7	109.7	82.7	19.6	0.0	直	未发	未发	轻	D
广东惠州市农科所	517.80	-10.64	11	3/2	6/3	7/4	124	19.4	104.0	24.8	149.8	122.7	81.9	21.2	0.0	直	未发	未发	轻	C
广东清远市农技推广站	487.26	5.98	2	3/8	6/13	7/12	126	20.5	108.1	23.3	150.1	131.5	87.6	21.4	0.0	直	未发	未发	中	C
广东肇庆市农科所	436.12	1.24	10	3/3	6/3	7/6	125	18.4	107.6	22.8	145.5	123.7	85.0	20.8	0.0	直	未发	未发	轻	B
广西钦州市农科所	496.56	3.44	5	3/10	6/14	7/14	126	18.4	99.5	21.1	137.5	117.0	85.1	21.3	0.0	直	未发	未发	轻	B
广西区农业科学院水稻所	521.97	-6.43	11	3/2	6/4	7/1	121	16.5	108.4	23.3	162.6	148.3	91.2	21.4	1.2	直	未发	未发	轻	B
广西玉林市农科所	482.62	-9.53	10	3/9	6/3	7/1	114	20.4	107.2	21.1	125.5	114.8	91.5	21.2	0.0	直	未发	未发	轻	D

注：综合评级 A—好，B—较好，C—中等，D—一般。

表 2-8-9　华南早籼 B 组（181011H-B）区试品种在各试点的产量、生育期及主要农艺经济性状表现

品种名称/试验点	亩产（千克）	比CK ±%	产量位次	播种期（月/日）	齐穗期（月/日）	成熟期（月/日）	全生育期（天）	有效穗（万/亩）	株高（厘米）	穗长（厘米）	总粒数/穗	实粒数/穗	结实率（%）	千粒重（克）	杂株率（%）	倒伏性	穗颈瘟	白叶枯病	纹枯病	综合评级
固广油占																				
福建漳州市江东良种场	638.35	2.38	4	3/2	6/11	7/16	136	19.2	118.0	26.0	308.1	285.1	92.5	22.0	0.0	直	未发	无	轻	A
广东高州市良种场	464.45	-11.64	11	2/27	5/31	6/26	119	18.4	107.6	22.9	115.3	100.7	87.3	25.2	1.4	直	未发	未发	轻	C
广东广州市农业科学院	535.90	-7.18	8	2/28	6/7	7/7	129	18.1	112.2	23.8	182.5	139.8	76.6	19.6	0.0	直	未发	未发	轻	C
广东惠州市农科所	504.80	-12.89	12	3/2	6/6	7/7	127	17.4	114.4	23.5	157.5	133.9	85.0	22.6	0.0	直	未发	未发	轻	C
广东清远市农技推广站	443.11	-3.62	9	3/8	6/14	7/13	127	15.7	110.7	24.0	157.3	135.6	86.2	22.3	0.0	直	未发	未发	中	C
广东肇庆市农科所	449.11	4.25	8	3/3	6/3	7/5	124	17.1	106.9	25.3	163.7	140.6	85.9	22.4	0.0	直	未发	未发	轻	A
广西钦州市农科所	488.38	1.74	7	3/10	6/13	7/13	125	16.2	105.8	24.8	170.8	150.2	87.9	22.4	0.0	直	未发	未发	轻	B
广西区农业科学院水稻所	523.97	-6.07	10	3/2	6/4	7/2	122	15.5	112.2	25.6	172.2	138.3	80.3	23.1	0.9	直	未发	未发	轻	C
广西玉林市农科所	498.96	-6.47	8	3/9	6/5	7/3	116	18.1	109.4	25.6	144.3	131.8	91.3	22.6	0.0	直	未发	未发	轻	C

注：综合评级 A—好，B—较好，C—中等，D——一般。

表 2-8-10　华南早籼 B 组（181011H-B）区试品种在各试点的产量、生育期及主要农艺经济性状表现

品种名称/试验点	亩产（千克）	比CK ±%	产量位次	播种期（月/日）	齐穗期（月/日）	成熟期（月/日）	全生育期（天）	有效穗（万/亩）	株高（厘米）	穗长（厘米）	总粒数/穗	实粒数/穗	结实率（%）	千粒重（克）	杂株率（%）	倒伏性	穗颈瘟	白叶枯病	纹枯病	综合评级
香龙优 176																				
福建漳州市江东良种场	635.19	1.87	5	3/2	6/12	7/12	132	18.8	125.0	25.3	241.0	221.7	92.0	25.0	0.0	直	未发	无	轻	A
广东高州市良种场	550.81	4.79	2	2/27	5/30	6/26	119	18.3	114.6	24.3	129.6	110.9	85.6	27.3	1.4	直	未发	未发	轻	B
广东广州市农业科学院	584.54	1.24	4	2/28	6/4	7/6	128	15.4	121.1	25.6	169.5	141.5	83.5	25.2	0.0	直	未发	未发	轻	A
广东惠州市农科所	611.16	5.47	2	3/2	6/5	7/7	127	17.6	109.8	22.4	143.0	127.0	88.8	27.0	0.0	直	未发	未发	轻	A
广东清远市农技推广站	502.25	9.24	1	3/8	6/10	7/10	124	16.7	118.6	27.4	180.3	149.8	83.1	23.5	3.3	直	未发	未发	中	A
广东肇庆市农科所	533.90	23.94	1	3/3	6/4	7/7	126	16.5	116.0	25.4	179.9	147.0	81.7	25.6	0.0	直	未发	未发	中	A
广西钦州市农科所	507.46	5.71	2	3/10	6/13	7/13	125	15.2	114.7	26.6	162.3	138.1	85.1	26.6	0.0	直	未发	未发	轻	A
广西区农业科学院水稻所	573.48	2.81	2	3/2	6/5	7/3	123	16.7	117.6	24.0	162.7	118.8	73.0	26.3	0.0	直	未发	未发	轻	A
广西玉林市农科所	477.46	-10.50	12	3/9	6/6	7/5	118	17.1	113.5	26.4	134.4	121.2	90.2	25.4	0.0	直	未发	未发	轻	D

注：综合评级 A—好，B—较好，C—中等，D——一般。

表 2-8-11 华南早籼 B 组（181011H-B）区试品种在各试点的产量、生育期及主要农艺经济性状表现

品种名称/试验点	亩产（千克）	比CK ±%	产量位次	播种期（月/日）	齐穗期（月/日）	成熟期（月/日）	全生育期（天）	有效穗（万/亩）	株高（厘米）	穗长（厘米）	总粒数/穗	实粒数/穗	结实率（%）	千粒重（克）	杂株率（%）	倒伏性	穗颈瘟	白叶枯病	纹枯病	综合评级
隆8优华占																				
福建漳州市江东良种场	649.68	4.20	1	3/2	6/13	7/13	133	19.9	124.0	24.7	328.7	292.3	88.9	19.0	0.0	直	未发	无	轻	A
广东高州市良种场	562.98	7.11	1	2/27	5/31	6/27	120	22.9	105.0	22.4	108.5	89.7	82.7	27.7	1.2	直	未发	未发	轻	A
广东广州市农业科学院	615.86	6.66	1	2/28	6/3	7/4	126	19.5	108.0	25.0	181.6	142.4	78.4	24.3	0.0	直	未发	未发	轻	A
广东惠州市农科所	623.33	7.57	1	3/2	6/3	7/5	125	19.2	120.6	25.0	154.8	125.9	81.3	25.3	0.0	直	未发	未发	中	A
广东清远市农技推广站	486.43	5.80	3	3/8	6/8	7/8	122	19.5	104.8	23.9	168.6	138.4	82.1	21.9	0.0	直	未发	未发	中	A
广东肇庆市农科所	517.58	20.15	2	3/3	6/2	7/6	125	16.9	110.0	23.7	163.2	131.1	80.3	25.1	0.0	直	未发	未发	中	A
广西钦州市农科所	509.06	6.05	1	3/10	6/10	7/10	122	17.0	105.0	25.0	152.9	135.8	88.8	25.0	0.0	直	未发	未发	轻	A
广西区农业科学院水稻所	589.15	5.62	1	3/2	6/3	7/4	124	17.3	111.7	23.2	164.0	134.0	81.7	24.2	0.0	直	未发	未发	轻	B
广西玉林市农科所	495.79	-7.06	9	3/9	6/4	7/2	115	19.1	107.1	23.4	147.3	121.1	82.2	22.7	0.0	直	未发	未发	轻	C

注：综合评级 A—好，B—较好，C—中等，D——般。

表 2-8-12 华南早籼 B 组（181011H-B）区试品种在各试点的产量、生育期及主要农艺经济性状表现

品种名称/试验点	亩产（千克）	比CK ±%	产量位次	播种期（月/日）	齐穗期（月/日）	成熟期（月/日）	全生育期（天）	有效穗（万/亩）	株高（厘米）	穗长（厘米）	总粒数/穗	实粒数/穗	结实率（%）	千粒重（克）	杂株率（%）	倒伏性	穗颈瘟	白叶枯病	纹枯病	综合评级
汉两优美占																				
福建漳州市江东良种场	500.75	-19.69	12	3/2	6/12	7/16	136	14.1	124.0	25.4	259.1	221.0	85.3	22.5	0.0	直	未发	无	轻	B
广东高州市良种场	518.80	-1.30	8	2/27	5/28	6/26	119	20.8	109.2	22.4	121.3	107.1	88.3	25.3	0.6	直	未发	未发	轻	C
广东广州市农业科学院	597.87	3.55	2	2/28	6/3	7/5	127	17.6	110.2	25.9	175.0	135.3	77.3	24.3	0.0	直	未发	未发	轻	A
广东惠州市农科所	566.48	-2.24	7	3/2	6/2	7/5	125	16.8	114.4	23.9	157.5	130.0	82.5	24.2	0.5	直	未发	未发	中	C
广东清远市农技推广站	452.28	-1.63	8	3/8	6/10	7/9	123	16.5	113.5	24.8	170.2	135.0	79.3	22.2	0.0	直	未发	未发	轻	B
广东肇庆市农科所	476.26	10.56	5	3/3	5/30	7/4	123	16.2	111.5	24.9	170.8	139.3	81.6	24.3	0.0	直	未发	未发	轻	B
广西钦州市农科所	506.02	5.41	3	3/10	6/12	7/12	124	17.6	109.2	25.2	155.1	130.9	84.4	23.3	0.0	直	未发	未发	轻	A
广西区农业科学院水稻所	559.48	0.30	5	3/2	6/2	7/1	121	15.9	116.1	25.3	175.2	136.7	78.0	24.8	0.0	直	未发	未发	轻	C
广西玉林市农科所	511.63	-4.09	6	3/9	6/1	6/30	113	18.0	112.2	23.6	136.0	122.6	90.1	25.2	0.0	直	未发	未发	轻	C

注：综合评级 A—好，B—较好，C—中等，D——般。

表 2-9-1　华南早籼 B 组（181011H-B）生产试验品种在各试验点的产量、生育期、主要特征及田间抗性表现

品种名称/试验点	亩产（千克）	比CK ±%	增产位次	播种期（月/日）	齐穗期（月/日）	成熟期（月/日）	全生育期(天)	耐寒性	整齐度	杂株率（%）	株型	叶色	叶姿	长势	熟期转色	倒伏性	落粒性	叶瘟	穗颈瘟	白叶枯病	纹枯病
隆 8 优华占																					
福建龙海市东园镇农科所	541.18	11.15	1	2/22	6/9	7/12	140	未发	整齐	0.0	适中	浓绿	挺直	繁茂	好	直	中	未发	未发	无	轻
广东高州市良种场	590.59	4.55	3	2/27	5/30	6/28	121	未发	整齐	0.6	适中	绿	挺直	繁茂	好	直	中	未发	未发	未发	轻
广东肇庆市农科所	512.15	14.37	4	3/5	6/6	7/5	122	中	整齐	0.0	适中	浓绿	挺直	繁茂	好	直	中	未发	未发	未发	轻
广西区农业科学院水稻所	583.29	-2.24	4	3/6	6/12	7/9	125	未发	整齐	0.0	适中	浓绿	挺直	繁茂	好	直	易	未发	未发	未发	未发
广西玉林市农科所	516.22	3.06	3	3/9	6/2	7/1	114	中	一般	0.0	适中	浓绿	挺直	繁茂	好	直	易	轻	轻	未发	轻
香龙优 176																					
福建龙海市东园镇农科所	501.96	5.44	2	2/22	6/13	7/14	142	未发	整齐	0.0	适中	浓绿	挺直	繁茂	好	直	中	未发	未发	无	轻
广东高州市良种场	591.51	4.71	2	2/27	5/27	6/27	120	未发	整齐	1.9	适中	绿	挺直	繁茂	好	直	中	未发	未发	未发	轻
广东肇庆市农科所	514.35	14.87	2	3/5	6/6	7/9	126	中	整齐	0.0	适中	浓绿	挺直	繁茂	中	直	易	未发	未发	未发	无
广西区农业科学院水稻所	588.42	-1.77	3	3/6	6/13	7/10	126	未发	整齐	0.0	适中	绿	一般	繁茂	好	直	易	未发	未发	未发	未发
广西玉林市农科所	511.56	2.13	4	3/9	6/4	7/2	115	中	一般	0.0	适中	淡绿	披垂	繁茂	好	直	易	轻	无	未发	轻

表 2-9-2　华南早籼 B 组（181011H-B）生产试验品种在各试验点的产量、生育期、主要特征及田间抗性表现

品种名称/试验点	亩产（千克）	比CK ±%	增产位次	播种期（月/日）	齐穗期（月/日）	成熟期（月/日）	全生育期(天)	耐寒性	整齐度	杂株率（%）	株型	叶色	叶姿	长势	熟期转色	倒伏性	落粒性	叶瘟	穗颈瘟	白叶枯病	纹枯病
裕优美占																					
福建龙海市东园镇农科所	475.49	1.25	4	2/22	6/7	7/9	137	未发	整齐	0.0	适中	浓绿	挺直	繁茂	好	直	中	未发	未发	无	轻
广东高州市良种场	595.99	5.50	1	2/27	5/25	6/21	114	未发	整齐	0.6	适中	淡绿	挺直	繁茂	好	直	中	未发	未发	未发	轻
广东肇庆市农科所	459.97	2.72	5	3/5	6/1	7/7	124	中	整齐	0.0	适中	绿	一般	繁茂	好	直	易	未发	未发	未发	无
广西区农业科学院水稻所	546.51	-8.41	6	3/6	6/10	7/7	123	未发	一般	0.3	适中	绿	一般	繁茂	好	直	易	未发	未发	未发	未发
广西玉林市农科所	510.22	1.86	5	3/9	5/30	6/28	111	中	一般	0.0	适中	淡绿	一般	繁茂	好	直	中	无	无	未发	轻
天优华占（CK）																					
福建龙海市东园镇农科所	477.51	0.00	6	2/22	6/5	7/8	136	未发	整齐	0.0	适中	浓绿	一般	繁茂	好	倒	中	未发	未发	无	轻
广东高州市良种场	564.91	0.00	6	2/27	5/25	6/23	116	未发	整齐	1.5	适中	绿	挺直	繁茂	好	直	中	未发	未发	未发	轻
广东肇庆市农科所	447.78	0.00	6	3/5	6/1	7/6	123	中	整齐	0.0	适中	绿	挺直	一般	中	直	中	未发	未发	未发	无
广西区农业科学院水稻所	597.84	0.00	1	3/6	6/9	7/6	122	未发	整齐	0.3	适中	浓绿	一般	繁茂	好	直	易	未发	未发	未发	未发
广西玉林市农科所	500.90	0.00	6	3/9	5/30	6/28	111	中	一般	0.0	适中	绿	挺直	繁茂	好	直	中	无	无	未发	轻

第三章　2018 年华南感光晚籼组国家水稻品种试验汇总报告

一、试验概况

（一）试验目的

鉴定评价我国华南稻区新选育和引进的感光晚籼新品种（组合，下同）的丰产性、稳产性、适应性、抗性、米质及其他重要性状表现，为国家水稻品种审定提供科学依据。

（二）参试品种

区试品种 12 个，金龙优 3306、金两优大占、荃优合莉油占、韵两优 332、安丰优 5618、荃优美占为续试品种，其余品种均为新参试品种，以博优 998（CK）为对照；生产试验品种 4 个，也以博优 998（CK）作对照。品种编号、名称、类型、亲本组合、选育/供种单位见表 3-1。

（三）承试单位

区试点 11 个，生产试验点 5 个，分布在海南、广东、广西和福建 4 个省（区）。承试单位、试验地点、经纬度、海拔高度、试验负责人及执行人见表 3-2。

（四）试验设计、栽培管理与观察记载

各试验点均按《2018 年南方稻区国家水稻品种试验实施方案》及 NY/T 1300—2007《农作物品种区域试验技术规范　水稻》进行试验。

区试采用完全随机区组排列，3 次重复，小区面积 0.02 亩。生产试验采用大区随机排列，不设重复，大区面积 0.5 亩。

分区试、生产试验，同组试验所有品种同期播种、移栽，施肥水平中等偏上，其他栽培管理措施与当地大田生产相同。

观察记载项目与标准按 NY/T 1300—2007《农作物品种区域试验技术规范　水稻》以及《国家水稻品种试验观察记载项目、方法及标准》《南方稻区国家水稻品种区试及生产试验记载表》等的要求执行。

（五）特性鉴定

抗性鉴定：广东省农业科学院植保所、广西区农业科学院植保所和福建上杭县茶地乡农技站负责稻瘟病抗性鉴定，鉴定采用人工接菌与病区自然诱发相结合；广东省农业科学院植保所负责白叶枯病抗性鉴定；中国水稻研究所稻作发展中心负责稻飞虱抗性鉴定；广西区种子管理局负责品种纯度鉴定。鉴定种子由中国水稻研究所试验点统一提供，鉴定结果由广东省农业科学院植保所负责汇总。

米质分析：由广东高州市良种场、广西玉林市农科所和广西区农业科学院水稻所试验点分别提供样品，农业农村部稻米及制品质量监督检验测试中心负责检测分析。

DNA 指纹特异性与一致性：由中国水稻研究所国家水稻改良中心进行参试品种的特异性及续试、生产试验品种年度间的一致性鉴定。

（六）试验评价

依据 NY/T 1300—2007《农作物品种区域试验技术规范　水稻》、试验实地检查考察情况以及试

验点对试验实施情况和品种表现情况所做的说明，对各试验（鉴定）点试验（鉴定）结果的可靠性、有效性、准确性进行分析评估，确保试验质量。

2018 年广东肇庆市农科所区试和生产试验点鸟害严重、对照产量异常偏低，海南神农基因科技有限公司区试点试验异常、试验点声明试验结果不宜采用，海南省农业科学院粮作所区试点试验误差偏大、对照产量异常偏低，福建漳州江东良种场经考察组实地考察多个品种真实性难以确认，上述 4 个试验点的试验结果未纳入汇总；其余区试点、生产试验点以及特性鉴定点的试验（鉴定）结果正常，纳入汇总。

（七）品种评价

依据国家农作物品种审定委员会 2017 年发布的《主要农作物品种审定标准（国家级）》，对参试品种进行分析评价。

产量联合方差分析采用混合模型，品种间产量差异多重比较采用 Duncan's 新复极差法；参试品种的丰产性主要以品种在区试和生产试验中相对于对照品种产量衡量；参试品种的适应性主要以品种在区试和生产试验中比对照品种增产的试验点比例衡量；参试品种的稳产性主要以品种在年度间区试中相对于对照品种产量的差异变化程度衡量。

参试品种的生育期主要以全生育期比对照品种长短的天数衡量。

参试品种的抗性以指定的鉴定单位的鉴定结果为主要依据，对稻瘟病抗性的主要评价指标为综合指数和穗瘟损失率最高级，对其他病虫害抗性的主要评价指标为最高级。

参试品种的温度敏感性以结实率低于 65%的区试点数衡量。

参试品种的米质评价按照农业行业标准 NY/T 593—2013《食用稻品种品质》，分优质 1 级、优质 2 级、优质 3 级，未达到优质级的品种米质均为普通级。

二、结果分析

（一）产量

依据比对照增减产幅度衡量：在 2018 年区试品种中，产量高，比对照博优 998（CK）增产 5%以上的品种有荃优合莉油占、韵两优 332、韵两优丝占、荃优金 10 号等 4 个；产量较高，比博优 998（CK）增产 3%~5%的品种有安丰优 5618；产量中等，比对照增、减产在 3%以内的品种有荃优美占、金龙优 3306、望两优晶占、金两优大占、泼优国泰、广星优美占等 6 个；产量一般，比对照减产超过 3%的品种有广星优青占。

区试及生产试验产量汇总结果见表 3-3、表 3-4。

（二）生育期

依据全生育期比对照品种长短的天数衡量：在 2018 年区试品种中，熟期较早，比博优 998（CK）早熟的品种有金龙优 3306、金两优大占等 2 个；熟期适中，比博优 998（CK）迟熟不超过 5 天的品种有荃优合莉油占、韵两优 332、韵两优丝占、荃优金 10 号、安丰优 5618、荃优美占、望两优晶占等 7 个；熟期偏迟，比博优 998（CK）迟熟超过 5 天的品种有泼优国泰、广星优美占、广星优青占等 3 个。

区试及生产试验生育期汇总结果见表 3-3、表 3-4。

（三）主要农艺经济性状

区试品种有效穗、株高、每穗总粒数、每穗实粒数、结实率、千粒重等主要农艺经济性状汇总结果见表 3-3。

（四）抗性

根据 1~2 年鉴定结果，稻瘟病穗瘟损失率最高级 3 级的品种有韵两优 332、望两优晶占、荃优金

10号、广星优美占等4个；稻瘟病穗瘟损失率最高级5级的品种有荃优合莉油占、荃优美占、金龙优3306、广星优青占、泼优国泰、韵两优丝占等6个；稻瘟病穗瘟损失率最高级7级的品种有安丰优5618；稻瘟病穗瘟损失率最高级9级的品种有金两优大占、博优998（CK）等2个。

2018年区试品种在各稻瘟病抗性鉴定点的鉴定结果见表3-5，1~2年区试品种抗性鉴定汇总结果见表3-6。

（五）米质

依据农业行业标准NY/T 593—2013《食用稻品种品质》，根据1~2年检测结果：优质1级的品种有金龙优3306、韵两优332、荃优美占、望两优晶占、荃优金10号、泼优国泰、韵两优丝占等7个；优质3级的品种有金两优大占、荃优合莉油占、安丰优5618、广星优青占、博优998（CK）等5个；普通品种有广星优美占。

区试品种米质指标表现和综合评级结果见表3-7。

（六）品种在各试验点表现

区试品种在各试验点的表现情况见表3-8-1至表3-8-7，生产试验品种在各试验点的表现情况见表3-9-1至表3-9-2。

三、品种简评

（一）生产试验品种

1. 荃优合莉油占

2017年初试平均亩产493.83千克，比博优998（CK）增产5.71%，增产点比例87.5%。2018年续试平均亩产495.40千克，比博优998（CK）增产7.19%，增产点比例100.0%；两年区试平均亩产494.61千克，比博优998（CK）增产6.45%，增产点比例93.8%；2018年生产试验平均亩产501.12千克，比博优998（CK）增产13.10%，增产点比例100.0%。全生育期两年区试平均114.1天，比博优998（CK）迟熟1.2天。农艺性状表现：有效穗16.4万穗/亩，株高109.7厘米，穗长24.3厘米，每穗总粒数171.8粒，结实率80.2%，千粒重25.6克。抗性表现：稻瘟病综合指数平均级4.3级，穗瘟损失率最高级5级；白叶枯病平均级5级，最高级5级；褐飞虱平均级7级，最高级7级。米质主要指标：糙米率83.7%，精米率75.2%，整精米率67.3%，粒长6.6毫米，长宽比3.0，垩白粒率23.0%，垩白度4.8%，透明度1.0级，碱消值6.7级，胶稠度63.0毫米，直链淀粉含量20.9%，综合评级为部标优质3级。

2018年国家水稻品种试验年会审议意见：已完成试验程序，可以申报国家审定。

2. 安丰优5618

2017年初试平均亩产487.10千克，比博优998（CK）增产4.27%，增产点比例87.5%。2018年续试平均亩产476.75千克，比博优998（CK）增产3.16%，增产点比例71.4%；两年区试平均亩产481.93千克，比博优998（CK）增产3.72%，增产点比例79.5%；2018年生产试验平均亩产469.49千克，比博优998（CK）增产5.79%，增产点比例100.0%。全生育期两年区试平均117.0天，比博优998（CK）迟熟4.1天。农艺性状表现：有效穗16.6万穗/亩，株高103.5厘米，穗长22.4厘米，每穗总粒数174.4粒，结实率77.2%，千粒重24.9克。抗性表现：稻瘟病综合指数平均级3.9级，穗瘟损失率最高级7级；白叶枯病平均级7级，最高级7级；褐飞虱平均级8级，最高级9级。米质主要指标：糙米率83.3%，精米率74.6%，整精米率57.6%，粒长6.6毫米，长宽比3.0，垩白粒率30.0%，垩白度4.4%，透明度2.0级，碱消值5.5级，胶稠度79.0毫米，直链淀粉含量21.5%，综合评级为部标优质3级。

2018年国家水稻品种试验年会审议意见：已完成试验程序，可以申报国家审定。

3. 韵两优332

2017年初试平均亩产487.21千克，比博优998（CK）增产4.30%，增产点比例75.0%。2018年续试平均亩产489.61千克，比博优998（CK）增产5.94%，增产点比例100.0%；两年区试平均亩产488.41千克，比博优998（CK）增产5.11%，增产点比例87.5%；2018年生产试验平均亩产469.80千克，比博优998（CK）增产6.69%，增产点比例100.0%。全生育期两年区试平均117.5天，比博优998（CK）迟熟4.6天。农艺性状表现：有效穗17.2万穗/亩，株高109.4厘米，穗长25.5厘米，每穗总粒数161.6粒，结实率79.4%，千粒重25.5克。抗性表现：稻瘟病综合指数平均级2.9级，穗瘟损失率最高级3级；白叶枯病平均级5级，最高级5级；褐飞虱平均级8级，最高级9级。米质主要指标：糙米率82.6%，精米率74.2%，整精米率63.7%，粒长7.1毫米，长宽比3.2，垩白粒率5.0%，垩白度0.4%，透明度1.0级，碱消值7.0级，胶稠度69.0毫米，直链淀粉含量16.1%，综合评级为部标优质1级。

2018年国家水稻品种试验年会审议意见：已完成试验程序，可以申报国家品种审定。

4. 荃优美占

2017年初试平均亩产483.61千克，比博优998（CK）增产3.52%，增产点比例87.5%。2018年续试平均亩产475.46千克，比博优998（CK）增产2.88%，增产点比例71.4%；两年区试平均亩产479.53千克，比博优998（CK）增产3.20%，增产点比例79.5%；2018年生产试验平均亩产490.57千克，比博优998（CK）增产11.19%，增产点比例100.0%。全生育期两年区试平均115.0天，比博优998（CK）迟熟2.1天。农艺性状表现：有效穗16.5万穗/亩，株高108.0厘米，穗长24.1厘米，每穗总粒数168.5粒，结实率80.6%，千粒重27.3克。抗性表现：稻瘟病综合指数平均级3.2级，穗瘟损失率最高级5级；白叶枯病平均级5级，最高级5级；褐飞虱平均级8级，最高级9级。米质主要指标：糙米率83.1%，精米率74.9%，整精米率65.8%，粒长7.1毫米，长宽比3.2，垩白粒率5.0%，垩白度0.6%，透明度1.0级，碱消值6.9级，胶稠度72.0毫米，直链淀粉含量16.3%，综合评级为部标优质1级。

2018年国家水稻品种试验年会审议意见：已完成试验程序，可以申报国家品种审定。

（二）续试品种

1. 金两优大占

2017年初试平均亩产481.78千克，比博优998（CK）增产3.13%，增产点比例62.5%。2018年续试平均亩产465.16千克，比博优998（CK）增产0.65%，增产点比例42.9%；两年区试平均亩产473.47千克，比博优998（CK）增产1.9%，增产点比例52.7%。全生育期两年区试平均111.5天，比博优998（CK）早熟1.4天。农艺性状表现：有效穗17.8万穗/亩，株高110.0厘米，穗长22.1厘米，每穗总粒数136.4粒，结实率82.9%，千粒重27.1克。抗性表现：稻瘟病综合指数平均级6.0级，穗瘟损失率最高级9级；白叶枯病平均级6级，最高级7级；褐飞虱平均级8级，最高级9级。米质主要指标：糙米率82.7%，精米率74.5%，整精米率61.4%，粒长7.3毫米，长宽比3.5，垩白粒率12.0%，垩白度1.4%，透明度1.0级，碱消值5.6级，胶稠度74.0毫米，直链淀粉含量14.9%，综合评级为部标优质3级。

2018年国家水稻品种试验年会审议意见：终止试验。

2. 金龙优3306

2017年初试平均亩产440.77千克，比博优998（CK）减产5.65%，增产点比例12.5%。2018年续试平均亩产473.45千克，比博优998（CK）增产2.44%，增产点比例85.7%；两年区试平均亩产457.11千克，比博优998（CK）减产1.62%，增产点比例49.1%。全生育期两年区试平均112.7天，比博优998（CK）早熟0.2天。农艺性状表现：有效穗16.8万穗/亩，株高112.7厘米，穗长22.8厘米，每穗总粒数162.9粒，结实率77.5%，千粒重25.9克。抗性表现：稻瘟病综合指数平均级4.2级，穗瘟损失率最高级5级；白叶枯病平均级7级，最高级7级；褐飞虱平均级9级，最高级9级。米质主要指标：糙米率82.6%，精米率74.3%，整精米率63.4%，粒长7.4毫米，长宽比3.3，垩白粒率5.0%，垩白度0.4%，透明度1.0级，碱消值7.0级，胶稠度70.0毫米，直链淀粉含量16.8%，综合评级为部标优质1级。

2018年国家水稻品种试验年会审议意见：2019年进行生产试验。

（三）初试品种

1. 望两优晶占

2018 年初试平均亩产 467.94 千克，比博优 998（CK）增产 1.25%，增产点比例 71.4%。全生育期 116.4 天，比博优 998（CK）迟熟 2.5 天。农艺性状表现：有效穗 18.4 万穗/亩，株高 107.6 厘米，穗长 25.7 厘米，每穗总粒数 151.5 粒，结实率 78.5%，结实率小于 65%的点 0 个，千粒重 23.1 克。抗性表现：稻瘟病综合指数平均级 4.1 级，穗瘟损失率最高级 3 级；白叶枯病平均级 5 级，最高级 5 级；褐飞虱平均级 9 级，最高级 9 级。米质表现：糙米率 83.2%，精米率 75.0%，整精米率 66.4%，粒长 7.1 毫米，长宽比 3.5，垩白粒率 8.0%，垩白度 0.9%，透明度 1.0 级，碱消值 6.0 级，胶稠度 71.0 毫米，直链淀粉含量 16.6%，综合评级为部标优质 1 级。

2018 年国家水稻品种试验年会审议意见：2019 年续试并进行生产试验。

2. 荃优金 10 号

2018 年初试平均亩产 485.69 千克，比博优 998（CK）增产 5.09%，增产点比例 100.0%。全生育期 114.9 天，比博优 998（CK）迟熟 1.0 天。农艺性状表现：有效穗 16.6 万穗/亩，株高 105.3 厘米，穗长 24.0 厘米，每穗总粒数 157.3 粒，结实率 82.6%，结实率小于 65%的点 0 个，千粒重 27.8 克。抗性表现：稻瘟病综合指数平均级 3.8 级，穗瘟损失率最高级 3 级；白叶枯病平均级 7 级，最高级 7 级；褐飞虱平均级 7 级，最高级 7 级。米质表现：糙米率 82.7%，精米率 74.6%，整精米率 65.1%，粒长 7.1 毫米，长宽比 3.2，垩白粒率 5.0%，垩白度 0.6%，透明度 1.0 级，碱消值 7.0 级，胶稠度 75.0 毫米，直链淀粉含量 17.1%，综合评级为部标优质 1 级。

2018 年国家水稻品种试验年会审议意见：2019 年续试并进行生产试验。

3. 广星优青占

2018 年初试平均亩产 425.63 千克，比博优 998（CK）减产 7.90%，增产点比例 14.3%。全生育期 122.6 天，比博优 998（CK）迟熟 8.7 天。农艺性状表现：有效穗 13.9 万穗/亩，株高 106.7 厘米，穗长 23.6 厘米，每穗总粒数 185.7 粒，结实率 71.8%，结实率小于 65%的点 1 个，千粒重 27.2 克。抗性表现：稻瘟病综合指数平均级 4.1 级，穗瘟损失率最高级 5 级；白叶枯病平均级 1 级，最高级 1 级；褐飞虱平均级 7 级，最高级 7 级。米质表现：糙米率 83.1%，精米率 75.3%，整精米率 65.6%，粒长 7.3 毫米，长宽比 3.2，垩白粒率 20.0%，垩白度 2.8%，透明度 1.0 级，碱消值 6.3 级，胶稠度 74.0 毫米，直链淀粉含量 21.5%，综合评级为部标优质 3 级。

2018 年国家水稻品种试验年会审议意见：终止试验。

4. 泼优国泰

2018 年初试平均亩产 459.98 千克，比博优 998（CK）减产 0.47%，增产点比例 57.1%。全生育期 120.1 天，比博优 998（CK）迟熟 6.2 天。农艺性状表现：有效穗 17.6 万穗/亩，株高 104.0 厘米，穗长 24.7 厘米，每穗总粒数 149.7 粒，结实率 79.6%，结实率小于 65%的点 0 个，千粒重 27.0 克。抗性表现：稻瘟病综合指数平均级 4.3 级，穗瘟损失率最高级 5 级；白叶枯病平均级 9 级，最高级 9 级；褐飞虱平均级 9 级，最高级 9 级。米质表现：糙米率 82.6%，精米率 73.7%，整精米率 64.2%，粒长 7.2 毫米，长宽比 3.4，垩白粒率 5.0%，垩白度 0.5%，透明度 1.0 级，碱消值 6.1 级，胶稠度 74.0 毫米，直链淀粉含量 15.5%，综合评级为部标优质 1 级。

2018 年国家水稻品种试验年会审议意见：终止试验。

5. 广星优美占

2018 年初试平均亩产 451.03 千克，比博优 998（CK）减产 2.41%，增产点比例 42.9%。全生育期 121.7 天，比博优 998（CK）迟熟 7.8 天。农艺性状表现：有效穗 15.5 万穗/亩，株高 104.4 厘米，穗长 23.0 厘米，每穗总粒数 188.2 粒，结实率 74.1%，结实率小于 65%的点 1 个，千粒重 25.2 克。抗性表现：稻瘟病综合指数平均级 3.8 级，穗瘟损失率最高级 3 级；白叶枯病平均级 7 级，最高级 7 级；褐飞虱平均级 7 级，最高级 7 级。米质表现：糙米率 83.2%，精米率 74.3%，整精米率 63.7%，粒长 7.1 毫米，长宽比 3.2，垩白粒率 11.0%，垩白度 1.4%，透明度 1.0 级，碱消值 6.6 级，胶稠度 72.0 毫米，直链淀粉含量 22.1%，综合评级为部标普通。

2018 年国家水稻品种试验年会审议意见：终止试验。

6. 韵两优丝占

2018 年初试平均亩产 489. 55 千克，比博优 998（CK）增产 5. 93%，增产点比例 100. 0%。全生育期 114. 3 天，比博优 998（CK）迟熟 0. 4 天。农艺性状表现：有效穗 17. 6 万穗/亩，株高 104. 1 厘米，穗长 23. 4 厘米，每穗总粒数 150. 1 粒，结实率 85. 8%，结实率小于 65%的点 0 个，千粒重 25. 2 克。抗性表现：稻瘟病综合指数平均级 4. 5 级，穗瘟损失率最高级 5 级；白叶枯病平均级 5 级，最高级 5 级；褐飞虱平均级 9 级，最高级 9 级。米质表现：糙米率 82. 7%，精米率 75. 5%，整精米率 66. 1%，粒长 6. 8 毫米，长宽比 3. 1，垩白粒率 5. 0%，垩白度 0. 6%，透明度 1. 0 级，碱消值 6. 9 级，胶稠度 64. 0 毫米，直链淀粉含量 15. 9%，综合评级为部标优质 1 级。

2018 年国家水稻品种试验年会审议意见：2019 年续试并进行生产试验。

表 3-1　华南感光晚籼组（183011H）区试及生产试验参试品种基本情况

品种名称	试验编号	鉴定编号	品种类型	亲本组合	申请者（非个人）	选育/供种单位
区试						
金龙优 3306	1	9	杂交稻	金龙 A×R3306	广东省清远市农业技术推广站、中国种子集团有限公司三亚分公司、肇庆学院	中国种子集团有限公司三亚分公司
*望两优晶占	2	6	杂交稻	望 1S/晶占	湖南金健种业科技有限公司	湖南金健种业科技有限公司
*荃优金 10 号	3	8	杂交稻	荃 9311A/金恢 10 号	安徽荃银高科种业股份有限公司、深圳市金谷美香实业有限公司	安徽荃银高科种业股份有限公司
金两优大占	4	7	杂交稻	金 3S/大占	李传国	江西先农种业有限公司、高州市金诚农业科技有限公司
*广星优青占	5	1	杂交稻	广星 A（原名 63A）/金青占	广东鲜美种苗股份有限公司	广东鲜美种苗股份有限公司
荃优合莉油占	6	3	杂交稻	荃 9311A/合莉油占	广东省良种引进服务公司	广东省良种引进服务公司
*泼优国泰	7	2	杂交稻	泼 A/兆恢国泰	深圳市兆农农业科技有限公司	深圳市兆农农业科技有限公司
博优 998（CK）	8	4	杂交稻	博 A×广恢 998	广东省农业科学院水稻所	
*广星优美占	9	11	杂交稻	广星 A（原名 63A）/金美占	广州市金粤生物科技有限公司	广州市金粤生物科技有限公司
韵两优 332	10	12	杂交稻	韵 2013S/R332	广西恒晟种业有限公司、湖南民生种业科技有限公司	广西恒晟种业有限公司、湖南民生种业科技有限公司
安丰优 5618	11	5	杂交稻	安丰 A×广恢 5618	广东省农业科学院水稻研究所、广东省金稻种业有限公司	广东省农业科学院水稻研究所
*韵两优丝占	12	13	杂交稻	韵 2013S/丝占	广西恒晟种业有限公司、湖南民生种业科技有限公司	广西恒晟种业有限公司、湖南民生种业科技有限公司
荃优美占	13	10	杂交稻	荃 9311A/金美占	广州市金粤生物科技有限公司	广州市金粤生物科技有限公司
生产试验						
荃优合莉油占	1		杂交稻	荃 9311A/合莉油占	广东省良种引进服务公司	广东省良种引进服务公司
安丰优 5618	2		杂交稻	安丰 A×广恢 5618	广东省农业科学院水稻研究所、广东省金稻种业有限公司	广东省农业科学院水稻研究所
博优 998（CK）	3		杂交稻	博 A×广恢 998	广东省农业科学院水稻所	
韵两优 332	4		杂交稻	韵 2013S/R332	广西恒晟种业有限公司、湖南民生种业科技有限公司	广西恒晟种业有限公司、湖南民生种业科技有限公司
荃优美占	5		杂交稻	荃 9311A/金美占	广州市金粤生物科技有限公司	广州市金粤生物科技有限公司

*为 2018 年新参试品种。

表 3-2　华南感光晚籼组（183011H）区试及生产试验点基本情况

承试单位	试验地点	经度	纬度	海拔高度（米）	试验负责人及执行人
区试					
海南农业科学院粮作所	澄迈县永发镇	110°31′	20°01′	15.0	林朝上、王延春、陈健晓
海南神农基因科技有限公司	陵水县提蒙育种基地	109°48′	19°09′	10.0	高国富
广东广州市农业科学院	广州市南沙区万顷沙镇	113°32′	22°42′	1.0	戴修纯、梁青、陈伟雄、陈雪瑜、陈玉英、王俊杰
广东高州市良种场	高州市分界镇	110°55′	21°48′	31.0	吴辉、黄海勤
广东肇庆市农科所	肇庆市鼎湖区坑口	112°31′	23°10′	22.5	贾兴娜、慕容耀明、蔡海辉
广东惠州市农科所	惠州市汤泉	114°21′	23°11′	14.0	王惠昭、罗华峰、曾海泉
广东清远市农业科技推广中心	清远市清城区源潭镇	113°21′	23°05′	12.0	林建勇、温灶婵、陈明霞、陈国新
广西区农业科学院水稻所	南宁市	108°15′	22°51′	80.0	莫海玲、罗同平、雷琼英
广西玉林市农科所	玉林市仁东	110°03′	22°38′	80.0	陈海凤、何俊、莫振勇、赖汉、梁林生、唐霞、莫兴丙
广西钦州市农科所	钦州市钦北区大寺镇四联村	108°43′	22°07′	23.0	张辉松、宋国显、李钦、钱文军
福建漳州江东良种场	本场郭洲作业区	117°30′	24°18′	8.0	黄溪华、陈国跃、王国兴
生产试验					
广东肇庆市农科所	肇庆市鼎湖区坑口	112°31′	23°10′	22.5	贾兴娜、慕容耀明、蔡海辉
广东高州市良种场	高州市分界镇	110°55′	21°48′	31.0	吴辉、黄海勤
广西区农业科学院水稻所	南宁市	108°32′	22°56′	92.1	莫海玲、罗扬浪、罗志勇
广西玉林市农科所	玉林市仁东	110°03′	22°38′	80.0	陈海凤、何俊、莫振勇、赖汉、梁林生、唐霞、莫兴丙
福建龙海市东园镇农科所	龙海市东园镇	117°34′	24°11′	4.0	黄水龙、陈进明

表 3-3 华南感光晚籼组（183011H）区试品种产量、生育期及主要农艺经济性状汇总分析结果

品种名称	区试年份	亩产（千克）	比 CK± %	比 CK 增产点（%）	产量差异显著性		实率<65%点	全生育期（天）	比 CK± 天	有效穗（万/亩）	株高（厘米）	穗长（厘米）	总粒数/穗	实粒数/穗	结实率（%）	千粒重（克）
					5%	1%										
荃优合莉油占	2017—2018	494.61	6.45	93.8				114.1	1.2	16.4	109.7	24.3	171.8	137.8	80.2	25.6
韵两优 332	2017—2018	488.41	5.11	87.5				117.5	4.6	17.2	109.4	25.5	161.6	128.4	79.4	25.5
安丰优 5618	2017—2018	481.93	3.72	79.5				117.0	4.1	16.6	103.5	22.4	174.4	134.7	77.2	24.9
荃优美占	2017—2018	479.53	3.20	79.5				115.0	2.1	16.5	108.0	24.1	168.5	135.9	80.6	27.3
金龙优 3306	2017—2018	457.11	-1.62	49.1				112.7	-0.2	16.8	112.7	22.8	162.9	126.2	77.5	25.9
金两优大占	2017—2018	473.47	1.90	52.7				111.5	-1.4	17.8	110.0	22.1	136.4	113.1	82.9	27.1
博优 998（CK）	2017—2018	464.65	0.00	0.0				112.9	0.0	17.5	113.0	24.3	149.3	130.1	87.1	23.2
荃优合莉油占	2018	495.40	7.19	100.0	a	A	0	115.3	1.4	16.6	106.6	24.2	173.5	139.8	80.6	25.9
韵两优 332	2018	489.61	5.94	100.0	ab	A	0	118.4	4.5	16.8	105.7	25.2	161.4	130.8	81.1	26.0
韵两优丝占	2018	489.55	5.93	100.0	ab	A	0	114.3	0.4	17.6	104.1	23.4	150.1	128.8	85.8	25.2
荃优金 10 号	2018	485.69	5.09	100.0	b	AB	0	114.9	1.0	16.6	105.3	24.0	157.3	129.9	82.6	27.8
安丰优 5618	2018	476.75	3.16	71.4	c	BC	0	118.6	4.7	16.2	99.8	22.1	173.9	133.8	76.9	25.4
荃优美占	2018	475.46	2.88	71.4	cd	BCD	0	115.7	1.8	15.6	104.1	23.8	164.9	134.5	81.5	28.3
金龙优 3306	2018	473.45	2.44	85.7	cd	CD	0	113.4	-0.5	16.4	111.3	22.7	158.4	127.7	80.6	26.8
望两优晶占	2018	467.94	1.25	71.4	de	CDE	0	116.4	2.5	18.4	107.6	25.7	151.5	118.9	78.5	23.1
金两优大占	2018	465.16	0.65	42.9	e	DE	0	112.4	-1.5	17.0	106.9	22.1	137.0	115.8	84.5	27.7
博优 998（CK）	2018	462.16	0.00	0.0	e	E	0	113.9	0.0	17.0	107.0	23.8	150.7	132.8	88.1	23.6
泼优国泰	2018	459.98	-0.47	57.1	e	EF	0	120.1	6.2	17.6	104.0	24.7	149.7	119.1	79.6	27.0
广星优美占	2018	451.03	-2.41	42.9	f	F	1	121.7	7.8	15.5	104.4	23.0	188.2	139.5	74.1	25.2
广星优青占	2018	425.63	-7.90	14.3	g	G	1	122.6	8.7	13.9	106.7	23.6	185.7	133.3	71.8	27.2

表 3-4　华南感光晚籼组生产试验（183011H-S）品种产量、生育期及在各生产试验点综合评价等级

品种名称	荃优合莉油占	荃优美占	韵两优 332	安丰优 5618	博优 998（CK）
生产试验汇总表现					
全生育期（天）	116.0	116.0	119.8	119.3	114.0
比 CK±天	2.0	2.0	5.8	5.3	0.0
亩产（千克）	501.12	490.57	469.80	469.49	442.21
产量比 CK±%	13.10	11.19	6.69	5.79	0.00
增产点比例（%）	100.0	100.0	100.0	100.0	0.0
各生产试验点综合评价等级					
广西玉林市农科所	A	A	B	C	C
广西区农业科学院水稻所	A	A	B	B	C
广东高州市良种场	B	B	B	B	B
福建龙海市东园镇农科所	A	A	A	A	B

注：1. 因生产试验品种较多，个别试验点试验加设 CK 后安排在两块田中进行，表中产量比 CK±%系与同田块 CK 比较的结果。

2. 综合评价等级：A—好，B—较好，C—中等，D——般。

表 3-5　华南感光晚籼组（183011H）区试品种稻瘟病抗性各地鉴定结果（2018 年）

品种名称	福建					广西					广东				
	叶瘟级	穗瘟发病		穗瘟损失		叶瘟级	穗瘟发病		穗瘟损失		叶瘟级	穗瘟发病		穗瘟损失	
		%	级	%	级		%	级	%	级		%	级	%	级
广星优青占	3	14	5	5	1	4	57	9	12	3	1	92	9	18	5
泼优国泰	4	13	5	6	3	3	46	7	5	3	1	89	9	17	5
荃优合莉油占	3	11	5	4	1	4	77	9	15	5	2	87	9	16	5
博优 998（CK）	5	65	9	40	7	3	77	9	19	5	3	100	9	62	9
安丰优 5618	3	12	5	5	1	4	100	9	34	7	1	68	9	9	3
望两优晶占	4	21	5	10	3	3	63	9	14	3	1	77	9	11	3
金两优大占	5	72	9	38	7	5	70	9	25	5	3	100	9	69	9
荃优金 10 号	3	18	5	6	3	3	35	7	7	3	1	67	9	7	3
金龙优 3306	4	42	7	22	5	3	73	9	25	5	1	92	9	23	5
荃优美占	3	10	3	4	1	4	78	9	24	5	1	62	9	6	3
广星优美占	3	19	5	8	3	3	46	7	9	3	1	78	9	9	3
韵两优 332	3	8	3	3	1	4	41	7	4	1	1	72	9	7	3
韵两优丝占	4	19	5	11	3	4	72	9	18	5	1	72	9	9	3
感稻瘟病（CK）	7	100	9	73	9	7	100	9	75	9	6	100	9	100	9

注：1. 鉴定单位：广东省农业科学院植保所、广西区农业科学院植保所、福建省上杭县茶地乡农技站。

2. 感稻瘟病（CK）：广东为“广陆矮 4 号”，广西为“桂井 6 号”，福建为“龙黑糯 2 号+明恢 86”。

表 3-6　华南感光晚籼组（183011H）区试品种对主要病虫抗性综合评价结果（2017—2018 年）

品种名称	年份	稻瘟病							白叶枯病（级）			褐飞虱（级）		
		2018 年各地综合指数（级）				2018 年穗瘟损失率最高级	1~2 年综合评价		2018 年	1~2 年综合评价		2018 年	1~2 年综合评价	
		福建	广西	广东	平均		平均综合指数	穗瘟损失率最高级		平均	最高		平均	最高
荃优合莉油占	2017—2018	2.5	5.8	5.3	4.5	5	4.3	5	5	5	5	7	7	7
安丰优 5618	2017—2018	2.5	6.8	4.0	4.4	7	3.9	7	7	7	7	7	8	9
荃优美占	2017—2018	2.0	5.8	4.0	3.9	5	3.2	5	5	5	5	9	8	9
韵两优 332	2017—2018	2.0	3.3	4.0	3.1	3	2.9	3	5	5	5	9	8	9
金两优大占	2017—2018	7.0	6.0	7.5	6.8	9	6.0	9	7	6	7	7	8	9
金龙优 3306	2017—2018	5.3	5.5	5.0	5.3	5	4.2	5	7	7	7	9	9	9
博优 998（CK）	2017—2018	7.0	5.5	7.5	6.7	9	6.8	9	7	7	7	9	9	9
广星优青占	2018	2.5	4.8	5.0	4.1	5	4.1	5	1	1	1	7	7	7
泼优国泰	2018	3.8	4.0	5.0	4.3	5	4.3	5	9	9	9	9	9	9
望两优晶占	2018	3.8	4.5	4.0	4.1	3	4.1	3	5	5	5	9	9	9
荃优金 10 号	2018	3.5	4.0	4.0	3.8	3	3.8	3	7	7	7	7	7	7
广星优美占	2018	3.5	4.0	4.0	3.8	3	3.8	3	7	7	7	7	7	7
韵两优丝占	2018	3.8	5.8	4.0	4.5	5	4.5	5	5	5	5	9	9	9
博优 998（CK）	2018	7.0	5.5	7.5	6.7	9	6.7	9	7	7	7	9	9	9
感病虫（CK）	2018	8.5	8.5	8.3	8.4	9	8.4	9	9	9	9	9	9	9

注：1. 稻瘟病综合指数（级）= 叶瘟平均级×25%+穗瘟发病率平均级×25%+穗瘟损失率平均级×50%。
2. 白叶枯病、褐飞虱分别为广东省农业科学院植保所、中国水稻研究所稻作发展中心鉴定结果。
3. 感白叶枯病、感褐飞虱 CK 分别为金刚 30、TN1。

表 3-7 华南感光晚籼组（183011H）米质检测分析结果

品种名称	年份	糙米率（%）	精米率（%）	整精米率（%）	粒长（毫米）	长宽比	垩白粒率（%）	垩白度（%）	透明度（级）	碱消值（级）	胶稠度（毫米）	直链淀粉（%）	部标（等级）
金龙优 3306	2017—2018	82.6	74.3	63.4	7.4	3.3	5	0.4	1	7.0	70	16.8	优 1
金两优大占	2017—2018	82.7	74.5	61.4	7.3	3.5	12	1.4	1	5.6	74	14.9	优 3
荃优合莉油占	2017—2018	83.7	75.2	67.3	6.6	3.0	23	4.8	1	6.7	63	20.9	优 3
韵两优 332	2017—2018	82.6	74.2	63.7	7.1	3.2	5	0.4	1	7.0	69	16.1	优 1
安丰优 5618	2017—2018	83.3	74.6	57.6	6.6	3.0	30	4.4	2	5.5	79	21.5	优 3
荃优美占	2017—2018	83.1	74.9	65.8	7.1	3.2	5	0.6	1	6.9	72	16.3	优 1
博优 998（CK）	2017—2018	81.9	73.6	57.6	6.2	2.8	13	1.4	2	5.0	63	18.1	优 3
望两优晶占	2018	83.2	75.0	66.4	7.1	3.5	8	0.9	1	6.0	71	16.6	优 1
荃优金 10 号	2018	82.7	74.6	65.1	7.1	3.2	5	0.6	1	7.0	75	17.1	优 1
广星优青占	2018	83.1	75.3	65.6	7.3	3.2	20	2.8	1	6.3	74	21.5	优 3
泼优国泰	2018	82.6	73.7	64.2	7.2	3.4	5	0.5	1	6.1	74	15.5	优 1
广星优美占	2018	83.2	74.3	63.7	7.1	3.2	11	1.4	1	6.6	72	22.1	普通
韵两优丝占	2018	82.7	75.5	66.1	6.8	3.1	5	0.6	1	6.9	64	15.9	优 1
博优 998（CK）	2018	81.9	73.6	57.6	6.2	2.8	13	1.4	2	5.0	63	18.1	优 3

注：1. 供样单位：广西玉林市农科所（2017—2018 年）、广东高州市良种场（2017—2018 年）、广西钦州市农科所（2017 年）、广西区农业科学院水稻所（2018 年）。

2. 检测单位：农业农村部稻米及制品质量监督检验测试中心。

表 3-8-1 华南感光晚籼组（183011H）区试品种在各试点的产量、生育期及主要农艺经济性状表现

品种名称/试验点	亩产（千克）	比CK ±%	产量位次	播种期（月/日）	齐穗期（月/日）	成熟期（月/日）	全生育期（天）	有效穗（万/亩）	株高（厘米）	穗长（厘米）	总粒数/穗	实粒数/穗	结实率（%）	千粒重（克）	杂株率（%）	倒伏性	穗颈瘟	白叶枯病	纹枯病	综合评级
金龙优 3306																				
广东高州市良种场	458.78	-5.91	12	7/7	9/25	10/28	113	17.1	111.3	21.2	134.4	111.2	82.7	27.1	0.8	直	未发	未发	轻	C
广东广州市农业科学院	420.29	5.43	2	7/25	10/13	11/15	113	16.8	100.0	23.5	161.3	126.5	78.4	26.3	0.0	直	未发	未发	轻	A
广东惠州市农科所	493.74	2.96	10	7/18	10/4	11/10	115	15.2	105.8	20.6	172.8	148.9	86.2	26.6	0.0	直	未发	未发	未发	B
广东清远市农技推广站	467.27	5.25	5	7/11	9/28	11/3	115	17.7	116.7	24.7	147.6	122.2	82.8	27.3	0.0	直	未发	轻	轻	A
广西钦州市农科所	501.46	2.52	7	7/6	9/30	11/4	121	16.8	105.2	23.5	141.1	115.3	81.7	26.7	0.0	直	未发	中	轻	B
广西区农业科学院水稻所	508.13	1.53	7	7/14	9/26	11/2	111	13.9	126.6	24.1	219.9	160.8	73.1	26.6	0.0	直	未发	未发	轻	C
广西玉林市农科所	464.45	6.58	2	7/10	9/21	10/24	106	17.0	113.4	21.5	131.8	108.8	82.5	26.9	0.0	直	未发	未发	轻	B
望两优晶占																				
广东高州市良种场	519.97	6.63	3	7/7	9/29	11/2	118	19.4	110.9	23.7	151.3	127.1	84.0	23.3	1.2	直	未发	未发	轻	A
广东广州市农业科学院	406.47	1.96	7	7/25	10/15	11/14	112	18.8	104.0	25.3	143.9	100.4	69.8	22.9	0.5	直	未发	未发	轻	B
广东惠州市农科所	533.00	11.15	4	7/18	10/7	11/14	119	16.8	106.0	28.0	166.7	137.4	82.4	23.2	0.0	直	未发	未发	未发	B
广东清远市农技推广站	430.62	-3.00	9	7/11	10/2	11/7	119	21.4	104.6	25.5	117.9	94.5	80.2	24.5	0.0	直	未发	轻	中	B
广西钦州市农科所	490.63	0.31	11	7/6	9/30	11/3	120	17.9	103.3	24.6	136.4	117.2	85.9	22.6	0.0	直	未发	轻	轻	B
广西区农业科学院水稻所	456.12	-8.86	11	7/14	9/30	11/6	115	15.6	117.4	27.5	202.3	147.2	72.8	22.4	1.7	直	未发	未发	轻	D
广西玉林市农科所	438.78	0.69	7	7/10	9/28	10/30	112	19.2	106.8	25.0	141.8	108.6	76.6	22.6	0.0	直	未发	未发	轻	C

注：综合评级：A—好，B—较好，C—中等，D——般。

表 3-8-2　华南感光晚籼组（183011H）区试品种在各试点的产量、生育期及主要农艺经济性状表现

品种名称/试验点	亩产（千克）	比CK ±%	产量位次	播种期（月/日）	齐穗期（月/日）	成熟期（月/日）	全生育期（天）	有效穗（万/亩）	株高（厘米）	穗长（厘米）	总粒数/穗	实粒数/穗	结实率（%）	千粒重（克）	杂株率（%）	倒伏性	穗颈瘟	白叶枯病	纹枯病	综合评级
荃优金 10 号																				
广东高州市良种场	502.13	2.98	7	7/7	9/27	10/30	115	17.0	108.3	23.5	140.3	123.3	87.9	28.1	0.8	直	未发	未发	轻	C
广东广州市农业科学院	406.13	1.88	8	7/25	10/15	11/16	114	15.5	95.5	23.2	179.0	133.7	74.7	27.7	0.2	直	未发	未发	轻	C
广东惠州市农科所	555.56	15.85	1	7/18	10/7	11/14	119	20.8	102.8	25.1	168.4	133.0	79.0	27.6	0.0	直	未发	未发	未发	A
广东清远市农技推广站	463.10	4.31	6	7/11	9/29	11/4	116	18.2	105.5	23.7	126.5	108.2	85.5	29.7	0.0	直	未发	轻	轻	B
广西钦州市农科所	506.63	3.58	5	7/6	9/30	11/4	121	15.5	102.1	23.9	153.1	122.5	80.0	27.3	1.0	直	未发	轻	轻	B
广西区农业科学院水稻所	509.30	1.77	6	7/14	9/27	11/2	111	12.4	117.6	25.9	213.2	183.5	86.1	26.4	0.7	直	未发	未发	轻	C
广西玉林市农科所	456.95	4.86	5	7/10	9/23	10/26	108	16.6	105.1	22.5	120.8	105.4	87.3	27.8	0.0	直	未发	未发	轻	B
金两优大占																				
广东高州市良种场	485.96	-0.34	10	7/7	9/24	10/26	111	18.9	109.9	22.1	119.3	107.2	89.9	28.2	0.9	直	未发	未发	轻	C
广东广州市农业科学院	409.96	2.84	6	7/25	10/11	11/12	110	19.0	92.5	21.0	123.8	93.5	75.5	24.8	0.0	直	未发	未发	轻	B
广东惠州市农科所	497.08	3.66	9	7/18	10/3	11/11	116	19.2	99.8	21.8	149.5	135.4	90.6	28.6	0.0	直	未发	未发	未发	B
广东清远市农技推广站	438.95	-1.13	8	7/11	9/24	10/29	110	17.1	112.9	23.1	129.4	113.9	88.0	29.2	0.0	直	未发	中	轻	C
广西钦州市农科所	481.46	-1.57	13	7/6	9/30	11/4	121	15.3	102.5	21.9	132.7	116.3	87.6	27.6	0.0	直	未发	轻	轻	C
广西区农业科学院水稻所	535.64	7.03	2	7/14	9/25	11/3	112	14.2	123.2	23.8	171.5	142.1	82.9	27.4	0.0	直	未发	未发	轻	B
广西玉林市农科所	407.10	-6.58	12	7/10	9/21	10/25	107	15.5	107.8	21.1	132.9	102.1	76.8	28.4	5.0	直	未发	未发	轻	D

注：综合评级：A—好，B—较好，C—中等，D——一般。

表 3-8-3 华南感光晚籼组（183011H）区试品种在各试点的产量、生育期及主要农艺经济性状表现

品种名称/试验点	亩产（千克）	比CK ±%	产量位次	播种期（月/日）	齐穗期（月/日）	成熟期（月/日）	全生育期（天）	有效穗（万/亩）	株高（厘米）	穗长（厘米）	总粒数/穗	实粒数/穗	结实率（%）	千粒重（克）	杂株率（%）	倒伏性	穗颈瘟	白叶枯病	纹枯病	综合评级
广星优青占																				
广东高州市良种场	440.61	-9.64	13	7/7	10/5	11/3	119	13.7	110.4	22.8	160.3	140.6	87.7	27.8	0.7	直	未发	未发	轻	C
广东广州市农业科学院	395.14	-0.88	12	7/25	10/19	11/18	116	12.8	100.5	22.0	186.4	117.6	63.1	26.9	0.0	直	未发	未发	轻	D
广东惠州市农科所	466.17	-2.79	13	7/18	10/15	11/17	122	15.6	108.0	23.3	233.3	171.7	73.6	25.5	0.0	直	未发	未发	未发	C
广东清远市农技推广站	348.16	-21.58	13	7/11	10/12	11/17	129	14.2	104.0	22.9	164.7	115.6	70.2	28.2	5.3	直	未发	未发	轻	C
广西钦州市农科所	493.29	0.85	10	7/6	10/9	11/13	130	15.1	104.2	24.6	156.8	125.2	79.8	27.3	0.0	直	未发	轻	轻	B
广西区农业科学院水稻所	442.78	-11.53	13	7/14	10/7	11/12	121	10.9	113.7	24.5	236.8	156.1	65.9	27.0	1.5	直	未发	未发	轻	D
广西玉林市农科所	393.27	-9.76	13	7/10	10/8	11/8	121	14.8	106.2	25.3	161.6	106.6	66.0	27.8	0.0	直	未发	未发	轻	D
荃优合莉油占																				
广东高州市良种场	506.80	3.93	5	7/7	9/28	10/30	115	17.2	110.1	23.7	161.9	132.7	82.0	25.7	1.1	直	未发	未发	轻	B
广东广州市农业科学院	404.63	1.50	9	7/25	10/16	11/16	114	16.8	99.0	22.5	164.8	118.1	71.7	25.7	0.0	直	未发	未发	轻	C
广东惠州市农科所	554.72	15.68	2	7/18	10/7	11/14	119	15.2	102.0	24.3	226.2	181.8	80.4	25.5	0.0	直	未发	未发	轻	B
广东清远市农技推广站	498.09	12.19	1	7/11	9/30	11/4	116	19.6	106.5	24.3	145.8	124.8	85.6	27.0	0.0	直	未发	轻	中	A
广西钦州市农科所	495.29	1.26	9	7/6	9/30	11/4	121	16.6	102.9	24.6	146.9	118.2	80.5	26.1	0.0	直	未发	轻	轻	B
广西区农业科学院水稻所	529.30	5.76	4	7/14	9/28	11/5	114	14.0	117.4	27.0	223.5	184.9	82.7	24.9	0.3	直	未发	未发	轻	B
广西玉林市农科所	478.96	9.91	1	7/10	9/23	10/26	108	16.8	108.2	22.9	145.3	118.1	81.3	26.5	0.0	直	未发	未发	轻	A

注：综合评级：A—好，B—较好，C—中等，D——般。

表 3-8-4 华南感光晚籼组（183011H）区试品种在各试点的产量、生育期及主要农艺经济性状表现

品种名称/试验点	亩产（千克）	比 CK ±%	产量位次	播种期（月/日）	齐穗期（月/日）	成熟期（月/日）	全生育期（天）	有效穗（万/亩）	株高（厘米）	穗长（厘米）	总粒数/穗	实粒数/穗	结实率（%）	千粒重（克）	杂株率（%）	倒伏性	穗颈瘟	白叶枯病	纹枯病	综合评级
泼优国泰																				
广东高州市良种场	506.80	3.93	6	7/7	10/1	11/3	119	17.5	102.9	23.2	132.4	115.4	87.2	26.8	1.7	直	未发	未发	轻	B
广东广州市农业科学院	414.96	4.09	5	7/25	10/15	11/15	113	15.9	99.0	24.4	153.8	117.2	76.2	26.5	0.2	直	未发	未发	轻	B
广东惠州市农科所	498.75	4.01	8	7/18	10/11	11/16	121	19.2	107.2	27.2	180.4	156.3	86.6	26.8	0.0	直	未发	未发	未发	B
广东清远市农技推广站	372.32	-16.14	11	7/11	10/9	11/14	126	20.2	101.8	23.9	126.8	87.9	69.3	28.8	7.5	直	未发	未发	轻	C
广西钦州市农科所	508.30	3.92	4	7/6	10/8	11/10	127	16.2	101.2	23.1	132.9	113.5	85.4	27.3	0.0	直	未发	轻	轻	B
广西区农业科学院水稻所	498.79	-0.33	9	7/14	10/3	11/9	118	17.0	113.8	25.4	172.7	136.8	79.2	24.9	0.9	直	未发	未发	轻	C
广西玉林市农科所	419.94	-3.63	9	7/10	10/2	11/4	117	17.1	102.0	26.0	149.2	106.8	71.6	27.8	2.5	直	未发	未发	轻	C
博优 998（CK）																				
广东高州市良种场	487.62	0.00	9	7/7	9/25	10/26	111	20.2	109.9	21.3	129.9	118.0	90.8	23.1	1.5	直	未发	未发	轻	C
广东广州市农业科学院	398.64	0.00	11	7/25	10/9	11/11	109	15.8	94.5	25.1	164.2	141.9	86.4	23.9	0.0	直	未发	未发	轻	C
广东惠州市农科所	479.53	0.00	12	7/18	10/6	11/10	115	12.8	104.2	23.6	172.5	153.1	88.8	23.6	0.0	直	未发	未发	未发	C
广东清远市农技推广站	443.95	0.00	7	7/11	10/2	11/7	119	19.5	105.9	23.4	137.1	128.0	93.4	25.4	0.0	直	未发	轻	轻	B
广西钦州市农科所	489.12	0.00	12	7/6	9/27	11/1	118	17.2	105.0	24.0	145.7	123.7	84.9	23.3	0.0	直	未发	轻	轻	B
广西区农业科学院水稻所	500.46	0.00	8	7/14	9/29	11/5	114	15.3	123.8	25.3	164.8	149.5	90.7	22.5	2.6	直	未发	未发	轻	C
广西玉林市农科所	435.78	0.00	8	7/10	9/26	10/29	111	18.0	106.0	24.1	140.5	115.2	82.0	23.3	0.0	直	未发	未发	轻	C

注：综合评级：A—好，B—较好，C—中等，D——一般。

表 3-8-5 华南感光晚籼组（183011H）区试品种在各试点的产量、生育期及主要农艺经济性状表现

品种名称/试验点	亩产（千克）	比CK ±%	产量位次	播种期（月/日）	齐穗期（月/日）	成熟期（月/日）	全生育期（天）	有效穗（万/亩）	株高（厘米）	穗长（厘米）	总粒数/穗	实粒数/穗	结实率（%）	千粒重（克）	杂株率（%）	倒伏性	穗颈瘟	白叶枯病	纹枯病	综合评级
广星优美占																				
广东高州市良种场	501.63	2.87	8	7/7	10/1	11/3	119	16.5	101.8	22.1	137.9	122.6	88.9	26.1	1.8	直	未发	未发	轻	C
广东广州市农业科学院	378.65	-5.02	13	7/25	10/18	11/18	116	14.1	101.0	22.0	205.8	127.7	62.1	24.4	0.0	直	未发	未发	轻	D
广东惠州市农科所	514.62	7.32	6	7/18	10/14	11/16	121	15.2	105.2	23.1	262.2	194.6	74.2	23.2	0.0	直	未发	未发	轻	B
广东清远市农技推广站	368.98	-16.89	12	7/11	10/12	11/17	129	17.9	100.3	22.5	136.5	104.0	76.2	27.4	0.0	直	未发	轻	轻	C
广西钦州市农科所	518.47	6.00	1	7/6	10/7	11/10	127	16.0	104.6	22.9	160.0	139.9	87.4	24.9	0.0	直	未发	轻	轻	A
广西区农业科学院水稻所	455.45	-8.99	12	7/14	10/6	11/11	120	12.4	113.8	24.9	253.5	174.4	68.8	25.1	4.7	直	未发	未发	轻	D
广西玉林市农科所	419.44	-3.75	10	7/10	10/6	11/7	120	16.1	104.0	23.7	161.4	113.3	70.2	25.6	10.0	直	未发	未发	轻	D
韵两优 332																				
广东高州市良种场	521.47	6.94	2	7/7	10/2	11/3	119	16.6	107.5	24.2	150.4	131.1	87.2	27.0	1.0	直	未发	未发	轻	A
广东广州市农业科学院	419.29	5.18	3	7/25	10/17	11/17	115	17.1	103.0	23.2	163.7	127.4	77.8	23.1	0.0	直	未发	未发	轻	A
广东惠州市农科所	489.56	2.09	11	7/18	10/9	11/14	119	18.4	103.6	26.2	172.9	135.9	78.6	25.4	0.0	直	未发	未发	轻	B
广东清远市农技推广站	476.43	7.32	3	7/11	10/3	11/8	120	18.8	102.2	25.0	134.5	112.2	83.4	28.6	0.0	直	未发	轻	轻	A
广西钦州市农科所	515.96	5.49	3	7/6	10/5	11/9	126	15.8	103.3	25.8	165.9	136.5	82.3	25.3	0.0	直	未发	轻	轻	B
广西区农业科学院水稻所	546.81	9.26	1	7/14	9/30	11/8	117	14.5	117.9	26.1	196.5	154.6	78.7	26.2	0.9	直	未发	未发	轻	A
广西玉林市农科所	457.78	5.05	4	7/10	9/29	10/31	113	16.2	102.7	25.8	145.8	118.2	81.1	26.2	0.0	直	未发	未发	轻	B

注：综合评级：A—好，B—较好，C—中等，D——般。

表 3-8-6 华南感光晚籼组（183011H）区试品种在各试点的产量、生育期及主要农艺经济性状表现

品种名称/试验点	亩产（千克）	比 CK ±%	产量位次	播种期（月/日）	齐穗期（月/日）	成熟期（月/日）	全生育期（天）	有效穗（万/亩）	株高（厘米）	穗长（厘米）	总粒数/穗	实粒数/穗	结实率（%）	千粒重（克）	杂株率（%）	倒伏性	穗颈瘟	白叶枯病	纹枯病	综合评级
安丰优 5618																				
广东高州市良种场	530.80	8.86	1	7/7	9/30	11/1	117	16.6	103.6	21.0	139.3	123.8	88.9	26.0	0.9	直	未发	未发	轻	A
广东广州市农业科学院	418.29	4.93	4	7/25	10/12	11/12	110	15.8	94.5	21.0	153.6	118.8	77.3	24.2	0.2	直	未发	未发	轻	A
广东惠州市农科所	537.18	12.02	3	7/18	10/8	11/14	119	18.0	97.8	21.8	214.0	167.4	78.2	23.7	0.0	直	未发	未发	未发	A
广东清远市农技推广站	401.47	-9.57	10	7/11	10/6	11/10	122	16.3	97.5	21.9	164.3	122.7	74.7	26.3	0.0	直	未发	轻	中	C
广西钦州市农科所	499.79	2.18	8	7/6	10/8	11/11	128	15.3	99.6	21.7	159.3	133.9	84.1	26.1	0.0	直	未发	轻	轻	B
广西区农业科学院水稻所	493.96	-1.30	10	7/14	10/2	11/10	119	15.1	108.0	23.3	226.8	160.6	70.8	24.5	0.9	直	未发	未发	轻	C
广西玉林市农科所	455.78	4.59	6	7/10	10/1	11/2	115	16.1	97.5	24.1	160.0	109.2	68.3	27.0	0.0	直	未发	未发	轻	C
韵两优丝占																				
广东高州市良种场	507.80	4.14	4	7/7	9/28	10/27	112	19.0	102.4	22.8	141.6	120.1	84.8	25.7	1.0	直	未发	未发	轻	B
广东广州市农业科学院	436.95	9.61	1	7/25	10/11	11/13	111	17.4	91.5	23.6	151.4	116.1	76.7	23.9	0.0	直	未发	未发	轻	A
广东惠州市农科所	505.43	5.40	7	7/18	10/4	11/10	115	19.6	99.6	23.3	171.0	153.6	89.8	25.1	0.0	直	未发	未发	未发	B
广东清远市农技推广站	473.93	6.75	4	7/11	9/27	11/2	114	19.1	106.9	23.6	132.7	113.7	85.7	27.1	0.0	直	未发	中	轻	B
广西钦州市农科所	504.80	3.20	6	7/6	10/2	11/7	124	17.1	102.8	22.8	138.1	122.8	88.9	24.5	0.0	直	未发	中	轻	B
广西区农业科学院水稻所	533.97	6.70	3	7/14	9/28	11/4	113	15.1	118.3	24.6	165.6	146.2	88.3	25.2	1.5	直	未发	未发	轻	B
广西玉林市农科所	463.95	6.46	3	7/10	9/26	10/29	111	15.6	107.4	23.3	150.0	128.8	85.9	25.1	0.0	直	未发	未发	轻	B

注：综合评级：A—好，B—较好，C—中等，D——般。

表 3-8-7　华南感光晚籼组（183011H）区试品种在各试点的产量、生育期及主要农艺经济性状表现

品种名称/试验点	亩产（千克）	比CK ±%	产量位次	播种期（月/日）	齐穗期（月/日）	成熟期（月/日）	全生育期（天）	有效穗（万/亩）	株高（厘米）	穗长（厘米）	总粒数/穗	实粒数/穗	结实率（%）	千粒重（克）	杂株率（%）	倒伏性	穗颈瘟	白叶枯病	纹枯病	综合评级
荃优美占																				
广东高州市良种场	478.62	-0.19	11	7/7	9/28	10/31	116	17.1	105.3	23.0	134.9	115.7	85.8	28.5	0.9	直	未发	未发	轻	C
广东广州市农业科学院	400.97	0.58	10	7/25	10/17	11/18	116	16.3	88.0	22.9	149.0	112.7	75.6	28.6	0.0	直	未发	未发	轻	B
广东惠州市农科所	524.65	9.41	5	7/18	10/7	11/15	120	16.8	104.6	25.2	240.4	189.4	78.8	26.2	0.0	直	未发	未发	轻	B
广东清远市农技推广站	485.59	9.38	2	7/11	9/29	11/3	115	14.2	107.4	22.9	139.1	128.6	92.5	30.2	0.0	直	未发	轻	中	A
广西钦州市农科所	517.97	5.90	2	7/6	9/30	11/4	121	15.5	100.3	23.9	150.1	121.0	80.6	28.7	0.0	直	未发	轻	轻	A
广西区农业科学院水稻所	511.63	2.23	5	7/14	9/28	11/5	114	13.0	117.6	25.3	192.0	167.3	87.1	27.3	0.9	直	未发	未发	轻	B
广西玉林市农科所	408.77	-6.20	11	7/10	9/24	10/26	108	16.1	105.2	23.5	149.1	106.6	71.5	28.5	0.0	直	未发	未发	轻	D

注：综合评级：A—好，B—较好，C—中等，D——一般。

表 3-9-1　华南感光晚籼组生产试验（183011H-S）品种在各试点的产量、生育期、主要特征、田间抗性表现

品种名称/试验点	亩产（千克）	比 CK ±%	播种期（月/日）	齐穗期（月/日）	成熟期（月/日）	全生育期(天)	耐寒性	整齐度	杂株率（%）	株型	叶色	叶姿	长势	熟期转色	倒伏性	落粒性	叶瘟	穗颈瘟	白叶枯病	纹枯病
安丰优 5618																				
广西玉林市农科所	438.71	1.96	7/10	10/2	11/3	116	中	一般	0.0	适中	淡绿	一般	繁茂	中	直	易	未发	未发	轻	轻
广西区农业科学院水稻所	520.77	5.28	7/15	10/6	11/11	119	中	整齐	0.5	适中	绿	挺直	繁茂	好	直	易	未发	未发	轻	中
广东高州市良种场	434.17	5.32	7/7	9/29	11/1	117	未发	整齐	1.2	适中	绿	挺直	繁茂	好	直	中	未发	未发	轻	—
福建龙海市东园镇农科所	484.32	10.61	7/15	10/7	11/17	125	未发	整齐	0.0	适中	绿	一般	繁茂	好	直	中	未发	无	轻	轻
荃优合莉油占																				
广西玉林市农科所	492.89	14.55	7/10	9/24	10/27	109	中	整齐	0.0	适中	淡绿	一般	繁茂	好	直	易	未发	未发	轻	轻
广西区农业科学院水稻所	554.18	12.03	7/15	10/3	11/10	118	强	整齐	0.3	适中	绿	挺直	繁茂	好	直	易	未发	未发	轻	中
广东高州市良种场	502.91	22.00	7/7	9/28	10/31	116	未发	整齐	0.9	紧束	绿	挺直	繁茂	好	直	中	未发	未发	轻	—
福建龙海市东园镇农科所	454.51	3.81	7/15	10/4	11/13	121	未发	整齐	0.0	适中	绿	一般	繁茂	好	直	中	未发	无	轻	轻
荃优美占																				
广西玉林市农科所	481.93	12.00	7/10	9/25	10/28	110	中	整齐	0.0	适中	绿	一般	繁茂	好	直	中	未发	未发	轻	轻
广西区农业科学院水稻所	564.03	14.03	7/15	10/2	11/10	118	强	整齐	0.5	适中	绿	一般	繁茂	好	直	易	未发	未发	轻	中
广东高州市良种场	448.87	8.89	7/7	9/30	11/1	117	未发	整齐	0.7	紧束	绿	挺直	繁茂	好	直	中	未发	未发	轻	—
福建龙海市东园镇农科所	467.45	9.86	7/15	10/2	11/11	119	未发	整齐	0.0	适中	绿	一般	繁茂	好	直	易	未发	无	轻	轻

表 3-9-2 华南感光晚籼组生产试验（183011H-S）品种在各试点的产量、生育期、主要特征、田间抗性表现

品种名称/试验点	亩产（千克）	比CK ±%	播种期（月/日）	齐穗期（月/日）	成熟期（月/日）	全生育期(天)	耐寒性	整齐度	杂株率（%）	株型	叶色	叶姿	长势	熟期转色	倒伏性	落粒性	叶瘟	穗颈瘟	白叶枯病	纹枯病
韵两优 332																				
广西玉林市农科所	454.87	5.71	7/10	9/30	11/1	114	中	整齐	0.0	适中	浓绿	一般	繁茂	好	直	中	未发	未发	轻	轻
广西区农业科学院水稻所	522.20	5.57	7/15	10/6	11/12	120	中	整齐	0.7	适中	绿	挺直	繁茂	好	直	易	未发	未发	轻	中
广东高州市良种场	454.11	10.16	7/7	10/2	11/2	118	未发	整齐	1.1	紧束	绿	挺直	繁茂	好	直	中	未发	未发	轻	—
福建龙海市东园镇农科所	448.04	5.30	7/15	10/9	11/19	127	未发	整齐	0.0	紧束	绿	挺直	繁茂	好	直	易	未发	无	轻	轻
博优 998（CK）																				
广西玉林市农科所	430.29	0.00	7/10	9/26	10/29	111	中	一般	0.0	适中	淡绿	一般	繁茂	中	直	中	未发	未发	轻	轻
广西区农业科学院水稻所	494.65	0.00	7/15	9/30	11/8	116	中	整齐	0.9	适中	绿	一般	一般	中	直	易	未发	未发	轻	中
广东高州市良种场	412.23	0.00	7/7	9/24	10/25	110	未发	整齐	0.8	紧束	浓绿	挺直	繁茂	好	直	中	未发	未发	轻	—
福建龙海市东园镇农科所	431.67	0.00	7/15	10/2	11/11	119	未发	整齐	0.0	适中	浓绿	一般	繁茂	好	直	中	未发	无	轻	轻

第四章　2018年长江上游中籼迟熟A组国家水稻品种试验汇总报告

一、试验概况

（一）试验目的

鉴定评价我国长江上游稻区新选育和引进的中籼迟熟新品种（组合，下同）的丰产性、稳产性、适应性、抗性、米质及其他重要性状表现，为国家水稻品种审定提供科学依据。

（二）参试品种

区试品种10个，内香6优1号、C两优雅占为续试品种，其他为新参试品种，以F优498（CK）为对照。品种名称、类型、亲本组合、选育/供种单位见表4-1。

（三）承试单位

区试点17个，分布在贵州、陕西、四川、云南和重庆5个省市。承试单位、试验地点、经纬度、海拔高度、试验负责人及执行人见表4-2。

（四）试验设计、栽培管理与观察记载

各试验点均按《2018年南方稻区国家水稻品种试验实施方案》及NY/T 1300—2007《农作物品种区域试验技术规范　水稻》进行试验。

区试采用完全随机区组排列，3次重复，小区面积0.02亩。生产试验采用大区随机排列，不设重复，大区面积0.5亩。

分区试、生产试验，同组试验所有品种同期播种、移栽，施肥水平中等偏上，其他栽培管理措施与当地大田生产相同。

观察记载项目与标准按NY/T 1300—2007《农作物品种区域试验技术规范　水稻》以及《国家水稻品种试验观察记载项目、方法及标准》《南方稻区国家水稻品种区试及生产试验记载表》等的要求执行。

（五）特性鉴定

抗性鉴定：四川省农业科学院植保所、重庆涪陵区农科所和贵州湄潭县农业局植保站负责稻瘟病抗性鉴定，鉴定采用人工接菌与病区自然诱发相结合；中国水稻研究所稻作发展中心负责稻飞虱抗性鉴定。鉴定种子由中国水稻研究所试验点统一提供，鉴定结果由四川省农业科学院植保所负责汇总。湖北恩施州农业科学院和华中农业大学植科院分别负责生产试验品种的抽穗期耐冷性和耐热性鉴定。

米质分析：由陕西汉中市农科所、云南红河州农科所和四川内江杂交水稻科技开发中心试验点提供样品，农业农村部稻米及制品质量监督检验测试中心负责检测分析。

DNA指纹特异性与一致性：由中国水稻研究所国家水稻改良中心进行参试品种的特异性及续试、生产试验品种年度间的一致性鉴定。

（六）试验评价

依据NY/T 1300—2007《农作物品种区域试验技术规范　水稻》、试验实地检查考察情况以及试验点对试验实施情况和品种表现情况所做的说明，对各试验（鉴定）点试验（鉴定）结果的可靠性、

有效性、准确性进行分析评估，确保试验质量。

2018 年云南德宏州种子站区试点、红河州农科所区试点和生产试验点稻瘟病重发导致对照产量水平异常偏低，贵州湄潭县种子站生产试验点遭遇旱灾试验报废，四川蓬安县种子站生产试验点测产实收面积仅有 11 米^2，上述 4 个试验点的试验结果未纳入汇总；其余区试点、生产试验点以及特性鉴定点的试验（鉴定）结果正常，纳入汇总。

（七）品种评价

依据国家农作物品种审定委员会 2017 年发布的《主要农作物品种审定标准（国家级）》，对参试品种进行分析评价。

产量联合方差分析采用混合模型，品种间产量差异多重比较采用 Duncan's 新复极差法；参试品种的丰产性主要以品种在区试和生产试验中相对于对照品种产量衡量；参试品种的适应性主要以品种在区试和生产试验中比对照品种增产的试验点比例衡量；参试品种的稳产性主要以品种在年度间区试中相对于对照品种产量的差异变化程度衡量。

参试品种的生育期主要以全生育期比对照品种长短的天数衡量。

参试品种的抗性以指定的鉴定单位的鉴定结果为主要依据，对稻瘟病抗性的主要评价指标为综合指数和穗瘟损失率最高级，对其他病虫害抗性的主要评价指标为最高级。

参试品种的温度敏感性以结实率低于 70%的区试点数衡量。

参试品种的米质评价按照农业行业标准 NY/T 593—2013《食用稻品种品质》，分优质 1 级、优质 2 级、优质 3 级，未达到优质级的品种米质均为普通级。

二、结果分析

（一）产量

依据比对照增减产幅度衡量：在 2018 年区试品种中，产量中等，比 F 优 498（CK）增、减产 3%以内的品种有宜优 2217、内香 6 优一号、神农优 452、恒优 336、望两优 131、珍香优 727、C 两优新华粘、创两优 513、C 两优雅占等 9 个；产量一般，比 F 优 498（CK）减产超过 3%的品种有川康优美香新占。

区试产量汇总结果见表 4-3。

（二）生育期

依据全生育期比对照品种长短的天数衡量：在 2018 年区试品种中，熟期较早，比 F 优 498（CK）早熟的品种有恒优 336、望两优 131 等 2 个；熟期适中，比 F 优 498（CK）迟熟不超过 5 天的品种有宜优 2217、内香 6 优一号、神农优 452、珍香优 727、C 两优新华粘、创两优 513、C 两优雅占、川康优美香新占等 8 个。

区试生育期汇总结果见表 4-3。

（三）主要农艺经济性状

区试品种有效穗、株高、每穗总粒数、每穗实粒数、结实率、千粒重等主要农艺经济性状汇总结果见表 4-3。

（四）抗性

根据 1~2 年鉴定结果，稻瘟病穗瘟损失率最高级 3 级的品种有神农优 452；稻瘟病穗瘟损失率最高级 5 级的品种有川康优美香新占、望两优 131 等 2 个；稻瘟病穗瘟损失率最高级 7 级的品种有内香 6 优一号、C 两优雅占、宜优 2217、恒优 336、C 两优新华粘、创两优 513、珍香优 727 等 7 个；稻瘟病穗瘟损失率最高级 9 级的品种有 F 优 498（CK）。

2018 年区试品种在各稻瘟病抗性鉴定点的鉴定结果见表 4-4，1~2 年区试品种抗性鉴定汇总结果见表 4-5。

（五）米质

依据农业行业标准 NY/T 593—2013《食用稻品种品质》，根据 1~2 年检测结果：优质 2 级的品种有神农优 452、川康优美香新占等 2 个；优质 3 级的品种有珍香优 727、望两优 131、创两优 513 等 3 个；普通品种有内香 6 优一号、C 两优雅占、C 两优新华粘、宜优 2217、恒优 336、F 优 498（CK）等 6 个。

区试参试品种米质指标表现及等级见表 4-6。

（六）品种在各试验点表现

区试品种在各试验点的表现情况见表 4-7-1 至表 4-7-11。

三、品种简评

（一）续试品种

1. 内香 6 优 1 号

2017 年初试平均亩产 663. 15 千克，比 F 优 498（CK）增产 4. 21%，增产点比例 86. 7%；2018 年续试平均亩产 637. 49 千克，比 F 优 498（CK）增产 1. 42%，增产点比例 60. 0%；两年区试平均亩产 650. 32 千克，比 F 优 498（CK）增产 2. 83%，增产点比例 73. 3%。全生育期两年区试平均 154. 5 天，比 F 优 498（CK）迟熟 3. 3 天。主要农艺性状表现：有效穗 16. 6 万穗/亩，株高 115. 2 厘米，穗长 26. 1 厘米，每穗总粒数 171. 2 粒，结实率 82. 4%，千粒重 29. 4 克。抗性：稻瘟病综合指数 3. 9 级，穗瘟损失率最高级 7 级；褐飞虱平均级 9 级，最高级 9 级。米质主要指标：糙米率 82. 1%，精米率 72. 7%、整精米率 57. 5%，粒长 7. 0 毫米，长宽比 2. 9，垩白粒率 33%，垩白度 4. 4%，透明度 1 级，碱消值 4. 5 级，胶稠度 79 毫米，直链淀粉含量 14. 5%，综合评级为部标普通。

2018 年国家水稻品种试验年会审议意见：终止试验。

2. C 两优雅占

2017 年初试平均亩产 662. 60 千克，比 F 优 498（CK）增产 4. 13%，增产点比例 80. 0%。2018 年续试平均亩产 610. 07 千克，比 F 优 498（CK）减产 2. 94%，增产点比例 33. 3%；两年区试平均亩产 636. 34 千克，比 F 优 498（CK）增产 0. 62%，增产点比例 56. 7%。全生育期两年区试平均 153. 5 天，比 F 优 498（CK）迟熟 2. 3 天。主要农艺性状表现：有效穗 16. 4 万穗/亩，株高 104. 7 厘米，穗长 22. 8 厘米，每穗总粒数 203. 8 粒，结实率 80. 3%，千粒重 24. 6 克。抗性：稻瘟病综合指数 3. 7 级，穗瘟损失率最高级 7 级；褐飞虱平均级 8 级，最高级 9 级。米质主要指标：糙米率 80. 8%，精米率 72. 5%、整精米率 66. 4%，粒长 6. 6 毫米，长宽比 3. 0，垩白粒率 17%，垩白度 1. 8%，透明度 1 级，碱消值 4. 6 级，胶稠度 75 毫米，直链淀粉含量 15. 4%，综合评级为部标普通。

2018 年国家水稻品种试验年会审议意见：终止试验。

（二）初试品种

1. 宜优 2217

2018 年初试平均亩产 643. 37 千克，比 F 优 498（CK）增产 2. 36%，增产点比例 80. 0%。全生育期 151. 0 天，比 F 优 498（CK）迟熟 1. 9 天。主要农艺性状表现：有效穗 14. 4 万穗/亩，株高 125. 5 厘米，穗长 26. 6 厘米，每穗总粒数 198. 0 粒，结实率 82. 8%，结实率低于 70%的点 0 个，千粒重 28. 7 克。抗性：稻瘟病综合指数 6. 3 级，穗瘟损失率最高级 7 级；褐飞虱平均级 9 级，最高级 9 级。米质主要指标：糙米率 80. 6%，精米率 71. 9%、整精米率 47. 2%，粒长 7. 0 毫米，长宽比 3. 0，垩白粒率 15%，垩白度 2. 5%，透明度 1 级，碱消值 7. 0 级，胶稠度 75 毫米，直链淀粉含量 17. 0%，综合评级为部标普通。

2018 年国家水稻品种试验年会审议意见：终止试验。

2. 神农优 452

2018 年初试平均亩产 636. 97 千克，比 F 优 498（CK）增产 1. 34%，增产点比例 66. 7%。全生育期 151. 0 天，比 F 优 498（CK）迟熟 1. 9 天。主要农艺性状表现：有效穗 15. 2 万穗/亩，株高 118. 5 厘米，穗长 24. 4 厘米，每穗总粒数 208. 1 粒，结实率 82. 3%，结实率低于 70%的点 1 个，千粒重 25. 9 克。抗性：稻瘟病综合指数 2. 8 级，穗瘟损失率最高 3 级；褐飞虱平均级 9 级，最高级 9 级。米质主要指标：糙米率 82. 1%，精米率 71. 8%、整精米率 64. 6%，粒长 6. 7 毫米，长宽比 3. 1，垩白粒率 10%，垩白度 1. 3%，透明度 1 级，碱消值 6. 8 级，胶稠度 70 毫米，直链淀粉含量 17. 2%，综合评级为部标优质 2 级。

2018 年国家水稻品种试验年会审议意见：2019 年续试并进行生产试验。

3. 恒优 336

2018 年初试平均亩产 636. 84 千克，比 F 优 498（CK）增产 1. 32%，增产点比例 60. 0%。全生育期 147. 9 天，比 F 优 498（CK）早熟 1. 2 天。主要农艺性状表现：有效穗 15. 1 万穗/亩，株高 113. 1 厘米，穗长 23. 7 厘米，每穗总粒数 206. 3 粒，结实率 85. 3%，结实率低于 70%的点 0 个，千粒重 25. 2 克。抗性：稻瘟病综合指数 5. 0 级，穗瘟损失率最高 7 级；褐飞虱平均级 9 级，最高级 9 级。米质主要指标：糙米率 81. 8%，精米率 72. 4%、整精米率 48. 4%，粒长 6. 9 毫米，长宽比 3. 2，垩白粒率 12%，垩白度 1. 7%，透明度 1 级，碱消值 5. 1 级，胶稠度 73 毫米，直链淀粉含量 15. 3%，综合评级为部标普通。

2018 年国家水稻品种试验年会审议意见：终止试验。

4. 望两优 131

2018 年初试平均亩产 625. 04 千克，比 F 优 498（CK）减产 0. 56%，增产点比例 46. 7%。全生育期 148. 1 天，比 F 优 498（CK）早熟 1. 0 天。主要农艺性状表现：有效穗 16. 3 万穗/亩，株高 105. 3 厘米，穗长 24. 7 厘米，每穗总粒数 187. 6 粒，结实率 86. 1%，结实率低于 70%的点 1 个，千粒重 24. 8 克。抗性：稻瘟病综合指数 4. 4 级，穗瘟损失率最高 5 级；褐飞虱平均级 9 级，最高级 9 级。米质主要指标：糙米率 81. 7%，精米率 73. 0%、整精米率 64. 0%，粒长 6. 8 毫米，长宽比 3. 2，垩白粒率 8%，垩白度 1. 2%，透明度 1 级，碱消值 5. 5 级，胶稠度 78 毫米，直链淀粉含量 15. 7%，综合评级为部标优质 3 级。

2018 年国家水稻品种试验年会审议意见：终止试验。

5. 珍香优 727

2018 年初试平均亩产 624. 33 千克，比 F 优 498（CK）减产 0. 67%，增产点比例 46. 7%。全生育期 149. 3 天，比 F 优 498（CK）迟熟 0. 2 天。主要农艺性状表现：有效穗 14. 4 万穗/亩，株高 116. 4 厘米，穗长 25. 0 厘米，每穗总粒数 186. 9 粒，结实率 86. 6%，结实率低于 70%的点 0 个，千粒重 29. 4 克。抗性：稻瘟病综合指数 3. 9 级，穗瘟损失率最高 7 级；褐飞虱平均级 9 级，最高级 9 级。米质主要指标：糙米率 82. 1%，精米率 72. 6%、整精米率 62. 5%，粒长 7. 3 毫米，长宽比 3. 2，垩白粒率 33%，垩白度 3. 6%，透明度 2 级，碱消值 5. 8 级，胶稠度 72 毫米，直链淀粉含量 16. 9%，综合评级为部标优质 3 级。

2018 年国家水稻品种试验年会审议意见：终止试验。

6. C 两优新华粘

2018 年初试平均亩产 617. 43 千克，比 F 优 498（CK）减产 1. 77%，增产点比例 33. 3%。全生育期 149. 2 天，比 F 优 498（CK）迟熟 0. 1 天。主要农艺性状表现：有效穗 16. 1 万穗/亩，株高 107. 4 厘米，穗长 22. 4 厘米，每穗总粒数 189. 8 粒，结实率 84. 1%，结实率低于 70%的点 0 个，千粒重 25. 4 克。抗性：稻瘟病综合指数 4. 7 级，穗瘟损失率最高 7 级；褐飞虱平均级 9 级，最高级 9 级。米质主要指标：糙米率 81. 0%，精米率 73. 3%、整精米率 66. 2%，粒长 6. 7 毫米，长宽比 3. 1，垩白粒率 22%，垩白度 3. 0%，透明度 1 级，碱消值 4. 7 级，胶稠度 80 毫米，直链淀粉含量 15. 7%，综合评级为部标普通。

2018 年国家水稻品种试验年会审议意见：终止试验。

7. 创两优 513

2018 年初试平均亩产 610. 25 千克，比 F 优 498（CK）减产 2. 91%，增产点比例 53. 3%。全生育期 149.2 天，比 F 优 498（CK）迟熟 0.1 天。主要农艺性状表现：有效穗 16.5 万穗/亩，株高 108.4 厘米，穗长 22.3 厘米，每穗总粒数 204.1 粒，结实率 82.9%，结实率低于 70%的点 1 个，千粒重 22.4 克。抗性：稻瘟病综合指数 4.5 级，穗瘟损失率最高 7 级；褐飞虱平均级 9 级，最高级 9 级。米质主要指标：糙米率 81.4%，精米率 72.0%、整精米率 63.5%，粒长 6.5 毫米，长宽比 3.3，垩白粒率 6%，垩白度 0.5%，透明度 1 级，碱消值 5.2 级，胶稠度 76 毫米，直链淀粉含量 16.3%，综合评级为部标优质 3 级。DNA 指纹鉴定结果：与 2012 年南方稻区国家水稻品种试验参试品种 C 两优 513 特异性不明显。

2018 年国家水稻品种试验年会审议意见：终止试验。

8. 川康优美香新占

2018 年初试平均亩产 586.03 千克，比 F 优 498（CK）减产 6.67%，增产点比例 26.7%。全生育期 151.4 天，比 F 优 498（CK）迟熟 2.3 天。主要农艺性状表现：有效穗 17.0 万穗/亩，株高 105.7 厘米，穗长 23.3 厘米，每穗总粒数 191.0 粒，结实率 77.9%，结实率低于 70%的点 4 个，千粒重 25.6 克。抗性：稻瘟病综合指数 3.9 级，穗瘟损失率最高 5 级；褐飞虱平均级 9 级，最高级 9 级。米质主要指标：糙米率 81.2%，精米率 71.8%、整精米率 61.1%，粒长 7.1 毫米，长宽比 3.3，垩白粒率 8%，垩白度 1.1%，透明度 1 级，碱消值 6.6 级，胶稠度 71 毫米，直链淀粉含量 17.6%，综合评级为部标优质 2 级。

2018 年国家水稻品种试验年会审议意见：终止试验。

表 4-1　长江上游中籼迟熟 A 组（182411NS-A）区试参试品种基本情况

品种名称	试验编号	鉴定编号	品种类型	亲本组合	申请者（非个人）	选育/供种单位
内香 6 优一号	1	3	杂交稻	内香 6A/多系一号	四川丰大农业科技有限责任公司	四川丰大农业科技有限责任公司、内江杂交水稻科技开发中心
*神农优 452	2	7	杂交稻	神农 4A/Q 恢 52	重庆中一种业有限公司	重庆中一种业有限公司
*C 两优新华粘	3	5	杂交稻	C815S×新华粘	湖南永益农业科技发展有限公司	湖南永益农业科技发展有限公司
F 优 498（CK）	4	8	杂交稻	江育 F32A×蜀恢 498		四川农业大学水稻研究所
*珍香优 727	5	10	杂交稻	珍香 A/成恢 727	四川农业大学	四川农业大学
*宜优 2217	6	1	杂交稻	宜香 1A×R2217	贵州卓豪农业科技股份有限公司	贵州卓豪农业科技股份有限公司
C 两优雅占	7	11	杂交稻	C815S/雅占	四川智慧高地种业有限公司	江西天涯种业有限公司
*望两优 131	8	6	杂交稻	望 1S×R131	安徽新安种业有限公司	安徽新安种业有限公司
*恒优 336	9	4	杂交稻	恒丰 A/16T-336	湖南金健种业科技有限公司	湖南金健种业科技有限公司
*川康优美香新占	10	2	杂交稻	川康 606A/美香新占	安徽赛诺种业有限公司	安徽赛诺种业有限公司、金谷国际水稻科学院（广东）有限公司、四川农业科学院作物所、深圳市金谷美香实业有限公司
*创两优 513	11	9	杂交稻	创 5S×R513	袁氏种业高科技有限公司	袁氏种业高科技有限公司

*为 2018 年新参试品种。

表 4-2　长江上游中籼迟熟 A 组（182411NS-A）区试基本情况

承试单位	试验地点	经度	纬度	海拔高度（米）	试验负责人及执行人
贵州黔东南州农业科学院	黄平县旧州镇	107°44′	26°59′	674	浦选昌、杨秀军、彭朝才、雷安宁
贵州黔西南州农科所	兴义市下午屯镇乐立村	105°56′	25°06′	1170	敖正友
贵州省农业科学院水稻所	贵阳市花溪区金竹镇	106°43′	26°35′	1140	涂敏、李树杏
贵州遵义市农业科学院	新浦新区新舟镇槐安村	107°18′	28°20′	800	王怀昕、王炜、刘廷海、兰宣莲
陕西汉中市农科所	汉中市汉台区农科所试验农场	107°12′	33°04′	510	黄卫群
四川广元市种子站	广元市利州区赤化镇石羊一组	105°57′	32°34′	490	冯开永、王春
四川绵阳市农业科学院	绵阳市农科区松垭镇	104°45′	31°03′	470	刘定友、项祖芬
四川内江杂交水稻科技开发中心	内江杂交水稻中心试验地	105°03′	29°35′	352	陈勇、曹厚明、蒋茂春、唐涛
四川省原良种试验站	成都双流九江龙池社区	103°55′	30°35′	494	周志军、谢力、李龙飞
四川省农业科学院水稻高粱所	泸县福集镇茂盛村	105°33′	29°19′	292	朱永川
四川巴中市巴州区种子站	巴州区石城乡青州村	106°41′	31°45′	325	庞立华、苟术淋、陈琳
云南德宏州种子站	芒市芒市镇大湾村	98°36′	24°29′	913	刘宏珺、董保萍、杨素华、丁家盛、王宪芳、龚琪、张学艳、黄玮
云南红河州农科所	建水县西庄镇高营村	102°46′	23°36′	1318	张文华、苏正亮、张耀、王海德
云南文山州种子站	文山市开化镇黑卡村	103°35′	22°40′	1260	张才能、依佩遥、谢会琼、何旭俊
重庆涪陵区种子站	涪陵区马武镇文观村 3 社	107°15′	29°36′	672	胡永友、陈景平
重庆市农业科学院水稻所	巴南区南彭镇大石塔村	106°24′	29°06′	302	李贤勇、黄乾龙
重庆万州区种子站	万州区良种场	108°23′	31°05′	180	马秀云、谭安平、谭家刚

表 4-3 长江上游中籼迟熟 A 组（182411NS-A）区试品种产量、生育期及主要农艺经济性状汇总分析结果

品种名称	区试年份	亩产（千克）	比 CK± %	比 CK 增产点（%）	产量差异显著性		全生育期（天）	比 CK± 天	有效穗（万/亩）	株高（厘米）	穗长（厘米）	总粒数/穗	实粒数/穗	结实率（%）	结实率 <70% 的点	千粒重（克）
					5%	1%										
内香 6 优一号	2017—2018	650.32	2.83	73.3			154.5	3.3	16.6	115.2	26.1	171.2	141.0	82.4		29.4
C 两优雅占	2017—2018	636.34	0.62	56.7			153.5	2.3	16.4	104.7	22.8	203.8	163.7	80.3		24.6
F 优 498（CK）	2017—2018	632.44	0.00	0.0			151.2	0.0	13.6	117.5	26.6	200.1	167.3	83.6		30.5
宜优 2217	2018	643.37	2.36	80.0	a	A	151.0	1.9	14.4	125.5	26.6	198.0	163.9	82.8	0	28.7
内香 6 优一号	2018	637.49	1.42	60.0	ab	AB	152.2	3.1	16.4	117.2	26.1	172.3	144.4	83.8	2	29.5
神农优 452	2018	636.97	1.34	66.7	ab	AB	151.0	1.9	15.2	118.5	24.4	208.1	171.2	82.3	1	25.9
恒优 336	2018	636.84	1.32	60.0	ab	AB	147.9	-1.2	15.1	113.1	23.7	206.3	176.0	85.3	0	25.2
F 优 498（CK）	2018	628.55	0.00	0.0	bc	BC	149.1	0.0	13.5	116.9	25.8	196.6	164.6	83.7	1	31.0
望两优 131	2018	625.04	-0.56	46.7	cd	C	148.1	-1.0	16.3	105.3	24.7	187.6	161.5	86.1	1	24.8
珍香优 727	2018	624.33	-0.67	46.7	cd	C	149.3	0.2	14.4	116.4	25.0	186.9	161.9	86.6	0	29.4
C 两优新华粘	2018	617.43	-1.77	33.3	de	CD	149.2	0.1	16.1	107.4	22.4	189.8	159.7	84.1	0	25.4
创两优 513	2018	610.25	-2.91	53.3	e	D	149.2	0.1	16.5	108.4	22.3	204.1	169.2	82.9	1	22.4
C 两优雅占	2018	610.07	-2.94	33.3	e	D	151.2	2.1	16.5	105.5	22.6	188.0	156.8	83.4	1	24.9
川康优美香新占	2018	586.03	-6.76	26.7	f	E	151.4	2.3	17.0	105.7	23.3	191.0	148.8	77.9	4	25.6

表 4-4　长江上游中籼迟熟 A 组（182411NS-A）品种稻瘟病抗性各地鉴定结果（2018 年）

品种名称	四川蒲江					重庆涪陵					贵州湄潭				
	叶瘟级	穗瘟发病		穗瘟损失		叶瘟级	穗瘟发病		穗瘟损失		叶瘟级	穗瘟发病		穗瘟损失	
		%	级	%	级		%	级	%	级		%	级	%	级
宜优 2217	9	27	7	5	3	3	79	9	48	7	4	38	7	31	7
川康优美香新占	4	12	5	1	1	5	11	5	6	3	3	21	5	15	5
内香 6 优一号	4	14	5	2	1	4	10	3	6	3	3	21	5	16	5
恒优 336	8	29	7	3	1	4	15	5	7	3	3	39	7	31	7
C 两优新华粘	8	20	5	2	1	4	9	3	6	3	3	39	7	33	7
望两优 131	5	13	5	1	1	4	32	7	17	5	2	22	5	18	5
神农优 452	4	13	5	1	1	3	7	3	3	1	3	15	5	12	3
F 优 498（CK）	8	89	9	57	9	7	94	9	64	9	2	24	5	20	5
创两优 513	4	13	5	2	1	4	19	5	11	3	3	37	7	31	7
珍香优 727	4	12	5	1	1	3	9	3	4	1	3	36	7	31	7
C 两优雅占	5	12	5	1	1	2	24	5	13	3	4	42	7	32	7
感稻瘟病（CK）	8	75	9	50	9	7	94	9	63	9	6	84	9	61	9

注：1. 鉴定单位：四川省农业科学院植保所、重庆涪陵渝东南农业科学院、贵州湄潭县农业局植保站。

2. 感稻瘟病（CK）：四川省农业科学院植保所为岗优 725、重庆涪陵区农业科学院为黄壳糯、贵州湄潭县农业局植保站为大粒香。

3. 贵州湄潭叶瘟发病程度未达到标准，不纳入统计。

表 4-5　长江上游中籼迟熟 A 组（182411NS-A）品种对主要病虫抗性综合评价结果（2017—2018 年）

品种名称	试验年份	稻瘟病							褐飞虱（级）		
		2018 年各地综合指数				2018 年穗瘟损失率最高级	1~2 年综合评价		2017 年	1~2 年综合评价	
		蒲江	涪陵	湄潭	平均		平均综合指数	穗瘟损失率最高级		平均	最高
内香 6 优一号	2017—2018	2.8	3.3	5.0	3.7	5	3.9	7	9	9	9
C 两优雅占	2017—2018	3.0	3.3	7.0	4.4	7	3.7	7	9	8	9
F 优 498（CK）	2017—2018	8.8	8.5	5.0	7.4	9	7.7	9	9	9	9
宜优 2217	2018	5.5	6.5	7.0	6.3	7	6.3	7	9	9	9
川康优美香新占	2018	2.8	4.0	5.0	3.9	5	3.9	5	9	9	9
恒优 336	2018	4.3	3.8	7.0	5.0	7	5.0	7	9	9	9
C 两优新华粘	2018	3.8	3.3	7.0	4.7	7	4.7	7	9	9	9
望两优 131	2018	3.0	5.3	5.0	4.4	5	4.4	5	9	9	9
神农优 452	2018	2.8	2.0	3.7	2.8	3	2.8	3	9	9	9
创两优 513	2018	2.8	3.8	7.0	4.5	7	4.5	7	9	9	9
珍香优 727	2018	2.8	2.0	7.0	3.9	7	3.9	7	9	9	9
F 优 498（CK）	2018	8.8	8.5	5.0	7.4	9	7.4	9	9	9	9
感病虫（CK）	2018	8.8	8.5	9.0	8.8	9	8.8	9	9	9	9

注：1. 稻瘟病综合指数（级）= 叶瘟级×25%+穗瘟发病率级×25%+穗瘟损失率级×50%。

2. 湄潭叶瘟发病未达标，稻瘟病综合指数（级）=（穗瘟发病率级×25%+穗瘟损失率级×50%）/75%。

3. 褐飞虱鉴定单位为中国水稻研究稻作发展中心，感褐飞虱 CK 为 TN1。

表 4-6　长江上游中籼迟熟 A 组（182411NS-A）品种米质检测分析结果

品种名称	年份	糙米率（%）	精米率（%）	整精米率（%）	粒长（毫米）	长宽比	垩白粒率（%）	垩白度（%）	透明度（级）	碱消值（级）	胶稠度（毫米）	直链淀粉（%）	部标（等级）
内香 6 优一号	2017—2018	82.1	72.7	57.5	7.0	2.9	33	4.4	1	4.5	79	14.5	普通
C 两优雅占	2017—2018	80.8	72.5	66.4	6.6	3.0	17	1.8	1	4.6	75	15.4	普通
F 优 498（CK）	2017—2018	82.1	71.1	54.3	7.0	3.0	36	4.9	2	5.5	78	22.8	普通
神农优 452	2018	82.1	71.8	64.6	6.7	3.1	10	1.3	1	6.8	70	17.2	优二
C 两优新华粘	2018	81.0	73.3	66.2	6.7	3.1	22	3.0	1	4.7	80	15.7	普通
珍香优 727	2018	82.1	72.6	62.5	7.3	3.2	33	3.6	2	5.8	72	16.9	优三
宜优 2217	2018	80.6	71.9	47.2	7.0	3.0	15	2.5	1	7.0	75	17.0	普通
望两优 131	2018	81.7	73.0	64.0	6.8	3.2	8	1.2	1	5.5	78	15.7	优三
恒优 336	2018	81.8	72.4	48.4	6.9	3.2	12	1.7	1	5.1	73	15.3	普通
川康优美香新占	2018	81.2	71.8	61.1	7.1	3.3	8	1.1	1	6.6	71	17.6	优二
创两优 513	2018	81.4	72.0	63.5	6.5	3.3	6	0.5	1	5.2	76	16.3	优三
F 优 498（CK）	2018	82.1	71.1	54.3	7.0	3.0	36	4.9	2	5.5	78	22.8	普通

注：1. 供样单位：云南红河州农科所（2017—2018 年）、陕西汉中市农科所（2017—2018 年）、四川内江杂交水稻开发中心（2017 年）。

2. 检测单位：农业农村部稻米及制品质量监督检验测试中心。

表 4-7-1 长江上游中籼迟熟 A 组（182411NS-A）区试品种在各试验点的产量、生育期、主要性状、田间抗性等表现

品种名称/试验点	亩产（千克）	比 CK ±%	产量位次	播种期(月/日)	齐穗期(月/日)	成熟期(月/日)	全生育期（天）	有效穗(万/亩)	株高(厘米)	穗长(厘米)	总粒数/穗	实粒数/穗	结实率(%)	千粒重（克）	杂株率(%)	倒伏性	穗颈瘟	纹枯病	稻曲病	综评等级
内香 6 优一号																				
重庆万州区种子站	564.39	8.90	4	3/19	7/14	8/13	147	13.7	115.0	25.3	236.9	212.1	89.5	22.0	0.0	直	未发	轻	未发	A
重庆市农业科学院水稻所	646.51	2.92	7	3/15	7/18	8/12	150	16.4	132.0	27.4	183.2	158.5	86.5	27.1	0.0	直	未发	轻	—	C
重庆市涪陵区种子站	700.17	-0.28	3	3/17	7/21	8/19	155	23.5	108.6	24.5	126.6	113.4	89.6	29.5	0.0	直	未发	轻	—	A
云南文山州种子站	722.06	-7.68	10	4/26	8/24	9/23	150	14.4	105.8	26.3	204.3	136.1	66.6	32.1	0.0	直	未发	轻	—	C
四川省原良种试验站	563.05	-2.48	7	4/11	8/8	9/4	146	16.1	115.0	26.7	143.6	118.4	82.5	30.9	0.0	直	未发	未发	未发	C
四川省农业科学院水稻高粱所	527.30	3.74	1	3/14	7/5	8/4	143	13.3	127.0	28.0	176.3	163.6	92.8	27.2	0.0	直	未发	轻	未发	A
四川内江杂交水稻开发中心	631.35	7.98	2	3/20	7/16	8/14	147	14.7	129.3	26.8	182.0	146.0	80.2	27.8	0.0	直	未发	轻	未发	A
四川绵阳市农业科学院	597.65	2.81	5	4/3	7/31	8/28	147	18.0	112.1	28.1	137.7	112.7	81.8	30.6	0.0	直	未发	轻	未发	B
四川广元市种子站	593.15	2.63	1	4/10	8/11	9/20	163	15.1	112.1	22.6	143.7	136.7	95.1	30.2	0.7	直	未发	轻	无	A
四川巴中市巴州区种子站	532.80	6.14	1	4/1	7/27	8/26	147	15.5	137.5	27.3	182.3	164.6	90.3	31.3	0.0	直	无	无	未发	A
陕西汉中市农科所	712.28	4.08	3	4/9	8/9	9/11	155	21.5	122.0	26.1	130.3	116.1	89.1	30.8	1.2	直	无	轻	轻	A
贵州遵义市农业科学院	626.13	-5.27	9	4/13	8/15	9/19	159	14.9	113.8	25.7	198.3	135.8	68.5	31.3	0.0	直	未发	轻	未发	D
贵州省农业科学院水稻所	763.96	5.45	3	4/9	8/11	9/20	164	14.3	109.1	25.9	233.5	190.8	81.7	29.3	0.0	直	未发	轻	无	A
贵州黔西南州农科所	744.02	-1.22	8	4/2	8/6	9/13	164	18.5	102.9	24.9	149.9	128.9	86.0	31.5	0.0	直	无	轻	—	C
贵州黔东南州农业科学院	637.57	-0.82	6	4/20	8/11	9/13	146	15.7	116.4	26.6	156.4	132.6	84.8	31.2	0.0	直	未发	未发	未发	B

注：综合评级：A—好，B—较好，C—中等，D——一般。

表 4-7-2　长江上游中籼迟熟 A 组（182411NS-A）区试品种在各试验点的产量、生育期、主要性状、田间抗性等表现

品种名称/试验点	亩产（千克）	比 CK ±%	产量位次	播种期(月/日)	齐穗期(月/日)	成熟期(月/日)	全生育期(天)	有效穗(万/亩)	株高(厘米)	穗长(厘米)	总粒数/穗	实粒数/穗	结实率(%)	千粒重(克)	杂株率(%)	倒伏性	穗颈瘟	纹枯病	稻曲病	综评等级
神农优 452																				
重庆万州区种子站	562.22	8.49	5	3/19	7/18	8/15	149	14.1	105.1	24.5	179.7	157.6	87.7	28.1	0.0	直	未发	轻	未发	A
重庆市农业科学院水稻所	678.00	7.93	1	3/15	7/10	8/7	145	15.3	120.1	26.1	232.1	219.3	94.5	24.4	0.0	直	未发	轻	—	A
重庆市涪陵区种子站	651.91	-7.16	6	3/17	7/17	8/16	152	15.3	112.8	22.2	167.5	152.2	90.9	24.9	0.0	直	未发	轻	—	B
云南文山州种子站	759.71	-2.86	5	4/26	8/20	9/21	148	17.3	108.8	22.8	219.5	170.9	77.9	26.0	0.0	直	未发	无	—	A
四川省原良种试验站	599.54	3.84	2	4/11	8/2	9/1	143	15.9	122.0	25.4	183.7	136.1	74.1	27.6	0.0	直	未发	未发	未发	A
四川省农业科学院水稻高粱所	512.63	0.85	6	3/14	7/2	8/1	140	11.3	130.7	25.7	240.9	216.4	89.8	22.0	0.0	直	未发	轻	未发	B
四川内江杂交水稻开发中心	614.70	5.13	4	3/20	7/15	8/16	149	13.9	124.7	25.0	237.0	184.0	77.6	25.2	0.0	直	未发	轻	未发	A
四川绵阳市农业科学院	602.32	3.61	3	4/3	7/31	8/27	146	15.9	117.2	22.8	150.2	134.5	89.5	26.9	0.0	直	未发	轻	未发	A
四川广元市种子站	577.45	-0.09	7	4/10	8/8	9/18	161	12.3	115.3	20.5	198.7	164.1	82.6	25.1	0.7	直	未发	轻	无	B
四川巴中市巴州区种子站	508.80	1.36	5	4/1	7/26	8/24	145	14.7	137.9	26.2	166.6	148.7	89.3	27.4	0.0	直	无	无	未发	B
陕西汉中市农科所	723.14	5.66	1	4/9	8/7	9/9	153	20.3	125.3	25.4	191.8	171.3	89.3	25.9	0.0	直	无	轻	轻	A
贵州遵义市农业科学院	674.81	2.09	1	4/13	8/13	9/19	159	15.7	118.5	24.5	262.6	159.4	60.7	27.8	0.0	直	未发	轻	未发	A
贵州省农业科学院水稻所	691.16	-4.60	7	4/9	8/10	9/22	166	15.2	117.1	24.2	259.4	201.8	77.8	24.3	1.9	直	未发	轻	无	C
贵州黔西南州农科所	795.87	5.67	2	4/2	8/4	9/13	164	15.8	107.0	25.0	261.8	195.4	74.6	26.2	0.0	直	无	轻	—	B
贵州黔东南州农业科学院	602.35	-6.30	8	4/20	8/8	9/12	145	14.7	114.5	25.4	170.3	156.2	91.7	26.2	0.0	直	未发	未发	未发	C

注：综合评级：A—好，B—较好，C—中等，D——一般。

表 4-7-3　长江上游中籼迟熟 A 组（182411NS-A）区试品种在各试验点的产量、生育期、主要性状、田间抗性等表现

品种名称/试验点	亩产（千克）	比 CK ±%	产量位次	播种期(月/日)	齐穗期(月/日)	成熟期(月/日)	全生育期(天)	有效穗(万/亩)	株高(厘米)	穗长(厘米)	总粒数/穗	实粒数/穗	结实率(%)	千粒重(克)	杂株率(%)	倒伏性	穗颈瘟	纹枯病	稻曲病	综评等级
C 两优新华粘																				
重庆万州区种子站	561.22	8.29	6	3/19	7/12	8/13	147	14.5	110.1	21.4	214.5	195.7	91.2	23.0	0.0	直	未发	轻	未发	B
重庆市农业科学院水稻所	626.69	-0.24	10	3/15	7/12	8/9	147	16.2	120.4	25.8	205.4	180.4	87.8	22.8	0.0	直	未发	轻	—	D
重庆市涪陵区种子站	627.03	-10.70	10	3/17	7/18	8/15	151	21.0	99.4	20.5	126.7	101.9	80.4	28.5	1.5	直	未发	轻	—	D
云南文山州种子站	802.99	2.67	1	4/26	8/16	9/20	147	18.4	90.0	21.2	207.9	170.9	82.2	26.4	0.3	直	未发	中	—	B
四川省原良种试验站	574.88	-0.43	6	4/11	7/31	9/2	144	15.1	107.3	22.3	205.4	150.4	73.2	25.6	0.0	直	未发	未发	未发	B
四川省农业科学院水稻高粱所	493.63	-2.89	9	3/14	7/1	7/31	139	12.6	115.7	22.9	209.1	195.4	93.4	22.9	1.5	直	未发	轻	未发	C
四川内江杂交水稻开发中心	561.39	-3.99	8	3/20	7/11	8/14	147	11.2	114.3	23.6	202.0	178.0	88.1	25.6	0.0	直	未发	轻	未发	B
四川绵阳市农业科学院	560.64	-3.56	10	4/3	7/28	8/24	143	17.8	105.9	19.6	136.2	115.7	84.9	26.4	0.0	直	未发	轻	未发	C
四川广元市种子站	560.24	-3.06	8	4/10	8/6	9/13	156	14.9	101.5	22.2	182.8	164.4	89.9	24.5	1.0	直	未发	轻	无	B
四川巴中市巴州区种子站	504.46	0.50	6	4/1	7/25	8/24	145	17.8	135.4	25.9	171.2	140.0	81.8	26.8	0.0	直	无	无	未发	B
陕西汉中市农科所	678.20	-0.90	8	4/9	8/4	9/6	150	16.6	109.1	22.2	157.7	147.5	93.5	26.2	0.0	直	无	轻	无	A
贵州遵义市农业科学院	672.21	1.70	4	4/13	8/8	9/16	156	15.4	105.0	22.7	245.4	179.4	73.1	25.1	0.0	直	未发	轻	未发	B
贵州省农业科学院水稻所	670.83	-7.40	10	4/9	8/7	9/20	164	16.2	98.6	20.9	210.3	161.3	76.7	24.8	1.5	直	未发	轻	无	D
贵州黔西南州农科所	766.36	1.75	5	4/2	7/28	9/8	159	19.4	93.6	21.7	195.4	151.5	77.5	26.4	0.0	直	无	轻	—	C
贵州黔东南州农业科学院	600.70	-6.56	9	4/20	8/3	9/10	143	14.6	105.0	23.0	177.7	162.5	91.4	25.6	0.0	直	未发	未发	未发	C

注：综合评级：A—好，B—较好，C—中等，D——般。

表 4-7-4　长江上游中籼迟熟 A 组（182411NS-A）区试品种在各试验点的产量、生育期、主要性状、田间抗性等表现

品种名称/试验点	亩产（千克）	比 CK ±%	产量位次	播种期(月/日)	齐穗期(月/日)	成熟期(月/日)	全生育期(天)	有效穗(万/亩)	株高(厘米)	穗长(厘米)	总粒数/穗	实粒数/穗	结实率(%)	千粒重(克)	杂株率(%)	倒伏性	穗颈瘟	纹枯病	稻曲病	综评等级
F 优 498（CK）																				
重庆万州区种子站	518.24	0.00	9	3/19	7/6	8/10	144	14.0	106.3	25.0	156.6	137.7	87.9	27.4	0.0	直	未发	轻	未发	B
重庆市农业科学院水稻所	628.19	0.00	9	3/15	7/8	8/6	144	12.4	126.4	26.1	220.5	205.4	93.2	29.5	0.5	直	未发	轻	—	C
重庆市涪陵区种子站	702.16	0.00	2	3/17	7/13	8/13	149	15.0	105.6	26.7	191.5	167.4	87.4	33.0	0.0	直	未发	未发	—	A
云南文山州种子站	782.09	0.00	3	4/26	8/20	9/22	149	15.7	109.4	25.2	191.3	137.1	71.7	32.7	0.6	直	未发	无	—	B
四川省原良种试验站	577.38	0.00	5	4/11	7/30	8/31	142	10.9	118.0	26.3	190.5	178.2	93.5	31.1	0.0	直	未发	轻	未发	B
四川省农业科学院水稻高粱所	508.30	0.00	8	3/14	6/28	7/29	137	10.2	111.3	27.6	232.6	203.7	87.6	28.3	2.0	直	未发	轻	未发	B
四川内江杂交水稻开发中心	584.71	0.00	6	3/20	7/11	8/13	146	11.8	132.0	21.7	206.0	186.0	90.3	29.0	0.0	直	未发	轻	未发	A
四川绵阳市农业科学院	581.31	0.00	7	4/3	7/27	8/23	142	14.1	116.6	24.5	159.2	129.5	81.3	31.9	0.0	直	未发	轻	未发	B
四川广元市种子站	577.95	0.00	6	4/10	8/3	9/20	163	12.0	110.1	22.3	182.2	150.0	82.3	30.8	1.0	直	未发	轻	无	A
四川巴中市巴州区种子站	501.96	0.00	7	4/1	7/24	8/23	144	14.0	132.9	27.6	183.4	136.6	74.5	32.7	0.0	直	无	无	未发	B
陕西汉中市农科所	684.38	0.00	6	4/9	8/3	9/5	149	17.4	128.6	27.5	174.4	167.7	96.2	32.9	0.0	斜	轻	轻	无	C
贵州遵义市农业科学院	660.97	0.00	6	4/13	8/12	9/18	158	12.7	118.3	28.2	255.8	172.8	67.6	31.6	0.0	直	未发	轻	未发	B
贵州省农业科学院水稻所	724.47	0.00	6	4/9	8/6	9/20	164	14.1	111.7	26.1	208.2	179.6	86.3	30.6	0.0	直	未发	轻	无	B
贵州黔西南州农科所	753.19	0.00	7	4/2	7/30	9/10	161	13.9	109.8	27.7	239.2	174.8	73.1	31.3	0.0	直	轻	轻	—	C
贵州黔东南州农业科学院	642.86	0.00	4	4/20	8/5	9/11	144	14.5	117.0	25.0	157.9	142.0	89.9	31.6	0.0	直	未发	未发	未发	B

注：综合评级：A—好，B—较好，C—中等，D——一般。

表 4-7-5　长江上游中籼迟熟 A 组（182411NS-A）区试品种在各试验点的产量、生育期、主要性状、田间抗性等表现

品种名称/试验点	亩产（千克）	比 CK ±%	产量位次	播种期(月/日)	齐穗期(月/日)	成熟期(月/日)	全生育期(天)	有效穗(万/亩)	株高(厘米)	穗长(厘米)	总粒数/穗	实粒数/穗	结实率(%)	千粒重(克)	杂株率(%)	倒伏性	穗颈瘟	纹枯病	稻曲病	综评等级
珍香优 727																				
重庆万州区种子站	573.22	10.61	3	3/19	7/11	8/11	145	14.6	110.1	23.1	195.4	171.3	87.7	26.6	0.0	直	未发	轻	未发	A
重庆市农业科学院水稻所	648.18	3.18	5	3/15	7/12	8/6	144	14.7	127.2	27.4	178.1	164.8	92.5	28.2	0.0	直	未发	轻	—	B
重庆市涪陵区种子站	645.28	-8.10	8	3/17	7/16	8/15	151	16.8	108.4	24.6	176.2	141.4	80.2	28.8	2.0	直	未发	未发	—	C
云南文山州种子站	758.71	-2.99	6	4/26	8/20	9/22	149	15.5	99.0	25.7	210.8	176.4	83.7	31.0	1.1	直	未发	轻	—	B
四川省原良种试验站	537.40	-6.92	9	4/11	7/31	9/1	143	15.5	122.7	19.7	126.7	118.7	93.7	29.0	0.0	直	未发	未发	未发	D
四川省农业科学院水稻高粱所	509.80	0.29	7	3/14	6/30	7/30	138	11.0	123.0	25.9	218.2	196.3	90.0	26.3	1.5	直	未发	轻	未发	B
四川内江杂交水稻开发中心	618.03	5.70	3	3/20	7/18	8/15	148	13.0	126.7	25.9	171.0	154.0	90.1	29.2	0.0	直	未发	轻	未发	A
四川绵阳市农业科学院	602.32	3.61	4	4/3	7/29	8/24	143	14.4	117.2	24.1	158.5	135.7	85.6	31.3	1.8	直	未发	轻	未发	A
四川广元市种子站	554.39	-4.08	9	4/10	8/6	9/13	156	13.2	111.4	23.7	160.6	147.2	91.7	30.5	1.3	直	未发	轻	无	B
四川巴中市巴州区种子站	520.47	3.69	4	4/1	7/23	8/23	144	13.7	131.8	25.8	196.2	185.2	94.4	30.5	0.0	直	无	无	未发	A
陕西汉中市农科所	669.18	-2.22	9	4/9	8/3	9/5	149	18.1	127.4	24.7	145.2	139.6	96.1	30.6	0.0	斜	无	轻	无	B
贵州遵义市农业科学院	625.81	-5.32	10	4/13	8/12	9/19	159	11.5	109.7	25.6	252.4	198.6	78.7	29.6	0.0	直	未发	轻	未发	D
贵州省农业科学院水稻所	773.95	6.83	2	4/9	8/9	9/21	165	15.0	110.4	26.1	212.4	184.5	86.9	29.5	0.0	直	未发	轻	无	A
贵州黔西南州农科所	735.52	-2.35	10	4/2	8/3	9/12	163	15.0	106.8	27.8	248.2	175.4	70.7	28.4	0.0	直	无	轻	—	C
贵州黔东南州农业科学院	592.76	-7.79	11	4/20	8/5	9/9	142	13.9	114.3	24.9	154.1	138.8	90.1	31.5	0.0	直	未发	未发	未发	D

注：综合评级：A—好，B—较好，C—中等，D——般。

表 4-7-6　长江上游中籼迟熟 A 组（182411NS-A）区试品种在各试验点的产量、生育期、主要性状、田间抗性等表现

品种名称/试验点	亩产（千克）	比 CK ±%	产量位次	播种期（月/日）	齐穗期（月/日）	成熟期（月/日）	全生育期（天）	有效穗（万/亩）	株高（厘米）	穗长（厘米）	总粒数/穗	实粒数/穗	结实率（%）	千粒重（克）	杂株率（%）	倒伏性	穗颈瘟	纹枯病	稻曲病	综评等级
宜优 2217																				
重庆万州区种子站	593.87	14.59	1	3/19	7/13	8/11	145	14.2	115.5	27.4	211.0	188.5	89.3	26.0	0.0	直	未发	轻	未发	A
重庆市农业科学院水稻所	652.01	3.79	3	3/15	7/12	8/10	148	14.6	129.2	26.6	210.6	183.4	87.1	26.4	0.0	直	未发	轻	—	B
重庆市涪陵区种子站	640.63	-8.76	9	3/17	7/17	8/18	154	17.8	116.8	25.7	162.5	135.6	83.4	28.9	11.0	直	未发	未发	—	D
云南文山州种子站	734.50	-6.09	9	4/26	8/22	9/23	150	15.7	117.2	25.6	182.9	135.2	73.9	32.0	0.3	直	未发	轻	—	C
四川省原良种试验站	601.20	4.13	1	4/11	8/1	9/2	144	14.6	125.0	27.8	187.7	145.2	77.4	28.5	0.8	直	未发	未发	未发	A
四川省农业科学院水稻高粱所	523.97	3.08	3	3/14	7/1	7/31	139	11.6	138.7	29.5	235.3	193.3	82.2	26.5	0.0	直	未发	轻	未发	A
四川内江杂交水稻开发中心	641.35	9.69	1	3/20	7/16	8/16	149	12.8	132.7	28.6	223.0	184.0	82.5	26.6	0.0	直	未发	轻	未发	A
四川绵阳市农业科学院	618.99	6.48	1	4/3	7/31	8/26	145	14.0	120.8	27.4	170.5	150.8	88.4	29.5	0.8	直	未发	轻	未发	A
四川广元市种子站	585.63	1.33	3	4/10	8/8	9/18	161	14.6	120.1	21.4	141.3	127.7	90.4	27.4	1.0	直	未发	轻	无	A
四川巴中市巴州区种子站	464.12	-7.54	10	4/1	7/25	8/24	145	13.0	138.9	25.7	191.0	157.8	82.6	28.2	0.0	直	无	无	未发	C
陕西汉中市农科所	718.97	5.05	2	4/9	8/7	9/9	153	17.0	135.4	28.1	194.6	172.8	88.8	29.4	0.0	直	无	轻	轻	A
贵州遵义市农业科学院	674.65	2.07	2	4/13	8/10	9/16	156	13.1	124.2	26.5	226.0	159.8	70.7	31.8	0.0	直	未发	轻	未发	A
贵州省农业科学院水稻所	737.63	1.82	5	4/9	8/11	9/23	167	14.2	118.9	25.4	217.0	184.0	84.8	29.2	1.5	直	未发	轻	无	B
贵州黔西南州农科所	793.20	5.31	3	4/2	8/2	9/11	162	14.7	120.8	27.9	237.9	174.7	73.4	31.2	0.0	直	无	轻	—	B
贵州黔东南州农业科学院	669.81	4.19	1	4/20	8/6	9/14	147	13.6	128.6	25.8	178.5	165.2	92.5	29.6	0.2	直	未发	未发	未发	A

注：综合评级：A—好，B—较好，C—中等，D——般。

表 4-7-7　长江上游中籼迟熟 A 组（182411NS-A）区试品种在各试验点的产量、生育期、主要性状、田间抗性等表现

品种名称/试验点	亩产（千克）	比 CK ±%	产量位次	播种期(月/日)	齐穗期(月/日)	成熟期(月/日)	全生育期（天）	有效穗(万/亩)	株高（厘米）	穗长（厘米）	总粒数/穗	实粒数/穗	结实率(%)	千粒重（克）	杂株率(%)	倒伏性	穗颈瘟	纹枯病	稻曲病	综评等级
C 两优雅占																				
重庆万州区种子站	434.62	-16.14	11	3/19	7/15	8/13	147	13.9	98.0	22.0	156.1	139.9	89.6	23.2	1.0	直	未发	轻	未发	D
重庆市农业科学院水稻所	613.86	-2.28	11	3/15	7/9	8/12	150	15.4	108.4	25.2	220.8	195.1	88.4	21.9	0.0	直	未发	轻	—	D
重庆市涪陵区种子站	647.43	-7.79	7	3/17	7/21	8/20	156	22.3	101.0	21.2	131.5	107.8	82.0	28.0	1.0	直	未发	轻	—	C
云南文山州种子站	735.16	-6.00	8	4/26	8/20	9/20	147	17.6	84.8	21.4	169.9	134.7	79.3	28.6	1.4	直	未发	中	—	C
四川省原良种试验站	577.38	0.00	4	4/11	8/1	9/2	144	15.5	109.0	23.3	188.4	153.5	81.5	25.7	2.0	直	未发	未发	未发	B
四川省农业科学院水稻高粱所	526.30	3.54	2	3/14	7/4	8/3	142	12.0	112.7	24.2	231.6	218.2	94.2	22.5	1.5	直	未发	轻	未发	A
四川内江杂交水稻开发中心	561.39	-3.99	9	3/20	7/19	8/13	146	16.6	121.3	21.8	179.0	161.0	89.9	22.8	0.0	直	未发	轻	未发	B
四川绵阳市农业科学院	573.31	-1.38	8	4/3	7/30	8/27	146	17.6	108.6	21.5	145.1	119.7	82.5	24.9	1.2	直	未发	轻	未发	C
四川广元市种子站	584.30	1.10	4	4/10	8/8	9/17	160	13.8	98.2	21.0	156.8	141.2	90.1	23.6	1.3	直	未发	轻	轻	A
四川巴中市巴州区种子站	495.63	-1.26	8	4/1	7/25	8/25	146	16.5	118.9	21.9	197.7	172.4	87.2	24.8	0.0	直	无	无	未发	B
陕西汉中市农科所	648.79	-5.20	10	4/9	8/8	9/10	154	18.5	113.8	23.7	176.5	158.9	90.0	25.6	0.0	直	无	轻	无	B
贵州遵义市农业科学院	673.18	1.85	3	4/13	8/10	9/17	157	15.4	108.7	23.7	264.7	182.8	69.1	25.5	0.0	直	未发	轻	未发	B
贵州省农业科学院水稻所	686.49	-5.24	9	4/9	8/9	9/21	165	16.5	103.0	21.6	230.3	172.4	74.9	24.0	2.3	直	未发	无	无	C
贵州黔西南州农科所	755.53	0.31	6	4/2	8/2	9/12	163	17.6	96.2	22.4	211.8	154.6	73.0	28.1	0.0	直	无	轻	—	C
贵州黔东南州农业科学院	637.73	-0.80	5	4/20	8/5	9/12	145	18.6	99.2	23.6	160.3	139.6	87.1	25.0	0.0	直	未发	未发	未发	B

注：综合评级：A—好，B—较好，C—中等，D—一般。

表 4-7-8　长江上游中籼迟熟 A 组（182411NS-A）区试品种在各试验点的产量、生育期、主要性状、田间抗性等表现

品种名称/试验点	亩产（千克）	比CK ±%	产量位次	播种期(月/日)	齐穗期(月/日)	成熟期(月/日)	全生育期(天)	有效穗(万/亩)	株高(厘米)	穗长(厘米)	总粒数/穗	实粒数/穗	结实率(%)	千粒重(克)	杂株率(%)	倒伏性	穗颈瘟	纹枯病	稻曲病	综评等级
望两优 131																				
重庆万州区种子站	586.21	13.12	2	3/19	7/10	8/11	145	15.6	100.6	26.0	195.4	175.6	89.9	22.8	0.0	直	未发	轻	未发	A
重庆市农业科学院水稻所	646.68	2.94	6	3/15	7/15	8/6	144	15.7	112.4	27.1	202.0	192.0	95.0	23.1	1.5	直	未发	轻	—	C
重庆市涪陵区种子站	657.05	-6.42	4	3/17	7/17	8/15	151	21.9	98.2	22.7	148.9	139.2	93.5	24.5	0.0	直	未发	轻	—	B
云南文山州种子站	710.95	-9.10	11	4/26	8/23	9/22	149	15.8	94.4	23.9	189.9	122.2	64.3	32.3	0.6	直	未发	重	—	C
四川省原良种试验站	596.20	3.26	3	4/11	7/29	8/31	142	14.9	108.3	24.2	177.5	148.9	83.9	26.8	0.8	直	未发	未发	未发	A
四川省农业科学院水稻高粱所	460.45	-9.41	11	3/14	6/28	7/26	134	12.4	116.0	24.6	218.5	195.2	89.3	21.7	1.5	直	未发	轻	未发	D
四川内江杂交水稻开发中心	539.73	-7.69	10	3/20	7/13	8/10	143	12.2	107.0	26.8	185.0	168.0	90.8	23.2	0.0	直	未发	轻	未发	C
四川绵阳市农业科学院	596.32	2.58	6	4/3	7/28	8/24	143	17.5	113.5	21.8	151.5	136.5	90.1	24.4	0.0	直	未发	轻	未发	B
四川广元市种子站	547.54	-5.26	10	4/10	8/2	9/10	153	15.3	93.1	23.2	189.8	161.8	85.2	24.1	0.7	直	未发	轻	无	B
四川巴中市巴州区种子站	528.13	5.21	3	4/1	7/24	8/23	144	19.8	110.7	24.1	168.5	147.1	87.3	24.6	0.0	直	无	无	未发	A
陕西汉中市农科所	682.21	-0.32	7	4/9	8/2	9/4	148	14.6	112.2	25.4	160.8	155.8	96.9	25.4	0.0	直	无	轻	无	B
贵州遵义市农业科学院	645.51	-2.34	7	4/13	8/12	9/17	157	16.4	108.0	25.0	210.4	163.9	77.9	24.5	0.0	直	未发	轻	未发	C
贵州省农业科学院水稻所	774.45	6.90	1	4/9	8/4	9/18	162	16.6	100.1	25.5	222.3	195.9	88.1	24.1	0.0	直	未发	轻	无	A
贵州黔西南州农科所	737.52	-2.08	9	4/2	8/4	9/13	164	17.4	100.8	25.8	230.5	168.9	73.3	25.3	0.0	直	无	轻	—	C
贵州黔东南州农业科学院	666.67	3.70	2	4/20	8/4	9/9	142	18.0	104.0	24.9	163.0	150.9	92.6	25.1	0.6	直	未发	未发	未发	A

注：综合评级：A—好，B—较好，C—中等，D——般。

表 4-7-9　长江上游中籼迟熟 A 组（182411NS-A）区试品种在各试验点的产量、生育期、主要性状、田间抗性等表现

品种名称/试验点	亩产（千克）	比 CK ±%	产量位次	播种期(月/日)	齐穗期(月/日)	成熟期(月/日)	全生育期（天）	有效穗(万/亩)	株高(厘米)	穗长(厘米)	总粒数/穗	实粒数/穗	结实率(%)	千粒重（克）	杂株率(%)	倒伏性	穗颈瘟	纹枯病	稻曲病	综评等级
恒优 336																				
重庆万州区种子站	532.74	2.80	8	3/19	7/8	8/10	144	14.1	106.0	26.1	204.5	183.0	89.5	22.4	0.0	直	未发	轻	未发	B
重庆市农业科学院水稻所	677.33	7.82	2	3/15	7/10	8/6	144	14.7	118.2	24.7	228.2	214.1	93.8	22.9	1.5	直	未发	轻	—	A
重庆市涪陵区种子站	654.23	-6.83	5	3/17	7/16	8/17	153	15.8	107.6	22.0	162.8	138.9	85.3	24.2	1.0	直	未发	中	—	B
云南文山州种子站	778.45	-0.47	4	4/26	8/17	9/20	147	16.0	99.2	22.9	187.2	145.5	77.7	28.9	0.6	直	未发	轻	—	A
四川省原良种试验站	558.89	-3.20	8	4/11	7/30	9/1	143	15.2	115.3	23.0	181.9	140.1	77.0	28.1	0.8	直	未发	未发	未发	C
四川省农业科学院水稻高粱所	513.63	1.05	5	3/14	6/27	7/28	136	10.9	123.0	24.7	253.3	224.5	88.6	22.7	0.5	直	未发	轻	未发	B
四川内江杂交水稻开发中心	609.70	4.27	5	3/20	7/11	8/11	144	13.6	123.7	25.1	212.0	195.0	92.0	23.2	0.0	直	未发	轻	未发	A
四川绵阳市农业科学院	570.65	-1.83	9	4/3	7/25	8/22	141	16.6	109.9	20.5	159.4	141.1	88.5	25.0	0.0	直	未发	轻	未发	C
四川广元市种子站	589.81	2.05	2	4/10	8/2	9/11	154	15.6	106.5	21.3	179.1	151.3	84.5	24.5	0.3	直	未发	轻	无	A
四川巴中市巴州区种子站	529.30	5.45	2	4/1	7/23	8/23	144	16.5	133.9	24.5	200.7	184.2	91.8	27.0	0.0	直	无	无	未发	A
陕西汉中市农科所	706.77	3.27	4	4/9	8/2	9/4	148	19.3	118.4	22.9	160.3	151.1	94.3	25.5	0.0	直	无	轻	无	A
贵州遵义市农业科学院	627.92	-5.00	8	4/13	8/8	9/15	155	11.3	116.5	24.6	307.5	228.5	74.3	26.2	0.0	直	未发	轻	未发	C
贵州省农业科学院水稻所	745.96	2.97	4	4/9	8/6	9/20	164	15.3	105.9	26.2	243.7	201.6	82.7	25.3	1.1	直	未发	轻	无	B
贵州黔西南州农科所	841.55	11.73	1	4/2	7/29	9/8	159	16.9	103.1	23.6	241.2	184.8	76.6	27.2	0.0	直	无	轻	—	A
贵州黔东南州农业科学院	615.74	-4.22	7	4/20	8/2	9/10	143	15.3	109.3	23.6	173.1	156.5	90.4	25.5	1.0	直	未发	未发	未发	C

注：综合评级：A—好，B—较好，C—中等，D——一般。

表 4-7-10　长江上游中籼迟熟 A 组（182411NS-A）区试品种在各试验点的产量、生育期、主要性状、田间抗性等表现

品种名称/试验点	亩产（千克）	比 CK ±%	产量位次	播种期(月/日)	齐穗期(月/日)	成熟期(月/日)	全生育期（天）	有效穗(万/亩)	株高（厘米）	穗长（厘米）	总粒数/穗	实粒数/穗	结实率(%)	千粒重（克）	杂株率(%)	倒伏性	穗颈瘟	纹枯病	稻曲病	综评等级
川康优美香新占																				
重庆万州区种子站	446.61	-13.82	10	3/19	7/13	8/15	149	13.9	100.4	21.1	166.1	146.0	87.9	22.8	0.0	直	未发	轻	未发	C
重庆市农业科学院水稻所	632.19	0.64	8	3/15	7/12	8/12	150	18.5	110.6	25.5	179.0	159.4	89.1	22.7	2.5	直	未发	轻	—	C
重庆市涪陵区种子站	712.94	1.54	1	3/17	7/17	8/16	152	21.6	103.6	22.1	150.9	128.4	85.1	26.0	2.0	直	未发	未发	—	A
云南文山州种子站	741.30	-5.22	7	4/26	8/21	9/22	149	21.8	90.6	23.1	202.6	129.9	64.1	29.8	3.9	直	未发	轻	—	B
四川省原良种试验站	488.92	-15.32	11	4/11	8/3	9/3	145	17.1	106.3	23.9	194.6	121.2	62.3	23.6	2.0	直	未发	未发	未发	D
四川省农业科学院水稻高粱所	519.13	2.13	4	3/14	6/29	7/31	139	12.1	114.3	26.4	259.5	216.3	83.4	23.0	7.6	直	未发	轻	未发	A
四川内江杂交水稻开发中心	564.72	-3.42	7	3/20	7/18	8/16	149	12.9	116.7	23.3	184.0	158.0	85.9	25.2	0.0	直	未发	轻	未发	B
四川绵阳市农业科学院	608.32	4.65	2	4/3	7/29	8/25	144	17.9	108.1	22.6	156.6	128.1	81.8	25.2	2.0	直	未发	轻	未发	A
四川广元市种子站	537.68	-6.97	11	4/10	8/9	9/20	163	15.4	103.0	19.3	178.5	148.1	83.0	25.5	1.3	直	未发	轻	无	B
四川巴中市巴州区种子站	439.78	-12.39	11	4/1	7/25	8/26	147	17.8	108.6	22.8	189.1	151.6	80.2	25.0	0.0	直	无	无	未发	D
陕西汉中市农科所	630.41	-7.89	11	4/9	8/9	9/11	155	21.4	113.6	25.4	191.3	172.9	90.4	26.9	0.7	直	无	轻	中	D
贵州遵义市农业科学院	617.34	-6.60	11	4/13	8/11	9/14	154	13.9	105.2	23.3	243.8	159.3	65.3	27.9	0.0	直	未发	轻	未发	D
贵州省农业科学院水稻所	644.51	-11.04	11	4/9	8/8	9/24	168	16.8	100.0	22.7	192.4	145.2	75.5	26.5	2.3	直	未发	轻	无	D
贵州黔西南州农科所	613.49	-18.55	11	4/2	7/31	9/12	163	17.1	98.2	24.1	212.4	129.1	60.8	27.8	0.0	直	无	轻	—	D
贵州黔东南州农业科学院	593.09	-7.74	10	4/20	8/5	9/11	144	16.5	106.8	23.4	163.9	138.3	84.4	26.7	0.2	直	未发	未发	未发	D

注：综合评级：A—好，B—较好，C—中等，D——般。

表 4-7-11　长江上游中籼迟熟 A 组（182411NS-A）区试品种在各试验点的产量、生育期、主要性状、田间抗性等表现

品种名称/试验点	亩产（千克）	比CK ±%	产量位次	播种期(月/日)	齐穗期(月/日)	成熟期(月/日)	全生育期(天)	有效穗(万/亩)	株高(厘米)	穗长(厘米)	总粒数/穗	实粒数/穗	结实率(%)	千粒重(克)	杂株率(%)	倒伏性	穗颈瘟	纹枯病	稻曲病	综评等级
创两优 513																				
重庆万州区种子站	553.73	6.85	7	3/19	7/13	8/11	145	15.6	99.3	22.2	212.1	194.3	91.6	21.2	0.0	直	未发	轻	未发	A
重庆市农业科学院水稻所	650.01	3.47	4	3/15	7/12	8/9	147	16.8	111.8	23.9	198.3	185.8	93.7	22.2	1.0	直	未发	轻	—	B
重庆市涪陵区种子站	518.91	-26.10	11	3/17	7/17	8/13	149	21.9	98.6	24.4	150.5	117.5	78.1	21.6	0.0	直	未发	轻	—	D
云南文山州种子站	801.33	2.46	2	4/26	8/20	9/20	147	17.8	87.2	21.3	199.6	163.3	81.8	24.3	0.0	直	未发	重	—	C
四川省原良种试验站	530.07	-8.19	10	4/11	7/30	9/1	143	17.6	122.3	21.7	145.1	128.8	88.8	23.8	1.2	直	未发	未发	未发	D
四川省农业科学院水稻高粱所	474.62	-6.63	10	3/14	6/29	7/29	137	12.1	115.0	21.9	254.0	227.0	89.4	19.8	1.0	直	未发	轻	未发	D
四川内江杂交水稻开发中心	538.07	-7.98	11	3/20	7/15	8/13	146	13.5	116.7	23.3	174.0	152.0	87.4	23.2	0.0	直	未发	轻	未发	D
四川绵阳市农业科学院	545.47	-6.16	11	4/3	7/28	8/27	146	17.4	107.4	20.3	163.3	141.6	86.7	22.6	0.0	直	未发	轻	未发	D
四川广元市种子站	582.12	0.72	5	4/10	8/7	9/12	155	15.5	111.2	20.4	230.0	171.6	74.6	20.5	1.0	直	未发	轻	无	A
四川巴中市巴州区种子站	466.62	-7.04	9	4/1	7/23	8/25	146	17.0	128.1	22.0	134.6	120.7	89.7	23.1	0.0	直	无	无	未发	C
陕西汉中市农科所	704.77	2.98	5	4/9	8/5	9/7	151	17.1	112.7	23.7	208.2	194.3	93.3	21.6	0.0	直	无	轻	轻	B
贵州遵义市农业科学院	667.48	0.99	5	4/13	8/10	9/17	157	14.8	107.3	22.9	287.7	195.9	68.1	23.0	0.0	直	未发	轻	未发	B
贵州省农业科学院水稻所	689.99	-4.76	8	4/9	8/9	9/20	164	17.1	99.3	20.7	247.8	189.2	76.4	21.8	0.0	直	未发	轻	无	C
贵州黔西南州农科所	773.36	2.68	4	4/2	8/2	9/10	161	17.2	102.6	23.7	267.1	188.7	70.6	24.2	0.0	直	无	轻	—	C
贵州黔东南州农业科学院	657.25	2.24	3	4/20	8/4	9/11	144	16.7	106.1	21.5	188.8	166.8	88.3	23.5	0.0	直	未发	未发	未发	B

注：综合评级：A—好，B—较好，C—中等，D——一般。

第五章　2018 年长江上游中籼迟熟 B 组国家水稻品种试验汇总报告

一、试验概况

（一）试验目的

鉴定评价我国长江上游稻区新选育和引进的中籼迟熟新品种（组合，下同）的丰产性、稳产性、适应性、抗性、米质及其他重要性状表现，为国家水稻品种审定提供科学依据。

（二）参试品种

区试品种 10 个，陵优 7077、利两优华占、神农优 422、旺两优 959、宜香优 2913 等 5 个为续试品种，其他为新参试品种，以 F 优 498（CK）为对照；生产试验品种 1 个，也以 F 优 498（CK）为对照。品种名称、类型、亲本组合、选育/供种单位见表 5-1。

（三）承试单位

区试点 17 个，生产试验点 8 个，分布在贵州、陕西、四川、云南和重庆 5 个省市。承试单位、试验地点、经纬度、海拔高度、试验负责人及执行人见表 5-2。

（四）试验设计、栽培管理与观察记载

各试验点均按《2018 年南方稻区国家水稻品种试验实施方案》及 NY/T 1300—2007《农作物品种区域试验技术规范　水稻》进行试验。

区试采用完全随机区组排列，3 次重复，小区面积 0.02 亩。生产试验采用大区随机排列，不设重复，大区面积 0.5 亩。

分区试、生产试验，同组试验所有品种同期播种、移栽，施肥水平中等偏上，其他栽培管理措施与当地大田生产相同。

观察记载项目与标准按 NY/T 1300—2007《农作物品种区域试验技术规范　水稻》以及《国家水稻品种试验观察记载项目、方法及标准》《南方稻区国家水稻品种区试及生产试验记载表》等的要求执行。

（五）特性鉴定

抗性鉴定：四川省农业科学院植保所、重庆涪陵区农科所和贵州湄潭县农业局植保站负责稻瘟病抗性鉴定，鉴定采用人工接菌与病区自然诱发相结合；中国水稻研究所稻作发展中心负责稻飞虱抗性鉴定。鉴定种子由中国水稻研究所试验点统一提供，鉴定结果由四川省农业科学院植保所负责汇总。湖北恩施州农业科学院和华中农业大学植科院分别负责生产试验品种的耐冷性和耐热性鉴定。

米质分析：由陕西汉中市农科所、云南红河州农科所和四川内江杂交水稻科技开发中心试验点提供样品，农业农村部稻米及制品质量监督检验测试中心负责检测分析。

DNA 指纹特异性与一致性：由中国水稻研究所国家水稻改良中心进行参试品种的特异性及续试、生产试验品种年度间的一致性鉴定。

（六）试验评价

依据 NY/T 1300—2007《农作物品种区域试验技术规范　水稻》、试验实地检查考察情况以及试

验点对试验实施情况和品种表现情况所做的说明，对各试验（鉴定）点试验（鉴定）结果的可靠性、有效性、准确性进行分析评估，确保试验质量。

2018 年云南德宏州种子站区试点、红河州农科所区试点和生产试验点稻瘟病重发导致对照产量水平异常偏低，贵州湄潭县种子站生产试验点遭遇旱灾试验报废，四川蓬安县种子站生产试验点测产实收面积仅有 11 米^2，上述 4 个试验点的试验结果未纳入汇总；其余区试点、生产试验点以及特性鉴定点的试验（鉴定）结果正常，纳入汇总。

（七）品种评价

依据国家农作物品种审定委员会 2017 年发布的《主要农作物品种审定标准（国家级）》，对参试品种进行分析评价。

产量联合方差分析采用混合模型，品种间产量差异多重比较采用 Duncan's 新复极差法；参试品种的丰产性主要以品种在区试和生产试验中相对于对照品种产量衡量；参试品种的适应性主要以品种在区试和生产试验中比对照品种增产的试验点比例衡量；参试品种的稳产性主要以品种在年度间区试中相对于对照品种产量的差异变化程度衡量。

参试品种的生育期主要以全生育期比对照品种长短的天数衡量。

参试品种的抗性以指定的鉴定单位的鉴定结果为主要依据，对稻瘟病抗性的主要评价指标为综合指数和穗瘟损失率最高级，对其他病虫害抗性的主要评价指标为最高级。

参试品种的温度敏感性以结实率低于 70%的区试点数衡量。

参试品种的米质评价按照农业行业标准 NY/T 593—2013《食用稻品种品质》，分优质 1 级、优质 2 级、优质 3 级，未达到优质级的品种米质均为普通级。

二、结果分析

（一）产量

依据比对照增减产幅度衡量：在 2018 年区试品种中，产量较高，比 F 优 498（CK）增产 3%～5%的品种有旺两优 959；产量中等，比 F 优 498（CK）增、减产 3%以内的品种有泸优 7611、宜香优 2913、神农优 422、陵优 7077 等 4 个；产量一般，比 F 优 498（CK）减产超过 3%的品种有黔优 35、捷两优 8612、天龙两优 18、裕优 038、利两优华占等 5 个。

区试及生产试验产量汇总结果见表 5-3、表 5-4。

（二）生育期

依据全生育期比对照品种长短的天数衡量：在 2018 年区试品种中，熟期较早，比 F 优 498（CK）早熟的品种有旺两优 959、裕优 038 等 2 个；熟期适中，比 F 优 498（CK）迟熟不超过 5 天的品种有泸优 7611、宜香优 2913、神农优 422、陵优 7077、黔优 35、捷两优 8602、天龙两优 18、利两优华占等 8 个。

区试及生产试验生育期汇总结果见表 5-3、表 5-4。

（三）主要农艺经济性状

区试品种有效穗、株高、每穗总粒数、每穗实粒数、结实率、千粒重等主要农艺经济性状汇总结果见表 5-3。

（四）抗性

根据 1～2 年鉴定结果，稻瘟病穗瘟损失率最高级 3 级的品种有利两优华占；稻瘟病穗瘟损失率最高级 5 级的品种有裕优 038、泸优 7611、捷两优 8602、天龙两优 18 等 4 个；稻瘟病穗瘟损失率最高级 7 级的品种有神农优 422、宜香优 2913、旺两优 959、黔优 35 等 4 个；稻瘟病穗瘟损失率最高级 9 级的品种有陵优 7077、F 优 498（CK）等 2 个。

2018 年区试品种在各稻瘟病抗性鉴定点的鉴定结果见表 5-5，1~2 年区试品种抗性鉴定汇总结果见表 5-6。

（五）米质

依据农业行业标准 NY/T 593—2013《食用稻品种品质》，根据 1~2 年检测结果：优质 2 级的品种有神农优 422、泸优 7611 等 2 个；优质 3 级的品种有旺两优 959、裕优 038、天龙优 18、捷两优 8602、F 优 498（CK）等 5 个；其余品种为普通级。

1~2 年区试品种米质指标表现和综合评级结果见表 5-7。

（六）品种在各试验点表现

区试品种在各试验点的表现情况见表 5-8-1 至表 5-8-11，生产试验品种在各试验点的表现情况见表 5-9。

三、品种简评

（一）生产试验品种

德优 4938

2016 年初试平均亩产 662.75 千克，比 F 优 498（CK）增产 2.07%，增产点比例 66.7%；2017 年续试平均亩产 663.40 千克，比 F 优 498（CK）增产 5.15%，增产点比例 93.3%；两年区试平均亩产 663.08 千克，比 F 优 498（CK）增产 3.59%，增产点比例 80.0%；2018 年生产试验平均亩产 626.66 千克，比 F 优 498（CK）增产 7.21%，增产点比例 100.0%。全生育期两年区试平均 155.7 天，比 F 优 498（CK）迟熟 3.0 天。主要农艺性状两年区试综合表现：有效穗 13.8 万穗/亩，株高 126.0 厘米，穗长 26.0 厘米，每穗总粒数 197.9 粒，结实率 76.4%，千粒重 33.8 克。抗性两年综合表现：稻瘟病综合指数两年分别是 2.2 级、3.4 级，穗瘟损失率最高级 3 级；褐飞虱 9 级。米质主要指标两年综合表现：糙米率 80.6%，整精米率 42.4%，垩白度 5.8%，透明度 1 级，碱消值 6.8 级，胶稠度 82 毫米，直链淀粉含量 15.2%，综合评级为国标等外、部标普通。

2018 年国家水稻品种试验年会审议意见：已完成试验程序，可以申报国家审定。

（二）续试品种

1. 旺两优 959

2017 年初试平均亩产 651.00 千克，比 F 优 498（CK）增产 3.19%，增产点比例 86.7%；2018 年续试平均亩产 659.04 千克，比 F 优 498（CK）增产 4.61%，增产点比例 100.0%；两年区试平均亩产 655.02 千克，比 F 优 498（CK）增产 3.90%，增产点比例 93.3%。全生育期两年区试平均 150.8 天，比 F 优 498（CK）早熟 0.3 天。主要农艺性状表现：有效穗 16.4 万穗/亩，株高 103.2 厘米，穗长 24.0 厘米，每穗总粒数 197.7 粒，结实率 80.3%，千粒重 25.8 克。抗性：稻瘟病综合指数 5.9 级，穗瘟损失率最高级 7 级；褐飞虱平均级 9 级，最高级 9 级。米质主要指标：糙米率 81.9%，精米率 72.9%，整精米率 66.2%，粒长 6.6 毫米，长宽比 2.9，垩白粒率 7%，垩白度 1.1%，透明度 1 级，碱消值 6.9 级，胶稠度 70 毫米，直链淀粉含量 21.9%，综合评级为部标优质 3 级。

2018 年国家水稻品种试验年会审议意见：2019 年进行生产试验。

2. 宜香优 2913

2017 年初试平均亩产 650.26 千克，比 F 优 498（CK）增产 3.07%，增产点比例 86.7%；2018 年续试平均亩产 642.18 千克，比 F 优 498（CK）增产 1.93%，增产点比例 86.7%；两年区试平均亩产 646.22 千克，比 F 优 498（CK）增产 2.50%，增产点比例 86.7%。全生育期两年区试平均 151.8 天，比 F 优 498（CK）迟熟 0.7 天。主要农艺性状表现：有效穗 14.8 万穗/亩，株高 119.4 厘米，穗长 25.6 厘米，每穗总粒数 197.4 粒，结实率 81.2%，千粒重 28.8 克。抗性：稻瘟病综合指数 5.2 级，穗瘟损失率最高级 7 级；褐飞虱平均级 9 级，最高级 9 级。米质主要指标：糙米率 81.6%，精米率

73. 0%，整精米率 44. 6%，粒长 7. 3 毫米，长宽比 3. 0，垩白粒率 15%，垩白度 2. 4%，透明度 1 级，碱消值 7. 0 级，胶稠度 79 毫米，直链淀粉含量 17. 2%，综合评级为部标普通。

2018 年国家水稻品种试验年会审议意见：终止试验。

3. 神农优 422

2017 年初试平均亩产 630. 59 千克，比 F 优 498（CK）减产 0. 05%，增产点比例 60. 0%；2018 年续试平均亩产 634. 42 千克，比 F 优 498（CK）增产 0. 70%，增产点比例 66. 7%；两年区试平均亩产 632. 51 千克，比 F 优 498（CK）增产 0. 33%，增产点比例 63. 3%。全生育期两年区试平均 151. 6 天，比 F 优 498（CK）迟熟 0. 5 天。主要农艺性状表现：有效穗 15. 9 万穗/亩，株高 113. 0 厘米，穗长 23. 1 厘米，每穗总粒数 209. 4 粒，结实率 81. 7%，千粒重 24. 3 克。抗性：稻瘟病综合指数 3. 6 级，穗瘟损失率最高级 7 级；褐飞虱平均级 9 级，最高级 9 级。米质主要指标：糙米率 81. 2%，精米率 71. 3%，整精米率 62. 8%，粒长 6. 7 毫米，长宽比 3. 2，垩白粒率 8%，垩白度 1. 3%，透明度 1 级，碱消值 6. 8 级，胶稠度 71 毫米，直链淀粉含量 16. 2%，综合评级为部标优质 2 级。

2018 年国家水稻品种试验年会审议意见：2019 年进行生产试验。

4. 陵优 7077

2017 年初试平均亩产 615. 78 千克，比 F 优 498（CK）减产 2. 40%，增产点比例 53. 3%。2018 年续试平均亩产 611. 22 千克，比 F 优 498（CK）减产 2. 98%，增产点比例 46. 7%；两年区试平均亩产 613. 50 千克，比 F 优 498（CK）减产 2. 69%，增产点比例 50. 0%。全生育期两年区试平均 151. 4 天，比 F 优 498（CK）迟熟 0. 3 天。主要农艺性状表现：有效穗 14. 8 万穗/亩，株高 115. 2 厘米，穗长 25. 1 厘米，每穗总粒数 205. 2 粒，结实率 80. 6%，千粒重 26. 3 克。抗性：稻瘟病综合指数 3. 4 级，穗瘟损失率最高级 9 级；褐飞虱平均级 8 级，最高级 9 级。米质主要指标：糙米率 82. 2%，精米率 72. 4%，整精米率 64. 7%，粒长 6. 8 毫米，长宽比 3. 0，垩白粒率 13%，垩白度 2. 4%，透明度 1 级，碱消值 4. 8 级，胶稠度 75 毫米，直链淀粉含量 15. 2%，综合评级为部标普通。

2018 年国家水稻品种试验年会审议意见：终止试验。

5. 利两优华占

2017 年初试平均亩产 633. 38 千克，比 F 优 498（CK）增产 0. 39%，增产点比例 80. 0%。2018 年续试平均亩产 577. 75 千克，比 F 优 498（CK）减产 8. 29%，增产点比例 20. 0%；两年区试平均亩产 605. 56 千克，比 F 优 498（CK）减产 3. 95%，增产点比例 50. 0%。全生育期两年区试平均 153. 5 天，比 F 优 498（CK）迟熟 2. 4 天。主要农艺性状表现：有效穗 15. 7 万穗/亩，株高 113. 5 厘米，穗长 23. 1 厘米，每穗总粒数 193. 0 粒，结实率 83. 9%，千粒重 25. 0 克。抗性：稻瘟病综合指数 3. 2 级，穗瘟损失率最高级 3 级；褐飞虱平均级 8 级，最高级 9 级。米质主要指标：糙米率 80. 6%，精米率 72. 0%，整精米率 65. 5%，粒长 6. 6 毫米，长宽比 3. 0，垩白粒率 17%，垩白度 1. 8%，透明度 2 级，碱消值 4. 5 级，胶稠度 77 毫米，直链淀粉含量 14. 1%，综合评级为部标普通。

2018 年国家水稻品种试验年会审议意见：终止试验。

（三）新参试品种

1. 泸优 7611

2018 年初试平均亩产 644. 24 千克，比 F 优 498（CK）增产 2. 26%，增产点比例 73. 3%。全生育期 150. 1 天，比 F 优 498（CK）迟熟 1. 4 天。主要农艺性状表现：有效穗 16. 4 万穗/亩，株高 112. 0 厘米，穗长 24. 8 厘米，每穗总粒数 192. 1 粒，结实率 84. 1%，结实率低于 70%的点 1 个，千粒重 25. 7 克。抗性：稻瘟病综合指数 3. 8 级，穗瘟损失率最高级 5 级；褐飞虱平均级 9 级，最高级 9 级。米质主要指标：糙米率 80. 8%，精米率 71. 3%、整精米率 66. 2%，粒长 6. 9 毫米，长宽比 3. 2，垩白粒率 6%，垩白度 0. 9%，透明度 1 级，碱消值 6. 8 级，胶稠度 76 毫米，直链淀粉含量 18. 7%，综合评级为部标优质 2 级。

2018 年国家水稻品种试验年会审议意见：2019 年续试。

2. 黔优 35

2018 年初试平均亩产 610. 30 千克，比 F 优 498（CK）减产 3. 13%，增产点比例 20. 0%。全生育期152.4天，比F优498（CK）迟熟3.7天。主要农艺性状表现：有效穗14.3万穗/亩，株高123.9厘米，穗长25.0厘米，每穗总粒数169.5粒，结实率82.4%，结实率低于70%的点0个，千粒重32.5克。抗性：稻瘟病综合指数4.7级，穗瘟损失率最高级7级；褐飞虱平均级9级，最高级9级。米质主要指标：糙米率79.6%，精米率70.8%、整精米率55.8%，粒长6.7毫米，长宽比2.6，垩白粒率66%，垩白度9.0%，透明度2级，碱消值6.1级，胶稠度74毫米，直链淀粉含量21.8%，综合评级为部标普通。

2018年国家水稻品种试验年会审议意见：终止试验。

3. 捷两优8602

2018年初试平均亩产603.59千克，比F优498（CK）减产4.19%，增产点比例33.3%。全生育期148.7天，跟F优498（CK）一致。主要农艺性状表现：有效穗15.6万穗/亩，株高109.8厘米，穗长23.0厘米，每穗总粒数197.9粒，结实率78.5%，结实率低于70%的点3个，千粒重25.4克。抗性：稻瘟病综合指数4.3级，穗瘟损失率最高级5级；褐飞虱平均级9级，最高级9级。米质主要指标：糙米率81.3%，精米率70.8%、整精米率61.4%，粒长6.7毫米，长宽比3.1，垩白粒率12%，垩白度1.6%，透明度1级，碱消值5.8级，胶稠度77毫米，直链淀粉含量17.2%，综合评级为部标优质3级。

2018年国家水稻品种试验年会审议意见：终止试验。

4. 天龙两优18

2018年初试平均亩产603.31千克，比F优498（CK）减产4.24%，增产点比例46.7%。全生育期152.1天，比F优498（CK）迟熟3.4天。主要农艺性状表现：有效穗15.2万穗/亩，株高122.4厘米，穗长26.9厘米，每穗总粒数203.6粒，结实率78.9%，结实率低于70%的点2个，千粒重26.6克。抗性：稻瘟病综合指数3.7级，穗瘟损失率最高级5级；褐飞虱平均级9级，最高级9级。米质主要指标：糙米率81.3%，精米率72.3%、整精米率63.2%，粒长6.9毫米，长宽比3.1，垩白粒率17%，垩白度2.0%，透明度1级，碱消值5.1级，胶稠度76毫米，直链淀粉含量14.6%，综合评级为部标优质3级。

2018年国家水稻品种试验年会审议意见：终止试验。

5. 裕优038

2018年初试平均亩产594.97千克，比F优498（CK）减产5.56%，增产点比例26.7%。全生育期148.4天，比F优498（CK）早熟0.3天。主要农艺性状表现：有效穗16.1万穗/亩，株高110.1厘米，穗长22.6厘米，每穗总粒数205.2粒，结实率75.8%，结实率低于70%的点5个，千粒重24.8克。抗性：稻瘟病综合指数3.3级，穗瘟损失率最高级5级；褐飞虱平均级9级，最高级9级。米质主要指标：糙米率80.5%，精米率71.9%、整精米率65.3%，粒长6.7毫米，长宽比3.0，垩白粒率14%，垩白度2.2%，透明度1级，碱消值5.3级，胶稠度69毫米，直链淀粉含量15.1%，综合评级为部标优质3级。

2018年国家水稻品种试验年会审议意见：终止试验。

表 5-1　长江上游中籼迟熟 B 组（182411NS-B）区试及生产试验参试品种基本情况

品种名称	试验编号	抗鉴编号	品种类型	亲本组合	申请者（非个人）	选育/供种单位
区试						
陵优 7077	1	10	杂交稻	陵 7A/涪恢 9077	重庆市渝东南农业科学院	重庆市渝东南农业科学院
*天龙两优 18	2	8	杂交稻	天龙 S/天龙恢 18	四川西科种业股份有限公司	四川西科种业股份有限公司
利两优华占	3	6	杂交稻	利 S×华占	长沙利诚种业有限公司	长沙利诚种业有限公司
*裕优 038	4	2	杂交稻	裕 A/金恢 038	广东鲜美种苗股份有限公司	广东鲜美种苗股份有限公司
F 优 498（CK）	5	9	杂交稻	江育 F32A×蜀恢 498		四川农业大学水稻研究所
神农优 422	6	1	杂交稻	神农 4A/Q 恢 22	重庆中一种业有限公司	重庆中一种业有限公司
*泸优 7611	7	3	杂交稻	泸 702A/泸恢 1611	四川省农业科学院水稻高粱研究所	四川省农业科学院水稻高粱研究所、四川省农业科学院作物研究所
旺两优 959	8	11	杂交稻	W115S×创恢 959	湖南袁创超级稻技术有限公司	湖南袁创超级稻技术有限公司
*黔优 35	9	5	杂交稻	H79A×QR35	贵州省水稻研究所	贵州省水稻研究所
宜香优 2913	10	4	杂交稻	宜香 1A/宜恢 2913	宜宾市农业科学院	宜宾市农业科学院
*捷两优 8602	11	7	杂交稻	华捷 221S/华恢 8602	湖南亚华种业科学研究院	湖南亚华种业科学研究院
生产试验						
德优 4938	6		杂交稻	德香 074A×R10938	四川农业科学院水稻高粱研究所	四川农业科学院水稻高粱研究所
F 优 498（CK）	7		杂交稻	江育 F32A×蜀恢 498		四川农业大学水稻研究所

*为 2018 年新参试品种。

表 5-2　长江上游中籼迟熟 B 组（182411NS-B）区试及生产试验点基本情况

承试单位	试验地点	经度	纬度	海拔高度（米）	试验负责人及执行人
区试					
贵州黔东南州农业科学院	黄平县旧州镇	107°44′	26°59′	674	浦选昌、杨秀军、彭朝才、雷安宁
贵州黔西南州农科所	兴义市下午屯镇乐立村	105°56′	25°06′	1170	敖正友
贵州省农业科学院水稻所	贵阳市花溪区金竹镇	106°43′	26°35′	1140	涂敏、李树杏
贵州遵义市农业科学院	新浦新区新舟镇槐安村	107°18′	28°20′	800	王怀昕、王炜、刘廷海、兰宣莲
陕西汉中市农科所	汉中市汉台区农科所试验农场	107°12′	33°04′	510	黄卫群
四川广元市种子站	广元市利州区赤化镇石羊一组	105°57′	32°34′	490	冯开永、王春
四川绵阳市农业科学院	绵阳市农科区松垭镇	104°45′	31°03′	470	刘定友、项祖芬
四川内江杂交水稻科技开发中心	内江杂交水稻中心试验地	105°03′	29°35′	352	陈勇、曹厚明、蒋茂春、唐涛
四川省原良种试验站	成都双流九江龙池社区	103°55′	30°35′	494	周志军、谢力、李龙飞
四川省农业科学院水稻高粱所	泸县福集镇茂盛村	105°33′	29°19′	292	朱永川
四川巴中市巴州区种子站	巴州区石城乡青州村	106°41′	31°45′	325	庞立华、苟术淋、陈琳
云南德宏州种子站	芒市芒市镇大湾村	98°36′	24°29′	913	刘宏珺、董保萍、杨素华、丁家盛、王宪芳、龚琪、张学艳、黄玮
云南红河州农科所	建水县西庄镇高营村	102°46′	23°36′	1318	张文华、苏正亮、张耀、王海德
云南文山州种子站	文山市开化镇黑卡村	103°35′	22°40′	1260	张才能、依佩遥、谢会琼、何旭俊
重庆涪陵区种子站	涪陵区马武镇文观村 3 社	107°15′	29°36′	672	胡永友、陈景平
重庆市农业科学院水稻所	巴南区南彭镇大石塔村	106°24′	29°06′	302	李贤勇、黄乾龙
重庆万州区种子站	万州区良种场	108°23′	31°05′	180	马秀云、谭安平、谭家刚
生产试验					
四川巴中市巴州区种子站	巴州区石城乡青州村	106°41′	31°45′	325	庞立华、苟术淋、陈琳
四川宜宾市农业科学院	南溪区大观镇院试验基地	104°54′	28°58′	282	江青山、姜方洪
四川蓬安县种子站	蓬安县	106°12′	31°42′	281	杜胜
四川宣汉县种子站	宣汉县双河镇玛瑙村	108°03′	31°50′	370	罗 廷、向乾、喻廷强
重庆南川区种子站	南川区大观镇铁桥村 3 社	107°05′	29°03′	720	倪万贵、冉忠领
重庆潼南区种子站	重庆潼南区梓潼街道办新生村 2 社	105°47′	30°12′	252	张建国、谭长华、梁浩、胡海、全海晏
贵州湄潭县种子站	湄潭县黄家坝镇春光村牛场大坝	107°23′	27°40′	780	李天海、詹金碧、张晓东
云南红河州农科所	建水县西庄镇高营村	102°46′	23°36′	1318	张文华、苏正亮、张耀、王海德

表 5-3　长江上游中籼迟熟 B 组（182411NS-B）区试品种产量、生育期及主要农艺经济性状汇总分析结果

品种名称	区试年份	亩产（千克）	比 CK± %	比 CK 增产点（%）	产量差异显著性		全生育期（天）	比 CK± 天	有效穗（万/亩）	株高（厘米）	穗长（厘米）	总粒数/穗	实粒数/穗	结实率（%）	结实率 <70%点	千粒重（克）
					5%	1%										
旺两优 959	2017—2018	655.02	3.90	93.3			150.8	-0.3	16.4	103.2	24.0	197.7	158.7	80.3		25.8
宜香优 2913	2017—2018	646.22	2.50	86.7			151.8	0.7	14.8	119.4	25.6	197.4	160.2	81.2		28.8
神农优 422	2017—2018	632.51	0.33	63.3			151.6	0.5	15.9	113.0	23.1	209.4	171.1	81.7		24.3
陵优 7077	2017—2018	613.50	-2.69	50.0			151.4	0.3	14.8	115.2	25.1	205.2	165.4	80.6		26.3
利两优华占	2017—2018	605.56	-3.95	50.0			153.5	2.4	15.7	113.5	23.1	193.0	161.9	83.9		25.0
F 优 498（CK）	2017—2018	630.44	0.00	0.0			151.1	0.0	13.6	117.7	26.7	198.3	166.6	84.0		30.5
旺两优 959	2018	659.04	4.61	100.0	a	A	148.5	-0.2	16.7	101.5	23.4	195.8	159.0	81.2	0	25.9
泸优 7611	2018	644.24	2.26	73.3	b	B	150.1	1.4	16.4	112.0	24.8	192.1	161.6	84.1	1	25.7
宜香优 2913	2018	642.18	1.93	86.7	b	B	149.1	0.4	15.2	116.1	25.1	186.5	154.6	82.9	0	28.9
神农优 422	2018	634.42	0.70	66.7	c	BC	149.1	0.4	16.2	111.1	23.0	201.7	167.6	83.1	1	24.8
F 优 498（CK）	2018	629.99	0.00	0.0	c	C	148.7	0.0	13.6	117.0	26.4	190.8	162.7	85.3	1	30.8
陵优 7077	2018	611.22	-2.98	46.7	d	D	149.1	0.4	15.0	115.4	25.0	201.9	163.7	81.1	0	26.5
黔优 35	2018	610.30	-3.13	20.0	d	D	152.4	3.7	14.3	123.9	25.0	169.5	139.8	82.4	0	32.5
捷两优 8602	2018	603.59	-4.19	33.3	d	DE	148.7	0.0	15.6	109.8	23.0	197.9	155.3	78.5	3	25.4
天龙两优 18	2018	603.31	-4.24	46.7	d	DE	152.1	3.4	15.2	122.4	26.9	203.6	160.5	78.9	2	26.6
裕优 038	2018	594.97	-5.56	26.7	e	E	148.4	-0.3	16.1	110.1	22.6	205.2	155.4	75.8	5	24.8
利两优华占	2018	577.75	-8.29	20.0	f	F	150.8	2.1	15.4	113.0	22.9	190.7	160.1	83.9	1	25.1

表 5-4　长江上游中籼迟熟 B 组（182411NS-B）生产试验品种产量、生育期、综合评级及温度敏感性鉴定结果

品种名称	德优 4938	F 优 498（CK）
生产试验汇总表现		
全生育期（天）	150. 8	147. 6
比 CK±天	3. 2	0. 0
亩产（千克）	626. 66	584. 50
产量比 CK±%	7. 21	0. 00
增产点比例（%）	100. 0	0. 0
各生产试验点综合评价等级		
四川巴中市巴州区种子站	A	B
四川宜宾市农业科学院	B	C
四川宣汉县种子站	B	C
重庆南川区种子站	A	A
重庆潼南区种子站	B	B
抽穗期耐热性（级）	5	3
抽穗期耐冷性	3	5

注：1. 综合评价等级：A—好，B—较好，C—中等，D——一般。

2. 耐热性、耐冷性分别为华中农业大学、湖北恩施州农业科学院鉴定结果。

表 5-5　长江上游中籼迟熟 B 组（182411NS-B）品种稻瘟病抗性各地鉴定结果（2018 年）

品种名称	四川蒲江					重庆涪陵					贵州湄潭				
	叶瘟级	穗瘟发病		穗瘟损失		叶瘟级	穗瘟发病		穗瘟损失		叶瘟级	穗瘟发病		穗瘟损失	
		%	级	%	级		%	级	%	级		%	级	%	级
神农优 422	4	14	5	2	1	3	7	3	3	1	2	35	7	30	7
裕优 038	4	14	5	2	1	3	9	3	4	1	3	21	5	16	5
泸优 7611	4	15	5	2	1	4	17	5	9	3	3	23	5	19	5
宜香优 2913	9	33	7	7	3	3	81	9	48	7	3	15	5	11	3
黔优 35	5	13	5	1	1	5	22	5	12	3	2	42	7	34	7
利两优华占	4	16	5	2	1	3	9	3	3	1	4	14	5	11	3
捷两优 8602	7	21	5	4	1	4	28	7	14	3	3	24	5	20	5
天龙两优 18	5	12	5	1	1	1	13	5	8	3	3	22	5	17	5
F 优 498（CK）	8	94	9	62	9	7	94	9	63	9	3	44	7	37	7
陵优 7077	4	16	5	1	1	3	2	1	0	1	4	62	9	52	9
旺两优 959	7	35	7	12	3	4	82	9	47	7	3	25	5	20	5
感稻瘟病（CK）	8	75	9	50	9	7	94	9	63	9	6	84	9	61	9

注：1. 鉴定单位：四川省农业科学院植保所、重庆涪陵渝东南农业科学院、贵州湄潭县农业局植保站。

2. 感稻瘟病（CK）：四川省农业科学院植保所为岗优 725、重庆涪陵区农业科学院为黄壳糯、贵州湄潭县农业局植保站为大粒香。

3. 贵州湄潭叶瘟发病程度未达到标准，不纳入统计。

表 5-6　长江上游中籼迟熟 B 组（182411NS-B）品种对主要病虫抗性综合评价结果（2017—2018 年）

品种名称	试验年份	稻瘟病							褐飞虱（级）		
		2018 年各地综合指数				2018 年穗瘟损失率最高级	1~2 年综合评价		2017 年	1~2 年综合评价	
		蒲江	涪陵	湄潭	平均		平均综合指数	穗瘟损失率最高级		平均	最高
神农优 422	2017—2018	2.8	2.0	7.0	3.9	7	3.6	7	9	9	9
宜香优 2913	2017—2018	5.5	6.5	3.7	5.2	7	5.2	7	9	9	9
利两优华占	2017—2018	2.8	2.0	3.7	2.8	3	3.2	3	9	8	9
陵优 7077	2017—2018	2.8	1.5	9.0	4.4	9	3.4	9	9	8	9
旺两优 959	2017—2018	5.0	6.8	5.0	5.6	7	5.9	7	9	9	9
F 优 498（CK）	2017—2018	8.8	8.5	7.0	8.1	9	7.6	9	9	9	9
裕优 038	2018	2.8	2.0	5.0	3.3	5	3.3	5	9	9	9
泸优 7611	2018	2.8	3.8	5.0	3.8	5	3.8	5	9	9	9
黔优 35	2018	3.0	4.0	7.0	4.7	7	4.7	7	9	9	9
捷两优 8602	2018	3.5	4.3	5.0	4.3	5	4.3	5	9	9	9
天龙两优 18	2018	3.0	3.0	5.0	3.7	5	3.7	5	9	9	9
F 优 498（CK）	2018	8.8	8.5	7.0	8.1	9	8.1	9	9	9	9
感病虫（CK）	2018	8.8	8.5	9.0	8.8	9	8.8	9	9	9	9

注：1. 稻瘟病综合指数（级）= 叶瘟级×25%+穗瘟发病率级×25%+穗瘟损失率级×50%。

2. 湄潭叶瘟发病未达标，稻瘟病综合指数（级）=（穗瘟发病率级×25%+穗瘟损失率级×50%）/75%。

3. 褐飞虱鉴定单位为中国水稻研究稻作发展中心，感褐飞虱 CK 为 TN1。

表 5-7　长江上游中籼迟熟 B 组（182411NS-B）品种米质检测分析结果

品种名称	年份	糙米率（%）	精米率（%）	整精米率（%）	粒长（毫米）	长宽比	垩白粒率（%）	垩白度（%）	透明度（级）	碱消值（级）	胶稠度（毫米）	直链淀粉（%）	部标（等级）
陵优 7077	2017—2018	82. 2	72. 4	64. 7	6. 8	3. 0	13	2. 4	1	4. 8	75	15. 2	普通
神农优 422	2017—2018	81. 2	71. 3	62. 8	6. 7	3. 2	8	1. 3	1	6. 8	71	16. 2	优二
利两优华占	2017—2018	80. 6	72. 0	65. 5	6. 6	3. 0	17	1. 8	2	4. 5	77	14. 1	普通
旺两优 959	2017—2018	81. 9	72. 9	66. 2	6. 6	2. 9	7	1. 1	1	6. 9	70	21. 9	优三
宜香优 2913	2017—2018	81. 6	73. 0	44. 6	7. 3	3. 0	15	2. 4	1	7. 0	79	17. 2	普通
F 优 498（CK）	2017—2018	82. 1	70. 9	56. 1	7. 1	3. 0	39	4. 4	2	6. 4	79	21. 6	优三
裕优 038	2018	80. 5	71. 9	65. 3	6. 7	3. 0	14	2. 2	1	5. 3	69	15. 1	优三
天龙两优 18	2018	81. 3	72. 3	63. 2	6. 9	3. 1	17	2. 0	1	5. 1	76	14. 6	优三
泸优 7611	2018	80. 8	71. 3	66. 2	6. 9	3. 2	6	0. 9	1	6. 8	76	18. 7	优二
黔优 35	2018	79. 6	70. 8	55. 8	6. 7	2. 6	66	9. 0	2	6. 1	74	21. 8	普通
捷两优 8602	2018	81. 3	70. 8	61. 4	6. 7	3. 1	12	1. 6	1	5. 8	77	17. 2	优三
F 优 498（CK）	2018	82. 1	70. 9	56. 1	7. 1	3. 0	39	4. 4	2	6. 4	79	21. 6	优三

注：1. 供样单位：云南红河州农科所（2017—2018 年）、陕西汉中市农科所（2017—2018 年）、四川内江杂交水稻开发中心（2017 年）。
2. 检测单位：农业农村部稻米及制品质量监督检验测试中心。

表 5-8-1 长江上游中籼迟熟 B 组（182411NS-B）区试品种在各试验点的产量、生育期、主要性状、田间抗性等表现

品种名称/试验点	亩产（千克）	比CK ±%	产量位次	播种期（月/日）	齐穗期（月/日）	成熟期（月/日）	全生育期（天）	有效穗（万/亩）	株高（厘米）	穗长（厘米）	总粒数/穗	实粒数/穗	结实率（%）	千粒重（克）	杂株率（%）	倒伏性	穗颈瘟	纹枯病	稻曲病	综合评级
陵优 7077																				
重庆万州区种子站	591.87	13.33	3	3/19	7/10	8/10	144	13.5	115.0	26.0	240.7	220.1	91.4	24.0	0.0	直	未发	轻	未发	A
重庆市农业科学院水稻所	663.84	6.30	1	3/15	7/10	8/6	144	15.0	121.4	27.1	206.6	184.2	89.2	25.3	0.0	直	未发	轻	—	A
重庆市涪陵区种子站	590.43	-21.72	11	3/17	7/16	8/16	152	16.5	110.0	24.9	170.2	152.9	89.8	28.4	0.0	直	未发	轻	—	D
云南文山州种子站	782.09	0.90	2	4/26	8/17	9/21	148	16.2	106.4	24.5	199.2	149.2	74.9	28.0	0.3	直	未发	无	—	B
四川省原良种试验站	488.26	-16.21	11	4/11	8/1	9/2	144	14.5	115.0	24.4	172.0	130.2	75.7	26.2	0.0	直	未发	未发	未发	D
四川省农业科学院水稻高粱所	513.63	0.26	7	3/14	6/27	7/27	135	13.5	123.3	25.5	201.9	159.3	78.9	24.6	1.0	直	未发	轻	未发	B
四川内江杂交水稻开发中心	531.40	-7.00	10	3/20	7/16	8/13	146	11.7	125.7	27.6	196.0	154.0	78.6	26.8	0.0	直	未发	轻	未发	C
四川绵阳市农业科学院	540.64	-4.62	9	4/3	7/28	8/25	144	13.8	106.9	22.1	157.4	134.8	85.6	27.5	0.0	直	未发	轻	—	C
四川广元市种子站	611.03	2.24	5	4/10	8/8	9/13	156	14.8	113.0	23.3	185.1	150.3	81.2	26.9	1.0	直	未发	轻	无	A
四川巴中市巴州区种子站	483.96	-2.22	8	4/1	7/25	8/24	145	16.8	122.9	26.5	201.0	141.9	70.6	26.8	0.0	直	无	无	未发	B
陕西汉中市农科所	670.18	-2.43	9	4/9	8/5	9/7	151	19.4	123.4	25.8	175.9	166.4	94.6	27.0	0.0	直	无	轻	中	C
贵州遵义市农业科学院	707.53	6.70	1	4/13	8/9	9/17	157	13.3	114.0	23.0	313.2	214.6	68.5	24.8	0.0	直	未发	轻	未发	A
贵州省农业科学院水稻所	760.62	5.23	2	4/9	8/7	9/20	164	15.2	111.0	25.1	241.0	203.7	84.5	25.7	1.1	直	未发	轻	无	A
贵州黔西南州农科所	703.18	-5.26	11	4/2	8/1	9/11	162	16.2	111.0	25.4	221.0	157.2	71.1	28.1	0.0	直	无	轻	—	D
贵州黔东南州农业科学院	529.60	-16.33	9	4/20	8/3	9/11	144	14.9	112.5	24.5	147.5	136.5	92.5	26.8	0.6	直	未发	无	未发	D

注：综合评级：A—好，B—较好，C—中等，D——般。

表 5-8-2　长江上游中籼迟熟 B 组（182411NS-B）区试品种在各试验点的产量、生育期、主要性状、田间抗性等表现

品种名称/试验点	亩产（千克）	比 CK ±%	产量位次	播种期（月/日）	齐穗期（月/日）	成熟期（月/日）	全生育期（天）	有效穗（万/亩）	株高（厘米）	穗长（厘米）	总粒数/穗	实粒数/穗	结实率（%）	千粒重（克）	杂株率（%）	倒伏性	穗颈瘟	纹枯病	稻曲病	综合评级
天龙两优 18																				
重庆万州区种子站	446.61	-14.48	11	3/19	7/18	8/17	151	13.3	115.2	26.3	176.0	145.3	82.6	24.2	0.0	直	未发	轻	未发	C
重庆市农业科学院水稻所	577.05	-7.60	10	3/15	7/15	8/9	147	15.3	124.6	29.9	210.6	168.9	80.2	23.8	0.0	直	未发	轻	—	D
重庆市涪陵区种子站	680.62	-9.76	7	3/17	7/21	8/20	156	16.9	122.4	25.9	181.3	140.0	77.2	25.4	0.0	直	未发	未发	—	C
云南文山州种子站	669.32	-13.65	9	4/26	8/26	9/27	154	15.3	117.2	27.2	235.5	146.9	62.4	28.0	0.0	直	未发	无	—	B
四川省原良种试验站	527.41	-9.49	9	4/11	8/2	9/3	145	14.1	128.3	27.8	204.0	151.1	74.1	27.0	0.0	直	未发	轻	未发	D
四川省农业科学院水稻高粱所	530.47	3.55	5	3/14	7/3	8/2	141	12.1	134.0	27.3	256.6	220.0	85.7	23.4	0.0	直	未发	轻	未发	B
四川内江杂交水稻开发中心	634.69	11.08	1	3/20	7/19	8/16	149	12.3	131.3	30.0	227.0	187.0	82.4	26.0	0.0	直	未发	轻	未发	A
四川绵阳市农业科学院	598.49	5.59	2	4/3	8/1	8/30	149	15.7	119.5	27.1	174.6	138.6	79.4	26.8	1.2	直	未发	轻	—	B
四川广元市种子站	609.53	1.99	8	4/10	8/8	9/13	156	15.5	109.2	22.6	155.5	144.5	92.9	26.5	0.7	直	未发	轻	无	B
四川巴中市巴州区种子站	509.46	2.93	3	4/1	7/26	8/25	146	16.3	140.6	26.9	160.7	120.2	74.8	28.6	0.0	直	无	无	未发	B
陕西汉中市农科所	655.98	-4.50	10	4/9	8/7	9/9	153	21.5	127.5	28.2	200.9	181.8	90.5	27.5	0.0	直	无	轻	轻	C
贵州遵义市农业科学院	601.39	-9.31	10	4/13	8/10	9/16	156	12.5	119.5	27.2	307.9	194.3	63.1	27.3	0.0	直	未发	轻	未发	D
贵州省农业科学院水稻所	731.47	1.20	5	4/9	8/7	9/20	164	14.0	115.7	26.4	235.8	200.8	85.2	27.1	0.0	直	未发	轻	无	B
贵州黔西南州农科所	749.52	0.99	7	4/2	8/6	9/16	167	16.8	113.3	27.0	192.0	147.9	77.0	29.5	0.0	直	无	轻	—	C
贵州黔东南州农业科学院	527.62	-16.64	10	4/20	8/11	9/14	147	16.0	117.5	23.3	134.9	120.9	89.6	27.3	0.0	直	未发	无	未发	D

注：综合评级：A—好，B—较好，C—中等，D——一般。

表 5-8-3　长江上游中籼迟熟 B 组（182411NS-B）区试品种在各试验点的产量、生育期、主要性状、田间抗性等表现

品种名称/试验点	亩产（千克）	比 CK ±%	产量位次	播种期（月/日）	齐穗期（月/日）	成熟期（月/日）	全生育期（天）	有效穗（万/亩）	株高（厘米）	穗长（厘米）	总粒数/穗	实粒数/穗	结实率（%）	千粒重（克）	杂株率（%）	倒伏性	穗颈瘟	纹枯病	稻曲病	综合评级
利两优华占																				
重庆万州区种子站	560.89	7.40	7	3/19	7/13	8/12	146	14.3	103.5	23.1	209.4	191.7	91.5	24.0	0.0	直	未发	轻	未发	B
重庆市农业科学院水稻所	569.72	-8.78	11	3/15	7/13	8/9	147	14.8	113.8	25.2	184.3	174.2	94.5	23.7	0.0	直	未发	轻	—	D
重庆市涪陵区种子站	598.54	-20.64	10	3/17	7/18	8/17	153	17.5	106.6	22.0	167.9	150.6	89.7	25.0	0.0	直	未发	未发	—	D
云南文山州种子站	628.53	-18.91	10	4/26	8/24	9/23	150	16.4	102.6	20.1	210.6	156.6	74.4	25.6	0.0	直	未发	轻	—	B
四川省原良种试验站	506.08	-13.15	10	4/11	8/2	9/3	145	15.1	109.0	23.6	165.7	142.6	86.1	25.8	0.0	直	未发	未发	未发	D
四川省农业科学院水稻高粱所	402.60	-21.41	11	3/14	7/2	8/1	140	11.7	126.0	23.4	200.7	190.5	94.9	22.3	1.0	直	未发	轻	未发	D
四川内江杂交水稻开发中心	568.05	-0.58	8	3/20	7/14	8/12	145	11.0	131.0	25.0	230.0	205.0	89.1	24.0	0.0	直	未发	轻	未发	C
四川绵阳市农业科学院	492.46	-13.12	11	4/3	7/29	8/24	143	16.1	110.5	20.9	142.5	121.9	85.5	26.6	0.0	直	未发	轻	—	D
四川广元市种子站	630.58	5.51	3	4/10	8/7	9/10	153	15.2	105.2	20.4	159.6	152.6	95.6	25.8	0.7	直	未发	轻	无	A
四川巴中市巴州区种子站	484.79	-2.05	7	4/1	7/26	8/27	148	17.0	127.2	24.4	146.7	105.8	72.1	26.4	0.0	直	无	无	未发	B
陕西汉中市农科所	650.13	-5.35	11	4/9	8/6	9/8	152	17.9	120.1	23.6	172.0	161.6	94.0	25.6	0.0	直	无	轻	轻	C
贵州遵义市农业科学院	686.69	3.56	3	4/13	8/13	9/19	159	13.7	115.7	23.8	295.1	199.0	67.4	25.4	0.0	直	未发	轻	未发	A
贵州省农业科学院水稻所	628.02	-13.11	11	4/9	8/13	9/26	170	15.7	109.7	22.9	227.6	168.0	73.8	24.7	0.0	直	未发	轻	轻	D
贵州黔西南州农科所	735.85	-0.85	10	4/2	8/6	9/15	166	17.8	108.3	23.6	202.7	160.7	79.3	26.1	0.0	直	无	轻	—	C
贵州黔东南州农业科学院	523.32	-17.32	11	4/20	8/10	9/12	145	17.3	105.2	21.0	145.9	120.3	82.5	25.4	0.0	直	未发	无	未发	D

注：综合评级：A—好，B—较好，C—中等，D——一般。

表 5-8-4　长江上游中籼迟熟 B 组（182411NS-B）区试品种在各试验点的产量、生育期、主要性状、田间抗性等表现

品种名称/试验点	亩产（千克）	比 CK ±%	产量位次	播种期（月/日）	齐穗期（月/日）	成熟期（月/日）	全生育期（天）	有效穗（万/亩）	株高（厘米）	穗长（厘米）	总粒数/穗	实粒数/穗	结实率（%）	千粒重（克）	杂株率（%）	倒伏性	穗颈瘟	纹枯病	稻曲病	综合评级
裕优 038																				
重庆万州区种子站	582.21	11.48	5	3/19	7/9	8/9	143	13.3	108.0	23.0	252.7	221.2	87.5	22.8	0.0	直	未发	轻	未发	A
重庆市农业科学院水稻所	622.53	-0.32	7	3/15	7/10	8/9	147	13.4	111.8	23.7	243.7	208.1	85.4	24.1	0.0	直	未发	轻	—	C
重庆市涪陵区种子站	767.56	1.76	2	3/17	7/17	8/16	152	20.0	104.0	20.6	185.0	161.0	87.0	24.0	1.0	直	未发	轻	—	A
云南文山州种子站	483.09	-37.68	11	4/26	8/18	9/22	149	18.9	95.4	22.7	171.5	106.5	62.1	27.1	1.1	直	未发	轻	—	B
四川省原良种试验站	562.72	-3.43	6	4/11	7/30	9/1	143	15.0	117.7	22.6	194.8	154.8	79.5	23.9	0.0	直	未发	未发	未发	C
四川省农业科学院水稻高粱所	415.61	-18.87	10	3/14	6/27	7/28	136	14.5	114.3	23.9	271.1	133.0	49.1	22.4	0.0	直	未发	轻	未发	D
四川内江杂交水稻开发中心	528.07	-7.58	11	3/20	7/11	8/12	145	13.1	124.3	24.1	214.0	165.0	77.1	24.6	0.0	直	未发	轻	未发	D
四川绵阳市农业科学院	528.80	-6.71	10	4/3	7/28	8/22	141	18.3	108.3	20.0	164.4	112.8	68.6	24.4	0.0	直	未发	轻	—	D
四川广元市种子站	604.01	1.06	9	4/10	8/3	9/11	154	13.9	100.3	22.9	166.3	145.7	87.6	23.9	0.7	直	未发	轻	无	B
四川巴中市巴州区种子站	457.28	-7.61	10	4/1	7/25	8/24	145	18.0	119.5	23.7	179.6	122.4	68.2	25.4	0.0	直	无	无	未发	C
陕西汉中市农科所	686.72	-0.02	7	4/9	8/2	9/4	148	19.3	123.3	21.8	155.3	144.2	92.9	25.4	0.0	直	无	轻	轻	A
贵州遵义市农业科学院	572.25	-13.70	11	4/13	8/10	9/15	155	13.3	114.3	25.5	249.9	162.6	65.1	27.5	0.0	直	未发	轻	未发	D
贵州省农业科学院水稻所	705.65	-2.37	7	4/9	8/6	9/20	164	16.2	104.7	21.8	217.8	178.8	82.1	25.2	0.0	直	未发	轻	无	C
贵州黔西南州农科所	792.20	6.74	1	4/2	7/30	9/10	161	17.5	100.0	20.8	250.1	175.9	70.3	26.0	0.0	直	无	轻	—	A
贵州黔东南州农业科学院	615.91	-2.69	5	4/20	8/4	9/10	143	17.1	106.1	21.4	161.2	139.4	86.5	25.7	0.0	直	未发	无	未发	B

注：综合评级：A—好，B—较好，C—中等，D——般。

表 5-8-5 长江上游中籼迟熟 B 组（182411NS-B）区试品种在各试验点的产量、生育期、主要性状、田间抗性等表现

品种名称/试验点	亩产（千克）	比 CK ±%	产量位次	播种期（月/日）	齐穗期（月/日）	成熟期（月/日）	全生育期（天）	有效穗（万/亩）	株高（厘米）	穗长（厘米）	总粒数/穗	实粒数/穗	结实率（%）	千粒重（克）	杂株率（%）	倒伏性	穗颈瘟	纹枯病	稻曲病	综合评级
F 优 498（CK）																				
重庆万州区种子站	522.24	0.00	8	3/19	7/7	8/10	144	14.0	102.0	24.1	173.2	156.2	90.2	26.8	0.0	直	未发	轻	未发	B
重庆市农业科学院水稻所	624.52	0.00	6	3/15	7/8	8/6	144	13.2	125.2	25.4	204.2	191.0	93.5	29.4	0.0	直	未发	轻	—	C
重庆市涪陵区种子站	754.26	0.00	3	3/17	7/12	8/13	149	14.4	111.6	26.4	164.7	158.9	96.5	33.1	0.0	直	未发	轻	—	A
云南文山州种子站	775.13	0.00	3	4/26	8/19	9/23	150	14.6	107.0	25.8	203.5	157.3	77.3	30.9	1.4	直	未发	轻	—	B
四川省原良种试验站	582.71	0.00	5	4/11	7/30	9/1	143	13.1	119.7	26.6	188.2	152.4	81.0	31.1	0.0	直	未发	轻	未发	B
四川省农业科学院水稻高粱所	512.30	0.00	8	3/14	6/29	7/29	137	10.7	125.0	26.3	207.3	192.3	92.8	28.7	0.5	直	未发	轻	未发	B
四川内江杂交水稻开发中心	571.38	0.00	7	3/20	7/12	8/14	147	12.0	133.0	31.3	189.0	168.0	88.9	30.4	0.0	直	未发	轻	未发	C
四川绵阳市农业科学院	566.81	0.00	6	4/3	7/27	8/23	142	13.8	115.2	24.9	152.4	133.4	87.5	32.2	1.6	直	未发	轻	—	C
四川广元市种子站	597.66	0.00	10	4/10	8/1	9/10	153	13.5	111.5	23.8	155.1	127.1	81.9	30.3	0.7	直	未发	轻	无	B
四川巴中市巴州区种子站	494.96	0.00	5	4/1	7/24	8/24	145	12.7	130.8	27.2	174.5	145.7	83.5	31.7	0.0	直	无	无	未发	B
陕西汉中市农科所	686.89	0.00	6	4/9	8/2	9/4	148	17.4	124.5	27.8	195.9	190.4	97.2	32.5	0.0	斜	轻	轻	轻	B
贵州遵义市农业科学院	663.09	0.00	7	4/13	8/12	9/18	158	12.4	117.8	28.2	271.2	175.0	64.5	31.1	0.0	直	未发	轻	未发	B
贵州省农业科学院水稻所	722.81	0.00	6	4/9	8/7	9/20	164	14.4	110.9	26.3	208.1	177.6	85.3	30.7	0.0	直	未发	轻	无	B
贵州黔西南州农科所	742.19	0.00	9	4/2	7/31	9/12	163	13.8	104.3	26.4	214.8	172.5	80.3	31.5	0.0	直	轻	轻	—	C
贵州黔东南州农业科学院	632.94	0.00	4	4/20	8/5	9/11	144	14.1	116.0	25.2	160.2	142.6	89.0	31.5	0.0	直	未发	无	未发	B

注：综合评级：A—好，B—较好，C—中等，D——般。

表 5-8-6　长江上游中籼迟熟 B 组（182411NS-B）区试品种在各试验点的产量、生育期、主要性状、田间抗性等表现

品种名称/试验点	亩产（千克）	比CK ±%	产量位次	播种期（月/日）	齐穗期（月/日）	成熟期（月/日）	全生育期（天）	有效穗（万/亩）	株高（厘米）	穗长（厘米）	总粒数/穗	实粒数/穗	结实率（%）	千粒重（克）	杂株率（%）	倒伏性	穗颈瘟	纹枯病	稻曲病	综合评级
神农优 422																				
重庆万州区种子站	583.21	11.67	4	3/19	7/13	8/11	145	14.7	110.2	22.5	187.1	165.2	88.3	25.6	0.0	直	未发	轻	未发	A
重庆市农业科学院水稻所	662.84	6.14	2	3/15	7/10	8/6	144	16.8	113.2	25.4	199.1	186.7	93.8	24.3	0.0	直	未发	轻	—	A
重庆市涪陵区种子站	730.42	-3.16	4	3/17	7/16	8/14	150	17.4	106.0	21.2	171.6	161.8	94.3	24.4	0.0	直	未发	轻	—	B
云南文山州种子站	695.53	-10.27	7	4/26	8/20	9/21	148	20.3	93.0	21.6	191.7	155.4	81.1	25.1	0.6	直	未发	轻	—	C
四川省原良种试验站	595.54	2.20	4	4/11	8/2	9/3	145	16.1	116.0	23.0	180.3	149.7	83.0	24.9	0.0	直	未发	未发	未发	A
四川省农业科学院水稻高粱所	523.13	2.11	6	3/14	6/28	7/28	136	11.4	113.3	23.9	252.7	228.9	90.6	21.6	2.0	直	未发	轻	未发	B
四川内江杂交水稻开发中心	589.71	3.21	5	3/20	7/12	8/15	148	13.7	119.7	26.8	213.0	171.0	80.3	23.8	0.0	直	未发	轻	未发	B
四川绵阳市农业科学院	583.48	2.94	4	4/3	7/29	8/24	143	17.2	109.6	23.4	139.2	122.9	88.3	27.9	1.8	直	未发	轻	—	A
四川广元市种子站	637.60	6.68	1	4/10	8/7	9/13	156	15.2	112.1	20.6	185.0	151.0	81.6	25.5	1.6	直	未发	轻	无	A
四川巴中市巴州区种子站	506.80	2.39	4	4/1	7/23	8/24	145	16.3	121.3	23.3	177.0	151.2	85.4	25.0	0.0	直	无	无	未发	B
陕西汉中市农科所	722.31	5.16	3	4/9	8/6	9/8	152	20.1	118.7	23.7	188.4	171.3	90.9	24.7	0.0	直	无	轻	轻	A
贵州遵义市农业科学院	642.58	-3.09	9	4/13	8/10	9/17	157	14.8	114.7	22.5	275.3	185.1	67.2	24.3	0.0	直	未发	轻	未发	C
贵州省农业科学院水稻所	694.99	-3.85	8	4/9	8/6	9/18	162	16.4	97.2	21.6	238.5	180.7	75.8	24.7	1.5	直	未发	轻	无	C
贵州黔西南州农科所	785.37	5.82	3	4/2	8/1	9/11	162	18.3	109.6	21.8	244.8	173.4	70.8	25.1	0.0	直	无	轻	—	B
贵州黔东南州农业科学院	562.83	-11.08	8	4/20	8/6	9/11	144	14.0	112.4	24.2	182.4	160.3	87.9	24.8	0.0	直	未发	无	未发	C

注：综合评级：A—好，B—较好，C—中等，D——一般。

表 5-8-7　长江上游中籼迟熟 B 组（182411NS-B）区试品种在各试验点的产量、生育期、主要性状、田间抗性等表现

品种名称/试验点	亩产（千克）	比 CK ±%	产量位次	播种期（月/日）	齐穗期（月/日）	成熟期（月/日）	全生育期（天）	有效穗（万/亩）	株高（厘米）	穗长（厘米）	总粒数/穗	实粒数/穗	结实率（%）	千粒重（克）	杂株率（%）	倒伏性	穗颈瘟	纹枯病	稻曲病	综合评级
泸优 7611																				
重庆万州区种子站	511.58	-2.04	9	3/19	7/10	8/12	146	15.2	105.0	26.0	181.7	159.5	87.8	23.2	0.0	直	未发	轻	未发	B
重庆市农业科学院水稻所	645.18	3.31	5	3/15	7/10	8/9	147	15.9	118.6	27.8	189.6	175.4	92.5	24.7	0.0	直	未发	轻	—	B
重庆市涪陵区种子站	722.14	-4.26	5	3/17	7/12	8/12	148	18.1	104.8	23.2	164.5	128.5	78.1	26.0	0.0	直	未发	未发	—	B
云南文山州种子站	760.53	-1.88	4	4/26	8/21	9/21	148	19.3	92.8	23.4	196.0	151.8	77.4	27.2	2.8	直	未发	中	—	C
四川省原良种试验站	600.37	3.03	2	4/11	7/31	9/2	144	15.9	110.7	24.7	163.0	148.6	91.2	25.1	0.0	直	未发	未发	未发	A
四川省农业科学院水稻高粱所	534.80	4.39	3	3/14	7/1	8/1	140	11.5	125.0	26.2	240.6	221.6	92.1	23.1	4.0	直	未发	轻	未发	A
四川内江杂交水稻开发中心	609.70	6.71	3	3/20	7/13	8/13	146	11.8	119.7	26.8	211.0	183.0	86.7	26.6	0.0	直	未发	轻	未发	A
四川绵阳市农业科学院	590.98	4.26	3	4/3	7/26	8/24	143	18.2	109.9	22.8	151.8	132.7	87.4	25.2	0.0	直	未发	轻	—	A
四川广元市种子站	621.06	3.91	4	4/10	8/7	9/15	158	16.0	106.1	22.4	172.4	154.2	89.4	26.2	0.7	直	未发	轻	无	A
四川巴中市巴州区种子站	472.12	-4.61	9	4/1	7/25	8/26	147	16.0	126.5	24.4	165.8	144.2	87.0	24.6	0.0	直	无	无	未发	C
陕西汉中市农科所	716.13	4.26	4	4/9	8/7	9/9	153	21.8	122.6	24.6	155.8	142.6	91.5	26.3	0.0	直	无	轻	轻	A
贵州遵义市农业科学院	682.79	2.97	4	4/13	8/12	9/17	157	14.0	110.0	26.0	301.8	198.1	65.6	26.0	0.0	直	未发	轻	未发	B
贵州省农业科学院水稻所	771.45	6.73	1	4/9	8/10	9/24	168	16.2	110.5	24.4	232.0	193.4	83.4	25.5	1.5	直	未发	轻	轻	A
贵州黔西南州农科所	774.86	4.40	5	4/2	8/1	9/11	162	19.4	108.0	25.6	202.6	152.3	75.2	26.4	0.0	直	轻	轻	—	C
贵州黔东南州农业科学院	649.97	2.69	3	4/20	8/8	9/12	145	16.2	109.5	23.8	152.2	137.8	90.5	29.5	0.0	直	未发	无	未发	B

注：综合评级：A—好，B—较好，C—中等，D——一般。

表 5-8-8　长江上游中籼迟熟 B 组（182411NS-B）区试品种在各试验点的产量、生育期、主要性状、田间抗性等表现

品种名称/试验点	亩产（千克）	比CK ±%	产量位次	播种期（月/日）	齐穗期（月/日）	成熟期（月/日）	全生育期（天）	有效穗（万/亩）	株高（厘米）	穗长（厘米）	总粒数/穗	实粒数/穗	结实率（%）	千粒重（克）	杂株率（%）	倒伏性	穗颈瘟	纹枯病	稻曲病	综合评级
旺两优 959																				
重庆万州区种子站	598.54	14.61	1	3/19	7/9	8/12	146	15.5	95.7	23.1	197.9	169.8	85.8	25.0	0.0	直	未发	轻	未发	A
重庆市农业科学院水稻所	648.18	3.79	4	3/15	7/7	8/6	144	19.7	106.8	24.4	171.1	148.8	87.0	23.9	0.0	直	未发	轻	—	B
重庆市涪陵区种子站	776.65	2.97	1	3/17	7/14	8/13	149	19.8	95.8	22.3	197.9	166.8	84.3	26.8	0.0	直	未发	未发	—	A
云南文山州种子站	797.35	2.87	1	4/26	8/16	9/21	148	17.8	90.6	22.8	229.1	170.6	74.5	29.5	0.3	直	未发	无	—	C
四川省原良种试验站	603.87	3.63	1	4/11	7/27	9/1	143	16.8	104.0	22.2	171.0	147.3	86.1	25.6	0.0	直	未发	未发	未发	A
四川省农业科学院水稻高粱所	539.97	5.40	2	3/14	6/27	7/28	136	13.9	109.3	24.4	223.1	169.2	75.8	23.8	1.5	直	未发	轻	未发	A
四川内江杂交水稻开发中心	601.37	5.25	4	3/20	7/10	8/13	146	13.7	107.7	24.1	214.0	167.0	78.0	24.8	0.0	直	未发	轻	未发	A
四川绵阳市农业科学院	581.31	2.56	5	4/3	7/24	8/22	141	17.7	104.6	23.2	149.5	126.4	84.5	25.6	0.0	直	未发	轻	—	B
四川广元市种子站	610.53	2.15	6	4/10	8/4	9/16	159	13.3	101.4	22.8	216.9	160.3	73.9	25.7	1.0	直	未发	轻	轻	A
四川巴中市巴州区种子站	530.47	7.17	1	4/1	7/26	8/25	146	16.5	122.6	24.6	166.5	139.6	83.8	24.9	0.0	直	无	无	未发	A
陕西汉中市农科所	722.64	5.21	2	4/9	8/3	9/5	149	21.4	106.2	23.1	147.6	131.8	89.3	27.2	0.0	直	无	轻	轻	A
贵州遵义市农业科学院	670.74	1.15	5	4/13	8/10	9/17	157	14.3	88.3	24.4	231.2	168.5	72.9	26.3	0.0	直	未发	轻	未发	C
贵州省农业科学院水稻所	747.80	3.46	3	4/9	8/3	9/16	160	15.8	95.6	22.9	223.7	190.9	85.3	26.2	0.0	直	未发	轻	轻	B
贵州黔西南州农科所	786.53	5.97	2	4/2	7/27	9/9	160	17.7	95.4	22.0	222.3	166.6	74.9	27.0	0.0	直	无	轻	—	B
贵州黔东南州农业科学院	669.65	5.80	1	4/20	8/4	9/11	144	16.4	98.1	24.8	175.9	160.8	91.4	25.8	0.0	直	未发	无	未发	A

注：综合评级：A—好，B—较好，C—中等，D——一般。

表 5-8-9　长江上游中籼迟熟 B 组（182411NS-B）区试品种在各试验点的产量、生育期、主要性状、田间抗性等表现

品种名称/试验点	亩产（千克）	比 CK ±%	产量位次	播种期（月/日）	齐穗期（月/日）	成熟期（月/日）	全生育期（天）	有效穗（万/亩）	株高（厘米）	穗长（厘米）	总粒数/穗	实粒数/穗	结实率（%）	千粒重（克）	杂株率（%）	倒伏性	穗颈瘟	纹枯病	稻曲病	综合评级
黔优 35																				
重庆万州区种子站	490.76	-6.03	10	3/19	7/16	8/14	148	13.6	114.0	22.5	161.1	139.7	86.7	29.8	0.0	直	未发	轻	未发	C
重庆市农业科学院水稻所	601.04	-3.76	8	3/15	7/12	8/9	147	15.8	124.4	26.4	165.5	139.8	84.5	31.2	0.0	直	未发	轻	—	C
重庆市涪陵区种子站	687.27	-8.88	6	3/17	7/20	8/19	155	14.3	118.2	23.4	151.7	139.0	91.6	31.3	0.0	直	轻	中	—	C
云南文山州种子站	721.56	-6.91	5	4/26	8/24	9/22	149	12.6	111.2	25.3	203.0	154.9	76.3	33.5	1.1	直	未发	重	—	B
四川省原良种试验站	528.74	-9.26	8	4/11	8/6	9/4	146	14.7	120.7	24.1	138.8	117.2	84.4	30.5	0.0	直	未发	轻	未发	D
四川省农业科学院水稻高粱所	586.15	14.42	1	3/14	7/4	8/3	142	12.4	135.3	26.6	182.7	166.5	91.1	30.4	5.1	直	未发	轻	未发	A
四川内江杂交水稻开发中心	563.05	-1.46	9	3/20	7/19	8/16	149	13.5	138.0	23.8	171.0	138.0	80.7	31.6	0.0	直	未发	轻	未发	C
四川绵阳市农业科学院	548.81	-3.18	7	4/3	8/1	8/30	149	15.5	121.1	26.3	137.1	109.4	79.8	34.3	0.0	直	未发	轻	—	C
四川广元市种子站	572.94	-4.14	11	4/10	8/13	9/19	162	14.2	120.0	22.9	138.9	117.5	84.6	33.4	1.3	直	未发	轻	无	B
四川巴中市巴州区种子站	490.79	-0.84	6	4/1	7/26	8/27	148	14.0	140.6	27.6	159.6	151.3	94.8	34.1	0.0	直	无	无	未发	B
陕西汉中市农科所	679.37	-1.10	8	4/9	8/11	9/13	157	18.6	134.1	25.0	138.1	132.1	95.7	34.3	0.0	直	无	轻	轻	B
贵州遵义市农业科学院	690.11	4.08	2	4/13	8/12	9/17	157	12.4	130.0	26.2	229.4	163.8	71.4	33.5	0.0	直	未发	轻	未发	A
贵州省农业科学院水稻所	677.50	-6.27	9	4/9	8/10	9/23	167	13.2	109.4	25.6	221.5	168.2	75.9	30.8	0.0	直	未发	轻	无	C
贵州黔西南州农科所	744.52	0.31	8	4/2	8/5	9/13	164	15.6	120.6	26.7	203.0	144.2	71.0	33.3	0.0	直	无	轻	—	C
贵州黔东南州农业科学院	571.93	-9.64	6	4/20	8/11	9/13	146	14.5	121.0	23.3	141.8	115.2	81.2	35.0	0.0	直	未发	无	未发	C

注：综合评级：A—好，B—较好，C—中等，D——般。

表 5-8-10　长江上游中籼迟熟 B 组（182411NS-B）区试品种在各试验点的产量、生育期、主要性状、田间抗性等表现

品种名称/试验点	亩产（千克）	比CK ±%	产量位次	播种期（月/日）	齐穗期（月/日）	成熟期（月/日）	全生育期（天）	有效穗（万/亩）	株高（厘米）	穗长（厘米）	总粒数/穗	实粒数/穗	结实率（%）	千粒重（克）	杂株率（%）	倒伏性	穗颈瘟	纹枯病	稻曲病	综合评级
宜香优 2913																				
重庆万州区种子站	597.04	14.32	2	3/19	7/11	8/12	146	14.4	114.2	27.3	190.3	171.9	90.3	26.0	0.0	直	未发	轻	未发	A
重庆市农业科学院水稻所	651.84	4.38	3	3/15	7/10	8/9	147	15.0	122.8	24.9	179.9	165.8	92.2	27.5	0.0	直	未发	轻	—	B
重庆市涪陵区种子站	611.20	-18.97	9	3/17	7/16	8/15	151	16.9	112.6	24.4	192.8	151.8	78.7	27.1	0.0	直	未发	轻	—	D
云南文山州种子站	707.96	-8.67	6	4/26	8/20	9/21	148	17.8	107.6	25.7	200.8	141.4	70.4	32.3	0.6	直	未发	中	—	A
四川省原良种试验站	598.87	2.77	3	4/11	7/31	9/2	144	13.8	122.7	25.7	184.7	150.8	81.6	28.9	0.0	直	未发	未发	未发	A
四川省农业科学院水稻高粱所	532.97	4.03	4	3/14	6/22	7/23	131	12.3	117.0	26.4	207.2	165.7	80.0	26.9	0.0	直	未发	轻	未发	A
四川内江杂交水稻开发中心	623.02	9.04	2	3/20	7/13	8/15	148	11.8	124.3	26.8	213.0	178.0	83.6	29.0	0.0	直	未发	轻	未发	A
四川绵阳市农业科学院	607.32	7.15	1	4/3	7/29	8/26	145	14.9	121.8	22.6	158.6	137.7	86.8	29.4	0.0	直	未发	轻	—	A
四川广元市种子站	610.03	2.07	7	4/10	8/7	9/16	159	13.7	117.1	24.2	158.3	146.3	92.4	29.2	1.6	直	未发	轻	轻	B
四川巴中市巴州区种子站	515.80	4.21	2	4/1	7/25	8/24	145	15.0	115.2	22.0	176.4	157.5	89.3	23.5	0.0	直	无	轻	未发	A
陕西汉中市农科所	723.81	5.38	1	4/9	8/6	9/8	152	20.4	130.4	24.9	140.1	120.9	86.3	32.2	0.0	直	无	轻	轻	A
贵州遵义市农业科学院	668.46	0.81	6	4/13	8/8	9/14	154	13.4	101.8	25.8	226.0	161.6	71.5	31.6	0.0	直	未发	轻	未发	B
贵州省农业科学院水稻所	739.80	2.35	4	4/9	8/3	9/18	162	14.6	110.2	24.5	228.5	187.5	82.1	28.7	0.0	直	未发	轻	无	B
贵州黔西南州农科所	779.87	5.08	4	4/2	7/30	9/10	161	17.7	105.1	27.3	190.2	142.2	74.8	31.2	0.0	直	无	轻	—	B
贵州黔东南州农业科学院	664.69	5.02	2	4/20	8/2	9/10	143	15.6	118.1	24.6	150.1	140.5	93.6	30.6	0.0	直	未发	无	未发	A

注：综合评级：A—好，B—较好，C—中等，D——般。

表 5-8-11 长江上游中籼迟熟 B 组（182411NS-B）区试品种在各试验点的产量、生育期、主要性状、田间抗性等表现

品种名称/试验点	亩产（千克）	比 CK ±%	产量位次	播种期（月/日）	齐穗期（月/日）	成熟期（月/日）	全生育期（天）	有效穗（万/亩）	株高（厘米）	穗长（厘米）	总粒数/穗	实粒数/穗	结实率（%）	千粒重（克）	杂株率（%）	倒伏性	穗颈瘟	纹枯病	稻曲病	综合评级
捷两优 8602																				
重庆万州区种子站	577.38	10.56	6	3/19	7/8	8/12	146	13.3	105.4	23.0	238.0	217.7	91.5	22.2	0.0	直	未发	轻	未发	A
重庆市农业科学院水稻所	596.20	-4.53	9	3/15	7/1	8/6	144	15.2	111.4	25.4	229.5	192.9	84.1	23.5	0.0	直	未发	轻	—	C
重庆市涪陵区种子站	663.43	-12.04	8	3/17	7/16	8/15	151	19.1	108.4	22.8	178.8	139.8	78.2	25.0	0.0	直	未发	轻	—	C
云南文山州种子站	683.09	-11.87	8	4/26	8/21	9/23	150	16.0	97.6	23.6	191.2	139.6	73.0	27.0	1.7	直	未发	中	—	C
四川省原良种试验站	534.74	-8.23	7	4/11	7/27	9/1	143	17.4	111.3	21.8	144.1	123.4	85.6	24.9	0.0	直	未发	未发	未发	D
四川省农业科学院水稻高粱所	472.29	-7.81	9	3/14	6/27	7/28	136	11.0	118.0	24.8	254.8	209.4	82.2	23.4	5.1	直	未发	轻	未发	D
四川内江杂交水稻开发中心	573.05	0.29	6	3/20	7/11	8/16	149	13.3	113.7	23.2	179.0	123.0	68.7	34.6	0.0	直	未发	轻	未发	B
四川绵阳市农业科学院	548.31	-3.26	8	4/3	10/25	8/24	143	17.4	105.1	20.7	139.1	112.8	81.1	24.9	0.0	直	未发	轻	—	C
四川广元市种子站	637.10	6.60	2	4/10	8/1	9/13	156	17.3	105.3	21.8	173.0	154.2	89.1	25.7	0.3	直	未发	轻	无	A
四川巴中市巴州区种子站	421.77	-14.79	11	4/1	7/25	8/25	146	15.2	123.4	23.4	167.0	102.5	61.4	22.7	0.0	直	无	中	未发	D
陕西汉中市农科所	689.89	0.44	5	4/9	7/31	9/2	146	16.0	113.5	21.9	139.4	124.1	89.0	26.0	0.0	直	无	轻	无	A
贵州遵义市农业科学院	654.79	-1.25	8	4/13	8/8	9/14	154	13.9	121.2	24.4	305.2	191.6	62.8	24.9	0.0	直	未发	轻	未发	C
贵州省农业科学院水稻所	673.17	-6.87	10	4/9	8/4	9/18	162	14.6	102.9	23.2	245.6	190.2	77.4	25.2	0.0	直	未发	轻	轻	C
贵州黔西南州农科所	764.86	3.05	6	4/2	7/28	9/11	162	17.8	102.2	22.5	227.7	167.3	73.5	25.9	0.0	直	无	轻	—	C
贵州黔东南州农业科学院	563.83	-10.92	7	4/20	7/30	9/9	142	15.8	106.9	22.5	155.8	140.6	90.2	25.6	0.2	直	未发	轻	未发	C

注：综合评级：A—好，B—较好，C—中等，D——般。

表 5-9　长江上游中籼迟熟 B 组生产试验（182411NS-B-S）品种在各试验点的产量、生育期、主要特征、田间抗性表现

品种名称/试验点	亩产（千克）	比 CK ±%	增产位次	播种期（月/日）	齐穗期（月/日）	成熟期（月/日）	全生育期(天)	耐寒性	整齐度	杂株率（%）	株型	叶色	叶姿	长势	熟期转色	倒伏性	落粒性	叶瘟	穗颈瘟	纹枯病	稻曲病
德优 4938																					
四川巴中市巴州区种子站	632.21	9.23	4/1	7/26	8/26	147	未发	整齐	0.0	适中	绿	一般	繁茂	好	直	—	无	无	无	未发	
四川宜宾市农业科学院	622.43	4.83	3/14	7/7	8/5	144	未发	整齐	0.0	适中	淡绿	挺直	一般	好	直	中	未发	未发	未发	轻	
四川宣汉县种子站	685.18	8.17	3/25	7/25	8/29	157	未发	整齐	0.1	适中	浓绿	挺直	繁茂	好	伏	中	未发	轻	未发	—	
重庆南川区种子站	606.50	8.32	3/26	7/31	9/3	161	强	整齐	0.6	紧束	绿	挺直	繁茂	好	直	易	未发	未发	无	—	
重庆潼南区种子站	586.97	5.46	3/15	7/9	8/7	145	强	整齐	0.0	适中	淡绿	挺直	繁茂	好	倒	易	未发	未发	中	未发	
F 优 498（CK）																					
四川巴中市巴州区种子站	578.81	0.00	4/1	7/23	8/24	145	未发	整齐	0.0	适中	绿	披垂	繁茂	好	直	—	无	无	无	未发	
四川宜宾市农业科学院	593.75	0.00	3/14	7/3	8/1	140	未发	整齐	0.0	适中	浓绿	一般	一般	中	直	中	未发	未发	未发	轻	
四川宣汉县种子站	633.43	0.00	3/25	7/21	8/26	154	未发	整齐	0.0	适中	浓绿	挺直	繁茂	好	直	中	未发	重	未发	—	
重庆南川区种子站	559.92	0.00	3/26	7/25	9/4	162	强	整齐	0.8	适中	绿	挺直	繁茂	好	直	易	未发	轻	无	—	
重庆潼南区种子站	556.57	0.00	3/15	6/30	7/30	137	强	整齐	0.0	适中	绿	一般	繁茂	好	直	易	未发	未发	中	未发	

第六章　2018年长江上游中籼迟熟C组国家水稻品种试验汇总报告

一、试验概况

（一）试验目的

鉴定评价我国长江上游稻区新选育和引进的中籼迟熟新品种（组合，下同）的丰产性、稳产性、适应性、抗性、米质及其他重要性状表现，为国家水稻品种审定提供科学依据。

（二）参试品种

区试品种10个，蜀优938为续试品种，其他为新参试品种，以F优498（CK）为对照；生产试验品种2个，也以F优498（CK）为对照。品种名称、类型、亲本组合、选育/供种单位见表6-1。

（三）承试单位

区试点17个，生产试验点8个，分布在贵州、陕西、四川、云南和重庆5个省市。承试单位、试验地点、经纬度、海拔高度、试验负责人及执行人见表6-2。

（四）试验设计、栽培管理与观察记载

各试验点均按《2018年南方稻区国家水稻品种试验实施方案》及NY/T 1300—2007《农作物品种区域试验技术规范　水稻》进行试验。

区试采用完全随机区组排列，3次重复，小区面积0.02亩。生产试验采用大区随机排列，不设重复，大区面积0.5亩。

分区试、生产试验，同组试验所有品种同期播种、移栽，施肥水平中等偏上，其他栽培管理措施与当地大田生产相同。

观察记载项目与标准按NY/T 1300—2007《农作物品种区域试验技术规范　水稻》以及《国家水稻品种试验观察记载项目、方法及标准》《南方稻区国家水稻品种区试及生产试验记载表》等的要求执行。

（五）特性鉴定

抗性鉴定：四川省农业科学院植保所、重庆涪陵区农科所和贵州湄潭县农业局植保站负责稻瘟病抗性鉴定，鉴定采用人工接菌与病区自然诱发相结合；中国水稻研究所稻作发展中心负责稻飞虱抗性鉴定。鉴定种子由中国水稻研究所试验点统一提供，鉴定结果由四川省农业科学院植保所负责汇总。湖北恩施州农业科学院和华中农业大学植科院分别负责生产试验品种的耐冷性和耐热性鉴定。

米质分析：由陕西汉中市农科所、云南红河州农科所和四川内江杂交水稻科技开发中心试验点提供样品，农业农村部稻米及制品质量监督检验测试中心负责检测分析。

DNA指纹特异性与一致性：由中国水稻研究所国家水稻改良中心进行参试品种的特异性及续试、生产试验品种年度间的一致性鉴定。

（六）试验评价

依据NY/T 1300—2007《农作物品种区域试验技术规范　水稻》、试验实地检查考察情况以及试验点对试验实施情况和品种表现情况所做的说明，对各试验（鉴定）点试验（鉴定）结果的可靠性、

有效性、准确性进行分析评估，确保试验质量。

2018 年云南德宏州种子站区试点、红河州农科所区试点和生产试验点稻瘟病重发导致对照产量水平异常偏低，贵州湄潭县种子站生产试验点遭遇旱灾试验报废，四川蓬安县种子站生产试验点测产实收面积仅有 11 米^2，上述 4 个试验点的试验结果未纳入汇总；其余区试点、生产试验点以及特性鉴定点的试验（鉴定）结果正常，纳入汇总。

（七）品种评价

依据国家农作物品种审定委员会 2017 年发布的《主要农作物品种审定标准（国家级）》，对参试品种进行分析评价。

产量联合方差分析采用混合模型，品种间产量差异多重比较采用 Duncan's 新复极差法；参试品种的丰产性主要以品种在区试和生产试验中相对于对照品种产量衡量；参试品种的适应性主要以品种在区试和生产试验中比对照品种增产的试验点比例衡量；参试品种的稳产性主要以品种在年度间区试中相对于对照品种产量的差异变化程度衡量。

参试品种的生育期主要以全生育期比对照品种长短的天数衡量。

参试品种的抗性以指定的鉴定单位的鉴定结果为主要依据，对稻瘟病抗性的主要评价指标为综合指数和穗瘟损失率最高级，对其他病虫害抗性的主要评价指标为最高级。

参试品种的温度敏感性以结实率低于 70%的区试点数衡量。

参试品种的米质评价按照农业行业标准 NY/T 593—2013《食用稻品种品质》，分优质 1 级、优质 2 级、优质 3 级，未达到优质级的品种米质均为普通级。

二、结果分析

（一）产量

依据比对照增减产幅度衡量：在 2018 年区试品种中，产量较高，比 F 优 498（CK）增产 3%～5%的品种有蜀优 938；产量中等，比 F 优 498（CK）增、减产 3%以内的品种有宜优 1611、荃优 10 号、旌优 1019、内 5 优 309、华两优美占、川康优 2115、大丰两优 27 等 7 个；产量一般，比 F 优 498（CK）减超过 3%的品种有聚两优 1914、Y 两优 305 等 2 个。

区试及生产试验产量汇总结果见表 6-3、表 6-4。

（二）生育期

依据全生育期比对照品种长短的天数衡量：在 2018 年区试品种中，熟期较早，比 F 优 498（CK）早熟的品种有大丰两优 27；熟期适中，比 F 优 498（CK）迟熟均不超过 5 天的品种有蜀优 938、宜优 1611、荃优 10 号、旌优 1019、内 5 优 309、华两优美占、川康优 2115、聚两优 1914、Y 两优 305 等 9 个。

区试及生产试验生育期汇总结果见表 6-3、表 6-4。

（三）主要农艺经济性状

区试品种有效穗、株高、每穗总粒数、每穗实粒数、结实率、千粒重等主要农艺经济性状汇总结果见表 6-3。

（四）抗性

根据 1～2 年鉴定结果，稻瘟病穗瘟损失率最高级 5 级的品种有旌优 1019、Y 两优 305、聚两优 1914 等 3 个；稻瘟病穗瘟损失率最高级 7 级的品种有蜀优 938、荃优 10 号、宜优 1611、大丰两优 27、川康优 2115、华两优美占等 6 个；稻瘟病穗瘟损失率最高级 9 级的品种有内 5 优 309、F 优 498（CK）等 2 个。

2018 年区试品种在各稻瘟病抗性鉴定点的鉴定结果见表 6-5，1～2 年区试品种抗性鉴定汇总结果见表 6-6。

（五）米质

依据农业行业标准 NY/T 593—2013《食用稻品种品质》，根据 1~2 年检测结果：优质 1 级的品种有宜优 1611；优质 2 级的品种有川康优 2115、华两优美占、Y 两优 305 等 3 个；优质 3 级的品种有聚两优 1914、荃优 10 号、大丰两优 27 等 3 个；其余品种为普通级。

1~2 年区试品种米质指标表现和综合评级结果见表 6-7。

（六）品种在各试验点表现

区试品种在各试验点的表现情况见表 6-8-1 至表 6-8-11，生产试验品种在各试验点的表现情况见表 6-9。

三、品种简评

（一）生产试验品种

1. 宜香优 9008

2016 年初试平均亩产 660. 37 千克，比 F 优 498（CK）增产 2. 63%，增产点比例 73. 3%；2017 年续试平均亩产 646. 33 千克，比 F 优 498（CK）增产 3. 07%，增产点比例 80. 0%；两年区试平均亩产 653. 35 千克，比 F 优 498（CK）增产 2. 85%，增产点比例 76. 7%；2018 年生产试验平均亩产 622. 16 千克，比 F 优 498（CK）增产 6. 44%，增产点比例 100. 0%。全生育期两年区试平均 154. 9 天，比 F 优 498（CK）迟熟 2. 6 天。主要农艺性状两年区试综合表现：有效穗 15. 3 万穗/亩，株高 126. 4 厘米，穗长 26. 6 厘米，每穗总粒数 205. 7 粒，结实率 78. 9%，千粒重 28. 0 克。抗性两年综合表现：稻瘟病综合指数两年分别是 4. 2 级、5. 1 级，穗瘟损失率最高级 7 级；褐飞虱 9 级。米质主要指标两年综合表现：糙米率 80. 0%，整精米率 47. 3%，垩白度 4. 1%，透明度 1 级，碱消值 7. 0 级，胶稠度 75 毫米，直链淀粉含量 16. 6%，综合评级为国标等外、部标普通。

2018 年国家水稻品种试验年会审议意见：已完成试验程序，可以申报国家品种审定。

2. 荃优 665

2016 年初试平均亩产 662. 49 千克，比 F 优 498（CK）增产 2. 96%，增产点比例 73. 3%；2017 年续试平均亩产 649. 72 千克，比 F 优 498（CK）增产 3. 61%，增产点比例 80. 0%；两年区试平均亩产 656. 11 千克，比 F 优 498（CK）增产 3. 28%，增产点比例 76. 7%；2018 年生产试验平均亩产 613. 16 千克，比 F 优 498（CK）增产 4. 90%，增产点比例 100. 0%。全生育期两年区试平均 154. 0 天，比 F 优 498（CK）迟熟 1. 7 天。主要农艺性状两年区试综合表现：有效穗 15. 4 万穗/亩，株高 111. 1 厘米，穗长 23. 9 厘米，每穗总粒数 174. 0 粒，结实率 83. 7%，千粒重 31. 0 克。抗性两年综合表现：稻瘟病综合指数两年分别是 6. 5 级、4. 1 级，穗瘟损失率最高级 7 级；褐飞虱 9 级。米质主要指标两年综合表现：糙米率 80. 4%，整精米率 53. 7%，垩白度 9. 1%，透明度 2 级，碱消值 6. 3 级，胶稠度 75 毫米，直链淀粉含量 15. 1%，综合评级为国标等外、部标普通。

2018 年国家水稻品种试验年会审议意见：已完成试验程序，可以申报国家品种审定。

（二）续试品种

蜀优 938

2017 年初试平均亩产 652. 88 千克，比 F 优 498（CK）增产 4. 11%，增产点比例 80. 0%；2018 年续试平均亩产 654. 77 千克，比 F 优 498（CK）增产 4. 69%，增产点比例 86. 7%；两年区试平均亩产 653. 83 千克，比 F 优 498（CK）增产 4. 40%，增产点比例 83. 3%。全生育期两年平均 154. 5 天，比 F 优 498（CK）迟熟 3. 5 天。主要农艺性状表现：有效穗 13. 6 万穗/亩，株高 123. 3 厘米，穗长 25. 8 厘米，每穗总粒数 209. 2 粒，结实率 79. 2%，千粒重 31. 6 克。抗性：稻瘟病综合指数 4. 1 级，穗瘟损失率最高级 7 级；褐飞虱平均级 9 级，最高级 9 级。米质主要指标：糙米率 81. 2%，精米率

71.8%，整精米率58.7%，粒长7.3毫米，长宽比3.0，垩白粒率58%，垩白度7.8%，透明度2级，碱消值6.3级，胶稠度76毫米，直链淀粉含量22.3%，综合评级为部标普通。

2018年国家水稻品种试验年会审议意见：2019年进行生产试验。

（三）新参试品种

1. 宜优1611

2018年初试平均亩产642.65千克，比F优498（CK）增产2.76%，增产点比例86.7%。全生育期150.7天，比F优498（CK）迟熟1.7天。主要农艺性状表现：有效穗15.4万穗/亩，株高116.2厘米，穗长26.4厘米，每穗总粒数189.9粒，结实率82.7%，结实率低于70%的点1个，千粒重27.7克。抗性：稻瘟病综合指数4.5级，穗瘟损失率最高级7级；褐飞虱平均级9级，最高级9级。米质主要指标：糙米率81.0%，精米率72.3%、整精米率66.5%，粒长7.0毫米，长宽比3.1，垩白粒率9%，垩白度1.0%，透明度1级，碱消值6.8级，胶稠度71毫米，直链淀粉含量16.5%，综合评级为部标优质1级。

2018年国家水稻品种试验年会审议意见：2019年续试并进行生产试验。

2. 荃优10号

2018年初试平均亩产640.91千克，比F优498（CK）增产2.48%，增产点比例73.3%。全生育期149.2天，比F优498（CK）迟熟0.2天。主要农艺性状表现：有效穗15.2万穗/亩，株高112.2厘米，穗长24.0厘米，每穗总粒数180.1粒，结实率86.7%，结实率低于70%的点1个，千粒重29.0克。抗性：稻瘟病综合指数5.0级，穗瘟损失率最高级7级；褐飞虱平均级9级，最高级9级。米质主要指标：糙米率80.9%，精米率71.3%、整精米率61.5%，粒长7.1毫米，长宽比3.1，垩白粒率10%，垩白度1.6%，透明度1级，碱消值5.5级，胶稠度78毫米，直链淀粉含量16.6%，综合评级为部标优质3级。

2018年国家水稻品种试验年会审议意见：2019年续试。

3. 旌优1019

2018年初试平均亩产637.88千克，比F优498（CK）增产1.99%，增产点比例53.3%。全生育期150.4天，比F优498（CK）迟熟1.4天。主要农艺性状表现：有效穗15.3万穗/亩，株高111.5厘米，穗长24.2厘米，每穗总粒数195.7粒，结实率85.1%，结实率低于70%的点0个，千粒重26.1克。抗性：稻瘟病综合指数3.7级，穗瘟损失率最高级5级；褐飞虱平均级9级，最高级9级。米质主要指标：糙米率80.7%，精米率71.8%、整精米率63.3%，粒长6.9毫米，长宽比3.1，垩白粒率14%，垩白度2.4%，透明度1级，碱消值4.6级，胶稠度80毫米，直链淀粉含量15.7%，综合评级为部标普通。

2018年国家水稻品种试验年会审议意见：终止试验。

4. 内5优309

2018年初试平均亩产625.95千克，比F优498（CK）增产0.09%，增产点比例60.0%。全生育期149.2天，比F优498（CK）迟熟0.2天。主要农艺性状表现：有效穗14.8万穗/亩，株高114.0厘米，穗长25.7厘米，每穗总粒数175.5粒，结实率87.2%，结实率低于70%的点0个，千粒重30.6克。抗性：稻瘟病综合指数6.7级，穗瘟损失率最高级9级；褐飞虱平均级9级，最高级9级。米质主要指标：糙米率81.7%，精米率72.3%、整精米率45.7%，粒长7.3毫米，长宽比3.0，垩白粒率54%，垩白度6.0%，透明度1级，碱消值6.1级，胶稠度75毫米，直链淀粉含量15.6%，综合评级为部标普通。

2018年国家水稻品种试验年会审议意见：终止试验。

5. 华两优美占

2018年初试平均亩产624.80千克，比F优498（CK）减产0.10%，增产点比例53.3%。全生育期151.9天，比F优498（CK）迟熟2.9天。主要农艺性状表现：有效穗15.4万穗/亩，株高112.8厘米，穗长23.0厘米，每穗总粒数195.6粒，结实率80.7%，结实率低于70%的点2个，千粒重27.0克。抗性：稻瘟病综合指数5.6级，穗瘟损失率最高级7级；褐飞虱平均级9级，最高级9级。

米质主要指标：糙米率 81.0%，精米率 72.9%、整精米率 66.5%，粒长 6.9 毫米，长宽比 3.0，垩白粒率 16%，垩白度 1.7%，透明度 1 级，碱消值 6.7 级，胶稠度 73 毫米，直链淀粉含量 17.1%，综合评级为部标优质 2 级。

2018 年国家水稻品种试验年会审议意见：2019 年续试。

6. 川康优 2115

2018 年初试平均亩产 621.60 千克，比 F 优 498（CK）减产 0.61%，增产点比例 60.0%。全生育期 149.9 天，比 F 优 498（CK）迟熟 0.9 天。主要农艺性状表现：有效穗 14.5 万穗/亩，株高 113.4 厘米，穗长 25.2 厘米，每穗总粒数 157.9 粒，结实率 84.8%，结实率低于 70%的点 0 个，千粒重 33.3 克。抗性：稻瘟病综合指数 4.5 级，穗瘟损失率最高级 7 级。米质主要指标：糙米率 80.7%，精米率 70.6%、整精米率 55.7%，粒长 7.7 毫米，长宽比 3.2，垩白粒率 19%，垩白度 2.2%，透明 2 级，碱消值 6.7 级，胶稠度 79 毫米，直链淀粉含量 18.0%，综合评级为部标优质 2 级。

2018 年国家水稻品种试验年会审议意见：2019 年续试。

7. 大丰两优 27

2018 年初试平均亩产 617.44 千克，比 F 优 498（CK）减产 1.27%，增产点比例 53.3%。全生育期 148.9 天，比 F 优 498（CK）早熟 0.1 天。主要农艺性状表现：有效穗 14.3 万穗/亩，株高 115.7 厘米，穗长 27.0 厘米，每穗总粒数 195.5 粒，结实率 83.4%，结实率低于 70%的点 2 个，千粒重 27.2 克。抗性：稻瘟病综合指数 4.4 级，穗瘟损失率最高级 7 级；褐飞虱平均级 9 级，最高级 9 级。米质主要指标：糙米率 81.8%，精米率 72.4%、整精米率 58.1%，粒长 7.0 毫米，长宽比 3.1，垩白粒率 11%，垩白度 1.5%，透明度 2 级，碱消值 5.5 级，胶稠度 79 毫米，直链淀粉含量 15.7%，综合评级为部标优质 3 级。

2018 年国家水稻品种试验年会审议意见：终止试验。

8. 聚两优 1914

2018 年初试平均亩产 595.39 千克，比 F 优 498（CK）减产 4.80%，增产点比例 13.3%。全生育期 152.4 天，比 F 优 498（CK）迟熟 3.4 天。主要农艺性状表现：有效穗 16.9 万穗/亩，株高 116.2 厘米，穗长 23.5 厘米，每穗总粒数 160.8 粒，结实率 79.8%，结实率低于 70%的点 2 个，千粒重 30.5 克。抗性：稻瘟病综合指数 3.3 级，穗瘟损失率最高级 5 级；褐飞虱平均级 9 级，最高级 9 级。米质主要指标：糙米率 81.9%，精米率 74.0%、整精米率 62.0%，粒长 7.5 毫米，长宽比 3.2，垩白粒率 26%，垩白度 2.8%，透明度 2 级，碱消值 5.1 级，胶稠度 79 毫米，直链淀粉含量 16.1%，综合评级为部标优质 3 级。

2018 年国家水稻品种试验年会审议意见：终止试验。

9. Y 两优 305

2018 年初试平均亩产 585.61 千克，比 F 优 498（CK）减产 6.36%，增产点比例 0.0%。全生育期 150.5 天，比 F 优 498（CK）迟熟 1.5 天。主要农艺性状表现：有效穗 16.8 万穗/亩，株高 105.7 厘米，穗长 25.3 厘米，每穗总粒数 157.8 粒，结实率 83.4%，结实率低于 70%的点 1 个，千粒重 27.5 克。抗性：稻瘟病综合指数 4.0 级，穗瘟损失率最高级 5 级；褐飞虱平均级 9 级，最高级 9 级。米质主要指标：糙米率 81.0%，精米率 72.8%、整精米率 66.3%，粒长 7.0 毫米，长宽比 3.2，垩白粒率 17%，垩白度 2.4%，透明度 1 级，碱消值 6.8 级，胶稠度 73 毫米，直链淀粉含量 15.5%，综合评级为部标优质 2 级。

2018 年国家水稻品种试验年会审议意见：终止试验。

表 6-1 长江上游中籼迟熟 C 组（182411NS-C）区试及生产试验参试品种基本情况

品种名称	试验编号	抗鉴编号	品种类型	亲本组合	申请者（非个人）	选育/供种单位
区试						
*川康优 2115	1	9	杂交稻	川康 606A/雅恢 2115	四川绿丹至诚种业有限公司	四川绿丹至诚种业有限公司、四川农业大学农学院、四川省农业科学院作物研究所
蜀优 938	2	8	杂交稻	蜀 21A×R10938	中国种子集团有限公司	四川省农业科学院水稻高粱研究所、四川农业大学水稻研究所、中国种子集团有限公司
*华两优美占	3	11	杂交稻	华 99S/美香新占	湖北华之夏种子有限责任公司、深圳金谷美香实业有限公司	湖北华之夏种子有限责任公司
*宜优 1611	4	6	杂交稻	宜香 1A/泸恢 1611	蒙自和顺农业科技开发有限公司	四川省农业科学院水稻高粱研究所、宜宾市农业科学院
*聚两优 1914	5	10	杂交稻	RGD-7S×亚恢 1914	福建亚丰种业有限公司	福建亚丰种业有限公司、广东省农业科学院水稻研究所
*内 5 优 309	6	3	杂交稻	内香 5A/内恢 6309	内江杂交水稻科技开发中心	内江杂交水稻科技开发中心、四川省内江市农业科学院
*旌优 1019	7	2	杂交稻	旌 3A/华恢 1019	湖南优至种业有限公司	湖南亚华种业科学研究院、湖南隆平高科种业科学研究院有限公司
F 优 498（CK）	8	5	杂交稻	江育 F32A×蜀恢 498		四川农业大学水稻研究所
*荃优 10 号	9	1	杂交稻	荃 9311A/荃恢 10 号	安徽荃银高科种业股份有限公司	安徽荃银高科种业股份有限公司、安徽全丰种业有限公司
*大丰两优 27	10	7	杂交稻	大丰 9S/R17-27	四川丰大农业科技有限责任公司	四川丰大农业科技有限责任公司
*Y 两优 305	11	4	杂交稻	Y58S×P305	广东伟丰达农业发展有限公司	国家杂交水稻工程技术研究中心、广东伟丰达农业发展有限公司
生产试验						
宜香优 9008	1		杂交稻	宜香 1A×R9008	重庆吨粮农业发展有限公司	重庆吨粮农业发展有限公司
荃优 665	3		杂交稻	荃 9311A×R665	湖南金键种业科技有限公司	湖南金键种业科技有限公司
F 优 498（CK）	7		杂交稻	江育 F32A×蜀恢 498		四川农业大学水稻研究所

*为 2018 年新参试品种。

表 6-2　长江上游中籼迟熟 C 组（182411NS-C）区试及生产试验点基本情况

承试单位	试验地点	经度	纬度	海拔高度（米）	试验负责人及执行人
区试					
贵州黔东南州农业科学院	黄平县旧州镇	107°44′	26°59′	674	浦选昌、杨秀军、彭朝才、雷安宁
贵州黔西南州农科所	兴义市下午屯镇乐立村	105°56′	25°06′	1170	敖正友
贵州省农业科学院水稻所	贵阳市花溪区金竹镇	106°43′	26°35′	1140	涂敏、李树杏
贵州遵义市农业科学院	新浦新区新舟镇槐安村	107°18′	28°20′	800	王怀昕、王炜、刘廷海、兰宣莲
陕西汉中市农科所	汉中市汉台区农科所试验农场	107°12′	33°04′	510	黄卫群
四川广元市种子站	广元市利州区赤化镇石羊一组	105°57′	32°34′	490	冯开永、王春
四川绵阳市农业科学院	绵阳市农科区松垭镇	104°45′	31°03′	470	刘定友、项祖芬
四川内江杂交水稻科技开发中心	内江杂交水稻中心试验地	105°03′	29°43′	352	陈勇、曹厚明、蒋茂春、唐涛
四川省原良种试验站	成都双流九江龙池社区	103°55′	30°35′	494	周志军、谢力、李龙飞
四川省农业科学院水稻高粱所	泸县福集镇茂盛村	105°33′	29°19′	292	朱永川
四川巴中市巴州区种子站	巴州区石城乡青州村	106°41′	30°45′	325	庞立华、苟术淋、陈琳
云南德宏州种子站	芒市芒市镇大湾村	98°36′	24°29′	913	刘宏珺、董保萍、杨素华、丁家盛、王宪芳、龚琪、张学艳、黄玮
云南红河州农科所	建水县西庄镇高营村	102°46′	23°36′	1318	张文华、苏正亮、张耀、王海德
云南文山州种子站	文山市开化镇黑卡村	103°35′	22°40′	1260	张才能、依佩遥、谢会琼、何旭俊
重庆涪陵区种子站	涪陵区马武镇文观村 3 社	107°15′	29°36′	672	胡永友、陈景平
重庆市农业科学院水稻所	巴南区南彭镇大石塔村	106°24′	29°06′	302	李贤勇、黄乾龙
重庆万州区种子站	万州区良种场	108°23′	31°05′	180	马秀云、谭安平、谭家刚
生产试验					
四川巴中市巴州区种子站	巴州区石城乡青州村	106°41′	30°43′	325	庞立华、苟术淋、陈琳
四川宜宾市农业科学院	南溪区大观镇院试验基地	104°54′	28°58′	282	江青山、姜方洪
四川蓬安县种子站	蓬安县	106°12′	31°42′	281	杜胜
四川宣汉县种子站	宣汉县双河镇玛瑙村	108°03′	31°50′	370	罗 廷、向乾、喻廷强
重庆南川区种子站	南川区大观镇铁桥村 3 社	107°05′	29°03′	720	倪万贵、冉忠领
重庆潼南区种子站	重庆潼南区梓潼街道办新生村 2 社	105°47′	30°12′	252	张建国、谭长华、梁浩、胡海、全海晏
贵州湄潭县种子站	湄潭县黄家坝镇春光村牛场大坝	107°23′	27°40′	780	李天海、詹金碧、张晓东
云南红河州农科所	建水县西庄镇高营村	102°46′	23°36′	1318	张文华、苏正亮、张耀、王海德

表 6-3　长江上游中籼迟熟 C 组（182411NS-C）区试品种产量、生育期及主要农艺经济性状汇总分析结果

品种名称	区试年份	亩产（千克）	比 CK± %	比 CK 增产点（%）	产量差异显著性		全生育期（天）	比 CK± 天	有效穗（万/亩）	株高（厘米）	穗长（厘米）	总粒数/穗	实粒数/穗	结实率（%）	结实率 <70%点	千粒重（克）
					0.05	0.01										
蜀优 938	2017—2018	653.83	4.40	83.3			154.5	3.5	13.6	123.3	25.8	209.2	165.6	79.2		31.6
F 优 498（CK）	2017—2018	626.25	0.00	0.0			151.0	0.0	13.6	116.9	26.6	196.6	167.9	85.4		30.1
蜀优 938	2018	654.77	4.69	86.7	a	A	151.7	2.7	13.4	121.8	26.0	203.7	165.2	81.1	3	32.1
宜优 1611	2018	642.65	2.76	86.7	b	B	150.7	1.7	15.4	116.2	26.4	189.9	157.1	82.7	1	27.7
荃优 10 号	2018	640.91	2.48	73.3	b	B	149.2	0.2	15.2	112.2	24.0	180.1	156.2	86.7	1	29.0
旌优 1019	2018	637.88	1.99	53.3	b	B	150.4	1.4	15.3	111.5	24.2	195.7	166.5	85.1	0	26.1
内 5 优 309	2018	625.95	0.09	60.0	c	C	149.2	0.2	14.8	114.0	25.7	175.5	152.9	87.2	0	30.6
F 优 498（CK）	2018	625.41	0.00	0.0	c	C	149.0	0.0	13.5	115.8	26.4	189.5	164.8	87.0	1	30.8
华两优美占	2018	624.80	-0.10	53.3	c	C	151.9	2.9	15.4	112.8	23.0	195.6	157.8	80.7	2	27.0
川康优 2115	2018	621.60	-0.61	60.0	c	C	149.9	0.9	14.5	113.4	25.2	157.9	134.0	84.8	0	33.3
大丰两优 27	2018	617.44	-1.27	53.3	c	C	148.9	-0.1	14.3	115.7	27.0	195.5	162.9	83.4	2	27.2
聚两优 1914	2018	595.39	-4.80	13.3	d	D	152.4	3.4	16.9	116.2	23.5	160.8	128.3	79.8	2	30.5
Y 两优 305	2018	585.61	-6.36	0.0	e	D	150.5	1.5	16.8	105.7	25.3	157.8	131.6	83.4	1	27.5

表 6-4　长江上游中籼迟熟 C 组（182411NS-C）生产试验品种产量、生育期、综合评级及温度敏感性鉴定结果

品种名称	宜香优 9008	荃优 665	F 优 498（CK）
生产试验汇总表现			
全生育期（天）	149.0	148.2	147.6
比 CK±天	1.4	0.6	0.0
亩产（千克）	622.16	613.16	584.50
产量比 CK±%	6.44	4.90	0.00
增产点比例（%）	100.0	100.0	0.0
各生产试验点综合评价等级			
四川巴中市巴州区种子站	A	A	B
四川宜宾市农业科学院	A	B	C
四川宣汉县种子站	B	B	C
重庆南川区种子站	A	A	A
重庆潼南区种子站	B	A	B
抽穗期耐热性（级）	3	3	3
抽穗期耐冷性	5	5	5

注：1. 综合评价等级：A—好，B—较好，C—中等，D——般。

2. 耐热性、耐冷性分别为华中农业大学、湖北恩施州农业科学院鉴定结果。

表 6-5　长江上游中籼迟熟 C 组（182411NS-C）品种稻瘟病抗性各地鉴定结果（2018 年）

品种名称	四川蒲江					重庆涪陵					贵州湄潭				
	叶瘟级	穗瘟发病		穗瘟损失		叶瘟级	穗瘟发病		穗瘟损失		叶瘟级	穗瘟发病		穗瘟损失	
		%	级	%	级		%	级	%	级		%	级	%	级
荃优 10 号	4	14	5	2	1	4	35	7	21	5	2	37	7	31	7
旌优 1019	4	12	5	1	1	2	16	5	7	3	2	20	5	17	5
内 5 优 309	8	63	9	27	5	6	100	9	67	9	3	22	5	18	5
Y 两优 305	5	21	5	2	1	5	18	5	9	3	2	23	5	20	5
F 优 498（CK）	8	90	9	55	9	7	100	9	68	9	3	43	7	36	7
宜优 1611	5	15	5	1	1	3	12	5	6	3	4	37	7	31	7
大丰两优 27	5	14	5	2	1	2	14	5	8	3	2	38	7	31	7
蜀优 938	4	13	5	2	1	2	21	5	11	3	3	38	7	32	7
川康优 2115	5	17	5	2	1	3	18	5	7	3	3	39	7	32	7
聚两优 1914	5	14	5	2	1	2	9	3	4	1	2	21	5	16	5
华两优美占	7	26	7	4	1	6	29	7	16	5	3	41	7	33	7
感稻瘟病（CK）	8	75	9	50	9	7	94	9	63	9	6	84	9	61	9

注：1. 鉴定单位：四川省农业科学院植保所、重庆涪陵渝东南农业科学院、贵州湄潭县农业局植保站。

2. 感稻瘟病（CK）：四川省农业科学院植保所为岗优 725、重庆涪陵区农业科学院为黄壳糯、贵州湄潭县农业局植保站为大粒香。

3. 贵州湄潭叶瘟发病程度未达到标准，不纳入统计。

表 6-6 长江上游中籼迟熟 C 组（182411NS-C）品种对主要病虫抗性综合评价结果（2017—2018 年）

品种名称	试验年份	稻瘟病							褐飞虱（级）		
		2018 年各地综合指数				2018 年穗瘟损失率最高级	1~2 年综合评价		2017 年	1~2 年综合评价	
		蒲江	涪陵	湄潭	平均		平均综合指数	穗瘟损失率最高级		平均	最高
蜀优 938	2017—2018	2. 8	3. 3	7. 0	4. 3	7	4. 1	7	9	9	9
F 优 498（CK）	2017—2018	8. 8	8. 5	7. 0	8. 1	9	7. 9	9	9	9	9
荃优 10 号	2018	2. 8	5. 3	7. 0	5. 0	7	5. 0	7	9	9	9
旌优 1019	2018	2. 8	3. 3	5. 0	3. 7	5	3. 7	5	9	9	9
内 5 优 309	2018	6. 8	8. 3	5. 0	6. 7	9	6. 7	9	9	9	9
Y 两优 305	2018	3. 0	4. 0	5. 0	4. 0	5	4. 0	5	9	9	9
宜优 1611	2018	3. 0	3. 5	7. 0	4. 5	7	4. 5	7	9	9	9
大丰两优 27	2018	3. 0	3. 3	7. 0	4. 4	7	4. 4	7	9	9	9
川康优 2115	2018	3. 0	3. 5	7. 0	4. 5	7	4. 5	7			
聚两优 1914	2018	3. 0	1. 8	5. 0	3. 3	5	3. 3	5	9	9	9
华两优美占	2018	4. 0	5. 8	7. 0	5. 6	7	5. 6	7	9	9	9
F 优 498（CK）	2018	8. 8	8. 5	7. 0	8. 1	9	8. 1	9	9	9	9
感病虫（CK）	2018	8. 8	8. 5	9. 0	8. 8	9	8. 8	9	9	9	9

注：1. 稻瘟病综合指数（级）= 叶瘟级×25%+穗瘟发病率级×25%+穗瘟损失率级×50%。

2. 湄潭叶瘟发病未达标，稻瘟病综合指数（级）=（穗瘟发病率级×25%+穗瘟损失率级×50%）/75%。

3. 褐飞虱鉴定单位为中国水稻研究稻作发展中心，感褐飞虱 CK 为 TN1。

表 6-7　长江上游中籼迟熟 C 组（182411NS-C）品种米质检测分析结果

品种名称	年份	糙米率（%）	精米率（%）	整精米率（%）	粒长（毫米）	长宽比	垩白粒率（%）	垩白度（%）	透明度（级）	碱消值（级）	胶稠度（毫米）	直链淀粉（%）	部标（等级）
蜀优 938	2017—2018	81.2	71.8	58.7	7.3	3.0	58	7.8	2	6.3	76	22.3	普通
F 优 498（CK）	2017—2018	81.7	70.8	57.1	7.0	3.0	40	5.0	2	5.9	79	22.4	普通
川康优 2115	2018	80.7	70.6	55.7	7.7	3.2	19	2.2	2	6.7	79	18.0	优二
华两优美占	2018	81.0	72.9	66.5	6.9	3.0	16	1.7	1	6.7	73	17.1	优二
宜优 1611	2018	81.0	72.3	66.5	7.0	3.1	9	1.0	1	6.8	71	16.5	优一
聚两优 1914	2018	81.9	74.0	62.0	7.5	3.2	26	2.8	2	5.1	79	16.1	优三
内 5 优 309	2018	81.7	72.3	45.7	7.3	3.0	54	6.0	1	6.1	75	15.6	普通
旌优 1019	2018	80.7	71.8	63.3	6.9	3.1	14	2.4	1	4.6	80	15.7	普通
荃优 10 号	2018	80.9	71.3	61.5	7.1	3.1	10	1.6	1	5.5	78	16.6	优三
大丰两优 27	2018	81.8	72.4	58.1	7.0	3.1	11	1.5	2	5.5	79	15.7	优三
Y 两优 305	2018	81.0	72.8	66.3	7.0	3.2	17	2.4	1	6.8	73	15.5	优二
F 优 498（CK）	2018	81.7	70.8	57.1	7.0	3.0	40	5.0	2	5.9	79	22.4	普通

注：1. 供样单位：云南红河州农科所（2017—2018 年）、陕西汉中市农科所（2017—2018 年）、四川内江杂交水稻开发中心（2017 年）。

2. 检测单位：农业农村部稻米及制品质量监督检验测试中心。

表 6-8-1　长江上游中籼迟熟 C 组（182411NS-C）区试品种在各试验点的产量、生育期、主要性状、田间抗性等表现

品种名称/试验点	亩产（千克）	比 CK ±%	产量位次	播种期（月/日）	齐穗期（月/日）	成熟期（月/日）	全生育期（天）	有效穗（万/亩）	株高（厘米）	穗长（厘米）	总粒数/穗	实粒数/穗	结实率（%）	千粒重（克）	杂株率（%）	倒伏性	穗颈瘟	纹枯病	稻曲病	综合评级
川康优 2115																				
重庆万州区种子站	590.54	12.97	1	3/19	7/12	8/12	146	13.8	100.0	23.0	174.4	155.1	88.9	30.4	0.0	直	未发	轻	未发	A
重庆市农业科学院水稻所	640.35	2.18	7	3/15	7/10	8/9	147	12.9	119.4	27.4	186.9	169.5	90.7	31.1	0.0	直	未发	轻	—	C
重庆市涪陵区种子站	649.13	-6.63	8	3/17	7/17	8/18	154	15.0	100.6	24.9	124.5	116.6	93.7	33.8	0.0	直	未发	轻	—	C
云南文山州种子站	663.85	-13.97	10	4/26	8/21	9/22	149	16.7	101.0	24.8	142.0	105.2	74.1	36.3	0.0	直	未发	中	—	C
四川省原良种试验站	609.70	3.33	4	4/11	8/1	9/1	143	13.3	120.3	25.6	146.8	136.0	92.6	34.1	0.0	直	未发	未发	未发	A
四川省农业科学院水稻高粱所	536.14	4.45	4	3/14	6/30	7/30	138	10.8	122.3	26.6	189.4	169.5	89.5	32.7	0.0	直	未发	轻	未发	A
四川内江杂交水稻开发中心	599.70	2.27	6	3/20	7/16	8/16	149	13.6	125.7	27.7	162.0	134.0	82.7	33.0	0.0	直	未发	轻	未发	B
四川绵阳市农业科学院	596.65	2.55	5	4/3	7/31	8/23	142	14.6	110.1	24.2	139.5	116.8	83.7	34.5	1.6	直	未发	轻	未发	B
四川广元市种子站	544.36	-2.69	9	4/10	8/8	9/16	159	13.8	107.1	21.8	130.7	121.7	93.1	32.9	1.3	直	未发	轻	未发	B
四川巴中市巴州区种子站	654.00	6.75	1	4/1	7/25	8/26	147	15.3	141.9	25.9	178.4	151.3	84.8	35.3	0.0	直	无	无	未发	A
陕西汉中市农科所	724.65	5.45	2	4/9	8/7	9/9	153	19.3	119.3	25.7	133.3	131.0	98.3	25.2	0.0	直	无	轻	无	A
贵州遵义市农业科学院	633.95	4.51	2	4/13	8/10	9/17	157	13.4	119.0	25.8	190.9	134.1	70.2	34.7	0.0	直	未发	轻	未发	A
贵州省农业科学院水稻所	657.84	-9.94	10	4/9	8/2	9/15	159	13.4	96.9	25.0	181.5	141.2	77.8	35.8	0.0	直	未发	轻	无	D
贵州黔西南州农科所	635.00	-1.80	11	4/2	8/2	9/11	162	17.7	104.5	26.2	144.7	103.0	71.2	35.1	0.0	直	无	轻	—	D
贵州黔东南州农业科学院	588.13	-9.56	11	4/20	8/5	9/11	144	13.8	112.4	23.9	143.4	124.3	86.7	34.6	0.0	直	未发	未发	未发	D

注：综合评级：A—好，B—较好，C—中等，D——般。

表 6-8-2　长江上游中籼迟熟 C 组（182411NS-C）区试品种在各试验点的产量、生育期、主要性状、田间抗性等表现

品种名称/试验点	亩产（千克）	比 CK ±%	产量位次	播种期（月/日）	齐穗期（月/日）	成熟期（月/日）	全生育期（天）	有效穗（万/亩）	株高（厘米）	穗长（厘米）	总粒数/穗	实粒数/穗	结实率（%）	千粒重（克）	杂株率（%）	倒伏性	穗颈瘟	纹枯病	稻曲病	综合评级
蜀优 938																				
重庆万州区种子站	582.21	11.38	3	3/19	7/14	8/13	147	13.1	118.5	27.5	202.0	180.8	89.5	28.2	0.0	直	未发	轻	未发	A
重庆市农业科学院水稻所	670.33	6.96	1	3/15	7/12	8/9	147	11.8	127.0	28.2	220.0	201.3	91.5	29.6	0.0	直	未发	轻	—	A
重庆市涪陵区种子站	787.31	13.24	1	3/17	7/21	8/19	155	12.5	112.8	24.9	176.0	166.6	94.7	32.6	0.5	直	未发	未发	—	A
云南文山州种子站	732.67	-5.05	2	4/26	8/23	9/23	150	13.0	104.4	26.0	276.0	174.4	63.2	34.5	0.3	直	未发	中	—	A
四川省原良种试验站	624.52	5.84	1	4/11	8/2	9/4	146	13.1	122.0	27.7	192.1	151.1	78.7	32.6	0.0	直	未发	未发	未发	A
四川省农业科学院水稻高粱所	580.65	13.12	1	3/14	7/2	8/1	140	10.0	127.0	27.1	252.3	223.0	88.4	29.1	0.0	直	未发	轻	未发	A
四川内江杂交水稻开发中心	649.68	10.79	1	3/20	7/18	8/17	150	11.4	131.3	26.0	214.0	175.0	81.8	31.6	0.0	直	未发	轻	未发	A
四川绵阳市农业科学院	606.32	4.21	2	4/3	7/31	8/26	145	14.2	121.4	24.5	155.2	131.1	84.5	33.0	0.0	直	未发	轻	未发	A
四川广元市种子站	584.97	4.57	1	4/10	8/10	9/16	159	12.3	116.4	22.8	170.2	150.8	88.6	31.0	0.7	直	未发	轻	未发	A
四川巴中市巴州区种子站	591.98	-3.37	10	4/1	7/27	8/27	148	14.5	149.6	25.8	190.2	160.5	84.4	34.5	0.0	直	无	无	未发	B
陕西汉中市农科所	709.44	3.23	6	4/9	8/9	9/11	155	18.4	133.4	26.1	169.8	158.1	93.1	34.3	0.4	直	无	轻	无	B
贵州遵义市农业科学院	620.60	2.31	6	4/13	8/14	9/17	157	12.3	119.0	26.0	255.2	162.5	63.7	32.5	0.0	直	未发	轻	未发	B
贵州省农业科学院水稻所	737.97	1.03	4	4/9	8/7	9/20	164	14.2	112.3	25.6	203.5	169.3	83.2	31.5	0.0	直	未发	轻	无	B
贵州黔西南州农科所	667.00	3.15	7	4/2	8/4	9/15	166	14.4	110.6	27.0	230.3	145.6	63.2	32.1	0.0	直	无	轻	—	C
贵州黔东南州农业科学院	675.93	3.94	2	4/20	8/8	9/13	146	15.8	120.7	24.5	148.7	127.8	85.9	34.0	0.0	直	未发	未发	未发	A

注：综合评级：A—好，B—较好，C—中等，D——般。

表 6-8-3　长江上游中籼迟熟 C 组（182411NS-C）区试品种在各试验点的产量、生育期、主要性状、田间抗性等表现

品种名称/试验点	亩产（千克）	比 CK ±%	产量位次	播种期（月/日）	齐穗期（月/日）	成熟期（月/日）	全生育期（天）	有效穗（万/亩）	株高（厘米）	穗长（厘米）	总粒数/穗	实粒数/穗	结实率（%）	千粒重（克）	杂株率（%）	倒伏性	穗颈瘟	纹枯病	稻曲病	综合评级
华两优美占																				
重庆万州区种子站	553.23	5.83	4	3/19	7/14	8/13	147	13.7	107.2	23.1	200.7	175.4	87.4	24.0	0.0	直	未发	轻	未发	B
重庆市农业科学院水稻所	654.51	4.44	4	3/15	7/12	8/14	152	17.2	119.6	23.2	172.6	158.4	91.8	25.7	0.0	直	未发	轻	—	B
重庆市涪陵区种子站	709.95	2.12	4	3/17	7/20	8/19	155	14.5	101.0	22.2	164.8	149.4	90.7	28.7	0.5	直	未发	未发	—	A
云南文山州种子站	694.86	-9.95	7	4/26	8/22	9/22	149	13.5	103.4	20.7	231.0	159.1	68.9	28.4	2.2	直	未发	轻	—	C
四川省原良种试验站	588.71	-0.23	8	4/11	8/3	9/5	147	14.2	115.7	24.2	213.3	158.3	74.2	27.7	0.0	直	未发	未发	未发	B
四川省农业科学院水稻高粱所	513.63	0.06	7	3/14	7/3	8/2	141	10.9	119.7	22.9	243.9	223.3	91.6	24.0	0.0	直	未发	轻	未发	B
四川内江杂交水稻开发中心	581.38	-0.85	8	3/20	7/13	8/14	147	14.2	131.0	25.9	241.0	174.0	72.2	26.2	0.0	直	未发	轻	未发	C
四川绵阳市农业科学院	566.98	-2.55	9	4/3	7/28	8/21	140	17.4	107.5	21.3	136.8	117.6	86.0	28.3	0.0	直	未发	轻	未发	C
四川广元市种子站	573.44	2.51	4	4/10	8/8	9/17	160	16.2	107.5	22.2	146.9	127.7	86.9	27.9	0.3	直	未发	轻	未发	A
四川巴中市巴州区种子站	627.99	2.50	4	4/1	7/28	8/29	150	18.8	137.7	25.6	146.4	119.1	81.4	25.0	0.0	直	轻	无	未发	B
陕西汉中市农科所	668.51	-2.72	9	4/9	8/7	9/9	153	19.9	120.2	24.0	167.8	162.1	96.6	28.1	0.8	直	无	轻	轻	B
贵州遵义市农业科学院	630.37	3.92	4	4/13	8/14	9/19	159	12.9	112.8	23.8	271.5	178.5	65.7	27.4	0.0	直	未发	轻	未发	B
贵州省农业科学院水稻所	657.51	-9.99	11	4/9	8/11	9/24	168	15.3	102.6	22.5	218.5	166.0	76.0	27.1	0.0	直	未发	轻	轻	D
贵州黔西南州农科所	716.18	10.75	2	4/2	8/4	9/12	163	16.4	96.1	22.4	228.4	160.8	70.4	28.2	0.0	直	轻	轻	—	B
贵州黔东南州农业科学院	634.76	-2.39	5	4/20	8/10	9/14	147	16.5	110.4	21.5	150.5	137.6	91.4	27.9	0.0	直	未发	未发	未发	B

注：综合评级：A—好，B—较好，C—中等，D——般。

表 6-8-4　长江上游中籼迟熟 C 组（182411NS-C）区试品种在各试验点的产量、生育期、主要性状、田间抗性等表现

品种名称/试验点	亩产（千克）	比 CK ±%	产量位次	播种期（月/日）	齐穗期（月/日）	成熟期（月/日）	全生育期（天）	有效穗（万/亩）	株高（厘米）	穗长（厘米）	总粒数/穗	实粒数/穗	结实率（%）	千粒重（克）	杂株率（%）	倒伏性	穗颈瘟	纹枯病	稻曲病	综合评级
宜优 1611																				
重庆万州区种子站	475.76	-8.99	11	3/19	7/13	8/11	145	14.0	89.0	23.0	172.1	150.5	87.4	24.0	0.0	直	未发	轻	未发	C
重庆市农业科学院水稻所	648.01	3.40	5	3/15	7/10	8/9	147	13.0	126.4	31.6	222.1	202.9	91.4	27.1	0.0	直	未发	轻	—	B
重庆市涪陵区种子站	725.65	4.37	3	3/17	7/18	8/19	155	14.0	110.2	25.2	174.7	161.5	92.4	28.5	0.0	直	未发	轻	—	A
云南文山州种子站	705.14	-8.62	6	4/26	8/22	9/22	149	15.7	100.0	24.8	209.0	141.7	67.8	31.1	0.4	直	未发	轻	—	B
四川省原良种试验站	614.03	4.07	2	4/11	8/2	9/3	145	14.6	126.7	26.5	192.5	157.2	81.7	26.8	0.0	直	未发	未发	未发	A
四川省农业科学院水稻高粱所	536.30	4.48	3	3/14	6/30	7/31	139	12.9	116.7	26.5	201.4	170.1	84.5	25.3	0.0	直	未发	轻	未发	A
四川内江杂交水稻开发中心	644.68	9.94	3	3/20	7/14	8/17	150	14.4	124.3	30.4	217.0	175.0	80.6	26.2	0.0	直	未发	轻	未发	A
四川绵阳市农业科学院	602.49	3.55	3	4/3	7/29	8/25	144	15.9	120.8	25.6	151.2	129.6	85.7	28.6	0.0	直	未发	轻	未发	A
四川广元市种子站	583.46	4.30	2	4/10	8/8	9/19	162	16.7	116.0	23.9	158.9	135.3	85.1	27.8	0.7	直	未发	轻	未发	A
四川巴中市巴州区种子站	630.16	2.86	3	4/1	7/27	8/26	147	18.8	133.0	25.7	144.5	121.9	84.4	27.2	0.0	直	无	无	未发	B
陕西汉中市农科所	710.45	3.38	5	4/9	8/7	9/9	153	19.5	127.8	26.7	169.5	160.0	94.4	29.6	1.2	直	无	轻	无	A
贵州遵义市农业科学院	620.76	2.33	5	4/13	8/10	9/17	157	12.7	116.3	26.7	248.2	173.7	70.0	28.7	0.0	直	未发	轻	未发	B
贵州省农业科学院水稻所	764.95	4.72	1	4/9	8/4	9/18	162	14.4	107.5	26.3	229.2	191.9	83.7	28.5	0.4	直	未发	轻	轻	A
贵州黔西南州农科所	690.01	6.70	4	4/2	8/3	9/12	163	17.9	110.4	26.2	188.5	135.1	71.7	28.4	0.0	直	无	轻	—	B
贵州黔东南州农业科学院	687.83	5.77	1	4/20	8/4	9/10	143	16.4	117.4	26.3	170.2	150.5	88.4	28.4	0.0	直	未发	未发	未发	A

注：综合评级：A—好，B—较好，C—中等，D——般。

表 6-8-5　长江上游中籼迟熟 C 组（182411NS-C）区试品种在各试验点的产量、生育期、主要性状、田间抗性等表现

品种名称/试验点	亩产（千克）	比 CK ±%	产量位次	播种期（月/日）	齐穗期（月/日）	成熟期（月/日）	全生育期（天）	有效穗（万/亩）	株高（厘米）	穗长（厘米）	总粒数/穗	实粒数/穗	结实率（%）	千粒重（克）	杂株率（%）	倒伏性	穗颈瘟	纹枯病	稻曲病	综合评级
聚两优 1914																				
重庆万州区种子站	515.91	-1.31	9	3/19	7/13	8/14	148	16.8	104.4	23.2	143.3	116.5	81.3	31.0	0.0	直	未发	轻	未发	B
重庆市农业科学院水稻所	588.71	-6.06	10	3/15	7/12	8/12	150	19.3	117.4	20.4	154.3	137.2	88.9	27.6	0.0	直	未发	轻	—	D
重庆市涪陵区种子站	660.99	-4.93	7	3/17	7/20	8/20	156	15.9	110.6	23.0	136.0	123.1	90.5	29.0	0.0	直	未发	轻	—	D
云南文山州种子站	689.89	-10.60	8	4/26	8/25	9/24	151	18.7	107.8	24.7	203.0	126.0	62.1	34.7	0.6	直	未发	轻	—	B
四川省原良种试验站	580.05	-1.69	11	4/11	8/2	9/2	144	15.9	122.3	19.5	159.9	128.7	80.5	28.9	0.0	直	未发	未发	未发	C
四川省农业科学院水稻高粱所	514.80	0.29	6	3/14	7/3	8/2	141	11.8	122.7	25.6	176.1	162.9	92.5	27.0	6.1	直	未发	轻	未发	B
四川内江杂交水稻开发中心	576.38	-1.71	9	3/20	7/15	8/15	148	14.7	133.0	26.8	169.0	144.0	85.2	29.8	0.0	直	未发	轻	未发	C
四川绵阳市农业科学院	554.97	-4.61	10	4/3	7/30	8/26	145	18.3	110.8	23.4	122.4	101.5	82.9	31.0	0.0	直	未发	轻	未发	D
四川广元市种子站	526.15	-5.94	11	4/10	8/8	9/20	163	17.9	111.3	22.6	147.7	115.9	78.5	29.9	0.7	直	未发	轻	未发	B
四川巴中市巴州区种子站	602.32	-1.69	7	4/1	7/27	8/28	149	19.0	140.1	26.5	177.2	128.1	72.3	32.3	0.0	直	无	无	未发	B
陕西汉中市农科所	634.09	-7.73	11	4/9	8/12	9/13	157	22.3	121.4	22.7	115.9	111.2	95.9	31.9	0.0	直	无	轻	无	D
贵州遵义市农业科学院	533.34	-12.08	10	4/13	8/12	9/16	156	12.1	109.3	25.0	222.7	143.4	64.4	30.7	0.0	直	未发	轻	未发	D
贵州省农业科学院水稻所	665.67	-8.87	9	4/9	8/8	9/22	166	14.3	114.8	24.0	200.1	156.7	78.3	30.4	0.0	直	未发	轻	轻	D
贵州黔西南州农科所	686.68	6.19	6	4/2	8/3	9/15	166	18.3	104.2	23.4	163.1	119.0	73.0	31.8	0.0	直	无	轻	—	B
贵州黔东南州农业科学院	600.86	-7.60	8	4/20	8/7	9/13	146	17.6	112.3	21.8	121.7	110.7	91.0	31.3	0.0	直	未发	未发	未发	C

注：综合评级：A—好，B—较好，C—中等，D—一般。

表 6-8-6 长江上游中籼迟熟 C 组（182411NS-C）区试品种在各试验点的产量、生育期、主要性状、田间抗性等表现

品种名称/试验点	亩产（千克）	比CK ±%	产量位次	播种期（月/日）	齐穗期（月/日）	成熟期（月/日）	全生育期（天）	有效穗（万/亩）	株高（厘米）	穗长（厘米）	总粒数/穗	实粒数/穗	结实率（%）	千粒重（克）	杂株率（%）	倒伏性	穗颈瘟	纹枯病	稻曲病	综合评级
内5优309																				
重庆万州区种子站	530.74	1.53	6	3/19	7/10	8/12	146	14.1	110.0	26.3	182.2	164.1	90.1	26.2	0.0	直	未发	轻	未发	B
重庆市农业科学院水稻所	662.67	5.74	3	3/15	7/7	8/6	144	16.9	121.4	27.4	157.4	148.5	94.3	28.4	0.0	直	未发	轻	—	B
重庆市涪陵区种子站	623.56	-10.31	10	3/17	7/16	8/16	152	12.4	105.2	26.5	172.7	166.3	96.3	32.4	1.0	直	未发	未发	—	D
云南文山州种子站	714.10	-7.46	4	4/26	8/16	9/21	148	14.4	99.6	26.3	170.0	137.3	80.8	31.8	1.4	直	未发	轻	—	A
四川省原良种试验站	613.36	3.95	3	4/11	7/30	9/2	144	11.8	117.7	26.0	183.0	167.8	91.7	30.6	0.0	直	未发	未发	未发	A
四川省农业科学院水稻高粱所	519.47	1.20	5	3/14	6/28	7/28	136	11.0	122.3	26.3	186.6	173.2	92.8	28.2	0.0	直	未发	轻	未发	B
四川内江杂交水稻开发中心	646.35	10.23	2	3/20	7/11	8/14	147	14.0	119.7	27.7	163.0	145.0	89.0	30.8	0.0	直	未发	轻	未发	A
四川绵阳市农业科学院	611.66	5.13	1	4/3	7/28	8/24	143	15.8	113.1	24.2	146.7	127.6	87.0	32.7	0.0	直	未发	轻	未发	A
四川广元市种子站	566.75	1.31	6	4/10	8/6	9/16	159	13.6	116.1	22.7	164.9	149.7	90.8	30.7	0.7	直	未发	轻	未发	A
四川巴中市巴州区种子站	590.98	-3.54	11	4/1	7/26	8/26	147	17.8	130.1	25.2	195.5	149.5	76.5	29.6	0.0	直	无	无	未发	B
陕西汉中市农科所	721.98	5.06	4	4/9	8/4	9/6	150	21.8	122.5	27.7	185.3	182.7	98.6	32.5	0.0	直	无	轻	轻	A
贵州遵义市农业科学院	584.46	-3.65	9	4/13	8/10	9/17	157	13.3	111.5	24.4	195.1	147.7	75.7	31.2	0.0	直	未发	轻	未发	C
贵州省农业科学院水稻所	695.49	-4.79	7	4/9	8/4	9/18	162	13.6	108.2	24.5	210.7	173.2	82.2	30.8	1.5	直	未发	轻	无	C
贵州黔西南州农科所	688.84	6.52	5	4/2	7/28	9/10	161	17.0	102.0	25.0	175.3	128.6	73.4	31.6	0.0	直	轻	轻	—	B
贵州黔东南州农业科学院	618.89	-4.83	6	4/20	8/2	9/9	142	14.9	110.2	24.7	143.4	132.5	92.4	31.5	0.0	直	未发	未发	未发	C

注：综合评级：A—好，B—较好，C—中等，D—一般。

表 6-8-7　长江上游中籼迟熟 C 组（182411NS-C）区试品种在各试验点的产量、生育期、主要性状、田间抗性等表现

品种名称/试验点	亩产（千克）	比 CK ±%	产量位次	播种期（月/日）	齐穗期（月/日）	成熟期（月/日）	全生育期（天）	有效穗（万/亩）	株高（厘米）	穗长（厘米）	总粒数/穗	实粒数/穗	结实率（%）	千粒重（克）	杂株率（%）	倒伏性	穗颈瘟	纹枯病	稻曲病	综合评级
旌优 1019																				
重庆万州区种子站	526.74	0.77	7	3/19	7/11	8/12	146	13.8	110.2	25.7	216.0	187.5	86.8	23.6	0.0	直	未发	轻	未发	B
重庆市农业科学院水稻所	663.50	5.87	2	3/15	7/10	8/9	147	14.8	115.6	25.2	198.6	188.0	94.7	25.2	0.0	直	未发	轻	—	A
重庆市涪陵区种子站	770.93	10.89	2	3/17	7/19	8/18	154	14.4	103.4	24.1	170.1	157.0	92.3	27.8	0.0	直	未发	未发	—	A
云南文山州种子站	721.56	-6.49	3	4/26	8/20	9/21	148	16.2	94.0	23.9	222.0	172.4	77.7	27.6	0.6	直	未发	中	—	B
四川省原良种试验站	585.54	-0.76	9	4/11	7/31	9/1	143	16.1	114.7	24.5	166.3	147.4	88.6	26.0	0.0	直	未发	未发	未发	B
四川省农业科学院水稻高粱所	542.81	5.75	2	3/14	7/2	8/1	140	11.6	120.0	26.6	261.5	225.4	86.2	22.0	0.0	直	未发	轻	未发	A
四川内江杂交水稻开发中心	574.72	-1.99	10	3/20	7/14	8/16	149	12.4	119.7	28.6	224.0	191.0	85.3	25.8	0.0	直	未发	轻	未发	C
四川绵阳市农业科学院	570.81	-1.89	8	4/3	7/27	8/23	142	16.9	110.3	21.6	135.4	116.7	86.2	26.8	0.0	直	未发	轻	未发	C
四川广元市种子站	552.22	-1.28	8	4/10	8/7	9/15	158	13.3	109.2	21.6	176.8	155.0	87.7	26.3	0.3	直	未发	轻	未发	B
四川巴中市巴州区种子站	596.65	-2.61	9	4/1	7/26	8/26	147	19.8	133.5	24.8	147.1	116.3	79.1	24.6	0.0	直	无	无	未发	B
陕西汉中市农科所	688.06	0.12	7	4/9	8/5	9/7	151	18.6	120.1	25.1	161.6	157.9	97.7	26.8	0.0	直	无	轻	轻	B
贵州遵义市农业科学院	638.34	5.23	1	4/13	8/12	9/17	157	14.5	110.2	23.1	231.8	170.9	73.7	25.6	0.0	直	未发	轻	未发	A
贵州省农业科学院水稻所	724.14	-0.87	6	4/9	8/9	9/21	165	14.2	102.0	23.3	237.6	205.0	86.3	26.2	0.0	直	未发	轻	无	B
贵州黔西南州农科所	744.52	15.13	1	4/2	8/3	9/13	164	15.9	102.3	23.1	222.0	156.0	70.3	31.2	0.0	直	无	轻	—	A
贵州黔东南州农业科学院	667.66	2.67	3	4/20	8/4	9/12	145	17.4	107.0	22.4	164.4	151.5	92.2	25.6	0.0	直	未发	未发	未发	B

注：综合评级：A—好，B—较好，C—中等，D——一般。

表 6-8-8　长江上游中籼迟熟 C 组（182411NS-C）区试品种在各试验点的产量、生育期、主要性状、田间抗性等表现

品种名称/试验点	亩产（千克）	比 CK ±%	产量位次	播种期（月/日）	齐穗期（月/日）	成熟期（月/日）	全生育期（天）	有效穗（万/亩）	株高（厘米）	穗长（厘米）	总粒数/穗	实粒数/穗	结实率（%）	千粒重（克）	杂株率（%）	倒伏性	穗颈瘟	纹枯病	稻曲病	综合评级
F 优 498（CK）																				
重庆万州区种子站	522.74	0.00	8	3/19	7/11	8/10	144	13.5	103.5	29.0	178.9	159.3	89.0	27.0	0.0	直	未发	轻	未发	B
重庆市农业科学院水稻所	626.69	0.00	9	3/15	7/7	8/6	144	12.6	125.8	26.8	210.3	193.6	92.1	29.5	0.0	直	未发	轻	—	C
重庆市涪陵区种子站	695.24	0.00	5	3/17	7/16	8/15	151	14.5	109.2	25.5	162.1	152.4	94.0	32.7	0.0	直	未发	未发	—	B
云南文山州种子站	771.65	0.00	1	4/26	8/17	9/20	147	13.5	110.8	27.0	219.0	191.8	87.6	31.2	0.3	直	未发	轻	—	A
四川省原良种试验站	590.04	0.00	7	4/11	7/30	9/1	143	12.4	123.7	25.8	162.5	153.5	94.5	32.2	0.0	直	未发	未发	未发	B
四川省农业科学院水稻高粱所	513.30	0.00	8	3/14	6/28	7/28	136	10.8	118.7	27.2	230.6	192.3	83.4	28.1	0.0	直	未发	轻	未发	B
四川内江杂交水稻开发中心	586.38	0.00	7	3/20	7/12	8/14	147	11.7	107.7	28.6	200.0	173.0	86.5	29.2	0.0	直	未发	轻	未发	B
四川绵阳市农业科学院	581.82	0.00	7	4/3	7/26	8/24	143	13.6	114.2	24.5	157.6	138.2	87.7	31.8	0.0	直	未发	轻	未发	C
四川广元市种子站	559.40	0.00	7	4/10	8/3	9/12	155	12.5	117.0	25.3	160.8	152.6	94.9	30.9	0.7	直	未发	轻	未发	B
四川巴中市巴州区种子站	612.66	0.00	5	4/1	7/25	8/25	146	15.1	129.0	24.1	175.7	146.4	83.3	31.9	0.0	直	轻	无	未发	B
陕西汉中市农科所	687.22	0.00	8	4/9	8/4	9/6	150	17.5	128.3	28.2	191.6	187.2	97.7	32.8	0.0	斜	轻	轻	无	C
贵州遵义市农业科学院	606.60	0.00	7	4/13	8/12	9/18	158	12.4	116.3	26.9	221.7	162.2	73.2	31.4	0.0	直	未发	轻	未发	C
贵州省农业科学院水稻所	730.47	0.00	5	4/9	8/9	9/21	165	13.6	113.9	25.5	195.8	176.1	89.9	30.8	0.0	直	未发	无	无	B
贵州黔西南州农科所	646.66	0.00	8	4/2	8/2	9/11	162	14.2	103.0	26.4	217.8	150.7	69.2	30.5	0.0	直	轻	轻	—	C
贵州黔东南州农业科学院	650.30	0.00	4	4/20	8/5	9/11	144	14.6	115.7	25.6	157.6	142.8	90.6	31.5	0.0	直	未发	未发	未发	B

注：综合评级：A—好，B—较好，C—中等，D——一般。

表 6-8-9　长江上游中籼迟熟 C 组（182411NS-C）区试品种在各试验点的产量、生育期、主要性状、田间抗性等表现

品种名称/试验点	亩产（千克）	比 CK ±%	产量位次	播种期（月/日）	齐穗期（月/日）	成熟期（月/日）	全生育期（天）	有效穗（万/亩）	株高（厘米）	穗长（厘米）	总粒数/穗	实粒数/穗	结实率（%）	千粒重（克）	杂株率（%）	倒伏性	穗颈瘟	纹枯病	稻曲病	综合评级
荃优 10 号																				
重庆万州区种子站	587.88	12.46	2	3/19	7/9	8/12	146	14.6	103.6	23.0	217.3	197.2	90.8	25.4	0.0	直	未发	轻	未发	A
重庆市农业科学院水稻所	646.68	3.19	6	3/15	7/10	8/9	147	14.5	114.8	25.9	194.8	179.2	92.0	26.5	0.0	直	未发	轻	—	B
重庆市涪陵区种子站	693.90	-0.19	6	3/17	7/17	8/16	152	14.5	99.0	23.7	191.7	171.8	89.6	27.7	0.5	直	未发	轻	—	B
云南文山州种子站	705.48	-8.58	5	4/26	8/19	9/21	148	15.3	99.0	23.0	189.0	152.0	80.4	31.7	2.8	直	未发	轻	—	B
四川省原良种试验站	607.70	2.99	6	4/11	7/28	9/1	143	13.9	113.3	23.6	173.0	155.6	89.9	28.4	1.2	直	未发	未发	未发	A
四川省农业科学院水稻高粱所	491.63	-4.22	10	3/14	7/1	7/30	138	10.2	120.3	26.0	203.5	190.9	93.8	27.4	0.0	直	未发	轻	未发	D
四川内江杂交水稻开发中心	631.35	7.67	5	3/20	7/13	8/12	145	12.7	138.0	25.7	191.0	176.0	92.1	28.6	0.0	直	未发	轻	未发	B
四川绵阳市农业科学院	601.15	3.32	4	4/3	7/23	8/19	138	15.5	106.7	20.4	139.4	128.5	92.2	29.3	0.0	直	未发	轻	未发	A
四川广元市种子站	572.77	2.39	5	4/10	8/2	9/11	154	14.7	101.2	23.2	131.1	123.5	94.2	29.7	0.7	直	未发	轻	未发	A
四川巴中市巴州区种子站	646.50	5.52	2	4/1	7/25	8/25	146	19.4	134.2	26.6	153.6	126.5	82.4	30.2	0.0	直	无	无	未发	A
陕西汉中市农科所	726.32	5.69	1	4/9	8/2	9/4	148	19.8	118.7	24.0	157.3	155.0	98.5	30.8	0.0	直	无	轻	无	A
贵州遵义市农业科学院	632.16	4.21	3	4/13	8/8	9/17	157	14.6	116.5	23.9	215.8	140.8	65.2	30.4	0.0	直	未发	轻	未发	A
贵州省农业科学院水稻所	745.46	2.05	3	4/9	8/10	9/24	168	15.6	105.8	23.9	197.9	166.6	84.2	29.4	0.0	直	未发	无	无	B
贵州黔西南州农科所	711.35	10.00	3	4/2	8/2	9/14	165	16.3	103.1	23.8	205.9	152.8	74.2	28.9	0.0	直	无	轻	—	B
贵州黔东南州农业科学院	613.26	-5.70	7	4/20	8/6	9/10	143	16.2	108.3	22.6	140.3	127.0	90.5	29.9	0.0	直	未发	未发	未发	C

注：综合评级：A—好，B—较好，C—中等，D——般。

表 6-8-10　长江上游中籼迟熟 C 组（182411NS-C）区试品种在各试验点的产量、生育期、主要性状、田间抗性等表现

品种名称/试验点	亩产（千克）	比CK ±%	产量位次	播种期（月/日）	齐穗期（月/日）	成熟期（月/日）	全生育期（天）	有效穗（万/亩）	株高（厘米）	穗长（厘米）	总粒数/穗	实粒数/穗	结实率（%）	千粒重（克）	杂株率（%）	倒伏性	穗颈瘟	纹枯病	稻曲病	综合评级
大丰两优 27																				
重庆万州区种子站	546.40	4.53	5	3/19	7/10	8/12	146	13.0	105.5	28.1	209.8	189.2	90.2	23.2	0.0	直	未发	轻	未发	B
重庆市农业科学院水稻所	638.85	1.94	8	3/15	7/10	8/9	147	14.3	121.6	29.3	197.8	185.2	93.6	25.5	0.0	直	未发	轻	—	C
重庆市涪陵区种子站	640.94	-7.81	9	3/17	7/16	8/15	151	14.4	107.0	25.8	160.6	140.6	87.5	28.0	0.0	直	未发	未发	—	C
云南文山州种子站	670.32	-13.13	9	4/26	8/19	9/22	149	14.9	106.6	28.1	239.0	149.2	62.4	29.5	3.9	直	未发	轻	—	B
四川省原良种试验站	609.20	3.25	5	4/11	7/30	9/2	144	12.5	123.0	27.1	203.2	175.8	86.5	28.1	0.0	直	未发	未发	未发	A
四川省农业科学院水稻高粱所	509.63	-0.71	9	3/14	6/28	7/28	136	10.7	120.0	28.5	234.0	199.2	85.1	25.7	0.0	直	未发	轻	未发	C
四川内江杂交水稻开发中心	638.02	8.81	4	3/20	7/11	8/13	146	12.3	124.3	28.6	194.0	170.0	87.6	27.8	0.0	直	未发	轻	未发	A
四川绵阳市农业科学院	593.98	2.09	6	4/3	7/27	8/25	144	15.4	119.2	25.2	153.1	136.2	89.0	27.9	0.0	直	未发	轻	未发	B
四川广元市种子站	574.27	2.66	3	4/10	8/4	9/11	154	12.3	106.5	23.8	151.5	144.5	95.4	27.3	0.3	直	未发	轻	未发	A
四川巴中市巴州区种子站	606.32	-1.03	6	4/1	7/25	8/26	147	18.8	133.1	25.3	165.9	123.4	74.4	27.2	0.0	直	无	无	未发	B
陕西汉中市农科所	722.48	5.13	3	4/9	8/2	9/4	148	18.4	125.6	27.2	178.6	172.9	96.8	27.5	0.0	直	无	轻	轻	A
贵州遵义市农业科学院	521.61	-14.01	11	4/13	8/7	9/15	155	12.2	118.2	27.7	250.7	171.1	68.2	26.7	0.0	直	未发	轻	未发	D
贵州省农业科学院水稻所	756.46	3.56	2	4/9	8/2	9/15	159	14.7	107.1	26.3	218.8	185.4	84.7	28.6	0.0	直	未发	轻	轻	A
贵州黔西南州农科所	644.66	-0.31	9	4/2	7/31	9/11	162	14.9	106.2	28.2	209.7	155.5	74.2	28.1	0.0	直	无	轻	—	C
贵州黔东南州农业科学院	588.46	-9.51	10	4/20	8/6	9/13	146	15.0	111.0	26.4	165.2	145.8	88.3	27.1	0.0	直	未发	未发	未发	D

注：综合评级：A—好，B—较好，C—中等，D——一般。

表 6-8-11　长江上游中籼迟熟 C 组（182411NS-C）区试品种在各试验点的产量、生育期、主要性状、田间抗性等表现

品种名称/试验点	亩产（千克）	比 CK ±%	产量位次	播种期（月/日）	齐穗期（月/日）	成熟期（月/日）	全生育期（天）	有效穗（万/亩）	株高（厘米）	穗长（厘米）	总粒数/穗	实粒数/穗	结实率（%）	千粒重（克）	杂株率（%）	倒伏性	穗颈瘟	纹枯病	稻曲病	综合评级
Y 两优 305																				
重庆万州区种子站	504.75	-3.44	10	3/19	7/15	8/11	145	15.6	95.5	23.0	170.0	147.5	86.8	24.4	0.0	直	未发	中	未发	C
重庆市农业科学院水稻所	571.88	-8.75	11	3/15	7/10	8/9	147	17.6	111.8	25.4	147.4	129.7	88.0	26.7	0.0	直	未发	轻	—	D
重庆市涪陵区种子站	601.84	-13.43	11	3/17	7/20	8/19	155	14.3	97.6	24.2	138.1	121.3	87.8	28.7	0.0	直	未发	未发	—	D
云南文山州种子站	653.07	-15.37	11	4/26	8/24	9/25	152	20.0	92.0	24.9	158.0	97.6	61.8	30.4	1.1	直	未发	轻	—	C
四川省原良种试验站	584.54	-0.93	10	4/11	7/31	9/1	143	15.5	112.3	25.0	154.2	138.0	89.5	27.5	0.0	直	未发	未发	未发	B
四川省农业科学院水稻高粱所	468.29	-8.77	11	3/14	7/1	7/31	139	13.6	115.0	25.6	158.5	145.1	91.5	24.1	0.0	直	未发	轻	未发	D
四川内江杂交水稻开发中心	554.73	-5.40	11	3/20	7/13	8/15	148	13.4	113.7	27.7	148.0	128.0	86.5	27.4	0.0	直	未发	轻	未发	D
四川绵阳市农业科学院	537.14	-7.68	11	4/3	7/29	8/26	145	18.3	106.9	23.9	132.4	107.3	81.0	27.9	0.0	直	未发	轻	未发	D
四川广元市种子站	542.36	-3.05	10	4/10	8/7	9/13	156	16.0	94.1	24.6	137.8	128.6	93.3	28.9	0.7	直	未发	轻	未发	B
四川巴中市巴州区种子站	602.32	-1.69	8	4/1	10/28	8/28	149	19.1	128.5	23.8	142.8	114.6	80.3	27.0	0.0	直	无	无	未发	B
陕西汉中市农科所	661.16	-3.79	10	4/9	8/4	9/6	150	22.9	114.8	27.7	153.9	149.6	97.2	28.7	1.2	斜	无	轻	轻	C
贵州遵义市农业科学院	592.11	-2.39	8	4/13	8/12	9/17	157	15.5	104.2	26.6	197.9	146.4	74.0	28.6	0.0	直	未发	轻	未发	C
贵州省农业科学院水稻所	676.83	-7.34	8	4/9	8/6	9/20	164	14.5	99.8	26.5	222.0	171.9	77.4	27.6	0.0	直	未发	无	无	C
贵州黔西南州农科所	644.16	-0.39	10	4/2	8/2	9/11	162	19.7	94.3	25.5	165.1	121.6	73.7	27.2	0.5	直	无	轻	—	C
贵州黔东南州农业科学院	588.96	-9.43	9	4/20	8/8	9/12	145	16.7	104.9	24.9	141.2	127.4	90.2	27.5	0.0	直	未发	未发	未发	D

注：综合评级：A—好，B—较好，C—中等，D—一般。

表 6-9　长江上游中籼迟熟 C 组生产试验（182411NS-C-S）品种在各试验点的产量、生育期、主要特征、田间抗性表现

品种名称/试验点	亩产（千克）	比 CK ±%	增产位次	播种期（月/日）	齐穗期（月/日）	成熟期（月/日）	全生育期(天)	耐寒性	整齐度	杂株率（%）	株型	叶色	叶姿	长势	熟期转色	倒伏性	落粒性	叶瘟	穗颈瘟	纹枯病	稻曲病
荃优 665																					
四川巴中市巴州区种子站	631.01	9.02	4/1	7/24	8/25	146	未发	整齐	0.0	适中	浓绿	挺直	繁茂	好	直	—	无	无	轻	未发	
四川宜宾市农业科学院	614.97	3.57	3/14	7/3	8/1	140	未发	整齐	0.0	适中	浓绿	挺直	一般	中	直	中	未发	未发	未发	轻	
四川宣汉县种子站	654.11	3.27	3/25	7/20	8/25	153	未发	整齐	0.1	适中	浓绿	挺直	繁茂	好	直	中	未发	轻	未发	—	
重庆南川区种子站	594.71	6.21	3/26	7/25	9/4	162	强	整齐	0.7	紧束	绿	挺直	繁茂	好	直	易	未发	未发	轻	—	
重庆潼南区种子站	570.97	2.59	3/15	7/4	8/2	140	强	整齐	0.0	适中	绿	挺直	繁茂	好	直	易	未发	未发	轻	未发	
宜香优 9008																					
四川巴中市巴州区种子站	607.21	4.91	4/1	7/24	8/26	147	未发	整齐	0.0	适中	浓绿	挺直	繁茂	好	直	—	无	无	无	未发	
四川宜宾市农业科学院	646.65	8.91	3/14	7/3	8/1	140	未发	整齐	0.0	紧束	绿	挺直	一般	好	直	中	未发	未发	未发	无	
四川宣汉县种子站	662.09	4.52	3/25	7/21	8/26	154	未发	整齐	0.1	适中	绿	一般	一般	好	斜	中	未发	轻	未发	—	
重庆南川区种子站	619.29	10.60	3/26	7/29	9/2	160	强	整齐	0.4	紧束	绿	挺直	繁茂	好	直	易	未发	未发	无	—	
重庆潼南区种子站	575.57	3.41	3/15	7/7	8/6	144	强	整齐	0.0	紧束	绿	挺直	繁茂	好	倒	易	未发	未发	中	未发	
F 优 498（CK）																					
四川巴中市巴州区种子站	578.81	0.00	4/1	7/23	8/24	145	未发	整齐	0.0	适中	绿	披垂	繁茂	好	直	—	无	无	无	未发	
四川宜宾市农业科学院	593.75	0.00	3/14	7/3	8/1	140	未发	整齐	0.0	适中	浓绿	一般	一般	中	直	中	未发	未发	未发	轻	
四川宣汉县种子站	633.43	0.00	3/25	7/21	8/26	154	未发	整齐	0.0	适中	浓绿	挺直	繁茂	好	直	中	未发	重	未发	—	
重庆南川区种子站	559.92	0.00	3/26	7/25	9/4	162	强	整齐	0.8	适中	绿	挺直	繁茂	好	直	易	未发	轻	无	—	
重庆潼南区种子站	556.57	0.00	3/15	6/30	7/30	137	强	整齐	0.0	适中	绿	一般	繁茂	好	直	易	未发	未发	中	未发	

第七章　2018年长江上游中籼迟熟D组国家水稻品种试验汇总报告

一、试验概况

（一）试验目的

鉴定评价我国长江上游稻区新选育和引进的中籼迟熟新品种（组合，下同）的丰产性、稳产性、适应性、抗性、米质及其他重要性状表现，为国家水稻品种审定提供科学依据。

（二）参试品种

区试品种10个，德优4739、宜香优雅占、赣优7642、内6优589等4个品种为续试品种，其他为新参试品种，以F优498（CK）为对照。品种名称、类型、亲本组合、选育/供种单位见表7-1。

（三）承试单位

区试点17个，分布在贵州、陕西、四川、云南和重庆5个省市。承试单位、试验地点、经纬度、海拔高度、试验负责人及执行人见表7-2。

（四）试验设计、栽培管理与观察记载

各试验点均按《2018年南方稻区国家水稻品种试验实施方案》及NY/T 1300—2007《农作物品种区域试验技术规范　水稻》进行试验。

区试采用完全随机区组排列，3次重复，小区面积0.02亩。生产试验采用大区随机排列，不设重复，大区面积0.5亩。

分区试、生产试验，同组试验所有品种同期播种、移栽，施肥水平中等偏上，其他栽培管理措施与当地大田生产相同。

观察记载项目与标准按NY/T 1300—2007《农作物品种区域试验技术规范　水稻》以及《国家水稻品种试验观察记载项目、方法及标准》《南方稻区国家水稻品种区试及生产试验记载表》等的要求执行。

（五）特性鉴定

抗性鉴定：四川省农业科学院植保所、重庆涪陵区农科所和贵州湄潭县农业局植保站负责稻瘟病抗性鉴定，鉴定采用人工接菌与病区自然诱发相结合；中国水稻研究所稻作发展中心负责稻飞虱抗性鉴定。鉴定种子由中国水稻研究所试验点统一提供，鉴定结果由四川省农业科学院植保所负责汇总。湖北恩施州农业科学院和华中农业大学植科院分别负责生产试验品种的耐冷性和耐热性鉴定。

米质分析：由陕西汉中市农科所、云南红河州农科所和四川内江杂交水稻科技开发中心试验点提供样品，农业农村部稻米及制品质量监督检验测试中心负责检测分析。

DNA指纹特异性与一致性：由中国水稻研究所国家水稻改良中心进行参试品种的特异性及续试、生产试验品种年度间的一致性鉴定。

（六）试验评价

依据NY/T 1300—2007《农作物品种区域试验技术规范　水稻》、试验实地检查考察情况以及试验点对试验实施情况和品种表现情况所做的说明，对各试验（鉴定）点试验（鉴定）结果的可靠性、

有效性、准确性进行分析评估，确保试验质量。

2018 年云南德宏州种子站区试点、红河州农科所区试点和生产试验点稻瘟病重发导致对照产量水平异常偏低，贵州湄潭县种子站生产试验点遭遇旱灾试验报废，四川蓬安县种子站生产试验点测产实收面积仅有 11 米^2，上述 4 个试验点的试验结果未纳入汇总；其余区试点、生产试验点以及特性鉴定点的试验（鉴定）结果正常，纳入汇总。

（七）品种评价

依据国家农作物品种审定委员会 2017 年发布的《主要农作物品种审定标准（国家级）》，对参试品种进行分析评价。

产量联合方差分析采用混合模型，品种间产量差异多重比较采用 Duncan's 新复极差法；参试品种的丰产性主要以品种在区试和生产试验中相对于对照品种产量衡量；参试品种的适应性主要以品种在区试和生产试验中比对照品种增产的试验点比例衡量；参试品种的稳产性主要以品种在年度间区试中相对于对照品种产量的差异变化程度衡量。

参试品种的生育期主要以全生育期比对照品种长短的天数衡量。

参试品种的抗性以指定的鉴定单位的鉴定结果为主要依据，对稻瘟病抗性的主要评价指标为综合指数和穗瘟损失率最高级，对其他病虫害抗性的主要评价指标为最高级。

参试品种的温度敏感性以结实率低于 70%的区试点数衡量。

参试品种的米质评价按照农业行业标准 NY/T 593—2013《食用稻品种品质》，分优质 1 级、优质 2 级、优质 3 级，未达到优质级的品种米质均为普通级。

二、结果分析

（一）产量

依据比对照增减产幅度衡量：在 2018 年区试品种中，产量较高，比 F 优 498（CK）增产 3%～5%的品种有德优 4739；产量中等，比 F 优 498（CK）增、减产 3%以内的品种有宜香优雅占、赣优 7642、旌 3 优 4093、宜香优 1977、内优 6329、内 6 优 589、荃优 5212 等 7 个；其余品种产量一般，比 F 优 498（CK）减产超过 3%。

区试产量汇总结果见表 7-3。

（二）生育期

依据全生育期比对照品种长短的天数衡量：在 2018 年区试品种中，熟期较早，比 F 优 498（CK）早熟的品种有赣优 7642；其他 9 个品种的熟期适中，比 F 优 498（CK）迟熟不超过 5 天。

区试及生产试验生育期汇总结果见表 7-3。

（三）主要农艺经济性状

区试品种有效穗、株高、每穗总粒数、每穗实粒数、结实率、千粒重等主要农艺经济性状汇总结果见表 7-3。

（四）抗性

根据 1～2 年鉴定结果，稻瘟病穗瘟损失率最高级 5 级的品种有赣优 7642、天府优 1 号、宜香优 1977 等 3 个；稻瘟病穗瘟损失率最高级 7 级的品种有德优 4739、宜香优雅占、内 6 优 589、内优 6329、旌 3 优 4093、福稻优 2165、荃优 5212 等 7 个；稻瘟病穗瘟损失率最高级 9 级的品种有 F 优 498（CK）。

2018 年区试品种在各稻瘟病抗性鉴定点的鉴定结果见表 7-4，1～2 年区试品种抗性鉴定汇总结果见表 7-5。

（五）米质

依据农业行业标准 NY/T 593—2013《食用稻品种品质》，根据 1~2 年检测结果：优质 1 级的品种有荃优 5212；优质 2 级的品种有宜香优 1977；优质 3 级的品种有内 6 优 589、宜香优雅占、德优 4739、福稻优 2165、内优 6329、F 优 498（CK）等 6 个；普通品种有赣优 7642、旌 3 优 4093、天府优 1 号等 3 个。

区试参试品种米质指标表现和等级见表 7-6。

（六）品种在各试验点表现

区试品种在各试验点的表现情况见表 7-7-1 至表 7-7-11。

三、品种简评

（一）续试品种

1. 德优 4739

2017 年初试平均亩产 655.57 千克，比 F 优 498（CK）增产 2.83%，增产点比例 80.0%；2018 年续试平均亩产 642.40 千克，比 F 优 498（CK）增产 3.61%，增产点比例 80.0%；两年区试平均亩产 648.98 千克，比 F 优 498（CK）增产 3.22%，增产点比例 80.0%。全生育期两年平均 155.2 天，比 F 优 498（CK）迟熟 4.0 天。主要农艺性状表现：有效穗 13.8 万穗/亩，株高 125.8 厘米，穗长 25.6 厘米，每穗总粒数 190.7 粒，结实率 79.2%，千粒重 33.7 克。抗性：稻瘟病综合指数 4.2 级，穗瘟损失率最高级 7 级；褐飞虱平均级 8 级，最高级 9 级。米质主要指标：糙米率 80.4%，精米率 71.7%，整精米率 52.2%，粒长 7.2 毫米，长宽比 2.8，垩白粒率 33%，垩白度 3.3%，透明度 1 级，碱消值 6.8 级，胶稠度 75 毫米，直链淀粉含量 17.6%，综合评级为部标优质 3 级。

2018 年国家水稻品种试验年会审议意见：2019 年进行生产试验。

2. 宜香优雅禾

2017 年初试平均亩产 613.96 千克，比 F 优 498（CK）减产 3.69%，增产点比例 26.7%；2018 年续试平均亩产 636.93 千克，比 F 优 498（CK）增产 2.73%，增产点比例 73.3%；两年区试平均亩产 625.44 千克，比 F 优 498（CK）减产 0.52%，增产点比例 50.0%。全生育期两年平均 155.2 天，比 F 优 498（CK）迟熟 4.0 天。主要农艺性状表现：有效穗 15.4 万穗/亩，株高 119.2 厘米，穗长 26.9 厘米，每穗总粒数 165.5 粒，结实率 81.5%，千粒重 31.0 克。抗性：稻瘟病综合指数 3.8 级，穗瘟损失率最高级 7 级；褐飞虱平均级 9 级，最高级 9 级。米质主要指标：糙米率 79.9%，精米率 70.7%，整精米率 52.1%，粒长 7.3 毫米，长宽比 3.1，垩白粒率 27%，垩白度 4.1%，透明度 1 级，碱消值 5.4 级，胶稠度 83 毫米，直链淀粉含量 15.8%，综合评级为部标优质 3 级。

2018 年国家水稻品种试验年会审议意见：终止试验。

3. 赣优 7642

2017 年初试平均亩产 659.96 千克，比 F 优 498（CK）增产 3.52%，增产点比例 73.3%。2018 年续试平均亩产 635.09 千克，比 F 优 498（CK）增产 2.44%，增产点比例 66.7%；两年区试平均亩产 647.53 千克，比 F 优 498（CK）增产 2.99%，增产点比例 70.0%。全生育期两年平均 151.2 天，比 F 优 498（CK）迟熟 0.0 天。主要农艺性状表现：有效穗 15.8 万穗/亩，株高 112.1 厘米，穗长 24.5 厘米，每穗总粒数 171.4 粒，结实率 83.0%，千粒重 30.3 克。抗性：稻瘟病综合指数 4.6 级，穗瘟损失率最高级 5 级；褐飞虱平均级 9 级，最高级 9 级。米质主要指标：糙米率 82.0%，精米率 71.3%，整精米率 48.1%，粒长 7.2 毫米，长宽比 3.0，垩白粒率 28%，垩白度 3.1%，透明度 1 级，碱消值 5.1 级，胶稠度 78 毫米，直链淀粉含量 15.4%，综合评级为部标普通。

2018 年国家水稻品种试验年会审议意见：终止试验。

4. 内 6 优 589

2017 年初试平均亩产 650.52 千克，比 F 优 498（CK）增产 2.04%，增产点比例 73.3%；2018 年

续试平均亩产614.92千克，比F优498（CK）减产0.82%，增产点比例60.0%；两年区试平均亩产632.72千克，比F优498（CK）增产0.63%，增产点比例66.7%。全生育期两年平均153.7天，比F优498（CK）迟熟2.5天。主要农艺性状表现：有效穗12.9万穗/亩，株高121.4厘米，穗长26.1厘米，每穗总粒数197.7粒，结实率83.7%，千粒重32.7克。抗性：稻瘟病综合指数3.4级，穗瘟损失率最高级7级；褐飞虱平均级9级，最高级9级。米质主要指标：糙米率80.9%，精米率71.7%，整精米率54.3%，粒长7.7毫米，长宽比3.2，垩白粒率36%，垩白度4.0%，透明度2级，碱消值5.6级，胶稠度77毫米，直链淀粉含量14.9%，综合评级为部标优质3级。

2018年国家水稻品种试验年会审议意见：终止试验。

（二）新参试品种

1. 旌3优4093

2018年初试平均亩产633.56千克，比F优498（CK）增产2.19%，增产点比例60.0%。全生育期150.9天，比F优498（CK）迟熟1.9天。主要农艺性状表现：有效穗15.8万穗/亩，株高119.9厘米，穗长24.6厘米，每穗总粒数185.3粒，结实率82.1%，结实率低于70%的点1个，千粒重27.1克。抗性：稻瘟病综合指数6.3级，穗瘟损失率最高级7级；褐飞虱平均级9级，最高级9级。米质主要指标：糙米率81.1%，精米率71.3%、整精米率59.8%，粒长7.1毫米，长宽比3.2，垩白粒率9%，垩白度1.0%，透明度1级，碱消值4.5级，胶稠度77毫米，直链淀粉含量15.9%，综合评级为部标普通。

2018年国家水稻品种试验年会审议意见：终止试验。

2. 宜香优1977

2018年初试平均亩产633.32千克，比F优498（CK）增产2.15%，增产点比例73.3%。全生育期150.5天，比F优498（CK）迟熟1.5天。主要农艺性状表现：有效穗14.9万穗/亩，株高127.5厘米，穗长26.4厘米，每穗总粒数159.8粒，结实率88.2%，结实率低于70%的点1个，千粒重31.4克。抗性：稻瘟病综合指数3.8级，穗瘟损失率最高级5级；褐飞虱平均级9级，最高级9级。米质主要指标：糙米率81.0%，精米率72.7%、整精米率58.3%，粒长7.2毫米，长宽比3.0，垩白粒率18%，垩白度2.7%，透明度1级，碱消值6.7级，胶稠度78毫米，直链淀粉含量16.3%，综合评级为部标优质2级。

2018年国家水稻品种试验年会审议意见：2019年续试。

3. 内优6329

2018年初试平均亩产631.37千克，比F优498（CK）增产1.84%，增产点比例66.7%。全生育期150.6天，比F优498（CK）迟熟1.6天。主要农艺性状表现：有效穗14.7万穗/亩，株高118.0厘米，穗长26.4厘米，每穗总粒数163.0粒，结实率84.8%，结实率低于70%的点1个，千粒重33.8克。抗性：稻瘟病综合指数4.6级，穗瘟损失率最高级7级；褐飞虱平均级9级，最高级9级。米质主要指标：糙米率81.3%，精米率72.5%、整精米率57.4%，粒长7.3毫米，长宽比2.9，垩白粒率20%，垩白度2.2%，透明度1级，碱消值5.2级，胶稠度79毫米，直链淀粉含量15.5%，综合评级为部标优质3级。

2018年国家水稻品种试验年会审议意见：终止试验。

4. 荃优5212

2018年初试平均亩产610.29千克，比F优498（CK）减产1.56%，增产点比例40.0%。全生育期149.9天，比F优498（CK）迟熟0.9天。主要农艺性状表现：有效穗14.0万穗/亩，株高111.9厘米，穗长25.8厘米，每穗总粒数177.3粒，结实率83.9%，结实率低于70%的点1个，千粒重31.4克。抗性：稻瘟病综合指数4.6级，穗瘟损失率最高级7级；褐飞虱平均级9级，最高级9级。米质主要指标：糙米率81.2%，精米率72.7%、整精米率63.8%，粒长7.2毫米，长宽比2.9，垩白粒率11%，垩白度1.6%，透明度1级，碱消值6.7级，胶稠度80毫米，直链淀粉含量16.7%，综合评级为部标优质1级。

2018年国家水稻品种试验年会审议意见：2019年续试。

5. 天府优 1 号

2018 年初试平均亩产 593. 69 千克，比 F 优 498（CK）减产 4. 24%，增产点比例 26. 7%。全生育期 152. 4 天，比 F 优 498（CK）迟熟 3. 4 天。主要农艺性状表现：有效穗 15. 1 万穗/亩，株高 120. 2 厘米，穗长 25. 8 厘米，每穗总粒数 179. 2 粒，结实率 81. 0%，结实率低于 70%的点 3 个，千粒重 29. 9 克。抗性：稻瘟病综合指数 4. 5 级，穗瘟损失率最高级 5 级；褐飞虱平均级 9 级，最高级 9 级。米质主要指标：糙米率 81. 6%，精米率 71. 0%、整精米率 56. 4%，粒长 7. 2 毫米，长宽比 3. 0，垩白粒率 23%，垩白度 2. 7%，透明度 1 级，碱消值 6. 0 级，胶稠度 80 毫米，直链淀粉含量 22. 5%，综合评级为部标普通。

2018 年国家水稻品种试验年会审议意见：终止试验。

6. 福稻优 2165

2018 年初试平均亩产 586. 87 千克，比 F 优 498（CK）减产 5. 34%，增产点比例 6. 7%。全生育期 150. 5 天，比 F 优 498（CK）迟熟 1. 5 天。主要农艺性状表现：有效穗 13. 6 万穗/亩，株高 120. 4 厘米，穗长 23. 9 厘米，每穗总粒数 198. 8 粒，结实率 78. 5%，结实率低于 70%的点 2 个，千粒重 28. 9 克。抗性：稻瘟病综合指数 3. 9 级，穗瘟损失率最高级 7 级；褐飞虱平均级 9 级，最高级 9 级。米质主要指标：糙米率 81. 6%，精米率 72. 0%、整精米率 57. 7%，粒长 7. 2 毫米，长宽比 3. 1，垩白粒率 41%，垩白度 4. 3%，透明度 2 级，碱消值 5. 6 级，胶稠度 80 毫米，直链淀粉含量 16. 9%，综合评级为部标优质 3 级。

2018 年国家水稻品种试验年会审议意见：终止试验。

表 7-1　长江上游中籼迟熟 D 组（182411NS-D）区试参试品种基本情况

品种名称	试验编号	鉴定编号	品种类型	亲本组合	申请者（非个人）	选育/供种单位
*宜香优 1977	1	9	杂交稻	宜香 1A/德恢 1977	四川省农业科学院水稻高粱研究所	四川省农业科学院水稻高粱研究所、宜宾市农业科学院
*旌 3 优 4093	2	5	杂交稻	旌 3A/泸恢 4093	四川省农业科学院水稻高粱研究所	四川省农业科学院水稻高粱研究所
内 6 优 589	3	8	杂交稻	内香 6A/蜀恢 589	四川农业大学、内江杂交水稻科技开发中心	四川农业大学、内江杂交水稻科技开发中心
*福稻优 2165	4	10	杂交稻	福稻 A×福恢 2165	福建省农业科学院水稻研究所	福建省农业科学院水稻研究所
宜香优雅禾	5	7	杂交稻	宜香 1A/雅禾	四川农业大学农学院、宜宾市农业科学院	四川农业大学农学院、宜宾市农业科学院
*荃优 5212	6	11	杂交稻	荃 9311A/雅恢 5212	四川农业大学农学院、安徽荃银高科种业股份有限公司	四川农业大学农学院、安徽荃银高科种业股份有限公司
*天府优 1 号	7	1	杂交稻	5040A/R17-14	四川丰大农业科技有限责任公司	四川丰大农业科技有限责任公司
德优 4739	8	2	杂交稻	德香 074A/R1391	四川省农业科学院水稻高粱研究所	四川省农业科学院水稻高粱研究所
F 优 498（CK）	9	3	杂交稻	江育 F32A×蜀恢 498		四川农业大学水稻研究所
*内优 6329	10	4	杂交稻	内香 6A/绵恢 329	绵阳市农业科学研究院、内江市农业科学研究院	绵阳市农业科学研究院、内江市农业科学研究院
赣优 7642	11	6	杂交稻	赣 73A/泸恢 642	四川省农业科学院水稻高粱研究所、江西农业科学院水稻研究所	四川省农业科学院水稻高粱研究所、江西农业科学院水稻研究所

*为 2018 年新参试品种。

表 7-2　长江上游中籼迟熟 D 组（182411NS-D）区试点基本情况

承试单位	试验地点	经度	纬度	海拔高度（米）	试验负责人及执行人
贵州黔东南州农业科学院	黄平县旧州镇	107°44′	26°59′	674	浦选昌、杨秀军、彭朝才、雷安宁
贵州黔西南州农科所	兴义市下午屯镇乐立村	105°56′	25°06′	1170	敖正友
贵州省农业科学院水稻所	贵阳市花溪区金竹镇	106°43′	26°35′	1140	涂敏、李树杏
贵州遵义市农业科学院	新浦新区新舟镇槐安村	107°18′	28°20′	800	王怀昕、王炜、刘廷海、兰宣莲
陕西汉中市农科所	汉中市汉台区农科所试验农场	107°12′	33°04′	510	黄卫群
四川广元市种子站	广元市利州区赤化镇石羊一组	105°57′	32°34′	490	冯开永、王春
四川绵阳市农业科学院	绵阳市农科区松垭镇	104°45′	31°03′	470	刘定友、项祖芬
四川内江杂交水稻科技开发中心	内江杂交水稻中心试验地	105°03′	29°35′	352	陈勇、曹厚明、蒋茂春、唐涛
四川省原良种试验站	成都双流九江龙池社区	103°55′	30°35′	494	周志军、谢力、李龙飞
四川省农业科学院水稻高粱所	泸县福集镇茂盛村	105°33′	29°19′	292	朱永川
四川巴中市巴州区种子站	巴州区石城乡青州村	106°41′	31°45′	325	庞立华、苟术淋、陈琳
云南德宏州种子站	芒市芒市镇大湾村	98°36′	24°29′	913	刘宏珺、董保萍、杨素华、丁家盛、王宪芳、龚琪、张学艳、黄玮
云南红河州农科所	建水县西庄镇高营村	102°46′	23°36′	1318	张文华、苏正亮、张耀、王海德
云南文山州种子站	文山市开化镇黑卡村	103°35′	22°40′	1260	张才能、依佩遥、谢会琼、何旭俊
重庆涪陵区种子站	涪陵区马武镇文观村 3 社	107°15′	29°36′	672	胡永友、陈景平
重庆市农业科学院水稻所	巴南区南彭镇大石塔村	106°24′	29°06′	302	李贤勇、黄乾龙
重庆万州区种子站	万州区良种场	108°23′	31°05′	180	马秀云、谭安平、谭家刚

表 7-3　长江上游中籼迟熟 D 组（182411NS-D）区试品种产量、生育期及主要农艺经济性状汇总分析结果

品种名称	区试年份	亩产（千克）	比 CK± %	比 CK 增产点（%）	产量差异显著性		全生育期（天）	比 CK± 天	有效穗（万/亩）	株高（厘米）	穗长（厘米）	总粒数/穗	实粒数/穗	结实率（%）	结实率 <70%点	千粒重（克）
					0.05	0.01										
德优 4739	2017—2018	648.98	3.22	80.0			155.2	4.0	13.8	125.8	25.6	190.7	151.0	79.2		33.7
宜香优雅禾	2017—2018	625.44	-0.52	50.0			155.2	4.0	15.4	119.2	26.9	165.5	134.9	81.5		31.0
赣优 7642	2017—2018	647.53	2.99	70.0			151.2	0.0	15.8	112.1	24.5	171.4	142.3	83.0		30.3
内 6 优 589	2017—2018	632.72	0.63	66.7			153.7	2.5	12.9	121.4	26.1	197.7	165.5	83.7		32.7
F 优 498（CK）	2017—2018	628.74	0.00	0.0			151.2	0.0	13.9	117.1	26.5	195.3	163.8	83.9		30.1
德优 4739	2018	642.40	3.61	80.0	a	A	152.7	3.7	13.8	126.8	25.3	183.2	152.3	83.1	2	33.7
宜香优雅禾	2018	636.93	2.73	73.3	ab	A	152.7	3.7	14.9	118.5	26.9	162.6	138.0	84.9	0	31.0
赣优 7642	2018	635.09	2.44	66.7	ab	A	148.9	-0.1	15.9	111.7	24.4	161.2	137.0	85.0	0	30.4
旌 3 优 4093	2018	633.56	2.19	60.0	ab	A	150.9	1.9	15.8	119.9	24.6	185.3	152.0	82.1	1	27.1
宜香优 1977	2018	633.32	2.15	73.3	b	A	150.5	1.5	14.9	127.5	26.4	159.8	140.9	88.2	1	31.4
内优 6329	2018	631.37	1.84	66.7	b	A	150.6	1.6	14.7	118.0	26.4	163.0	138.2	84.8	1	33.8
F 优 498（CK）	2018	619.99	0.00	0.0	c	B	149.0	0.0	14.2	116.3	26.3	185.8	156.6	84.3	1	30.3
内 6 优 589	2018	614.92	-0.82	60.0	cd	B	151.5	2.5	13.3	120.4	25.8	181.6	149.8	82.5	1	32.6
荃优 5212	2018	610.29	-1.56	40.0	d	B	149.9	0.9	14.0	111.9	25.8	177.3	148.8	83.9	1	31.4
天府优 1 号	2018	593.69	-4.24	26.7	e	C	152.4	3.4	15.1	120.2	25.8	179.2	145.1	81.0	3	29.9
福稻优 2165	2018	586.87	-5.34	6.7	e	C	150.5	1.5	13.6	120.4	23.9	198.9	156.0	78.5	2	28.9

表 7-4　长江上游中籼迟熟 D 组（182411NS-D）品种稻瘟病抗性各地鉴定结果（2018 年）

品种名称	四川蒲江					重庆涪陵					贵州湄潭				
	叶瘟级	穗瘟发病		穗瘟损失		叶瘟级	穗瘟发病		穗瘟损失		叶瘟级	穗瘟发病		穗瘟损失	
		%	级	%	级		%	级	%	级		%	级	%	级
天府优 1 号	4	15	5	2	1	6	42	7	28	5	3	22	5	17	5
德优 4739	8	32	7	6	3	2	13	5	5	1	2	37	7	31	7
F 优 498（CK）	8	71	9	36	7	6	91	9	59	9	3	39	7	32	7
内优 6329	5	16	5	2	1	4	18	5	9	3	2	38	7	31	7
旌 3 优 4093	9	43	7	15	5	4	27	7	17	5	3	43	7	33	7
赣优 7642	8	37	7	15	3	2	9	3	3	1	3	21	5	17	5
宜香优雅禾	4	14	5	2	1	3	20	5	10	3	2	39	7	32	7
内 6 优 589	5	18	5	2	1	2	14	5	6	3	3	37	7	31	7
宜香优 1977	5	14	5	2	1	3	16	5	8	3	3	23	5	17	5
福稻优 2165	5	16	5	2	1	2	8	3	4	1	2	44	7	37	7
荃优 5212	6	16	5	3	1	3	13	5	7	3	3	36	7	31	7
感稻瘟病（CK）	8	75	9	50	9	7	94	9	63	9	6	84	9	61	9

注：1. 鉴定单位：四川省农业科学院植保所、重庆涪陵渝东南农业科学院、贵州湄潭县农业局植保站。

2. 感稻瘟病（CK）：四川省农业科学院植保所为岗优 725、重庆涪陵区农业科学院为黄壳糯、贵州湄潭县农业局植保站为大粒香。

3. 贵州湄潭叶瘟发病程度未达到标准，不纳入统计。

表 7-5　长江上游中籼迟熟 D 组（182411NS-D）品种对主要病虫抗性综合评价结果（2017—2018 年）

品种名称	试验年份	稻瘟病							褐飞虱（级）		
		2018 年各地综合指数				2018 年穗瘟损失率最高级	1~2 年综合评价		2017 年	1~2 年综合评价	
		蒲江	涪陵	湄潭	平均		平均综合指数	穗瘟损失率最高级		平均	最高
德优 4739	2017—2018	5.3	2.3	7.0	4.8	7	4.2	7	9	8	9
赣优 7642	2017—2018	5.3	1.8	5.0	4.0	5	4.6	5	9	9	9
宜香优雅禾	2017—2018	2.8	3.5	7.0	4.4	7	3.8	7	9	9	9
内 6 优 589	2017—2018	3.0	3.3	7.0	4.4	7	3.4	7	9	9	9
F 优 498（CK）	2017—2018	7.8	8.3	7.0	7.7	9	8.0	9	9	9	9
天府优 1 号	2018	2.8	5.8	5.0	4.5	5	4.5	5	9	9	9
内优 6329	2018	3.0	3.8	7.0	4.6	7	4.6	7	9	9	9
旌 3 优 4093	2018	6.5	5.3	7.0	6.3	7	6.3	7	9	9	9
宜香优 1977	2018	3.0	3.5	5.0	3.8	5	3.8	5	9	9	9
福稻优 2165	2018	3.0	1.8	7.0	3.9	7	3.9	7	9	9	9
荃优 5212	2018	3.3	3.5	7.0	4.6	7	4.6	7	9	9	9
F 优 498（CK）	2018	7.8	8.3	7.0	7.7	9	7.7	9	9	9	9
感病虫（CK）	2018	8.8	8.5	9.0	8.8	9	8.8	9	9	9	9

注：1. 稻瘟病综合指数（级）= 叶瘟级×25%+穗瘟发病率级×25%+穗瘟损失率级×50%。

2. 湄潭叶瘟发病未达标，稻瘟病综合指数（级）=（穗瘟发病率级×25%+穗瘟损失率级×50%）/75%。

3. 褐飞虱鉴定单位为中国水稻研究稻作发展中心，感褐飞虱 CK 为 TN1。

表 7-6　长江上游中籼迟熟 D 组（182411NS-D）品种米质检测分析结果

品种名称	年份	糙米率（%）	精米率（%）	整精米率（%）	粒长（毫米）	长宽比	垩白粒率（%）	垩白度（%）	透明度（级）	碱消值（级）	胶稠度（毫米）	直链淀粉（%）	部标（等级）
内 6 优 589	2017—2018	80.9	71.7	54.3	7.7	3.2	36	4.0	2	5.6	77	14.9	优三
宜香优雅禾	2017—2018	79.9	70.7	52.1	7.3	3.1	27	4.1	1	5.4	83	15.8	优三
德优 4739	2017—2018	80.4	71.7	52.2	7.2	2.8	33	3.3	1	6.8	75	17.6	优三
赣优 7642	2017—2018	82.0	71.3	48.1	7.2	3.0	28	3.1	1	5.1	78	15.4	普通
F 优 498（CK）	2017—2018	81.8	70.7	57.1	7.1	3.0	35	4.6	2	5.8	77	21.9	优三
宜香优 1977	2018	81.0	72.7	58.3	7.2	3.0	18	2.7	1	6.7	78	16.3	优二
旌 3 优 4093	2018	81.1	71.3	59.8	7.1	3.2	9	1.0	1	4.5	77	15.9	普通
福稻优 2165	2018	81.6	72.0	57.7	7.2	3.1	41	4.3	2	5.6	80	16.9	优三
荃优 5212	2018	81.2	72.7	63.8	7.2	2.9	11	1.6	1	6.7	80	16.7	优一
天府优 1 号	2018	81.6	71.0	56.4	7.2	3.0	23	2.7	1	6.0	80	22.5	普通
内优 6329	2018	81.3	72.5	57.4	7.3	2.9	20	2.2	1	5.2	79	15.5	优三
F 优 498（CK）	2018	81.8	70.7	57.1	7.1	3.0	35	4.6	2	5.8	77	21.9	优三

注：1. 供样单位：云南红河州农科所（2017—2018 年）、陕西汉中市农科所（2017—2018 年）、四川内江杂交水稻开发中心（2017 年）。

2. 检测单位：农业农村部稻米及制品质量监督检验测试中心。

表 7-7-1　长江上游中籼迟熟 D 组（182411NS-D）区试品种在各试验点的产量、生育期、主要性状、田间抗性等表现

品种名称/试验点	亩产（千克）	比 CK ±%	产量位次	播种期（月/日）	齐穗期（月/日）	成熟期（月/日）	全生育期（天）	有效穗（万/亩）	株高（厘米）	穗长（厘米）	总粒数/穗	实粒数/穗	结实率（%）	千粒重（克）	杂株率（%）	倒伏性	穗颈瘟	纹枯病	稻曲病	综合评级
宜香优 1977																				
重庆万州区种子站	557.72	7.52	5	3/19	7/12	8/13	147	14.8	117.0	26.2	165.9	146.9	88.5	26.8	0.0	直	未发	轻	未发	A
重庆市农业科学院水稻所	649.35	2.04	7	3/15	7/12	8/9	147	15.7	135.8	26.6	156.6	148.1	94.6	30.2	0.0	直	未发	轻	—	C
重庆市涪陵区种子站	631.42	-10.83	10	3/17	7/18	8/18	154	13.1	121.2	26.7	175.1	168.4	96.2	32.3	1.0	直	未发	未发	—	D
云南文山州种子站	725.21	-2.48	4	4/26	8/22	9/21	148	16.9	118.0	25.3	162.8	132.0	81.1	33.6	0.0	直	未发	轻	—	B
四川省原良种试验站	595.54	3.11	5	4/11	8/2	9/3	145	13.3	131.0	26.4	147.7	135.3	91.6	33.4	1.2	直	未发	未发	未发	A
四川省农业科学院水稻高粱所	520.97	1.20	7	3/14	6/28	7/28	136	10.4	133.3	28.4	203.6	183.0	89.9	29.7	0.0	直	未发	轻	未发	B
四川内江杂交水稻开发中心	621.36	9.54	2	3/20	7/14	8/14	147	13.2	125.0	28.6	152.0	139.0	91.4	31.6	0.0	直	未发	轻	未发	A
四川绵阳市农业科学院	609.99	6.31	1	4/3	7/31	8/25	144	15.4	123.9	25.5	148.7	121.2	81.5	33.1	0.0	直	未发	轻	未发	A
四川广元市种子站	594.82	6.52	2	4/10	8/7	9/18	161	13.2	124.1	24.0	156.5	144.1	92.1	28.8	0.3	直	未发	轻	无	A
四川巴中市巴州区种子站	504.96	-1.91	6	4/1	7/26	8/26	147	14.2	149.0	25.8	132.0	124.9	94.6	29.2	0.0	直	无	无	未发	B
陕西汉中市农科所	715.79	5.80	1	4/9	8/7	9/9	153	20.5	133.2	25.8	118.2	113.1	95.7	33.4	0.0	直	无	轻	轻	A
贵州遵义市农业科学院	607.25	-6.77	10	4/13	8/13	9/17	157	15.0	117.3	26.7	181.6	126.7	69.8	33.1	0.0	直	轻	轻	未发	D
贵州省农业科学院水稻所	770.29	6.01	3	4/9	8/7	9/20	164	14.8	133.5	26.6	199.5	168.0	84.2	31.5	0.8	直	未发	轻	无	A
贵州黔西南州农科所	736.19	6.69	3	4/2	8/4	9/12	163	18.3	119.5	26.8	145.8	127.5	87.4	31.9	0.0	直	无	轻	—	B
贵州黔东南州农业科学院	658.90	2.65	6	4/20	8/6	9/11	144	14.8	130.1	26.2	151.2	135.5	89.6	33.0	0.0	直	未发	轻	未发	B

注：综合评级：A—好，B—较好，C—中等，D——一般。

表 7-7-2 长江上游中籼迟熟 D 组（182411NS-D）区试品种在各试验点的产量、生育期、主要性状、田间抗性等表现

品种名称/试验点	亩产（千克）	比 CK ±%	产量位次	播种期（月/日）	齐穗期（月/日）	成熟期（月/日）	全生育期（天）	有效穗（万/亩）	株高（厘米）	穗长（厘米）	总粒数/穗	实粒数/穗	结实率（%）	千粒重（克）	杂株率（%）	倒伏性	穗颈瘟	纹枯病	稻曲病	综合评级
旌 3 优 4093																				
重庆万州区种子站	531.07	2.38	7	3/19	7/15	8/15	149	14.1	114.3	25.3	180.1	156.0	86.6	25.0	0.0	直	未发	轻	未发	B
重庆市农业科学院水稻所	639.35	0.47	10	3/15	7/13	8/9	147	16.4	124.2	27.5	201.6	171.8	85.2	25.5	0.0	直	未发	轻	—	D
重庆市涪陵区种子站	678.03	-4.25	7	3/17	7/20	8/19	155	15.5	108.6	23.8	194.2	174.3	89.8	28.3	0.0	直	未发	未发	—	C
云南文山州种子站	771.65	3.77	1	4/26	8/20	9/22	149	14.2	104.4	23.5	215.1	146.8	68.2	32.0	0.0	直	未发	重	—	C
四川省原良种试验站	572.88	-0.81	7	4/11	7/30	9/1	143	14.4	118.7	24.7	182.3	151.6	83.2	28.4	0.8	直	未发	未发	未发	B
四川省农业科学院水稻高粱所	549.47	6.74	3	3/14	7/2	8/1	140	12.2	131.3	27.1	234.5	208.1	88.7	24.7	0.0	直	未发	轻	未发	A
四川内江杂交水稻开发中心	609.70	7.49	3	3/20	7/16	8/16	149	13.0	146.0	27.4	214.0	168.0	78.5	27.0	0.0	直	未发	轻	未发	A
四川绵阳市农业科学院	564.81	-1.57	8	4/3	7/28	8/25	144	17.3	118.4	22.7	147.7	124.3	84.2	27.2	0.0	直	未发	轻	未发	B
四川广元市种子站	574.44	2.87	5	4/10	8/7	9/15	158	13.4	116.5	22.9	158.6	140.2	88.4	24.9	0.3	直	未发	轻	轻	A
四川巴中市巴州区种子站	499.29	-3.01	7	4/1	7/25	8/24	145	14.2	133.1	23.7	137.2	111.4	81.2	25.0	0.0	直	无	无	未发	B
陕西汉中市农科所	656.31	-2.99	8	4/9	8/6	9/8	152	21.5	126.5	23.3	136.5	125.2	91.7	28.1	0.0	直	无	轻	轻	B
贵州遵义市农业科学院	613.27	-5.85	8	4/13	8/11	9/19	159	15.6	118.0	23.7	204.5	145.6	71.2	27.1	0.0	直	未发	轻	未发	C
贵州省农业科学院水稻所	790.61	8.80	1	4/9	8/8	9/22	166	16.2	118.8	24.6	213.3	180.7	84.7	28.2	0.0	直	未发	轻	无	A
贵州黔西南州农科所	786.20	13.94	1	4/2	8/2	9/12	163	19.8	105.0	25.1	205.3	146.9	71.6	27.1	0.0	直	无	轻	—	A
贵州黔东南州农业科学院	666.34	3.81	3	4/20	8/4	9/12	145	18.8	114.7	23.2	154.1	129.4	84.0	28.0	0.0	直	未发	无	未发	B

注：综合评级：A—好，B—较好，C—中等，D——般。

表 7-7-3　长江上游中籼迟熟 D 组（182411NS-D）区试品种在各试验点的产量、生育期、主要性状、田间抗性等表现

品种名称/试验点	亩产（千克）	比CK±%	产量位次	播种期（月/日）	齐穗期（月/日）	成熟期（月/日）	全生育期（天）	有效穗（万/亩）	株高（厘米）	穗长（厘米）	总粒数/穗	实粒数/穗	结实率（%）	千粒重（克）	杂株率（%）	倒伏性	穗颈瘟	纹枯病	稻曲病	综合评级
内 6 优 589																				
重庆万州区种子站	572.72	10.41	1	3/19	7/13	8/12	146	13.1	114.2	25.1	196.8	172.1	87.4	26.6	0.0	直	未发	轻	未发	A
重庆市农业科学院水稻所	652.01	2.46	6	3/15	7/12	8/10	148	10.7	136.6	29.0	224.2	196.9	87.8	33.5	0.0	直	未发	轻	—	C
重庆市涪陵区种子站	641.11	-9.46	9	3/17	7/21	8/21	157	11.3	117.8	25.1	181.8	157.0	86.4	31.0	0.0	直	未发	未发	—	D
云南文山州种子站	686.57	-7.67	9	4/26	8/22	9/21	148	12.4	105.0	25.5	190.9	153.7	80.5	34.8	1.9	直	未发	轻	—	C
四川省原良种试验站	598.04	3.55	3	4/11	8/7	9/4	146	13.0	126.3	25.5	156.1	129.7	83.1	35.4	0.0	直	未发	未发	未发	A
四川省农业科学院水稻高粱所	494.29	-3.98	11	3/14	6/29	7/29	137	10.8	121.3	27.0	206.5	158.3	76.7	29.9	4.0	直	未发	轻	未发	C
四川内江杂交水稻开发中心	596.37	5.14	6	3/20	7/17	8/13	146	12.6	123.7	25.1	180.0	131.0	72.8	32.4	0.0	直	未发	轻	未发	B
四川绵阳市农业科学院	593.98	3.52	4	4/3	7/31	8/27	146	14.5	124.0	25.5	142.3	120.3	84.5	34.4	0.0	直	未发	轻	未发	A
四川广元市种子站	584.97	4.76	3	4/10	8/8	9/16	159	13.1	112.7	22.8	144.8	127.4	88.0	30.7	1.0	直	未发	轻	无	A
四川巴中市巴州区种子站	533.30	3.59	2	4/1	7/27	8/28	149	15.2	130.3	28.2	188.1	167.3	88.9	30.5	0.0	直	无	无	未发	A
陕西汉中市农科所	629.58	-6.94	9	4/9	8/12	9/14	158	19.3	134.6	26.5	144.5	139.4	96.5	35.6	1.2	直	无	轻	中	D
贵州遵义市农业科学院	564.27	-13.37	11	4/13	8/16	9/20	160	13.1	114.0	25.9	212.9	136.6	64.2	32.2	0.0	直	未发	轻	未发	D
贵州省农业科学院水稻所	771.45	6.17	2	4/9	8/7	9/20	164	13.0	114.6	26.3	207.7	174.7	84.1	35.2	1.9	直	未发	轻	无	A
贵州黔西南州农科所	713.02	3.33	5	4/2	8/3	9/11	162	15.1	108.1	24.6	207.4	152.8	73.7	31.1	0.0	直	无	轻	—	C
贵州黔东南州农业科学院	592.10	-7.75	11	4/20	8/7	9/13	146	13.0	123.1	24.4	140.6	130.2	92.6	35.1	0.6	直	未发	无	未发	D

注：综合评级：A—好，B—较好，C—中等，D——一般。

表 7-7-4 长江上游中籼迟熟 D 组（182411NS-D）区试品种在各试验点的产量、生育期、主要性状、田间抗性等表现

品种名称/试验点	亩产（千克）	比 CK ±%	产量位次	播种期（月/日）	齐穗期（月/日）	成熟期（月/日）	全生育期（天）	有效穗（万/亩）	株高（厘米）	穗长（厘米）	总粒数/穗	实粒数/穗	结实率（%）	千粒重（克）	杂株率（%）	倒伏性	穗颈瘟	纹枯病	稻曲病	综合评级
福稻优 2165																				
重庆万州区种子站	465.77	-10.21	11	3/19	7/14	8/12	146	13.9	113.7	22.5	162.2	139.4	85.9	25.1	0.0	直	未发	轻	未发	C
重庆市农业科学院水稻所	644.68	1.31	9	3/15	7/12	8/9	147	13.5	131.4	24.2	225.3	195.3	86.7	26.2	1.5	直	未发	轻	—	C
重庆市涪陵区种子站	666.84	-5.83	8	3/17	7/19	8/18	154	12.5	107.8	22.0	161.1	142.2	88.3	31.7	2.0	直	未发	轻	—	C
云南文山州种子站	702.49	-5.53	7	4/26	8/22	9/21	148	13.1	109.2	23.6	210.1	149.8	71.3	32.9	0.3	直	未发	中	—	C
四川省原良种试验站	508.08	-12.03	11	4/11	8/3	9/2	144	12.3	122.0	23.4	154.1	133.3	86.5	31.6	0.0	直	未发	未发	未发	D
四川省农业科学院水稻高粱所	510.46	-0.84	10	3/14	7/4	8/3	142	9.7	144.7	25.2	246.2	204.2	82.9	26.2	0.0	直	未发	轻	未发	B
四川内江杂交水稻开发中心	563.05	-0.73	9	3/20	7/16	8/12	145	11.2	129.0	26.8	233.0	164.0	70.4	28.2	0.0	直	未发	轻	未发	C
四川绵阳市农业科学院	557.48	-2.85	11	4/3	7/28	8/24	143	14.3	120.2	22.4	141.6	119.8	84.6	32.1	1.2	直	未发	轻	未发	C
四川广元市种子站	547.54	-1.95	10	4/10	8/6	9/16	159	15.1	115.3	21.3	188.7	150.3	79.7	26.0	0.3	直	未发	轻	轻	B
四川巴中市巴州区种子站	414.44	-19.50	11	4/1	7/27	8/25	146	14.7	108.2	22.6	146.3	107.7	73.6	25.6	0.0	直	无	无	未发	D
陕西汉中市农科所	621.06	-8.20	10	4/9	8/6	9/8	152	17.4	130.1	25.0	203.5	194.3	95.5	29.5	0.0	直	无	轻	轻	D
贵州遵义市农业科学院	641.76	-1.48	4	4/13	8/13	9/17	157	12.9	131.5	26.4	283.7	176.8	62.3	29.2	0.0	直	未发	轻	未发	C
贵州省农业科学院水稻所	673.67	-7.29	11	4/9	8/9	9/23	167	14.8	114.6	24.3	225.2	164.7	73.1	29.6	0.0	直	未发	无	轻	D
贵州黔西南州农科所	688.84	-0.17	7	4/2	8/3	9/13	164	15.3	110.8	25.0	233.5	154.2	66.0	29.4	0.0	直	无	轻	—	C
贵州黔东南州农业科学院	596.89	-7.01	10	4/20	8/7	9/11	144	13.9	118.0	23.7	168.4	144.6	85.9	30.3	1.0	直	未发	无	未发	D

注：综合评级：A—好，B—较好，C—中等，D——般。

表 7-7-5　长江上游中籼迟熟 D 组（182411NS-D）区试品种在各试验点的产量、生育期、主要性状、田间抗性等表现

品种名称/试验点	亩产（千克）	比 CK ±%	产量位次	播种期（月/日）	齐穗期（月/日）	成熟期（月/日）	全生育期（天）	有效穗（万/亩）	株高（厘米）	穗长（厘米）	总粒数/穗	实粒数/穗	结实率（%）	千粒重（克）	杂株率（%）	倒伏性	穗颈瘟	纹枯病	稻曲病	综合评级
宜香优雅禾																				
重庆万州区种子站	563.72	8.67	2	3/19	7/13	8/13	147	13.5	100.0	26.0	192.3	168.9	87.8	26.0	0.0	直	未发	轻	未发	A
重庆市农业科学院水稻所	649.18	2.02	8	3/15	7/13	8/14	152	15.2	131.4	30.8	167.7	152.9	91.2	29.3	0.0	直	未发	轻	—	C
重庆市涪陵区种子站	732.50	3.44	2	3/17	7/20	8/20	156	13.6	108.0	25.8	153.1	143.3	93.6	31.8	3.0	直	未发	未发	—	A
云南文山州种子站	715.43	-3.79	5	4/26	8/22	9/23	150	16.2	105.6	26.5	152.8	113.1	74.0	34.9	0.8	直	未发	中	—	C
四川省原良种试验站	599.04	3.72	2	4/11	8/5	9/5	147	14.6	120.0	26.8	155.0	131.1	84.6	31.8	0.0	直	未发	轻	未发	A
四川省农业科学院水稻高粱所	527.63	2.49	6	3/14	7/2	8/1	140	12.1	123.3	28.2	164.9	152.4	92.4	29.2	0.0	直	未发	轻	未发	B
四川内江杂交水稻开发中心	556.39	-1.91	10	3/20	7/20	8/17	150	12.0	125.0	26.8	165.0	134.0	81.2	30.4	0.0	直	未发	轻	未发	C
四川绵阳市农业科学院	593.82	3.49	5	4/3	7/31	8/27	146	15.8	118.8	26.0	137.4	114.7	83.5	33.2	0.0	直	未发	轻	未发	A
四川广元市种子站	555.06	-0.60	8	4/10	8/7	9/20	163	14.4	114.2	26.1	157.8	134.2	85.0	28.0	1.3	直	未发	轻	无	B
四川巴中市巴州区种子站	544.31	5.73	1	4/1	7/28	8/26	147	13.2	136.9	27.8	153.5	136.3	88.8	29.2	0.0	直	无	无	未发	A
陕西汉中市农科所	714.12	5.56	2	4/9	8/10	9/12	156	19.6	126.4	26.7	125.8	116.9	92.9	32.6	0.0	直	无	轻	轻	A
贵州遵义市农业科学院	625.16	-4.02	6	4/13	8/13	9/19	159	14.7	130.3	27.3	180.6	126.8	70.2	33.5	0.0	直	未发	轻	未发	C
贵州省农业科学院水稻所	752.46	3.55	6	4/9	8/10	9/24	168	14.3	113.0	26.0	212.3	178.1	83.9	30.9	0.0	直	未发	轻	轻	B
贵州黔西南州农科所	766.20	11.04	2	4/2	8/3	9/13	164	18.8	106.4	25.8	170.8	130.6	76.5	31.5	0.0	直	无	轻	—	A
贵州黔东南州农业科学院	658.90	2.65	5	4/20	8/6	9/13	146	14.8	117.7	26.4	150.3	136.7	91.0	33.1	0.0	直	未发	无	未发	B

注：综合评级：A—好，B—较好，C—中等，D——般。

表 7-7-6 长江上游中籼迟熟 D 组（182411NS-D）区试品种在各试验点的产量、生育期、主要性状、田间抗性等表现

品种名称/试验点	亩产（千克）	比 CK ±%	产量位次	播种期（月/日）	齐穗期（月/日）	成熟期（月/日）	全生育期（天）	有效穗（万/亩）	株高（厘米）	穗长（厘米）	总粒数/穗	实粒数/穗	结实率（%）	千粒重（克）	杂株率（%）	倒伏性	穗颈瘟	纹枯病	稻曲病	综合评级
荃优 5212																				
重庆万州区种子站	563.22	8.57	3	3/19	7/12	8/12	146	13.2	103.2	26.0	197.8	174.1	88.0	26.8	0.0	直	未发	轻	未发	A
重庆市农业科学院水稻所	660.51	3.80	4	3/15	7/10	8/9	147	15.3	116.0	29.2	207.0	181.1	87.5	29.6	0.0	直	未发	轻	—	B
重庆市涪陵区种子站	680.71	-3.87	6	3/17	7/16	8/16	152	14.0	102.6	27.5	166.1	152.4	91.8	33.1	0.5	直	未发	未发	—	C
云南文山州种子站	631.01	-15.14	11	4/26	8/21	9/21	148	11.9	96.8	24.6	169.8	133.5	78.6	35.1	1.7	直	未发	无	—	B
四川省原良种试验站	538.57	-6.75	10	4/11	8/2	9/1	143	11.5	114.0	25.9	178.4	153.6	86.1	32.5	0.0	直	未发	未发	未发	D
四川省农业科学院水稻高粱所	515.63	0.16	8	3/14	7/1	7/31	139	10.2	116.3	25.9	205.8	183.1	89.0	29.8	0.0	直	未发	轻	未发	B
四川内江杂交水稻开发中心	601.37	6.02	5	3/20	7/13	8/13	146	11.9	125.0	27.7	196.0	173.0	88.3	30.6	0.0	直	未发	轻	未发	B
四川绵阳市农业科学院	592.32	3.23	6	4/3	7/27	8/23	142	14.1	116.8	24.1	141.9	119.8	84.4	33.8	0.0	直	未发	中	未发	A
四川广元市种子站	553.89	-0.81	9	4/10	8/4	9/14	157	14.2	106.5	23.9	146.5	129.3	88.3	28.5	0.7	直	未发	轻	中	B
四川巴中市巴州区种子站	449.11	-12.76	9	4/1	7/25	8/23	144	15.0	126.8	23.2	130.8	107.4	82.1	29.2	0.0	直	无	无	未发	C
陕西汉中市农科所	672.85	-0.54	6	4/9	8/6	9/8	152	20.4	120.3	25.4	143.7	139.5	97.1	33.6	0.0	直	无	轻	无	A
贵州遵义市农业科学院	637.04	-2.20	5	4/13	8/11	9/19	159	13.2	116.2	26.7	236.7	156.9	66.3	32.7	0.0	直	未发	轻	未发	C
贵州省农业科学院水稻所	713.65	-1.79	10	4/9	8/10	9/24	168	13.0	106.3	26.3	217.5	169.2	77.8	31.9	0.0	直	未发	轻	轻	C
贵州黔西南州农科所	673.84	-2.34	9	4/2	8/1	9/9	160	16.6	99.7	25.6	175.5	130.1	74.1	30.8	0.0	直	轻	轻	—	C
贵州黔东南州农业科学院	670.64	4.48	2	4/20	8/5	9/12	145	16.0	112.4	25.7	145.8	128.9	88.4	32.5	0.2	直	未发	无	未发	B

注：综合评级：A—好，B—较好，C—中等，D——般。

表 7-7-7　长江上游中籼迟熟 D 组（182411NS-D）区试品种在各试验点的产量、生育期、主要性状、田间抗性等表现

品种名称/试验点	亩产（千克）	比 CK ±%	产量位次	播种期（月/日）	齐穗期（月/日）	成熟期（月/日）	全生育期（天）	有效穗（万/亩）	株高（厘米）	穗长（厘米）	总粒数/穗	实粒数/穗	结实率（%）	千粒重（克）	杂株率（%）	倒伏性	穗颈瘟	纹枯病	稻曲病	综合评级
天府优 1 号																				
重庆万州区种子站	557.72	7.52	6	3/19	7/13	8/15	149	15.0	105.5	24.3	179.1	160.2	89.4	26.6	0.0	直	未发	轻	未发	A
重庆市农业科学院水稻所	659.34	3.61	5	3/15	7/12	8/12	150	16.5	123.6	27.4	170.5	161.1	94.5	27.1	0.0	直	未发	轻	—	B
重庆市涪陵区种子站	622.23	-12.13	11	3/17	7/22	8/21	157	15.5	106.6	24.7	160.1	124.2	77.6	30.1	1.0	直	未发	未发	—	D
云南文山州种子站	682.26	-8.25	10	4/26	8/22	9/23	150	14.4	107.0	25.1	199.0	135.9	68.3	32.4	1.9	直	未发	轻	—	B
四川省原良种试验站	549.06	-4.93	9	4/11	8/2	9/2	144	14.3	126.7	26.2	160.7	126.6	78.8	31.3	0.0	直	未发	未发	未发	D
四川省农业科学院水稻高粱所	537.80	4.47	5	3/14	7/2	8/1	140	11.5	132.7	26.6	228.8	194.1	84.8	27.3	0.0	直	未发	轻	未发	A
四川内江杂交水稻开发中心	551.39	-2.79	11	3/20	7/15	8/17	150	13.3	131.0	27.7	191.0	142.0	74.3	30.0	0.0	直	未发	轻	未发	D
四川绵阳市农业科学院	560.81	-2.27	10	4/3	7/31	8/27	146	16.4	115.7	23.3	129.1	108.9	84.4	31.5	1.6	直	未发	轻	未发	C
四川广元市种子站	543.36	-2.69	11	4/10	8/7	9/20	163	15.5	113.0	23.8	137.9	123.3	89.4	27.6	1.0	直	未发	轻	无	B
四川巴中市巴州区种子站	434.94	-15.51	10	4/1	7/27	8/26	147	11.9	129.8	24.8	179.5	160.2	89.2	28.0	0.0	直	无	无	未发	C
陕西汉中市农科所	612.03	-9.53	11	4/9	8/9	9/11	155	22.4	132.5	27.1	176.9	156.0	88.2	31.6	0.0	直	无	轻	无	D
贵州遵义市农业科学院	608.55	-6.57	9	4/13	8/12	9/19	159	13.8	124.2	27.0	235.7	153.2	65.0	31.1	0.0	直	未发	轻	未发	D
贵州省农业科学院水稻所	742.13	2.13	8	4/9	8/8	9/21	165	15.5	124.0	26.3	193.4	163.8	84.7	30.5	0.8	直	未发	轻	无	B
贵州黔西南州农科所	633.33	-8.21	11	4/2	8/4	9/13	164	16.2	115.2	27.0	186.3	129.5	69.5	30.7	0.0	直	无	轻	—	D
贵州黔东南州农业科学院	610.45	-4.89	9	4/20	8/6	9/14	147	14.2	115.5	26.0	160.2	137.1	85.6	32.1	0.0	直	未发	无	未发	C

注：综合评级：A—好，B—较好，C—中等，D—一般。

表 7-7-8 长江上游中籼迟熟 D 组（182411NS-D）区试品种在各试验点的产量、生育期、主要性状、田间抗性等表现

品种名称/试验点	亩产（千克）	比 CK ±%	产量位次	播种期（月/日）	齐穗期（月/日）	成熟期（月/日）	全生育期（天）	有效穗（万/亩）	株高（厘米）	穗长（厘米）	总粒数/穗	实粒数/穗	结实率（%）	千粒重（克）	杂株率（%）	倒伏性	穗颈瘟	纹枯病	稻曲病	综合评级
德优 4739																				
重庆万州区种子站	474.76	-8.48	10	3/19	7/15	8/16	150	13.0	108.0	23.1	152.5	133.0	87.2	28.6	0.0	直	未发	中	未发	C
重庆市农业科学院水稻所	681.00	7.02	1	3/15	7/14	8/12	150	15.2	137.8	27.3	167.2	154.3	92.3	31.3	0.0	直	未发	轻	—	A
重庆市涪陵区种子站	770.10	8.75	1	3/17	7/19	8/19	155	14.8	118.8	25.3	188.2	170.0	90.3	33.4	0.0	直	未发	未发	—	A
云南文山州种子站	710.45	-4.46	6	4/26	8/23	9/23	150	10.8	112.0	26.1	225.6	169.1	75.0	36.0	1.4	直	未发	轻	—	A
四川省原良种试验站	614.70	6.43	1	4/11	8/2	9/3	145	13.4	137.0	25.6	180.8	149.3	82.6	31.3	0.0	直	未发	未发	未发	A
四川省农业科学院水稻高粱所	583.32	13.31	1	3/14	7/2	8/1	140	10.0	142.7	27.1	237.3	201.3	84.8	31.9	0.0	直	未发	轻	未发	A
四川内江杂交水稻开发中心	624.69	10.13	1	3/20	7/19	8/15	148	10.9	137.0	27.7	216.0	172.0	79.6	35.8	0.0	直	未发	轻	未发	A
四川绵阳市农业科学院	600.49	4.65	3	4/3	7/31	8/27	146	13.9	128.8	25.2	150.3	124.7	83.0	34.5	0.0	直	未发	中	未发	A
四川广元市种子站	561.57	0.57	6	4/10	8/11	9/21	164	13.2	128.1	22.8	169.0	149.0	88.2	30.7	0.3	直	未发	轻	无	A
四川巴中市巴州区种子站	506.96	-1.52	5	4/1	7/30	8/26	147	14.5	136.8	24.9	159.6	143.6	90.0	33.8	0.0	直	无	无	未发	B
陕西汉中市农科所	706.44	4.42	4	4/9	8/12	9/14	158	18.9	140.4	25.5	172.7	153.4	88.8	37.3	0.0	直	无	轻	无	A
贵州遵义市农业科学院	661.62	1.57	2	4/13	8/17	9/19	159	15.1	122.7	26.6	195.8	130.7	66.8	35.9	0.0	直	轻	轻	未发	A
贵州省农业科学院水稻所	755.29	3.94	5	4/9	8/13	9/26	170	13.2	120.8	25.8	204.0	174.8	85.7	34.5	0.8	直	未发	轻	轻	B
贵州黔西南州农科所	723.18	4.81	4	4/2	8/4	9/13	164	16.4	110.4	24.1	185.8	129.2	69.5	34.6	0.0	直	无	轻	—	B
贵州黔东南州农业科学院	661.38	3.04	4	4/20	8/8	9/12	145	14.4	120.2	23.1	143.6	130.8	91.1	35.3	0.0	直	未发	无	未发	B

注：综合评级：A—好，B—较好，C—中等，D——般。

表 7-7-9　长江上游中籼迟熟 D 组（182411NS-D）区试品种在各试验点的产量、生育期、主要性状、田间抗性等表现

品种名称/试验点	亩产（千克）	比 CK ±%	产量位次	播种期（月/日）	齐穗期（月/日）	成熟期（月/日）	全生育期（天）	有效穗（万/亩）	株高（厘米）	穗长（厘米）	总粒数/穗	实粒数/穗	结实率（%）	千粒重（克）	杂株率（%）	倒伏性	穗颈瘟	纹枯病	稻曲病	综合评级
F 优 498（CK）																				
重庆万州区种子站	518.74	0.00	9	3/19	7/7	8/11	145	13.8	99.2	27.0	168.6	148.3	88.0	26.2	0.0	直	未发	轻	未发	B
重庆市农业科学院水稻所	636.35	0.00	11	3/15	7/8	8/6	144	13.5	127.0	26.9	203.0	191.0	94.1	29.9	0.0	直	未发	轻	—	C
重庆市涪陵区种子站	708.11	0.00	4	3/17	7/15	8/15	151	14.1	110.4	27.1	183.3	175.3	95.6	32.2	0.5	直	未发	轻	—	B
云南文山州种子站	743.62	0.00	3	4/26	8/19	9/20	147	14.6	108.2	26.7	219.3	175.2	79.9	33.2	2.5	直	未发	轻	—	B
四川省原良种试验站	577.55	0.00	6	4/11	7/30	9/1	143	11.8	116.3	25.7	197.4	161.2	81.7	31.2	0.0	直	未发	未发	未发	B
四川省农业科学院水稻高粱所	514.80	0.00	9	3/14	6/27	7/28	136	10.6	119.3	26.8	211.8	174.8	82.5	28.2	0.0	直	未发	轻	未发	B
四川内江杂交水稻开发中心	567.22	0.00	8	3/20	7/11	8/13	146	13.3	118.3	26.1	171.0	147.0	86.0	30.0	0.0	直	未发	轻	未发	C
四川绵阳市农业科学院	573.81	0.00	7	4/3	7/26	8/24	143	14.5	115.6	24.6	156.9	129.7	82.7	32.1	0.0	直	未发	轻	未发	B
四川广元市种子站	558.40	0.00	7	4/10	7/30	9/12	155	15.4	113.3	24.2	157.4	143.4	91.1	28.3	0.3	直	未发	轻	轻	B
四川巴中市巴州区种子站	514.80	0.00	4	4/1	7/24	8/25	146	13.5	135.2	27.7	178.3	146.9	82.4	29.0	0.0	直	无	无	未发	B
陕西汉中市农科所	676.53	0.00	5	4/9	8/4	9/6	150	17.8	127.2	27.9	167.1	160.6	96.1	32.0	0.0	斜	轻	轻	轻	B
贵州遵义市农业科学院	651.37	0.00	3	4/13	8/12	9/18	158	13.7	119.7	27.7	236.4	156.8	66.3	30.5	0.0	直	未发	轻	未发	B
贵州省农业科学院水稻所	726.64	0.00	9	4/9	8/7	9/20	164	14.4	114.4	26.4	198.6	167.6	84.4	30.7	0.0	直	未发	中	无	C
贵州黔西南州农科所	690.01	0.00	6	4/2	8/1	9/12	163	17.5	104.0	24.6	183.7	132.5	72.1	29.6	0.0	直	轻	轻	—	C
贵州黔东南州农业科学院	641.87	0.00	7	4/20	8/5	9/11	144	15.0	117.1	25.5	153.7	139.2	90.6	31.4	0.0	直	未发	无	未发	C

注：综合评级：A—好，B—较好，C—中等，D——般。

表 7-7-10 长江上游中籼迟熟 D 组（182411NS-D）区试品种在各试验点的产量、生育期、主要性状、田间抗性等表现

品种名称/试验点	亩产（千克）	比 CK ±%	产量位次	播种期（月/日）	齐穗期（月/日）	成熟期（月/日）	全生育期（天）	有效穗（万/亩）	株高（厘米）	穗长（厘米）	总粒数/穗	实粒数/穗	结实率（%）	千粒重（克）	杂株率（%）	倒伏性	穗颈瘟	纹枯病	稻曲病	综合评级
内优 6329																				
重庆万州区种子站	562.22	8.38	4	3/19	7/12	8/12	146	13.3	99.1	23.1	195.6	175.3	89.6	29.2	0.0	直	未发	轻	未发	A
重庆市农业科学院水稻所	663.17	4.21	3	3/15	7/11	8/9	147	16.5	127.2	27.0	151.4	140.2	92.6	32.5	0.0	直	未发	轻	—	C
重庆市涪陵区种子站	704.93	-0.45	5	3/17	7/18	8/17	153	14.3	111.4	28.0	173.5	152.3	87.8	32.3	0.0	直	未发	未发	—	B
云南文山州种子站	694.86	-6.56	8	4/26	8/22	9/22	149	14.0	102.2	26.7	174.9	127.9	73.1	36.9	1.9	直	未发	轻	—	B
四川省原良种试验站	598.04	3.55	4	4/11	8/3	9/3	145	13.0	120.7	25.8	145.6	123.8	85.0	37.0	0.0	直	未发	未发	未发	A
四川省农业科学院水稻高粱所	563.64	9.49	2	3/14	7/1	7/31	139	11.4	131.7	28.0	183.7	166.8	90.8	33.0	0.0	直	未发	轻	未发	A
四川内江杂交水稻开发中心	608.03	7.20	4	3/20	7/18	8/15	148	11.2	124.0	27.6	180.0	156.0	86.7	34.3	0.0	直	未发	轻	未发	A
四川绵阳市农业科学院	600.65	4.68	2	4/3	7/30	8/26	145	14.3	120.8	26.7	141.2	121.2	85.8	34.5	0.0	直	未发	轻	未发	A
四川广元市种子站	575.61	3.08	4	4/10	8/6	9/15	158	16.2	109.2	23.0	133.5	120.3	90.1	30.6	0.7	直	未发	轻	轻	A
四川巴中市巴州区种子站	520.13	1.04	3	4/1	7/26	8/24	145	16.0	130.5	25.4	142.6	127.3	89.3	30.3	0.0	直	无	无	未发	A
陕西汉中市农科所	708.94	4.79	3	4/9	8/10	9/12	156	20.5	132.2	27.7	141.7	133.0	93.9	35.8	0.0	直	无	轻	轻	A
贵州遵义市农业科学院	613.60	-5.80	7	4/13	8/14	9/17	157	13.3	125.7	28.7	205.8	136.3	66.2	36.5	0.0	直	未发	轻	未发	C
贵州省农业科学院水稻所	768.79	5.80	4	4/9	8/7	9/20	164	14.1	113.0	26.1	192.4	158.2	82.2	35.5	1.5	直	未发	轻	无	A
贵州黔西南州农科所	669.84	-2.92	10	4/2	8/2	9/11	162	18.2	104.8	26.0	148.1	114.4	77.2	32.4	0.0	直	无	轻	—	C
贵州黔东南州农业科学院	618.06	-3.71	8	4/20	8/5	9/12	145	14.5	118.0	26.3	135.7	120.2	88.6	36.2	0.6	直	未发	无	未发	C

注：综合评级：A—好，B—较好，C—中等，D——般。

表 7-7-11 长江上游中籼迟熟 D 组（182411NS-D）区试品种在各试验点的产量、生育期、主要性状、田间抗性等表现

品种名称/试验点	亩产（千克）	比 CK ±%	产量位次	播种期（月/日）	齐穗期（月/日）	成熟期（月/日）	全生育期（天）	有效穗（万/亩）	株高（厘米）	穗长（厘米）	总粒数/穗	实粒数/穗	结实率（%）	千粒重（克）	杂株率（%）	倒伏性	穗颈瘟	纹枯病	稻曲病	综合评级
赣优 7642																				
重庆万州区种子站	528.74	1.93	8	3/19	7/8	8/10	144	13.7	93.5	23.5	183.8	159.2	86.6	26.0	0.0	直	未发	轻	未发	B
重庆市农业科学院水稻所	674.33	5.97	2	3/15	7/10	8/9	147	18.6	120.0	27.2	151.0	139.2	92.2	28.6	0.0	直	未发	轻	—	A
重庆市涪陵区种子站	712.62	0.64	3	3/17	7/16	8/17	153	15.4	101.4	23.3	144.2	124.9	86.6	32.1	0.0	直	未发	轻	—	A
云南文山州种子站	750.25	0.89	2	4/26	8/21	9/22	149	13.0	101.6	24.9	187.0	147.6	78.9	34.0	2.5	直	未发	无	—	B
四川省原良种试验站	557.06	-3.55	8	4/11	7/28	9/1	143	16.1	116.3	22.2	129.1	114.9	89.0	30.6	0.0	直	未发	未发	未发	C
四川省农业科学院水稻高粱所	544.31	5.73	4	3/14	6/29	7/29	137	12.8	119.3	23.5	177.0	151.0	85.3	29.3	0.0	直	未发	轻	未发	A
四川内江杂交水稻开发中心	589.71	3.96	7	3/20	7/11	8/13	146	13.1	121.7	30.4	191.0	152.0	79.6	30.1	0.0	直	未发	轻	未发	B
四川绵阳市农业科学院	564.48	-1.63	9	4/3	7/26	8/25	144	16.3	112.8	22.3	136.2	112.8	82.8	32.1	0.0	直	未发	轻	未发	C
四川广元市种子站	609.53	9.16	1	4/10	7/30	9/11	154	17.2	105.5	21.8	123.4	118.0	95.6	28.1	0.7	直	未发	轻	轻	A
四川巴中市巴州区种子站	479.96	-6.77	8	4/1	7/25	8/24	145	17.3	120.9	24.0	141.7	126.5	89.3	28.1	0.0	直	无	轻	未发	B
陕西汉中市农科所	663.50	-1.93	7	4/9	8/1	9/3	147	18.9	123.7	24.8	138.6	132.9	95.9	31.9	0.0	直	无	轻	无	A
贵州遵义市农业科学院	693.86	6.52	1	4/13	8/9	9/16	156	14.6	121.8	24.7	195.7	148.9	76.1	31.6	0.0	直	未发	轻	未发	A
贵州省农业科学院水稻所	750.30	3.26	7	4/9	8/2	9/16	160	14.5	107.5	24.8	209.2	176.1	84.2	30.3	0.0	直	未发	中	无	B
贵州黔西南州农科所	680.17	-1.43	8	4/2	7/28	9/13	164	19.6	95.2	23.3	165.2	116.8	70.7	29.8	0.0	直	无	轻	—	C
贵州黔东南州农业科学院	727.52	13.34	1	4/20	8/4	9/12	145	16.8	114.5	24.6	145.5	133.9	92.0	32.8	0.0	直	未发	无	未发	A

注：综合评级：A—好，B—较好，C—中等，D——般。

第八章　2018年长江上游中籼迟熟E组国家水稻品种试验汇总报告

一、试验概况

（一）试验目的

鉴定评价我国长江上游稻区新选育和引进的中籼迟熟新品种（组合，下同）的丰产性、稳产性、适应性、抗性、米质及其他重要性状表现，为国家水稻品种审定提供科学依据。

（二）参试品种

区试品种11个，荃优259为续试品种，其他为新参试品种，以F优498（CK）为对照；生产试验品种3个，也以F优498（CK）为对照。品种名称、类型、亲本组合、选育/供种单位见表8-1。

（三）承试单位

区试点17个，生产试验点8个，分布在贵州、陕西、四川、云南和重庆5个省市。承试单位、试验地点、经纬度、海拔高度、试验负责人及执行人见表8-2。

（四）试验设计、栽培管理与观察记载

各试验点均按《2018年南方稻区国家水稻品种试验实施方案》及NY/T 1300—2007《农作物品种区域试验技术规范　水稻》进行试验。

区试采用完全随机区组排列，3次重复，小区面积0.02亩。生产试验采用大区随机排列，不设重复，大区面积0.5亩。

分区试、生产试验，同组试验所有品种同期播种、移栽，施肥水平中等偏上，其他栽培管理措施与当地大田生产相同。

观察记载项目与标准按NY/T 1300—2007《农作物品种区域试验技术规范　水稻》以及《国家水稻品种试验观察记载项目、方法及标准》《南方稻区国家水稻品种区试及生产试验记载表》等的要求执行。

（五）特性鉴定

抗性鉴定：四川省农业科学院植保所、重庆涪陵区农科所和贵州湄潭县农业局植保站负责稻瘟病抗性鉴定，鉴定采用人工接菌与病区自然诱发相结合；中国水稻研究所稻作发展中心负责稻飞虱抗性鉴定。鉴定种子由中国水稻研究所试验点统一提供，鉴定结果由四川省农业科学院植保所负责汇总。湖北恩施州农业科学院和华中农业大学植科院分别负责生产试验品种的耐冷性和耐热性鉴定。

米质分析：由陕西汉中市农科所、云南红河州农科所和四川内江杂交水稻科技开发中心试验点提供样品，农业农村部稻米及制品质量监督检验测试中心负责检测分析。

DNA指纹特异性与一致性：由中国水稻研究所国家水稻改良中心进行参试品种的特异性及续试、生产试验品种年度间的一致性鉴定。

（六）试验评价

依据NY/T 1300—2007《农作物品种区域试验技术规范　水稻》、试验实地检查考察情况以及试验点对试验实施情况和品种表现情况所做的说明，对各试验（鉴定）点试验（鉴定）结果的可靠性、有效性、准确性进行分析评估，确保试验质量。

2018 年云南德宏州种子站区试点、红河州农科所区试点和生产试验点稻瘟病重发导致对照产量水平异常偏低，贵州湄潭县种子站生产试验点遭遇旱灾试验报废，四川蓬安县种子站生产试验点测产实收面积仅有 11 米^2，上述 4 个试验点的试验结果未纳入汇总；其余区试点、生产试验点以及特性鉴定点的试验（鉴定）结果正常，纳入汇总。

（七）品种评价

依据国家农作物品种审定委员会 2017 年发布的《主要农作物品种审定标准（国家级）》，对参试品种进行分析评价。

产量联合方差分析采用混合模型，品种间产量差异多重比较采用 Duncan's 新复极差法；参试品种的丰产性主要以品种在区试和生产试验中相对于对照品种产量衡量；参试品种的适应性主要以品种在区试和生产试验中比对照品种增产的试验点比例衡量；参试品种的稳产性主要以品种在年度间区试中相对于对照品种产量的差异变化程度衡量。

参试品种的生育期主要以全生育期比对照品种长短的天数衡量。

参试品种的抗性以指定的鉴定单位的鉴定结果为主要依据，对稻瘟病抗性的主要评价指标为综合指数和穗瘟损失率最高级，对其他病虫害抗性的主要评价指标为最高级。

参试品种的温度敏感性以结实率低于 70%的区试点数衡量。

参试品种的米质评价按照农业行业标准 NY/T 593—2013《食用稻品种品质》，分优质 1 级、优质 2 级、优质 3 级，未达到优质级的品种米质均为普通级。

二、结果分析

（一）产量

依据比对照增减产幅度衡量：在 2018 年区试品种中，产量高，比 F 优 498（CK）增产 5%以上的品种有旌优 6139；产量较高，比 F 优 498（CK）增产 3%~5%的品种有圳两优银丝；产量中等，比 F 优 498（CK）增、减产 3%以内的品种有双优 575、荃优 259、甜优 3306、深两优粤禾丝苗、旌优 297、金龙优 569 等 6 个；其余品种产量一般，比 F 优 498（CK）减产超过 3%。

区试及生产试验产量汇总结果见表 8-3、表 8-4。

（二）生育期

依据全生育期比对照品种长短的天数衡量：在 2018 年区试品种中，熟期较早，比 F 优 498（CK）早熟的品种有甜优 3306；熟期适中，比 F 优 498（CK）迟熟不超过 5 天的品种有旌优 6139、圳两优银丝、双优 575、荃优 259、深两优粤禾丝苗、旌优 297、金龙优 569、荃优 6533、川优 4093、B 优 3915 等 10 个。

区试及生产试验生育期汇总结果见表 8-3、表 8-4。

（三）主要农艺经济性状

区试品种有效穗、株高、每穗总粒数、每穗实粒数、结实率、千粒重等主要农艺经济性状汇总结果见表 8-3。

（四）抗性

根据 1~2 年鉴定结果，稻瘟病穗瘟损失率最高级 3 级的品种有深两优粤禾丝苗；稻瘟病穗瘟损失率最高级 5 级的品种有 B 优 3915、旌优 297、圳两优银丝等 3 个；稻瘟病穗瘟损失率最高级 7 级的品种有荃优 259、双优 575、甜优 3306、旌优 6139、川优 4093 等 5 个；稻瘟病穗瘟损失率最高级 9 级的品种有金龙优 569、荃优 6533、F 优 498（CK）等 3 个。

2018 年区试品种在各稻瘟病抗性鉴定点的鉴定结果见表 8-5，1~2 年区试品种抗性鉴定汇总结果见表 8-6。

（五）米质

依据农业行业标准 NY/T 593—2013《食用稻品种品质》，根据 1~2 年检测结果：优质 2 级的品种有荃优 259、金龙优 569、深两优粤禾丝苗、B 优 3915 等 4 个；优质 3 级的品种有旌优 6139、圳两优银丝、双优 575 等 3 个；其余品种为普通级。

1~2 年区试品种米质指标表现和综合评级结果见表 8-7。

（六）品种在各试验点表现

区试品种在各试验点的表现情况见表 8-8-1 至表 8-8-12，生产试验品种在各试验点的表现情况见表 8-9-1 至表 8-9-2。

三、品种简评

（一）生产试验品种

1. 湘两优 143

2016 年初试平均亩产 657.77 千克，比 F 优 498（CK）增产 2.44%，增产点比例 80.0%；2017 年续试平均亩产 649.64 千克，比 F 优 498（CK）增产 3.11%，增产点比例 86.7%；两年区试平均亩产 653.70 千克，比 F 优 498（CK）增产 2.78%，增产点比例 83.3%；2018 年生产试验平均亩产 631.25 千克，比 F 优 498（CK）增产 8.00%，增产点比例 100.0%。全生育期两年区试平均 155.5 天，比 F 优 498（CK）迟熟 2.8 天。主要农艺性状两年区试综合表现：有效穗 15.2 万穗/亩，株高 112.3 厘米，穗长 23.8 厘米，每穗总粒数 186.3 粒，结实率 80.1%，千粒重 30.5 克。抗性两年综合表现：稻瘟病综合指数两年分别是 4.4 级、6.2 级，穗瘟损失率最高级 7 级；褐飞虱 9 级。米质主要指标两年综合表现：糙米率 81.2%，整精米率 52.7%，垩白度 6.7%，透明度 2 级，碱消值 4.7 级，胶稠度 88 毫米，直链淀粉含量 22.2%，综合评级为国标等外、部标普通。

2018 年国家水稻品种试验年会审议意见：已完成试验程序，可以申报国家审定。

2. 川 345 优 2115

2016 年初试平均亩产 650.75 千克，比 F 优 498（CK）增产 1.35%，增产点比例 73.3%；2017 年续试平均亩产 640.48 千克，比 F 优 498（CK）增产 1.66%，增产点比例 66.7%；两年区试平均亩产 645.61 千克，比 F 优 498（CK）增产 1.50%，增产点比例 70.0%；2018 年生产试验平均亩产 604.77 千克，比 F 优 498（CK）增产 3.47%，增产点比例 100.0%。全生育期两年区试平均 154.6 天，比 F 优 498（CK）迟熟 1.9 天。主要农艺性状两年区试综合表现：有效穗 14.9 万穗/亩，株高 120.4 厘米，穗长 26.0 厘米，每穗总粒数 167.0 粒，结实率 81.4%，千粒重 33.7 克。抗性两年综合表现：稻瘟病综合指数两年分别是 2.4 级、3.2 级，穗瘟损失率最高级 3 级；褐飞虱 9 级。米质主要指标两年综合表现：糙米率 80.6%，整精米率 50.6%，垩白度 5.2%，透明度 2 级，碱消值 6.8 级，胶稠度 85 毫米，直链淀粉含量 17.7%，综合评级为国标等外、部标普通。

2018 年国家水稻品种试验年会审议意见：已完成试验程序，可以申报国家审定。

3. 荃优 259

2017 年初试平均亩产 639.25 千克，比 F 优 498（CK）增产 1.46%，增产点比例 66.7%；2018 年续试平均亩产 622.46 千克，比 F 优 498（CK）增产 0.65%，增产点比例 73.3%；两年区试平均亩产 630.85 千克，比 F 优 498（CK）增产 1.06%，增产点比例 70.0%；2018 年生产试验平均亩产 612.85 千克，比 F 优 498（CK）增产 4.85%，增产点比例 100.0%。全生育期两年区试平均 153.0 天，比 F 优 498（CK）迟熟 1.4 天。主要农艺性状两年区试综合表现：有效穗 15.9 万穗/亩，株高 108.5 厘米，穗长 24.2 厘米，每穗总粒数 192.8 粒，结实率 83.4%，千粒重 27.0 克。抗性两年综合表现：稻瘟病综合指数平均级 3.9 级，最高级 7 级；褐飞虱平均级 9 级，最高级 9 级。米质主要指标两年综合表现：糙米率 81.8%，精米率 73.9%，整精米率 69.4%，粒长 6.9 毫米，长宽比 3.0，垩白粒率 9%，垩白度 1.7%，透明度 1 级，碱消值 6.7 级，胶稠度 74 毫米，直链淀粉含量 16.3%，综合评级部标优质 2 级。

2018 年国家水稻品种试验年会审议意见：已完成试验程序，可以申报国家审定。

（二）新参试品种

1. 旌优 6139

2018 年初试平均亩产 657.28 千克，比 F 优 498（CK）增产 6.28%，增产点比例 93.3%。全生育期 152.2 天，比 F 优 498（CK）迟熟 2.6 天。主要农艺性状表现：有效穗 16.0 万穗/亩，株高 122.2 厘米，穗长 25.7 厘米，每穗总粒数 196.7 粒，结实率 84.4%，结实率低于 70%的点 1 个，千粒重 26.7 克。抗性：稻瘟病综合指数 5.0 级，穗瘟损失率最高级 7 级；褐飞虱平均级 9 级，最高级 9 级。米质主要指标：糙米率 81.6%，精米率 71.5%、整精米率 59.6%，粒长 7.2 毫米，长宽比 3.3，垩白粒率 14%，垩白度 3.0%，透明度 1 级，碱消值 5.8 级，胶稠度 78 毫米，直链淀粉含量 17.1%，综合评级为部标优质 3 级。

2018 年国家水稻品种试验年会审议意见：2019 年续试并进行生产试验。

2. 金龙优 569

2018 年初试平均亩产 602.91 千克，比 F 优 498（CK）减产 2.51%，增产点比例 60.0%。全生育期 150.1 天，比 F 优 498（CK）迟熟 0.5 天。主要农艺性状表现：有效穗 14.8 万穗/亩，株高 115.3 厘米，穗长 23.9 厘米，每穗总粒数 164.4 粒，结实率 84.5%，结实率低于 70%的点 1 个，千粒重 30.8 克。抗性：稻瘟病综合指数 5.7 级，穗瘟损失率最高级 9 级；褐飞虱平均级 9 级，最高级 9 级。米质主要指标：糙米率 81.4%，精米率 72.4%、整精米率 57.7%，粒长 7.4 毫米，长宽比 3.2，垩白粒率 9%，垩白度 1.0%，透明度 1 级，碱消值 6.6 级，胶稠度 77 毫米，直链淀粉含量 16.5%，综合评级为部标优质 2 级。

2018 年国家水稻品种试验年会审议意见：终止试验。

3. 圳两优银丝

2018 年初试平均亩产 638.16 千克，比 F 优 498（CK）增产 3.19%，增产点比例 86.7%。全生育期 152.5 天，比 F 优 498（CK）迟熟 2.9 天。主要农艺性状表现：有效穗 16.1 万穗/亩，株高 112.8 厘米，穗长 24.2 厘米，每穗总粒数 185.3 粒，结实率 83.5%，结实率低于 70%的点 2 个，千粒重 26.8 克。抗性：稻瘟病综合指数 3.3 级，穗瘟损失率最高级 5 级；褐飞虱平均级 9 级，最高级 9 级。米质主要指标：糙米率 80.8%，精米率 71.4%、整精米率 63.1%，粒长 7.1 毫米，长宽比 3.2，垩白粒率 7%，垩白度 1.1%，透明度 1 级，碱消值 5.5 级，胶稠度 78 毫米，直链淀粉含量 15.3%，综合评级为部标优质 3 级。

2018 年国家水稻品种试验年会审议意见：2019 年续试并进行生产试验。

4. 双优 575

2018 年初试平均亩产 626.69 千克，比 F 优 498（CK）增产 1.34%，增产点比例 66.7%。全生育期 150.7 天，比 F 优 498（CK）迟熟 1.1 天。主要农艺性状表现：有效穗 14.3 万穗/亩，株高 118.4 厘米，穗长 25.2 厘米，每穗总粒数 194.4 粒，结实率 85.4%，结实率低于 70%的点 0 个，千粒重 29.4 克。抗性：稻瘟病综合指数 4.0 级，穗瘟损失率最高级 7 级；褐飞虱平均级 7 级，最高级 7 级。米质主要指标：糙米率 80.9%，精米率 71.9%、整精米率 60.2%，粒长 7.1 毫米，长宽比 3.1，垩白粒率 21%，垩白度 2.9%，透明度 1 级，碱消值 5.8 级，胶稠度 76 毫米，直链淀粉含量 15.2%，综合评级为部标优质 3 级。

2018 年国家水稻品种试验年会审议意见：2019 年续试。

5. 深两优粤禾丝苗

2018 年初试平均亩产 608.886 千克，比 F 优 498（CK）减产 1.54%，增产点比例 60.0%。全生育期 151.0 天，比 F 优 498（CK）迟熟 1.4 天。主要农艺性状表现：有效穗 15.5 万穗/亩，株高 102.7 厘米，穗长 23.8 厘米，每穗总粒数 190.3 粒，结实率 86.3%，结实率低于 70%的点 1 个，千粒重 24.4 克。抗性：稻瘟病综合指数 3.5 级，穗瘟损失率最高级 3 级；褐飞虱平均级 9 级，最高级 9 级。米质主要指标：糙米率 80.5%，精米率 71.7%、整精米率 61.4%，粒长 6.7 毫米，长宽比 3.0，垩白粒率 9%，垩白度 1.0%，透明度 1 级，碱消值 6.7 级，胶稠度 72 毫米，直链淀粉含量 16.4%，综合评级为部标优质 2 级。

2018 年国家水稻品种试验年会审议意见：2019 年续试。

6. 川优 4093

2018 年初试平均亩产 586.12 千克，比 F 优 498（CK）减产 5.22%，增产点比例 13.3%。全生育期 149.7 天，比 F 优 498（CK）迟熟 0.1 天。主要农艺性状表现：有效穗 15.2 万穗/亩，株高 118.5 厘米，穗长 26.4 厘米，每穗总粒数 173.4 粒，结实率 81.1%，结实率低于 70%的点 2 个，千粒重 29.5 克。抗性：稻瘟病综合指数 7.1 级，穗瘟损失率最高级 7 级；褐飞虱平均级 9 级，最高级 9 级。米质主要指标：糙米率 81.3%，精米率 69.8%、整精米率 47.7%，粒长 7.8 毫米，长宽比 3.7，垩白粒率 13%，垩白度 1.6%，透明度 1 级，碱消值 5.5 级，胶稠度 78 毫米，直链淀粉含量 17.2%，综合评级为部标普通。

2018 年国家水稻品种试验年会审议意见：终止试验。

7. B 优 3915

2018 年初试平均亩产 574.05 千克，比 F 优 498（CK）减产 7.18%，增产点比例 13.3%。全生育期 150.6 天，比 F 优 498（CK）迟熟 1.0 天。主要农艺性状表现：有效穗 15.0 万穗/亩，株高 116.6 厘米，穗长 24.8 厘米，每穗总粒数 169.2 粒，结实率 84.6%，结实率低于 70%的点 0 个，千粒重 29.0 克。抗性：稻瘟病综合指数 3.3 级，穗瘟损失率最高级 5 级；褐飞虱平均级 9 级，最高级 9 级。米质主要指标：糙米率 80.3%，精米率 71.0%、整精米率 58.7%，粒长 7.8 毫米，长宽比 3.6，垩白粒率 9%，垩白度 1.3%，透明度 1 级，碱消值 6.7 级，胶稠度 70 毫米，直链淀粉含量 15.9%，综合评级为部标优质 2 级。

2018 年国家水稻品种试验年会审议意见：终止试验。

8. 旌优 297

2018 年初试平均亩产 603.57 千克，比 F 优 498（CK）减产 2.40%，增产点比例 33.3%。全生育期 151.3 天，比 F 优 498（CK）迟熟 1.7 天。主要农艺性状表现：有效穗 15.9 万穗/亩，株高 119.7 厘米，穗长 26.2 厘米，每穗总粒数 185.9 粒，结实率 81.2%，结实率低于 70%的点 2 个，千粒重 27.2 克。抗性：稻瘟病综合指数 4.5 级，穗瘟损失率最高级 5 级；褐飞虱平均级 7 级，最高级 7 级。米质主要指标：糙米率 80.2%，精米率 71.7%、整精米率 62.8%，粒长 6.9 毫米，长宽比 3.0，垩白粒率 10%，垩白度 1.2%，透明度 1 级，碱消值 4.8 级，胶稠度 77 毫米，直链淀粉含量 15.4%，综合评级为部标普通。

2018 年国家水稻品种试验年会审议意见：终止试验。

9. 甜优 3306

2018 年初试平均亩产 612.03 千克，比 F 优 498（CK）减产 1.03%，增产点比例 53.3%。全生育期 148.5 天，比 F 优 498（CK）早熟 1.1 天。主要农艺性状表现：有效穗 14.9 万穗/亩，株高 107.6 厘米，穗长 24.9 厘米，每穗总粒数 169.7 粒，结实率 83.0%，结实率低于 70%的点 1 个，千粒重 31.0 克。抗性：稻瘟病综合指数 4.3 级，穗瘟损失率最高级 7 级；褐飞虱平均级 9 级，最高级 9 级。米质主要指标：糙米率 81.5%，精米率 72.7%、整精米率 39.9%，粒长 7.1 毫米，长宽比 3.0，垩白粒率 34%，垩白度 5.4%，透明度 1 级，碱消值 5.7 级，胶稠度 75 毫米，直链淀粉含量 16.1%，综合评级为部标普通。

2018 年国家水稻品种试验年会审议意见：终止试验。

10. 荃优 6533

2018 年初试平均亩产 594.24 千克，比 F 优 498（CK）减产 3.91%，增产点比例 33.3%。全生育期 151.8 天，比 F 优 498（CK）迟熟 2.2 天。主要农艺性状表现：有效穗 14.4 万穗/亩，株高 118.2 厘米，穗长 24.8 厘米，每穗总粒数 173.9 粒，结实率 79.6%，结实率低于 70%的点 3 个，千粒重 32.9 克。抗性：稻瘟病综合指数 8.0 级，穗瘟损失率最高级 9 级；褐飞虱平均级 9 级，最高级 9 级。米质主要指标：糙米率 81.5%，精米率 69.3%、整精米率 34.0%，粒长 6.8 毫米，长宽比 2.5，垩白粒率 47%，垩白度 4.7%，透明度 2 级，碱消值 5.5 级，胶稠度 80 毫米，直链淀粉含量 17.1%，综合评级为部标普通。

2018 年国家水稻品种试验年会审议意见：终止试验。

表 8-1 长江上游中籼迟熟 E 组（182411NS-E）区试及生产试验参试品种基本情况

品种名称	试验编号	抗鉴编号	品种类型	亲本组合	申请者（非个人）	选育/供种单位
区试						
*旌优 6139	1	11	杂交稻	旌 3A/绵恢 6139	绵阳市农业科学研究院、四川省农业科学院水稻高粱研究所	绵阳市农业科学研究院、四川省农业科学院水稻高粱研究所
荃优 259	2	1	杂交稻	荃 9311A/ZR259	江西先农种业有限公司	江西先农种业有限公司
*金龙优 569	3	9	杂交稻	金龙 A/R569	四川农业大学	四川农业大学
*圳两优银丝	4	8	杂交稻	圳 S/银丝	重庆大爱种业有限公司、长沙奥林生物科技有限公司	长沙奥林生物科技有限公司
*双优 575	5	2	杂交稻	双 1A/蜀恢 575	四川农业大学	四川农业大学
*深两优粤禾丝苗	6	3	杂交稻	深 08S/粤禾丝苗	四川台沃种业有限责任公司	四川台沃种业有限责任公司
F 优 498（CK）	7	4	杂交稻	江育 F32A×蜀恢 498		四川农业大学水稻研究所
*川优 4093	8	12	杂交稻	川 106A/泸恢 4093	四川省农业科学院水稻高粱研究所	四川省农业科学院水稻高粱研究所、四川省农业科学院作物研究所
*B 优 3915	9	5	杂交稻	B396A/西科恢 7215	西南科技大学水稻所	西南科技大学水稻所
*旌优 297	10	6	杂交稻	旌 3A×都恢 297	贵州兆和丰水稻科技研发有限公司	贵州兆和丰水稻科技研发有限公司
*甜优 3306	11	7	杂交稻	甜香 1A/内香恢 3306	内江杂交水稻科技开发中心	内江杂交水稻科技开发中心
*荃优 6533	12	10	杂交稻	9311A×荟恢 533	科荟种业股份有限公司	科荟种业股份有限公司
生产试验						
荃优 259	2		杂交稻	荃 9311A/ZR259	江西先农种业有限公司	江西先农种业有限公司
川 345 优 2115	5		杂交稻	川 345A/雅恢 2115	四川农业大学农学院、四川省农业科学院作物所	四川农业大学农学院、四川省农业科学院作物所
湘两优 143	8		杂交稻	广湘 24S/R143	湖南年丰种业科技有限公司、重庆吨粮农业发展有限公司	湖南年丰种业科技有限公司、重庆吨粮农业发展有限公司
F 优 498（CK）	7		杂交稻	江育 F32A×蜀恢 498		四川农业大学水稻研究所

*为 2018 年新参试品种。

表 8-2　长江上游中籼迟熟 E 组（182411NS-E）区试及生产试验点基本情况

承试单位	试验地点	经度	纬度	海拔高度（米）	试验负责人及执行人
区试					
贵州黔东南州农业科学院	黄平县旧州镇	107°44′	26°59′	674	浦选昌、杨秀军、彭朝才、雷安宁
贵州黔西南州农科所	兴义市下午屯镇乐立村	105°56′	25°06′	1170	敖正友
贵州省农业科学院水稻所	贵阳市花溪区金竹镇	106°43′	26°35′	1140	涂敏、李树杏
贵州遵义市农业科学院	新浦新区新舟镇槐安村	107°18′	28°20′	800	王怀昕、王炜、刘廷海、兰宣莲
陕西汉中市农科所	汉中市汉台区农科所试验农场	107°12′	33°04′	510	黄卫群
四川广元市种子站	广元市利州区赤化镇石羊一组	105°57′	32°34′	490	冯开永、王春
四川绵阳市农业科学院	绵阳市农科区松垭镇	104°45′	31°03′	470	刘定友、项祖芬
四川内江杂交水稻科技开发中心	内江杂交水稻中心试验地	105°03′	29°35′	352	陈勇、曹厚明、蒋茂春、唐涛
四川省原良种试验站	成都双流九江龙池社区	103°55′	30°35′	494	周志军、谢力、李龙飞
四川省农业科学院水稻高粱所	泸县福集镇茂盛村	105°33′	29°19′	292	朱永川
四川巴中市巴州区种子站	巴州区石城乡青州村	106°41′	31°45′	325	庞立华、苟术淋、陈琳
云南德宏州种子站	芒市芒市镇大湾村	98°36′	24°29′	913	刘宏珺、董保萍、杨素华、丁家盛、王宪芳、龚琪、张学艳、黄玮
云南红河州农科所	建水县西庄镇高营村	102°46′	23°36′	1318	张文华、苏正亮、张耀、王海德
云南文山州种子站	文山市开化镇黑卡村	103°35′	22°40′	1260	张才能、依佩遥、谢会琼、何旭俊
重庆涪陵区种子站	涪陵区马武镇文观村 3 社	107°15′	29°36′	672	胡永友、陈景平
重庆市农业科学院水稻所	巴南区南彭镇大石塔村	106°24′	29°06′	302	李贤勇、黄乾龙
重庆万州区种子站	万州区良种场	108°23′	31°05′	180	马秀云、谭安平、谭家刚
生产试验					
四川巴中市巴州区种子站	巴州区石城乡青州村	106°41′	31°45′	325	庞立华、苟术淋、陈琳
四川宜宾市农业科学院	南溪区大观镇院试验基地	104°54′	28°58′	282	江青山、姜方洪
四川蓬安县种子站	蓬安县	106°12′	31°42′	281	杜胜
四川宣汉县种子站	宣汉县双河镇玛瑙村	108°03′	31°50′	370	罗 廷、向乾、喻廷强
重庆南川区种子站	南川区大观镇铁桥村 3 社	107°05′	29°03′	720	倪万贵、冉忠领
重庆潼南区种子站	重庆潼南区梓潼街道办新生村 2 社	105°47′	30°12′	252	张建国、谭长华、梁浩、胡海、全海晏
贵州湄潭县种子站	湄潭县黄家坝镇春光村牛场大坝	107°23′	27°40′	780	李天海、詹金碧、张晓东
云南红河州农科所	建水县西庄镇高营村	102°46′	23°36′	1318	张文华、苏正亮、张耀、王海德

表 8-3　长江上游中籼迟熟 E 组（182411NS-E）区试品种产量、生育期及主要农艺经济性状汇总分析结果

品种名称	区试年份	亩产（千克）	比 CK±%	比 CK 增产点（%）	产量差异显著性		全生育期（天）	比 CK±天	有效穗（万/亩）	株高（厘米）	穗长（厘米）	总粒数/穗	实粒数/穗	结实率（%）	结实率 <70%点	千粒重（克）
					0.05	0.01										
荃优 259	2017—2018	630.85	1.06	70.0			153.0	1.4	15.9	108.5	24.2	192.8	160.9	83.4		27.0
F 优 498（CK）	2017—2018	624.23	0.00	0.0			151.6	0.0	13.7	116.8	26.9	201.0	167.3	83.2		29.9
旌优 6139	2018	657.28	6.28	93.3	a	A	152.2	2.6	16.0	122.2	25.7	196.7	166.1	84.4	1	26.7
圳两优银丝	2018	638.16	3.19	86.7	b	B	152.5	2.9	16.1	112.8	24.2	185.3	154.8	83.5	2	26.8
双优 575	2018	626.69	1.34	66.7	c	C	150.7	1.1	14.3	118.4	25.2	194.4	166.0	85.4	0	29.4
荃优 259	2018	622.46	0.65	73.3	c	CD	150.7	1.1	15.9	108.0	23.9	187.4	158.8	84.7	2	27.1
F 优 498（CK）	2018	618.42	0.00	0.0	cd	CDE	149.6	0.0	13.8	117.0	26.6	193.5	162.1	83.7	2	29.9
甜优 3306	2018	612.03	−1.03	53.3	de	DEF	148.5	−1.1	14.9	107.6	24.9	169.7	140.9	83.0	1	31.0
深两优粤禾丝苗	2018	608.88	−1.54	60.0	e	EF	151.0	1.4	15.5	102.7	23.8	190.3	164.3	86.3	1	24.4
旌优 297	2018	603.57	−2.40	33.3	e	FG	151.3	1.7	15.9	119.7	26.2	185.9	151.0	81.2	2	27.2
金龙优 569	2018	602.91	−2.51	60.0	e	FG	150.1	0.5	14.8	115.3	23.9	164.4	139.0	84.5	1	30.8
荃优 6533	2018	594.24	−3.91	33.3	f	GH	151.8	2.2	14.4	118.2	24.8	173.9	138.5	79.6	3	32.9
川优 4093	2018	586.12	−5.22	13.3	f	H	149.7	0.1	15.2	118.5	26.4	173.4	140.6	81.1	2	29.5
B 优 3915	2018	574.05	−7.18	13.3	g	I	150.6	1.0	15.0	116.6	24.8	169.2	143.1	84.6	0	29.0

表 8-4　长江上游中籼迟熟 E 组（182411NS-E）生产试验品种产量、生育期、综合评级及温度敏感性鉴定结果

品种名称	荃优 259	川 345 优 2115	湘两优 143	F 优 498（CK）
生产试验汇总表现				
全生育期（天）	147.8	149.2	148.6	147.6
比 CK±天	0.2	1.6	1.0	0.0
亩产（千克）	612.85	604.77	631.25	584.50
产量比 CK±%	4.85	3.47	8.00	0.00
增产点比例（%）	100.0	100.0	100.0	0.0
各生产试验点综合评价等级				
四川巴中市巴州区种子站	A	A	A	B
四川宜宾市农业科学院	C	B	A	C
四川宣汉县种子站	B	B	A	C
重庆南川区种子站	A	A	A	A
重庆潼南区种子站	B	B	A	B
抽穗期耐热性（级）	1	3	3	3
抽穗期耐冷性	3	5	3	5

注：1. 综合评价等级：A—好，B—较好，C—中等，D——般。

2. 耐热性、耐冷性分别为华中农业大学、湖北恩施州农业科学院鉴定结果。

表 8-5　长江上游中籼迟熟 E 组（182411NS-E）品种稻瘟病抗性各地鉴定结果（2018 年）

品种名称	四川蒲江					重庆涪陵					贵州湄潭				
	叶瘟级	穗瘟发病		穗瘟损失		叶瘟级	穗瘟发病		穗瘟损失		叶瘟级	穗瘟发病		穗瘟损失	
		%	级	%	级		%	级	%	级		%	级	%	级
荃优 259	5	16	5	3	1	4	21	5	11	3	4	23	5	18	5
双优 575	5	14	5	2	1	3	8	3	3	1	3	37	7	31	7
深两优粤禾丝苗	5	18	5	2	1	4	14	5	7	3	2	12	5	8	3
F 优 498（CK）	8	70	9	36	7	7	94	9	62	9	2	37	7	32	7
B 优 3915	6	20	5	4	1	1	8	3	3	1	3	21	5	17	5
旌优 297	5	13	5	2	1	5	34	7	21	5	2	20	5	17	5
甜优 3306	5	14	5	2	1	1	18	5	9	3	3	36	7	32	7
圳两优银丝	5	14	5	2	1	2	7	3	3	1	3	19	5	16	5
金龙优 569	4	14	5	2	1	4	37	7	22	5	4	69	9	53	9
荃优 6533	8	80	9	38	7	6	72	9	44	7	4	72	9	56	9
旌优 6139	4	13	5	2	1	4	28	7	17	5	2	43	7	33	7
川优 4093	8	68	9	31	7	5	44	7	32	7	3	41	7	31	7
感稻瘟病（CK）	8	75	9	50	9	7	94	9	63	9	6	84	9	61	9

注：1. 鉴定单位：四川省农业科学院植保所、重庆涪陵渝东南农业科学院、贵州湄潭县农业局植保站。
2. 感稻瘟病（CK）：四川省农业科学院植保所为岗优 725、重庆涪陵区农业科学院为黄壳糯、贵州湄潭县农业局植保站为大粒香。
3. 贵州湄潭叶瘟发病程度未达到标准，不纳入统计。

表 8-6 长江上游中籼迟熟 E 组（182411NS-E）品种对主要病虫抗性综合评价结果（2017—2018 年）

品种名称	试验年份	稻瘟病							褐飞虱（级）		
		2018 年各地综合指数				2018 年穗瘟损失率最高级	1~2 年综合评价		2017 年	1~2 年综合评价	
		蒲江	涪陵	湄潭	平均		平均综合指数	穗瘟损失率最高级		平均	最高
荃优 259	2017—2018	3.0	3.8	5.0	3.9	5	3.9	7	9	9	9
F 优 498（CK）	2017—2018	7.8	8.5	7.0	7.8	9	7.0	9	9	9	9
双优 575	2018	3.0	2.0	7.0	4.0	7	4.0	7	7	7	7
深两优粤禾丝苗	2018	3.0	3.8	3.7	3.5	3	3.5	3	9	9	9
B 优 3915	2018	3.3	1.5	5.0	3.3	5	3.3	5	9	9	9
旌优 297	2018	3.0	5.5	5.0	4.5	5	4.5	5	7	7	7
甜优 3306	2018	3.0	3.0	7.0	4.3	7	4.3	7	9	9	9
圳两优银丝	2018	3.0	1.8	5.0	3.3	5	3.3	5	9	9	9
金龙优 569	2018	2.8	5.3	9.0	5.7	9	5.7	9	9	9	9
荃优 6533	2018	7.8	7.3	9.0	8.0	9	8.0	9	9	9	9
旌优 6139	2018	2.8	5.3	7.0	5.0	7	5.0	7	9	9	9
川优 4093	2018	7.8	6.5	7.0	7.1	7	7.1	7	9	9	9
F 优 498（CK）	2018	7.8	8.5	7.0	7.8	9	7.8	9	9	9	9
感病虫（CK）	2018	8.8	8.5	9.0	8.8	9	8.8	9	9	9	9

注：1. 稻瘟病综合指数（级）= 叶瘟级×25%+穗瘟发病率级×25%+穗瘟损失率级×50%。

2. 湄潭叶瘟发病未达标，稻瘟病综合指数（级）=（穗瘟发病率级×25%+穗瘟损失率级×50%）/75%。

3. 褐飞虱鉴定单位为中国水稻研究稻作发展中心，感褐飞虱 CK 为 TN1。

表 8-7 长江上游中籼迟熟 E 组（182411NS-E）品种米质检测分析结果

品种名称	年份	糙米率（%）	精米率（%）	整精米率（%）	粒长（毫米）	长宽比	垩白粒率（%）	垩白度（%）	透明度（级）	碱消值（级）	胶稠度（毫米）	直链淀粉（%）	部标（等级）
荃优 259	2017—2018	81.8	73.9	69.4	6.9	3.0	9	1.7	1	6.7	74	16.3	优二
F 优 498（CK）	2017—2018	81.3	71.0	56.7	7.2	3.0	37	4.8	1	6.3	80	22.1	普通
旌优 6139	2018	81.6	71.5	59.6	7.2	3.3	14	3.0	1	5.8	78	17.1	优三
金龙优 569	2018	81.4	72.4	57.7	7.4	3.2	9	1.0	1	6.6	77	16.5	优二
圳两优银丝	2018	80.8	71.4	63.1	7.1	3.2	7	1.1	1	5.5	78	15.3	优三
双优 575	2018	80.9	71.9	60.2	7.1	3.1	21	2.9	1	5.8	76	15.2	优三
深两优粤禾丝苗	2018	80.5	71.7	61.4	6.7	3.0	9	1.0	1	6.7	72	16.4	优二
川优 4093	2018	81.3	69.8	47.7	7.8	3.7	13	1.6	1	5.5	78	17.2	普通
B 优 3915	2018	80.3	71.0	58.7	7.8	3.6	9	1.3	1	6.7	70	15.9	优二
旌优 297	2018	80.2	71.7	62.8	6.9	3.0	10	1.2	1	4.8	77	15.4	普通
甜优 3306	2018	81.5	72.7	39.9	7.1	3.0	34	5.4	1	5.7	75	16.1	普通
荃优 6533	2018	81.5	69.3	34.0	6.8	2.5	47	4.7	2	5.5	80	17.1	普通
F 优 498（CK）	2018	81.3	71.0	56.7	7.2	3.0	37	4.8	1	6.3	80	22.1	普通

注：1. 供样单位：云南红河州农科所（2017—2018 年）、陕西汉中市农科所（2017—2018 年）、四川内江杂交水稻开发中心（2017 年）。

2. 检测单位：农业农村部稻米及制品质量监督检验测试中心。

表 8-8-1 长江上游中籼迟熟 E 组（182411NS-E）区试品种在各试验点的产量、生育期、主要性状、田间抗性等表现

品种名称/试验点	亩产（千克）	比 CK ±%	产量位次	播种期（月/日）	齐穗期（月/日）	成熟期（月/日）	全生育期（天）	有效穗（万/亩）	株高（厘米）	穗长（厘米）	总粒数/穗	实粒数/穗	结实率（%）	千粒重（克）	杂株率（%）	倒伏性	穗颈瘟	纹枯病	稻曲病	综合评级
旌优 6139																				
重庆万州区种子站	588.71	9.68	4	3/19	7/13	8/16	150	15.7	120.0	24.0	216.4	187.3	86.6	23.6	0.0	直	未发	轻	未发	A
重庆市农业科学院水稻所	696.32	7.34	1	3/15	7/12	8/12	150	17.2	130.8	27.6	214.2	194.0	90.6	25.3	0.0	直	未发	轻	—	A
重庆市涪陵区种子站	684.55	0.54	3	3/17	7/18	8/19	155	14.4	116.8	25.4	186.1	172.2	92.5	28.1	0.0	直	未发	未发	—	A
云南文山州种子站	822.56	5.00	1	4/25	8/19	9/25	153	18.9	117.4	25.8	239.7	153.1	63.9	27.0	0.8	直	未发	轻	—	B
四川省原良种试验站	646.51	9.32	2	4/11	7/30	9/2	144	14.3	124.3	26.5	210.5	178.1	84.6	26.7	0.0	直	未发	无	未发	A
四川省农业科学院水稻高粱所	565.64	11.98	1	3/14	7/2	8/1	140	11.6	133.0	27.1	221.2	208.2	94.1	24.8	0.0	直	未发	轻	未发	A
四川内江杂交水稻开发中心	616.36	7.87	3	3/20	7/15	8/16	149	13.2	129.3	28.0	190.0	162.0	85.3	27.2	0.0	直	未发	轻	未发	A
四川绵阳市农业科学院	638.33	8.26	1	4/3	7/29	8/26	145	16.9	123.1	25.0	158.7	132.8	83.7	28.5	0.0	直	未发	轻	未发	A
四川广元市种子站	580.29	3.80	3	4/10	8/7	9/18	161	13.8	120.2	25.1	168.0	154.8	92.1	26.8	0.3	直	未发	轻	无	A
四川巴中市巴州区种子站	513.30	6.58	1	4/1	7/25	8/26	147	15.0	128.4	23.9	177.6	157.8	88.9	25.8	0.0	直	无	无	未发	A
陕西汉中市农科所	707.44	4.65	5	4/9	8/5	9/7	151	22.3	126.6	25.9	166.6	153.7	92.3	28.1	0.0	直	无	轻	无	A
贵州遵义市农业科学院	706.72	2.19	3	4/13	8/13	9/18	158	15.8	123.0	26.3	220.7	168.8	76.5	27.5	0.0	直	未发	轻	未发	A
贵州省农业科学院水稻所	785.28	8.27	1	4/9	8/9	9/22	166	16.5	116.4	25.4	215.2	181.9	84.5	26.6	0.0	直	未发	无	无	A
贵州黔西南州农科所	667.50	13.43	1	4/2	8/6	9/15	166	17.3	106.5	25.0	199.7	142.8	71.5	27.2	0.0	直	未发	轻	—	A
贵州黔东南州农业科学院	639.72	-1.12	5	4/20	8/8	9/15	148	16.5	117.6	25.1	165.8	143.7	86.7	27.5	0.0	直	未发	无	未发	B

注：综合评级：A—好，B—较好，C—中等，D——般。

表 8-8-2　长江上游中籼迟熟 E 组（182411NS-E）区试品种在各试验点的产量、生育期、主要性状、田间抗性等表现

品种名称/试验点	亩产（千克）	比 CK ±%	产量位次	播种期（月/日）	齐穗期（月/日）	成熟期（月/日）	全生育期（天）	有效穗（万/亩）	株高（厘米）	穗长（厘米）	总粒数/穗	实粒数/穗	结实率（%）	千粒重（克）	杂株率（%）	倒伏性	穗颈瘟	纹枯病	稻曲病	综合评级
荃优 259																				
重庆万州区种子站	597.70	11.36	1	3/19	7/10	8/13	147	14.3	113.1	23.0	218.9	197.3	90.1	24.6	0.0	直	未发	轻	未发	A
重庆市农业科学院水稻所	656.51	1.21	7	3/15	7/10	8/9	147	17.3	110.8	25.0	191.9	179.6	93.6	25.1	0.0	直	未发	轻	—	C
重庆市涪陵区种子站	598.33	-12.12	7	3/17	7/18	8/19	155	11.8	100.8	23.2	188.6	175.4	93.0	27.2	1.0	直	未发	未发	—	C
云南文山州种子站	655.06	-16.38	12	4/25	8/18	9/22	150	17.6	106.6	23.5	259.4	160.5	61.9	27.7	0.6	直	未发	中	—	C
四川省原良种试验站	629.36	6.42	3	4/11	7/30	9/2	144	16.4	109.7	24.0	156.4	138.2	88.4	27.5	0.0	直	未发	无	未发	A
四川省农业科学院水稻高粱所	507.13	0.40	5	3/14	7/2	8/1	140	10.7	120.0	25.9	200.9	191.9	95.5	25.9	0.0	直	未发	轻	未发	B
四川内江杂交水稻开发中心	591.37	3.50	6	3/20	7/11	8/14	147	15.1	111.0	24.1	164.0	149.0	90.9	26.6	0.0	直	未发	轻	未发	B
四川绵阳市农业科学院	607.49	3.03	6	4/3	7/27	8/21	140	17.3	109.2	22.0	145.3	120.3	82.8	28.4	0.4	直	未发	轻	未发	A
四川广元市种子站	552.22	-1.23	8	4/10	8/4	9/16	159	12.4	101.5	22.4	179.5	157.1	87.5	26.9	1.3	直	未发	轻	轻	B
四川巴中市巴州区种子站	508.30	5.54	2	4/1	7/25	8/24	145	16.8	123.1	23.6	137.5	130.6	95.0	28.0	0.0	直	无	无	未发	A
陕西汉中市农科所	711.62	5.26	4	4/9	8/7	9/9	153	22.3	113.2	25.9	174.0	158.6	91.1	28.6	0.0	直	无	轻	无	A
贵州遵义市农业科学院	687.18	-0.64	6	4/13	8/12	9/17	157	14.1	109.5	24.9	248.7	171.6	69.0	27.8	0.0	直	未发	轻	未发	C
贵州省农业科学院水稻所	733.14	1.08	9	4/9	8/13	9/25	169	16.8	98.7	24.3	211.7	181.8	85.9	26.1	0.8	直	未发	轻	轻	B
贵州黔西南州农科所	650.33	10.51	2	4/2	8/3	9/11	162	17.9	84.7	22.4	177.5	129.2	72.8	28.0	0.0	直	未发	轻	—	B
贵州黔东南州农业科学院	651.13	0.64	3	4/20	8/10	9/13	146	17.0	107.4	23.6	156.9	140.7	89.7	27.6	0.6	直	未发	无	未发	B

注：综合评级：A—好，B—较好，C—中等，D——般。

表 8-8-3　长江上游中籼迟熟 E 组（182411NS-E）区试品种在各试验点的产量、生育期、主要性状、田间抗性等表现

品种名称/试验点	亩产（千克）	比 CK ±%	产量位次	播种期（月/日）	齐穗期（月/日）	成熟期（月/日）	全生育期（天）	有效穗（万/亩）	株高（厘米）	穗长（厘米）	总粒数/穗	实粒数/穗	结实率（%）	千粒重（克）	杂株率（%）	倒伏性	穗颈瘟	纹枯病	稻曲病	综合评级
金龙优 569																				
重庆万州区种子站	450.78	-16.01	12	3/19	7/9	8/12	146	13.2	108.5	23.2	155.0	132.4	85.4	27.2	0.0	直	未发	轻	未发	C
重庆市农业科学院水稻所	661.34	1.95	6	3/15	7/7	8/9	147	16.1	123.2	24.0	159.4	149.2	93.6	28.8	0.0	直	未发	轻	—	C
重庆市涪陵区种子站	596.83	-12.34	8	3/17	7/17	8/16	152	10.8	105.8	24.5	166.8	160.7	96.3	32.2	1.0	直	未发	未发	—	C
云南文山州种子站	751.41	-4.09	5	4/25	8/17	9/21	149	17.1	115.8	24.3	231.4	162.6	70.3	32.1	0.3	直	未发	中	—	B
四川省原良种试验站	586.71	-0.79	9	4/11	7/30	8/31	142	13.5	113.3	24.0	161.2	144.4	89.6	31.3	0.0	直	未发	轻	未发	B
四川省农业科学院水稻高粱所	468.12	-7.33	11	3/14	6/26	7/26	134	13.3	121.7	24.1	161.2	126.2	78.3	28.2	0.0	直	未发	轻	未发	D
四川内江杂交水稻开发中心	633.02	10.79	1	3/20	7/13	8/14	147	12.8	126.0	25.0	175.0	164.0	93.7	30.6	0.0	直	未发	轻	未发	A
四川绵阳市农业科学院	612.82	3.93	3	4/3	7/23	8/21	140	15.4	114.9	23.0	143.5	119.9	83.6	32.5	1.2	直	未发	轻	未发	A
四川广元市种子站	579.12	3.59	4	4/10	8/4	9/17	160	13.4	119.3	21.2	129.2	120.8	93.5	31.6	0.3	直	未发	轻	轻	A
四川巴中市巴州区种子站	416.94	-13.43	10	4/1	7/27	8/27	148	16.0	113.7	22.8	111.3	103.1	92.6	30.0	0.0	直	无	无	未发	D
陕西汉中市农科所	651.97	-3.56	10	4/9	8/7	9/9	153	20.6	125.6	24.7	133.2	126.2	94.7	32.4	0.0	斜	无	轻	无	C
贵州遵义市农业科学院	646.16	-6.57	8	4/13	8/14	9/17	157	13.7	124.8	25.7	212.9	148.7	69.8	31.9	0.0	直	未发	轻	未发	D
贵州省农业科学院水稻所	770.45	6.22	2	4/9	8/12	9/24	168	14.1	95.5	24.6	212.7	178.7	84.0	31.4	1.9	直	未发	轻	轻	A
贵州黔西南州农科所	588.65	0.03	8	4/2	8/5	9/12	163	15.3	104.2	24.1	176.5	126.4	71.6	30.7	0.0	直	未发	轻	—	C
贵州黔东南州农业科学院	629.30	-2.73	6	4/20	8/12	9/13	146	16.8	117.6	23.5	136.7	121.6	89.0	31.1	0.0	直	未发	轻	未发	B

注：综合评级：A—好，B—较好，C—中等，D—一般。

表 8-8-4　长江上游中籼迟熟 E 组（182411NS-E）区试品种在各试验点的产量、生育期、主要性状、田间抗性等表现

品种名称/试验点	亩产（千克）	比 CK ±%	产量位次	播种期（月/日）	齐穗期（月/日）	成熟期（月/日）	全生育期（天）	有效穗（万/亩）	株高（厘米）	穗长（厘米）	总粒数/穗	实粒数/穗	结实率（%）	千粒重（克）	杂株率（%）	倒伏性	穗颈瘟	纹枯病	稻曲病	综合评级
圳两优银丝																				
重庆万州区种子站	590.87	10.09	2	3/19	7/15	8/15	149	15.5	113.2	25.0	209.1	185.3	88.6	22.6	0.0	直	未发	轻	未发	A
重庆市农业科学院水稻所	663.34	2.26	5	3/15	7/13	8/9	147	17.8	118.6	26.3	179.8	158.2	88.0	24.9	0.0	直	未发	轻	—	C
重庆市涪陵区种子站	645.95	-5.13	5	3/17	7/24	8/20	156	14.4	106.6	22.9	174.3	147.6	84.7	26.0	0.0	直	未发	未发	—	B
云南文山州种子站	699.67	-10.69	9	4/25	8/23	9/24	152	18.9	105.2	24.3	244.9	157.4	64.3	27.0	0.6	直	未发	轻	—	A
四川省原良种试验站	648.51	9.66	1	4/11	8/2	9/3	145	16.4	112.7	25.1	176.2	151.9	86.2	27.4	0.0	直	未发	无	未发	A
四川省农业科学院水稻高粱所	505.46	0.07	6	3/14	7/3	8/2	141	11.3	119.7	24.3	192.1	180.9	94.2	25.3	0.0	直	未发	轻	未发	B
四川内江杂交水稻开发中心	609.70	6.71	4	3/20	7/14	8/15	148	12.9	121.7	25.1	173.0	157.0	90.8	27.8	0.0	直	未发	轻	未发	A
四川绵阳市农业科学院	631.99	7.18	2	4/3	7/31	8/25	144	15.8	115.4	22.4	151.3	128.4	84.9	29.2	0.0	直	未发	中	未发	A
四川广元市种子站	581.96	4.09	2	4/10	8/9	9/17	160	14.9	109.2	21.8	147.7	141.5	95.8	27.2	0.3	直	未发	轻	轻	A
四川巴中市巴州区种子站	496.63	3.12	3	4/1	7/27	8/28	149	17.8	121.3	23.8	128.6	114.6	89.1	28.4	0.0	直	无	无	未发	A
陕西汉中市农科所	717.30	6.10	1	4/9	8/9	9/11	155	20.5	116.5	23.9	155.7	145.1	93.2	27.6	0.0	直	无	轻	轻	A
贵州遵义市农业科学院	716.16	3.55	2	4/13	8/14	9/19	159	14.8	115.2	25.0	279.0	194.3	69.6	26.3	0.0	直	未发	轻	未发	A
贵州省农业科学院水稻所	762.96	5.19	3	4/9	8/13	9/24	168	16.0	105.3	24.3	214.2	179.9	84.0	27.3	0.0	直	未发	轻	中	A
贵州黔西南州农科所	624.16	6.06	4	4/2	8/7	9/15	166	17.8	102.4	24.6	182.7	128.6	70.4	27.5	0.0	直	未发	轻	—	B
贵州黔东南州农业科学院	677.75	4.75	1	4/20	8/13	9/15	148	16.1	108.4	24.2	171.0	150.9	88.2	28.1	0.0	直	未发	无	未发	A

注：综合评级：A—好，B—较好，C—中等，D——一般。

表 8-8-5　长江上游中籼迟熟 E 组（182411NS-E）区试品种在各试验点的产量、生育期、主要性状、田间抗性等表现

品种名称/试验点	亩产（千克）	比 CK ±%	产量位次	播种期（月/日）	齐穗期（月/日）	成熟期（月/日）	全生育期（天）	有效穗（万/亩）	株高（厘米）	穗长（厘米）	总粒数/穗	实粒数/穗	结实率（%）	千粒重（克）	杂株率（%）	倒伏性	穗颈瘟	纹枯病	稻曲病	综合评级
双优 575																				
重庆万州区种子站	534.74	-0.37	8	3/19	7/11	8/14	148	14.1	114.7	24.3	195.6	174.5	89.2	25.6	0.0	直	未发	中	未发	B
重庆市农业科学院水稻所	679.33	4.73	3	3/15	7/10	8/9	147	14.3	125.0	26.5	184.5	175.2	95.0	28.8	0.0	直	未发	轻	—	B
重庆市涪陵区种子站	618.72	-9.13	6	3/17	7/17	8/18	154	10.8	114.0	25.1	190.9	183.2	96.0	30.4	1.0	直	未发	未发	—	B
云南文山州种子站	802.99	2.50	2	4/25	8/18	9/20	148	15.7	108.0	24.9	262.8	193.8	73.7	30.0	0.0	直	未发	中	—	A
四川省原良种试验站	608.53	2.90	5	4/11	7/30	9/1	143	12.3	116.3	26.4	190.0	175.7	92.5	29.8	0.0	直	未发	无	未发	A
四川省农业科学院水稻高粱所	556.98	10.26	2	3/14	6/30	7/30	138	10.3	122.0	27.1	237.8	220.5	92.7	27.6	0.0	直	未发	轻	未发	A
四川内江杂交水稻开发中心	581.38	1.75	8	3/20	7/13	8/16	149	13.3	129.7	27.7	164.0	145.0	88.4	29.4	0.0	直	未发	轻	未发	C
四川绵阳市农业科学院	597.65	1.36	7	4/3	7/27	8/25	144	15.4	123.0	23.3	141.7	125.3	88.4	32.1	0.0	直	未发	轻	未发	B
四川广元市种子站	585.97	4.81	1	4/10	8/7	9/15	158	14.2	124.1	21.9	172.8	157.8	91.3	29.1	0.7	直	未发	轻	中	A
四川巴中市巴州区种子站	442.45	-8.13	9	4/1	7/24	8/24	145	16.3	119.6	23.4	175.5	138.1	78.7	27.2	0.0	直	无	无	未发	C
陕西汉中市农科所	672.02	-0.59	7	4/9	8/7	9/9	153	19.1	124.3	26.0	178.5	161.3	90.4	30.6	0.0	直	无	轻	轻	B
贵州遵义市农业科学院	737.49	6.64	1	4/13	8/12	9/19	159	13.6	122.8	26.6	264.4	187.9	71.1	30.2	0.0	直	未发	轻	未发	A
贵州省农业科学院水稻所	750.13	3.42	5	4/9	8/13	9/24	168	14.6	112.6	26.1	212.8	177.5	83.4	30.2	1.9	直	未发	轻	轻	B
贵州黔西南州农科所	618.66	5.13	6	4/2	8/2	9/11	162	15.4	99.3	24.4	190.7	136.1	71.4	29.9	0.0	直	未发	轻	—	C
贵州黔东南州农业科学院	613.26	-5.21	9	4/20	8/7	9/12	145	14.8	120.0	23.9	154.6	138.2	89.4	30.5	0.0	直	未发	无	未发	C

注：综合评级：A—好，B—较好，C—中等，D——一般。

表 8-8-6　长江上游中籼迟熟 E 组（182411NS-E）区试品种在各试验点的产量、生育期、主要性状、田间抗性等表现

品种名称/试验点	亩产（千克）	比 CK ±%	产量位次	播种期（月/日）	齐穗期（月/日）	成熟期（月/日）	全生育期（天）	有效穗（万/亩）	株高（厘米）	穗长（厘米）	总粒数/穗	实粒数/穗	结实率（%）	千粒重（克）	杂株率（%）	倒伏性	穗颈瘟	纹枯病	稻曲病	综合评级
深两优粤禾丝苗																				
重庆万州区种子站	487.76	-9.12	11	3/19	7/14	8/13	147	15.9	99.5	25.6	181.6	159.0	87.6	22.0	0.0	直	未发	轻	未发	C
重庆市农业科学院水稻所	649.68	0.15	8	3/15	7/13	8/9	147	17.0	114.2	24.3	182.4	168.8	92.5	25.3	0.0	直	未发	轻	—	C
重庆市涪陵区种子站	548.21	-19.48	12	3/17	7/24	8/20	156	14.0	99.4	23.7	174.0	160.4	92.2	23.1	0.0	直	未发	未发	—	D
云南文山州种子站	773.64	-1.25	4	4/25	8/23	9/23	151	16.2	94.8	22.9	260.8	170.8	65.5	25.0	0.0	直	未发	轻	—	B
四川省原良种试验站	608.03	2.82	6	4/11	8/2	9/1	143	13.6	105.0	25.5	199.0	179.3	90.1	24.6	0.0	直	未发	无	未发	A
四川省农业科学院水稻高粱所	485.79	-3.83	8	3/14	7/2	8/1	140	11.5	108.7	24.9	200.9	192.1	95.6	22.7	0.0	直	未发	轻	未发	C
四川内江杂交水稻开发中心	589.71	3.21	7	3/20	7/18	8/16	149	14.3	88.7	22.4	163.0	153.0	93.9	24.6	0.0	直	未发	轻	未发	C
四川绵阳市农业科学院	610.32	3.51	5	4/3	7/31	8/26	145	18.4	103.5	22.8	154.5	131.2	84.9	25.6	0.0	直	未发	轻	未发	A
四川广元市种子站	512.12	-8.40	11	4/10	8/7	9/11	154	15.8	103.3	23.6	154.2	143.4	93.0	24.2	1.0	直	未发	轻	中	B
四川巴中市巴州区种子站	488.12	1.35	4	4/1	7/26	8/25	146	12.2	111.2	23.7	174.9	152.6	87.2	23.5	0.0	直	无	无	未发	A
陕西汉中市农科所	715.29	5.81	2	4/9	8/8	9/10	154	19.9	111.7	23.9	171.1	152.9	89.4	25.3	0.0	直	无	轻	轻	A
贵州遵义市农业科学院	640.30	-7.42	9	4/13	8/12	9/17	157	13.3	109.3	25.2	260.2	209.0	80.3	24.3	0.0	直	轻	轻	未发	D
贵州省农业科学院水稻所	737.63	1.70	8	4/9	8/13	9/24	168	17.4	97.4	23.3	209.8	177.2	84.5	24.4	1.5	直	未发	无	轻	B
贵州黔西南州农科所	614.82	4.48	7	4/2	8/6	9/13	164	17.9	93.8	22.3	177.9	138.2	77.7	25.2	0.0	直	未发	轻	—	C
贵州黔东南州农业科学院	671.80	3.83	2	4/20	8/10	9/11	144	14.5	100.6	22.6	190.3	176.6	92.8	26.2	1.2	直	未发	无	未发	A

注：综合评级：A—好，B—较好，C—中等，D—一般。

表 8-8-7　长江上游中籼迟熟 E 组（182411NS-E）区试品种在各试验点的产量、生育期、主要性状、田间抗性等表现

品种名称/试验点	亩产（千克）	比 CK ±%	产量位次	播种期（月/日）	齐穗期（月/日）	成熟期（月/日）	全生育期（天）	有效穗（万/亩）	株高（厘米）	穗长（厘米）	总粒数/穗	实粒数/穗	结实率（%）	千粒重（克）	杂株率（%）	倒伏性	穗颈瘟	纹枯病	稻曲病	综合评级
F 优 498（CK）																				
重庆万州区种子站	536.73	0.00	7	3/19	7/9	8/10	144	14.2	109.4	27.9	171.0	153.8	89.9	26.0	0.0	直	未发	轻	未发	B
重庆市农业科学院水稻所	648.68	0.00	9	3/15	7/7	8/6	144	12.3	125.6	26.8	224.4	204.5	91.1	30.0	0.0	直	未发	轻	—	C
重庆市涪陵区种子站	680.87	0.00	4	3/17	7/21	8/16	152	11.9	113.6	25.4	184.3	166.7	90.5	30.2	1.0	直	未发	未发	—	B
云南文山州种子站	783.42	0.00	3	4/25	8/18	9/21	149	16.9	110.2	27.1	269.0	189.9	70.6	29.0	0.3	直	未发	轻	—	B
四川省原良种试验站	591.37	0.00	7	4/11	7/30	9/1	143	12.1	118.3	26.3	197.4	168.2	85.2	31.2	0.0	直	未发	无	未发	B
四川省农业科学院水稻高粱所	505.13	0.00	7	3/14	7/1	7/31	139	10.1	116.0	27.9	217.9	197.9	90.8	28.7	0.0	直	未发	轻	未发	B
四川内江杂交水稻开发中心	571.38	0.00	9	3/20	7/12	8/13	146	13.5	137.0	28.6	184.0	155.0	84.2	28.4	0.0	直	未发	轻	未发	C
四川绵阳市农业科学院	589.65	0.00	8	4/3	7/26	8/24	143	14.2	116.7	25.1	154.5	131.9	85.4	32.3	0.0	直	未发	轻	未发	B
四川广元市种子站	559.07	0.00	7	4/10	8/4	9/14	157	13.2	113.1	24.8	159.4	140.2	88.0	31.1	0.3	直	未发	轻	无	B
四川巴中市巴州区种子站	481.62	0.00	5	4/1	7/26	8/25	146	14.2	115.6	25.0	151.6	138.4	91.3	28.6	0.0	直	无	无	未发	A
陕西汉中市农科所	676.03	0.00	6	4/9	8/4	9/6	150	17.8	124.5	27.2	167.5	150.9	90.1	31.3	0.0	斜	轻	轻	轻	C
贵州遵义市农业科学院	691.58	0.00	5	4/13	8/12	9/18	158	13.9	122.0	28.1	243.6	169.7	69.7	30.7	0.0	直	未发	轻	未发	B
贵州省农业科学院水稻所	725.31	0.00	10	4/9	8/9	9/22	166	14.7	113.5	26.2	208.3	176.5	84.7	29.5	1.1	直	未发	轻	无	C
贵州黔西南州农科所	588.48	0.00	9	4/2	7/31	9/12	163	13.6	101.8	27.7	209.8	142.8	68.1	30.6	0.0	直	未发	轻	—	C
贵州黔东南州农业科学院	646.99	0.00	4	4/20	8/6	9/11	144	14.2	117.8	25.2	160.3	144.6	90.2	31.6	0.0	直	未发	无	未发	B

注：综合评级：A—好，B—较好，C—中等，D——般。

表 8-8-8　长江上游中籼迟熟 E 组（182411NS-E）区试品种在各试验点的产量、生育期、主要性状、田间抗性等表现

品种名称/试验点	亩产（千克）	比 CK ±%	产量位次	播种期（月/日）	齐穗期（月/日）	成熟期（月/日）	全生育期（天）	有效穗（万/亩）	株高（厘米）	穗长（厘米）	总粒数/穗	实粒数/穗	结实率（%）	千粒重（克）	杂株率（%）	倒伏性	穗颈瘟	纹枯病	稻曲病	综合评级
川优 4093																				
重庆万州区种子站	509.41	-5.09	9	3/19	7/12	8/13	147	14.8	111.1	25.0	175.6	151.2	86.1	25.8	0.0	直	未发	轻	未发	C
重庆市农业科学院水稻所	628.52	-3.11	11	3/15	7/11	8/9	147	15.0	131.8	30.4	201.3	171.9	85.4	28.0	0.0	直	未发	轻	—	D
重庆市涪陵区种子站	718.47	5.52	1	3/17	7/17	8/16	152	13.9	116.6	24.6	161.8	141.4	87.4	30.1	0.0	直	未发	未发	—	A
云南文山州种子站	708.79	-9.53	8	4/25	8/18	9/20	148	17.6	119.4	27.1	196.0	120.0	61.2	32.5	0.8	直	未发	重	—	B
四川省原良种试验站	589.04	-0.39	8	4/11	7/30	9/2	144	14.9	120.3	25.8	150.4	129.3	86.0	30.6	0.0	直	未发	轻	未发	B
四川省农业科学院水稻高粱所	539.97	6.90	3	3/14	6/28	7/28	136	10.5	123.0	24.6	206.6	187.8	90.9	29.5	0.0	直	未发	轻	未发	A
四川内江杂交水稻开发中心	551.39	-3.50	10	3/20	7/14	8/14	147	12.0	133.0	28.6	178.0	144.0	80.9	30.0	0.0	直	未发	轻	未发	C
四川绵阳市农业科学院	582.98	-1.13	9	4/3	7/28	8/25	144	16.1	123.3	25.8	138.5	113.6	82.0	30.9	0.0	直	未发	轻	未发	B
四川广元市种子站	531.16	-4.99	9	4/10	8/5	9/18	161	15.3	110.5	23.9	148.1	125.1	84.5	29.1	0.7	直	未发	轻	无	B
四川巴中市巴州区种子站	336.75	-30.08	12	4/1	7/26	8/27	148	17.3	111.0	25.0	146.0	117.5	80.5	25.4	0.0	直	无	无	未发	D
陕西汉中市农科所	642.94	-4.89	11	4/9	8/5	9/7	151	18.9	129.7	28.8	173.7	160.9	92.6	31.1	1.2	倒	无	轻	无	D
贵州遵义市农业科学院	619.29	-10.45	11	4/13	8/12	9/17	157	14.4	124.8	27.8	191.3	147.5	77.1	30.4	0.0	直	未发	轻	未发	D
贵州省农业科学院水稻所	711.48	-1.91	11	4/9	8/5	9/18	162	15.1	104.1	26.4	212.0	159.7	75.3	30.5	0.8	直	未发	无	无	C
贵州黔西南州农科所	502.63	-14.59	12	4/2	7/31	9/9	160	16.1	103.0	26.8	168.2	110.6	65.8	28.7	0.0	直	未发	轻	—	D
贵州黔东南州农业科学院	618.89	-4.34	8	4/20	8/1	9/9	142	16.4	116.6	25.8	153.6	127.8	83.2	29.8	0.0	直	未发	轻	未发	C

注：综合评级：A—好，B—较好，C—中等，D—一般。

表 8-8-9　长江上游中籼迟熟 E 组（182411NS-E）区试品种在各试验点的产量、生育期、主要性状、田间抗性等表现

品种名称/试验点	亩产（千克）	比CK ±%	产量位次	播种期（月/日）	齐穗期（月/日）	成熟期（月/日）	全生育期（天）	有效穗（万/亩）	株高（厘米）	穗长（厘米）	总粒数/穗	实粒数/穗	结实率（%）	千粒重（克）	杂株率（%）	倒伏性	穗颈瘟	纹枯病	稻曲病	综合评级
B 优 3915																				
重庆万州区种子站	494.76	-7.82	10	3/19	7/8	8/11	145	13.5	110.4	25.5	177.7	154.1	86.7	26.6	0.0	直	未发	轻	未发	C
重庆市农业科学院水稻所	603.03	-7.04	12	3/15	6/30	8/6	144	15.4	128.8	23.9	174.3	153.8	88.2	26.9	0.5	直	未发	轻	—	D
重庆市涪陵区种子站	569.76	-16.32	11	3/17	7/16	8/16	152	14.1	106.6	23.5	148.7	134.1	90.2	30.4	1.0	直	未发	未发	—	D
云南文山州种子站	685.08	-12.55	10	4/25	8/15	9/19	147	14.6	109.4	25.3	197.7	159.6	80.7	28.0	1.1	直	未发	中	—	B
四川省原良种试验站	536.23	-9.32	12	4/11	7/27	9/1	143	16.0	117.3	23.8	139.9	120.5	86.1	30.1	0.0	直	未发	无	未发	C
四川省农业科学院水稻高粱所	525.30	3.99	4	3/14	6/29	7/29	137	11.3	131.0	26.9	202.5	178.6	88.2	27.6	0.0	直	未发	轻	未发	A
四川内江杂交水稻开发中心	516.41	-9.62	12	3/20	7/12	8/13	146	13.3	134.0	25.9	151.0	130.0	86.1	30.1	0.0	直	未发	轻	未发	D
四川绵阳市农业科学院	525.63	-10.86	12	4/3	7/27	8/24	143	17.1	118.7	24.2	134.9	109.1	80.9	30.1	0.0	直	未发	轻	未发	D
四川广元市种子站	517.46	-7.44	10	4/10	8/4	9/13	156	12.0	110.2	23.0	171.4	151.4	88.3	30.2	1.0	直	未发	轻	无	B
四川巴中市巴州区种子站	462.78	-3.91	7	4/1	7/26	8/26	147	15.5	117.8	23.6	151.2	127.4	84.3	27.4	0.0	直	无	无	未发	B
陕西汉中市农科所	636.26	-5.88	12	4/9	8/3	10/5	179	21.3	125.6	25.9	151.9	144.0	94.8	30.7	0.0	倒	无	轻	无	D
贵州遵义市农业科学院	619.78	-10.38	10	4/13	8/10	9/17	157	15.3	117.7	24.8	196.7	146.0	74.2	30.5	0.0	直	未发	轻	未发	D
贵州省农业科学院水稻所	741.13	2.18	6	4/9	8/2	9/16	160	16.3	109.5	26.9	197.3	162.5	82.4	29.2	0.0	直	未发	轻	无	B
贵州黔西南州农科所	585.15	-0.57	10	4/2	7/30	9/9	160	15.7	96.8	23.6	179.3	127.9	71.3	28.6	0.0	直	未发	轻	—	C
贵州黔东南州农业科学院	591.93	-8.51	11	4/20	8/3	9/10	143	13.8	115.5	24.6	164.2	147.5	89.8	29.0	0.0	直	未发	轻	未发	D

注：综合评级：A—好，B—较好，C—中等，D——一般。

表 8-8-10　长江上游中籼迟熟 E 组（182411NS-E）区试品种在各试验点的产量、生育期、主要性状、田间抗性等表现

品种名称/试验点	亩产（千克）	比CK ±%	产量位次	播种期（月/日）	齐穗期（月/日）	成熟期（月/日）	全生育期（天）	有效穗（万/亩）	株高（厘米）	穗长（厘米）	总粒数/穗	实粒数/穗	结实率（%）	千粒重（克）	杂株率（%）	倒伏性	穗颈瘟	纹枯病	稻曲病	综合评级
旌优 297																				
重庆万州区种子站	572.72	6.70	5	3/19	7/12	8/16	150	15.4	115.0	25.0	194.7	162.2	83.3	25.5	0.0	直	未发	轻	未发	A
重庆市农业科学院水稻所	643.02	-0.87	10	3/15	7/13	8/12	150	15.8	127.4	30.2	210.1	186.1	88.6	25.5	0.5	直	未发	轻	—	C
重庆市涪陵区种子站	586.30	-13.89	9	3/17	7/21	8/19	155	11.9	114.0	24.6	179.6	159.0	88.5	27.3	1.0	直	未发	未发	—	D
云南文山州种子站	744.12	-5.02	6	4/25	8/19	9/22	150	19.3	114.6	25.6	216.5	169.5	78.3	27.0	0.8	直	未发	中	—	A
四川省原良种试验站	585.54	-0.99	10	4/11	8/2	9/1	143	15.1	123.7	29.7	198.0	151.1	76.3	28.0	0.0	直	未发	轻	未发	B
四川省农业科学院水稻高粱所	458.78	-9.18	12	3/14	7/4	8/3	142	11.9	124.7	27.4	185.1	157.6	85.1	25.6	0.0	直	未发	轻	未发	D
四川内江杂交水稻开发中心	594.71	4.08	5	3/20	7/13	8/16	149	14.5	134.3	29.0	169.0	136.0	80.5	28.3	0.0	直	未发	轻	未发	B
四川绵阳市农业科学院	528.47	-10.38	11	4/3	7/27	8/25	144	16.8	117.7	23.1	134.2	106.6	79.4	28.8	3.6	直	未发	轻	未发	D
四川广元市种子站	503.09	-10.01	12	4/10	8/6	9/14	157	14.2	116.1	22.4	152.6	132.2	86.6	27.1	1.0	直	未发	轻	轻	B
四川巴中市巴州区种子站	460.28	-4.43	8	4/1	7/26	8/25	146	16.3	132.3	26.4	181.6	141.8	78.1	25.6	0.0	直	无	无	未发	B
陕西汉中市农科所	668.51	-1.11	8	4/9	8/7	9/9	153	24.6	122.2	25.5	139.7	128.0	91.6	27.9	0.0	直	轻	轻	无	C
贵州遵义市农业科学院	701.67	1.46	4	4/13	8/11	9/17	157	14.3	119.8	27.0	251.2	175.7	69.9	27.7	0.0	直	未发	轻	未发	B
贵州省农业科学院水稻所	761.12	4.94	4	4/9	8/9	9/22	166	16.0	115.0	26.8	213.1	179.5	84.2	27.8	1.5	直	未发	轻	无	A
贵州黔西南州农科所	649.50	10.37	3	4/2	8/4	9/12	163	15.9	101.4	25.0	208.4	145.3	69.7	28.3	0.0	直	未发	轻	—	B
贵州黔东南州农业科学院	595.74	-7.92	10	4/20	8/7	9/12	145	15.9	116.9	25.8	155.0	134.0	86.5	28.2	0.0	直	未发	无	未发	C

注：综合评级：A—好，B—较好，C—中等，D——般。

表 8-8-11　长江上游中籼迟熟 E 组（182411NS-E）区试品种在各试验点的产量、生育期、主要性状、田间抗性等表现

品种名称/试验点	亩产（千克）	比 CK ±%	产量位次	播种期（月/日）	齐穗期（月/日）	成熟期（月/日）	全生育期（天）	有效穗（万/亩）	株高（厘米）	穗长（厘米）	总粒数/穗	实粒数/穗	结实率（%）	千粒重（克）	杂株率（%）	倒伏性	穗颈瘟	纹枯病	稻曲病	综合评级
甜优 3306																				
重庆万州区种子站	589.71	9.87	3	3/19	7/16	8/12	146	14.4	103.2	25.1	190.2	171.0	89.9	27.0	0.0	直	未发	轻	未发	A
重庆市农业科学院水稻所	687.99	6.06	2	3/15	7/8	8/9	147	14.3	118.4	26.8	191.8	173.0	90.2	29.1	0.0	直	未发	轻	—	A
重庆市涪陵区种子站	585.47	-14.01	10	3/17	7/16	8/15	151	11.0	103.2	24.6	163.1	152.6	93.6	33.4	0.0	直	未发	未发	—	D
云南文山州种子站	710.78	-9.27	7	4/25	8/18	9/21	149	13.5	105.8	25.2	248.1	159.1	64.1	30.5	1.4	直	未发	中	—	B
四川省原良种试验站	610.20	3.18	4	4/11	7/27	8/31	142	15.0	110.3	24.8	174.4	144.1	82.6	30.2	0.0	直	未发	轻	未发	A
四川省农业科学院水稻高粱所	485.12	-3.96	9	3/14	6/27	7/28	136	11.3	110.3	24.6	165.4	141.0	85.2	31.2	0.0	直	未发	轻	未发	C
四川内江杂交水稻开发中心	618.03	8.16	2	3/20	7/13	8/12	145	12.6	111.7	26.8	191.0	159.0	83.2	31.3	0.0	直	未发	轻	未发	A
四川绵阳市农业科学院	610.66	3.56	4	4/3	7/27	8/23	142	16.4	112.4	24.0	138.5	113.6	82.0	32.8	0.0	直	未发	轻	未发	A
四川广元市种子站	567.92	1.58	6	4/10	8/1	9/13	156	14.8	100.3	23.6	133.4	120.8	90.6	32.7	0.7	直	未发	轻	无	A
四川巴中市巴州区种子站	466.29	-3.18	6	4/1	7/25	8/24	145	17.8	101.6	24.7	126.8	117.3	92.5	27.4	0.0	直	无	无	未发	B
陕西汉中市农科所	712.45	5.39	3	4/9	8/5	9/7	151	23.5	116.3	23.9	119.9	114.8	95.7	32.1	0.0	直	无	轻	无	A
贵州遵义市农业科学院	612.13	-11.49	12	4/13	8/8	9/15	155	13.2	115.3	26.2	182.9	141.7	77.5	32.7	0.0	直	未发	轻	未发	D
贵州省农业科学院水稻所	675.83	-6.82	12	4/9	8/2	9/14	158	14.9	96.5	25.8	197.8	149.3	75.5	31.7	0.0	直	未发	轻	无	D
贵州黔西南州农科所	622.49	5.78	5	4/2	7/30	9/10	161	15.5	97.9	24.2	184.8	130.7	70.7	31.0	0.0	直	未发	轻	—	C
贵州黔东南州农业科学院	625.33	-3.35	7	4/20	8/2	9/10	143	15.5	111.2	23.9	137.3	125.0	91.0	32.5	0.4	直	未发	无	未发	C

注：综合评级：A—好，B—较好，C—中等，D——般。

表 8-8-12　长江上游中籼迟熟 E 组（182411NS-E）区试品种在各试验点的产量、生育期、主要性状、田间抗性等表现

品种名称/试验点	亩产（千克）	比CK ±%	产量位次	播种期（月/日）	齐穗期（月/日）	成熟期（月/日）	全生育期（天）	有效穗（万/亩）	株高（厘米）	穗长（厘米）	总粒数/穗	实粒数/穗	结实率（%）	千粒重（克）	杂株率（%）	倒伏性	穗颈瘟	纹枯病	稻曲病	综合评级
荃优 6533																				
重庆万州区种子站	540.73	0.75	6	3/19	7/11	8/14	148	13.5	112.0	24.0	150.2	126.5	84.2	34.0	0.0	直	未发	轻	未发	B
重庆市农业科学院水稻所	670.50	3.36	4	3/15	7/12	8/12	150	15.7	125.4	27.1	181.1	157.4	86.9	28.7	0.5	直	未发	轻	—	B
重庆市涪陵区种子站	687.89	1.03	2	3/17	7/16	8/16	152	12.6	107.6	24.9	156.3	146.9	94.0	34.0	1.0	直	未发	轻	—	A
云南文山州种子站	660.37	-15.71	11	4/25	8/19	9/23	151	17.5	113.0	25.1	216.9	134.8	62.1	33.0	0.6	直	未发	中	—	B
四川省原良种试验站	584.38	-1.18	11	4/11	7/30	9/2	144	12.1	117.7	25.8	199.7	162.6	81.4	31.8	0.0	直	未发	无	未发	B
四川省农业科学院水稻高粱所	471.45	-6.67	10	3/14	7/2	8/1	140	9.5	133.0	26.3	205.9	180.5	87.7	31.5	0.0	直	未发	轻	未发	D
四川内江杂交水稻开发中心	539.73	-5.54	11	3/20	7/13	8/14	147	12.2	121.3	26.8	190.0	152.0	80.0	31.0	0.0	直	未发	轻	未发	D
四川绵阳市农业科学院	574.31	-2.60	10	4/3	7/30	8/25	144	14.5	114.0	22.2	142.2	112.5	79.1	34.1	0.0	直	未发	轻	未发	C
四川广元市种子站	569.59	1.88	5	4/10	8/5	9/16	159	15.2	112.1	23.8	148.1	121.7	82.2	31.8	0.3	直	未发	轻	无	A
四川巴中市巴州区种子站	403.10	-16.30	11	4/1	7/26	8/25	146	15.1	122.2	24.9	149.0	113.8	76.4	31.7	0.0	直	无	无	未发	C
陕西汉中市农科所	667.51	-1.26	9	4/9	8/9	9/11	155	21.5	122.8	23.6	141.8	135.0	95.2	34.7	0.0	直	无	轻	无	B
贵州遵义市农业科学院	669.60	-3.18	7	4/13	8/16	9/20	160	13.7	124.0	25.2	212.5	134.8	63.4	36.5	0.0	直	未发	轻	未发	C
贵州省农业科学院水稻所	739.97	2.02	7	4/9	8/14	9/26	170	14.5	116.3	24.8	192.6	163.1	84.7	32.6	0.8	直	未发	轻	中	B
贵州黔西南州农科所	562.64	-4.39	11	4/2	8/5	9/13	164	14.2	112.6	24.8	180.2	115.4	64.0	34.7	0.0	直	未发	轻	—	C
贵州黔东南州农业科学院	571.76	-11.63	12	4/20	8/11	9/14	147	14.6	119.5	22.8	142.2	120.5	84.7	33.5	0.0	直	未发	无	未发	D

注：综合评级：A—好，B—较好，C—中等，D——一般。

表 8-9-1 长江上游中籼迟熟 E 组生产试验（182411NS-E-S）品种在各试验点的产量、生育期、主要特征、田间抗性表现

品种名称/试验点	亩产（千克）	比 CK ±%	播种期（月/日）	齐穗期（月/日）	成熟期（月/日）	全生育期(天)	耐寒性	整齐度	杂株率（%）	株型	叶色	叶姿	长势	熟期转色	倒伏性	落粒性	叶瘟	穗颈瘟	纹枯病	稻曲病
荃优 259																				
四川巴中市巴州区种子站	615.41	6.32	4/1	7/23	8/24	145	未发	整齐	0.0	适中	绿	挺直	繁茂	好	直	—	无	无	无	未发
四川宜宾市农业科学院	609.39	2.63	3/14	7/4	8/2	141	未发	整齐	0.0	适中	绿	挺直	一般	好	直	中	未发	未发	未发	无
四川宣汉县种子站	648.58	2.39	3/25	7/20	8/25	153	未发	整齐	0.0	适中	绿	挺直	繁茂	好	直	中	未发	轻	未发	—
重庆南川区种子站	630.29	12.57	3/26	7/25	9/1	159	强	整齐	0.3	紧束	绿	挺直	繁茂	好	直	易	未发	未发	无	—
重庆潼南区种子站	560.57	0.72	3/15	7/4	8/3	141	强	整齐	0.0	适中	绿	挺直	繁茂	好	直	易	未发	未发	中	未发
川 345 优 2115																				
四川巴中市巴州区种子站	614.01	6.08	4/1	7/25	8/26	147	未发	整齐	0.0	适中	浓绿	一般	繁茂	好	直	—	无	无	轻	未发
四川宜宾市农业科学院	624.75	5.22	3/14	7/3	8/1	140	未发	整齐	0.0	紧束	绿	挺直	一般	中	直	中	未发	未发	未发	无
四川宣汉县种子站	637.83	0.69	3/25	7/23	8/28	156	未发	整齐	0.2	适中	浓绿	挺直	繁茂	好	直	中	未发	未发	未发	—
重庆南川区种子站	584.71	4.43	3/26	7/26	9/2	160	强	整齐	0.5	紧束	绿	挺直	繁茂	好	直	易	未发	未发	轻	—
重庆潼南区种子站	562.57	1.08	3/15	7/6	8/5	143	强	整齐	0.2	紧束	绿	挺直	繁茂	好	直	易	未发	未发	中	未发

表 8-9-2　长江上游中籼迟熟 E 组生产试验（182411NS-E-S）品种在各试验点的产量、生育期、主要特征、田间抗性表现

品种名称/试验点	亩产（千克）	比 CK ±%	播种期（月/日）	齐穗期（月/日）	成熟期（月/日）	全生育期(天)	耐寒性	整齐度	杂株率（%）	株型	叶色	叶姿	长势	熟期转色	倒伏性	落粒性	叶瘟	穗颈瘟	纹枯病	稻曲病
湘两优 143																				
四川巴中市巴州区种子站	610.61	5.49	4/1	7/25	8/25	146	未发	整齐	0.0	适中	绿	挺直	繁茂	好	直	—	无	无	无	未发
四川宜宾市农业科学院	642.59	8.23	3/14	7/2	7/31	139	未发	整齐	0.0	适中	浓绿	挺直	一般	好	直	中	未发	未发	未发	无
四川宣汉县种子站	682.40	7.73	3/25	7/22	8/27	155	未发	整齐	0.0	适中	浓绿	挺直	繁茂	好	直	中	未发	未发	未发	—
重庆南川区种子站	624.69	11.57	3/26	7/25	9/5	163	强	整齐	0.4	适中	绿	挺直	繁茂	好	直	易	未发	未发	无	—
重庆潼南区种子站	595.97	7.08	3/15	7/3	8/2	140	强	整齐	0.0	紧束	绿	挺直	繁茂	好	直	易	未发	未发	轻	未发
F 优 498（CK）																				
四川巴中市巴州区种子站	578.81	0.00	4/1	7/23	8/24	145	未发	整齐	0.0	适中	绿	披垂	繁茂	好	直	—	无	无	无	未发
四川宜宾市农业科学院	593.75	0.00	3/14	7/3	8/1	140	未发	整齐	0.0	适中	浓绿	一般	一般	中	直	中	未发	未发	未发	轻
四川宣汉县种子站	633.43	0.00	3/25	7/21	8/26	154	未发	整齐	0.0	适中	浓绿	挺直	繁茂	好	直	中	未发	重	未发	—
重庆南川区种子站	559.92	0.00	3/26	7/25	9/4	162	强	整齐	0.8	适中	绿	挺直	繁茂	好	直	易	未发	轻	无	—
重庆潼南区种子站	556.57	0.00	3/15	6/30	7/30	137	强	整齐	0.0	适中	绿	一般	繁茂	好	直	易	未发	未发	中	未发

第九章　2018 年长江上游中籼迟熟 F 组国家水稻品种试验汇总报告

一、试验概况

（一）试验目的

鉴定评价我国长江上游稻区新选育和引进的中籼迟熟新品种（组合，下同）的丰产性、稳产性、适应性、抗性、米质及其他重要性状表现，为国家水稻品种审定提供科学依据。

（二）参试品种

区试品种 11 个，甜香优 698、赣 73 优明占、川优 1787、花优 33 等 4 个为续试品种，其他为新参试品种，以 F 优 498（CK）为对照；生产试验品种 1 个，也以 F 优 498（CK）为对照。品种名称、类型、亲本组合、选育/供种单位见表 9-1。

（三）承试单位

区试点 17 个，生产试验点 8 个，分布在贵州、陕西、四川、云南和重庆 5 个省市。承试单位、试验地点、经纬度、海拔高度、试验负责人及执行人见表 9-2。

（四）试验设计、栽培管理与观察记载

各试验点均按《2018 年南方稻区国家水稻品种试验实施方案》及 NY/T 1300—2007《农作物品种区域试验技术规范　水稻》进行试验。

区试采用完全随机区组排列，3 次重复，小区面积 0.02 亩。生产试验采用大区随机排列，不设重复，大区面积 0.5 亩。

分区试、生产试验，同组试验所有品种同期播种、移栽，施肥水平中等偏上，其他栽培管理措施与当地大田生产相同。

观察记载项目与标准按 NY/T 1300—2007《农作物品种区域试验技术规范　水稻》以及《国家水稻品种试验观察记载项目、方法及标准》《南方稻区国家水稻品种区试及生产试验记载表》等的要求执行。

（五）特性鉴定

抗性鉴定：四川省农业科学院植保所、重庆涪陵区农科所和贵州湄潭县农业局植保站负责稻瘟病抗性鉴定，鉴定采用人工接菌与病区自然诱发相结合；中国水稻研究所稻作发展中心负责稻飞虱抗性鉴定。鉴定种子由中国水稻研究所试验点统一提供，鉴定结果由四川省农业科学院植保所负责汇总。湖北恩施州农业科学院和华中农业大学植科院分别负责生产试验品种的耐冷性和耐热性鉴定。

米质分析：由陕西汉中市农科所、云南红河州农科所和四川内江杂交水稻科技开发中心试验点提供样品，农业农村部稻米及制品质量监督检验测试中心负责检测分析。

DNA 指纹特异性与一致性：由中国水稻研究所国家水稻改良中心进行参试品种的特异性及续试、生产试验品种年度间的一致性鉴定。

（六）试验评价

依据 NY/T 1300—2007《农作物品种区域试验技术规范　水稻》、试验实地检查考察情况以及试

验点对试验实施情况和品种表现情况所做的说明，对各试验（鉴定）点试验（鉴定）结果的可靠性、有效性、准确性进行分析评估，确保试验质量。

2018 年云南德宏州种子站区试点、红河州农科所区试点和生产试验点稻瘟病重发导致对照产量水平异常偏低，贵州湄潭县种子站生产试验点遭遇旱灾试验报废，四川蓬安县种子站生产试验点测产实收面积仅有 11 米^2，上述 4 个试验点的试验结果未纳入汇总；其余区试点、生产试验点以及特性鉴定点的试验（鉴定）结果正常，纳入汇总。

（七）品种评价

依据国家农作物品种审定委员会 2017 年发布的《主要农作物品种审定标准（国家级）》，对参试品种进行分析评价。

产量联合方差分析采用混合模型，品种间产量差异多重比较采用 Duncan's 新复极差法；参试品种的丰产性主要以品种在区试和生产试验中相对于对照品种产量衡量；参试品种的适应性主要以品种在区试和生产试验中比对照品种增产的试验点比例衡量；参试品种的稳产性主要以品种在年度间区试中相对于对照品种产量的差异变化程度衡量。

参试品种的生育期主要以全生育期比对照品种长短的天数衡量。

参试品种的抗性以指定的鉴定单位的鉴定结果为主要依据，对稻瘟病抗性的主要评价指标为综合指数和穗瘟损失率最高级，对其他病虫害抗性的主要评价指标为最高级。

参试品种的温度敏感性以结实率低于 70%的区试点数衡量。

参试品种的米质评价按照农业行业标准 NY/T 593—2013《食用稻品种品质》，分优质 1 级、优质 2 级、优质 3 级，未达到优质级的品种米质均为普通级。

二、结果分析

（一）产量

依据比对照增减产幅度衡量：在 2018 年区试品种中，产量高，比 F 优 498（CK）增产 5%以上的品种有赣 73 优明占；产量中等，比 F 优 498（CK）增、减产 3%以内的品种有川优 1787、荃优 291、花优 33、旌优 3062、甜香优 698、内香 6 优 003、玮两优 5438、友香优 668、涵优 308 等 9 个；产量一般，比 F 优 498（CK）减产超过 3%的品种有川康优 6605。

区试及生产试验产量汇总结果见表 9-3、表 9-4。

（二）生育期

依据全生育期比对照品种长短的天数衡量：在 2018 年区试品种中，熟期较早，比 F 优 498（CK）早熟的品种有甜香优 698；其他品种熟期适中，比 F 优 498（CK）迟熟均不超过 5 天。

区试及生产试验生育期汇总结果见表 9-3、表 9-4。

（三）主要农艺经济性状

区试品种有效穗、株高、每穗总粒数、每穗实粒数、结实率、千粒重等主要农艺经济性状汇总结果见表 9-3。

（四）抗性

根据 1~2 年鉴定结果，稻瘟病穗瘟损失率最高级 3 级的品种有玮两优 5438；稻瘟病穗瘟损失率最高级 5 级的品种有川优 1787、友香优 668、荃优 291、涵优 308 等 4 个；稻瘟病穗瘟损失率最高级 7 级的品种有甜香优 698、赣 73 优明占、花优 33、川康优 6605、内香 6 优 003、旌优 3062 等 6 个；稻瘟病穗瘟损失率最高级 9 级的品种有 F 优 498（CK）。

2018 年区试品种在各稻瘟病抗性鉴定点的鉴定结果见表 9-5，1~2 年区试品种抗性鉴定汇总结果见表 9-6。

（五）米质

依据农业行业标准 NY/T 593—2013《食用稻品种品质》，根据 1~2 年检测结果：优质 2 级的品种有花优 33、赣 73 优明占等 2 个；优质 3 级的品种有川优 1787、甜香优 698、旌优 3062 等 3 个；其余品种为普通级。

1~2 年区试品种米质指标表现和综合评级结果见表 9-7。

（六）品种在各试验点表现

区试品种在各试验点的表现情况见表 9-8-1 至表 9-8-12，生产试验品种在各试验点的表现情况见表 9-9。

三、品种简评

（一）生产试验品种

甜香优 698

2017 年初试平均亩产 654.22 千克，比 F 优 498（CK）增产 1.57%，增产点比例 66.7%；2018 年续试平均亩产 619.68 千克，比 F 优 498（CK）减产 0.22%，增产点比例 80.0%；两年区试平均亩产 636.95 千克，比 F 优 498（CK）增产 0.69%，增产点比例 73.3%；2018 年生产试验平均亩产 611.85 千克，比 F 优 498（CK）增产 4.68%，增产点比例 100.0%。全生育期两年区试平均 150.1 天，比 F 优 498（CK）早熟 1.4 天。主要农艺性状表现：有效穗 15.7 万穗/亩，株高 109.3 厘米，穗长 24.9 厘米，每穗总粒数 166.8 粒，结实率 83.7%，千粒重 30.9 克。抗性：稻瘟病综合指数 3.7 级，穗瘟损失率最高级 7 级；褐飞虱平均级 9 级，最高级 9 级。米质主要指标：糙米率 80.8%，精米率 71.8%，整精米率 52.0%，粒长 7.2 毫米，长宽比 3.1，垩白粒率 11%，垩白度 1.1%，透明度 1 级，碱消值 5.7 级，胶稠度 77 毫米，直链淀粉含量 16.0%，综合评级为部标优质 3 级。

2018 年国家水稻品种试验年会审议意见：已完成试验程序，可以申报国家品种审定。

（二）续试品种

1. 赣 73 优明占

2017 年初试平均亩产 672.75 千克，比 F 优 498（CK）增产 4.45%，增产点比例 86.7%；2018 年续试平均亩产 654.19 千克，比 F 优 498（CK）增产 5.34%，增产点比例 86.7%；两年区试平均亩产 663.47 千克，比 F 优 498（CK）增产 4.89%，增产点比例 86.7%。全生育期两年区试平均 152.9 天，比 F 优 498（CK）迟熟 1.4 天。主要农艺性状表现：有效穗 15.5 万穗/亩，株高 121.2 厘米，穗长 24.8 厘米，每穗总粒数 200.4 粒，结实率 83.3%，千粒重 27.1 克。抗性：稻瘟病综合指数 3.7 级，穗瘟损失率最高级 7 级；褐飞虱平均级 9 级，最高级 9 级。米质主要指标：糙米率 81.7%，精米率 72.0%，整精米率 62.1%，粒长 6.9 毫米，长宽比 3.1，垩白粒率 12%，垩白度 1.6%，透明度 1 级，碱消值 6.7 级，胶稠度 68 毫米，直链淀粉含量 15.9%，综合评级为部标优质 2 级。

2018 年国家水稻品种试验年会审议意见：2019 年进行生产试验。

2. 川优 1787

2017 年初试平均亩产 657.14 千克，比 F 优 498（CK）增产 2.03%，增产点比例 66.7%；2018 年续试平均亩产 638.17 千克，比 F 优 498（CK）增产 2.76%，增产点比例 66.7%；两年区试平均亩产 647.66 千克，比 F 优 498（CK）增产 2.39%，增产点比例 66.7%。全生育期两年区试平均 153.7 天，比 F 优 498（CK）迟熟 2.2 天。主要农艺性状表现：有效穗 15.4 万穗/亩，株高 118.4 厘米，穗长 24.7 厘米，每穗总粒数 194.7 粒，结实率 76.7%，千粒重 29.8 克。抗性：稻瘟病综合指数 3.3 级，穗瘟损失率最高级 5 级；褐飞虱平均级 9 级，最高级 9 级。米质主要指标：糙米率 81.6%，精米率 71.0%，整精米率 54.5%，粒长 7.2 毫米，长宽比 3.1，垩白粒率 19%，垩白度 2.9%，透明度 1 级，碱消值 5.3 级，胶稠度 81 毫米，直链淀粉含量 17.8%，综合评级为部标优质 3 级。

2018 年国家水稻品种试验年会审议意见：2019 年进行生产试验。

3. 花优 33

2017 年初试平均亩产 627.82 千克，比 F 优 498（CK）减产 2.53%，增产点比例 33.3%；2018 年续试平均亩产 630.04 千克，比 F 优 498（CK）增产 1.45%，增产点比例 86.7%；两年区试平均亩产 628.93 千克，比 F 优 498（CK）减产 0.57%，增产点比例 60.0%。全生育期两年区试平均 155.4 天，比 F 优 498（CK）迟熟 3.9 天。主要农艺性状表现：有效穗 15.8 万穗/亩，株高 123.3 厘米，穗长 27.2 厘米，每穗总粒数 177.6 粒，结实率 79.5%，千粒重 29.7 克。抗性：稻瘟病综合指数 3.6 级，穗瘟损失率最高级 7 级；褐飞虱平均级 9 级，最高级 9 级。米质主要指标：糙米率 81.1%，精米率 72.1%，整精米率 57.2%，粒长 7.0 毫米，长宽比 2.9，垩白粒率 14%，垩白度 2.5%，透明度 1 级，碱消值 6.8 级，胶稠度 75 毫米，直链淀粉含量 16.3%，综合评级为部标优质 2 级。

2018 年国家水稻品种试验年会审议意见：2019 年进行生产试验。

（三）新参试品种

1. 荃优 291

2018 年初试平均亩产 636.10 千克，比 F 优 498（CK）增产 2.43%，增产点比例 80.0%。全生育期 151.0 天，比 F 优 498（CK）迟熟 1.5 天。主要农艺性状表现：有效穗 13.9 万穗/亩，株高 110.6 厘米，穗长 24.4 厘米，每穗总粒数 193.0 粒，结实率 83.8%，结实率低于 70%的点 1 个，千粒重 30.6 克。抗性：稻瘟病综合指数 4.1 级，穗瘟损失率最高级 5 级；褐飞虱平均级 9 级，最高级 9 级。米质主要指标：糙米率 81.0%，精米率 70.3%、整精米率 53.7%，粒长 7.1 毫米，长宽比 3.0，垩白粒率 17%，垩白度 2.3%，透明度 1 级，碱消值 6.2 级，胶稠度 79 毫米，直链淀粉含量 23.3%，综合评级为部标普通。

2018 年国家水稻品种试验年会审议意见：终止试验。

2. 旌优 3062

2018 年初试平均亩产 628.02 千克，比 F 优 498（CK）增产 1.12%，增产点比例 66.7%。全生育期 151.5 天，比 F 优 498（CK）迟熟 2.0 天。主要农艺性状表现：有效穗 15.4 万穗/亩，株高 116.4 厘米，穗长 23.1 厘米，每穗总粒数 200.6 粒，结实率 82.0%，结实率低于 70%的点 1 个，千粒重 26.0 克。抗性：稻瘟病综合指数 4.4 级，穗瘟损失率最高级 7 级；褐飞虱平均级 9 级，最高级 9 级。米质主要指标：糙米率 81.0%，精米率 71.4%、整精米率 60.9%，粒长 7.0 毫米，长宽比 3.2，垩白粒率 6%，垩白度 1.6%，透明度 1 级，碱消值 5.4 级，胶稠度 78 毫米，直链淀粉含量 16.4%，综合评级为部标优质 3 级。

2018 年国家水稻品种试验年会审议意见：2019 年续试。

3. 内香 6 优 003

2018 年初试平均亩产 617.89 千克，比 F 优 498（CK）减产 0.51%，增产点比例 60.0%。全生育期 150.3 天，比 F 优 498（CK）迟熟 0.8 天。主要农艺性状表现：有效穗 15.5 万穗/亩，株高 115.1 厘米，穗长 27.0 厘米，每穗总粒数 179.8 粒，结实率 82.2%，结实率低于 70%的点 1 个，千粒重 29.2 克。抗性：稻瘟病综合指数 4.3 级，穗瘟损失率最高级 7 级；褐飞虱平均级 9 级，最高级 9 级。米质主要指标：糙米率 81.5%，精米率 72.0%、整精米率 56.3%，粒长 7.1 毫米，长宽比 3.1，垩白粒率 35%，垩白度 4.1%，透明度 2 级，碱消值 4.6 级，胶稠度 82 毫米，直链淀粉含量 15.0%，综合评级为部标普通。

2018 年国家水稻品种试验年会审议意见：终止试验。

4. 玮两优 5438

2018 年初试平均亩产 609.96 千克，比 F 优 498（CK）减产 1.78%，增产点比例 60.0%。全生育期 153.2 天，比 F 优 498（CK）迟熟 3.7 天。主要农艺性状表现：有效穗 14.9 万穗/亩，株高 111.7 厘米，穗长 23.9 厘米，每穗总粒数 191.6 粒，结实率 83.7%，结实率低于 70%的点 2 个，千粒重 27.1 克。抗性：稻瘟病综合指数 3.2 级，穗瘟损失率最高级 3 级；褐飞虱平均级 9 级，最高级 9 级。米质主要指标：糙米率 80.4%，精米率 71.2%、整精米率 63.7%，粒长 6.9 毫米，长宽比 3.1，垩白粒率 8%，垩白度 1.6%，透明度 1 级，碱消值 4.9 级，胶稠度 79 毫米，直链淀粉含量 14.5%，综合评级为部标普通。

2018 年国家水稻品种试验年会审议意见：2019 年续试。

5. 友香优 668

2018 年初试平均亩产 608.06 千克，比 F 优 498（CK）减产 2.09%，增产点比例 46.7%。全生育期 150.7 天，比 F 优 498（CK）迟熟 1.2 天。主要农艺性状表现：有效穗 13.1 万穗/亩，株高 124.4 厘米，穗长 25.6 厘米，每穗总粒数 239.9 粒，结实率 75.5%，结实率低于 70%的点 3 个，千粒重 27.8 克。抗性：稻瘟病综合指数 3.8 级，穗瘟损失率最高级 5 级；褐飞虱平均级 9 级，最高级 9 级。米质主要指标：糙米率 82.3%，精米率 72.9%、整精米率 39.5%，粒长 6.6 毫米，长宽比 2.7，垩白粒率 30%，垩白度 4.9%，透明度 2 级，碱消值 5.6 级，胶稠度 82 毫米，直链淀粉含量 23.0%，综合评级为部标普通。

2018 年国家水稻品种试验年会审议意见：终止试验。

6. 涵优 308

2018 年初试平均亩产 607.49 千克，比 F 优 498（CK）减产 2.18%，增产点比例 33.3%。全生育期 150.2 天，比 F 优 498（CK）迟熟 0.7 天。主要农艺性状表现：有效穗 15.2 万穗/亩，株高 107.4 厘米，穗长 25.4 厘米，每穗总粒数 170.4 粒，结实率 80.0%，结实率低于 70%的点 2 个，千粒重 31.8 克。抗性：稻瘟病综合指数 3.3 级，穗瘟损失率最高级 5 级；褐飞虱平均级 9 级，最高级 9 级。米质主要指标：糙米率 81.0%，精米率 72.3%、整精米率 55.9%，粒长 7.5 毫米，长宽比 3.2，垩白粒率 29%，垩白度 3.8%，透明度 1 级，碱消值 4.7 级，胶稠度 77 毫米，直链淀粉含量 14.5%，综合评级为部标普通。

2018 年国家水稻品种试验年会审议意见：终止试验。

7. 川康优 6605

2018 年初试平均亩产 593.84 千克，比 F 优 498（CK）减产 4.38%，增产点比例 26.7%。全生育期 151.6 天，比 F 优 498（CK）迟熟 2.1 天。主要农艺性状表现：有效穗 14.5 万穗/亩，株高 116.7 厘米，穗长 25.5 厘米，每穗总粒数 183.3 粒，结实率 78.5%，结实率低于 70%的点 2 个，千粒重 31.2 克。抗性：稻瘟病综合指数 4.5 级，穗瘟损失率最高级 7 级；褐飞虱平均级 9 级，最高级 9 级。米质主要指标：糙米率 80.8%，精米率 71.4%、整精米率 50.4%，粒长 7.4 毫米，长宽比 3.0，垩白粒率 21%，垩白度 3.0%，透明度 1 级，碱消值 6.5 级，胶稠度 74 毫米，直链淀粉含量 16.4%，综合评级为部标普通。

2018 年国家水稻品种试验年会审议意见：终止试验。

表 9-1　长江上游中籼迟熟 F 组（182411NS-F）区试及生产试验参试品种基本情况

品种名称	试验编号	抗鉴编号	品种类型	亲本组合	申请者（非个人）	选育/供种单位
区试						
花优 33	1	9	杂交稻	花香 A/顺恢 33	蒙自和顺农业科技开发有限公司	蒙自和顺农业科技开发有限公司　四川省农业科学院生物技术研究所
*旌优 3062	2	11	杂交稻	旌 3A/R4062	四川省农业科学院水稻高粱研究所	四川省农业科学院水稻高粱研究所
赣 73 优明占	3	8	杂交稻	赣 73A/双抗明占	三明市农业科学院、福建六三种业、江西农业科学院水稻所	三明市农业科学院、福建六三种业、江西农业科学院水稻所
*荃优 291	4	10	杂交稻	荃 9311A/Y042-91	安徽荃银高科种业股份有限公司	安徽荃银高科种业股份有限公司
川优 1787	5	7	杂交稻	川 345A/德恢 1787	四川省农业科学院水稻高粱研究所、四川省农业科学院作物研究所	四川省农业科学院水稻高粱研究所、四川省农业科学院作物研究所
F 优 498（CK）	6	1	杂交稻	江育 F32A×蜀恢 498		四川农业大学水稻研究所
*川康优 6605	7	3	杂交稻	川康 606A/泸恢 1605	四川省农业科学院水稻高粱研究所	四川省农业科学院水稻高粱研究所、四川省农业科学院作物研究所
甜香优 698	8	6	杂交稻	397A（甜香 1A）/R6098	内江杂交水稻科技开发中心	内江杂交水稻科技开发中心
*涵优 308	9	12	杂交稻	涵丰 A/帮恢 308	重庆帮豪种业股份有限公司、福建农林大学作物科学学院	重庆帮豪种业股份有限公司、福建农林大学作物科学学院
*内香 6 优 003	10	4	杂交稻	内香 6A/ZHR003	四川农大正红生物技术有限责任公司、内江杂交水稻科技开发中心	四川农大正红生物技术有限责任公司、内江杂交水稻科技开发中心
*玮两优 5438	11	2	杂交稻	华玮 338S/华恢 5438	湖南亚华种业科学研究院	湖南亚华种业科学研究院、湖南隆平高科种业科学研究院有限公司
*友香优 668	12	5	杂交稻	友香 A×禾恢 668	贵州友禾种业有限公司	贵州友禾种业有限公司
生产试验						
甜香优 698	4		杂交稻	397A（甜香 1A）/R6098	内江杂交水稻科技开发中心	内江杂交水稻科技开发中心
F 优 498（CK）	7		杂交稻	江育 F32A×蜀恢 498		四川农业大学水稻研究所

*为 2018 年新参试品种。

表 9-2　长江上游中籼迟熟 F 组（182411NS-F）区试点基本情况

承试单位	试验地点	经度	纬度	海拔高度（米）	试验负责人及执行人
区试					
贵州黔东南州农业科学院	黄平县旧州镇	107°44′	26°59′	674	浦选昌、杨秀军、彭朝才、雷安宁
贵州黔西南州农科所	兴义市下午屯镇乐立村	105°56′	25°06′	1170	敖正友
贵州省农业科学院水稻所	贵阳市花溪区金竹镇	106°43′	26°35′	1140	涂敏、李树杏
贵州遵义市农业科学院	新浦新区新舟镇槐安村	107°18′	28°20′	800	王怀昕、王炜、刘廷海、兰宣莲
陕西汉中市农科所	汉中市汉台区农科所试验农场	107°12′	33°04′	510	黄卫群
四川广元市种子站	广元市利州区赤化镇石羊一组	105°57′	32°34′	490	冯开永、王春
四川绵阳市农业科学院	绵阳市农科区松垭镇	104°45′	31°03′	470	刘定友、项祖芬
四川内江杂交水稻科技开发中心	内江杂交水稻中心试验地	105°03′	29°35′	352	陈勇、曹厚明、蒋茂春、唐涛
四川省原良种试验站	成都双流九江龙池社区	103°55′	30°35′	494	周志军、谢力、李龙飞
四川省农业科学院水稻高粱所	泸县福集镇茂盛村	105°33′	29°19′	292	朱永川
四川巴中市巴州区种子站	巴州区石城乡青州村	106°41′	31°45′	325	庞立华、苟术淋、陈琳
云南德宏州种子站	芒市芒市镇大湾村	98°36′	24°29′	913	刘宏珺、董保萍、杨素华、丁家盛、王宪芳、龚琪、张学艳、黄玮
云南红河州农科所	建水县西庄镇高营村	102°46′	23°36′	1318	张文华、苏正亮、张耀、王海德
云南文山州种子站	文山市开化镇黑卡村	103°35′	22°40′	1260	张才能、依佩遥、谢会琼、何旭俊
重庆涪陵区种子站	涪陵区马武镇文观村 3 社	107°15′	29°36′	672	胡永友、陈景平
重庆市农业科学院水稻所	巴南区南彭镇大石塔村	106°24′	29°06′	302	李贤勇、黄乾龙
重庆万州区种子站	万州区良种场	108°23′	31°05′	180	马秀云、谭安平、谭家刚
生产试验					
四川巴中市巴州区种子站	巴州区石城乡青州村	106°41′	31°45′	325	庞立华、苟术淋、陈琳
四川宜宾市农业科学院	南溪区大观镇院试验基地	104°54′	28°58′	282	江青山、姜方洪
四川蓬安县种子站	蓬安县	106°12′	31°42′	281	杜胜
四川宣汉县种子站	宣汉县双河镇玛瑙村	108°03′	31°50′	370	罗 廷、向乾、喻廷强
重庆南川区种子站	南川区大观镇铁桥村 3 社	107°05′	29°03′	720	倪万贵、冉忠领
重庆潼南区种子站	重庆潼南区梓潼街道办新生村 2 社	105°47′	30°12′	252	张建国、谭长华、梁浩、胡海、全海晏
贵州湄潭县种子站	湄潭县黄家坝镇春光村牛场大坝	107°23′	27°40′	780	李天海、詹金碧、张晓东
云南红河州农科所	建水县西庄镇高营村	102°46′	23°36′	1318	张文华、苏正亮、张耀、王海德

表 9-3 长江上游中籼迟熟 F 组（182411NS-F）区试品种产量、生育期及主要农艺经济性状汇总分析结果

品种名称	区试年份	亩产（千克）	比 CK±%	比 CK 增产点（%）	产量差异显著性		全生育期（天）	比 CK±天	有效穗（万/亩）	株高（厘米）	穗长（厘米）	总粒数/穗	实粒数/穗	结实率（%）	结实率<70%点	千粒重（克）
					0.05	0.01										
甜香优 698	2017—2018	636.95	0.69	73.3			150.1	-1.4	15.7	109.3	24.9	166.8	139.6	83.7		30.9
赣 73 优明占	2017—2018	663.47	4.89	86.7			152.9	1.4	15.5	121.2	24.8	200.4	166.8	83.3		27.1
川优 1787	2017—2018	647.66	2.39	66.7			153.7	2.2	15.4	118.4	24.7	194.7	149.3	76.7		29.8
花优 33	2017—2018	628.93	-0.57	60.0			155.4	3.9	15.8	123.3	27.2	177.6	141.1	79.5		29.7
F 优 498（CK）	2017—2018	632.56	0.00	0.0			151.5	0.0	13.8	117.0	26.8	199.6	167.4	83.9		30.0
赣 73 优明占	2018	654.19	5.34	86.7	a	A	150.2	0.7	15.6	121.4	24.7	195.3	165.5	84.8	0	27.1
川优 1787	2018	638.17	2.76	66.7	b	B	150.9	1.4	15.6	117.3	24.4	189.9	147.4	77.6	2	29.7
荃优 291	2018	636.10	2.43	80.0	bc	B	151.0	1.5	13.9	110.6	24.4	193.0	161.7	83.8	1	30.6
花优 33	2018	630.04	1.45	86.7	cd	BC	152.3	2.8	16.0	122.9	26.7	170.9	144.1	84.4	1	29.6
旌优 3062	2018	628.02	1.12	66.7	de	BCD	151.5	2.0	15.4	116.4	23.1	200.6	164.4	82.0	1	26.0
F 优 498（CK）	2018	621.03	0.00	0.0	ef	CD	149.5	0.0	13.8	116.8	26.4	194.0	163.1	84.1	1	30.1
甜香优 698	2018	619.68	-0.22	80.0	f	DE	147.9	-1.6	15.6	108.8	24.9	165.2	139.3	84.3	1	31.2
内香 6 优 003	2018	617.89	-0.51	60.0	f	DEF	150.3	0.8	15.5	115.1	27.0	179.8	147.8	82.2	1	29.2
玮两优 5438	2018	609.96	-1.78	60.0	g	EFG	153.2	3.7	14.9	111.7	23.9	191.6	160.3	83.7	2	27.1
友香优 668	2018	608.06	-2.09	46.7	g	FG	150.7	1.2	13.1	124.4	25.6	239.9	181.1	75.5	3	27.8
涵优 308	2018	607.49	-2.18	33.3	g	G	150.2	0.7	15.2	107.4	25.4	170.4	136.3	80.0	2	31.8
川康优 6605	2018	593.84	-4.38	26.7	h	H	151.6	2.1	14.5	116.7	25.5	183.3	144.0	78.5	2	31.2

表 9-4　长江上游中籼迟熟 F 组（182411NS-F）生产试验品种产量、生育期、综合评级及温度敏感性鉴定结果

品种名称	甜香优 698	F 优 498（CK）
生产试验汇总表现		
全生育期（天）	146.2	147.6
比 CK±天	-1.4	0.0
亩产（千克）	611.85	584.50
产量比 CK±%	4.68	0.00
增产点比例（%）	100.0	0.0
各生产试验点综合评价等级		
四川巴中市巴州区种子站	A	B
四川宜宾市农业科学院	B	C
四川宣汉县种子站	B	C
重庆南川区种子站	A	A
重庆潼南区种子站	B	B
抽穗期耐热性（级）	1	3
抽穗期耐冷性	5	5

注：1. 综合评价等级：A—好，B—较好，C—中等，D——般。

2. 耐热性、耐冷性分别为华中农业大学、湖北恩施州农业科学院鉴定结果。

表 9-5　长江上游中籼迟熟 F 组（182411NS-F）品种稻瘟病抗性各地鉴定结果（2018 年）

品种名称	四川蒲江					重庆涪陵					贵州湄潭				
	叶瘟级	穗瘟发病		穗瘟损失		叶瘟级	穗瘟发病		穗瘟损失		叶瘟级	穗瘟发病		穗瘟损失	
		%	级	%	级		%	级	%	级		%	级	%	级
F 优 498（CK）	9	75	9	39	7	7	92	9	64	9	2	41	7	32	7
玮两优 5438	4	15	5	2	1	2	16	5	7	3	3	12	5	8	3
川康优 6605	5	15	5	2	1	3	24	5	11	3	2	38	7	31	7
内香 6 优 003	5	16	5	2	1	3	10	3	6	3	2	37	7	30	7
友香优 668	4	17	5	2	1	3	17	5	8	3	3	23	5	19	5
甜香优 698	4	17	5	2	1	3	10	3	6	3	2	36	7	31	7
川优 1787	5	18	5	2	1	4	20	5	10	3	3	23	5	19	5
赣 73 优明占	4	16	5	2	1	3	19	5	9	3	4	37	7	30	7
花优 33	4	16	5	2	1	4	24	5	8	3	3	37	7	31	7
荃优 291	5	16	5	2	1	4	26	7	14	3	2	25	5	19	5
旌优 3062	5	12	5	1	1	2	14	5	7	3	3	41	7	33	7
涵优 308	5	28	7	5	1	2	5	1	2	1	2	25	5	18	5
感稻瘟病（CK）	8	75	9	50	9	7	94	9	63	9	6	84	9	61	9

注：1. 鉴定单位：四川省农业科学院植保所、重庆涪陵渝东南农业科学院、贵州湄潭县农业局植保站。

2. 感稻瘟病（CK）：四川省农业科学院植保所为岗优 725、重庆涪陵区农业科学院为黄壳糯、贵州湄潭县农业局植保站为大粒香。

3. 贵州湄潭叶瘟发病程度未达到标准，不纳入统计。

表 9-6　长江上游中籼迟熟 F 组（182411NS-F）品种对主要病虫抗性综合评价结果（2017—2018 年）

品种名称	试验年份	稻瘟病							褐飞虱（级）		
		2018 年各地综合指数				2018 年穗瘟损失率最高级	1~2 年综合评价		2017 年	1~2 年综合评价	
		蒲江	涪陵	湄潭	平均		平均综合指数	穗瘟损失率最高级		平均	最高
甜香优 698	2017—2018	2.8	3.0	7.0	4.3	7	3.7	7	9	9	9
川优 1787	2017—2018	3.0	3.8	5.0	3.9	5	3.3	5	9	9	9
赣 73 优明占	2017—2018	2.8	3.5	7.0	4.4	7	3.7	7	9	9	9
花优 33	2017—2018	2.8	3.8	7.0	4.5	7	3.6	7	9	9	9
F 优 498（CK）	2017—2018	8.0	8.5	7.0	7.8	9	7.8	9	9	9	9
玮两优 5438	2018	2.8	3.3	3.7	3.2	3	3.2	3	9	9	9
川康优 6605	2018	3.0	3.5	7.0	4.5	7	4.5	7	9	9	9
内香 6 优 003	2018	3.0	3.0	7.0	4.3	7	4.3	7	9	9	9
友香优 668	2018	2.8	3.5	5.0	3.8	5	3.8	5	9	9	9
荃优 291	2018	3.0	4.3	5.0	4.1	5	4.1	5	9	9	9
旌优 3062	2018	3.0	3.3	7.0	4.4	7	4.4	7	9	9	9
涵优 308	2018	3.5	1.3	5.0	3.3	5	3.3	5	9	9	9
F 优 498（CK）	2018	8.0	8.5	7.0	7.8	9	7.8	9	9	9	9
感病虫（CK）	2018	8.8	8.5	9.0	8.8	9	8.8	9	9	9	9

注：1. 稻瘟病综合指数（级）= 叶瘟级×25%+穗瘟发病率级×25%+穗瘟损失率级×50%。

2. 湄潭叶瘟发病未达标，稻瘟病综合指数（级）=（穗瘟发病率级×25%+穗瘟损失率级×50%）/75%。

3. 褐飞虱鉴定单位为中国水稻研究稻作发展中心，感褐飞虱 CK 为 TN1。

表 9-7　长江上游中籼迟熟 F 组（182411NS-F）品种米质检测分析结果

品种名称	年份	糙米率（%）	精米率（%）	整精米率（%）	粒长（毫米）	长宽比	垩白粒率（%）	垩白度（%）	透明度（级）	碱消值（级）	胶稠度（毫米）	直链淀粉（%）	部标（等级）
花优 33	2017—2018	81.1	72.1	57.2	7.0	2.9	14	2.5	1	6.8	75	16.3	优二
赣 73 优明占	2017—2018	81.7	72.0	62.1	6.9	3.1	12	1.6	1	6.7	68	15.9	优二
川优 1787	2017—2018	81.6	71.0	54.5	7.2	3.1	19	2.9	1	5.3	81	17.8	优三
甜香优 698	2017—2018	80.8	71.8	52.0	7.2	3.1	11	1.1	1	5.7	77	16.0	优三
F 优 498（CK）	2017—2018	81.6	71.0	57.8	7.2	3.0	31	3.8	2	6.2	80	22.1	普通
旌优 3062	2018	81.0	71.4	60.9	7.0	3.2	6	1.6	1	5.4	78	16.4	优三
荃优 291	2018	81.0	70.3	53.7	7.1	3.0	17	2.3	1	6.2	79	23.3	普通
川康优 6605	2018	80.8	71.4	50.4	7.4	3.0	21	3.0	1	6.5	74	16.4	普通
涵优 308	2018	81.0	72.3	55.9	7.5	3.2	29	3.8	1	4.7	77	14.5	普通
内香 6 优 003	2018	81.5	72.0	56.3	7.1	3.1	35	4.1	2	4.6	82	15.0	普通
玮两优 5438	2018	80.4	71.2	63.7	6.9	3.1	8	1.6	1	4.9	79	14.5	普通
友香优 668	2018	82.3	72.9	39.5	6.6	2.7	30	4.9	2	5.6	82	23.0	普通
F 优 498（CK）	2018	81.6	71.0	57.8	7.2	3.0	31	3.8	2	6.2	80	22.1	普通

注：1. 供样单位：云南红河州农科所（2017—2018 年）、陕西汉中市农科所（2017—2018 年）、四川内江杂交水稻开发中心（2017 年）。

2. 检测单位：农业农村部稻米及制品质量监督检验测试中心。

表 9-8-1　长江上游中籼迟熟 F 组（182411NS-F）区试品种在各试验点的产量、生育期、主要性状、田间抗性等表现

品种名称/试验点	亩产（千克）	比 CK ±%	产量位次	播种期（月/日）	齐穗期（月/日）	成熟期（月/日）	全生育期（天）	有效穗（万/亩）	株高（厘米）	穗长（厘米）	总粒数/穗	实粒数/穗	结实率（%）	千粒重（克）	杂株率（%）	倒伏性	穗颈瘟	纹枯病	稻曲病	综合评级
花优 33																				
重庆万州区种子站	606.70	6.87	5	3/19	7/14	8/18	152	15.5	111.0	24.2	205.6	178.3	86.7	25.6	0.0	直	未发	轻	未发	A
重庆市农业科学院水稻所	659.01	4.11	6	3/15	7/18	8/12	150	15.3	130.8	28.9	187.2	169.0	90.3	28.0	1.0	直	未发	轻	—	C
重庆市涪陵区种子站	657.98	-10.28	8	3/17	7/21	8/20	156	14.3	120.4	27.7	183.8	170.0	92.5	30.0	0.0	直	未发	未发	—	C
云南文山州种子站	625.21	-16.15	12	4/25	8/20	9/24	152	21.2	124.6	27.5	185.2	113.6	61.3	30.8	0.3	直	无	轻	—	D
四川省原良种试验站	614.20	3.19	5	4/11	8/5	9/4	146	15.5	133.3	26.6	149.5	127.2	85.1	31.0	0.0	直	未发	轻	未发	A
四川省农业科学院水稻高粱所	528.80	3.36	7	3/14	7/4	8/3	142	11.8	133.0	27.5	187.8	172.9	92.1	27.5	1.5	直	未发	轻	未发	B
四川内江杂交水稻开发中心	591.37	3.80	6	3/20	7/19	8/16	149	12.3	131.7	29.5	176.0	160.0	90.9	27.2	0.0	直	未发	轻	未发	B
四川绵阳市农业科学院	620.32	5.41	3	4/3	8/1	8/25	144	16.9	120.9	26.5	145.8	116.9	80.2	31.7	2.0	直	未发	轻	—	A
四川广元市种子站	641.61	8.29	2	4/10	8/9	9/17	160	15.6	115.6	24.2	145.8	132.4	90.8	30.4	1.3	直	未发	轻	无	A
四川巴中市巴州区种子站	460.62	1.21	7	4/1	7/27	8/27	148	15.7	128.1	26.0	135.6	122.9	90.6	27.6	0.0	直	无	无	未发	B
陕西汉中市农科所	710.95	4.19	6	4/9	8/9	9/11	155	21.5	135.6	28.9	157.8	143.4	90.9	31.6	0.0	直	无	轻	轻	A
贵州遵义市农业科学院	734.40	5.67	2	4/13	8/11	9/19	159	14.7	129.8	27.2	202.3	147.5	72.9	32.1	0.0	直	未发	轻	未发	A
贵州省农业科学院水稻所	734.80	2.39	4	4/9	8/6	9/20	164	15.6	105.3	25.7	197.8	162.9	82.4	31.4	1.1	直	未发	轻	轻	B
贵州黔西南州农科所	611.99	5.76	7	4/2	8/2	9/12	163	18.6	97.3	24.0	137.2	109.8	80.0	29.4	0.0	直	未发	轻	—	C
贵州黔东南州农业科学院	652.62	0.48	2	4/20	8/7	9/12	145	16.2	125.6	26.8	165.5	135.2	81.7	30.1	0.0	直	未发	轻	未发	B

注：综合评级：A—好，B—较好，C—中等，D——般。

表 9-8-2　长江上游中籼迟熟 F 组（182411NS-F）区试品种在各试验点的产量、生育期、主要性状、田间抗性等表现

品种名称/试验点	亩产（千克）	比CK ±%	产量位次	播种期（月/日）	齐穗期（月/日）	成熟期（月/日）	全生育期（天）	有效穗（万/亩）	株高（厘米）	穗长（厘米）	总粒数/穗	实粒数/穗	结实率（%）	千粒重（克）	杂株率（%）	倒伏性	穗颈瘟	纹枯病	稻曲病	综合评级
旌优 3062																				
重庆万州区种子站	507.58	-10.59	12	3/19	7/13	8/17	151	14.5	114.1	25.0	192.7	153.8	79.8	23.4	0.0	直	未发	轻	未发	C
重庆市农业科学院水稻所	673.33	6.37	1	3/15	7/12	8/9	147	15.2	118.6	24.1	194.0	182.0	93.8	25.5	0.0	直	未发	轻	—	A
重庆市涪陵区种子站	653.14	-10.94	9	3/17	7/17	8/17	153	13.8	105.2	24.7	186.0	171.7	92.3	27.0	0.0	直	未发	未发	—	C
云南文山州种子站	712.11	-4.49	3	4/25	8/18	9/22	150	16.4	114.2	23.1	237.9	180.9	76.0	28.0	0.0	直	无	轻	—	A
四川省原良种试验站	620.86	4.31	2	4/11	8/1	9/3	145	17.0	112.0	21.6	171.9	142.6	83.0	25.3	0.0	直	未发	未发	未发	A
四川省农业科学院水稻高粱所	544.14	6.35	5	3/14	7/5	8/4	143	11.1	129.3	25.5	260.6	230.5	88.4	23.9	0.5	直	未发	轻	未发	A
四川内江杂交水稻开发中心	579.71	1.75	7	3/20	7/14	8/15	148	12.4	122.0	23.3	186.0	153.0	82.3	27.2	0.0	直	未发	轻	未发	B
四川绵阳市农业科学院	607.82	3.29	7	4/3	7/29	8/25	144	16.4	118.4	22.1	171.6	139.5	81.3	26.9	0.0	直	未发	轻	—	B
四川广元市种子站	628.24	6.04	3	4/10	8/7	9/15	158	13.5	116.2	22.3	186.5	166.7	89.4	25.9	0.3	直	未发	轻	无	A
四川巴中市巴州区种子站	442.95	-2.67	10	4/1	7/26	8/26	147	13.0	124.1	22.7	211.3	173.8	82.3	26.2	0.0	直	无	无	未发	B
陕西汉中市农科所	714.62	4.73	4	4/9	8/7	9/9	153	23.3	125.4	22.4	138.1	110.3	79.9	26.9	0.0	直	无	轻	无	A
贵州遵义市农业科学院	719.74	3.56	4	4/13	8/12	9/19	159	14.3	120.3	23.5	286.4	188.7	65.9	26.3	0.0	直	未发	轻	未发	B
贵州省农业科学院水稻所	739.63	3.06	3	4/9	8/9	9/22	166	16.2	106.6	22.2	213.1	181.6	85.2	26.3	0.0	直	未发	轻	轻	B
贵州黔西南州农科所	654.33	13.08	1	4/2	8/2	9/14	165	17.2	108.7	23.1	214.9	150.7	70.1	25.6	0.0	直	未发	轻	—	A
贵州黔东南州农业科学院	622.03	-4.23	7	4/20	8/6	9/11	144	17.1	111.4	20.7	158.4	140.6	88.8	26.3	0.0	倒	未发	轻	未发	C

注：综合评级：A—好，B—较好，C—中等，D——一般。

表 9-8-3 长江上游中籼迟熟 F 组（182411NS-F）区试品种在各试验点的产量、生育期、主要性状、田间抗性等表现

品种名称/试验点	亩产（千克）	比 CK ±%	产量位次	播种期（月/日）	齐穗期（月/日）	成熟期（月/日）	全生育期（天）	有效穗（万/亩）	株高（厘米）	穗长（厘米）	总粒数/穗	实粒数/穗	结实率（%）	千粒重（克）	杂株率（%）	倒伏性	穗颈瘟	纹枯病	稻曲病	综合评级
赣 73 优明占																				
重庆万州区种子站	620.69	9.33	1	3/19	7/10	8/15	149	16.0	117.3	25.5	203.2	181.4	89.3	24.5	0.0	直	未发	轻	未发	A
重庆市农业科学院水稻所	642.52	1.50	10	3/15	7/7	8/9	147	16.4	126.8	28.2	202.5	192.8	95.2	25.2	0.0	直	未发	轻	—	C
重庆市涪陵区种子站	774.94	5.67	1	3/17	7/16	8/15	151	14.0	115.6	21.5	178.5	160.8	90.1	27.1	0.0	直	未发	未发	—	A
云南文山州种子站	771.65	3.49	1	4/25	8/17	9/20	148	15.7	113.8	24.3	241.3	195.4	81.0	27.5	0.0	直	无	轻	—	B
四川省原良种试验站	635.69	6.80	1	4/11	7/30	9/1	143	15.1	125.3	25.0	193.8	163.6	84.4	27.3	0.0	直	未发	轻	未发	A
四川省农业科学院水稻高粱所	554.31	8.34	4	3/14	6/29	7/30	138	12.9	132.7	24.8	187.5	166.1	88.6	26.4	1.5	直	未发	轻	未发	A
四川内江杂交水稻开发中心	599.70	5.26	5	3/20	7/11	8/13	146	12.3	128.0	27.3	233.0	198.0	85.0	27.2	0.0	直	未发	轻	未发	B
四川绵阳市农业科学院	628.33	6.77	2	4/3	7/25	8/23	142	18.1	118.1	21.9	146.9	122.5	83.4	27.5	0.0	直	未发	轻	—	A
四川广元市种子站	584.46	-1.35	11	4/10	8/6	9/14	157	13.5	120.1	22.4	153.4	141.8	92.4	27.5	1.3	直	未发	轻	轻	B
四川巴中市巴州区种子站	488.62	7.36	3	4/1	7/25	8/25	146	15.0	128.3	25.8	186.2	156.2	83.9	26.0	0.0	直	无	无	未发	A
陕西汉中市农科所	717.30	5.12	3	4/9	8/7	9/9	153	21.6	126.3	26.0	172.6	150.1	87.0	28.9	0.0	直	无	轻	无	A
贵州遵义市农业科学院	739.77	6.44	1	4/13	8/14	9/17	157	13.0	127.7	25.9	266.7	196.3	73.6	28.5	0.0	直	未发	轻	未发	A
贵州省农业科学院水稻所	780.95	8.82	1	4/9	8/10	9/23	167	16.1	113.8	24.3	224.2	191.1	85.2	26.4	0.0	直	未发	轻	轻	A
贵州黔西南州农科所	645.50	11.55	2	4/2	8/1	9/13	164	18.1	100.4	24.8	184.4	130.3	70.7	27.7	0.0	直	未发	轻	—	B
贵州黔东南州农业科学院	628.48	-3.23	6	4/20	8/8	9/12	145	16.8	127.2	23.2	155.0	136.1	87.8	28.1	0.0	直	未发	轻	未发	B

注：综合评级：A—好，B—较好，C—中等，D——一般。

表 9-8-4 长江上游中籼迟熟 F 组（182411NS-F）区试品种在各试验点的产量、生育期、主要性状、田间抗性等表现

品种名称/试验点	亩产（千克）	比 CK ±%	产量位次	播种期（月/日）	齐穗期（月/日）	成熟期（月/日）	全生育期（天）	有效穗（万/亩）	株高（厘米）	穗长（厘米）	总粒数/穗	实粒数/穗	结实率（%）	千粒重（克）	杂株率（%）	倒伏性	穗颈瘟	纹枯病	稻曲病	综合评级
荃优 291																				
重庆万州区种子站	614.70	8.27	3	3/19	7/11	8/15	149	13.2	110.0	27.0	217.2	195.3	89.9	26.6	0.0	直	未发	轻	未发	A
重庆市农业科学院水稻所	649.84	2.66	9	3/15	7/12	8/9	147	13.1	117.4	27.0	193.3	184.1	95.2	29.1	0.0	直	未发	轻	—	C
重庆市涪陵区种子站	684.21	-6.70	5	3/17	7/18	8/18	154	14.5	105.4	23.8	193.4	180.6	93.4	31.0	0.5	直	未发	未发	—	B
云南文山州种子站	674.46	-9.54	8	4/25	8/20	9/20	148	13.3	112.4	22.5	201.0	146.4	72.8	33.1	0.3	直	无	中	—	B
四川省原良种试验站	613.03	2.99	6	4/11	7/31	9/2	144	15.5	110.0	22.9	154.7	131.7	85.1	29.7	0.0	直	未发	未发	未发	A
四川省农业科学院水稻高粱所	528.30	3.26	8	3/14	7/5	8/3	142	9.6	127.7	25.4	227.7	205.2	90.1	28.9	0.5	直	未发	轻	未发	B
四川内江杂交水稻开发中心	633.02	11.11	1	3/20	7/13	8/13	146	10.5	123.3	25.0	224.0	181.0	80.8	29.6	0.0	直	未发	轻	未发	A
四川绵阳市农业科学院	606.82	3.12	8	4/3	7/28	8/21	140	14.7	106.3	22.5	146.6	121.6	82.9	32.7	1.4	直	未发	轻	—	B
四川广元市种子站	626.57	5.75	4	4/10	8/6	9/14	157	12.7	101.3	24.4	185.4	167.0	90.1	30.7	0.3	直	未发	轻	无	A
四川巴中市巴州区种子站	479.12	5.27	4	4/1	7/27	8/26	147	14.7	110.9	23.0	151.0	128.3	85.0	29.6	0.0	直	无	无	未发	B
陕西汉中市农科所	717.46	5.14	2	4/9	8/8	9/10	154	22.1	116.7	25.0	154.6	127.9	82.7	32.4	0.0	直	无	轻	轻	A
贵州遵义市农业科学院	730.49	5.11	3	4/13	8/14	9/17	157	11.6	112.5	27.0	301.7	198.3	65.7	33.3	0.0	直	未发	轻	未发	A
贵州省农业科学院水稻所	732.14	2.02	5	4/9	8/12	9/25	169	15.3	102.0	23.2	206.7	173.8	84.1	28.7	0.0	直	未发	无	轻	B
贵州黔西南州农科所	618.66	6.91	4	4/2	8/3	9/13	164	15.2	94.4	22.7	176.2	134.5	76.3	30.5	0.0	直	未发	轻	—	C
贵州黔东南州农业科学院	632.61	-2.60	4	4/20	8/9	9/14	147	13.2	108.4	24.6	161.4	149.4	92.6	32.5	0.0	直	未发	无	未发	B

注：综合评级：A—好，B—较好，C—中等，D——般。

表 9-8-5　长江上游中籼迟熟 F 组（182411NS-F）区试品种在各试验点的产量、生育期、主要性状、田间抗性等表现

品种名称/试验点	亩产（千克）	比 CK ±%	产量位次	播种期（月/日）	齐穗期（月/日）	成熟期（月/日）	全生育期（天）	有效穗（万/亩）	株高（厘米）	穗长（厘米）	总粒数/穗	实粒数/穗	结实率（%）	千粒重（克）	杂株率（%）	倒伏性	穗颈瘟	纹枯病	稻曲病	综合评级
川优 1787																				
重庆万州区种子站	617.69	8.80	2	3/19	7/10	8/14	148	15.9	110.5	23.0	228.3	185.2	81.1	24.7	0.0	直	未发	轻	未发	A
重庆市农业科学院水稻所	668.67	5.63	2	3/15	7/13	8/10	148	15.5	124.6	27.4	175.0	156.1	89.2	29.3	0.0	直	未发	轻	—	A
重庆市涪陵区种子站	710.78	-3.08	4	3/17	7/17	8/16	152	14.8	113.2	23.6	165.9	143.4	86.4	30.3	1.0	直	未发	未发	—	B
云南文山州种子站	681.43	-8.61	5	4/25	8/19	9/20	148	18.4	100.2	23.6	189.9	132.8	69.9	28.8	0.3	直	无	轻	—	C
四川省原良种试验站	615.86	3.47	3	4/11	8/1	9/3	145	16.1	122.3	23.8	151.2	126.7	83.8	29.9	0.0	直	未发	未发	未发	A
四川省农业科学院水稻高粱所	578.48	13.07	1	3/14	6/28	7/28	136	12.7	124.3	24.5	205.3	167.9	81.8	28.0	2.0	直	未发	轻	未发	A
四川内江杂交水稻开发中心	611.36	7.31	4	3/20	7/16	8/17	150	12.9	136.3	25.1	187.0	142.0	75.9	30.5	0.0	直	未发	轻	未发	A
四川绵阳市农业科学院	631.99	7.39	1	4/3	7/27	8/25	144	15.8	117.1	26.2	156.8	130.9	83.5	30.7	0.8	直	未发	轻	—	A
四川广元市种子站	649.63	9.65	1	4/10	8/7	9/18	161	14.5	112.4	22.4	175.2	141.4	80.7	29.9	1.0	直	未发	轻	无	A
四川巴中市巴州区种子站	423.27	-7.00	12	4/1	7/26	8/26	147	17.3	123.2	22.8	183.6	135.5	73.8	26.8	0.0	直	无	无	未发	C
陕西汉中市农科所	711.45	4.26	5	4/9	8/8	9/10	154	19.5	122.6	25.6	192.7	150.5	78.1	31.4	0.0	直	无	轻	轻	A
贵州遵义市农业科学院	711.77	2.41	7	4/13	8/12	9/19	159	14.1	121.8	25.9	289.9	175.9	60.7	31.3	0.0	直	未发	轻	未发	B
贵州省农业科学院水稻所	706.82	-1.51	9	4/9	8/6	9/20	164	13.6	102.0	23.9	207.5	166.6	80.3	32.4	0.8	直	未发	轻	轻	C
贵州黔西南州农科所	620.82	7.29	3	4/2	7/30	9/12	163	17.3	107.2	24.2	160.7	113.9	70.9	31.8	0.0	直	未发	轻	—	C
贵州黔东南州农业科学院	632.44	-2.62	5	4/20	8/4	9/12	145	15.1	122.1	24.6	179.9	141.8	78.8	29.9	0.0	倒	未发	无	未发	B

注：综合评级：A—好，B—较好，C—中等，D——一般。

表 9-8-6 长江上游中籼迟熟 F 组（182411NS-F）区试品种在各试验点的产量、生育期、主要性状、田间抗性等表现

品种名称/试验点	亩产（千克）	比 CK ±%	产量位次	播种期（月/日）	齐穗期（月/日）	成熟期（月/日）	全生育期（天）	有效穗（万/亩）	株高（厘米）	穗长（厘米）	总粒数/穗	实粒数/穗	结实率（%）	千粒重（克）	杂株率（%）	倒伏性	穗颈瘟	纹枯病	稻曲病	综合评级
F 优 498（CK）																				
重庆万州区种子站	567.72	0.00	8	3/19	7/9	8/14	148	14.1	113.2	30.0	186.5	164.3	88.1	25.6	0.0	直	未发	轻	未发	B
重庆市农业科学院水稻所	633.02	0.00	11	3/15	7/8	8/6	144	12.3	127.6	27.3	220.4	208.7	94.7	30.2	0.0	直	未发	轻	—	C
重庆市涪陵区种子站	733.34	0.00	3	3/17	7/16	8/16	152	15.6	112.6	25.0	166.1	154.4	93.0	30.4	0.5	直	未发	中	—	A
云南文山州种子站	745.61	0.00	2	4/25	8/23	9/20	148	15.8	116.6	27.3	233.0	175.5	75.3	31.6	0.0	直	无	轻	—	A
四川省原良种试验站	595.21	0.00	8	4/11	7/30	9/1	143	12.9	119.3	26.2	191.5	165.5	86.4	30.5	0.0	直	未发	未发	未发	B
四川省农业科学院水稻高粱所	511.63	0.00	12	3/14	6/29	7/30	138	11.4	120.3	26.5	210.8	179.2	85.0	28.1	0.0	直	未发	轻	未发	C
四川内江杂交水稻开发中心	569.72	0.00	8	3/20	7/11	8/12	145	11.3	125.7	27.7	224.0	177.0	79.0	28.8	0.0	直	未发	轻	未发	C
四川绵阳市农业科学院	588.48	0.00	10	4/3	7/25	8/23	142	14.1	116.9	24.0	158.1	136.3	86.2	32.2	0.0	直	未发	轻	—	B
四川广元市种子站	592.48	0.00	10	4/10	8/4	9/14	157	12.8	112.1	23.1	154.9	146.1	94.3	31.5	0.3	直	未发	轻	无	B
四川巴中市巴州区种子站	455.12	0.00	9	4/1	7/25	8/25	146	12.9	114.2	26.8	154.0	131.7	85.5	28.8	0.0	直	无	无	未发	B
陕西汉中市农科所	682.38	0.00	7	4/9	8/4	9/6	150	17.4	127.8	28.7	195.1	177.1	90.8	31.7	0.0	斜	轻	轻	轻	C
贵州遵义市农业科学院	695.00	0.00	10	4/13	8/12	9/18	158	11.9	123.0	27.4	263.6	195.4	74.1	30.9	0.0	直	轻	轻	未发	C
贵州省农业科学院水稻所	717.64	0.00	8	4/9	8/10	9/22	166	15.2	108.1	26.1	195.3	164.9	84.4	29.4	1.5	直	未发	轻	轻	C
贵州黔西南州农科所	578.65	0.00	10	4/2	7/30	9/10	161	15.4	96.6	24.4	196.5	123.4	62.8	30.7	0.0	直	未发	轻	—	C
贵州黔东南州农业科学院	649.47	0.00	3	4/20	8/5	9/11	144	13.8	117.6	25.7	160.9	147.3	91.5	31.6	0.0	直	未发	无	未发	B

注：综合评级：A—好，B—较好，C—中等，D——一般。

表 9-8-7　长江上游中籼迟熟 F 组（182411NS-F）区试品种在各试验点的产量、生育期、主要性状、田间抗性等表现

品种名称/试验点	亩产（千克）	比 CK ±%	产量位次	播种期（月/日）	齐穗期（月/日）	成熟期（月/日）	全生育期（天）	有效穗（万/亩）	株高（厘米）	穗长（厘米）	总粒数/穗	实粒数/穗	结实率（%）	千粒重（克）	杂株率（%）	倒伏性	穗颈瘟	纹枯病	稻曲病	综合评级
川康优 6605																				
重庆万州区种子站	546.73	-3.70	9	3/19	7/8	8/12	146	14.3	115.3	25.1	179.4	153.3	85.5	27.5	0.0	直	未发	轻	未发	B
重庆市农业科学院水稻所	668.00	5.53	3	3/15	7/7	8/10	148	15.2	125.2	28.4	182.0	157.2	86.4	29.6	0.5	直	未发	轻	—	B
重庆市涪陵区种子站	630.41	-14.04	10	3/17	7/16	8/17	153	12.1	111.0	25.4	174.8	153.1	87.6	32.6	1.0	直	未发	未发	—	D
云南文山州种子站	681.10	-8.65	6	4/25	8/17	9/21	149	14.6	117.0	25.6	188.5	133.5	70.8	35.3	0.0	直	无	轻	—	B
四川省原良种试验站	587.88	-1.23	9	4/11	7/30	9/2	144	14.2	117.3	25.0	160.6	125.3	78.0	33.0	0.0	直	未发	未发	未发	C
四川省农业科学院水稻高粱所	538.64	5.28	6	3/14	6/22	8/23	162	10.1	121.3	26.8	236.8	198.3	83.7	30.6	0.0	直	未发	轻	未发	B
四川内江杂交水稻开发中心	549.73	-3.51	10	3/20	7/12	8/16	149	13.7	123.7	26.8	205.0	170.0	82.9	26.3	0.0	直	未发	轻	未发	C
四川绵阳市农业科学院	608.66	3.43	6	4/3	7/28	8/25	144	15.4	119.2	25.0	160.4	129.6	80.8	33.1	1.2	直	未发	轻	—	A
四川广元市种子站	625.07	5.50	5	4/10	8/4	9/17	160	13.8	101.4	22.7	170.3	134.7	79.1	30.3	0.7	直	未发	轻	无	A
四川巴中市巴州区种子站	436.11	-4.18	11	4/1	7/26	8/26	147	17.5	119.1	23.6	157.5	117.8	74.8	26.4	0.0	直	无	无	未发	C
陕西汉中市农科所	658.65	-3.48	9	4/9	8/5	9/7	151	20.0	126.5	27.0	166.6	142.7	85.7	33.6	1.2	倒	无	轻	无	D
贵州遵义市农业科学院	670.58	-3.51	12	4/13	8/9	9/17	157	12.5	125.7	27.5	252.4	166.4	65.9	33.2	0.0	直	未发	轻	未发	D
贵州省农业科学院水稻所	652.01	-9.15	11	4/9	8/3	9/16	160	13.2	101.0	25.0	208.3	155.0	74.4	33.5	0.0	直	未发	轻	轻	D
贵州黔西南州农科所	519.47	-10.23	12	4/2	7/29	9/9	160	16.4	103.1	24.0	155.2	103.4	66.6	31.2	0.0	直	未发	轻	—	D
贵州黔东南州农业科学院	534.56	-17.69	12	4/20	7/30	9/11	144	14.0	123.5	25.2	152.2	119.5	78.5	32.4	0.0	倒	未发	无	未发	D

注：综合评级：A—好，B—较好，C—中等，D——一般。

表 9-8-8　长江上游中籼迟熟 F 组（182411NS-F）区试品种在各试验点的产量、生育期、主要性状、田间抗性等表现

品种名称/试验点	亩产（千克）	比CK ±%	产量位次	播种期（月/日）	齐穗期（月/日）	成熟期（月/日）	全生育期（天）	有效穗（万/亩）	株高（厘米）	穗长（厘米）	总粒数/穗	实粒数/穗	结实率（%）	千粒重（克）	杂株率（%）	倒伏性	穗颈瘟	纹枯病	稻曲病	综合评级
甜香优 698																				
重庆万州区种子站	612.70	7.92	4	3/19	7/8	8/12	146	16.4	107.3	25.2	194.9	163.7	84.0	27.2	0.0	直	未发	轻	未发	A
重庆市农业科学院水稻所	665.17	5.08	4	3/15	7/10	8/6	144	12.6	110.2	25.9	192.9	182.1	94.4	30.6	0.5	直	未发	轻	—	B
重庆市涪陵区种子站	603.34	-17.73	12	3/17	7/15	8/13	149	12.9	98.8	24.7	165.2	150.4	91.0	32.1	1.0	直	未发	未发	—	D
云南文山州种子站	654.90	-12.17	11	4/25	8/17	9/20	148	19.4	108.0	25.2	156.3	105.4	67.4	33.2	1.1	直	无	轻	—	A
四川省原良种试验站	615.03	3.33	4	4/11	7/31	9/1	143	15.4	114.7	25.3	154.6	131.2	84.9	32.6	0.0	直	未发	轻	未发	A
四川省农业科学院水稻高粱所	519.13	1.47	10	3/14	6/27	7/27	135	12.3	114.0	25.0	173.5	155.5	89.6	30.3	2.5	直	未发	轻	未发	C
四川内江杂交水稻开发中心	629.69	10.53	2	3/20	7/10	8/14	147	12.5	119.7	27.7	169.0	148.0	87.6	30.9	0.0	直	未发	轻	未发	A
四川绵阳市农业科学院	609.99	3.65	5	4/3	7/27	8/21	140	16.7	110.4	24.4	142.7	114.4	80.2	32.8	1.0	直	未发	轻	—	A
四川广元市种子站	597.83	0.90	9	4/10	8/2	9/10	153	14.5	104.5	22.8	135.1	119.7	88.6	32.9	0.7	直	未发	轻	无	B
四川巴中市巴州区种子站	470.45	3.37	5	4/1	7/24	8/24	145	18.8	113.8	22.7	141.6	128.8	91.0	27.8	0.0	直	无	无	未发	B
陕西汉中市农科所	722.81	5.92	1	4/9	8/4	9/6	150	21.1	113.2	24.6	130.5	124.8	95.6	33.1	0.0	直	无	轻	无	A
贵州遵义市农业科学院	696.14	0.16	9	4/13	8/8	9/17	157	13.3	114.3	26.0	210.1	158.0	75.2	32.0	0.0	直	未发	轻	未发	D
贵州省农业科学院水稻所	612.20	-14.69	12	4/9	8/3	9/17	161	13.9	102.4	26.3	189.6	139.6	73.6	33.5	0.0	直	未发	轻	轻	D
贵州黔西南州农科所	615.66	6.40	5	4/2	7/28	9/8	159	18.3	94.0	22.9	140.6	110.8	78.8	30.6	0.0	直	未发	中	—	C
贵州黔东南州农业科学院	670.14	3.18	1	4/20	8/2	9/9	142	15.3	106.0	25.1	181.7	157.6	86.7	27.8	0.0	直	未发	无	未发	A

注：综合评级：A—好，B—较好，C—中等，D——般。

表 9-8-9　长江上游中籼迟熟 F 组（182411NS-F）区试品种在各试验点的产量、生育期、主要性状、田间抗性等表现

品种名称/试验点	亩产（千克）	比 CK ±%	产量位次	播种期（月/日）	齐穗期（月/日）	成熟期（月/日）	全生育期（天）	有效穗（万/亩）	株高（厘米）	穗长（厘米）	总粒数/穗	实粒数/穗	结实率（%）	千粒重（克）	杂株率（%）	倒伏性	穗颈瘟	纹枯病	稻曲病	综合评级
涵优 308																				
重庆万州区种子站	521.08	-8.22	11	3/19	7/9	8/15	149	13.1	104.7	26.4	165.8	141.2	85.2	30.8	0.0	直	未发	中	未发	C
重庆市农业科学院水稻所	657.17	3.82	8	3/15	7/10	8/9	147	15.6	112.0	27.7	184.8	163.2	88.3	30.9	0.0	直	未发	轻	—	B
重庆市涪陵区种子站	622.23	-15.15	11	3/17	7/17	8/17	153	13.8	103.8	25.0	158.6	134.4	84.7	33.5	1.0	直	未发	未发	—	D
云南文山州种子站	698.18	-6.36	4	4/25	8/18	9/20	148	15.3	102.4	26.5	185.0	139.7	75.5	31.4	0.6	直	无	轻	—	B
四川省原良种试验站	580.05	-2.55	12	4/11	7/30	9/1	143	16.1	106.0	24.4	150.3	124.3	82.7	29.2	0.0	直	未发	未发	未发	C
四川省农业科学院水稻高粱所	563.81	10.20	2	3/14	6/29	7/30	138	12.2	109.7	26.6	212.1	182.3	86.0	28.9	0.0	直	未发	轻	未发	A
四川内江杂交水稻开发中心	546.40	-4.09	11	3/20	7/15	8/14	147	15.5	122.7	27.7	155.0	125.0	80.6	28.4	0.0	直	未发	轻	未发	D
四川绵阳市农业科学院	612.16	4.02	4	4/3	7/27	8/24	143	16.7	110.6	22.6	142.5	113.7	79.8	34.1	0.0	直	未发	轻	—	A
四川广元市种子站	607.52	2.54	7	4/10	8/6	9/16	159	14.5	104.1	22.8	148.8	124.4	83.6	32.9	0.3	直	未发	轻	无	B
四川巴中市巴州区种子站	513.63	12.86	1	4/1	7/25	8/25	146	17.0	118.3	25.0	143.0	125.4	87.7	32.9	0.0	直	无	无	未发	A
陕西汉中市农科所	663.50	-2.77	8	4/9	8/4	9/6	150	21.4	114.6	24.8	122.2	112.8	92.3	33.5	0.0	直	轻	轻	无	B
贵州遵义市农业科学院	689.95	-0.73	11	4/13	8/12	9/17	157	12.5	110.2	27.5	269.0	168.0	62.5	32.6	0.0	直	未发	轻	未发	C
贵州省农业科学院水稻所	685.99	-4.41	10	4/9	8/9	9/22	166	14.1	93.2	25.3	225.2	158.0	70.2	31.6	0.0	直	未发	轻	轻	C
贵州黔西南州农科所	573.31	-0.92	11	4/2	7/31	9/11	162	17.0	92.7	25.4	150.4	103.9	69.1	32.7	0.0	直	未发	轻	—	C
贵州黔东南州农业科学院	577.38	-11.10	10	4/20	8/5	9/12	145	13.6	105.6	23.7	142.7	127.5	89.3	34.2	0.0	直	未发	轻	未发	D

注：综合评级：A—好，B—较好，C—中等，D—一般。

表 9-8-10　长江上游中籼迟熟 F 组（182411NS-F）区试品种在各试验点的产量、生育期、主要性状、田间抗性等表现

品种名称/试验点	亩产（千克）	比 CK ±%	产量位次	播种期（月/日）	齐穗期（月/日）	成熟期（月/日）	全生育期（天）	有效穗（万/亩）	株高（厘米）	穗长（厘米）	总粒数/穗	实粒数/穗	结实率（%）	千粒重（克）	杂株率（%）	倒伏性	穗颈瘟	纹枯病	稻曲病	综合评级
内香 6 优 003																				
重庆万州区种子站	579.05	2.00	7	3/19	7/10	8/11	145	14.1	116.0	29.1	183.8	158.9	86.5	28.6	0.0	直	未发	轻	未发	B
重庆市农业科学院水稻所	631.52	-0.24	12	3/15	7/11	8/9	147	14.8	111.8	28.1	182.2	168.3	92.4	27.2	0.0	直	未发	轻	—	D
重庆市涪陵区种子站	658.82	-10.16	7	3/17	7/18	8/16	152	15.9	108.6	25.2	149.7	134.3	89.7	28.4	0.0	直	未发	未发	—	C
云南文山州种子站	662.36	-11.17	9	4/25	8/18	9/21	149	18.0	113.8	27.3	203.0	142.5	70.2	30.0	0.6	直	无	轻	—	A
四川省原良种试验站	585.54	-1.62	10	4/11	8/3	9/2	144	14.6	113.0	27.8	157.4	133.8	85.0	30.6	0.0	直	未发	未发	未发	C
四川省农业科学院水稻高粱所	559.64	9.38	3	3/14	6/30	7/30	138	13.1	121.0	26.3	180.3	165.7	91.9	27.9	1.0	直	未发	轻	未发	A
四川内江杂交水稻开发中心	623.02	9.36	3	3/20	7/13	8/10	143	13.2	124.3	34.3	204.0	153.0	75.0	31.4	0.0	直	未发	轻	未发	A
四川绵阳市农业科学院	606.82	3.12	9	4/3	7/29	8/24	143	17.1	114.3	24.4	139.5	119.1	85.4	30.5	1.6	直	未发	轻	—	B
四川广元市种子站	611.53	3.22	6	4/10	8/8	9/15	158	12.2	112.4	24.1	165.9	151.9	91.6	29.1	0.3	直	未发	轻	无	A
四川巴中市巴州区种子站	470.12	3.30	6	4/1	7/26	8/26	147	16.5	122.7	25.7	145.2	133.6	92.0	27.6	0.0	直	无	无	未发	B
陕西汉中市农科所	652.30	-4.41	10	4/9	8/11	9/13	157	20.9	123.7	27.9	166.7	148.0	88.8	30.0	0.0	直	无	轻	无	C
贵州遵义市农业科学院	718.44	3.37	5	4/13	8/13	9/17	157	14.5	121.5	28.5	271.8	177.1	65.2	29.9	0.0	直	未发	轻	未发	B
贵州省农业科学院水稻所	717.98	0.05	6	4/9	8/7	9/20	164	15.1	106.7	26.2	205.1	167.1	81.5	28.7	0.0	直	未发	无	轻	C
贵州黔西南州农科所	593.98	2.65	9	4/2	8/1	9/12	163	16.9	98.5	25.0	179.2	125.6	70.1	28.3	0.0	直	未发	轻	—	C
贵州黔东南州农业科学院	597.23	-8.04	9	4/20	8/7	9/15	148	15.2	118.0	25.8	163.2	137.6	84.3	29.2	0.0	直	未发	无	未发	C

注：综合评级：A—好，B—较好，C—中等，D——一般。

表 9-8-11　长江上游中籼迟熟 F 组（182411NS-F）区试品种在各试验点的产量、生育期、主要性状、田间抗性等表现

品种名称/试验点	亩产（千克）	比 CK ±%	产量位次	播种期（月/日）	齐穗期（月/日）	成熟期（月/日）	全生育期（天）	有效穗（万/亩）	株高（厘米）	穗长（厘米）	总粒数/穗	实粒数/穗	结实率（%）	千粒重（克）	杂株率（%）	倒伏性	穗颈瘟	纹枯病	稻曲病	综合评级
玮两优 5438																				
重庆万州区种子站	605.87	6.72	6	3/19	7/12	8/16	150	15.4	111.6	25.0	209.3	180.6	86.3	24.2	0.0	直	未发	轻	未发	A
重庆市农业科学院水稻所	662.17	4.61	5	3/15	7/10	8/10	148	12.6	112.8	25.3	232.1	211.9	91.3	26.2	0.0	直	未发	轻	—	B
重庆市涪陵区种子站	670.01	-8.64	6	3/17	7/18	8/18	154	15.9	98.8	22.3	133.7	129.2	96.6	27.8	0.0	直	未发	未发	—	B
云南文山州种子站	675.96	-9.34	7	4/25	8/16	9/20	148	16.7	116.4	27.1	220.2	151.9	69.0	30.8	0.6	直	无	轻	—	B
四川省原良种试验站	597.54	0.39	7	4/11	8/1	9/3	145	16.0	112.0	22.4	156.3	138.5	88.6	26.9	0.0	直	未发	未发	未发	B
四川省农业科学院水稻高粱所	520.30	1.69	9	3/14	6/30	8/31	170	11.3	118.7	24.5	225.1	207.6	92.2	24.9	0.0	直	未发	轻	未发	C
四川内江杂交水稻开发中心	556.39	-2.34	9	3/20	7/13	8/14	147	12.2	112.7	23.3	189.0	166.0	87.8	24.9	0.0	直	未发	轻	未发	C
四川绵阳市农业科学院	557.48	-5.27	12	4/3	7/27	8/22	141	16.7	108.4	23.0	157.9	130.4	82.6	27.4	0.0	直	未发	轻	—	C
四川广元市种子站	603.51	1.86	8	4/10	8/8	9/14	157	12.1	127.0	21.2	189.4	161.2	85.1	29.7	0.7	直	未发	轻	无	B
四川巴中市巴州区种子站	493.29	8.39	2	4/1	7/25	8/25	146	15.0	122.8	24.1	184.2	167.4	90.9	26.6	0.0	直	无	无	未发	A
陕西汉中市农科所	639.44	-6.29	12	4/9	8/10	9/12	156	16.5	121.6	23.7	161.8	138.1	85.4	28.5	0.0	直	无	轻	轻	C
贵州遵义市农业科学院	700.53	0.80	8	4/13	8/14	9/18	158	13.7	110.2	24.8	281.4	190.8	67.8	27.1	0.0	直	未发	轻	未发	C
贵州省农业科学院水稻所	717.64	0.00	7	4/9	8/11	9/24	168	15.6	101.0	24.1	217.6	176.8	81.3	26.2	0.0	直	未发	无	轻	C
贵州黔西南州农科所	594.82	2.79	8	4/2	8/4	9/14	165	17.5	92.9	22.8	163.3	124.1	76.0	28.0	0.0	直	未发	轻	—	C
贵州黔东南州农业科学院	554.40	-14.64	11	4/20	8/10	9/12	145	15.8	109.2	25.4	152.5	130.2	85.4	27.5	0.6	直	未发	无	未发	D

注：综合评级：A—好，B—较好，C—中等，D——一般。

表 9-8-12　长江上游中籼迟熟 F 组（182411NS-F）区试品种在各试验点的产量、生育期、主要性状、田间抗性等表现

品种名称/试验点	亩产（千克）	比 CK ±%	产量位次	播种期（月/日）	齐穗期（月/日）	成熟期（月/日）	全生育期（天）	有效穗（万/亩）	株高（厘米）	穗长（厘米）	总粒数/穗	实粒数/穗	结实率（%）	千粒重（克）	杂株率（%）	倒伏性	穗颈瘟	纹枯病	稻曲病	综合评级
友香优 668																				
重庆万州区种子站	521.24	-8.19	10	3/19	7/10	8/14	148	13.0	119.3	27.5	212.8	181.4	85.2	24.1	0.0	直	未发	轻	未发	C
重庆市农业科学院水稻所	657.67	3.89	7	3/15	7/11	8/9	147	11.0	127.4	27.3	328.6	254.2	77.4	26.2	0.0	直	未发	轻	—	B
重庆市涪陵区种子站	745.53	1.66	2	3/17	7/18	8/17	153	12.5	121.8	23.1	187.3	156.6	83.6	27.3	2.0	直	未发	未发	—	A
云南文山州种子站	658.38	-11.70	10	4/25	8/20	9/21	149	14.0	122.6	25.4	255.5	200.5	78.5	28.3	0.6	直	轻	轻	—	B
四川省原良种试验站	585.04	-1.71	11	4/11	8/2	9/2	144	12.5	130.0	26.4	223.2	175.3	78.5	26.8	0.0	直	未发	未发	未发	C
四川省农业科学院水稻高粱所	513.30	0.33	11	3/14	6/30	7/31	139	9.3	132.7	26.6	360.9	255.5	70.8	25.6	2.5	直	未发	轻	未发	C
四川内江杂交水稻开发中心	509.75	-10.53	12	3/20	7/14	8/17	150	10.5	131.0	24.0	300.0	174.0	58.0	28.3	0.0	直	未发	轻	未发	D
四川绵阳市农业科学院	571.48	-2.89	11	4/3	7/28	8/25	144	13.6	123.9	24.5	173.9	140.9	81.0	29.8	0.8	直	未发	轻	—	C
四川广元市种子站	565.08	-4.62	12	4/10	8/6	9/13	156	12.0	114.3	22.8	168.4	159.6	94.8	31.3	0.7	直	未发	轻	无	B
四川巴中市巴州区种子站	459.78	1.02	8	4/1	7/25	8/24	145	12.4	126.2	24.8	198.1	137.0	69.2	27.4	0.0	直	无	无	未发	B
陕西汉中市农科所	641.94	-5.93	11	4/9	8/9	9/11	155	20.3	134.5	27.4	259.5	189.7	73.1	29.9	0.0	直	无	轻	轻	D
贵州遵义市农业科学院	712.09	2.46	6	4/13	8/14	9/18	158	12.6	131.8	25.8	293.4	190.3	64.9	28.8	0.0	直	未发	轻	未发	C
贵州省农业科学院水稻所	751.63	4.74	2	4/9	8/9	9/21	165	15.6	110.9	25.3	223.2	184.7	82.8	26.7	0.8	直	未发	轻	轻	A
贵州黔西南州农科所	613.32	5.99	6	4/2	8/1	9/11	162	13.3	112.0	26.4	225.2	164.5	73.0	28.4	0.0	直	未发	轻	—	C
贵州黔东南州农业科学院	614.59	-5.37	8	4/20	8/8	9/13	146	14.6	128.1	26.5	188.6	152.6	80.9	27.8	0.0	直	未发	轻	未发	C

注：综合评级：A—好，B—较好，C—中等，D——般。

表 9-9 长江上游中籼迟熟 F 组生产试验（182411NS-F-S）品种在各试验点的产量、生育期、主要特征、田间抗性表现

品种名称/试验点	亩产（千克）	比 CK ±%	播种期（月/日）	齐穗期（月/日）	成熟期（月/日）	全生育期（天）	耐寒性	整齐度	杂株率(%)	株型	叶色	叶姿	长势	熟期转色	倒伏性	落粒性	叶瘟	穗颈瘟	纹枯病	稻曲病
甜香优 698																				
四川巴中市巴州区种子站	596.81	3.11	4/1	7/23	8/23	144	未发	整齐	0.0	适中	绿	挺直	繁茂	好	直	—	无	无	无	未发
四川宜宾市农业科学院	627.03	5.61	3/14	6/30	7/29	137	未发	整齐	0.0	紧束	绿	挺直	一般	好	直	中	未发	未发	未发	无
四川宣汉县种子站	642.94	1.50	3/25	7/17	8/22	150	未发	整齐	0.1	适中	浓绿	挺直	繁茂	好	直	中	未发	轻	未发	—
重庆南川区种子站	625.69	11.75	3/26	7/21	9/3	161	强	整齐	0.6	紧束	绿	挺直	繁茂	好	直	易	未发	未发	无	—
重庆潼南区种子站	566.77	1.83	3/15	7/1	8/1	139	强	整齐	0.0	适中	绿	挺直	繁茂	好	直	易	未发	未发	轻	未发
F 优 498（CK）																				
四川巴中市巴州区种子站	578.81	0.00	4/1	7/23	8/24	145	未发	整齐	0.0	适中	绿	披垂	繁茂	好	直	—	无	无	无	未发
四川宜宾市农业科学院	593.75	0.00	3/14	7/3	8/1	140	未发	整齐	0.0	适中	浓绿	一般	一般	中	直	中	未发	未发	未发	轻
四川宣汉县种子站	633.43	0.00	3/25	7/21	8/26	154	未发	整齐	0.0	适中	浓绿	挺直	繁茂	好	直	中	未发	重	未发	—
重庆南川区种子站	559.92	0.00	3/26	7/25	9/4	162	强	整齐	0.8	适中	绿	挺直	繁茂	好	直	易	未发	轻	无	—
重庆潼南区种子站	556.57	0.00	3/15	6/30	7/30	137	强	整齐	0.0	适中	绿	一般	繁茂	好	直	易	未发	未发	中	未发

第十章　2018 年长江中下游早籼早中熟组国家水稻品种试验汇总报告

一、试验概况

（一）试验目的

鉴定评价我国长江中下游稻区新选育和引进的早籼早中熟新品种（组合，下同）的丰产性、稳产性、适应性、抗性、米质及其他重要性状表现，为国家水稻品种审定提供科学依据。

（二）参试品种

区试品种 7 个，陵两优 36、陵两优 159、锦两优 361、顶两优 1671、陵两优 689、陵两优 158、两优 5114，其中陵两优 36、陵两优 159 为续试品种，其余为新参试品种，以中早 35（CK）为对照；生产试验品种 2 个，即：中早 47 和中早 46，也以中早 35（CK）为对照。品种编号、名称、类型、亲本组合、选育/供种单位见表 10-1。

（三）承试单位

区试点 16 个，生产试验点 6 个，分布在江西、湖南、湖北、安徽和浙江 5 个省区。承试单位、试验地点、经纬度、海拔高度、试验负责人及执行人见表 10-2。

（四）试验设计、栽培管理与观察记载

各试验点均按《2018 年南方稻区国家水稻品种试验实施方案》及 NY/T 1300—2007《农作物品种区域试验技术规范　水稻》进行试验。

区试采用完全随机区组排列，3 次重复，小区面积 0.02 亩。生产试验采用大区随机排列，不设重复，大区面积 0.5 亩。

分区试、生产试验，同组试验所有品种同期播种、移栽，施肥水平中等偏上，其他栽培管理措施与当地大田生产相同。

观察记载项目与标准按 NY/T 1300—2007《农作物品种区域试验技术规范　水稻》以及《国家水稻品种试验观察记载项目、方法及标准》《南方稻区国家水稻品种区试及生产试验记载表》等的要求执行。

（五）特性鉴定

1. 抗性鉴定

浙江省农业科学院植保所、湖南省农业科学院植微所、湖北宜昌市农科所、安徽省农业科学院植保所、福建上杭县茶地乡农技站和江西井冈山企业集团农技服务中心负责稻瘟病抗性鉴定。湖南省农业科学院水稻所负责白叶枯病抗性鉴定。鉴定采用人工接菌与病区自然诱发相结合。中国水稻研究所稻作发展中心负责稻飞虱抗性鉴定。鉴定用种子均由牵头单位中国水稻研究所统一提供。

2. 米质分析

由江西省种子管理局、湖南岳阳市农科所和中国水稻研究所试验点提供样品，农业农村部稻米及制品质量监督检验测试中心负责检测分析。

3. DNA 指纹特异性与一致性

由中国水稻研究所国家水稻改良中心进行参试品种的特异性、同名品种年度间及不同样品间的一

致性鉴定。

（六）试验评价

依据 NY/T 1300—2007《农作物品种区域试验技术规范　水稻》、试验实地检查考察情况以及试验点对试验实施情况和品种表现情况所做的说明，对各试验（鉴定）点试验（鉴定）结果的可靠性、完整性、准确性等进行分析评估，确保汇总质量。

2018 年安徽黄山市种子站区试和生产试验点鸟害严重，试验点声明试验结果不宜采用；浙江省农业科学院植微所稻瘟病鉴定点发病偏轻，鉴定结果未采用；其余区试点、生产试验点以及特性鉴定点的试验（鉴定）结果正常，纳入汇总。

（七）品种评价

依据国家农作物品种审定委员会 2017 年发布的《主要农作物品种审定标准（国家级）》，对参试品种进行分析评价。

产量联合方差分析采用固定模型，品种间产量差异多重比较采用 Duncan's 新复极差法；参试品种的丰产性主要以品种在区试和生产试验中相对于对照品种产量增减产百分率来衡量；参试品种的适应性主要以品种在区试和生产试验中比对照品种增产的试验点百分率来衡量；参试品种的稳产性主要以品种在年度间区试中相对于对照品种产量的差异变化程度来衡量。

参试品种的生育期主要以全生育期比对照品种长短的天数来衡量。

参试品种的抗性以指定的鉴定单位的鉴定结果为主要依据，对稻瘟病抗性的主要评价指标为综合指数和穗瘟损失率最高级，对其他病虫害抗性的主要评价指标为最高级。

参试品种的米质评价按照农业行业标准 NY/T 593—2013《食用稻品种品质》，分优质 1 级、优质 2 级、优质 3 级，未达到优质级的品种米质均为普通级。

二、结果分析

（一）产量

对照中早 35（CK）的产量水平中等、居第 5 位。依据比对照的增减产幅度衡量：在 2018 年区试参试品种中，产量高、比对照增产 5%以上的品种有陵两优 159；产量较高、比对照增产 3%~5%的品种有顶两优 1671 和陵两优 158；产量中等、比对照增减产小于 3%的品种有陵两优 689 和陵两优 36；产量一般，比对照减产 3%以上的品种有锦两优 361 和两优 5114。

区试参试品种产量汇总结果见表 10-3，生产试验参试品种产量汇总结果见表 10-4。

（二）生育期

依据全生育期比对照长短的天数衡量：在 2018 年区试参试品种中，熟期适宜、比对照早熟的品种有顶两优 1671；其他品种的全生育期介于 109.7~110.2 天，比对照迟熟 1~2 天，熟期稍迟。

区试参试品种生育期汇总结果见表 10-3，生产试验参试品种生育期汇总结果见表 10-4。

（三）主要农艺经济性状

区试参试品种分蘖率、有效穗、成穗率、株高、穗长、每穗总粒数、每穗实粒数、结实率、千粒重等主要农艺经济性状汇总结果见表 10-3。

（四）抗性

对稻瘟病的抗性（表 10-5），根据 1~2 年鉴定结果，稻瘟病穗瘟损失率最高级 3 级的品种有陵两优 36；穗瘟损失率最高级 5 级的品种有陵两优 159、锦两优 361；穗瘟损失率最高级 7 级的品种有陵两优 158；穗瘟损失率最高级 9 级的品种有顶两优 1671、陵两优 689 和两优 5114。

生产试验参试品种特性鉴定结果见表 10-4，区试参试品种抗性鉴定结果见表 10-6。

（五）米质

依据农业行业标准 NY/T 593—2013《食用稻品种品质》，根据 1~2 年的检测结果：所有参试品种均为普通级，米质中等或一般。

区试参试品种米质指标表现及等级见表 10-7。

（六）品种在各试验点表现

区试参试品种在各试验点的表现情况见表 10-8，生产试验参试品种在各试验点的表现情况见表 10-9。

三、品种简评

（一）生产试验品种

1. 中早 46

2016 年初试平均亩产 507.83 千克，比中早 35（CK）增产 5.10%，增产点比例 87.5%；2017 年续试平均亩产 527.73 千克，比中早 35（CK）增产 4.34%，增产点比例 87.5%；两年区试平均亩产 517.78 千克，比中早 35（CK）增产 4.71%，增产点比例 87.5%；2018 年生产试验平均亩产 501.23 千克，比中早 35（CK）增产 3.91%，增产点比例 100.0%。全生育期两年区试平均 114.3 天，比中早 35（CK）早熟 0.0 天。主要农艺性状两年区试综合表现：有效穗 21.4 万穗/亩，株高 88.9 厘米，穗长 19.5 厘米，每穗总粒数 139.7 粒，结实率 79.3%，千粒重 26.8 克。抗性两年综合表现：稻瘟病综合指数年度分别为 5.4 级、5.4 级，穗瘟损失率最高级 9 级；白叶枯病 7 级；褐飞虱 9 级；白背飞虱 9 级。米质主要指标两年综合表现：糙米率 81.9%，整精米率 64.0%，长宽比 2.3，垩白粒率 96%，垩白度 16.9%，透明度 4 级，碱消值 5.1 级，胶稠度 66 毫米，直链淀粉含量 26.0%，综合评级为国标等外、部标普通。

2018 年国家水稻品种试验年会审议意见：已完成试验程序，可以申报国家审定。

2. 中早 47

2016 年初试平均亩产 492.66 千克，比中早 35（CK）增产 1.96%，增产点比例 56.3%；2017 年续试平均亩产 518.12 千克，比中早 35（CK）增产 2.44%，增产点比例 68.8%；两年区试平均亩产 505.39 千克，比中早 35（CK）增产 2.21%，增产点比例 62.5%；2018 年生产试验平均亩产 504.83 千克，比中早 35（CK）增产 4.65%，增产点比例 100.0%。全生育期两年区试平均 113.9 天，比中早 35（CK）早熟 0.4 天。主要农艺性状两年区试综合表现：有效穗 20.6 万穗/亩，株高 90.3 厘米，穗长 18.3 厘米，每穗总粒数 145.6 粒，结实率 80.8%，千粒重 24.3 克。抗性两年综合表现：稻瘟病综合指数年度分别为 2.9 级、2.7 级，穗瘟损失率最高级 5 级；白叶枯病 9 级；褐飞虱 9 级；白背飞虱 9 级。米质主要指标两年综合表现：糙米率 81.0%，整精米率 66.0%，长宽比 1.9，垩白粒率 83%，垩白度 10.6%，透明度 3 级，碱消值 5.8 级，胶稠度 63 毫米，直链淀粉含量 24.4%，综合评级为国标等外、部标普通。

2018 年国家水稻品种试验年会审议意见：已完成试验程序，可以申报国家审定。

（二）续试品种

1. 陵两优 159

2017 年初试平均亩产 520.04 千克，比中早 35（CK）增产 2.82%，增产点比例 81.3%；2018 年续试平均亩产 571.23 千克，比中早 35（CK）增产 5.45%，增产点比例 93.3%；两年区试平均亩产 545.63 千克，比中早 35（CK）增产 4.18%，增产点比例 87.3%。全生育期两年区试平均 111.1 天，比中早 35（CK）早熟 0.2 天。主要农艺性状两年区试综合表现：有效穗 23.6 万穗/亩，株高 87.9 厘米，穗长 18.7 厘米，每穗总粒数 126.2 粒，结实率 79.1%，千粒重 25.8 克。抗性表现：稻瘟病综合指数年度分别为 2.6 级、3.1 级，穗瘟损失率最高级 5 级；白叶枯病最高级 9 级；褐飞虱最高级 9 级；

白背飞虱最高级 9 级。米质表现：糙米率 80. 8%，精米率 72. 2%，整精米率 58. 7%，粒长 5. 9 毫米，长宽比 2. 4，垩白粒率 80%，垩白度 14. 5%，透明度 3 级，碱消值 4. 8 级，胶稠度 79. 7 毫米，直链淀粉含量 20. 7%，综合评级为普通。

2018 年国家水稻品种试验年会审议意见：2019 年进行生产试验。

2. 陵两优 36

2017 年初试平均亩产 495. 04 千克，比中早 35（CK）减产 2. 12%，增产点比例 31. 3%；2018 年续试平均亩产 535. 45 千克，比中早 35（CK）减产 1. 16%，增产点比例 40. 0%；两年区试平均亩产 515. 25 千克，比中早 35（CK）减产 1. 62%，增产点比例 35. 6%。全生育期两年区试平均 112. 0 天，比中早 35（CK）迟熟 0. 7 天。主要农艺性状两年区试综合表现：有效穗 21. 7 万穗/亩，株高 90. 3 厘米，穗长 18. 1 厘米，每穗总粒数 125. 6 粒，结实率 82. 4%，千粒重 25. 8 克。抗性表现：稻瘟病综合指数年度分别为 3. 8 级、3. 3 级，穗瘟损失率最高级 3 级；白叶枯病最高级 9 级；褐飞虱最高级 9 级；白背飞虱最高级 9 级。米质表现：糙米率 80. 4%，精米率 71. 6%，整精米率 55. 2%，粒长 5. 9 毫米，长宽比 2. 3，垩白粒率 77. 7%，垩白度 14. 9%，透明度 3 级，碱消值 4. 9 级，胶稠度 59. 3 毫米，直链淀粉含量 20. 6%，综合评级为普通。

2018 年国家水稻品种试验年会审议意见：2019 年进行生产试验。

（三）初试品种

1. 顶两优 1671

2018 年初试平均亩产 566. 37 千克，比中早 35（CK）增产 4. 55%，增产点比例 93. 3%。全生育期 108. 2 天，比中早 35（CK）早熟 0. 5 天。主要农艺性状表现：有效穗 21. 7 万穗/亩，株高 90. 9 厘米，穗长 18. 2 厘米，每穗总粒数 142. 5 粒，结实率 84. 5%，千粒重 24. 8 克。抗性表现：稻瘟病综合指数 6. 2 级，穗瘟损失率最高级 9 级；白叶枯病 7 级；褐飞虱 9 级；白背飞虱 7 级。米质表现：糙米率 80. 5%，精米率 71. 8%，整精米率 55. 3%，粒长 6. 0 毫米，长宽比 2. 4，垩白粒率 74. 7%，垩白度 10. 1%，透明度 2. 3 级，碱消值 4. 6 级，胶稠度 72 毫米，直链淀粉含量 20. 9%，综合评级为普通。

2018 年国家水稻品种试验年会审议意见：终止试验。

2. 陵两优 158

2018 年初试平均亩产 560. 27 千克，比中早 35（CK）增产 3. 43%，增产点比例 80. 0%。全生育期 110. 7 天，比中早 35（CK）迟熟 2. 0 天。主要农艺性状表现：有效穗 21. 7 万穗/亩，株高 97. 1 厘米，穗长 20. 0 厘米，每穗总粒数 133. 4 粒，结实率 81. 6%，千粒重 26. 0 克。抗性表现：稻瘟病综合指数 4. 5 级，穗瘟损失率最高级 7 级；白叶枯病 7 级；褐飞虱 9 级；白背飞虱 9 级。米质表现：糙米率 80. 6%，精米率 71. 6%，整精米率 57. 7%，粒长 6. 3 毫米，长宽比 2. 5，垩白粒率 70. 7%，垩白度 12. 0%，透明度 2. 3 级，碱消值 4. 8 级，胶稠度 82 毫米，直链淀粉含量 20. 9%，综合评级为普通。

2018 年国家水稻品种试验年会审议意见：终止试验。

3. 陵两优 689

2018 年初试平均亩产 547. 89 千克，比中早 35（CK）增产 1. 14%，增产点比例 66. 7%。全生育期 110. 5 天，比中早 35（CK）迟熟 1. 8 天。主要农艺性状表现：有效穗 20. 9 万穗/亩，株高 91. 7 厘米，穗长 20. 3 厘米，每穗总粒数 134. 7 粒，结实率 83. 3%，千粒重 25. 7 克。抗性表现：稻瘟病综合指数 5. 9 级，穗瘟损失率最高级 9 级；白叶枯病 7 级；褐飞虱 9 级；白背飞虱 9 级。米质表现：糙米率 80. 0%，精米率 71. 7%，整精米率 62. 6%，粒长 6. 1 毫米，长宽比 2. 5，垩白粒率 39. 3%，垩白度 5. 4%，透明度 2. 3 级，碱消值 4. 1 级，胶稠度 85 毫米，直链淀粉含量 12. 7%，综合评级为普通。

2018 年国家水稻品种试验年会审议意见：终止试验。

4. 锦两优 361

2018 年初试平均亩产 524. 65 千克，比中早 35（CK）减产 3. 15%，增产点比例 26. 7%。全生育期 110. 2 天，比中早 35（CK）迟熟 1. 5 天。主要农艺性状表现：有效穗 21. 1 万穗/亩，株高 90. 8 厘米，穗长 20. 1 厘米，每穗总粒数 123. 5 粒，结实率 82. 4%，千粒重 28. 0 克。抗性表现：稻瘟病综合指数 4. 4 级，穗瘟损失率最高级 5 级；白叶枯病 7 级；褐飞虱 9 级；白背飞虱 9 级。米质表现：糙米率 80.8%，精米率 71.9%，整精米率 54.0%，粒长 7.2 毫米，长宽比 3.2，垩白粒率 57.0%，垩白度 8.4%，透明度 2.0 级，碱消值 5.7 级，胶稠度 52 毫米，直链淀粉含量 22.0%，综合评级为普通。

2018 年国家水稻品种试验年会审议意见：终止试验。

5. 两优 5114

2018 年初试平均亩产 408.96 千克，比中早 35（CK）减产 24.51%，增产点比例 6.7%。全生育期 109.7 天，比中早 35（CK）迟熟 1.0 天。主要农艺性状表现：有效穗 20.8 万穗/亩，株高 82.2 厘米，穗长 19.0 厘米，每穗总粒数 132.9 粒，结实率 65.9%，千粒重 26.4 克。抗性表现：稻瘟病综合指数 5.9 级，穗瘟损失率最高级 9 级；白叶枯病 7 级；褐飞虱 9 级；白背飞虱 9 级。米质表现：糙米率 80.4%，精米率 72.2%，整精米率 61.3%，粒长 7.0 毫米，长宽比 3.2，垩白粒率 28.0%，垩白度 4.1%，透明度 1.7 级，碱消值 6.0 级，胶稠度 48 毫米，直链淀粉含量 20.0%，综合评级为普通。

2018 年国家水稻品种试验年会审议意见：终止试验。

表 10-1 早籼早中熟组（181211N）区试及生产试验品种基本情况

品种名称	鉴定编号	品种类型	亲本组合	申请者（非个人）	选育/供种单位
区试					
陵两优 36	4	杂交稻	湘陵 628S×R36	江西金山种业有限公司	李建新，鄢祖林
陵两优 159	1	杂交稻	湘陵 628S×R159	江西现代种业股份有限公司	江西现代种业股份有限公司
* 锦两优 361	5	杂交稻	锦 4128S/华 361	湖南亚华种业科学研究院	湖南亚华种业科学研究院
* 顶两优 1671	3	杂交稻	顶立 S/ZR1671	江西兴安种业有限公司	江西兴安种业有限公司
* 陵两优 689	7	杂交稻	湘陵 628S/中恢 689	江西兴安种业有限公司、中国水稻研究所、湖南亚华种业科学院	中国水稻研究所、湖南亚华种业科学院、江西兴安种业有限公司
* 陵两优 158	2	杂交稻	湘陵 628S/中恢 158	江西兴安种业有限公司、中国水稻研究所、湖南亚华种业科学院	中国水稻研究所、湖南亚华种业科学院、江西兴安种业有限公司
* 两优 5114	8	杂交稻	5103S/R114	中国种子集团有限公司	中国种子集团有限公司
中早 35（CK）	6	常规稻	中早 22/嘉育 253		中国水稻研究所
生产试验					
中早 47	2	常规稻	中组 7 号/G08-89	江西兴安种业有限公司、中国水稻研究所	中国水稻研究所、江西兴安种业有限公司
中早 46	1	常规稻	中组 7 号/G08-89	中国水稻研究所	中国水稻研究所
中早 35（CK）	3	常规稻	中早 22/嘉育 253		中国水稻研究所

* 为 2018 年新参试品种。

表 10-2　早籼早中熟组（181211N）区试及生产试验点基本情况

承试单位	试验地点	经度	纬度	海拔高度（米）	试验负责人及执行人
区试					
江西省种子管理局	南昌县莲塘	115°58′	28°41′	24.0	彭从胜、祝鱼水
江西邓家埠水稻原种场	余江县城东郊	116°51′	28°12′	37.7	陈治杰、刘红声
江西省九江市农业科学院	九江县马回岭镇	115°48′	29°26′	45.0	潘世文、刘中来、李三元、李坤、宋慧洁
江西宜春市农科所	宜春市东郊	114°23′	27°48′	128.5	谭桂英、周成勇、胡远琼
湖南省农业科学院水稻所	长沙市东郊马坡岭	113°05′	28°12′	44.9	傅黎明、周昆、凌伟其
湖南岳阳市农科所	岳阳县麻塘	113°05′	29°24′	32.0	黄四民、袁熙军
湖南怀化市农科所	怀化市洪江市双溪镇大马村	109°51′	27°15′	180.0	江生
湖南衡阳市农科所	衡南县三塘镇	112°30′	26°53′	70.1	曹清春
湖北孝感市农科所	孝感市	113°51′	30°57′	25.0	张海新
湖北荆州市农业科学院	沙市东郊王家桥	112°02′	30°24′	32.0	徐正猛
湖北黄冈市农业科学院	黄冈市现代农业科技示范园	114°55′	30°34′	31.2	涂军明、金红梅
安徽宣城市农科所	宣城市天湖镇汤村	118°35′	30°52′	30.6	黄一飞
安徽安庆市种子管理站	怀宁县农业技术推广所	116°41′	30°32′	50.0	刘文革、程凯青
安徽黄山市种子管理站	黄山市农科所新雁基地	118°14′	29°40′	134.0	汪琪、王淑芬、吴晓芸
浙江金华市农业科学院	金华市汤溪镇寺平村	119°12′	29°06′	60.2	王孔俭、邓飞
中国水稻研究所	杭州市富阳区	120°19′	30°12′	7.2	杨仕华、夏俊辉、施彩娟
生产试验					
湖南衡阳市农科所	衡南县三塘镇	112°30′	26°53′	70.1	曹清春
湖南攸县种子管理站	攸县攸县新市镇	113°25′	27°10′	110.0	刘谷如、刘四清
江西现代种业有限公司	赣州市赣县江口镇优良村	115°06′	25°54′	110.0	余厚理、刘席中
江西省种子管理局	南昌县莲塘	115°58′	28°41′	24.0	彭从胜、祝鱼水
江西永修县种子管理局	永修县立新乡岭南村	115°49′	29°01′	30.0	袁飞龙、赫迁平
安徽黄山市种子管理站	黄山市农科所新雁基地	118°14′	29°40′	134.0	汪琪、王淑芬、吴晓芸

表 10-3 早籼早中熟组（181211N）区试品种产量、生育期及主要农艺经济性状汇总分析结果

品种名称	区试年份	亩产（千克）	比 CK± %	比 CK 增产点（%）	产量差异显著性		全生育期（天）	比 CK± 天	有效穗（万/亩）	株高（厘米）	穗长（厘米）	总粒数/穗	实粒数/穗	结实率（%）	千粒重（克）
					5%	1%									
陵两优 159	2017—2018	545.63	4.18	87.3			111.1	-0.2	23.6	87.9	18.7	126.2	99.9	79.1	25.8
陵两优 36	2017—2018	515.25	-1.62	35.6			112.0	0.7	21.7	90.3	18.1	125.6	103.5	82.4	25.8
中早 35（CK）	2017—2018	523.75	0.00	0.0			111.3	0.0	20.2	91.4	18.2	128.9	105.5	81.8	27.6
陵两优 159	2018	571.23	5.45	93.3	a	A	108.9	0.2	23.1	89.4	18.9	130.7	106.1	81.1	26.1
顶两优 1671	2018	566.37	4.55	93.3	a	AB	108.2	-0.5	21.7	90.9	18.2	142.5	120.3	84.5	24.8
陵两优 158	2018	560.27	3.43	80.0	b	B	110.7	2.0	21.7	97.1	20.0	133.4	108.9	81.6	26.0
陵两优 689	2018	547.89	1.14	66.7	c	C	110.5	1.8	20.9	91.7	20.3	134.7	112.1	83.3	25.7
中早 35（CK）	2018	541.72	0.00	0.0	d	CD	108.7	0.0	19.7	91.6	18.1	129.9	110.1	84.7	28.2
陵两优 36	2018	535.45	-1.16	40.0	e	D	110.3	1.6	20.6	92.1	18.5	128.4	106.4	82.9	26.1
锦两优 361	2018	524.65	-3.15	26.7	f	E	110.2	1.5	21.1	90.8	20.1	123.5	101.7	82.4	28.0
两优 5114	2018	408.96	-24.51	6.7	g	F	109.7	1.0	20.8	82.2	19.0	132.9	87.6	65.9	26.4

表 10-4 早籼早中熟组（181211N）生产试验品种产量、生育期汇总结果及各试验点综合评价等级

品种名称	中早 47	中早 46	中早 35（CK）
生产试验汇总表现			
全生育期（天）	107.6	108.4	108.0
比 CK±天	-0.4	0.4	0.0
亩产（千克）	501.23	504.83	482.38
产量比 CK±%	3.91	4.65	0.00
增产点比例（%）	100.0	100.0	0.0
各生产试验点综合评价等级			
湖南衡阳市农科所	A	A	A
湖南攸县种子站	A	A	B
江西省种子管理局	A	A	B
江西现代种业有限公司	B	B	B
江西永修县种子局	A	A	A

注：综合评价等级：A—好，B—较好，C—中等，D——般。

表 10-5　早籼早中熟组（181211N）区试品种稻瘟病抗性各地鉴定结果（2018 年）

品种名称	湖南					湖北					安徽					福建					江西				
	叶瘟级	穗瘟发病		穗瘟损失		叶瘟级	穗瘟发病		穗瘟损失		叶瘟级	穗瘟发病		穗瘟损失		叶瘟级	穗瘟发病		穗瘟损失		叶瘟级	穗瘟发病		穗瘟损失	
		%	级	%	级		%	级	%	级		%	级	%	级		%	级	%	级		%	级	%	级
陵两优 159	3	32	7	6	3	4	7	3	2	1	3	48	7	18	5	2	4	1	1	1	3	44	7	7	3
陵两优 158	5	48	7	18	5	3	30	7	13	3	2	47	7	16	5	5	59	9	38	7	2	24	5	2	1
顶两优 1671	7	63	9	28	5	6	59	9	26	5	2	47	7	18	5	6	83	9	51	9	3	100	9	17	5
陵两优 36	4	35	7	5	1	4	24	5	13	3	2	24	5	8	3	2	11	5	4	1	3	43	7	7	3
锦两优 361	5	33	7	7	3	5	31	7	11	3	3	46	7	19	5	3	6	3	2	1	5	100	9	18	5
中早 35（CK）	6	65	9	24	5	6	63	9	24	5	5	79	9	32	7	6	78	9	46	7	4	100	9	35	7
陵两优 689	4	74	9	33	7	5	42	7	17	5	4	75	9	31	7	6	98	9	70	9	3	35	7	3	1
两优 5114	3	45	7	9	3	4	12	5	6	3	3	43	7	16	5	5	66	9	43	7	5	100	9	51	9
感稻瘟病（CK）	9	92	9	70	9	8	100	9	70	9	8	98	9	65	9	7	100	9	81	9	9	100	9	100	9

注：1. 稻瘟病鉴定单位分别为湖南省农业科学院植保所、湖北宜昌市农业科学院、安徽省农业科学院植保所、福建上杭县茶地镇农技站、江西井冈山企业集团农技服务中心。

2. 感稻瘟病（CK）：湖南为湘矮早 7 号，湖北、江西为广陆矮 4 号，安徽为原丰早，福建为广陆矮 4 号+龙黑糯 2 号。

3. 浙江鉴定点 2018 年早籼稻瘟病发病偏轻，不纳入统计。

表 10-6　早籼早中熟组（181211N）区试品种对主要病虫抗性综合评价结果（2017—2018 年）

品种名称	区试年份	稻瘟病									白叶枯病（级）	褐飞虱（级）			白背飞虱（级）				
		2018 年各地综合指数（级）						2018 年穗瘟损失率最高级	1~2 年综合评价		2018 年	1~2 年综合评价		2018 年	1~2 年综合评价		2018 年	1~2 年综合评价	
		湖南	湖北	安徽	福建	江西	平均		平均综合指数	穗瘟损失率最高级		平均	最高		平均	最高		平均	最高
陵两优 159	2017—2018	4.0	2.3	5.0	1.3	4.0	3.1	5	2.8	5	7	8	9	7	8	9	9	9	9
陵两优 36	2017—2018	3.3	3.8	3.3	2.3	4.0	3.3	3	3.5	3	9	8	9	9	9	9	9	9	9
中早 35（CK）	2017—2018	6.3	6.3	7.0	7.3	6.8	6.8	7	6.4	7	7	6	7	9	9	9	9	8	9
陵两优 158	2018	5.5	4.0	4.8	7.0	2.3	4.5	7	4.5	7	7	7	7	9	9	9	9	9	9
顶两优 1671	2018	6.5	6.3	4.8	8.3	5.5	6.2	9	6.2	9	7	7	7	9	9	9	7	7	7
锦两优 361	2018	4.5	4.5	5.0	2.0	6.0	4.4	5	4.4	5	7	7	7	9	9	9	9	9	9
陵两优 689	2018	6.8	5.5	6.8	8.3	3.0	5.9	9	5.9	9	7	7	7	9	9	9	9	9	9
两优 5114	2018	4.0	3.8	5.0	7.0	8.0	5.9	9	5.9	9	7	7	7	9	9	9	9	9	9
中早 35（CK）	2018	6.3	6.3	7.0	7.3	6.8	6.8	7	6.8	7	7	7	7	9	9	9	9	9	9
感病虫（CK）	2018	9.0	8.8	8.8	8.5	9.0	8.8	9	8.8	9	9	9	9	9	9	9	9	9	9

注：1. 稻瘟病综合指数=叶瘟平均级×25%+穗瘟发病率平均级×25%+穗瘟损失率平均级×50%。

2. 白叶枯病和褐飞虱、白背飞虱鉴定单位分别为湖南省农业科学院水稻所和中国水稻研究所稻作发展中心。

3. 感白叶枯病、褐飞虱 CK 分别为湘早籼 6 号、TN1。

表 10-7　早籼早中熟组（181211N）区试品种米质检测结果

品种名称	年份	糙米率（%）	精米率（%）	整精米率（%）	粒长（毫米）	长宽比	垩白粒率（%）	垩白度（%）	透明度（级）	碱消值（级）	胶稠度（毫米）	直链淀粉（%）	部标（等级）
陵两优 36	2017—2018	80.4	71.6	55.2	5.9	2.3	77.7	14.9	3.0	4.9	59.3	20.6	普通
陵两优 159	2017—2018	80.8	72.2	58.7	5.9	2.4	80.0	14.5	3.0	4.8	79.7	20.7	普通
中早 35（CK）	2017—2018	81.9	72.8	58.4	5.8	2.2	85.7	17.8	3.3	5.3	63.3	24.3	普通
锦两优 361	2018	80.8	71.9	54.0	7.2	3.2	57.0	8.4	2.0	5.7	51.7	22.0	普通
顶两优 1671	2018	80.5	71.8	55.3	6.0	2.4	74.7	10.1	2.3	4.6	72.3	20.9	普通
陵两优 689	2018	80.0	71.7	62.6	6.1	2.5	39.3	5.4	2.3	4.1	84.7	12.7	普通
陵两优 158	2018	80.6	71.6	57.7	6.3	2.5	70.7	12.0	2.3	4.8	82.3	20.9	普通
两优 5114	2018	80.4	72.2	61.3	7.0	3.2	28.0	4.1	1.7	6.0	48.0	20.0	普通
中早 35（CK）	2018	81.9	72.8	58.4	5.8	2.2	85.7	17.8	3.3	5.3	63.3	24.3	普通

注：1. 供样单位：江西省种子管理局（2017—2018 年）、湖南岳阳市农科所（2017—2018 年）、中国水稻研究所（2017—2018 年）。

2. 检测单位：农业农村部稻米及制品质量监督检验测试中心。

表 10-8-1　早籼早中熟组（181211N）区试品种在各试点的产量、生育期及主要农艺经济性状表现

品种名称/试验点	亩产（千克）	比 CK ±%	产量位次	播种期（月/日）	齐穗期（月/日）	成熟期（月/日）	全生育期（天）	有效穗（万/亩）	株高（厘米）	穗长（厘米）	总粒数/穗	实粒数/穗	结实率（%）	千粒重（克）	杂株率（%）	倒伏性	穗颈瘟	纹枯病	综合评级
陵两优 159																			
安徽安庆市种子站	625.57	6.73	1	3/30	6/17	7/18	110	20.9	86.5	17.8	122.1	108.2	88.6	28.3	1.9	直	未发	轻	A
安徽宣城市农科所	548.73	3.58	2	4/1	6/24	7/24	114	22.8	90.0	17.8	116.6	101.4	87.0	25.8	0.5	直	未发	无	A
湖北黄冈市农业科学院	613.03	8.75	2	3/26	6/13	7/12	108	23.0	89.3	19.3	137.4	106.1	77.2	28.4	0.4	直	未发	轻	A
湖北荆州市农业科学院	604.49	5.28	2	3/22	6/16	7/14	114	23.8	94.8	19.1	135.0	99.8	73.9	24.4	0.3	直	未发	无	A
湖北孝感市农科所	593.82	5.84	2	3/26	6/14	7/12	108	27.0	87.1	19.5	135.4	116.3	85.9	27.9	0.0	直	无	轻	A
湖南衡阳市农科所	566.00	5.26	1	3/23	6/12	7/8	107	18.8	85.0	18.0	122.8	110.3	89.8	28.5	1.3	直	未发	无	A
湖南怀化市农科所	586.54	4.92	1	3/26	6/15	7/15	111	19.4	105.1	19.8	163.7	127.8	78.1	24.1	0.0	直	未发	轻	A
湖南省农业科学院水稻所	595.37	5.68	2	3/26	6/14	7/14	110	26.8	82.6	20.5	125.4	95.2	75.9	25.7	0.6	直	未发	轻	B
湖南岳阳市农科所	543.03	9.80	2	3/28	6/18	7/14	108	23.4	90.8	18.4	133.0	101.7	76.5	25.2	1.5	直	未发	无	A
江西邓家埠水稻原种场	575.38	5.72	1	3/26	6/11	7/9	105	23.2	92.9	18.4	120.8	99.4	82.3	25.3	1.3	直	未发	轻	A
江西九江市农业科学院	471.93	8.96	2	4/4	6/24	7/24	111	23.7	82.6	18.6	117.6	103.3	87.8	26.4	0.0	直	未发	轻	A
江西省种子管理局	675.67	3.47	1	3/21	6/10	7/7	108	25.2	94.2	18.9	141.4	133.8	94.6	26.9	0.9	直	无	轻	A
江西宜春市农科所	527.13	5.22	3	3/23	6/11	7/5	104	18.3	87.8	18.3	135.0	107.7	79.8	25.4	—	直	未发	轻	C
浙江金华市农业科学院	603.70	-0.87	5	4/13	6/25	7/26	104	23.8	93.8	20.0	138.7	88.4	63.7	24.3	0.0	直	未发	轻	B
中国水稻研究所	438.07	5.33	2	3/29	6/19	7/18	111	25.7	77.8	18.7	116.0	91.5	78.9	25.4	0.0	直	未发	轻	A

注：综合评级 A—好，B—较好，C—中等，D——般。

表 10-8-2 早籼早中熟组（181211N）区试品种在各试点的产量、生育期及主要农艺经济性状表现

品种名称/试验点	亩产（千克）	比CK ±%	产量位次	播种期（月/日）	齐穗期（月/日）	成熟期（月/日）	全生育期（天）	有效穗（万/亩）	株高（厘米）	穗长（厘米）	总粒数/穗	实粒数/穗	结实率（%）	千粒重（克）	杂株率（%）	倒伏性	穗颈瘟	纹枯病	综合评级
陵两优 158																			
安徽安庆市种子站	562.74	-3.99	6	3/30	6/18	7/20	112	19.0	92.6	18.8	120.7	103.2	85.5	25.4	2.3	直	未发	轻	C
安徽宣城市农科所	535.24	1.04	4	4/1	6/25	7/25	115	22.3	91.2	20.6	121.5	101.2	83.3	25.5	0.5	直	未发	轻	B
湖北黄冈市农业科学院	617.19	9.49	1	3/26	6/15	7/14	110	22.3	96.9	19.2	124.1	99.2	79.9	28.5	0.3	直	未发	轻	B
湖北荆州市农业科学院	601.49	4.76	3	3/22	6/16	7/17	117	24.0	99.0	20.2	140.0	114.5	81.8	23.0	0.4	直	未发	轻	A
湖北孝感市农科所	603.01	7.48	1	3/26	6/16	7/14	110	22.8	98.6	19.7	141.0	122.6	87.0	27.3	0.0	直	无	轻	A
湖南衡阳市农科所	557.41	3.66	2	3/23	6/13	7/10	109	20.4	93.2	17.9	116.9	99.2	84.9	26.7	0.5	直	未发	轻	A
湖南怀化市农科所	560.22	0.21	4	3/26	6/16	7/18	114	19.3	112.3	21.9	162.3	122.7	75.6	24.0	0.0	直	未发	轻	B
湖南省农业科学院水稻所	579.71	2.90	4	3/26	6/15	7/15	111	23.8	87.8	20.2	129.9	93.9	72.3	26.3	0.5	直	未发	轻	C
湖南岳阳市农科所	497.91	0.68	5	3/28	6/20	7/16	110	22.8	104.2	20.8	139.6	105.4	75.5	26.6	0.0	直	未发	无	C
江西邓家埠水稻原种场	555.72	2.11	3	3/26	6/11	7/9	105	25.0	96.7	18.6	113.0	89.5	79.2	25.4	0.0	直	未发	轻	A
江西九江市农业科学院	486.93	12.42	1	4/4	6/26	7/25	112	21.1	92.1	19.9	128.4	120.7	94.0	27.5	0.0	直	未发	中	A
江西省种子管理局	634.00	-2.91	5	3/21	6/13	7/12	113	23.4	104.5	20.5	155.1	145.2	93.6	27.6	0.7	直	无	轻	C
江西宜春市农科所	560.64	11.91	1	3/23	6/11	7/9	108	15.3	94.7	19.4	124.3	97.3	78.3	25.9	—	直	未发	中	A
浙江金华市农业科学院	595.04	-2.30	7	4/13	6/24	7/25	103	23.8	101.2	21.3	150.7	107.2	71.1	25.1	1.0	斜	未发	轻	C
中国水稻研究所	456.87	9.85	1	3/29	6/20	7/19	112	20.5	91.7	20.3	133.6	111.8	83.7	25.3	0.3	直	未发	轻	A

注：综合评级 A—好，B—较好，C—中等，D——般。

表 10-8-3　早籼早中熟组（181211N）区试品种在各试点的产量、生育期及主要农艺经济性状表现

品种名称/试验点	亩产（千克）	比CK ±%	产量位次	播种期（月/日）	齐穗期（月/日）	成熟期（月/日）	全生育期（天）	有效穗（万/亩）	株高（厘米）	穗长（厘米）	总粒数/穗	实粒数/穗	结实率（%）	千粒重（克）	杂株率（%）	倒伏性	穗颈瘟	纹枯病	综合评级
顶两优 1671																			
安徽安庆市种子站	617.38	5.33	2	3/30	6/14	7/17	109	21.8	89.3	18.3	122.2	109.8	89.9	26.8	1.5	直	未发	轻	A
安徽宣城市农科所	556.39	5.03	1	4/1	6/22	7/23	113	22.9	88.8	17.7	112.8	98.6	87.4	27.0	1.0	直	未发	无	A
湖北黄冈市农业科学院	553.89	-1.74	5	3/26	6/12	7/11	107	19.8	87.5	16.4	133.0	106.7	80.2	25.3	2.8	直	未发	中	B
湖北荆州市农业科学院	608.99	6.07	1	3/22	6/15	7/14	114	25.5	94.4	17.5	126.0	110.6	87.8	22.9	0.8	直	未发	无	A
湖北孝感市农科所	591.98	5.51	3	3/26	6/12	7/10	106	22.3	85.6	18.2	177.3	159.0	89.7	25.8	1.4	直	无	轻	B
湖南衡阳市农科所	553.87	3.01	3	3/23	6/11	7/8	107	18.0	85.2	18.1	131.5	121.4	92.3	25.1	1.3	直	未发	无	A
湖南怀化市农科所	583.21	4.32	2	3/26	6/14	7/14	110	19.4	103.4	18.7	173.0	132.4	76.5	23.1	0.0	直	未发	轻	A
湖南省农业科学院水稻所	606.37	7.63	1	3/26	6/13	7/14	110	23.1	83.4	19.0	159.9	121.0	75.7	24.5	1.0	直	未发	轻	A
湖南岳阳市农科所	520.47	5.24	3	3/28	6/18	7/14	108	21.4	95.4	19.7	125.8	95.6	76.0	25.5	1.5	直	未发	无	B
江西邓家埠水稻原种场	566.39	4.07	2	3/26	6/11	7/9	105	25.0	94.7	17.7	128.9	105.1	81.5	22.5	0.8	直	未发	轻	A
江西九江市农业科学院	455.27	5.12	4	4/4	6/23	7/22	109	20.6	83.5	17.8	125.3	104.3	83.2	24.9	2.0	直	未发	重	B
江西省种子管理局	673.67	3.17	2	3/21	6/10	7/7	108	24.9	95.7	19.0	168.4	159.3	94.6	24.9	2.2	直	无	轻	A
江西宜春市农科所	554.81	10.75	2	3/23	6/8	7/3	102	17.0	90.0	18.0	161.9	141.9	87.6	23.8	0.3	直	未发	轻	B
浙江金华市农业科学院	623.02	2.30	1	4/13	6/25	7/26	104	21.0	100.6	18.6	142.2	114.6	80.6	26.0	0.0	直	未发	轻	A
中国水稻研究所	429.84	3.35	5	3/29	6/16	7/18	111	23.1	86.5	18.4	148.8	124.8	83.9	24.0	0.8	直	未发	轻	B

注：综合评级 A—好，B—较好，C—中等，D—一般。

表 10-8-4　早籼早中熟组（181211N）区试品种在各试点的产量、生育期及主要农艺经济性状表现

品种名称/试验点	亩产（千克）	比 CK ±%	产量位次	播种期（月/日）	齐穗期（月/日）	成熟期（月/日）	全生育期（天）	有效穗（万/亩）	株高（厘米）	穗长（厘米）	总粒数/穗	实粒数/穗	结实率（%）	千粒重（克）	杂株率（%）	倒伏性	穗颈瘟	纹枯病	综合评级
陵两优 36																			
安徽安庆市种子站	585.63	-0.08	5	3/30	6/18	7/20	112	18.7	89.4	17.7	116.3	108.1	92.9	25.8	4.4	直	未发	轻	B
安徽宣城市农科所	531.74	0.38	6	4/1	6/24	7/24	114	21.6	90.5	18.5	118.5	102.5	86.5	26.5	3.0	直	未发	轻	B
湖北黄冈市农业科学院	533.90	-5.29	6	3/26	6/14	7/13	109	18.0	89.2	18.1	136.6	112.1	82.1	27.8	2.8	直	未发	轻	C
湖北荆州市农业科学院	556.81	-3.02	7	3/22	6/17	7/17	117	23.3	95.6	18.1	119.1	99.4	83.5	24.6	2.4	直	未发	无	C
湖北孝感市农科所	538.01	-4.11	6	3/26	6/14	7/12	108	24.8	86.6	17.4	129.9	112.7	86.8	27.4	4.0	直	无	轻	B
湖南衡阳市农科所	519.03	-3.47	6	3/23	6/13	7/10	109	18.7	88.5	18.0	111.7	97.9	87.6	26.8	6.3	直	未发	轻	C
湖南怀化市农科所	558.22	-0.15	6	3/26	6/15	7/17	113	19.3	104.5	20.5	172.1	122.9	71.4	23.9	2.1	直	未发	轻	B
湖南省农业科学院水稻所	565.72	0.41	5	3/26	6/15	7/16	112	23.4	89.4	20.0	146.7	115.1	78.5	25.6	2.3	直	未发	轻	C
湖南岳阳市农科所	549.71	11.15	1	3/28	6/19	7/15	109	22.2	92.0	17.6	128.6	96.9	75.3	25.7	4.0	直	未发	无	A
江西邓家埠水稻原种场	507.75	-6.70	7	3/26	6/12	7/11	107	18.8	96.5	19.0	133.2	112.3	84.3	25.3	5.0	直	未发	轻	C
江西九江市农业科学院	443.95	2.50	5	4/4	6/24	7/23	110	18.2	86.6	18.2	114.0	96.3	84.5	27.6	4.5	直	未发	中	C
江西省种子管理局	619.49	-5.13	6	3/21	6/12	7/11	112	22.6	96.8	18.4	129.1	117.6	91.1	26.8	2.5	直	无	轻	C
江西宜春市农科所	479.62	-4.26	6	3/23	6/11	7/7	106	16.5	89.7	17.9	122.3	101.1	82.7	25.5	1.5	直	未发	轻	C
浙江金华市农业科学院	609.03	0.00	2	4/13	6/26	7/27	105	20.2	102.2	19.6	130.5	101.4	77.7	27.1	0.0	直	未发	轻	B
中国水稻研究所	433.20	4.16	4	3/29	6/18	7/18	111	23.0	84.6	18.9	116.9	99.3	84.9	25.8	2.1	直	未发	轻	B

注：综合评级 A—好，B—较好，C—中等，D——般。

表 10-8-5　早籼早中熟组（181211N）区试品种在各试点的产量、生育期及主要农艺经济性状表现

品种名称/试验点	亩产（千克）	比 CK ±%	产量位次	播种期（月/日）	齐穗期（月/日）	成熟期（月/日）	全生育期（天）	有效穗（万/亩）	株高（厘米）	穗长（厘米）	总粒数/穗	实粒数/穗	结实率（%）	千粒重（克）	杂株率（%）	倒伏性	穗颈瘟	纹枯病	综合评级
锦两优 361																			
安徽安庆市种子站	545.53	-6.93	7	3/30	6/21	7/23	115	21.1	91.0	18.8	107.0	94.5	88.3	28.3	2.1	直	未发	轻	C
安徽宣城市农科所	541.23	2.17	3	4/1	6/27	7/26	116	21.9	91.5	20.2	120.3	100.9	83.9	26.6	0.0	直	未发	轻	B
湖北黄冈市农业科学院	528.90	-6.18	7	3/26	6/16	7/15	111	22.3	92.6	21.6	122.7	91.5	74.6	29.2	0.6	直	未发	中	D
湖北荆州市农业科学院	590.48	2.84	5	3/22	6/19	7/17	117	23.5	91.0	20.5	129.1	91.9	71.2	25.3	0.3	直	未发	无	B
湖北孝感市农科所	485.38	-13.49	7	3/26	6/18	7/16	112	21.3	87.6	20.8	138.9	117.7	84.7	29.8	0.0	直	无	轻	B
湖南衡阳市农科所	498.49	-7.29	7	3/23	6/13	7/10	109	17.4	90.2	20.7	115.4	99.5	86.2	29.2	0.5	直	未发	轻	D
湖南怀化市农科所	565.22	1.10	3	3/26	6/15	7/17	113	21.2	103.9	20.1	134.5	102.6	76.3	26.5	0.0	直	未发	轻	B
湖南省农业科学院水稻所	555.56	-1.39	7	3/26	6/15	7/16	112	23.8	85.6	22.4	130.2	94.6	72.7	27.7	0.8	直	未发	轻	C
湖南岳阳市农科所	518.80	4.90	4	3/28	6/19	7/15	109	20.8	91.6	18.8	121.8	95.9	78.7	27.2	3.0	直	未发	无	A
江西邓家埠水稻原种场	527.74	-3.03	5	3/26	6/11	7/5	101	24.6	95.3	19.1	101.4	80.6	79.5	27.3	0.0	直	未发	轻	B
江西九江市农业科学院	423.29	-2.27	8	4/4	6/23	7/21	108	20.6	86.9	19.3	107.6	97.2	90.3	29.1	0.0	直	未发	重	D
江西省种子管理局	610.66	-6.48	7	3/21	6/12	7/9	110	21.6	98.7	20.7	139.8	125.1	89.5	32.9	0.7	直	无	轻	C
江西宜春市农科所	464.79	-7.22	7	3/23	6/11	7/6	105	14.4	88.3	19.5	119.4	105.6	88.4	27.4	—	直	未发	轻	C
浙江金华市农业科学院	603.37	-0.93	6	4/13	6/24	7/25	103	21.4	85.8	19.0	126.0	108.3	86.0	27.1	0.0	直	未发	轻	B
中国水稻研究所	410.37	-1.33	7	3/29	6/20	7/19	112	20.8	81.6	20.3	138.7	120.3	86.7	26.9	0.0	直	未发	轻	C

注：综合评级 A—好，B—较好，C—中等，D——一般。

表 10-8-6　早籼早中熟组（181211N）区试品种在各试点的产量、生育期及主要农艺经济性状表现

品种名称/试验点	亩产（千克）	比 CK ±%	产量位次	播种期（月/日）	齐穗期（月/日）	成熟期（月/日）	全生育期（天）	有效穗（万/亩）	株高（厘米）	穗长（厘米）	总粒数/穗	实粒数/穗	结实率（%）	千粒重（克）	杂株率（%）	倒伏性	穗颈瘟	纹枯病	综合评级
中早 35（CK）																			
安徽安庆市种子站	586.13	0.00	4	3/30	6/17	7/19	111	18.2	95.2	18.5	125.1	102.2	81.7	27.7	1.9	直	未发	轻	C
安徽宣城市农科所	529.74	0.00	7	4/1	6/23	7/24	114	20.8	92.0	18.9	119.8	100.5	83.9	27.5	0.0	直	未发	轻	B
湖北黄冈市农业科学院	563.72	0.00	4	3/26	6/13	7/11	107	20.0	93.8	19.5	132.0	103.4	78.3	30.3	0.1	直	未发	轻	B
湖北荆州市农业科学院	574.15	0.00	6	3/22	6/16	7/15	115	24.8	90.0	16.5	102.0	84.8	83.1	27.7	0.3	直	未发	轻	C
湖北孝感市农科所	561.07	0.00	5	3/26	6/15	7/14	110	24.8	89.2	16.9	115.7	98.1	84.8	29.6	0.0	直	无	轻	B
湖南衡阳市农科所	537.71	0.00	5	3/23	6/11	7/7	106	17.8	86.5	17.4	109.2	99.8	91.4	28.4	0.8	直	未发	轻	B
湖南怀化市农科所	559.06	0.00	5	3/26	6/13	7/13	109	16.7	109.1	18.9	161.2	128.8	79.9	26.6	0.0	直	未发	轻	B
湖南省农业科学院水稻所	563.39	0.00	6	3/26	6/12	7/14	110	20.2	80.0	18.7	162.6	121.8	74.9	27.0	0.5	直	未发	轻	C
湖南岳阳市农科所	494.57	0.00	6	3/28	6/18	7/14	108	20.8	84.8	17.8	123.2	105.4	85.6	27.6	0.0	直	未发	轻	B
江西邓家埠水稻原种场	544.23	0.00	4	3/26	6/12	7/9	105	21.0	100.5	17.5	110.5	94.9	85.9	27.4	0.0	直	未发	轻	B
江西九江市农业科学院	433.12	0.00	7	4/4	6/24	7/24	111	17.3	81.2	17.6	109.0	94.8	87.0	29.6	1.2	直	未发	轻	C
江西省种子管理局	653.00	0.00	3	3/21	6/10	7/7	108	19.8	97.4	18.3	149.8	141.2	94.3	28.3	0.4	直	无	轻	B
江西宜春市农科所	500.96	0.00	5	3/23	6/9	7/5	104	15.8	90.4	18.2	134.6	115.1	85.5	26.8	—	直	未发	重	—
浙江金华市农业科学院	609.03	0.00	3	4/13	6/25	7/26	104	16.6	96.6	18.3	165.0	145.1	87.9	28.6	0.0	直	未发	轻	B
中国水稻研究所	415.91	0.00	6	3/29	6/17	7/16	109	20.5	86.9	19.0	129.3	115.7	89.5	29.4	0.0	直	未发	轻	B

注：综合评级 A—好，B—较好，C—中等，D—一般。

表 10-8-7　早籼早中熟组（181211N）区试品种在各试点的产量、生育期及主要农艺经济性状表现

品种名称/试验点	亩产（千克）	比 CK ±%	产量位次	播种期（月/日）	齐穗期（月/日）	成熟期（月/日）	全生育期（天）	有效穗（万/亩）	株高（厘米）	穗长（厘米）	总粒数/穗	实粒数/穗	结实率（%）	千粒重（克）	杂株率（%）	倒伏性	穗颈瘟	纹枯病	综合评级
陵两优 689																			
安徽安庆市种子站	588.47	0.40	3	3/30	6/21	7/18	110	19.2	90.4	19.1	108.5	92.7	85.4	25.4	2.0	直	未发	轻	B
安徽宣城市农科所	532.57	0.53	5	4/1	6/24	7/24	114	22.0	92.5	20.0	120.2	101.5	84.4	26.0	2.0	直	未发	中	B
湖北黄冈市农业科学院	593.04	5.20	3	3/26	6/15	7/14	110	17.5	94.0	21.1	135.9	110.5	81.3	28.4	1.0	直	未发	轻	B
湖北荆州市农业科学院	596.15	3.83	4	3/22	6/18	7/17	117	20.8	94.4	20.6	137.2	113.0	82.4	24.6	2.6	直	未发	无	B
湖北孝感市农科所	576.11	2.68	4	3/26	6/15	7/13	109	23.0	91.0	20.8	144.7	128.1	88.5	26.5	2.2	直	无	轻	B
湖南衡阳市农科所	543.10	1.00	4	3/23	6/13	7/10	109	20.0	87.0	19.6	116.8	96.7	82.8	27.0	2.5	直	未发	轻	C
湖南怀化市农科所	531.57	-4.92	7	3/26	6/16	7/18	114	17.8	105.6	21.0	168.3	127.1	75.5	23.9	0.8	直	未发	轻	D
湖南省农业科学院水稻所	594.54	5.53	3	3/26	6/15	7/15	111	21.6	81.4	21.6	146.7	117.9	80.4	26.1	0.3	直	未发	轻	B
湖南岳阳市农科所	488.72	-1.18	7	3/28	6/19	7/15	109	22.6	87.6	19.4	148.5	121.8	82.0	25.8	2.0	直	未发	无	C
江西邓家埠水稻原种场	523.74	-3.76	6	3/26	6/11	7/13	109	23.4	94.8	19.4	115.7	94.1	81.3	24.4	2.5	直	未发	轻	C
江西九江市农业科学院	440.78	1.77	6	4/4	6/25	7/23	110	23.5	84.7	19.3	112.3	100.6	89.6	26.4	3.5	直	未发	轻	C
江西省种子管理局	643.50	-1.46	4	3/21	6/13	7/12	113	22.4	99.1	20.4	145.7	138.5	95.1	27.3	4.4	直	无	轻	B
江西宜春市农科所	526.47	5.09	4	3/23	6/12	7/8	107	17.0	87.4	20.7	154.0	141.5	91.9	24.9	0.5	直	未发	中	C
浙江金华市农业科学院	605.70	-0.55	4	4/13	6/25	7/26	104	24.4	95.8	19.8	131.2	88.5	67.5	23.7	3.7	直	未发	轻	B
中国水稻研究所	433.87	4.32	3	3/29	6/20	7/19	112	18.6	89.4	21.3	134.7	109.5	81.3	25.8	2.1	直	未发	轻	B

注：综合评级 A—好，B—较好，C—中等，D——般。

表 10-8-8　早籼早中熟组（181211N）区试品种在各试点的产量、生育期及主要农艺经济性状表现

品种名称/试验点	亩产（千克）	比 CK ±%	产量位次	播种期（月/日）	齐穗期（月/日）	成熟期（月/日）	全生育期（天）	有效穗（万/亩）	株高（厘米）	穗长（厘米）	总粒数/穗	实粒数/穗	结实率（%）	千粒重（克）	杂株率（%）	倒伏性	穗颈瘟	纹枯病	综合评级
两优 5114																			
安徽安庆市种子站	444.61	-24.14	8	3/30	6/18	7/20	112	20.9	84.7	18.1	116.6	74.2	63.6	27.2	2.5	直	未发	轻	D
安徽宣城市农科所	528.57	-0.22	8	4/1	6/25	7/25	115	21.9	88.6	18.7	117.0	99.7	85.2	26.3	1.0	直	未发	中	B
湖北黄冈市农业科学院	394.80	-29.96	8	3/26	6/15	7/11	107	18.8	83.1	17.1	131.4	80.1	61.0	28.2	2.0	直	未发	轻	D
湖北荆州市农业科学院	380.43	-33.74	8	3/22	6/18	7/16	116	21.3	85.2	18.2	140.0	72.4	51.7	25.9	0.3	直	未发	无	C
湖北孝感市农科所	352.38	-37.19	8	3/26	6/17	7/15	111	28.8	77.0	18.6	168.1	110.4	65.7	26.8	0.0	直	无	轻	C
湖南衡阳市农科所	370.71	-31.06	8	3/23	6/13	7/9	108	19.2	74.3	17.6	92.4	60.7	65.7	28.0	1.5	直	未发	无	D
湖南怀化市农科所	439.78	-21.34	8	3/26	6/16	7/16	112	19.3	103.1	20.1	159.3	98.2	61.6	23.6	0.0	直	未发	轻	D
湖南省农业科学院水稻所	435.12	-22.77	8	3/26	6/16	7/17	113	23.2	69.8	21.4	151.8	103.1	67.9	25.0	3.0	直	未发	轻	D
湖南岳阳市农科所	479.53	-3.04	8	3/28	6/18	7/15	109	21.5	86.4	19.8	128.3	91.6	71.4	27.1	4.0	直	未发	轻	C
江西邓家埠水稻原种场	421.96	-22.47	8	3/26	6/12	7/6	102	18.6	88.0	18.8	118.6	88.6	74.7	26.1	2.0	直	未发	轻	C
江西九江市农业科学院	466.60	7.73	3	4/4	6/23	7/23	110	19.9	75.7	18.5	119.4	91.1	76.3	27.6	0.0	直	未发	重	B
江西省种子管理局	498.79	-23.62	8	3/21	6/12	7/9	110	23.8	86.4	18.4	143.4	111.3	77.6	25.8	2.4	直	无	轻	D
江西宜春市农科所	355.09	-29.12	8	3/23	6/9	7/4	103	14.0	76.9	19.1	150.1	104.4	69.6	25.5	—	直	未发	轻	D
浙江金华市农业科学院	412.13	-32.33	8	4/13	6/26	7/27	105	17.2	81.8	20.9	135.0	90.8	67.3	26.5	1.0	直	未发	轻	D
中国水稻研究所	153.91	-62.99	8	3/29	6/20	7/19	112	24.2	71.3	20.2	121.7	37.8	31.1	26.3	6.0	直	未发	轻	D

注：综合评级 A—好，B—较好，C—中等，D——般。

表 10-9　早籼早中熟组（181211N）生产试验品种在各试验点的产量、生育期、主要特征及田间抗性表现

品种名称/试验点	亩产（千克）	比 CK ±%	播种期（月/日）	齐穗期（月/日）	成熟期（月/日）	全生育期(天)	耐寒性	整齐度	杂株率（%）	株型	叶色	叶姿	长势	熟期转色	倒伏性	落粒性	叶瘟	穗颈瘟	白叶枯病	纹枯病
中早 47																				
湖南衡阳市农科所	497.93	3.03	3/23	6/11	7/7	106	强	整齐	0.2	适中	绿	挺直	一般	好	直	易	未发	未发	未发	无
湖南攸县种子站	499.45	4.70	3/28	6/11	7/13	107	强	整齐	0.0	紧束	绿	挺直	繁茂	好	直	中	未发	未发	无	无
江西省种子管理局	497.91	4.10	3/21	6/9	7/7	108	中	整齐	—	适中	绿	挺直	繁茂	好	直	易	无	无	未发	轻
江西现代种业有限公司	500.80	2.21	3/22	6/14	7/7	107	强	整齐	0.0	适中	浓绿	挺直	繁茂	好	直	难	未发	未发	未发	轻
江西永修县种子局	510.04	5.53	3/28	6/14	7/16	110	未发	整齐	0.5	适中	浓绿	挺直	繁茂	好	直	易	未发	未发	未发	轻
中早 46																				
湖南衡阳市农科所	501.89	3.85	3/23	6/11	7/7	106	强	整齐	0.9	适中	绿	挺直	一般	好	直	中	未发	未发	未发	无
湖南攸县种子站	505.25	5.91	3/28	6/14	7/16	110	强	整齐	0.0	适中	绿	挺直	繁茂	好	直	中	未发	未发	无	无
江西省种子管理局	494.41	3.37	3/21	6/10	7/7	108	中	一般	—	适中	浓绿	一般	一般	好	直	易	无	无	未发	轻
江西现代种业有限公司	499.00	1.84	3/22	6/16	7/7	107	强	整齐	0.0	适中	浓绿	挺直	繁茂	好	直	难	未发	未发	未发	轻
江西永修县种子局	523.60	8.34	3/28	6/14	7/17	111	未发	一般	1.0	适中	绿	挺直	一般	好	直	易	未发	未发	未发	轻
中早 35（CK）																				
湖南衡阳市农科所	483.27	0.00	3/23	6/10	7/7	106	强	整齐	2.4	适中	绿	挺直	一般	好	直	中	未发	未发	未发	轻
湖南攸县种子站	477.05	0.00	3/28	6/13	7/15	109	强	一般	0.0	适中	绿	挺直	一般	中	直	中	未发	未发	无	无
江西省种子管理局	478.31	0.00	3/21	6/10	7/7	108	中	一般	—	适中	绿	一般	一般	好	直	易	无	无	未发	轻
江西现代种业有限公司	489.99	0.00	3/22	6/16	7/7	107	强	整齐	0.0	适中	浓绿	挺直	繁茂	好	直	难	未发	未发	未发	轻
江西永修县种子局	483.29	0.00	3/28	6/13	7/16	110	未发	一般	1.0	适中	浓绿	挺直	繁茂	好	直	易	未发	未发	未发	轻

第十一章　2018 年长江中下游早籼迟熟组国家水稻品种试验汇总报告

一、试验概况

（一）试验目的

鉴定评价我国长江中下游稻区新选育和引进的早籼迟熟新品种（组合，下同）的丰产性、稳产性、适应性、抗性、米质及其他重要性状表现，为国家水稻品种审定提供科学依据。

（二）参试品种

区试品种 9 个，中早 51、兴安早占、中早 48 为续试品种，其余为新参试品种；其中中早 51、兴安早占、中早 48、中早 60、嘉育 25 为常规品种，其他为杂交组合，以陆两优 996（CK）为对照；2018 年度无生产试验。品种编号、名称、类型、亲本组合、选育/供种单位见表 11-1。

（三）承试单位

区试点 14 个，分布在广西、福建、江西、湖南和浙江 5 个省区。承试单位、试验地点、经纬度、海拔高度、试验负责人及执行人见表 11-2。

（四）试验设计、栽培管理与观察记载

各试验点均按《2018 年南方稻区国家水稻品种试验实施方案》及 NY/T 1300—2007《农作物品种区域试验技术规范　水稻》进行试验。

区试采用完全随机区组排列，3 次重复，小区面积 0.02 亩。生产试验采用大区随机排列，不设重复，大区面积 0.5 亩。

分区试、生产试验，同组试验所有品种同期播种、移栽，施肥水平中等偏上，其他栽培管理措施与当地大田生产相同。

观察记载项目与标准按 NY/T 1300—2007《农作物品种区域试验技术规范　水稻》以及《国家水稻品种试验观察记载项目、方法及标准》《南方稻区国家水稻品种区试及生产试验记载表》等的要求执行。

（五）特性鉴定

1. 抗性鉴定

浙江省农业科学院植保所、湖南省农业科学院植微所、湖北宜昌市农科所、安徽省农业科学院植保所、福建上杭县茶地乡农技站和江西井冈山企业集团农技服务中心负责稻瘟病抗性鉴定。湖南省农业科学院水稻所负责白叶枯病抗性鉴定。鉴定采用人工接菌与病区自然诱发相结合。中国水稻研究所稻作发展中心负责稻飞虱抗性鉴定。鉴定用种子均由牵头单位中国水稻研究所统一提供。

2. 米质分析

由江西省种子管理局、湖南衡阳市农科所和中国水稻研究所试验点提供样品，农业农村部稻米及制品质量监督检验测试中心负责检测分析。

3. DNA 指纹特异性与一致性

由中国水稻研究所国家水稻改良中心进行参试品种的特异性、同名品种年度间及不同样品间的一致性鉴定。

（六）试验评价

依据 NY/T 1300—2007《农作物品种区域试验技术规范 水稻》、试验实地检查考察情况以及试验点对试验实施情况和品种表现情况所做的说明，对各试验（鉴定）点试验（鉴定）结果的可靠性、完整性、准确性等进行分析评估，确保汇总质量。

2018 年浙江省农业科学院植微所稻瘟病鉴定点发病偏轻，鉴定结果未采用；其余区试点、生产试验点以及特性鉴定点的试验（鉴定）结果正常，纳入汇总。

（七）品种评价

依据国家农作物品种审定委员会 2017 年发布的《主要农作物品种审定标准（国家级）》，对参试品种进行分析评价。

产量联合方差分析采用固定模型，品种间产量差异多重比较采用 Duncan's 新复极差法；参试品种的丰产性主要以品种在区试和生产试验中相对于对照品种产量增减产百分率来衡量；参试品种的适应性主要以品种在区试和生产试验中比对照品种增产的试验点百分率来衡量；参试品种的稳产性主要以品种在年度间区试中相对于对照品种产量的差异变化程度来衡量。

参试品种的生育期主要以全生育期比对照品种长短的天数来衡量。

参试品种的抗性以指定的鉴定单位的鉴定结果为主要依据，对稻瘟病抗性的主要评价指标为综合指数和穗瘟损失率最高级，对其他病虫害抗性的主要评价指标为最高级。

参试品种的米质评价按照农业行业标准 NY/T 593—2013《食用稻品种品质》，分优质 1 级、优质 2 级、优质 3 级，未达到优质级的品种米质均为普通级。

二、结果分析

（一）产量

对照陆两优 996（CK）的产量水平中等略偏下、居第 7 位。依据比对照的增减产幅度衡量：在 2018 年区试参试品种中，产量较高、比对照增产 3%~5%的品种有中早 48 和嘉育 25；产量中等、比对照增减产小于 3%的品种有中早 51、煜两优 371、兴安早占、陵两优 7372、陵两优 368 和中早 60；产量一般，比对照减产 3%以上的品种有百优 1572。

区试参试品种产量汇总结果见表 11-3。

（二）生育期

依据全生育期比对照长短的天数衡量：在 2018 年区试参试品种中，熟期较早、比对照早熟的品种有中早 48、嘉育 25、中早 51、兴安早占、中早 60；其他品种的全生育期介于 110. 2~111. 6 天，比对照迟熟 1~2 天，熟期适宜。

区试参试品种生育期汇总结果见表 11-3。

（三）主要农艺经济性状

区试参试品种分蘖率、有效穗、成穗率、株高、穗长、每穗总粒数、每穗实粒数、结实率、千粒重等主要农艺经济性状汇总结果见表 11-3。

（四）抗性

对稻瘟病的抗性，根据 1~2 年鉴定结果，稻瘟病穗瘟损失率最高级 3 级的品种有中早 60 和煜两优 371；穗瘟损失率最高级 5 级的品种有中早 51、中早 48、兴安早占、百优 1572、陵两优 368；穗瘟损失率最高级 7 级的品种有陵两优 7372；穗瘟损失率最高级 9 级的品种有嘉育 25。

区试参试品种抗性鉴定结果见表 11-4 和表 11-5。

（五）米质

依据农业行业标准 NY/T 593—2013《食用稻品种品质》，根据 1~2 年的检测结果：所有参试品种均为普通级，米质中等或一般。

区试参试品种米质指标表现及等级见表 11-6。

（六）品种在各试验点表现

区试参试品种在各试验点的表现情况见表 11-7。

三、品种简评

（一）续试品种

1. 中旱 48

2017 年初试平均亩产 515.82 千克，比陆两优 996（CK）增产 2.38%，增产点比例 64.3%；2018 年续试平均亩产 551.10 千克，比陆两优 996（CK）增产 4.00%，增产点比例 92.9%；两年区试平均亩产 533.46 千克，比陆两优 996（CK）增产 3.21%，增产点比例 82.1%。全生育期两年区试平均 110.7 天，比陆两优 996（CK）早熟 1.2 天。主要农艺性状两年区试综合表现：有效穗 19.0 万穗/亩，株高 97.2 厘米，穗长 17.2 厘米，每穗总粒数 157.2 粒，结实率 82.6%，千粒重 25.0 克。抗性表现：稻瘟病综合指数年度分别是 3.1 级、3.7 级，穗瘟损失率最高级 5 级；白叶枯病最高级 7 级；褐飞虱最高级 9 级；白背飞虱最高级 9 级。米质表现：糙米率 82.1%，精米率 73.2%，整精米率 58.8%，粒长 5.4 毫米，长宽比 2.0，垩白粒率 76.3%，垩白度 14.4%，透明度 2.3 级，碱消值 5.1 级，胶稠度 73.7 毫米，直链淀粉含量 24.8%，综合评级为普通。

2018 年国家水稻品种试验年会审议意见：2019 年进行生产试验。

2. 中旱 51

2017 年初试平均亩产 515.97 千克，比陆两优 996（CK）增产 2.41%，增产点比例 78.6%；2018 年续试平均亩产 545.06 千克，比陆两优 996（CK）增产 2.86%，增产点比例 64.3%；两年区试平均亩产 530.52 千克，比陆两优 996（CK）增产 2.64%，增产点比例 71.4%。全生育期两年区试平均 111.0 天，比陆两优 996（CK）早熟 0.9 天。主要农艺性状两年区试综合表现：有效穗 18.5 万穗/亩，株高 92.1 厘米，穗长 19.0 厘米，每穗总粒数 151.3 粒，结实率 81.0%，千粒重 27.1 克。抗性表现：稻瘟病综合指数年度分别是 2.9 级、2.9 级，穗瘟损失率最高级 5 级；白叶枯病最高级 7 级；褐飞虱最高级 9 级；白背飞虱最高级 9 级。米质表现：糙米率 81.8%，精米率 72.3%，整精米率 52.3%，粒长 5.8 毫米，长宽比 2.2，垩白粒率 79.3%，垩白度 17.0%，透明度 3.7 级，碱消值 5.1 级，胶稠度 81.0 毫米，直链淀粉含量 25.3%，综合评级为普通。

2018 年国家水稻品种试验年会审议意见：2019 年进行生产试验。

3. 兴安早占

2017 年初试平均亩产 494.67 千克，比陆两优 996（CK）减产 1.82%，增产点比例 57.1%；2018 年续试平均亩产 534.66 千克，比陆两优 996（CK）增产 0.90%，增产点比例 71.4%；两年区试平均亩产 514.66 千克，比陆两优 996（CK）减产 0.43%，增产点比例 64.3%。全生育期两年区试平均 109.5 天，比陆两优 996（CK）早熟 2.4 天。主要农艺性状两年区试综合表现：有效穗 19.0 万穗/亩，株高 89.0 厘米，穗长 18.3 厘米，每穗总粒数 144.3 粒，结实率 81.4%，千粒重 25.7 克。抗性表现：稻瘟病综合指数年度分别是 1.9 级、3.2 级，穗瘟损失率最高级 5 级；白叶枯病最高级 9 级；褐飞虱最高级 9 级；白背飞虱最高级 9 级。米质表现：糙米率 81.1%，精米率 71.3%，整精米率 49.3%，粒长 5.5 毫米，长宽比 2.0，垩白粒率 73.0%，垩白度 16.0%，透明度 3.3 级，碱消值 5.0 级，胶稠度 57.3 毫米，直链淀粉含量 24.7%，综合评级为普通。

2018 年国家水稻品种试验年会审议意见：2019 年进行生产试验。

（二）初试品种

1. 嘉育 25

2018 年初试平均亩产 548.54 千克，比陆两优 996（CK）增产 3.52%，增产点比例 78.6%。全生育期 108.8 天，比陆两优 996（CK）早熟 1.3 天。主要农艺性状表现：有效穗 18.6 万穗/亩，株高 85.8 厘米，穗长 18.0 厘米，每穗总粒数 152.0 粒，结实率 83.2%，千粒重 26.2 克。抗性表现：稻瘟病综合指数 7.6 级，穗瘟损失率最高级 9 级；白叶枯病 7 级；褐飞虱 9 级；白背飞虱 7 级。米质表现：糙米率 81.8%，精米率 73.1%，整精米率 50.5%，粒长 5.9 毫米，长宽比 2.2，垩白粒率 77.3%，垩白度 12.9%，透明度 3.7 级，碱消值 5.2 级，胶稠度 70 毫米，直链淀粉含量 25.5%，综合评级为普通。

2018 年国家水稻品种试验年会审议意见：终止试验。

2. 煜两优 371

2018 年初试平均亩产 536.88 千克，比陆两优 996（CK）增产 1.32%，增产点比例 57.1%。全生育期 110.4 天，比陆两优 996（CK）迟熟 0.3 天。主要农艺性状表现：有效穗 21.5 万穗/亩，株高 90.7 厘米，穗长 19.4 厘米，每穗总粒数 132.3 粒，结实率 79.6%，千粒重 24.8 克。抗性表现：稻瘟病综合指数 3.3 级，穗瘟损失率最高级 3 级；白叶枯病 7 级；褐飞虱 9 级；白背飞虱 7 级。米质表现：糙米率 80.3%，精米率 71.4%，整精米率 53.4%，粒长 6.5 毫米，长宽比 2.9，垩白粒率 37.7%，垩白度 4.8%，透明度 2.0 级，碱消值 3.1 级，胶稠度 85 毫米，直链淀粉含量 12.7%，综合评级为普通。

2018 年国家水稻品种试验年会审议意见：2019 年续试。

3. 陵两优 7372

2018 年初试平均亩产 533.22 千克，比陆两优 996（CK）增产 0.63%，增产点比例 71.4%。全生育期 111.6 天，比陆两优 996（CK）迟熟 1.5 天。主要农艺性状表现：有效穗 20.5 万穗/亩，株高 93.1 厘米，穗长 19.8 厘米，每穗总粒数 127.3 粒，结实率 84.5%，千粒重 25.6 克。抗性表现：稻瘟病综合指数 4.3 级，穗瘟损失率最高级 7 级；白叶枯病 5 级；褐飞虱 9 级；白背飞虱 9 级。米质表现：糙米率 81.1%，精米率 72.2%，整精米率 52.2%，粒长 6.4 毫米，长宽比 2.8，垩白粒率 68.7%，垩白度 9.7%，透明度 2.7 级，碱消值 4.1 级，胶稠度 53 毫米，直链淀粉含量 21.6%，综合评级为普通。

2018 年国家水稻品种试验年会审议意见：终止试验。

4. 陵两优 368

2018 年初试平均亩产 527.42 千克，比陆两优 996（CK）减产 0.47%，增产点比例 50.0%。全生育期 111.4 天，比陆两优 996（CK）迟熟 1.3 天。主要农艺性状表现：有效穗 21.8 万穗/亩，株高 90.2 厘米，穗长 19.3 厘米，每穗总粒数 138.5 粒，结实率 81.4%，千粒重 24.2 克。抗性表现：稻瘟病综合指数 2.9 级，穗瘟损失率最高级 5 级；白叶枯病 7 级；褐飞虱 9 级；白背飞虱 9 级。米质表现：糙米率 80.3%，精米率 71.8%，整精米率 66.5%，粒长 6.3 毫米，长宽比 2.7，垩白粒率 36.0%，垩白度 3.9%，透明度 2.0 级，碱消值 3.0 级，胶稠度 85 毫米，直链淀粉含量 12.7%，综合评级为普通。

2018 年国家水稻品种试验年会审议意见：终止试验。

5. 中早 60

2018 年初试平均亩产 523.13 千克，比陆两优 996（CK）减产 1.28%，增产点比例 42.9%。全生育期 107.4 天，比陆两优 996（CK）早熟 2.7 天。主要农艺性状表现：有效穗 19.8 万穗/亩，株高 86.4 厘米，穗长 18.9 厘米，每穗总粒数 137.6 粒，结实率 78.8%，千粒重 26.1 克。抗性表现：稻瘟病综合指数 2.8 级，穗瘟损失率最高级 3 级；白叶枯病 7 级；褐飞虱 9 级；白背飞虱 7 级。米质表现：糙米率 82.5%，精米率 72.7%，整精米率 48.7%，粒长 5.8 毫米，长宽比 2.1，垩白粒率 73.7%，垩白度 15.8%，透明度 3.3 级，碱消值 5.2 级，胶稠度 77 毫米，直链淀粉含量 25.9%，综合评级为普通。

2018 年国家水稻品种试验年会审议意见：2019 年续试。

6. 百优 1572

2018 年初试平均亩产 422. 82 千克，比陆两优 996（CK）减产 20. 21%，增产点比例 0. 0%。全生育期 110. 2 天，比陆两优 996（CK）迟熟 0. 1 天。主要农艺性状表现：有效穗 19. 7 万穗/亩，株高 90. 1 厘米，穗长 21. 8 厘米，每穗总粒数 137. 2 粒，结实率 70. 2%，千粒重 26. 2 克。抗性表现：稻瘟病综合指数 3. 9 级，穗瘟损失率最高级 5 级；白叶枯病 7 级；褐飞虱 9 级；白背飞虱 9 级。米质表现：糙米率 81. 7%，精米率 72. 2%，整精米率 42. 3%，粒长 7. 2 毫米，长宽比 3. 4，垩白粒率 24. 3%，垩白度 3. 4%，透明度 1. 7 级，碱消值 5. 9 级，胶稠度 56 毫米，直链淀粉含量 26. 2%，综合评级为普通。

2018 年国家水稻品种试验年会审议意见：终止试验。

表 11-1　早籼迟熟组（181411N）区试品种基本情况

品种名称	鉴定编号	品种类型	亲本组合	申请者（非个人）	选育/供种单位
中早 51	4	常规稻	中早 39/辐 020	安徽丰大种业股份有限公司	安徽丰大种业股份有限公司
兴安早占	10	常规稻	中早 181/怀 96-1	江西兴安种业有限公司	江西兴安种业有限公司、江西天下禾育种研究所
中早 48	5	常规稻	中早 39/台早 886	江西先农种业有限公司	江西先农种业有限公司
* 陵两优 368	3	杂交稻	湘陵 628S/华 368	湖南亚华种业科学研究院	湖南亚华种业科学研究院，湖南隆平高科种业科学研究院有限公司
* 煜两优 371	9	杂交稻	华煜 4127S/华 371	湖南亚华种业科学研究院	湖南亚华种业科学研究院，湖南隆平高科种业科学研究院有限公司
* 陵两优 7372	7	杂交稻	湘陵 750S/华 372	湖南亚华种业科学研究院	湖南亚华种业科学研究院
* 中早 60	8	常规稻	中早 36/G11-60	江西兴安种业有限公司、中国水稻研究所	中国水稻研究所、江西兴安种业有限公司
* 百优 1572	2	杂交稻	100A/R1572	中国种子集团有限公司	中国种子集团有限公司
* 嘉育 25	1	常规稻	嘉育 89/中早 39	浙江勿忘农种业股份有限公司、嘉兴市农业科学研究院（所）	
陆两优 996（CK）	6	杂交稻	陆 18S×996		北京金色农华种业科技有限公司

* 为 2018 年新参试品种。

表 11-2 早籼迟熟组（181411N）区试点基本情况

承试单位	试验地点	经度	纬度	海拔高度（米）	试验负责人及执行人
广西桂林市农业科学院	桂林市雁山镇院内试验田	110°12′	25°04′	170.4	莫千持、黄丽秀、蒋云伟
福建沙县良种场	沙县富口镇延溪村	117°40′	26°28′	130.0	黄秀泉、吴光煋、朱仕坤、郑会坦
江西吉安市农科所	吉安县凤凰镇	114°51′	26°56′	58.0	罗来保、陈茶光、周小玲
江西宜春市农科所	宜春市厚田	114°23′	27°48′	128.5	谭桂英、周成勇、胡远琼
江西赣州市农科所	赣州市	114°57′	25°51′	123.8	刘海平、谢芳腾
江西省种子管理局	南昌县莲塘	115°58′	28°41′	24.0	彭从胜、祝鱼水
江西邓家埠水稻原种场	余江县城东郊	116°51′	28°12′	37.7	陈治杰、刘红声
湖南省农业科学院水稻所	长沙东郊马坡岭	113°05′	28°12′	44.9	傅黎明、周昆、凌伟其
湖南贺家山原种场	常德市	111°54′	29°01′	28.2	曾跃华
湖南郴州市农科所	郴州市苏仙区桥口镇	113°11′	25°26′	128.0	廖茂文
湖南衡阳市农科所	衡南县三塘镇	112°30′	26°53′	70.1	曹清春
浙江温州市农业科学院	温州市藤桥镇枫林岙村	120°40′	28°01′	6.0	王成豹
浙江金华市农业科学院	金华市汤溪镇寺平村	119°12′	29°06′	60.2	王孔俭、邓飞
中国水稻研究所	杭州市富阳区	120°19′	30°12′	7.2	杨仕华、夏俊辉、施彩娟

表 11-3　早籼迟熟组（181411N）区试品种产量、生育期及主要农艺经济性状汇总分析结果

品种名称	区试年份	亩产（千克）	比 CK± %	比 CK 增产点（%）	产量差异显著性		全生育期（天）	比 CK± 天	有效穗（万/亩）	株高（厘米）	穗长（厘米）	总粒数/穗	实粒数/穗	结实率（%）	千粒重（克）
					5%	1%									
中早 48	2017—2018	533.46	3.21	82.1			110.7	-1.2	19.0	97.2	17.2	157.2	129.9	82.6	25.0
中早 51	2017—2018	530.52	2.64	71.4			111.0	-0.9	18.5	92.1	19.0	151.3	122.6	81.0	27.1
兴安早占	2017—2018	514.66	-0.43	64.3			109.5	-2.4	19.0	89.0	18.3	144.3	117.5	81.4	25.7
陆两优 996（CK）	2017—2018	516.86	0.00	0.0			111.9	0.0	19.8	97.8	20.1	133.8	108.3	80.9	27.9
中早 48	2018	551.10	4.00	92.9	a	A	109.2	-0.9	18.0	97.0	17.6	160.3	137.2	85.6	25.2
嘉育 25	2018	548.54	3.52	78.6	ab	A	108.8	-1.3	18.6	85.8	18.0	152.0	126.4	83.2	26.2
中早 51	2018	545.06	2.86	64.3	b	A	109.6	-0.5	17.9	92.6	19.2	158.1	132.2	83.6	27.2
煜两优 371	2018	536.88	1.32	57.1	c	B	110.4	0.3	21.5	90.7	19.4	132.3	105.3	79.6	24.8
兴安早占	2018	534.66	0.90	71.4	cd	BC	108.1	-2.0	18.7	88.5	18.6	150.1	126.2	84.1	25.9
陵两优 7372	2018	533.22	0.63	71.4	cde	BC	111.6	1.5	20.5	93.1	19.8	127.3	107.5	84.5	25.6
陆两优 996（CK）	2018	529.89	0.00	0.0	de	BCD	110.1	0.0	18.7	98.1	20.8	135.2	113.5	83.9	27.9
陵两优 368	2018	527.42	-0.47	50.0	ef	CD	111.4	1.3	21.8	90.2	19.3	138.5	112.8	81.4	24.2
中早 60	2018	523.13	-1.28	42.9	f	D	107.4	-2.7	19.8	86.4	18.9	137.6	108.4	78.8	26.1
百优 1572	2018	422.82	-20.21	0.0	g	E	110.2	0.1	19.7	90.1	21.8	137.2	96.3	70.2	26.2

表 11-4　早籼迟熟组（181411N）区试品种稻瘟病抗性各地鉴定结果（2018 年）

品种名称	湖南					湖北					安徽					福建					江西				
	叶瘟级	穗瘟发病		穗瘟损失		叶瘟级	穗瘟发病		穗瘟损失		叶瘟级	穗瘟发病		穗瘟损失		叶瘟级	穗瘟发病		穗瘟损失		叶瘟级	穗瘟发病		穗瘟损失	
		%	级	%	级		%	级	%	级		%	级	%	级		%	级	%	级		%	级	%	级
嘉育 25	8	81	9	51	9	5	55	9	31	7	5	78	9	34	7	6	97	9	79	9	6	100	9	55	9
百优 1572	5	42	7	7	3	3	23	5	17	5	3	46	7	19	5	3	8	3	1	1	3	49	7	6	3
陵两优 368	5	42	7	8	3	3	9	3	2	1	2	19	5	4	1	2	9	3	2	1	3	100	9	21	5
中早 51	4	35	7	6	3	3	4	1	1	1	2	25	5	5	1	3	10	3	3	1	4	100	9	28	5
中早 48	4	46	7	10	3	4	28	7	9	3	2	26	7	7	3	2	4	1	1	1	3	100	9	18	5
陆两优 996（CK）	4	41	7	8	3	4	51	9	23	5	4	46	7	17	5	6	77	9	59	9	4	62	9	7	3
陵两优 7372	6	32	7	4	1	4	22	5	8	3	3	52	9	22	5	2	3	1	1	1	3	100	9	32	7
中早 60	5	43	7	7	3	2	7	3	1	1	2	23	5	7	3	2	5	1	1	1	5	100	9	14	3
煜两优 371	5	52	9	15	3	5	34	7	14	3	2	25	5	6	3	3	11	5	3	1	3	35	7	3	1
兴安早占	4	40	7	7	3	3	13	5	2	1	1	20	5	5	1	3	12	5	4	1	4	61	9	12	5
感稻瘟病（CK）	9	92	9	70	9	8	100	9	70	9	8	98	9	65	9	7	100	9	81	9	9	100	9	100	9

注：1. 鉴定单位分别为湖南省农业科学院植保所、湖北宜昌市农业科学院、安徽省农业科学院植保所、福建上杭县茶地镇农技站、江西井冈山企业集团农技服务中心。

2. 感稻瘟病（CK）：湖南为湘矮早 7 号，湖北、江西为广陆矮 4 号，安徽为原丰早，福建为广陆矮 4 号+紫色糯。

3. 浙江鉴定点 2018 年早籼稻瘟病发病偏轻，不纳入统计。

表 11-5　早籼迟熟组（181411N）区试品种对主要病虫抗性综合评价结果（2017—2018 年）

品种名称	区试年份	稻瘟病							白叶枯病（级）			褐飞虱（级）			白背飞虱（级）				
		2018 年各地综合指数（级）						2018 年穗瘟损失率最高级	1~2 年综合评价		2018 年	1~2 年综合评价		2018 年	1~2 年综合评价		2018 年	1~2 年综合评价	
		湖南	湖北	安徽	福建	江西	平均		平均综合指数	穗瘟损失率最高级		平均	最高		平均	最高		平均	最高
中早 51	2017—2018	4.3	1.5	2.3	2.0	5.8	2.9	5	2.9	5	7	7	7	9	9	9	9	8	9
中早 48	2017—2018	4.3	4.3	3.8	1.3	5.5	3.7	5	3.5	5	7	7	7	9	9	9	9	8	9
兴安早占	2017—2018	4.3	2.5	2.0	2.5	5.8	3.2	5	2.6	5	9	8	9	9	9	9	9	8	9
陆两优 996（CK）	2017—2018	4.3	5.8	5.3	8.3	4.8	6.0	9	5.7	9	7	6	7	9	9	9	9	8	9
嘉育 25	2018	8.8	7.0	7.0	8.3	8.3	7.6	9	7.6	9	7	7	7	9	9	9	7	7	7
百优 1572	2018	4.5	4.5	5.0	2.0	4.0	3.9	5	3.9	5	7	7	7	9	9	9	9	9	9
陵两优 368	2018	4.5	2.0	2.3	1.8	5.5	2.9	5	2.9	5	7	7	7	9	9	9	9	9	9
陵两优 7372	2018	3.8	3.8	5.5	1.3	6.5	4.3	7	4.3	7	5	5	5	9	9	9	9	9	9
中早 60	2018	4.5	1.8	3.3	1.3	5.0	2.8	3	2.8	3	7	7	7	9	9	9	7	7	7
煜两优 371	2018	5.0	4.5	3.3	2.5	3.0	3.3	3	3.3	3	7	7	7	9	9	9	7	7	7
陆两优 996（CK）	2018	4.3	5.8	5.3	8.3	4.8	6.0	9	6.0	9	7	7	7	9	9	9	9	9	9
感病虫（CK）	2018	9.0	8.8	8.8	8.5	9.0	8.8	9	8.8	9	9	9	9	9	9	9	9	9	9

注：1. 稻瘟病综合指数=叶瘟平均级×25%+穗瘟发病率平均级×25%+穗瘟损失率平均级×50%。

2. 白叶枯病和褐飞虱、白背飞虱鉴定单位分别为湖南省农业科学院水稻所和中国水稻研究所稻作发展中心。

3. 感白叶枯病、褐飞虱 CK 分别为湘早籼 6 号、TN1。

表 11-6　早籼迟熟组（181411N）区试品种米质检测结果

品种名称	年份	糙米率（%）	精米率（%）	整精米率（%）	粒长（毫米）	长宽比	垩白粒率（%）	垩白度（%）	透明度（级）	碱消值（级）	胶稠度（毫米）	直链淀粉（%）	部标（等级）
中早 51	2017—2018	81.8	72.3	52.3	5.8	2.2	79.3	17.0	3.7	5.1	81.0	25.3	普通
兴安早占	2017—2018	81.1	71.3	49.3	5.5	2.0	73.0	16.0	3.3	5.0	57.3	24.7	普通
中早 48	2017—2018	82.1	73.2	58.8	5.4	2.0	76.3	14.4	2.3	5.1	73.7	24.8	普通
陆两优 996（CK）	2017—2018	82.8	73.7	37.3	6.7	2.8	72.0	12.5	2.0	5.1	67.7	25.3	普通
陵两优 368	2018	80.3	71.8	66.5	6.3	2.7	36.0	3.9	2.0	3.0	84.5	12.7	普通
煜两优 371	2018	80.3	71.4	53.4	6.5	2.9	37.7	4.8	2.0	3.1	84.7	12.7	普通
陵两优 7372	2018	81.1	72.2	52.2	6.4	2.8	68.7	9.7	2.7	4.1	53.3	21.6	普通
中早 60	2018	82.5	72.7	48.7	5.8	2.1	73.7	15.8	3.3	5.2	77.3	25.9	普通
百优 1572	2018	81.7	72.2	42.3	7.2	3.4	24.3	3.4	1.7	5.9	55.7	26.2	普通
嘉育 25	2018	81.8	73.1	50.5	5.9	2.2	77.3	12.9	3.7	5.2	70.3	25.5	普通
陆两优 996（CK）	2018	82.8	73.7	37.3	6.7	2.8	72.0	12.5	2.0	5.1	67.7	25.3	普通

注：1. 供样单位：江西省种子管理局（2017—2018 年）、湖南衡阳市农科所（2017—2018 年）、中国水稻研究所（2017—2018 年）。

2. 检测单位：农业农村部稻米及制品质量监督检验测试中心。

表 11-7-1 早籼迟熟组（181411N）区试品种在各试点的产量、生育期及主要农艺经济性状表现

品种名称/试验点	亩产（千克）	比CK ±%	产量位次	播种期（月/日）	齐穗期（月/日）	成熟期（月/日）	全生育期（天）	有效穗（万/亩）	株高（厘米）	穗长（厘米）	总粒数/穗	实粒数/穗	结实率（%）	千粒重（克）	杂株率（%）	倒伏性	穗颈瘟	纹枯病	综合评级
嘉育 25																			
福建沙县良种场	580.21	13.12	1	3/13	5/29	7/1	110	21.4	94.8	17.6	141.6	114.3	80.7	26.3	0.0	直	未发	轻	A
广西桂林市农业科学院	513.12	-6.49	5	3/26	6/8	7/5	101	14.3	86.3	18.5	141.1	128.7	91.2	27.5	0.0	直	未发	轻	B
湖南郴州市农科所	538.30	1.22	6	3/22	6/14	7/9	109	16.1	76.4	18.3	167.9	142.2	84.7	25.8	0.5	直	未发	未发	B
湖南衡阳市农科所	550.68	4.64	3	3/23	6/10	7/6	105	16.8	82.5	16.6	130.4	118.1	90.6	26.2	0.0	直	未发	轻	A
湖南省贺家山原种场	567.81	-3.07	8	3/26	6/16	7/19	115	18.3	86.2	16.5	123.6	98.8	79.9	26.8	—	直	未发	轻	C
湖南省农业科学院水稻所	627.36	8.16	1	3/26	6/13	7/14	110	19.6	83.6	19.8	182.3	139.0	76.2	26.0	0.5	直	未发	轻	A
江西邓家埠水稻原种场	534.24	1.36	3	3/26	6/14	7/13	109	20.2	87.3	17.1	135.3	109.3	80.8	24.8	0.0	直	未发	轻	B
江西赣州市农科所	551.47	3.37	2	3/21	6/8	7/10	111	21.3	84.6	20.8	182.7	136.7	74.8	23.3	0.0	直	未发	未发	A
江西吉安市农科所	520.47	6.12	2	3/24	6/11	7/10	108	19.0	86.8	18.3	145.8	123.8	84.9	27.0	0.6	直	未发	中	B
江西省种子管理局	640.83	1.61	3	3/21	6/13	7/11	112	18.4	91.7	17.6	186.9	165.6	88.6	27.7	0.9	直	未发	轻	B
江西宜春市农科所	578.81	13.61	1	3/23	6/9	7/5	104	17.3	81.3	18.4	173.3	142.6	82.3	25.6	0.8	直	未发	轻	A
浙江金华市农业科学院	612.70	2.62	5	4/13	6/24	7/25	103	21.2	96.2	17.7	136.8	98.3	71.9	25.9	0.0	直	未发	轻	B
浙江温州市农业科学院	430.08	-0.62	7	3/25	6/22	7/18	115	14.0	86.3	17.1	144.1	132.2	91.7	26.7	0.3	直	无	轻	B
中国水稻研究所	433.54	5.21	4	3/29	6/16	7/18	111	22.4	77.5	17.2	136.1	120.0	88.2	27.3	0.3	直	未发	轻	A

注：综合评级 A—好，B—较好，C—中等，D——般。

表 11-7-2 早籼迟熟组（181411N）区试品种在各试点的产量、生育期及主要农艺经济性状表现

品种名称/试验点	亩产（千克）	比 CK ±%	产量位次	播种期（月/日）	齐穗期（月/日）	成熟期（月/日）	全生育期（天）	有效穗（万/亩）	株高（厘米）	穗长（厘米）	总粒数/穗	实粒数/穗	结实率（%）	千粒重（克）	杂株率（%）	倒伏性	穗颈瘟	纹枯病	综合评级
百优 1572																			
福建沙县良种场	258.21	-49.66	10	3/13	5/31	7/3	112	19.0	100.5	21.8	147.9	54.6	36.9	26.4	0.2	直	未发	轻	D
广西桂林市农业科学院	437.60	-20.25	10	3/26	6/10	7/8	104	16.0	89.8	22.3	134.2	112.7	84.0	25.1	0.2	直	未发	轻	D
湖南郴州市农科所	355.42	-33.17	10	3/22	6/12	7/9	109	20.3	80.0	20.9	135.5	71.6	52.8	25.2	2.0	直	未发	未发	D
湖南衡阳市农科所	449.16	-14.65	10	3/23	6/14	7/10	109	17.6	92.8	20.4	116.5	83.3	71.5	27.1	0.3	直	未发	无	D
湖南省贺家山原种场	524.63	-10.44	10	3/26	6/16	7/18	114	20.0	96.2	22.1	140.7	114.4	81.3	25.8	—	直	未发	轻	D
湖南省农业科学院水稻所	468.93	-19.16	10	3/26	6/15	7/16	112	23.4	78.8	23.0	146.1	109.3	74.8	25.7	2.8	直	未发	轻	D
江西邓家埠水稻原种场	462.60	-12.23	9	3/26	6/13	7/12	108	24.8	91.2	19.7	99.4	70.8	71.2	26.7	0.0	直	未发	轻	C
江西赣州市农科所	299.74	-43.81	10	3/21	6/3	7/8	109	17.4	86.5	22.5	140.6	59.5	42.3	26.0	0.0	直	未发	未发	D
江西吉安市农科所	459.62	-6.29	10	3/24	6/12	7/11	109	22.4	94.6	22.5	116.3	93.2	80.1	26.8	0.5	直	未发	中	D
江西省种子管理局	560.98	-11.05	10	3/21	6/14	7/12	113	21.2	99.5	22.2	164.0	144.7	88.2	27.4	0.2	直	未发	轻	D
江西宜春市农科所	476.95	-6.38	10	3/23	6/11	7/7	106	18.0	87.5	21.7	137.9	93.3	67.7	25.7	—	直	未发	中	D
浙江金华市农业科学院	483.76	-18.97	10	4/13	6/26	7/27	105	18.6	80.4	21.0	150.1	121.2	80.7	24.8	0.0	直	未发	轻	D
浙江温州市农业科学院	354.72	-18.03	10	3/25	6/28	7/23	120	15.6	95.7	22.5	145.7	120.1	82.4	26.8	0.0	直	无	轻	C
中国水稻研究所	327.12	-20.61	10	3/29	6/20	7/20	113	21.6	88.1	22.8	145.3	99.9	68.8	27.2	0.0	直	未发	轻	D

注：综合评级 A—好，B—较好，C—中等，D—一般。

表 11-7-3 早籼迟熟组（181411N）区试品种在各试点的产量、生育期及主要农艺经济性状表现

品种名称/试验点	亩产（千克）	比CK ±%	产量位次	播种期（月/日）	齐穗期（月/日）	成熟期（月/日）	全生育期（天）	有效穗（万/亩）	株高（厘米）	穗长（厘米）	总粒数/穗	实粒数/穗	结实率（%）	千粒重（克）	杂株率（%）	倒伏性	穗颈瘟	纹枯病	综合评级
陵两优 368																			
福建沙县良种场	534.40	4.19	5	3/13	6/5	7/8	117	23.3	103.1	18.5	130.5	97.3	74.6	24.6	0.0	直	未发	轻	B
广西桂林市农业科学院	503.09	-8.31	7	3/26	6/9	7/7	103	19.3	88.5	18.0	126.5	109.6	86.6	23.3	0.0	直	未发	轻	B
湖南郴州市农科所	575.98	8.31	1	3/22	6/11	7/10	110	20.3	83.0	18.7	136.2	124.3	91.3	23.8	0.5	直	未发	未发	A
湖南衡阳市农科所	543.10	3.20	6	3/23	6/15	7/11	110	22.1	86.8	19.1	109.9	90.7	82.5	25.4	1.5	直	未发	轻	B
湖南省贺家山原种场	556.64	-4.98	9	3/26	6/18	7/20	116	23.3	91.3	19.1	119.2	97.1	81.5	25.3	—	直	未发	轻	C
湖南省农业科学院水稻所	538.40	-7.18	8	3/26	6/18	7/17	113	23.4	86.6	20.6	152.2	111.9	73.5	24.4	0.0	直	未发	轻	C
江西邓家埠水稻原种场	519.41	-1.45	8	3/26	6/13	7/13	109	24.8	89.3	18.1	114.0	89.4	78.4	24.0	0.0	直	未发	轻	B
江西赣州市农科所	546.31	2.41	7	3/21	6/9	7/11	112	21.6	95.6	20.6	150.8	112.7	74.7	21.7	0.0	直	未发	未发	B
江西吉安市农科所	529.47	7.95	1	3/24	6/13	7/12	110	24.6	91.0	20.0	136.5	115.6	84.7	24.3	0.4	直	未发	中	A
江西省种子管理局	623.83	-1.08	6	3/21	6/13	7/12	113	23.8	95.0	19.0	133.7	127.3	95.2	25.3	0.7	直	未发	轻	B
江西宜春市农科所	502.63	-1.34	9	3/23	6/14	7/9	108	17.2	88.0	18.7	138.4	117.1	84.6	23.3	—	直	未发	中	C
浙江金华市农业科学院	556.39	-6.81	9	4/13	6/28	7/29	107	19.0	85.8	20.4	188.5	143.8	76.3	24.0	0.0	直	未发	轻	D
浙江温州市农业科学院	433.08	0.08	5	3/25	6/26	7/21	118	15.8	92.3	19.4	164.3	129.6	78.9	26.3	0.3	直	无	轻	B
中国水稻研究所	421.12	2.20	6	3/29	6/23	7/20	113	26.8	86.2	19.9	138.7	112.3	81.0	23.0	0.5	直	未发	轻	B

注：综合评级 A—好，B—较好，C—中等，D—一般。

表 11-7-4　早籼迟熟组（181411N）区试品种在各试点的产量、生育期及主要农艺经济性状表现

品种名称/试验点	亩产（千克）	比 CK ±%	产量位次	播种期（月/日）	齐穗期（月/日）	成熟期（月/日）	全生育期（天）	有效穗（万/亩）	株高（厘米）	穗长（厘米）	总粒数/穗	实粒数/穗	结实率（%）	千粒重（克）	杂株率（%）	倒伏性	穗颈瘟	纹枯病	综合评级
中早 51																			
福建沙县良种场	566.55	10.46	2	3/13	5/30	7/2	111	20.5	98.4	19.9	139.4	110.4	79.2	27.1	0.2	直	未发	轻	A
广西桂林市农业科学院	545.03	-0.67	3	3/26	6/9	7/6	102	12.0	95.4	20.3	181.9	167.6	92.1	27.9	0.2	直	未发	轻	A
湖南郴州市农科所	523.13	-1.63	9	3/22	6/13	7/9	109	17.6	83.0	17.1	128.4	115.7	90.1	25.9	0.5	直	未发	未发	B
湖南衡阳市农科所	551.18	4.73	2	3/23	6/13	7/9	108	15.4	86.5	17.5	131.9	120.4	91.3	28.5	0.0	直	未发	轻	A
湖南省贺家山原种场	587.48	0.28	2	3/26	6/17	7/20	116	18.5	92.1	19.6	144.5	132.0	91.3	27.6	—	直	未发	轻	A
湖南省农业科学院水稻所	616.03	6.20	2	3/26	6/16	7/16	112	18.6	90.8	19.5	141.8	122.4	86.3	27.3	0.0	直	未发	轻	B
江西邓家埠水稻原种场	526.91	-0.03	7	3/26	6/17	7/14	110	25.2	94.3	17.2	106.2	83.8	78.9	25.4	0.0	直	未发	轻	B
江西赣州市农科所	566.48	6.19	1	3/21	6/8	7/8	109	15.4	94.6	22.2	267.2	166.7	62.4	24.0	0.0	直	未发	未发	A
江西吉安市农科所	508.80	3.74	7	3/24	6/12	7/9	107	18.4	94.1	19.1	138.3	122.7	88.7	28.3	0.5	直	未发	中	B
江西省种子管理局	621.83	-1.40	7	3/21	6/15	7/12	113	18.4	101.4	19.2	197.4	182.1	92.2	28.8	0.4	直	未发	轻	B
江西宜春市农科所	537.80	5.56	5	3/23	6/12	7/8	107	17.2	89.3	18.4	156.9	135.6	86.4	26.4	—	直	未发	轻	C
浙江金华市农业科学院	614.70	2.96	4	4/13	6/26	7/27	105	17.4	98.8	20.7	165.2	116.9	70.8	26.6	0.0	直	未发	轻	B
浙江温州市农业科学院	428.91	-0.89	9	3/25	6/22	7/17	114	15.6	92.0	18.3	164.9	149.0	90.4	29.6	0.3	直	无	轻	B
中国水稻研究所	436.05	5.83	3	3/29	6/18	7/18	111	20.8	86.1	19.7	149.0	125.4	84.2	27.4	0.0	直	未发	轻	A

注：综合评级 A—好，B—较好，C—中等，D——般。

表 11-7-5　早籼迟熟组（181411N）区试品种在各试点的产量、生育期及主要农艺经济性状表现

品种名称/试验点	亩产（千克）	比CK ±%	产量位次	播种期（月/日）	齐穗期（月/日）	成熟期（月/日）	全生育期（天）	有效穗（万/亩）	株高（厘米）	穗长（厘米）	总粒数/穗	实粒数/穗	结实率（%）	千粒重（克）	杂株率（%）	倒伏性	穗颈瘟	纹枯病	综合评级
中早48																			
福建沙县良种场	562.89	9.74	3	3/13	5/30	7/2	111	20.6	103.2	17.8	150.2	116.5	77.6	24.8	0.0	倒	未发	轻	A
广西桂林市农业科学院	508.11	-7.40	6	3/26	6/9	7/7	103	12.5	102.2	18.2	186.4	168.7	90.5	25.4	0.0	直	未发	轻	B
湖南郴州市农科所	539.14	1.38	5	3/22	6/11	7/11	111	17.1	82.7	16.5	157.3	131.5	83.6	24.1	0.0	直	未发	未发	B
湖南衡阳市农科所	559.43	6.30	1	3/23	6/12	7/9	108	15.0	94.8	17.3	155.4	144.7	93.1	26.0	1.3	直	未发	轻	A
湖南省贺家山原种场	588.48	0.45	1	3/26	6/16	7/18	114	17.9	97.1	16.0	129.2	118.1	91.4	25.7	—	直	未发	轻	A
湖南省农业科学院水稻所	604.87	4.28	4	3/26	6/14	7/14	110	19.1	92.0	19.1	171.7	125.6	73.2	25.5	1.0	直	未发	轻	B
江西邓家埠水稻原种场	551.89	4.71	2	3/26	6/15	7/10	106	20.8	93.2	17.9	137.7	108.1	78.5	25.0	0.0	直	未发	轻	A
江西赣州市农科所	548.64	2.84	4	3/21	6/10	7/9	110	17.5	102.1	19.5	145.9	109.6	75.1	24.3	0.0	直	未发	未发	B
江西吉安市农科所	509.80	3.94	6	3/24	6/12	7/11	109	19.8	102.7	19.1	154.3	135.9	88.1	25.5	0.8	直	未发	中	B
江西省种子管理局	651.33	3.28	1	3/21	6/12	7/9	110	20.1	103.6	16.7	191.1	182.1	95.3	26.4	0.2	直	未发	轻	A
江西宜春市农科所	556.98	9.33	3	3/23	6/9	7/5	104	19.0	96.4	16.9	149.5	126.5	84.6	25.3	—	直	未发	中	B
浙江金华市农业科学院	650.68	8.98	1	4/13	6/26	7/27	105	17.2	98.2	16.2	190.1	162.1	85.3	23.5	0.0	直	未发	轻	A
浙江温州市农业科学院	434.25	0.35	3	3/25	6/22	7/20	117	14.9	100.7	17.4	182.9	170.9	93.4	25.8	0.0	斜	无	轻	B
中国水稻研究所	448.98	8.96	1	3/29	6/18	7/18	111	21.1	88.8	17.5	142.5	120.2	84.4	25.5	0.0	直	未发	轻	A

注：综合评级 A—好，B—较好，C—中等，D——一般。

表 11-7-6　早籼迟熟组（181411N）区试品种在各试点的产量、生育期及主要农艺经济性状表现

品种名称/试验点	亩产（千克）	比CK ±%	产量位次	播种期（月/日）	齐穗期（月/日）	成熟期（月/日）	全生育期（天）	有效穗（万/亩）	株高（厘米）	穗长（厘米）	总粒数/穗	实粒数/穗	结实率（%）	千粒重（克）	杂株率（%）	倒伏性	穗颈瘟	纹枯病	综合评级
陆两优 996（CK）																			
福建沙县良种场	512.91	0.00	7	3/13	5/31	7/4	113	18.6	113.3	19.5	127.6	98.5	77.2	29.2	0.9	斜	未发	轻	C
广西桂林市农业科学院	548.71	0.00	2	3/26	6/8	7/4	100	16.5	93.8	19.9	131.0	120.2	91.8	28.2	0.8	直	未发	轻	A
湖南郴州市农科所	531.80	0.00	8	3/22	6/12	7/10	110	19.4	86.3	20.2	135.9	111.9	82.3	26.4	0.8	直	未发	未发	B
湖南衡阳市农科所	526.27	0.00	8	3/23	6/12	7/9	108	17.8	95.7	20.1	107.1	95.1	88.8	29.6	1.8	直	未发	轻	B
湖南省贺家山原种场	585.82	0.00	3	3/26	6/16	7/19	115	21.8	97.6	20.7	133.0	110.1	82.8	26.5	—	直	未发	轻	A
湖南省农业科学院水稻所	580.05	0.00	5	3/26	6/16	7/17	113	20.6	94.0	22.3	151.7	102.9	67.8	28.0	3.1	直	未发	轻	C
江西邓家埠水稻原种场	527.07	0.00	6	3/26	6/13	7/14	110	21.6	96.1	19.5	104.1	88.9	85.4	28.2	0.8	直	未发	轻	B
江西赣州市农科所	533.47	0.00	8	3/21	6/6	7/10	111	18.2	105.6	22.6	171.8	140.8	82.0	26.3	0.0	直	未发	未发	B
江西吉安市农科所	490.46	0.00	9	3/24	6/12	7/11	109	19.2	104.2	21.6	123.2	106.9	86.8	28.8	1.0	直	未发	中	C
江西省种子管理局	630.66	0.00	5	3/21	6/11	7/9	110	22.8	101.7	20.9	152.5	143.6	94.2	28.7	0.4	直	未发	轻	B
江西宜春市农科所	509.46	0.00	8	3/23	6/11	7/8	107	14.9	96.8	20.1	114.9	99.9	86.9	26.6	1.3	直	未发	中	—
浙江金华市农业科学院	597.04	0.00	6	4/13	6/26	7/27	105	14.4	93.0	20.4	155.9	137.7	88.3	27.0	1.2	直	未发	轻	C
浙江温州市农业科学院	432.75	0.00	6	3/25	6/25	7/21	118	14.8	106.4	21.1	158.1	128.8	81.5	29.6	0.3	斜	无	轻	B
中国水稻研究所	412.05	0.00	7	3/29	6/19	7/20	113	21.1	89.4	21.6	126.3	103.0	81.6	27.7	1.0	直	未发	轻	B

注：综合评级 A—好，B—较好，C—中等，D——般。

表 11-7-7　早籼迟熟组（181411N）区试品种在各试点的产量、生育期及主要农艺经济性状表现

品种名称/试验点	亩产（千克）	比CK ±%	产量位次	播种期（月/日）	齐穗期（月/日）	成熟期（月/日）	全生育期（天）	有效穗（万/亩）	株高（厘米）	穗长（厘米）	总粒数/穗	实粒数/穗	结实率（%）	千粒重（克）	杂株率（%）	倒伏性	穗颈瘟	纹枯病	综合评级
陵两优 7372																			
福建沙县良种场	533.40	4.00	6	3/13	6/6	7/8	117	21.1	102.6	19.2	121.5	100.8	83.0	25.6	0.0	直	未发	轻	B
广西桂林市农业科学院	488.89	-10.90	8	3/26	6/9	7/7	103	17.3	89.1	19.1	131.2	115.4	88.0	25.2	0.0	直	未发	轻	C
湖南郴州市农科所	553.97	4.17	3	3/22	6/12	7/10	110	18.8	83.6	19.7	144.3	129.8	90.0	24.7	1.0	直	未发	未发	A
湖南衡阳市农科所	544.78	3.52	5	3/23	6/16	7/12	111	19.8	89.5	20.9	132.5	101.3	76.5	26.1	0.3	直	未发	轻	B
湖南省贺家山原种场	575.81	-1.71	4	3/26	6/20	7/21	117	21.1	93.7	21.2	134.4	114.7	85.3	27.4	2.8	直	未发	轻	B
湖南省农业科学院水稻所	532.40	-8.21	9	3/26	6/19	7/18	114	23.6	92.0	20.4	140.8	96.3	68.4	25.5	0.0	直	未发	轻	C
江西邓家埠水稻原种场	555.39	5.37	1	3/26	6/11	7/12	108	22.4	95.2	19.7	121.6	105.5	86.8	23.9	0.5	直	未发	轻	A
江西赣州市农科所	546.97	2.53	5	3/21	6/11	7/10	111	19.6	102.7	21.3	141.8	110.2	77.7	24.0	0.0	直	未发	未发	B
江西吉安市农科所	516.80	5.37	4	3/24	6/15	7/14	112	24.2	96.8	18.0	107.6	97.2	90.3	25.9	0.3	直	未发	中	A
江西省种子管理局	580.31	-7.98	9	3/21	6/14	7/13	114	20.2	97.7	20.4	146.4	137.1	93.6	27.1	0.9	直	未发	轻	C
江西宜春市农科所	524.97	3.04	6	3/23	6/14	7/11	110	16.7	88.2	19.1	113.9	102.7	90.2	25.2	—	直	未发	重	C
浙江金华市农业科学院	628.69	5.30	3	4/13	6/28	7/28	106	20.8	95.4	18.8	127.0	116.0	91.3	24.6	0.0	直	未发	轻	A
浙江温州市农业科学院	440.27	1.74	2	3/25	6/25	7/20	117	17.9	91.2	18.7	101.7	85.2	83.8	27.4	0.0	直	无	轻	B
中国水稻研究所	442.43	7.37	2	3/29	6/22	7/19	112	23.2	86.2	20.3	117.8	93.4	79.3	25.2	0.0	直	未发	轻	A

注：综合评级 A—好，B—较好，C—中等，D——般。

表 11-7-8 早籼迟熟组（181411N）区试品种在各试点的产量、生育期及主要农艺经济性状表现

品种名称/试验点	亩产（千克）	比CK ±%	产量位次	播种期（月/日）	齐穗期（月/日）	成熟期（月/日）	全生育期（天）	有效穗（万/亩）	株高（厘米）	穗长（厘米）	总粒数/穗	实粒数/穗	结实率（%）	千粒重（克）	杂株率（%）	倒伏性	穗颈瘟	纹枯病	综合评级
中早60																			
福建沙县良种场	508.25	-0.91	8	3/13	5/30	7/2	111	22.8	96.0	19.0	134.5	88.8	66.0	26.7	0.0	直	未发	轻	C
广西桂林市农业科学院	442.61	-19.34	9	3/26	6/3	7/1	97	15.3	83.3	18.9	129.8	111.6	86.0	26.1	0.4	直	未发	轻	D
湖南郴州市农科所	545.64	2.60	4	3/22	6/10	7/9	109	18.7	72.3	17.3	138.1	118.8	86.0	25.2	2.5	直	未发	未发	B
湖南衡阳市农科所	522.73	-0.67	9	3/23	6/10	7/5	104	16.6	85.3	18.5	140.2	119.8	85.4	26.0	0.8	直	未发	轻	C
湖南省贺家山原种场	569.31	-2.82	7	3/26	6/15	7/18	114	17.8	86.6	18.0	139.9	112.5	80.4	26.4	—	直	未发	中	C
湖南省农业科学院水稻所	577.05	-0.52	6	3/26	6/11	7/13	109	20.8	79.0	20.8	162.0	110.3	68.1	26.6	0.0	直	未发	轻	C
江西邓家埠水稻原种场	459.61	-12.80	10	3/26	6/11	7/5	101	21.4	83.4	17.6	109.1	88.9	81.5	24.6	0.0	直	未发	轻	C
江西赣州市农科所	526.80	-1.25	9	3/21	6/1	7/7	108	21.8	85.2	21.6	152.4	108.4	71.1	23.7	0.0	直	未发	未发	B
江西吉安市农科所	517.97	5.61	3	3/24	6/9	7/8	106	23.1	90.7	19.7	130.9	107.9	82.4	26.1	0.3	直	未发	中	B
江西省种子管理局	633.66	0.48	4	3/21	6/11	7/9	110	19.6	94.2	18.9	150.3	145.0	96.5	27.8	0.4	直	未发	轻	B
江西宜春市农科所	552.14	8.38	4	3/23	6/12	7/7	106	15.0	87.6	19.1	146.9	117.3	79.9	25.4	—	直	未发	重	B
浙江金华市农业科学院	567.05	-5.02	8	4/13	6/25	7/26	104	24.0	99.4	18.9	152.2	81.2	53.4	25.4	0.0	倒	未发	轻	D
浙江温州市农业科学院	470.01	8.61	1	3/25	6/20	7/17	114	18.8	83.9	17.5	101.4	85.6	84.4	28.3	0.0	直	无	轻	A
中国水稻研究所	431.02	4.60	5	3/29	6/17	7/18	111	21.6	82.5	19.1	138.2	121.1	87.6	26.4	0.0	直	未发	轻	B

注：综合评级 A—好，B—较好，C—中等，D——一般。

表 11-7-9　早籼迟熟组（181411N）区试品种在各试点的产量、生育期及主要农艺经济性状表现

品种名称/试验点	亩产（千克）	比 CK ±%	产量位次	播种期（月/日）	齐穗期（月/日）	成熟期（月/日）	全生育期（天）	有效穗（万/亩）	株高（厘米）	穗长（厘米）	总粒数/穗	实粒数/穗	结实率（%）	千粒重（克）	杂株率（%）	倒伏性	穗颈瘟	纹枯病	综合评级
煜两优 371																			
福建沙县良种场	542.73	5.81	4	3/13	6/6	7/3	112	20.6	102.0	19.3	146.6	114.5	78.1	25.1	0.0	直	未发	轻	B
广西桂林市农业科学院	521.64	-4.93	4	3/26	6/9	7/6	102	19.3	92.2	18.1	114.4	100.3	87.7	25.5	0.0	直	未发	轻	B
湖南郴州市农科所	568.81	6.96	2	3/22	6/12	7/8	108	20.4	82.0	18.5	133.1	119.6	89.9	23.6	1.0	直	未发	未发	A
湖南衡阳市农科所	546.47	3.84	4	3/23	6/15	7/11	110	23.0	90.2	18.6	107.3	87.8	81.8	25.6	0.5	直	未发	轻	B
湖南省贺家山原种场	575.65	-1.74	5	3/26	6/19	7/21	117	21.0	95.6	21.4	151.6	126.2	83.2	25.1	—	直	未发	轻	B
湖南省农业科学院水稻所	545.40	-5.97	7	3/26	6/19	7/18	114	26.8	88.2	20.4	140.0	94.8	67.7	24.9	0.0	直	未发	轻	C
江西邓家埠水稻原种场	529.24	0.41	5	3/26	6/14	7/12	108	22.2	86.9	18.2	118.2	96.8	81.9	25.0	0.0	直	未发	轻	B
江西赣州市农科所	549.31	2.97	3	3/21	6/12	7/9	110	20.6	93.8	20.1	132.8	82.8	62.3	22.0	0.0	直	未发	未发	B
江西吉安市农科所	514.96	5.00	5	3/24	6/15	7/14	112	23.4	92.2	19.8	113.5	95.2	83.9	24.7	0.6	直	未发	中	B
江西省种子管理局	620.16	-1.67	8	3/21	6/14	7/13	114	23.4	97.9	20.4	157.6	143.3	90.9	26.1	0.2	直	未发	轻	B
江西宜春市农科所	517.80	1.64	7	3/23	6/12	7/9	108	19.1	85.9	18.4	115.7	83.0	71.7	24.8	—	直	未发	重	C
浙江金华市农业科学院	648.01	8.54	2	4/13	6/21	7/23	101	22.2	90.8	18.8	137.1	119.7	87.3	23.9	0.0	直	未发	轻	A
浙江温州市农业科学院	429.24	-0.81	8	3/25	6/25	7/20	117	14.2	87.0	19.7	150.1	119.0	79.3	27.2	0.3	直	无	轻	B
中国水稻研究所	406.85	-1.26	8	3/29	6/24	7/20	113	24.4	85.5	20.4	133.5	90.9	68.1	24.3	0.0	直	未发	轻	C

注：综合评级 A—好，B—较好，C—中等，D——般。

表 11-7-10 早籼迟熟组（181411N）区试品种在各试点的产量、生育期及主要农艺经济性状表现

品种名称/试验点	亩产（千克）	比CK ±%	产量位次	播种期（月/日）	齐穗期（月/日）	成熟期（月/日）	全生育期（天）	有效穗（万/亩）	株高（厘米）	穗长（厘米）	总粒数/穗	实粒数/穗	结实率（%）	千粒重（克）	杂株率（%）	倒伏性	穗颈瘟	纹枯病	综合评级
兴安早占																			
福建沙县良种场	482.93	-5.85	9	3/13	5/29	7/2	111	21.2	93.7	18.1	129.8	91.9	70.8	25.3	0.5	直	未发	轻	C
广西桂林市农业科学院	550.88	0.40	1	3/26	6/8	7/5	101	11.0	92.4	21.8	196.1	172.2	87.8	27.7	0.2	直	未发	轻	A
湖南郴州市农科所	536.64	0.91	7	3/22	6/10	7/8	108	17.3	75.8	18.0	166.3	133.5	80.3	24.6	0.0	直	未发	未发	B
湖南衡阳市农科所	538.39	2.30	7	3/23	6/12	7/8	107	17.8	87.7	17.3	117.6	103.5	88.0	26.7	0.0	直	未发	轻	B
湖南省贺家山原种场	570.65	-2.59	6	3/26	6/13	7/16	112	19.6	86.3	17.1	115.6	100.4	86.9	26.0	—	直	未发	轻	C
湖南省农业科学院水稻所	606.87	4.62	3	3/26	6/13	7/13	109	22.0	81.4	19.2	161.1	127.8	79.3	25.5	0.1	直	未发	轻	B
江西邓家埠水稻原种场	531.07	0.76	4	3/26	6/14	7/14	110	24.8	86.4	15.5	112.0	90.1	80.4	24.3	0.0	直	未发	轻	B
江西赣州市农科所	546.47	2.44	6	3/21	6/6	7/9	110	17.5	94.3	21.7	181.3	126.5	69.8	23.7	0.0	直	未发	未发	B
江西吉安市农科所	491.79	0.27	8	3/24	6/10	7/8	106	17.6	90.5	18.4	135.7	115.9	85.4	25.7	0.8	直	未发	中	C
江西省种子管理局	650.67	3.17	2	3/21	6/10	7/8	109	23.4	94.4	19.5	198.5	190.5	96.0	27.3	0.4	直	未发	轻	A
江西宜春市农科所	578.65	13.58	2	3/23	6/8	7/5	104	18.0	88.4	18.4	153.7	134.6	87.6	25.6	—	直	未发	轻	A
浙江金华市农业科学院	573.72	-3.91	7	4/13	6/23	7/24	102	15.2	90.2	17.0	158.3	133.3	84.2	23.9	0.0	直	未发	轻	D
浙江温州市农业科学院	434.09	0.31	4	3/25	6/22	7/18	115	14.8	94.7	18.7	130.3	111.3	85.4	29.1	0.0	直	无	轻	B
中国水稻研究所	392.42	-4.77	9	3/29	6/16	7/16	109	22.1	82.7	19.0	145.3	135.1	93.0	26.6	0.3	直	未发	轻	C

注：综合评级 A—好，B—较好，C—中等，D——一般。

第十二章　2018 年长江中下游中籼迟熟 A 组国家水稻品种试验汇总报告

一、试验概况

（一）试验目的

鉴定评价我国长江中下游稻区新选育和引进的中籼迟熟新品种（组合，下同）的丰产性、稳产性、适应性、抗性、米质及其他重要性状表现，为国家水稻品种审定提供科学依据。

（二）参试品种

区试品种 11 个，萍两优雅占、嘉丰优 1 号、盐香优 7535 为续试品种，其余为新参试品种，以丰两优四号（CK）为对照；生产试验品种 4 个，也以丰两优四号（CK）为对照。品种名称、类型、亲本组合、选育/供种单位见表 12-1。

（三）承试单位

区试点 15 个，生产试验点 A、B 组各 7 个，分布在安徽、福建、河南、湖北、湖南、江苏、江西和浙江 8 个省。承试单位、试验地点、经纬度、海拔高度、试验负责人及执行人见表 12-2。

（四）试验设计、栽培管理与观察记载

各试验点均按《2018 年国稻科企水稻联合体试验实施方案》及 NY/T 1300—2007《农作物品种区域试验技术规范　水稻》进行试验。

区试采用完全随机区组排列，3 次重复，小区面积 0.02 亩。生产试验采用大区随机排列，不设重复，大区面积 0.5 亩。

分区试、生产试验，同组试验所有品种同期播种、移栽，施肥水平中等偏上，其他栽培管理措施与当地大田生产相同。

观察记载项目与标准按 NY/T 1300—2007《农作物品种区域试验技术规范　水稻》以及《国家水稻品种试验观察记载项目、方法及标准》《南方稻区国家水稻品种区试及生产试验记载表》等的要求执行。

（五）特性鉴定

1. 抗性鉴定

浙江省农业科学院植微所、湖南省农业科学院植保所、湖北宜昌市农科所、安徽省农业科学院植保所、福建上杭县茶地乡农技站和江西井冈山企业集团农技服务中心负责稻瘟病抗性鉴定。湖南省农业科学院水稻所负责白叶枯病抗性鉴定。鉴定采用人工接菌与病区自然诱发相结合。中国水稻研究所稻作发展中心负责稻飞虱抗性鉴定。华中农业大学负责生产试验品种抽穗期耐热性鉴定。鉴定用种子均由主持单位中国水稻研究所统一提供。

2. 米质分析

安徽省农业科学院水稻所、河南信阳市农科所和中国水稻研究所试验点提供样品，农业农村部稻米及制品质量监督检验测试中心负责检测分析。

3. DNA 指纹特异性与一致性

中国水稻研究所国家水稻改良中心进行参试品种的特异性、同名品种年度间及不同样品间的一致

性鉴定。

（六）试验评价

依据 NY/T 1300—2007《农作物品种区域试验技术规范 水稻》、试验实地检查考察情况以及试验点对试验实施情况和品种表现情况所做的说明，对各试验（鉴定）点试验（鉴定）结果的可靠性、完整性、准确性等进行分析评估，确保汇总质量。

2018 年所有区试点、生产试验点以及特性鉴定点的试验（鉴定）结果正常，全部纳入汇总。

（七）品种评价

依据国家农作物品种审定委员会 2017 年发布的《主要农作物品种审定标准（国家级）》，对参试品种进行分析评价。

产量联合方差分析采用固定模型，品种间产量差异多重比较采用 Duncan's 新复极差法；参试品种的丰产性主要以品种在区试和生产试验中相对于对照品种产量增减产百分率来衡量；参试品种的适应性主要以品种在区试和生产试验中比对照品种增产的试验点百分率来衡量；参试品种的稳产性主要以品种在年度间区试中相对于对照品种产量的差异变化程度来衡量。

参试品种的生育期主要以全生育期比对照品种长短的天数来衡量。

参试品种的抗性以指定的鉴定单位的鉴定结果为主要依据，对稻瘟病抗性的主要评价指标为综合指数和穗瘟损失率最高级，对其他病虫害抗性的主要评价指标为最高级。

参试品种的温度敏感性以结实率低于 70%的区试点数来衡量。

参试品种的米质评价按照农业行业标准 NY/T 593—2013《食用稻品种品质》，分优质 1 级、优质 2 级、优质 3 级，未达到优质级的品种米质均为普通级。

二、结果分析

（一）产量

依据比对照的增减产幅度衡量：在 2018 年区试参试品种中，产量高、比对照增产 5%以上的品种有萍两优雅占、圳两优 749、嘉丰优 1 号和盐香优 7535；产量较高、比对照增产 3%~5%的品种有 Q 两优 169 和润两优 312；产量中等、比对照增减产 3%以内的品种有信两优 19、虬两优 6328、创两优 881、文两优 2098 和大两优 902。

区试参试品种产量汇总结果见表 12-3，生产试验参试品种产量汇总结果见表 12-4。

（二）生育期

依据全生育期比对照长短的天数衡量：在 2018 年区试参试品种中，熟期较早、比对照早熟的品种有萍两优雅占、圳两优 749、盐香优 7535、润两优 312、虬两优 6328、创两优 882 和大两优 902；其他品种的全生育期介于 135. 9~138. 0 天，比对照迟熟 2~5 天，熟期基本适宜。

区试参试品种生育期汇总结果见表 12-3，生产试验参试品种生育期汇总结果见表 12-4。

（三）主要农艺经济性状

区试参试品种分蘖率、有效穗、成穗率、株高、穗长、每穗总粒数、每穗实粒数、结实率、千粒重等主要农艺经济性状汇总结果见表 12-3。

（四）抗性

对稻瘟病的抗性，根据 1~2 年鉴定结果，稻瘟病穗瘟损失率最高级 3 级的品种有圳两优 749；穗瘟损失率最高级 5 级的品种有萍两优雅占、嘉丰优 1 号、信两优 19、Q 两优 169、润两优 312、大两优 902；穗瘟损失率最高级 7 级的品种有虬两优 6328；穗瘟损失率最高级 9 级的品种有盐香优 7535、创两优 881、文两优 2098。

生产试验参试品种特性鉴定结果见表 12-4，区试参试品种抗性鉴定结果见表 12-5 和表 12-6。

（五）米质

依据农业行业标准 NY/T 593—2013《食用稻品种品质》，根据 1~2 年的检测结果：优质 1 级的品种有文两优 2098；优质 2 级的品种有圳两优 749；优质 3 级的品种有嘉丰优 1 号、Q 两优 169、信两优 19；其他参试品种均为普通级，米质中等或一般。

区试参试品种米质指标表现及等级见表 12-7。

（六）品种在各试验点表现

区试参试品种在各试验点的表现情况见表 12-8，生产试验参试品种在各试验点的表现情况见表 12-9。

三、品种简评

（一）生产试验品种

1. 镇籼优 1393

2016 年初试平均亩产 633.09 千克，比丰两优四号（CK）增产 4.68%，增产点比例 78.6%；2017 年续试平均亩产 631.48 千克，比丰两优四号（CK）增产 5.63%，增产点比例 92.9%；两年区试平均亩产 632.29 千克，比丰两优四号（CK）增产 5.15%，增产点比例 85.7%；2018 年生产试验平均亩产 640.91 千克，比丰两优四号（CK）增产 3.02%，增产点比例 71.4%。全生育期两年区试平均 139.7 天，比丰两优四号（CK）迟熟 3.1 天。主要农艺性状两年区试综合表现：有效穗 16.4 万穗/亩，株高 136.1 厘米，穗长 24.7 厘米，每穗总粒数 176.6 粒，结实率 79.6%，千粒重 28.6 克。抗性两年综合表现：稻瘟病综合指数年度分别为 5.1 级、4.8 级，穗瘟损失率最高级 9 级；白叶枯病 3 级；褐飞虱 9 级；抽穗期耐热性 5 级。米质主要指标两年综合表现：糙米率 81.0%，整精米率 43.4%，长宽比 2.9，垩白粒率 54%，垩白度 9.0%，透明度 2 级，碱消值 5.0 级，胶稠度 73 毫米，直链淀粉含量 21.7%，综合评级为国标等外、部标普通。

2018 年国家水稻品种试验年会审议意见：已完成试验程序，可以申报国家品种审定。

2. 隆两优 6878

2016 年初试平均亩产 610.60 千克，比丰两优四号（CK）增产 0.96%，增产点比例 57.1%；2017 年续试平均亩产 625.99 千克，比丰两优四号（CK）增产 4.71%，增产点比例 78.6%；两年区试平均亩产 618.29 千克，比丰两优四号（CK）增产 2.82%，增产点比例 67.9%；2018 年生产试验平均亩产 667.53 千克，比丰两优四号（CK）增产 3.66%，增产点比例 85.7%。全生育期两年区试平均 138.2 天，比丰两优四号（CK）迟熟 1.6 天。主要农艺性状两年区试综合表现：有效穗 14.6 万穗/亩，株高 133.5 厘米，穗长 26.4 厘米，每穗总粒数 201.7 粒，结实率 81.5%，千粒重 27.8 克。抗性两年综合表现：稻瘟病综合指数年度分别为 2.9 级、2.7 级，穗瘟损失率最高级 3 级；白叶枯病 7 级；褐飞虱 9 级；抽穗期耐热性 3 级。米质主要指标两年综合表现：糙米率 79.9%，整精米率 57.2%，长宽比 3.1，垩白粒率 15%，垩白度 2.6%，透明度 2 级，碱消值 5.2 级，胶稠度 78 毫米，直链淀粉含量 13.8%，综合评级为国标等外、部标优质 3 级。

2018 年国家水稻品种试验年会审议意见：已完成试验程序，可以申报国家品种审定。

3. 萍两优雅占

2017 年初试平均亩产 646.20 千克，比丰两优四号（CK）增产 8.09%，增产点比例 100.0%；2018 年续试平均亩产 646.02 千克，比丰两优四号（CK）增产 6.88%，增产点比例 93.3%；两年区试平均亩产 646.11 千克，比丰两优四号（CK）增产 7.48%，增产点比例 96.7%；2018 年生产试验平均亩产 685.02 千克，比丰两优四号（CK）增产 6.48%，增产点比例 100.0%。全生育期两年区试平均 134.3 天，比丰两优四号（CK）早熟 0.7 天。主要农艺性状两年区试综合表现：有效穗 17.1 万穗/亩，株高 119.5 厘米，穗长 24.3 厘米，每穗总粒数 217.1 粒，结实率 81.3%，千粒重 22.8 克。

抗性两年综合表现：稻瘟病综合指数年度分别为 2.9 级、3.3 级，穗瘟损失率最高级 5 级；白叶枯病最高级 7 级；褐飞虱最高级 9 级；抽穗期耐热性 3 级。米质表现：糙米率 81.1%，精米率 71.9%，整精米率 53.7%，粒长 6.6 毫米，长宽比 3.2，垩白粒率 5%，垩白度 0.7%，透明度 2 级，碱消值 3.9 级，胶稠度 77 毫米，直链淀粉含量 13.6%，综合评级为普通。

2018 年国家水稻品种试验年会审议意见：已完成试验程序，可以申报国家品种审定。

4. 盐香优 7535

2017 年初试平均亩产 642.46 千克，比丰两优四号（CK）增产 7.47%，增产点比例 100.0%；2018 年续试平均亩产 643.16 千克，比丰两优四号（CK）增产 6.40%，增产点比例 86.7%；两年区试平均亩产 642.81 千克，比丰两优四号（CK）增产 6.96%，增产点比例 93.3%；2018 年生产试验平均亩产 662.05 千克，比丰两优四号（CK）增产 5.83%，增产点比例 71.4%。全生育期两年区试平均 133.9 天，比丰两优四号（CK）早熟 1.1 天。主要农艺性状两年区试综合表现：有效穗 15.5 万穗/亩，株高 128.1 厘米，穗长 24.4 厘米，每穗总粒数 196.5 粒，结实率 81.4%，千粒重 27.2 克。抗性两年综合表现：稻瘟病综合指数年度分别为 4.3 级、4.9 级，穗瘟损失率最高级 9 级；白叶枯病最高级 3 级；褐飞虱最高级 9 级；抽穗期耐热性 1 级。米质表现：糙米率 81.5%，精米率 72.2%，整精米率 44.4%，粒长 6.9 毫米，长宽比 3.1，垩白粒率 22%，垩白度 3.1%，透明度 2 级，碱消值 4.8 级，胶稠度 76 毫米，直链淀粉含量 14.6%，综合评级为普通。

2018 年国家水稻品种试验年会审议意见：已完成试验程序，可以申报国家品种审定。

（二）续试品种

嘉丰 1 号

2017 年初试平均亩产 625.67 千克，比丰两优四号（CK）增产 4.66%，增产点比例 71.4%；2018 年续试平均亩产 644.48 千克，比丰两优四号（CK）增产 6.62%，增产点比例 93.3%；两年区试平均亩产 635.07 千克，比丰两优四号（CK）增产 5.65%，增产点比例 82.4%。全生育期两年区试平均 136.8 天，比丰两优四号（CK）迟熟 1.8 天。主要农艺性状两年区试综合表现：有效穗 14.1 万穗/亩，株高 130.6 厘米，穗长 25.1 厘米，每穗总粒数 249.2 粒，结实率 80.2%，千粒重 25.4 克。抗性两年综合表现：稻瘟病综合指数年度分别为 4.4 级、3.5 级，穗瘟损失率最高级 5 级；白叶枯病最高级 5 级；褐飞虱最高级 9 级。米质表现：糙米率 80.6%，精米率 72.6%，整精米率 60.7%，粒长 6.3 毫米，长宽比 2.7，垩白粒率 10%，垩白度 1.1%，透明度 2 级，碱消值 5.5 级，胶稠度 78 毫米，直链淀粉含量 13.5%，综合评级为优质 3 级。

2018 年国家水稻品种试验年会审议意见：2019 年进行生产试验。

（三）初试品种

1. 圳两优 749

2018 年初试平均亩产 644.76 千克，比丰两优四号（CK）增产 6.67%，增产点比例 100.0%。全生育期 133.2 天，比丰两优四号（CK）早熟 0.3 天。主要农艺性状表现：有效穗 17.7 万穗/亩，株高 124.9 厘米，穗长 25.1 厘米，每穗总粒数 186.8 粒，结实率 84.0%，结实率小于 70%的点 0 个，千粒重 25.7 克。抗性表现：稻瘟病综合指数 3.0 级，穗瘟损失率最高级 3 级；白叶枯病 7 级；褐飞虱 9 级。米质表现：糙米率 80.6%，精米率 71.4%，整精米率 56.5%，粒长 6.9 毫米，长宽比 3.3，垩白粒率 9.0%，垩白度 1.0%，透明度 1 级，碱消值 6.3 级，胶稠度 73 毫米，直链淀粉含量 14.4%，综合评级为优质 2 级。

2018 年国家水稻品种试验年会审议意见：2019 年续试并进行生产试验。

2. Q 两优 169

2018 年初试平均亩产 630.04 千克，比丰两优四号（CK）增产 4.23%，增产点比例 80.0%。全生育期 135.9 天，比丰两优四号（CK）迟熟 2.4 天。主要农艺性状表现：有效穗 17.2 万穗/亩，株高 117.9 厘米，穗长 26.3 厘米，每穗总粒数 198.9 粒，结实率 80.3%，结实率小于 70%的点 1 个，千粒重 24.1 克。抗性表现：稻瘟病综合指数 3.4 级，穗瘟损失率最高级 5 级；白叶枯病 5 级；褐飞虱9级。米质表现：糙米率81.0%，精米率72.5%，整精米率58.4%，粒长6.7毫米，长宽比3.3，垩白粒率6.7%，垩白度1.3%，透明度2级，碱消值5.3级，胶稠度78毫米，直链淀粉含量13.5%，综合评级为优质3级。

2018年国家水稻品种试验年会审议意见：2019年续试。

3. 润两优312

2018年初试平均亩产625.01千克，比丰两优四号（CK）增产3.40%，增产点比例73.3%。全生育期132.5天，比丰两优四号（CK）早熟1.0天。主要农艺性状表现：有效穗17.7万穗/亩，株高121.0厘米，穗长25.4厘米，每穗总粒数198.3粒，结实率81.0%，结实率小于70%的点2个，千粒重23.7克。抗性表现：稻瘟病综合指数3.8级，穗瘟损失率最高级5级；白叶枯病7级；褐飞虱9级。米质表现：糙米率81.0%，精米率72.1%，整精米率61.5%，粒长6.6毫米，长宽比3.2，垩白粒率8.0%，垩白度1.2%，透明度2级，碱消值4.0级，胶稠度77毫米，直链淀粉含量12.9%，综合评级为普通。

2018年国家水稻品种试验年会审议意见：终止试验。

4. 信两优19

2018年初试平均亩产615.57千克，比丰两优四号（CK）增产1.84%，增产点比例53.3%。全生育期136.3天，比丰两优四号（CK）迟熟2.8天。主要农艺性状表现：有效穗14.8万穗/亩，株高130.9厘米，穗长26.0厘米，每穗总粒数200.9粒，结实率84.4%，结实率小于70%的点0个，千粒重27.5克。抗性表现：稻瘟病综合指数4.7级，穗瘟损失率最高级5级；白叶枯病9级；褐飞虱9级。米质表现：糙米率81.1%，精米率72.3%，整精米率54.0%，粒长7.1毫米，长宽比3.3，垩白粒率12.0%，垩白度1.9%，透明度2级，碱消值5.2级，胶稠度74毫米，直链淀粉含量15.2%，综合评级为优质3级。

2018年国家水稻品种试验年会审议意见：终止试验。

5. 虬两优6328

2018年初试平均亩产605.12千克，比丰两优四号（CK）增产0.11%，增产点比例53.3%。全生育期130.4天，比丰两优四号（CK）早熟3.1天。主要农艺性状表现：有效穗14.8万穗/亩，株高119.8厘米，穗长24.3厘米，每穗总粒数231.9粒，结实率76.8%，结实率小于70%的点2个，千粒重23.7克。抗性表现：稻瘟病综合指数4.5级，穗瘟损失率最高级7级；白叶枯病9级；褐飞虱9级。米质表现：糙米率82.0%，精米率72.7%，整精米率48.7%，粒长6.8毫米，长宽比3.2，垩白粒率7.3%，垩白度1.4%，透明度2级，碱消值5.1级，胶稠度74毫米，直链淀粉含量13.8%，综合评级为普通。

2018年国家水稻品种试验年会审议意见：终止试验。

6. 创两优881

2018年初试平均亩产602.83千克，比丰两优四号（CK）减产0.27%，增产点比例53.3%。全生育期129.8天，比丰两优四号（CK）早熟3.7天。主要农艺性状表现：有效穗18.0万穗/亩，株高115.5厘米，穗长24.1厘米，每穗总粒数190.9粒，结实率85.2%，结实率小于70%的点0个，千粒重22.5克。抗性表现：稻瘟病综合指数7.3级，穗瘟损失率最高级9级；白叶枯病7级；褐飞虱9级。米质表现：糙米率82.1%，精米率72.8%，整精米率50.0%，粒长6.7毫米，长宽比3.3，垩白粒率20.3%，垩白度3.4%，透明度2级，碱消值5.9级，胶稠度66毫米，直链淀粉含量20.5%，综合评级为普通。

2018年国家水稻品种试验年会审议意见：终止试验。

7. 文两优2098

2018年初试平均亩产600.61千克，比丰两优四号（CK）减产0.64%，增产点比例46.7%。全生育期138.0天，比丰两优四号（CK）迟熟4.5天。主要农艺性状表现：有效穗15.0万穗/亩，株高125.9厘米，穗长29.8厘米，每穗总粒数230.0粒，结实率75.7%，结实率小于70%的点4个，千粒重23.6克。抗性表现：稻瘟病综合指数5.0级，穗瘟损失率最高级9级；白叶枯病5级；褐飞虱9级。米质表现：糙米率81.0%，精米率70.4%，整精米率60.1%，粒长6.9毫米，长宽比3.3，垩白粒率3.7%，垩白度0.4%，透明度1级，碱消值6.6级，胶稠度75毫米，直链淀粉含量15.0%，综合评级为优质1级。

2018年国家水稻品种试验年会审议意见：终止试验。

8. 大两优902

2018年初试平均亩产591.28千克，比丰两优四号（CK）减产2.18%，增产点比例53.3%。全生育期128.6天，比丰两优四号（CK）早熟4.9天。主要农艺性状表现：有效穗16.1万穗/亩，株高123.4厘米，穗长27.5厘米，每穗总粒数174.2粒，结实率85.0%，结实率小于70%的点0个，千粒重26.7克。抗性表现：稻瘟病综合指数4.0级，穗瘟损失率最高级5级；白叶枯病5级；褐飞虱9级。米质表现：糙米率80.4%，精米率70.7%，整精米率53.8%，粒长6.8毫米，长宽比3.1，垩白粒率10.3%，垩白度1.1%，透明度2级，碱消值5.0级，胶稠度78毫米，直链淀粉含量11.8%，综合评级为普通。

2018年国家水稻品种试验年会审议意见：终止试验。

表 12-1　长江中下游中籼迟熟 A 组（182411NX-A）区试及生产试验参试品种基本情况

品种名称	试验编号	鉴定编号	品种类型	亲本组合	申请者（非个人）	选育/供种单位
区试						
＊创两优 881	1	5	杂交稻	创 5S/昌恢 881	江西农业大学农学院	江西农业大学农学院
＊虬两优 6328	2	1	杂交稻	虬 S×福恢 6328	福建亚丰种业有限公司	福建省农业科学院水稻研究所福建亚丰种业有限公司
＊大两优 902	3	11	杂交稻	大丰 9S/R1602	安徽丰大种业股份有限公司	安徽丰大种业股份有限公司
＊Q 两优 169	4	6	杂交稻	全 151S/YR069	安徽荃银超大种业有限公司	安徽荃银高科种业股份有限公司
丰两优四号（CK）	5	10	杂交稻	丰 39S×盐稻 4 号选		合肥丰乐种业股份公司
萍两优雅占	6	12	杂交稻	萍 S×雅占	江西天涯种业有限公司	江西天涯种业有限公司、萍乡市农业科学研究所
＊信两优 19	7	3	杂交稻	信 32061s/信丰 19	信阳市农业科学院	信阳市农业科学院
嘉丰优 1 号	8	2	杂交稻	嘉禾 212A/NP001	嘉兴市农业科院	浙江省可得丰种业公司、嘉兴市农业科院
盐香优 7535	9	4	杂交稻	荃香 79A×盐恢 535	江苏沿海地区农业科学研究所、中国科学院遗传与发育生物学研究所	江苏沿海地区农业科学研究所、中国科学院遗传与发育生物学研究所
＊润两优 312	10	7	杂交稻	润侬 30S/扬恢 1512	江苏里下河地区农业科学研究所	江苏里下河地区农业科学研究所
＊圳两优 749	11	8	杂交稻	圳 S×R749	信阳金誉农业科技有限公司，长沙利诚种业有限公司	长沙利诚种业有限公司
＊文两优 2098	12	9	杂交稻	文 247S×R2098	广西燕坤农业科技有限公司	广西燕坤农业科技有限公司
生产试验						
隆两优 6878	B1		杂交稻	隆科 638S×华恢 6878	湖南百分农业科技有限公司	湖南百分农业科技有限公司
萍两优雅占	B3		杂交稻	萍 S×雅占	江西天涯种业有限公司	江西天涯种业有限公司、萍乡市农业科学研究所
盐香优 7535	B12		杂交稻	荃香 79A×盐恢 535	江苏沿海地区农业科学研究所、中国科学院遗传与发育生物学研究所	江苏沿海地区农业科学研究所、中国科学院遗传与发育生物学研究所
镇籼优 1393	B15		杂交稻	镇籼 1A/盐恢 1393	盐城明天种业科技有限公司、江苏沿海地区农业科学研究所	盐城明天种业科技有限公司、江苏沿海地区农业科学研究所
丰两优四号（CK）	B7		杂交稻	丰 39S×盐稻 4 号选		合肥丰乐种业股份公司

注：＊为 2018 年新参试品种。

表 12-2　长江中下游中籼迟熟 A 组（182411NX-A）区试及生产试验点基本情况

承试单位	试验地点	经度	纬度	海拔高度（米）	试验负责人及执行人
区试					
安徽滁州市农科所	滁州市国家农作物区域试验站	118°26′	32°09′	17.8	黄明永、卢继武、刘淼才
安徽黄山市种子站	黄山市农科所双桥基地	118°14′	29°40′	134.0	汪淇、王淑芬、汤雷、汪东兵、王新
安徽省农业科学院水稻所	合肥市	117°25′	31°59′	20.0	罗志祥、施伏芝
安徽袁粮水稻产业有限公司	芜湖市镜湖区利民村试验基地	118°27′	31°14′	7.2	乔保建、陶元平
福建南平市建阳区良种场	建阳市马伏良种场三亩片	118°22′	27°03′	150.0	张金明
河南信阳市农业科学院	信阳市本院试验田	114°05′	32°07′	75.9	王青林、霍二伟
湖北京山县农科所	京山县永兴镇苏佘畈村五组	113°07′	31°01′	75.6	彭金好、张红文、张瑜
湖北宜昌市农业科学院	枝江市问安镇四岗试验基地	111°05′	30°34′	60.0	贺丽、黄蓉
湖南怀化市农科所	怀化市洪江市双溪镇大马村	109°51′	27°15′	180.0	江生
湖南岳阳市农科所	岳阳县麻塘试验基地	113°05′	29°24′	32.0	黄四民、袁熙军
江苏里下河地区农科所	扬州市	119°25′	32°25′	8.0	李爱宏、余玲、刘广青
江苏沿海地区农科所	盐城市	120°08′	33°23′	2.7	孙明法、施伟
江西九江市农科所	九江县马回岭镇	115°48′	29°26′	45.0	潘世文、刘中来、李三元、李坤、宋惠洁
江西省农业科学院水稻所	高安市鄱阳湖生态区现代农业科技示范基地	115°22′	28°25′	60.0	邱在辉、何虎
中国水稻研究所	杭州市富阳区	120°19′	30°12′	7.2	杨仕华、夏俊辉、施彩娟
生产试验					
B 组：江西天涯种业有限公司	萍乡市麻山镇汶泉村	113°47′	27°32′	122.8	叶祖芳、冯胜亮、刘垂涛
B 组：湖南石门县水稻原种场	石门县白洋湖	111°28′	29°25′	64.0	杨春沅、张光纯
B 组：湖北赤壁市种子局	官塘驿镇石泉村	114°07′	29°48′	24.4	姚忠清、王小光
B 组：湖北惠民农业科技有限公司	鄂州市路口原种场	114°35′	30°04′	50.0	王子敏、周文华
B 组：安徽荃银高科种业股份有限公司	合肥市蜀山区南岗鸡鸣村	117°13′	31°49′	37.6	张从合、周桂香
B 组：江苏瑞华农业科技有限公司	淮安市金湖县金北镇陈渡村	119°02′	33°13′	9.0	陈忠明、程雨
B 组：浙江天台县种子站	平桥镇山头邵村	120°54′	29°12′	98.0	陈人慧、王瑾

表 12-3　长江中下游中籼迟熟 A 组（182411NX-A）区试品种产量、生育期及主要农艺经济性状汇总分析结果

品种名称	区试年份	亩产（千克）	比 CK± %	比 CK 增产点（%）	产量差异显著性		全生育期（天）	结实率 <70%点	比 CK± 天	有效穗（万/亩）	株高（厘米）	穗长（厘米）	每穗总粒数	每穗实粒数	结实率（%）	千粒重（克）
					0.05	0.01										
萍两优雅占	2017—2018	646.11	7.48	96.7				134.3	-0.7	17.1	119.5	24.3	217.1	176.6	81.3	22.8
盐香优 7535	2017—2018	642.81	6.93	93.3				133.9	-1.1	15.5	128.1	24.4	196.5	160.0	81.4	27.2
嘉丰优 1 号	2017—2018	635.07	5.65	82.4				136.8	1.8	14.1	130.6	25.1	249.2	199.8	80.2	25.4
丰两优四号（CK）	2017—2018	601.14	0.00	0.0				135.0	0.0	14.9	131.6	25.2	193.1	158.2	82.0	27.7
萍两优雅占	2018	646.02	6.88	93.3	a	A	1	133.0	-0.5	17.0	116.4	24.4	211.8	172.7	81.6	22.7
圳两优 749	2018	644.76	6.67	100.0	a	A	0	133.2	-0.3	17.7	124.9	25.1	186.8	156.9	84.0	25.7
嘉丰优 1 号	2018	644.48	6.62	93.3	a	A	1	135.9	2.4	14.6	130.2	25.3	238.9	189.3	79.2	25.8
盐香优 7535	2018	643.16	6.40	86.7	a	A	1	132.5	-1.0	15.7	126.4	24.7	194.5	158.0	81.2	27.4
Q 两优 169	2018	630.04	4.23	80.0	b	B	1	135.9	2.4	17.2	117.9	26.3	198.9	159.7	80.3	24.1
润两优 312	2018	625.01	3.40	73.3	b	B	2	132.5	-1.0	17.7	121.0	25.4	198.3	160.7	81.0	23.7
信两优 19	2018	615.57	1.84	53.3	c	C	0	136.3	2.8	14.8	130.9	26.0	200.9	169.6	84.4	27.5
虬两优 6328	2018	605.12	0.11	53.3	d	D	2	130.4	-3.1	14.8	119.8	24.3	231.9	178.1	76.8	23.7
丰两优四号（CK）	2018	604.45	0.00	0.0	d	D	1	133.5	0.0	15.2	128.2	25.4	192.7	158.4	82.2	27.7
创两优 881	2018	602.83	-0.27	53.3	d	D	0	129.8	-3.7	18.0	115.5	24.1	190.9	162.7	85.2	22.5
文两优 2098	2018	600.61	-0.64	46.7	d	D	4	138.0	4.5	15.0	125.9	29.8	230.0	174.1	75.7	23.6
大两优 902	2018	591.28	-2.18	53.3	e	E	0	128.6	-4.9	16.1	123.4	27.5	174.2	148.0	85.0	26.7

表 12-4　长江中下游中籼迟熟 A 组（1872411NX-A）生产试验品种产量、生育期、综合评级及抽穗期耐热性鉴定结果

品种名称	隆两优 6878	萍两优雅占	盐香优 7535	镇籼优 1393	丰两优四号（CK）
生产试验汇总表现					
全生育期（天）	132.1	129.4	130.1	134.3	129.3
比 CK±天	2.8	0.1	0.8	5.0	0.0
亩产（千克）	667.53	685.02	662.05	640.91	633.69
产量比 CK±%	3.66	6.48	5.83	3.02	0.00
增产点比例（%）	85.7	100.0	71.4	71.4	0.0
各生产试验点综合评价等级					
江西天涯种业有限公司	B	A	B	B	A
湖南石门县水稻原种场	B	A	B	C	B
湖北赤壁市种子局	B	A	A	B	B
湖北惠民农业科技有限公司	A	C	D	B	C
安徽荃银高科种业股份有限公司	B	A	A	A	B
江苏瑞华农业科技有限公司	D	B	A	B	C
浙江天台县种子站	A	A	A	C	B
抽穗期耐热性（级）	3	3	1	5	3

注：1. 区试 A、D、E、H 组生产试验合并进行，因品种较多，多数生产试验点加设 CK 后安排在多块田中进行，表中产量比 CK±%系与同田块 CK 比较的结果。
2. 综合评价等级：A—好，B—较好，C—中等，D—一般。
3. 抽穗期耐热性为华中农业大学鉴定结果。

表 12-5　长江中下游中籼迟熟 A 组（182411NX-A）品种稻瘟病抗性各地鉴定结果（2018 年）

品种名称	浙江					湖南					湖北					安徽					福建					江西				
	叶瘟级	穗瘟发病		穗瘟损失		叶瘟级	穗瘟发病		穗瘟损失		叶瘟级	穗瘟发病		穗瘟损失		叶瘟级	穗瘟发病		穗瘟损失		叶瘟级	穗瘟发病		穗瘟损失		叶瘟级	穗瘟发病		穗瘟损失	
		%	级	%	级		%	级	%	级		%	级	%	级		%	级	%	级		%	级	%	级		%	级	%	级
虬两优 6328	3	81	9	35	7	3	54	9	14	3	4	27	7	9	3	3	40	7	17	5	2	18	5	5	1	3	56	9	6	3
嘉丰优 1 号	2	55	9	6	3	3	49	7	11	3	3	7	3	2	1	3	35	7	13	3	3	9	3	2	1	4	77	9	9	3
信两优 19	3	59	9	26	5	3	62	9	23	5	5	31	7	8	3	2	41	7	19	5	3	49	7	23	5	3	47	7	5	1
盐香优 7535	1	74	9	31	7	5	90	9	58	9	4	28	7	10	3	1	29	7	10	3	4	14	5	4	1	5	58	9	7	3
创两优 881	4	78	9	31	7	7	100	9	59	9	6	56	9	28	5	3	66	9	34	7	6	100	9	95	9	6	100	9	32	7
Q 两优 169	2	52	9	6	3	4	33	5	5	1	3	11	5	3	1	2	39	7	16	5	3	5	1	1	1	3	78	9	9	3
润两优 312	3	42	7	17	5	3	45	7	8	3	4	21	5	4	1	1	31	7	9	3	4	13	5	4	1	3	65	9	7	3
圳两优 749	4	15	5	6	3	3	31	5	5	1	3	5	1	1	1	2	35	7	11	3	3	4	1	1	1	5	58	9	7	3
文两优 2098	3	19	5	4	1	4	71	9	34	7	4	19	5	4	1	3	66	9	35	7	3	25	5	13	3	4	100	9	52	9
丰两优四号（CK）	6	64	9	25	5	6	71	9	35	7	7	66	9	24	5	3	65	9	34	7	6	100	9	87	9	5	100	9	30	5
大两优 902	2	59	9	26	5	4	29	3	5	1	4	23	5	9	3	2	43	7	17	5	4	12	5	5	1	3	100	9	28	5
萍两优雅占	3	45	7	18	5	3	45	7	8	3	2	3	1	1	1	2	23	5	8	3	3	5	1	1	1	4	75	9	8	3
感稻瘟病 CK	7	95	9	44	7	8	85	9	56	9	7	100	9	69	9	7	95	9	59	9	7	100	9	91	9	7	100	9	55	9

注：1. 鉴定单位：浙江省农业科学院植微所、湖南省农业科学院植保所、湖北宜昌市农业科学院、安徽省农业科学院植保所、福建上杭县茶地镇农技站、江西井冈山企业集团农技服务中心。

2. 感稻瘟病（CK）：浙江、安徽为 Wh26，湖南、湖北、福建、江西分别为湘晚籼 11 号、丰两优香 1 号、明恢 86+龙黑糯 2 号、恩糯。

表 12-6　长江中下游中籼迟熟 A 组（182411NX-A）品种对主要病虫抗性综合评价结果（2017—2018 年）

品种名称	区试年份	稻瘟病										白叶枯病（级）			褐飞虱（级）		
		2018 年各地综合指数（级）							2018 年穗瘟损失率最高级	1~2 年综合评价		2018 年	1~2 年综合评价		2018 年	1~2 年综合评价	
		浙江	湖南	湖北	安徽	福建	江西	平均		平均综合指数	穗瘟损失率最高级		平均	最高		平均	最高
盐香优 7535	2017—2018	6.0	8.0	4.3	3.5	2.8	5.0	4.9	9	4.6	9	3	3	3	9	9	9
萍两优雅占	2017—2018	5.0	4.0	1.3	3.3	1.5	4.8	3.3	5	3.1	5	7	7	7	9	9	9
嘉丰优 1 号	2017—2018	4.3	4.0	2.0	4.0	2.0	4.8	3.5	3	4.0	5	5	5	5	9	9	9
丰两优四号（CK）	2017—2018	6.3	7.3	6.5	6.5	8.3	6.0	6.8	9	7.0	9	5	5	5	9	9	9
虬两优 6328	2018	6.5	4.5	4.3	5.0	2.3	4.5	4.5	7	4.5	7	9	9	9	9	9	9
信两优 19	2018	5.5	5.5	4.5	4.8	5.0	3.0	4.7	5	4.7	5	9	9	9	9	9	9
创两优 881	2018	6.8	8.5	6.3	6.5	8.2	7.3	7.3	9	7.3	9	7	7	7	9	9	9
Q 两优 169	2018	4.3	2.8	2.5	4.8	2.5	4.5	3.4	5	3.4	5	5	5	5	9	9	9
润两优 312	2018	5.0	4.0	2.8	3.5	2.8	4.5	3.8	5	3.8	5	7	7	7	9	9	9
圳两优 749	2018	3.8	2.5	1.5	3.8	1.5	5.0	3.0	3	3.0	3	7	7	7	9	9	9
文两优 2098	2018	2.5	6.8	2.8	6.5	3.5	7.8	5.0	9	5.0	9	5	5	5	9	9	9
大两优 902	2018	5.3	2.3	3.8	4.8	2.8	5.5	4.0	5	4.0	5	5	5	5	9	9	9
丰两优四号（CK）	2018	6.3	7.3	6.5	6.5	8.3	6.0	6.8	9	6.8	9	5	5	5	9	9	9
感病虫（CK）	2018	7.5	8.8	8.5	8.5	8.5	8.5	8.4	9	8.4	9	9	9	9	9	9	9

注：1. 稻瘟病综合指数=叶瘟平均级×25%+穗瘟发病率平均级×25%+穗瘟损失率平均级×50%。

2. 白叶枯病和褐飞虱鉴定单位分别为湖南省农业科学院水稻所和中国水稻研究所稻作发展中心。

3. 感白叶枯病、褐飞虱 CK 分别为金刚 30、TN1。

表 12-7　长江中下游中籼迟熟 A 组（182411NX-A）品种米质检测分析结果

品种名称	年份	糙米率（%）	精米率（%）	整精米率（%）	粒长（毫米）	长宽比	垩白粒率（%）	垩白度（%）	透明度（级）	碱消值（级）	胶稠度（毫米）	直链淀粉（%）	部标（等级）
萍两优雅占	2017—2018	81. 1	71. 9	53. 7	6. 6	3. 2	5	0. 7	2	3. 9	77	13. 6	普通
嘉丰优 1 号	2017—2018	80. 6	72. 6	60. 7	6. 3	2. 7	10	1. 1	2	5. 5	78	13. 5	优三
盐香优 7535	2017—2018	81. 5	72. 2	44. 4	6. 9	3. 1	22	3. 1	2	4. 8	76	14. 6	普通
丰两优四号（CK）	2017—2018	81. 4	72. 3	54. 5	6. 9	3. 1	14	2. 1	2	6. 1	73	14. 9	优三
创两优 881	2018	82. 1	72. 8	50. 0	6. 7	3. 3	20	3. 4	2	5. 9	66	20. 5	普通
虬两优 6328	2018	82. 0	72. 7	48. 7	6. 8	3. 2	7	1. 4	2	5. 1	74	13. 8	普通
大两优 902	2018	80. 4	70. 7	53. 8	6. 8	3. 1	10	1. 1	2	5. 0	78	11. 8	普通
Q 两优 169	2018	81. 0	72. 5	58. 4	6. 7	3. 3	7	1. 3	2	5. 3	78	13. 5	优三
信两优 19	2018	81. 1	72. 3	54. 0	7. 1	3. 3	12	1. 9	2	5. 2	74	15. 2	优三
润两优 312	2018	81. 0	72. 1	61. 5	6. 6	3. 2	8	1. 2	2	4. 0	77	12. 9	普通
圳两优 749	2018	80. 6	71. 4	56. 5	6. 9	3. 3	9	1. 0	1	6. 3	73	14. 4	优二
文两优 2098	2018	81. 0	70. 4	60. 1	6. 9	3. 3	4	0. 4	1	6. 6	75	15. 0	优一
丰两优四号（CK）	2018	81. 4	72. 3	54. 5	6. 9	3. 1	14	2. 1	2	6. 1	73	14. 9	优三

注：1. 供样单位：安徽省农业科学院水稻所（2017—2018 年）、河南信阳市农科所（2017—2018 年）、中国水稻研究所（2017—2018 年）。

2. 检测单位：农业农村部稻米及制品质量监督检验测试中心。

表 12-8-1　长江中下游中籼迟熟 A 组（182411NX-A）区试品种在各试点的产量、生育期及主要农艺经济性状表现

品种名称/试验点	亩产（千克）	比 CK ±%	产量位次	播种期（月/日）	齐穗期（月/日）	成熟期（月/日）	全生育期（天）	有效穗（万/亩）	株高（厘米）	穗长（厘米）	总粒数/穗	实粒数/穗	结实率（%）	千粒重（克）	杂株率（%）	倒伏性	穗颈瘟	纹枯病	稻曲病	综合评级
创两优 881																				
安徽滁州市农科所	701.15	2.81	7	5/8	8/11	9/19	134	19.1	124.1	25.7	261.6	211.3	80.8	21.6	0.3	直	未发	轻	未发	B
安徽黄山市种子站	576.61	1.41	7	4/27	8/2	9/2	128	15.7	106.0	22.7	195.9	163.2	83.3	20.5	0.6	直	无	未发	无	B
安徽省农业科学院水稻所	666.84	4.19	7	5/3	8/11	9/16	136	16.2	121.0	22.8	218.1	198.9	91.2	21.6	—	直	未发	轻	无	B
安徽袁粮水稻产业有限公司	635.09	3.26	8	5/7	8/8	9/16	132	14.7	120.7	25.0	220.4	198.7	90.2	24.9	3.3	直	未发	未发	未发	B
福建南平市建阳区良种场	488.09	-6.87	12	5/16	8/6	9/19	126	15.3	107.6	25.7	174.0	137.9	79.3	23.7	0.0	直	轻	重	—	D
河南信阳市农业科学院	552.35	-1.32	12	4/25	8/3	9/4	132	21.4	115.3	21.6	117.9	112.3	95.3	22.9	—	直	未发	轻	—	D
湖北京山县农科所	527.91	-12.43	11	4/26	7/27	9/2	129	22.3	103.2	20.8	101.5	90.3	89.0	23.4	—	—	未发	中	无	D
湖北宜昌市农业科学院	604.70	-3.28	11	4/23	7/30	9/3	133	18.8	119.3	26.4	176.2	150.7	85.5	23.4	1.0	直	无	轻	未发	B
湖南怀化市农科所	609.86	5.96	4	4/18	7/24	8/27	131	16.6	126.9	26.2	211.8	170.3	80.4	21.9	0.0	直	未发	轻	未发	B
湖南岳阳市农业科学院	673.35	4.95	8	5/3	8/3	9/5	125	15.5	122.2	24.5	238.9	204.0	85.4	24.5	0.0	直	未发	无	未发	B
江苏里下河地区农科所	613.53	3.89	8	5/14	8/12	9/21	130	18.5	108.6	23.0	169.0	153.0	90.5	22.1	1.2	直	未发	轻	—	A
江苏沿海地区农科所	615.70	1.79	9	5/7	8/16	9/18	134	18.2	103.7	24.3	178.0	146.0	82.0	22.9	0.0	直	未发	轻	无	C
江西九江市农业科学院	530.40	-4.24	12	5/10	8/9	9/18	131	17.1	119.2	24.2	165.9	130.9	78.9	22.7	0.0	直	未发	轻	未发	D
江西省农业科学院水稻所	641.42	-0.96	8	5/13	8/12	9/8	118	20.8	116.3	22.8	195.6	165.7	84.7	20.8	0.0	直	未发	未发	未发	B
中国水稻研究所	605.49	-4.67	11	5/15	8/11	9/20	128	20.0	118.2	25.1	239.4	207.3	86.6	20.1	0.0	直	未发	轻	—	C

注：综合评级：A—好，B—较好，C—中等，D——一般。

表 12-8-2 长江中下游中籼迟熟 A 组（182411NX-A）区试品种在各试点的产量、生育期及主要农艺经济性状表现

品种名称/试验点	亩产（千克）	比 CK ±%	产量位次	播种期（月/日）	齐穗期（月/日）	成熟期（月/日）	全生育期（天）	有效穗（万/亩）	株高（厘米）	穗长（厘米）	总粒数/穗	实粒数/穗	结实率（%）	千粒重（克）	杂株率（%）	倒伏性	穗颈瘟	纹枯病	稻曲病	综合评级
虬两优 6328																				
安徽滁州市农科所	671.17	-1.59	11	5/8	8/9	9/19	134	16.4	132.5	24.2	220.8	201.1	91.1	22.4	1.0	直	未发	轻	轻	B
安徽黄山市种子站	595.32	4.70	4	4/27	8/4	9/3	129	14.4	109.2	22.3	224.8	185.9	82.7	22.3	0.6	直	无	未发	无	B
安徽省农业科学院水稻所	533.24	-16.68	12	5/3	8/13	9/18	138	15.5	115.0	22.3	193.6	153.5	79.3	22.5	1.5	直	未发	无	无	D
安徽袁粮水稻产业有限公司	554.39	-9.86	12	5/7	8/4	9/16	132	13.3	123.8	23.7	230.7	189.1	82.0	24.5	5.8	直	未发	未发	未发	D
福建南平市建阳区良种场	531.40	1.40	6	5/16	8/8	9/23	130	13.9	120.5	25.8	179.5	144.8	80.7	27.1	0.0	直	无	重	—	C
河南信阳市农业科学院	590.18	5.44	7	4/25	8/1	9/4	132	14.9	116.6	22.9	187.0	133.3	71.3	24.6	2.9	直	未发	中	—	B
湖北京山县农科所	673.50	11.72	1	4/26	7/27	9/2	129	18.2	120.2	23.2	201.4	161.2	80.0	24.0	—	—	未发	轻	无	A
湖北宜昌市农业科学院	609.70	-2.48	10	4/23	7/29	9/6	136	16.8	124.5	26.7	196.5	159.6	81.2	25.3	1.6	直	无	中	未发	C
湖南怀化市农科所	610.70	6.11	3	4/18	7/24	8/27	131	14.1	124.2	25.5	248.1	188.9	76.1	23.3	0.0	直	未发	轻	未发	B
湖南岳阳市农业科学院	690.06	7.55	2	5/3	8/3	9/6	126	14.3	128.0	24.4	269.7	223.6	82.9	24.7	3.0	直	未发	轻	未发	A
江苏里下河地区农科所	615.86	4.29	7	5/14	8/11	9/23	132	14.6	113.6	23.3	220.0	181.0	82.3	22.7	2.1	直	未发	轻	—	B
江苏沿海地区农科所	598.37	-1.07	11	5/7	8/16	9/17	133	14.9	111.3	25.1	239.0	179.0	74.9	22.5	0.0	直	未发	轻	无	D
江西九江市农业科学院	592.71	7.01	7	5/10	8/8	9/15	128	10.4	115.3	26.2	310.8	173.2	55.7	24.4	0.0	直	未发	重	未发	B
江西省农业科学院水稻所	631.32	-2.52	9	5/13	8/11	9/8	118	17.9	119.0	23.6	207.4	168.4	81.2	22.1	2.0	直	未发	未发	未发	C
中国水稻研究所	578.81	-8.87	12	5/15	8/11	9/20	128	12.6	122.8	25.2	349.2	228.9	65.5	22.4	0.0	直	未发	轻	—	D

注：综合评级：A—好，B—较好，C—中等，D——般。

表 12-8-3 长江中下游中籼迟熟 A 组（182411NX-A）区试品种在各试点的产量、生育期及主要农艺经济性状表现

品种名称/试验点	亩产（千克）	比 CK ±%	产量位次	播种期（月/日）	齐穗期（月/日）	成熟期（月/日）	全生育期（天）	有效穗（万/亩）	株高（厘米）	穗长（厘米）	总粒数/穗	实粒数/穗	结实率（%）	千粒重（克）	杂株率（%）	倒伏性	穗颈瘟	纹枯病	稻曲病	综合评级
大两优 902																				
安徽滁州市农科所	703.15	3.10	6	5/8	8/10	9/18	133	22.0	139.5	29.3	202.8	177.3	87.4	25.9	0.0	直	未发	轻	未发	B
安徽黄山市种子站	480.70	-15.46	12	4/27	8/4	9/4	130	12.7	91.6	25.5	168.1	132.4	78.8	23.5	4.5	直	无	未发	无	D
安徽省农业科学院水稻所	593.04	-7.34	11	5/3	8/13	9/18	138	16.8	132.0	25.3	165.4	141.6	85.6	25.8	—	直	未发	无	无	D
安徽袁粮水稻产业有限公司	577.28	-6.14	11	5/7	8/1	9/11	127	13.5	130.7	28.2	196.2	166.9	85.1	28.4	0.0	直	未发	未发	未发	D
福建南平市建阳区良种场	539.40	2.93	5	5/16	8/1	9/18	125	14.1	123.2	29.5	172.5	139.3	80.8	28.1	0.0	直	无	中	—	C
河南信阳市农业科学院	576.37	2.97	10	4/25	7/27	8/31	128	18.8	122.0	23.5	111.1	98.1	88.3	25.3	—	直	未发	轻	—	C
湖北京山县农科所	479.76	-20.42	12	4/26	7/23	8/28	124	17.3	111.3	24.4	152.9	119.5	78.2	27.7	—	—	未发	未发	无	D
湖北宜昌市农业科学院	656.01	4.93	7	4/23	7/25	8/29	128	17.3	125.8	28.1	136.7	123.9	90.6	30.7	0.6	直	无	轻	未发	C
湖南怀化市农科所	604.53	5.04	7	4/18	7/29	8/30	134	13.2	120.6	29.1	206.0	190.2	92.3	24.6	0.0	直	未发	轻	未发	B
湖南岳阳市农业科学院	636.59	-0.78	11	5/3	8/2	9/5	125	14.8	131.2	29.9	220.9	185.4	83.9	27.3	0.0	直	未发	无	未发	C
江苏里下河地区农科所	567.05	-3.98	10	5/14	8/12	9/21	130	15.7	117.2	27.2	160.0	149.0	93.1	26.3	0.9	斜	未发	轻	—	C
江苏沿海地区农科所	630.85	4.30	7	5/7	8/14	9/16	132	15.3	121.7	26.6	185.0	142.0	76.8	28.4	0.0	直	未发	轻	无	B
江西九江市农业科学院	575.38	3.88	8	5/10	8/9	9/19	132	13.8	131.2	29.5	163.3	138.8	85.0	26.6	0.0	直	未发	无	未发	C
江西省农业科学院水稻所	604.89	-6.60	12	5/13	8/11	9/7	117	20.0	129.2	28.1	151.8	137.6	90.6	25.0	0.0	直	未发	未发	未发	C
中国水稻研究所	644.16	1.42	6	5/15	8/9	9/18	126	16.3	124.3	28.2	220.0	178.6	81.2	26.4	0.0	直	未发	轻	—	B

注：综合评级：A—好，B—较好，C—中等，D——般。

表 12-8-4　长江中下游中籼迟熟 A 组（182411NX-A）区试品种在各试点的产量、生育期及主要农艺经济性状表现

品种名称/试验点	亩产（千克）	比CK ±%	产量位次	播种期（月/日）	齐穗期（月/日）	成熟期（月/日）	全生育期（天）	有效穗（万/亩）	株高（厘米）	穗长（厘米）	总粒数/穗	实粒数/穗	结实率（%）	千粒重（克）	杂株率（%）	倒伏性	穗颈瘟	纹枯病	稻曲病	综合评级
Q 两优 169																				
安徽滁州市农科所	721.48	5.79	3	5/8	8/20	10/4	149	22.4	125.3	27.2	226.6	160.1	70.7	23.6	0.3	直	未发	轻	未发	A
安徽黄山市种子站	549.38	-3.38	9	4/27	8/8	9/9	135	15.1	114.4	24.5	203.3	168.9	83.1	22.6	0.0	直	无	未发	无	B
安徽省农业科学院水稻所	679.00	6.09	6	5/3	8/20	9/16	136	17.6	123.0	26.4	198.7	164.6	82.8	23.6	—	直	未发	无	轻	B
安徽袁粮水稻产业有限公司	644.61	4.81	7	5/7	8/7	9/17	133	15.9	119.4	25.9	193.8	172.6	89.1	26.9	0.0	直	未发	未发	未发	B
福建南平市建阳区良种场	505.42	-3.56	10	5/16	8/11	9/25	132	14.5	109.9	26.7	176.9	140.9	79.6	25.4	0.0	直	无	重	—	D
河南信阳市农业科学院	596.10	6.49	5	4/25	8/7	9/13	141	18.3	118.6	25.3	166.5	132.1	79.3	24.7	—	直	未发	轻	—	B
湖北京山县农科所	627.69	4.12	6	4/26	7/30	9/6	133	20.8	110.7	26.4	166.6	141.4	84.9	24.9	—	—	未发	轻	无	B
湖北宜昌市农业科学院	659.01	5.41	6	4/23	8/4	9/9	139	19.2	121.6	27.3	164.9	140.3	85.1	24.8	0.5	直	无	轻	未发	B
湖南怀化市农科所	558.39	-2.98	11	4/18	8/6	9/7	142	15.7	130.1	28.8	227.9	154.8	67.9	23.4	0.0	直	未发	轻	未发	C
湖南岳阳市农业科学院	685.05	6.77	5	5/3	8/7	9/8	128	14.9	121.4	26.2	206.9	176.2	85.2	25.3	0.0	直	未发	轻	未发	A
江苏里下河地区农科所	633.19	7.22	4	5/14	8/21	9/30	139	17.5	108.2	26.7	175.0	148.0	84.6	25.6	0.0	直	未发	轻	—	A
江苏沿海地区农科所	638.02	5.48	6	5/7	8/22	9/24	140	15.8	110.7	24.7	210.0	176.0	83.8	22.3	0.3	直	未发	轻	无	B
江西九江市农业科学院	609.20	9.99	3	5/10	8/14	9/20	133	13.9	118.7	25.9	209.3	155.1	74.1	23.0	0.0	直	未发	无	未发	A
江西省农业科学院水稻所	667.34	3.04	2	5/13	8/17	9/16	126	19.9	118.3	25.2	200.8	163.3	81.3	22.6	0.0	直	未发	未发	未发	A
中国水稻研究所	676.67	6.54	2	5/15	8/17	9/24	132	16.1	117.8	26.7	257.0	200.9	78.2	22.4	0.3	直	未发	轻	—	A

注：综合评级：A—好，B—较好，C—中等，D——般。

表 12-8-5 长江中下游中籼迟熟 A 组（182411NX-A）区试品种在各试点的产量、生育期及主要农艺经济性状表现

品种名称/试验点	亩产（千克）	比 CK ±%	产量位次	播种期（月/日）	齐穗期（月/日）	成熟期（月/日）	全生育期（天）	有效穗（万/亩）	株高（厘米）	穗长（厘米）	总粒数/穗	实粒数/穗	结实率（%）	千粒重（克）	杂株率（%）	倒伏性	穗颈瘟	纹枯病	稻曲病	综合评级
丰两优四号（CK）																				
安徽滁州市农科所	682.00	0.00	10	5/8	8/21	9/29	144	18.2	134.7	26.7	251.4	162.8	64.8	25.7	1.0	直	未发	轻	未发	B
安徽黄山市种子站	568.59	0.00	8	4/27	8/4	9/7	133	13.8	114.8	22.3	184.3	148.0	80.3	25.6	0.0	直	无	未发	无	B
安徽省农业科学院水稻所	640.02	0.00	10	5/3	8/16	9/22	142	15.2	137.0	26.5	189.5	164.1	86.6	26.5	—	直	未发	无	无	C
安徽袁粮水稻产业有限公司	615.04	0.00	10	5/7	8/5	9/14	130	12.7	127.3	25.6	201.1	182.4	90.7	29.8	2.5	直	未发	未发	未发	C
福建南平市建阳区良种场	524.07	0.00	7	5/16	8/6	9/21	128	14.0	124.7	24.9	170.2	134.6	79.1	28.7	3.6	直	轻	重	—	C
河南信阳市农业科学院	559.75	0.00	11	4/25	8/3	9/6	134	17.1	133.7	24.6	146.2	131.3	89.8	29.6	—	直	未发	轻	—	C
湖北京山县农科所	602.87	0.00	8	4/26	7/26	8/31	127	19.8	107.5	21.8	139.2	120.7	86.7	27.7	—	—	未发	轻	轻	C
湖北宜昌市农业科学院	625.19	0.00	9	4/23	8/3	9/6	136	17.9	125.2	26.8	130.5	115.6	88.6	29.7	1.2	直	轻	轻	未发	C
湖南怀化市农科所	575.55	0.00	8	4/18	8/1	9/1	136	10.8	137.3	27.0	258.9	211.0	81.5	26.8	0.0	直	未发	轻	未发	C
湖南岳阳市农业科学院	641.61	0.00	10	5/3	8/6	9/8	128	14.5	136.8	25.6	209.5	174.0	83.1	28.4	0.0	直	未发	轻	未发	C
江苏里下河地区农科所	590.54	0.00	9	5/14	8/19	9/30	139	15.0	125.4	26.5	176.0	150.0	85.2	28.4	0.9	斜	未发	轻	—	B
江苏沿海地区农科所	604.87	0.00	10	5/7	8/22	9/24	140	15.3	120.3	24.7	180.0	144.0	80.0	27.8	0.3	直	未发	轻	无	C
江西九江市农业科学院	553.89	0.00	10	5/10	8/14	9/19	132	11.8	135.4	25.3	206.5	154.4	74.8	27.8	0.0	直	未发	无	未发	C
江西省农业科学院水稻所	647.65	0.00	6	5/13	8/15	9/12	122	17.1	130.0	24.1	166.1	151.7	91.3	27.9	0.0	直	未发	未发	未发	B
中国水稻研究所	635.16	0.00	7	5/15	8/15	9/23	131	14.1	132.2	28.1	280.4	231.6	82.6	25.4	1.0	直	未发	轻	—	B

注：综合评级：A—好，B—较好，C—中等，D——般。

表 12-8-6　长江中下游中籼迟熟 A 组（182411NX-A）区试品种在各试点的产量、生育期及主要农艺经济性状表现

品种名称/试验点	亩产（千克）	比 CK ±%	产量位次	播种期（月/日）	齐穗期（月/日）	成熟期（月/日）	全生育期（天）	有效穗（万/亩）	株高（厘米）	穗长（厘米）	总粒数/穗	实粒数/穗	结实率（%）	千粒重（克）	杂株率（%）	倒伏性	穗颈瘟	纹枯病	稻曲病	综合评级
萍两优雅占																				
安徽滁州市农科所	717.81	5.25	4	5/8	8/15	9/30	145	17.2	120.5	25.8	274.3	199.2	72.6	23.3	0.5	直	未发	轻	未发	A
安徽黄山市种子站	588.81	3.56	6	4/27	8/11	9/4	130	16.5	89.2	21.5	189.1	153.6	81.2	22.7	1.2	直	无	未发	无	B
安徽省农业科学院水稻所	722.14	12.83	3	5/3	8/17	9/24	144	16.3	120.0	23.1	243.5	213.4	87.6	21.4	0.5	直	未发	轻	无	A
安徽袁粮水稻产业有限公司	669.01	8.77	4	5/7	8/5	9/16	132	13.6	125.3	26.1	268.4	238.7	88.9	23.5	0.0	直	未发	未发	未发	B
福建南平市建阳区良种场	556.06	6.10	2	5/16	8/7	9/22	129	15.8	112.8	25.1	182.1	147.0	80.7	24.7	0.0	直	无	重	—	B
河南信阳市农业科学院	596.60	6.58	4	4/25	8/4	9/6	134	17.8	116.6	23.4	165.0	126.7	76.8	23.1	—	直	未发	轻	—	B
湖北京山县农科所	644.68	6.94	2	4/26	7/27	9/2	129	21.8	103.4	21.8	151.4	131.2	86.7	23.3	—	—	未发	未发	无	A
湖北宜昌市农业科学院	706.15	12.95	1	4/23	8/1	9/8	138	18.6	123.4	27.5	209.3	180.5	86.2	23.2	0.8	直	无	轻	未发	A
湖南怀化市农科所	606.70	5.41	5	4/18	7/31	9/1	136	15.6	123.5	24.9	218.5	189.8	86.9	20.7	0.0	直	未发	轻	未发	B
湖南岳阳市农业科学院	701.76	9.37	1	5/3	8/4	9/6	126	14.6	124.4	25.8	230.6	199.5	86.5	24.1	0.0	直	未发	轻	未发	A
江苏里下河地区农科所	631.02	6.85	6	5/14	8/16	9/27	136	16.9	114.2	23.9	193.0	158.0	81.9	22.6	0.9	直	未发	轻	—	A
江苏沿海地区农科所	655.51	8.37	3	5/7	8/18	9/19	135	18.2	111.0	24.2	185.0	154.0	83.2	22.7	0.0	直	未发	轻	无	A
江西九江市农业科学院	601.54	8.60	5	5/10	8/14	9/21	134	15.3	120.5	24.3	228.0	157.3	69.0	22.2	0.0	直	未发	中	未发	B
江西省农业科学院水稻所	657.92	1.59	3	5/13	8/12	9/8	118	18.3	123.1	23.7	216.1	169.5	78.4	21.7	0.0	直	未发	未发	未发	A
中国水稻研究所	634.66	-0.08	8	5/15	8/13	9/21	129	18.9	118.1	24.7	222.1	172.2	77.5	20.8	0.0	直	未发	轻	—	B

注：综合评级：A—好，B—较好，C—中等，D——般。

表 12-8-7　长江中下游中籼迟熟 A 组（182411NX-A）区试品种在各试点的产量、生育期及主要农艺经济性状表现

品种名称/试验点	亩产（千克）	比 CK ±%	产量位次	播种期（月/日）	齐穗期（月/日）	成熟期（月/日）	全生育期（天）	有效穗（万/亩）	株高（厘米）	穗长（厘米）	总粒数/穗	实粒数/穗	结实率（%）	千粒重（克）	杂株率（%）	倒伏性	穗颈瘟	纹枯病	稻曲病	综合评级
信两优 19																				
安徽滁州市农科所	722.81	5.98	2	5/8	8/21	10/2	147	15.2	143.5	27.6	274.8	220.1	80.1	27.8	2.5	直	未发	轻	轻	A
安徽黄山市种子站	529.66	-6.85	11	4/27	8/6	9/7	133	12.2	119.6	24.0	202.1	179.6	88.9	25.1	0.9	直	无	未发	无	B
安徽省农业科学院水稻所	725.97	13.43	1	5/3	8/16	9/27	147	15.4	140.0	28.1	208.3	177.6	85.3	26.8	—	直	未发	无	轻	A
安徽袁粮水稻产业有限公司	660.15	7.34	5	5/7	8/10	9/19	135	13.2	131.0	25.7	214.2	196.1	91.5	28.5	0.0	直	未发	未发	未发	B
福建南平市建阳区良种场	521.41	-0.51	9	5/16	8/9	9/23	130	13.0	127.2	27.4	174.7	142.5	81.6	29.7	1.2	直	无	中	—	C
河南信阳市农业科学院	613.05	9.52	2	4/25	8/8	9/11	139	15.7	134.3	25.2	172.2	149.8	87.0	28.5	—	直	未发	轻	—	A
湖北京山县农科所	549.89	-8.79	10	4/26	8/1	9/6	133	15.8	111.3	22.6	155.9	128.6	82.5	27.2	3.5	—	未发	无	无	D
湖北宜昌市农业科学院	579.71	-7.27	12	4/23	8/6	9/9	139	16.5	136.3	24.9	145.9	130.4	89.4	28.2	3.5	直	无	轻	未发	D
湖南怀化市农科所	605.20	5.15	6	4/18	8/2	9/2	137	14.1	140.0	27.1	201.0	167.2	83.2	26.5	0.0	直	未发	轻	未发	B
湖南岳阳市农业科学院	631.58	-1.56	12	5/3	8/7	9/10	130	15.2	134.0	26.9	247.6	211.7	85.5	29.2	0.0	直	未发	无	未发	C
江苏里下河地区农科所	555.89	-5.87	12	5/14	8/22	10/1	140	15.3	124.2	28.0	168.0	145.0	86.3	27.5	11.0	直	未发	轻	—	C
江苏沿海地区农科所	643.35	6.36	5	5/7	8/26	9/26	142	14.8	121.7	26.0	185.0	149.0	80.5	28.5	0.0	直	未发	轻	无	B
江西九江市农业科学院	614.20	10.89	2	5/10	8/18	9/21	134	11.4	139.3	26.4	232.9	168.8	72.5	26.0	0.0	直	未发	无	未发	A
江西省农业科学院水稻所	657.58	1.53	4	5/13	8/16	9/15	125	19.5	130.5	25.5	184.2	156.8	85.1	24.8	0.0	直	未发	未发	未发	B
中国水稻研究所	623.16	-1.89	9	5/15	8/17	9/25	133	14.3	130.0	25.0	247.2	220.6	89.2	27.7	0.0	直	未发	轻	—	C

注：综合评级：A—好，B—较好，C—中等，D——般。

表 12-8-8　长江中下游中籼迟熟 A 组（182411NX-A）区试品种在各试点的产量、生育期及主要农艺经济性状表现

品种名称/试验点	亩产（千克）	比CK ±%	产量位次	播种期（月/日）	齐穗期（月/日）	成熟期（月/日）	全生育期（天）	有效穗（万/亩）	株高（厘米）	穗长（厘米）	总粒数/穗	实粒数/穗	结实率（%）	千粒重（克）	杂株率（%）	倒伏性	穗颈瘟	纹枯病	稻曲病	综合评级
嘉丰优 1 号																				
安徽滁州市农科所	714.65	4.79	5	5/8	8/16	9/30	145	16.8	139.4	27.5	240.9	162.0	67.2	31.2	0.0	直	未发	轻	轻	A
安徽黄山市种子站	600.00	5.52	2	4/27	8/1	9/9	135	13.4	113.8	24.2	221.3	185.8	84.0	23.6	0.0	直	无	未发	无	B
安徽省农业科学院水稻所	688.83	7.63	5	5/3	8/16	9/23	143	15.6	136.0	23.2	212.9	175.9	82.6	25.2	—	直	未发	无	无	B
安徽袁粮水稻产业有限公司	673.19	9.45	2	5/7	8/9	9/17	133	13.9	131.4	24.4	232.3	205.1	88.3	26.4	0.0	直	未发	未发	未发	A
福建南平市建阳区良种场	542.73	3.56	4	5/16	8/7	9/26	133	12.9	123.6	25.0	190.7	159.9	83.8	26.9	0.0	直	无	中	—	C
河南信阳市农业科学院	608.11	8.64	3	4/25	8/9	9/14	142	13.6	132.8	24.8	211.0	154.0	73.0	26.1	—	直	未发	轻	—	A
湖北京山县农科所	644.18	6.85	3	4/26	8/2	9/8	135	19.4	125.6	22.6	169.5	133.2	78.6	26.0	—	—	未发	轻	无	A
湖北宜昌市农业科学院	697.49	11.56	2	4/23	8/3	9/10	140	17.3	133.4	26.8	180.3	151.2	83.9	26.7	1.8	直	无	轻	未发	A
湖南怀化市农科所	568.55	-1.22	9	4/18	7/27	8/29	133	12.4	140.0	26.1	247.0	188.1	76.2	25.0	0.0	直	未发	轻	未发	C
湖南岳阳市农业科学院	680.04	5.99	6	5/3	8/4	9/7	127	13.8	135.0	25.5	331.8	270.0	81.4	26.5	0.0	直	未发	无	未发	A
江苏里下河地区农科所	651.51	10.32	1	5/14	8/16	10/5	144	14.0	123.8	26.3	290.0	233.0	80.3	23.2	0.3	直	未发	轻	—	A
江苏沿海地区农科所	650.68	7.57	4	5/7	8/22	9/22	138	15.3	122.7	23.7	212.0	174.0	82.1	23.9	0.0	直	未发	轻	无	A
江西九江市农业科学院	600.04	8.33	6	5/10	8/16	9/22	135	10.5	133.1	26.2	253.6	162.5	64.1	26.0	0.0	直	未发	无	未发	B
江西省农业科学院水稻所	651.69	0.62	5	5/13	8/11	9/16	126	16.7	129.4	25.9	226.9	180.9	79.7	24.4	0.0	直	未发	未发	未发	B
中国水稻研究所	695.51	9.50	1	5/15	8/12	9/22	130	13.9	133.3	26.7	363.0	303.5	83.6	26.0	0.0	直	未发	轻	—	A

综合评级：A—好，B—较好，C—中等，D—一般。

表 12-8-9 长江中下游中籼迟熟 A 组（182411NX-A）区试品种在各试点的产量、生育期及主要农艺经济性状表现

品种名称/试验点	亩产（千克）	比 CK ±%	产量位次	播种期（月/日）	齐穗期（月/日）	成熟期（月/日）	全生育期（天）	有效穗（万/亩）	株高（厘米）	穗长（厘米）	总粒数/穗	实粒数/穗	结实率（%）	千粒重（克）	杂株率（%）	倒伏性	穗颈瘟	纹枯病	稻曲病	综合评级
盐香优 7535																				
安徽滁州市农科所	665.34	-2.44	12	5/8	8/15	9/29	144	17.2	135.3	25.3	263.5	168.8	64.1	25.1	0.0	直	未发	轻	轻	C
安徽黄山市种子站	597.66	5.11	3	4/27	8/6	9/4	130	13.6	89.2	23.0	191.0	165.7	86.8	26.2	0.9	直	无	未发	无	A
安徽省农业科学院水稻所	707.32	10.51	4	5/3	8/12	9/19	139	15.8	138.0	23.8	190.7	168.3	88.3	26.9	—	倒	未发	无	无	B
安徽袁粮水稻产业有限公司	684.38	11.27	1	5/7	8/4	9/18	134	13.1	136.0	25.7	236.7	204.1	86.2	28.2	0.0	直	未发	未发	未发	A
福建南平市建阳区良种场	551.73	5.28	3	5/16	8/10	9/25	132	13.6	127.5	25.1	175.5	142.9	81.4	29.3	0.0	直	无	重	—	B
河南信阳市农业科学院	595.28	6.35	6	4/25	8/5	9/7	135	16.5	134.8	21.8	142.1	104.8	73.8	28.4	—	直	未发	轻	—	B
湖北京山县农科所	640.35	6.22	4	4/26	7/29	9/3	130	19.2	111.6	24.0	121.6	105.4	86.7	27.6	—	—	未发	中	无	A
湖北宜昌市农业科学院	659.67	5.52	5	4/23	8/2	9/5	135	18.4	128.1	28.8	160.0	146.2	91.4	27.9	0.9	直	无	轻	未发	B
湖南怀化市农科所	648.35	12.65	1	4/18	7/24	8/27	131	14.4	137.1	26.3	217.4	165.6	76.2	27.6	0.0	直	未发	轻	未发	A
湖南岳阳市农业科学院	688.39	7.29	3	5/3	8/6	9/8	128	14.1	140.0	24.8	233.6	196.9	84.3	27.9	0.0	直	未发	无	未发	A
江苏里下河地区农科所	634.52	7.45	3	5/14	8/16	9/25	134	16.9	117.0	23.8	173.0	145.0	83.8	26.3	0.6	直	未发	轻	—	A
江苏沿海地区农科所	662.84	9.58	2	5/7	8/19	9/20	136	16.2	117.3	24.8	183.0	151.0	82.5	27.6	0.0	直	未发	轻	无	A
江西九江市农业科学院	602.87	8.84	4	5/10	8/13	9/20	133	14.1	126.7	24.5	168.7	122.6	72.7	27.1	0.0	直	未发	轻	未发	B
江西省农业科学院水稻所	646.13	-0.23	7	5/13	8/11	9/7	117	16.8	125.5	22.8	172.1	151.7	88.1	26.9	0.0	直	未发	未发	未发	B
中国水稻研究所	662.50	4.30	3	5/15	8/12	9/22	130	15.7	131.2	26.2	288.0	230.6	80.1	27.3	0.0	直	未发	轻	—	B

注：综合评级：A—好，B—较好，C—中等，D——一般。

表 12-8-10 长江中下游中籼迟熟 A 组（182411NX-A）区试品种在各试点的产量、生育期及主要农艺经济性状表现

品种名称/试验点	亩产（千克）	比 CK ±%	产量位次	播种期（月/日）	齐穗期（月/日）	成熟期（月/日）	全生育期（天）	有效穗（万/亩）	株高（厘米）	穗长（厘米）	总粒数/穗	实粒数/穗	结实率（%）	千粒重（克）	杂株率（%）	倒伏性	穗颈瘟	纹枯病	稻曲病	综合评级
润两优 312																				
安徽滁州市农科所	700.65	2.74	8	5/8	8/14	9/28	143	19.9	131.2	26.2	257.5	191.1	74.2	23.6	0.5	直	未发	轻	未发	B
安徽黄山市种子站	594.66	4.58	5	4/27	8/5	9/8	134	14.8	93.0	22.3	197.2	167.2	84.8	22.3	1.8	直	无	未发	无	B
安徽省农业科学院水稻所	722.48	12.88	2	5/3	8/14	9/20	140	16.9	129.0	24.1	221.3	185.6	83.9	23.5	0.5	直	未发	无	无	A
安徽袁粮水稻产业有限公司	672.35	9.32	3	5/7	8/7	9/17	133	15.4	127.2	25.5	207.8	185.6	89.3	25.5	0.0	直	未发	未发	未发	A
福建南平市建阳区良种场	523.07	-0.19	8	5/16	8/6	9/20	127	14.9	111.5	26.4	171.8	140.7	81.9	25.5	0.0	直	无	重	—	C
河南信阳市农业科学院	586.40	4.76	9	4/25	8/3	9/6	134	20.5	118.1	24.8	160.0	132.6	82.9	24.5	—	直	未发	轻	—	C
湖北京山县农科所	563.22	-6.58	9	4/26	7/26	9/1	128	18.6	109.4	23.2	159.0	135.4	85.2	23.3	—	—	未发	无	无	C
湖北宜昌市农业科学院	652.84	4.42	8	4/23	8/1	9/5	135	20.8	127.2	26.9	162.6	140.3	86.3	24.4	1.4	直	无	轻	未发	B
湖南怀化市农科所	561.06	-2.52	10	4/18	7/27	8/29	133	18.9	137.1	26.6	180.7	126.0	69.7	23.7	0.0	直	未发	轻	未发	C
湖南岳阳市农业科学院	653.30	1.82	9	5/3	8/6	9/8	128	14.7	128.6	27.5	246.1	204.3	83.0	25.5	2.0	直	未发	无	未发	B
江苏里下河地区农科所	638.18	8.07	2	5/14	8/16	9/25	134	16.6	120.0	25.7	179.0	153.0	85.5	23.4	0.9	斜	未发	轻	—	A
江苏沿海地区农科所	669.34	10.66	1	5/7	8/18	9/20	136	18.5	110.0	23.7	186.0	152.0	81.7	23.4	0.0	直	未发	轻	无	A
江西九江市农业科学院	565.55	2.11	9	5/10	8/14	9/20	133	15.6	127.8	25.1	185.5	123.5	66.6	22.9	0.0	直	未发	无	未发	C
江西省农业科学院水稻所	627.95	-3.04	10	5/13	8/14	9/12	122	18.6	125.3	26.1	198.3	166.2	83.8	22.6	0.0	直	未发	未发	未发	C
中国水稻研究所	644.16	1.42	5	5/15	8/12	9/20	128	20.8	119.2	26.3	262.0	206.5	78.8	21.8	0.0	直	未发	轻	—	B

综合评级：A—好，B—较好，C—中等，D——一般。

表 12-8-11　长江中下游中籼迟熟 A 组（182411NX-A）区试品种在各试点的产量、生育期及主要农艺经济性状表现

品种名称/试验点	亩产（千克）	比 CK ±%	产量位次	播种期（月/日）	齐穗期（月/日）	成熟期（月/日）	全生育期（天）	有效穗（万/亩）	株高（厘米）	穗长（厘米）	总粒数/穗	实粒数/穗	结实率（%）	千粒重（克）	杂株率（%）	倒伏性	穗颈瘟	纹枯病	稻曲病	综合评级
圳两优 749																				
安徽滁州市农科所	730.31	7.08	1	5/8	8/15	9/28	143	21.8	135.5	27.8	252.2	198.0	78.5	25.1	0.0	直	未发	轻	未发	A
安徽黄山市种子站	601.67	5.82	1	4/27	8/8	9/7	133	16.1	108.8	21.5	178.3	145.3	81.5	24.4	0.0	直	无	未发	无	A
安徽省农业科学院水稻所	664.34	3.80	8	5/3	8/21	9/27	147	16.2	134.0	25.3	228.5	190.3	83.3	23.6	—	直	未发	无	轻	C
安徽袁粮水稻产业有限公司	651.30	5.90	6	5/7	8/6	9/17	133	13.9	129.9	25.8	213.1	185.7	87.1	27.5	0.0	直	未发	未发	未发	B
福建南平市建阳区良种场	561.72	7.18	1	5/16	8/7	9/22	129	15.0	118.6	26.1	172.1	140.1	81.4	27.6	0.0	直	无	中	—	B
河南信阳市农业科学院	617.49	10.31	1	4/25	8/4	9/6	134	22.4	125.2	23.1	129.5	114.1	88.1	27.2	—	直	未发	轻	—	A
湖北京山县农科所	632.69	4.95	5	4/26	7/27	9/1	128	21.1	117.3	23.6	146.7	121.4	82.8	26.5	—	—	未发	无	无	B
湖北宜昌市农业科学院	684.16	9.43	3	4/23	8/3	9/7	137	23.7	124.2	25.7	122.3	110.3	90.2	26.1	0.9	直	无	中	未发	A
湖南怀化市农科所	633.35	10.04	2	4/18	7/30	8/31	135	17.9	140.0	27.8	162.8	143.0	87.8	25.0	0.0	直	未发	轻	未发	A
湖南岳阳市农业科学院	686.72	7.03	4	5/3	8/4	9/7	127	14.0	127.0	24.6	218.4	187.8	86.0	25.8	0.0	直	未发	轻	未发	A
江苏里下河地区农科所	631.35	6.91	5	5/14	8/16	9/26	135	16.3	115.0	24.7	159.0	142.0	89.3	25.3	0.6	斜	未发	轻	—	A
江苏沿海地区农科所	624.52	3.25	8	5/7	8/19	9/20	136	16.1	112.0	24.5	195.0	149.0	76.4	25.9	0.0	直	未发	轻	无	C
江西九江市农业科学院	619.03	11.76	1	5/10	8/16	9/21	134	16.3	126.8	25.1	202.8	147.0	72.5	25.9	0.0	直	未发	无	未发	A
江西省农业科学院水稻所	670.54	3.53	1	5/13	8/11	9/8	118	18.1	131.6	26.0	190.8	169.3	88.7	24.5	0.0	直	未发	未发	未发	A
中国水稻研究所	662.17	4.25	4	5/15	8/14	9/21	129	17.2	127.3	25.5	230.0	210.9	91.7	24.9	0.0	直	未发	轻	—	B

综合评级：A—好，B—较好，C—中等，D——般。

表 12-8-12　长江中下游中籼迟熟 A 组（182411NX-A）区试品种在各试点的产量、生育期及主要农艺经济性状表现

品种名称/试验点	亩产（千克）	比 CK ±%	产量位次	播种期（月/日）	齐穗期（月/日）	成熟期（月/日）	全生育期（天）	有效穗（万/亩）	株高（厘米）	穗长（厘米）	总粒数/穗	实粒数/穗	结实率（%）	千粒重（克）	杂株率（%）	倒伏性	穗颈瘟	纹枯病	稻曲病	综合评级
文两优 2098																				
安徽滁州市农科所	687.99	0.88	9	5/8	8/18	10/3	148	17.9	133.5	32.0	287.1	200.2	69.7	21.8	1.0	直	未发	轻	未发	B
安徽黄山市种子站	533.34	-6.20	10	4/27	8/11	9/11	137	12.9	122.2	28.7	229.2	184.7	80.6	23.3	0.6	直	无	未发	无	B
安徽省农业科学院水稻所	658.84	2.94	9	5/3	8/19	9/25	145	16.8	135.0	29.9	235.6	163.5	69.4	23.9	—	直	未发	轻	无	C
安徽袁粮水稻产业有限公司	628.74	2.23	9	5/7	8/11	9/20	136	13.6	122.1	30.1	236.2	201.1	85.1	25.6	0.0	直	未发	未发	未发	B
福建南平市建阳区良种场	498.75	-4.83	11	5/16	8/11	9/27	134	13.4	125.8	31.9	194.3	155.6	80.1	25.0	2.8	直	无	重	—	D
河南信阳市农业科学院	589.03	5.23	8	4/25	8/5	9/14	142	14.7	124.2	28.9	191.7	159.6	83.3	24.1	—	直	未发	轻	—	B
湖北京山县农科所	617.03	2.35	7	4/26	7/28	9/4	131	16.3	114.7	25.0	186.7	145.4	77.9	23.6	3.0	—	未发	无	无	C
湖北宜昌市农业科学院	669.84	7.14	4	4/23	8/6	9/12	142	17.3	118.7	32.3	222.5	169.6	76.2	23.6	0.7	直	无	轻	未发	A
湖南怀化市农科所	525.91	-8.63	12	4/18	8/6	9/7	142	12.5	135.8	30.7	290.2	180.1	62.1	23.9	0.0	直	未发	轻	未发	D
湖南岳阳市农业科学院	678.37	5.73	7	5/3	8/6	9/8	128	14.3	128.4	30.9	266.7	217.0	81.4	24.1	0.0	直	未发	无	未发	B
江苏里下河地区农科所	564.55	-4.40	11	5/14	8/23	10/8	147	17.9	116.2	30.7	170.0	143.0	84.1	22.4	3.0	直	未发	轻	—	C
江苏沿海地区农科所	582.71	-3.66	12	5/7	8/23	9/25	141	14.9	118.3	29.3	203.0	155.0	76.4	23.9	0.0	直	未发	轻	无	D
江西九江市农业科学院	543.23	-1.92	11	5/10	8/15	9/22	135	12.5	133.8	30.4	212.7	138.0	64.9	23.4	0.0	直	未发	中	未发	D
江西省农业科学院水稻所	616.67	-4.78	11	5/13	8/17	9/18	128	15.9	131.5	24.2	212.7	167.3	78.7	23.2	0.0	直	未发	未发	未发	C
中国水稻研究所	614.16	-3.31	10	5/15	8/18	9/26	134	14.4	127.8	32.0	311.5	231.7	74.4	22.6	1.4	直	未发	轻	—	C

综合评级：A—好，B—较好，C—中等，D——一般。

表 12-9-1　长江中下游中籼迟熟 A 组（182411NX-A）生产试验品种在各试验点的产量、生育期、特征特性、田间抗性表现

品种名称/试验点	亩产（千克）	比 CK ±%	播种期（月/日）	齐穗期（月/日）	成熟期（月/日）	全生育期（天）	耐寒性	整齐度	杂株率（%）	株型	叶色	叶姿	长势	熟期转色	倒伏性	落粒性	叶瘟	穗颈瘟	白叶枯病	纹枯病	稻曲病
隆两优 6878																					
江西天涯种业有限公司	550.47	-6.35	5/15	8/12	9/16	124	强	整齐	—	紧束	绿	挺直	一般	好	直	中	未发	未发	未发	轻	—
湖南石门县水稻原种场	794.32	3.64	4/25	8/6	8/31	128	未发	不齐	0.0	紧束	绿	挺直	繁茂	好	直	中	无	无	无	轻	无
湖北赤壁市种子局	553.74	1.92	5/2	8/7	9/9	130	未发	一般	3.4	适中	浓绿	挺直	繁茂	好	直	中	未发	无	未发	轻	—
湖北惠民农业科技有限公司	674.37	5.98	5/3	8/5	9/10	130	—	整齐	0.1	适中	浓绿	一般	繁茂	好	直	难	未发	未发	无	无	—
安徽荃银高科种业股份有限公司	618.12	1.07	5/12	8/18	9/22	133	未发	不齐	0.0	紧束	绿	挺直	一般	中	直	中	未发	未发	未发	未发	未发
江苏瑞华农业科技有限公司	716.53	3.25	5/8	8/22	10/1	146	强	不齐	4.7	适中	浓绿	挺直	繁茂	好	直	易	无	无	轻	无	未发
浙江天台县种子站	765.17	16.08	5/25	8/26	10/6	134	未发	一般	0.1	紧束	绿	挺直	一般	好	直	易	未发	未发	未发	未发	无
萍两优雅占																					
江西天涯种业有限公司	624.07	6.17	5/15	8/11	9/15	123	强	整齐	—	适中	绿	一般	繁茂	好	直	中	未发	未发	未发	未发	—
湖南石门县水稻原种场	839.68	9.56	4/25	7/29	8/26	123	未发	整齐	0.0	紧束	浓绿	挺直	繁茂	好	直	中	无	无	无	轻	无
湖北赤壁市种子局	570.87	5.07	5/2	8/3	9/4	125	未发	整齐	0.3	适中	绿	挺直	繁茂	中	直	中	未发	无	未发	轻	—
湖北惠民农业科技有限公司	641.84	0.87	5/3	8/4	9/8	128	—	整齐	0.2	紧束	浓绿	挺直	繁茂	好	直	难	无	无	无	无	—
安徽荃银高科种业股份有限公司	660.13	7.93	5/12	8/15	9/20	131	未发	整齐	0.2	适中	绿	一般	繁茂	好	直	中	未发	未发	未发	未发	未发
江苏瑞华农业科技有限公司	725.80	4.59	5/8	8/20	9/29	144	中	整齐	3.2	松散	浓绿	挺直	繁茂	好	直	易	无	无	轻	无	未发
浙江天台县种子站	732.74	11.16	5/25	8/24	10/4	132	未发	一般	0.2	适中	绿	挺直	一般	中	直	易	未发	未发	未发	未发	无

表 12-9-2　长江中下游中籼迟熟 A 组（182411NX-A）生产试验品种在各试验点的产量、生育期、特征特性、田间抗性表现

品种名称/试验点	亩产（千克）	比CK ±%	播种期（月/日）	齐穗期（月/日）	成熟期（月/日）	全生育期(天)	耐寒性	整齐度	杂株率（%）	株型	叶色	叶姿	长势	熟期转色	倒伏性	落粒性	叶瘟	穗颈瘟	白叶枯病	纹枯病	稻曲病
盐香优 7535																					
江西天涯种业有限公司	572.45	0.00	5/15	8/14	9/18	126	强	整齐	—	适中	绿	一般	一般	好	直	中	未发	未发	未发	轻	—
湖南石门县水稻原种场	697.12	2.73	4/25	8/1	8/29	126	未发	整齐	0.0	紧束	淡绿	挺直	繁茂	好	直	难	无	无	无	轻	无
湖北赤壁市种子局	578.70	6.51	5/2	8/4	9/5	126	未发	整齐	0.3	适中	淡绿	挺直	繁茂	好	直	中	未发	无	未发	轻	—
湖北惠民农业科技有限公司	615.46	-3.27	5/3	8/5	9/8	128	—	整齐	0.0	紧束	淡绿	披垂	一般	好	直	难	无	无	无	无	—
安徽荃银高科种业股份有限公司	645.13	9.66	5/12	8/15	9/22	133	未发	整齐	0.0	适中	淡绿	一般	繁茂	好	直	中	未发	未发	未发	未发	未发
江苏瑞华农业科技有限公司	770.12	10.97	5/8	8/17	9/27	142	中	整齐	3.8	适中	淡绿	挺直	繁茂	好	斜	易	无	无	轻	无	未发
浙江天台县种子站	755.41	14.19	5/25	8/21	10/2	130	未发	整齐	0.1	紧束	淡绿	披垂	一般	好	直	易	未发	未发	未发	未发	无
镇籼优 1393																					
江西天涯种业有限公司	575.00	-0.18	5/15	8/20	9/23	131	强	整齐	—	紧束	绿	一般	一般	好	直	中	未发	未发	未发	轻	—
湖南石门县水稻原种场	636.24	-3.07	4/25	8/4	9/1	129	未发	整齐	0.0	紧束	淡绿	披垂	繁茂	好	直	中	无	无	无	轻	无
湖北赤壁市种子局	561.82	3.05	5/2	8/9	9/10	131	未发	整齐	0.8	适中	淡绿	挺直	繁茂	好	直	易	未发	无	未发	轻	—
湖北惠民农业科技有限公司	649.98	2.15	5/3	8/12	9/12	132	—	整齐	0.0	松散	绿	披垂	繁茂	中	直	难	无	无	无	无	—
安徽荃银高科种业股份有限公司	647.11	9.99	5/12	8/22	9/27	138	未发	整齐	0.0	适中	绿	一般	一般	好	直	中	未发	未发	未发	未发	轻
江苏瑞华农业科技有限公司	742.19	6.95	5/8	8/21	9/30	145	中	整齐	2.6	适中	淡绿	一般	繁茂	好	斜	易	无	无	无	无	未发
浙江天台县种子站	674.00	2.25	5/25	8/29	10/6	134	未发	整齐	0.1	松散	淡绿	披垂	一般	好	斜	中	未发	未发	未发	未发	无

表 12-9-3 长江中下游中籼迟熟 A 组（182411NX-A）生产试验品种在各试验点的产量、生育期、特征特性、田间抗性表现

品种名称/试验点	亩产（千克）	比 CK ±%	播种期（月/日）	齐穗期（月/日）	成熟期（月/日）	全生育期（天）	耐寒性	整齐度	杂株率（%）	株型	叶色	叶姿	长势	熟期转色	倒伏性	落粒性	叶瘟	穗颈瘟	白叶枯病	纹枯病	稻曲病
丰两优四号（CK）																					
江西天涯种业有限公司	591.23	0.00	5/15	8/10	9/14	122	强	整齐	—	适中	绿	一般	繁茂	好	直	中	未发	未发	未发	未发	—
湖南石门县水稻原种场	706.73	0.00	4/25	7/29	8/26	123	未发	一般	0.0	适中	淡绿	披垂	繁茂	好	直	中	无	无	无	轻	无
湖北赤壁市种子局	547.54	0.00	5/2	8/3	9/5	126	未发	整齐	1.5	适中	绿	一般	繁茂	中	直	中	未发	轻	未发	轻	—
湖北惠民农业科技有限公司	636.29	0.00	5/3	8/5	9/8	128	—	整齐	0.1	适中	绿	一般	繁茂	好	斜	中	无	无	无	无	—
安徽荃银高科种业股份有限公司	599.70	0.00	5/12	8/15	9/20	131	未发	一般	0.5	适中	绿	一般	繁茂	好	直	中	未发	未发	未发	未发	未发
江苏瑞华农业科技有限公司	693.96	0.00	5/8	8/22	10/1	146	中	整齐	3.7	适中	绿	挺直	繁茂	好	斜	易	无	无	轻	无	未发
浙江天台县种子站	660.36	0.00	5/25	8/25	10/1	129	未发	一般	0.2	松散	淡绿	披垂	繁茂	好	斜	中	未发	未发	未发	未发	无

第十三章　2018年长江中下游中籼迟熟B组国家水稻品种试验汇总报告

一、试验概况

（一）试验目的

鉴定评价我国长江中下游稻区新选育和引进的中籼迟熟新品种（组合，下同）的丰产性、稳产性、适应性、抗性、米质及其他重要性状表现，为国家水稻品种审定提供科学依据。

（二）参试品种

区试品种11个，禧优202、宇两优丝占、翔两优316、两优1931、隆两优4118、荃优291为续试品种，其余为新参试品种，以丰两优四号（CK）为对照；生产试验品种3个，也以丰两优四号（CK）为对照。品种名称、类型、亲本组合、选育/供种单位见表13-1。

（三）承试单位

区试点15个，生产试验点A、B组各7个，分布在安徽、福建、河南、湖北、湖南、江苏、江西和浙江8个省。承试单位、试验地点、经纬度、海拔高度、试验负责人及执行人见表13-2。

（四）试验设计、栽培管理与观察记载

各试验点均按《2018年国稻科企水稻联合体试验实施方案》及NY/T 1300—2007《农作物品种区域试验技术规范　水稻》进行试验。

区试采用完全随机区组排列，3次重复，小区面积0.02亩。生产试验采用大区随机排列，不设重复，大区面积0.5亩。

分区试、生产试验，同组试验所有品种同期播种、移栽，施肥水平中等偏上，其他栽培管理措施与当地大田生产相同。

观察记载项目与标准按NY/T 1300—2007《农作物品种区域试验技术规范　水稻》以及《国家水稻品种试验观察记载项目、方法及标准》《南方稻区国家水稻品种区试及生产试验记载表》等的要求执行。

（五）特性鉴定

1. 抗性鉴定

浙江省农业科学院植微所、湖南省农业科学院植保所、湖北宜昌市农科所、安徽省农业科学院植保所、福建上杭县茶地乡农技站和江西井冈山企业集团农技服务中心负责稻瘟病抗性鉴定。湖南省农业科学院水稻所负责白叶枯病抗性鉴定。鉴定采用人工接菌与病区自然诱发相结合。中国水稻研究所稻作发展中心负责稻飞虱抗性鉴定。华中农业大学负责生产试验品种抽穗期耐热性鉴定。鉴定用种子均由主持单位中国水稻研究所统一提供。

2. 米质分析

安徽省农业科学院水稻所、河南信阳市农科所和中国水稻研究所试验点提供样品，农业农村部稻米及制品质量监督检验测试中心负责检测分析。

3. DNA指纹特异性与一致性

中国水稻研究所国家水稻改良中心进行参试品种的特异性、同名品种年度间及不同样品间的一致

性鉴定。

（六）试验评价

依据 NY/T 1300—2007《农作物品种区域试验技术规范 水稻》、试验实地检查考察情况以及试验点对试验实施情况和品种表现情况所做的说明，对各试验（鉴定）点试验（鉴定）结果的可靠性、完整性、准确性等进行分析评估，确保汇总质量。

2018 年湖北武汉佳禾生物科技有限责任公司生产试验点苗瘟普遍重发，影响品种正常表现，试验结果未纳入汇总；其余区试点、生产试验点以及特性鉴定点的试验（鉴定）结果正常，纳入汇总。

（七）品种评价

依据国家农作物品种审定委员会 2017 年发布的《主要农作物品种审定标准（国家级）》，对参试品种进行分析评价。

产量联合方差分析采用固定模型，品种间产量差异多重比较采用 Duncan's 新复极差法；参试品种的丰产性主要以品种在区试和生产试验中相对于对照品种产量增减产百分率来衡量；参试品种的适应性主要以品种在区试和生产试验中比对照品种增产的试验点百分率来衡量；参试品种的稳产性主要以品种在年度间区试中相对于对照品种产量的差异变化程度来衡量。

参试品种的生育期主要以全生育期比对照品种长短的天数来衡量。

参试品种的抗性以指定的鉴定单位的鉴定结果为主要依据，对稻瘟病抗性的主要评价指标为综合指数和穗瘟损失率最高级，对其他病虫害抗性的主要评价指标为最高级。

参试品种的温度敏感性以结实率低于 70%的区试点数来衡量。

参试品种的米质评价按照农业行业标准 NY/T 593—2013《食用稻品种品质》，分优质 1 级、优质 2 级、优质 3 级，未达到优质级的品种米质均为普通级。

二、结果分析

（一）产量

依据比对照的增减产幅度衡量：在 2018 年区试参试品种中，产量高、比对照增产 5%以上的品种有禧优 202、宇两优丝占、两优 1931、隆两优 4118、乾两优华占、荃优 291 和翔两优 316；产量较高、比对照增产 3%~5%的品种有荃优合莉油占；产量中等、比对照增减产 3%以内的品种有紫两优 8293、创两优 558 和两优粤禾丝苗。

区试参试品种产量汇总结果见表 13-3，生产试验参试品种产量汇总结果见表 13-4。

（二）生育期

依据全生育期比对照长短的天数衡量：在 2018 年区试参试品种中，熟期较早、比对照早熟的品种有禧优 202、宇两优丝占、两优 1931、乾两优华占、荃优 291、荃优合莉油占、创两优 558 和两优粤禾丝苗；其他品种的全生育期介于 134.6~138.3 天，比对照迟熟 1~5 天，熟期基本适宜。

区试参试品种生育期汇总结果见表 13-3，生产试验参试品种生育期汇总结果见表 13-4。

（三）主要农艺经济性状

区试参试品种分蘖率、有效穗、成穗率、株高、穗长、每穗总粒数、每穗实粒数、结实率、千粒重等主要农艺经济性状汇总结果见表 13-3。

（四）抗性

对稻瘟病的抗性，根据 1~2 年鉴定结果，稻瘟病穗瘟损失率最高级 3 级的品种有荃优 291；穗瘟损失率最高级 5 级的品种有翔两优 316、两优 1931、宇两优丝占、荃优合莉油占、创两优 558、乾两优华占和两优粤禾丝苗；穗瘟损失率最高级 7 级的品种有禧优 202、隆两优 4118、紫两优 8293。

生产试验参试品种特性鉴定结果见表 13-4，区试参试品种抗性鉴定结果见表 13-5 和表 13-6。

（五）米质

依据农业行业标准 NY/T 593—2013《食用稻品种品质》，根据 1~2 年的检测结果：优质 2 级的品种有两优 1931；优质 3 级的品种有宇两优丝苗、翔两优 316、隆两优 4118、乾两优华占、荃优合莉油占、创两优 558、紫两优 8293、两优粤禾丝苗；其他参试品种均为普通级，米质中等或一般。

区试参试品种米质指标表现及等级见表 13-7。

（六）品种在各试验点表现

区试参试品种在各试验点的表现情况见表 13-8，生产试验参试品种在各试验点的表现情况见表 13-9。

三、品种简评

（一）生产试验品种

1. 两优 9028

2016 年初试平均亩产 629.14 千克，比丰两优四号（CK）增产 3.79%，增产点比例 85.7%；2017 年续试平均亩产 630.34 千克，比丰两优四号（CK）增产 5.33%，增产点比例 92.9%；两年区试平均亩产 629.74 千克，比丰两优四号（CK）增产 4.56%，增产点比例 89.3%；2018 年生产试验平均亩产 608.99 千克，比丰两优四号（CK）增产 5.68%，增产点比例 100.0%。全生育期两年区试平均 137.0 天，比丰两优四号（CK）迟熟 0.5 天。主要农艺性状两年区试综合表现：有效穗 16.0 万穗/亩，株高 130.2 厘米，穗长 27.9 厘米，每穗总粒数 181.8 粒，结实率 80.7%，千粒重 27.7 克。抗性表现：稻瘟病综合指数年度分别为 5.4 级、4.9 级，穗瘟损失率最高 9 级；白叶枯病 5 级；褐飞虱 9 级；抽穗期耐热性 5 级。米质主要指标两年综合表现：糙米率 80.1%，整精米率 47.2%，长宽比 3.6，垩白粒率 15%，垩白度 2.0%，透明度 1 级，碱消值 6.3 级，胶稠度 67 毫米，直链淀粉含量 14.3%，综合评级为国标等外、部标普通。

2018 年国家水稻品种试验年会审议意见：已完成试验程序，可以申报国家审定。

2. 翔两优 316

2017 年初试平均亩产 636.54 千克，比丰两优四号（CK）增产 6.36%，增产点比例 92.9%；2018 年续试平均亩产 637.08 千克，比丰两优四号（CK）增产 5.76%，增产点比例 86.7%；两年区试平均亩产 636.81 千克，比丰两优四号（CK）增产 6.06%，增产点比例 89.8%；2018 年生产试验平均亩产 614.08 千克，比丰两优四号（CK）增产 6.60%，增产点比例 100.0%。全生育期两年区试平均 139.8 天，比丰两优四号（CK）迟熟 4.6 天。主要农艺性状两年区试综合表现：有效穗 16.6 万穗/亩，株高 127.5 厘米，穗长 25.0 厘米，每穗总粒数 205.0 粒，结实率 80.8%，千粒重 23.9 克。抗性表现：稻瘟病综合指数年度分别为 2.7 级、2.9 级，穗瘟损失率最高 5 级；白叶枯病最高级 5 级；褐飞虱最高级 9 级；抽穗期耐热性 5 级。米质表现：糙米率 80.8%，精米率 71.6%，整精米率 62.9%，粒长 6.6 毫米，长宽比 3.1，垩白粒率 5%，垩白度 0.5%，透明度 1 级，碱消值 5.2 级，胶稠度 77 毫米，直链淀粉含量 14.8%，综合评级为优质 3 级。

2018 年国家水稻品种试验年会审议意见：已完成试验程序，可以申报国家审定。

3. 两优 1931

2017 年初试平均亩产 646.73 千克，比丰两优四号（CK）增产 8.07%，增产点比例 100.0%；2018 年续试平均亩产 643.20 千克，比丰两优四号（CK）增产 6.78%，增产点比例 93.3%；两年区试平均亩产 644.96 千克，比丰两优四号（CK）增产 7.42%，增产点比例 96.7%；2018 年生产试验平均亩产 606.89 千克，比丰两优四号（CK）增产 5.31%，增产点比例 83.3%。全生育期两年区试平均 132.8 天，比丰两优四号（CK）早熟 2.4 天。主要农艺性状两年区试综合表现：有效穗 17.4 万穗/亩，株高 121.6 厘米，穗长 24.0 厘米，每穗总粒数 206.1 粒，结实率 84.2%，千粒重 23.2 克。抗性表现：稻瘟病综合指数年度分别为3.8级、4.8级，穗瘟损失率最高5级；白叶枯病最高级3级；褐飞虱最高级9级；抽穗期耐热性1级。米质表现：糙米率81.8%，精米率72.7%，整精米率60.8%，粒长7.1毫米，长宽比3.2，垩白粒率18%，垩白度2.4%，透明度1级，碱消值6.4级，胶稠度68毫米，直链淀粉含量17.9%，综合评级为优质2级。

2018年国家水稻品种试验年会审议意见：已完成试验程序，可以申报国家审定。

（二）续试品种

1. 禧优202

2017年初试平均亩产643.56千克，比丰两优四号（CK）增产7.54%，增产点比例92.9%；2018年续试平均亩产649.29千克，比丰两优四号（CK）增产7.79%，增产点比例100.0%；两年区试平均亩产646.43千克，比丰两优四号（CK）增产7.66%，增产点比例96.4%。全生育期两年区试平均133.8天，比丰两优四号（CK）早熟1.4天。主要农艺性状两年区试综合表现：有效穗15.7万穗/亩，株高121.8厘米，穗长25.2厘米，每穗总粒数243.0粒，结实率79.2%，千粒重22.3克。抗性表现：稻瘟病综合指数年度分别为3.5级、4.1级，穗瘟损失率最高7级；白叶枯病最高级5级；褐飞虱最高级9级。米质表现：糙米率81.6%，精米率71.9%，整精米率51.1%，粒长6.6毫米，长宽比3.4，垩白粒率4%，垩白度0.6%，透明度2级，碱消值3.8级，胶稠度78毫米，直链淀粉含量13.9%，综合评级为普通。

2018年国家水稻品种试验年会审议意见：2019年进行生产试验。

2. 宇两优丝占

2017年初试平均亩产628.78千克，比丰两优四号（CK）增产5.07%，增产点比例85.7%；2018年续试平均亩产644.21千克，比丰两优四号（CK）增产6.95%，增产点比例100.0%；两年区试平均亩产636.50千克，比丰两优四号（CK）增产6.01%，增产点比例92.9%。全生育期两年区试平均131.6天，比丰两优四号（CK）早熟3.6天。主要农艺性状两年区试综合表现：有效穗18.1万穗/亩，株高114.1厘米，穗长24.5厘米，每穗总粒数188.9粒，结实率87.2%，千粒重22.8克。抗性表现：稻瘟病综合指数年度分别为3.6级、4.6级，穗瘟损失率最高5级；白叶枯病最高级7级；褐飞虱最高级9级。米质表现：糙米率80.6%，精米率71.9%，整精米率55.8%，粒长6.3毫米，长宽比3.1，垩白粒率7%，垩白度0.9%，透明度2级，碱消值5.2级，胶稠度74毫米，直链淀粉含量13.7%，综合评级为优质3级。

2018年国家水稻品种试验年会审议意见：2019年进行生产试验。

3. 隆两优4118

2017年初试平均亩产627.79千克，比丰两优四号（CK）增产4.90%，增产点比例92.9%；2018年续试平均亩产640.28千克，比丰两优四号（CK）增产6.29%，增产点比例93.3%；两年区试平均亩产634.03千克，比丰两优四号（CK）增产5.60%，增产点比例93.1%。全生育期两年区试平均137.9天，比丰两优四号（CK）迟熟2.7天。主要农艺性状两年区试综合表现：有效穗17.2万穗/亩，株高126.7厘米，穗长24.2厘米，每穗总粒数174.7粒，结实率82.9%，千粒重25.9克。抗性表现：稻瘟病综合指数年度分别为4.3级、4.8级，穗瘟损失率最高7级；白叶枯病最高级7级；褐飞虱最高级9级。米质表现：糙米率80.4%，精米率72.3%，整精米率60.6%，粒长6.6毫米，长宽比3.1，垩白粒率10%，垩白度1.7%，透明度2级，碱消值5.5级，胶稠度72毫米，直链淀粉含量13.6%，综合评级为优质3级。

2018年国家水稻品种试验年会审议意见：2019年进行生产试验。

4. 荃优291

2017年初试平均亩产614.86千克，比丰两优四号（CK）增产2.74%，增产点比例71.4%；2018年续试平均亩产638.03千克，比丰两优四号（CK）增产5.92%，增产点比例93.3%；两年区试平均亩产626.44千克，比丰两优四号（CK）增产4.34%，增产点比例82.4%。全生育期两年区试平均134.6天，比丰两优四号（CK）早熟0.6天。主要农艺性状两年区试综合表现：有效穗15.0万穗/亩，株高122.9厘米，穗长26.0厘米，每穗总粒数188.0粒，结实率82.0%，千粒重28.9克。

抗性表现：稻瘟病综合指数年度分别为3.3级、4.0级，穗瘟损失率最高3级；白叶枯病最高级7级；褐飞虱最高级9级。米质表现：糙米率81.5%，精米率71.5%，整精米率49.6%，粒长7.1毫米，长宽比3.2，垩白粒率24%，垩白度2.7%，透明度2级，碱消值5.5级，胶稠度77毫米，直链淀粉含量22.5%，综合评级为普通。

2018年国家水稻品种试验年会审议意见：2019年进行生产试验。

（三）初试品种

1. 乾两优华占

2018年初试平均亩产638.48千克，比丰两优四号（CK）增产5.99%，增产点比例93.3%。全生育期130.5天，比丰两优四号（CK）早熟3.6天。主要农艺性状表现：有效穗18.0万穗/亩，株高121.6厘米，穗长24.1厘米，每穗总粒数193.9粒，结实率85.6%，结实率小于70%的点0个，千粒重22.1克。抗性表现：稻瘟病综合指数4.4级，穗瘟损失率最高级5级；白叶枯病7级；褐飞虱9级。米质表现：糙米率81.0%，精米率71.8%，整精米率59.6%，粒长6.4毫米，长宽比3.3，垩白粒率8.7%，垩白度1.3%，透明度2级，碱消值5.3级，胶稠度76毫米，直链淀粉含量14.0%，综合评级为优质3级。

2018年国家水稻品种试验年会审议意见：2019年续试。

2. 荃优合莉油占

2018年初试平均亩产621.66千克，比丰两优四号（CK）增产3.20%，增产点比例66.7%。全生育期132.9天，比丰两优四号（CK）早熟1.2天。主要农艺性状表现：有效穗15.6万穗/亩，株高123.6厘米，穗长26.2厘米，每穗总粒数209.6粒，结实率81.9%，结实率小于70%的点1个，千粒重24.6克。抗性表现：稻瘟病综合指数4.2级，穗瘟损失率最高级5级；白叶枯病7级；褐飞虱9级。米质表现：糙米率81.9%，精米率73.3%，整精米率59.1%，粒长6.5毫米，长宽比3.0，垩白粒率15.0%，垩白度2.1%，透明度1级，碱消值6.6级，胶稠度69毫米，直链淀粉含量20.8%，综合评级为优质3级。

2018年国家水稻品种试验年会审议意见：终止试验。

3. 紫两优8293

2018年初试平均亩产612.91千克，比丰两优四号（CK）增产1.75%，增产点比例60.0%。全生育期134.6天，比丰两优四号（CK）迟熟0.5天。主要农艺性状表现：有效穗13.1万穗/亩，株高126.9厘米，穗长25.6厘米，每穗总粒数245.8粒，结实率77.0%，结实率小于70%的点2个，千粒重26.7克。抗性表现：稻瘟病综合指数5.4级，穗瘟损失率最高级7级；白叶枯病7级；褐飞虱9级。米质表现：糙米率82.3%，精米率72.5%，整精米率54.4%，粒长6.9毫米，长宽比3.1，垩白粒率33.0%，垩白度4.1%，透明度2级，碱消值5.2级，胶稠度66毫米，直链淀粉含量20.4%，综合评级为优质3级。

2018年国家水稻品种试验年会审议意见：终止试验。

4. 创两优558

2018年初试平均亩产588.53千克，比丰两优四号（CK）减产2.30%，增产点比例33.3%。全生育期131.3天，比丰两优四号（CK）早熟2.8天。主要农艺性状表现：有效穗17.5万穗/亩，株高117.1厘米，穗长24.4厘米，每穗总粒数215.8粒，结实率80.2%，结实率小于70%的点2个，千粒重21.6克。抗性表现：稻瘟病综合指数4.1级，穗瘟损失率最高级5级；白叶枯病7级；褐飞虱9级。米质表现：糙米率81.5%，精米率71.8%，整精米率55.2%，粒长6.5毫米，长宽比3.4，垩白粒率4.7%，垩白度0.7%，透明度2级，碱消值5.1级，胶稠度78毫米，直链淀粉含量13.5%，综合评级为优质3级。

2018年国家水稻品种试验年会审议意见：终止试验。

5. 两优粤禾丝苗

2018年初试平均亩产584.33千克，比丰两优四号（CK）减产3.00%，增产点比例20.0%。全生育期132.9天，比丰两优四号（CK）早熟1.2天。主要农艺性状表现：有效穗15.8万穗/亩，株高 118. 4 厘米，穗长 25. 2 厘米，每穗总粒数 211. 8 粒，结实率 78. 6%，结实率小于 70%的点 4 个，千粒重 23. 5 克。抗性表现：稻瘟病综合指数 3. 8 级，穗瘟损失率最高级 5 级；白叶枯病 7 级；褐飞虱 9 级。米质表现：糙米率 81. 6%，精米率 72. 3%，整精米率 62. 4%，粒长 6. 6 毫米，长宽比 3. 1，垩白粒率 8. 3%，垩白度 1. 1%，透明度 2 级，碱消值 5. 2 级，胶稠度 75 毫米，直链淀粉含量 14. 0%，综合评级为优质 3 级。

2018 年国家水稻品种试验年会审议意见：终止试验。

表 13-1　长江中下游中籼迟熟 B 组（182411NX-B）区试及生产试验参试品种基本情况

品种名称	试验编号	抗鉴编号	品种类型	亲本组合	申请者（非个人）	选育/供种单位
区试						
禧优 202	1	4	杂交稻	禧 889A/R202	安徽袁粮水稻产业有限公司	安徽袁粮水稻产业有限公司
*乾两优华占	2	9	杂交稻	乾 S/华占	广西恒茂种业有限公司、中国水稻研究所	广西恒茂种业有限公司、中国水稻研究所
宇两优丝占	3	6	杂交稻	宇 340S/丝占	江西科源种业有限公司、湖南民生种业科技有限公司	江西科源种业有限公司、湖南民生种业科技有限公司
*荃优合莉油占	4	1	杂交稻	荃 9311A/合莉油占	广东省良种引进服务公司	广东省良种引进服务公司
*创两优 558	5	8	杂交稻	创 5S/558	天禾农业科技集团股份有限公司	天禾农业科技集团股份有限公司
翔两优 316	6	2	杂交稻	翔 09S×R316	合肥科翔种业研究所	合肥科翔种业研究所
丰两优四号（CK）	7	11	杂交稻	丰 39S×盐稻 4 号选		合肥丰乐种业股份公司
*紫两优 8293	8	7	杂交稻	紫泰 S/P9382	海南广陵农产品开发有限公司	海南广陵高科实业有限公司、安徽省农业科学院水稻研究所
两优 1931	9	3	杂交稻	619S/R131	安徽省农业科学院水稻研究所	安徽省农业科学院水稻研究所
*两优粤禾丝苗	10	12	杂交稻	X54S/粤禾丝苗	江苏明天种业科技股份有限公司	江苏明天种业科技股份有限公司、四川台沃有限责任公司
隆两优 4118	11	5	杂交稻	隆科 638S/R4118	安徽赛诺种业有限公司	安徽赛诺种业有限公司
荃优 291	12	10	杂交稻	荃 9311A/Y042-91	安徽荃银高科种业股份有限公司	安徽荃银高科种业股份有限公司
生产试验						
两优 1931	A4		杂交稻	619S/R131	安徽省农业科学院水稻研究所	安徽省农业科学院水稻研究所
翔两优 316	A6		杂交稻	翔 09S×R316	合肥科翔种业研究所	合肥科翔种业研究所
两优 9028	A7		杂交稻	N484S/Z9028	安徽隆平高科种业有限公司	安徽隆平高科种业有限公司
丰两优四号（CK）	A5		杂交稻	丰 39S×盐稻 4 号选		合肥丰乐种业股份公司

注：*为 2018 年新参试品种。

表 13-2　长江中下游中籼迟熟 B 组（182411NX-B）区试及生产试验点基本情况

承试单位	试验地点	经度	纬度	海拔高度（米）	试验负责人及执行人
区试					
安徽滁州市农科所	滁州市国家农作物区域试验站	118°26′	32°09′	17.8	黄明永、卢继武、刘淼才
安徽黄山市种子站	黄山市农科所双桥基地	118°14′	29°40′	134.0	汪淇、王淑芬、汤雷、汪东兵、王新
安徽省农业科学院水稻所	合肥市	117°25′	31°59′	20.0	罗志祥、施伏芝
安徽袁粮水稻产业有限公司	芜湖市镜湖区利民村试验基地	118°27′	31°14′	7.2	乔保建、陶元平
福建南平市建阳区良种场	建阳市马伏良种场三亩片	118°22′	27°03′	150.0	张金明
河南信阳市农业科学院	信阳市本院试验田	114°05′	32°07′	75.9	王青林、霍二伟
湖北京山县农科所	京山县永兴镇苏佘畈村五组	113°07′	31°01′	75.6	彭金好、张红文、张瑜
湖北宜昌市农业科学院	枝江市问安镇四岗试验基地	111°05′	30°34′	60.0	贺丽、黄蓉
湖南怀化市农科所	怀化市洪江市双溪镇大马村	109°51′	27°15′	180.0	江生
湖南岳阳市农科所	岳阳县麻塘试验基地	113°05′	29°24′	32.0	黄四民、袁熙军
江苏里下河地区农科所	扬州市	119°25′	32°25′	8.0	李爱宏、余玲、刘广青
江苏沿海地区农科所	盐城市	120°08′	33°23′	2.7	孙明法、施伟
江西九江市农科所	九江县马回岭镇	115°48′	29°26′	45.0	潘世文、刘中来、李三元、李坤、宋惠洁
江西省农业科学院水稻所	高安市鄱阳湖生态区现代农业科技示范基地	115°22′	28°25′	60.0	邱在辉、何虎
中国水稻研究所	杭州市富阳区	120°19′	30°12′	7.2	杨仕华、夏俊辉、施彩娟
生产试验					
A 组：福建南平市建阳区良种场	建阳市马伏良种场三亩片	118°22′	27°03′	150.0	张金明
A 组：江西抚州市农科所	抚州市临川区鹏溪	116°16′	28°01′	47.3	饶建辉、车慧燕
A 组：湖南鑫盛华丰种业科技有限公司	岳阳县筻口镇中心村	113°12′	29°06′	32.0	邓猛、邓松
A 组：湖北武汉佳禾生物科技有限公司	武汉	112°30′	29°30′	33.0	周元坤、瞿景祥
A 组：安徽合肥丰乐种业股份公司	肥西县严店乡苏小村	117°17′	31°52′	14.7	王中花、徐礼森
A 组：江苏里下河地区农科所	扬州市	119°25′	32°25′	8.0	李爱宏、余玲、刘广青
A 组：浙江临安市种子种苗站	临安市国家农作物品种区试站	119°23′	30°09′	83.0	袁德明、章良儿

表 13-3　长江中下游中籼迟熟 B 组（182411NX-B）区试品种产量、生育期及主要农艺经济性状汇总分析结果

品种名称	区试年份	亩产（千克）	比 CK± %	比 CK 增产点（%）	产量差异显著性		结实率 <70%点	全生育期（天）	比 CK± 天	有效穗（万/亩）	株高（厘米）	穗长（厘米）	每穗总粒数	每穗实粒数	结实率（%）	千粒重（克）
					0.05	0.01										
两优 1931	2017—2018	644.96	7.42	96.7				132.8	−2.4	17.4	121.6	24.0	206.1	173.7	84.2	23.2
翔两优 316	2017—2018	636.81	6.06	89.8				139.8	4.6	16.6	127.5	25.0	205.0	165.6	80.8	23.9
禧优 202	2017—2018	646.43	7.66	96.4				133.8	−1.4	15.7	121.8	25.2	243.0	192.4	79.2	22.3
宇两优丝占	2017—2018	636.50	6.01	92.9				131.6	−3.6	18.1	114.1	24.5	188.9	164.7	87.2	22.8
隆两优 4118	2017—2018	634.03	5.60	93.1				137.9	2.7	17.2	126.7	24.2	174.7	144.9	82.9	25.9
荃优 291	2017—2018	626.44	4.34	82.4				134.6	−0.6	15.0	122.9	26.0	188.0	154.1	82.0	28.9
丰两优四号(CK)	2017—2018	600.41	0.00	0.0				135.2	0.0	14.8	132.0	25.2	185.7	156.2	84.1	28.0
禧优 202	2018	649.29	7.79	100.0	a	A	2	132.5	−1.6	15.8	119.2	25.0	234.2	185.5	79.2	22.4
宇两优丝占	2018	644.21	6.95	100.0	ab	AB	0	130.1	−4.0	17.8	111.8	24.5	189.2	165.1	87.3	23.5
两优 1931	2018	643.20	6.78	93.3	abc	AB	0	131.5	−2.6	17.5	118.7	24.0	202.9	174.5	86.0	22.9
隆两优 4118	2018	640.28	6.29	93.3	bc	B	0	136.7	2.6	17.1	126.1	24.4	183.9	153.1	83.3	26.0
乾两优华占	2018	638.48	5.99	93.3	bc	B	0	130.5	−3.6	18.0	121.6	24.1	193.9	166.0	85.6	22.1
荃优 291	2018	638.03	5.92	93.3	bc	B	0	133.5	−0.6	15.4	121.7	26.2	187.0	154.2	82.5	28.9
翔两优 316	2018	637.08	5.76	86.7	c	B	2	138.3	4.2	16.4	127.6	25.3	208.8	165.8	79.4	23.9
荃优合莉油占	2018	621.66	3.20	66.7	d	C	1	132.9	−1.2	15.6	123.6	26.2	209.6	171.8	81.9	24.6
紫两优 8293	2018	612.91	1.75	60.0	e	D	2	134.6	0.5	13.1	126.9	25.6	245.8	189.3	77.0	26.7
丰两优四号(CK)	2018	602.37	0.00	0.0	f	E	0	134.1	0.0	15.2	129.6	25.3	184.3	156.2	84.8	27.8
创两优 558	2018	588.53	−2.30	33.3	g	F	2	131.3	−2.8	17.5	117.1	24.4	215.8	173.1	80.2	21.6
两优粤禾丝苗	2018	584.33	−3.00	20.0	g	F	4	132.9	−1.2	15.8	118.4	25.2	211.8	166.5	78.6	23.5

表 13-4　长江中下游中籼迟熟 B 组（1872411NX-B）生产试验品种产量、生育期、综合评级及抽穗期耐热性鉴定结果

品种名称	两优 1931	翔两优 316	两优 9028	丰两优四号（CK）
生产试验汇总表现				
全生育期（天）	126.2	132.7	130.0	127.7
比 CK±天	-1.5	5.0	2.5	0.0
亩产（千克）	606.89	614.08	608.99	577.38
产量比 CK±%	5.31	6.60	5.68	0.00
增产点比例（%）	83.3	100.0	100.0	0.0
各生产试验点综合评价等级				
福建南平市建阳区种子站	C	B	B	D
江西抚州市农科所	B	B	B	B
湖南鑫盛华丰种业科技有限公司	B	B	B	B
安徽合肥丰乐种业股份公司	B	B	B	A
江苏里下河地区农科所	A	C	B	B
浙江临安市种子种苗管理站	A	B	A	D
抽穗期耐热性（级）	1	5	5	3

注：1. 区试 B、C、F、G 组生产试验合并进行，因品种较多，多数生产试验点加设 CK 后安排在多块田中进行，表中产量比 CK±%系与同田块 CK 比较的结果。

2. 综合评价等级：A—好，B—较好，C—中等，D——一般。

3. 抽穗期耐热性为华中农业大学鉴定结果。

表 13-5　长江中下游中籼迟熟 B 组（182411NX-B）品种稻瘟病抗性各地鉴定结果（2018 年）

品种名称	浙江					湖南					湖北					安徽					福建					江西				
	叶瘟	穗瘟发病		穗瘟损失		叶瘟	穗瘟发病		穗瘟损失		叶瘟	穗瘟发病		穗瘟损失		叶瘟	穗瘟发病		穗瘟损失		叶瘟	穗瘟发病		穗瘟损失		叶瘟	穗瘟发病		穗瘟损失	
	级	%	级	%	级	级	%	级	%	级	级	%	级	%	级	级	%	级	%	级	级	%	级	%	级	级	%	级	%	级
荃优合莉油占	3	63	9	25	5	4	40	7	8	3	3	15	5	3	1	2	33	7	13	3	3	17	5	7	3	4	100	9	17	5
翔两优 316	1	22	5	7	3	4	22	3	3	1	3	8	3	2	1	1	29	7	11	3	4	8	3	3	1	3	58	9	6	3
两优 1931	3	67	9	7	3	3	47	7	10	3	5	42	7	12	3	2	44	7	19	5	4	40	7	18	5	3	100	9	23	5
禧优 202	4	47	7	18	5	3	50	7	12	3	4	33	7	11	3	1	13	5	5	1	3	9	3	3	1	5	100	9	50	7
隆两优 4118	1	71	9	27	5	6	49	7	13	3	5	32	7	14	3	4	68	9	31	7	3	20	5	12	3	3	48	7	6	3
宇两优丝占	3	18	5	4	1	4	51	9	12	3	5	45	7	21	5	2	46	7	19	5	5	33	7	11	3	3	100	9	27	5
紫两优 8293	4	57	9	6	3	5	46	7	9	3	6	27	7	6	3	3	56	9	25	5	3	57	9	29	5	6	100	9	32	7
创两优 558	2	43	7	18	5	4	50	7	13	3	3	14	5	3	1	1	35	7	13	3	4	23	5	11	3	5	100	9	23	5
乾两优华占	4	63	9	25	5	3	57	9	16	5	3	5	1	1	1	3	37	7	16	5	5	12	5	4	1	4	100	9	17	5
荃优 291	3	35	7	12	3	3	49	7	8	3	4	26	7	7	3	1	32	7	13	3	4	25	5	12	3	4	64	9	8	3
丰两优四号（CK）	7	58	9	25	5	6	65	9	25	5	6	59	9	31	7	3	68	9	34	7	7	100	9	93	9	5	100	9	32	7
两优粤禾丝苗	2	30	7	11	3	4	45	7	8	3	4	19	5	4	1	2	43	7	18	5	3	22	5	11	3	3	48	7	6	3
感稻瘟病（CK）	7	95	9	44	7	8	85	9	56	9	7	100	9	69	9	7	93	9	59	9	7	100	9	91	9	7	100	9	55	9

注：1. 鉴定单位：浙江省农业科学院植微所、湖南省农业科学院植保所、湖北宜昌市农业科学院、安徽省农业科学院植保所、福建上杭县茶地镇农技站、江西井冈山企业集团农技服务中心。

2. 感稻瘟病（CK）：浙江、安徽为 Wh26，湖南、湖北、福建、江西分别为湘晚籼 11 号、丰两优香 1 号、明恢 86+龙黑糯 2 号、恩糯。

表 13-6　长江中下游中籼迟熟 B 组（182411NX-B）品种对主要病虫抗性综合评价结果（2017—2018 年）

品种名称	区试年份	稻瘟病										白叶枯病（级）			褐飞虱（级）		
		2018 年各地综合指数（级）							2018 年穗瘟损失率最高级	1~2 年综合评价		2018 年	1~2 年综合评价		2018 年	1~2 年综合评价	
		浙江	湖南	湖北	安徽	福建	江西	平均		平均综合指数	穗瘟损失率最高级		平均	最高		平均	最高
翔两优 316	2017—2018	3.0	2.3	2.0	3.5	2.3	4.5	2.9	3	2.8	5	5	5	5	9	9	9
两优 1931	2017—2018	4.5	4.0	4.5	4.8	5.3	5.5	4.8	5	4.3	5	3	3	3	9	8	9
禧优 202	2017—2018	5.3	4.0	4.3	2.0	2.0	7.0	4.1	7	3.8	7	5	5	5	9	9	9
隆两优 4118	2017—2018	5.0	4.8	4.5	6.8	3.5	4.0	4.8	7	4.5	7	7	6	7	9	9	9
宇两优丝占	2017—2018	2.5	4.8	5.5	4.8	4.5	5.5	4.6	5	4.1	5	7	7	7	9	9	9
荃优 291	2017—2018	4.0	4.0	4.3	3.5	3.8	4.8	4.0	3	3.7	3	5	6	7	9	9	9
丰两优四号（CK）	2017—2018	6.5	6.3	7.3	6.5	8.5	7.0	7.0	9	7.0	9	5	5	5	9	9	9
荃优合莉油占	2018	5.5	4.3	2.5	3.8	3.5	5.8	4.2	5	4.2	5	7	7	7	9	9	9
紫两优 8293	2018	4.8	4.5	4.8	5.5	5.5	7.3	5.4	7	5.4	7	7	7	7	9	9	9
创两优 558	2018	4.8	4.3	2.5	3.5	3.8	6.0	4.1	5	4.1	5	7	7	7	9	9	9
乾两优华占	2018	5.8	5.5	1.5	5.0	3.0	5.8	4.4	5	4.4	5	7	7	7	9	9	9
两优粤禾丝苗	2018	3.8	4.3	2.8	4.8	3.5	4.0	3.8	5	3.8	5	7	7	7	9	9	9
丰两优四号（CK）	2018	6.5	6.3	7.3	6.5	8.5	7.0	7.0	9	7.0	9	5	5	5	9	9	9
感病虫（CK）	2018	7.5	8.8	8.5	8.5	8.5	8.5	8.4	9	8.4	9	9	9	9	9	9	9

注：1. 稻瘟病综合指数=叶瘟平均级×25%+穗瘟发病率平均级×25%+穗瘟损失率平均级×50%。

2. 白叶枯病和褐飞虱鉴定单位分别为湖南省农业科学院水稻所和中国水稻研究所稻作发展中心。

3. 感白叶枯病、褐飞虱 CK 分别为金刚 30、TN1。

表 13-7　长江中下游中籼迟熟 B 组（182411NX-B）品种米质检测分析结果

品种名称	年份	糙米率（%）	精米率（%）	整精米率（%）	粒长（毫米）	长宽比	垩白粒率（%）	垩白度（%）	透明度（级）	碱消值（级）	胶稠度（毫米）	直链淀粉（%）	部标（等级）
禧优 202	2017—2018	81.6	71.9	51.1	6.6	3.4	4	0.6	2	3.8	78	13.9	普通
宇两优丝占	2017—2018	80.6	71.9	55.8	6.3	3.1	7	0.9	2	5.2	74	13.7	优三
翔两优 316	2017—2018	80.8	71.6	62.9	6.6	3.1	5	0.5	1	5.2	77	14.8	优三
两优 1931	2017—2018	81.8	72.7	60.8	7.1	3.2	18	2.4	1	6.4	68	17.9	优二
隆两优 4118	2017—2018	80.4	72.3	60.6	6.6	3.1	10	1.7	2	5.5	72	13.6	优三
荃优 291	2017—2018	81.5	71.5	49.6	7.1	3.2	24	2.7	2	5.5	77	22.5	普通
丰两优四号（CK）	2017—2018	81.4	73.2	56.0	6.9	3.1	21	3.0	2	6.1	72	15.4	优二
乾两优华占	2018	81.0	71.8	59.6	6.4	3.3	9	1.3	2	5.3	76	14.0	优三
荃优合莉油占	2018	81.9	73.3	59.1	6.5	3.0	15	2.1	1	6.6	69	20.8	优三
创两优 558	2018	81.5	71.8	55.2	6.5	3.4	5	0.7	2	5.1	78	13.5	优三
紫两优 8293	2018	82.3	72.5	54.4	6.9	3.1	33	4.1	2	5.2	66	20.4	优三
两优粤禾丝苗	2018	81.6	72.3	62.4	6.5	3.1	8	1.1	2	5.2	75	14.0	优三
丰两优四号（CK）	2018	81.4	73.2	56.0	6.9	3.1	21	3.0	2	6.1	72	15.4	优二

注：1. 供样单位：安徽省农业科学院水稻所（2017—2018 年）、河南信阳市农科所（2017—2018 年）、中国水稻研究所（2017—2018 年）。

2. 检测单位：农业农村部稻米及制品质量监督检验测试中心。

表 13-8-1　长江中下游中籼迟熟 B 组（182411NX-B）区试品种在各试点的产量、生育期及主要农艺经济性状表现

品种名称/试验点	亩产（千克）	比 CK± %	产量位次	播种期（月/日）	齐穗期（月/日）	成熟期（月/日）	全生育期(天)	有效穗（万/亩）	株高（厘米）	穗长（厘米）	总粒数/穗	实粒数/穗	结实率（%）	千粒重（克）	杂株率（%）	倒伏性	穗颈瘟	纹枯病	稻曲病	综评等级
禧优 202																				
安徽滁州市农科所	719.48	4.32	6	5/8	8/12	9/27	142	16.4	130.5	25.1	282.1	198.6	70.4	24.3	0.5	直	未发	轻	未发	B
安徽黄山市种子站	586.64	8.20	2	4/27	8/2	9/7	133	13.9	108.6	23.4	233.8	198.2	84.8	21.3	—	直	未发	未发	—	B
安徽省农业科学院水稻所	707.32	10.95	4	5/3	8/12	9/15	135	16.2	128.0	24.2	227.6	195.3	85.8	23.1	1.5	直	未发	无	无	B
安徽袁粮水稻产业有限公司	699.42	12.26	1	5/7	8/5	9/18	134	13.6	114.2	25.1	225.7	205.3	91.0	25.2	0.0	直	未发	未发	未发	A
福建南平市建阳区良种场	550.39	7.00	4	5/16	8/10	9/25	132	16.3	114.4	26.1	200.4	160.2	79.9	22.1	0.0	直	未发	重	—	C
河南信阳市农业科学院	617.65	10.02	3	4/25	8/2	9/8	136	17.4	116.4	23.8	223.0	160.6	72.0	21.6	—	直	未发	轻	—	B
湖北京山县农科所	671.17	11.39	2	4/26	7/26	8/31	127	17.4	116.5	24.4	188.8	161.5	85.5	24.0	3.5	—	未发	轻	—	A
湖北宜昌市农业科学院	690.16	9.06	3	4/23	8/1	9/8	138	20.4	121.6	26.3	178.0	153.5	86.2	23.1	1.0	直	无	中	未发	A
湖南怀化市农科所	611.70	8.48	3	4/18	7/26	8/27	131	13.0	127.5	26.4	256.2	230.8	90.1	20.8	0.0	直	未发	轻	未发	B
湖南岳阳市农业科学院	693.40	8.35	1	5/3	8/4	9/8	128	14.0	125.8	26.1	221.6	185.0	83.5	23.7	0.0	直	未发	无	未发	A
江苏里下河地区农科所	639.02	9.01	1	5/14	8/14	9/28	137	15.6	113.6	23.9	208.0	175.0	84.1	21.9	0.0	直	未发	轻	—	A
江苏沿海地区农科所	675.33	10.61	1	5/7	8/17	9/19	135	15.4	108.3	25.3	245.0	198.0	80.8	21.8	0.0	直	未发	轻	无	A
江西九江市农业科学院	602.20	7.59	7	5/10	8/12	9/19	132	13.0	122.6	25.0	286.0	185.4	64.8	21.3	0.0	直	未发	重	未发	B
江西省农业科学院水稻所	635.86	0.40	9	5/13	8/11	9/10	120	18.4	121.2	24.7	248.4	175.0	70.5	20.6	0.0	直	未发	未发	未发	C
中国水稻研究所	639.66	0.21	8	5/15	8/12	9/20	128	15.3	118.6	25.0	288.6	200.8	69.6	21.0	0.0	直	未发	轻	—	B

注：综合评级：A—好，B—较好，C—中等，D——般。

表 13-8-2 长江中下游中籼迟熟 B 组（182411NX-B）区试品种在各试点的产量、生育期及主要农艺经济性状表现

品种名称/试验点	亩产（千克）	比 CK± %	产量位次	播种期（月/日）	齐穗期（月/日）	成熟期（月/日）	全生育期(天)	有效穗（万/亩）	株高（厘米）	穗长（厘米）	总粒数/穗	实粒数/穗	结实率（%）	千粒重（克）	杂株率（%）	倒伏性	穗颈瘟	纹枯病	稻曲病	综评等级
乾两优华占																				
安徽滁州市农科所	711.65	3.19	8	5/8	8/14	9/21	136	20.7	133.2	25.2	264.8	190.3	71.9	24.2	0.3	直	未发	轻	未发	B
安徽黄山市种子站	570.76	5.27	6	4/27	8/1	9/3	129	15.6	106.8	22.2	198.5	176.3	88.8	21.4	—	直	未发	未发	—	B
安徽省农业科学院水稻所	623.52	-2.20	10	5/3	8/12	9/17	137	15.5	126.0	22.7	205.8	175.8	85.4	22.9	—	直	未发	无	无	C
安徽袁粮水稻产业有限公司	638.93	2.55	9	5/7	8/5	9/16	132	14.3	119.3	23.8	203.1	182.5	89.9	24.8	4.2	直	未发	未发	未发	B
福建南平市建阳区良种场	561.06	9.07	1	5/16	8/8	9/21	128	17.0	116.8	24.3	174.1	141.5	81.3	21.9	0.0	直	未发	重	—	B
河南信阳市农业科学院	611.07	8.85	4	4/25	8/2	9/4	132	19.7	120.5	22.1	138.2	121.8	88.1	21.7	—	直	未发	轻	—	B
湖北京山县农科所	637.02	5.72	7	4/26	7/25	8/31	127	22.3	121.7	23.0	130.2	103.8	79.7	24.7	—	—	未发	轻	—	B
湖北宜昌市农业科学院	712.31	12.56	2	4/23	8/1	9/6	136	20.3	119.5	28.1	168.6	148.9	88.3	23.9	1.5	直	无	轻	未发	A
湖南怀化市农科所	642.52	13.94	1	4/18	7/26	8/26	130	16.8	126.9	22.7	203.8	189.4	92.9	20.6	0.0	直	未发	轻	未发	A
湖南岳阳市农业科学院	685.05	7.05	6	5/3	8/4	9/8	128	15.6	128.4	24.5	211.5	180.5	85.3	23.5	2.0	直	未发	无	未发	A
江苏里下河地区农科所	630.85	7.62	5	5/14	8/14	9/22	131	17.3	115.4	23.5	176.0	162.0	92.0	20.3	2.1	直	未发	轻	—	A
江苏沿海地区农科所	629.02	3.03	7	5/7	8/17	9/19	135	19.6	113.0	24.2	188.0	153.0	81.4	20.5	0.0	直	未发	轻	无	B
江西九江市农业科学院	609.53	8.90	4	5/10	8/8	9/17	130	15.4	126.1	26.0	218.8	192.0	87.8	21.1	0.0	直	未发	无	未发	A
江西省农业科学院水稻所	648.99	2.47	6	5/13	8/13	9/8	118	21.1	128.3	23.9	190.5	160.3	84.1	20.5	0.0	直	未发	未发	未发	B
中国水稻研究所	664.84	4.15	4	5/15	8/12	9/21	129	18.9	121.6	25.8	236.3	212.4	89.9	20.2	0.7	直	未发	轻	—	B

注：综合评级：A—好，B—较好，C—中等，D——般。

表 13-8-3　长江中下游中籼迟熟 B 组（182411NX-B）区试品种在各试点的产量、生育期及主要农艺经济性状表现

品种名称/试验点	亩产（千克）	比 CK±%	产量位次	播种期（月/日）	齐穗期（月/日）	成熟期（月/日）	全生育期(天)	有效穗（万/亩）	株高（厘米）	穗长（厘米）	总粒数/穗	实粒数/穗	结实率（%）	千粒重（克）	杂株率（%）	倒伏性	穗颈瘟	纹枯病	稻曲病	综评等级
宇两优丝占																				
安徽滁州市农科所	739.97	7.29	3	5/8	8/11	9/20	135	22.1	124.3	25.3	229.7	188.8	82.2	24.7	0.0	直	未发	轻	未发	A
安徽黄山市种子站	564.75	4.16	7	4/27	8/11	9/6	132	15.3	85.4	22.7	184.2	154.1	83.7	24.2	—	直	未发	未发	—	B
安徽省农业科学院水稻所	686.66	7.71	6	5/3	8/7	9/11	131	15.7	125.0	23.7	205.3	184.3	89.8	23.9	—	直	未发	无	无	B
安徽袁粮水稻产业有限公司	658.82	5.74	8	5/7	8/6	9/17	133	15.6	114.6	24.9	213.0	192.3	90.3	24.4	0.0	直	未发	未发	未发	B
福建南平市建阳区良种场	542.73	5.51	5	5/16	8/10	9/21	128	15.3	105.8	26.1	178.1	148.4	83.3	23.3	0.0	直	未发	重	—	C
河南信阳市农业科学院	599.56	6.80	7	4/25	8/3	9/5	133	21.0	111.9	22.0	127.3	110.8	87.0	23.3	—	直	未发	轻	—	B
湖北京山县农科所	663.17	10.06	3	4/26	7/28	9/2	129	19.4	117.4	25.0	147.0	135.6	92.2	25.5	—	—	未发	轻	—	A
湖北宜昌市农业科学院	667.50	5.48	6	4/23	7/30	9/4	134	21.7	107.2	25.2	131.0	120.8	92.2	25.3	0.6	直	无	轻	未发	A
湖南怀化市农科所	607.53	7.74	4	4/18	7/25	8/26	130	17.0	115.1	25.3	185.8	163.7	88.1	22.1	0.0	直	未发	轻	未发	B
湖南岳阳市农业科学院	686.72	7.31	5	5/3	8/3	9/7	127	15.4	121.4	24.9	216.0	186.0	86.1	24.5	0.0	直	未发	无	未发	A
江苏里下河地区农科所	603.03	2.87	7	5/14	8/13	9/22	131	16.6	104.4	23.8	176.0	170.0	96.6	21.3	0.0	直	未发	轻	—	B
江苏沿海地区农科所	670.67	9.85	2	5/7	8/16	9/18	134	16.1	103.0	23.4	198.0	169.0	85.4	23.8	0.0	直	未发	轻	无	A
江西九江市农业科学院	602.54	7.65	6	5/10	8/9	9/16	129	16.0	115.3	26.2	210.1	174.0	82.8	22.8	0.0	直	未发	重	未发	B
江西省农业科学院水稻所	668.02	5.48	1	5/13	8/9	9/6	116	21.4	108.5	24.0	182.8	165.0	90.3	21.3	0.0	直	未发	未发	未发	A
中国水稻研究所	701.51	9.90	2	5/15	8/13	9/21	129	18.6	117.6	24.8	253.3	213.4	84.2	21.6	0.0	直	未发	轻	—	A

注：综合评级：A—好，B—较好，C—中等，D——般。

表 13-8-4　长江中下游中籼迟熟 B 组（182411NX-B）区试品种在各试点的产量、生育期及主要农艺经济性状表现

品种名称/试验点	亩产（千克）	比 CK± %	产量位次	播种期（月/日）	齐穗期（月/日）	成熟期（月/日）	全生育期(天)	有效穗（万/亩）	株高（厘米）	穗长（厘米）	总粒数/穗	实粒数/穗	结实率（%）	千粒重（克）	杂株率（%）	倒伏性	穗颈瘟	纹枯病	稻曲病	综评等级
荃优合莉油占																				
安徽滁州市农科所	686.99	-0.39	12	5/8	8/17	10/3	148	18.6	128.7	27.1	240.7	160.7	66.8	25.3	0.0	直	未发	轻	未发	B
安徽黄山市种子站	574.27	5.92	5	4/27	8/1	9/4	130	12.1	106.6	25.6	196.7	177.4	90.2	24.8	—	直	未发	未发	—	B
安徽省农业科学院水稻所	622.53	-2.35	11	5/3	8/16	9/22	142	15.7	126.0	27.0	210.6	169.8	80.6	23.5	—	直	未发	无	无	D
安徽袁粮水稻产业有限公司	665.83	6.87	5	5/7	8/5	9/15	131	15.1	127.3	26.7	225.0	201.3	89.5	24.6	0.0	直	未发	未发	未发	B
福建南平市建阳区良种场	509.08	-1.04	9	5/16	8/11	9/25	132	15.1	114.0	26.3	177.7	142.6	80.2	26.1	0.0	直	未发	重	—	C
河南信阳市农业科学院	595.94	6.15	8	4/25	8/3	9/8	136	16.8	125.4	25.7	174.3	149.8	85.9	25.5	—	直	未发	轻	—	C
湖北京山县农科所	610.20	1.27	8	4/26	7/26	8/30	126	16.2	120.2	25.6	184.0	144.7	78.6	25.8	—	—	未发	轻	—	C
湖北宜昌市农业科学院	611.86	-3.32	9	4/23	8/2	9/7	137	17.5	122.5	25.4	160.2	141.4	88.3	26.9	1.2	直	无	轻	未发	B
湖南怀化市农科所	602.54	6.85	5	4/18	7/28	8/28	132	14.6	134.9	24.2	207.3	179.7	86.7	23.5	0.0	直	未发	轻	未发	B
湖南岳阳市农业科学院	631.58	-1.31	11	5/3	8/5	9/8	128	15.2	131.2	28.7	282.0	227.5	80.7	26.2	0.0	直	未发	无	未发	B
江苏里下河地区农科所	584.88	-0.23	11	5/14	8/17	9/26	135	13.1	118.8	25.3	191.0	168.0	88.0	23.8	0.3	斜	未发	轻	—	C
江苏沿海地区农科所	638.35	4.56	6	5/7	8/20	9/21	137	16.7	114.7	26.9	208.0	160.0	76.9	23.4	0.0	直	未发	轻	无	B
江西九江市农业科学院	633.69	13.21	1	5/10	8/13	9/19	132	12.4	129.7	26.0	217.8	164.7	75.6	24.2	0.0	直	未发	中	未发	A
江西省农业科学院水稻所	643.94	1.67	7	5/13	8/12	9/9	119	18.6	126.8	27.4	198.6	173.2	87.2	23.4	0.0	直	未发	未发	未发	B
中国水稻研究所	713.18	11.73	1	5/15	8/13	9/21	129	15.7	126.8	25.8	270.5	215.8	79.8	21.4	0.0	直	未发	轻	—	A

注：综合评级：A—好，B—较好，C—中等，D—一般。

表 13-8-5 长江中下游中籼迟熟 B 组（182411NX-B）区试品种在各试点的产量、生育期及主要农艺经济性状表现

品种名称/试验点	亩产（千克）	比 CK± %	产量位次	播种期（月/日）	齐穗期（月/日）	成熟期（月/日）	全生育期(天)	有效穗（万/亩）	株高（厘米）	穗长（厘米）	总粒数/穗	实粒数/穗	结实率（%）	千粒重（克）	杂株率（%）	倒伏性	穗颈瘟	纹枯病	稻曲病	综评等级
创两优 558																				
安徽滁州市农科所	698.65	1.30	9	5/8	8/13	9/21	136	17.2	123.9	26.4	296.8	218.0	73.5	23.2	0.0	直	未发	轻	轻	B
安徽黄山市种子站	526.32	-2.93	9	4/27	8/1	9/5	131	13.9	104.2	23.0	206.1	176.8	85.8	21.1	—	直	未发	未发	—	B
安徽省农业科学院水稻所	588.21	-7.73	12	5/3	8/12	9/17	137	16.8	124.0	21.7	216.5	180.8	83.5	21.2	—	直	未发	轻	无	D
安徽袁粮水稻产业有限公司	609.69	-2.15	11	5/7	8/7	9/16	132	15.9	123.5	24.2	200.1	176.3	88.1	23.5	3.3	直	未发	未发	未发	D
福建南平市建阳区良种场	499.42	-2.91	10	5/16	8/11	9/25	132	16.9	110.2	26.2	188.5	148.0	78.5	20.5	0.0	直	未发	重	—	D
河南信阳市农业科学院	536.56	-4.42	12	4/25	8/2	9/6	134	18.6	121.8	23.0	188.3	128.8	68.4	21.6	—	直	未发	轻	—	D
湖北京山县农科所	582.71	-3.29	12	4/26	7/27	8/31	127	22.7	102.3	21.8	126.1	113.8	90.2	25.9	—	—	未发	轻	—	C
湖北宜昌市农业科学院	570.72	-9.82	12	4/23	7/31	9/8	138	22.3	118.3	26.7	181.4	151.8	83.7	23.1	1.4	直	无	轻	未发	D
湖南怀化市农科所	584.54	3.66	6	4/18	7/25	8/26	130	18.1	132.6	23.6	186.9	166.9	89.3	19.7	0.0	直	未发	轻	未发	C
湖南岳阳市农业科学院	619.89	-3.13	12	5/3	8/3	9/7	127	16.5	123.6	25.3	260.0	225.0	86.5	23.6	0.0	直	未发	无	未发	C
江苏里下河地区农科所	602.70	2.81	8	5/14	8/15	9/25	134	16.5	110.4	24.5	213.0	190.0	89.2	20.8	1.8	倒	未发	轻	—	B
江苏沿海地区农科所	594.54	-2.62	11	5/7	8/17	9/18	134	14.9	104.7	24.2	215.0	178.0	82.8	20.9	0.0	直	未发	轻	无	D
江西九江市农业科学院	582.05	3.99	10	5/10	8/11	9/18	131	15.8	122.0	24.9	221.0	129.1	58.4	20.2	0.0	直	未发	无	未发	C
江西省农业科学院水稻所	634.18	0.13	10	5/13	8/11	9/8	118	17.7	117.6	24.6	253.3	203.4	80.3	19.4	0.0	斜	未发	未发	未发	C
中国水稻研究所	597.82	-6.35	11	5/15	8/11	9/20	128	18.4	117.5	26.2	284.1	209.1	73.6	19.3	0.7	直	未发	轻	—	D

注：综合评级：A—好，B—较好，C—中等，D——般。

表 13-8-6　长江中下游中籼迟熟 B 组（182411NX-B）区试品种在各试点的产量、生育期及主要农艺经济性状表现

品种名称/试验点	亩产（千克）	比 CK±%	产量位次	播种期（月/日）	齐穗期（月/日）	成熟期（月/日）	全生育期(天)	有效穗（万/亩）	株高（厘米）	穗长（厘米）	总粒数/穗	实粒数/穗	结实率（%）	千粒重（克）	杂株率（%）	倒伏性	穗颈瘟	纹枯病	稻曲病	综评等级
翔两优 316																				
安徽滁州市农科所	734.14	6.45	4	5/8	8/23	10/4	149	17.6	142.5	25.2	230.2	183.3	79.6	25.3	0.8	直	未发	轻	未发	A
安徽黄山市种子站	598.00	10.29	1	4/27	8/11	9/9	135	15.1	116.0	23.2	189.8	169.6	89.4	23.5	—	直	未发	未发	—	B
安徽省农业科学院水稻所	696.82	9.30	5	5/3	8/23	9/26	146	16.4	126.0	24.6	225.6	195.2	86.5	22.5	3.5	直	未发	无	无	B
安徽袁粮水稻产业有限公司	688.73	10.54	2	5/7	8/13	9/21	137	14.6	135.5	27.5	256.9	209.3	81.5	24.7	3.5	直	未发	未发	未发	B
福建南平市建阳区良种场	560.06	8.87	2	5/16	8/16	9/29	136	16.0	128.3	24.6	179.3	143.4	80.0	24.7	2.0	直	未发	重	—	B
河南信阳市农业科学院	610.09	8.67	5	4/25	8/11	9/13	141	18.6	136.8	25.6	193.6	144.7	74.7	25.2	2.7	直	未发	轻	—	B
湖北京山县农科所	654.34	8.60	4	4/26	8/1	9/5	132	17.0	122.4	26.6	194.3	161.8	83.3	25.9	3.1	—	未发	轻	—	B
湖北宜昌市农业科学院	673.00	6.34	5	4/23	8/7	9/10	140	17.3	129.8	25.5	160.1	132.6	82.8	24.7	2.1	直	无	轻	未发	B
湖南怀化市农科所	478.76	-15.10	12	4/18	8/4	9/4	139	14.5	139.5	27.1	223.9	144.9	64.7	23.3	17.6	直	未发	轻	未发	D
湖南岳阳市农业科学院	688.39	7.57	4	5/3	8/10	9/12	132	15.5	130.5	25.4	229.5	185.7	80.9	25.5	2.5	直	未发	轻	未发	A
江苏里下河地区农科所	638.85	8.98	2	5/14	8/28	10/7	146	16.3	111.6	24.5	180.0	151.0	83.9	23.6	10.4	直	未发	轻	—	B
江苏沿海地区农科所	666.67	9.20	3	5/7	8/26	9/27	143	16.9	103.7	24.9	213.0	175.0	82.2	21.9	2.1	直	未发	轻	无	A
江西九江市农业科学院	615.03	9.88	3	5/10	8/19	9/22	135	16.0	128.4	25.5	219.2	152.3	69.5	22.9	4.0	直	未发	无	未发	A
江西省农业科学院水稻所	653.71	3.22	4	5/13	8/22	9/19	129	16.8	135.3	24.0	209.2	171.3	81.9	23.6	12.0	直	未发	未发	未发	D
中国水稻研究所	599.65	-6.06	10	5/15	8/22	9/27	135	17.2	128.3	25.4	227.7	166.9	73.3	21.7	3.1	直	未发	轻	—	D

注：综合评级：A—好，B—较好，C—中等，D——一般。

表 13-8-7　长江中下游中籼迟熟 B 组（182411NX-B）区试品种在各试点的产量、生育期及主要农艺经济性状表现

品种名称/试验点	亩产（千克）	比 CK± %	产量位次	播种期（月/日）	齐穗期（月/日）	成熟期（月/日）	全生育期(天)	有效穗（万/亩）	株高（厘米）	穗长（厘米）	总粒数/穗	实粒数/穗	结实率（%）	千粒重（克）	杂株率（%）	倒伏性	穗颈瘟	纹枯病	稻曲病	综评等级
丰两优四号（CK）																				
安徽滁州市农科所	689.66	0.00	11	5/8	8/20	10/4	149	18.3	144.5	25.0	215.7	153.3	71.1	26.1	1.3	直	未发	轻	未发	B
安徽黄山市种子站	542.19	0.00	8	4/27	8/3	9/6	132	13.8	114.6	24.4	189.3	162.9	86.1	26.0	—	直	未发	未发	—	B
安徽省农业科学院水稻所	637.52	0.00	9	5/3	8/17	9/23	143	15.2	138.0	26.1	185.4	162.5	87.6	26.5	—	直	未发	无	无	C
安徽袁粮水稻产业有限公司	623.06	0.00	10	5/7	8/4	9/14	130	12.6	124.5	26.5	229.2	203.3	88.7	28.2	0.0	直	未发	未发	未发	C
福建南平市建阳区良种场	514.41	0.00	8	5/16	8/12	9/25	132	13.5	126.6	24.4	174.7	141.4	80.9	28.3	3.2	直	未发	重	—	C
河南信阳市农业科学院	561.40	0.00	10	4/25	8/4	9/7	135	15.9	130.2	23.8	135.5	120.1	88.6	29.2	—	直	未发	轻	—	C
湖北京山县农科所	602.54	0.00	10	4/26	7/27	8/31	127	19.6	114.1	24.2	141.6	123.5	87.2	27.6	—	—	未发	轻	—	C
湖北宜昌市农业科学院	632.85	0.00	8	4/23	8/3	9/7	137	17.3	129.3	26.8	131.2	112.0	85.4	29.8	1.0	直	轻	轻	未发	C
湖南怀化市农科所	563.89	0.00	7	4/18	7/31	8/31	135	11.5	140.0	26.5	225.1	182.4	81.0	27.6	0.0	直	未发	轻	未发	C
湖南岳阳市农业科学院	639.94	0.00	8	5/3	8/5	9/8	128	14.6	136.8	25.4	210.5	185.0	87.9	28.7	0.0	直	未发	轻	未发	C
江苏里下河地区农科所	586.21	0.00	10	5/14	8/19	9/30	139	15.7	127.0	26.1	165.0	151.0	91.5	28.2	1.8	斜	未发	轻	—	C
江苏沿海地区农科所	610.53	0.00	9	5/7	8/22	9/22	138	15.4	119.3	25.9	178.0	143.0	80.3	27.8	0.3	直	未发	轻	无	C
江西九江市农业科学院	559.72	0.00	12	5/10	8/13	9/19	132	13.0	132.4	24.7	180.9	147.7	81.6	28.1	0.0	直	未发	无	未发	D
江西省农业科学院水稻所	633.34	0.00	11	5/13	8/15	9/13	123	17.2	134.7	24.6	175.0	156.7	89.5	27.4	0.0	直	未发	未发	未发	C
中国水稻研究所	638.33	0.00	9	5/15	8/15	9/23	131	14.2	131.4	25.1	227.7	198.9	87.4	26.8	1.7	直	未发	中	—	B

注：综合评级：A—好，B—较好，C—中等，D——一般。

表 13-8-8　长江中下游中籼迟熟 B 组（182411NX-B）区试品种在各试点的产量、生育期及主要农艺经济性状表现

品种名称/试验点	亩产（千克）	比 CK± %	产量位次	播种期（月/日）	齐穗期（月/日）	成熟期（月/日）	全生育期(天)	有效穗（万/亩）	株高（厘米）	穗长（厘米）	总粒数/穗	实粒数/穗	结实率（%）	千粒重（克）	杂株率（%）	倒伏性	穗颈瘟	纹枯病	稻曲病	综评等级
紫两优 8293																				
安徽滁州市农科所	712.31	3.28	7	5/8	8/18	9/29	144	14.3	147.5	26.7	336.6	248.4	82.8	25.7	0.8	直	未发	轻	未发	B
安徽黄山市种子站	517.46	-4.56	10	4/27	8/1	9/7	133	11.4	120.0	23.5	195.5	176.9	90.5	25.8	—	直	未发	未发	—	B
安徽省农业科学院水稻所	718.48	12.70	2	5/3	8/16	9/22	142	14.6	126.0	25.7	225.9	186.3	82.5	26.5	—	直	未发	无	轻	A
安徽袁粮水稻产业有限公司	664.83	6.70	7	5/7	8/4	9/16	132	12.2	129.8	26.1	271.3	217.4	80.1	28.8	0.0	直	未发	未发	未发	B
福建南平市建阳区良种场	495.09	-3.76	12	5/16	8/8	9/26	133	12.9	120.6	27.4	179.5	142.5	79.4	28.1	0.0	直	未发	中	—	D
河南信阳市农业科学院	579.49	3.22	9	4/25	8/3	9/8	136	12.7	125.7	25.0	198.3	148.6	74.9	26.8	—	直	未发	中	—	B
湖北京山县农科所	603.70	0.19	9	4/26	7/28	9/1	128	16.0	123.2	25.0	175.3	151.2	86.3	27.2	1.2	—	未发	轻	—	C
湖北宜昌市农业科学院	593.37	-6.24	10	4/23	8/3	9/11	141	12.9	127.7	29.7	250.3	185.4	74.1	27.4	1.9	直	无	轻	未发	D
湖南怀化市农科所	549.89	-2.48	9	4/18	7/31	9/1	136	11.1	130.4	23.4	300.0	204.4	68.1	25.4	0.0	直	未发	轻	未发	C
湖南岳阳市农业科学院	633.25	-1.04	10	5/3	8/5	9/8	128	13.5	130.0	25.5	259.3	214.7	82.8	26.8	0.0	直	未发	无	未发	C
江苏里下河地区农科所	598.20	2.05	9	5/14	8/19	10/3	142	11.4	121.8	26.4	252.0	207.0	82.1	26.6	2.1	直	未发	轻	—	B
江苏沿海地区农科所	605.03	-0.90	10	5/7	8/19	9/20	136	14.6	113.0	23.8	195.0	158.0	81.0	25.6	0.0	直	未发	轻	无	D
江西九江市农业科学院	595.04	6.31	9	5/10	8/12	9/19	132	10.5	128.3	26.8	283.2	169.2	59.7	28.0	0.0	直	未发	重	未发	C
江西省农业科学院水稻所	660.10	4.23	2	5/13	8/13	9/13	123	16.5	126.8	23.8	210.9	168.0	79.7	25.2	0.0	直	未发	未发	未发	A
中国水稻研究所	667.34	4.54	3	5/15	8/15	9/25	133	12.2	133.4	25.6	354.1	261.0	73.7	26.7	0.0	直	未发	轻	—	B

注：综合评级：A—好，B—较好，C—中等，D——一般。

表 13-8-9　长江中下游中籼迟熟 B 组（182411NX-B）区试品种在各试点的产量、生育期及主要农艺经济性状表现

品种名称/试验点	亩产（千克）	比 CK± %	产量位次	播种期（月/日）	齐穗期（月/日）	成熟期（月/日）	全生育期(天)	有效穗（万/亩）	株高（厘米）	穗长（厘米）	总粒数/穗	实粒数/穗	结实率（%）	千粒重（克）	杂株率（%）	倒伏性	穗颈瘟	纹枯病	稻曲病	综评等级
两优 1931																				
安徽滁州市农科所	724.64	5.07	5	5/8	8/14	10/1	146	20.4	130.1	23.6	210.9	168.4	79.8	23.6	1.8	直	未发	轻	未发	A
安徽黄山市种子站	580.96	7.15	3	4/27	8/1	9/4	130	14.6	95.0	21.8	205.3	181.9	88.6	22.3	—	直	未发	未发	—	B
安徽省农业科学院水稻所	722.64	13.35	1	5/3	8/14	9/20	140	16.9	122.0	23.0	224.5	187.6	83.6	23.2	—	直	未发	无	无	A
安徽袁粮水稻产业有限公司	672.18	7.88	3	5/7	8/2	9/13	129	14.6	121.2	25.3	209.8	188.9	90.0	24.8	4.2	直	未发	未发	未发	A
福建南平市建阳区良种场	537.40	4.47	6	5/16	8/8	9/22	129	17.1	113.2	25.2	180.8	147.7	81.7	22.5	0.0	直	未发	重	—	C
河南信阳市农业科学院	625.22	11.37	1	4/25	8/1	9/6	134	19.7	125.8	22.7	169.5	154.6	91.2	23.7	1.9	直	未发	轻	—	A
湖北京山县农科所	679.66	12.80	1	4/26	7/25	8/30	126	21.1	114.3	23.0	163.1	145.2	89.0	24.7	2.5	—	未发	轻	—	A
湖北宜昌市农业科学院	659.17	4.16	7	4/23	7/29	9/8	138	21.6	120.5	26.2	136.9	124.9	91.2	23.9	1.7	直	无	轻	未发	B
湖南怀化市农科所	532.07	-5.64	11	4/18	7/29	8/30	134	13.4	123.6	23.5	208.8	189.8	90.9	21.4	3.2	直	未发	轻	未发	D
湖南岳阳市农业科学院	690.06	7.83	3	5/3	8/2	9/6	126	15.4	132.4	24.7	220.7	184.7	83.7	24.8	0.0	直	未发	轻	未发	A
江苏里下河地区农科所	635.69	8.44	4	5/14	8/14	9/23	132	18.1	110.8	23.2	181.0	163.0	90.1	20.6	4.2	直	未发	轻	—	A
江苏沿海地区农科所	656.67	7.56	4	5/7	8/17	9/18	134	17.9	108.7	23.9	184.0	149.0	81.0	24.2	0.0	直	未发	轻	无	A
江西九江市农业科学院	629.02	12.38	2	5/10	8/9	9/16	129	14.8	122.3	25.0	251.9	194.5	77.2	22.2	6.8	直	未发	无	未发	A
江西省农业科学院水稻所	641.25	1.25	8	5/13	8/10	9/7	117	18.9	120.5	24.2	220.5	193.2	87.6	21.1	0.0	直	未发	未发	未发	B
中国水稻研究所	661.34	3.60	5	5/15	8/11	9/20	128	18.4	120.8	25.0	276.3	244.6	88.5	20.6	1.7	直	未发	轻	—	B

综合评级：A—好，B—较好，C—中等，D——一般。

表 13-8-10 长江中下游中籼迟熟 B 组（182411NX-B）区试品种在各试点的产量、生育期及主要农艺经济性状表现

品种名称/试验点	亩产（千克）	比 CK± %	产量位次	播种期（月/日）	齐穗期（月/日）	成熟期（月/日）	全生育期(天)	有效穗（万/亩）	株高（厘米）	穗长（厘米）	总粒数/穗	实粒数/穗	结实率（%）	千粒重（克）	杂株率（%）	倒伏性	穗颈瘟	纹枯病	稻曲病	综评等级
两优粤禾丝苗																				
安徽滁州市农科所	696.16	0.94	10	5/8	8/16	9/30	145	18.4	128.5	26.8	266.8	163.8	61.4	24.4	1.3	直	未发	轻	未发	B
安徽黄山市种子站	470.85	-13.16	12	4/27	8/1	9/4	130	12.9	106.4	23.0	192.4	168.9	87.8	21.8	—	直	未发	未发	—	C
安徽省农业科学院水稻所	669.84	5.07	7	5/3	8/18	9/25	145	15.9	120.0	24.1	215.6	176.4	81.8	24.6	—	直	未发	无	无	B
安徽袁粮水稻产业有限公司	602.18	-3.35	12	5/7	8/5	9/16	132	14.3	124.2	26.2	229.7	198.0	86.2	24.5	3.3	直	未发	未发	未发	C
福建南平市建阳区良种场	495.75	-3.63	11	5/16	8/9	9/23	130	14.5	113.6	25.3	185.3	145.5	78.5	24.7	0.0	直	未发	重	—	D
河南信阳市农业科学院	544.95	-2.93	11	4/25	8/3	9/7	135	17.8	125.8	23.9	168.3	140.6	83.5	24.1	—	直	未发	轻	—	D
湖北京山县农科所	599.87	-0.44	11	4/26	7/28	9/2	129	17.3	115.6	23.6	167.4	157.0	93.8	24.8	—	—	未发	轻	—	C
湖北宜昌市农业科学院	590.37	-6.71	11	4/23	8/2	9/8	138	18.8	118.1	27.5	157.8	131.6	83.4	24.2	1.4	直	无	轻	未发	C
湖南怀化市农科所	547.06	-2.98	10	4/18	7/30	8/30	134	15.5	128.6	25.2	244.3	162.3	66.4	22.2	0.0	直	未发	轻	未发	D
湖南岳阳市农业科学院	634.92	-0.78	9	5/3	8/4	9/8	128	14.4	122.8	26.1	241.6	203.6	84.3	24.7	3.0	直	未发	无	未发	C
江苏里下河地区农科所	584.88	-0.23	12	5/14	8/17	9/26	135	15.2	105.2	23.8	185.0	163.0	88.1	23.2	4.8	直	未发	轻	—	C
江苏沿海地区农科所	581.38	-4.77	12	5/7	8/19	9/20	136	15.6	102.3	23.8	191.0	157.0	82.2	22.6	0.0	直	未发	轻	无	D
江西九江市农业科学院	578.88	3.42	11	5/10	8/11	9/17	130	14.0	121.9	25.6	174.7	114.5	65.5	23.3	0.0	直	未发	重	未发	C
江西省农业科学院水稻所	601.52	-5.02	12	5/13	8/12	9/9	119	16.3	122.5	25.4	247.0	203.8	82.5	21.0	0.0	直	未发	未发	未发	C
中国水稻研究所	566.31	-11.28	12	5/15	8/12	9/20	128	16.8	120.0	27.5	309.5	211.6	68.4	22.5	2.4	直	未发	轻	—	D

注：综合评级：A—好，B—较好，C—中等，D——一般。

表 13-8-11　长江中下游中籼迟熟 B 组（182411NX-B）区试品种在各试点的产量、生育期及主要农艺经济性状表现

品种名称/试验点	亩产（千克）	比 CK±%	产量位次	播种期（月/日）	齐穗期（月/日）	成熟期（月/日）	全生育期(天)	有效穗（万/亩）	株高（厘米）	穗长（厘米）	总粒数/穗	实粒数/穗	结实率（%）	千粒重（克）	杂株率（%）	倒伏性	穗颈瘟	纹枯病	稻曲病	综评等级
隆两优 4118																				
安徽滁州市农科所	756.96	9.76	1	5/8	8/24	10/3	148	20.4	144.8	25.2	193.2	157.8	81.7	25.4	0.5	直	未发	轻	未发	A
安徽黄山市种子站	510.61	-5.82	11	4/27	8/10	9/8	134	13.8	118.0	22.3	180.6	147.7	81.8	25.2	—	直	未发	未发	—	B
安徽省农业科学院水稻所	664.00	4.15	8	5/3	8/23	9/29	149	15.6	134.0	25.8	213.4	189.5	88.8	23.9	—	直	未发	无	轻	B
安徽袁粮水稻产业有限公司	671.01	7.70	4	5/7	8/7	9/19	135	13.7	125.3	25.6	214.7	190.6	88.8	27.8	0.0	直	未发	未发	未发	B
福建南平市建阳区良种场	552.06	7.32	3	5/16	8/11	9/26	133	15.6	118.1	23.6	173.3	138.9	80.2	26.1	0.0	直	未发	中	—	B
河南信阳市农业科学院	621.93	10.78	2	4/25	8/7	9/11	139	20.3	127.0	22.9	128.9	107.2	83.2	26.4	—	直	未发	轻	—	A
湖北京山县农科所	645.85	7.19	5	4/26	7/28	9/1	128	19.3	117.7	24.0	137.7	121.9	88.5	27.9	2.5	—	未发	轻	—	B
湖北宜昌市农业科学院	721.81	14.06	1	4/23	8/6	9/10	140	16.3	126.4	27.8	191.6	171.5	89.5	26.7	0.9	直	轻	轻	未发	A
湖南怀化市农科所	614.70	9.01	2	4/18	8/3	9/3	138	15.9	138.3	26.0	181.8	154.1	84.8	25.6	0.0	直	未发	轻	未发	B
湖南岳阳市农业科学院	691.73	8.09	2	5/3	8/7	9/10	130	15.6	131.0	24.4	225.5	188.5	83.6	26.8	0.0	直	未发	无	未发	A
江苏里下河地区农科所	611.53	4.32	6	5/14	8/22	10/4	143	16.3	115.6	23.9	149.0	137.0	91.9	26.3	0.0	直	未发	轻	—	B
江苏沿海地区农科所	622.19	1.91	8	5/7	8/25	9/26	142	16.8	105.7	23.6	185.0	147.0	79.5	25.0	0.0	直	未发	轻	无	C
江西九江市农业科学院	604.53	8.01	5	5/10	8/16	9/20	133	16.8	130.9	23.2	174.6	132.2	75.7	26.6	0.0	直	未发	无	未发	B
江西省农业科学院水稻所	654.72	3.38	3	5/13	8/16	9/16	126	21.4	127.4	22.9	156.5	129.4	82.7	25.7	0.0	直	未发	未发	未发	A
中国水稻研究所	660.50	3.47	6	5/15	8/18	9/25	133	18.0	131.5	24.2	252.4	183.7	72.8	24.3	0.7	直	未发	轻	—	B

注：综合评级：A—好，B—较好，C—中等，D——般。

表 13-8-12　长江中下游中籼迟熟 B 组（182411NX-B）区试品种在各试点的产量、生育期及主要农艺经济性状表现

品种名称/试验点	亩产（千克）	比 CK± %	产量位次	播种期（月/日）	齐穗期（月/日）	成熟期（月/日）	全生育期(天)	有效穗（万/亩）	株高（厘米）	穗长（厘米）	总粒数/穗	实粒数/穗	结实率（%）	千粒重（克）	杂株率（%）	倒伏性	穗颈瘟	纹枯病	稻曲病	综评等级
荃优 291																				
安徽滁州市农科所	741.30	7.49	2	5/8	8/18	9/28	143	17.7	135.5	27.5	221.6	167.3	75.5	27.0	0.3	直	未发	轻	未发	A
安徽黄山市种子站	574.44	5.95	4	4/27	8/1	9/5	131	13.2	105.0	24.2	201.2	158.8	78.9	28.0	—	直	未发	未发	—	B
安徽省农业科学院水稻所	713.48	11.91	3	5/3	8/17	9/22	142	15.8	123.0	27.2	210.9	183.8	87.2	24.8	0.5	直	未发	轻	无	A
安徽袁粮水稻产业有限公司	665.17	6.76	6	5/7	8/3	9/17	133	13.8	122.2	27.1	203.6	178.0	87.4	29.8	3.3	直	未发	未发	未发	B
福建南平市建阳区良种场	518.74	0.84	7	5/16	8/12	9/27	134	13.6	114.1	27.5	177.8	141.8	79.8	29.4	6.4	直	未发	重	—	C
河南信阳市农业科学院	606.14	7.97	6	4/25	8/4	9/8	136	16.1	123.3	22.7	121.4	85.4	70.3	30.1	—	直	未发	轻	—	B
湖北京山县农科所	642.35	6.61	6	4/26	7/28	9/1	128	18.6	119.2	24.2	132.8	121.3	91.3	30.5	—	—	未发	轻	—	B
湖北宜昌市农业科学院	680.66	7.56	4	4/23	8/3	9/8	138	16.7	122.7	28.1	146.2	126.6	86.6	31.6	2.1	直	无	轻	未发	B
湖南怀化市农科所	563.05	-0.15	8	4/18	7/30	8/30	134	15.5	126.2	26.4	160.2	120.9	75.5	30.7	0.0	直	未发	轻	未发	C
湖南岳阳市农业科学院	681.71	6.53	7	5/3	8/6	9/9	129	14.8	129.0	25.8	233.1	194.8	83.6	30.2	0.0	直	未发	无	未发	A
江苏里下河地区农科所	638.68	8.95	3	5/14	8/17	9/27	136	14.4	117.2	25.8	163.0	155.0	95.1	29.3	2.1	直	未发	轻	—	A
江苏沿海地区农科所	647.68	6.08	5	5/7	8/18	9/18	134	16.0	109.3	25.7	189.0	154.0	81.5	26.2	0.0	直	未发	轻	无	B
江西九江市农业科学院	599.04	7.02	8	5/10	8/14	9/20	133	13.8	128.0	27.7	207.8	161.2	77.6	29.4	4.8	直	未发	轻	未发	B
江西省农业科学院水稻所	651.18	2.82	5	5/13	8/13	9/11	121	17.2	123.1	25.8	186.0	150.1	80.7	28.3	0.0	直	未发	未发	轻	B
中国水稻研究所	646.83	1.33	7	5/15	8/12	9/22	130	13.9	127.1	26.6	251.1	214.6	85.5	27.6	1.0	直	未发	轻	—	B

注：综合评级：A—好，B—较好，C—中等，D——般。

表 13-9-1　长江中下游中籼迟熟 B 组（182411NX-B）生产试验品种在各试验点的产量、生育期、特征特性、田间抗性表现

品种名称/试验点	亩产（千克）	比 CK ±%	播种期（月/日）	齐穗期（月/日）	成熟期（月/日）	全生育期(天)	耐寒性	整齐度	杂株率（%）	株型	叶色	叶姿	长势	熟期转色	倒伏性	落粒性	叶瘟	穗颈瘟	白叶枯病	纹枯病	稻曲病
两优 1931																					
福建南平市建阳区种子站	555.09	3.74	5/23	8/12	9/23	123	未发	整齐	0.0	适中	浓绿	挺直	繁茂	好	直	易	未发	无	未发	轻	—
江西抚州市农科所	586.01	-2.11	5/16	8/12	9/16	123	强	不齐	1.0	适中	绿	一般	繁茂	好	直	—	未发	未发	未发	轻	未发
湖南鑫盛华丰种业科技有限公司	599.40	5.89	4/26	7/27	8/30	126	未发	整齐	0.0	适中	绿	挺直	一般	好	直	易	未发	轻	未发	无	未发
安徽合肥丰乐种业股份公司	693.66	5.65	5/7	8/6	9/9	125	未发	一般	0.1	适中	绿	挺直	繁茂	好	直	难	未发	未发	未发	未发	未发
江苏里下河地区农科所	614.99	8.54	5/14	8/14	9/24	133	强	一般	2.1	适中	绿	一般	繁茂	好	直	易	未发	未发	未发	轻	—
浙江临安市种子种苗管理站	592.21	10.16	5/30	8/22	10/4	127	未发	一般	0.3	适中	浓绿	一般	繁茂	中	直	中	未发	无	未发	轻	—
翔两优 316																					
福建南平市建阳区种子站	570.29	6.58	5/23	8/20	10/1	131	未发	不齐	2.6	适中	绿色	挺直	繁茂	好	直	易	未发	无	未发	轻	—
江西抚州市农科所	615.81	2.87	5/16	8/17	9/21	128	中	整齐	2.8	适中	绿	挺直	繁茂	好	直	—	未发	未发	未发	轻	未发
湖南鑫盛华丰种业科技有限公司	607.68	7.35	4/26	8/4	9/5	132	未发	不齐	1.8	适中	绿	一般	繁茂	好	直	中	未发	无	未发	无	未发
安徽合肥丰乐种业股份公司	696.45	6.08	5/7	8/15	9/17	133	未发	一般	2.2	适中	绿	挺直	繁茂	好	直	难	未发	未发	未发	未发	未发
江苏里下河地区农科所	612.39	8.08	5/14	8/26	10/2	141	中	不齐	10.8	适中	绿	挺直	繁茂	中	直	易	未发	未发	未发	轻	—
浙江临安市种子种苗管理站	581.85	8.63	5/30	8/31	10/8	131	未发	一般	1.9	适中	绿	挺直	繁茂	好	直	中	未发	无	未发	轻	—

表 13-9-2 长江中下游中籼迟熟 B 组（182411NX-B）生产试验品种在各试验点的产量、生育期、特征特性、田间抗性表现

品种名称/试验点	亩产（千克）	比 CK ±%	播种期（月/日）	齐穗期（月/日）	成熟期（月/日）	全生育期(天)	耐寒性	整齐度	杂株率（%）	株型	叶色	叶姿	长势	熟期转色	倒伏性	落粒性	叶瘟	穗颈瘟	白叶枯病	纹枯病	稻曲病
两优 9028																					
福建南平市建阳区种子站	568.09	5.42	5/23	8/24	10/4	134	未发	整齐	0.0	紧凑	浓绿	挺直	繁茂	好	直	易	未发	无	未发	轻	—
江西抚州市农科所	604.81	1.04	5/16	8/16	9/20	127	中	整齐	0.0	适中	绿	挺直	繁茂	好	直	—	未发	未发	未发	轻	未发
湖南鑫盛华丰种业科技有限公司	603.24	6.57	4/26	8/3	9/3	130	未发	一般	0.0	紧束	浓绿	挺直	一般	中	直	中	未发	未发	未发	无	未发
安徽合肥丰乐种业股份公司	680.74	3.69	5/7	8/11	9/13	129	未发	整齐	0.0	适中	绿	挺直	繁茂	好	直	难	未发	未发	未发	未发	未发
江苏里下河地区农科所	601.39	6.14	5/14	8/18	9/26	135	中	整齐	0.4	适中	绿	挺直	繁茂	好	直	易	未发	未发	未发	轻	—
浙江临安市种子种苗管理站	595.67	11.21	5/30	8/29	10/3	126	未发	整齐	0.0	紧束	浓绿	挺直	繁茂	好	直	中	未发	无	未发	轻	—
丰两优四号（CK）																					
福建南平市建阳区种子站	540.09	0.00	5/23	8/14—17	9/26—28	127.2	未发	不齐	1.8	松散	淡绿	挺直	繁茂	好	直	易	未发	轻	未发	轻	—
江西抚州市农科所	602.11	0.00	5/16	8/12	9/15	122	强	不齐	0.0	适中	淡绿	一般	繁茂	中	直	—	未发	未发	未发	未发	未发
湖南鑫盛华丰种业科技有限公司	566.06	0.00	4/26	8/2	9/2	129	未发	不齐	0.4	松散	绿	披垂	繁茂	好	斜	中	未发	无	未发	轻	未发
安徽合肥丰乐种业股份公司	656.53	0.00	5/7	8/10	9/12	128	未发	整齐	0.3	适中	绿	挺直	繁茂	好	直	难	未发	未发	未发	未发	未发
江苏里下河地区农科所	562.89	0.00	5/14	8/18	9/26	135	强	整齐	2.1	适中	绿	披垂	繁茂	好	倒	易	未发	未发	未发	轻	—
浙江临安市种子种苗管理站	536.60	0.00	5/30	8/27	10/2	125	未发	一般	0.0	适中	绿	披垂	繁茂	中	直	中	未发	轻	未发	轻	—

第十四章　2018 年长江中下游中籼迟熟 C 组国家水稻品种试验汇总报告

一、试验概况

（一）试验目的

鉴定评价我国长江中下游稻区新选育和引进的中籼迟熟新品种（组合，下同）的丰产性、稳产性、适应性、抗性、米质及其他重要性状表现，为国家水稻品种审定提供科学依据。

（二）参试品种

区试品种 11 个，FD 两优 916、隆两优 8612、中两优华占、创两优 259、宇两优 332、荆两优 2816、荃优软占为续试品种，其余为新参试品种，以丰两优四号（CK）为对照；生产试验品种 4 个，也以丰两优四号（CK）为对照。品种名称、类型、亲本组合、选育/供种单位见表 14-1。

（三）承试单位

区试点 15 个，生产试验点 A、B 组各 7 个，分布在安徽、福建、河南、湖北、湖南、江苏、江西和浙江 8 个省。承试单位、试验地点、经纬度、海拔高度、试验负责人及执行人见表 14-2。

（四）试验设计、栽培管理与观察记载

各试验点均按《2018 年国稻科企水稻联合体试验实施方案》及 NY/T 1300—2007《农作物品种区域试验技术规范　水稻》进行试验。

区试采用完全随机区组排列，3 次重复，小区面积 0.02 亩。生产试验采用大区随机排列，不设重复，大区面积 0.5 亩。

分区试、生产试验，同组试验所有品种同期播种、移栽，施肥水平中等偏上，其他栽培管理措施与当地大田生产相同。

观察记载项目与标准按 NY/T 1300—2007《农作物品种区域试验技术规范　水稻》以及《国家水稻品种试验观察记载项目、方法及标准》《南方稻区国家水稻品种区试及生产试验记载表》等的要求执行。

（五）特性鉴定

1. 抗性鉴定

浙江省农业科学院植微所、湖南省农业科学院植保所、湖北宜昌市农科所、安徽省农业科学院植保所、福建上杭县茶地乡农技站和江西井冈山企业集团农技服务中心负责稻瘟病抗性鉴定。湖南省农业科学院水稻所负责白叶枯病抗性鉴定。鉴定采用人工接菌与病区自然诱发相结合。中国水稻研究所稻作发展中心负责稻飞虱抗性鉴定。华中农业大学负责生产试验品种抽穗期耐热性鉴定。鉴定用种子均由主持单位中国水稻研究所统一提供。

2. 米质分析

安徽省农业科学院水稻所、河南信阳市农科所和中国水稻研究所试验点提供样品，农业农村部稻米及制品质量监督检验测试中心负责检测分析。

3. DNA 指纹特异性与一致性

中国水稻研究所国家水稻改良中心进行参试品种的特异性、同名品种年度间及不同样品间的一致

性鉴定。

（六）试验评价

依据 NY/T 1300—2007《农作物品种区域试验技术规范　水稻》、试验实地检查考察情况以及试验点对试验实施情况和品种表现情况所做的说明，对各试验（鉴定）点试验（鉴定）结果的可靠性、完整性、准确性等进行分析评估，确保汇总质量。

2018 年湖北武汉佳禾生物科技有限责任公司生产试验点苗瘟普遍重发，影响品种正常表现，试验结果未纳入汇总；其余区试点、生产试验点以及特性鉴定点的试验（鉴定）结果正常，纳入汇总。

（七）品种评价

依据国家农作物品种审定委员会 2017 年发布的《主要农作物品种审定标准（国家级）》，对参试品种进行分析评价。

产量联合方差分析采用固定模型，品种间产量差异多重比较采用 Duncan's 新复极差法；参试品种的丰产性主要以品种在区试和生产试验中相对于对照品种产量增减产百分率来衡量；参试品种的适应性主要以品种在区试和生产试验中比对照品种增产的试验点百分率来衡量；参试品种的稳产性主要以品种在年度间区试中相对于对照品种产量的差异变化程度来衡量。

参试品种的生育期主要以全生育期比对照品种长短的天数来衡量。

参试品种的抗性以指定的鉴定单位的鉴定结果为主要依据，对稻瘟病抗性的主要评价指标为综合指数和穗瘟损失率最高级，对其他病虫害抗性的主要评价指标为最高级。

参试品种的温度敏感性以结实率低于 70%的区试点数来衡量。

参试品种的米质评价按照农业行业标准 NY/T 593—2013《食用稻品种品质》，分优质 1 级、优质 2 级、优质 3 级，未达到优质级的品种米质均为普通级。

二、结果分析

（一）产量

依据比对照的增减产幅度衡量：在 2018 年区试参试品种中，产量高、比对照增产 5%以上的品种有隆两优 8612、FD 两优 916 和宇两优 332；产量较高、比对照增产 3%～5%的品种有荆两优 2186、嘉优中科 10 号、荃优软占；产量中等、比对照增减产 3%以内的品种有中两优华占、创两优 259、创两优丰占和徽两优泰莉占；产量一般、比对照减产 3%以上的品种有田佳两优 1526。

区试参试品种产量汇总结果见表 14-3，生产试验参试品种产量汇总结果见表 14-4。

（二）生育期

依据全生育期比对照长短的天数衡量：在 2018 年区试参试品种中，熟期较早、比对照早熟的品种有荆两优 2816、中两优华占、创两优 259、创两优丰占、徽两优泰莉占和田佳两优 1526；其他品种的全生育期介于 136.1～138.9 天，比对照迟熟 2～5 天，熟期基本适宜。

区试参试品种生育期汇总结果见表 14-3，生产试验参试品种生育期汇总结果见表 14-4。

（三）主要农艺经济性状

区试参试品种分蘖率、有效穗、成穗率、株高、穗长、每穗总粒数、每穗实粒数、结实率、千粒重等主要农艺经济性状汇总结果见表 14-3。

（四）抗性

对稻瘟病的抗性，根据 1～2 年鉴定结果，稻瘟病穗瘟损失率最高级 3 级的品种有 FD 两优 916、隆两优 8612、嘉优中科 10 号；穗瘟损失率最高级 5 级的品种有宇两优 332、创两优 259 和中两优华占；穗瘟损失率最高级 7 级的品种有荆两优 2816、创两优丰占、田佳两优 1526；穗瘟损失率最高级 9

级的品种有荃优软占和徽两优泰莉占。

生产试验参试品种特性鉴定结果见表 14-4，区试参试品种抗性鉴定结果见表 14-5 和表 14-6。

（五）米质

依据农业行业标准 NY/T 593—2013《食用稻品种品质》，根据 1~2 年的检测结果：优质 2 级的品种有 FD 两优 916 和荃优软占；优质 3 级的品种有创两优 259、宇两优 332、创两优丰占、嘉优中科 10 号；其他参试品种均为普通级，米质中等或一般。

区试参试品种米质指标表现及等级见表 14-7。

（六）品种在各试验点表现

区试参试品种在各试验点的表现情况见表 14-8，生产试验参试品种在各试验点的表现情况见表 14-9。

三、品种简评

（一）生产试验品种

1. 隆两优 8612

2017 年初试平均亩产 661.75 千克，比丰两优四号（CK）增产 9.19%，增产点比例 100.0%；2018 年续试平均亩产 659.52 千克，比丰两优四号（CK）增产 7.94%，增产点比例 93.3%；两年区试平均亩产 660.63 千克，比丰两优四号（CK）增产 8.56%，增产点比例 96.7%；2018 年生产试验平均亩产 637.67 千克，比丰两优四号（CK）增产 10.59%，增产点比例 100.0%。全生育期两年区试平均 137.1 天，比丰两优四号（CK）迟熟 2.4 天。主要农艺性状两年区试综合表现：有效穗 16.7 万穗/亩，株高 130.4 厘米，穗长 26.1 厘米，每穗总粒数 203.3 粒，结实率 82.1%，千粒重 25.7 克。抗性表现：稻瘟病综合指数年度分别为 2.7 级、3.0 级，穗瘟损失率最高 3 级；白叶枯病最高级 7 级；褐飞虱最高级 9 级；抽穗期耐热性 3 级。米质表现：糙米率 81.2%，精米率 72.4%，整精米率 59.8%，粒长 6.7 毫米，长宽比 3.1，垩白粒率 7%，垩白度 0.8%，透明度 2 级，碱消值 4.3 级，胶稠度 79 毫米，直链淀粉含量 13.6%，综合评级为普通。

2018 年国家水稻品种试验年会审议意见：已完成试验程序，可以申报国家审定。

2. 宇两优 332

2017 年初试平均亩产 643.05 千克，比丰两优四号（CK）增产 6.10%，增产点比例 92.9%；2018 年续试平均亩产 647.26 千克，比丰两优四号（CK）增产 5.94%，增产点比例 100.0%；两年区试平均亩产 645.16 千克，比丰两优四号（CK）增产 6.02%，增产点比例 96.4%；2018 年生产试验平均亩产 602.22 千克，比丰两优四号（CK）增产 4.50%，增产点比例 66.7%。全生育期两年区试平均 140.2 天，比丰两优四号（CK）迟熟 5.5 天。主要农艺性状两年区试综合表现：有效穗 17.2 万穗/亩，株高 123.5 厘米，穗长 25.3 厘米，每穗总粒数 194.5 粒，结实率 82.0%，千粒重 24.7 克。抗性表现：稻瘟病综合指数年度分别为 2.9 级、3.2 级，穗瘟损失率最高 5 级；白叶枯病最高级 5 级；褐飞虱最高级 9 级；抽穗期耐热性 5 级。米质表现：糙米率 80.2%，精米率 71.4%，整精米率 60.7%，粒长 6.8 毫米，长宽比 3.3，垩白粒率 3%，垩白度 0.4%，透明度 2 级，碱消值 5.1 级，胶稠度 76 毫米，直链淀粉含量 13.0%，综合评级为优质 3 级。

2018 年国家水稻品种试验年会审议意见：已完成试验程序，可以申报国家审定。

3. FD 两优 916

2017 年初试平均亩产 648.29 千克，比丰两优四号（CK）增产 6.97%，增产点比例 92.9%；2018 年续试平均亩产 657.47 千克，比丰两优四号（CK）增产 7.61%，增产点比例 100.0%；两年区试平均亩产 652.88 千克，比丰两优四号（CK）增产 7.29%，增产点比例 96.4%；2018 年生产试验平均亩产 623.02 千克，比丰两优四号（CK）增产 7.85%，增产点比例 100.0%。全生育期两年区试平均 137.2 天，比丰两优四号（CK）迟熟 2.5 天。主要农艺性状两年区试综合表现：有效穗 17.6 万穗/亩，株高124.0厘米，穗长25.3厘米，每穗总粒数199.2粒，结实率82.9%，千粒重23.3克。抗性表现：稻瘟病综合指数年度分别为3.2级、3.1级，穗瘟损失率最高3级；白叶枯病最高级7级；褐飞虱最高级9级；抽穗期耐热性3级。米质表现：糙米率80.8%，精米率72.2%，整精米率65.1%，粒长6.3毫米，长宽比3.1，垩白粒率9%，垩白度1.4%，透明度1级，碱消值6.8级，胶稠度67毫米，直链淀粉含量15.0%，综合评级为优质2级。

2018年国家水稻品种试验年会审议意见：已完成试验程序，可以申报国家审定。

4. 荃优软占

2017年初试平均亩产630.05千克，比丰两优四号（CK）增产3.96%，增产点比例71.4%；2018年续试平均亩产630.41千克，比丰两优四号（CK）增产3.18%，增产点比例73.3%；两年区试平均亩产630.23千克，比丰两优四号（CK）增产3.57%，增产点比例72.4%；2018年生产试验平均亩产580.46千克，比丰两优四号（CK）增产0.52%，增产点比例66.7%。全生育期两年区试平均138.3天，比丰两优四号（CK）迟熟3.6天。主要农艺性状两年区试综合表现：有效穗15.8万穗/亩，株高133.8厘米，穗长25.1厘米，每穗总粒数204.1粒，结实率78.8%，千粒重26.3克。抗性表现：稻瘟病综合指数年度分别为6.1级、5.3级，穗瘟损失率最高9级；白叶枯病最高级7级；褐飞虱最高级9级；抽穗期耐热性5级。米质表现：糙米率81.9%，精米率71.8%，整精米率60.8%，粒长6.7毫米，长宽比3.1，垩白粒率10%，垩白度1.5%，透明度1级，碱消值6.3级，胶稠度72毫米，直链淀粉含量16.3%，综合评级为优质2级。

2018年国家水稻品种试验年会审议意见：已完成试验程序，可以申报国家审定。

（二）续试品种

1. 荆两优2816

2017年初试平均亩产632.61千克，比丰两优四号（CK）增产4.38%，增产点比例85.7%；2018年续试平均亩产640.34千克，比丰两优四号（CK）增产4.80%，增产点比例86.7%；两年区试平均亩产636.48千克，比丰两优四号（CK）增产4.59%，增产点比例86.2%。全生育期两年区试平均133.1天，比丰两优四号（CK）早熟1.6天。主要农艺性状两年区试综合表现：有效穗16.2万穗/亩，株高126.6厘米，穗长24.1厘米，每穗总粒数193.8粒，结实率80.8%，千粒重26.3克。抗性表现：稻瘟病综合指数年度分别为4.8级、4.7级，穗瘟损失率最高7级；白叶枯病最高级9级；褐飞虱最高级9级。米质表现：糙米率81.2%，精米率71.7%，整精米率51.1%，粒长6.7毫米，长宽比3.0，垩白粒率12%，垩白度2.5%，透明度2级，碱消值6.2级，胶稠度71毫米，直链淀粉含量13.8%，综合评级为普通。

2018年国家水稻品种试验年会审议意见：2019年进行生产试验。

2. 中两优华占

2017年初试平均亩产632.63千克，比丰两优四号（CK）增产4.38%，增产点比例85.7%；2018年续试平均亩产627.39千克，比丰两优四号（CK）增产2.68%，增产点比例73.3%；两年区试平均亩产630.01千克，比丰两优四号（CK）增产3.53%，增产点比例79.5%。全生育期两年区试平均133.4天，比丰两优四号（CK）早熟1.3天。主要农艺性状两年区试综合表现：有效穗17.2万穗/亩，株高122.0厘米，穗长25.9厘米，每穗总粒数198.2粒，结实率82.8%，千粒重23.6克。抗性表现：稻瘟病综合指数年度分别为3.5级、3.6级，穗瘟损失率最高5级；白叶枯病最高级7级；褐飞虱最高级9级。米质表现：糙米率81.3%，精米率72.7%，整精米率62.2%，粒长6.7毫米，长宽比3.3，垩白粒率4%，垩白度0.6%，透明度2级，碱消值3.9级，胶稠度78毫米，直链淀粉含量13.3%，综合评级为普通。

2018年国家水稻品种试验年会审议意见：终止试验。

3. 创两优259

2017年初试平均亩产632.36千克，比丰两优四号（CK）增产4.34%，增产点比例71.4%；2018年续试平均亩产611.10千克，比丰两优四号（CK）增产0.02%，增产点比例53.3%；两年区试平均亩产621.73千克，比丰两优四号（CK）增产2.17%，增产点比例62.4%。全生育期两年区试平均 133. 7 天，比丰两优四号（CK）早熟 1. 0 天。主要农艺性状两年区试综合表现：有效穗 18. 3 万穗/亩，株高 115. 4 厘米，穗长 24. 1 厘米，每穗总粒数 208. 2 粒，结实率 82. 1%，千粒重 21. 7 克。抗性表现：稻瘟病综合指数年度分别为 3. 6 级、4. 0 级，穗瘟损失率最高 5 级；白叶枯病最高级 7 级；褐飞虱最高级 9 级。米质表现：糙米率 81. 3%，精米率 72. 1%，整精米率 60. 02%，粒长 6. 5 毫米，长宽比 3. 3，垩白粒率 5%，垩白度 0. 9%，透明度 2 级，碱消值 5. 3 级，胶稠度 75 毫米，直链淀粉含量 14. 2%，综合评级为优质 3 级。

2018 年国家水稻品种试验年会审议意见：终止试验。

（三）初试品种

1. 嘉优中科 10 号

2018 年初试平均亩产 633. 30 千克，比丰两优四号（CK）增产 3. 65%，增产点比例 86. 7%。全生育期 136. 1 天，比丰两优四号（CK）迟熟 2. 3 天。主要农艺性状表现：有效穗 14. 3 万穗/亩，株高 126. 7 厘米，穗长 25. 8 厘米，每穗总粒数 243. 8 粒，结实率 76. 4%，结实率小于 70%的点 3 个，千粒重 27. 0 克。抗性表现：稻瘟病综合指数 3. 5 级，穗瘟损失率最高级 3 级；白叶枯病 5 级；褐飞虱 9 级。米质表现：糙米率 82. 2%，精米率 74. 2%，整精米率 55. 3%，粒长 6. 5 毫米，长宽比 2. 8，垩白粒率 11. 3%，垩白度 1. 6%，透明度 2 级，碱消值 5. 9 级，胶稠度 74 毫米，直链淀粉含量 14. 7%，综合评级为优质 3 级。

2018 年国家水稻品种试验年会审议意见：终止试验。

2. 创两优丰占

2018 年初试平均亩产 610. 01 千克，比丰两优四号（CK）减产 0. 16%，增产点比例 53. 3%。全生育期 133. 7 天，比丰两优四号（CK）早熟 0. 1 天。主要农艺性状表现：有效穗 18. 0 万穗/亩，株高 115. 9 厘米，穗长 23. 7 厘米，每穗总粒数 206. 9 粒，结实率 81. 1%，结实率小于 70%的点 2 个，千粒重 21. 9 克。抗性表现：稻瘟病综合指数 5. 3 级，穗瘟损失率最高级 7 级；白叶枯病 7 级；褐飞虱 9 级。米质表现：糙米率 81. 3%，精米率 72. 4%，整精米率 62. 5%，粒长 6. 5 毫米，长宽比 3. 2，垩白粒率 9. 3%，垩白度 1. 2%，透明度 2 级，碱消值 5. 6 级，胶稠度 76 毫米，直链淀粉含量 15. 0%，综合评级为优质 3 级。

2018 年国家水稻品种试验年会审议意见：终止试验。

3. 徽两优泰莉占

2018 年初试平均亩产 603. 12 千克，比丰两优四号（CK）减产 1. 29%，增产点比例 40. 0%。全生育期 132. 0 天，比丰两优四号（CK）早熟 1. 8 天。主要农艺性状表现：有效穗 16. 2 万穗/亩，株高 119. 9 厘米，穗长 24. 7 厘米，每穗总粒数 209. 4 粒，结实率 82. 1%，结实率小于 70%的点 1 个，千粒重 23. 4 克。抗性表现：稻瘟病综合指数 6. 9 级，穗瘟损失率最高级 9 级；白叶枯病 7 级；褐飞虱 9 级。米质表现：糙米率 82. 1%，精米率 73. 1%，整精米率 50. 6%，粒长 6. 5 毫米，长宽比 3. 3，垩白粒率 7. 7%，垩白度 0. 8%，透明度 3 级，碱消值 4. 0 级，胶稠度 76 毫米，直链淀粉含量 12. 4%，综合评级为普通。

2018 年国家水稻品种试验年会审议意见：终止试验。

4. 田佳两优 1526

2018 年初试平均亩产 576. 86 千克，比丰两优四号（CK）减产 5. 59%，增产点比例 20. 0%。全生育期 130. 9 天，比丰两优四号（CK）早熟 2. 9 天。主要农艺性状表现：有效穗 16. 1 万穗/亩，株高 125. 1 厘米，穗长 25. 6 厘米，每穗总粒数 192. 3 粒，结实率 79. 8%，结实率小于 70%的点 0 个，千粒重 25. 5 克。抗性表现：稻瘟病综合指数 6. 0 级，穗瘟损失率最高级 7 级；白叶枯病 9 级；褐飞虱 9 级。米质表现：糙米率 81. 6%，精米率 72. 1%，整精米率 41. 6%，粒长 6. 8 毫米，长宽比 3. 3，垩白粒率 26. 5%，垩白度 3. 3%，透明度 2 级，碱消值 5. 2 级，胶稠度 76 毫米，直链淀粉含量 22. 2%，综合评级为普通。

2018 年国家水稻品种试验年会审议意见：终止试验。

表 14-1　长江中下游中籼迟熟 C 组（182411NX-C）区试及生产试验参试品种基本情况

品种名称	试验编号	抗鉴编号	品种类型	亲本组合	申请者（非个人）	选育/供种单位
区试						
FD 两优 916	1	4	杂交稻	FD36S/R916	安徽丰大种业股份有限公司	安徽丰大种业股份有限公司
*田佳两优 1526	2	5	杂交稻	田佳 1S×R1526	武汉佳禾生物科技有限责任公司	武汉佳禾生物科技有限责任公司
隆两优 8612	3	6	杂交稻	隆科 638S/华恢 8612	安徽隆平高科种业有限公司	安徽隆平高科种业有限公司
*创两优丰占	4	1	杂交稻	创 5S/丰占	袁氏种业高科技有限公司	袁氏种业高科技有限公司
中两优华占	5	8	杂交稻	中丰 S2/华占	湖南洞庭高科种业股份有限公司	湖南农业大学、湖南洞庭高科种业股份有限公司
*嘉优中科 10 号	6	3	杂交稻	嘉 81A/中科恢 10 号	中国科学院遗传与发育生物学研究所、浙江省嘉兴市农业科学研究院（所）	中国科学院遗传与发育生物学研究所，浙江省嘉兴市农业科学研究院（所）
创两优 259	7	2	杂交稻	创 5S/ZR259	湖北华占种业科技有限公司	湖北华占种业科技有限公司
*徽两优泰莉占	8	10	杂交稻	1892S/泰莉占	广东鲜美种苗股份有限公司	广东鲜美种苗股份有限公司，江西华维农业有限公司
宇两优 332	9	11	杂交稻	宇 340S×R332	湖南兴隆种业有限公司	湖南兴隆种业有限公司
丰两优四号（CK）	10	7	杂交稻	丰 39S×盐稻 4 号选		合肥丰乐种业股份公司
荆两优 2816	11	12	杂交稻	荆 11-2S/R2816	湖北荆楚种业科技有限公司、荆州市瑞丰农业高科技研究所	湖北荆楚种业科技有限公司、荆州市瑞丰农业高科技研究所
荃优软占	12	9	杂交稻	荃 9311A/金恢软占	江西科为农作物研究所、广州市金粤生物科技有限公司	江西科为农作物研究所、广州市金粤生物科技有限公司
生产试验						
隆两优 8612	A3		杂交稻	隆科 638S/华恢 8612	安徽隆平高科种业有限公司	安徽隆平高科种业有限公司
宇两优 332	A9		杂交稻	宇 340S×R332	湖南兴隆种业有限公司	湖南兴隆种业有限公司
FD 两优 916	A14		杂交稻	FD36S/R916	安徽丰大种业股份有限公司	安徽丰大种业股份有限公司
荃优软占	A15		杂交稻	荃 9311A/金恢软占	江西科为农作物研究所、广州市金粤生物科技有限公司	江西科为农作物研究所、广州市金粤生物科技有限公司
丰两优四号（CK）	A5		杂交稻	丰 39S×盐稻 4 号选		合肥丰乐种业股份公司

注：*为 2018 年新参试品种。

表 14-2　长江中下游中籼迟熟 C 组（182411NX-C）区试及生产试验点基本情况

承试单位	试验地点	经度	纬度	海拔高度（米）	试验负责人及执行人
区试					
安徽滁州市农科所	滁州市国家农作物区域试验站	118°26′	32°09′	17.8	黄明永、卢继武、刘淼才
安徽黄山市种子站	黄山市农科所双桥基地	118°14′	29°40′	134.0	汪淇、王淑芬、汤雷、汪东兵、王新
安徽省农业科学院水稻所	合肥市	117°25′	31°59′	20.0	罗志祥、施伏芝
安徽袁粮水稻产业有限公司	芜湖市镜湖区利民村试验基地	118°27′	31°14′	7.2	乔保建、陶元平
福建南平市建阳区良种场	建阳市马伏良种场三亩片	118°22′	27°03′	150.0	张金明
河南信阳市农业科学院	信阳市本院试验田	114°05′	32°07′	75.9	王青林、霍二伟
湖北京山县农科所	京山县永兴镇苏佘畈村五组	113°07′	31°01′	75.6	彭金好、张红文、张瑜
湖北宜昌市农业科学院	枝江市问安镇四岗试验基地	111°05′	30°34′	60.0	贺丽、黄蓉
湖南怀化市农科所	怀化市洪江市双溪镇大马村	109°51′	27°15′	180.0	江生
湖南岳阳市农科所	岳阳县麻塘试验基地	113°05′	29°24′	32.0	黄四民、袁熙军
江苏里下河地区农科所	扬州市	119°25′	32°25′	8.0	李爱宏、余玲、刘广青
江苏沿海地区农科所	盐城市	120°08′	33°23′	2.7	孙明法、施伟
江西九江市农科所	九江县马回岭镇	115°48′	29°26′	45.0	潘世文、刘中来、李三元、李坤、宋惠洁
江西省农业科学院水稻所	高安市鄱阳湖生态区现代农业科技示范基地	115°22′	28°25′	60.0	邱在辉、何虎
中国水稻研究所	杭州市富阳区	120°19′	30°12′	7.2	杨仕华、夏俊辉、施彩娟
生产试验					
A 组：福建南平市建阳区良种场	建阳市马伏良种场三亩片	118°22′	27°03′	150.0	张金明
A 组：江西抚州市农科所	抚州市临川区鹏溪	116°16′	28°01′	47.3	饶建辉、车慧燕
A 组：湖南鑫盛华丰种业科技有限公司	岳阳县篔口镇中心村	113°12′	29°06′	32.0	邓猛、邓松
A 组：湖北武汉佳禾生物科技有限公司	武汉	112°30′	29°30′	33.0	周元坤、瞿景祥
A 组：安徽合肥丰乐种业股份公司	肥西县严店乡苏小村	117°17′	31°52′	14.7	王中花、徐礼森
A 组：江苏里下河地区农科所	扬州市	119°25′	32°25′	8.0	李爱宏、余玲、刘广青
A 组：浙江临安市种子种苗站	临安市国家农作物品种区试站	119°23′	30°09′	83.0	袁德明、章良儿

表 14-3　长江中下游中籼迟熟 C 组（182411NX-C）区试品种产量、生育期及主要农艺经济性状汇总分析结果

品种名称	区试年份	亩产（千克）	比 CK± %	比 CK 增产点（%）	产量差异显著性		结实率 <70%点	全生育期（天）	比 CK± 天	有效穗（万/亩）	株高（厘米）	穗长（厘米）	每穗总粒数	每穗实粒数	结实率（%）	千粒重（克）
					0.05	0.01										
隆两优 8612	2017—2018	660.63	8.56	96.7				137.1	2.4	16.7	130.4	26.1	203.3	166.8	82.1	25.7
FD 两优 916	2017—2018	652.88	7.29	96.4				137.2	2.5	17.6	124.0	25.3	199.2	165.1	82.9	23.3
宇两优 332	2017—2018	645.16	6.02	96.4				140.2	5.5	17.2	123.5	25.3	194.5	159.5	82.0	24.7
荃优软占	2017—2018	630.23	3.57	72.4				138.3	3.6	15.8	133.8	25.1	204.1	160.7	78.8	26.3
荆两优 2816	2017—2018	636.48	4.59	86.2				133.1	−1.6	16.2	126.6	24.1	193.8	156.6	80.8	26.3
中两优华占	2017—2018	630.01	3.53	79.5				133.4	−1.3	17.2	122.0	25.9	198.2	164.1	82.8	23.6
创两优 259	2017—2018	621.73	2.17	62.4				133.7	−1.0	18.3	115.4	24.1	208.2	171.0	82.1	21.7
丰两优四号（CK）	2017—2018	608.53	0.00	0.0				134.7	0.0	15.3	132.1	25.2	186.0	154.4	83.0	27.8
隆两优 8612	2018	659.52	7.94	93.3	a	A	0	136.1	2.3	17.4	129.5	26.1	199.4	160.5	80.5	25.8
FD 两优 916	2018	657.47	7.61	100.0	a	A	0	136.4	2.6	17.6	125.0	24.6	191.5	160.1	83.6	24.2
宇两优 332	2018	647.26	5.94	100.0	b	B	0	138.9	5.1	17.4	123.6	25.3	192.6	159.3	82.7	24.4
荆两优 2816	2018	640.34	4.80	86.7	c	BC	2	129.3	−4.5	16.2	124.7	24.3	182.5	151.5	83.0	27.2
嘉优中科 10 号	2018	633.30	3.65	86.7	d	CD	3	136.1	2.3	14.3	126.7	25.8	243.8	186.3	76.4	27.0
荃优软占	2018	630.41	3.18	73.3	d	D	2	136.9	3.1	15.9	132.9	25.1	192.8	150.1	77.9	26.8
中两优华占	2018	627.39	2.68	73.3	d	D	1	132.3	−1.5	17.4	119.3	25.6	195.4	161.3	82.6	23.6
创两优 259	2018	611.10	0.02	53.3	e	E	1	132.9	−0.9	18.0	113.9	24.1	209.2	171.6	82.0	21.9
丰两优四号（CK）	2018	611.00	0.00	0.0	e	E	1	133.8	0.0	15.6	131.1	25.0	182.6	151.7	83.1	27.8
创两优丰占	2018	610.01	−0.16	53.3	e	E	2	133.7	−0.1	18.0	115.9	23.7	206.9	167.9	81.1	21.9
徽两优泰莉占	2018	603.12	−1.29	40.0	f	E	1	132.0	−1.8	16.2	119.9	24.7	209.4	171.9	82.1	23.4
田佳两优 1526	2018	576.86	−5.59	20.0	g	F	0	130.9	−2.9	16.1	125.1	25.6	192.3	153.5	79.8	25.5

表 14-4　长江中下游中籼迟熟 C 组（1872411NX-C）生产试验品种产量、生育期、综合评级及抽穗期耐热性鉴定结果

品种名称	隆两优 8612	宇两优 332	FD 两优 916	荃优软占	丰两优四号（CK）
生产试验汇总表现					
全生育期（天）	130.2	133.3	130.0	130.2	127.7
比 CK±天	2.5	5.6	2.3	2.5	0.0
亩产（千克）	637.67	602.22	623.02	580.46	577.38
产量比 CK±%	10.59	4.50	7.85	0.52	0.00
增产点比例（%）	100.0	66.7	100.0	66.7	0.0
各生产试验点综合评价等级					
福建南平市建阳区种子站	B	B	B	C	D
江西抚州市农科所	A	A	B	B	B
湖南鑫盛华丰种业科技有限公司	B	B	B	B	B
安徽合肥丰乐种业股份公司	A	B	A	B	A
江苏里下河地区农科所	B	A	B	A	B
浙江临安市种子种苗管理站	A	A	A	C	D
抽穗期耐热性（级）	3	5	3	5	3

注：1. 区试 B、C、F、G 组生产试验合并进行，因品种较多，多数生产试验点加设 CK 后安排在多块田中进行，表中产量比 CK±%系与同田块 CK 比较的结果。

2. 综合评价等级：A—好，B—较好，C—中等，D——一般。

3. 抽穗期耐热性为华中农业大学鉴定结果。

表 14-5　长江中下游中籼迟熟 C 组（182411NX-C）品种稻瘟病抗性各地鉴定结果（2018 年）

品种名称	浙江					湖南					湖北					安徽					福建					江西				
	叶瘟	穗瘟发病		穗瘟损失		叶瘟	穗瘟发病		穗瘟损失		叶瘟	穗瘟发病		穗瘟损失		叶瘟	穗瘟发病		穗瘟损失		叶瘟	穗瘟发病		穗瘟损失		叶瘟	穗瘟发病		穗瘟损失	
	级	%	级	%	级	级	%	级	%	级	级	%	级	%	级	级	%	级	%	级	级	%	级	%	级	级	%	级	%	级
创两优丰占	2	57	9	6	3	4	52	9	11	3	7	37	7	16	5	3	42	7	19	5	5	72	9	40	7	4	53	9	6	3
创两优 259	3	46	7	19	5	3	49	7	11	3	3	17	5	4	1	2	25	5	10	3	3	16	5	8	3	4	100	9	18	5
嘉优中科 10 号	4	21	5	7	3	3	57	9	14	3	2	8	3	1	1	2	25	5	11	3	3	13	5	5	1	5	75	9	8	3
FD 两优 916	4	32	7	12	3	3	28	3	4	1	4	15	5	3	1	1	23	5	7	3	4	6	3	1	1	4	48	7	6	3
田佳两优 1526	6	71	9	27	5	3	62	9	21	5	6	57	9	24	5	3	63	9	32	7	5	61	9	36	7	3	69	9	7	3
隆两优 8612	3	31	7	10	3	3	40	5	6	3	3	4	1	1	1	2	35	7	13	3	3	5	1	1	1	3	55	9	5	1
丰两优四号（CK）	6	77	9	27	5	6	70	9	28	5	7	62	9	25	5	3	67	9	35	7	7	100	9	99	9	5	100	9	34	7
中两优华占	3	35	7	12	3	3	44	7	9	3	3	11	5	3	1	2	44	7	18	5	5	15	5	4	1	4	45	7	5	1
荃优软占	4	33	7	11	3	4	79	9	36	7	4	25	5	4	1	3	62	9	31	7	6	87	9	49	7	3	64	9	7	3
徽两优泰莉占	3	57	9	25	5	5	64	9	23	5	6	69	9	38	7	5	76	9	44	7	7	100	9	96	9	5	100	9	50	7
宇两优 332	2	8	3	1	1	4	36	5	6	3	3	9	3	2	1	2	42	7	17	5	4	8	3	2	1	4	58	9	6	3
荆两优 2816	3	80	9	38	7	4	55	9	15	3	2	15	5	3	1	2	65	9	32	7	3	27	7	14	3	3	57	9	6	3
感稻瘟病（CK）	7	95	9	44	7	8	85	9	56	9	7	100	9	69	9	7	96	9	60	9	7	100	9	91	9	7	100	9	55	9

注：1. 鉴定单位：浙江省农业科学院植微所、湖南省农业科学院植保所、湖北宜昌市农业科学院、安徽省农业科学院植保所、福建上杭县茶地镇农技站、江西井冈山企业集团农技服务中心。

2. 感稻瘟病（CK）：浙江、安徽为 Wh26，湖南、湖北、福建、江西分别为湘晚籼 11 号、丰两优香 1 号、明恢 86+龙黑糯 2 号、恩糯。

表 14-6　长江中下游中籼迟熟 C 组（182411NX-C）品种对主要病虫抗性综合评价结果（2017—2018 年）

品种名称	区试年份	稻瘟病										白叶枯病（级）			褐飞虱（级）		
		2018 年各地综合指数（级）							2018 年穗瘟损失率最高级	1~2 年综合评价		2018 年	1~2 年综合评价		2018 年	1~2 年综合评价	
		浙江	湖南	湖北	安徽	福建	江西	平均		平均综合指数	穗瘟损失率最高级		平均	最高		平均	最高
FD 两优 916	2017—2018	4.3	2.0	2.8	3.0	2.3	4.3	3.1	3	3.1	3	7	6	7	9	9	9
隆两优 8612	2017—2018	4.0	3.5	1.5	3.8	1.5	3.5	3.0	3	2.8	3	7	6	7	9	9	9
荃优软占	2017—2018	4.3	6.8	2.8	6.5	7.3	4.5	5.3	7	5.7	9	5	6	7	9	9	9
宇两优 332	2017—2018	1.8	3.8	2.0	4.8	2.3	4.8	3.2	5	3.0	5	5	5	5	9	9	9
创两优 259	2017—2018	5.0	4.0	2.5	3.3	3.5	5.8	4.0	5	3.8	5	7	7	7	9	9	9
中两优华占	2017—2018	4.0	4.0	2.5	4.8	3.0	3.3	3.6	5	3.5	5	7	6	7	9	9	9
荆两优 2816	2017—2018	6.5	4.8	2.3	6.3	4.0	4.5	4.7	7	4.7	7	9	7	9	9	9	9
丰两优四号（CK）	2017—2018	6.3	6.3	6.5	6.5	8.5	7.0	6.8	9	6.9	9	5	5	5	9	9	9
创两优丰占	2018	4.3	4.8	6.0	5.0	7.0	4.8	5.3	7	5.3	7	7	7	7	9	9	9
嘉优中科 10 号	2018	3.8	4.5	1.8	3.3	2.5	5.0	3.5	3	3.5	3	5	5	5	9	9	9
田佳两优 1526	2018	6.3	5.5	6.3	6.5	7.0	4.5	6.0	7	6.0	7	9	9	9	9	9	9
徽两优泰莉占	2018	5.5	6.0	7.3	7.0	8.5	7.0	6.9	9	6.9	9	7	7	7	9	9	9
丰两优四号（CK）	2018	6.3	6.3	6.5	6.5	8.5	7.0	6.8	9	6.8	9	5	5	5	9	9	9
感病虫（CK）	2018	7.5	8.8	8.5	8.5	8.5	8.5	8.4	9	8.4	9	9	9	9	9	9	9

注：1. 稻瘟病综合指数=叶瘟平均级×25%+穗瘟发病率平均级×25%+穗瘟损失率平均级×50%。
2. 白叶枯病和褐飞虱鉴定单位分别为湖南省农业科学院水稻所和中国水稻研究所稻作发展中心。
3. 感白叶枯病、褐飞虱 CK 分别为金刚 30、TN1。

表 14-7　长江中下游中籼迟熟 C 组（182411NX-C）品种米质检测分析结果

品种名称	年份	糙米率（%）	精米率（%）	整精米率（%）	粒长（毫米）	长宽比	垩白粒率（%）	垩白度（%）	透明度（级）	碱消值（级）	胶稠度（毫米）	直链淀粉（%）	部标（等级）
FD 两优 916	2017—2018	80.8	72.2	65.1	6.3	3.1	9	1.4	1	6.8	67	15.0	优二
隆两优 8612	2017—2018	81.2	72.4	59.8	6.7	3.1	7	0.8	2	4.3	79	13.6	普通
中两优华占	2017—2018	81.3	72.7	62.2	6.7	3.3	4	0.6	2	3.9	78	13.3	普通
创两优 259	2017—2018	81.3	72.1	60.0	6.5	3.3	5	0.9	2	5.3	75	14.2	优三
宇两优 332	2017—2018	80.2	71.4	60.7	6.8	3.3	3	0.4	2	5.1	76	13.0	优三
荆两优 2816	2017—2018	81.2	71.7	51.1	6.7	3.0	12	2.5	2	6.2	71	13.8	普通
荃优软占	2017—2018	81.9	71.8	60.8	6.7	3.1	10	1.5	1	6.3	72	16.3	优二
丰两优四号（CK）	2017—2018	82.1	72.6	55.1	6.9	3.2	19	3.1	1	6.2	74	14.9	优三
田佳两优 1526	2018	81.6	72.1	41.6	6.8	3.3	27	3.3	2	5.2	76	22.2	普通
创两优丰占	2018	81.3	72.4	62.5	6.5	3.2	9	1.2	2	5.6	76	15.0	优三
嘉优中科 10 号	2018	82.2	74.2	55.3	6.5	2.8	11	1.6	2	5.9	74	14.7	优三
徽两优泰莉占	2018	82.1	73.1	50.6	6.5	3.3	8	0.8	3	4.0	76	12.4	普通
丰两优四号（CK）	2018	82.1	72.6	55.1	6.9	3.2	19	3.1	1	6.2	74	14.9	优三

注：1. 供样单位：安徽省农业科学院水稻所（2017—2018 年）、河南信阳市农科所（2017—2018 年）、中国水稻研究所（2017—2018 年）。

2. 检测单位：农业农村部稻米及制品质量监督检验测试中心。

表 14-8-1　长江中下游中籼迟熟 C 组（182411NX-C）区试品种在各试点的产量、生育期及主要农艺经济性状表现

品种名称/试验点	亩产（千克）	比 CK± %	产量位次	播种期（月/日）	齐穗期（月/日）	成熟期（月/日）	全生育期(天)	有效穗（万/亩）	株高（厘米）	穗长（厘米）	总粒数/穗	实粒数/穗	结实率（%）	千粒重（克）	杂株率（%）	倒伏性	穗颈瘟	纹枯病	稻曲病	综评等级
FD 两优 916																				
安徽滁州市农科所	712.48	5.11	3	5/8	8/21	10/3	148	22.5	140.5	25.5	203.9	146.1	71.7	23.8	0.0	直	未发	轻	未发	A
安徽黄山市种子站	601.01	8.74	1	4/27	8/5	9/7	133	14.5	105.6	23.2	180.5	155.9	86.4	26.6	0.3	直	无	未发	未发	A
安徽省农业科学院水稻所	723.14	13.73	1	5/3	8/20	9/25	145	16.5	121.0	24.6	224.8	189.3	84.2	23.8	1.5	直	未发	无	无	A
安徽袁粮水稻产业有限公司	692.40	8.26	2	5/7	8/9	9/19	135	13.2	124.9	26.9	239.1	216.3	90.5	25.8	0.0	直	未发	未发	未发	A
福建南平市建阳区良种场	593.37	3.43	4	5/18	8/22	10/1	136	17.5	118.1	21.7	171.8	142.7	83.1	24.5	0.0	直	无	中	—	B
河南信阳市农业科学院	618.48	8.54	4	4/25	8/8	9/12	140	19.2	132.9	24.1	156.9	140.7	89.7	24.7	0.0	直	未发	中	—	B
湖北京山县农科所	617.19	2.09	6	4/26	8/5	8/31	127	19.3	123.5	23.0	130.2	114.8	88.2	24.6	—	—	未发	轻	—	B
湖北宜昌市农业科学院	725.31	12.22	2	4/23	8/4	9/10	140	22.4	124.0	26.4	154.1	131.6	85.4	25.3	1.5	直	无	轻	未发	A
湖南怀化市农科所	604.03	2.55	6	4/18	8/2	9/2	137	18.4	140.0	23.8	186.9	147.4	78.9	22.5	0.0	直	未发	轻	未发	B
湖南岳阳市农业科学院	699.25	9.27	2	5/3	8/8	9/12	132	14.5	129.5	25.2	228.3	194.2	85.1	24.5	0.0	直	未发	无	未发	A
江苏里下河地区农科所	634.19	6.43	4	5/14	8/23	10/2	141	14.7	116.2	25.5	182.0	167.0	91.8	23.8	0.0	直	未发	轻	—	A
江苏沿海地区农科所	668.67	8.90	1	5/7	8/23	9/24	140	17.7	114.7	25.6	198.0	162.0	81.8	23.0	0.0	直	未发	轻	无	A
江西九江市农业科学院	603.53	8.96	4	5/10	8/15	9/20	133	15.0	127.1	25.1	215.8	160.4	74.3	23.9	0.0	直	未发	无	未发	B
江西省农业科学院水稻所	665.49	4.88	2	5/13	8/16	9/15	125	20.9	127.8	23.8	189.4	156.1	82.4	22.5	0.0	直	未发	未发	未发	A
中国水稻研究所	703.51	10.38	2	5/15	8/18	9/26	134	17.6	129.9	24.6	211.3	176.4	83.5	23.8	0.0	直	未发	轻	—	A

注：综合评级：A—好，B—较好，C—中等，D——一般。

表 14-8-2 长江中下游中籼迟熟 C 组（182411NX-C）区试品种在各试点的产量、生育期及主要农艺经济性状表现

品种名称/试验点	亩产（千克）	比 CK± %	产量位次	播种期（月/日）	齐穗期（月/日）	成熟期（月/日）	全生育期(天)	有效穗（万/亩）	株高（厘米）	穗长（厘米）	总粒数/穗	实粒数/穗	结实率（%）	千粒重（克）	杂株率（%）	倒伏性	穗颈瘟	纹枯病	稻曲病	综评等级
田佳两优 1526																				
安徽滁州市农科所	662.17	-2.31	11	5/8	8/11	9/23	138	15.6	135.5	26.6	253.4	205.7	81.2	24.0	0.8	直	未发	轻	未发	B
安徽黄山市种子站	521.47	-5.65	11	4/27	8/1	9/4	130	13.5	101.6	22.8	176.7	155.3	87.9	25.3	0.6	直	无	未发	未发	B
安徽省农业科学院水稻所	565.89	-11.00	12	5/3	8/13	9/18	138	16.1	128.0	23.4	197.5	147.6	74.7	24.5	—	斜	未发	无	无	D
安徽袁粮水稻产业有限公司	555.73	-13.11	12	5/7	8/6	9/17	133	13.5	129.0	25.5	217.1	181.5	83.6	26.1	0.0	直	未发	未发	未发	D
福建南平市建阳区良种场	541.73	-5.58	12	5/18	8/15	9/28	133	14.4	123.2	24.4	183.6	148.9	81.1	25.9	0.0	直	轻	中	—	D
河南信阳市农业科学院	545.94	-4.19	12	4/25	8/3	9/5	133	19.5	133.4	26.0	163.0	133.9	82.1	26.0	—	直	未发	轻	—	D
湖北京山县农科所	531.07	-12.15	11	4/26	7/28	8/29	125	18.4	123.7	21.8	101.7	84.1	82.7	27.9	—	—	未发	轻	—	D
湖北宜昌市农业科学院	602.20	-6.83	11	4/23	7/29	9/8	138	15.5	124.5	28.5	204.6	152.7	74.6	26.6	1.6	直	无	轻	未发	B
湖南怀化市农科所	599.20	1.73	7	4/18	7/23	8/26	130	14.9	131.3	31.7	207.4	164.2	79.2	25.0	0.0	直	未发	轻	未发	C
湖南岳阳市农业科学院	643.28	0.52	9	5/3	8/4	9/8	128	16.5	130.6	26.1	218.5	180.9	82.8	26.3	0.0	直	未发	轻	未发	C
江苏里下河地区农科所	599.54	0.62	10	5/14	8/13	9/21	130	15.8	117.8	25.8	191.0	167.0	87.4	24.7	0.6	直	未发	轻	—	B
江苏沿海地区农科所	588.04	-4.23	12	5/7	8/16	9/18	134	18.4	116.0	25.8	176.0	132.0	75.0	24.2	0.0	直	未发	轻	无	D
江西九江市农业科学院	534.90	-3.43	12	5/10	8/7	9/15	128	14.4	130.8	25.6	175.2	140.4	80.1	25.5	0.0	直	未发	中	未发	D
江西省农业科学院水稻所	547.31	-13.74	12	5/13	8/9	9/7	117	19.1	126.5	25.0	167.0	129.4	77.5	24.3	0.0	斜	未发	未发	未发	D
中国水稻研究所	614.49	-3.58	12	5/15	8/12	9/21	129	15.2	124.9	25.6	251.5	178.4	70.9	25.6	0.0	直	未发	轻	—	C

注：综合评级：A—好，B—较好，C—中等，D—一般。

表 14-8-3　长江中下游中籼迟熟 C 组（182411NX-C）区试品种在各试点的产量、生育期及主要农艺经济性状表现

品种名称/试验点	亩产（千克）	比 CK± %	产量位次	播种期（月/日）	齐穗期（月/日）	成熟期（月/日）	全生育期(天)	有效穗（万/亩）	株高（厘米）	穗长（厘米）	总粒数/穗	实粒数/穗	结实率（%）	千粒重（克）	杂株率（%）	倒伏性	穗颈瘟	纹枯病	稻曲病	综评等级
隆两优 8612																				
安徽滁州市农科所	725.47	7.03	2	5/8	8/21	10/2	147	22.2	136.5	25.4	200.6	143.8	71.7	26.1	0.3	直	未发	轻	未发	A
安徽黄山市种子站	521.97	-5.56	10	4/27	8/11	9/7	133	14.2	106.6	23.5	187.4	156.2	83.4	23.7	0.0	直	无	未发	未发	B
安徽省农业科学院水稻所	719.98	13.23	3	5/3	8/18	9/24	144	16.7	127.0	24.6	229.6	179.3	78.1	24.6	—	直	未发	无	无	A
安徽袁粮水稻产业有限公司	702.59	9.85	1	5/7	8/7	9/20	136	13.9	132.5	26.7	243.1	212.5	87.4	26.9	0.0	直	未发	未发	未发	B
福建南平市建阳区良种场	613.36	6.91	1	5/18	8/19	9/30	135	15.5	131.7	24.7	181.1	150.6	83.2	26.9	0.0	直	无	轻	—	A
河南信阳市农业科学院	637.56	11.89	1	4/25	8/8	9/14	142	19.5	129.2	23.4	151.8	110.1	72.5	26.3	—	直	未发	轻	—	A
湖北京山县农科所	660.01	9.18	1	4/26	7/29	8/30	126	22.2	134.3	26.0	162.8	131.2	80.6	27.7	—	—	未发	轻	—	A
湖北宜昌市农业科学院	729.14	12.81	1	4/23	8/5	9/12	142	19.6	132.5	28.7	168.5	141.3	83.9	27.8	1.2	直	无	轻	未发	A
湖南怀化市农科所	620.03	5.26	2	4/18	7/30	9/1	136	19.1	140.0	30.2	192.9	135.4	70.2	24.2	0.0	直	未发	轻	未发	B
湖南岳阳市农业科学院	686.72	7.31	4	5/3	8/7	9/10	130	16.7	132.0	25.6	219.2	181.7	82.9	25.6	2.0	直	未发	轻	未发	A
江苏里下河地区农科所	635.19	6.60	3	5/14	8/21	10/5	144	15.0	117.8	26.2	184.0	158.0	85.9	25.3	0.0	直	未发	轻	—	A
江苏沿海地区农科所	666.84	8.60	2	5/7	8/23	9/23	139	17.7	127.7	26.4	193.0	158.0	81.9	23.7	0.0	直	未发	轻	无	A
江西九江市农业科学院	618.69	11.70	2	5/10	8/14	9/20	133	15.9	133.6	26.4	207.5	163.8	78.9	26.0	0.0	直	未发	轻	未发	A
江西省农业科学院水稻所	662.63	4.43	3	5/13	8/16	9/13	123	17.2	131.4	27.0	203.5	182.9	89.9	24.7	0.0	直	未发	未发	未发	A
中国水稻研究所	692.68	8.68	3	5/15	8/17	9/23	131	15.9	130.1	27.4	265.6	203.4	76.6	27.8	0.0	直	未发	轻	—	A

注：综合评级：A—好，B—较好，C—中等，D——般。

表 14-8-4 长江中下游中籼迟熟 C 组（182411NX-C）区试品种在各试点的产量、生育期及主要农艺经济性状表现

品种名称/试验点	亩产（千克）	比 CK± %	产量位次	播种期（月/日）	齐穗期（月/日）	成熟期（月/日）	全生育期(天)	有效穗（万/亩）	株高（厘米）	穗长（厘米）	总粒数/穗	实粒数/穗	结实率（%）	千粒重（克）	杂株率（%）	倒伏性	穗颈瘟	纹枯病	稻曲病	综评等级
创两优丰占																				
安徽滁州市农科所	707.48	4.37	4	5/8	8/14	9/28	143	24.2	120.5	25.1	260.4	169.9	65.2	22.3	0.0	直	未发	轻	未发	B
安徽黄山市种子站	528.82	-4.32	9	4/27	8/6	9/7	133	14.0	97.8	22.7	184.4	159.9	86.7	23.6	2.4	直	无	未发	未发	B
安徽省农业科学院水稻所	672.33	5.74	7	5/3	8/15	9/23	143	16.3	118.0	23.0	229.4	193.2	84.2	21.5	—	直	未发	无	无	B
安徽袁粮水稻产业有限公司	659.99	3.19	6	5/7	8/7	9/20	136	16.1	124.4	24.4	210.5	188.5	89.5	23.6	0.0	直	未发	未发	未发	B
福建南平市建阳区良种场	578.71	0.87	7	5/18	8/17	9/24	129	18.1	111.3	22.4	191.2	155.8	81.5	21.1	7.2	直	无	中	—	C
河南信阳市农业科学院	559.26	-1.85	9	4/25	8/6	9/11	139	22.0	118.5	21.4	137.2	107.6	78.4	22.0	—	直	未发	轻	—	C
湖北京山县农科所	543.56	-10.08	9	4/26	7/29	8/30	126	19.7	124.1	23.2	151.5	142.3	93.9	23.4	—	—	未发	中	—	D
湖北宜昌市农业科学院	610.86	-5.49	10	4/23	8/2	9/9	139	20.7	120.6	25.8	160.8	141.2	87.8	22.6	1.3	直	无	轻	未发	D
湖南怀化市农科所	547.90	-6.99	11	4/18	7/26	8/29	133	17.8	126.2	24.0	248.9	155.9	62.6	20.1	0.0	直	未发	轻	未发	D
湖南岳阳市农业科学院	676.70	5.74	6	5/3	8/8	9/12	132	16.6	113.5	25.0	242.8	206.4	85.0	23.5	2.0	直	未发	无	未发	A
江苏里下河地区农科所	606.37	1.76	9	5/14	8/18	9/28	137	14.8	107.0	22.6	208.0	176.0	84.6	20.7	1.8	斜	未发	轻	—	B
江苏沿海地区农科所	626.02	1.95	7	5/7	8/19	9/20	136	16.4	105.3	24.7	222.0	181.0	81.5	21.4	0.0	直	未发	轻	无	C
江西九江市农业科学院	544.56	-1.68	11	5/10	8/12	9/18	131	15.3	117.4	24.6	201.9	159.6	79.0	21.6	0.8	直	未发	轻	未发	D
江西省农业科学院水稻所	659.26	3.90	5	5/13	8/13	9/8	118	18.6	118.3	22.3	202.1	180.7	89.4	19.8	0.0	直	未发	未发	未发	A
中国水稻研究所	628.33	-1.41	10	5/15	8/14	9/22	130	19.6	115.1	24.8	252.4	200.0	79.2	21.0	0.7	直	未发	轻	—	C

注：综合评级：A—好，B—较好，C—中等，D——一般。

表 14-8-5　长江中下游中籼迟熟 C 组（182411NX-C）区试品种在各试点的产量、生育期及主要农艺经济性状表现

品种名称/试验点	亩产（千克）	比 CK±%	产量位次	播种期（月/日）	齐穗期（月/日）	成熟期（月/日）	全生育期(天)	有效穗（万/亩）	株高（厘米）	穗长（厘米）	总粒数/穗	实粒数/穗	结实率（%）	千粒重（克）	杂株率（%）	倒伏性	穗颈瘟	纹枯病	稻曲病	综评等级
中两优华占																				
安徽滁州市农科所	705.98	4.15	5	5/8	8/16	9/29	144	21.5	130.1	27.4	246.8	176.2	71.4	23.5	0.3	直	未发	轻	未发	B
安徽黄山市种子站	513.62	-7.07	12	4/27	8/3	9/5	131	13.8	96.6	25.3	183.3	159.1	86.8	25.2	0.9	直	无	未发	未发	B
安徽省农业科学院水稻所	671.17	5.55	8	5/3	8/14	9/20	140	15.8	121.0	24.9	225.6	187.1	82.9	23.2	—	直	未发	无	无	C
安徽袁粮水稻产业有限公司	585.30	-8.49	11	5/7	8/5	9/18	134	14.4	124.2	25.7	210.4	185.9	88.4	24.3	0.0	直	未发	未发	未发	C
福建南平市建阳区良种场	607.37	5.86	2	5/18	8/18	9/24	129	17.4	122.8	23.0	174.1	145.5	83.6	24.3	0.0	直	无	中	—	A
河南信阳市农业科学院	618.80	8.60	3	4/25	8/5	9/6	134	18.9	120.6	24.0	145.5	122.1	83.9	24.2	—	直	未发	轻	—	B
湖北京山县农科所	625.02	3.39	4	4/26	7/31	8/31	127	23.7	110.4	23.6	104.3	96.3	92.3	24.7	0.3	—	未发	轻	—	B
湖北宜昌市农业科学院	679.83	5.18	5	4/23	8/1	9/8	138	19.1	121.7	27.9	171.2	150.3	87.8	24.7	0.5	直	无	中	未发	B
湖南怀化市农科所	617.86	4.89	3	4/18	7/28	8/29	133	17.3	122.5	27.4	237.2	163.3	68.8	22.3	0.0	直	未发	轻	未发	B
湖南岳阳市农业科学院	688.39	7.57	3	5/3	8/3	9/6	126	16.3	118.4	25.4	210.7	180.6	85.7	24.1	2.5	直	未发	轻	未发	A
江苏里下河地区农科所	587.71	-1.37	12	5/14	8/16	9/23	132	15.7	120.8	25.3	193.0	177.0	91.7	22.8	1.8	直	未发	轻	—	C
江苏沿海地区农科所	597.37	-2.71	11	5/7	8/18	9/18	134	16.9	111.3	25.0	179.0	143.0	79.9	23.8	0.0	直	未发	轻	无	D
江西九江市农业科学院	598.87	8.12	5	5/10	8/10	9/18	131	14.4	123.6	26.6	218.1	173.7	79.6	23.6	0.0	直	未发	无	未发	B
江西省农业科学院水稻所	661.28	4.22	4	5/13	8/14	9/13	123	17.5	122.6	24.2	211.0	181.0	85.8	21.7	0.0	直	未发	未发	未发	B
中国水稻研究所	652.33	2.35	8	5/15	8/13	9/20	128	17.6	123.1	28.2	221.0	178.9	81.0	22.2	0.0	直	未发	轻	—	B

注：综合评级：A—好，B—较好，C—中等，D——般。

表 14-8-6　长江中下游中籼迟熟 C 组（182411NX-C）区试品种在各试点的产量、生育期及主要农艺经济性状表现

品种名称/试验点	亩产（千克）	比 CK± %	产量位次	播种期（月/日）	齐穗期（月/日）	成熟期（月/日）	全生育期(天)	有效穗（万/亩）	株高（厘米）	穗长（厘米）	总粒数/穗	实粒数/穗	结实率（%）	千粒重（克）	杂株率（%）	倒伏性	穗颈瘟	纹枯病	稻曲病	综评等级
嘉优中科 10 号																				
安徽滁州市农科所	705.82	4.13	6	5/8	8/17	10/2	147	15.3	147.5	25.8	328.4	200.6	66.9	25.7	0.0	直	未发	轻	轻	B
安徽黄山市种子站	555.39	0.48	7	4/27	7/31	9/6	132	14.5	112.6	23.8	188.5	147.7	78.4	23.4	0.6	直	无	未发	未发	B
安徽省农业科学院水稻所	720.81	13.36	2	5/3	8/17	9/24	144	13.7	129.0	26.3	245.7	200.1	81.4	26.7	—	直	未发	轻	轻	A
安徽袁粮水稻产业有限公司	644.11	0.71	8	5/7	8/9	9/21	137	13.5	127.3	25.9	205.5	180.5	87.8	28.8	0.0	直	未发	未发	未发	C
福建南平市建阳区良种场	571.38	-0.41	10	5/18	8/12	10/2	137	12.0	123.5	24.6	224.5	181.8	81.0	27.3	0.0	直	无	轻	—	C
河南信阳市农业科学院	616.34	8.17	5	4/25	8/9	9/15	143	13.8	130.8	23.9	214.1	130.6	61.0	28.0	—	直	未发	轻	—	B
湖北京山县农科所	600.04	-0.74	8	4/26	7/31	8/31	127	18.7	137.7	26.0	175.6	130.4	74.3	27.6	—	—	未发	轻	—	C
湖北宜昌市农业科学院	655.18	1.37	6	4/23	8/1	9/11	141	13.1	126.3	28.6	220.8	183.1	82.9	29.0	1.7	直	无	轻	未发	C
湖南怀化市农科所	606.20	2.91	5	4/18	7/26	8/29	133	14.4	137.4	25.2	203.1	156.8	77.2	27.5	0.0	直	未发	轻	未发	B
湖南岳阳市农业科学院	656.64	2.61	8	5/3	8/5	9/8	128	14.6	125.0	25.6	271.1	221.5	81.7	28.3	0.0	直	未发	轻	未发	A
江苏里下河地区农科所	636.02	6.74	1	5/14	8/21	10/7	146	10.8	115.2	25.1	284.0	255.0	89.8	25.7	0.6	直	未发	轻	—	A
江苏沿海地区农科所	630.02	2.60	6	5/7	8/22	9/22	138	13.7	116.7	26.2	239.0	192.0	80.3	24.6	0.0	直	未发	轻	无	B
江西九江市农业科学院	572.55	3.37	8	5/10	8/16	9/20	133	11.5	128.7	26.7	298.2	193.8	65.0	27.5	0.0	直	未发	轻	未发	C
江西省农业科学院水稻所	647.14	1.99	7	5/13	8/15	9/16	126	21.2	116.8	25.3	178.4	138.5	77.6	26.3	0.0	直	未发	未发	未发	C
中国水稻研究所	681.84	6.98	4	5/15	8/11	9/21	129	13.3	126.0	28.2	380.5	281.4	74.0	28.1	0.0	直	未发	轻	—	A

注：综合评级：A—好，B—较好，C—中等，D—一般。

表 14-8-7　长江中下游中籼迟熟 C 组（182411NX-C）区试品种在各试点的产量、生育期及主要农艺经济性状表现

品种名称/试验点	亩产（千克）	比 CK± %	产量位次	播种期（月/日）	齐穗期（月/日）	成熟期（月/日）	全生育期(天)	有效穗（万/亩）	株高（厘米）	穗长（厘米）	总粒数/穗	实粒数/穗	结实率（%）	千粒重（克）	杂株率（%）	倒伏性	穗颈瘟	纹枯病	稻曲病	综评等级
创两优 259																				
安徽滁州市农科所	702.99	3.71	7	5/8	8/15	9/30	145	23.2	123.5	24.9	266.8	185.9	69.7	22.1	0.0	直	未发	轻	未发	B
安徽黄山市种子站	579.28	4.81	3	4/27	8/6	9/6	132	14.1	91.4	23.4	191.5	161.1	84.1	25.8	0.9	直	无	未发	未发	A
安徽省农业科学院水稻所	697.32	9.67	5	5/3	8/12	9/17	137	15.4	115.0	22.8	231.2	207.6	89.8	22.2	—	直	未发	无	无	B
安徽袁粮水稻产业有限公司	645.45	0.91	7	5/7	8/7	9/17	133	15.5	112.7	24.5	213.7	188.5	88.2	23.9	0.0	直	未发	未发	未发	C
福建南平市建阳区良种场	584.38	1.86	6	5/18	8/19	9/26	131	18.4	110.8	23.4	189.1	155.6	82.3	20.9	0.0	直	无	重	—	B
河南信阳市农业科学院	553.83	-2.80	11	4/25	8/5	9/8	136	22.6	121.8	22.7	162.6	135.5	83.3	21.8	—	直	未发	轻	—	D
湖北京山县农科所	532.40	-11.93	10	4/26	7/31	8/31	127	20.3	112.3	21.6	129.7	114.9	88.6	22.9	—	—	未发	轻	—	D
湖北宜昌市农业科学院	588.38	-8.97	12	4/23	8/2	9/9	139	21.9	118.3	25.3	160.1	130.5	81.5	22.3	0.9	直	无	轻	未发	D
湖南怀化市农科所	528.24	-10.32	12	4/18	7/27	8/29	133	14.1	137.9	24.1	243.1	186.9	76.9	20.6	0.0	直	未发	轻	未发	D
湖南岳阳市农业科学院	638.27	-0.26	11	5/3	8/4	9/7	127	16.8	115.0	24.6	221.0	184.5	83.5	23.5	0.0	直	未发	无	未发	A
江苏里下河地区农科所	613.03	2.88	7	5/14	8/17	9/28	137	16.5	102.8	23.3	191.0	161.0	84.3	21.4	0.6	斜	未发	轻	—	B
江苏沿海地区农科所	609.20	-0.79	9	5/7	8/19	9/20	136	16.8	100.7	25.1	204.0	167.0	81.9	21.0	0.0	直	未发	轻	无	D
江西九江市农业科学院	627.19	13.23	1	5/10	8/11	9/19	132	15.4	117.1	25.4	247.5	212.7	85.9	21.1	0.0	直	未发	重	未发	A
江西省农业科学院水稻所	645.79	1.78	8	5/13	8/13	9/11	121	18.8	113.5	24.4	237.1	190.6	80.4	18.4	0.0	直	未发	未发	未发	C
中国水稻研究所	620.82	-2.59	11	5/15	8/13	9/20	128	19.7	116.0	25.4	250.3	191.5	76.5	20.4	0.0	直	未发	轻	—	C

注：综合评级：A—好，B—较好，C—中等，D——般。

表 14-8-8　长江中下游中籼迟熟 C 组（182411NX-C）区试品种在各试点的产量、生育期及主要农艺经济性状表现

品种名称/试验点	亩产（千克）	比 CK± %	产量位次	播种期（月/日）	齐穗期（月/日）	成熟期（月/日）	全生育期(天)	有效穗（万/亩）	株高（厘米）	穗长（厘米）	总粒数/穗	实粒数/穗	结实率（%）	千粒重（克）	杂株率（%）	倒伏性	穗颈瘟	纹枯病	稻曲病	综评等级
徽两优泰莉占																				
安徽滁州市农科所	649.51	-4.18	12	5/8	8/15	9/28	143	17.2	129.9	26.2	275.3	167.3	60.8	24.2	0.0	直	未发	轻	轻	C
安徽黄山市种子站	568.09	2.78	4	4/27	8/1	9/3	129	14.5	92.2	22.5	181.0	147.7	81.6	26.3	2.1	直	无	未发	未发	B
安徽省农业科学院水稻所	649.51	2.15	10	5/3	8/15	9/21	141	16.5	125.0	22.4	197.6	172.6	87.3	22.9	—	直	未发	无	无	C
安徽袁粮水稻产业有限公司	614.87	-3.87	10	5/7	8/4	9/15	131	12.7	122.7	26.0	255.7	224.4	87.8	24.2	0.0	直	未发	未发	未发	C
福建南平市建阳区良种场	553.06	-3.60	11	5/18	8/16	9/25	130	16.8	114.0	23.1	181.7	147.4	81.1	23.1	0.0	直	无	轻	—	C
河南信阳市农业科学院	557.78	-2.11	10	4/25	8/6	9/10	138	19.1	125.0	23.9	182.4	162.5	89.1	24.2	—	直	未发	轻	—	C
湖北京山县农科所	521.08	-13.80	12	4/26	7/28	8/29	125	18.1	112.4	22.6	131.9	109.6	83.1	23.8	—	—	未发	轻	—	D
湖北宜昌市农业科学院	644.68	-0.26	8	4/23	7/31	9/8	138	20.0	125.4	26.9	173.7	143.9	82.8	22.9	1.1	直	无	轻	未发	B
湖南怀化市农科所	567.39	-3.68	9	4/18	7/28	8/30	134	13.5	132.8	25.9	223.5	189.0	84.6	22.7	0.0	直	未发	轻	未发	C
湖南岳阳市农业科学院	633.25	-1.04	12	5/3	8/2	9/6	126	14.7	113.8	26.0	274.1	242.9	88.6	23.7	0.0	直	未发	轻	未发	C
江苏里下河地区农科所	608.03	2.04	8	5/14	8/15	9/27	136	15.4	113.4	24.5	203.0	184.0	90.6	22.7	0.9	直	未发	轻	—	B
江苏沿海地区农科所	605.03	-1.47	10	5/7	8/18	9/18	134	16.9	116.3	24.4	186.0	150.0	80.6	23.0	0.0	直	未发	轻	无	D
江西九江市农业科学院	568.39	2.62	9	5/10	8/9	9/16	129	14.3	121.0	25.1	191.1	140.7	73.6	22.6	0.0	直	未发	重	未发	C
江西省农业科学院水稻所	650.85	2.57	6	5/13	8/12	9/8	118	20.4	131.7	23.6	205.2	173.8	84.7	21.9	0.0	直	未发	未发	未发	B
中国水稻研究所	655.33	2.82	6	5/15	8/11	9/20	128	13.5	123.5	26.8	279.0	223.4	80.1	22.2	0.0	直	未发	轻	—	B

注：综合评级：A—好，B—较好，C—中等，D——一般。

表 14-8-9　长江中下游中籼迟熟 C 组（182411NX-C）区试品种在各试点的产量、生育期及主要农艺经济性状表现

品种名称/试验点	亩产（千克）	比 CK± %	产量位次	播种期（月/日）	齐穗期（月/日）	成熟期（月/日）	全生育期(天)	有效穗（万/亩）	株高（厘米）	穗长（厘米）	总粒数/穗	实粒数/穗	结实率（%）	千粒重（克）	杂株率（%）	倒伏性	穗颈瘟	纹枯病	稻曲病	综评等级
宇两优 332																				
安徽滁州市农科所	725.97	7.10	1	5/8	8/26	10/5	150	19.2	136.5	25.8	184.4	163.5	88.7	24.9	1.0	直	未发	轻	未发	A
安徽黄山市种子站	558.23	1.00	6	4/27	8/14	9/11	137	13.8	95.6	23.6	196.2	168.1	85.7	24.1	0.0	直	无	未发	未发	B
安徽省农业科学院水稻所	650.68	2.33	9	5/3	8/27	10/1	151	16.2	133.0	24.0	212.4	176.5	83.1	23.8	—	直	未发	无	中	C
安徽袁粮水稻产业有限公司	662.33	3.55	5	5/7	8/13	9/20	136	14.8	121.0	24.8	208.5	180.5	86.6	26.9	0.0	直	未发	未发	未发	B
福建南平市建阳区良种场	599.70	4.53	3	5/18	8/25	10/3	138	15.6	124.2	24.9	178.9	149.6	83.6	25.5	0.0	直	无	中	—	A
河南信阳市农业科学院	620.12	8.83	2	4/25	8/12	9/16	144	19.4	127.7	24.4	156.3	125.7	80.4	24.5	—	直	未发	轻	—	B
湖北京山县农科所	647.51	7.11	3	4/26	8/5	9/2	129	22.7	132.2	25.8	168.3	133.8	79.5	25.5	—	—	未发	轻	—	A
湖北宜昌市农业科学院	692.49	7.14	4	4/23	8/8	9/13	143	21.2	122.5	27.5	162.3	128.7	79.3	25.1	0.8	直	无	轻	未发	C
湖南怀化市农科所	631.35	7.18	1	4/18	8/6	9/4	139	14.7	133.5	26.7	211.2	174.8	82.8	25.1	0.0	直	未发	轻	未发	A
湖南岳阳市农业科学院	700.09	9.40	1	5/3	8/10	9/12	132	15.5	119.8	25.7	226.9	190.8	84.1	23.8	0.0	直	未发	无	未发	A
江苏里下河地区农科所	632.52	6.15	5	5/14	8/25	10/5	144	15.3	108.4	24.6	172.0	157.0	91.3	23.5	0.0	直	未发	轻	—	A
江苏沿海地区农科所	646.85	5.34	4	5/7	8/28	9/29	145	19.3	114.3	23.5	181.0	144.0	79.6	22.9	0.0	直	未发	轻	无	B
江西九江市农业科学院	610.36	10.20	3	5/10	8/17	9/21	134	14.1	126.0	27.3	230.9	182.9	79.2	22.5	0.0	直	未发	无	未发	A
江西省农业科学院水稻所	675.76	6.50	1	5/13	8/21	9/18	128	21.5	129.1	24.5	191.8	154.0	80.3	23.7	0.0	直	未发	未发	未发	A
中国水稻研究所	655.00	2.77	7	5/15	8/22	9/26	134	17.4	129.9	26.0	207.8	160.0	77.0	24.4	0.0	直	未发	轻	—	B

注：综合评级：A—好，B—较好，C—中等，D—一般。

表 14-8-10　长江中下游中籼迟熟 C 组（182411NX-C）区试品种在各试点的产量、生育期及主要农艺经济性状表现

品种名称/试验点	亩产（千克）	比 CK± %	产量位次	播种期（月/日）	齐穗期（月/日）	成熟期（月/日）	全生育期(天)	有效穗（万/亩）	株高（厘米）	穗长（厘米）	总粒数/穗	实粒数/穗	结实率（%）	千粒重（克）	杂株率（%）	倒伏性	穗颈瘟	纹枯病	稻曲病	综评等级
丰两优四号（CK）																				
安徽滁州市农科所	677.83	0.00	8	5/8	8/21	10/2	147	17.6	148.5	24.8	210.1	136.1	64.8	26.7	1.5	直	未发	轻	未发	B
安徽黄山市种子站	552.72	0.00	8	4/27	8/4	9/5	131	14.1	117.8	23.7	184.4	163.1	88.4	23.5	0.3	直	轻	未发	未发	B
安徽省农业科学院水稻所	635.85	0.00	11	5/3	8/16	9/23	143	15.1	138.0	26.2	183.6	160.5	87.4	26.5	0.5	直	未发	无	无	C
安徽袁粮水稻产业有限公司	639.60	0.00	9	5/7	8/4	9/15	131	12.5	132.6	26.6	236.3	208.5	88.2	28.2	0.0	直	未发	未发	未发	C
福建南平市建阳区良种场	573.72	0.00	9	5/18	8/20	9/28	133	14.3	134.0	23.6	165.7	139.7	84.3	29.5	3.6	直	无	中	—	C
河南信阳市农业科学院	569.79	0.00	8	4/25	8/6	9/7	135	17.1	133.4	24.2	143.8	127.9	88.9	28.9	—	直	未发	轻	—	C
湖北京山县农科所	604.53	0.00	7	4/26	7/31	8/31	127	21.5	120.4	21.8	143.6	108.7	75.7	27.4	—	—	未发	轻	—	C
湖北宜昌市农业科学院	646.35	0.00	7	4/23	8/3	9/7	137	18.9	128.6	26.7	130.8	114.2	87.3	30.6	1.3	直	轻	轻	未发	C
湖南怀化市农科所	589.04	0.00	8	4/18	8/1	9/1	136	13.6	136.4	27.5	205.9	161.9	78.6	27.2	0.0	直	未发	轻	未发	C
湖南岳阳市农业科学院	639.94	0.00	10	5/3	8/6	9/9	129	14.5	136.0	25.3	207.9	169.9	81.7	28.8	0.0	直	未发	轻	未发	C
江苏里下河地区农科所	595.87	0.00	11	5/14	8/18	9/26	135	14.8	123.8	24.3	170.0	158.0	92.9	27.9	1.2	倒	未发	轻	—	B
江苏沿海地区农科所	614.03	0.00	8	5/7	8/22	9/22	138	16.3	118.3	25.8	168.0	134.0	79.8	27.9	0.6	直	未发	轻	无	C
江西九江市农业科学院	553.89	0.00	10	5/10	8/12	9/18	131	13.3	132.6	25.4	182.7	142.3	77.9	28.1	0.0	直	未发	轻	未发	D
江西省农业科学院水稻所	634.51	0.00	9	5/13	8/16	9/13	123	16.9	131.5	23.7	174.7	155.5	89.0	27.0	0.0	直	未发	未发	未发	C
中国水稻研究所	637.33	0.00	9	5/15	8/16	9/23	131	13.6	134.4	25.9	231.7	195.9	84.5	28.1	0.0	直	未发	轻	—	B

注：综合评级：A—好，B—较好，C—中等，D——般。

表 14-8-11　长江中下游中籼迟熟 C 组（182411NX-C）区试品种在各试点的产量、生育期及主要农艺经济性状表现

品种名称/试验点	亩产（千克）	比 CK± %	产量位次	播种期（月/日）	齐穗期（月/日）	成熟期（月/日）	全生育期(天)	有效穗（万/亩）	株高（厘米）	穗长（厘米）	总粒数/穗	实粒数/穗	结实率（%）	千粒重（克）	杂株率（%）	倒伏性	穗颈瘟	纹枯病	稻曲病	综评等级
荆两优 2816																				
安徽滁州市农科所	671.67	-0.91	10	5/8	8/17	9/28	143	16.3	140.5	27.1	258.0	177.3	68.7	26.2	0.5	直	未发	轻	未发	B
安徽黄山市种子站	582.96	5.47	2	4/27	7/31	9/2	128	15.1	105.4	22.7	186.9	162.3	86.8	24.3	0.6	直	无	未发	未发	B
安徽省农业科学院水稻所	699.99	10.09	4	5/3	8/13	9/20	140	14.8	131.0	23.6	210.8	175.3	83.2	27.8	—	直	未发	轻	无	B
安徽袁粮水稻产业有限公司	662.99	3.66	4	5/7	8/1	9/12	128	14.5	126.4	24.4	182.4	162.5	89.1	30.2	0.0	直	未发	未发	未发	B
福建南平市建阳区良种场	585.71	2.09	5	5/18	8/13	9/22	127	15.4	125.9	24.0	179.3	146.2	81.5	26.9	5.6	直	轻	轻	—	B
河南信阳市农业科学院	613.38	7.65	6	4/25	8/1	9/3	131	16.5	129.3	23.4	134.2	109.9	81.9	26.9	—	直	未发	轻	—	B
湖北京山县农科所	651.34	7.74	2	4/26	7/27	8/25	121	21.3	118.4	25.8	138.5	115.5	83.4	30.0	—	—	未发	轻	—	A
湖北宜昌市农业科学院	709.98	9.84	3	4/23	7/28	9/3	133	20.6	127.2	25.3	130.7	116.7	89.3	30.1	1.9	直	无	轻	未发	A
湖南怀化市农科所	609.70	3.51	4	4/18	7/28	8/26	130	16.5	131.7	25.0	166.6	142.6	85.6	26.4	0.0	直	未发	轻	未发	B
湖南岳阳市农业科学院	683.38	6.79	5	5/3	8/2	9/5	125	15.6	128.6	24.5	216.8	180.9	83.4	26.4	1.5	直	未发	无	未发	A
江苏里下河地区农科所	635.85	6.71	2	5/14	8/14	9/17	126	15.8	113.6	23.7	171.0	156.0	91.2	28.8	1.8	直	未发	轻	—	A
江苏沿海地区农科所	637.52	3.83	5	5/7	8/18	9/19	135	16.7	116.0	22.5	173.0	142.0	82.1	25.9	0.0	直	未发	轻	无	B
江西九江市农业科学院	589.54	6.44	6	5/10	8/8	9/15	128	11.5	124.9	23.5	165.2	113.4	68.6	26.7	0.0	直	未发	重	未发	B
江西省农业科学院水稻所	599.16	-5.57	11	5/13	8/12	9/8	118	16.3	124.8	23.4	168.5	151.4	89.9	26.1	0.0	直	未发	未发	未发	C
中国水稻研究所	672.00	5.44	5	5/15	8/11	9/19	127	15.9	126.5	25.9	255.7	220.2	86.1	25.9	0.0	直	未发	轻	—	A

注：综合评级：A—好，B—较好，C—中等，D——一般。

表 14-8-12　长江中下游中籼迟熟 C 组（182411NX-C）区试品种在各试点的产量、生育期及主要农艺经济性状表现

品种名称/试验点	亩产（千克）	比 CK± %	产量位次	播种期（月/日）	齐穗期（月/日）	成熟期（月/日）	全生育期(天)	有效穗（万/亩）	株高（厘米）	穗长（厘米）	总粒数/穗	实粒数/穗	结实率（%）	千粒重（克）	杂株率（%）	倒伏性	穗颈瘟	纹枯病	稻曲病	综评等级
荃优软占																				
安徽滁州市农科所	674.83	-0.44	9	5/8	8/22	10/3	148	16.2	143.1	26.5	198.9	151.7	76.3	30.9	0.0	直	未发	轻	未发	B
安徽黄山市种子站	559.57	1.24	5	4/27	8/6	9/7	133	14.4	113.4	23.0	198.3	158.2	79.8	25.0	0.6	直	无	未发	未发	A
安徽省农业科学院水稻所	680.16	6.97	6	5/3	8/18	9/25	145	15.7	132.0	24.8	231.4	174.3	75.3	26.1	—	直	未发	无	无	B
安徽袁粮水稻产业有限公司	681.37	6.53	3	5/7	8/9	9/18	134	13.9	134.9	23.8	211.5	180.5	85.3	28.8	0.0	直	未发	未发	未发	B
福建南平市建阳区良种场	577.05	0.58	8	5/18	8/23	10/2	137	13.9	139.3	24.3	182.3	154.5	84.8	27.5	0.0	直	无	中	—	C
河南信阳市农业科学院	597.42	4.85	7	4/25	8/9	9/14	142	17.4	135.4	22.8	139.2	112.2	80.6	26.0	—	直	未发	轻	—	C
湖北京山县农科所	624.52	3.31	5	4/26	7/31	8/31	127	16.3	136.6	23.8	156.4	112.5	71.9	29.3	—	—	未发	中	—	B
湖北宜昌市农业科学院	619.86	-4.10	9	4/23	8/7	9/12	142	17.6	127.3	28.4	176.2	126.9	72.0	26.6	0.7	直	无	轻	未发	D
湖南怀化市农科所	559.22	-5.06	10	4/18	8/4	9/5	140	17.2	140.0	26.3	194.1	131.1	67.5	25.3	0.0	直	未发	轻	未发	C
湖南岳阳市农业科学院	668.34	4.44	7	5/3	8/7	9/10	130	14.2	134.8	26.3	240.3	200.8	83.6	27.8	0.0	直	未发	无	未发	A
江苏里下河地区农科所	619.86	4.03	6	5/14	8/23	10/4	143	14.3	122.4	26.0	166.0	153.0	92.2	26.4	0.0	直	未发	轻	—	A
江苏沿海地区农科所	654.18	6.54	3	5/7	8/22	9/23	139	17.8	121.7	23.3	188.0	151.0	80.3	24.0	0.0	直	未发	轻	无	A
江西九江市农业科学院	582.05	5.08	7	5/10	8/17	9/20	133	13.4	139.6	26.2	194.7	125.7	64.6	25.8	4.8	直	未发	轻	未发	B
江西省农业科学院水稻所	632.16	-0.37	10	5/13	8/16	9/16	126	21.8	134.0	24.6	170.6	140.5	82.4	24.9	0.0	直	未发	未发	未发	C
中国水稻研究所	725.52	13.84	1	5/15	8/20	9/26	134	14.9	139.1	26.9	243.5	179.0	73.5	28.1	0.0	直	未发	轻	—	B

注：综合评级：A—好，B—较好，C—中等，D——般。

表 14-9-1 长江中下游中籼迟熟 C 组（182411NX-C）生产试验品种在各试验点的产量、生育期、特征特性、田间抗性表现

品种名称/试验点	亩产(千克)	比CK ±%	播种期(月/日)	齐穗期(月/日)	成熟期(月/日)	全生育期(天)	耐寒性	整齐度	杂株率(%)	株型	叶色	叶姿	长势	熟期转色	倒伏性	落粒性	叶瘟	穗颈瘟	白叶枯病	纹枯病	稻曲病
隆两优 8612																					
福建南平市建阳区种子站	573.29	5.06	5/23	8/18	9/29	129	未发	整齐	0.0	紧凑	浓绿	挺直	繁茂	好	直	易	未发	无	未发	轻	—
江西抚州市农科所	640.21	6.95	5/16	8/15	9/19	126	强	整齐	0.0	适中	绿	挺直	繁茂	好	直	—	未发	未发	未发	轻	未发
湖南鑫盛华丰种业科技有限公司	596.37	5.35	4/26	8/1	9/3	130	未发	整齐	0.0	紧束	浓绿	挺直	一般	好	直	中	未发	未发	未发	无	未发
安徽合肥丰乐种业股份公司	690.52	5.18	5/7	8/11	9/13	129	未发	整齐	0.1	适中	绿	挺直	繁茂	好	直	难	未发	未发	未发	未发	未发
江苏里下河地区农科所	636.19	12.28	5/14	8/20	9/28	137	中	整齐	1.7	紧束	绿	一般	繁茂	中	直	易	未发	未发	未发	轻	—
浙江临安市种子种苗管理站	689.42	28.71	5/30	8/28	10/7	130	未发	整齐	0.3	适中	浓绿	挺直	繁茂	好	直	中	未发	无	未发	轻	—
宇两优 332																					
福建南平市建阳区种子站	577.09	7.09	5/23	8/25	10/5	135	未发	整齐	0.0	适中	绿色	挺直	繁茂	中	直	易	未发	无	未发	轻	—
江西抚州市农科所	656.41	8.39	5/16	8/17	9/21	128	强	整齐	0.0	适中	绿	一般	繁茂	中	直	—	未发	未发	未发	未发	轻
湖南鑫盛华丰种业科技有限公司	553.94	-2.14	4/26	8/5	9/5	132	未发	整齐	0.0	紧束	浓绿	挺直	一般	好	直	中	未发	未发	未发	无	未发
安徽合肥丰乐种业股份公司	647.67	-1.35	5/7	8/16	9/17	133	未发	一般	0.1	适中	绿	挺直	繁茂	好	直	难	未发	未发	未发	未发	未发
江苏里下河地区农科所	578.39	3.43	5/14	8/25	10/5	144	强	整齐	0.4	适中	绿	一般	繁茂	中	直	易	未发	未发	未发	轻	—
浙江临安市种子种苗管理站	599.81	11.58	5/30	8/30	10/5	128	未发	一般	1.3	适中	绿	挺直	一般	好	直	中	未发	无	未发	轻	—

表 14-9-2　长江中下游中籼迟熟 C 组（182411NX-C）生产试验品种在各试验点的产量、生育期、特征特性、田间抗性表现

品种名称/试验点	亩产（千克）	比 CK ±%	播种期（月/日）	齐穗期（月/日）	成熟期（月/日）	全生育期(天)	耐寒性	整齐度	杂株率（%）	株型	叶色	叶姿	长势	熟期转色	倒伏性	落粒性	叶瘟	穗颈瘟	白叶枯病	纹枯病	稻曲病
FD 两优 916																					
福建南平市建阳区种子站	578.09	5.40	5/23	8/20	10/1	131	未发	整齐	0.0	适中	浓绿	挺直	繁茂	好	直	易	未发	无	未发	轻	—
江西抚州市农科所	608.81	0.53	5/16	8/15	9/19	126	强	不齐	0.0	适中	浓绿	挺直	繁茂	中	直	—	未发	未发	未发	未发	未发
湖南鑫盛华丰种业科技有限公司	606.67	7.17	4/26	8/2	9/4	131	未发	整齐	0.0	紧束	浓绿	一般	繁茂	好	直	易	未发	未发	未发	轻	轻
安徽合肥丰乐种业股份公司	704.02	7.23	5/7	8/11	9/13	129	未发	整齐	0.1	适中	绿	挺直	繁茂	好	直	难	未发	未发	未发	未发	未发
江苏里下河地区农科所	612.99	9.62	5/14	8/19	9/28	137	强	整齐	0.8	适中	绿	挺直	繁茂	中	直	易	未发	未发	未发	轻	—
浙江临安市种子种苗管理站	627.52	17.16	5/30	8/27	10/3	126	未发	整齐	0.0	适中	绿	一般	一般	中	直	中	未发	无	未发	轻	—
荃优软占																					
福建南平市建阳区种子站	559.89	2.08	5/23	8/19	9/30	130	未发	整齐	0.0	适中	浓绿	挺直	繁茂	好	直	易	未发	无	未发	轻	—
江西抚州市农科所	592.61	-2.15	5/16	10/14	9/18	125	中	不齐	0.0	适中	绿	一般	繁茂	中	直	—	轻	未发	未发	未发	轻
湖南鑫盛华丰种业科技有限公司	588.29	3.93	4/26	8/2	9/5	132	未发	整齐	0.0	适中	绿	一般	一般	好	直	中	未发	未发	未发	轻	未发
安徽合肥丰乐种业股份公司	610.94	-6.94	5/7	8/12	9/13	129	未发	整齐	0.1	适中	绿	挺直	繁茂	好	直	难	未发	未发	未发	未发	未发
江苏里下河地区农科所	579.79	3.68	5/14	8/20	9/28	137	强	一般	0.8	适中	浓绿	披垂	繁茂	好	直	易	未发	未发	未发	轻	—
浙江临安市种子种苗管理站	551.24	2.54	5/30	8/27	10/5	128	未发	一般	0.1	适中	浓绿	一般	繁茂	中	直	中	未发	无	未发	轻	—

表 14-9-3 长江中下游中籼迟熟 C 组（182411NX-C）生产试验品种在各试验点的产量、生育期、特征特性、田间抗性表现

品种名称/试验点	亩产（千克）	比 CK ±%	播种期（月/日）	齐穗期（月/日）	成熟期（月/日）	全生育期(天)	耐寒性	整齐度	杂株率（%）	株型	叶色	叶姿	长势	熟期转色	倒伏性	落粒性	叶瘟	穗颈瘟	白叶枯病	纹枯病	稻曲病
丰两优四号（CK）																					
福建南平市建阳区种子站	540.09	0.00	5/23	8/14—17	9/26—28	127.2	未发	不齐	1.8	松散	淡绿	挺直	繁茂	好	直	易	未发	轻	未发	轻	—
江西抚州市农科所	602.11	0.00	5/16	8/12	9/15	122	强	不齐	0.0	适中	淡绿	一般	繁茂	中	直	—	未发	未发	未发	未发	未发
湖南鑫盛华丰种业科技有限公司	566.06	0.00	4/26	8/2	9/2	129	未发	不齐	0.4	松散	绿	披垂	繁茂	好	斜	中	未发	无	未发	轻	未发
安徽合肥丰乐种业股份公司	656.53	0.00	5/7	8/10	9/12	128	未发	整齐	0.3	适中	绿	挺直	繁茂	好	直	难	未发	未发	未发	未发	未发
江苏里下河地区农科所	562.89	0.00	5/14	8/18	9/26	135	强	整齐	2.1	适中	绿	披垂	繁茂	好	倒	易	未发	未发	未发	轻	—
浙江临安市种子种苗管理站	536.60	0.00	5/30	8/27	10/2	125	未发	一般	0.0	适中	绿	披垂	繁茂	中	直	中	未发	轻	未发	轻	—

第十五章　2018 年长江中下游中籼迟熟 D 组国家水稻品种试验汇总报告

一、试验概况

（一）试验目的

鉴定评价我国长江中下游稻区新选育和引进的中籼迟熟新品种（组合，下同）的丰产性、稳产性、适应性、抗性、米质及其他重要性状表现，为国家水稻品种审定提供科学依据。

（二）参试品种

区试品种 11 个，E 两优 1453、F 两优 19 为续试品种，其余为新参试品种，以丰两优四号（CK）为对照；生产试验品种 1 个，即望两优 007，也以丰两优四号（CK）为对照。品种名称、类型、亲本组合、选育/供种单位见表 15-1。

（三）承试单位

区试点 15 个，生产试验点 A、B 组各 7 个，分布在安徽、福建、河南、湖北、湖南、江苏、江西和浙江 8 个省。承试单位、试验地点、经纬度、海拔高度、试验负责人及执行人见表 15-2。

（四）试验设计、栽培管理与观察记载

各试验点均按《2018 年国稻科企水稻联合体试验实施方案》及 NY/T 1300—2007《农作物品种区域试验技术规范　水稻》进行试验。

区试采用完全随机区组排列，3 次重复，小区面积 0.02 亩。生产试验采用大区随机排列，不设重复，大区面积 0.5 亩。

分区试、生产试验，同组试验所有品种同期播种、移栽，施肥水平中等偏上，其他栽培管理措施与当地大田生产相同。

观察记载项目与标准按 NY/T 1300—2007《农作物品种区域试验技术规范　水稻》以及《国家水稻品种试验观察记载项目、方法及标准》《南方稻区国家水稻品种区试及生产试验记载表》等的要求执行。

（五）特性鉴定

1. 抗性鉴定

浙江省农业科学院植微所、湖南省农业科学院植保所、湖北宜昌市农科所、安徽省农业科学院植保所、福建上杭县茶地乡农技站和江西井冈山企业集团农技服务中心负责稻瘟病抗性鉴定。湖南省农业科学院水稻所负责白叶枯病抗性鉴定。鉴定采用人工接菌与病区自然诱发相结合。中国水稻研究所稻作发展中心负责稻飞虱抗性鉴定。华中农业大学负责生产试验品种抽穗期耐热性鉴定。鉴定用种子均由主持单位中国水稻研究所统一提供。

2. 米质分析

安徽省农业科学院水稻所、河南信阳市农科所和中国水稻研究所试验点提供样品，农业农村部稻米及制品质量监督检验测试中心负责检测分析。

3. DNA 指纹特异性与一致性

中国水稻研究所国家水稻改良中心进行参试品种的特异性、同名品种年度间及不同样品间的一致

性鉴定。

（六）试验评价

依据 NY/T 1300—2007《农作物品种区域试验技术规范　水稻》、试验实地检查考察情况以及试验点对试验实施情况和品种表现情况所做的说明，对各试验（鉴定）点试验（鉴定）结果的可靠性、完整性、准确性等进行分析评估，确保汇总质量。

2018 年所有区试点、生产试验点以及特性鉴定点的试验（鉴定）结果正常，全部纳入汇总。

（七）品种评价

依据国家农作物品种审定委员会 2017 年发布的《主要农作物品种审定标准（国家级）》，对参试品种进行分析评价。

产量联合方差分析采用固定模型，品种间产量差异多重比较采用 Duncan's 新复极差法；参试品种的丰产性主要以品种在区试和生产试验中相对于对照品种产量增减产百分率来衡量；参试品种的适应性主要以品种在区试和生产试验中比对照品种增产的试验点百分率来衡量；参试品种的稳产性主要以品种在年度间区试中相对于对照品种产量的差异变化程度来衡量。

参试品种的生育期主要以全生育期比对照品种长短的天数来衡量。

参试品种的抗性以指定的鉴定单位的鉴定结果为主要依据，对稻瘟病抗性的主要评价指标为综合指数和穗瘟损失率最高级，对其他病虫害抗性的主要评价指标为最高级。

参试品种的温度敏感性以结实率低于 70%的区试点数来衡量。

参试品种的米质评价按照农业行业标准 NY/T 593—2013《食用稻品种品质》，分优质 1 级、优质 2 级、优质 3 级，未达到优质级的品种米质均为普通级。

二、结果分析

（一）产量

依据比对照的增减产幅度衡量：在 2018 年区试参试品种中，产量高、比对照增产 5%以上的品种有吨两优 900、Y 两优 919 和荆两优 1189；产量较高、比对照增产 3%～5%的品种有赣 73 优 73；产量中等、比对照增减产 3%以内的品种有望两优 131、华两优绿丝苗、隆两优 5281、智两优 6518、F 两优 19、韵两优 282、E 两优 1453。

区试参试品种产量汇总结果见表 15-3，生产试验参试品种产量汇总结果见表 15-4。

（二）生育期

依据全生育比对照长短的天数衡量：在 2018 年区试参试品种中，熟期较早、比对照早熟的品种有荆两优 1189、赣 73 优 73 和望两优 131；其他品种的全生育期介于 133.5～137.7 天，比对照迟熟 1～5 天，熟期基本适宜。

区试参试品种生育期汇总结果见表 15-3，生产试验参试品种生育期汇总结果见表 15-4。

（三）主要农艺经济性状

区试参试品种分蘖率、有效穗、成穗率、株高、穗长、每穗总粒数、每穗实粒数、结实率、千粒重等主要农艺经济性状汇总结果见表 15-3。

（四）抗性

对稻瘟病的抗性，根据 1～2 年鉴定结果，稻瘟病穗瘟损失率最高级 3 级的品种有 E 两优 1453、荆两优 1189、隆两优 5281；穗瘟损失率最高级 5 级的品种有智两优 6518、望两优 131、华两优绿丝占、韵两优 282、赣 73 优 73；穗瘟损失率最高级 7 级的品种有 Y 两优 919、吨两优 900；穗瘟损失率最高级 9 级的品种有 F 两优 19。

生产试验参试品种特性鉴定结果见表 15-4，区试参试品种抗性鉴定结果见表 15-5 和 15-6。

（五）米质

依据农业行业标准 NY/T 593—2013《食用稻品种品质》，根据 1~2 年的检测结果：优质 2 级的品种有 E 两优 1453 和荆两优 1189；优质 3 级的品种有 F 两优 19、Y 两优 919、望两优 131、华两优绿丝苗、智两优 6518；其他参试品种均为普通级，米质中等或一般。

区试参试品种米质指标表现及等级见表 15-7。

（六）品种在各试验点表现

区试参试品种在各试验点的表现情况见表 15-8，生产试验参试品种在各试验点的表现情况见表 15-9。

三、品种简评

（一）生产试验品种

望两优 007

2016 年初试平均亩产 621.97 千克，居第 7 位，比丰两优四号（CK）增产 2.89%，增产点比例 85.7%；2017 年续试平均亩产 623.60 千克，比丰两优四号（CK）增产 5.02%，增产点比例 78.6%；两年区试平均亩产 622.79 千克，比丰两优四号（CK）增产 3.95%，增产点比例 82.1%；2018 年生产试验平均亩产 677.92 千克，比丰两优四号（CK）增产 5.71%，增产点比例 100.0%。全生育期两年区试平均 140.3 天，比丰两优四号（CK）迟熟 3.9 天。主要农艺性状两年区试综合表现：有效穗 15.6 万穗/亩，株高 119.1 厘米，穗长 26.1 厘米，每穗总粒数 216.5 粒，结实率 77.3%，千粒重 24.2 克。抗性两年综合表现：稻瘟病综合指数年度分别为 5.8 级、5.0 级，穗瘟损失率最高 9 级；白叶枯病 5 级；褐飞虱 9 级；抽穗期耐热性 7 级。米质主要指标两年综合表现：糙米率 80.4%，整精米率 61.0%，长宽比 3.1，垩白粒率 19%，垩白度 2.6%，透明度 2 级，碱消值 4.1 级，胶稠度 84 毫米，直链淀粉含量 13.1%，综合评级为国标等外、部标普通。

2018 年国家水稻品种试验年会审议意见：已完成试验程序，可以申报国家审定。

（二）续试品种

1. F 两优 19

2017 年初试平均亩产 624.91 千克，比丰两优四号（CK）增产 5.24%，增产点比例 64.3%；2018 年续试平均亩产 618.26 千克，比丰两优四号（CK）增产 1.24%，增产点比例 46.7%；两年区试平均亩产 621.59 千克，比丰两优四号（CK）增产 3.22%，增产点比例 55.5%。全生育期两年区试平均 138.9 天，比丰两优四号（CK）迟熟 4.1 天。主要农艺性状两年区试综合表现：有效穗 14.1 万穗/亩，株高 135.5 厘米，穗长 26.2 厘米，每穗总粒数 200.8 粒，结实率 81.5%，千粒重 28.2 克。抗性表现：稻瘟病综合指数年度分别为 6.3 级、6.2 级，穗瘟损失率最高 9 级；白叶枯病最高级 7 级；褐飞虱最高级 9 级。米质表现：糙米率 81.1%，精米率 72.7%，整精米率 61.5%，粒长 6.9 毫米，长宽比 3.1，垩白粒率 6%，垩白度 0.6%，透明度 2 级，碱消值 5.4 级，胶稠度 76 毫米，直链淀粉含量 14.6%，综合评级为优质 3 级。

2018 年国家水稻品种试验年会审议意见：终止试验。

2. E 两优 1453

2017 年初试平均亩产 591.24 千克，比丰两优四号（CK）减产 0.43%，增产点比例 50.0%；2018 年续试平均亩产 613.63 千克，比丰两优四号（CK）增产 0.48%，增产点比例 53.3%；两年区试平均亩产 602.44 千克，比丰两优四号（CK）增产 0.04%，增产点比例 51.7%。全生育期两年区试平均 134.8 天，与丰两优四号（CK）相同。主要农艺性状两年区试综合表现：有效穗 15.9 万穗/亩，株高 127.3 厘米，穗长 26.3 厘米，每穗总粒数 169.7 粒，结实率 82.3%，千粒重 29.9 克。抗性表现：稻瘟病综合指数年度分别为 3.2 级、2.9 级，穗瘟损失率最高 3 级；白叶枯病最高级 3 级；褐飞虱最高级 5 级。米质表现：糙米率 81.7%，精米率 72.9%，整精米率 55.8%，粒长 7.2 毫米，长宽比 3.2，垩白粒率 20%，垩白度 2.4%，透明度 2 级，碱消值 6.4 级，胶稠度 73 毫米，直链淀粉含量 15.4%，综合评级为优质 2 级。

2018 年国家水稻品种试验年会审议意见：2019 年进行生产试验。

（三）初试品种

1. 吨两优 900

2018 年初试平均亩产 661.71 千克，比丰两优四号（CK）增产 8.36%，增产点比例 100.0%。全生育期 134.5 天，比丰两优四号（CK）迟熟 1.3 天。主要农艺性状表现：有效穗 16.6 万穗/亩，株高 120.7 厘米，穗长 25.0 厘米，每穗总粒数 214.2 粒，结实率 83.5%，结实率小于 70%的点 0 个，千粒重 23.5 克。抗性表现：稻瘟病综合指数 4.1 级，穗瘟损失率最高级 7 级；白叶枯病 7 级；褐飞虱 9 级。米质表现：糙米率 81.6%，精米率 72.5%，整精米率 66.1%，粒长 6.4 毫米，长宽比 3.0，垩白粒率 3.3%，垩白度 0.5%，透明度 2 级，碱消值 4.2 级，胶稠度 75 毫米，直链淀粉含量 13.9%，综合评级为普通。

2018 年国家水稻品种试验年会审议意见：2019 年续试并进行生产试验。

2. Y 两优 919

2018 年初试平均亩产 659.72 千克，比丰两优四号（CK）增产 8.03%，增产点比例 100.0%。全生育期 137.5 天，比丰两优四号（CK）迟熟 4.3 天。主要农艺性状表现：有效穗 17.1 万穗/亩，株高 126.5 厘米，穗长 27.7 厘米，每穗总粒数 193.8 粒，结实率 81.9%，结实率小于 70%的点 0 个，千粒重 24.7 克。抗性表现：稻瘟病综合指数 5.0 级，穗瘟损失率最高级 7 级；白叶枯病 5 级；褐飞虱 9 级。米质表现：糙米率 81.6%，精米率 73.5%，整精米率 68.8%，粒长 6.6 毫米，长宽比 3.0，垩白粒率 4.7%，垩白度 0.4%，透明度 2 级，碱消值 5.3 级，胶稠度 77 毫米，直链淀粉含量 13.3%，综合评级为优质 3 级。

2018 年国家水稻品种试验年会审议意见：2019 年续试并进行生产试验。

3. 荆两优 1189

2018 年初试平均亩产 643.12 千克，比丰两优四号（CK）增产 5.31%，增产点比例 93.3%。全生育期 130.5 天，比丰两优四号（CK）早熟 2.7 天。主要农艺性状表现：有效穗 19.4 万穗/亩，株高 118.6 厘米，穗长 26.6 厘米，每穗总粒数 190.3 粒，结实率 81.4%，结实率小于 70%的点 1 个，千粒重 21.4 克。抗性表现：稻瘟病综合指数 3.2 级，穗瘟损失率最高级 3 级；白叶枯病 5 级；褐飞虱 9 级。米质表现：糙米率 81.3%，精米率 71.7%，整精米率 63.0%，粒长 6.6 毫米，长宽比 3.4，垩白粒率 8.0%，垩白度 1.1%，透明度 2 级，碱消值 6.3 级，胶稠度 74 毫米，直链淀粉含量 14.1%，综合评级为优质 2 级。

2018 年国家水稻品种试验年会审议意见：2019 年续试并进行生产试验。

4. 赣 73 优 73

2018 年初试平均亩产 632.66 千克，比丰两优四号（CK）增产 3.60%，增产点比例 73.3%。全生育期 130.2 天，比丰两优四号（CK）早熟 3.0 天。主要农艺性状表现：有效穗 17.1 万穗/亩，株高 123.0 厘米，穗长 23.6 厘米，每穗总粒数 188.0 粒，结实率 77.2%，结实率小于 70%的点 2 个，千粒重 27.3 克。抗性表现：稻瘟病综合指数 4.6 级，穗瘟损失率最高级 5 级；白叶枯病 3 级；褐飞虱 9 级。米质表现：糙米率 82.5%，精米率 71.6%，整精米率 43.1%，粒长 7.0 毫米，长宽比 3.1，垩白粒率 52.0%，垩白度 8.6%，透明度 2 级，碱消值 5.6 级，胶稠度 57 毫米，直链淀粉含量 20.9%，综合评级为普通。

2018 年国家水稻品种试验年会审议意见：终止试验。

5. 望两优 131

2018 年初试平均亩产 624.66 千克，比丰两优四号（CK）增产 2.29%，增产点比例 66.7%。全生育期 128.9 天，比丰两优四号（CK）早熟 4.3 天。主要农艺性状表现：有效穗 17.6 万穗/亩，株高 116.1 厘米，穗长 26.7 厘米，每穗总粒数 180.3 粒，结实率 87.4%，结实率小于 70%的点 0 个，千粒重 22.7 克。抗性表现：稻瘟病综合指数 4.0 级，穗瘟损失率最高级 5 级；白叶枯病 7 级；褐飞虱 9 级。米质表现：糙米率 81.7%，精米率 72.0%，整精米率 58.9%，粒长 6.7 毫米，长宽比 3.5，垩白粒率 6.0%，垩白度 0.8%，透明度 2 级，碱消值 5.1 级，胶稠度 73 毫米，直链淀粉含量 14.5%，综合评级为优质 3 级。

2018 年国家水稻品种试验年会审议意见：终止试验。

6. 华两优绿丝苗

2018 年初试平均亩产 622.05 千克，比丰两优四号（CK）增产 1.86%，增产点比例 66.7%。全生育期 135.9 天，比丰两优四号（CK）迟熟 2.7 天。主要农艺性状表现：有效穗 15.5 万穗/亩，株高 139.3 厘米，穗长 24.5 厘米，每穗总粒数 204.8 粒，结实率 80.7%，结实率小于 70%的点 1 个，千粒重 26.3 克。抗性表现：稻瘟病综合指数 4.3 级，穗瘟损失率最高级 5 级；白叶枯病 5 级；褐飞虱 7 级。米质表现：糙米率 81.5%，精米率 72.7%，整精米率 59.5%，粒长 7.0 毫米，长宽比 3.3，垩白粒率 11.3%，垩白度 1.4%，透明度 1 级，碱消值 5.3 级，胶稠度 76 毫米，直链淀粉含量 15.3%，综合评级为优质 3 级。

2018 年国家水稻品种试验年会审议意见：终止试验。

7. 隆两优 5281

2018 年初试平均亩产 621.36 千克，比丰两优四号（CK）增产 1.75%，增产点比例 46.7%。全生育期 136.1 天，比丰两优四号（CK）迟熟 2.9 天。主要农艺性状表现：有效穗 17.2 万穗/亩，株高 132.6 厘米，穗长 25.7 厘米，每穗总粒数 185.9 粒，结实率 79.3%，结实率小于 70%的点 2 个，千粒重 25.9 克。抗性表现：稻瘟病综合指数 3.0 级，穗瘟损失率最高级 3 级；白叶枯病 7 级；褐飞虱 9 级。米质表现：糙米率 81.1%，精米率 71.9%，整精米率 63.5%，粒长 6.7 毫米，长宽比 3.1，垩白粒率 4.3%，垩白度 0.6%，透明度 2 级，碱消值 4.1 级，胶稠度 79 毫米，直链淀粉含量 13.8%，综合评级为普通。

2018 年国家水稻品种试验年会审议意见：2019 年续试。

8. 智两优 6518

2018 年初试平均亩产 620.38 千克，比丰两优四号（CK）增产 1.59%，增产点比例 60.0%。全生育期 137.2 天，比丰两优四号（CK）迟熟 4.0 天。主要农艺性状表现：有效穗 16.6 万穗/亩，株高 125.9 厘米，穗长 24.4 厘米，每穗总粒数 200.9 粒，结实率 80.7%，结实率小于 70%的点 1 个，千粒重 23.6 克。抗性表现：稻瘟病综合指数 3.9 级，穗瘟损失率最高级 5 级；白叶枯病 7 级；褐飞虱 9 级。米质表现：糙米率 81.2%，精米率 72.4%，整精米率 62.4%，粒长 6.6 毫米，长宽比 3.2，垩白粒率 4.0%，垩白度 0.6%，透明度 2 级，碱消值 5.4 级，胶稠度 76 毫米，直链淀粉含量 14.5%，综合评级为优质 3 级。

2018 年国家水稻品种试验年会审议意见：终止试验。

9. 韵两优 282

2018 年初试平均亩产 614.47 千克，比丰两优四号（CK）增产 0.62%，增产点比例 53.3%。全生育期 134.8 天，比丰两优四号（CK）迟熟 1.6 天。主要农艺性状表现：有效穗 14.3 万穗/亩，株高 129.0 厘米，穗长 26.4 厘米，每穗总粒数 195.6 粒，结实率 82.6%，结实率小于 70%的点 1 个，千粒重 27.7 克。抗性表现：稻瘟病综合指数 3.6 级，穗瘟损失率最高级 5 级；白叶枯病 7 级；褐飞虱 9 级。米质表现：糙米率 81.7%，精米率 72.6%，整精米率 57.7%，粒长 7.0 毫米，长宽比 3.2，垩白粒率 16.7%，垩白度 1.7%，透明度 2 级，碱消值 4.6 级，胶稠度 79 毫米，直链淀粉含量 13.4%，综合评级为普通。

2018 年国家水稻品种试验年会审议意见：终止试验。

表 15-1　长江中下游中籼迟熟 D 组（182411NX-D）区试及生产试验参试品种基本情况

品种名称	试验编号	抗鉴编号	品种类型	亲本组合	申请者（非个人）	选育/供种单位
区试						
E 两优 1453	1	12	杂交稻	E 农 1S/R453	武汉隆福康农业发展有限公司	武汉隆福康农业发展有限公司
*隆两优 5281	2	11	杂交稻	隆科 638S/华恢 5281	湖北惠民农业科技有限公司	湖南亚华种业科学研究院、湖北惠民农业科技有限公司、湖南隆平高科种业科学研究院有限公司
*Y 两优 919	3	6	杂交稻	Y58S/R919	安徽袁粮水稻产业有限公司	乔保建、任代胜、付锡江、陶元平、彭冲
*赣 73 优 73	4	9	杂交稻	赣 73A×盐恢 73	江苏沿海地区农业科学研究所、中国科学院遗传与发育生物学研究所	江苏沿海地区农业科学研究所
F 两优 19	5	7	杂交稻	F168s/信丰 19	信阳市农业科学院	信阳市农业科学院
*望两优 131	6	3	杂交稻	望 1SxR131	安徽新安种业有限公司	安徽新安种业有限公司
*华两优绿丝苗	7	5	杂交稻	华 99S×绿丝苗	中垦锦绣华农武汉科技有限公司	中垦锦绣华农武汉科技有限公司、深圳市金谷美香实业有限公司
丰两优四号（CK）	8	1	杂交稻	丰 39S×盐稻 4 号选		合肥丰乐种业股份公司
*荆两优 1189	9	4	杂交稻	荆 118S/R9	荆州长大湿地农业有限公司	荆州长大湿地农业有限公司
*韵两优 282	10	8	杂交稻	H234S/H8214-16	安徽华韵生物科技有限公司	安徽华韵生物科技有限公司
*智两优 6518	11	2	杂交稻	智农 s×荟恢 618	科荟种业股份有限公司	科荟种业股份有限公司
*吨两优 900	12	10	杂交稻	吨 S×R900	创世纪种业有限公司、湖南袁创超级稻技术有限公司	湖南袁创超级稻技术有限公司
生产试验						
望两优 007	B6		杂交稻	望 S/望恢 007	江西天稻粮安种业有限公司	江西天稻粮安种业有限公司
丰两优四号（CK）	B7		杂交稻	丰 39S×盐稻 4 号选		合肥丰乐种业股份公司

注：*为 2018 年新参试品种。

表 15-2　长江中下游中籼迟熟 D 组（182411NX-D）区试及生产试验点基本情况

承试单位	试验地点	经度	纬度	海拔高度（米）	试验负责人及执行人
区试					
安徽滁州市农科所	滁州市国家农作物区域试验站	118°26′	32°09′	17.8	黄明永、卢继武、刘淼才
安徽黄山市种子站	黄山市农科所双桥基地	118°14′	29°40′	134.0	汪淇、王淑芬、汤雷、汪东兵、王新
安徽省农业科学院水稻所	合肥市	117°25′	31°59′	20.0	罗志祥、施伏芝
安徽袁粮水稻产业有限公司	芜湖市镜湖区利民村试验基地	118°27′	31°14′	7.2	乔保建、陶元平
福建南平市建阳区良种场	建阳市马伏良种场三亩片	118°22′	27°03′	150.0	张金明
河南信阳市农业科学院	信阳市本院试验田	114°05′	32°07′	75.9	王青林、霍二伟
湖北京山县农科所	京山县永兴镇苏佘畈村五组	113°07′	31°01′	75.6	彭金好、张红文、张瑜
湖北宜昌市农业科学院	枝江市问安镇四岗试验基地	111°05′	30°34′	60.0	贺丽、黄蓉
湖南怀化市农科所	怀化市洪江市双溪镇大马村	109°51′	27°15′	180.0	江生
湖南岳阳市农科所	岳阳县麻塘试验基地	113°05′	29°24′	32.0	黄四民、袁熙军
江苏里下河地区农科所	扬州市	119°25′	32°25′	8.0	李爱宏、余玲、刘广青
江苏沿海地区农科所	盐城市	120°08′	33°23′	2.7	孙明法、施伟
江西九江市农科所	九江县马回岭镇	115°48′	29°26′	45.0	潘世文、刘中来、李三元、李坤、宋惠洁
江西省农业科学院水稻所	高安市鄱阳湖生态区现代农业科技示范基地	115°22′	28°25′	60.0	邱在辉、何虎
中国水稻研究所	杭州市富阳区	120°19′	30°12′	7.2	杨仕华、夏俊辉、施彩娟
生产试验					
B 组：江西天涯种业有限公司	萍乡市麻山镇汶泉村	113°47′	27°32′	122.8	叶祖芳、冯胜亮、刘垂涛
B 组：湖南石门县水稻原种场	石门县白洋湖	111°28′	29°25′	64.0	杨春沅、张光纯
B 组：湖北赤壁市种子局	官塘驿镇石泉村	114°07′	29°48′	24.4	姚忠清、王小光
B 组：湖北惠民农业科技有限公司	鄂州市路口原种场	114°35′	30°04′	50.0	王子敏、周文华
B 组：安徽荃银高科种业股份有限公司	合肥市蜀山区南岗鸡鸣村	117°13′	31°49′	37.6	张从合、周桂香
B 组：江苏瑞华农业科技有限公司	淮安市金湖县金北镇陈渡村	119°02′	33°13′	9.0	陈忠明、程雨
B 组：浙江天台县种子站	平桥镇山头邵村	120°54′	29°12′	98.0	陈人慧、王瑾

表 15-3 长江中下游中籼迟熟 D 组（182411NX-D）区试品种产量、生育期及主要农艺经济性状汇总分析结果

品种名称	区试年份	亩产（千克）	比 CK± %	比 CK 增产点（%）	产量差异显著性		结实率 <70%点	全生育期（天）	比 CK± 天	有效穗（万/亩）	株高（厘米）	穗长（厘米）	每穗总粒数	每穗实粒数	结实率（%）	千粒重（克）
					0.05	0.01										
F 两优 19	2017—2018	621.59	3.22	55.5				138.9	4.1	14.1	135.5	26.2	200.8	163.6	81.5	28.2
E 两优 1453	2017—2018	602.44	0.04	51.7				134.8	0.0	15.9	127.3	26.3	169.7	139.6	82.3	29.9
丰两优四号（CK）	2017—2018	602.22	0.00	0.0				134.8	0.0	15.1	133.0	25.2	187.0	154.6	82.7	27.8
吨两优 900	2018	661.71	8.36	100.0	a	A	0	134.5	1.3	16.6	120.7	25.0	214.2	178.8	83.5	23.5
Y 两优 919	2018	659.72	8.03	100.0	a	A	0	137.5	4.3	17.1	126.5	27.7	193.8	158.7	81.9	24.7
荆两优 1189	2018	643.12	5.31	93.3	b	B	1	130.5	-2.7	19.4	118.6	26.6	190.3	154.8	81.4	21.4
赣 73 优 73	2018	632.66	3.60	73.3	c	C	2	130.2	-3.0	17.1	123.0	23.6	188.0	145.1	77.2	27.3
望两优 131	2018	624.66	2.29	66.7	d	CD	0	128.9	-4.3	17.6	116.1	26.7	180.3	157.6	87.4	22.7
华两优绿丝苗	2018	622.05	1.86	66.7	d	DE	1	135.9	2.7	15.5	139.3	24.5	204.8	165.3	80.7	26.3
隆两优 5281	2018	621.36	1.75	46.7	d	DE	2	136.1	2.9	17.2	132.6	25.7	185.9	147.4	79.3	25.9
智两优 6518	2018	620.38	1.59	60.0	de	DE	1	137.2	4.0	16.6	125.9	24.4	200.9	162.2	80.7	23.6
F 两优 19	2018	618.26	1.24	46.7	def	DEF	1	137.7	4.5	14.2	134.1	26.2	201.8	164.0	81.3	28.0
韵两优 282	2018	614.47	0.62	53.3	efg	EF	1	134.8	1.6	14.3	129.0	26.4	195.6	161.5	82.6	27.7
E 两优 1453	2018	613.63	0.48	53.3	fg	EF	0	133.5	0.3	16.3	126.4	26.2	162.9	135.1	82.9	29.9
丰两优四号（CK）	2018	610.67	0.00	0.0	g	F	0	133.2	0.0	15.4	132.8	25.4	183.4	155.0	84.5	28.0

表 15-4　长江中下游中籼迟熟 D 组（1872411NX-D）生产试验品种产量、生育期、综合评级及抽穗期耐热性鉴定结果

品种名称	望两优 007	丰两优四号（CK）
生产试验汇总表现		
全生育期（天）	134.1	129.3
比 CK±天	4.8	0.0
亩产（千克）	677.92	633.69
产量比 CK±%	5.71	0.00
增产点比例（%）	100.0	0.0
各生产试验点综合评价等级		
江西天涯种业有限公司	A	A
湖南石门县水稻原种场	A	B
湖北赤壁市种子局	A	B
湖北惠民农业科技有限公司	C	C
安徽荃银高科种业股份有限公司	A	B
江苏瑞华农业科技有限公司	A	C
浙江天台县种子站	B	B
抽穗期耐热性（级）	7	3

注：1. 区试 A、D、E、H 组生产试验合并进行，因品种较多，多数生产试验点加设 CK 后安排在多块田中进行，表中产量比 CK±%系与同田块 CK 比较的结果。
2. 综合评价等级：A—好，B—较好，C—中等，D——般。
3. 抽穗期耐热性为华中农业大学鉴定结果。

表 15-5　长江中下游中籼迟熟 D 组（182411NX-D）品种稻瘟病抗性各地鉴定结果（2018 年）

品种名称	浙江					湖南					湖北					安徽					福建					江西				
	叶瘟	穗瘟发病		穗瘟损失		叶瘟	穗瘟发病		穗瘟损失		叶瘟	穗瘟发病		穗瘟损失		叶瘟	穗瘟发病		穗瘟损失		叶瘟	穗瘟发病		穗瘟损失		叶瘟	穗瘟发病		穗瘟损失	
	级	%	级	%	级	级	%	级	%	级	级	%	级	%	级	级	%	级	%	级	级	%	级	%	级	级	%	级	%	级
丰两优四号（CK）	6	63	9	25	5	6	65	9	22	5	6	67	9	27	5	3	65	9	33	7	7	100	9	94	9	5	100	9	29	5
智两优 6518	3	39	7	13	3	4	37	7	6	3	3	7	3	1	1	3	39	7	17	5	4	19	5	7	3	3	65	9	7	3
望两优 131	2	41	7	17	5	3	36	7	8	3	3	20	5	9	3	2	35	7	14	3	3	22	5	10	3	3	76	9	11	3
荆两优 1189	1	52	9	6	3	3	28	7	5	1	4	19	5	4	1	1	31	7	12	3	2	14	5	7	3	2	43	7	4	1
华两优绿丝苗	4	63	9	25	5	4	47	7	8	3	4	26	7	6	3	2	11	5	3	1	4	30	7	11	3	5	53	9	7	3
Y 两优 919	4	24	5	5	1	5	48	7	11	3	5	31	7	11	3	4	58	9	27	5	6	75	9	39	7	2	79	9	16	5
F 两优 19	3	17	5	6	3	6	73	9	26	5	6	73	9	36	7	5	71	9	36	7	6	100	9	67	9	4	62	9	7	3
韵两优 282	2	34	7	12	3	3	38	7	6	3	3	11	5	2	1	2	38	7	16	5	4	7	3	2	1	3	73	9	9	3
赣 73 优 73	3	43	7	16	5	4	68	9	21	5	4	29	7	9	3	2	34	7	13	3	3	20	5	7	3	3	100	9	20	5
吨两优 900	2	24	5	8	3	3	47	7	10	3	4	9	3	2	1	3	62	9	32	7	4	25	5	13	3	4	68	9	8	3
隆两优 5281	3	22	5	7	3	3	35	7	6	3	3	13	5	2	1	2	16	5	5	1	3	4	1	1	1	3	63	9	7	3
E 两优 1453	4	66	9	7	3	3	38	7	6	3	3	3	1	1	1	1	11	5	4	1	3	9	3	3	1	3	39	7	4	1
感稻瘟病（CK）	7	95	9	44	7	8	85	9	56	9	7	100	9	69	9	7	95	9	59	9	7	100	9	91	9	7	100	9	55	9

注：1. 鉴定单位：浙江省农业科学院植微所、湖南省农业科学院植保所、湖北宜昌市农业科学院、安徽省农业科学院植保所、福建上杭县茶地镇农技站、江西井冈山企业集团农技服务中心。

2. 感稻瘟病（CK）：浙江、安徽为 Wh26，湖南、湖北、福建、江西分别为湘晚籼 11 号、丰两优香 1 号、明恢 86+龙黑糯 2 号、恩糯。

表 15-6　长江中下游中籼迟熟 D 组（182411NX-D）品种对主要病虫抗性综合评价结果（2017—2018 年）

品种名称	区试年份	稻瘟病										白叶枯病（级）			褐飞虱（级）		
		2018 年各地综合指数（级）							2018 年穗瘟损失率最高级	1~2 年综合评价		2018 年	1~2 年综合评价		2018 年	1~2 年综合评价	
		浙江	湖南	湖北	安徽	福建	江西	平均		平均综合指数	穗瘟损失率最高级		平均	最高		平均	最高
F 两优 19	2017—2018	3.5	6.3	7.3	7.0	8.3	4.8	6.2	9	6.2	9	7	7	7	9	9	9
E 两优 1453	2017—2018	4.8	4.0	1.5	2.0	2.0	3.0	2.9	3	3.0	3	3	3	3	5	5	5
丰两优四号（CK）	2017—2018	6.3	6.3	6.3	6.5	8.5	6.0	6.6	9	6.9	9	5	5	5	9	9	9
智两优 6518	2018	4.0	4.3	2.0	5.0	3.8	4.5	3.9	5	3.9	5	7	7	7	9	9	9
望两优 131	2018	4.8	4.0	3.5	3.8	3.5	4.5	4.0	5	4.0	5	7	7	7	9	9	9
荆两优 1189	2018	4.0	3.0	2.8	3.5	3.3	2.8	3.2	3	3.2	3	5	5	5	9	9	9
华两优绿丝苗	2018	5.8	4.3	4.3	2.3	4.3	5.0	4.3	5	4.3	5	5	5	5	7	7	7
Y 两优 919	2018	2.8	4.5	4.5	5.8	7.3	5.3	5.0	7	5.0	7	5	5	5	9	9	9
韵两优 282	2018	3.8	4.0	2.5	4.8	2.3	4.5	3.6	5	3.6	5	7	7	7	9	9	9
赣 73 优 73	2018	5.0	5.8	4.3	3.8	3.5	5.5	4.6	5	4.6	5	3	3	3	9	9	9
吨两优 900	2018	3.3	4.0	2.3	6.5	3.8	4.8	4.1	7	4.1	7	7	7	7	9	9	9
隆两优 5281	2018	3.5	4.0	2.5	2.3	1.5	4.5	3.0	3	3.0	3	7	7	7	9	9	9
丰两优四号（CK）	2018	6.3	6.3	6.3	6.5	8.5	6.0	6.6	9	6.6	9	5	5	5	9	9	9
感病虫（CK）	2018	7.5	8.8	8.5	8.5	8.5	8.5	8.4	9	8.4	9	9	9	9	9	9	9

注：1. 稻瘟病综合指数=叶瘟平均级×25%+穗瘟发病率平均级×25%+穗瘟损失率平均级×50%。

2. 白叶枯病和褐飞虱鉴定单位分别为湖南省农业科学院水稻所和中国水稻研究所稻作发展中心。

3. 感白叶枯病、褐飞虱 CK 分别为金刚 30、TN1。

表 15-7　长江中下游中籼迟熟 D 组（182411NX-D）品种米质检测分析结果

品种名称	年份	糙米率（%）	精米率（%）	整精米率（%）	粒长（毫米）	长宽比	垩白粒率（%）	垩白度（%）	透明度（级）	碱消值（级）	胶稠度（毫米）	直链淀粉（%）	部标（等级）
E 两优 1453	2017—2018	81.7	72.9	55.8	7.2	3.2	20	2.4	2	6.4	73	15.4	优二
F 两优 19	2017—2018	81.1	72.7	61.5	6.9	3.1	6	0.6	2	5.4	76	14.6	优三
丰两优四号（CK）	2017—2018	81.8	73.1	59.0	6.9	3.1	12	1.6	1	6.2	73	15.1	优二
隆两优 5281	2018	81.1	71.9	63.5	6.7	3.1	4	0.6	2	4.1	79	13.8	普通
Y 两优 919	2018	81.6	73.5	68.8	6.6	3.0	5	0.4	2	5.3	77	13.3	优三
赣 73 优 73	2018	82.5	71.6	43.1	7.0	3.1	52	8.6	2	5.6	57	20.9	普通
望两优 131	2018	81.7	72.0	58.9	6.7	3.5	6	0.8	2	5.1	73	14.5	优三
华两优绿丝苗	2018	81.5	72.7	59.5	7.0	3.3	11	1.4	1	5.3	76	15.3	优三
荆两优 1189	2018	81.3	71.7	63.0	6.6	3.4	8	1.1	2	6.3	74	14.1	优二
韵两优 282	2018	81.7	72.6	57.7	7.0	3.2	17	1.7	2	4.6	79	13.4	普通
智两优 6518	2018	81.2	72.4	62.4	6.6	3.2	4	0.6	2	5.4	76	14.5	优三
吨两优 900	2018	81.6	72.5	66.1	6.4	3.0	3	0.5	2	4.2	75	13.9	普通
丰两优四号（CK）	2018	81.8	73.1	59.0	6.9	3.1	12	1.6	1	6.2	73	15.1	优二

注：1. 供样单位：安徽省农业科学院水稻所（2017—2018 年）、河南信阳市农科所（2017—2018 年）、中国水稻研究所（2017—2018 年）。

2. 检测单位：农业农村部稻米及制品质量监督检验测试中心。

表 15-8-1　长江中下游中籼迟熟 D 组（182411NX-D）区试品种在各试点的产量、生育期及主要农艺经济性状表现

品种名称/试验点	亩产（千克）	比 CK± %	产量位次	播种期（月/日）	齐穗期（月/日）	成熟期（月/日）	全生育期(天)	有效穗（万/亩）	株高（厘米）	穗长（厘米）	总粒数/穗	实粒数/穗	结实率（%）	千粒重（克）	杂株率（%）	倒伏性	穗颈瘟	纹枯病	稻曲病	综评等级
E 两优 1453																				
安徽滁州市农科所	661.51	3.47	9	5/8	8/19	9/30	145	18.4	143.5	27.4	187.9	136.3	72.5	28.5	0.5	直	未发	轻	未发	B
安徽黄山市种子站	538.68	2.06	9	4/27	8/4	9/5	131	13.4	115.2	24.3	189.3	149.2	78.8	26.6	0.0	直	未发	未发	无	B
安徽省农业科学院水稻所	586.71	-7.39	12	5/3	8/19	9/26	146	16.4	134.0	22.9	153.1	119.3	77.9	30.3	—	直	未发	无	无	D
安徽袁粮水稻产业有限公司	642.94	3.86	7	5/7	8/5	9/18	134	17.1	122.9	27.1	182.1	148.5	81.5	29.3	0.0	直	未发	未发	未发	B
福建南平市建阳区良种场	582.71	1.69	4	5/18	8/21	9/30	135	13.1	128.0	24.7	166.6	138.8	83.3	33.7	2.0	直	无	中	—	C
河南信阳市农业科学院	635.25	8.21	4	4/25	8/8	9/10	138	19.0	121.7	24.4	119.4	104.0	87.1	30.9	—	直	未发	中	—	B
湖北京山县农科所	600.04	-0.36	10	5/9	8/3	9/6	120	17.6	132.6	28.6	143.1	131.7	92.0	29.5	—	—	未发	—	无	C
湖北宜昌市农业科学院	774.95	9.72	2	4/23	7/31	9/6	136	20.6	125.5	27.3	147.8	127.3	86.1	30.5	0.9	直	轻	中	未发	A
湖南怀化市农科所	542.73	-7.42	9	4/18	8/4	9/2	137	12.3	129.1	28.4	193.6	154.6	79.9	29.3	0.0	直	未发	轻	未发	D
湖南岳阳市农业科学院	638.27	-1.55	10	5/3	8/4	9/8	128	14.6	128.6	27.5	190.6	158.8	83.3	29.6	0.0	直	未发	无	未发	B
江苏里下河地区农科所	580.38	-2.16	10	5/14	8/19	9/26	135	13.9	119.6	24.5	135.0	125.0	92.6	30.5	0.9	斜	未发	轻	—	C
江苏沿海地区农科所	591.37	-2.47	11	5/7	8/19	9/20	136	18.2	120.3	25.9	152.0	109.0	71.7	29.6	0.0	直	未发	轻	无	D
江西九江市农业科学院	621.03	8.69	4	5/10	8/12	9/18	131	14.5	124.5	26.2	150.0	129.2	86.1	31.1	5.0	直	未发	轻	未发	A
江西省农业科学院水稻所	653.71	1.94	7	5/13	8/15	9/9	119	18.9	122.7	25.9	146.7	134.3	91.5	29.5	0.0	直	未发	未发	未发	C
中国水稻研究所	554.14	-11.34	11	5/15	8/16	9/23	131	16.0	127.6	28.0	187.0	160.7	85.9	29.2	1.0	伏	未发	轻	—	D

注：综合评级：A—好，B—较好，C—中等，D——一般。

表 15-8-2　长江中下游中籼迟熟 D 组（182411NX-D）区试品种在各试点的产量、生育期及主要农艺经济性状表现

品种名称/试验点	亩产（千克）	比 CK±%	产量位次	播种期（月/日）	齐穗期（月/日）	成熟期（月/日）	全生育期(天)	有效穗（万/亩）	株高（厘米）	穗长（厘米）	总粒数/穗	实粒数/穗	结实率（%）	千粒重（克）	杂株率（%）	倒伏性	穗颈瘟	纹枯病	稻曲病	综评等级
隆两优 5281																				
安徽滁州市农科所	688.49	7.69	2	5/8	8/22	10/3	148	26.9	140.3	25.7	194.6	120.6	62.0	26.7	0.0	直	轻	轻	未发	A
安徽黄山市种子站	552.22	4.62	7	4/27	8/7	9/6	132	14.5	117.8	23.5	187.4	154.2	82.3	25.3	0.0	直	未发	未发	无	B
安徽省农业科学院水稻所	670.67	5.86	6	5/3	8/18	9/25	145	15.7	138.0	25.1	219.4	170.6	77.8	25.7	—	直	未发	无	无	B
安徽袁粮水稻产业有限公司	634.26	2.46	9	5/7	8/11	9/21	137	16.2	132.4	25.8	203.1	178.6	87.9	26.5	0.0	直	未发	未发	未发	B
福建南平市建阳区良种场	571.05	-0.35	8	5/18	8/21	10/2	137	14.3	141.0	25.4	176.8	149.2	84.4	27.5	0.0	直	无	轻	—	C
河南信阳市农业科学院	615.35	4.82	9	4/25	8/8	9/14	142	20.9	131.3	23.7	134.5	103.9	77.2	26.3	—	直	未发	轻	—	C
湖北京山县农科所	598.54	-0.61	11	5/9	8/10	9/13	127	19.8	136.4	25.4	121.4	108.2	89.1	24.7	0.9	—	未发	—	无	C
湖北宜昌市农业科学院	676.00	-4.29	10	4/23	8/4	9/7	137	19.8	129.3	28.2	151.2	131.1	86.7	26.4	0.8	直	轻	轻	未发	C
湖南怀化市农科所	563.22	-3.92	8	4/18	8/3	9/3	138	11.8	135.5	28.2	286.1	190.5	66.6	25.7	0.0	直	未发	轻	未发	C
湖南岳阳市农业科学院	644.95	-0.52	7	5/3	8/6	9/9	129	15.5	139.6	26.0	184.3	151.8	82.4	27.2	0.0	直	未发	无	未发	B
江苏里下河地区农科所	583.71	-1.60	9	5/14	8/23	9/30	139	15.3	122.6	25.1	153.0	138.0	90.2	25.6	0.0	直	未发	轻	—	C
江苏沿海地区农科所	603.53	-0.47	10	5/7	8/24	9/25	141	16.9	125.0	25.3	183.0	145.0	79.2	24.5	0.0	直	未发	轻	无	D
江西九江市农业科学院	622.53	8.95	3	5/10	8/18	9/21	134	15.1	136.8	26.5	203.7	152.3	74.8	26.0	0.0	直	未发	无	未发	A
江西省农业科学院水稻所	626.27	-2.34	9	5/13	8/15	9/14	124	18.1	128.3	24.0	170.9	152.1	89.0	24.8	0.0	直	未发	未发	未发	C
中国水稻研究所	669.67	7.15	2	5/15	8/16	9/23	131	16.5	134.3	27.7	219.4	165.2	75.3	25.3	0.0	直	未发	轻	—	A

注：综合评级：A—好，B—较好，C—中等，D——般。

表 15-8-3　长江中下游中籼迟熟 D 组（182411NX-D）区试品种在各试点的产量、生育期及主要农艺经济性状表现

品种名称/试验点	亩产（千克）	比 CK± %	产量位次	播种期（月/日）	齐穗期（月/日）	成熟期（月/日）	全生育期(天)	有效穗（万/亩）	株高（厘米）	穗长（厘米）	总粒数/穗	实粒数/穗	结实率（%）	千粒重（克）	杂株率（%）	倒伏性	穗颈瘟	纹枯病	稻曲病	综评等级
Y 两优 919																				
安徽滁州市农科所	674.50	5.50	5	5/8	8/21	10/2	147	22.9	141.2	28.2	198.8	142.9	71.9	24.4	0.3	直	未发	轻	未发	A
安徽黄山市种子站	582.12	10.29	2	4/27	8/13	9/10	136	15.2	110.8	23.8	198.1	165.3	83.4	23.7	0.0	直	未发	未发	无	B
安徽省农业科学院水稻所	712.15	12.41	2	5/3	8/21	9/29	149	16.8	128.0	26.4	198.5	165.4	83.3	26.7	—	直	未发	无	无	A
安徽袁粮水稻产业有限公司	691.06	11.63	1	5/7	8/11	9/20	136	15.9	122.7	28.8	206.1	173.4	84.1	26.6	2.5	直	未发	未发	未发	A
福建南平市建阳区良种场	601.70	5.00	3	5/18	8/23	10/4	139	14.8	132.0	27.2	191.4	155.6	81.3	26.9	0.0	直	无	轻	—	A
河南信阳市农业科学院	655.81	11.71	1	4/25	8/9	9/14	142	18.5	126.4	24.9	149.5	113.8	76.1	25.1	1.3	直	未发	轻	—	A
湖北京山县农科所	639.02	6.11	4	5/9	8/8	9/12	126	19.6	128.5	29.0	187.3	155.2	82.9	23.5	1.9	—	未发	—	无	A
湖北宜昌市农业科学院	750.30	6.23	4	4/23	8/6	9/10	140	20.1	126.2	27.6	162.0	150.6	93.0	25.1	1.1	直	无	轻	未发	B
湖南怀化市农科所	646.35	10.26	1	4/18	8/5	9/5	140	18.4	134.5	29.4	176.9	148.1	83.7	24.1	0.0	直	未发	轻	未发	A
湖南岳阳市农业科学院	691.73	6.70	3	5/3	8/8	9/11	131	15.3	125.5	28.6	198.3	169.1	85.3	25.2	0.0	直	未发	无	未发	A
江苏里下河地区农科所	637.68	7.50	2	5/14	8/24	10/4	143	13.9	120.4	30.0	224.0	197.0	87.9	23.0	0.9	直	未发	轻	—	A
江苏沿海地区农科所	668.84	10.30	2	5/7	8/25	9/26	142	18.4	117.3	24.9	194.0	165.0	85.1	21.8	0.0	直	未发	轻	无	A
江西九江市农业科学院	632.19	10.64	2	5/10	8/17	9/21	134	13.9	126.6	29.2	186.9	138.7	74.2	24.7	0.0	直	未发	无	未发	A
江西省农业科学院水稻所	675.42	5.33	2	5/13	8/16	9/15	125	16.6	130.0	28.9	229.8	185.0	80.5	24.4	0.0	直	未发	未发	未发	A
中国水稻研究所	637.00	1.92	4	5/15	8/19	9/25	133	15.9	126.9	27.9	205.1	155.6	75.9	24.6	0.3	直	未发	轻	—	B

注：综合评级：A—好，B—较好，C—中等，D—一般。

表 15-8-4　长江中下游中籼迟熟 D 组（182411NX-D）区试品种在各试点的产量、生育期及主要农艺经济性状表现

品种名称/试验点	亩产（千克）	比 CK± %	产量位次	播种期（月/日）	齐穗期（月/日）	成熟期（月/日）	全生育期(天)	有效穗（万/亩）	株高（厘米）	穗长（厘米）	总粒数/穗	实粒数/穗	结实率（%）	千粒重（克）	杂株率（%）	倒伏性	穗颈瘟	纹枯病	稻曲病	综评等级
赣 73 优 73																				
安徽滁州市农科所	625.69	-2.14	12	5/8	8/10	9/19	134	23.2	134.9	21.8	183.9	147.0	79.9	24.4	0.0	斜	未发	轻	未发	B
安徽黄山市种子站	556.39	5.41	6	4/27	8/3	9/4	130	15.6	102.4	22.7	187.2	156.8	83.8	23.6	0.0	直	未发	未发	无	B
安徽省农业科学院水稻所	700.32	10.54	4	5/3	8/11	9/15	135	16.5	128.0	22.3	216.1	170.4	78.9	25.7	—	直	未发	无	无	B
安徽袁粮水稻产业有限公司	672.85	8.69	2	5/7	8/4	9/17	133	16.6	135.7	24.1	205.5	163.4	79.5	29.5	0.0	直	未发	未发	未发	B
福建南平市建阳区良种场	550.06	-4.01	12	5/18	8/17	10/1	136	14.0	124.5	22.8	165.9	134.1	80.8	31.3	0.0	直	无	轻	—	C
河南信阳市农业科学院	632.79	7.79	5	4/25	8/1	9/5	133	17.9	120.7	20.8	139.4	104.8	75.2	28.6	—	直	未发	中	—	B
湖北京山县农科所	650.68	8.05	2	5/9	8/4	9/8	122	19.8	127.3	23.8	121.0	105.1	86.9	27.0	1.9	—	未发	—	无	A
湖北宜昌市农业科学院	746.96	5.75	5	4/23	7/27	9/4	134	19.3	114.3	26.3	154.0	128.6	83.5	29.5	0.8	直	无	中	未发	B
湖南怀化市农科所	629.36	7.36	3	4/18	7/24	8/27	131	11.6	131.8	25.3	296.6	217.9	73.5	25.3	0.0	直	未发	轻	未发	A
湖南岳阳市农业科学院	693.40	6.96	2	5/3	8/3	9/6	126	14.8	129.0	25.4	199.0	164.8	82.8	28.2	0.0	直	未发	无	未发	A
江苏里下河地区农科所	639.85	7.86	1	5/14	8/11	9/22	131	16.3	116.0	22.5	167.0	141.0	84.4	26.7	0.6	倒	未发	轻	—	A
江苏沿海地区农科所	672.50	10.91	1	5/7	8/14	9/16	132	17.7	113.0	23.6	171.0	142.0	83.0	27.4	0.0	直	未发	轻	无	A
江西九江市农业科学院	612.03	7.11	7	5/10	8/7	9/16	129	13.8	121.9	24.5	180.5	143.9	79.7	29.9	0.0	直	未发	轻	未发	B
江西省农业科学院水稻所	571.38	-10.90	12	5/13	8/9	9/5	115	21.5	116.5	22.4	161.3	110.4	68.4	27.5	0.0	直	未发	未发	未发	D
中国水稻研究所	535.64	-14.30	12	5/15	8/10	9/24	132	17.3	128.4	25.0	271.0	146.1	53.9	25.5	0.0	直	未发	轻	—	D

注：综合评级：A—好，B—较好，C—中等，D——般。

表 15-8-5　长江中下游中籼迟熟 D 组（182411NX-D）区试品种在各试点的产量、生育期及主要农艺经济性状表现

品种名称/试验点	亩产（千克）	比 CK± %	产量位次	播种期（月/日）	齐穗期（月/日）	成熟期（月/日）	全生育期(天)	有效穗（万/亩）	株高（厘米）	穗长（厘米）	总粒数/穗	实粒数/穗	结实率（%）	千粒重（克）	杂株率（%）	倒伏性	穗颈瘟	纹枯病	稻曲病	综评等级
F 两优 19																				
安徽滁州市农科所	674.50	5.50	4	5/8	8/29	10/7	152	16.8	144.1	26.8	233.9	161.3	69.0	27.5	1.5	直	未发	轻	未发	A
安徽黄山市种子站	516.79	-2.09	12	4/27	8/7	9/6	132	13.8	121.6	22.9	176.3	148.3	84.1	25.2	0.0	直	未发	未发	无	B
安徽省农业科学院水稻所	707.32	11.65	3	5/3	8/22	9/29	149	15.5	140.0	27.5	223.5	175.4	78.5	27.2	—	直	未发	无	轻	A
安徽袁粮水稻产业有限公司	661.82	6.91	5	5/7	8/12	9/20	136	13.3	139.2	26.8	232.4	195.7	84.2	28.8	0.0	直	未发	未发	未发	B
福建南平市建阳区良种场	553.39	-3.43	11	5/18	8/21	10/1	136	13.5	137.5	24.5	167.3	137.8	82.4	31.5	2.0	直	轻	中	—	C
河南信阳市农业科学院	654.66	11.52	2	4/25	8/9	9/14	142	13.5	134.7	24.8	154.8	124.4	80.4	29.5	1.3	直	未发	轻	—	A
湖北京山县农科所	570.55	-5.26	12	5/9	8/8	9/11	125	15.8	137.3	25.6	151.4	136.5	90.2	26.9	0.6	—	未发	—	无	C
湖北宜昌市农业科学院	645.18	-8.66	12	4/23	8/6	9/8	138	16.3	130.3	28.6	157.2	140.2	89.2	29.3	1.4	直	无	轻	未发	D
湖南怀化市农科所	530.40	-9.52	12	4/18	8/8	9/7	142	10.1	140.0	26.3	256.3	207.0	80.8	26.8	0.0	直	未发	轻	未发	D
湖南岳阳市农业科学院	643.28	-0.77	8	5/3	8/10	9/12	132	14.5	136.0	26.4	211.6	173.8	82.1	28.5	0.0	直	未发	无	未发	B
江苏里下河地区农科所	552.06	-6.94	12	5/14	8/24	10/5	144	12.7	124.4	26.3	185.0	173.0	93.5	28.3	1.2	直	未发	轻	—	C
江苏沿海地区农科所	657.34	8.41	3	5/7	8/26	9/26	142	15.8	117.3	26.1	192.0	156.0	81.3	25.8	0.0	直	未发	轻	无	A
江西九江市农业科学院	608.53	6.50	8	5/10	8/18	9/21	134	13.0	142.3	26.9	206.1	157.1	76.2	29.4	4.0	直	未发	无	未发	B
江西省农业科学院水稻所	676.10	5.43	1	5/13	8/19	9/17	127	15.2	131.8	26.1	218.4	186.2	85.3	27.2	0.0	直	未发	未发	未发	A
中国水稻研究所	621.99	-0.48	7	5/15	8/20	9/26	134	12.6	135.1	27.5	260.3	186.6	71.7	28.7	0.0	直	未发	轻	—	B

综合评级：A—好，B—较好，C—中等，D——般。

表 15-8-6　长江中下游中籼迟熟 D 组（182411NX-D）区试品种在各试点的产量、生育期及主要农艺经济性状表现

品种名称/试验点	亩产（千克）	比 CK±%	产量位次	播种期（月/日）	齐穗期（月/日）	成熟期（月/日）	全生育期(天)	有效穗（万/亩）	株高（厘米）	穗长（厘米）	总粒数/穗	实粒数/穗	结实率（%）	千粒重（克）	杂株率（%）	倒伏性	穗颈瘟	纹枯病	稻曲病	综评等级
望两优 131																				
安徽滁州市农科所	678.00	6.04	3	5/8	8/11	9/22	137	19.9	119.5	27.3	207.9	182.5	87.8	20.6	1.3	直	未发	轻	轻	B
安徽黄山市种子站	519.80	-1.52	11	4/27	8/3	9/5	131	15.3	97.4	23.9	167.3	160.1	95.7	23.4	0.6	直	未发	未发	无	B
安徽省农业科学院水稻所	625.19	-1.31	11	5/3	8/12	9/19	139	16.1	124.0	22.0	222.5	190.8	85.8	22.4	1.5	直	未发	轻	无	C
安徽袁粮水稻产业有限公司	664.00	7.26	4	5/7	8/4	9/15	131	16.4	125.9	27.0	190.4	170.2	89.4	25.5	0.0	直	未发	未发	未发	A
福建南平市建阳区良种场	582.38	1.63	5	5/18	8/13	9/22	127	15.9	113.0	26.4	196.4	167.3	85.2	22.7	2.4	直	无	轻	—	C
河南信阳市农业科学院	624.89	6.44	7	4/25	8/2	9/3	131	19.3	115.1	25.1	135.1	123.6	91.5	22.5	—	直	未发	轻	—	B
湖北京山县农科所	612.70	1.74	8	5/9	8/2	9/6	120	19.8	119.6	27.8	112.3	106.5	94.8	23.6	0.9	—	未发	—	无	B
湖北宜昌市农业科学院	731.80	3.61	6	4/23	7/27	9/4	134	19.5	117.1	28.1	168.2	157.0	93.3	23.5	0.9	直	无	轻	未发	B
湖南怀化市农科所	534.07	-8.89	11	4/18	7/25	8/26	130	13.7	114.9	29.0	230.9	185.6	80.4	21.5	0.0	直	未发	轻	未发	D
湖南岳阳市农业科学院	683.38	5.41	5	5/3	8/2	9/6	126	15.7	121.8	28.4	185.8	158.4	85.3	25.5	0.0	直	未发	轻	未发	B
江苏里下河地区农科所	589.87	-0.56	8	5/14	8/11	9/20	129	16.8	107.8	26.4	165.0	149.0	90.3	22.1	0.0	直	未发	轻	—	C
江苏沿海地区农科所	635.35	4.78	6	5/7	8/12	9/12	128	18.2	114.7	27.2	186.0	153.0	82.3	22.8	0.0	直	未发	轻	无	B
江西九江市农业科学院	605.37	5.95	10	5/10	8/6	9/15	128	16.8	114.8	28.0	165.6	136.1	82.2	22.4	0.0	直	未发	中	未发	C
江西省农业科学院水稻所	664.99	3.70	4	5/13	8/9	9/6	116	21.9	118.2	25.8	177.1	154.6	87.3	20.3	0.0	直	未发	未发	未发	A
中国水稻研究所	618.16	-1.09	8	5/15	8/10	9/18	126	18.7	117.5	28.5	193.4	169.6	87.7	21.4	0.0	直	未发	轻	—	B

注：综合评级：A—好，B—较好，C—中等，D——般。

表 15-8-7　长江中下游中籼迟熟 D 组（182411NX-D）区试品种在各试点的产量、生育期及主要农艺经济性状表现

品种名称/试验点	亩产（千克）	比 CK±%	产量位次	播种期（月/日）	齐穗期（月/日）	成熟期（月/日）	全生育期(天)	有效穗（万/亩）	株高（厘米）	穗长（厘米）	总粒数/穗	实粒数/穗	结实率（%）	千粒重（克）	杂株率（%）	倒伏性	穗颈瘟	纹枯病	稻曲病	综评等级
华两优绿丝苗																				
安徽滁州市农科所	665.34	4.06	8	5/8	8/23	10/4	149	16.9	151.5	25.6	196.3	165.7	84.4	26.0	0.8	直	未发	轻	未发	B
安徽黄山市种子站	563.58	6.77	4	4/27	8/8	9/7	133	12.5	127.2	22.9	210.3	174.3	82.9	25.8	0.3	直	未发	未发	轻	B
安徽省农业科学院水稻所	632.35	−0.18	10	5/3	8/11	9/16	136	16.2	140.0	23.5	228.3	146.9	64.3	26.4	—	直	未发	轻	无	D
安徽袁粮水稻产业有限公司	649.96	4.99	6	5/7	8/10	9/21	137	15.3	138.9	25.4	235.5	192.6	81.8	25.8	0.0	直	未发	未发	未发	B
福建南平市建阳区良种场	574.38	0.23	6	5/18	8/21	10/1	136	14.6	147.8	22.6	170.8	139.1	81.4	28.5	2.0	直	无	中	—	C
河南信阳市农业科学院	583.93	−0.53	11	4/25	8/12	9/16	144	16.7	144.6	21.4	146.4	115.5	78.9	26.6	—	直	未发	轻	—	D
湖北京山县农科所	614.86	2.10	7	5/9	8/9	9/12	126	16.3	139.4	24.2	195.1	157.5	80.7	25.3	3.6	—	未发	—	无	B
湖北宜昌市农业科学院	712.65	0.90	7	4/23	8/3	9/8	138	17.9	137.7	26.7	185.3	156.7	84.6	26.5	1.0	斜	无	轻	未发	C
湖南怀化市农科所	615.70	5.03	5	4/18	8/5	9/4	139	14.8	140.0	24.8	180.3	163.0	90.4	26.0	0.0	直	未发	轻	中	B
湖南岳阳市农业科学院	634.92	−2.06	12	5/3	8/7	9/10	130	15.4	141.4	24.7	235.1	196.9	83.8	26.8	0.0	直	未发	无	未发	C
江苏里下河地区农科所	617.53	4.10	5	5/14	8/23	9/30	139	14.3	129.0	25.4	190.0	177.0	93.2	26.1	1.2	直	未发	轻	—	A
江苏沿海地区农科所	617.19	1.79	8	5/7	8/24	9/25	141	14.8	123.7	24.6	221.0	168.0	76.0	24.8	0.0	直	未发	轻	无	C
江西九江市农业科学院	612.86	7.26	6	5/10	8/17	9/19	132	11.9	148.5	24.7	232.9	175.4	75.3	27.5	0.0	直	未发	无	未发	B
江西省农业科学院水稻所	620.21	−3.28	11	5/13	8/18	9/16	126	20.1	144.0	24.7	184.6	137.8	74.6	25.3	0.0	直	未发	未发	未发	C
中国水稻研究所	615.32	−1.55	9	5/15	8/18	9/24	132	14.5	136.1	25.9	259.5	213.0	82.1	27.7	0.0	直	未发	轻	—	B

注：综合评级：A—好，B—较好，C—中等，D——一般。

表 15-8-8 长江中下游中籼迟熟 D 组（182411NX-D）区试品种在各试点的产量、生育期及主要农艺经济性状表现

品种名称/试验点	亩产（千克）	比 CK± %	产量位次	播种期（月/日）	齐穗期（月/日）	成熟期（月/日）	全生育期(天)	有效穗（万/亩）	株高（厘米）	穗长（厘米）	总粒数/穗	实粒数/穗	结实率（%）	千粒重（克）	杂株率（%）	倒伏性	穗颈瘟	纹枯病	稻曲病	综评等级
丰两优四号（CK）																				
安徽滁州市农科所	639.35	0.00	10	5/8	8/21	10/2	147	16.6	145.8	26.3	233.8	175.9	75.2	25.1	1.3	直	未发	轻	未发	B
安徽黄山市种子站	527.82	0.00	10	4/27	8/6	9/5	131	13.1	120.8	24.8	190.4	165.4	86.9	25.3	0.0	直	未发	未发	无	B
安徽省农业科学院水稻所	633.52	0.00	9	5/3	8/16	9/22	142	15.3	136.0	25.7	191.1	164.3	86.0	26.8	—	直	未发	无	无	C
安徽袁粮水稻产业有限公司	619.05	0.00	11	5/7	8/5	9/15	131	14.2	132.8	26.1	215.5	184.5	85.6	28.8	0.0	直	未发	未发	未发	C
福建南平市建阳区良种场	573.05	0.00	7	5/18	8/20	9/30	135	14.5	130.6	23.1	167.6	138.9	82.9	29.7	3.2	直	无	中	—	C
河南信阳市农业科学院	587.06	0.00	10	4/25	8/6	9/9	137	16.5	139.3	21.2	159.8	134.3	84.0	29.6	—	直	未发	轻	—	C
湖北京山县农科所	602.20	0.00	9	5/9	8/5	9/8	122	19.0	138.6	26.2	148.5	126.4	85.1	27.6	3.4	—	未发	—	无	C
湖北宜昌市农业科学院	706.32	0.00	8	4/23	7/31	9/6	136	17.9	125.2	26.9	150.6	137.3	91.2	29.6	0.8	直	无	轻	未发	C
湖南怀化市农科所	586.21	0.00	7	4/18	8/3	9/2	137	13.2	140.0	25.9	184.3	166.2	90.2	27.2	0.0	直	未发	轻	未发	C
湖南岳阳市农业科学院	648.29	0.00	6	5/3	8/5	9/8	128	15.2	133.0	26.5	185.3	156.4	84.4	28.6	0.0	直	未发	轻	未发	C
江苏里下河地区农科所	593.21	0.00	7	5/14	8/20	9/22	131	14.4	123.8	25.9	171.0	156.0	91.2	28.5	1.8	斜	未发	轻	—	B
江苏沿海地区农科所	606.37	0.00	9	5/7	8/19	9/20	136	15.5	119.7	24.9	176.0	139.0	79.0	28.1	0.3	直	未发	轻	无	C
江西九江市农业科学院	571.38	0.00	12	5/10	8/14	9/19	132	13.1	139.6	25.5	193.7	159.5	82.3	28.5	0.0	直	未发	轻	未发	D
江西省农业科学院水稻所	641.25	0.00	8	5/13	8/14	9/12	122	17.8	133.5	25.6	165.4	149.7	90.5	27.6	0.0	直	未发	未发	未发	C
中国水稻研究所	624.99	0.00	6	5/15	8/16	9/23	131	14.7	132.6	26.0	218.5	171.3	78.4	28.3	2.4	直	未发	轻	—	B

注：综合评级：A—好，B—较好，C—中等，D——般。

表 15-8-9　长江中下游中籼迟熟 D 组（182411NX-D）区试品种在各试点的产量、生育期及主要农艺经济性状表现

品种名称/试验点	亩产（千克）	比 CK± %	产量位次	播种期（月/日）	齐穗期（月/日）	成熟期（月/日）	全生育期(天)	有效穗（万/亩）	株高（厘米）	穗长（厘米）	总粒数/穗	实粒数/穗	结实率（%）	千粒重（克）	杂株率（%）	倒伏性	穗颈瘟	纹枯病	稻曲病	综评等级
荆两优 1189																				
安徽滁州市农科所	673.00	5.26	6	5/8	8/11	9/25	140	26.2	125.2	27.3	206.3	154.3	74.8	21.3	1.3	直	未发	轻	未发	A
安徽黄山市种子站	572.10	8.39	3	4/27	8/4	9/5	131	15.6	100.8	22.7	194.6	159.8	82.1	22.2	1.5	直	未发	未发	无	B
安徽省农业科学院水稻所	692.82	9.36	5	5/3	8/13	9/20	140	15.7	123.0	26.2	263.6	229.5	87.1	21.2	—	直	未发	无	无	B
安徽袁粮水稻产业有限公司	637.76	3.02	8	5/7	8/6	9/19	135	16.3	124.2	27.1	214.5	179.5	83.7	23.4	0.0	直	未发	未发	未发	B
福建南平市建阳区良种场	607.70	6.05	2	5/18	8/16	9/28	133	18.9	121.5	24.9	180.6	150.5	83.3	21.7	0.0	直	无	中	—	A
河南信阳市农业科学院	629.00	7.14	6	4/25	8/1	9/6	134	20.9	123.2	24.7	147.1	116.2	79.0	20.6	—	直	未发	中	—	B
湖北京山县农科所	643.51	6.86	3	5/9	8/3	9/6	120	20.2	124.1	25.2	125.7	119.2	94.8	23.3	—	—	未发	—	无	A
湖北宜昌市农业科学院	757.62	7.26	3	4/23	7/28	9/2	132	23.1	108.0	27.1	165.4	147.9	89.4	22.0	0.7	斜	无	中	未发	B
湖南怀化市农科所	617.86	5.40	4	4/18	7/24	8/27	131	19.4	111.2	25.0	194.7	155.6	79.9	20.7	0.0	直	未发	轻	未发	B
湖南岳阳市农业科学院	690.06	6.44	4	5/3	8/4	9/8	128	15.5	128.0	28.6	191.0	164.0	85.9	23.8	0.0	直	未发	轻	未发	A
江苏里下河地区农科所	631.69	6.49	4	5/14	8/12	9/23	132	18.1	111.4	27.0	203.0	175.0	86.2	20.6	3.0	斜	未发	轻	—	A
江苏沿海地区农科所	642.35	5.93	5	5/7	8/15	9/16	132	19.4	108.7	28.0	193.0	162.0	83.9	20.9	0.3	直	未发	轻	无	B
江西九江市农业科学院	601.37	5.25	11	5/10	8/7	9/15	128	17.9	121.1	27.6	163.8	103.7	63.3	19.8	0.0	直	未发	轻	未发	D
江西省农业科学院水稻所	661.96	3.23	5	5/13	8/10	9/6	116	21.9	125.1	28.6	207.7	156.1	75.2	19.7	0.0	直	未发	未发	未发	B
中国水稻研究所	587.98	-5.92	10	5/15	8/10	9/18	126	22.2	123.0	29.3	203.0	148.5	73.2	19.8	0.0	伏	未发	轻	—	C

注：综合评级：A—好，B—较好，C—中等，D—一般。

表 15-8-10　长江中下游中籼迟熟 D 组（182411NX-D）区试品种在各试点的产量、生育期及主要农艺经济性状表现

品种名称/试验点	亩产（千克）	比 CK± %	产量位次	播种期（月/日）	齐穗期（月/日）	成熟期（月/日）	全生育期(天)	有效穗（万/亩）	株高（厘米）	穗长（厘米）	总粒数/穗	实粒数/穗	结实率（%）	千粒重（克）	杂株率（%）	倒伏性	穗颈瘟	纹枯病	稻曲病	综评等级
韵两优 282																				
安徽滁州市农科所	672.17	5.13	7	5/8	8/22	10/2	147	19.2	144.2	26.1	213.9	139.8	65.4	27.9	0.8	直	未发	轻	未发	B
安徽黄山市种子站	551.38	4.46	8	4/27	8/4	9/7	133	13.7	109.6	24.5	165.5	142.7	86.2	23.5	0.0	直	未发	未发	无	B
安徽省农业科学院水稻所	666.17	5.15	7	5/3	8/17	9/24	144	15.2	137.0	25.4	222.1	164.9	74.2	27.5	0.5	直	未发	无	无	B
安徽袁粮水稻产业有限公司	629.74	1.73	10	5/7	8/9	9/19	135	12.6	133.2	26.0	197.1	175.4	89.0	29.3	0.0	直	未发	未发	未发	B
福建南平市建阳区良种场	566.39	-1.16	9	5/18	8/21	10/2	137	14.1	133.2	26.0	169.3	140.6	83.0	30.6	0.0	直	无	中	—	C
河南信阳市农业科学院	571.43	-2.66	12	4/25	8/8	9/13	141	14.5	132.9	26.1	167.0	141.7	84.9	28.5	—	直	未发	轻	—	D
湖北京山县农科所	633.02	5.12	5	5/9	8/7	9/10	124	15.0	133.2	27.4	191.4	165.3	86.4	27.1	3.1	—	未发	—	无	B
湖北宜昌市农业科学院	655.01	-7.26	11	4/23	8/2	9/8	138	14.7	127.8	28.4	181.0	150.9	83.4	29.1	1.0	直	无	轻	未发	C
湖南怀化市农科所	538.90	-8.07	10	4/18	7/31	9/1	136	13.1	138.4	26.8	175.2	152.3	86.9	27.5	0.0	直	未发	轻	未发	D
湖南岳阳市农业科学院	636.59	-1.80	11	5/3	8/4	9/8	128	13.8	126.6	28.8	214.7	185.1	86.2	29.3	0.0	直	未发	轻	未发	B
江苏里下河地区农科所	574.05	-3.23	11	5/14	8/18	9/28	137	13.0	117.2	27.1	198.0	171.0	86.4	27.6	0.9	直	未发	轻	—	C
江苏沿海地区农科所	572.05	-5.66	12	5/7	8/19	9/19	135	13.8	109.0	26.3	190.0	157.0	82.6	26.2	0.0	直	未发	轻	无	D
江西九江市农业科学院	616.86	7.96	5	5/10	8/14	9/19	132	11.0	133.2	26.5	213.7	177.0	82.8	28.9	0.0	直	未发	轻	未发	B
江西省农业科学院水稻所	656.40	2.36	6	5/13	8/16	9/15	125	15.8	129.0	24.1	192.2	157.4	81.9	26.6	0.0	直	未发	未发	未发	B
中国水稻研究所	676.84	8.30	1	5/15	8/15	9/22	130	14.3	129.8	26.0	242.8	201.2	82.9	25.2	0.3	直	未发	轻	—	A

注：综合评级：A—好，B—较好，C—中等，D——般。

表 15-8-11 长江中下游中籼迟熟 D 组（182411NX-D）区试品种在各试点的产量、生育期及主要农艺经济性状表现

品种名称/试验点	亩产（千克）	比 CK± %	产量位次	播种期（月/日）	齐穗期（月/日）	成熟期（月/日）	全生育期(天)	有效穗（万/亩）	株高（厘米）	穗长（厘米）	总粒数/穗	实粒数/穗	结实率（%）	千粒重（克）	杂株率（%）	倒伏性	穗颈瘟	纹枯病	稻曲病	综评等级
智两优 6518																				
安徽滁州市农科所	631.85	-1.17	11	5/8	8/18	10/3	148	15.6	137.2	27.1	335.3	194.3	64.8	24.3	0.8	直	未发	轻	未发	B
安徽黄山市种子站	561.24	6.33	5	4/27	8/10	9/8	134	14.9	111.8	22.1	189.1	161.2	85.2	23.4	0.0	直	未发	未发	无	A
安徽省农业科学院水稻所	659.01	4.02	8	5/3	8/21	9/29	149	16.4	125.0	23.0	225.9	175.3	77.6	23.4	—	直	未发	无	中	C
安徽袁粮水稻产业有限公司	603.18	-2.56	12	5/7	8/11	9/21	137	12.9	128.2	25.7	206.5	185.3	89.7	25.2	0.0	直	未发	未发	未发	C
福建南平市建阳区良种场	554.39	-3.26	10	5/18	8/20	9/29	134	14.9	133.8	23.3	179.9	154.5	85.9	24.7	3.2	直	无	中	—	C
河南信阳市农业科学院	620.28	5.66	8	4/25	8/10	9/15	143	20.4	136.6	23.0	166.6	141.2	84.8	24.7	—	直	未发	轻	—	C
湖北京山县农科所	620.03	2.96	6	5/9	8/9	9/12	126	16.3	124.7	23.6	128.6	123.5	96.0	23.4	2.5	—	未发	—	无	B
湖北宜昌市农业科学院	686.66	-2.78	9	4/23	8/4	9/10	140	19.8	121.6	26.9	166.1	151.2	91.0	23.1	0.6	直	无	轻	未发	D
湖南怀化市农科所	605.87	3.35	6	4/18	8/3	9/3	138	16.5	134.9	24.7	195.2	170.4	87.3	21.8	0.0	直	未发	轻	未发	B
湖南岳阳市农业科学院	639.94	-1.29	9	5/3	8/7	9/10	130	16.7	126.4	25.5	210.5	181.2	86.1	23.6	0.0	直	未发	无	未发	B
江苏里下河地区农科所	605.37	2.05	6	5/14	8/24	10/5	144	16.5	113.6	24.4	171.0	156.0	91.2	22.5	0.0	直	未发	轻	—	B
江苏沿海地区农科所	624.19	2.94	7	5/7	8/25	9/26	142	16.9	107.0	25.1	208.0	170.0	81.7	21.8	0.0	直	未发	轻	无	B
江西九江市农业科学院	640.35	12.07	1	5/10	8/18	9/21	134	14.9	129.6	25.1	219.8	159.6	72.6	24.5	0.0	直	未发	无	未发	A
江西省农业科学院水稻所	622.56	-2.91	10	5/13	8/16	9/15	125	17.9	126.4	22.0	208.3	164.3	78.9	22.1	0.0	直	未发	未发	未发	C
中国水稻研究所	630.83	0.93	5	5/15	8/19	9/26	134	18.8	131.1	24.7	202.6	144.9	71.5	24.8	0.0	直	未发	轻	—	B

注：综合评级：A—好，B—较好，C—中等，D——般。

表 15-8-12　长江中下游中籼迟熟 D 组（182411NX-D）区试品种在各试点的产量、生育期及主要农艺经济性状表现

品种名称/试验点	亩产（千克）	比 CK± %	产量位次	播种期（月/日）	齐穗期（月/日）	成熟期（月/日）	全生育期(天)	有效穗（万/亩）	株高（厘米）	穗长（厘米）	总粒数/穗	实粒数/穗	结实率（%）	千粒重（克）	杂株率（%）	倒伏性	穗颈瘟	纹枯病	稻曲病	综评等级
吨两优 900																				
安徽滁州市农科所	697.15	9.04	1	5/8	8/21	10/3	148	24.9	134.8	22.5	182.7	146.9	80.4	23.8	0.3	直	未发	轻	未发	A
安徽黄山市种子站	591.15	12.00	1	4/27	8/6	9/5	131	12.3	116.0	23.9	230.5	200.0	86.8	24.1	0.0	直	未发	未发	无	A
安徽省农业科学院水稻所	719.31	13.54	1	5/3	8/17	9/24	144	16.1	120.0	24.1	223.1	186.4	83.5	24.3	—	直	未发	无	无	A
安徽袁粮水稻产业有限公司	666.84	7.72	3	5/7	8/7	9/17	133	14.2	116.5	25.2	225.4	198.9	88.2	24.4	0.0	直	未发	未发	未发	B
福建南平市建阳区良种场	608.03	6.10	1	5/18	8/19	9/30	135	15.8	120.9	23.8	187.3	158.2	84.5	24.7	0.0	直	无	轻	—	A
河南信阳市农业科学院	649.73	10.67	3	4/25	8/6	9/11	139	17.9	120.0	22.6	172.0	139.6	81.2	22.9	—	直	未发	轻	—	A
湖北京山县农科所	654.84	8.74	1	5/9	8/6	9/10	124	19.6	129.2	25.4	199.6	166.3	83.3	23.2	2.5	—	未发	—	无	A
湖北宜昌市农业科学院	790.28	11.89	1	4/23	7/31	9/6	136	18.5	120.9	28.5	202.6	186.3	92.0	23.6	1.2	直	无	轻	未发	A
湖南怀化市农科所	630.69	7.59	2	4/18	7/31	9/1	136	13.1	128.2	24.6	251.0	220.8	88.0	22.4	0.0	直	未发	轻	未发	A
湖南岳阳市农业科学院	696.75	7.47	1	5/3	8/4	9/8	128	15.4	124.5	25.6	190.2	163.6	86.0	24.6	2.0	直	未发	无	未发	A
江苏里下河地区农科所	637.02	7.38	3	5/14	8/18	9/30	139	14.7	112.8	25.9	216.0	197.0	91.2	22.7	2.1	直	未发	轻	—	A
江苏沿海地区农科所	649.68	7.14	4	5/7	8/20	9/20	136	16.2	107.0	28.8	220.0	177.0	80.5	22.7	0.0	直	未发	轻	无	A
江西九江市农业科学院	606.20	6.09	9	5/10	8/14	9/20	133	13.3	119.8	24.0	225.5	178.3	79.1	23.3	0.0	直	未发	无	未发	C
江西省农业科学院水稻所	668.52	4.25	3	5/13	8/16	9/15	125	21.6	117.9	23.3	198.4	153.4	77.3	21.9	0.0	直	未发	未发	未发	A
中国水稻研究所	659.50	5.52	3	5/15	8/16	9/23	131	14.8	121.6	26.1	288.8	208.9	72.3	23.5	1.7	直	未发	轻	—	A

注：综合评级：A—好，B—较好，C—中等，D——一般。

表 15-9　长江中下游中籼迟熟 D 组（182411NX-D）生产试验品种在各试验点的产量、生育期、特征特性、田间抗性表现

品种名称/试验点	亩产（千克）	比 CK ±%	播种期（月/日）	齐穗期（月/日）	成熟期（月/日）	全生育期(天)	耐寒性	整齐度	杂株率（%）	株型	叶色	叶姿	长势	熟期转色	倒伏性	落粒性	叶瘟	穗颈瘟	白叶枯病	纹枯病	稻曲病
望两优 007																					
江西天涯种业有限公司	629.69	0.16	5/15	8/18	9/21	129	强	整齐	—	紧束	绿	挺直	一般	好	直	中	未发	未发	未发	轻	—
湖南石门县水稻原种场	769.23	6.33	4/25	8/4	9/1	129	未发	整齐	0.0	紧束	浓绿	挺直	繁茂	好	直	中	无	无	无	轻	无
湖北赤壁市种子局	582.89	7.28	5/2	8/8	9/8	129	未发	整齐	0.8	适中	绿	挺直	繁茂	好	直	中	未发	无	未发	轻	—
湖北惠民农业科技有限公司	642.58	0.99	5/3	8/10	9/11	131	—	整齐	0.4	紧束	绿	挺直	繁茂	好	直	难	无	无	无	无	—
安徽荃银高科种业股份有限公司	637.39	6.38	5/12	8/20	9/27	138	未发	整齐	0.4	适中	浓绿	挺直	一般	好	直	中	未发	未发	未发	未发	未发
江苏瑞华农业科技有限公司	767.92	10.66	5/8	8/26	10/5	150	强	整齐	3.8	适中	浓绿	挺直	繁茂	好	直	易	无	无	无	无	未发
浙江天台县种子站	715.71	8.19	5/25	8/29	10/5	133	未发	整齐	0.2	松散	绿	挺直	一般	好	直	中	未发	未发	未发	未发	无
丰两优四号（CK）																					
江西天涯种业有限公司	591.23	0.00	5/15	8/10	9/14	122	强	整齐	—	适中	绿	一般	繁茂	好	直	中	未发	未发	未发	未发	—
湖南石门县水稻原种场	706.73	0.00	4/25	7/29	8/26	123	未发	一般	0.0	适中	淡绿	披垂	繁茂	好	直	中	无	无	无	轻	无
湖北赤壁市种子局	547.54	0.00	5/2	8/3	9/5	126	未发	整齐	1.5	适中	绿	一般	繁茂	中	直	中	未发	轻	未发	轻	—
湖北惠民农业科技有限公司	636.29	0.00	5/3	8/5	9/8	128	—	整齐	0.1	适中	绿	一般	繁茂	好	斜	中	无	无	无	无	—
安徽荃银高科种业股份有限公司	599.70	0.00	5/12	8/15	9/20	131	未发	一般	0.5	适中	绿	一般	繁茂	好	直	中	未发	未发	未发	未发	未发
江苏瑞华农业科技有限公司	693.96	0.00	5/8	8/22	10/1	146	中	整齐	3.7	适中	绿	挺直	繁茂	好	斜	易	无	无	轻	无	未发
浙江天台县种子站	660.36	0.00	5/25	8/25	10/1	129	未发	一般	0.2	松散	淡绿	披垂	繁茂	好	斜	中	未发	未发	未发	未发	无

第十六章　2018年长江中下游中籼迟熟E组国家水稻品种试验汇总报告

一、试验概况

（一）试验目的

鉴定评价我国长江中下游稻区新选育和引进的中籼迟熟新品种（组合，下同）的丰产性、稳产性、适应性、抗性、米质及其他重要性状表现，为国家水稻品种审定提供科学依据。

（二）参试品种

区试品种12个，吉两优1号、金两优华占、徽两优280为续试品种，其余为新参试品种，以丰两优四号（CK）为对照；生产试验品种7个，也以丰两优四号（CK）为对照。品种名称、类型、亲本组合、选育/供种单位见表16-1。

（三）承试单位

区试点15个，生产试验点A、B组各7个，分布在安徽、福建、河南、湖北、湖南、江苏、江西和浙江8个省。承试单位、试验地点、经纬度、海拔高度、试验负责人及执行人见表16-2。

（四）试验设计、栽培管理与观察记载

各试验点均按《2018年国稻科企水稻联合体试验实施方案》及NY/T 1300—2007《农作物品种区域试验技术规范　水稻》进行试验。

区试采用完全随机区组排列，3次重复，小区面积0.02亩。生产试验采用大区随机排列，不设重复，大区面积0.5亩。

分区试、生产试验，同组试验所有品种同期播种、移栽，施肥水平中等偏上，其他栽培管理措施与当地大田生产相同。

观察记载项目与标准按NY/T 1300—2007《农作物品种区域试验技术规范　水稻》以及《国家水稻品种试验观察记载项目、方法及标准》《南方稻区国家水稻品种区试及生产试验记载表》等的要求执行。

（五）特性鉴定

1. 抗性鉴定

浙江省农业科学院植微所、湖南省农业科学院植保所、湖北宜昌市农科所、安徽省农业科学院植保所、福建上杭县茶地乡农技站和江西井冈山企业集团农技服务中心负责稻瘟病抗性鉴定。湖南省农业科学院水稻所负责白叶枯病抗性鉴定。鉴定采用人工接菌与病区自然诱发相结合。中国水稻研究所稻作发展中心负责稻飞虱抗性鉴定。华中农业大学负责生产试验品种抽穗期耐热性鉴定。鉴定用种子均由主持单位中国水稻研究所统一提供。

2. 米质分析

安徽省农业科学院水稻所、河南信阳市农科所和中国水稻研究所试验点提供样品，农业农村部稻米及制品质量监督检验测试中心负责检测分析。

3. DNA指纹特异性与一致性

中国水稻研究所国家水稻改良中心进行参试品种的特异性、同名品种年度间及不同样品间的一致

性鉴定。

（六）试验评价

依据 NY/T 1300—2007《农作物品种区域试验技术规范 水稻》、试验实地检查考察情况以及试验点对试验实施情况和品种表现情况所做的说明，对各试验（鉴定）点试验（鉴定）结果的可靠性、完整性、准确性等进行分析评估，确保汇总质量。

2018 年所有区试点、生产试验点以及特性鉴定点的试验（鉴定）结果正常，全部纳入汇总。

（七）品种评价

依据国家农作物品种审定委员会 2017 年发布的《主要农作物品种审定标准（国家级）》，对参试品种进行分析评价。

产量联合方差分析采用固定模型，品种间产量差异多重比较采用 Duncan's 新复极差法；参试品种的丰产性主要以品种在区试和生产试验中相对于对照品种产量增减产百分率来衡量；参试品种的适应性主要以品种在区试和生产试验中比对照品种增产的试验点百分率来衡量；参试品种的稳产性主要以品种在年度间区试中相对于对照品种产量的差异变化程度来衡量。

参试品种的生育期主要以全生育期比对照品种长短的天数来衡量。

参试品种的抗性以指定的鉴定单位的鉴定结果为主要依据，对稻瘟病抗性的主要评价指标为综合指数和穗瘟损失率最高级，对其他病虫害抗性的主要评价指标为最高级。

参试品种的温度敏感性以结实率低于 70%的区试点数来衡量。

参试品种的米质评价按照农业行业标准 NY/T 593—2013《食用稻品种品质》，分优质 1 级、优质 2 级、优质 3 级，未达到优质级的品种米质均为普通级。

二、结果分析

（一）产量

依据比对照的增减产幅度衡量：在 2018 年区试参试品种中，产量高、比对照增产 5%以上的品种有两优 5077、徽两优 280、钢两优雅占、韵两优丝占和金两优华占；产量较高、比对照增产 3%～5%的品种有吉两优 1 号；产量中等、比对照增减产 3%以内的品种有徽两优 6863、两优 6234、鼎两优华占、C 两优银华粘、祥两优 1381；产量一般、比对照减产 3%以上的品种有恒丰优新华占。

区试参试品种产量汇总结果见表 16-3，生产试验参试品种产量汇总结果见表 16-4。

（二）生育期

依据全生育期比对照长短的天数衡量：在 2018 年区试参试品种中，熟期较早、比对照早熟的品种有两优 5077、韵两优丝占、金两优华占、吉两优 1 号、C 两优银华粘和恒丰优新华占；其他品种的全生育期介于 133.5～136.7 天，比对照迟熟 0～4 天，熟期基本适宜。

区试参试品种生育期汇总结果见表 16-3，生产试验参试品种生育期汇总结果见表 16-4。

（三）主要农艺经济性状

区试参试品种分蘖率、有效穗、成穗率、株高、穗长、每穗总粒数、每穗实粒数、结实率、千粒重等主要农艺经济性状汇总结果见表 16-3。

（四）抗性

对稻瘟病的抗性，根据 1～2 年鉴定结果，稻瘟病穗瘟损失率最高级 3 级的品种有钢两优雅占；穗瘟损失率最高级 5 级的品种有徽两优 280、金两优华占、韵两优丝占、恒丰优新华占、两优 6234、鼎两优华占、C 两优银华粘、祥两优 1381；穗瘟损失率最高级 7 级的品种有两优 5077、徽两优 6863；穗瘟损失率最高级 9 级的品种有吉两优 1 号。

生产试验参试品种特性鉴定结果见表 16-4，区试参试品种抗性鉴定结果见表 16-5 和表 16-6。

（五）米质

依据农业行业标准 NY/T 593—2013《食用稻品种品质》，根据 1~2 年的检测结果：优质 2 级的品种有两优 5077；优质 3 级的品种有吉两优 1 号、徽两优 280、C 两优银华粘；其他参试品种均为普通级，米质中等或一般。

区试参试品种米质指标表现及等级见表 16-7。

（六）品种在各试验点表现

区试参试品种在各试验点的表现情况见表 16-8，生产试验参试品种在各试验点的表现情况见表 16-9。

三、品种简评

（一）生产试验品种

1. 两优 1316

2016 年初试平均亩产 635.57 千克，比丰两优四号（CK）增产 3.55%，增产点比例 85.7%；2017 年续试平均亩产 631.41 千克，比丰两优四号（CK）增产 5.01%，增产点比例 92.9%；两年区试平均亩产 633.49 千克，比丰两优四号（CK）增产 4.27%，增产点比例 89.3%；2018 年生产试验平均亩产 661.93 千克，比丰两优四号（CK）增产 5.64%，增产点比例 100%。全生育期两年区试平均 136.8 天，比丰两优四号（CK）迟熟 0.8 天。主要农艺性状两年区试综合表现：有效穗 17.3 万穗/亩，株高 121.6 厘米，穗长 24.5 厘米，每穗总粒数 204.6 粒，结实率 77.2%，千粒重 23.8 克。抗性两年综合表现：稻瘟病综合指数年度分别为 3.8 级、3.4 级，穗瘟损失率最高 7 级；白叶枯病 5 级；褐飞虱 9 级；抽穗期耐热性 3 级。米质主要指标两年综合表现：糙米率 81.2%，整精米率 58.0%，长宽比 3.2，垩白粒率 6%，垩白度 0.9%，透明度 1 级，碱消值 5.3 级，胶稠度 75 毫米，直链淀粉含量 14.2%，综合评级为国标等外、部标优质 3 级。

2018 年国家水稻品种试验年会审议意见：已完成试验程序，可以申报国家审定。

2. 两优 7871

2016 年初试平均亩产 638.48 千克，比丰两优四号（CK）增产 4.02%，增产点比例 85.7%；2017 年续试平均亩产 629.38 千克，比丰两优四号（CK）增产 4.67%，增产点比例 92.9%；两年区试平均亩产 633.93 千克，比丰两优四号（CK）增产 4.34%，增产点比例 89.3%；2018 年生产试验平均亩产 639.59 千克，比丰两优四号（CK）增产 2.42%，增产点比例 85.7%。全生育期两年区试平均 130.0 天，比丰两优四号（CK）早熟 6.0 天。主要农艺性状两年区试综合表现：有效穗 14.7 万穗/亩，株高 118.1 厘米，穗长 25.2 厘米，每穗总粒数 204.2 粒，结实率 77.8%，千粒重 27.8 克。抗性两年综合表现：稻瘟病综合指数年度分别为 5.6 级、4.7 级，穗瘟损失率最高 9 级；白叶枯病 9 级；褐飞虱 9 级；抽穗期耐热性 3 级。米质主要指标两年综合表现：糙米率 81.6%，整精米率 57.6%，长宽比 3.3，垩白粒率 8%，垩白度 1.0%，透明度 2 级，碱消值 5.8 级，胶稠度 71 毫米，直链淀粉含量 13.3%，综合评级为国标等外、部标优质 3 级。

2018 年国家水稻品种试验年会审议意见：已完成试验程序，可以申报国家审定。

3. 荃优 10 号

2016 年初试平均亩产 630.52 千克，比丰两优四号（CK）增产 2.73%，增产点比例 57.1%；2017 年续试平均亩产 618.46 千克，比丰两优四号（CK）增产 2.85%，增产点比例 71.4%；两年区试平均亩产 624.49 千克，比丰两优四号（CK）增产 2.79%，增产点比例 64.3%；2018 年生产试验平均亩产 656.10 千克，比丰两优四号（CK）增产 3.68%，增产点比例 71.4%。全生育期两年区试平均 133.6 天，比丰两优四号（CK）早熟 2.4 天。主要农艺性状两年区试综合表现：有效穗 14.9 万穗/亩，株高 125.8 厘米，穗长 25.3 厘米，每穗总粒数 201.0 粒，结实率 82.6%，千粒重 26.6 克。

抗性两年综合表现：稻瘟病综合指数年度分别为3.7级、3.9级，穗瘟损失率最高7级；白叶枯病5级；褐飞虱9级；抽穗期耐热性3级。米质主要指标两年综合表现：糙米率80.0%，整精米率54.1%，长宽比3.2，垩白粒率15%，垩白度2.9%，透明度2级，碱消值5.3级，胶稠度70毫米，直链淀粉含量14.4%，综合评级为国标等外、部标优质3级。

2018年国家水稻品种试验年会审议意见：已完成试验程序，可以申报国家审定。

4. 鹏优国泰

2016年初试平均亩产612.52千克，比丰两优四号（CK）减产0.21%，增产点比例42.9%；2017年续试平均亩产603.40千克，比丰两优四号（CK）增产0.35%，增产点比例64.3%；两年区试平均亩产607.96千克，比丰两优四号（CK）增产0.07%，增产点比例53.6%；2018年生产试验平均亩产649.34千克，比丰两优四号（CK）增产1.68%，增产点比例71.4%。全生育期两年区试平均140.0天，比丰两优四号（CK）迟熟4.0天。主要农艺性状两年区试综合表现：有效穗16.4万穗/亩，株高120.7厘米，穗长24.7厘米，每穗总粒数187.1粒，结实率81.5%，千粒重24.7克。抗性两年综合表现：稻瘟病综合指数年度分别为3.9级、5.8级，穗瘟损失率最高9级；白叶枯病5级；褐飞虱9级；抽穗期耐热性3级。米质主要指标两年综合表现：糙米率80.8%，整精米率61.9%，长宽比3.3，垩白粒率12%，垩白度2.4%，透明度1级，碱消值6.8级，胶稠度65毫米，直链淀粉含量16.0%，综合评级为国标优质2级、部标优质2级。

2018年国家水稻品种试验年会审议意见：已完成试验程序，可以申报国家审定。

5. 金两优华占

2017年初试平均亩产648.69千克，比丰两优四号（CK）增产7.88%，增产点比例100.0%；2018年续试平均亩产648.26千克，比丰两优四号（CK）增产5.47%，增产点比例86.7%；两年区试平均亩产648.48千克，比丰两优四号（CK）增产6.66%，增产点比例93.3%；2018年生产试验平均亩产690.17千克，比丰两优四号（CK）增产8.04%，增产点比例100.0%。全生育期两年区试平均132.4天，比丰两优四号（CK）早熟2.0天。主要农艺性状两年区试综合表现：有效穗18.2万穗/亩，株高116.7厘米，穗长23.9厘米，每穗总粒数203.3粒，结实率81.0%，千粒重22.3克。抗性表现：稻瘟病综合指数年度分别为3.6级、4.3级，穗瘟损失率最高5级；白叶枯病最高级7级；褐飞虱最高级9级；抽穗期耐热性3级。米质表现：糙米率81.0%，精米率71.3%，整精米率58.7%，粒长6.4毫米，长宽比3.3，垩白粒率6%，垩白度0.7%，透明度2级，碱消值3.8级，胶稠度78毫米，直链淀粉含量14.3%，综合评级为普通。

2018年国家水稻品种试验年会审议意见：已完成试验程序，可以申报国家审定。

6. 徽两优280

2017年初试平均亩产636.18千克，比丰两优四号（CK）增产5.80%，增产点比例100.0%；2018年续试平均亩产655.31千克，比丰两优四号（CK）增产6.62%，增产点比例100.0%；两年区试平均亩产645.75千克，比丰两优四号（CK）增产6.21%，增产点比例100.0%；2018年生产试验平均亩产676.43千克，比丰两优四号（CK）增产5.89%，增产点比例100.0%。全生育期两年区试平均135.9天，比丰两优四号（CK）迟熟1.5天。主要农艺性状两年区试综合表现：有效穗16.7万穗/亩，株高122.9厘米，穗长24.5厘米，每穗总粒数216.8粒，结实率79.3%，千粒重23.6克。抗性表现：稻瘟病综合指数年度分别为3.1级、3.1级，穗瘟损失率最高5级；白叶枯病最高级7级；褐飞虱最高级9级；抽穗期耐热性3级。米质表现：糙米率82.0%，精米率72.3%，整精米率63.6%，粒长6.7毫米，长宽比3.4，垩白粒率5%，垩白度0.8%，透明度2级，碱消值5.8级，胶稠度74毫米，直链淀粉含量14.3%，综合评级为优质3级。

2018年国家水稻品种试验年会审议意见：已完成试验程序，可以申报国家审定。

7. 吉两优1号

2017年初试平均亩产644.07千克，比丰两优四号（CK）增产7.11%，增产点比例92.9%；2018年续试平均亩产639.81千克，比丰两优四号（CK）增产4.09%，增产点比例80.0%；两年区试平均亩产641.94千克，比丰两优四号（CK）增产5.59%，增产点比例86.4%；2018年生产试验平均亩产625.85千克，比丰两优四号（CK）增产0.29%，增产点比例42.9%。全生育期两年区试平均131.4天，比丰两优四号（CK）早熟3.0天。主要农艺性状两年区试综合表现：有效穗16.9万穗/亩，株高118.5厘米，穗长26.8厘米，每穗总粒数222.3粒，结实率83.6%，千粒重21.8克。抗性表现：稻瘟病综合指数年度分别为6.1级、6.1级，穗瘟损失率最高9级；白叶枯病最高级5级；褐飞虱最高级9级；抽穗期耐热性3级。米质表现：糙米率80.4%，精米率71.4%，整精米率56.2%，粒长6.0毫米，长宽比3.2，垩白粒率12%，垩白度2.5%，透明度2级，碱消值5.9级，胶稠度62毫米，直链淀粉含量15.2%，综合评级为优质3级。DNA指纹鉴定结果：两年试验品种不一致。

2018年国家水稻品种试验年会审议意见：已完成试验程序，但DNA指纹鉴定结果两年试验品种不一致。

（二）初试品种

1. 两优5077

2018年初试平均亩产656.36千克，比丰两优四号（CK）增产6.79%，增产点比例93.3%。全生育期132.1天，比丰两优四号（CK）早熟1.3天。主要农艺性状表现：有效穗17.9万穗/亩，株高119.1厘米，穗长25.7厘米，每穗总粒数189.7粒，结实率84.2%，结实率小于70%的点1个，千粒重23.0克。抗性表现：稻瘟病综合指数4.3级，穗瘟损失率最高级7级；白叶枯病7级；褐飞虱9级。米质表现：糙米率81.9%，精米率73.1%，整精米率61.1%，粒长6.0毫米，长宽比3.3，垩白粒率11.0%，垩白度1.6%，透明度1级，碱消值6.2级，胶稠度67毫米，直链淀粉含量17.0%，综合评级为优质2级。

2018年国家水稻品种试验年会审议意见：2019年续试并进行生产试验。

2. 钢两优雅占

2018年初试平均亩产654.46千克，比丰两优四号（CK）增产6.48%，增产点比例100.0%。全生育期136.7天，比丰两优四号（CK）迟熟3.3天。主要农艺性状表现：有效穗17.6万穗/亩，株高124.0厘米，穗长24.0厘米，每穗总粒数201.2粒，结实率80.4%，结实率小于70%的点0个，千粒重23.7克。抗性表现：稻瘟病综合指数3.3级，穗瘟损失率最高级3级；白叶枯病7级；褐飞虱9级。米质表现：糙米率79.9%，精米率70.7%，整精米率58.8%，粒长6.5毫米，长宽比3.1，垩白粒率3.7%，垩白度0.4%，透明度2级，碱消值4.4级，胶稠度79毫米，直链淀粉含量14.3%，综合评级为普通。

2018年国家水稻品种试验年会审议意见：2019年续试并进行生产试验。

3. 韵两优丝占

2018年初试平均亩产652.06千克，比丰两优四号（CK）增产6.09%，增产点比例100.0%。全生育期130.8天，比丰两优四号（CK）早熟2.6天。主要农艺性状表现：有效穗17.8万穗/亩，株高113.7厘米，穗长24.5厘米，每穗总粒数182.7粒，结实率86.4%，结实率小于70%的点0个，千粒重24.0克。抗性表现：稻瘟病综合指数4.0级，穗瘟损失率最高级5级；白叶枯病5级；褐飞虱9级。米质表现：糙米率81.4%，精米率72.8%，整精米率49.1%，粒长6.5毫米，长宽比3.1，垩白粒率4.7%，垩白度0.6%，透明度2级，碱消值6.3级，胶稠度72毫米，直链淀粉含量14.7%，综合评级为普通。

2018年国家水稻品种试验年会审议意见：2019年续试。

4. 徽两优6863

2018年初试平均亩产628.82千克，比丰两优四号（CK）增产2.31%，增产点比例73.3%。全生育期134.2天，比丰两优四号（CK）迟熟0.8天。主要农艺性状表现：有效穗15.1万穗/亩，株高131.9厘米，穗长27.6厘米，每穗总粒数193.2粒，结实率82.3%，结实率小于70%的点0个，千粒重26.8克。抗性表现：稻瘟病综合指数5.2级，穗瘟损失率最高级7级；白叶枯病7级；褐飞虱9级。米质表现：糙米率81.6%，精米率72.6%，整精米率55.8%，粒长7.0毫米，长宽比3.3，垩白粒率13.7%，垩白度1.3%，透明度2级，碱消值4.2级，胶稠度79毫米，直链淀粉含量13.9%，综合评级为普通。

2018 年国家水稻品种试验年会审议意见：终止试验。

5. 两优 6234

2018 年初试平均亩产 627.52 千克，比丰两优四号（CK）增产 2.09%，增产点比例 66.7%。全生育期 133.8 天，比丰两优四号（CK）迟熟 0.4 天。主要农艺性状表现：有效穗 16.8 万穗/亩，株高 119.1 厘米，穗长 24.1 厘米，每穗总粒数 204.1 粒，结实率 84.4%，结实率小于 70%的点 0 个，千粒重 22.6 克。抗性表现：稻瘟病综合指数 4.5 级，穗瘟损失率最高级 5 级；白叶枯病 7 级；褐飞虱 9 级。米质表现：糙米率 81.2%，精米率 72.4%，整精米率 65.9%，粒长 6.6 毫米，长宽比 3.3，垩白粒率 16.0%，垩白度 2.6%，透明度 2 级，碱消值 5.9 级，胶稠度 80 毫米，直链淀粉含量 23.1%，综合评级为普通。

2018 年国家水稻品种试验年会审议意见：终止试验。

6. 鼎两优华占

2018 年初试平均亩产 624.60 千克，比丰两优四号（CK）增产 1.62%，增产点比例 60.0%。全生育期 136.7 天，比丰两优四号（CK）迟熟 3.3 天。主要农艺性状表现：有效穗 18.0 万穗/亩，株高 122.9 厘米，穗长 25.5 厘米，每穗总粒数 198.6 粒，结实率 77.5%，结实率小于 70%的点 4 个，千粒重 22.9 克。抗性表现：稻瘟病综合指数 3.6 级，穗瘟损失率最高级 5 级；白叶枯病 5 级；褐飞虱 9 级。米质表现：糙米率 81.1%，精米率 72.1%，整精米率 63.5%，粒长 6.8 毫米，长宽比 3.4，垩白粒率 11.0%，垩白度 1.5%，透明度 1 级，碱消值 5.1 级，胶稠度 81 毫米，直链淀粉含量 23.0%，综合评级为普通。

2018 年国家水稻品种试验年会审议意见：终止试验。

7. C 两优银华粘

2018 年初试平均亩产 617.46 千克，比丰两优四号（CK）增产 0.46%，增产点比例 46.7%。全生育期 132.9 天，比丰两优四号（CK）早熟 0.5 天。主要农艺性状表现：有效穗 17.4 万穗/亩，株高 118.1 厘米，穗长 24.4 厘米，每穗总粒数 206.4 粒，结实率 80.4%，结实率小于 70%的点 1 个，千粒重 22.7 克。抗性表现：稻瘟病综合指数 4.0 级，穗瘟损失率最高级 5 级；白叶枯病 5 级；褐飞虱 9 级。米质表现：糙米率 81.0%，精米率 71.9%，整精米率 57.8%，粒长 6.5 毫米，长宽比 3.2，垩白粒率 9.7%，垩白度 1.2%，透明度 2 级，碱消值 5.1 级，胶稠度 77 毫米，直链淀粉含量 14.2%，综合评级为优质 3 级。

2018 年国家水稻品种试验年会审议意见：终止试验。

8. 祥两优 1381

2018 年初试平均亩产 598.73 千克，比丰两优四号（CK）减产 2.59%，增产点比例 26.7%。全生育期 133.5 天，比丰两优四号（CK）迟熟 0.1 天。主要农艺性状表现：有效穗 17.8 万穗/亩，株高 123.7 厘米，穗长 24.0 厘米，每穗总粒数 190.8 粒，结实率 79.2%，结实率小于 70%的点 2 个，千粒重 22.9 克。抗性表现：稻瘟病综合指数 3.9 级，穗瘟损失率最高级 5 级；白叶枯病 5 级；褐飞虱 9 级。米质表现：糙米率 81.2%，精米率 72.0%，整精米率 58.6%，粒长 6.7 毫米，长宽比 3.5，垩白粒率 22.5%，垩白度 2.9%，透明度 1 级，碱消值 5.9 级，胶稠度 80 毫米，直链淀粉含量 22.4%，综合评级为普通。

2018 年国家水稻品种试验年会审议意见：终止试验。

9. 恒丰优新华占

2018 年初试平均亩产 593.87 千克，比丰两优四号（CK）减产 3.38%，增产点比例 40.0%。全生育期 129.1 天，比丰两优四号（CK）早熟 4.3 天。主要农艺性状表现：有效穗 15.9 万穗/亩，株高 119.4 厘米，穗长 23.7 厘米，每穗总粒数 191.5 粒，结实率 85.3%，结实率小于 70%的点 0 个，千粒重 24.7 克。抗性表现：稻瘟病综合指数 3.7 级，穗瘟损失率最高级 5 级；白叶枯病 7 级；褐飞虱 9 级。米质表现：糙米率 80.9%，精米率 72.1%，整精米率 48.0%，粒长 6.7 毫米，长宽比 3.2，垩白粒率 10.7%，垩白度 1.0%，透明度 2 级，碱消值 5.1 级，胶稠度 75 毫米，直链淀粉含量 14.8%，综合评级为普通。

2018 年国家水稻品种试验年会审议意见：终止试验。

表 16-1 长江中下游中籼迟熟 E 组（182411NX-E）区试及生产试验参试品种基本情况

品种名称	试验编号	抗鉴编号	品种类型	亲本组合	申请者（非个人）	选育/供种单位
区试						
吉两优 1 号	1	13	杂交稻	吉 1628S/R7952	湖南恒大种业高科技有限公司	湖南恒大种业高科技有限公司
* 两优 5077	2	9	杂交稻	504S/R177	安徽省农业科学院水稻研究所	阮新民、罗志祥、施伏芝、从夕汉
* 祥两优 1381	3	11	杂交稻	祥 29S/R1381	湖南大农种业科技有限公司	湖南大农种业科技有限公司
丰两优四号（CK）	4	8	杂交稻	丰 39S×盐稻 4 号选		合肥丰乐种业股份公司
金两优华占	5	10	杂交稻	金 18S/华占	湖南金健种业科技有限公司	湖南金健种业科技有限公司
* 徽两优 6863	6	12	杂交稻	1892S×禾恢 6863	福建禾丰种业股份有限公司	福建禾丰种业股份有限公司
* 钢两优雅占	7	4	杂交稻	钢 S/雅占	江西天涯种业有限公司	江西天涯种业有限公司
徽两优 280	8	5	杂交稻	1892S/M280	江西金信种业有限公司	江西金信种业有限公司、安徽省农业科学院水稻研究所
* 韵两优丝占	9	1	杂交稻	韵 2013S/丝占	广西恒晟种业有限公司、湖南民生种业科技有限公司	广西恒晟种业有限公司、湖南民生种业科技有限公司
* 两优 6234	10	3	杂交稻	F106S/R234	合肥丰乐种业股份有限公司	合肥丰乐种业股份有限公司
* 鼎两优华占	11	6	杂交稻	华鼎 623S/华占	湖南百分农业科技有限公司	湖南隆平高科种业科学研究院有限公司，湖南亚华种业科学研究院，中国水稻研究所
* 恒丰优新华占	12	2	杂交稻	恒丰 A×新华占	福建旺穗种业有限公司	福建旺穗种业有限公司、广东粤良种业有限公司、深圳市金谷美香实业有限公司
* C 两优银华粘	13	7	杂交稻	C815S×银华粘	湖南永益农业科技发展有限公司	湖南永益农业科技发展有限公司
生产试验						
鹏优国泰	B4		杂交稻	鹏 A×兆恢国泰	湖北省种子集团有限公司、广东和丰种业科技有限公司	广东和丰种业科技有限公司
金两优华占	B8		杂交稻	金 18S/华占	湖南金健种业科技有限公司	湖南金健种业科技有限公司
徽两优 280	B9		杂交稻	1892S/M280	江西金信种业有限公司	江西金信种业有限公司、安徽省农业科学院水稻研究所
荃优 10 号	B10		杂交稻	荃 9311A/荃恢 10 号	安徽全丰种业有限公司、安徽荃银高科种业股份有限公司	安徽全丰种业有限公司、安徽荃银高科种业股份有限公司
两优 1316	B11		杂交稻	C815S×R1316	湖南金键种业科技有限公司	湖南金键种业科技有限公司
两优 7871	B13		杂交稻	178S/R71	安徽省农业科学院水稻研究所	安徽省农业科学院水稻研究所
吉两优 1 号	B14		杂交稻	吉 1628S/R7952	湖南恒大种业高科技有限公司	湖南恒大种业高科技有限公司
丰两优四号（CK）	B7		杂交稻	丰 39S×盐稻 4 号选		合肥丰乐种业股份公司

注：* 为 2018 年新参试品种。

表 16-2　长江中下游中籼迟熟 E 组（182411NX-E）区试及生产试验点基本情况

承试单位	试验地点	经度	纬度	海拔高度（米）	试验负责人及执行人
区试					
安徽滁州市农科所	滁州市国家农作物区域试验站	118°26′	32°09′	17.8	黄明永、卢继武、刘淼才
安徽黄山市种子站	黄山市农科所双桥基地	118°14′	29°40′	134.0	汪淇、王淑芬、汤雷、汪东兵、王新
安徽省农业科学院水稻所	合肥市	117°25′	31°59′	20.0	罗志祥、施伏芝
安徽袁粮水稻产业有限公司	芜湖市镜湖区利民村试验基地	118°27′	31°14′	7.2	乔保建、陶元平
福建南平市建阳区良种场	建阳市马伏良种场三亩片	118°22′	27°03′	150.0	张金明
河南信阳市农业科学院	信阳市本院试验田	114°05′	32°07′	75.9	王青林、霍二伟
湖北京山县农科所	京山县永兴镇苏佘畈村五组	113°07′	31°01′	75.6	彭金好、张红文、张瑜
湖北宜昌市农业科学院	枝江市问安镇四岗试验基地	111°05′	30°34′	60.0	贺丽、黄蓉
湖南怀化市农科所	怀化市洪江市双溪镇大马村	109°51′	27°15′	180.0	江生
湖南岳阳市农科所	岳阳县麻塘试验基地	113°05′	29°24′	32.0	黄四民、袁熙军
江苏里下河地区农科所	扬州市	119°25′	32°25′	8.0	李爱宏、余玲、刘广青
江苏沿海地区农科所	盐城市	120°08′	33°23′	2.7	孙明法、施伟
江西九江市农科所	九江县马回岭镇	115°48′	29°26′	45.0	潘世文、刘中来、李三元、李坤、宋惠洁
江西省农业科学院水稻所	高安市鄱阳湖生态区现代农业科技示范基地	115°22′	28°25′	60.0	邱在辉、何虎
中国水稻研究所	杭州市富阳区	120°19′	30°12′	7.2	杨仕华、夏俊辉、施彩娟
生产试验					
B 组：江西天涯种业有限公司	萍乡市麻山镇汶泉村	113°47′	27°32′	122.8	叶祖芳、冯胜亮、刘垂涛
B 组：湖南石门县水稻原种场	石门县白洋湖	111°28′	29°25′	64.0	杨春沅、张光纯
B 组：湖北赤壁市种子局	官塘驿镇石泉村	114°07′	29°48′	24.4	姚忠清、王小光
B 组：湖北惠民农业科技有限公司	鄂州市路口原种场	114°35′	30°04′	50.0	王子敏、周文华
B 组：安徽荃银高科种业股份有限公司	合肥市蜀山区南岗鸡鸣村	117°13′	31°49′	37.6	张从合、周桂香
B 组：江苏瑞华农业科技有限公司	淮安市金湖县金北镇陈渡村	119°02′	33°13′	9.0	陈忠明、程雨
B 组：浙江天台县种子站	平桥镇山头邵村	120°54′	29°12′	98.0	陈人慧、王瑾

表 16-3　长江中下游中籼迟熟 E 组（182411NX-E）区试品种产量、生育期及主要农艺经济性状汇总分析结果

品种名称	区试年份	亩产（千克）	比 CK± %	比 CK 增产点（%）	产量差异显著性		结实率<70%点	全生育期（天）	比 CK± 天	有效穗（万/亩）	株高（厘米）	穗长（厘米）	每穗总粒数	每穗实粒数	结实率（%）	千粒重（克）
					0.05	0.01										
徽两优 280	2017—2018	645.75	6.21	100.0				135.9	1.5	16.7	122.9	24.5	216.8	172.0	79.3	23.6
金两优华占	2017—2018	648.48	6.66	93.3				132.4	−2.0	18.2	116.7	23.9	203.3	164.8	81.0	22.3
吉两优 1 号	2017—2018	641.94	5.59	86.4				131.4	−3.0	16.9	118.5	26.8	222.3	185.8	83.6	21.8
丰两优四号（CK）	2017—2018	607.97	0.00	0.0				134.4	0.0	14.9	132.0	25.4	190.6	159.0	83.4	27.7
两优 5077	2018	656.36	6.79	93.3	a	A	1	132.1	−1.3	17.9	119.1	25.7	189.7	159.7	84.2	23.0
徽两优 280	2018	655.31	6.62	100.0	a	A	2	134.6	1.2	17.2	122.2	24.2	207.2	162.8	78.6	24.0
钢两优雅占	2018	654.46	6.48	100.0	ab	A	0	136.7	3.3	17.6	124.0	24.0	201.2	161.7	80.4	23.7
韵两优丝占	2018	652.06	6.09	100.0	ab	A	0	130.8	−2.6	17.8	113.7	24.5	182.7	157.8	86.4	24.0
金两优华占	2018	648.26	5.47	86.7	b	A	0	130.9	−2.5	18.1	115.1	23.7	198.2	161.0	81.2	22.7
吉两优 1 号	2018	639.81	4.09	80.0	c	B	0	127.7	−5.7	15.8	119.5	28.3	237.5	201.2	84.7	22.0
徽两优 6863	2018	628.82	2.31	73.3	d	C	0	134.2	0.8	15.1	131.9	27.6	193.2	159.0	82.3	26.8
两优 6234	2018	627.52	2.09	66.7	d	C	0	133.8	0.4	16.8	119.1	24.1	204.1	172.3	84.4	22.6
鼎两优华占	2018	624.60	1.62	60.0	d	CD	4	136.7	3.3	18.0	122.9	25.5	198.6	153.9	77.5	22.9
C 两优银华粘	2018	617.46	0.46	46.7	e	DE	1	132.9	−0.5	17.4	118.1	24.4	206.4	165.9	80.4	22.7
丰两优四号（CK）	2018	614.65	0.00	0.0	e	E	0	133.4	0.0	15.4	129.7	25.3	188.5	157.8	83.7	27.7
祥两优 1381	2018	598.73	−2.59	26.7	f	F	2	133.5	0.1	17.8	123.7	24.0	190.8	151.2	79.2	22.9
恒丰优新华占	2018	593.87	−3.38	40.0	f	F	0	129.1	−4.3	15.9	119.4	23.7	191.5	163.3	85.3	24.7

表 16-4　长江中下游中籼迟熟 E 组（1872411NX-E）生产试验品种产量、生育期、综合评级及抽穗期耐热性鉴定结果

品种名称	鹏优国泰	金两优华占	徽两优 280	荃优 10 号	两优 1316	两优 7871	吉两优 1 号	丰两优四号（CK）
生产试验汇总表现								
全生育期（天）	132.4	128.9	131.3	127.4	130.6	124.1	123.1	129.3
比 CK±天	3.1	-0.4	2.0	-1.9	1.3	-5.2	-6.2	0.0
亩产（千克）	649.34	690.17	676.43	656.10	661.93	639.59	625.85	633.69
产量比 CK±%	1.68	8.04	5.89	3.68	5.64	2.42	0.29	0.00
增产点比例（%）	71.4	100.0	100.0	71.4	100	85.7	42.9	0.0
各生产试验点综合评价等级								
江西天涯种业有限公司	B	A	A	A	A	B	C	A
湖南石门县水稻原种场	B	A	A	B	A	C	A	B
湖北赤壁市种子局	A	A	A	B	A	B	B	B
湖北惠民农业科技有限公司	D	A	B	B	C	C	C	C
安徽荃银高科种业股份有限公司	A	A	A	A	A	B	C	B
江苏瑞华农业科技有限公司	B	B	B	B	B	B	B	C
浙江天台县种子站	B	A	B	B	B	B	B	B
抽穗期耐热性（级）	3	3	3	3	3	3	3	3

注：1. 区试 A、D、E、H 组生产试验合并进行，因品种较多，多数生产试验点加设 CK 后安排在多块田中进行，表中产量比 CK±%系与同田块 CK 比较的结果。
2. 综合评价等级：A—好，B—较好，C—中等，D——般。
3. 抽穗期耐热性为华中农业大学鉴定结果。

表 16-5　长江中下游中籼迟熟 E 组（182411NX-E）品种稻瘟病抗性各地鉴定结果（2018 年）

品种名称	浙江					湖南					湖北					安徽					福建					江西				
	叶瘟级	穗瘟发病		穗瘟损失		叶瘟级	穗瘟发病		穗瘟损失		叶瘟级	穗瘟发病		穗瘟损失		叶瘟级	穗瘟发病		穗瘟损失		叶瘟级	穗瘟发病		穗瘟损失		叶瘟级	穗瘟发病		穗瘟损失	
		%	级	%	级		%	级	%	级		%	级	%	级		%	级	%	级		%	级	%	级		%	级	%	级
韵两优丝占	3	46	7	17	5	3	50	7	12	3	4	11	5	3	1	2	33	7	13	3	3	25	5	9	3	4	65	9	9	3
恒丰优新华占	3	70	9	28	5	3	43	7	9	3	3	13	5	2	1	1	17	5	6	3	3	23	5	10	3	4	51	9	5	1
两优 6234	2	57	9	6	3	4	32	7	6	3	5	44	7	15	3	2	19	5	6	3	4	47	7	27	5	3	100	9	20	5
钢两优雅占	4	17	5	6	3	3	35	7	6	3	3	6	3	1	1	2	18	5	6	3	3	8	3	2	1	3	78	9	10	3
徽两优 280	3	14	5	3	1	3	35	7	6	3	4	15	5	3	1	1	12	5	4	1	3	10	3	3	1	2	85	9	19	5
鼎两优华占	2	7	3	1	1	3	35	7	6	3	5	10	3	2	1	3	42	7	18	5	4	25	5	10	3	3	53	9	6	3
C 两优银华粘	3	63	9	26	5	5	52	9	12	3	4	7	3	1	1	2	19	5	6	3	3	7	3	2	1	6	100	9	29	5
丰两优四号（CK）	7	59	9	24	5	6	65	9	26	5	7	78	9	28	5	3	62	9	32	7	7	98	9	88	9	5	100	9	32	7
两优 5077	2	12	5	2	1	3	45	7	9	3	4	45	7	19	5	2	24	5	11	3	4	39	7	15	3	3	100	9	40	7
金两优华占	3	63	9	25	5	3	35	7	6	3	3	21	5	4	1	2	31	7	13	3	3	26	7	14	3	5	100	9	18	5
祥两优 1381	3	45	7	17	5	4	48	7	8	3	2	18	5	3	1	2	23	5	10	3	3	13	5	6	3	4	100	7	16	5
徽两优 6863	4	34	7	12	3	4	50	7	14	3	6	55	9	17	5	2	48	7	20	5	5	73	9	39	7	4	73	9	8	3
吉两优 1 号	2	43	7	16	5	3	75	9	44	7	5	32	7	11	3	5	79	9	44	7	6	100	9	88	9	4	83	9	18	5
感稻瘟病（CK）	7	95	9	44	7	8	85	9	56	9	7	100	9	69	9	7	97	9	64	9	7	100	9	91	9	7	100	9	55	9

注：1. 鉴定单位：浙江省农业科学院植微所、湖南省农业科学院植保所、湖北宜昌市农业科学院、安徽省农业科学院植保所、福建上杭县茶地镇农技站、江西井冈山企业集团农技服务中心。

2. 感稻瘟病（CK）：浙江、安徽为 Wh26，湖南、湖北、福建、江西分别为湘晚籼 11 号、丰两优香 1 号、明恢 86+龙黑糯 2 号、恩糯。

表 16-6　长江中下游中籼迟熟 E 组（182411NX-E）品种对主要病虫抗性综合评价结果（2017—2018 年）

品种名称	区试年份	稻瘟病										白叶枯病（级）			褐飞虱（级）		
		2018 年各地综合指数（级）							2018 年穗瘟损失率最高级	1~2 年综合评价		2018 年	1~2 年综合评价		2018 年	1~2 年综合评价	
		浙江	湖南	湖北	安徽	福建	江西	平均		平均综合指数	穗瘟损失率最高级		平均	最高		平均	最高
徽两优 280	2017—2018	2.5	4.0	2.8	2.0	2.0	5.3	3.1	5	3.1	5	7	6	7	9	9	9
金两优华占	2017—2018	5.5	4.0	2.5	3.8	4.0	6.0	4.3	5	4.0	5	7	7	7	9	8	9
吉两优 1 号	2017—2018	4.8	6.5	4.5	7.0	8.3	5.8	6.1	9	6.1	9	5	5	5	9	9	9
丰两优四号（CK）	2017—2018	6.5	6.3	6.5	6.5	8.5	7.0	6.9	9	7.0	9	5	4	5	9	9	9
韵两优丝占	2018	5.0	4.0	2.8	3.8	3.5	4.8	4.0	5	4.0	5	5	5	5	9	9	9
恒丰优新华占	2018	5.5	4.0	2.5	3.0	3.5	3.8	3.7	5	3.7	5	7	7	7	9	9	9
两优 6234	2018	4.3	4.3	4.5	3.3	5.3	5.5	4.5	5	4.5	5	7	7	7	9	9	9
钢两优雅占	2018	3.8	4.0	2.0	3.3	2.0	4.5	3.3	3	3.3	3	7	7	7	9	9	9
鼎两优华占	2018	1.8	4.0	2.5	5.0	3.8	4.5	3.6	5	3.6	5	5	5	5	9	9	9
C 两优银华粘	2018	5.5	5.0	2.3	3.3	2.0	6.3	4.0	5	4.0	5	5	5	5	9	9	9
两优 5077	2018	2.3	4.0	5.3	3.3	4.3	6.5	4.3	7	4.3	7	7	7	7	9	9	9
祥两优 1381	2018	5.0	4.3	2.3	3.3	3.5	5.3	3.9	5	3.9	5	5	5	5	9	9	9
徽两优 6863	2018	4.3	4.3	6.3	4.8	7.0	4.8	5.2	7	5.2	7	7	7	7	9	9	9
丰两优四号（CK）	2018	6.5	6.3	6.5	6.5	8.5	7.0	6.9	9	6.9	9	5	5	5	9	9	9
感病虫（CK）	2018	7.5	8.8	8.5	8.5	8.5	8.5	8.4	9	8.4	9	9	9	9	9	9	9

注：1. 稻瘟病综合指数=叶瘟平均级×25%+穗瘟发病率平均级×25%+穗瘟损失率平均级×50%。

2. 白叶枯病和褐飞虱鉴定单位分别为湖南省农业科学院水稻所和中国水稻研究所稻作发展中心。

3. 感白叶枯病、褐飞虱 CK 分别为金刚 30、TN1。

表 16-7　长江中下游中籼迟熟 E 组（182411NX-E）品种米质检测分析结果

品种名称	年份	糙米率（%）	精米率（%）	整精米率（%）	粒长（毫米）	长宽比	垩白粒率（%）	垩白度（%）	透明度（级）	碱消值（级）	胶稠度（毫米）	直链淀粉（%）	部标（等级）
吉两优 1 号	2017—2018	80.4	71.4	56.2	6.0	3.2	12	2.5	2	5.9	62	15.2	优三
金两优华占	2017—2018	81.0	71.3	58.7	6.4	3.3	6	0.7	2	3.8	78	14.3	普通
徽两优 280	2017—2018	82.0	72.3	63.6	6.7	3.4	5	0.8	2	5.8	74	14.4	优三
丰两优四号（CK）	2017—2018	81.3	71.7	54.1	6.8	3.1	18	2.5	2	6.1	71	15.3	优三
两优 5077	2018	81.9	73.1	61.1	7.2	3.3	11	1.6	1	6.2	67	17.0	优二
祥两优 1381	2018	81.2	72.0	58.6	6.7	3.5	23	2.9	1	5.9	80	22.4	普通
徽两优 6863	2018	81.6	72.6	55.8	7.0	3.3	14	1.3	2	4.2	79	13.9	普通
钢两优雅占	2018	79.9	70.7	58.8	6.5	3.1	4	0.4	2	4.4	79	14.3	普通
韵两优丝占	2018	81.4	72.8	49.1	6.5	3.1	5	0.6	2	6.3	72	14.7	普通
两优 6234	2018	81.2	72.4	65.9	6.6	3.3	16	2.6	2	5.9	80	23.1	普通
鼎两优华占	2018	81.1	72.1	63.5	6.8	3.4	11	1.5	1	5.1	81	23.0	普通
恒丰优新华占	2018	80.9	72.1	48.0	6.7	3.2	11	1.0	2	5.1	75	14.8	普通
C 两优银华粘	2018	81.0	71.9	57.8	6.5	3.2	10	1.2	2	5.1	77	14.2	优三
丰两优四号（CK）	2018	81.3	71.7	54.1	6.8	3.1	18	2.5	2	6.1	71	15.3	优三

注：1. 供样单位：安徽省农业科学院水稻所（2017—2018 年）、河南信阳市农科所（2017—2018 年）、中国水稻研究所（2017—2018 年）。
2. 检测单位：农业农村部稻米及制品质量监督检验测试中心。

表 16-8-1 长江中下游中籼迟熟 E 组（182411NX-E）区试品种在各试点的产量、生育期及主要农艺经济性状表现

品种名称/试验点	亩产（千克）	比 CK± %	产量位次	播种期（月/日）	齐穗期（月/日）	成熟期（月/日）	全生育期(天)	有效穗（万/亩）	株高（厘米）	穗长（厘米）	总粒数/穗	实粒数/穗	结实率（%）	千粒重（克）	杂株率（%）	倒伏性	穗颈瘟	纹枯病	稻曲病	综评等级
吉两优 1 号																				
安徽滁州市农科所	720.14	4.42	8	5/8	8/6	9/16	131	16.6	129.1	28.6	284.3	241.0	84.8	22.8	1.5	直	未发	轻	未发	A
安徽黄山市种子站	535.84	-3.61	10	4/27	7/31	9/1	127	12.2	103.6	29.4	272.0	223.0	82.0	20.1	—	直	未发	未发	—	B
安徽省农业科学院水稻所	717.48	12.43	3	5/3	8/3	9/7	127	14.9	121.0	23.8	246.7	216.6	87.8	22.3	—	直	未发	轻	无	A
安徽袁粮水稻产业有限公司	657.31	6.44	3	5/7	8/1	9/16	132	15.7	125.8	29.0	230.7	194.4	84.3	23.8	0.0	直	未发	未发	未发	B
福建南平市建阳区良种场	575.05	-0.63	11	5/25	8/16	10/2	130	16.5	122.5	29.2	206.0	168.8	81.9	21.3	0.0	直	未发	重	—	C
河南信阳市农业科学院	628.34	6.61	6	4/27	7/30	9/3	129	18.8	120.8	27.4	193.0	162.1	84.0	20.5	—	直	未发	中	—	B
湖北京山县农科所	638.02	5.63	5	4/26	7/25	8/28	124	18.9	113.5	26.2	167.9	146.9	87.5	25.0	—	—	未发	—	—	A
湖北宜昌市农业科学院	723.18	4.18	4	4/18	7/24	8/29	133	16.9	125.1	28.4	230.8	200.7	87.0	25.2	0.7	直	未发	轻	无	A
湖南怀化市农科所	681.16	9.74	1	4/18	7/24	8/27	131	16.7	120.3	23.8	240.0	179.9	75.0	23.0	0.0	直	未发	轻	未发	A
湖南岳阳市农业科学院	683.38	5.96	9	5/3	8/2	9/6	126	16.7	119.6	29.3	233.3	203.9	87.4	23.5	0.0	直	未发	轻	未发	A
江苏里下河地区农科所	617.19	6.10	5	5/14	8/9	9/17	126	13.1	116.8	29.6	270.0	241.0	89.3	20.6	3.3	直	未发	轻	—	A
江苏沿海地区农科所	641.52	4.53	5	5/7	8/14	9/14	130	14.9	112.7	31.4	249.0	206.0	82.7	20.8	0.0	直	未发	轻	无	B
江西九江市农业科学院	596.37	6.96	6	5/10	8/5	9/15	128	11.8	124.1	29.5	250.3	220.7	88.2	20.4	0.0	直	未发	中	未发	B
江西省农业科学院水稻所	627.11	0.78	10	5/13	8/5	9/6	116	18.2	117.1	27.8	220.9	181.1	82.0	21.0	1.2	斜	未发	未发	未发	C
中国水稻研究所	554.97	-9.22	13	5/15	8/7	9/18	126	14.8	120.3	31.4	267.0	232.2	87.0	19.2	0.0	直	未发	轻	—	D

注：综合评级：A—好，B—较好，C—中等，D—一般。

表 16-8-2　长江中下游中籼迟熟 E 组（182411NX-E）区试品种在各试点的产量、生育期及主要农艺经济性状表现

品种名称/试验点	亩产（千克）	比 CK± %	产量位次	播种期（月/日）	齐穗期（月/日）	成熟期（月/日）	全生育期(天)	有效穗（万/亩）	株高（厘米）	穗长（厘米）	总粒数/穗	实粒数/穗	结实率（%）	千粒重（克）	杂株率（%）	倒伏性	穗颈瘟	纹枯病	稻曲病	综评等级
两优 5077																				
安徽滁州市农科所	738.80	7.13	2	5/8	8/14	9/25	140	20.9	126.5	28.8	245.2	169.8	69.2	23.9	0.0	直	未发	轻	未发	A
安徽黄山市种子站	595.66	7.15	3	4/27	8/6	9/6	132	16.5	107.8	23.5	178.4	152.8	85.7	21.2	—	直	未发	未发	—	B
安徽省农业科学院水稻所	725.81	13.73	1	5/3	8/11	9/16	136	16.4	119.0	26.1	225.6	195.4	86.6	23.5	—	直	未发	无	无	A
安徽袁粮水稻产业有限公司	667.17	8.04	1	5/7	8/5	9/17	133	14.1	121.9	26.9	225.4	201.5	89.4	24.8	0.0	直	未发	未发	未发	A
福建南平市建阳区良种场	593.71	2.59	6	5/25	8/23	10/4	132	20.0	123.9	25.7	176.2	142.4	80.8	21.5	0.0	直	未发	中	—	B
河南信阳市农业科学院	630.15	6.92	5	4/27	8/3	9/5	131	20.4	120.8	25.2	141.3	127.5	90.2	23.0	—	直	未发	轻	—	B
湖北京山县农科所	642.18	6.32	1	4/26	7/28	8/31	127	23.4	112.6	24.2	145.0	112.4	77.5	29.1	—	—	未发	—	—	A
湖北宜昌市农业科学院	731.02	5.31	3	4/18	7/28	9/8	143	13.4	119.2	24.6	171.2	152.5	89.1	25.3	1.7	直	未发	轻	无	C
湖南怀化市农科所	585.71	-5.64	11	4/18	7/29	8/30	134	19.1	126.9	24.0	171.5	150.5	87.8	20.7	0.0	直	未发	轻	未发	D
湖南岳阳市农业科学院	696.75	8.03	5	5/3	8/5	9/8	128	14.6	127.0	27.2	183.0	156.5	85.5	24.4	0.0	直	未发	无	未发	A
江苏里下河地区农科所	630.52	8.39	1	5/14	8/16	9/23	132	17.7	106.6	24.8	162.0	151.0	93.2	22.4	1.8	直	未发	轻	—	A
江苏沿海地区农科所	651.68	6.19	3	5/7	8/19	9/19	135	18.9	110.3	24.5	192.0	158.0	82.3	22.0	0.0	直	未发	轻	无	A
江西九江市农业科学院	606.37	8.75	3	5/10	8/10	9/17	130	16.4	120.0	26.6	197.6	167.8	84.9	21.8	0.0	直	未发	无	未发	A
江西省农业科学院水稻所	669.20	7.55	2	5/13	8/13	9/9	119	18.5	121.8	26.0	204.8	175.6	85.7	21.2	0.0	直	未发	未发	未发	A
中国水稻研究所	680.67	11.34	2	5/15	8/12	9/21	129	18.1	121.6	27.6	226.4	181.2	80.0	20.1	1.0	直	未发	轻	—	A

注：综合评级：A—好，B—较好，C—中等，D——般。

表 16-8-3　长江中下游中籼迟熟 E 组（182411NX-E）区试品种在各试点的产量、生育期及主要农艺经济性状表现

品种名称/试验点	亩产（千克）	比 CK± %	产量位次	播种期（月/日）	齐穗期（月/日）	成熟期（月/日）	全生育期(天)	有效穗（万/亩）	株高（厘米）	穗长（厘米）	总粒数/穗	实粒数/穗	结实率（%）	千粒重（克）	杂株率（%）	倒伏性	穗颈瘟	纹枯病	稻曲病	综评等级
祥两优 1381																				
安徽滁州市农科所	676.67	-1.88	11	5/8	8/19	9/29	144	22.2	135.3	23.3	210.0	138.9	66.1	24.7	0.3	直	未发	轻	未发	B
安徽黄山市种子站	481.04	-13.47	13	4/27	8/7	9/4	130	13.8	103.0	24.2	192.3	167.3	87.0	21.5	—	直	未发	未发	—	A
安徽省农业科学院水稻所	613.53	-3.86	11	5/3	8/18	9/25	145	15.9	131.0	22.9	206.8	161.3	78.0	24.2	0.5	直	未发	无	轻	C
安徽袁粮水稻产业有限公司	562.91	-8.85	13	5/7	8/6	9/16	132	14.9	122.1	25.4	187.5	165.6	88.3	24.6	0.0	直	未发	未发	未发	D
福建南平市建阳区良种场	583.04	0.75	9	5/25	8/27	10/6	134	18.8	133.8	23.3	171.3	141.2	82.4	23.7	0.0	直	未发	中	—	C
河南信阳市农业科学院	542.97	-7.87	13	4/27	8/5	9/5	131	19.8	119.3	22.6	141.4	103.8	73.4	22.7	—	直	未发	轻	—	D
湖北京山县农科所	558.89	-7.47	12	4/26	7/28	8/31	127	27.8	119.7	23.8	114.8	93.3	81.3	25.1	—	—	未发	—	—	C
湖北宜昌市农业科学院	625.16	-9.94	13	4/18	7/29	8/29	133	15.8	121.3	25.7	179.7	153.1	85.2	23.2	0.6	直	未发	轻	无	C
湖南怀化市农科所	613.20	-1.21	9	4/18	8/2	9/2	137	18.2	134.5	24.0	207.5	161.0	77.6	21.3	0.0	直	未发	轻	未发	C
湖南岳阳市农业科学院	636.59	-1.30	13	5/3	8/7	9/10	130	16.5	128.5	24.9	196.1	151.9	77.5	24.7	0.0	直	未发	无	未发	C
江苏里下河地区农科所	573.38	-1.43	12	5/14	8/19	9/29	138	17.8	112.8	24.8	200.0	168.0	84.0	21.6	0.9	倒	未发	轻	—	C
江苏沿海地区农科所	595.87	-2.91	11	5/7	8/19	9/20	136	17.2	112.0	23.4	180.0	146.0	81.1	22.9	0.0	直	未发	轻	无	D
江西九江市农业科学院	588.71	5.59	9	5/10	8/13	9/18	131	14.8	128.2	25.0	214.8	162.0	75.4	21.9	0.0	直	未发	轻	未发	C
江西省农业科学院水稻所	643.77	3.46	7	5/13	8/15	9/14	124	16.7	125.3	22.6	215.7	187.5	86.9	20.9	0.0	直	未发	未发	未发	B
中国水稻研究所	685.17	12.08	1	5/15	8/16	9/22	130	16.1	129.0	24.7	243.7	166.9	68.5	21.1	0.0	直	未发	轻	—	A

注：综合评级：A—好，B—较好，C—中等，D—一般。

表 16-8-4　长江中下游中籼迟熟 E 组（182411NX-E）区试品种在各试点的产量、生育期及主要农艺经济性状表现

品种名称/试验点	亩产（千克）	比 CK± %	产量位次	播种期（月/日）	齐穗期（月/日）	成熟期（月/日）	全生育期(天)	有效穗（万/亩）	株高（厘米）	穗长（厘米）	总粒数/穗	实粒数/穗	结实率（%）	千粒重（克）	杂株率（%）	倒伏性	穗颈瘟	纹枯病	稻曲病	综评等级
丰两优四号（CK）																				
安徽滁州市农科所	689.66	0.00	10	5/8	8/20	9/30	145	17.2	144.5	25.0	220.6	168.1	76.2	26.9	0.5	直	未发	轻	未发	B
安徽黄山市种子站	555.89	0.00	7	4/27	8/6	9/6	132	13.4	122.0	24.4	175.8	151.0	85.9	25.4	—	直	未发	未发	—	B
安徽省农业科学院水稻所	638.18	0.00	10	5/3	8/17	9/24	144	15.3	135.0	26.4	185.3	159.5	86.1	26.4	—	直	未发	无	无	C
安徽袁粮水稻产业有限公司	617.55	0.00	10	5/7	8/4	9/14	130	13.3	136.0	25.1	195.5	173.6	88.8	30.2	0.0	直	未发	未发	未发	C
福建南平市建阳区良种场	578.71	0.00	10	5/25	8/27	10/6	134	14.9	140.5	24.4	170.2	137.2	80.6	29.8	3.6	直	未发	中	—	C
河南信阳市农业科学院	589.36	0.00	10	4/27	8/4	9/6	132	15.8	128.5	25.5	156.2	137.3	87.9	28.7	—	直	未发	轻	—	C
湖北京山县农科所	604.03	0.00	9	4/26	7/28	8/31	127	19.3	117.6	23.2	149.7	130.1	86.9	27.5	—	—	未发	—	—	C
湖北宜昌市农业科学院	694.18	0.00	9	4/18	7/28	8/29	133	19.1	124.6	26.3	204.5	178.2	87.1	26.5	1.8	直	未发	轻	无	A
湖南怀化市农科所	620.69	0.00	7	4/18	8/2	9/2	137	12.9	140.0	28.0	221.6	180.6	81.5	27.3	0.0	直	未发	轻	未发	C
湖南岳阳市农业科学院	644.95	0.00	11	5/3	8/6	9/9	129	15.3	115.6	25.8	181.2	156.8	86.5	29.8	0.0	直	未发	轻	未发	C
江苏里下河地区农科所	581.71	0.00	10	5/14	8/20	9/30	139	14.7	125.6	25.3	172.0	154.0	89.5	28.3	1.8	直	未发	轻	—	C
江苏沿海地区农科所	613.70	0.00	9	5/7	8/19	9/20	136	15.5	119.7	25.5	173.0	141.0	81.5	27.7	0.3	直	未发	轻	无	C
江西九江市农业科学院	557.56	0.00	12	5/10	8/12	9/18	131	12.6	130.6	26.4	239.3	179.1	74.8	27.4	0.0	直	未发	无	未发	D
江西省农业科学院水稻所	622.23	0.00	11	5/13	8/17	9/12	122	17.8	131.5	23.2	167.8	149.4	89.0	27.4	0.0	直	未发	未发	未发	C
中国水稻研究所	611.32	0.00	11	5/15	8/15	9/22	130	13.7	133.8	25.0	214.1	170.5	79.6	26.1	1.0	直	未发	轻	—	C

注：综合评级：A—好，B—较好，C—中等，D——般。

表 16-8-5　长江中下游中籼迟熟 E 组（182411NX-E）区试品种在各试点的产量、生育期及主要农艺经济性状表现

品种名称/试验点	亩产（千克）	比 CK±%	产量位次	播种期（月/日）	齐穗期（月/日）	成熟期（月/日）	全生育期(天)	有效穗（万/亩）	株高（厘米）	穗长（厘米）	总粒数/穗	实粒数/穗	结实率（%）	千粒重（克）	杂株率（%）	倒伏性	穗颈瘟	纹枯病	稻曲病	综评等级
金两优华占																				
安徽滁州市农科所	666.84	-3.31	12	5/8	8/12	9/23	138	23.2	127.6	24.3	252.7	179.9	71.2	22.6	0.0	直	未发	轻	轻	C
安徽黄山市种子站	592.15	6.52	4	4/27	8/5	9/5	131	15.8	96.4	22.6	210.0	176.1	83.9	21.7	—	直	未发	未发	—	B
安徽省农业科学院水稻所	708.32	10.99	4	5/3	8/13	9/19	139	17.1	111.0	21.8	238.4	189.4	79.4	22.2	1.0	直	未发	无	无	B
安徽袁粮水稻产业有限公司	649.79	5.22	5	5/7	8/7	9/16	132	13.2	111.6	24.9	216.4	190.4	88.0	24.7	0.0	直	未发	未发	未发	B
福建南平市建阳区良种场	595.04	2.82	4	5/25	8/20	10/3	131	19.9	114.3	22.9	179.4	142.2	79.3	21.7	0.0	直	未发	重	—	B
河南信阳市农业科学院	649.23	10.16	1	4/27	8/3	9/7	133	18.2	115.0	22.8	168.0	141.4	84.2	21.7	—	直	未发	轻	—	A
湖北京山县农科所	639.68	5.90	4	4/26	7/27	8/30	126	21.3	111.7	22.2	106.8	91.2	85.4	24.3	—	—	未发	—	—	A
湖北宜昌市农业科学院	744.19	7.20	1	4/18	7/28	8/28	132	17.4	119.4	23.0	145.6	120.9	83.0	27.1	0.9	直	未发	轻	无	B
湖南怀化市农科所	665.34	7.19	2	4/18	7/25	8/28	132	18.1	128.1	26.1	234.1	188.0	80.3	19.9	0.0	直	未发	轻	未发	A
湖南岳阳市农业科学院	695.07	7.77	6	5/3	8/4	9/7	127	15.7	133.0	24.8	207.5	181.3	87.4	24.1	2.0	直	未发	无	未发	A
江苏里下河地区农科所	619.69	6.53	4	5/14	8/13	9/20	129	17.7	102.4	23.2	181.0	172.0	95.0	20.4	1.2	斜	未发	轻	—	A
江苏沿海地区农科所	674.00	9.83	1	5/7	8/18	9/19	135	19.2	100.3	23.8	203.0	167.0	82.3	20.7	0.0	直	未发	轻	无	A
江西九江市农业科学院	589.87	5.80	8	5/10	8/10	9/17	130	16.5	118.8	24.9	208.5	166.0	79.6	21.4	0.0	直	未发	轻	未发	C
江西省农业科学院水稻所	634.68	2.00	9	5/13	8/12	9/10	120	19.1	119.5	23.5	190.4	145.3	76.3	27.9	0.0	直	未发	未发	未发	C
中国水稻研究所	599.99	-1.85	12	5/15	8/10	9/20	128	19.5	117.7	25.1	231.1	163.8	70.9	19.8	0.0	直	未发	轻	—	D

注：综合评级：A—好，B—较好，C—中等，D——般。

表 16-8-6 长江中下游中籼迟熟 E 组（182411NX-E）区试品种在各试点的产量、生育期及主要农艺经济性状表现

品种名称/试验点	亩产（千克）	比 CK± %	产量位次	播种期（月/日）	齐穗期（月/日）	成熟期（月/日）	全生育期(天)	有效穗（万/亩）	株高（厘米）	穗长（厘米）	总粒数/穗	实粒数/穗	结实率（%）	千粒重（克）	杂株率（%）	倒伏性	穗颈瘟	纹枯病	稻曲病	综评等级
徽两优 6863																				
安徽滁州市农科所	724.47	5.05	7	5/8	8/19	9/30	145	18.8	145.5	28.2	209.7	162.8	77.6	25.8	0.0	直	未发	轻	未发	A
安徽黄山市种子站	499.08	-10.22	12	4/27	8/7	9/7	133	12.9	110.2	25.2	171.0	156.7	91.6	24.8	—	直	未发	未发	—	B
安徽省农业科学院水稻所	692.66	8.54	6	5/3	8/21	9/27	147	16.6	140.0	26.3	188.3	152.3	80.9	27.5	—	直	未发	轻	无	B
安徽袁粮水稻产业有限公司	647.46	4.84	6	5/7	8/7	9/16	132	12.2	130.9	28.6	221.3	190.6	86.1	29.3	0.0	直	未发	未发	未发	B
福建南平市建阳区良种场	603.03	4.20	2	5/25	8/26	10/6	134	15.8	135.4	28.3	180.2	146.0	81.0	27.6	1.2	直	未发	中	—	A
河南信阳市农业科学院	637.88	8.23	3	4/27	8/5	9/6	132	15.5	135.2	25.4	144.6	123.9	85.7	27.7	—	直	未发	轻	—	B
湖北京山县农科所	616.53	2.07	8	4/26	7/28	8/31	127	19.8	133.6	25.8	108.7	86.3	79.4	32.6	—	—	未发	—	—	B
湖北宜昌市农业科学院	633.83	-8.69	11	4/18	7/28	8/31	135	16.4	126.3	26.7	186.2	160.4	86.1	25.0	0.9	直	未发	轻	无	C
湖南怀化市农科所	599.70	-3.38	10	4/18	7/31	9/1	136	12.5	140.0	29.8	239.3	177.7	74.3	28.1	0.0	直	未发	轻	未发	C
湖南岳阳市农业科学院	700.09	8.55	4	5/3	8/7	9/10	130	13.8	128.6	27.1	190.4	162.8	85.5	28.3	0.0	直	未发	无	未发	A
江苏里下河地区农科所	615.20	5.76	6	5/14	8/19	9/30	139	14.0	120.6	28.2	194.0	175.0	90.2	25.6	0.0	倒	未发	轻	—	B
江苏沿海地区农科所	588.21	-4.15	13	5/7	8/19	9/20	136	15.2	127.3	28.0	188.0	147.0	78.2	26.3	0.0	直	未发	轻	无	D
江西九江市农业科学院	598.70	7.38	5	5/10	8/12	9/18	131	12.4	134.2	28.0	204.9	162.8	79.5	27.3	0.0	直	未发	中	未发	B
江西省农业科学院水稻所	647.48	4.06	6	5/13	8/16	9/14	124	16.9	137.0	28.3	234.2	206.4	88.1	19.7	0.0	直	未发	未发	未发	B
中国水稻研究所	627.99	2.73	10	5/15	8/16	9/24	132	14.0	133.2	29.7	236.9	174.8	73.8	27.1	0.7	直	未发	轻	—	C

注：综合评级：A—好，B—较好，C—中等，D——般。

表 16-8-7　长江中下游中籼迟熟 E 组（182411NX-E）区试品种在各试点的产量、生育期及主要农艺经济性状表现

品种名称/试验点	亩产（千克）	比 CK±%	产量位次	播种期（月/日）	齐穗期（月/日）	成熟期（月/日）	全生育期(天)	有效穗（万/亩）	株高（厘米）	穗长（厘米）	总粒数/穗	实粒数/穗	结实率（%）	千粒重（克）	杂株率（%）	倒伏性	穗颈瘟	纹枯病	稻曲病	综评等级
钢两优雅占																				
安徽滁州市农科所	729.81	5.82	4	5/8	8/21	10/3	148	18.7	138.9	25.8	222.9	168.3	75.5	24.9	0.0	直	未发	轻	未发	A
安徽黄山市种子站	603.51	8.57	1	4/27	8/10	9/9	135	16.9	107.8	22.5	203.4	169.8	83.5	21.1	—	直	未发	未发	—	A
安徽省农业科学院水稻所	724.14	13.47	2	5/3	8/23	9/30	150	16.7	124.0	24.2	236.6	182.3	77.0	24.3	—	斜	未发	无	轻	A
安徽袁粮水稻产业有限公司	660.49	6.95	2	5/7	8/10	9/16	132	16.5	122.8	24.9	203.8	177.3	87.0	24.8	0.0	直	未发	未发	未发	A
福建南平市建阳区良种场	594.04	2.65	5	5/25	8/28	10/6	134	18.6	135.5	23.0	182.0	145.1	79.7	23.4	0.0	直	未发	中	—	B
河南信阳市农业科学院	642.16	8.96	2	4/27	8/8	9/12	138	18.3	125.2	23.6	182.0	134.5	73.9	23.8	—	直	未发	轻	—	A
湖北京山县农科所	639.68	5.90	3	4/26	8/1	9/5	132	23.2	128.4	23.6	166.5	131.2	78.8	24.1	0.3	—	未发	—	—	A
湖北宜昌市农业科学院	717.18	3.31	7	4/18	7/31	9/1	136	19.2	121.5	24.2	186.3	159.5	85.6	23.6	1.5	直	未发	中	无	D
湖南怀化市农科所	633.52	2.07	6	4/18	8/3	9/3	138	16.8	136.8	24.6	235.8	171.8	72.9	22.3	0.0	直	未发	轻	未发	B
湖南岳阳市农业科学院	710.11	10.10	1	5/3	8/6	9/9	129	16.6	125.4	24.6	185.2	160.7	86.8	25.2	0.0	直	未发	无	未发	A
江苏里下河地区农科所	623.52	7.19	3	5/14	8/23	10/4	143	15.1	112.6	24.5	177.0	163.0	92.1	22.8	0.0	直	未发	轻	—	A
江苏沿海地区农科所	637.85	3.94	6	5/7	8/27	9/28	144	18.8	116.3	22.9	184.0	150.0	81.5	22.1	0.0	直	未发	轻	无	B
江西九江市农业科学院	608.37	9.11	2	5/10	8/14	9/20	133	14.9	123.4	24.8	228.5	178.9	78.3	23.7	0.0	直	未发	无	未发	A
江西省农业科学院水稻所	647.48	4.06	5	5/13	8/15	9/15	125	16.3	121.2	22.5	196.4	163.5	83.2	26.6	0.0	直	未发	未发	未发	B
中国水稻研究所	645.00	5.51	7	5/15	8/18	9/25	133	18.1	119.8	24.4	227.7	169.6	74.5	22.1	0.0	直	未发	轻	—	B

注：综合评级：A—好，B—较好，C—中等，D——一般。

表 16-8-8　长江中下游中籼迟熟 E 组（182411NX-E）区试品种在各试点的产量、生育期及主要农艺经济性状表现

品种名称/试验点	亩产（千克）	比 CK±%	产量位次	播种期（月/日）	齐穗期（月/日）	成熟期（月/日）	全生育期(天)	有效穗（万/亩）	株高（厘米）	穗长（厘米）	总粒数/穗	实粒数/穗	结实率（%）	千粒重（克）	杂株率（%）	倒伏性	穗颈瘟	纹枯病	稻曲病	综评等级
徽两优 280																				
安徽滁州市农科所	727.47	5.48	6	5/8	8/18	10/2	147	21.2	132.7	26.1	239.0	186.8	78.2	25.3	0.0	直	未发	轻	未发	A
安徽黄山市种子站	596.66	7.33	2	4/27	8/11	9/8	134	15.9	102.2	20.8	189.1	159.5	84.3	21.9	—	直	未发	未发	—	B
安徽省农业科学院水稻所	706.65	10.73	5	5/3	8/21	9/27	147	16.6	121.0	24.0	220.1	176.5	80.2	24.6	—	直	未发	无	无	B
安徽袁粮水稻产业有限公司	655.48	6.14	4	5/7	8/7	9/17	133	14.6	125.8	25.7	208.1	188.3	90.5	25.8	0.0	直	未发	未发	未发	B
福建南平市建阳区良种场	598.70	3.45	3	5/25	8/28	10/7	135	18.9	130.0	23.6	173.8	142.5	82.0	23.3	0.0	直	未发	中	—	B
河南信阳市农业科学院	631.96	7.23	4	4/27	8/5	9/7	133	15.0	118.3	22.3	140.3	104.9	74.8	24.9	—	直	未发	轻	—	B
湖北京山县农科所	635.69	5.24	6	4/26	7/28	8/30	126	23.4	130.8	24.6	150.6	113.7	75.5	27.8	—	—	未发	—	—	A
湖北宜昌市农业科学院	719.68	3.67	6	4/18	7/30	9/1	136	21.2	120.7	24.3	189.6	155.7	82.1	25.9	0.8	直	未发	中	无	D
湖南怀化市农科所	648.51	4.48	4	4/18	8/2	9/2	137	16.7	131.4	24.5	215.2	173.7	80.7	22.7	0.0	直	未发	轻	未发	B
湖南岳阳市农业科学院	705.10	9.33	2	5/3	8/5	9/8	128	14.7	115.4	24.7	205.1	162.1	79.0	25.5	0.0	直	未发	轻	未发	A
江苏里下河地区农科所	626.02	7.62	2	5/14	8/19	9/29	138	12.9	117.0	23.9	261.0	219.0	83.9	21.0	0.3	直	未发	轻	—	A
江苏沿海地区农科所	645.68	5.21	4	5/7	8/22	9/23	139	17.5	114.3	23.8	189.0	152.0	80.4	23.8	0.0	直	未发	轻	无	A
江西九江市农业科学院	612.86	9.92	1	5/10	8/13	9/18	131	14.0	123.6	24.7	213.1	139.7	65.6	22.4	0.0	直	未发	重	未发	A
江西省农业科学院水稻所	674.58	8.41	1	5/13	8/16	9/14	124	18.6	127.0	24.4	223.4	171.4	76.7	22.9	0.0	直	未发	未发	未发	A
中国水稻研究所	644.66	5.45	8	5/15	8/16	9/23	131	17.3	122.5	25.2	290.2	195.8	67.5	21.6	0.3	直	未发	轻	—	B

注：综合评级：A—好，B—较好，C—中等，D——般。

表 16-8-9　长江中下游中籼迟熟 E 组（182411NX-E）区试品种在各试点的产量、生育期及主要农艺经济性状表现

品种名称/试验点	亩产（千克）	比 CK± %	产量位次	播种期（月/日）	齐穗期（月/日）	成熟期（月/日）	全生育期(天)	有效穗（万/亩）	株高（厘米）	穗长（厘米）	总粒数/穗	实粒数/穗	结实率（%）	千粒重（克）	杂株率（%）	倒伏性	穗颈瘟	纹枯病	稻曲病	综评等级
韵两优丝占																				
安徽滁州市农科所	736.30	6.76	3	5/8	8/11	9/21	136	20.2	122.8	25.5	203.8	178.5	87.6	24.3	0.5	直	未发	轻	未发	A
安徽黄山市种子站	580.29	4.39	5	4/27	8/6	9/5	131	15.3	85.2	23.2	209.3	178.1	85.1	21.0	—	直	未发	未发	—	B
安徽省农业科学院水稻所	668.67	4.78	8	5/3	8/9	9/25	145	15.4	118.0	23.6	216.8	181.9	83.9	24.3	—	直	未发	无	无	C
安徽袁粮水稻产业有限公司	647.12	4.79	7	5/7	8/5	9/13	129	15.6	122.8	25.3	201.5	176.9	87.8	25.3	0.0	直	未发	未发	未发	A
福建南平市建阳区良种场	604.03	4.38	1	5/25	8/20	10/3	131	18.4	117.5	24.5	162.9	133.1	81.7	25.0	0.0	直	未发	重	—	A
河南信阳市农业科学院	617.82	4.83	8	4/27	8/4	9/4	130	18.8	109.0	23.3	146.6	133.7	91.2	23.5	—	直	未发	中	—	C
湖北京山县农科所	641.35	6.18	2	4/26	7/26	8/29	125	19.5	114.9	24.2	140.5	119.7	85.2	27.8	—	—	未发	—	—	A
湖北宜昌市农业科学院	722.85	4.13	5	4/18	7/27	9/6	141	18.0	117.5	23.7	166.5	146.8	88.2	27.0	0.4	直	未发	轻	无	D
湖南怀化市农科所	658.51	6.09	3	4/18	7/27	8/27	131	19.9	101.5	20.6	173.3	157.9	91.1	21.2	0.0	直	未发	轻	未发	A
湖南岳阳市农业科学院	701.76	8.81	3	5/3	8/4	9/8	128	15.8	121.6	25.4	187.1	159.3	85.1	25.3	0.0	直	未发	轻	未发	A
江苏里下河地区农科所	612.20	5.24	7	5/14	8/13	9/22	131	17.7	107.8	24.7	171.0	163.0	95.3	22.6	0.3	直	未发	轻	—	B
江苏沿海地区农科所	660.51	7.63	2	5/7	8/17	9/18	134	18.2	106.3	25.1	186.0	154.0	82.8	23.5	0.0	直	未发	轻	无	A
江西九江市农业科学院	604.53	8.42	4	5/10	8/7	9/15	128	15.3	116.2	26.5	187.0	159.6	85.3	23.9	0.0	直	未发	中	未发	A
江西省农业科学院水稻所	660.61	6.17	3	5/13	8/9	9/6	116	20.2	125.3	24.8	182.8	155.7	85.2	22.5	0.0	直	未发	未发	未发	A
中国水稻研究所	664.34	8.67	3	5/15	8/10	9/18	126	18.5	119.3	27.3	205.6	168.4	81.9	22.1	0.0	直	未发	轻	—	B

注：综合评级：A—好，B—较好，C—中等，D——般。

表 16-8-10　长江中下游中籼迟熟 E 组（182411NX-E）区试品种在各试点的产量、生育期及主要农艺经济性状表现

品种名称/试验点	亩产（千克）	比 CK± %	产量位次	播种期（月/日）	齐穗期（月/日）	成熟期（月/日）	全生育期(天)	有效穗（万/亩）	株高（厘米）	穗长（厘米）	总粒数/穗	实粒数/穗	结实率（%）	千粒重（克）	杂株率（%）	倒伏性	穗颈瘟	纹枯病	稻曲病	综评等级
两优 6234																				
安徽滁州市农科所	747.80	8.43	1	5/8	8/18	10/1	146	18.3	130.5	24.6	230.5	179.5	77.9	24.7	0.0	直	未发	轻	未发	A
安徽黄山市种子站	525.65	-5.44	11	4/27	8/4	9/5	131	14.5	102.6	24.0	197.9	181.5	91.7	20.3	—	直	未发	未发	—	B
安徽省农业科学院水稻所	685.99	7.49	7	5/3	8/17	9/24	144	14.9	125.0	22.8	231.3	197.9	85.6	23.1	1.0	直	未发	无	无	B
安徽袁粮水稻产业有限公司	598.83	-3.03	11	5/7	8/6	9/18	134	13.3	120.7	24.2	220.0	199.6	90.7	24.2	2.5	直	未发	未发	未发	C
福建南平市建阳区良种场	590.04	1.96	8	5/25	8/24	10/5	133	18.5	126.7	24.0	178.1	144.4	81.1	23.0	0.0	直	未发	中	—	B
河南信阳市农业科学院	576.86	-2.12	11	4/27	8/4	9/6	132	18.1	115.3	22.7	160.2	126.8	79.2	23.0	—	直	未发	中	—	D
湖北京山县农科所	595.71	-1.38	10	4/26	7/28	8/30	126	22.7	114.7	22.4	154.4	120.5	78.0	26.3	—	—	未发	—	—	C
湖北宜昌市农业科学院	702.01	1.13	8	4/18	7/29	8/31	135	17.3	120.5	25.7	217.0	194.4	89.6	22.0	0.3	直	未发	轻	无	B
湖南怀化市农科所	647.01	4.24	5	4/18	7/31	9/1	136	17.4	127.4	25.7	225.7	183.4	81.3	20.7	0.0	直	未发	轻	未发	B
湖南岳阳市农业科学院	688.39	6.74	8	5/3	8/5	9/8	128	14.5	124.8	26.1	207.5	177.9	85.7	24.5	0.0	直	未发	轻	未发	A
江苏里下河地区农科所	584.38	0.46	9	5/14	8/18	9/28	137	13.2	108.8	23.5	231.0	205.0	88.7	20.3	0.6	直	未发	轻	—	C
江苏沿海地区农科所	593.87	-3.23	12	5/7	8/23	9/24	140	20.3	108.0	23.7	166.0	133.0	80.1	21.7	0.0	直	未发	轻	无	D
江西九江市农业科学院	578.38	3.73	10	5/10	8/12	9/18	131	12.6	121.0	23.9	212.0	164.6	77.6	21.9	0.0	直	未发	无	未发	C
江西省农业科学院水稻所	642.60	3.27	8	5/13	8/15	9/13	123	19.5	121.8	23.3	187.1	168.9	90.3	22.2	0.0	直	未发	未发	未发	B
中国水稻研究所	655.33	7.20	6	5/15	8/15	9/23	131	16.3	119.3	24.8	243.4	206.6	84.9	21.1	0.0	直	未发	轻	—	B

注：综合评级：A—好，B—较好，C—中等，D——般。

表 16-8-11　长江中下游中籼迟熟 E 组（182411NX-E）区试品种在各试点的产量、生育期及主要农艺经济性状表现

品种名称/试验点	亩产（千克）	比 CK± %	产量位次	播种期（月/日）	齐穗期（月/日）	成熟期（月/日）	全生育期(天)	有效穗（万/亩）	株高（厘米）	穗长（厘米）	总粒数/穗	实粒数/穗	结实率（%）	千粒重（克）	杂株率（%）	倒伏性	穗颈瘟	纹枯病	稻曲病	综评等级
鼎两优华占																				
安徽滁州市农科所	727.81	5.53	5	5/8	8/24	10/4	149	21.5	129.5	24.7	228.4	150.7	66.0	25.2	0.3	直	未发	轻	未发	B
安徽黄山市种子站	543.86	-2.16	9	4/27	8/11	9/7	133	16.4	103.4	24.3	178.2	153.1	85.9	21.4	—	直	未发	未发	—	A
安徽省农业科学院水稻所	569.72	-10.73	13	5/3	8/15	9/22	142	16.2	121.0	26.4	223.8	175.7	78.5	22.2	—	直	未发	无	无	D
安徽袁粮水稻产业有限公司	630.58	2.11	9	5/7	8/9	9/19	135	15.2	125.8	25.6	208.3	177.2	85.1	25.3	0.0	直	未发	未发	未发	B
福建南平市建阳区良种场	566.39	-2.13	12	5/25	8/25	10/6	134	17.4	123.6	24.5	172.4	141.6	82.1	24.2	0.0	直	未发	中	—	C
河南信阳市农业科学院	623.41	5.78	7	4/27	8/8	9/12	138	17.9	124.3	24.5	177.5	128.1	72.2	23.0	—	直	未发	轻	—	C
湖北京山县农科所	624.36	3.37	7	4/26	8/1	9/5	132	26.2	132.2	27.4	181.6	125.4	69.1	25.4	—	—	未发	—	—	B
湖北宜昌市农业科学院	735.02	5.88	2	4/18	7/31	9/4	139	19.1	118.4	24.8	162.2	128.8	79.4	21.9	1.1	直	未发	轻	无	C
湖南怀化市农科所	563.55	-9.21	13	4/18	8/4	9/4	139	17.6	138.5	29.4	200.5	147.4	73.5	22.1	0.0	直	未发	轻	未发	D
湖南岳阳市农业科学院	691.73	7.25	7	5/3	8/10	9/13	133	16.5	125.0	25.9	215.4	187.1	86.9	24.7	1.5	直	未发	无	未发	A
江苏里下河地区农科所	574.72	-1.20	11	5/14	8/23	10/4	143	15.3	112.6	24.7	183.0	162.0	88.5	21.8	0.0	直	未发	轻	—	C
江苏沿海地区农科所	609.03	-0.76	10	5/7	8/25	9/26	142	18.9	115.7	23.5	179.0	145.0	81.0	21.5	0.0	直	未发	轻	无	D
江西九江市农业科学院	594.87	6.69	7	5/10	8/14	9/20	133	16.3	126.8	25.3	194.3	135.0	69.5	23.5	0.0	直	未发	无	未发	B
江西省农业科学院水稻所	656.91	5.57	4	5/13	8/17	9/16	126	17.6	124.7	25.4	240.0	196.8	82.0	20.8	0.0	直	未发	未发	未发	A
中国水稻研究所	657.00	7.47	5	5/15	8/18	9/25	133	17.9	121.9	25.6	234.3	154.8	66.1	20.2	0.0	直	未发	轻	—	B

注：综合评级：A—好，B—较好，C—中等，D——般。

表 16-8-12 长江中下游中籼迟熟 E 组（182411NX-E）区试品种在各试点的产量、生育期及主要农艺经济性状表现

品种名称/试验点	亩产（千克）	比 CK± %	产量位次	播种期（月/日）	齐穗期（月/日）	成熟期（月/日）	全生育期(天)	有效穗（万/亩）	株高（厘米）	穗长（厘米）	总粒数/穗	实粒数/穗	结实率（%）	千粒重（克）	杂株率（%）	倒伏性	穗颈瘟	纹枯病	稻曲病	综评等级
恒丰优新华占																				
安徽滁州市农科所	706.65	2.46	9	5/8	8/10	9/19	134	15.3	137.7	24.5	245.8	219.6	89.3	25.4	0.8	直	未发	轻	未发	B
安徽黄山市种子站	577.28	3.85	6	4/27	8/4	9/5	131	15.7	89.8	21.9	210.7	167.5	79.5	22.6	—	直	未发	未发	—	B
安徽省农业科学院水稻所	594.37	-6.86	12	5/3	8/13	9/19	139	14.8	125.0	22.8	185.7	155.3	83.6	26.1	—	直	未发	轻	无	D
安徽袁粮水稻产业有限公司	581.79	-5.79	12	5/7	8/3	9/17	133	13.5	122.3	23.7	195.8	172.6	88.2	26.6	0.0	直	未发	未发	未发	C
福建南平市建阳区良种场	591.04	2.13	7	5/25	8/19	10/1	129	18.1	116.9	23.6	167.8	135.1	80.5	25.1	0.0	直	未发	重	—	B
河南信阳市农业科学院	558.93	-5.16	12	4/27	7/31	8/31	126	15.8	117.2	22.5	180.2	148.1	82.2	25.1	—	直	未发	轻	—	D
湖北京山县农科所	446.28	-26.12	13	4/26	7/26	8/29	125	17.9	114.2	26.4	95.4	85.1	89.2	29.0	—	—	未发	—	—	D
湖北宜昌市农业科学院	627.66	-9.58	12	4/18	7/24	8/29	133	17.2	120.8	23.5	171.2	145.3	84.9	22.4	0.9	直	未发	轻	无	A
湖南怀化市农科所	565.39	-8.91	12	4/18	8/2	9/2	137	13.1	132.6	23.6	240.0	190.7	79.5	23.4	0.0	直	未发	轻	未发	D
湖南岳阳市农业科学院	643.28	-0.26	12	5/3	8/3	9/6	126	16.3	119.8	25.2	221.5	193.1	87.2	25.1	2.0	直	未发	轻	未发	C
江苏里下河地区农科所	571.38	-1.78	13	5/14	8/11	9/16	125	15.1	113.2	22.9	171.0	161.0	94.2	24.3	3.0	直	未发	轻	—	C
江苏沿海地区农科所	629.85	2.63	7	5/7	8/16	9/16	132	18.2	117.0	23.6	166.0	138.0	83.1	25.4	0.0	直	未发	轻	无	B
江西九江市农业科学院	578.38	3.73	11	5/10	8/7	9/15	128	12.5	123.6	23.8	193.0	172.9	89.6	24.9	0.0	直	未发	重	未发	C
江西省农业科学院水稻所	594.95	-4.38	13	5/13	8/8	9/2	112	19.4	121.9	22.0	174.6	146.6	84.0	21.5	0.0	直	未发	未发	未发	C
中国水稻研究所	640.83	4.83	9	5/15	8/9	9/18	126	15.7	119.7	25.0	253.7	218.4	86.1	23.8	1.4	直	未发	轻	—	B

注：综合评级：A—好，B—较好，C—中等，D——般。

表 16-8-13　长江中下游中籼迟熟 E 组（182411NX-E）区试品种在各试点的产量、生育期及主要农艺经济性状表现

品种名称/试验点	亩产（千克）	比 CK± %	产量位次	播种期（月/日）	齐穗期（月/日）	成熟期（月/日）	全生育期(天)	有效穗（万/亩）	株高（厘米）	穗长（厘米）	总粒数/穗	实粒数/穗	结实率（%）	千粒重（克）	杂株率（%）	倒伏性	穗颈瘟	纹枯病	稻曲病	综评等级
C 两优银华粘																				
安徽滁州市农科所	662.51	-3.94	13	5/8	8/14	9/27	142	22.2	122.4	27.8	292.7	191.9	65.6	23.6	0.0	直	未发	轻	未发	C
安徽黄山市种子站	547.37	-1.53	8	4/27	8/7	9/6	132	14.7	98.2	22.9	220.5	188.6	85.5	20.0	—	直	未发	未发	—	B
安徽省农业科学院水稻所	652.01	2.17	9	5/3	8/17	9/24	144	15.6	116.0	24.0	231.7	178.3	77.0	23.9	—	直	未发	无	无	C
安徽袁粮水稻产业有限公司	638.10	3.33	8	5/7	8/8	9/18	134	14.2	120.7	24.9	215.3	190.8	88.6	24.7	0.0	直	未发	未发	未发	B
福建南平市建阳区良种场	546.40	-5.58	13	5/25	8/21	10/4	132	19.8	115.3	23.5	166.2	134.3	80.8	21.9	0.0	直	未发	中	—	D
河南信阳市农业科学院	610.58	3.60	9	4/27	8/5	9/9	135	15.1	119.2	23.6	177.2	139.2	78.6	22.8	—	直	未发	轻	—	C
湖北京山县农科所	594.37	-1.60	11	4/26	7/27	8/31	127	19.2	116.3	23.6	158.8	131.6	82.9	25.6	—	—	未发	—	—	C
湖北宜昌市农业科学院	693.84	-0.05	10	4/18	7/30	9/2	137	17.2	122.6	23.9	174.4	147.7	84.7	21.4	2.9	直	未发	中	无	B
湖南怀化市农科所	615.70	-0.80	8	4/18	7/27	8/28	132	15.8	136.1	24.7	223.6	183.5	82.1	21.7	0.0	直	未发	轻	未发	C
湖南岳阳市农业科学院	673.35	4.40	10	5/3	8/6	9/9	129	15.9	127.2	24.3	193.4	163.1	84.3	26.2	0.0	直	未发	无	未发	C
江苏里下河地区农科所	591.37	1.66	8	5/14	8/17	9/25	134	16.3	107.6	24.1	209.0	172.0	82.3	20.9	1.5	直	未发	轻	—	C
江苏沿海地区农科所	619.36	0.92	8	5/7	8/19	9/20	136	18.4	107.3	23.7	186.0	154.0	82.8	21.4	0.0	直	未发	轻	无	C
江西九江市农业科学院	546.90	-1.91	13	5/10	8/12	9/18	131	16.1	120.3	25.2	219.5	188.0	85.6	22.6	0.0	直	未发	无	未发	D
江西省农业科学院水稻所	609.77	-2.00	12	5/13	8/11	9/8	118	20.3	124.6	24.7	193.7	149.2	77.0	23.3	0.0	直	未发	未发	未发	C
中国水稻研究所	660.34	8.02	4	5/15	8/12	9/22	130	19.6	117.3	24.8	233.4	175.8	75.3	20.6	0.7	直	未发	轻	—	B

注：综合评级：A—好，B—较好，C—中等，D——般。

表 16-9-1 长江中下游中籼迟熟 E 组（182411NX-E）生产试验品种在各试验点的产量、生育期、特征特性、田间抗性表现

品种名称/试验点	亩产（千克）	比 CK ±%	播种期（月/日）	齐穗期（月/日）	成熟期（月/日）	全生育期(天)	耐寒性	整齐度	杂株率（%）	株型	叶色	叶姿	长势	熟期转色	倒伏性	落粒性	叶瘟	穗颈瘟	白叶枯病	纹枯病	稻曲病
鹏优国泰																					
江西天涯种业有限公司	571.94	-2.70	5/15	8/15	9/19	127	强	整齐	—	紧束	浓绿	挺直	繁茂	中	直	中	未发	未发	未发	轻	—
湖南石门县水稻原种场	749.23	3.57	4/25	8/4	9/1	129	未发	整齐	0.0	紧束	绿	挺直	繁茂	好	直	中	无	无	无	轻	无
湖北赤壁市种子局	572.24	3.26	5/2	8/7	9/5	126	未发	整齐	1.8	紧束	浓绿	挺直	繁茂	好	直	中	未发	无	未发	轻	—
湖北惠民农业科技有限公司	572.46	-10.03	5/3	8/11	9/11	131	—	一般	0.5	紧束	浓绿	挺直	繁茂	好	斜	难	无	无	无	无	—
安徽荃银高科种业股份有限公司	670.21	9.58	5/12	8/19	9/22	133	未发	一般	0.5	紧束	浓绿	一般	一般	好	直	中	未发	未发	未发	未发	未发
江苏瑞华农业科技有限公司	707.11	1.89	5/8	8/25	10/4	149	中	整齐	2.5	适中	浓绿	挺直	繁茂	中	直	易	无	无	轻	无	未发
浙江天台县种子站	702.23	6.15	5/25	8/28	10/4	132	未发	整齐	0.2	紧束	绿	一般	一般	好	直	中	未发	未发	未发	未发	无
金两优华占																					
江西天涯种业有限公司	662.91	5.45	5/15	8/10	9/14	122	强	整齐	—	适中	绿	一般	繁茂	好	直	中	未发	未发	未发	未发	—
湖南石门县水稻原种场	743.35	4.88	4/25	7/29	8/26	123	未发	整齐	0.0	适中	浓绿	披垂	繁茂	好	直	中	无	无	无	轻	无
湖北赤壁市种子局	580.78	6.53	5/2	8/3	9/5	126	未发	整齐	0.8	适中	绿	挺直	繁茂	好	直	中	未发	无	未发	轻	—
湖北惠民农业科技有限公司	706.05	10.96	5/3	8/3	9/7	127	—	整齐	0.1	紧束	浓绿	挺直	繁茂	好	斜	难	无	无	无	无	—
安徽荃银高科种业股份有限公司	658.25	9.86	5/12	8/12	9/22	133	未发	整齐	0.0	适中	绿	一般	一般	中	直	中	未发	未发	未发	未发	未发
江苏瑞华农业科技有限公司	724.00	4.33	5/8	8/17	9/27	142	中	整齐	2.8	松散	绿	挺直	繁茂	好	直	易	无	无	轻	无	未发
浙江天台县种子站	755.87	14.26	5/25	8/20	10/1	129	未发	整齐	0.1	紧束	绿	披垂	一般	中	斜	易	未发	未发	未发	未发	无

表 16-9-2　长江中下游中籼迟熟 E 组（182411NX-E）生产试验品种在各试验点的产量、生育期、特征特性、田间抗性表现

品种名称/试验点	亩产（千克）	比 CK ±%	播种期（月/日）	齐穗期（月/日）	成熟期（月/日）	全生育期(天)	耐寒性	整齐度	杂株率（%）	株型	叶色	叶姿	长势	熟期转色	倒伏性	落粒性	叶瘟	穗颈瘟	白叶枯病	纹枯病	稻曲病
徽两优 280																					
江西天涯种业有限公司	659.34	4.88	5/15	8/13	9/17	125	强	整齐	—	紧束	绿	一般	繁茂	好	直	中	未发	未发	未发	未发	—
湖南石门县水稻原种场	737.56	4.06	4/25	8/1	8/29	126	未发	整齐	0.0	适中	绿	挺直	繁茂	好	直	中	无	无	无	轻	无
湖北赤壁市种子局	574.02	5.29	5/2	8/4	9/6	127	未发	整齐	0.7	适中	绿	挺直	繁茂	好	直	中	未发	无	未发	轻	—
湖北惠民农业科技有限公司	648.18	1.87	5/3	8/8	9/11	131	—	整齐	0.2	紧束	浓绿	挺直	繁茂	中	直	难	未发	无	无	无	—
安徽荃银高科种业股份有限公司	637.87	6.46	5/12	8/14	9/22	133	未发	整齐	0.0	适中	绿	一般	一般	好	直	中	未发	轻	未发	未发	未发
江苏瑞华农业科技有限公司	733.36	5.68	5/8	8/21	9/30	145	中	整齐	2.5	适中	绿	挺直	繁茂	好	直	易	无	无	轻	无	未发
浙江天台县种子站	744.72	12.98	5/25	8/27	10/4	132	未发	一般	0.2	适中	浓绿	挺直	繁茂	中	直	中	未发	未发	未发	未发	无
荃优 10 号																					
江西天涯种业有限公司	598.00	4.46	5/15	8/10	9/14	122	强	整齐	—	适中	绿	一般	繁茂	好	直	中	未发	未发	未发	未发	—
湖南石门县水稻原种场	719.16	1.46	4/25	7/29	8/26	123	未发	整齐	0.0	紧束	淡绿	挺直	繁茂	好	直	中	轻	无	无	轻	无
湖北赤壁市种子局	543.45	-1.93	5/2	7/31	9/2	123	未发	整齐	0.5	适中	绿	挺直	繁茂	好	直	易	未发	轻	未发	轻	—
湖北惠民农业科技有限公司	632.43	-0.61	5/3	8/2	9/3	123	—	整齐	0.1	松散	绿	一般	一般	好	直	难	无	无	无	无	—
安徽荃银高科种业股份有限公司	638.97	6.64	5/12	8/10	9/18	129	未发	整齐	0.0	适中	绿	一般	繁茂	好	直	中	未发	未发	未发	未发	未发
江苏瑞华农业科技有限公司	722.10	4.06	5/8	8/16	9/27	142	中	整齐	2.2	松散	绿	挺直	一般	好	直	易	无	无	轻	无	未发
浙江天台县种子站	738.58	11.65	5/25	8/21	10/2	130	未发	整齐	0.2	松散	绿	挺直	繁茂	好	直	中	未发	未发	未发	未发	无

表 16-9-3　长江中下游中籼迟熟 E 组（182411NX-E）生产试验品种在各试验点的产量、生育期、特征特性、田间抗性表现

品种名称/试验点	亩产（千克）	比 CK ±%	播种期（月/日）	齐穗期（月/日）	成熟期（月/日）	全生育期(天)	耐寒性	整齐度	杂株率（%）	株型	叶色	叶姿	长势	熟期转色	倒伏性	落粒性	叶瘟	穗颈瘟	白叶枯病	纹枯病	稻曲病
两优 1316																					
江西天涯种业有限公司	592.38	3.48	5/15	8/13	9/17	125	强	整齐	—	紧束	绿	挺直	繁茂	好	直	中	未发	未发	未发	轻	—
湖南石门县水稻原种场	711.37	4.83	4/25	7/30	8/27	124	未发	一般	0.0	紧束	绿	挺直	繁茂	中	直	中	无	无	无	轻	无
湖北赤壁市种子局	572.74	5.06	5/2	8/5	9/8	129	未发	整齐	0.5	适中	绿	挺直	繁茂	好	直	中	未发	无	未发	轻	—
湖北惠民农业科技有限公司	644.54	1.30	5/3	8/4	9/11	131	—	整齐	0.1	适中	浓绿	挺直	繁茂	中	直	难	未发	无	无	无	—
安徽荃银高科种业股份有限公司	653.47	9.06	5/12	8/16	9/21	132	未发	整齐	0.0	适中	绿	一般	一般	好	直	中	未发	未发	未发	未发	未发
江苏瑞华农业科技有限公司	730.50	5.27	5/8	8/17	9/27	142	强	整齐	3.8	适中	浓绿	挺直	繁茂	好	直	易	无	无	轻	轻	未发
浙江天台县种子站	728.54	10.52	5/25	8/24	10/3	131	未发	整齐	0.2	松散	绿	披垂	繁茂	中	斜	难	未发	未发	未发	未发	无
两优 7871																					
江西天涯种业有限公司	584.71	2.14	5/15	8/6	9/10	118	强	一般	—	适中	绿	一般	一般	中	直	中	未发	未发	未发	轻	—
湖南石门县水稻原种场	668.15	-1.54	4/25	7/22	8/21	118	未发	整齐	2.0	适中	绿	挺直	繁茂	好	直	中	轻	无	无	轻	无
湖北赤壁市种子局	563.71	3.75	5/2	7/25	8/28	118	未发	整齐	1.1	适中	浓绿	挺直	繁茂	中	直	中	未发	轻	未发	轻	—
湖北惠民农业科技有限公司	642.98	1.05	5/3	7/30	8/31	120	—	整齐	0.1	紧束	浓绿	一般	繁茂	好	直	难	无	无	无	轻	—
安徽荃银高科种业股份有限公司	601.06	2.17	5/12	8/6	9/16	127	未发	整齐	0.0	适中	浓绿	一般	一般	中	直	中	未发	未发	未发	未发	未发
江苏瑞华农业科技有限公司	729.16	5.07	5/8	8/8	9/25	140	中	整齐	3.3	适中	浓绿	一般	繁茂	好	直	易	无	无	轻	无	未发
浙江天台县种子站	687.33	4.27	5/25	8/19	9/30	128	未发	整齐	0.1	紧束	浓绿	一般	繁茂	中	斜	中	未发	未发	未发	未发	无

表 16-9-4　长江中下游中籼迟熟 E 组（182411NX-E）生产试验品种在各试验点的产量、生育期、特征特性、田间抗性表现

品种名称/试验点	亩产（千克）	比 CK ±%	播种期（月/日）	齐穗期（月/日）	成熟期（月/日）	全生育期(天)	耐寒性	整齐度	杂株率（%）	株型	叶色	叶姿	长势	熟期转色	倒伏性	落粒性	叶瘟	穗颈瘟	白叶枯病	纹枯病	稻曲病
吉两优 1 号																					
江西天涯种业有限公司	522.36	-9.32	5/15	8/3	9/7	115	强	整齐	—	紧束	绿	挺直	一般	好	直	中	未发	未发	未发	轻	—
湖南石门县水稻原种场	678.28	3.34	4/25	7/21	8/20	117	未发	整齐	0.0	紧束	淡绿	挺直	繁茂	好	直	难	无	无	无	轻	无
湖北赤壁市种子局	544.73	-0.08	5/2	7/29	9/1	122	未发	整齐	0.3	适中	绿	挺直	一般	好	直	中	未发	无	未发	轻	—
湖北惠民农业科技有限公司	634.39	-0.30	5/3	7/29	8/30	119	—	整齐	0.1	紧束	浓绿	挺直	一般	中	直	难	无	无	无	无	—
安徽荃银高科种业股份有限公司	572.02	-2.77	5/12	8/7	9/13	124	未发	一般	0.0	紧束	浓绿	挺直	一般	中	直	中	未发	中	未发	未发	未发
江苏瑞华农业科技有限公司	694.76	0.11	5/8	8/5	9/22	137	中	整齐	3.2	松散	浓绿	挺直	繁茂	好	斜	易	无	无	中	无	未发
浙江天台县种子站	734.41	11.02	5/25	8/18	9/30	128	未发	整齐	0.2	紧束	绿	挺直	繁茂	好	直	易	未发	未发	未发	未发	无
丰两优四号（CK）																					
江西天涯种业有限公司	591.23	0.00	5/15	8/10	9/14	122	强	整齐	—	适中	绿	一般	繁茂	好	直	中	未发	未发	未发	未发	—
湖南石门县水稻原种场	706.73	0.00	4/25	7/29	8/26	123	未发	一般	0.0	适中	淡绿	披垂	繁茂	好	直	中	无	无	无	轻	无
湖北赤壁市种子局	547.54	0.00	5/2	8/3	9/5	126	未发	整齐	1.5	适中	绿	一般	繁茂	中	直	中	未发	轻	未发	轻	—
湖北惠民农业科技有限公司	636.29	0.00	5/3	8/5	9/8	128	—	整齐	0.1	适中	绿	一般	繁茂	好	斜	中	无	无	无	无	—
安徽荃银高科种业股份有限公司	599.70	0.00	5/12	8/15	9/20	131	未发	一般	0.5	适中	绿	一般	繁茂	好	直	中	未发	未发	未发	未发	未发
江苏瑞华农业科技有限公司	693.96	0.00	5/8	8/22	10/1	146	中	整齐	3.7	适中	绿	挺直	繁茂	好	斜	易	无	无	轻	无	未发
浙江天台县种子站	660.36	0.00	5/25	8/25	10/1	129	未发	一般	0.2	松散	淡绿	披垂	繁茂	好	斜	中	未发	未发	未发	未发	无

第十七章　2018 年长江中下游中籼迟熟 F 组国家水稻品种试验汇总报告

一、试验概况

（一）试验目的

鉴定评价我国长江中下游稻区新选育和引进的中籼迟熟新品种（组合，下同）的丰产性、稳产性、适应性、抗性、米质及其他重要性状表现，为国家水稻品种审定提供科学依据。

（二）参试品种

区试品种 12 个，M 两优 1377、荃优 851、聚两优 2185、扬两优 508、158S/蜀恢 527、旺两优 1577 为续试品种，其余为新参试品种，以丰两优四号（CK）为对照；生产试验品种 3 个，也以丰两优四号（CK）为对照。品种名称、类型、亲本组合、选育/供种单位见表 17-1。

（三）承试单位

区试点 15 个，生产试验点 A、B 组各 7 个，分布在安徽、福建、河南、湖北、湖南、江苏、江西和浙江 8 个省。承试单位、试验地点、经纬度、海拔高度、试验负责人及执行人见表 17-2。

（四）试验设计、栽培管理与观察记载

各试验点均按《2018 年国稻科企水稻联合体试验实施方案》及 NY/T 1300—2007《农作物品种区域试验技术规范　水稻》进行试验。

区试采用完全随机区组排列，3 次重复，小区面积 0.02 亩。生产试验采用大区随机排列，不设重复，大区面积 0.5 亩。

分区试、生产试验，同组试验所有品种同期播种、移栽，施肥水平中等偏上，其他栽培管理措施与当地大田生产相同。

观察记载项目与标准按 NY/T 1300—2007《农作物品种区域试验技术规范　水稻》以及《国家水稻品种试验观察记载项目、方法及标准》《南方稻区国家水稻品种区试及生产试验记载表》等的要求执行。

（五）特性鉴定

1. 抗性鉴定

浙江省农业科学院植微所、湖南省农业科学院植保所、湖北宜昌市农科所、安徽省农业科学院植保所、福建上杭县茶地乡农技站和江西井冈山企业集团农技服务中心负责稻瘟病抗性鉴定。湖南省农业科学院水稻所负责白叶枯病抗性鉴定。鉴定采用人工接菌与病区自然诱发相结合。中国水稻研究所稻作发展中心负责稻飞虱抗性鉴定。华中农业大学负责生产试验品种抽穗期耐热性鉴定。鉴定用种子均由主持单位中国水稻研究所统一提供。

2. 米质分析

安徽省农业科学院水稻所、河南信阳市农科所和中国水稻研究所试验点提供样品，农业农村部稻米及制品质量监督检验测试中心负责检测分析。

3. DNA 指纹特异性与一致性

中国水稻研究所国家水稻改良中心进行参试品种的特异性、同名品种年度间及不同样品间的一致

性鉴定。

（六）试验评价

依据 NY/T 1300—2007《农作物品种区域试验技术规范　水稻》、试验实地检查考察情况以及试验点对试验实施情况和品种表现情况所做的说明，对各试验（鉴定）点试验（鉴定）结果的可靠性、完整性、准确性等进行分析评估，确保汇总质量。

2018 年湖北武汉佳禾生物科技有限责任公司生产试验点苗瘟普遍重发，影响品种正常表现，试验结果未纳入汇总；其余区试点、生产试验点以及特性鉴定点的试验（鉴定）结果正常，纳入汇总。

（七）品种评价

依据国家农作物品种审定委员会 2017 年发布的《主要农作物品种审定标准（国家级）》，对参试品种进行分析评价。

产量联合方差分析采用固定模型，品种间产量差异多重比较采用 Duncan's 新复极差法；参试品种的丰产性主要以品种在区试和生产试验中相对于对照品种产量增减产百分率来衡量；参试品种的适应性主要以品种在区试和生产试验中比对照品种增产的试验点百分率来衡量；参试品种的稳产性主要以品种在年度间区试中相对于对照品种产量的差异变化程度来衡量。

参试品种的生育期主要以全生育期比对照品种长短的天数来衡量。

参试品种的抗性以指定的鉴定单位的鉴定结果为主要依据，对稻瘟病抗性的主要评价指标为综合指数和穗瘟损失率最高级，对其他病虫害抗性的主要评价指标为最高级。

参试品种的温度敏感性以结实率低于 70%的区试点数来衡量。

参试品种的米质评价按照农业行业标准 NY/T 593—2013《食用稻品种品质》，分优质 1 级、优质 2 级、优质 3 级，未达到优质级的品种米质均为普通级。

二、结果分析

（一）产量

依据比对照的增减产幅度衡量：在 2018 年区试参试品种中，产量高、比对照增产 5%以上的品种有旺两优 1577、绿两优 1964、M 两优 1377 和荃优 851；产量较高、比对照增产 3%～5%的品种有扬两优 508 和中两优 464；产量中等、比对照增减产 3%以内的品种有聚两优 2185、晶两优 1019、华两优 2802、内 6 优 721、158S/蜀恢 527；产量一般、比对照减产 3%以上的品种有济优国泰。

区试参试品种产量汇总结果见表 17-3，生产试验参试品种产量汇总结果见表 17-4。

（二）生育期

依据全生育期比对照长短的天数衡量：在 2018 年区试参试品种中，熟期较早、比对照早熟的品种有绿两优 1964、荃优 851、聚两优 2185、158S/蜀恢 527；其他品种的全生育期介于 133.9～139.3 天，比对照迟熟 1～6 天，熟期基本适宜。

区试参试品种生育期汇总结果见表 17-3，生产试验参试品种生育期汇总结果见表 17-4。

（三）主要农艺经济性状

区试参试品种分蘖率、有效穗、成穗率、株高、穗长、每穗总粒数、每穗实粒数、结实率、千粒重等主要农艺经济性状汇总结果见表 17-3。

（四）抗性

对稻瘟病的抗性，根据 1～2 年鉴定结果，稻瘟病穗瘟损失率最高级 3 级的品种有荃优 851、聚两优 2185、华两优 2802、中两优 464；穗瘟损失率最高级 5 级的品种有扬两优 508、济优国泰、内 6 优 721、晶两优 1019、绿两优 1964；穗瘟损失率最高级 7 级的品种有旺两优 1577、M 两优 1377；穗瘟损失率最高级 9 级的品种有 158S/蜀恢 527。

生产试验参试品种特性鉴定结果见表 17-4，区试参试品种抗性鉴定结果见表 17-5 和表 17-6。

（五）米质

依据农业行业标准 NY/T 593—2013《食用稻品种品质》，根据 1～2 年的检测结果：优质 1 级的品种有济优国泰；优质 2 级的品种有荃优 851、华两优 2802；优质 3 级的品种有 M 两优 1377、旺两优 1577、晶两优 1019、绿两优 1964 和中两优 464；其他参试品种均为普通级，米质中等或一般。

区试参试品种米质指标表现及等级见表 17-7。

（六）品种在各试验点表现

区试参试品种在各试验点的表现情况见表 17-8，生产试验参试品种在各试验点的表现情况见表 17-9。

三、品种简评

（一）生产试验品种

1. 创两优 965

2016 年初试平均亩产 638.36 千克，比丰两优四号（CK）增产 4.65%，增产点比例 92.9%；2017 年续试平均亩产 654.37 千克，比丰两优四号（CK）增产 6.98%，增产点比例 92.9%；两年区试平均亩产 646.37 千克，比丰两优四号（CK）增产 5.82%，增产点比例 92.9%；2018 年生产试验平均亩产 631.74 千克，比丰两优四号（CK）增产 9.41%，增产点比例 100.%。全生育期两年区试平均 135.6 天，比丰两优四号（CK）早熟 0 天。主要农艺性状两年区试综合表现：有效穗 17.4 万穗/亩，株高 116.7 厘米，穗长 23.6 厘米，每穗总粒数 217.4 粒，结实率 78.2%，千粒重 22.5 克。抗性两年综合表现：稻瘟病综合指数年度分别为 5.3 级、3.7 级，穗瘟损失率最高 7 级；白叶枯病 7 级；褐飞虱 9 级；抽穗期耐热性 3 级。米质主要指标两年综合表现：糙米率 79.9%，整精米率 57.6%，长宽比 3.3，垩白粒率 8%，垩白度 1.5%，透明度 2 级，碱消值 5.0 级，胶稠度 74 毫米，直链淀粉含量 14.4%，综合评级国标等外、部标优质 3 级。

2018 年国家水稻品种试验年会审议意见：已完成试验程序，可以申报国家审定。

2. 荃优 851

2017 年初试平均亩产 612.19 千克，比丰两优四号（CK）增产 0.09%，增产点比例 50.0%；2018 年续试平均亩产 647.35 千克，比丰两优四号（CK）增产 5.13%，增产点比例 93.3%；两年区试平均亩产 629.77 千克，比丰两优四号（CK）增产 2.62%，增产点比例 71.7%；2018 年生产试验平均亩产 625.36 千克，比丰两优四号（CK）增产 8.48%，增产点比例 83.3%。全生育期两年区试平均 132.9 天，比丰两优四号（CK）早熟 1.3 天。主要农艺性状两年区试综合表现：有效穗 15.7 万穗/亩，株高 121.4 厘米，穗长 25.7 厘米，每穗总粒数 203.3 粒，结实率 80.7%，千粒重 25.9 克。抗性表现：稻瘟病综合指数年度分别为 3.4 级、3.8 级，穗瘟损失率最高 3 级；白叶枯病最高级 7 级；褐飞虱最高级 9 级；抽穗期耐热性 5 级。米质表现：糙米率 80.9%，精米率 71.2%，整精米率 60.0%，粒长 6.7 毫米，长宽比 3.1，垩白粒率 6%，垩白度 0.8%，透明度 1 级，碱消值 6.4 级，胶稠度 76 毫米，直链淀粉含量 16.5%，综合评级为优质 2 级。

2018 年国家水稻品种试验年会审议意见：已完成试验程序，可以申报国家审定。

3. 旺两优 1577

2017 年初试平均亩产 658.32 千克，比丰两优四号（CK）增产 7.63%，增产点比例 100.0%；2018 年续试平均亩产 662.65 千克，比丰两优四号（CK）增产 7.61%，增产点比例 100.0%；两年区试平均亩产 660.48 千克，比丰两优四号（CK）增产 7.62%，增产点比例 100.0%；2018 年生产试验平均亩产 617.82 千克，比丰两优四号（CK）增产 7.46%，增产点比例 100.0%。全生育期两年区试平均 135.5 天，比丰两优四号（CK）迟熟 1.3 天。主要农艺性状两年区试综合表现：有效穗 15.2 万穗/亩，株高 118.4 厘米，穗长 27.5 厘米，每穗总粒数 235.1 粒，结实率 81.6%，千粒重 23.4 克。抗性表现：稻瘟病综合指数年度分别为4.6级、4.8级，穗瘟损失率最高7级；白叶枯病最高级5级；褐飞虱最高级 9 级；抽穗期耐热性 3 级。米质表现：糙米率 80.9%，精米率 70.5%，整精米率 65.1%，粒长 6.4 毫米，长宽比 3.1，垩白粒率 3%，垩白度 0.3%，透明度 2 级，碱消值 5.0 级，胶稠度 78 毫米，直链淀粉含量 14.7%，综合评级为优质 3 级。

2018 年国家水稻品种试验年会审议意见：已完成试验程序，可以申报国家审定。

（二）续试品种

1. M 两优 1377

2017 年初试平均亩产 640.92 千克，比丰两优四号（CK）增产 4.78%，增产点比例 92.9%；2018 年续试平均亩产 650.70 千克，比丰两优四号（CK）增产 5.67%，增产点比例 93.3%；两年区试平均亩产 645.81 千克，比丰两优四号（CK）增产 5.23%，增产点比例 93.1%。全生育期两年区试平均 135.0 天，比丰两优四号（CK）迟熟 0.8 天。主要农艺性状两年区试综合表现：有效穗 17.4 万穗/亩，株高 123.3 厘米，穗长 24.6 厘米，每穗总粒数 206.2 粒，结实率 83.4%，千粒重 22.6 克。抗性表现：稻瘟病综合指数年度分别为 3.7 级、3.7 级，穗瘟损失率最高 7 级；白叶枯病最高级 5 级；褐飞虱最高级 9 级。米质表现：糙米率 80.7%，精米率 71.9%，整精米率 58.2%，粒长 6.6 毫米，长宽比 3.3，垩白粒率 8%，垩白度 0.9%，透明度 2 级，碱消值 5.4 级，胶稠度 76 毫米，直链淀粉含量 13.7%，综合评级为优质 3 级。

2018 年国家水稻品种试验年会审议意见：2019 年进行生产试验。

2. 扬两优 508

2017 年初试平均亩产 648.89 千克，比丰两优四号（CK）增产 6.09%，增产点比例 92.9%；2018 年续试平均亩产 645.38 千克，比丰两优四号（CK）增产 4.81%，增产点比例 73.3%；两年区试平均亩产 647.14 千克，比丰两优四号（CK）增产 5.44%，增产点比例 83.1%。全生育期两年区试平均 134.9 天，比丰两优四号（CK）迟熟 0.7 天。主要农艺性状两年区试综合表现：有效穗 18.1 万穗/亩，株高 120.2 厘米，穗长 24.8 厘米，每穗总粒数 192.7 粒，结实率 82.5%，千粒重 24.0 克。抗性表现：稻瘟病综合指数年度分别为 3.7 级、4.2 级，穗瘟损失率最高 5 级；白叶枯病最高级 7 级；褐飞虱最高级 9 级。米质表现：糙米率 80.9%，精米率 72.2%，整精米率 56.7%，粒长 6.7 毫米，长宽比 3.2，垩白粒率 8%，垩白度 0.9%，透明度 2 级，碱消值 4.8 级，胶稠度 79 毫米，直链淀粉含量 14.4%，综合评级为普通。

2018 年国家水稻品种试验年会审议意见：2019 年进行生产试验。

3. 聚两优 2185

2017 年初试平均亩产 629.04 千克，比丰两优四号（CK）增产 2.84%，增产点比例 78.6%；2018 年续试平均亩产 631.45 千克，比丰两优四号（CK）增产 2.55%，增产点比例 80.0%；两年区试平均亩产 630.25 千克，比丰两优四号（CK）增产 2.69%，增产点比例 79.3%。全生育期两年区试平均 133.8 天，比丰两优四号（CK）早熟 0.4 天。主要农艺性状两年区试综合表现：有效穗 15.4 万穗/亩，株高 126.5 厘米，穗长 25.3 厘米，每穗总粒数 186.4 粒，结实率 78.2%，千粒重 29.7 克。抗性表现：稻瘟病综合指数年度分别为 3.7 级、3.3 级，穗瘟损失率最高 3 级；白叶枯病最高级 7 级；褐飞虱最高级 9 级。米质表现：糙米率 81.2%，精米率 71.0%，整精米率 50.7%，粒长 7.3 毫米，长宽比 3.3，垩白粒率 5%，垩白度 0.5%，透明度 3 级，碱消值 4.0 级，胶稠度 80 毫米，直链淀粉含量 13.5%，综合评级为普通。

2018 年国家水稻品种试验年会审议意见：2019 年进行生产试验。

4. 158S/蜀恢 527

2017 年初试平均亩产 637.19 千克，比丰两优四号（CK）增产 4.17%，增产点比例 92.9%；2018 年续试平均亩产 601.09 千克，比丰两优四号（CK）减产 2.38%，增产点比例 46.7%；两年区试平均亩产 619.14 千克，比丰两优四号（CK）增产 0.88%，增产点比例 69.8%。全生育期两年区试平均 132.9 天，比丰两优四号（CK）早熟 1.3 天。主要农艺性状两年区试综合表现：有效穗 16.9 万穗/亩，株高 124.7 厘米，穗长 25.0 厘米，每穗总粒数 170.7 粒，结实率 81.8%，千粒重 27.7 克。抗性表现：稻瘟病综合指数年度分别为 5.0 级、5.3 级，穗瘟损失率最高 9 级；白叶枯病最高级 9 级；褐飞虱最高级 9 级。米质表现：糙米率 81.5%，精米率 71.2%，整精米率 38.8%，粒长 7.3 毫米，长宽比 3.4，垩白粒率 27%，垩白度 3.8%，透明度 2 级，碱消值 4.9 级，胶稠度 78 毫米，直链淀粉含量 22.0%，综合评级为普通。DNA 指纹鉴定结果：两年试验品种不一致。

2018 年国家水稻品种试验年会审议意见：终止试验。

（三）初试品种

1. 绿两优 1964

2018 年初试平均亩产 655.11 千克，比丰两优四号（CK）增产 6.39%，增产点比例 100.0%。全生育期 133.1 天，比丰两优四号（CK）早熟 0.6 天。主要农艺性状表现：有效穗 18.2 万穗/亩，株高 114.7 厘米，穗长 23.0 厘米，每穗总粒数 184.0 粒，结实率 85.6%，结实率小于 70%的点 0 个，千粒重 23.5 克。抗性表现：稻瘟病综合指数 3.9 级，穗瘟损失率最高级 5 级；白叶枯病 7 级；褐飞虱 9 级。米质表现：糙米率 82.2%，精米率 70.7%，整精米率 57.7%，粒长 6.5 毫米，长宽比 3.3，垩白粒率 10.0%，垩白度 1.3%，透明度 2 级，碱消值 5.7 级，胶稠度 79 毫米，直链淀粉含量 21.7%，综合评级为优质 3 级。

2018 年国家水稻品种试验年会审议意见：2019 年续试。

2. 中两优 464

2018 年初试平均亩产 634.56 千克，比丰两优四号（CK）增产 3.05%，增产点比例 73.3%。全生育期 135.3 天，比丰两优四号（CK）迟熟 1.6 天。主要农艺性状表现：有效穗 17.2 万穗/亩，株高 127.3 厘米，穗长 25.1 厘米，每穗总粒数 175.5 粒，结实率 85.4%，结实率小于 70%的点 0 个，千粒重 24.7 克。抗性表现：稻瘟病综合指数 3.0 级，穗瘟损失率最高级 3 级；白叶枯病 7 级；褐飞虱 9 级。米质表现：糙米率 81.0%，精米率 72.0%，整精米率 62.1%，粒长 6.9 毫米，长宽比 3.4，垩白粒率 3.0%，垩白度 0.3%，透明度 2 级，碱消值 5.4 级，胶稠度 78 毫米，直链淀粉含量 14.2%，综合评级为优质 3 级。

2018 年国家水稻品种试验年会审议意见：2019 年续试。

3. 晶两优 1019

2018 年初试平均亩产 625.49 千克，比丰两优四号（CK）增产 1.58%，增产点比例 53.3%。全生育期 135.1 天，比丰两优四号（CK）迟熟 1.4 天。主要农艺性状表现：有效穗 17.4 万穗/亩，株高 125.1 厘米，穗长 25.4 厘米，每穗总粒数 182.1 粒，结实率 84.1%，结实率小于 70%的点 0 个，千粒重 25.0 克。抗性表现：稻瘟病综合指数 4.1 级，穗瘟损失率最高级 5 级；白叶枯病 5 级；褐飞虱 9 级。米质表现：糙米率 79.9%，精米率 71.0%，整精米率 57.2%，粒长 6.6 毫米，长宽比 3.1，垩白粒率 8.0%，垩白度 1.1%，透明度 2 级，碱消值 5.1 级，胶稠度 78 毫米，直链淀粉含量 14.6%，综合评级为优质 3 级。

2018 年国家水稻品种试验年会审议意见：终止试验。

4. 华两优 2802

2018 年初试平均亩产 622.50 千克，比丰两优四号（CK）增产 1.09%，增产点比例 53.3%。全生育期 139.3 天，比丰两优四号（CK）迟熟 5.6 天。主要农艺性状表现：有效穗 14.6 万穗/亩，株高 135.1 厘米，穗长 25.6 厘米，每穗总粒数 201.6 粒，结实率 75.7%，结实率小于 70%的点 4 个，千粒重 29.8 克。抗性表现：稻瘟病综合指数 3.2 级，穗瘟损失率最高级 3 级；白叶枯病 1 级；褐飞虱 9 级。米质表现：糙米率 82.0%，精米率 72.4%，整精米率 56.7%，粒长 7.4 毫米，长宽比 3.3，垩白粒率 18.3%，垩白度 1.9%，透明度 2 级，碱消值 6.5 级，胶稠度 76 毫米，直链淀粉含量 16.4%，综合评级为优质 2 级。

2018 年国家水稻品种试验年会审议意见：终止试验。

5. 内 6 优 721

2018 年初试平均亩产 611.95 千克，比丰两优四号（CK）减产 0.62%，增产点比例 40.0%。全生育期 136. 3 天，比丰两优四号（CK）迟熟 2. 6 天。主要农艺性状表现：有效穗 17. 3 万穗/亩，株高 128. 3 厘米，穗长 26. 1 厘米，每穗总粒数 157. 5 粒，结实率 83. 1%，结实率小于 70%的点 0 个，千粒重 29. 5 克。抗性表现：稻瘟病综合指数 4. 4 级，穗瘟损失率最高级 5 级；白叶枯病 5 级；褐飞虱 9 级。米质表现：糙米率 81. 3%，精米率 72. 9%，整精米率 51. 2%，粒长 7. 3 毫米，长宽比 3. 2，垩白粒率 11. 0%，垩白度 1. 0%，透明度 2 级，碱消值 4. 0 级，胶稠度 77 毫米，直链淀粉含量 14. 3%，综合评级为普通。

2018 年国家水稻品种试验年会审议意见：终止试验。

6. 济优国泰

2018 年初试平均亩产 590. 67 千克，比丰两优四号（CK）减产 4. 08%，增产点比例 26. 7%。全生育期 138. 2 天，比丰两优四号（CK）迟熟 4. 5 天。主要农艺性状表现：有效穗 17. 9 万穗/亩，株高 126. 0 厘米，穗长 25. 6 厘米，每穗总粒数 162. 3 粒，结实率 83. 0%，结实率小于 70%的点 0 个，千粒重 25. 4 克。抗性表现：稻瘟病综合指数 3. 5 级，穗瘟损失率最高级 5 级；白叶枯病 7 级；褐飞虱 9 级。米质表现：糙米率 81. 0%，精米率 70. 8%，整精米率 61. 4%，粒长 7. 0 毫米，长宽比 3. 6，垩白粒率 5. 0%，垩白度 0. 6%，透明度 1 级，碱消值 6. 3 级，胶稠度 77 毫米，直链淀粉含量 15. 9%，综合评级为优质 1 级。

2018 年国家水稻品种试验年会审议意见：2019 年续试。

表 17-1　长江中下游中籼迟熟 F 组（182411NX-F）区试及生产试验参试品种基本情况

品种名称	试验编号	抗鉴编号	品种类型	亲本组合	申请者（非个人）	选育/供种单位
区试						
M 两优 1377	1	10	杂交稻	M4001S/R1377	广汉泰利隆农作物研究所	广汉泰利隆农作物研究所
*华两优 2802	2	7	杂交稻	华 1228S/华 1902	华中农业大学	华中农业大学
荃优 851	3	12	杂交稻	荃 9311A/YR851	安徽荃银高科种业股份有限公司	安徽荃银高科种业股份有限公司
*绿两优 1964	4	9	杂交稻	绿丰 009S/R1964	湖南绿丰种业科技有限公司	湖南绿丰种业科技有限公司
聚两优 2185	5	13	杂交稻	RGD-7S /福恢 2185	福建省农业科学院水稻研究所、广东省农业科学院水稻研究所、福建亚丰种业有限公司	福建省农业科学院水稻研究所、广东省农业科学院水稻研究所、福建亚丰种业有限公司
丰两优四号（CK）	6	8	杂交稻	丰 39S×盐稻 4 号选		合肥丰乐种业股份公司
*晶两优 1019	7	4	杂交稻	晶 4155S/华恢 1019	湖南优至种业有限公司	湖南亚华种业科学研究院，湖南隆平高科种业科学研究院有限公司
扬两优 508	8	6	杂交稻	扬籼 5S/扬籼 508	江苏里下河地区农业科学研究所	江苏里下河地区农业科学研究所
*济优国泰	9	1	杂交稻	济 A/兆恢国泰	安陆市兆农育种创新中心	安陆市兆农育种创新中心
158S/蜀恢 527	10	2	杂交稻	158S/蜀恢 527	海南广陵高科实业有限公司	海南广陵高科实业有限公司、高州市金城农业科技有限公司
*内 6 优 721	11	3	杂交稻	内香 6A/西科恢 721	安徽国豪农业科技有限公司	安徽国豪农业科技有限公司
旺两优 1577	12	5	杂交稻	W115S×创恢 1577	创世纪种业有限公司	湖南袁创超级稻技术有限公司
*中两优 464	13	11	杂交稻	中丰 S2/XC464	湖南洞庭高科种业股份有限公司	湖南洞庭高科种业股份有限公司、湖南农业大学、岳阳市农业科学研究所
生产试验						
创两优 965	A1		杂交稻	创 5S×30965	湖南鑫盛华丰种业科技有限公司、湖南农业大学	湖南鑫盛华丰种业科技有限公司、湖南农业大学
荃优 851	A8		杂交稻	荃 9311A/YR851	安徽荃银高科种业股份有限公司	安徽荃银高科种业股份有限公司
旺两优 1577	A11		杂交稻	W115S×创恢 1577	创世纪种业有限公司	湖南袁创超级稻技术有限公司
丰两优四号（CK）	A5		杂交稻	丰 39S×盐稻 4 号选		合肥丰乐种业股份公司

注：*为 2018 年新参试品种。

表 17-2　长江中下游中籼迟熟 F 组（182411NX-F）区试及生产试验点基本情况

承试单位	试验地点	经度	纬度	海拔高度（米）	试验负责人及执行人
区试					
安徽滁州市农科所	滁州市国家农作物区域试验站	118°26′	32°09′	17.8	黄明永、卢继武、刘森才
安徽黄山市种子站	黄山市农科所双桥基地	118°14′	29°40′	134.0	汪淇、王淑芬、汤雷、汪东兵、王新
安徽省农业科学院水稻所	合肥市	117°25′	31°59′	20.0	罗志祥、施伏芝
安徽袁粮水稻产业有限公司	芜湖市镜湖区利民村试验基地	118°27′	31°14′	7.2	乔保建、陶元平
福建南平市建阳区良种场	建阳市马伏良种场三亩片	118°22′	27°03′	150.0	张金明
河南信阳市农业科学院	信阳市本院试验田	114°05′	32°07′	75.9	王青林、霍二伟
湖北京山县农科所	京山县永兴镇苏佘畈村五组	113°07′	31°01′	75.6	彭金好、张红文、张瑜
湖北宜昌市农业科学院	枝江市问安镇四岗试验基地	111°05′	30°34′	60.0	贺丽、黄蓉
湖南怀化市农科所	怀化市洪江市双溪镇大马村	109°51′	27°15′	180.0	江生
湖南岳阳市农科所	岳阳县麻塘试验基地	113°05′	29°24′	32.0	黄四民、袁熙军
江苏里下河地区农科所	扬州市	119°25′	32°25′	8.0	李爱宏、余玲、刘广青
江苏沿海地区农科所	盐城市	120°08′	33°23′	2.7	孙明法、施伟
江西九江市农科所	九江县马回岭镇	115°48′	29°26′	45.0	潘世文、刘中来、李三元、李坤、宋惠洁
江西省农业科学院水稻所	高安市鄱阳湖生态区现代农业科技示范基地	115°22′	28°25′	60.0	邱在辉、何虎
中国水稻研究所	杭州市富阳区	120°19′	30°12′	7.2	杨仕华、夏俊辉、施彩娟
生产试验					
A 组：福建南平市建阳区良种场	建阳市马伏良种场三亩片	118°22′	27°03′	150.0	张金明
A 组：江西抚州市农科所	抚州市临川区鹏溪	116°16′	28°01′	47.3	饶建辉、车慧燕
A 组：湖南鑫盛华丰种业科技有限公司	岳阳县筻口镇中心村	113°12′	29°06′	32.0	邓猛、邓松
A 组：湖北武汉佳禾生物科技有限公司	武汉	112°30′	29°30′	33.0	周元坤、瞿景祥
A 组：安徽合肥丰乐种业股份公司	肥西县严店乡苏小村	117°17′	31°52′	14.7	王中花、徐礼森
A 组：江苏里下河地区农科所	扬州市	119°25′	32°25′	8.0	李爱宏、余玲、刘广青
A 组：浙江临安市种子种苗站	临安市国家农作物品种区试站	119°23′	30°09′	83.0	袁德明、章良儿

表 17-3 长江中下游中籼迟熟 F 组（182411NX-F）区试品种产量、生育期及主要农艺经济性状汇总分析结果

品种名称	区试年份	亩产（千克）	比 CK± %	比 CK 增产点（%）	产量差异显著性		结实率 <70%点	全生育期（天）	比 CK± 天	有效穗（万/亩）	株高（厘米）	穗长（厘米）	每穗总粒数	每穗实粒数	结实率（%）	千粒重（克）
					0.05	0.01										
旺两优 1577	2017—2018	660.48	7.62	100.0				135.5	1.3	15.2	118.4	27.5	235.1	191.8	81.6	23.4
荃优 851	2017—2018	629.77	2.62	71.7				132.9	-1.3	15.7	121.4	25.7	203.3	164.0	80.7	25.9
M 两优 1377	2017—2018	645.81	5.23	93.1				135.0	0.8	17.4	123.3	24.6	206.2	171.9	83.4	22.6
扬两优 508	2017—2018	647.14	5.44	83.1				134.9	0.7	18.1	120.2	24.8	192.7	158.9	82.5	24.0
聚两优 2185	2017—2018	630.25	2.69	79.3				133.8	-0.4	15.4	126.5	25.3	186.4	145.8	78.2	29.7
158S/蜀恢 527	2017—2018	619.14	0.88	69.8				132.9	-1.3	16.9	124.7	25.0	170.7	139.6	81.8	27.7
丰两优四号（CK）	2017—2018	613.72	0.00	0.0				134.2	0.0	14.9	133.8	25.1	185.3	153.6	82.9	28.1
旺两优 1577	2018	662.65	7.61	100.0	a	A	0	134.1	0.4	15.3	117.0	27.3	230.0	187.2	81.4	23.3
绿两优 1964	2018	655.11	6.39	100.0	b	AB	0	133.1	-0.6	18.2	114.7	23.0	184.0	157.5	85.6	23.5
M 两优 1377	2018	650.70	5.67	93.3	bc	BC	0	134.1	0.4	18.0	122.9	24.8	197.5	165.0	83.5	22.3
荃优 851	2018	647.35	5.13	93.3	c	BC	0	132.5	-1.2	16.4	119.5	25.7	196.8	160.7	81.6	25.8
扬两优 508	2018	645.38	4.81	73.3	c	C	0	133.9	0.2	18.5	117.8	24.7	191.2	159.6	83.5	24.1
中两优 464	2018	634.56	3.05	73.3	d	D	0	135.3	1.6	17.2	127.3	25.1	175.5	150.0	85.4	24.7
聚两优 2185	2018	631.45	2.55	80.0	d	DE	1	132.8	-0.9	15.5	125.3	25.4	181.0	142.2	78.6	29.8
晶两优 1019	2018	625.49	1.58	53.3	e	EF	0	135.1	1.4	17.4	125.1	25.4	182.1	153.1	84.1	25.0
华两优 2802	2018	622.50	1.09	53.3	e	FG	4	139.3	5.6	14.6	135.1	25.6	201.6	152.7	75.7	29.8
丰两优四号（CK）	2018	615.77	0.00	0.0	f	GH	1	133.7	0.0	14.9	132.3	25.3	189.0	157.0	83.0	27.7
内 6 优 721	2018	611.95	-0.62	40.0	f	H	0	136.3	2.6	17.3	128.3	26.1	157.5	130.9	83.1	29.5
158S/蜀恢 527	2018	601.09	-2.38	46.7	g	I	0	132.9	-0.8	17.4	124.2	24.8	164.6	132.0	80.2	28.7
济优国泰	2018	590.67	-4.08	26.7	h	J	0	138.2	4.5	17.9	126.0	25.6	162.3	134.8	83.0	25.4

表 17-4　长江中下游中籼迟熟 F 组（1872411NX-F）生产试验品种产量、生育期、综合评级及抽穗期耐热性鉴定结果

品种名称	创两优 965	荃优 851	旺两优 1577	丰两优四号（CK）
生产试验汇总表现				
全生育期（天）	128.3	126.8	127.5	127.7
比 CK±天	0.6	-0.9	-0.2	0.0
亩产（千克）	631.74	625.36	617.82	577.38
产量比 CK±%	9.41	8.48	7.46	0.00
增产点比例（%）	100.0	83.3	100.0	0.0
各生产试验点综合评价等级				
福建南平市建阳区种子站	C	C	C	D
江西抚州市农科所	A	A	A	B
湖南鑫盛华丰种业科技有限公司	A	A	A	B
安徽合肥丰乐种业股份公司	A	A	B	A
江苏里下河地区农科所	B	A	A	B
浙江临安市种子种苗管理站	A	A	A	D
抽穗期耐热性（级）	3	5	3	3

注：1. 区试 B、C、F、G 组生产试验合并进行，因品种较多，多数生产试验点加设 CK 后安排在多块田中进行，表中产量比 CK±%系与同田块 CK 比较的结果。

2. 综合评价等级：A—好，B—较好，C—中等，D——一般。

3. 抽穗期耐热性为华中农业大学鉴定结果。

表 17-5 长江中下游中籼迟熟 F 组（182411NX-F）品种稻瘟病抗性各地鉴定结果（2018 年）

品种名称	浙江					湖南					湖北					安徽					福建					江西				
	叶瘟	穗瘟发病		穗瘟损失		叶瘟	穗瘟发病		穗瘟损失		叶瘟	穗瘟发病		穗瘟损失		叶瘟	穗瘟发病		穗瘟损失		叶瘟	穗瘟发病		穗瘟损失		叶瘟	穗瘟发病		穗瘟损失	
	级	%	级	%	级	级	%	级	%	级	级	%	级	%	级	级	%	级	%	级	级	%	级	%	级	级	%	级	%	级
济优国泰	3	9	3	2	1	5	48	7	10	3	4	9	3	2	1	3	52	9	23	5	3	12	5	5	1	3	74	9	8	3
158S/蜀恢527	2	63	9	25	5	3	55	9	14	3	6	40	7	24	5	2	25	5	8	3	6	100	9	80	9	4	86	9	10	3
内 6 优 721	4	70	9	28	5	3	52	9	12	3	5	35	7	9	3	2	25	5	9	3	4	38	7	20	5	4	47	7	5	1
晶两优 1019	3	18	5	4	1	3	35	7	6	3	5	48	7	18	5	1	20	5	7	3	3	35	7	16	5	3	73	9	9	3
旺两优 1577	4	30	7	11	3	4	47	7	8	3	4	33	7	12	3	2	63	9	32	7	5	40	7	22	5	2	55	9	7	3
扬两优 508	3	55	9	24	5	4	61	9	17	5	3	15	5	5	1	2	19	5	7	3	3	12	5	5	1	3	100	9	28	5
华两优 2802	4	35	7	12	3	3	37	7	6	3	2	7	3	1	1	2	21	5	7	3	3	5	1	1	1	3	53	9	6	3
丰两优四号（CK）	6	69	9	26	5	6	59	9	16	5	6	71	9	39	7	3	67	9	33	7	7	100	9	93	9	5	100	9	31	7
绿两优 1964	2	57	9	24	5	3	37	7	7	3	4	10	3	2	1	3	56	9	25	5	3	6	3	1	1	3	55	9	7	3
M 两优 1377	2	61	9	26	5	4	50	7	10	3	3	14	5	3	1	2	40	7	16	5	3	11	5	4	1	3	41	7	4	1
中两优 464	3	18	5	4	1	3	38	7	6	3	3	6	3	1	1	1	23	5	8	3	2	7	3	2	1	4	65	9	7	3
荃优 851	4	64	9	7	3	4	45	7	8	3	4	15	5	6	3	2	26	7	9	3	3	20	5	7	3	3	49	7	4	1
聚两优 2185	3	35	7	12	3	3	48	7	11	3	4	12	5	3	1	1	12	5	4	1	4	25	5	11	3	5	44	7	4	1
感稻瘟病（CK）	7	95	9	44	7	8	85	9	56	9	7	100	9	69	9	7	95	9	59	9	7	100	9	91	9	7	100	9	55	9

注：1. 鉴定单位：浙江省农业科学院植微所、湖南省农业科学院植保所、湖北宜昌市农业科学院、安徽省农业科学院植保所、福建上杭县茶地镇农技站、江西井冈山企业集团农技服务中心。

2. 感稻瘟病（CK）：浙江、安徽为 Wh26，湖南、湖北、福建、江西分别为湘晚籼 11 号、丰两优香 1 号、明恢 86+龙黑糯 2 号、恩糯。

表 17-6　长江中下游中籼迟熟 F 组（182411NX-F）品种对主要病虫抗性综合评价结果（2017—2018 年）

品种名称	区试年份	稻瘟病										白叶枯病（级）			褐飞虱（级）		
		2018 年各地综合指数（级）							2018 年穗瘟损失率最高级	1~2 年综合评价		2018 年	1~2 年综合评价		2018 年	1~2 年综合评价	
		浙江	湖南	湖北	安徽	福建	江西	平均		平均综合指数	穗瘟损失率最高级		平均	最高		平均	最高
旺两优 1577	2017—2018	4.3	4.3	4.3	6.3	5.5	4.3	4.8	7	4.7	7	5	5	5	9	9	9
荃优 851	2017—2018	4.8	4.3	3.8	3.8	3.5	3.0	3.8	3	3.6	3	7	6	7	9	9	9
158S/蜀恢 527	2017—2018	5.3	4.5	5.8	3.3	8.3	4.8	5.3	9	5.1	9	9	9	9	9	9	9
扬两优 508	2017—2018	5.5	5.8	2.5	3.3	2.5	5.5	4.2	5	3.9	5	5	6	7	9	9	9
M 两优 1377	2017—2018	5.3	4.3	2.5	4.8	2.5	3.0	3.7	5	3.7	7	5	5	5	9	9	9
聚两优 2185	2017—2018	4.0	4.0	2.8	2.0	3.8	3.5	3.3	3	3.5	3	7	6	7	9	9	9
丰两优四号（CK）	2017—2018	6.3	6.3	7.3	6.5	8.5	7.0	7.0	9	7.1	9	5	5	5	9	9	9
济优国泰	2018	2.0	4.5	2.3	5.5	2.5	4.5	3.5	5	3.5	5	7	7	7	9	9	9
内 6 优 721	2018	5.8	4.5	4.5	3.3	5.3	3.3	4.4	5	4.4	5	5	5	5	9	9	9
晶两优 1019	2018	2.5	4.0	5.5	3.0	5.0	4.5	4.1	5	4.1	5	5	5	5	9	9	9
华两优 2802	2018	4.3	4.0	1.8	3.3	1.5	4.5	3.2	3	3.2	3	1	1	1	9	9	9
绿两优 1964	2018	5.3	4.0	2.3	5.5	2.0	4.5	3.9	5	3.9	5	7	7	7	9	9	9
中两优 464	2018	2.5	4.0	2.0	3.0	1.8	4.8	3.0	3	3.0	3	7	7	7	9	9	9
丰两优四号（CK）	2018	6.3	6.3	7.3	6.5	8.5	7.0	7.0	9	7.0	9	5	5	5	9	9	9
感病虫（CK）	2018	7.5	8.8	8.5	8.5	8.5	8.5	8.4	9	8.4	9	9	9	9	9	9	9

注：1. 稻瘟病综合指数=叶瘟平均级×25%+穗瘟发病率平均级×25%+穗瘟损失率平均级×50%。

2. 白叶枯病和褐飞虱鉴定单位分别为湖南省农业科学院水稻所和中国水稻研究所稻作发展中心。

3. 感白叶枯病、褐飞虱 CK 分别为金刚 30、TN1。

表 17-7　长江中下游中籼迟熟 F 组（182411NX-F）品种米质检测分析结果

品种名称	区试年份	糙米率（%）	精米率（%）	整精米率（%）	粒长（毫米）	长宽比	垩白粒率（%）	垩白度（%）	透明度（级）	碱消值（级）	胶稠度（毫米）	直链淀粉（%）	部标（等级）
M 两优 1377	2017—2018	80.7	71.9	58.2	6.6	3.3	8	0.9	2	5.4	76	13.7	优三
荃优 851	2017—2018	80.9	71.2	60.0	6.7	3.1	6	0.8	1	6.4	76	16.5	优二
聚两优 2185	2017—2018	81.2	71.0	50.7	7.3	3.3	5	0.5	3	4.0	80	13.5	普通
扬两优 508	2017—2018	80.9	72.2	56.7	6.7	3.2	8	0.9	2	4.8	79	14.4	普通
158S/蜀恢 527	2017—2018	81.5	71.2	38.8	7.3	3.4	27	3.8	2	4.9	78	22.0	普通
旺两优 1577	2017—2018	80.9	70.5	65.1	6.4	3.1	3	0.3	2	5.0	78	14.7	优三
丰两优四号（CK）	2017—2018	81.3	71.0	54.7	6.9	3.1	19	2.4	1	6.2	76	15.0	优三
华两优 2802	2018	82.0	72.4	56.7	7.4	3.3	18	1.9	2	6.5	76	16.4	优二
晶两优 1019	2018	79.9	71.0	57.2	6.6	3.1	8	1.1	2	5.1	78	14.6	优三
绿两优 1964	2018	82.2	70.7	57.7	6.5	3.3	10	1.3	2	5.7	79	21.7	优三
济优国泰	2018	81.0	70.8	61.4	7.0	3.6	5	0.6	1	6.3	77	15.9	优一
内 6 优 721	2018	81.3	72.9	51.2	7.3	3.2	11	1.0	2	4.0	77	14.3	普通
中两优 464	2018	81.0	72.0	62.1	6.9	3.4	3	0.3	2	5.4	78	14.2	优三
丰两优四号（CK）	2018	81.3	71.0	54.7	6.9	3.1	19	2.4	1	6.2	76	15.0	优三

注：1. 供样单位：安徽省农业科学院水稻所（2017—2018 年）、河南信阳市农科所（2017—2018 年）、中国水稻研究所（2017—2018 年）。
　　2. 检测单位：农业农村部稻米及制品质量监督检验测试中心。

表 17-8-1　长江中下游中籼迟熟 F 组（182411NX-F）区试品种在各试点的产量、生育期及主要农艺经济性状表现

品种名称/试验点	亩产（千克）	比 CK± %	产量位次	播种期（月/日）	齐穗期（月/日）	成熟期（月/日）	全生育期(天)	有效穗（万/亩）	株高（厘米）	穗长（厘米）	总粒数/穗	实粒数/穗	结实率（%）	千粒重（克）	杂株率（%）	倒伏性	穗颈瘟	纹枯病	稻曲病	综评等级
M 两优 1377																				
安徽滁州市农科所	735.14	6.96	2	5/8	8/15	9/29	144	23.5	132.0	25.8	253.2	185.7	73.3	22.7	0.0	直	未发	轻	未发	A
安徽黄山市种子站	579.28	5.19	4	4/27	8/7	9/6	132	16.1	106.0	22.1	184.8	168.3	91.1	21.8	0.9	直	未发	未发	—	B
安徽省农业科学院水稻所	687.49	7.90	6	5/3	8/13	9/20	140	16.7	125.0	24.4	221.1	192.5	87.1	21.9	—	直	未发	无	无	B
安徽袁粮水稻产业有限公司	623.39	0.21	8	5/7	8/8	9/17	133	15.3	130.8	24.3	204.6	176.1	86.1	24.2	0.0	直	未发	未发	未发	B
福建南平市建阳区良种场	601.70	2.32	5	5/25	8/28	10/7	135	21.0	116.8	25.0	178.4	142.6	79.9	21.3	0.0	直	未发	中	—	B
河南信阳市农业科学院	635.42	8.27	3	4/24	8/4	9/8	137	18.0	125.3	23.9	166.5	141.6	85.0	22.4	—	直	未发	轻	—	B
湖北京山县农科所	653.51	8.07	2	4/26	7/29	9/2	129	21.8	122.3	24.8	136.7	125.4	91.7	24.1	1.6	—	未发	—	无	A
湖北宜昌市农业科学院	735.69	5.25	4	4/18	7/28	8/29	133	16.9	125.3	27.1	198.6	178.6	89.9	24.0	1.0	直	未发	轻	无	A
湖南怀化市农科所	653.51	12.47	2	4/18	8/3	9/2	137	18.1	132.4	25.7	187.0	171.7	91.8	21.3	0.0	直	未发	轻	未发	A
湖南岳阳市农业科学院	690.06	6.44	4	5/3	8/6	9/9	129	15.4	135.8	24.7	182.6	157.9	86.5	23.9	0.0	直	未发	无	未发	A
江苏里下河地区农科所	633.69	6.88	3	5/14	8/19	9/30	139	15.6	112.2	24.6	220.0	181.0	82.3	21.3	0.3	直	未发	轻	—	A
江苏沿海地区农科所	659.17	6.46	4	5/7	8/19	9/20	136	18.5	105.3	24.7	183.0	150.0	82.0	23.0	0.0	直	未发	轻	无	A
江西九江市农业科学院	595.21	8.04	6	5/10	8/14	9/19	132	17.3	127.5	24.3	189.5	141.2	74.5	21.5	0.0	直	未发	轻	未发	B
江西省农业科学院水稻所	633.50	-1.54	12	5/13	8/15	9/14	124	17.7	125.8	24.6	216.9	179.8	82.9	21.0	0.0	直	未发	未发	未发	C
中国水稻研究所	643.66	3.01	6	5/15	8/15	9/24	132	17.5	121.7	25.7	239.6	182.5	76.2	20.1	0.0	直	未发	轻	—	B

注：综合评级：A—好，B—较好，C—中等，D——一般。

表 17-8-2　长江中下游中籼迟熟 F 组（182411NX-F）区试品种在各试点的产量、生育期及主要农艺经济性状表现

品种名称/试验点	亩产（千克）	比 CK± %	产量位次	播种期（月/日）	齐穗期（月/日）	成熟期（月/日）	全生育期(天)	有效穗（万/亩）	株高（厘米）	穗长（厘米）	总粒数/穗	实粒数/穗	结实率（%）	千粒重（克）	杂株率（%）	倒伏性	穗颈瘟	纹枯病	稻曲病	综评等级
华两优 2802																				
安徽滁州市农科所	721.98	5.04	7	5/8	8/28	10/4	149	15.9	153.8	27.9	279.2	173.7	62.2	30.6	1.0	直	未发	轻	轻	A
安徽黄山市种子站	545.37	-0.97	10	4/27	8/12	9/8	134	13.2	111.4	24.1	201.4	146.4	72.7	27.0	0.6	直	未发	未发	—	B
安徽省农业科学院水稻所	696.99	9.39	4	5/3	8/22	9/28	148	16.4	140.0	24.6	211.5	136.6	64.6	31.3	—	直	未发	轻	轻	B
安徽袁粮水稻产业有限公司	652.80	4.94	5	5/7	8/18	9/24	140	16.9	139.6	26.6	211.5	147.5	69.7	30.2	0.0	直	未发	未发	未发	B
福建南平市建阳区良种场	592.04	0.68	9	5/25	9/2	10/11	139	14.9	144.6	23.7	172.9	138.8	80.3	29.1	0.0	直	未发	轻	—	C
河南信阳市农业科学院	606.80	3.39	8	4/24	9/11	9/14	143	14.8	138.6	24.8	136.2	131.1	96.3	31.7	—	直	未发	轻	—	B
湖北京山县农科所	625.36	3.42	7	4/26	8/4	9/9	136	17.4	138.6	26.0	161.5	126.4	78.3	30.4	—	—	未发	—	无	B
湖北宜昌市农业科学院	697.18	-0.26	10	4/18	8/6	9/8	143	13.4	129.2	26.3	208.8	176.0	84.3	27.7	1.1	直	未发	轻	无	C
湖南怀化市农科所	521.91	-10.18	12	4/18	8/8	9/6	141	10.9	138.9	28.2	230.3	173.1	75.2	28.8	0.0	直	未发	轻	未发	D
湖南岳阳市农业科学院	683.38	5.41	8	5/3	8/12	9/14	134	14.3	121.6	24.6	197.3	168.6	85.5	29.8	0.0	直	未发	无	未发	A
江苏里下河地区农科所	574.38	-3.12	11	5/14	8/28	10/6	145	13.0	121.8	26.2	161.0	145.0	90.1	31.5	1.5	直	未发	轻	—	C
江苏沿海地区农科所	587.88	-5.06	13	5/7	8/25	9/25	141	12.9	132.7	25.1	230.0	168.0	73.0	27.3	0.0	直	未发	轻	无	D
江西九江市农业科学院	591.21	7.32	7	5/10	8/19	9/22	135	14.8	142.8	25.8	195.5	140.3	71.8	31.0	0.0	直	未发	无	未发	C
江西省农业科学院水稻所	628.29	-2.36	13	5/13	8/20	9/17	127	15.8	139.3	23.9	184.9	149.3	80.7	31.0	0.0	直	未发	未发	未发	C
中国水稻研究所	611.99	-2.06	11	5/15	8/24	9/27	135	14.1	132.9	26.4	242.3	169.0	69.7	29.5	0.0	直	未发	轻	—	C

注：综合评级：A—好，B—较好，C—中等，D——般。

表 17-8-3　长江中下游中籼迟熟 F 组（182411NX-F）区试品种在各试点的产量、生育期及主要农艺经济性状表现

品种名称/试验点	亩产（千克）	比 CK± %	产量位次	播种期（月/日）	齐穗期（月/日）	成熟期（月/日）	全生育期(天)	有效穗（万/亩）	株高（厘米）	穗长（厘米）	总粒数/穗	实粒数/穗	结实率（%）	千粒重（克）	杂株率（%）	倒伏性	穗颈瘟	纹枯病	稻曲病	综评等级
荃优 851																				
安徽滁州市农科所	728.64	6.01	3	5/8	8/16	9/28	143	18.9	124.1	27.7	265.0	215.7	81.4	26.4	0.8	直	未发	轻	未发	A
安徽黄山市种子站	565.75	2.73	7	4/27	8/3	9/5	131	13.8	103.8	25.6	189.1	157.0	83.0	24.7	0.6	直	未发	未发	—	B
安徽省农业科学院水稻所	690.32	8.34	5	5/3	8/12	9/21	141	16.2	123.0	24.6	212.9	172.6	81.1	25.1	—	直	未发	无	无	B
安徽袁粮水稻产业有限公司	660.65	6.20	4	5/7	8/5	9/15	131	14.8	120.0	24.8	195.0	170.2	87.3	27.5	0.0	直	未发	未发	未发	B
福建南平市建阳区良种场	600.04	2.04	7	5/25	8/27	10/5	133	17.6	118.2	25.2	170.7	138.6	81.2	25.9	0.0	直	未发	中	—	C
河南信阳市农业科学院	630.65	7.46	5	4/24	8/3	9/5	134	17.2	122.8	23.8	140.9	105.9	75.2	26.9	—	直	未发	轻	—	B
湖北京山县农科所	642.18	6.20	5	4/26	7/27	9/1	128	23.4	125.2	28.8	172.4	126.2	73.2	25.9	2.5	—	未发	—	无	A
湖北宜昌市农业科学院	705.01	0.86	8	4/18	7/28	8/29	133	15.8	117.9	26.0	200.1	175.0	87.5	24.4	0.6	直	未发	轻	无	C
湖南怀化市农科所	575.55	-0.95	9	4/18	7/29	8/29	133	13.4	125.2	27.1	223.0	168.4	75.5	26.1	0.0	直	未发	轻	未发	C
湖南岳阳市农业科学院	686.72	5.93	6	5/3	8/6	9/8	128	14.6	120.4	26.1	198.8	153.6	77.3	27.3	2.0	直	未发	轻	未发	A
江苏里下河地区农科所	628.19	5.96	5	5/14	8/15	9/28	137	14.8	113.2	25.1	180.0	162.0	90.0	26.2	0.3	直	未发	轻	—	A
江苏沿海地区农科所	680.16	9.85	1	5/7	8/18	9/18	134	18.9	114.0	23.0	172.0	139.0	80.8	25.8	0.0	直	未发	轻	无	A
江西九江市农业科学院	611.20	10.95	2	5/10	8/12	9/18	131	13.1	122.8	25.6	169.4	142.6	84.2	27.0	0.0	直	未发	轻	未发	A
江西省农业科学院水稻所	661.11	2.75	7	5/13	8/13	9/11	121	18.5	121.5	24.7	175.6	152.3	86.7	26.1	0.0	直	未发	未发	轻	B
中国水稻研究所	644.00	3.07	4	5/15	8/13	9/21	129	14.9	120.4	27.2	287.0	231.0	80.5	21.5	0.0	直	未发	轻	—	B

注：综合评级：A—好，B—较好，C—中等，D——般。

表 17-8-4 长江中下游中籼迟熟 F 组（182411NX-F）区试品种在各试点的产量、生育期及主要农艺经济性状表现

品种名称/试验点	亩产（千克）	比 CK± %	产量位次	播种期（月/日）	齐穗期（月/日）	成熟期（月/日）	全生育期(天)	有效穗（万/亩）	株高（厘米）	穗长（厘米）	总粒数/穗	实粒数/穗	结实率（%）	千粒重（克）	杂株率（%）	倒伏性	穗颈瘟	纹枯病	稻曲病	综评等级
绿两优 1964																				
安徽滁州市农科所	724.14	5.36	5	5/8	8/16	9/28	143	22.5	130.1	23.4	221.9	179.6	80.9	22.0	1.0	直	未发	轻	未发	A
安徽黄山市种子站	573.77	4.19	5	4/27	8/8	9/5	131	14.5	90.8	21.8	197.6	167.3	84.7	23.1	1.8	直	未发	未发	—	B
安徽省农业科学院水稻所	679.16	6.59	7	5/3	8/15	9/22	142	16.7	119.0	21.3	204.5	175.3	85.7	23.7	—	直	未发	无	无	B
安徽袁粮水稻产业有限公司	665.00	6.90	3	5/7	8/7	9/16	132	17.5	116.1	24.3	188.1	161.5	85.9	25.4	0.0	直	未发	未发	未发	A
福建南平市建阳区良种场	613.36	4.31	1	5/25	8/26	10/6	134	19.9	111.6	23.1	170.3	139.9	82.1	22.5	0.0	直	未发	中	—	A
河南信阳市农业科学院	634.27	8.07	4	4/24	8/1	9/4	133	19.7	109.2	21.8	141.1	120.3	85.3	23.5	—	直	未发	轻	—	B
湖北京山县农科所	647.35	7.05	3	4/26	7/27	9/1	128	19.5	118.5	23.2	163.8	150.6	91.9	23.3	—	—	未发	—	无	A
湖北宜昌市农业科学院	744.52	6.51	2	4/18	7/28	8/29	133	19.1	116.7	24.8	169.5	146.4	86.4	25.0	0.9	直	未发	轻	无	A
湖南怀化市农科所	634.19	9.14	4	4/18	8/1	8/31	135	19.9	115.5	23.8	163.4	144.6	88.5	22.3	0.0	直	未发	轻	未发	B
湖南岳阳市农业科学院	688.39	6.19	5	5/3	8/7	9/10	130	15.7	123.4	23.7	198.3	172.3	86.9	25.7	0.0	直	未发	无	未发	A
江苏里下河地区农科所	634.85	7.08	2	5/14	8/17	9/27	136	17.4	107.8	21.8	163.0	140.0	85.9	23.7	2.7	直	未发	轻	—	A
江苏沿海地区农科所	672.00	8.53	2	5/7	8/19	9/20	136	17.2	105.7	23.6	189.0	156.0	82.5	24.6	0.0	直	未发	轻	无	A
江西九江市农业科学院	567.39	2.99	9	5/10	8/13	9/18	131	16.8	117.8	23.6	187.8	160.5	85.5	24.3	0.0	直	未发	无	未发	C
江西省农业科学院水稻所	671.05	4.29	4	5/13	8/14	9/13	123	19.1	120.2	23.1	187.6	175.1	93.3	21.9	0.0	直	未发	未发	未发	B
中国水稻研究所	677.17	8.38	1	5/15	8/14	9/22	130	18.2	118.0	22.3	214.4	173.3	80.8	21.4	1.4	直	未发	轻	—	A

注：综合评级：A—好，B—较好，C—中等，D——般。

表 17-8-5 长江中下游中籼迟熟 F 组（182411NX-F）区试品种在各试点的产量、生育期及主要农艺经济性状表现

品种名称/试验点	亩产（千克）	比 CK± %	产量位次	播种期（月/日）	齐穗期（月/日）	成熟期（月/日）	全生育期(天)	有效穗（万/亩）	株高（厘米）	穗长（厘米）	总粒数/穗	实粒数/穗	结实率（%）	千粒重（克）	杂株率（%）	倒伏性	穗颈瘟	纹枯病	稻曲病	综评等级
聚两优 2185																				
安徽滁州市农科所	647.01	-5.87	12	5/8	8/17	9/28	143	17.8	140.5	26.2	211.2	158.3	75.0	26.0	0.3	倒	未发	轻	未发	C
安徽黄山市种子站	584.97	6.22	3	4/27	8/2	9/5	131	14.4	105.2	24.7	176.5	143.8	81.5	28.2	0.0	直	未发	未发	—	B
安徽省农业科学院水稻所	652.18	2.35	9	5/3	8/18	9/25	145	16.2	123.0	24.8	189.1	155.3	82.1	27.9	—	直	未发	无	无	C
安徽袁粮水稻产业有限公司	643.95	3.52	6	5/7	8/6	9/17	133	15.3	132.1	26.9	187.7	159.3	84.9	30.6	0.0	直	未发	未发	未发	B
福建南平市建阳区良种场	610.70	3.85	3	5/25	8/25	10/4	132	16.5	129.4	25.6	168.7	134.4	79.7	30.5	5.6	直	未发	中	—	A
河南信阳市农业科学院	610.25	3.98	7	4/24	8/4	9/7	136	14.9	125.8	24.4	147.7	110.9	75.1	32.7	—	直	未发	轻	—	B
湖北京山县农科所	645.18	6.69	4	4/26	7/26	8/30	126	19.0	116.1	24.4	147.9	114.8	77.6	31.6	—	—	未发	—	无	B
湖北宜昌市农业科学院	742.86	6.27	3	4/18	7/27	8/30	134	17.4	128.4	26.0	169.4	142.6	84.2	29.4	0.8	直	未发	轻	无	B
湖南怀化市农科所	551.89	-5.02	10	4/18	7/30	8/30	134	12.5	132.3	25.0	224.2	153.4	68.4	30.0	0.0	直	未发	轻	未发	C
湖南岳阳市农业科学院	700.09	7.99	1	5/3	8/4	9/6	126	14.4	133.4	25.7	195.0	160.8	82.5	30.3	0.0	直	未发	无	未发	A
江苏里下河地区农科所	609.37	2.78	6	5/14	8/16	9/27	136	13.5	114.4	25.2	168.0	140.0	83.3	31.0	0.6	直	未发	轻	—	B
江苏沿海地区农科所	602.20	-2.74	12	5/7	8/19	9/20	136	14.6	117.3	26.0	187.0	141.0	75.4	29.9	0.0	直	未发	轻	无	D
江西九江市农业科学院	595.87	8.17	5	5/10	8/13	9/19	132	13.6	136.0	26.3	180.9	141.3	78.1	30.6	0.0	直	未发	无	未发	B
江西省农业科学院水稻所	644.62	0.18	9	5/13	8/11	9/8	118	17.3	123.8	25.1	164.0	133.9	81.6	30.0	0.0	直	未发	未发	未发	B
中国水稻研究所	630.66	0.93	7	5/15	8/13	9/22	130	15.5	121.5	24.3	198.0	143.6	72.5	28.4	0.0	直	未发	轻	—	B

注：综合评级：A—好，B—较好，C—中等，D——般。

表 17-8-6 长江中下游中籼迟熟 F 组（182411NX-F）区试品种在各试点的产量、生育期及主要农艺经济性状表现

品种名称/试验点	亩产（千克）	比 CK± %	产量位次	播种期（月/日）	齐穗期（月/日）	成熟期（月/日）	全生育期(天)	有效穗（万/亩）	株高（厘米）	穗长（厘米）	总粒数/穗	实粒数/穗	结实率（%）	千粒重（克）	杂株率（%）	倒伏性	穗颈瘟	纹枯病	稻曲病	综评等级
丰两优四号（CK）																				
安徽滁州市农科所	687.33	0.00	9	5/8	8/17	9/28	143	17.2	149.9	26.8	242.6	180.8	74.5	28.1	0.5	倒	未发	轻	未发	B
安徽黄山市种子站	550.71	0.00	9	4/27	8/4	9/6	132	12.7	121.4	26.3	209.1	176.9	84.6	26.1	1.2	直	未发	未发	—	B
安徽省农业科学院水稻所	637.18	0.00	10	5/3	8/17	9/24	144	15.4	136.0	25.9	186.2	155.6	83.6	26.7	0.5	直	未发	轻	无	C
安徽袁粮水稻产业有限公司	622.06	0.00	10	5/7	8/4	9/14	130	12.6	134.4	25.5	211.4	185.5	87.7	28.5	0.0	直	未发	未发	未发	C
福建南平市建阳区良种场	588.04	0.00	10	5/25	8/27	10/6	134	15.5	139.0	24.0	167.1	133.7	80.0	29.7	4.0	直	未发	中	—	C
河南信阳市农业科学院	586.89	0.00	9	4/24	8/3	9/6	135	15.0	136.6	25.6	175.1	153.1	87.4	28.3	—	直	未发	轻	—	C
湖北京山县农科所	604.70	0.00	10	4/26	7/27	9/1	128	19.3	123.2	23.2	141.6	124.5	87.9	27.8	—	—	未发	—	无	C
湖北宜昌市农业科学院	699.01	0.00	9	4/18	7/28	8/31	135	16.4	126.5	24.8	151.0	132.1	87.5	26.3	1.3	直	未发	轻	无	C
湖南怀化市农科所	581.05	0.00	8	4/18	8/5	9/3	138	12.6	140.0	25.3	191.8	167.0	87.1	28.6	0.0	直	未发	轻	未发	C
湖南岳阳市农业科学院	648.29	0.00	9	5/3	8/6	9/9	129	14.5	131.0	25.8	182.1	156.8	86.1	28.6	0.0	直	未发	轻	未发	C
江苏里下河地区农科所	592.87	0.00	8	5/14	8/20	9/28	137	11.8	123.0	24.8	205.0	176.0	85.9	28.8	2.1	斜	未发	轻	—	B
江苏沿海地区农科所	619.19	0.00	10	5/7	8/20	9/20	136	15.4	121.3	25.3	181.0	145.0	80.1	28.1	0.3	直	未发	轻	无	C
江西九江市农业科学院	550.89	0.00	10	5/10	8/13	9/19	132	13.0	137.1	25.3	200.7	138.9	69.2	26.9	0.0	直	未发	无	未发	C
江西省农业科学院水稻所	643.44	0.00	11	5/13	8/14	9/12	122	17.2	132.4	24.8	172.7	148.4	85.9	27.3	0.0	直	未发	未发	未发	C
中国水稻研究所	624.83	0.00	8	5/15	8/15	9/23	131	14.4	132.9	25.5	218.2	180.5	82.7	25.6	0.0	直	未发	轻	—	B

注：评级：A—好，B—较好，C—中等，D——般。

表 17-8-7　长江中下游中籼迟熟 F 组（182411NX-F）区试品种在各试点的产量、生育期及主要农艺经济性状表现

品种名称/试验点	亩产（千克）	比 CK± %	产量位次	播种期（月/日）	齐穗期（月/日）	成熟期（月/日）	全生育期(天)	有效穗（万/亩）	株高（厘米）	穗长（厘米）	总粒数/穗	实粒数/穗	结实率（%）	千粒重（克）	杂株率（%）	倒伏性	穗颈瘟	纹枯病	稻曲病	综评等级
晶两优 1019																				
安徽滁州市农科所	707.15	2.88	8	5/8	8/18	9/30	145	23.2	133.8	26.4	179.6	144.4	80.4	24.6	0.3	直	未发	轻	未发	B
安徽黄山市种子站	529.33	-3.88	11	4/27	8/10	9/8	134	14.5	111.4	23.7	187.4	153.8	82.1	23.8	0.0	直	未发	未发	—	B
安徽省农业科学院水稻所	709.98	11.43	3	5/3	8/15	9/22	142	16.3	135.0	24.5	215.6	176.5	81.9	25.6	—	直	未发	无	无	A
安徽袁粮水稻产业有限公司	622.89	0.13	9	5/7	8/11	9/18	134	14.6	130.6	26.0	206.4	180.4	87.4	26.6	0.0	直	未发	未发	未发	B
福建南平市建阳区良种场	558.39	-5.04	12	5/25	8/27	10/7	135	17.1	121.5	25.7	169.9	137.9	81.2	25.3	0.0	直	未发	中	—	D
河南信阳市农业科学院	565.51	-3.64	11	4/24	8/6	9/10	139	19.3	125.2	24.6	165.3	130.2	78.8	26.2	—	直	未发	轻	—	C
湖北京山县农科所	587.38	-2.86	12	4/26	7/30	9/3	130	17.9	128.4	25.4	145.3	131.5	90.5	25.6	—	—	未发	—	无	C
湖北宜昌市农业科学院	644.66	-7.77	12	4/18	7/30	9/1	136	19.2	122.8	23.9	137.0	119.0	86.9	23.5	0.6	直	未发	轻	无	D
湖南怀化市农科所	620.86	6.85	6	4/18	7/31	8/31	135	12.9	128.6	29.0	230.0	196.7	85.5	25.0	0.0	直	未发	轻	未发	B
湖南岳阳市农业科学院	639.94	-1.29	13	5/3	8/10	9/12	132	16.7	119.4	25.6	182.5	157.5	86.3	25.8	0.0	直	未发	轻	未发	C
江苏里下河地区农科所	583.21	-1.63	10	5/14	8/21	9/30	139	16.1	110.8	25.2	149.0	139.0	93.3	25.4	0.3	斜	未发	轻	—	C
江苏沿海地区农科所	637.02	2.88	7	5/7	8/22	9/23	139	17.3	124.0	22.7	186.0	151.0	81.2	23.9	0.0	直	未发	轻	无	B
江西九江市农业科学院	619.36	12.43	1	5/10	8/15	9/19	132	17.4	132.8	25.9	191.1	166.4	87.1	25.4	0.0	直	未发	无	未发	A
江西省农业科学院水稻所	685.86	6.59	1	5/13	8/15	9/14	124	20.4	126.5	24.3	183.3	154.8	84.5	24.3	0.0	直	未发	未发	未发	A
中国水稻研究所	670.84	7.36	2	5/15	8/16	9/23	131	17.8	125.9	27.4	203.1	157.1	77.4	24.4	0.0	直	未发	轻	—	A

注：评级：A—好，B—较好，C—中等，D—一般。

表 17-8-8 长江中下游中籼迟熟 F 组（182411NX-F）区试品种在各试点的产量、生育期及主要农艺经济性状表现

品种名称/试验点	亩产（千克）	比 CK± %	产量位次	播种期（月/日）	齐穗期（月/日）	成熟期（月/日）	全生育期(天)	有效穗（万/亩）	株高（厘米）	穗长（厘米）	总粒数/穗	实粒数/穗	结实率（%）	千粒重（克）	杂株率（%）	倒伏性	穗颈瘟	纹枯病	稻曲病	综评等级
扬两优 508																				
安徽滁州市农科所	653.18	-4.97	11	5/8	8/15	9/29	144	23.9	122.9	26.1	237.4	193.4	81.5	22.8	0.0	直	未发	轻	未发	C
安徽黄山市种子站	592.99	7.68	2	4/27	8/6	9/6	132	15.2	99.6	25.3	189.0	159.5	84.4	22.5	0.9	直	未发	未发	—	B
安徽省农业科学院水稻所	724.31	13.67	1	5/3	8/14	9/19	139	15.9	125.0	23.4	223.6	185.6	83.0	24.9	—	直	未发	无	无	A
安徽袁粮水稻产业有限公司	681.87	9.62	1	5/7	8/9	9/18	134	15.9	121.3	24.8	189.2	170.6	90.2	26.9	0.0	直	未发	未发	未发	A
福建南平市建阳区良种场	611.36	3.97	2	5/25	8/19	10/1	129	19.5	104.4	22.0	168.6	134.2	79.6	24.1	0.0	直	未发	重	—	A
河南信阳市农业科学院	639.69	9.00	2	4/24	8/7	9/11	140	18.8	118.9	22.7	131.0	105.8	80.8	25.0	—	直	未发	轻	—	A
湖北京山县农科所	584.38	-3.36	13	4/26	7/30	9/3	130	18.2	124.6	26.2	175.0	141.5	80.9	26.6	3.4	—	未发	—	无	C
湖北宜昌市农业科学院	711.01	1.72	7	4/18	7/31	9/1	136	21.2	118.3	25.1	203.4	177.7	87.4	22.3	1.3	直	未发	中	无	D
湖南怀化市农科所	632.19	8.80	5	4/18	7/30	8/30	134	16.3	129.1	23.8	210.5	170.8	81.1	23.2	0.0	直	未发	轻	未发	B
湖南岳阳市农业科学院	691.73	6.70	3	5/3	8/7	9/10	130	16.6	125.4	25.5	183.0	155.5	85.0	25.5	2.5	直	未发	轻	未发	A
江苏里下河地区农科所	647.68	9.24	1	5/14	8/19	9/30	139	17.6	109.0	25.2	191.0	158.0	82.7	23.7	0.3	直	未发	轻	—	A
江苏沿海地区农科所	667.17	7.75	3	5/7	8/19	9/20	136	19.1	107.0	24.2	178.0	144.0	80.9	23.8	0.0	直	未发	轻	无	A
江西九江市农业科学院	542.07	-1.60	11	5/10	8/14	9/19	132	17.1	124.0	25.4	188.6	156.0	82.7	24.5	1.6	直	未发	无	未发	D
江西省农业科学院水稻所	678.29	5.42	3	5/13	8/14	9/13	123	20.4	120.8	24.9	180.7	161.1	89.2	22.9	0.0	直	未发	未发	未发	A
中国水稻研究所	622.83	-0.32	9	5/15	8/14	9/22	130	22.3	117.0	25.2	219.1	180.1	82.2	22.5	0.0	直	未发	轻	—	B

注：评级：A—好，B—较好，C—中等，D——一般。

表 17-8-9　长江中下游中籼迟熟 F 组（182411NX-F）区试品种在各试点的产量、生育期及主要农艺经济性状表现

品种名称/试验点	亩产（千克）	比 CK±%	产量位次	播种期（月/日）	齐穗期（月/日）	成熟期（月/日）	全生育期(天)	有效穗（万/亩）	株高（厘米）	穗长（厘米）	总粒数/穗	实粒数/穗	结实率（%）	千粒重（克）	杂株率（%）	倒伏性	穗颈瘟	纹枯病	稻曲病	综评等级
济优国泰																				
安徽滁州市农科所	667.00	-2.96	10	5/8	8/23	10/3	148	24.5	147.1	26.9	170.1	140.4	82.5	24.3	1.5	直	未发	轻	未发	C
安徽黄山市种子站	562.74	2.18	8	4/27	8/13	9/10	136	14.2	112.4	23.9	167.3	135.9	81.2	25.1	0.0	直	未发	未发	—	B
安徽省农业科学院水稻所	614.70	-3.53	13	5/3	8/18	9/25	145	16.5	129.0	25.9	175.1	149.6	85.4	25.8	1.0	直	未发	无	轻	D
安徽袁粮水稻产业有限公司	560.07	-9.97	13	5/7	8/16	9/21	137	16.2	135.2	25.3	153.1	129.3	84.5	27.6	0.0	直	未发	未发	未发	D
福建南平市建阳区良种场	526.41	-10.48	13	5/25	8/31	10/8	136	16.6	115.9	24.6	168.5	135.9	80.7	26.1	2.8	直	未发	重	—	D
河南信阳市农业科学院	523.89	-10.73	12	4/24	8/10	9/14	143	18.4	131.2	25.9	142.3	115.7	81.3	27.1	—	直	未发	轻	—	D
湖北京山县农科所	588.71	-2.64	11	4/26	8/2	9/7	134	14.7	134.4	26.4	131.6	121.7	92.5	26.3	—	—	未发	—	无	C
湖北宜昌市农业科学院	580.31	-16.98	13	4/18	8/6	9/6	141	18.0	117.5	24.1	207.9	171.7	82.6	23.3	1.5	直	未发	中	无	D
湖南怀化市农科所	582.38	0.23	7	4/18	8/8	9/6	141	16.9	134.8	27.2	162.7	139.0	85.4	25.3	0.0	直	未发	轻	未发	C
湖南岳阳市农业科学院	642.44	-0.90	11	5/3	8/10	9/12	132	16.5	125.0	25.9	184.7	154.0	83.4	25.6	0.0	直	未发	无	未发	C
江苏里下河地区农科所	555.56	-6.29	12	5/14	8/28	10/6	145	19.6	108.2	24.7	150.0	131.0	87.3	23.1	3.6	直	未发	轻	—	C
江苏沿海地区农科所	612.53	-1.08	11	5/7	8/27	9/27	143	18.6	121.3	24.8	164.0	126.0	76.8	26.0	0.0	直	未发	轻	无	D
江西九江市农业科学院	579.71	5.23	8	5/10	8/18	9/20	133	17.3	126.5	26.5	151.6	120.4	79.4	25.8	45.0	直	未发	无	未发	C
江西省农业科学院水稻所	658.93	2.41	8	5/13	8/17	9/15	125	20.1	122.6	26.6	168.1	146.2	87.0	25.4	0.0	直	未发	未发	未发	B
中国水稻研究所	604.65	-3.23	12	5/15	8/23	9/26	134	20.8	129.3	25.6	137.1	104.5	76.2	23.9	0.0	直	未发	轻	—	C

注：评级：A—好，B—较好，C—中等，D——般。

表 17-8-10　长江中下游中籼迟熟 F 组（182411NX-F）区试品种在各试点的产量、生育期及主要农艺经济性状表现

品种名称/试验点	亩产（千克）	比 CK±%	产量位次	播种期（月/日）	齐穗期（月/日）	成熟期（月/日）	全生育期(天)	有效穗（万/亩）	株高（厘米）	穗长（厘米）	总粒数/穗	实粒数/穗	结实率（%）	千粒重（克）	杂株率（%）	倒伏性	穗颈瘟	纹枯病	稻曲病	综评等级
158S/蜀恢 527																				
安徽滁州市农科所	639.35	-6.98	13	5/8	8/15	9/30	145	16.8	131.5	26.7	181.8	142.5	78.4	28.8	0.0	倒	未发	中	未发	C
安徽黄山市种子站	517.63	-6.01	12	4/27	8/13	9/7	133	14.3	103.8	22.4	154.4	135.2	87.6	26.0	0.0	直	未发	未发	—	B
安徽省农业科学院水稻所	629.19	-1.25	11	5/3	8/13	9/19	139	14.9	130.0	23.8	219.1	173.5	79.2	28.3	—	倒	未发	无	无	C
安徽袁粮水稻产业有限公司	643.61	3.46	7	5/7	8/8	9/16	132	16.3	127.5	25.1	170.4	142.2	83.5	29.7	0.0	直	未发	未发	未发	B
福建南平市建阳区良种场	595.71	1.30	8	5/25	8/18	10/1	129	19.4	119.3	22.6	166.5	133.8	80.4	23.5	0.0	直	未发	中	—	C
河南信阳市农业科学院	519.78	-11.43	13	4/24	8/2	9/6	135	20.4	120.1	23.4	110.0	95.2	86.5	30.5	—	伏	未发	轻	—	D
湖北京山县农科所	605.70	0.17	9	4/26	7/28	9/3	130	24.4	123.2	22.2	105.1	89.6	85.3	30.1	3.0	—	未发	—	无	C
湖北宜昌市农业科学院	713.68	2.10	6	4/18	7/29	8/31	135	17.3	124.6	25.0	127.8	106.0	82.9	29.5	0.7	直	未发	轻	无	B
湖南怀化市农科所	525.41	-9.58	11	4/18	7/29	8/30	134	13.4	136.3	28.4	193.3	139.7	72.3	28.8	0.0	直	未发	轻	未发	D
湖南岳阳市农业科学院	641.61	-1.03	12	5/3	8/7	9/10	130	16.2	133.6	24.3	186.9	157.4	84.2	29.2	0.0	直	未发	无	未发	C
江苏里下河地区农科所	605.03	2.05	7	5/14	8/15	9/26	135	17.0	112.2	25.4	138.0	115.0	83.3	30.1	0.0	倒	未发	轻	—	B
江苏沿海地区农科所	622.03	0.46	9	5/7	8/19	9/20	136	17.1	112.3	25.5	160.0	124.0	77.5	29.5	0.0	直	未发	轻	无	C
江西九江市农业科学院	527.07	-4.32	13	5/10	8/13	9/19	132	18.4	132.7	25.1	148.4	115.0	77.5	29.8	0.0	直	未发	轻	未发	D
江西省农业科学院水稻所	644.62	0.18	10	5/13	8/11	9/7	117	18.3	126.5	25.2	160.8	138.1	85.9	28.8	0.0	直	未发	未发	未发	B
中国水稻研究所	585.98	-6.22	13	5/15	8/12	9/23	131	16.9	129.3	26.9	246.0	172.8	70.2	28.4	0.0	伏	未发	轻	—	D

注：评级：A—好，B—较好，C—中等，D——般。

表 17-8-11　长江中下游中籼迟熟 F 组（182411NX-F）区试品种在各试点的产量、生育期及主要农艺经济性状表现

品种名称/试验点	亩产（千克）	比 CK± %	产量位次	播种期（月/日）	齐穗期（月/日）	成熟期（月/日）	全生育期(天)	有效穗（万/亩）	株高（厘米）	穗长（厘米）	总粒数/穗	实粒数/穗	结实率（%）	千粒重（克）	杂株率（%）	倒伏性	穗颈瘟	纹枯病	稻曲病	综评等级
内 6 优 721																				
安徽滁州市农科所	722.14	5.06	6	5/8	8/20	10/2	147	21.2	143.5	28.0	167.8	134.3	80.0	27.9	0.0	直	未发	轻	未发	A
安徽黄山市种子站	568.42	3.22	6	4/27	8/9	9/7	133	15.3	110.2	23.1	156.2	133.2	85.3	28.8	0.0	直	未发	未发	—	B
安徽省农业科学院水稻所	617.19	-3.14	12	5/3	8/13	9/19	139	14.6	129.0	22.7	180.1	151.3	84.0	29.5	—	直	未发	无	无	D
安徽袁粮水稻产业有限公司	581.46	-6.53	12	5/7	8/13	9/22	138	13.8	134.8	27.2	190.9	159.3	83.4	28.8	0.0	直	未发	未发	未发	D
福建南平市建阳区良种场	562.06	-4.42	11	5/25	8/23	10/3	131	14.5	127.2	26.5	170.1	136.1	80.0	30.9	0.0	直	未发	中	—	C
河南信阳市农业科学院	567.15	-3.36	10	4/24	8/9	9/13	142	20.5	134.8	24.9	112.0	96.9	86.5	30.5	—	直	未发	轻	—	C
湖北京山县农科所	619.03	2.37	8	4/26	7/31	9/5	132	24.2	134.9	27.8	127.5	103.2	80.9	29.1	1.9	—	未发	—	无	B
湖北宜昌市农业科学院	684.51	-2.07	11	4/18	8/3	9/4	139	19.1	122.4	24.8	129.7	107.2	82.7	28.2	0.7	直	未发	轻	无	C
湖南怀化市农科所	513.41	-11.64	13	4/18	8/3	9/1	136	17.2	131.9	26.9	128.9	103.3	80.1	29.4	0.0	直	未发	轻	未发	D
湖南岳阳市农业科学院	646.62	-0.26	10	5/3	8/10	9/13	133	15.8	118.4	26.4	186.8	161.1	86.2	29.3	0.0	直	未发	无	未发	C
江苏里下河地区农科所	592.37	-0.08	9	5/14	8/22	10/3	142	16.3	118.6	26.2	146.0	125.0	85.6	30.6	0.3	直	未发	轻	—	C
江苏沿海地区农科所	631.02	1.91	8	5/7	8/26	9/26	142	15.2	128.0	26.8	188.0	150.0	79.8	28.4	0.0	直	未发	轻	无	C
江西九江市农业科学院	539.90	-2.00	12	5/10	8/18	9/22	135	17.5	131.7	28.6	157.9	123.0	77.9	31.4	0.0	直	未发	无	未发	D
江西省农业科学院水稻所	666.50	3.58	6	5/13	8/15	9/14	124	16.2	127.0	26.0	159.8	146.4	91.6	30.0	0.0	直	未发	未发	未发	B
中国水稻研究所	667.50	6.83	3	5/15	8/18	9/24	132	17.5	132.6	26.2	160.7	133.5	83.1	29.6	0.0	直	未发	轻	—	A

注：评级：A—好，B—较好，C—中等，D——般。

表 17-8-12 长江中下游中籼迟熟 F 组（182411NX-F）区试品种在各试点的产量、生育期及主要农艺经济性状表现

品种名称/试验点	亩产（千克）	比 CK± %	产量位次	播种期（月/日）	齐穗期（月/日）	成熟期（月/日）	全生育期(天)	有效穗（万/亩）	株高（厘米）	穗长（厘米）	总粒数/穗	实粒数/穗	结实率（%）	千粒重（克）	杂株率（%）	倒伏性	穗颈瘟	纹枯病	稻曲病	综评等级
旺两优 1577																				
安徽滁州市农科所	738.30	7.42	1	5/8	8/15	9/28	143	17.6	122.5	27.6	250.8	197.3	78.7	24.1	0.8	直	未发	轻	未发	A
安徽黄山市种子站	598.33	8.65	1	4/27	8/2	9/5	131	12.9	105.8	27.2	245.8	207.9	84.6	22.6	0.6	直	未发	未发	—	A
安徽省农业科学院水稻所	721.14	13.18	2	5/3	8/13	9/20	140	15.8	120.0	26.1	237.6	208.9	87.9	22.6	—	直	未发	无	无	A
安徽袁粮水稻产业有限公司	670.85	7.84	2	5/7	8/10	9/17	133	13.3	115.4	27.9	252.7	221.8	87.8	24.5	0.0	直	未发	未发	未发	B
福建南平市建阳区良种场	606.03	3.06	4	5/25	8/26	10/7	135	17.4	116.2	25.7	184.8	149.2	80.7	23.7	0.0	直	未发	轻	—	B
河南信阳市农业科学院	642.33	9.45	1	4/24	8/4	9/10	139	15.9	114.5	24.8	159.8	122.0	76.3	23.5	—	直	未发	轻	—	A
湖北京山县农科所	667.84	10.44	1	4/26	7/27	9/1	128	19.7	115.4	26.6	181.3	150.2	82.8	23.2	—	—	未发	—	无	A
湖北宜昌市农业科学院	746.02	6.73	1	4/18	7/28	8/29	133	17.2	118.9	26.3	226.7	192.6	85.0	24.9	0.9	直	未发	轻	无	A
湖南怀化市农科所	635.35	9.35	3	4/18	8/1	8/31	135	14.3	123.2	29.4	239.8	196.2	81.8	23.2	0.0	直	未发	轻	未发	B
湖南岳阳市农业科学院	695.07	7.22	2	5/3	8/7	9/10	130	14.6	130.6	26.5	209.7	162.1	77.3	24.4	0.0	直	未发	轻	未发	A
江苏里下河地区农科所	631.69	6.55	4	5/14	8/18	10/2	141	12.4	108.2	27.1	231.0	200.0	86.6	23.1	1.2	直	未发	轻	—	A
江苏沿海地区农科所	653.18	5.49	5	5/7	8/19	9/20	136	14.3	107.0	27.9	250.0	196.0	78.4	23.5	0.0	直	未发	轻	无	B
江西九江市农业科学院	604.87	9.80	3	5/10	8/13	9/20	133	12.6	119.5	28.9	258.2	199.5	77.3	23.2	0.0	直	未发	无	未发	A
江西省农业科学院水稻所	685.02	6.46	2	5/13	8/14	9/13	123	17.6	120.1	29.2	243.6	197.9	81.2	21.6	0.0	直	未发	未发	未发	A
中国水稻研究所	643.66	3.01	5	5/15	8/14	9/23	131	14.2	118.4	28.6	278.5	206.9	74.3	21.6	0.7	直	未发	轻	—	B

注：评级：A—好，B—较好，C—中等，D——般。

表 17-8-13　长江中下游中籼迟熟 F 组（182411NX-F）区试品种在各试点的产量、生育期及主要农艺经济性状表现

品种名称/试验点	亩产（千克）	比 CK± %	产量位次	播种期（月/日）	齐穗期（月/日）	成熟期（月/日）	全生育期(天)	有效穗（万/亩）	株高（厘米）	穗长（厘米）	总粒数/穗	实粒数/穗	结实率（%）	千粒重（克）	杂株率（%）	倒伏性	穗颈瘟	纹枯病	稻曲病	综评等级
中两优 464																				
安徽滁州市农科所	724.81	5.45	4	5/8	8/18	9/30	145	21.5	133.1	26.0	191.3	150.8	78.8	23.9	0.0	直	未发	轻	未发	A
安徽黄山市种子站	511.28	-7.16	13	4/27	8/11	9/7	133	15.8	111.0	23.2	159.0	142.1	89.4	22.7	0.9	直	未发	未发	—	B
安徽省农业科学院水稻所	675.50	6.01	8	5/3	8/16	9/23	143	16.2	130.0	24.8	203.8	187.1	91.8	23.8	—	直	未发	无	无	B
安徽袁粮水稻产业有限公司	605.35	-2.69	11	5/7	8/9	9/18	134	15.8	130.4	25.7	178.5	155.6	87.2	26.5	0.0	直	未发	未发	未发	C
福建南平市建阳区良种场	601.37	2.27	6	5/25	8/28	10/7	135	18.5	127.7	25.2	166.4	138.1	83.0	25.1	0.0	直	未发	中	—	B
河南信阳市农业科学院	624.07	6.33	6	4/24	8/6	9/11	140	17.5	124.2	23.4	122.2	103.0	84.3	25.1	—	直	未发	轻	—	B
湖北京山县农科所	627.02	3.69	6	4/26	7/29	9/2	129	18.2	131.2	26.4	130.0	115.6	88.9	26.1	—	—	未发	—	无	C
湖北宜昌市农业科学院	725.35	3.77	5	4/18	8/1	9/2	137	17.2	120.1	24.8	170.0	144.3	84.9	26.7	0.6	直	未发	轻	无	B
湖南怀化市农科所	664.84	14.42	1	4/18	8/3	9/1	136	17.4	130.8	25.4	187.0	158.4	84.7	24.5	0.0	直	未发	轻	未发	A
湖南岳阳市农业科学院	685.05	5.67	7	5/3	8/8	9/11	131	14.8	140.8	26.4	190.8	166.7	87.4	25.4	0.0	直	未发	无	未发	B
江苏里下河地区农科所	539.07	-9.08	13	5/14	8/21	9/30	139	15.3	120.8	25.8	179.0	160.0	89.4	24.8	0.3	直	未发	轻	—	D
江苏沿海地区农科所	649.18	4.84	6	5/7	8/22	9/23	139	17.6	119.7	23.7	183.0	145.0	79.2	24.8	0.0	直	未发	轻	无	B
江西九江市农业科学院	597.87	8.53	4	5/10	8/13	9/20	133	15.1	131.1	26.0	180.8	142.7	78.9	24.4	0.0	直	未发	无	未发	B
江西省农业科学院水稻所	667.01	3.66	5	5/13	8/16	9/14	124	17.9	127.8	25.0	189.7	174.1	91.8	23.2	0.0	直	未发	未发	未发	B
中国水稻研究所	620.66	-0.67	10	5/15	8/18	9/24	132	19.7	130.5	25.1	201.6	165.9	82.3	23.7	0.0	直	未发	轻	—	B

注：评级：A—好，B—较好，C—中等，D——般。

表 17-9-1 长江中下游中籼迟熟 F 组（182411NX-F）生产试验品种在各试验点的产量、生育期、特征特性、田间抗性表现

品种名称/试验点	亩产（千克）	比 CK ±%	播种期（月/日）	齐穗期（月/日）	成熟期（月/日）	全生育期(天)	耐寒性	整齐度	杂株率（%）	株型	叶色	叶姿	长势	熟期转色	倒伏性	落粒性	叶瘟	穗颈瘟	白叶枯病	纹枯病	稻曲病
创两优 965																					
福建南平市建阳区种子站	547.49	0.33	5/23	8/19	9/30	130	未发	整齐	0.0	适中	绿色	挺直	繁茂	好	直	易	未发	无	未发	轻	—
江西抚州市农科所	646.61	8.02	5/16	8/13	9/18	125	强	整齐	0.0	适中	绿	一般	一般	好	直	—	未发	未发	未发	未发	未发
湖南鑫盛华丰种业科技有限公司	627.48	10.85	4/26	7/30	8/29	125	未发	整齐	0.0	适中	浓绿	挺直	繁茂	好	直	中	未发	未发	未发	无	未发
安徽合肥丰乐种业股份公司	686.55	4.57	5/7	8/11	9/13	129	未发	整齐	0.3	适中	绿	挺直	繁茂	好	直	难	未发	未发	未发	未发	未发
江苏里下河地区农科所	611.39	7.91	5/14	8/19	9/26	135	强	整齐	0.8	适中	绿	一般	繁茂	中	直	易	未发	未发	未发	轻	—
浙江临安市种子种苗管理站	670.93	24.81	5/30	8/25	10/3	126	未发	一般	0.8	紧束	绿	一般	繁茂	好	直	中	未发	无	未发	轻	—
荃优 851																					
福建南平市建阳区种子站	536.90	-0.37	5/23	8/17	9/27	127	未发	整齐	0.0	适中	绿色	挺直	繁茂	好	直	易	未发	轻	未发	轻	—
江西抚州市农科所	624.61	4.34	5/16	8/12	9/17	124	强	一般	0.0	适中	绿	挺直	繁茂	好	直	—	未发	未发	轻	未发	未发
湖南鑫盛华丰种业科技有限公司	609.50	7.67	4/26	7/30	8/28	124	未发	整齐	0.0	适中	绿	一般	繁茂	好	直	中	未发	未发	未发	无	未发
安徽合肥丰乐种业股份公司	700.70	6.73	5/7	8/10	9/12	128	未发	整齐	0.1	适中	绿	挺直	繁茂	好	直	难	未发	未发	未发	未发	未发
江苏里下河地区农科所	644.39	13.73	5/14	8/16	9/25	134	强	整齐	0.8	适中	绿	披垂	繁茂	好	直	易	未发	未发	未发	轻	—
浙江临安市种子种苗管理站	636.04	18.75	5/30	8/22	10/1	124	未发	整齐	0.1	松散	绿	一般	繁茂	中	直	中	未发	无	未发	轻	—

表 17-9-2　长江中下游中籼迟熟 F 组（182411NX-F）生产试验品种在各试验点的产量、生育期、特征特性、田间抗性表现

品种名称/试验点	亩产（千克）	比 CK ±%	播种期（月/日）	齐穗期（月/日）	成熟期（月/日）	全生育期(天)	耐寒性	整齐度	杂株率(%)	株型	叶色	叶姿	长势	熟期转色	倒伏性	落粒性	叶瘟	穗颈瘟	白叶枯病	纹枯病	稻曲病
旺两优 1577																					
福建南平市建阳区种子站	558.89	5.00	5/23	8/17	9/26	126	未发	整齐	0.0	适中	淡绿	挺直	繁茂	好	直	易	未发	轻	未发	中	—
江西抚州市农科所	629.21	3.90	5/16	8/12	9/16	123	强	整齐	0.0	适中	绿	挺直	繁茂	好	直	—	未发	未发	未发	轻	未发
湖南鑫盛华丰种业科技有限公司	632.73	11.78	4/26	7/30	8/28	124	未发	整齐	0.0	紧束	绿	挺直	繁茂	好	直	中	未发	未发	未发	无	未发
安徽合肥丰乐种业股份公司	662.62	0.93	5/7	8/10	9/12	128	未发	整齐	0.1	适中	绿	挺直	繁茂	好	直	难	未发	未发	未发	未发	未发
江苏里下河地区农科所	619.59	10.80	5/14	8/17	9/28	137	强	整齐	0.4	适中	绿	挺直	繁茂	中	直	易	未发	未发	未发	轻	—
浙江临安市种子种苗管理站	603.89	12.34	5/30	8/23	10/4	127	未发	一般	0.0	紧束	浓绿	挺直	一般	中	直	中	未发	无	未发	轻	—
丰两优四号（CK）																					
福建南平市建阳区种子站	540.09	0.00	5/23	8/14—17	9/26—28	127.2	未发	不齐	1.8	松散	淡绿	挺直	繁茂	好	直	易	未发	轻	未发	轻	—
江西抚州市农科所	602.11	0.00	5/16	8/12	9/15	122	强	不齐	0.0	适中	淡绿	一般	繁茂	中	直	—	未发	未发	未发	未发	未发
湖南鑫盛华丰种业科技有限公司	566.06	0.00	4/26	8/2	9/2	129	未发	不齐	0.4	松散	绿	披垂	繁茂	好	斜	中	未发	无	未发	轻	未发
安徽合肥丰乐种业股份公司	656.53	0.00	5/7	8/10	9/12	128	未发	整齐	0.3	适中	绿	挺直	繁茂	好	直	难	未发	未发	未发	未发	未发
江苏里下河地区农科所	562.89	0.00	5/14	8/18	9/26	135	强	整齐	2.1	适中	绿	披垂	繁茂	好	倒	易	未发	未发	未发	轻	—
浙江临安市种子种苗管理站	536.60	0.00	5/30	8/27	10/2	125	未发	一般	0.0	适中	绿	披垂	繁茂	中	直	中	未发	轻	未发	轻	—

第十八章　2018年长江中下游中籼迟熟G组国家水稻品种试验汇总报告

一、试验概况

（一）试验目的

鉴定评价我国长江中下游稻区新选育和引进的中籼迟熟新品种（组合，下同）的丰产性、稳产性、适应性、抗性、米质及其他重要性状表现，为国家水稻品种审定提供科学依据。

（二）参试品种

区试品种12个，安两优5212、旺两优958、隆两优8401、荃优712、泸两优2840、韵两优332为续试品种，其余为新参试品种，以丰两优四号（CK）为对照；生产试验品种4个，也以丰两优四号（CK）为对照。品种名称、类型、亲本组合、选育/供种单位见表18-1。

（三）承试单位

区试点15个，生产试验点A、B组各7个，分布在安徽、福建、河南、湖北、湖南、江苏、江西和浙江8个省。承试单位、试验地点、经纬度、海拔高度、试验负责人及执行人见表18-2。

（四）试验设计、栽培管理与观察记载

各试验点均按《2018年国稻科企水稻联合体试验实施方案》及NY/T 1300—2007《农作物品种区域试验技术规范　水稻》进行试验。

区试采用完全随机区组排列，3次重复，小区面积0.02亩。生产试验采用大区随机排列，不设重复，大区面积0.5亩。

分区试、生产试验，同组试验所有品种同期播种、移栽，施肥水平中等偏上，其他栽培管理措施与当地大田生产相同。

观察记载项目与标准按NY/T 1300—2007《农作物品种区域试验技术规范　水稻》以及《国家水稻品种试验观察记载项目、方法及标准》《南方稻区国家水稻品种区试及生产试验记载表》等的要求执行。

（五）特性鉴定

1. 抗性鉴定

浙江省农业科学院植微所、湖南省农业科学院植保所、湖北宜昌市农科所、安徽省农业科学院植保所、福建上杭县茶地乡农技站和江西井冈山企业集团农技服务中心负责稻瘟病抗性鉴定。湖南省农业科学院水稻所负责白叶枯病抗性鉴定。鉴定采用人工接菌与病区自然诱发相结合。中国水稻研究所稻作发展中心负责稻飞虱抗性鉴定。华中农业大学负责生产试验品种抽穗期耐热性鉴定。鉴定用种子均由主持单位中国水稻研究所统一提供。

2. 米质分析

安徽省农业科学院水稻所、河南信阳市农科所和中国水稻研究所试验点提供样品，农业农村部稻米及制品质量监督检验测试中心负责检测分析。

3. DNA指纹特异性与一致性

中国水稻研究所国家水稻改良中心进行参试品种的特异性、同名品种年度间及不同样品间的一致

性鉴定。

（六）试验评价

依据 NY/T 1300—2007《农作物品种区域试验技术规范　水稻》、试验实地检查考察情况以及试验点对试验实施情况和品种表现情况所做的说明，对各试验（鉴定）点试验（鉴定）结果的可靠性、完整性、准确性等进行分析评估，确保汇总质量。

2018 年湖北武汉佳禾生物科技有限责任公司生产试验点苗瘟普遍重发，影响品种正常表现，试验结果未纳入汇总；其余区试点、生产试验点以及特性鉴定点的试验（鉴定）结果正常，纳入汇总。

（七）品种评价

依据国家农作物品种审定委员会 2017 年发布的《主要农作物品种审定标准（国家级）》，对参试品种进行分析评价。

产量联合方差分析采用固定模型，品种间产量差异多重比较采用 Duncan's 新复极差法；参试品种的丰产性主要以品种在区试和生产试验中相对于对照品种产量增减产百分率来衡量；参试品种的适应性主要以品种在区试和生产试验中比对照品种增产的试验点百分率来衡量；参试品种的稳产性主要以品种在年度间区试中相对于对照品种产量的差异变化程度来衡量。

参试品种的生育期主要以全生育期比对照品种长短的天数来衡量。

参试品种的抗性以指定的鉴定单位的鉴定结果为主要依据，对稻瘟病抗性的主要评价指标为综合指数和穗瘟损失率最高级，对其他病虫害抗性的主要评价指标为最高级。

参试品种的温度敏感性以结实率低于 70%的区试点数来衡量。

参试品种的米质评价按照农业行业标准 NY/T 593—2013《食用稻品种品质》，分优质 1 级、优质 2 级、优质 3 级，未达到优质级的品种米质均为普通级。

二、结果分析

（一）产量

依据比对照的增减产幅度衡量：在 2018 年区试参试品种中，产量高、比对照增产 5%以上的品种有旺两优 958、安两优 5212、粮两优芸占、韵两优 332 和泸两优 2840；产量较高、比对照增产 3%～5%的品种有荃优 712 和隆两优 8401；产量中等、比对照增减产 3%以内的品种有华荃优 187、济优 1028、两优 4391、徽两优靓占；产量一般、比对照减产 3%以上的品种有华浙优 71。

区试参试品种产量汇总结果见表 18-3，生产试验参试品种产量汇总结果见表 18-4。

（二）生育期

依据全生育期比对照长短的天数衡量：在 2018 年区试参试品种中，熟期较早、比对照早熟的品种有旺两优 958、安两优 5212、华荃优 187 和徽两优靓占；其他品种的全生育期介于 135.3～138.6 天，比对照迟熟 1～5 天，熟期基本适宜。

区试参试品种生育期汇总结果见表 18-3，生产试验参试品种生育期汇总结果见表 18-4。

（三）主要农艺经济性状

区试参试品种分蘖率、有效穗、成穗率、株高、穗长、每穗总粒数、每穗实粒数、结实率、千粒重等主要农艺经济性状汇总结果见表 18-3。

（四）抗性

对稻瘟病的抗性，根据 1～2 年鉴定结果，稻瘟病穗瘟损失率最高级 3 级的品种有隆两优 8401；穗瘟损失率最高级 5 级的品种有韵两优 332、安两优 5212、泸两优 2840、济优 1028、华浙优 71；穗瘟损失率最高级 7 级的品种有旺两优 958、荃优 712、粮两优芸占、徽两优靓占；穗瘟损失率最高级 9

级的品种有华荃优187、两优4391。

生产试验参试品种特性鉴定结果见表18-4，区试参试品种抗性鉴定结果见表18-5和表18-6。

（五）米质

依据农业行业标准NY/T 593—2013《食用稻品种品质》，根据1～2年的检测结果：优质2级的品种有泸两优2840、韵两优332、两优4391；优质3级的品种有安两优5212、旺两优958和徽两优靓占；其他参试品种均为普通级，米质中等或一般。

区试参试品种米质指标表现及等级见表18-7。

（六）品种在各试验点表现

区试参试品种在各试验点的表现情况见表18-8，生产试验参试品种在各试验点的表现情况见表18-9。

三、品种简评

（一）生产试验品种

1. 旺两优958

2017年初试平均亩产651.55千克，比丰两优四号（CK）增产7.13%，增产点比例100.0%；2018年续试平均亩产659.08千克，比丰两优四号（CK）增产8.15%，增产点比例100.0%；两年区试平均亩产655.32千克，比丰两优四号（CK）增产7.64%，增产点比例100.0%；2018年生产试验平均亩产611.96千克，比丰两优四号（CK）增产5.86%，增产点比例100.0%。全生育期两年区试平均132.7天，比丰两优四号（CK）早熟2.4天。主要农艺性状两年区试综合表现：有效穗17.8万穗/亩，株高114.0厘米，穗长25.2厘米，每穗总粒数188.6粒，结实率82.5%，千粒重24.3克。抗性表现：稻瘟病综合指数年度分别为4.5级、4.2级，穗瘟损失率最高级7级；白叶枯病最高级7级；褐飞虱最高级9级；抽穗期耐热性3级。米质表现：糙米率79.3%，精米率69.9%，整精米率55.4%，粒长6.5毫米，长宽比3.2，垩白粒率12%，垩白度1.7%，透明度2级，碱消值5.0级，胶稠度72毫米，直链淀粉含量13.9%，综合评级为优质3级。

2018年国家水稻品种试验年会审议意见：已完成试验程序，可以申报国家审定。

2. 安两优5212

2017年初试平均亩产646.94千克，比丰两优四号（CK）增产6.37%，增产点比例92.9%；2018年续试平均亩产654.43千克，比丰两优四号（CK）增产7.39%，增产点比例93.3%；两年区试平均亩产650.68千克，比丰两优四号（CK）增产6.88%，增产点比例93.1%；2018年生产试验平均亩产614.20千克，比丰两优四号（CK）增产6.97%，增产点比例83.3%。全生育期两年区试平均133.7天，比丰两优四号（CK）早熟1.4天。主要农艺性状两年区试综合表现：有效穗15.4万穗/亩，株高124.9厘米，穗长26.8厘米，每穗总粒数210.8粒，结实率82.4%，千粒重25.7克。抗性表现：稻瘟病综合指数年度分别为5.0级、4.9级，穗瘟损失率最高级5级；白叶枯病最高级5级；褐飞虱最高级9级；抽穗期耐热性3级。米质表现：糙米率79.8%，精米率71.0%，整精米率55.8%，粒长6.8毫米，长宽比3.4，垩白粒率19%，垩白度3.4%，透明度2级，碱消值6.1级，胶稠度62毫米，直链淀粉含量14.1%，综合评级为优质3级。

2018年国家水稻品种试验年会审议意见：已完成试验程序，可以申报国家审定。

3. 隆两优8401

2017年初试平均亩产646.87千克，比丰两优四号（CK）增产6.36%，增产点比例92.9%；2018年续试平均亩产628.69千克，比丰两优四号（CK）增产3.16%，增产点比例66.7%；两年区试平均亩产637.78千克，比丰两优四号（CK）增产4.76%，增产点比例79.8%；2018年生产试验平均亩产604.97千克，比丰两优四号（CK）增产5.30%，增产点比例83.3%。全生育期两年区试平均138.0天，比丰两优四号（CK）迟熟2.9天。主要农艺性状两年区试综合表现：有效穗16.3万穗

/亩，株高 132. 1 厘米，穗长 24. 7 厘米，每穗总粒数 201. 2 粒，结实率 80. 2%，千粒重 25. 4 克。抗性表现：稻瘟病综合指数年度分别为 2. 8 级、3. 2 级，穗瘟损失率最高级 3 级；白叶枯病最高级 9 级；褐飞虱最高级 9 级；抽穗期耐热性 3 级。米质表现：糙米率 80. 8%，精米率 72. 0%，整精米率 64. 2%，粒长 6. 8 毫米，长宽比 3. 2，垩白粒率 5%，垩白度 0. 7%，透明度 2 级，碱消值 4. 3 级，胶稠度 80 毫米，直链淀粉含量 13. 1%，综合评级为普通。

2018 年国家水稻品种试验年会审议意见：已完成试验程序，可以申报国家审定。

4. 韵两优 332

2017 年初试平均亩产 655. 08 千克，比丰两优四号（CK）增产 7. 71%，增产点比例 100. 0%；2018 年续试平均亩产 647. 38 千克，比丰两优四号（CK）增产 6. 23%，增产点比例 93. 3%；两年区试平均亩产 651. 23 千克，比丰两优四号（CK）增产 6. 97%，增产点比例 96. 7%；2018 年生产试验平均亩产 606. 53 千克，比丰两优四号（CK）增产 4. 75%，增产点比例 100. 0%。全生育期两年区试平均 138. 3 天，比丰两优四号（CK）迟熟 3. 2 天。主要农艺性状两年区试综合表现：有效穗 16. 2 万穗/亩，株高 128. 1 厘米，穗长 26. 9 厘米，每穗总粒数 207. 7 粒，结实率 81. 1%，千粒重 24. 7 克。抗性表现：稻瘟病综合指数年度分别为 3. 4 级、3. 1 级，穗瘟损失率最高级 5 级；白叶枯病最高级 5 级；褐飞虱最高级 9 级；抽穗期耐热性 3 级。米质表现：糙米率 81. 4%，精米率 72. 0%，整精米率 60. 4%，粒长 6. 8 毫米，长宽比 3. 3，垩白粒率 4%，垩白度 0. 5%，透明度 2 级，碱消值 6. 2 级，胶稠度 74 毫米，直链淀粉含量 13. 6%，综合评级为优质 2 级。

2018 年国家水稻品种试验年会审议意见：已完成试验程序，可以申报国家审定。

（二）续试品种

1. 泸两优 2840

2017 年初试平均亩产 614. 50 千克，比丰两优四号（CK）增产 1. 04%，增产点比例 50. 0%；2018 年续试平均亩产 644. 97 千克，比丰两优四号（CK）增产 5. 84%，增产点比例 93. 3%；两年区试平均亩产 629. 74 千克，比丰两优四号（CK）增产 3. 44%，增产点比例 71. 7%。全生育期两年区试平均 136. 5 天，比丰两优四号（CK）迟熟 1. 4 天。主要农艺性状两年区试综合表现：有效穗 15. 5 万穗/亩，株高 135. 3 厘米，穗长 26. 5 厘米，每穗总粒数 183. 2 粒，结实率 82. 2%，千粒重 27. 5 克。抗性表现：稻瘟病综合指数年度分别为 3. 6 级、3. 7 级，穗瘟损失率最高级 5 级；白叶枯病最高级 7 级；褐飞虱最高级 9 级。米质表现：糙米率 81. 2%，精米率 72. 7%，整精米率 56. 6%，粒长 6. 9 毫米，长宽比 3. 3，垩白粒率 12%，垩白度 1. 9%，透明度 1 级，碱消值 6. 0 级，胶稠度 74 毫米，直链淀粉含量 14. 8%，综合评级为优质 2 级。

2018 年国家水稻品种试验年会审议意见：2019 年进行生产试验。

2. 荃优 712

2017 年初试平均亩产 629. 59 千克，比丰两优四号（CK）增产 3. 52%，增产点比例 71. 4%；2018 年续试平均亩产 638. 44 千克，比丰两优四号（CK）增产 4. 76%，增产点比例 93. 3%；两年区试平均亩产 634. 01 千克，比丰两优四号（CK）增产 4. 14%，增产点比例 82. 4%。全生育期两年区试平均 136. 2 天，比丰两优四号（CK）迟熟 1. 1 天。主要农艺性状两年区试综合表现：有效穗 14. 9 万穗/亩，株高 132. 6 厘米，穗长 27. 0 厘米，每穗总粒数 182. 1 粒，结实率 79. 8%，千粒重 30. 2 克。抗性表现：稻瘟病综合指数年度分别为 5. 5 级、5. 0 级，穗瘟损失率最高级 7 级；白叶枯病最高级 7 级；褐飞虱最高级 9 级。米质表现：糙米率 81. 0%，精米率 71. 0%，整精米率 49. 2%，粒长 7. 1 毫米，长宽比 3. 2，垩白粒率 14%，垩白度 1. 6%，透明度 2 级，碱消值 5. 3 级，胶稠度 76 毫米，直链淀粉含量 15. 4%，综合评级为普通。

2018 年国家水稻品种试验年会审议意见：终止试验。

（三）初试品种

1. 粮两优芸占

2018 年初试平均亩产 651. 27 千克，比丰两优四号（CK）增产 6. 87%，增产点比例 93. 3%。全生育期 136.6 天，比丰两优四号（CK）迟熟 2.3 天。主要农艺性状表现：有效穗 16.2 万穗/亩，株高 125.7 厘米，穗长 24.7 厘米，每穗总粒数 209.7 粒，结实率 81.2%，结实率小于 70%的点 1 个，千粒重 24.9 克。抗性表现：稻瘟病综合指数 4.8 级，穗瘟损失率最高级 7 级；白叶枯病 7 级；褐飞虱 9 级。米质表现：糙米率 80.0%，精米率 70.9%，整精米率 63.2%，粒长 6.5 毫米，长宽比 3.0，垩白粒率 6.0%，垩白度 1.0%，透明度 1 级，碱消值 4.2 级，胶稠度 79 毫米，直链淀粉含量 14.9%，综合评级为普通。

2018 年国家水稻品种试验年会审议意见：2019 年续试。

2. 华荃优 187

2018 年初试平均亩产 622.44 千克，比丰两优四号（CK）增产 2.14%，增产点比例 60.0%。全生育期 133.8 天，比丰两优四号（CK）早熟 0.5 天。主要农艺性状表现：有效穗 14.6 万穗/亩，株高 127.4 厘米，穗长 25.5 厘米，每穗总粒数 190.5 粒，结实率 82.6%，结实率小于 70%的点 1 个，千粒重 30.4 克。抗性表现：稻瘟病综合指数 6.8 级，穗瘟损失率最高级 9 级；白叶枯病 3 级；褐飞虱 9 级。米质表现：糙米率 82.2%，精米率 70.3%，整精米率 47.4%，粒长 7.1 毫米，长宽比 3.1，垩白粒率 35.3%，垩白度 4.1%，透明度 2 级，碱消值 5.6 级，胶稠度 73 毫米，直链淀粉含量 22.2%，综合评级为普通。

2018 年国家水稻品种试验年会审议意见：终止试验。

3. 济优 1028

2018 年初试平均亩产 610.98 千克，比丰两优四号（CK）增产 0.26%，增产点比例 46.7%。全生育期 136.5 天，比丰两优四号（CK）迟熟 2.2 天。主要农艺性状表现：有效穗 16.9 万穗/亩，株高 129.8 厘米，穗长 26.4 厘米，每穗总粒数 170.9 粒，结实率 82.2%，结实率小于 70%的点 0 个，千粒重 27.7 克。抗性表现：稻瘟病综合指数 4.7 级，穗瘟损失率最高级 5 级；白叶枯病 5 级。米质表现：糙米率 81.7%，精米率 71.9%，整精米率 56.5%，粒长 7.5 毫米，长宽比 3.7，垩白粒率 5.0%，垩白度 0.7%，透明度 1 级，碱消值 4.9 级，胶稠度 77 毫米，直链淀粉含量 15.2%，综合评级为普通。

2018 年国家水稻品种试验年会审议意见：终止试验。

4. 两优 4391

2018 年初试平均亩产 610.10 千克，比丰两优四号（CK）增产 0.11%，增产点比例 60.0%。全生育期 138.6 天，比丰两优四号（CK）迟熟 4.3 天。主要农艺性状表现：有效穗 15.2 万穗/亩，株高 134.1 厘米，穗长 28.5 厘米，每穗总粒数 182.3 粒，结实率 82.0%，结实率小于 70%的点 0 个，千粒重 29.1 克。抗性表现：稻瘟病综合指数 6.4 级，穗瘟损失率最高级 9 级；白叶枯病 5 级；褐飞虱 9 级。米质表现：糙米率 81.6%，精米率 72.6%，整精米率 60.0%，粒长 7.0 毫米，长宽比 3.1，垩白粒率 12.0%，垩白度 1.4%，透明度 2 级，碱消值 6.2 级，胶稠度 75 毫米，直链淀粉含量 14.6%，综合评级为优质 2 级。

2018 年国家水稻品种试验年会审议意见：2019 年续试。

5. 徽两优靓占

2018 年初试平均亩产 597.87 千克，比丰两优四号（CK）减产 1.89%，增产点比例 40.0%。全生育期 131.5 天，比丰两优四号（CK）早熟 2.8 天。主要农艺性状表现：有效穗 15.7 万穗/亩，株高 121.1 厘米，穗长 25.2 厘米，每穗总粒数 212.5 粒，结实率 81.6%，结实率小于 70%的点 0 个，千粒重 24.0 克。抗性表现：稻瘟病综合指数 5.8 级，穗瘟损失率最高级 7 级；白叶枯病 7 级；褐飞虱 9 级。米质表现：糙米率 81.2%，精米率 72.0%，整精米率 55.9%，粒长 6.6 毫米，长宽比 3.3，垩白粒率 4.7%，垩白度 0.6%，透明度 2 级，碱消值 5.1 级，胶稠度 77 毫米，直链淀粉含量 13.1%，综合评级为优质 3 级。

2018 年国家水稻品种试验年会审议意见：终止试验。

6. 华浙优 71

2018 年初试平均亩产 587.60 千克，比丰两优四号（CK）减产 3.58%，增产点比例 26.7%。全生育期 136.5 天，比丰两优四号（CK）迟熟 2.2 天。主要农艺性状表现：有效穗 14.5 万穗/亩，株高 129.7 厘米，穗长 25.0 厘米，每穗总粒数 206.3 粒，结实率 79.2%，结实率小于 70%的点 1 个，千粒重 25.0 克。抗性表现：稻瘟病综合指数 4.9 级，穗瘟损失率最高级 5 级；白叶枯病 9 级；褐飞虱 9 级。米质表现：糙米率 82.0%，精米率 73.1%，整精米率 61.5%，粒长 6.4 毫米，长宽比 3.0，垩白粒率 7.0%，垩白度 1.2%，透明度 2 级，碱消值 4.8 级，胶稠度 75 毫米，直链淀粉含量 13.5%，综合评级为普通。DNA 指纹鉴定结果：该品种 2017 年同生态区组淘汰后违规重复参试，同时该品种与 2016 年参试品种华浙优 9 号特异性不明显。

2018 年国家水稻品种试验年会审议意见：终止试验。

表 18-1 长江中下游中籼迟熟 G 组（182411NX-G）区试及生产试验参试品种基本情况

品种名称	试验编号	抗鉴编号	品种类型	亲本组合	申请者（非个人）	选育/供种单位
区试						
*华荃优 187	1	9	杂交稻	荃 9311A/华恢 87	江苏大丰华丰种业股份有限公司	江苏大丰华丰种业股份有限公司
*徽两优靓占	2	10	杂交稻	1892S/靓占	江西省农业科学院水稻所	江西省农业科学院水稻所
*华浙优 71	3	11	杂交稻	华浙 A×华恢 71	中国水稻研究所、浙江勿忘农种业股份有限公司	中国水稻研究所、浙江勿忘农种业股份有限公司
丰两优四号（CK）	4	8	杂交稻	丰 39S×盐稻 4 号选		合肥丰乐种业股份公司
安两优 5212	5	13	杂交稻	安隆 5S/4Q212	合肥市国隆超级杂交稻研究所	合肥市国隆超级杂交稻研究所
*粮两优芸占	6	3	杂交稻	粮 98S/R 芸占	湖南粮安种业科技有限公司	湖南粮安种业科技有限公司
旺两优 958	7	4	杂交稻	W115S×创恢 958	湖南袁创超级稻技术有限公司	湖南袁创超级稻技术有限公司
隆两优 8401	8	2	杂交稻	隆科 638S/华恢 8401	湖南百分农业科技有限公司	湖南隆平高科种业科学研究院有限公司、湖南百分农业科技有限公司
*两优 4391	9	12	杂交稻	广占 63-4S×R391	浙江农科种业公司	浙江农科种业公司
荃优 712	10	7	杂交稻	荃 9311A/福恢 712	福州农丰源种业有限公司	福建省农业科学院水稻研究所、安徽荃银高科种业股份有限公司、福州农丰源种业有限公司
泸两优 2840	11	6	杂交稻	泸 56S/川种恢 2840	四川川种种业有限责任公司	四川川种种业有限责任公司
*济优 1028	12	1	杂交稻	济 A/R1028	深圳市兆农农业科技有限公司	深圳市兆农农业科技有限公司
韵两优 332	13	5	杂交稻	韵 2013S/R332	广西恒晟种业有限公司、湖南民生种业科技有限公司	广西恒晟种业有限公司、湖南民生种业科技有限公司
生产试验						
旺两优 958	A2		杂交稻	W115S×创恢 958	湖南袁创超级稻技术有限公司	湖南袁创超级稻技术有限公司
安两优 5212	A10		杂交稻	安隆 5S/4Q212	合肥市国隆超级杂交稻研究所	合肥市国隆超级杂交稻研究所
隆两优 8401	A12		杂交稻	隆科 638S/华恢 8401	湖南百分农业科技有限公司	湖南隆平高科种业科学研究院有限公司、湖南百分农业科技有限公司
韵两优 332	A13		杂交稻	韵 2013S/R332	广西恒晟种业有限公司、湖南民生种业科技有限公司	广西恒晟种业有限公司、湖南民生种业科技有限公司
丰两优四号（CK）	A5		杂交稻	丰 39S×盐稻 4 号选		合肥丰乐种业股份公司

注：*为 2018 年新参试品种。

表 18-2　长江中下游中籼迟熟 G 组（182411NX-G）区试及生产试验点基本情况

承试单位	试验地点	经度	纬度	海拔高度（米）	试验负责人及执行人
区试					
安徽滁州市农科所	滁州市国家农作物区域试验站	118°26′	32°09′	17.8	黄明永、卢继武、刘淼才
安徽黄山市种子站	黄山市农科所双桥基地	118°14′	29°40′	134.0	汪淇、王淑芬、汤雷、汪东兵、王新
安徽省农业科学院水稻所	合肥市	117°25′	31°39′	20.0	罗志祥、施伏芝
安徽袁粮水稻产业有限公司	芜湖市镜湖区利民村试验基地	118°27′	31°14′	7.2	乔保建、陶元平
福建南平市建阳区良种场	建阳市马伏良种场三亩片	118°22′	27°03′	150.0	张金明
河南信阳市农业科学院	信阳市本院试验田	114°05′	32°07′	75.9	王青林、霍二伟
湖北京山县农科所	京山县永兴镇苏佘畈村五组	113°07′	31°01′	75.6	彭金好、张红文、张瑜
湖北宜昌市农业科学院	枝江市问安镇四岗试验基地	111°05′	30°34′	60.0	贺丽、黄蓉
湖南怀化市农科所	怀化市洪江市双溪镇大马村	109°51′	27°15′	180.0	江生
湖南岳阳市农科所	岳阳县麻塘试验基地	113°05′	29°24′	32.0	黄四民、袁熙军
江苏里下河地区农科所	扬州市	119°25′	32°25′	8.0	李爱宏、余玲、刘广青
江苏沿海地区农科所	盐城市	120°08′	33°23′	2.7	孙明法、施伟
江西九江市农科所	九江县马回岭镇	115°48′	29°26′	45.0	潘世文、刘中来、李三元、李坤、宋惠洁
江西省农业科学院水稻所	高安市鄱阳湖生态区现代农业科技示范基地	115°22′	28°25′	60.0	邱在辉、何虎
中国水稻研究所	杭州市富阳区	120°19′	30°12′	7.2	杨仕华、夏俊辉、施彩娟
生产试验					
A 组：福建南平市建阳区良种场	建阳市马伏良种场三亩片	118°22′	27°03′	150.0	张金明
A 组：江西抚州市农科所	抚州市临川区鹏溪	116°16′	28°01′	47.3	饶建辉、车慧燕
A 组：湖南鑫盛华丰种业科技有限公司	岳阳县筻口镇中心村	113°12′	29°06′	32.0	邓猛、邓松
A 组：湖北武汉佳禾生物科技有限公司	武汉	112°30′	29°30′	33.0	周元坤、瞿景祥
A 组：安徽合肥丰乐种业股份公司	肥西县严店乡苏小村	117°17′	31°52′	14.7	王中花、徐礼森
A 组：江苏里下河地区农科所	扬州市	119°25′	32°25′	8.0	李爱宏、余玲、刘广青
A 组：浙江临安市种子种苗站	临安市国家农作物品种区试站	119°23′	30°09′	83.0	袁德明、章良儿

表 18-3　长江中下游中籼迟熟 G 组（182411NX-G）区试品种产量、生育期及主要农艺经济性状汇总分析结果

品种名称	区试年份	亩产（千克）	比 CK± %	比 CK 增产点（%）	产量差异显著性		结实率 <70%点	全生育期（天）	比 CK± 天	有效穗（万/亩）	株高（厘米）	穗长（厘米）	每穗总粒数	每穗实粒数	结实率（%）	千粒重（克）
					0.05	0.01										
旺两优 958	2017—2018	655.32	7.64	100.0				132.7	-2.4	17.8	114.0	25.2	188.6	155.6	82.5	24.3
安两优 5212	2017—2018	650.68	6.88	93.1				133.7	-1.4	15.4	124.9	26.8	210.8	173.8	82.4	25.7
韵两优 332	2017—2018	651.23	6.97	96.7				138.3	3.2	16.2	128.1	26.9	207.7	168.5	81.1	24.7
隆两优 8401	2017—2018	637.78	4.76	79.8				138.0	2.9	16.3	132.1	24.7	201.2	161.4	80.2	25.4
泸两优 2840	2017—2018	629.74	3.44	71.7				136.5	1.4	15.5	135.3	26.5	183.2	150.6	82.2	27.5
荃优 712	2017—2018	634.01	4.14	82.4				136.2	1.1	14.9	132.6	27.0	182.1	145.3	79.8	30.2
丰两优四号（CK）	2017—2018	608.79	0.00	0.0				135.1	0.0	15.0	133.3	25.4	188.7	157.9	83.7	27.8
旺两优 958	2018	659.08	8.15	100.0	a	A	0	130.5	-3.8	18.1	112.2	24.6	185.4	154.7	83.4	24.4
安两优 5212	2018	654.43	7.39	93.3	ab	AB	1	132.1	-2.2	15.9	124.1	26.6	208.9	167.6	80.2	26.4
粮两优芸占	2018	651.27	6.87	93.3	bc	ABC	1	136.6	2.3	16.2	125.7	24.7	209.7	170.3	81.2	24.9
韵两优 332	2018	647.38	6.23	93.3	c	BC	0	137.0	2.7	17.4	126.3	26.3	191.2	154.7	80.9	24.7
泸两优 2840	2018	644.97	5.84	93.3	c	CD	0	135.3	1.0	15.7	135.2	26.4	185.1	156.3	84.5	27.4
荃优 712	2018	638.44	4.76	93.3	d	D	2	134.7	0.4	15.0	130.9	26.7	180.9	148.5	82.0	30.3
隆两优 8401	2018	628.69	3.16	66.7	e	E	1	137.2	2.9	16.5	131.1	24.5	193.6	155.5	80.3	25.5
华荃优 187	2018	622.44	2.14	60.0	f	E	1	133.8	-0.5	14.6	127.4	25.5	190.5	157.4	82.6	30.4
济优 1028	2018	610.98	0.26	46.7	g	F	0	136.5	2.2	16.9	129.8	26.4	170.9	140.5	82.2	27.7
两优 4391	2018	610.10	0.11	60.0	g	F	0	138.6	4.3	15.2	134.1	28.5	182.3	149.5	82.0	29.1
丰两优四号（CK）	2018	609.41	0.00	0.0	g	F	0	134.3	0.0	14.9	131.9	25.6	191.3	160.3	83.8	27.6
徽两优靓占	2018	597.87	-1.89	40.0	h	G	0	131.5	-2.8	15.7	121.1	25.2	212.5	173.3	81.6	24.0
华浙优 71	2018	587.60	-3.58	26.7	i	H	1	136.5	2.2	14.5	129.7	25.0	206.3	163.5	79.2	25.0

表 18-4　长江中下游中籼迟熟 G 组（1872411NX-G）生产试验品种产量、生育期、综合评级及抽穗期耐热性鉴定结果

品种名称	旺两优 958	安两优 5212	隆两优 8401	韵两优 332	丰两优四号（CK）
生产试验汇总表现					
全生育期（天）	125.2	126.3	131.0	132.2	127.7
比 CK±天	-2.5	-1.4	3.3	4.5	0.0
亩产（千克）	611.96	614.20	604.97	606.53	577.38
产量比 CK±%	5.86	6.97	5.30	4.75	0.00
增产点比例（%）	100.0	83.3	83.3	100.0	0.0
各生产试验点综合评价等级					
福建南平市建阳区种子站	B	B	D	B	D
江西抚州市农科所	B	B	B	A	B
湖南鑫盛华丰种业科技有限公司	B	A	B	B	B
安徽合肥丰乐种业股份公司	A	B	A	B	A
江苏里下河地区农科所	A	A	B	B	B
浙江临安市种子种苗管理站	B	A	A	C	D
抽穗期耐热性（级）	3	3	3	3	3

注：1. 区试 B、C、F、G 组生产试验合并进行，因品种较多，多数生产试验点加设 CK 后安排在多块田中进行，表中产量比 CK±%系与同田块 CK 比较的结果。

2. 综合评价等级：A—好，B—较好，C—中等，D——一般。

3. 抽穗期耐热性为华中农业大学鉴定结果。

表 18-5 长江中下游中籼迟熟 G 组（182411NX-G）品种稻瘟病抗性各地鉴定结果（2018 年）

品种名称	浙江					湖南					湖北					安徽					福建					江西				
	叶瘟级	穗瘟发病		穗瘟损失		叶瘟级	穗瘟发病		穗瘟损失		叶瘟级	穗瘟发病		穗瘟损失		叶瘟级	穗瘟发病		穗瘟损失		叶瘟级	穗瘟发病		穗瘟损失		叶瘟级	穗瘟发病		穗瘟损失	
		%	级	%	级		%	级	%	级		%	级	%	级		%	级	%	级		%	级	%	级		%	级	%	级
济优 1028	2	22	5	7	3	6	48	7	8	3	7	55	9	30	5	3	39	7	16	5	5	43	7	18	5	3	47	7	4	1
隆两优 8401	4	19	5	7	3	3	32	7	5	1	3	9	3	2	1	2	33	7	13	3	3	5	3	1	1	4	55	9	6	3
粮两优芸占	3	18	5	4	1	4	52	9	13	3	5	36	7	16	5	3	66	9	34	7	4	37	7	21	5	3	63	9	8	3
旺两优 958	4	66	9	7	3	3	41	7	7	3	4	23	5	6	3	2	64	9	31	7	4	22	5	12	3	2	48	7	5	1
韵两优 332	3	9	3	2	1	3	40	7	6	3	2	10	3	2	1	3	39	7	16	5	3	4	1	1	1	2	55	9	6	3
泸两优 2840	4	17	5	6	3	4	48	7	11	3	3	14	5	3	1	2	37	7	16	5	4	10	3	5	1	3	58	9	7	3
荃优 712	3	19	5	7	3	3	55	9	14	3	5	38	7	14	3	2	67	9	35	7	5	37	7	21	5	3	93	9	19	5
丰两优四号（CK）	6	69	9	28	5	6	65	9	21	5	7	59	9	32	7	3	68	9	36	7	7	100	9	96	9	5	100	9	28	5
华荃优 187	1	43	7	16	5	5	68	9	26	5	6	74	9	41	7	3	58	9	29	5	7	97	9	84	9	9	100	9	89	9
徽两优靓占	3	65	9	27	5	3	52	9	16	5	5	49	7	22	5	3	67	9	36	7	5	80	9	40	7	5	53	9	6	3
华浙优 71	3	18	5	4	1	6	60	9	16	5	5	53	9	17	5	3	58	9	28	5	4	50	7	15	3	5	75	9	9	3
两优 4391	5	69	9	27	5	6	62	9	17	5	7	61	9	29	5	3	59	9	29	5	7	100	9	99	9	4	88	9	17	5
安两优 5212	4	67	9	7	3	5	50	7	12	3	6	37	7	11	3	3	60	9	30	5	5	45	7	23	5	3	74	9	9	3
感稻瘟病（CK）	7	95	9	44	7	8	85	9	56	9	7	100	9	69	9	7	95	9	59	9	7	100	9	91	9	7	100	9	55	9

注：1. 鉴定单位：浙江省农业科学院植微所、湖南省农业科学院植保所、湖北宜昌市农业科学院、安徽省农业科学院植保所、福建上杭县茶地镇农技站、江西井冈山企业集团农技服务中心。

2. 感稻瘟病（CK）：浙江、安徽为 Wh26，湖南、湖北、福建、江西分别为湘晚籼 11 号、丰两优香 1 号、明恢 86+龙黑糯 2 号、恩糯。

表 18-6　长江中下游中籼迟熟 G 组（182411NX-G）品种对主要病虫抗性综合评价结果（2017—2018 年）

品种名称	区试年份	稻瘟病										白叶枯病（级）			褐飞虱（级）		
		2018 年各地综合指数（级）							2018 年穗瘟损失率最高级	1~2 年综合评价		2018 年	1~2 年综合评价		2018 年	1~2 年综合评价	
		浙江	湖南	湖北	安徽	福建	江西	平均		平均综合指数	穗瘟损失率最高级		平均	最高		平均	最高
隆两优 8401	2017—2018	3.8	3.0	2.0	3.8	2.0	4.8	3.2	3	3.0	3	9	7	9	9	9	9
旺两优 958	2017—2018	4.8	4.0	3.8	6.3	3.8	2.8	4.2	7	4.4	7	7	6	7	9	8	9
韵两优 332	2017—2018	2.0	4.0	1.8	5.0	1.5	4.3	3.1	5	3.2	5	5	5	5	9	9	9
安两优 5212	2017—2018	4.8	4.5	4.8	5.5	5.5	4.5	4.9	5	4.9	5	5	5	5	9	9	9
泸两优 2840	2017—2018	3.8	4.3	2.5	4.8	2.3	4.5	3.7	5	3.6	5	7	6	7	9	9	9
荃优 712	2017—2018	3.5	4.5	4.5	6.3	5.5	5.5	5.0	7	5.2	7	7	7	7	9	9	9
丰两优四号（CK）	2017—2018	6.3	6.3	7.5	6.5	8.5	6.0	6.8	9	6.8	9	5	5	5	9	9	9
济优 1028	2018	3.3	4.8	6.5	5.0	5.5	3.0	4.7	5	4.7	5	5	5	5			
粮两优芸占	2018	2.5	4.8	5.5	6.5	5.3	4.5	4.8	7	4.8	7	7	7	7	9	9	9
华荃优 187	2018	4.5	6.0	7.3	5.5	8.5	9.0	6.8	9	6.8	9	3	3	3	9	9	9
徽两优靓占	2018	5.5	5.5	5.5	6.5	7.0	5.0	5.8	7	5.8	7	7	7	7	9	9	9
华浙优 71	2018	2.5	6.3	6.0	5.5	4.3	5.0	4.9	5	4.9	5	9	9	9	9	9	9
两优 4391	2018	6.0	6.3	6.5	5.5	8.5	5.8	6.4	9	6.4	9	5	5	5	9	9	9
丰两优四号（CK）	2018	6.3	6.3	7.5	6.5	8.5	6.0	6.8	9	6.8	9	5	5	5	9	9	9
感病虫（CK）	2018	7.5	8.8	8.5	8.5	8.5	8.5	8.4	9	8.4	9	9	9	9	9	9	9

注：1. 稻瘟病综合指数=叶瘟平均级×25%+穗瘟发病率平均级×25%+穗瘟损失率平均级×50%。
2. 白叶枯病和褐飞虱鉴定单位分别为湖南省农业科学院水稻所和中国水稻研究所稻作发展中心。
3. 感白叶枯病、褐飞虱 CK 分别为金刚 30、TN1。

表 18-7　长江中下游中籼迟熟 G 组（182411NX-G）品种米质检测分析结果

品种名称	年份	糙米率（%）	精米率（%）	整精米率（%）	粒长（毫米）	长宽比	垩白粒率（%）	垩白度（%）	透明度（级）	碱消值（级）	胶稠度（毫米）	直链淀粉（%）	部标（等级）
安两优 5212	2017—2018	79.8	71.0	55.8	6.8	3.4	19	3.4	2	6.1	62	14.1	优三
旺两优 958	2017—2018	79.3	69.9	55.4	6.5	3.2	12	1.7	2	5.0	72	13.9	优三
隆两优 8401	2017—2018	80.8	72.0	64.2	6.8	3.2	5	0.7	2	4.3	80	13.1	普通
荃优 712	2017—2018	81.0	71.0	49.2	7.1	3.2	14	1.6	2	5.3	76	15.4	普通
泸两优 2840	2017—2018	81.2	72.7	56.6	6.9	3.3	12	1.9	1	6.0	74	14.8	优二
韵两优 332	2017—2018	81.4	72.0	60.4	6.8	3.3	4	0.5	2	6.2	74	13.6	优二
丰两优四号（CK）	2017—2018	81.7	72.1	54.3	6.9	3.1	19	2.3	2	6.3	72	15.3	优三
华荃优 187	2018	82.2	70.3	47.4	7.1	3.1	35	4.1	2	5.6	73	22.2	普通
徽两优靓占	2018	81.2	72.0	55.9	6.6	3.3	5	0.6	2	5.1	77	13.1	优三
华浙优 71	2018	82.0	73.1	61.5	6.4	3.0	7	1.2	2	4.8	75	13.5	普通
粮两优芸占	2018	80.0	70.9	63.2	6.5	3.0	6	1.0	1	4.2	79	14.9	普通
两优 4391	2018	81.6	72.6	60.0	7.0	3.1	12	1.4	2	6.2	75	14.6	优二
济优 1028	2018	81.7	71.9	56.5	7.5	3.7	5	0.7	1	4.9	77	15.2	普通
丰两优四号（CK）	2018	81.7	72.1	54.3	6.9	3.1	19	2.3	2	6.3	72	15.3	优三

注：1. 供样单位：安徽省农业科学院水稻所（2017—2018 年）、河南信阳市农科所（2017—2018 年）、中国水稻研究所（2017—2018 年）。

2. 检测单位：农业农村部稻米及制品质量监督检验测试中心。

表 18-8-1 长江中下游中籼迟熟 G 组（182411NX-G）区试品种在各试点的产量、生育期及主要农艺经济性状表现

品种名称/试验点	亩产（千克）	比 CK± %	产量位次	播种期（月/日）	齐穗期（月/日）	成熟期（月/日）	全生育期(天)	有效穗（万/亩）	株高（厘米）	穗长（厘米）	总粒数/穗	实粒数/穗	结实率（%）	千粒重（克）	杂株率（%）	倒伏性	穗颈瘟	纹枯病	稻曲病	综评等级
华荃优 187																				
安徽滁州市农科所	670.67	-0.10	13	5/8	8/19	10/3	148	17.2	142.4	27.9	225.5	149.5	66.3	30.5	0.0	倒	未发	中	未发	B
安徽黄山市种子站	567.92	1.83	6	4/27	8/4	9/6	132	12.4	111.2	23.6	179.4	165.1	92.0	29.2	0.6	直	未发	未发	未发	A
安徽省农业科学院水稻所	600.20	-5.18	12	5/3	8/16	9/23	143	14.3	136.0	23.5	187.6	149.6	79.7	29.3	—	直	未发	无	无	D
安徽袁粮水稻产业有限公司	680.04	4.20	6	5/7	8/7	9/16	132	14.2	133.2	24.4	187.2	160.8	85.9	31.6	0.0	直	未发	未发	未发	B
福建南平市建阳区良种场	528.07	-0.75	10	5/23	8/17	10/1	131	13.3	116.7	24.6	175.8	138.2	78.6	31.7	0.0	直	未发	轻	—	C
河南信阳市农业科学院	569.29	-1.45	10	4/24	8/3	9/8	137	14.8	128.3	25.2	170.5	152.0	89.1	32.9	—	直	未发	未发	—	C
湖北京山县农科所	614.20	1.91	7	5/9	8/10	9/11	125	20.7	134.3	25.6	158.6	120.9	76.2	29.7	0.3	—	未发	—	—	C
湖北宜昌市农业科学院	704.51	-0.07	9	4/18	7/30	9/1	136	16.1	128.5	24.9	168.1	140.3	83.5	27.2	0.4	直	未发	轻	未发	—
湖南怀化市农科所	575.22	-5.68	12	4/18	7/30	8/30	134	11.4	125.5	24.8	207.9	174.5	83.9	30.2	0.0	直	未发	轻	未发	D
湖南岳阳市农业科学院	685.88	5.26	5	5/3	8/4	9/6	126	14.8	121.4	26.0	196.9	169.5	86.1	31.3	0.0	直	未发	轻	未发	A
江苏里下河地区农科所	614.36	4.00	8	5/14	8/18	9/27	136	13.1	128.8	26.0	179.0	161.0	89.9	30.6	1.2	直	未发	轻	—	A
江苏沿海地区农科所	678.00	9.44	1	5/7	8/23	9/24	140	15.8	114.7	28.1	184.0	147.0	79.9	29.3	0.0	直	未发	轻	无	A
江西九江市农业科学院	568.22	0.92	11	5/10	8/12	9/19	132	12.4	133.2	26.4	202.4	163.8	80.9	31.8	0.0	直	未发	轻	未发	D
江西省农业科学院水稻所	634.18	11.95	8	5/13	8/15	9/15	125	14.2	128.5	24.9	193.8	163.2	84.2	30.9	0.0	直	未发	未发	未发	C
中国水稻研究所	645.83	6.28	6	5/15	8/13	9/22	130	14.7	128.2	26.1	241.0	206.3	85.6	30.0	0.0	直	未发	轻	—	B

注：评级：A—好，B—较好，C—中等，D—一般。

表 18-8-2 长江中下游中籼迟熟 G 组（182411NX-G）区试品种在各试点的产量、生育期及主要农艺经济性状表现

品种名称/试验点	亩产（千克）	比 CK±%	产量位次	播种期（月/日）	齐穗期（月/日）	成熟期（月/日）	全生育期(天)	有效穗（万/亩）	株高（厘米）	穗长（厘米）	总粒数/穗	实粒数/穗	结实率（%）	千粒重（克）	杂株率（%）	倒伏性	穗颈瘟	纹枯病	稻曲病	综评等级
徽两优靓占																				
安徽滁州市农科所	686.66	2.28	9	5/8	8/17	10/2	147	21.5	131.4	25.2	184.9	161.3	87.2	24.1	0.5	直	未发	轻	未发	B
安徽黄山市种子站	520.47	-6.68	10	4/27	8/4	9/5	131	14.3	96.8	23.6	205.7	166.6	81.0	22.4	0.9	直	未发	未发	未发	B
安徽省农业科学院水稻所	661.01	4.42	8	5/3	8/15	9/22	142	15.2	133.0	26.5	233.2	192.2	82.4	22.9	0.5	直	未发	无	无	B
安徽袁粮水稻产业有限公司	629.24	-3.58	11	5/7	8/4	9/13	129	13.2	120.4	25.5	216.0	192.6	89.2	25.8	0.0	直	未发	未发	未发	C
福建南平市建阳区良种场	523.07	-1.69	11	5/23	8/12	9/26	126	13.1	104.7	24.4	160.8	127.3	79.2	34.7	0.0	直	未发	轻	—	C
河南信阳市农业科学院	538.37	-6.80	13	4/24	8/2	9/6	135	16.7	123.1	22.6	156.9	122.6	78.1	23.6	—	直	未发	未发	—	D
湖北京山县农科所	505.58	-16.11	13	5/9	8/3	9/4	118	22.6	139.7	25.2	151.9	125.4	82.6	24.4	—	—	未发	—	—	D
湖北宜昌市农业科学院	667.34	-5.34	10	4/18	7/29	8/30	134	13.6	120.4	24.7	192.7	168.0	87.2	24.1	2.1	直	未发	轻	未发	—
湖南怀化市农科所	565.55	-7.27	13	4/18	7/30	8/30	134	15.3	122.1	25.3	244.0	174.9	71.7	21.6	0.0	直	未发	轻	未发	D
湖南岳阳市农业科学院	665.00	2.05	8	5/3	8/5	9/7	127	15.4	128.6	25.7	254.2	216.0	85.0	24.6	0.0	直	未发	无	未发	B
江苏里下河地区农科所	616.19	4.31	7	5/14	8/16	9/25	134	14.0	117.6	25.9	235.0	217.0	92.3	22.5	2.4	斜	未发	轻	—	A
江苏沿海地区农科所	591.37	-4.54	13	5/7	8/21	9/21	137	16.2	107.3	25.0	187.0	148.0	79.1	23.7	0.0	直	未发	轻	无	D
江西九江市农业科学院	582.05	3.37	9	5/10	8/9	9/17	130	11.6	125.6	25.7	264.1	194.7	73.7	22.6	2.4	直	未发	轻	未发	C
江西省农业科学院水稻所	648.99	14.56	4	5/13	8/13	9/9	119	15.9	126.2	25.6	228.2	196.8	86.2	21.2	0.0	直	未发	未发	未发	B
中国水稻研究所	567.14	-6.67	13	5/15	8/12	9/21	129	16.5	119.4	27.1	272.5	196.3	72.0	21.8	1.4	直	未发	轻	—	D

注：评级：A—好，B—较好，C—中等，D—一般。

表 18-8-3　长江中下游中籼迟熟 G 组（182411NX-G）区试品种在各试点的产量、生育期及主要农艺经济性状表现

品种名称/试验点	亩产（千克）	比 CK± %	产量位次	播种期（月/日）	齐穗期（月/日）	成熟期（月/日）	全生育期(天)	有效穗（万/亩）	株高（厘米）	穗长（厘米）	总粒数/穗	实粒数/穗	结实率（%）	千粒重（克）	杂株率（%）	倒伏性	穗颈瘟	纹枯病	稻曲病	综评等级
华浙优 71																				
安徽滁州市农科所	685.49	2.11	11	5/8	8/27	10/6	151	18.6	144.7	24.0	219.4	169.4	77.2	24.7	0.8	直	未发	轻	未发	B
安徽黄山市种子站	543.70	-2.52	9	4/27	8/11	9/7	133	12.4	112.6	24.6	242.7	185.6	76.5	23.5	0.9	直	未发	未发	未发	B
安徽省农业科学院水稻所	562.06	-11.21	13	5/3	8/26	10/1	151	14.5	138.0	22.2	128.6	92.5	71.9	25.4	—	直	未发	轻	中	D
安徽袁粮水稻产业有限公司	585.63	-10.27	13	5/7	8/12	9/19	135	13.5	133.4	25.4	197.3	173.3	87.8	27.2	0.0	直	未发	未发	未发	D
福建南平市建阳区良种场	522.07	-1.88	12	5/23	8/21	10/1	131	13.9	121.9	24.7	185.4	148.8	80.3	26.4	28.8	直	未发	轻	—	C
河南信阳市农业科学院	545.28	-5.61	12	4/24	8/7	9/12	141	14.3	130.9	25.0	168.7	129.8	76.9	25.3	—	直	未发	未发	—	D
湖北京山县农科所	599.04	-0.61	9	5/9	8/13	9/13	127	17.6	137.6	26.6	175.4	150.9	86.0	25.7	—	—	未发	—	—	C
湖北宜昌市农业科学院	620.32	-12.01	13	4/18	8/5	9/5	140	13.3	126.3	25.5	207.9	166.4	80.0	21.1	0.9	直	未发	轻	未发	—
湖南怀化市农科所	615.70	0.96	7	4/18	8/5	9/4	139	18.1	140.0	25.7	174.7	148.0	84.7	23.3	0.0	直	未发	轻	未发	C
湖南岳阳市农业科学院	641.61	-1.54	13	5/3	8/7	9/8	128	13.5	131.8	25.4	220.7	188.2	85.3	27.3	0.0	直	未发	轻	未发	C
江苏里下河地区农科所	531.40	-10.04	12	5/14	8/23	10/1	140	12.8	120.2	25.8	208.0	169.0	81.3	23.7	0.0	直	未发	轻	—	D
江苏沿海地区农科所	598.70	-3.36	12	5/7	8/25	9/25	141	14.3	118.0	23.9	209.0	166.0	79.4	24.9	0.0	直	未发	轻	无	D
江西九江市农业科学院	581.21	3.23	10	5/10	8/16	9/21	134	12.6	132.1	25.5	256.6	209.1	81.5	26.2	0.0	直	未发	无	未发	C
江西省农业科学院水稻所	551.52	-2.64	13	5/13	8/18	9/15	125	15.6	128.3	24.0	192.8	153.9	79.8	25.0	0.0	直	未发	未发	未发	D
中国水稻研究所	630.33	3.73	8	5/15	8/15	9/23	131	13.0	129.4	27.4	307.4	201.4	65.5	25.4	0.3	直	未发	轻	—	B

注：评级：A—好，B—较好，C—中等，D——般。

表 18-8-4　长江中下游中籼迟熟 G 组（182411NX-G）区试品种在各试点的产量、生育期及主要农艺经济性状表现

品种名称/试验点	亩产（千克）	比 CK± %	产量位次	播种期（月/日）	齐穗期（月/日）	成熟期（月/日）	全生育期(天)	有效穗（万/亩）	株高（厘米）	穗长（厘米）	总粒数/穗	实粒数/穗	结实率（%）	千粒重（克）	杂株率（%）	倒伏性	穗颈瘟	纹枯病	稻曲病	综评等级
丰两优四号（CK）																				
安徽滁州市农科所	671.33	0.00	12	5/8	8/24	10/5	150	15.3	150.9	25.6	226.1	173.9	76.9	27.2	2.0	倒	未发	中	未发	B
安徽黄山市种子站	557.73	0.00	8	4/27	8/3	9/7	133	12.5	119.2	25.1	178.8	153.7	86.0	26.6	0.0	直	未发	未发	未发	B
安徽省农业科学院水稻所	633.02	0.00	11	5/3	8/17	9/23	143	15.3	136.0	25.8	186.2	157.4	84.5	26.5	—	倒	未发	无	无	C
安徽袁粮水稻产业有限公司	652.63	0.00	10	5/7	8/6	9/15	131	13.5	131.9	26.2	197.4	177.2	89.8	28.6	0.0	直	未发	未发	未发	C
福建南平市建阳区良种场	532.07	0.00	9	5/23	9/13	9/28	128	13.8	130.5	24.9	171.1	139.7	81.6	28.7	3.2	直	未发	中	—	C
河南信阳市农业科学院	577.68	0.00	7	4/24	8/2	9/6	135	16.7	133.0	24.5	151.8	132.3	87.2	28.3	—	直	未发	未发	—	C
湖北京山县农科所	602.70	0.00	8	5/9	8/7	9/8	122	19.8	137.2	25.2	143.5	121.8	84.9	27.5	0.6	—	未发	—	—	C
湖北宜昌市农业科学院	705.01	0.00	8	4/18	8/3	9/4	139	15.9	129.7	26.3	171.5	146.9	85.7	26.5	1.1	直	未发	轻	未发	—
湖南怀化市农科所	609.86	0.00	9	4/18	8/2	9/3	138	12.5	140.0	27.6	218.0	184.6	84.7	27.6	0.0	直	未发	轻	未发	C
湖南岳阳市农业科学院	651.63	0.00	10	5/3	8/6	9/8	128	15.5	128.0	25.5	219.5	185.7	84.6	28.6	0.0	直	未发	轻	未发	C
江苏里下河地区农科所	590.71	0.00	10	5/14	8/21	9/30	139	15.8	125.2	24.8	158.0	140.0	88.6	28.4	2.1	斜	未发	轻	—	B
江苏沿海地区农科所	619.53	0.00	9	5/7	8/24	9/25	141	15.6	120.0	25.4	180.0	141.0	78.3	28.1	0.3	直	未发	轻	无	C
江西九江市农业科学院	563.05	0.00	12	5/10	8/10	9/18	131	11.1	129.9	26.8	231.5	176.0	76.0	27.4	0.0	直	未发	无	未发	D
江西省农业科学院水稻所	566.50	0.00	12	5/13	8/17	9/15	125	15.4	134.0	24.6	191.3	150.8	78.8	26.2	0.0	直	未发	未发	未发	C
中国水稻研究所	607.65	0.00	10	5/15	8/15	9/23	131	14.4	133.1	26.0	245.1	223.1	91.0	27.7	2.1	直	未发	轻	—	C

注：评级：A—好，B—较好，C—中等，D—一般。

表 18-8-5　长江中下游中籼迟熟 G 组（182411NX-G）区试品种在各试点的产量、生育期及主要农艺经济性状表现

品种名称/试验点	亩产（千克）	比 CK± %	产量位次	播种期（月/日）	齐穗期（月/日）	成熟期（月/日）	全生育期(天)	有效穗（万/亩）	株高（厘米）	穗长（厘米）	总粒数/穗	实粒数/穗	结实率（%）	千粒重（克）	杂株率（%）	倒伏性	穗颈瘟	纹枯病	稻曲病	综评等级
安两优 5212																				
安徽滁州市农科所	716.48	6.73	3	5/8	8/15	9/29	144	17.9	128.5	27.0	254.3	189.8	74.6	26.4	0.3	直	未发	轻	未发	A
安徽黄山市种子站	580.12	4.01	5	4/27	8/4	9/6	132	13.9	99.6	25.4	193.5	166.1	85.8	25.0	0.0	直	未发	未发	未发	B
安徽省农业科学院水稻所	682.00	7.74	4	5/3	8/15	9/22	142	16.8	130.0	27.1	242.8	162.5	66.9	25.3	1.0	直	未发	无	无	B
安徽袁粮水稻产业有限公司	696.24	6.68	3	5/7	8/5	9/14	130	15.8	130.2	26.1	184.8	160.1	86.6	29.3	0.0	直	未发	未发	未发	B
福建南平市建阳区良种场	573.38	7.76	2	5/23	8/11	9/25	125	16.0	114.8	25.8	173.5	137.7	79.4	26.6	0.0	直	未发	中	—	A
河南信阳市农业科学院	640.85	10.93	2	4/24	7/31	9/4	133	20.5	124.0	25.1	155.4	116.5	75.0	26.5	—	直	未发	未发	—	A
湖北京山县农科所	648.18	7.55	2	5/9	8/7	9/8	122	19.9	135.6	27.6	165.7	127.6	77.0	27.8	—	—	未发	—	—	A
湖北宜昌市农业科学院	787.53	11.71	1	4/18	7/29	9/1	136	17.0	124.9	27.4	226.1	194.6	86.1	25.2	0.8	直	未发	轻	未发	—
湖南怀化市农科所	653.51	7.16	5	4/18	7/28	8/29	133	12.7	132.4	28.6	250.1	205.7	82.2	25.6	0.0	直	未发	轻	未发	A
湖南岳阳市农业科学院	691.73	6.15	3	5/3	8/4	9/7	127	14.9	132.6	23.9	192.4	166.6	86.6	26.7	0.0	直	未发	轻	未发	A
江苏里下河地区农科所	634.85	7.47	1	5/14	8/15	9/24	133	12.9	120.8	26.3	210.0	170.0	81.0	24.8	1.5	斜	未发	轻	—	A
江苏沿海地区农科所	663.17	7.04	3	5/7	8/24	9/24	140	17.4	112.7	26.4	173.0	137.0	79.2	27.6	0.0	直	未发	轻	无	A
江西九江市农业科学院	613.86	9.02	2	5/10	8/12	9/19	132	11.8	123.4	27.6	262.9	204.6	77.8	27.4	0.0	直	未发	轻	未发	A
江西省农业科学院水稻所	635.69	12.21	7	5/13	8/14	9/13	123	16.3	131.1	26.0	185.7	164.2	88.4	27.1	0.0	直	未发	未发	未发	C
中国水稻研究所	598.82	-1.45	12	5/15	8/12	9/21	129	15.0	120.5	29.0	263.4	210.3	79.8	25.0	0.0	直	未发	轻	—	D

注：评级：A—好，B—较好，C—中等，D—一般。

表 18-8-6 长江中下游中籼迟熟 G 组（182411NX-G）区试品种在各试点的产量、生育期及主要农艺经济性状表现

品种名称/试验点	亩产（千克）	比 CK± %	产量位次	播种期（月/日）	齐穗期（月/日）	成熟期（月/日）	全生育期(天)	有效穗（万/亩）	株高（厘米）	穗长（厘米）	总粒数/穗	实粒数/穗	结实率（%）	千粒重（克）	杂株率（%）	倒伏性	穗颈瘟	纹枯病	稻曲病	综评等级
粮两优芸占																				
安徽滁州市农科所	709.82	5.73	5	5/8	8/24	10/4	149	17.4	135.4	24.1	222.1	172.5	77.7	25.7	0.5	直	未发	轻	未发	A
安徽黄山市种子站	594.16	6.53	2	4/27	8/11	9/9	135	14.3	113.2	32.6	211.4	178.1	84.2	22.0	0.9	直	未发	未发	未发	B
安徽省农业科学院水稻所	664.84	5.03	7	5/3	8/21	9/27	147	16.1	131.0	22.0	207.4	165.4	79.7	25.3	—	直	未发	无	无	B
安徽袁粮水稻产业有限公司	706.60	8.27	1	5/7	8/11	9/17	133	14.6	132.1	25.8	236.0	201.4	85.3	27.2	0.0	直	未发	未发	未发	A
福建南平市建阳区良种场	556.72	4.63	5	5/23	8/18	10/2	132	14.3	123.7	24.0	166.8	132.5	79.4	31.5	0.0	直	未发	轻	—	B
河南信阳市农业科学院	633.61	9.68	3	4/24	8/7	9/12	141	19.3	122.8	22.2	162.9	110.8	68.0	25.7	—	直	未发	未发	—	B
湖北京山县农科所	628.19	4.23	5	5/9	8/10	9/11	125	18.7	131.5	22.8	164.1	136.6	83.2	24.1	0.6	—	未发	—	—	B
湖北宜昌市农业科学院	744.02	5.53	4	4/18	8/3	9/6	141	15.6	122.8	25.8	250.5	215.3	85.9	25.5	0.8	直	未发	轻	未发	—
湖南怀化市农科所	696.99	14.29	1	4/18	8/2	9/3	138	17.3	132.3	26.5	241.7	172.0	71.2	23.9	0.0	直	未发	轻	未发	A
湖南岳阳市农业科学院	683.38	4.87	6	5/3	8/8	9/11	131	14.7	127.5	24.2	201.5	168.2	83.5	25.3	0.0	直	未发	无	未发	A
江苏里下河地区农科所	620.36	5.02	5	5/14	8/23	9/30	139	14.5	117.6	25.7	210.0	201.0	95.7	23.1	0.9	直	未发	轻	—	A
江苏沿海地区农科所	653.01	5.40	5	5/7	8/27	9/27	143	17.9	115.3	23.1	202.0	167.0	82.7	21.7	0.0	直	未发	轻	无	B
江西九江市农业科学院	629.36	11.78	1	5/10	8/15	9/22	135	16.4	129.2	24.6	219.2	175.1	79.9	24.9	0.0	直	未发	无	未发	A
江西省农业科学院水稻所	641.42	13.22	6	5/13	8/19	9/17	127	15.1	128.8	22.7	219.1	182.0	83.1	23.8	0.0	直	未发	未发	未发	B
中国水稻研究所	606.65	−0.16	11	5/15	8/18	9/25	133	16.8	122.4	24.3	230.3	177.0	76.9	23.2	0.3	直	未发	轻	—	C

注：评级：A—好，B—较好，C—中等，D——般。

表 18-8-7　长江中下游中籼迟熟 G 组（182411NX-G）区试品种在各试点的产量、生育期及主要农艺经济性状表现

品种名称/试验点	亩产（千克）	比 CK± %	产量位次	播种期（月/日）	齐穗期（月/日）	成熟期（月/日）	全生育期(天)	有效穗（万/亩）	株高（厘米）	穗长（厘米）	总粒数/穗	实粒数/穗	结实率（%）	千粒重（克）	杂株率（%）	倒伏性	穗颈瘟	纹枯病	稻曲病	综评等级
旺两优 958																				
安徽滁州市农科所	712.15	6.08	4	5/8	8/12	9/28	143	20.6	117.5	26.7	240.8	185.3	77.0	23.9	0.3	直	未发	轻	未发	A
安徽黄山市种子站	606.52	8.75	1	4/27	8/3	9/5	131	16.5	102.2	24.3	198.4	163.7	82.5	23.6	0.9	直	未发	未发	未发	A
安徽省农业科学院水稻所	689.66	8.95	3	5/3	8/13	9/18	138	17.1	115.0	20.6	200.9	170.1	84.7	24.3	—	直	未发	无	无	B
安徽袁粮水稻产业有限公司	700.25	7.30	2	5/7	8/4	9/15	131	16.0	112.6	24.3	185.5	164.5	88.7	26.2	0.0	直	未发	未发	未发	A
福建南平市建阳区良种场	559.39	5.13	3	5/23	8/14	9/28	128	14.4	107.0	25.4	174.1	140.5	80.7	29.7	0.0	直	未发	轻	—	B
河南信阳市农业科学院	626.37	8.43	5	4/24	8/1	9/3	132	21.1	108.0	21.6	121.0	97.9	80.9	23.4	—	直	未发	未发	—	B
湖北京山县农科所	644.35	6.91	3	5/9	8/2	9/3	117	23.2	116.4	24.6	129.3	105.8	81.8	24.1	1.9	—	未发	—	—	A
湖北宜昌市农业科学院	775.86	10.05	2	4/18	7/28	8/30	134	19.1	116.5	25.0	190.5	170.6	89.6	25.7	0.6	直	未发	轻	未发	—
湖南怀化市农科所	677.50	11.09	2	4/18	7/29	8/30	134	19.1	115.2	23.8	182.8	154.4	84.5	23.3	0.0	直	未发	轻	未发	A
湖南岳阳市农业科学院	701.09	7.59	1	5/3	8/4	9/7	127	15.8	113.8	25.6	216.8	185.9	85.7	24.6	0.0	直	未发	无	未发	A
江苏里下河地区农科所	626.69	6.09	3	5/14	8/14	9/23	132	16.4	108.6	24.0	157.0	147.0	93.6	23.8	0.0	直	未发	轻	—	A
江苏沿海地区农科所	672.50	8.55	2	5/7	8/17	9/18	134	19.4	103.0	25.8	167.0	136.0	81.4	25.4	0.0	直	未发	轻	无	A
江西九江市农业科学院	608.87	8.14	4	5/10	8/8	9/17	130	15.8	112.9	26.2	198.7	153.9	77.5	23.3	0.0	直	未发	轻	未发	A
江西省农业科学院水稻所	668.19	17.95	3	5/13	8/12	9/8	118	18.2	116.4	23.4	185.7	165.1	88.9	22.6	0.0	直	未发	未发	未发	A
中国水稻研究所	616.82	1.51	9	5/15	8/13	9/21	129	19.1	118.3	27.6	232.8	179.7	77.2	21.8	0.3	伏	未发	轻	—	C

注：评级：A—好，B—较好，C—中等，D——般。

表 18-8-8　长江中下游中籼迟熟 G 组（182411NX-G）区试品种在各试点的产量、生育期及主要农艺经济性状表现

品种名称/试验点	亩产（千克）	比 CK± %	产量位次	播种期（月/日）	齐穗期（月/日）	成熟期（月/日）	全生育期(天)	有效穗（万/亩）	株高（厘米）	穗长（厘米）	总粒数/穗	实粒数/穗	结实率（%）	千粒重（克）	杂株率（%）	倒伏性	穗颈瘟	纹枯病	稻曲病	综评等级
隆两优 8401																				
安徽滁州市农科所	720.48	7.32	2	5/8	8/23	10/4	149	17.9	142.9	25.9	255.1	172.6	67.7	25.3	0.5	直	未发	轻	未发	A
安徽黄山市种子站	561.91	0.75	7	4/27	8/12	9/9	135	13.2	119.2	22.3	169.6	150.0	88.4	24.4	0.0	直	未发	未发	未发	B
安徽省农业科学院水稻所	674.33	6.53	5	5/3	8/24	9/30	150	17.3	132.0	22.4	177.8	152.3	85.7	25.9	—	直	未发	轻	轻	A
安徽袁粮水稻产业有限公司	672.02	2.97	8	5/7	8/13	9/19	135	13.8	135.3	25.6	207.8	180.6	86.9	27.9	0.0	直	未发	未发	未发	B
福建南平市建阳区良种场	547.40	2.88	7	5/23	8/19	10/2	132	13.4	128.4	24.3	173.6	138.9	80.0	30.7	0.0	直	未发	轻	—	C
河南信阳市农业科学院	574.89	-0.48	8	4/24	8/8	9/13	142	19.5	129.9	23.2	142.5	122.2	85.8	26.0	—	直	未发	未发	—	C
湖北京山县农科所	546.06	-9.40	12	5/9	8/11	9/12	126	20.8	132.2	25.8	168.3	122.5	72.8	23.8	0.3	—	未发	—	—	D
湖北宜昌市农业科学院	760.53	7.87	3	4/18	8/5	9/8	143	18.9	127.5	19.9	157.1	128.0	81.5	24.7	0.3	直	未发	轻	未发	—
湖南怀化市农科所	597.70	-1.99	10	4/18	8/3	9/3	138	19.2	140.0	24.1	160.5	128.7	80.2	24.6	0.0	直	未发	轻	未发	D
湖南岳阳市农业科学院	649.96	-0.26	11	5/3	8/10	9/12	132	16.2	132.6	26.1	201.6	173.2	85.9	25.5	0.0	直	未发	无	未发	C
江苏里下河地区农科所	609.03	3.10	9	5/14	8/23	10/2	141	16.5	124.4	24.6	186.0	147.0	79.0	24.4	0.0	直	未发	轻	—	B
江苏沿海地区农科所	602.37	-2.77	11	5/7	8/27	9/27	143	15.2	121.0	26.9	220.0	164.0	74.5	24.5	0.0	直	未发	轻	无	D
江西九江市农业科学院	599.87	6.54	6	5/10	8/14	9/20	133	14.8	135.5	24.4	185.2	131.3	70.9	25.9	0.0	直	未发	无	未发	B
江西省农业科学院水稻所	678.45	19.76	1	5/13	8/18	9/17	127	15.3	132.3	25.5	224.6	205.0	91.3	24.7	0.0	直	未发	未发	轻	A
中国水稻研究所	635.33	4.56	7	5/15	8/17	9/24	132	15.8	133.0	26.9	273.9	216.0	78.9	24.5	0.0	直	未发	轻	—	B

注：评级：A—好，B—较好，C—中等，D—一般。

表 18-8-9 长江中下游中籼迟熟 G 组（182411NX-G）区试品种在各试点的产量、生育期及主要农艺经济性状表现

品种名称/试验点	亩产（千克）	比 CK±%	产量位次	播种期（月/日）	齐穗期（月/日）	成熟期（月/日）	全生育期(天)	有效穗（万/亩）	株高（厘米）	穗长（厘米）	总粒数/穗	实粒数/穗	结实率（%）	千粒重（克）	杂株率（%）	倒伏性	穗颈瘟	纹枯病	稻曲病	综评等级
两优 4391																				
安徽滁州市农科所	690.82	2.90	8	5/8	8/28	10/5	150	17.2	153.5	29.4	190.7	146.2	76.7	29.9	0.3	直	未发	轻	未发	B
安徽黄山市种子站	580.62	4.10	4	4/27	8/11	9/8	134	13.1	124.0	27.1	197.6	166.5	84.3	28.8	0.0	直	未发	未发	未发	B
安徽省农业科学院水稻所	660.17	4.29	9	5/3	8/28	10/2	152	15.5	140.0	27.5	185.5	155.2	83.7	28.2	—	直	未发	无	无	C
安徽袁粮水稻产业有限公司	671.01	2.82	9	5/7	8/13	9/20	136	15.3	139.9	29.4	192.1	160.9	83.8	30.3	0.0	直	未发	未发	未发	B
福建南平市建阳区良种场	514.75	-3.26	13	5/23	8/21	10/2	132	13.5	130.8	28.4	174.0	141.1	81.1	29.9	0.0	直	未发	轻	—	D
河南信阳市农业科学院	610.91	5.75	6	4/24	8/13	9/16	145	15.9	140.3	28.0	148.9	118.9	79.9	28.9	—	直	未发	未发	—	B
湖北京山县农科所	572.05	-5.09	11	5/9	8/18	9/18	132	19.8	134.3	26.4	144.8	108.3	74.8	28.5	—	—	未发	—	—	D
湖北宜昌市农业科学院	639.16	-9.34	11	4/18	8/10	9/10	145	15.7	128.4	29.1	224.7	190.5	84.8	30.0	0.3	直	未发	轻	未发	—
湖南怀化市农科所	643.68	5.55	6	4/18	8/6	9/6	141	15.1	140.0	29.6	180.3	148.5	82.4	29.5	0.0	直	未发	轻	未发	B
湖南岳阳市农业科学院	648.29	-0.51	12	5/3	8/7	9/10	130	15.3	133.0	29.8	214.5	181.9	84.8	29.7	0.0	直	未发	轻	未发	A
江苏里下河地区农科所	515.74	-12.69	13	5/14	8/28	10/5	144	13.8	122.2	28.8	166.0	136.0	81.9	26.4	0.0	直	未发	轻	—	D
江苏沿海地区农科所	624.36	0.78	8	5/7	8/28	9/27	143	15.9	120.3	25.9	172.0	140.0	81.4	27.6	0.0	直	未发	轻	无	C
江西九江市农业科学院	540.73	-3.96	13	5/10	8/16	9/22	135	12.3	137.3	28.9	177.8	133.7	75.2	30.9	0.0	直	未发	无	未发	D
江西省农业科学院水稻所	573.40	1.22	11	5/13	8/20	9/17	127	15.5	133.8	29.3	162.3	138.6	85.4	28.6	0.0	直	未发	未发	未发	C
中国水稻研究所	665.84	9.58	3	5/15	8/18	9/25	133	13.9	133.4	29.6	203.1	176.1	86.7	28.9	0.0	直	未发	轻	—	A

注：评级：A—好，B—较好，C—中等，D——般。

表 18-8-10 长江中下游中籼迟熟 G 组（182411NX-G）区试品种在各试点的产量、生育期及主要农艺经济性状表现

品种名称/试验点	亩产（千克）	比 CK± %	产量位次	播种期（月/日）	齐穗期（月/日）	成熟期（月/日）	全生育期(天)	有效穗（万/亩）	株高（厘米）	穗长（厘米）	总粒数/穗	实粒数/穗	结实率（%）	千粒重（克）	杂株率（%）	倒伏性	穗颈瘟	纹枯病	稻曲病	综评等级
荃优 712																				
安徽滁州市农科所	685.66	2.13	10	5/8	8/20	10/4	149	17.3	148.8	28.3	208.4	133.9	64.3	31.5	0.5	倒	未发	中	未发	B
安徽黄山市种子站	519.97	-6.77	11	4/27	8/11	9/10	136	12.9	105.8	23.8	156.1	134.5	86.2	28.7	0.0	直	未发	未发	未发	B
安徽省农业科学院水稻所	711.65	12.42	1	5/3	8/17	9/24	144	15.6	138.0	22.5	209.7	175.9	83.9	26.9	1.5	倒	未发	无	无	A
安徽袁粮水稻产业有限公司	687.56	5.35	4	5/7	8/8	9/14	130	13.5	137.9	27.9	198.7	175.5	88.3	29.6	0.0	直	未发	未发	未发	B
福建南平市建阳区良种场	550.06	3.38	6	5/23	8/17	9/30	130	13.0	123.0	27.1	173.6	138.3	79.7	33.7	1.6	直	未发	轻	—	B
河南信阳市农业科学院	647.59	12.10	1	4/24	8/7	9/10	139	16.3	134.3	26.4	137.4	125.9	91.6	32.3	—	直	未发	未发	—	A
湖北京山县农科所	619.03	2.71	6	5/9	8/9	9/11	125	19.8	135.4	28.2	177.3	121.5	68.5	30.9	—	—	未发	—	—	C
湖北宜昌市农业科学院	733.52	4.04	6	4/18	8/1	9/2	137	16.3	127.2	26.1	163.1	139.6	85.6	30.1	1.8	直	未发	轻	未发	—
湖南怀化市农科所	612.03	0.36	8	4/18	7/31	8/31	135	12.8	138.3	26.0	180.0	166.7	92.6	29.5	0.0	直	未发	轻	未发	C
湖南岳阳市农业科学院	690.06	5.90	4	5/3	8/7	9/10	130	16.5	140.5	27.9	204.2	172.2	84.3	29.9	0.0	直	未发	轻	未发	A
江苏里下河地区农科所	625.02	5.81	4	5/14	8/19	9/29	138	13.7	125.2	27.2	163.0	149.0	91.4	29.8	0.9	直	未发	轻	—	A
江苏沿海地区农科所	660.34	6.59	4	5/7	8/24	9/24	140	14.8	115.0	25.8	183.0	143.0	78.1	31.1	0.0	直	未发	轻	无	A
江西九江市农业科学院	584.21	3.76	8	5/10	8/16	9/21	134	13.5	136.2	26.9	157.5	120.3	76.4	31.5	0.0	直	未发	无	未发	C
江西省农业科学院水稻所	604.04	6.63	10	5/13	8/16	9/14	124	15.6	126.5	27.2	177.3	138.8	78.3	30.0	0.0	直	未发	未发	未发	C
中国水稻研究所	645.83	6.28	5	5/15	8/14	9/22	130	13.9	131.5	29.3	224.9	191.9	85.3	29.5	0.0	直	未发	轻	—	B

注：评级：A—好，B—较好，C—中等，D——一般。

表 18-8-11　长江中下游中籼迟熟 G 组（182411NX-G）区试品种在各试点的产量、生育期及主要农艺经济性状表现

品种名称/试验点	亩产（千克）	比 CK± %	产量位次	播种期（月/日）	齐穗期（月/日）	成熟期（月/日）	全生育期(天)	有效穗（万/亩）	株高（厘米）	穗长（厘米）	总粒数/穗	实粒数/穗	结实率（%）	千粒重（克）	杂株率（%）	倒伏性	穗颈瘟	纹枯病	稻曲病	综评等级
泸两优 2840																				
安徽滁州市农科所	701.32	4.47	6	5/8	8/24	10/5	150	19.2	154.6	27.3	224.0	184.4	82.3	27.3	2.3	倒	未发	中	未发	A
安徽黄山市种子站	513.62	-7.91	12	4/27	8/10	9/8	134	13.6	120.6	25.0	182.9	160.2	87.6	24.1	0.6	直	未发	未发	未发	B
安徽省农业科学院水稻所	692.66	9.42	2	5/3	8/18	9/25	145	16.2	139.0	25.0	200.6	170.3	84.9	25.5	—	直	未发	无	轻	A
安徽袁粮水稻产业有限公司	683.88	4.79	5	5/7	8/10	9/16	132	15.2	138.7	26.1	192.5	165.5	86.0	29.5	0.0	直	未发	未发	未发	B
福建南平市建阳区良种场	577.05	8.45	1	5/23	8/17	9/30	130	13.6	126.1	26.1	168.3	136.3	81.0	33.1	0.0	直	未发	中	—	A
河南信阳市农业科学院	628.67	8.83	4	4/24	8/5	9/9	138	17.1	135.2	24.4	125.5	106.1	84.5	27.6	1.6	直	未发	未发	—	B
湖北京山县农科所	629.02	4.37	4	5/9	8/6	9/7	121	16.3	138.4	27.4	168.5	143.2	85.0	26.3	—	—	未发	—	—	B
湖北宜昌市农业科学院	734.85	4.23	5	4/18	8/4	9/5	140	18.5	131.1	25.5	163.0	133.1	81.7	25.9	2.4	直	未发	轻	未发	—
湖南怀化市农科所	661.01	8.39	3	4/18	8/4	9/4	139	13.6	140.0	28.6	202.8	185.1	91.3	26.8	0.0	直	未发	轻	未发	A
湖南岳阳市农业科学院	671.68	3.08	7	5/3	8/8	9/11	131	14.6	140.2	27.2	244.3	207.3	84.9	27.5	0.0	直	未发	无	未发	C
江苏里下河地区农科所	629.52	6.57	2	5/14	8/23	9/28	137	13.8	129.4	27.7	164.0	144.0	87.8	27.9	0.6	直	未发	轻	—	A
江苏沿海地区农科所	647.85	4.57	6	5/7	8/27	9/27	143	15.1	122.7	28.9	198.0	144.0	72.7	29.2	0.0	直	未发	轻	无	B
江西九江市农业科学院	591.71	5.09	7	5/10	8/14	9/19	132	14.0	140.7	25.8	183.5	155.4	84.7	27.1	10.0	直	未发	无	未发	B
江西省农业科学院水稻所	641.92	13.31	5	5/13	8/19	9/15	125	17.7	137.8	23.7	169.1	152.1	89.9	25.6	0.0	直	未发	未发	未发	B
中国水稻研究所	669.84	10.23	2	5/15	8/17	9/25	133	16.5	133.5	27.9	189.2	157.6	83.3	27.3	1.0	直	未发	轻	—	A

注：评级：A—好，B—较好，C—中等，D——般。

表 18-8-12 长江中下游中籼迟熟 G 组（182411NX-G）区试品种在各试点的产量、生育期及主要农艺经济性状表现

品种名称/试验点	亩产（千克）	比 CK± %	产量位次	播种期（月/日）	齐穗期（月/日）	成熟期（月/日）	全生育期(天)	有效穗（万/亩）	株高（厘米）	穗长（厘米）	总粒数/穗	实粒数/穗	结实率（%）	千粒重（克）	杂株率（%）	倒伏性	穗颈瘟	纹枯病	稻曲病	综评等级
济优 1028																				
安徽滁州市农科所	698.32	4.02	7	5/8	8/21	10/3	148	21.2	147.5	27.0	172.3	135.6	78.7	26.9	1.0	直	未发	轻	未发	B
安徽黄山市种子站	512.62	-8.09	13	4/27	8/15	9/10	136	15.9	105.4	22.7	167.2	123.3	73.7	26.4	1.2	直	未发	未发	未发	B
安徽省农业科学院水稻所	656.51	3.71	10	5/3	8/23	9/29	149	16.6	140.0	26.4	192.5	140.5	73.0	27.9	—	直	未发	无	无	C
安徽袁粮水稻产业有限公司	623.23	-4.51	12	5/7	8/9	9/17	133	15.3	131.1	27.4	186.7	160.5	86.0	29.5	0.0	直	未发	未发	未发	C
福建南平市建阳区良种场	546.40	2.69	8	5/23	8/19	10/1	131	14.9	123.3	24.5	170.8	136.3	79.8	27.7	1.6	直	未发	中	—	C
河南信阳市农业科学院	564.69	-2.25	11	4/24	8/5	9/9	138	19.0	129.3	25.7	135.6	105.2	77.6	29.3	—	直	未发	未发	—	D
湖北京山县农科所	595.37	-1.22	10	5/9	8/10	9/11	125	21.4	130.7	28.4	133.3	111.8	83.9	25.8	—	—	未发	—	—	C
湖北宜昌市农业科学院	628.66	-10.83	12	4/18	8/4	9/5	140	20.3	125.3	24.5	119.8	95.7	79.9	27.0	1.3	直	未发	轻	未发	—
湖南怀化市农科所	585.88	-3.93	11	4/18	8/3	9/3	138	14.4	139.4	28.0	172.9	149.6	86.5	27.8	0.0	直	未发	轻	未发	D
湖南岳阳市农业科学院	653.30	0.26	9	5/3	8/8	9/12	132	16.7	136.5	25.2	188.4	155.5	82.5	28.5	0.0	直	未发	无	未发	C
江苏里下河地区农科所	582.71	-1.35	11	5/14	8/24	10/2	141	16.7	121.2	25.6	146.0	130.0	89.0	27.6	4.8	直	未发	轻	—	C
江苏沿海地区农科所	613.53	-0.97	10	5/7	8/25	9/26	142	15.8	115.0	28.5	170.0	135.0	79.4	28.4	0.0	直	未发	轻	无	D
江西九江市农业科学院	611.03	8.52	3	5/10	8/15	9/20	133	14.5	133.8	27.8	197.3	172.7	87.5	28.6	0.0	直	未发	无	未发	A
江西省农业科学院水稻所	616.00	8.74	9	5/13	8/19	9/16	126	14.8	134.0	26.8	192.8	163.8	85.0	26.9	0.0	直	未发	未发	未发	C
中国水稻研究所	676.51	11.33	1	5/15	8/18	9/28	136	16.4	134.9	27.1	217.2	192.4	88.6	27.7	2.1	直	未发	轻	—	A

注：评级：A—好，B—较好，C—中等，D—一般。

表 18-8-13　长江中下游中籼迟熟 G 组（182411NX-G）区试品种在各试点的产量、生育期及主要农艺经济性状表现

品种名称/试验点	亩产（千克）	比 CK± %	产量位次	播种期（月/日）	齐穗期（月/日）	成熟期（月/日）	全生育期(天)	有效穗（万/亩）	株高（厘米）	穗长（厘米）	总粒数/穗	实粒数/穗	结实率（%）	千粒重（克）	杂株率（%）	倒伏性	穗颈瘟	纹枯病	稻曲病	综评等级
韵两优 332																				
安徽滁州市农科所	730.31	8.78	1	5/8	8/21	10/3	148	23.2	141.3	27.6	211.9	151.2	71.4	25.1	1.8	直	未发	轻	未发	B
安徽黄山市种子站	581.79	4.31	3	4/27	8/15	9/10	136	15.6	97.6	22.0	200.3	168.5	84.1	22.1	0.0	直	未发	未发	未发	B
安徽省农业科学院水稻所	670.83	5.97	6	5/3	8/22	9/29	149	16.7	137.0	23.0	191.5	165.3	86.3	25.3	—	直	未发	轻	无	B
安徽袁粮水稻产业有限公司	678.70	3.99	7	5/7	8/12	9/20	136	14.8	127.6	27.2	206.2	179.4	87.0	26.8	0.0	直	未发	未发	未发	B
福建南平市建阳区良种场	558.39	4.95	4	5/23	8/22	10/3	133	15.1	121.4	25.7	177.1	142.1	80.2	26.9	0.0	直	未发	轻	—	B
河南信阳市农业科学院	572.42	-0.91	9	4/24	8/9	9/14	143	18.6	123.2	23.5	115.3	89.2	77.4	25.8	—	直	未发	未发	—	C
湖北京山县农科所	650.84	7.99	1	5/9	8/10	9/11	125	20.7	134.1	28.0	181.4	148.5	81.9	23.4	1.3	—	未发	—	—	A
湖北宜昌市农业科学院	730.69	3.64	7	4/18	8/5	9/5	140	17.2	126.1	26.1	183.6	150.0	81.7	24.7	1.0	直	未发	轻	未发	—
湖南怀化市农科所	657.17	7.76	4	4/18	8/6	9/4	139	19.5	126.5	29.2	175.4	146.7	83.6	23.3	0.0	直	未发	轻	未发	A
湖南岳阳市农业科学院	695.07	6.67	2	5/3	8/7	9/10	130	16.5	135.5	27.8	202.9	167.6	82.6	25.4	0.0	直	未发	无	未发	A
江苏里下河地区农科所	618.86	4.77	6	5/14	8/23	10/1	140	15.9	120.4	25.5	165.0	143.0	86.7	23.7	0.6	直	未发	轻	—	B
江苏沿海地区农科所	632.52	2.10	7	5/7	8/27	9/28	144	18.4	114.3	25.2	177.0	144.0	81.4	24.2	0.0	直	未发	轻	无	B
江西九江市农业科学院	606.37	7.69	5	5/10	8/15	9/20	133	14.1	129.7	29.3	242.4	181.6	74.9	24.8	0.0	直	未发	无	未发	B
江西省农业科学院水稻所	673.40	18.87	2	5/13	8/19	9/16	126	19.3	128.7	27.0	184.4	158.9	86.2	23.4	0.0	直	未发	未发	未发	A
中国水稻研究所	653.33	7.52	4	5/15	8/18	9/25	133	16.0	130.5	26.9	253.7	185.1	73.0	24.9	0.7	直	未发	轻	—	B

注：评级：A—好，B—较好，C—中等，D——一般。

表 18-9-1 长江中下游中籼迟熟 G 组（182411NX-G）生产试验品种在各试验点的产量、生育期、特征特性、田间抗性表现

品种名称/试验点	亩产（千克）	比 CK ±%	播种期（月/日）	齐穗期（月/日）	成熟期（月/日）	全生育期(天)	耐寒性	整齐度	杂株率（%）	株型	叶色	叶姿	长势	熟期转色	倒伏性	落粒性	叶瘟	穗颈瘟	白叶枯病	纹枯病	稻曲病
旺两优 958																					
福建南平市建阳区种子站	583.69	6.96	5/23	8/14	9/25	125	未发	一般	0.0	适中	淡绿	一般	繁茂	好	直	易	未发	无	未发	中	—
江西抚州市农科所	603.21	0.77	5/16	8/12	9/16	123	强	整齐	0.0	适中	绿	挺直	繁茂	好	直	—	轻	未发	未发	轻	未发
湖南鑫盛华丰种业科技有限公司	600.21	6.03	4/26	7/28	8/27	123	未发	整齐	0.0	紧束	绿	挺直	一般	好	直	中	未发	未发	未发	轻	未发
安徽合肥丰乐种业股份公司	692.10	5.42	5/7	8/7	9/9	125	未发	整齐	0.2	适中	绿	一般	繁茂	好	直	难	未发	未发	未发	未发	未发
江苏里下河地区农科所	615.79	8.68	5/14	8/12	9/20	129	中	整齐	1.3	适中	绿	挺直	繁茂	好	直	易	未发	未发	未发	轻	—
浙江临安市种子种苗管理站	576.79	7.29	5/30	8/21	10/3	126	未发	整齐	0.0	适中	绿	挺直	繁茂	中	直	中	未发	无	未发	轻	—
安两优 5212																					
福建南平市建阳区种子站	572.29	7.51	5/23	8/17	9/27	127	未发	一般	0.0	适中	浓绿	挺直	繁茂	好	直	易	未发	无	未发	轻	—
江西抚州市农科所	622.81	2.84	5/16	8/11	9/14	121	强	不齐	0.4	适中	绿	一般	繁茂	好	直	—	未发	未发	未发	未发	未发
湖南鑫盛华丰种业科技有限公司	606.27	7.10	4/26	7/29	8/29	125	未发	整齐	0.0	适中	绿	挺直	繁茂	好	直	易	未发	未发	未发	无	轻
安徽合肥丰乐种业股份公司	655.91	-0.09	5/7	8/7	9/9	125	未发	一般	0.0	适中	绿	挺直	繁茂	好	直	难	未发	未发	未发	未发	未发
江苏里下河地区农科所	612.19	9.48	5/14	8/16	9/26	135	强	整齐	1.7	适中	绿	披垂	繁茂	好	斜	易	未发	未发	未发	轻	—
浙江临安市种子种苗管理站	615.72	14.95	5/30	8/26	10/2	125	未发	整齐	0.1	适中	绿	披垂	繁茂	好	直	中	未发	无	未发	轻	—

表 18-9-2 长江中下游中籼迟熟 G 组（182411NX-G）生产试验品种在各试验点的产量、生育期、特征特性、田间抗性表现

品种名称/试验点	亩产（千克）	比 CK ±%	播种期（月/日）	齐穗期（月/日）	成熟期（月/日）	全生育期(天)	耐寒性	整齐度	杂株率（%）	株型	叶色	叶姿	长势	熟期转色	倒伏性	落粒性	叶瘟	穗颈瘟	白叶枯病	纹枯病	稻曲病
隆两优 8401																					
福建南平市建阳区种子站	540.89	1.61	5/23	8/21	10/1	131	未发	整齐	0.0	适中	绿色	挺直	繁茂	好	直	易	未发	无	未发	轻	—
江西抚州市农科所	591.81	-2.28	5/16	8/15	9/19	126	强	整齐	1.8	适中	绿	挺直	繁茂	好	斜	—	未发	未发	未发	轻	轻
湖南鑫盛华丰种业科技有限公司	567.48	0.25	4/26	8/3	9/4	131	未发	整齐	0.0	适中	绿	一般	一般	中	直	中	未发	未发	未发	轻	未发
安徽合肥丰乐种业股份公司	681.52	3.81	5/7	8/13	9/15	131	未发	整齐	0.0	适中	绿	挺直	繁茂	好	直	难	未发	未发	未发	未发	未发
江苏里下河地区农科所	588.79	5.29	5/14	8/20	9/30	139	强	整齐	0.4	适中	绿	一般	繁茂	中	直	易	未发	未发	未发	轻	—
浙江临安市种子种苗管理站	659.33	23.10	5/30	8/27	10/5	128	未发	整齐	1.0	适中	绿	一般	一般	好	直	中	未发	无	未发	轻	—
韵两优 332																					
福建南平市建阳区种子站	582.29	6.16	5/23	8/22	10/2	132	未发	整齐	0.0	松散	淡绿	一般	繁茂	好	直	易	未发	无	未发	轻	—
江西抚州市农科所	639.01	5.52	5/16	8/16	9/20	127	强	整齐	0.0	适中	绿	挺直	繁茂	好	直	—	未发	未发	未发	未发	未发
湖南鑫盛华丰种业科技有限公司	572.33	1.11	4/26	8/3	9/6	133	未发	整齐	0.0	紧束	浓绿	挺直	一般	中	直	中	未发	未发	未发	轻	未发
安徽合肥丰乐种业股份公司	693.52	5.63	5/7	8/16	9/17	133	未发	整齐	0.1	适中	绿	挺直	繁茂	好	直	难	未发	未发	未发	未发	未发
江苏里下河地区农科所	587.19	5.01	5/14	8/22	9/30	139	强	整齐	5.4	适中	绿	挺直	繁茂	好	直	易	未发	未发	未发	轻	—
浙江临安市种子种苗管理站	564.82	5.07	5/30	8/30	10/6	129	未发	一般	1.0	适中	绿	挺直	一般	好	直	中	未发	无	未发	轻	—

表 18-9-3　长江中下游中籼迟熟 G 组（182411NX-G）生产试验品种在各试验点的产量、生育期、特征特性、田间抗性表现

品种名称/试验点	亩产（千克）	比 CK ±%	播种期（月/日）	齐穗期（月/日）	成熟期（月/日）	全生育期(天)	耐寒性	整齐度	杂株率（%）	株型	叶色	叶姿	长势	熟期转色	倒伏性	落粒性	叶瘟	穗颈瘟	白叶枯病	纹枯病	稻曲病
丰两优四号（CK）																					
福建南平市建阳区种子站	540.09	0.00	5/23	8/14—17	9/26—28	127.2	未发	不齐	1.8	松散	淡绿	挺直	繁茂	好	直	易	未发	轻	未发	轻	—
江西抚州市农科所	602.11	0.00	5/16	8/12	9/15	122	强	不齐	0.0	适中	淡绿	一般	繁茂	中	直	—	未发	未发	未发	未发	未发
湖南鑫盛华丰种业科技有限公司	566.06	0.00	4/26	8/2	9/2	129	未发	不齐	0.4	松散	绿	披垂	繁茂	好	斜	中	未发	无	未发	轻	未发
安徽合肥丰乐种业股份公司	656.53	0.00	5/7	8/10	9/12	128	未发	整齐	0.3	适中	绿	挺直	繁茂	好	直	难	未发	未发	未发	未发	未发
江苏里下河地区农科所	562.89	0.00	5/14	8/18	9/26	135	强	整齐	2.1	适中	绿	披垂	繁茂	好	倒	易	未发	未发	未发	轻	—
浙江临安市种子种苗管理站	536.60	0.00	5/30	8/27	10/2	125	未发	一般	0.0	适中	绿	披垂	繁茂	中	直	中	未发	轻	未发	轻	—

第十九章　2018 年长江中下游中籼迟熟 H 组国家水稻品种试验汇总报告

一、试验概况

（一）试验目的

鉴定评价我国长江中下游稻区新选育和引进的中籼迟熟新品种（组合，下同）的丰产性、稳产性、适应性、抗性、米质及其他重要性状表现，为国家水稻品种审定提供科学依据。

（二）参试品种

区试品种 12 个，野香优 669、扬两优 512、全两优 1822、Y 两优 2098、晶两优 5438、G 两优香占、徽两优福星占为续试品种，其余为新参试品种，以丰两优四号（CK）为对照；生产试验品种 2 个，也以丰两优四号（CK）为对照。品种名称、类型、亲本组合、选育/供种单位见表 19-1。

（三）承试单位

区试点 15 个，生产试验点 A、B 组各 7 个，分布在安徽、福建、河南、湖北、湖南、江苏、江西和浙江 8 个省。承试单位、试验地点、经纬度、海拔高度、试验负责人及执行人见表 19-2。

（四）试验设计、栽培管理与观察记载

各试验点均按《2018 年国稻科企水稻联合体试验实施方案》及 NY/T 1300—2007《农作物品种区域试验技术规范　水稻》进行试验。

区试采用完全随机区组排列，3 次重复，小区面积 0.02 亩。生产试验采用大区随机排列，不设重复，大区面积 0.5 亩。

分区试、生产试验，同组试验所有品种同期播种、移栽，施肥水平中等偏上，其他栽培管理措施与当地大田生产相同。

观察记载项目与标准按 NY/T 1300—2007《农作物品种区域试验技术规范　水稻》以及《国家水稻品种试验观察记载项目、方法及标准》《南方稻区国家水稻品种区试及生产试验记载表》等的要求执行。

（五）特性鉴定

1. 抗性鉴定

浙江省农业科学院植微所、湖南省农业科学院植保所、湖北宜昌市农科所、安徽省农业科学院植保所、福建上杭县茶地乡农技站和江西井冈山企业集团农技服务中心负责稻瘟病抗性鉴定。湖南省农业科学院水稻所负责白叶枯病抗性鉴定。鉴定采用人工接菌与病区自然诱发相结合。中国水稻研究所稻作发展中心负责稻飞虱抗性鉴定。华中农业大学负责生产试验品种抽穗期耐热性鉴定。鉴定用种子均由主持单位中国水稻研究所统一提供。

2. 米质分析

安徽省农业科学院水稻所、河南信阳市农科所和中国水稻研究所试验点提供样品，农业农村部稻米及制品质量监督检验测试中心负责检测分析。

3. DNA 指纹特异性与一致性

中国水稻研究所国家水稻改良中心进行参试品种的特异性、同名品种年度间及不同样品间的一致

性鉴定。

（六）试验评价

依据 NY/T 1300—2007《农作物品种区域试验技术规范　水稻》、试验实地检查考察情况以及试验点对试验实施情况和品种表现情况所做的说明，对各试验（鉴定）点试验（鉴定）结果的可靠性、完整性、准确性等进行分析评估，确保汇总质量。

2018 年所有区试点、生产试验点以及特性鉴定点的试验（鉴定）结果正常，全部纳入汇总。

（七）品种评价

依据国家农作物品种审定委员会 2017 年发布的《主要农作物品种审定标准（国家级）》，对参试品种进行分析评价。

产量联合方差分析采用固定模型，品种间产量差异多重比较采用 Duncan's 新复极差法；参试品种的丰产性主要以品种在区试和生产试验中相对于对照品种产量增减产百分率来衡量；参试品种的适应性主要以品种在区试和生产试验中比对照品种增产的试验点百分率来衡量；参试品种的稳产性主要以品种在年度间区试中相对于对照品种产量的差异变化程度来衡量。

参试品种的生育期主要以全生育期比对照品种长短的天数来衡量。

参试品种的抗性以指定的鉴定单位的鉴定结果为主要依据，对稻瘟病抗性的主要评价指标为综合指数和穗瘟损失率最高级，对其他病虫害抗性的主要评价指标为最高级。

参试品种的温度敏感性以结实率低于 70%的区试点数来衡量。

参试品种的米质评价按照农业行业标准 NY/T 593—2013《食用稻品种品质》，分优质 1 级、优质 2 级、优质 3 级，未达到优质级的品种米质均为普通级。

二、结果分析

（一）产量

依据比对照的增减产幅度衡量：在 2018 年区试参试品种中，产量高、比对照增产 5%以上的品种有 Y 两优 2098、晶两优 5438 和徽两优福星占；产量较高、比对照增产 3%～5%的品种有 Q 两优华占和嘉丰优 3 号；产量中等、比对照增减产 3%以内的品种有全两优 1822、荃优 412、G 两优香占、全两优鄂丰丝苗、扬两优 512、美两优湘占和野香优 669。

区试参试品种产量汇总结果见表 19-3，生产试验参试品种产量汇总结果见表 19-4。

（二）生育期

依据全生育期比对照长短的天数衡量：在 2018 年区试参试品种中，熟期较早、比对照早熟的品种有徽两优福星占、Q 两优华占、全两优 1822、荃优 412、G 两优香占、扬两优 512 和美两优湘占；其他品种的全生育期介于 134.5～137.5 天，比对照迟熟 1～4 天，熟期基本适宜。

区试参试品种生育期汇总结果见表 19-3，生产试验参试品种生育期汇总结果见表 19-4。

（三）主要农艺经济性状

区试参试品种分蘖率、有效穗、成穗率、株高、穗长、每穗总粒数、每穗实粒数、结实率、千粒重等主要农艺经济性状汇总结果见表 19-3。

（四）抗性

对稻瘟病的抗性，根据 1～2 年鉴定结果，稻瘟病穗瘟损失率最高级 3 级的品种有晶两优 5438、全两优 1822；穗瘟损失率最高级 5 级的品种有野香优 669、G 两优香占、徽两优福星占、扬两优 512、Q 两优华占、全两优鄂丰丝苗、荃优 412；穗瘟损失率最高级 7 级的品种有 Y 两优 2098、美两优湘占、嘉丰优 3 号。

生产试验参试品种特性鉴定结果见表 19-4，区试参试品种抗性鉴定结果见表 19-5 和表 19-6。

（五）米质

依据农业行业标准 NY/T 593—2013《食用稻品种品质》，根据 1～2 年的检测结果：优质 2 级的品种有 Y 两优 2098、全两优鄂丰丝苗；优质 3 级的品种有野香优 669、全两优 1822、晶两优 5438、美两优湘占和嘉丰优 3 号；其他参试品种均为普通级，米质中等或一般。

区试参试品种米质指标表现及等级见表 19-7。

（六）品种在各试验点表现

区试参试品种在各试验点的表现情况见表 19-8，生产试验参试品种在各试验点的表现情况见表 19-9。

三、品种简评

（一）生产试验品种

1. 晶两优 5438

2017 年初试平均亩产 647.74 千克，比丰两优四号（CK）增产 6.95%，增产点比例 92.9%；2018 年续试平均亩产 645.15 千克，比丰两优四号（CK）增产 5.90%，增产点比例 86.7%；两年区试平均亩产 646.44 千克，比丰两优四号（CK）增产 6.42%，增产点比例 89.8%；2018 年生产试验平均亩产 691.04 千克，比丰两优四号（CK）增产 7.37%，增产点比例 100.0%。全生育期两年区试平均 137.5 天，比丰两优四号（CK）迟熟 2.6 天。主要农艺性状两年区试综合表现：有效穗 16.4 万穗/亩，株高 126.0 厘米，穗长 25.8 厘米，每穗总粒数 211.4 粒，结实率 83.4%，千粒重 23.7 克。抗性两年综合表现：稻瘟病综合指数年度分别为 3.1 级、3.2 级，穗瘟损失率最高级 3 级；白叶枯病最高级 7 级；褐飞虱最高级 9 级；抽穗期耐热性 3 级。米质表现：糙米率 79.9%，精米率 71.2%，整精米率 60.6%，粒长 6.4 毫米，长宽比 3.2，垩白粒率 10%，垩白度 2.2%，透明度 2 级，碱消值 5.0 级，胶稠度 75 毫米，直链淀粉含量 14.3%，综合评级为优质 3 级。

2018 年国家水稻品种试验年会审议意见：已完成品种试验程序，可以申报国家审定。

2. Y 两优 2098

2017 年初试平均亩产 647.12 千克，比丰两优四号（CK）增产 6.85%，增产点比例 92.9%；2018 年续试平均亩产 653.76 千克，比丰两优四号（CK）增产 7.31%，增产点比例 100.0%；两年区试平均亩产 650.44 千克，比丰两优四号（CK）增产 7.08%，增产点比例 96.4%；2018 年生产试验平均亩产 688.22 千克，比丰两优四号（CK）增产 7.07%，增产点比例 100.0%。全生育期两年区试平均 138.8 天，比丰两优四号（CK）迟熟 3.9 天。主要农艺性状两年区试综合表现：有效穗 14.4 万穗/亩，株高 126.9 厘米，穗长 29.7 厘米，每穗总粒数 230.9 粒，结实率 79.4%，千粒重 25.0 克。抗性两年综合表现：稻瘟病综合指数年度分别为 4.1 级、4.8 级，穗瘟损失率最高级 7 级；白叶枯病最高级 5 级；褐飞虱最高级 9 级；抽穗期耐热性 3 级。米质表现：糙米率 81.4%，精米率 71.8%，整精米率 65.2%，粒长 6.6 毫米，长宽比 3.0，垩白粒率 6%，垩白度 1.1%，透明度 2 级，碱消值 6.5 级，胶稠度 73 毫米，直链淀粉含量 14.6%，综合评级为优质 2 级。

2018 年国家水稻品种试验年会审议意见：已完成品种试验程序，可以申报国家审定。

（二）续试品种

1. 徽两优福星占

2017 年初试平均亩产 633.88 千克，比丰两优四号（CK）增产 4.66%，增产点比例 85.7%；2018 年续试平均亩产 639.80 千克，比丰两优四号（CK）增产 5.02%，增产点比例 93.3%；两年区试平均亩产 636.84 千克，比丰两优四号（CK）增产 4.84%，增产点比例 89.5%。全生育期两年区试平均 132.0 天，比丰两优四号（CK）早熟 2.9 天。主要农艺性状两年区试综合表现：有效穗 16.9 万穗/亩，株高 115.4 厘米，穗长 22.7 厘米，每穗总粒数 211.2 粒，结实率 82.9%，千粒重 23.0 克。抗性两年综合表现：稻瘟病综合指数年度分别为 3.8 级、3.8 级，穗瘟损失率最高级 5 级；白叶枯病最高级 7 级；褐飞虱最高级 9 级。米质表现：糙米率 80.8%，精米率 72.2%，整精米率 57.2%，粒长 6.3 毫米，长宽比 2.9，垩白粒率 7%，垩白度 1.0%，透明度 2 级，碱消值 4.2 级，胶稠度 78 毫米，直链淀粉含量 12.2%，综合评级为普通。

2018 年国家水稻品种试验年会审议意见：2019 年进行生产试验。

2. 全两优 1822

2017 年初试平均亩产 620.46 千克，比丰两优四号（CK）增产 2.44%，增产点比例 64.3%；2018 年续试平均亩产 618.23 千克，比丰两优四号（CK）增产 1.48%，增产点比例 60.0%；两年区试平均亩产 619.34 千克，比丰两优四号（CK）增产 1.96%，增产点比例 62.1%。全生育期两年区试平均 134.5 天，比丰两优四号（CK）早熟 0.4 天。主要农艺性状两年区试综合表现：有效穗 16.0 万穗/亩，株高 114.0 厘米，穗长 25.2 厘米，每穗总粒数 204.3 粒，结实率 81.1%，千粒重 24.3 克。抗性两年综合表现：稻瘟病综合指数年度分别为 3.2 级、3.0 级，穗瘟损失率最高级 3 级；白叶枯病最高级 7 级；褐飞虱最高级 9 级。米质表现：糙米率 80.4%，精米率 71.6%，整精米率 61.1%，粒长 6.3 毫米，长宽比 3.2，垩白粒率 9%，垩白度 1.4%，透明度 2 级，碱消值 5.1 级，胶稠度 74 毫米，直链淀粉含量 14.0%，综合评级为优质 3 级。

2018 年国家水稻品种试验年会审议意见：2019 年进行生产试验。

3. G 两优香占

2017 年初试平均亩产 621.21 千克，比丰两优四号（CK）增产 2.57%，增产点比例 78.6%；2018 年续试平均亩产 614.95 千克，比丰两优四号（CK）增产 0.94%，增产点比例 53.3%；两年区试平均亩产 618.08 千克，比丰两优四号（CK）增产 1.75%，增产点比例 66.0%。全生育期两年区试平均 132.0 天，比丰两优四号（CK）早熟 2.9 天。主要农艺性状两年区试综合表现：有效穗 17.2 万穗/亩，株高 119.8 厘米，穗长 24.4 厘米，每穗总粒数 209.5 粒，结实率 82.6%，千粒重 23.2 克。抗性两年综合表现：稻瘟病综合指数年度分别为 3.1 级、3.7 级，穗瘟损失率最高级 5 级；白叶枯病最高级 7 级；褐飞虱最高级 9 级。米质表现：糙米率 81.6%，精米率 71.8%，整精米率 58.9%，粒长 6.5 毫米，长宽比 3.2，垩白粒率 5%，垩白度 0.6%，透明度 2 级，碱消值 4.1 级，胶稠度 77 毫米，直链淀粉含量 13.3%，综合评级为普通。

2018 年国家水稻品种试验年会审议意见：终止试验。

4. 扬两优 512

2017 年初试平均亩产 649.06 千克，比丰两优四号（CK）增产 7.17%，增产点比例 92.9%；2018 年续试平均亩产 604.73 千克，比丰两优四号（CK）减产 0.74%，增产点比例 53.3%；两年区试平均亩产 626.90 千克，比丰两优四号（CK）增产 3.20%，增产点比例 73.1%。全生育期两年区试平均 134.0 天，比丰两优四号（CK）早熟 0.9 天。主要农艺性状两年区试综合表现：有效穗 17.6 万穗/亩，株高 119.9 厘米，穗长 25.7 厘米，每穗总粒数 204.0 粒，结实率 78.6%，千粒重 23.8 克。抗性两年综合表现：稻瘟病综合指数年度分别为 3.6 级、3.8 级，穗瘟损失率最高级 5 级；白叶枯病最高级 7 级；褐飞虱最高级 9 级。米质表现：糙米率 81.1%，精米率 72.3%，整精米率 56.8%，粒长 6.6 毫米，长宽比 3.1，垩白粒率 10%，垩白度 1.4%，透明度 2 级，碱消值 3.9 级，胶稠度 79 毫米，直链淀粉含量 14.3%，综合评级为普通。

2018 年国家水稻品种试验年会审议意见：终止试验。

5. 野香优 669

2017 年初试平均亩产 611.54 千克，比丰两优四号（CK）增产 0.97%，增产点比例 50.0%；2018 年续试平均亩产 596.95 千克，比丰两优四号（CK）减产 2.02%，增产点比例 53.3%；两年区试平均亩产 604.24 千克，比丰两优四号（CK）减产 0.53%，增产点比例 51.7%。全生育期两年区试平均 138.2 天，比丰两优四号（CK）迟熟 3.3 天。主要农艺性状两年区试综合表现：有效穗 14.8 万穗/亩，株高 143.0 厘米，穗长 26.0 厘米，每穗总粒数 208.1 粒，结实率 81.4%，千粒重 25.5 克。抗性两年综合表现：稻瘟病综合指数年度分别为 4.1 级、3.5 级，穗瘟损失率最高级 5 级；白叶枯病最高级9级；褐飞虱最高级9级。米质表现：糙米率81.4%，精米率72.7%，整精米率62.8%，粒长6.8毫米，长宽比3.3，垩白粒率3%，垩白度0.3%，透明度2级，碱消值5.2级，胶稠度78毫米，直链淀粉含量14.4%，综合评级为优质3级。

2018年国家水稻品种试验年会审议意见：终止试验。

（三）初试品种

1. Q两优华占

2018年初试平均亩产632.61千克，比丰两优四号（CK）增产3.84%，增产点比例80.0%。全生育期131.5天，比丰两优四号（CK）早熟2.5天。主要农艺性状表现：有效穗17.5万穗/亩，株高115.5厘米，穗长25.2厘米，每穗总粒数206.1粒，结实率83.2%，结实率小于70%的点0个，千粒重22.6克。抗性表现：稻瘟病综合指数3.1级，穗瘟损失率最高级5级；白叶枯病7级；褐飞虱9级。米质表现：糙米率81.4%，精米率72.6%，整精米率61.2%，粒长6.5毫米，长宽比3.2，垩白粒率3.3%，垩白度0.6%，透明度2级，碱消值4.0级，胶稠度78毫米，直链淀粉含量13.0%，综合评级为普通。

2018年国家水稻品种试验年会审议意见：终止试验。

2. 嘉丰优3号

2018年初试平均亩产627.72千克，比丰两优四号（CK）增产3.03%，增产点比例66.7%。全生育期134.5天，比丰两优四号（CK）迟熟0.5天。主要农艺性状表现：有效穗13.6万穗/亩，株高129.7厘米，穗长25.5厘米，每穗总粒数253.3粒，结实率77.7%，结实率小于70%的点0个，千粒重26.9克。抗性表现：稻瘟病综合指数3.6级，穗瘟损失率最高级7级；白叶枯病5级；褐飞虱9级。米质表现：糙米率81.5%，精米率73.3%，整精米率64.4%，粒长6.5毫米，长宽比2.8，垩白粒率5.0%，垩白度0.7%，透明度2级，碱消值5.3级，胶稠度75毫米，直链淀粉含量14.1%，综合评级为优质3级。

2018年国家水稻品种试验年会审议意见：终止试验。

3. 荃优412

2018年初试平均亩产618.18千克，比丰两优四号（CK）增产1.47%，增产点比例66.7%。全生育期133.3天，比丰两优四号（CK）早熟0.7天。主要农艺性状表现：有效穗16.3万穗/亩，株高123.7厘米，穗长26.1厘米，每穗总粒数179.7粒，结实率81.4%，结实率小于70%的点1个，千粒重27.8克。抗性表现：稻瘟病综合指数4.4级，穗瘟损失率最高级5级；白叶枯病5级；褐飞虱9级。米质表现：糙米率82.1%，精米率71.3%，整精米率57.4%，粒长7.0毫米，长宽比3.2，垩白粒率12.3%，垩白度1.6%，透明度1级，碱消值4.8级，胶稠度79毫米，直链淀粉含量15.0%，综合评级为普通。

2018年国家水稻品种试验年会审议意见：终止试验。

4. 全两优鄂丰丝苗

2018年初试平均亩产610.47千克，比丰两优四号（CK）增产0.20%，增产点比例53.3%。全生育期134.6天，比丰两优四号（CK）迟熟0.6天。主要农艺性状表现：有效穗16.8万穗/亩，株高121.9厘米，穗长26.6厘米，每穗总粒数201.6粒，结实率78.8%，结实率小于70%的点2个，千粒重23.8克。抗性表现：稻瘟病综合指数3.8级，穗瘟损失率最高级5级；白叶枯病5级；褐飞虱9级。米质表现：糙米率81.4%，精米率72.3%，整精米率65.1%，粒长6.6毫米，长宽比3.3，垩白粒率6.3%，垩白度1.4%，透明度1级，碱消值6.6级，胶稠度73毫米，直链淀粉含量14.3%，综合评级为优质2级。

2018年国家水稻品种试验年会审议意见：终止试验。

5. 美两优湘占

2018年初试平均亩产602.32千克，比丰两优四号（CK）减产1.13%，增产点比例46.7%。全生育期130.7天，比丰两优四号（CK）早熟3.3天。主要农艺性状表现：有效穗17.5万穗/亩，株高119.7厘米，穗长25.1厘米，每穗总粒数186.6粒，结实率85.3%，结实率小于70%的点0个，千粒重 23.0 克。抗性表现：稻瘟病综合指数 4.9 级，穗瘟损失率最高级 7 级；白叶枯病 7 级；褐飞虱 9 级。米质表现：糙米率 81.5%，精米率 72.1%，整精米率 61.5%，粒长 6.5 毫米，长宽比 3.2，垩白粒率 16.0%，垩白度 2.4%，透明度 2 级，碱消值 6.9 级，胶稠度 76 毫米，直链淀粉含量 21.1%，综合评级为优质 3 级。

2018 年国家水稻品种试验年会审议意见：终止试验。

表 19-1　长江中下游中籼迟熟 H 组（182411NX-H）区试及生产试验参试品种基本情况

品种名称	试验编号	抗鉴编号	品种类型	亲本组合	申请者（非个人）	选育/供种单位
区试						
野香优 669	1	4	杂交稻	野香 A/福恢 669	福建兴禾种业科技有限公司、福建省农业科学院水稻研究所	福建兴禾种业科技有限公司、福建省农业科学院水稻研究所
*美两优湘占	2	10	杂交稻	美 606S/现代湘玉	江西现代种业股份有限公司	江西现代种业股份有限公司
扬两优 512	3	12	杂交稻	扬籼 5S/扬恢 1512	江苏里下河地区农业科学研究所	江苏里下河地区农业科学研究所
*荃优 412	4	13	杂交稻	荃 9311A/R412	湖北省种子集团有限公司	湖北省种子集团有限公司
全两优 1822	5	1	杂交稻	全 151S/YR0822	安徽全丰种业有限公司	安徽全丰种业有限公司 安徽荃银高科种业公司
*全两优鄂丰丝苗	6	9	杂交稻	全 1S×鄂丰丝苗 1 号	湖北荃银高科种业有限公司	湖北荃银高科种业有限公司
*Q 两优华占	7	2	杂交稻	151S/华占	安徽全丰种业有限公司	安徽全丰种业有限公司、中国水稻研究所
Y 两优 2098	8	3	杂交稻	Y58S/R2098	广西燕坤农业科技有限公司	广西燕坤农业科技有限公司
晶两优 5438	9	6	杂交稻	晶 4155S/R5438	文山州农业科学院	文山州农业科学院
G 两优香占	10	7	杂交稻	G98S/晚籼 98（金珍香占）	武汉金丰收种业有限公司	武汉金丰收种业有限公司
丰两优四号（CK）	11	5	杂交稻	丰 39S×盐稻 4 号选		合肥丰乐种业股份公司
徽两优福星占	12	8	杂交稻	1892S/福星占	湖北华田农业科技股份有限公司、荆州市田野种业有限公司	湖北华田农业科技股份有限公司、荆州市田野种业有限公司
*嘉丰优 3 号	13	11	杂交稻	嘉禾 112A×G1143	浙江可得丰种业有限公司、浙江省嘉兴市农业科学研究院（所）	浙江可得丰种业有限公司、浙江省嘉兴市农业科学研究院（所）
生产试验						
晶两优 5438	B2		杂交稻	晶 4155S/R5438	文山州农业科学院	文山州农业科学院
Y 两优 2098	B5		杂交稻	Y58S/R2098	广西燕坤农业科技有限公司	广西燕坤农业科技有限公司
丰两优四号（CK）	B7		杂交稻	丰 39S×盐稻 4 号选		合肥丰乐种业股份公司

注：*为 2018 年新参试品种。

表 19-2 长江中下游中籼迟熟 H 组（182411NX-H）区试及生产试验点基本情况

承试单位	试验地点	经度	纬度	海拔高度（米）	试验负责人及执行人
区试					
安徽滁州市农科所	滁州市国家农作物区域试验站	118°26′	32°09′	17.8	黄明永、卢继武、刘淼才
安徽黄山市种子站	黄山市农科所双桥基地	118°14′	29°40′	134.0	汪淇、王淑芬、汤雷、汪东兵、王新
安徽省农业科学院水稻所	合肥市	117°25′	31°59′	20.0	罗志祥、施伏芝
安徽袁粮水稻产业有限公司	芜湖市镜湖区利民村试验基地	118°27′	31°14′	7.2	乔保建、陶元平
福建南平市建阳区良种场	建阳市马伏良种场三亩片	118°22′	27°03′	150.0	张金明
河南信阳市农业科学院	信阳市本院试验田	114°05′	32°07′	75.9	王青林、霍二伟
湖北京山县农科所	京山县永兴镇苏佘畈村五组	113°07′	31°01′	75.6	彭金好、张红文、张瑜
湖北宜昌市农业科学院	枝江市问安镇四岗试验基地	111°05′	30°34′	60.0	贺丽、黄蓉
湖南怀化市农科所	怀化市洪江市双溪镇大马村	109°51′	27°15′	180.0	江生
湖南岳阳市农科所	岳阳县麻塘试验基地	113°05′	29°24′	32.0	黄四民、袁熙军
江苏里下河地区农科所	扬州市	119°25′	32°25′	8.0	李爱宏、余玲、刘广青
江苏沿海地区农科所	盐城市	120°08′	33°23′	2.7	孙明法、施伟
江西九江市农科所	九江县马回岭镇	115°48′	29°26′	45.0	潘世文、刘中来、李三元、李坤、宋惠洁
江西省农业科学院水稻所	高安市鄱阳湖生态区现代农业科技示范基地	115°22′	28°25′	60.0	邱在辉、何虎
中国水稻研究所	杭州市富阳区	120°19′	30°12′	7.2	杨仕华、夏俊辉、施彩娟
生产试验					
B 组：江西天涯种业有限公司	萍乡市麻山镇汶泉村	113°47′	27°32′	122.8	叶祖芳、冯胜亮、刘垂涛
B 组：湖南石门县水稻原种场	石门县白洋湖	111°28′	29°25′	64.0	杨春沅、张光纯
B 组：湖北赤壁市种子局	官塘驿镇石泉村	114°07′	29°48′	24.4	姚忠清、王小光
B 组：湖北惠民农业科技有限公司	鄂州市路口原种场	114°35′	30°04′	50.0	王子敏、周文华
B 组：安徽荃银高科种业股份有限公司	合肥市蜀山区南岗鸡鸣村	117°13′	31°49′	37.6	张从合、周桂香
B 组：江苏瑞华农业科技有限公司	淮安市金湖县金北镇陈渡村	119°02′	33°13′	9.0	陈忠明、程雨
B 组：浙江天台县种子站	平桥镇山头邵村	120°54′	29°12′	98.0	陈人慧、王瑾

表 19-3　长江中下游中籼迟熟 H 组（182411NX-H）区试品种产量、生育期及主要农艺经济性状汇总分析结果

品种名称	区试年份	亩产（千克）	比 CK± %	比 CK 增产点（%）	产量差异显著性		结实率<70%点	全生育期（天）	比 CK± 天	有效穗（万/亩）	株高（厘米）	穗长（厘米）	总粒数/穗	实粒数/穗	结实率（%）	千粒重（克）
					5%	1%										
Y 两优 2098	2017—2018	650.44	7.08	96.4				138.8	3.9	14.4	126.9	29.7	230.9	183.3	79.4	25.0
晶两优 5438	2017—2018	646.44	6.42	89.8				137.5	2.6	16.4	126.0	25.8	211.4	176.4	83.4	23.7
徽两优福星占	2017—2018	636.84	4.84	89.5				132.0	-2.9	16.9	115.4	22.7	211.2	175.1	82.9	23.0
全两优 1822	2017—2018	619.34	1.96	62.1				134.5	-0.4	16.0	114.0	25.2	204.3	165.8	81.1	24.3
G 两优香占	2017—2018	618.08	1.75	66.0				132.0	-2.9	17.2	119.8	24.4	209.5	173.0	82.6	23.2
扬两优 512	2017—2018	626.90	3.20	73.1				134.0	-0.9	17.6	119.9	25.7	204.0	160.3	78.6	23.8
野香优 669	2017—2018	604.24	-0.53	51.7				138.2	3.3	14.8	143.0	26.0	208.1	169.5	81.4	25.2
丰两优四号（CK）	2017—2018	607.44	0.00	0.0				134.9	0.0	15.2	132.7	25.0	190.4	160.2	84.1	27.8
Y 两优 2098	2018	653.76	7.31	100.0	a	A	0	137.5	3.5	14.8	126.7	29.7	226.0	177.5	78.5	24.9
晶两优 5438	2018	645.15	5.90	86.7	b	B	0	136.3	2.3	17.3	123.9	25.7	198.0	162.4	82.0	23.7
徽两优福星占	2018	639.80	5.02	93.3	b	BC	0	130.7	-3.3	17.4	113.8	21.9	202.9	168.6	83.1	22.7
Q 两优华占	2018	632.61	3.84	80.0	c	CD	0	131.5	-2.5	17.5	115.5	25.2	206.1	171.4	83.2	22.6
嘉丰优 3 号	2018	627.72	3.03	66.7	c	D	0	134.5	0.5	13.6	129.7	25.5	253.3	196.9	77.7	26.9
全两优 1822	2018	618.23	1.48	60.0	d	E	0	133.0	-1.0	16.4	113.4	25.4	199.0	164.6	82.7	24.2
荃优 412	2018	618.18	1.47	66.7	d	E	1	133.3	-0.7	16.3	123.7	26.1	179.7	146.2	81.4	27.8
G 两优香占	2018	614.95	0.94	53.3	de	EF	2	131.4	-2.6	17.9	118.6	24.5	200.4	162.8	81.2	23.1
全两优鄂丰丝苗	2018	610.47	0.20	53.3	ef	EFG	2	134.6	0.6	16.8	121.9	26.6	201.6	158.8	78.8	23.8
丰两优四号（CK）	2018	609.23	0.00	0.0	ef	FGH	0	134.0	0.0	15.4	131.7	25.1	186.9	159.0	85.1	28.0
扬两优 512	2018	604.73	-0.74	53.3	fg	GH	1	132.0	-2.0	18.4	117.7	25.7	190.1	148.1	77.9	24.0
美两优湘占	2018	602.32	-1.13	46.7	gh	HI	0	130.7	-3.3	17.5	119.7	25.1	186.6	159.2	85.3	23.0
野香优 669	2018	596.95	-2.02	53.3	h	I	1	137.1	3.1	15.2	143.0	25.8	194.4	160.9	82.8	25.5

表 19-4　长江中下游中籼迟熟 H 组（1872411NX-H）生产试验品种产量、生育期、综合评级及抽穗期耐热性鉴定结果

品种名称	晶两优 5438	Y 两优 2098	丰两优四号（CK）
生产试验汇总表现			
全生育期（天）	131.4	132.9	129.3
比 CK±天	2.1	3.6	0.0
亩产（千克）	691.04	688.22	633.69
产量比 CK±%	7.37	7.07	0.00
增产点比例（%）	100.0	100.0	0.0
各生产试验点综合评价等级			
江西天涯种业有限公司	A	A	A
湖南石门县水稻原种场	A	A	B
湖北赤壁市种子局	A	A	B
湖北惠民农业科技有限公司	A	A	C
安徽荃银高科种业股份有限公司	B	B	B
江苏瑞华农业科技有限公司	A	A	C
浙江天台县种子站	B	A	B
抽穗期耐热性（级）	3	3	3

注：1. 区试 A、D、E、H 组生产试验合并进行，因品种较多，多数生产试验点加设 CK 后安排在多块田中进行，表中产量比 CK±%系与同田块 CK 比较的结果。

2. 综合评价等级：A—好，B—较好，C—中等，D——般。

3. 抽穗期耐热性为华中农业大学鉴定结果。

表 19-5　长江中下游中籼迟熟 H 组（182411NX-H）品种稻瘟病抗性各地鉴定结果（2018 年）

品种名称	浙江					湖南					湖北					安徽					福建					江西				
	叶瘟	穗瘟发病		穗瘟损失		叶瘟	穗瘟发病		穗瘟损失		叶瘟	穗瘟发病		穗瘟损失		叶瘟	穗瘟发病		穗瘟损失		叶瘟	穗瘟发病		穗瘟损失		叶瘟	穗瘟发病		穗瘟损失	
	级	%	级	%	级	级	%	级	%	级	级	%	级	%	级	级	%	级	%	级	级	%	级	%	级	级	%	级	%	级
全两优 1822	2	22	5	7	3	3	35	7	6	3	3	8	3	2	1	1	12	5	4	1	3	7	3	2	1	4	58	9	7	3
Q 两优华占	1	65	9	27	5	3	30	7	5	1	3	15	5	3	1	1	13	5	4	1	2	11	5	4	1	5	53	9	5	1
Y 两优 2098	4	5	1	1	1	4	58	9	20	5	4	28	7	7	3	3	65	9	35	7	4	32	7	18	5	3	100	9	21	5
野香优 669	3	71	9	27	5	3	35	7	6	3	3	4	1	1	1	1	12	5	4	1	3	18	5	8	3	3	53	9	6	3
丰两优四号（CK）	6	67	9	28	5	6	65	9	17	5	6	82	9	40	7	3	65	9	33	7	7	100	9	90	9	5	100	9	28	5
晶两优 5438	2	12	5	1	1	3	40	7	6	3	4	17	5	3	1	2	24	5	8	3	3	10	5	3	1	3	73	9	9	3
G 两优香占	5	65	9	29	5	3	48	7	9	3	3	6	3	1	1	2	25	5	9	3	3	9	3	3	1	4	68	9	8	3
徽两优福星占	2	71	9	27	5	4	50	7	12	3	3	9	3	2	1	2	27	7	10	3	3	8	3	2	1	3	100	9	19	5
全两优鄂丰丝苗	2	55	9	6	3	3	57	9	14	3	4	10	3	2	1	2	41	7	17	5	3	5	1	1	1	4	100	9	18	5
美两优湘占	3	82	9	33	7	3	57	9	16	5	5	33	7	11	3	3	51	9	21	5	4	27	7	10	3	3	45	7	5	1
嘉丰优 3 号	4	25	5	5	1	3	67	9	24	5	2	3	1	1	1	2	21	5	7	3	3	8	3	3	1	5	100	9	31	7
扬两优 512	4	75	9	28	5	4	35	7	6	3	3	15	5	3	1	2	22	5	7	3	3	12	5	3	1	3	63	9	8	3
荃优 412	3	57	9	23	5	4	55	9	10	3	4	11	5	1	1	3	53	9	24	5	3	20	5	8	3	5	48	7	6	3
感稻瘟病（CK）	7	95	9	44	7	8	85	9	56	9	7	100	9	69	9	7	96	9	59	9	7	100	9	91	9	7	100	9	55	9

注：1. 鉴定单位：浙江省农业科学院植微所、湖南省农业科学院植保所、湖北宜昌市农业科学院、安徽省农业科学院植保所、福建上杭县茶地镇农技站、江西井冈山企业集团农技服务中心。

2. 感稻瘟病（CK）：浙江、安徽为 Wh26，湖南、湖北、福建、江西分别为湘晚籼 11 号、丰两优香 1 号、明恢 86+龙黑糯 2 号、恩糯。

表 19-6　长江中下游中籼迟熟 H 组（182411NX-H）品种对主要病虫抗性综合评价结果（2017—2018 年）

品种名称	区试年份	稻瘟病										白叶枯病（级）			褐飞虱（级）		
		2018 年各地综合指数							2018 年穗瘟损失率最高级	1~2 年综合评价		2018 年	1~2 年综合评价		2018 年	1~2 年综合评价	
		浙江	湖南	湖北	安徽	福建	江西	平均		平均综合指数	穗瘟损失率最高级		平均	最高		平均	最高
Y 两优 2098	2017—2018	1.8	5.8	4.3	6.5	5.3	5.5	4.8	7	4.4	7	5	5	5	9	9	9
晶两优 5438	2017—2018	2.3	4.0	2.8	3.3	2.5	4.5	3.2	3	3.1	3	7	6	7	9	8	9
野香优 669	2017—2018	5.5	4.0	1.5	2.0	3.5	4.5	3.5	5	3.8	5	9	9	9	9	9	9
全两优 1822	2017—2018	3.3	4.0	2.0	2.0	2.0	4.8	3.0	3	3.1	3	7	6	7	9	9	9
G 两优香占	2017—2018	6.0	4.0	2.0	3.3	2.0	4.8	3.7	5	3.4	5	5	6	7	9	9	9
徽两优福星占	2017—2018	5.3	4.3	2.0	3.8	2.0	5.5	3.8	5	3.8	5	7	7	7	9	9	9
扬两优 512	2017—2018	5.8	4.3	2.5	3.3	2.5	4.5	3.8	5	3.7	5	5	6	7	9	8	9
丰两优四号（CK）	2017—2018	6.3	6.3	7.3	6.5	8.5	6.0	6.8	9	6.8	9	5	5	5	9	9	9
Q 两优华占	2018	5.0	3.0	2.5	2.0	2.3	4.0	3.1	5	3.1	5	7	7	7	9	9	9
全两优鄂丰丝苗	2018	4.3	4.5	2.3	4.8	1.5	5.8	3.8	5	3.8	5	5	5	5	9	9	9
美两优湘占	2018	6.5	5.5	4.5	5.5	4.3	3.0	4.9	7	4.9	7	7	7	7	9	9	9
嘉丰优 3 号	2018	2.8	5.5	1.3	3.3	2.0	7.0	3.6	7	3.6	7	5	5	5	9	9	9
荃优 412	2018	5.5	4.8	2.8	5.5	3.5	4.5	4.4	5	4.4	5	5	5	5	9	9	9
丰两优四号（CK）	2018	6.3	6.3	7.3	6.5	8.5	6.0	6.8	9	6.8	9	5	5	5	9	9	9
感病虫（CK）	2018	7.5	8.8	8.5	8.5	8.5	8.5	8.4	9	8.4	9	9	9	9	9	9	9

注：1. 稻瘟病综合指数=叶瘟平均级×25%+穗瘟发病率平均级×25%+穗瘟损失率平均级×50%。

2. 白叶枯病和褐飞虱鉴定单位分别为湖南省农业科学院水稻所和中国水稻研究所稻作发展中心。

3. 感白叶枯病、褐飞虱 CK 分别为金刚 30、TN1。

表 19-7　长江中下游中籼迟熟 H 组（182411NX-H）品种米质检测分析结果

品种名称	年份	糙米率（%）	精米率（%）	整精米率（%）	粒长（毫米）	长宽比	垩白粒率（%）	垩白度（%）	透明度（级）	碱消值（级）	胶稠度（毫米）	直链淀粉（%）	部标（等级）
野香优 669	2017—2018	81.4	72.7	62.8	6.8	3.3	3	0.3	2	5.2	78	14.4	优三
扬两优 512	2017—2018	81.1	72.3	56.8	6.6	3.1	10	1.4	2	3.9	79	14.3	普通
全两优 1822	2017—2018	80.4	71.6	61.1	6.6	3.2	9	1.4	2	5.1	74	14.0	优三
Y 两优 2098	2017—2018	81.4	71.8	65.2	6.6	3.0	6	1.1	2	6.5	73	14.6	优二
晶两优 5438	2017—2018	79.9	71.2	60.6	6.4	3.2	10	2.2	2	5.0	75	14.3	优三
G 两优香占	2017—2018	81.6	71.8	58.9	6.5	3.2	5	0.6	2	4.1	77	13.3	普通
徽两优福星占	2017—2018	80.8	72.2	57.2	6.3	2.9	7	1.0	2	4.2	78	12.2	普通
丰两优四号（CK）	2017—2018	81.7	72.3	57.8	6.8	3.1	16	2.3	2	6.1	71	14.7	优二
美两优湘占	2018	81.5	72.1	61.5	6.5	3.2	16	2.4	2	6.9	76	21.1	优三
荃优 412	2018	82.1	71.3	57.4	7.0	3.2	12	1.6	1	4.8	79	15.0	普通
全两优鄂丰丝苗	2018	81.4	72.3	65.1	6.6	3.3	6	1.4	1	6.6	73	14.3	优二
Q 两优华占	2018	81.4	72.6	61.2	6.5	3.2	3	0.6	2	4.0	78	13.0	普通
嘉丰优 3 号	2018	81.5	73.3	64.4	6.5	2.8	5	0.7	2	5.3	75	14.1	优三
丰两优四号（CK）	2018	81.7	72.3	57.8	6.8	3.1	16	2.3	2	6.1	71	14.7	优二

注：1. 供样单位：安徽省农业科学院水稻所（2017—2018 年）、河南信阳市农科所（2017—2018 年）、中国水稻研究所（2017—2018 年）。

2. 检测单位：农业农村部稻米及制品质量监督检验测试中心。

表 19-8-1　长江中下游中籼迟熟 H 组（182411NX-H）区试品种在各试点的产量、生育期及主要农艺经济性状表现

品种名称/试验点	亩产（千克）	比 CK ±%	产量位次	播种期（月/日）	齐穗期（月/日）	成熟期（月/日）	全生育期（天）	有效穗（万/亩）	株高（厘米）	穗长（厘米）	总粒数/穗	实粒数/穗	结实率（%）	千粒重（克）	杂株率（%）	倒伏性	穗颈瘟	纹枯病	稻曲病	综评等级
野香优 669																				
安徽滁州市农科所	665.00	0.25	10	5/8	8/29	10/5	150	19.8	175.3	25.0	184.6	128.8	69.8	28.3	0.5	倒	未发	中	未发	B
安徽黄山市种子站	531.16	2.52	3	4/27	8/9	9/8	134	12.8	134.4	25.2	193.3	163.1	84.4	25.7	0.0	直	未发	未发	未发	C
安徽省农业科学院水稻所	559.89	-11.67	12	5/3	8/19	9/26	146	15.0	140.0	25.7	190.6	151.7	79.6	24.9	0.5	直	未发	轻	轻	D
安徽袁粮水稻产业有限公司	647.79	-0.18	11	5/7	8/13	9/19	135	14.2	139.9	26.6	198.6	170.6	85.9	28.2	0.0	直	未发	未发	未发	C
福建南平市建阳区良种场	563.55	3.58	3	5/23	8/21	9/30	130	14.4	139.6	25.8	177.6	146.8	82.7	27.1	0.0	直	未发	轻	—	B
河南信阳市农业科学院	551.36	-3.59	12	4/24	8/8	9/13	142	15.4	152.9	24.1	143.0	124.2	86.9	27.1	—	直	未发	轻	—	D
湖北京山县农科所	604.37	0.08	8	4/26	—	9/9	136	18.6	135.2	24.2	157.9	126.5	80.1	24.8	—	—	未发	—	—	C
湖北宜昌市农业科学院	650.18	-7.14	12	4/23	8/3	9/4	134	17.8	140.0	27.4	166.8	146.3	87.7	25.1	1.3	直	无	轻	未发	B
湖南怀化市农科所	625.52	1.10	4	4/18	8/4	9/3	138	12.1	140.0	26.7	255.0	218.0	85.5	24.3	0.0	直	未发	轻	未发	A
湖南岳阳市农业科学院	653.30	1.30	7	5/3	8/10	9/12	132	14.3	149.0	26.8	226.4	186.6	82.4	25.8	0.0	直	未发	无	未发	C
江苏里下河地区农科所	533.40	-8.77	13	5/14	8/27	10/4	143	13.7	128.0	24.0	183.0	170.0	92.9	23.5	0.3	直	未发	轻	—	D
江苏沿海地区农科所	570.55	-6.55	13	5/7	8/31	9/30	146	15.6	138.7	25.2	205.0	154.0	75.1	23.0	0.0	直	未发	轻	无	D
江西九江市农业科学院	586.21	7.61	6	5/10	8/17	9/21	134	15.4	149.7	25.8	196.2	156.8	79.9	26.4	0.0	直	未发	无	未发	B
江西省农业科学院水稻所	571.72	-10.47	13	5/13	8/16	9/14	124	16.1	133.5	26.5	200.1	169.2	84.6	24.7	0.0	直	未发	未发	未发	D
中国水稻研究所	640.16	4.60	4	5/15	8/19	9/25	133	13.4	148.9	27.7	238.5	201.4	84.4	23.6	0.0	直	未发	轻	—	B

综合评级：A—好，B—较好，C—中等，D——般。

表 19-8-2 长江中下游中籼迟熟 H 组（182411NX-H）区试品种在各试点的产量、生育期及主要农艺经济性状表现

品种名称/试验点	亩产（千克）	比 CK ±%	产量位次	播种期（月/日）	齐穗期（月/日）	成熟期（月/日）	全生育期（天）	有效穗（万/亩）	株高（厘米）	穗长（厘米）	总粒数/穗	实粒数/穗	结实率（%）	千粒重（克）	杂株率（%）	倒伏性	穗颈瘟	纹枯病	稻曲病	综评等级
美两优湘占																				
安徽滁州市农科所	688.33	3.77	8	5/8	8/16	9/28	143	23.5	128.9	27.0	218.0	155.6	71.4	22.7	0.3	直	未发	轻	未发	B
安徽黄山市种子站	504.60	-2.61	10	4/27	8/3	9/4	130	13.7	101.0	22.9	167.2	148.1	88.6	22.8	0.0	直	未发	未发	未发	B
安徽省农业科学院水稻所	663.34	4.65	7	5/3	8/16	9/23	143	16.8	126.0	24.1	216.7	182.4	84.2	22.1	—	直	未发	无	无	B
安徽袁粮水稻产业有限公司	666.00	2.63	7	5/7	8/5	9/15	131	15.3	126.3	26.2	230.0	198.1	86.1	24.7	0.0	直	未发	未发	未发	B
福建南平市建阳区良种场	511.75	-5.94	13	5/23	8/14	9/26	126	16.1	118.2	23.9	184.9	152.1	82.3	21.5	0.0	直	未发	轻	—	D
河南信阳市农业科学院	589.36	3.05	7	4/24	8/1	9/4	133	18.2	123.3	23.9	149.7	129.7	86.6	24.3	—	直	未发	轻	—	B
湖北京山县农科所	522.41	-13.49	13	4/26	—	8/30	126	20.2	117.3	23.6	121.2	111.5	92.0	25.1	—	—	未发	—	—	D
湖北宜昌市农业科学院	632.02	-9.73	13	4/23	7/28	9/2	132	20.5	123.5	24.9	156.2	135.2	86.6	23.4	0.5	直	无	轻	未发	C
湖南怀化市农科所	614.36	-0.70	7	4/18	7/27	8/27	131	15.7	116.9	23.9	195.1	172.4	88.4	23.1	0.0	直	未发	轻	未发	B
湖南岳阳市农业科学院	614.87	-4.66	13	5/3	8/1	9/4	124	15.5	125.8	26.7	206.6	164.5	79.6	24.5	0.0	直	未发	轻	未发	C
江苏里下河地区农科所	597.70	2.22	9	5/14	8/14	9/22	131	16.6	111.6	24.4	171.0	160.0	93.6	22.2	0.9	倒	未发	轻	—	B
江苏沿海地区农科所	600.70	-1.61	10	5/7	8/19	9/20	136	17.9	105.3	26.2	180.0	147.0	81.7	22.7	0.0	直	未发	轻	无	D
江西九江市农业科学院	539.07	-1.04	12	5/10	8/10	9/16	129	14.4	123.4	25.5	185.1	163.4	88.3	23.4	0.0	直	未发	无	未发	D
江西省农业科学院水稻所	660.95	3.51	8	5/13	8/11	9/8	118	20.9	124.0	24.1	171.1	156.8	91.6	22.0	0.0	直	未发	未发	未发	B
中国水稻研究所	629.33	2.83	7	5/15	8/11	9/20	128	17.0	123.9	28.9	246.6	210.9	85.5	20.4	0.0	直	未发	轻	—	B

综合评级：A—好，B—较好，C—中等，D——般。

表 19-8-3　长江中下游中籼迟熟 H 组（182411NX-H）区试品种在各试点的产量、生育期及主要农艺经济性状表现

品种名称/试验点	亩产（千克）	比 CK ±%	产量位次	播种期（月/日）	齐穗期（月/日）	成熟期（月/日）	全生育期（天）	有效穗（万/亩）	株高（厘米）	穗长（厘米）	总粒数/穗	实粒数/穗	结实率（%）	千粒重（克）	杂株率（%）	倒伏性	穗颈瘟	纹枯病	稻曲病	综评等级
扬两优 512																				
安徽滁州市农科所	640.35	-3.47	13	5/8	8/15	9/28	143	23.9	136.8	29.4	246.3	180.3	73.2	24.0	0.3	直	未发	轻	未发	C
安徽黄山市种子站	528.16	1.94	5	4/27	8/3	9/8	134	14.2	97.0	23.2	187.1	145.2	77.6	23.0	1.5	直	未发	未发	未发	B
安徽省农业科学院水稻所	558.72	-11.85	13	5/3	8/9	9/15	135	16.7	116.0	23.7	211.3	155.6	73.6	22.9	—	倒	未发	无	无	D
安徽袁粮水稻产业有限公司	660.99	1.85	9	5/7	8/8	9/17	133	15.9	125.3	26.7	211.9	169.5	80.0	26.8	0.0	直	未发	未发	未发	B
福建南平市建阳区良种场	552.39	1.53	7	5/23	8/16	9/28	128	17.3	112.1	24.8	171.3	136.8	79.9	25.1	0.0	直	未发	轻	—	C
河南信阳市农业科学院	606.30	6.01	5	4/24	8/5	9/9	138	21.5	115.8	23.5	135.7	103.4	76.2	25.3	—	直	未发	轻	—	B
湖北京山县农科所	626.02	3.67	6	4/26	—	8/30	126	22.4	115.7	22.4	155.3	130.2	83.8	24.4	—	—	未发	—	—	B
湖北宜昌市农业科学院	658.51	-5.95	11	4/23	8/1	9/6	136	22.9	113.2	25.6	136.6	107.4	78.6	26.1	0.2	直	无	中	未发	D
湖南怀化市农科所	542.73	-12.28	13	4/18	7/27	8/28	132	13.6	118.2	24.9	209.2	176.1	84.2	23.2	0.0	直	未发	轻	未发	D
湖南岳阳市农业科学院	619.89	-3.89	12	5/3	8/4	9/7	127	14.6	123.0	26.4	196.5	160.8	81.8	24.9	0.0	直	未发	轻	未发	C
江苏里下河地区农科所	620.86	6.18	5	5/14	8/16	9/25	134	16.7	115.8	26.2	158.0	146.0	92.4	23.5	0.3	直	未发	轻	—	A
江苏沿海地区农科所	640.18	4.86	5	5/7	8/19	9/20	136	19.6	107.7	26.5	179.0	142.0	79.3	23.2	0.0	直	未发	轻	无	B
江西九江市农业科学院	579.05	6.30	7	5/10	8/11	9/19	132	16.8	126.5	27.0	213.6	132.8	62.2	24.3	0.0	直	未发	轻	未发	B
江西省农业科学院水稻所	630.14	-1.32	11	5/13	8/12	9/8	118	19.9	122.2	26.5	206.1	160.9	78.1	23.1	0.0	直	未发	未发	未发	C
中国水稻研究所	606.65	-0.87	11	5/15	8/12	9/20	128	20.0	120.2	28.5	233.1	174.3	74.8	20.9	0.0	直	未发	轻	—	C

综合评级：A—好，B—较好，C—中等，D——般。

表 19-8-4　长江中下游中籼迟熟 H 组（182411NX-H）区试品种在各试点的产量、生育期及主要农艺经济性状表现

品种名称/试验点	亩产（千克）	比 CK ±%	产量位次	播种期（月/日）	齐穗期（月/日）	成熟期（月/日）	全生育期（天）	有效穗（万/亩）	株高（厘米）	穗长（厘米）	总粒数/穗	实粒数/穗	结实率（%）	千粒重（克）	杂株率（%）	倒伏性	穗颈瘟	纹枯病	稻曲病	综评等级
荃优 412																				
安徽滁州市农科所	660.84	-0.38	12	5/8	8/19	10/1	146	17.9	141.1	26.6	220.7	150.2	68.1	26.1	0.0	直	未发	轻	未发	B
安徽黄山市种子站	518.47	0.06	7	4/27	8/6	9/5	131	13.3	107.0	22.8	177.3	134.6	75.9	26.7	0.9	直	未发	未发	未发	B
安徽省农业科学院水稻所	656.67	3.60	9	5/3	8/15	9/22	142	14.9	133.0	26.0	195.3	168.9	86.5	27.5	—	倒	未发	无	无	C
安徽袁粮水稻产业有限公司	682.04	5.10	5	5/7	8/7	9/17	133	13.8	126.4	27.3	200.1	179.2	89.6	30.5	0.0	直	未发	未发	未发	B
福建南平市建阳区良种场	557.39	2.45	6	5/23	8/16	9/28	128	14.6	122.7	25.2	168.2	134.4	79.9	29.8	0.0	直	未发	中	—	C
河南信阳市农业科学院	562.71	-1.61	10	4/24	8/4	9/10	139	17.7	126.6	24.7	131.0	111.4	85.0	29.2	—	直	未发	轻	—	C
湖北京山县农科所	613.36	1.57	7	4/26	—	9/1	128	22.1	114.2	24.8	149.6	117.4	78.5	27.6	—	—	未发	—	—	C
湖北宜昌市农业科学院	714.15	2.00	7	4/23	7/31	9/4	134	19.6	123.9	29.3	159.7	134.6	84.3	28.0	1.0	斜	无	轻	未发	D
湖南怀化市农科所	556.56	-10.04	11	4/18	7/29	8/29	133	12.9	128.1	25.2	178.9	152.8	85.4	28.9	0.0	直	未发	轻	未发	C
湖南岳阳市农业科学院	641.61	-0.52	10	5/3	8/4	9/8	128	16.4	127.7	27.2	190.9	162.4	85.1	29.3	0.0	直	未发	无	未发	C
江苏里下河地区农科所	628.69	7.52	2	5/14	8/17	9/27	136	17.8	116.6	25.4	139.0	126.0	90.6	28.1	0.9	斜	未发	轻	—	A
江苏沿海地区农科所	666.50	9.17	1	5/7	8/20	9/20	136	17.0	111.3	26.2	179.0	143.0	79.9	26.9	0.0	直	未发	轻	无	A
江西九江市农业科学院	567.55	4.19	10	5/10	8/11	9/19	132	13.8	125.3	26.4	176.1	131.8	74.8	28.9	0.0	直	未发	中	未发	C
江西省农业科学院水稻所	616.16	-3.51	12	5/13	8/15	9/14	124	17.5	128.6	25.6	177.8	144.0	81.0	27.0	0.0	直	未发	未发	未发	C
中国水稻研究所	629.99	2.94	6	5/15	8/13	9/21	129	15.4	123.6	28.3	251.6	202.3	80.4	23.0	0.0	直	未发	轻	—	B

综合评级：A—好，B—较好，C—中等，D——般。

表 19-8-5　长江中下游中籼迟熟 H 组（182411NX-H）区试品种在各试点的产量、生育期及主要农艺经济性状表现

品种名称/试验点	亩产（千克）	比 CK ±%	产量位次	播种期（月/日）	齐穗期（月/日）	成熟期（月/日）	全生育期（天）	有效穗（万/亩）	株高（厘米）	穗长（厘米）	总粒数/穗	实粒数/穗	结实率（%）	千粒重（克）	杂株率（%）	倒伏性	穗颈瘟	纹枯病	稻曲病	综评等级
全两优 1822																				
安徽滁州市农科所	702.15	5.85	3	5/8	8/19	9/29	144	18.8	117.3	26.6	219.4	177.0	80.7	25.1	0.5	直	未发	轻	未发	A
安徽黄山市种子站	528.66	2.03	4	4/27	8/7	9/7	133	15.2	96.6	22.8	164.9	137.5	83.4	23.5	0.0	直	未发	未发	未发	B
安徽省农业科学院水稻所	699.99	10.43	3	5/3	8/17	9/24	144	15.9	116.0	25.1	214.8	175.3	81.6	25.9	1.0	直	未发	无	无	A
安徽袁粮水稻产业有限公司	665.83	2.60	8	5/7	8/4	9/16	132	14.6	124.8	25.9	211.3	186.1	88.1	25.2	0.0	直	未发	未发	未发	B
福建南平市建阳区良种场	523.07	-3.86	11	5/23	8/19	9/29	129	17.4	114.6	23.9	174.5	139.1	79.7	23.1	0.0	直	未发	轻	—	C
河南信阳市农业科学院	558.93	-2.27	11	4/24	8/3	9/7	136	18.0	118.7	22.7	137.1	110.0	80.2	24.1	—	直	未发	轻	—	C
湖北京山县农科所	630.69	4.44	5	4/26	—	8/31	127	17.6	109.5	24.6	190.3	150.8	79.2	25.5	—	—	未发	—	—	B
湖北宜昌市农业科学院	739.97	5.69	5	4/23	7/30	9/5	135	21.8	119.3	28.9	147.6	128.7	87.2	26.3	0.9	直	无	轻	未发	A
湖南怀化市农科所	577.05	-6.73	10	4/18	7/29	8/28	132	14.2	115.4	25.5	217.0	174.7	80.5	23.7	0.0	直	未发	轻	未发	C
湖南岳阳市农业科学院	670.01	3.89	5	5/3	8/4	9/7	127	13.9	118.6	26.5	214.7	182.6	85.0	25.8	0.0	直	未发	无	未发	B
江苏里下河地区农科所	583.88	-0.14	11	5/14	8/16	9/24	133	14.7	105.6	25.9	191.0	181.0	94.8	23.2	0.3	直	未发	轻	—	B
江苏沿海地区农科所	577.05	-5.48	12	5/7	8/24	9/24	140	18.2	97.0	23.3	167.0	137.0	82.0	22.6	0.0	直	未发	轻	无	D
江西九江市农业科学院	595.04	9.24	3	5/10	8/10	9/19	132	14.3	117.6	25.1	212.3	167.2	78.8	24.3	0.0	直	未发	中	未发	A
江西省农业科学院水稻所	661.62	3.61	7	5/13	8/13	9/12	122	15.1	118.3	26.1	233.0	204.0	87.6	22.7	0.0	直	未发	未发	未发	B
中国水稻研究所	559.48	-8.58	13	5/15	8/13	9/21	129	15.7	112.3	27.4	289.8	218.7	75.5	21.8	0.0	直	未发	轻	—	D

综合评级：A—好，B—较好，C—中等，D——一般。

表 19-8-6 长江中下游中籼迟熟 H 组（182411NX-H）区试品种在各试点的产量、生育期及主要农艺经济性状表现

品种名称/试验点	亩产（千克）	比 CK ±%	产量位次	播种期（月/日）	齐穗期（月/日）	成熟期（月/日）	全生育期（天）	有效穗（万/亩）	株高（厘米）	穗长（厘米）	总粒数/穗	实粒数/穗	结实率（%）	千粒重（克）	杂株率（%）	倒伏性	穗颈瘟	纹枯病	稻曲病	综评等级
全两优鄂丰丝苗																				
安徽滁州市农科所	709.15	6.91	2	5/8	8/24	10/2	147	19.2	137.9	26.3	239.6	169.4	70.7	24.1	0.0	直	未发	轻	未发	A
安徽黄山市种子站	478.87	-7.58	12	4/27	8/10	9/8	134	13.8	104.0	25.7	187.4	156.8	83.7	22.3	0.0	直	未发	未发	未发	B
安徽省农业科学院水稻所	668.34	5.44	6	5/3	8/18	9/25	145	16.2	134.0	26.6	211.2	160.6	76.0	25.9	—	直	未发	无	无	B
安徽袁粮水稻产业有限公司	597.83	-7.88	13	5/7	8/9	9/17	133	17.2	126.3	27.6	217.8	161.6	74.2	24.6	0.0	直	未发	未发	未发	D
福建南平市建阳区良种场	557.72	2.51	5	5/23	8/19	9/30	130	16.6	124.3	26.8	168.2	140.5	83.5	24.8	0.0	直	未发	轻	—	C
河南信阳市农业科学院	545.11	-4.69	13	4/24	8/3	9/9	138	18.7	121.9	26.0	178.8	122.7	68.6	23.4	—	直	未发	轻	—	D
湖北京山县农科所	599.70	-0.69	12	4/26	—	8/31	127	24.6	113.4	24.6	165.2	115.3	69.8	24.0	0.6	—	未发	—	—	C
湖北宜昌市农业科学院	669.00	-4.45	10	4/23	7/31	9/3	133	17.3	113.8	28.2	180.1	154.6	85.8	25.2	0.8	直	无	轻	未发	A
湖南怀化市农科所	607.53	-1.80	8	4/18	7/30	8/30	134	13.5	122.3	30.2	255.7	202.3	79.1	22.7	0.0	直	未发	轻	未发	B
湖南岳阳市农业科学院	654.97	1.55	6	5/3	8/6	9/9	129	14.5	125.5	27.1	215.6	184.8	85.7	24.7	0.0	直	未发	无	未发	C
江苏里下河地区农科所	615.86	5.33	6	5/14	8/20	9/30	139	14.5	118.6	26.3	182.0	165.0	90.7	23.7	0.0	直	未发	轻	—	A
江苏沿海地区农科所	591.21	-3.16	11	5/7	8/25	9/25	141	17.8	112.3	23.8	179.0	144.0	80.4	23.0	0.0	直	未发	轻	无	D
江西九江市农业科学院	577.05	5.93	8	5/10	8/12	9/21	134	13.3	125.2	25.3	172.0	122.2	71.0	23.4	0.0	直	未发	轻	未发	B
江西省农业科学院水稻所	666.33	4.35	3	5/13	8/15	9/14	124	17.8	127.8	26.2	198.6	175.5	88.4	22.8	0.0	直	未发	未发	未发	A
中国水稻研究所	618.32	1.04	9	5/15	8/16	9/23	131	17.3	120.5	28.3	273.2	206.7	75.7	22.2	0.0	直	未发	轻	—	C

综合评级：A—好，B—较好，C—中等，D——一般。

表 19-8-7 长江中下游中籼迟熟 H 组（182411NX-H）区试品种在各试点的产量、生育期及主要农艺经济性状表现

品种名称/试验点	亩产（千克）	比 CK ±%	产量位次	播种期（月/日）	齐穗期（月/日）	成熟期（月/日）	全生育期（天）	有效穗（万/亩）	株高（厘米）	穗长（厘米）	总粒数/穗	实粒数/穗	结实率（%）	千粒重（克）	杂株率（%）	倒伏性	穗颈瘟	纹枯病	稻曲病	综评等级
Q 两优华占																				
安徽滁州市农科所	717.64	8.19	1	5/8	8/16	9/29	144	24.0	126.8	25.8	178.8	153.6	85.9	23.7	0.0	直	未发	轻	未发	A
安徽黄山市种子站	484.38	-6.51	11	4/27	8/5	9/6	132	14.8	89.0	22.9	182.4	149.1	81.7	21.2	0.9	直	未发	未发	未发	B
安徽省农业科学院水稻所	717.31	13.17	1	5/3	8/15	9/22	142	15.2	119.0	25.4	234.1	202.4	86.5	23.7	—	直	未发	无	无	A
安徽袁粮水稻产业有限公司	703.26	8.37	1	5/7	8/5	9/13	129	15.3	117.7	26.5	231.3	207.6	89.8	24.1	0.0	直	未发	未发	未发	A
福建南平市建阳区良种场	522.41	-3.98	12	5/23	8/14	9/27	127	17.0	113.1	24.2	178.5	142.9	80.1	23.0	0.0	直	未发	中	—	C
河南信阳市农业科学院	621.60	8.69	4	4/24	8/1	9/6	135	17.9	119.8	24.5	169.3	143.7	84.9	23.1	—	直	未发	轻	—	B
湖北京山县农科所	638.68	5.77	4	4/26	—	8/31	127	21.8	109.5	23.6	165.8	137.7	83.1	23.8	—	—	未发	—	—	B
湖北宜昌市农业科学院	759.62	8.49	3	4/23	7/28	9/3	133	21.7	122.4	27.5	184.4	157.2	85.2	23.1	1.1	直	无	轻	未发	B
湖南怀化市农科所	550.06	-11.09	12	4/18	7/26	8/27	131	12.4	117.9	25.5	240.7	205.2	85.3	22.4	0.0	直	未发	轻	未发	C
湖南岳阳市农业科学院	680.04	5.44	3	5/3	8/3	9/5	125	16.6	117.8	25.6	225.4	192.8	85.5	23.7	0.0	直	未发	无	未发	B
江苏里下河地区农科所	608.03	3.99	8	5/14	8/15	9/24	133	16.0	113.0	24.6	187.0	177.0	94.7	21.5	0.9	直	未发	轻	—	B
江苏沿海地区农科所	622.86	2.02	7	5/7	8/19	9/20	136	19.5	108.0	23.4	177.0	142.0	80.2	22.3	0.0	直	未发	轻	无	B
江西九江市农业科学院	568.89	4.43	9	5/10	8/9	9/18	131	15.5	120.2	25.4	203.4	146.0	71.8	22.5	0.0	直	未发	中	未发	C
江西省农业科学院水稻所	662.97	3.82	6	5/13	8/10	9/9	119	17.8	120.4	25.5	239.6	198.9	83.0	20.4	0.0	直	未发	未发	未发	B
中国水稻研究所	631.33	3.16	5	5/15	8/12	9/21	129	17.1	117.3	27.5	293.5	215.6	73.5	19.9	0.0	直	未发	轻	—	B

综合评级：A—好，B—较好，C—中等，D——一般。

表 19-8-8 长江中下游中籼迟熟 H 组（182411NX-H）区试品种在各试点的产量、生育期及主要农艺经济性状表现

品种名称/试验点	亩产（千克）	比 CK ±%	产量位次	播种期（月/日）	齐穗期（月/日）	成熟期（月/日）	全生育期（天）	有效穗（万/亩）	株高（厘米）	穗长（厘米）	总粒数/穗	实粒数/穗	结实率（%）	千粒重（克）	杂株率（%）	倒伏性	穗颈瘟	纹枯病	稻曲病	综评等级
Y 两优 2098																				
安徽滁州市农科所	698.49	5.30	4	5/8	8/24	10/5	150	15.7	140.8	30.2	262.6	196.4	74.8	24.5	0.8	直	未发	轻	未发	A
安徽黄山市种子站	560.07	8.09	1	4/27	8/10	9/10	136	15.4	112.2	25.2	201.5	161.8	80.3	23.0	0.0	直	未发	未发	未发	A
安徽省农业科学院水稻所	703.98	11.06	2	5/3	8/19	9/26	146	15.9	128.0	28.0	209.4	176.3	84.2	25.6	—	直	未发	无	无	A
安徽袁粮水稻产业有限公司	699.25	7.75	2	5/7	8/13	9/19	135	13.9	127.7	31.5	257.8	199.6	77.4	26.9	3.3	直	未发	未发	未发	B
福建南平市建阳区良种场	565.05	3.86	2	5/23	8/22	10/6	136	14.0	123.9	31.1	195.7	157.3	80.4	26.5	2.4	直	未发	轻	—	B
河南信阳市农业科学院	623.90	9.09	3	4/24	8/9	9/15	144	15.8	124.4	27.0	162.6	114.9	70.7	25.7	—	直	未发	轻	—	A
湖北京山县农科所	681.66	12.88	1	4/26	—	9/5	132	19.4	132.6	31.2	168.5	136.4	80.9	26.4	—	—	未发	—	—	A
湖北宜昌市农业科学院	761.79	8.80	2	4/23	8/4	9/10	140	16.7	130.6	31.8	213.7	181.1	84.7	25.7	0.6	直	无	轻	未发	B
湖南怀化市农科所	658.51	6.44	1	4/18	8/1	9/2	137	11.9	129.4	31.5	283.1	218.9	77.3	25.9	0.0	直	未发	轻	未发	A
湖南岳阳市农业科学院	689.23	6.87	2	5/3	8/8	9/10	130	14.0	129.2	29.5	198.5	164.5	82.9	24.6	0.0	直	未发	无	未发	A
江苏里下河地区农科所	624.36	6.78	3	5/14	8/23	9/30	139	11.6	123.6	31.0	230.0	211.0	91.7	23.9	1.5	直	未发	轻	—	A
江苏沿海地区农科所	647.51	6.06	4	5/7	8/25	9/25	141	17.1	116.3	26.9	220.0	168.0	76.4	22.4	0.0	直	未发	轻	无	A
江西九江市农业科学院	588.54	8.04	5	5/10	8/14	9/22	135	12.8	129.1	30.1	231.7	164.8	71.1	23.6	7.2	直	未发	轻	未发	B
江西省农业科学院水稻所	684.52	7.20	1	5/13	8/18	9/18	128	16.4	126.3	29.3	226.1	177.8	78.6	23.4	0.0	直	未发	未发	未发	A
中国水稻研究所	619.49	1.23	8	5/15	8/18	9/26	134	12.0	127.0	31.3	328.6	233.0	70.9	24.8	2.4	直	未发	轻	—	C

综合评级：A—好，B—较好，C—中等，D—一般。

表 19-8-9　长江中下游中籼迟熟 H 组（182411NX-H）区试品种在各试点的产量、生育期及主要农艺经济性状表现

品种名称/试验点	亩产（千克）	比 CK ±%	产量位次	播种期（月/日）	齐穗期（月/日）	成熟期（月/日）	全生育期（天）	有效穗（万/亩）	株高（厘米）	穗长（厘米）	总粒数/穗	实粒数/穗	结实率（%）	千粒重（克）	杂株率（%）	倒伏性	穗颈瘟	纹枯病	稻曲病	综评等级
晶两优 5438																				
安徽滁州市农科所	696.32	4.97	7	5/8	8/23	10/4	149	19.6	136.3	26.8	237.7	173.4	72.9	25.3	0.8	直	未发	轻	未发	A
安徽黄山市种子站	505.43	-2.45	9	4/27	8/8	9/8	134	15.9	110.4	24.1	166.2	145.3	87.4	22.3	0.0	直	未发	未发	未发	B
安徽省农业科学院水稻所	683.50	7.83	5	5/3	8/19	9/26	146	16.2	126.0	24.8	230.4	186.9	81.1	23.1	—	直	未发	无	无	B
安徽袁粮水稻产业有限公司	622.56	-4.07	12	5/7	8/11	9/20	136	16.0	127.5	26.0	194.8	162.6	83.5	25.4	2.5	直	未发	未发	未发	D
福建南平市建阳区良种场	573.38	5.39	1	5/23	8/20	10/2	132	17.8	124.3	24.1	186.7	148.4	79.5	22.5	0.0	直	未发	轻	—	A
河南信阳市农业科学院	629.99	10.15	2	4/24	8/7	9/13	142	17.6	127.0	24.4	171.2	120.3	70.3	24.4	—	直	未发	轻	—	A
湖北京山县农科所	655.01	8.47	2	4/26	—	9/4	131	20.5	117.7	27.6	154.7	133.4	86.2	25.4	—	—	未发	—	—	A
湖北宜昌市农业科学院	773.28	10.45	1	4/23	8/2	9/7	137	18.5	127.2	26.3	183.9	168.5	91.6	25.3	0.8	直	无	轻	未发	B
湖南怀化市农科所	648.85	4.87	2	4/18	8/1	9/1	136	17.6	126.2	27.3	189.7	152.6	80.4	24.6	0.0	直	未发	轻	未发	A
湖南岳阳市农业科学院	690.06	6.99	1	5/3	8/8	9/10	130	16.5	129.0	25.8	197.7	162.7	82.3	23.5	0.0	直	未发	无	未发	A
江苏里下河地区农科所	629.36	7.64	1	5/14	8/21	10/1	140	16.5	115.8	25.5	166.0	151.0	91.0	23.1	0.0	直	未发	轻	—	A
江苏沿海地区农科所	632.85	3.66	6	5/7	8/28	9/28	144	18.7	110.0	23.6	192.0	156.0	81.3	21.2	0.0	直	未发	轻	无	B
江西九江市农业科学院	611.20	12.20	2	5/10	8/13	9/20	133	13.9	130.7	25.9	234.0	196.9	84.1	24.4	0.0	直	未发	无	未发	A
江西省农业科学院水稻所	680.47	6.56	2	5/13	8/16	9/15	125	17.2	126.8	26.7	214.3	187.2	87.4	22.4	0.0	直	未发	未发	未发	A
中国水稻研究所	645.00	5.39	2	5/15	8/14	9/22	130	17.1	123.0	26.9	250.8	191.1	76.2	22.9	0.0	直	未发	轻	—	B

综合评级：A—好，B—较好，C—中等，D——般。

表 19-8-10 长江中下游中籼迟熟 H 组（182411NX-H）区试品种在各试点的产量、生育期及主要农艺经济性状表现

品种名称/试验点	亩产（千克）	比 CK ±%	产量位次	播种期（月/日）	齐穗期（月/日）	成熟期（月/日）	全生育期（天）	有效穗（万/亩）	株高（厘米）	穗长（厘米）	总粒数/穗	实粒数/穗	结实率（%）	千粒重（克）	杂株率（%）	倒伏性	穗颈瘟	纹枯病	稻曲病	综评等级
G 两优香占																				
安徽滁州市农科所	697.32	5.12	6	5/8	8/16	9/28	143	23.2	128.5	25.6	183.6	117.9	64.2	31.7	0.0	直	未发	轻	未发	A
安徽黄山市种子站	525.48	1.42	6	4/27	8/4	9/6	132	15.1	93.0	22.1	194.5	177.9	91.5	21.3	0.3	直	未发	未发	未发	B
安徽省农业科学院水稻所	650.34	2.60	10	5/3	8/15	9/22	142	16.3	123.0	23.5	218.1	192.6	88.3	21.7	—	直	未发	无	无	C
安徽袁粮水稻产业有限公司	698.08	7.57	3	5/7	8/4	9/12	128	14.2	127.9	25.1	231.6	207.5	89.6	25.3	0.0	直	未发	未发	未发	A
福建南平市建阳区良种场	524.74	-3.55	10	5/23	8/14	9/23	123	17.5	112.6	23.7	170.9	138.6	81.1	23.1	0.0	直	未发	中	—	C
河南信阳市农业科学院	593.64	3.80	6	4/24	8/1	9/6	135	20.6	118.1	21.4	136.7	103.3	75.6	22.3	—	直	未发	轻	—	B
湖北京山县农科所	602.20	-0.28	10	4/26	—	8/30	126	22.9	116.1	22.8	148.2	126.3	85.2	24.3	—	—	未发	—	—	C
湖北宜昌市农业科学院	722.64	3.21	6	4/23	7/27	9/5	135	19.1	121.6	27.9	201.1	166.8	82.9	23.6	1.0	斜	无	轻	未发	C
湖南怀化市农科所	584.54	-5.52	9	4/18	7/26	8/27	131	15.4	120.1	25.3	210.3	175.4	83.4	22.2	0.0	直	未发	轻	未发	C
湖南岳阳市农业科学院	639.94	-0.78	11	5/3	8/2	9/5	125	16.7	124.8	25.5	228.8	201.2	87.9	23.1	0.0	直	未发	无	未发	C
江苏里下河地区农科所	583.21	-0.26	12	5/14	8/16	9/25	134	18.0	112.8	23.6	176.0	162.0	92.0	21.4	0.0	直	未发	轻	—	B
江苏沿海地区农科所	660.34	8.16	2	5/7	8/19	9/20	136	20.1	111.0	24.4	182.0	146.0	80.2	22.6	0.0	直	未发	轻	无	A
江西九江市农业科学院	516.91	-5.11	13	5/10	8/8	9/17	130	13.3	126.2	25.3	223.9	174.3	77.8	22.1	0.0	直	未发	中	未发	D
江西省农业科学院水稻所	650.68	1.90	9	5/13	8/13	9/12	122	18.1	124.4	24.6	221.3	183.7	83.0	20.6	0.0	直	未发	未发	未发	B
中国水稻研究所	574.15	-6.18	12	5/15	8/12	9/21	129	17.6	119.4	26.1	279.2	169.0	60.5	21.8	0.0	倒	未发	轻	—	D

综合评级：A—好，B—较好，C—中等，D——般。

表 19-8-11 长江中下游中籼迟熟 H 组（182411NX-H）区试品种在各试点的产量、生育期及主要农艺经济性状表现

品种名称/试验点	亩产（千克）	比 CK ±%	产量位次	播种期（月/日）	齐穗期（月/日）	成熟期（月/日）	全生育期（天）	有效穗（万/亩）	株高（厘米）	穗长（厘米）	总粒数/穗	实粒数/穗	结实率（%）	千粒重（克）	杂株率（%）	倒伏性	穗颈瘟	纹枯病	稻曲病	综评等级
丰两优四号（CK）																				
安徽滁州市农科所	663.34	0.00	11	5/8	8/24	10/2	147	17.6	151.5	24.5	219.2	164.0	74.8	26.2	0.0	直	未发	轻	未发	B
安徽黄山市种子站	518.13	0.00	8	4/27	8/3	9/7	133	12.8	114.2	24.3	183.7	157.6	85.8	27.2	0.6	直	未发	未发	未发	B
安徽省农业科学院水稻所	633.85	0.00	11	5/3	8/17	9/24	144	15.6	132.0	24.9	184.3	161.5	87.6	26.4	—	直	未发	轻	无	C
安徽袁粮水稻产业有限公司	648.96	0.00	10	5/7	8/6	9/16	132	13.8	137.3	24.3	187.7	165.4	88.1	30.1	0.0	直	未发	未发	未发	C
福建南平市建阳区良种场	544.06	0.00	8	5/23	9/15	9/29	129	14.5	134.3	24.9	168.3	135.8	80.7	28.9	3.6	直	未发	中	—	C
河南信阳市农业科学院	571.92	0.00	8	4/24	8/3	9/6	135	18.0	134.2	24.6	149.6	130.5	87.2	28.3	—	直	未发	轻	—	C
湖北京山县农科所	603.87	0.00	9	4/26	—	8/31	127	19.6	124.6	23.2	143.3	125.4	87.5	28.6	—	—	未发	—	—	C
湖北宜昌市农业科学院	700.15	0.00	8	4/23	8/1	9/6	136	17.6	126.0	27.1	149.3	134.2	89.9	30.4	0.7	斜	轻	轻	未发	C
湖南怀化市农科所	618.69	0.00	6	4/18	8/4	9/3	138	11.8	140.0	26.2	234.6	189.5	80.8	28.5	0.0	直	未发	轻	未发	B
湖南岳阳市农业科学院	644.95	0.00	8	5/3	8/4	9/7	127	14.8	135.2	25.2	189.0	161.8	85.6	28.2	0.0	直	未发	轻	未发	C
江苏里下河地区农科所	584.71	0.00	10	5/14	8/19	9/29	138	13.4	130.6	24.7	176.0	160.0	90.9	28.2	1.8	倒	未发	轻	—	B
江苏沿海地区农科所	610.53	0.00	9	5/7	8/22	9/22	138	15.2	120.3	25.4	181.0	145.0	80.1	27.9	0.9	直	未发	轻	无	C
江西九江市农业科学院	544.73	0.00	11	5/10	8/13	9/19	132	12.1	135.1	26.1	203.1	170.1	83.8	27.6	0.0	直	未发	轻	未发	D
江西省农业科学院水稻所	638.56	0.00	10	5/13	8/15	9/13	123	17.6	127.8	24.8	167.6	147.0	87.7	26.8	0.0	直	未发	未发	未发	C
中国水稻研究所	611.99	0.00	10	5/15	8/15	9/23	131	16.0	132.6	26.4	267.2	237.5	88.9	26.9	1.0	直	未发	轻	—	C

综合评级：A—好，B—较好，C—中等，D——一般。

表 19-8-12　长江中下游中籼迟熟 H 组（182411NX-H）区试品种在各试点的产量、生育期及主要农艺经济性状表现

品种名称/试验点	亩产（千克）	比 CK ±%	产量位次	播种期（月/日）	齐穗期（月/日）	成熟期（月/日）	全生育期（天）	有效穗（万/亩）	株高（厘米）	穗长（厘米）	总粒数/穗	实粒数/穗	结实率（%）	千粒重（克）	杂株率（%）	倒伏性	穗颈瘟	纹枯病	稻曲病	综评等级
徽两优福星占																				
安徽滁州市农科所	698.32	5.27	5	5/8	8/16	9/29	144	17.6	122.5	24.3	283.6	208.6	73.6	23.7	0.3	直	未发	轻	未发	A
安徽黄山市种子站	473.52	-8.61	13	4/27	8/4	9/7	133	16.1	95.4	19.5	187.3	149.2	79.7	20.1	0.0	直	未发	未发	未发	B
安徽省农业科学院水稻所	660.51	4.21	8	5/3	8/14	9/21	141	16.8	123.0	20.6	215.9	175.8	81.4	22.9	—	直	未发	无	无	B
安徽袁粮水稻产业有限公司	682.38	5.15	4	5/7	8/4	9/12	128	14.1	112.5	24.3	219.8	198.8	90.4	24.9	0.0	直	未发	未发	未发	B
福建南平市建阳区良种场	560.72	3.06	4	5/23	8/14	9/26	126	18.9	110.7	21.4	179.9	145.3	80.8	21.3	3.6	直	未发	轻	—	B
河南信阳市农业科学院	640.68	12.02	1	4/24	8/1	9/3	132	18.2	116.8	20.9	200.8	142.0	70.7	23.0	—	直	未发	轻	—	A
湖北京山县农科所	639.85	5.96	3	4/26	—	8/31	127	18.2	110.3	20.0	199.9	153.4	76.7	24.4	1.2	—	未发	—	—	A
湖北宜昌市农业科学院	749.30	7.02	4	4/23	7/28	9/2	132	21.2	115.7	23.3	168.9	150.9	89.3	23.9	0.9	直	无	轻	未发	B
湖南怀化市农科所	637.68	3.07	3	4/18	7/27	8/27	131	15.2	115.5	21.8	213.9	187.8	87.8	22.8	0.0	直	未发	轻	未发	A
湖南岳阳市农业科学院	678.37	5.18	4	5/3	8/3	9/6	126	15.9	114.4	23.9	231.2	199.5	86.3	23.6	3.0	直	未发	轻	未发	B
江苏里下河地区农科所	621.03	6.21	4	5/14	8/14	9/20	129	15.8	110.0	21.8	181.0	166.0	91.7	21.9	4.2	直	未发	轻	—	A
江苏沿海地区农科所	653.51	7.04	3	5/7	8/19	9/20	136	19.3	103.7	20.6	185.0	150.0	81.1	22.7	0.0	直	未发	轻	无	A
江西九江市农业科学院	592.04	8.69	4	5/10	8/8	9/15	128	14.0	121.6	21.4	177.1	153.5	86.7	23.0	0.0	直	未发	无	未发	A
江西省农业科学院水稻所	664.82	4.11	5	5/13	8/10	9/9	119	20.3	120.5	21.9	197.3	173.5	87.9	21.5	0.0	直	未发	未发	未发	A
中国水稻研究所	644.33	5.28	3	5/15	8/12	9/21	129	18.9	114.4	22.5	202.6	174.0	85.9	21.3	3.1	直	未发	轻	—	B

综合评级：A—好，B—较好，C—中等，D—一般。

表 19-8-13　长江中下游中籼迟熟 H 组（182411NX-H）区试品种在各试点的产量、生育期及主要农艺经济性状表现

品种名称/试验点	亩产（千克）	比 CK ±%	产量位次	播种期（月/日）	齐穗期（月/日）	成熟期（月/日）	全生育期（天）	有效穗（万/亩）	株高（厘米）	穗长（厘米）	总粒数/穗	实粒数/穗	结实率（%）	千粒重（克）	杂株率（%）	倒伏性	穗颈瘟	纹枯病	稻曲病	综评等级
嘉丰优 3 号																				
安徽滁州市农科所	674.33	1.66	9	5/8	8/19	10/2	147	15.9	147.2	26.7	380.0	237.5	79.2	24.8	0.0	直	未发	轻	未发	B
安徽黄山市种子站	551.05	6.35	2	4/27	8/1	9/7	133	13.4	121.2	24.3	216.7	180.1	83.1	27.0	0.6	直	未发	未发	未发	B
安徽省农业科学院水稻所	696.16	9.83	4	5/3	8/10	9/15	135	16.1	135.0	23.6	189.8	162.1	85.4	27.1	1.0	直	未发	无	无	B
安徽袁粮水稻产业有限公司	671.18	3.42	6	5/7	8/9	9/17	133	12.5	132.8	26.8	292.5	206.9	70.7	29.1	0.0	直	未发	未发	未发	B
福建南平市建阳区良种场	525.07	-3.49	9	5/23	8/14	10/2	132	10.4	126.0	24.8	255.4	204.4	80.0	26.1	0.0	直	未发	轻	—	C
河南信阳市农业科学院	564.03	-1.38	9	4/24	8/7	9/13	142	14.4	130.0	25.6	194.2	139.2	71.7	27.6	—	直	未发	轻	—	C
湖北京山县农科所	602.04	-0.30	11	4/26	—	9/6	133	17.2	118.2	23.8	177.3	139.1	78.5	25.5	—	—	未发	—	—	C
湖北宜昌市农业科学院	688.16	-1.71	9	4/23	8/5	9/10	140	13.9	135.1	27.2	213.6	180.3	84.4	27.8	1.4	直	无	轻	未发	D
湖南怀化市农科所	620.03	0.22	5	4/18	7/26	8/29	133	14.7	140.0	25.5	226.9	163.4	72.0	26.3	0.0	直	未发	轻	未发	B
湖南岳阳市农业科学院	643.28	-0.26	9	5/3	8/2	9/6	126	14.3	129.5	24.3	214.3	173.3	80.9	27.7	0.0	直	未发	无	未发	C
江苏里下河地区农科所	612.03	4.67	7	5/14	8/20	9/30	139	10.6	124.4	25.2	238.0	212.0	89.1	26.8	0.0	直	未发	轻	—	B
江苏沿海地区农科所	615.36	0.79	8	5/7	8/21	9/22	138	12.6	119.3	24.8	246.0	195.0	79.3	24.9	0.0	直	未发	轻	无	C
江西九江市农业科学院	616.53	13.18	1	5/10	8/14	9/20	133	11.5	136.1	27.5	351.6	274.8	78.2	28.9	0.0	直	未发	中	未发	A
江西省农业科学院水稻所	665.66	4.24	4	5/13	8/10	9/13	123	15.9	124.1	25.4	221.4	176.0	79.5	27.0	0.0	直	未发	未发	未发	A
中国水稻研究所	670.84	9.62	1	5/15	8/13	9/22	130	11.0	126.1	27.4	382.5	309.9	81.0	26.8	1.0	直	未发	轻	—	A

综合评级：A—好，B—较好，C—中等，D——一般。

表 19-9-1　长江中下游中籼迟熟 H 组（182411NX-H）生产试验品种在各试验点的产量、生育期、特征特性、田间抗性表现

品种名称/试验点	亩产（千克）	比 CK±%	播种期（月/日）	齐穗期（月/日）	成熟期（月/日）	全生育期（天）	耐寒性	整齐度	杂株率（%）	株型	叶色	叶姿	长势	熟期转色	倒伏性	落粒性	叶瘟	穗颈瘟	白叶枯病	纹枯病	稻曲病
晶两优 5438																					
江西天涯种业有限公司	621.00	5.65	5/15	8/14	9/18	126	强	整齐	—	紧束	绿	一般	繁茂	好	直	中	未发	未发	未发	未发	—
湖南石门县水稻原种场	811.28	5.85	4/25	8/2	8/30	127	未发	整齐	1.6	紧束	绿	挺直	繁茂	好	直	中	无	无	无	轻	无
湖北赤壁市种子局	584.85	7.28	5/2	8/6	9/6	127	未发	整齐	0.6	适中	淡绿	挺直	一般	好	直	中	未发	轻	未发	轻	—
湖北惠民农业科技有限公司	688.56	8.21	5/3	8/5	9/8	128	—	整齐	0.1	紧束	淡绿	一般	差	好	直	中	未发	未发	无	无	—
安徽荃银高科种业股份有限公司	634.37	3.72	5/12	8/16	9/22	133	未发	整齐	0.0	适中	绿	一般	繁茂	好	直	中	未发	未发	未发	未发	未发
江苏瑞华农业科技有限公司	775.22	11.71	5/8	8/22	10/1	146	强	整齐	3.7	适中	绿	挺直	繁茂	好	直	易	无	无	无	无	未发
浙江天台县种子站	722.02	9.14	5/25	8/24	10/5	133	未发	一般	0.1	松散	绿	披垂	一般	好	直	中	未发	未发	未发	未发	无
Y 两优 2098																					
江西天涯种业有限公司	662.40	5.37	5/15	8/14	9/18	126	强	整齐	—	紧束	绿	挺直	繁茂	好	直	中	未发	未发	未发	未发	—
湖南石门县水稻原种场	760.02	5.06	4/25	8/1	8/29	126	未发	整齐	0.0	紧束	浓绿	挺直	繁茂	好	直	中	无	无	无	轻	无
湖北赤壁市种子局	577.42	6.28	5/2	8/7	9/7	128	未发	整齐	1.2	适中	浓绿	挺直	繁茂	好	直	中	未发	无	未发	轻	—
湖北惠民农业科技有限公司	694.96	9.22	5/3	8/10	9/12	132	—	整齐	0.3	紧束	浓绿	一般	一般	好	直	难	无	无	无	轻	—
安徽荃银高科种业股份有限公司	617.34	0.94	5/12	8/19	9/26	137	未发	一般	0.8	紧束	绿	挺直	一般	好	直	中	未发	未发	未发	未发	未发
江苏瑞华农业科技有限公司	752.59	8.45	5/8	8/24	10/3	148	强	整齐	3.7	松散	浓绿	挺直	繁茂	中	直	易	无	无	无	无	未发
浙江天台县种子站	752.80	14.20	5/25	8/28	10/5	133	未发	一般	0.2	松散	绿	挺直	一般	好	直	易	未发	未发	未发	未发	无

表 19-9-2　长江中下游中籼迟熟 H 组（182411NX-H）生产试验品种在各试验点的产量、生育期、特征特性、田间抗性表现

品种名称/试验点	亩产（千克）	比 CK± %	播种期（月/日）	齐穗期（月/日）	成熟期（月/日）	全生育期（天）	耐寒性	整齐度	杂株率（%）	株型	叶色	叶姿	长势	熟期转色	倒伏性	落粒性	叶瘟	穗颈瘟	白叶枯病	纹枯病	稻曲病
丰两优四号（CK）																					
江西天涯种业有限公司	591.23	0.00	5/15	8/10	9/14	122	强	整齐	—	适中	绿	一般	繁茂	好	直	中	未发	未发	未发	未发	—
湖南石门县水稻原种场	706.73	0.00	4/25	7/29	8/26	123	未发	一般	0.0	适中	淡绿	披垂	繁茂	好	直	中	无	无	无	轻	无
湖北赤壁市种子局	547.54	0.00	5/2	8/3	9/5	126	未发	整齐	1.5	适中	绿	一般	繁茂	中	直	中	未发	轻	未发	轻	—
湖北惠民农业科技有限公司	636.29	0.00	5/3	8/5	9/8	128	—	整齐	0.1	适中	绿	一般	繁茂	好	斜	中	无	无	无	无	—
安徽荃银高科种业股份有限公司	599.70	0.00	5/12	8/15	9/20	131	未发	一般	0.5	适中	绿	一般	繁茂	好	直	中	未发	未发	未发	未发	未发
江苏瑞华农业科技有限公司	693.96	0.00	5/8	8/22	10/1	146	中	整齐	3.7	适中	绿	挺直	繁茂	好	斜	易	无	无	轻	无	未发
浙江天台县种子站	660.36	0.00	5/25	8/25	10/1	129	未发	一般	0.2	松散	淡绿	披垂	繁茂	好	斜	中	未发	未发	未发	未发	无

第二十章　2018 年长江中下游晚籼早熟 A 组国家水稻品种试验汇总报告

一、试验概况

（一）试验目的

鉴定评价我国长江中下游稻区新选育和引进的晚籼早熟新品种（组合，下同）的丰产性、稳产性、适应性、抗性、米质及其他重要性状表现，为国家水稻品种审定提供科学依据。

（二）参试品种

区试品种 11 个，顺丰优 656、隆优 5438、荃早优 851 为续试品种，其余品种均为新参试品种，以五优 308（CK）为对照；生产试验品种 2 个，也以五优 308（CK）为对照。品种编号、名称、类型、亲本组合、选育/供种单位见表 20-1。

（三）承试单位

区试点 15 个，生产试验点 8 个，分布在安徽、湖北、湖南、江西和浙江 5 个省区。承试单位、试验地点、经纬度、海拔高度、试验负责人及执行人见表 20-2。

（四）试验设计、栽培管理与观察记载

各试验点均按《2018 年国稻科企水稻联合体试验实施方案》及 NY/T 1300—2007《农作物品种区域试验技术规范　水稻》进行试验。

区试采用完全随机区组排列，3 次重复，小区面积 0.02 亩。生产试验采用大区随机排列，不设重复，大区面积 0.5 亩。

分区试、生产试验，同组试验所有品种同期播种、移栽，施肥水平中等偏上，其他栽培管理措施与当地大田生产相同。

观察记载项目与标准按 NY/T 1300—2007《农作物品种区域试验技术规范　水稻》以及《国家水稻品种试验观察记载项目、方法及标准》《南方稻区国家水稻品种区试及生产试验记载表》等的要求执行。

（五）特性鉴定

1. 抗性鉴定

浙江省农业科学院植微所、湖南省农业科学院植保所、湖北宜昌市农科所、安徽省农业科学院植保所、福建上杭县茶地乡农技站和江西井冈山企业集团农技服务中心负责稻瘟病抗性鉴定。湖南省农业科学院水稻所负责白叶枯病抗性鉴定。鉴定采用人工接菌与病区自然诱发相结合。中国水稻研究所稻作发展中心负责稻飞虱抗性鉴定。湖南省贺家山原种场负责生产试验品种抽穗期耐冷性鉴定。鉴定用种子均由主持单位中国水稻研究所统一提供。

2. 米质分析

江西省种子管理局、湖南岳阳市农科所和中国水稻研究所试验点提供样品，农业农村部稻米及制品质量监督检验测试中心负责检测分析。

3. DNA 指纹特异性与一致性

中国水稻研究所国家水稻改良中心进行参试品种的特异性、同名品种年度间及不同样品间的一致性鉴定。

（六）试验评价

依据 NY/T 1300—2007《农作物品种区域试验技术规范　水稻》、试验实地检查考察情况以及试验点对试验实施情况和品种表现情况所做的说明，对各试验（鉴定）点试验（鉴定）结果的可靠性、完整性、准确性等进行分析评估，确保汇总质量。

2018 年所有区试点、生产试验点以及特性鉴定点的试验（鉴定）结果正常，全部纳入汇总。

（七）品种评价

依据国家农作物品种审定委员会 2017 年发布的《主要农作物品种审定标准（国家级）》，对参试品种进行分析评价。

产量联合方差分析采用固定模型，品种间产量差异多重比较采用 Duncan's 新复极差法；参试品种的丰产性主要以品种在区试和生产试验中相对于对照品种产量增减产百分率来衡量；参试品种的适应性主要以品种在区试和生产试验中比对照品种增产的试验点百分率来衡量；参试品种的稳产性主要以品种在年度间区试中相对于对照品种产量的差异变化程度来衡量。

参试品种的生育期主要以全生育期比对照品种长短的天数来衡量。

参试品种的抗性以指定的鉴定单位的鉴定结果为主要依据，对稻瘟病抗性的主要评价指标为综合指数和穗瘟损失率最高级，对其他病虫害抗性的主要评价指标为最高级。

参试品种的温度敏感性以结实率低于 65%的区试点数来衡量。

参试品种的米质评价按照农业行业标准 NY/T 593—2013《食用稻品种品质》，分优质 1 级、优质 2 级、优质 3 级，未达到优质级的品种米质均为普通级。

二、结果分析

（一）产量

依据比对照的增减产幅度衡量：在 2018 年区试参试品种中，产量高、比对照增产 5%以上的品种有旺两优 911、晖两优 8612 和顺丰优 656；产量较高、比对照增产 3%～5%的品种有隆优 5438、五优珍丝苗和两优 810；产量中等、比对照增减产 3%以内的品种有荃早优 851、野香优美丝、广两优 373、早丰 A/亮莹和泰优晶占。

区试参试品种产量汇总结果见表 20-3，生产试验参试品种产量汇总结果见表 20-4。

（二）生育期

依据全生育期比对照长短的天数衡量：在 2018 年区试参试品种中，广两优 373 比对照五优 308 长 0.7 天，熟期略迟；其他品种的全生育期介于 115.2～118.3 天，均不同程度地早于对照五优 308，熟期适宜。

区试参试品种生育期汇总结果见表 20-3，生产试验参试品种生育期汇总结果见表 20-4。

（三）主要农艺经济性状

区试参试品种分蘖率、有效穗、成穗率、株高、穗长、每穗总粒数、每穗实粒数、结实率、千粒重等主要农艺经济性状汇总结果见表 20-3。

（四）抗性

对稻瘟病的抗性，根据 1～2 年鉴定结果，稻瘟病穗瘟损失率最高级 3 级的品种有两优 810；穗瘟损失率最高级 5 级的品种有荃早优 851、隆优 5438、广两优 373、晖两优 8612、野香优美丝、五优珍丝苗；穗瘟损失率最高级 7 级的品种有顺丰优 656、泰优晶占、早丰 A/亮莹、旺两优 911。

生产试验参试品种特性鉴定结果见表 20-4，区试参试品种抗性鉴定结果见表 20-5 和表 20-6。

（五）米质

依据农业行业标准 NY/T 593—2013《食用稻品种品质》，根据 1~2 年的检测结果：优质 1 级的品种有野香优美丝；优质 2 级的品种有荃早 851、早丰 A/亮莹；优质 3 级的品种有顺丰优 656、两优 810、广两优 373、旺两优 911 和泰优晶占；其他参试品种均为普通级，米质中等或一般。

区试参试品种米质指标表现及等级见表 20-7。

（六）品种在各试验点表现

区试参试品种在各试验点的表现情况见表 20-8，生产试验参试品种在各试验点的表现情况见表 20-9。

三、品种简评

（一）生产试验品种

1. 顺丰优 656

2017 年初试平均亩产 610.07 千克，比五优 308（CK）增产 5.80%，增产点比例 92.9%；2018 年续试平均亩产 644.34 千克，比五优 308（CK）增产 5.34%，增产点比例 93.3%；两年区试平均亩产 627.21 千克，比五优 308（CK）增产 5.56%，增产点比例 93.1%；2018 年生产试验平均亩产 579.69 千克，比五优 308（CK）增产 4.60%，增产点比例 100.0%。全生育期两年区试平均 116.1 天，比五优 308（CK）早熟 3.3 天。主要农艺性状两年区试综合表现：有效穗 22.0 万穗/亩，株高 102.1 厘米，穗长 22.3 厘米，每穗总粒数 161.3 粒，结实率 86.6%，千粒重 23.4 克。抗性两年综合表现：稻瘟病综合指数年度分别为 4.8 级、4.5 级，穗瘟损失率最高级 7 级；白叶枯病最高级 5 级；褐飞虱最高级 9 级；抽穗期耐冷性较强。米质表现：糙米率 82.4%，精米率 73.5%，整精米率 63.7%，粒长 6.6 毫米，长宽比 3.2，垩白粒率 8%，垩白度 1.4%，透明度 1 级，碱消值 5.6 级，胶稠度 70 毫米，直链淀粉含量 16.0%，综合评级为优质 3 级。

2018 年国家水稻品种试验年会审议意见：已完成试验程序，可以申报国家审定。

2. 荃早优 851

2017 年初试平均亩产 583.29 千克，比五优 308（CK）增产 1.16%，增产点比例 64.3%；2018 年续试平均亩产 629.47 千克，比五优 308（CK）增产 2.91%，增产点比例 80.0%；两年区试平均亩产 606.38 千克，比五优 308（CK）增产 2.06%，增产点比例 72.1%；2018 年生产试验平均亩产 578.34 千克，比五优 308（CK）增产 4.36%，增产点比例 87.5%。全生育期两年区试平均 116.5 天，比五优 308（CK）早熟 2.9 天。主要农艺性状两年区试综合表现：有效穗 21.3 万穗/亩，株高 105.4 厘米，穗长 21.1 厘米，每穗总粒数 156.2 粒，结实率 86.4%，千粒重 23.6 克。抗性两年综合表现：稻瘟病综合指数年度分别为 3.1 级、4.3 级，穗瘟损失率最高级 5 级；白叶枯病最高级 7 级；褐飞虱最高级 9 级；抽穗期耐冷性中等。米质表现：糙米率 81.8%，精米率 70.7%，整精米率 60.1%，粒长 6.9 毫米，长宽比 3.2，垩白粒率 5%，垩白度 0.8%，透明度 1 级，碱消值 6.9 级，胶稠度 66 毫米，直链淀粉含量 18.7%，综合评级为优质 2 级。

2018 年国家水稻品种试验年会审议意见：已完成试验程序，可以申报国家审定。

（二）续试品种

隆优 5438

2017 年初试平均亩产 605.62 千克，比五优 308（CK）增产 5.03%，增产点比例 78.6%；2018 年续试平均亩产 637.88 千克，比五优 308（CK）增产 4.28%，增产点比例 73.3%；两年区试平均亩产 621.75 千克，比五优 308（CK）增产 4.64%，增产点比例 76.0%。全生育期两年区试平均 116.8 天，比五优 308（CK）早熟 2.6 天。主要农艺性状两年区试综合表现：有效穗 21.2 万穗/亩，株高 111.3 厘米，穗长 23.0 厘米，每穗总粒数 178.9 粒，结实率 80.2%，千粒重 24.4 克。抗性两年综合表现：

稻瘟病综合指数年度分别为 4.2 级、4.8 级，穗瘟损失率最高级 5 级；白叶枯病最高级 5 级；褐飞虱最高级 9 级。米质表现：糙米率 82.3%，精米率 69.8%，整精米率 55.1%，粒长 7.1 毫米，长宽比 3.4，垩白粒率 7%，垩白度 1.0%，透明度 1 级，碱消值 4.9 级，胶稠度 77 毫米，直链淀粉含量 15.8%，综合评级为普通。

2018 年国家水稻品种试验年会审议意见：2019 年进行生产试验。

（三）初试品种

1. 旺两优 911

2018 年初试平均亩产 648.23 千克，比五优 308（CK）增产 5.97%，增产点比例 93.3%。全生育期 117.3 天，比五优 308（CK）早熟 1.3 天。主要农艺性状表现：有效穗 19.1 万穗/亩，株高 109.8 厘米，穗长 25.9 厘米，每穗总粒数 212.1 粒，结实率 80.4%，结实率小于 65% 的点 0 个，千粒重 23.5 克。抗性表现：稻瘟病综合指数 4.9 级，穗瘟损失率最高级 7 级；白叶枯病 5 级；褐飞虱 9 级。米质表现：糙米率 82.0%，精米率 72.9%，整精米率 60.8%，粒长 6.6 毫米，长宽比 3.1，垩白粒率 5.7%，垩白度 0.7%，透明度 1 级，碱消值 5.6 级，胶稠度 72 毫米，直链淀粉含量 15.8%，综合评级为优质 3 级。

2018 年国家水稻品种试验年会审议意见：2019 年续试并进行生产试验。

2. 晖两优 8612

2018 年初试平均亩产 646.95 千克，比五优 308（CK）增产 5.76%，增产点比例 93.3%。全生育期 115.9 天，比五优 308（CK）早熟 2.7 天。主要农艺性状表现：有效穗 20.7 万穗/亩，株高 112.4 厘米，穗长 23.8 厘米，每穗总粒数 177.5 粒，结实率 83.4%，结实率小于 65% 的点 0 个，千粒重 24.3 克。抗性表现：稻瘟病综合指数 3.8 级，穗瘟损失率最高级 5 级；白叶枯病 5 级；褐飞虱 9 级。米质表现：糙米率 81.8%，精米率 71.0%，整精米率 57.2%，粒长 6.8 毫米，长宽比 3.2，垩白粒率 13.7%，垩白度 1.9%，透明度 1 级，碱消值 4.7 级，胶稠度 80 毫米，直链淀粉含量 15.9%，综合评级为普通。

2018 年国家水稻品种试验年会审议意见：2019 年续试。

3. 五优珍丝苗

2018 年初试平均亩产 635.88 千克，比五优 308（CK）增产 3.95%，增产点比例 80.0%。全生育期 118.3 天，比五优 308（CK）早熟 0.3 天。主要农艺性状表现：有效穗 22.9 万穗/亩，株高 105.1 厘米，穗长 21.2 厘米，每穗总粒数 166.2 粒，结实率 84.0%，结实率小于 65% 的点 0 个，千粒重 22.8 克。抗性表现：稻瘟病综合指数 4.0 级，穗瘟损失率最高级 5 级；白叶枯病 5 级；褐飞虱 9 级。米质表现：糙米率 81.5%，精米率 70.6%，整精米率 59.2%，粒长 6.5 毫米，长宽比 2.9，垩白粒率 8.7%，垩白度 1.4%，透明度 1 级，碱消值 4.9 级，胶稠度 77 毫米，直链淀粉含量 16.0%，综合评级为普通。

2018 年国家水稻品种试验年会审议意见：2019 年续试。

4. 两优 810

2018 年初试平均亩产 633.13 千克，比五优 308（CK）增产 3.50%，增产点比例 86.7%。全生育期 117.5 天，比五优 308（CK）早熟 1.1 天。主要农艺性状表现：有效穗 23.0 万穗/亩，株高 108.0 厘米，穗长 22.5 厘米，每穗总粒数 161.9 粒，结实率 80.4%，结实率小于 65% 的点 1 个，千粒重 25.3 克。抗性表现：稻瘟病综合指数 3.2 级，穗瘟损失率最高级 3 级；白叶枯病 5 级；褐飞虱 9 级。米质表现：糙米率 81.5%，精米率 71.1%，整精米率 52.6%，粒长 7.0 毫米，长宽比 3.3，垩白粒率 12.7%，垩白度 1.5%，透明度 1 级，碱消值 5.6 级，胶稠度 79 毫米，直链淀粉含量 16.5%，综合评级为优质 3 级。

2018 年国家水稻品种试验年会审议意见：2019 年续试并进行生产试验。

5. 野香优美丝

2018 年初试平均亩产 619.75 千克，比五优 308（CK）增产 1.32%，增产点比例 73.3%。全生育期 117.5 天，比五优 308（CK）早熟 1.1 天。主要农艺性状表现：有效穗 21.8 万穗/亩，株高 114.8

厘米，穗长 23.1 厘米，每穗总粒数 154.1 粒，结实率 81.9%，结实率小于 65%的点 0 个，千粒重 25.1 克。抗性表现：稻瘟病综合指数 3.9 级，穗瘟损失率最高级 5 级；白叶枯病 7 级；褐飞虱 9 级。米质表现：糙米率 82.0%，精米率 71.6%，整精米率 58.2%，粒长 7.1 毫米，长宽比 3.5，垩白粒率 6.0%，垩白度 0.7%，透明度 1 级，碱消值 6.9 级，胶稠度 72 毫米，直链淀粉含量 16.9%，综合评级为优质 1 级。

2018 年国家水稻品种试验年会审议意见：2019 年续试。

6. 广两优 373

2018 年初试平均亩产 613.91 千克，比五优 308（CK）增产 0.36%，增产点比例 46.7%。全生育期 119.3 天，比五优 308（CK）迟熟 0.7 天。主要农艺性状表现：有效穗 19.3 万穗/亩，株高 117.7 厘米，穗长 24.7 厘米，每穗总粒数 147.3 粒，结实率 80.6%，结实率小于 65%的点 1 个，千粒重 30.2 克。抗性表现：稻瘟病综合指数 3.2 级，穗瘟损失率最高级 5 级；白叶枯病 5 级；褐飞虱 9 级。米质表现：糙米率 82.8%，精米率 73.2%，整精米率 54.8%，粒长 7.5 毫米，长宽比 3.2，垩白粒率 26.0%，垩白度 3.5%，透明度 1 级，碱消值 6.6 级，胶稠度 77 毫米，直链淀粉含量 16.9%，综合评级为优质 3 级。

2018 年国家水稻品种试验年会审议意见：终止试验。

7. 早丰 A/亮莹

2018 年初试平均亩产 596.87 千克，比五优 308（CK）减产 2.42%，增产点比例 40.0%。全生育期 116.5 天，比五优 308（CK）早熟 2.1 天。主要农艺性状表现：有效穗 20.3 万穗/亩，株高 110.2 厘米，穗长 21.4 厘米，每穗总粒数 174.7 粒，结实率 81.6%，结实率小于 65%的点 0 个，千粒重 23.6 克。抗性表现：稻瘟病综合指数 6.0 级，穗瘟损失率最高级 7 级；白叶枯病 5 级；褐飞虱 9 级。米质表现：糙米率 82.1%，精米率 71.3%，整精米率 58.6%，粒长 6.8 毫米，长宽比 3.3，垩白粒率 10.7%，垩白度 1.5%，透明度 1 级，碱消值 6.8 级，胶稠度 62 毫米，直链淀粉含量 19.9%，综合评级为优质 2 级。

2018 年国家水稻品种试验年会审议意见：2019 年续试。

8. 泰优晶占

2018 年初试平均亩产 596.01 千克，比五优 308（CK）减产 2.56%，增产点比例 26.7%。全生育期 118.4 天，比五优 308（CK）早熟 0.2 天。主要农艺性状表现：有效穗 24.9 万穗/亩，株高 111.9 厘米，穗长 21.9 厘米，每穗总粒数 136.1 粒，结实率 80.2%，结实率小于 65%的点 0 个，千粒重 23.4 克。抗性表现：稻瘟病综合指数 5.8 级，穗瘟损失率最高级 7 级；白叶枯病 5 级；褐飞虱 9 级。米质表现：糙米率 81.3%，精米率 70.0%，整精米率 54.8%，粒长 7.0 毫米，长宽比 3.4，垩白粒率 7.5%，垩白度 1.1%，透明度 1 级，碱消值 5.2 级，胶稠度 80 毫米，直链淀粉含量 16.3%，综合评级为优质 3 级。

2018 年国家水稻品种试验年会审议意见：终止试验。

表 20-1 晚籼早熟 A 组（183111N-A）区试及生产试验参试品种基本情况

品种名称	试验编号	抗鉴编号	品种类型	亲本组合	申请者（非个人）	选育/供种单位
区试						
顺丰优 656	1	10	杂交稻	顺丰 1A/P656	湖南鑫盛华丰种业科技有限公司、岳阳市金穗作物研究所	湖南鑫盛华丰种业科技有限公司、岳阳市金穗作物研究所
*野香优美丝	2	6	杂交稻	野香 A/R 美丝	江西天稻粮安种业有限公司	江西天稻粮安种业有限公司
隆优 5438	3	12	杂交稻	隆香 634A/华恢 5438	湖南亚华种业科学研究院、湖南隆平种业有限公司	湖南亚华种业科学研究院
*五优珍丝苗	4	9	杂交稻	五丰 A/珍丝苗	武汉佳禾生物科技有限责任公司、广东粤良种业有限公司	武汉佳禾生物科技有限责任公司、广东粤良种业有限公司
*早丰 A/亮莹	5	8	杂交稻	早丰 A/亮莹	江西省农业科学院水稻所	江西省农业科学院水稻所
五优 308（CK）	6	1	杂交稻	五丰 A×广恢 308	广东省农业科学院水稻所	
*两优 810	7	3	杂交稻	2148S/荃恢 10 号	安徽荃银高科种业股份有限公司	安徽荃银高科种业股份有限公司
*广两优 373	8	2	杂交稻	广占 63-4S×恢 373	湖北国油种都高科技有限公司、湖北京谷农业有限公司	湖北国油种都高科技有限公司、湖北京谷农业有限公司
*旺两优 911	9	11	杂交稻	W115S×创恢 911	湖南袁创超级稻技术有限公司	湖南袁创超级稻技术有限公司
*泰优晶占	10	5	杂交稻	泰香 A×晶占	湖南永益农业科技发展有限公司	湖南永益农业科技发展有限公司
*晖两优 8612	11	4	杂交稻	华晖 217S/华恢 8612	安徽隆平高科（新桥）种业有限公司、湖南亚华种业科学研究院、湖南隆平高科种业科学研究院有限公司	安徽隆平高科（新桥）种业有限公司
荃早优 851	12	7	杂交稻	荃早 A/YR851	安徽荃银高科种业股份有限公司	安徽荃银高科种业股份有限公司
生产试验						
顺丰优 656	4		杂交稻	顺丰 1A/P656	湖南鑫盛华丰种业科技有限公司、岳阳市金穗作物研究所	湖南鑫盛华丰种业科技有限公司、岳阳市金穗作物研究所
荃早优 851	5		杂交稻	荃早 A/YR851	安徽荃银高科种业股份有限公司	安徽荃银高科种业股份有限公司
五优 308（CK）	2		杂交稻	五丰 A×广恢 308	广东省农业科学院水稻所	

*为 2018 年新参试品种

表 20-2　晚籼早熟 A 组（183111N-A）区试及生产试验点基本情况

承试单位	试验地点	经度	纬度	海拔高度（米）	试验负责人及执行人
区试					
安徽黄山市种子站	黄山市农科所双桥基地	118°14′	29°40′	134.0	汪琪、金荣华
安徽芜湖市种子站	南陵县籍山镇新坝村	118°13′	30°58′	8.0	陈炜平、朱国平
湖北金锣港原种场	团风县农科所试验田	114°54′	30°42′	20.3	刘春江
湖北荆州市农业科学院	沙市东郊王家桥	112°02′	30°24′	32.0	徐正猛
湖北孝感市农业科学院	院试验基地	113°51′	30°56′	25.0	刘华曙
湖南省贺家山原种场	常德市贺家山	111°54′	29°01′	28.2	曾跃华
湖南省水稻研究所	长沙市东郊马坡岭	113°05′	28°12′	44.9	傅黎明、周昆、凌伟其
湖南岳阳市农科所	岳阳市麻塘	113°05′	29°26′	32.0	黄四民、袁熙军
江西邓家埠水稻原种场	余江县东郊	116°51′	28°12′	37.7	陈治杰、刘红声
江西赣州市农科所	赣州市	114°57′	25°51′	123.8	刘海平、谢芳腾
江西九江市农科所	九江县马回岭镇	115°48′	29°26′	45.0	潘世文、刘中来、李三元、李坤、宋惠洁
江西省种子管理局	南昌市莲塘	115°27′	28°09′	25.0	彭从胜、祝鱼水
江西宜春市农科所	宜春市	114°23′	27°47′	128.5	谭桂英、周城勇、胡远琼
浙江金华市农业科学院	金华市汤溪镇寺平村	119°12′	29°06′	60.2	陈晓阳、周建霞、虞涛、陈丽平
中国水稻研究所	杭州市富阳区	120°19′	30°12′	7.2	杨仕华、夏俊辉、施彩娟
生产试验					
江西省种子管理局	南昌市莲塘	115°27′	28°09′	25.0	彭从胜、祝鱼水
江西现代种业股份有限公司	赣州市赣县江口镇优良村	115°06′	25°54′	110.0	余厚理、刘席中
江西奉新县种子局	奉新县赤岸镇沿里村	114°45′	28°34′	350.0	李小平、金兵华
湖南省贺家山原种场	常德市贺家山	111°54′	29°01′	28.2	曾跃华
湖南邵阳市农科所	邵阳县谷洲镇古楼村	111°50′	27°10′	252.0	贺淼尧、龙俐华、刘光华
湖南衡南县种子局	衡南县松江镇	112°06′	26°32′	50.0	吴先浩、李卫东
湖北金锣港原种场	团风县农科所试验田	114°54′	30°42′	20.0	刘春江
安徽黄山市种子站	黄山市农科所双桥基地	118°14′	29°40′	134.0	汪琪、金荣华

表 20-3　晚籼早熟 A 组（183111N-A）区试品种产量、生育期及主要农艺经济性状汇总分析结果

品种名称	区试年份	亩产（千克）	比 CK±%	比 CK 增产点（%）	产量差异显著性		结实率<65%点	全生育期（天）	比 CK±天	有效穗（万/亩）	株高（厘米）	穗长（厘米）	总粒数/穗	实粒数/穗	结实率（%）	千粒重（克）
					5%	1%										
顺丰优 656	2017—2018	627. 21	5. 56	93. 1				116. 1	-3. 3	22. 0	102. 1	22. 3	161. 3	139. 8	86. 6	23. 4
荃早优 851	2017—2018	606. 38	2. 06	72. 1				116. 5	-2. 9	21. 3	105. 4	21. 1	156. 2	134. 9	86. 4	23. 6
隆优 5438	2017—2018	621. 75	4. 64	76. 0				116. 8	-2. 6	21. 2	111. 3	23. 0	178. 9	143. 4	80. 2	24. 4
五优 308（CK）	2017—2018	594. 16	0. 00	0. 0				119. 4	0. 0	21. 5	108. 1	22. 0	161. 8	130. 5	80. 6	23. 6
旺两优 911	2018	648. 23	5. 97	93. 3	a	A	0	117. 3	-1. 3	19. 1	109. 8	25. 9	212. 1	170. 5	80. 4	23. 5
晖两优 8612	2018	646. 95	5. 76	93. 3	a	A	0	115. 9	-2. 7	20. 7	112. 4	23. 8	177. 5	148. 0	83. 4	24. 3
顺丰优 656	2018	644. 34	5. 34	93. 3	ab	AB	0	115. 2	-3. 4	22. 1	103. 1	22. 1	164. 4	143. 7	87. 4	23. 2
隆优 5438	2018	637. 88	4. 28	73. 3	bc	BC	1	116. 3	-2. 3	21. 5	114. 0	22. 8	181. 3	144. 2	79. 5	24. 1
五优珍丝苗	2018	635. 88	3. 95	80. 0	cd	BCD	0	118. 3	-0. 3	22. 9	105. 1	21. 2	166. 2	139. 6	84. 0	22. 8
两优 810	2018	633. 13	3. 50	86. 7	cd	CD	1	117. 5	-1. 1	23. 0	108. 0	22. 5	161. 9	130. 2	80. 4	25. 3
荃早优 851	2018	629. 47	2. 91	80. 0	d	D	0	115. 5	-3. 1	21. 9	107. 3	20. 8	160. 5	140. 9	87. 8	23. 1
野香优美丝	2018	619. 75	1. 32	73. 3	e	E	0	117. 5	-1. 1	21. 8	114. 8	23. 1	154. 1	126. 2	81. 9	25. 1
广两优 373	2018	613. 91	0. 36	46. 7	ef	E	1	119. 3	0. 7	19. 3	117. 7	24. 7	147. 3	118. 7	80. 6	30. 2
五优 308（CK）	2018	611. 70	0. 00	0. 0	f	E	0	118. 6	0. 0	22. 5	109. 1	21. 9	161. 8	131. 9	81. 6	23. 3
早丰 A/亮莹	2018	596. 87	-2. 42	40. 0	g	F	0	116. 5	-2. 1	20. 3	110. 2	21. 4	174. 7	142. 5	81. 6	23. 6
泰优晶占	2018	596. 01	-2. 56	26. 7	g	F	0	118. 4	-0. 2	24. 9	111. 9	21. 9	136. 1	109. 2	80. 2	23. 4

表 20-4　晚籼早熟 A 组生产试验（183111N-A-S）品种产量、生育期、综合评级及抽穗期耐冷性

品种名称	顺丰优 656	荃早优 851	五优 308（CK）
生产试验汇总表现			
全生育期（天）	115.0	116.3	116.5
比 CK±天	-1.5	-0.2	0.0
亩产（千克）	579.69	578.34	554.20
产量比 CK±%	4.60	4.36	0.00
增产试验点比例（%）	100.0	87.5	0.0
各生产试验点综合评价等级			
安徽黄山市种子站	B	B	B
湖北团风县金锣港原种场	A	C	B
湖南衡南县种子局	A	B	B
湖南邵阳市农科所	A	A	B
湖南省贺家山原种场	B	B	B
江西奉新县种子局	A	C	C
江西省种子管理局	A	A	B
江西现代种业有限公司	A	A	A
抽穗期耐冷性	较强	中等	中等

注：1. 综合评价等级：A—好，B—较好，C—中等，D——一般。
2. 耐冷性为湖南省湖南贺家山原种场鉴定结果。

表 20-5　长江中下游晚籼早熟 A 组（183111N-A）品种稻瘟病抗性各地鉴定结果（2018 年）

品种名称	浙江					湖南					湖北					安徽					福建					江西				
	叶瘟	穗瘟发病		穗瘟损失		叶瘟	穗瘟发病		穗瘟损失		叶瘟	穗瘟发病		穗瘟损失		叶瘟	穗瘟发病		穗瘟损失		叶瘟	穗瘟发病		穗瘟损失		叶瘟	穗瘟发病		穗瘟损失	
	级	%	级	%	级	级	%	级	%	级	级	%	级	%	级	级	%	级	%	级	级	%	级	%	级	级	%	级	%	级
五优 308（CK）	4	37	7	13	3	3	35	7	6	3	5	47	7	17	5	5	67	9	41	7	6	55	9	31	7	4	100	9	32	7
广两优 373	3	44	7	17	5	3	31	5	5	1	4	7	3	2	1	2	9	3	3	1	4	8	3	3	1	3	100	9	16	5
两优 810	2	33	7	11	3	3	36	7	6	3	3	13	5	5	1	3	15	5	4	1	4	10	3	3	1	3	46	7	6	3
晖两优 8612	4	66	9	26	5	4	48	7	11	3	4	15	5	4	1	2	16	5	4	1	5	14	5	5	1	4	100	9	14	3
泰优晶占	4	45	7	17	5	5	52	9	13	3	6	56	9	28	5	3	59	9	37	7	7	68	9	40	7	3	64	9	6	3
野香优美丝	2	34	7	13	3	3	30	7	5	1	5	21	5	6	3	4	52	9	21	5	5	21	5	9	3	2	47	7	4	1
荃早优 851	3	64	9	7	3	6	60	9	16	5	4	14	5	5	1	3	59	9	24	5	4	9	3	4	1	4	66	9	6	3
早丰 A/亮莹	4	39	7	17	5	4	55	9	13	3	6	68	9	36	7	3	44	7	24	5	8	79	9	49	7	4	100	9	29	5
五优珍丝苗	4	34	7	10	3	4	57	9	14	3	3	13	5	5	1	3	42	7	18	5	4	13	5	5	1	5	79	9	11	3
顺丰优 656	3	78	9	29	5	3	50	7	12	3	5	22	5	12	3	3	31	7	11	3	5	16	5	7	3	4	100	9	16	5
旺两优 911	2	61	9	8	3	4	50	7	14	3	6	19	5	7	3	2	56	9	32	7	7	47	7	29	5	3	65	9	8	3
隆优 5438	1	32	7	12	3	5	57	9	16	5	5	26	7	11	3	2	53	9	23	5	6	22	5	11	3	3	100	9	19	5
感稻瘟病（CK）	7	87	9	38	7	8	78	9	51	9	7	73	9	38	7	8	100	9	82	9	9	100	9	73	9	7	100	9	73	9

注：1. 鉴定单位：浙江省农业科学院植微所、湖南省农业科学院植保所、湖北宜昌市农业科学院、安徽省农业科学院植保所、福建上杭县茶地乡农技站、江西井冈山企业集团农技服务中心。

2. 感稻瘟病（CK）：浙江为 Wh26，湖北为鄂宜 105，湖南、江西为湘晚籼 11 号，安徽为原丰早，福建为明恢 86+龙黑糯 2 号。

表 20-6　长江中下游晚籼早熟 A 组（183111N-A）品种对主要病虫抗性综合评价结果（2017—2018 年）

品种名称	区试年份	稻瘟病										白叶枯病（级）			褐飞虱（级）		
		2018 年各地综合指数							2018 年穗瘟损失率最高级	1~2 年综合评价		2018 年	1~2 年综合评价		2018 年	1~2 年综合评价	
		浙江	湖南	湖北	安徽	福建	江西	平均		平均综合指数	穗瘟损失率最高级		平均	最高		平均	最高
荃早优 851	2017—2018	4.5	6.3	2.8	5.5	2.0	4.8	4.3	5	3.7	5	5	6	7	9	9	9
顺丰优 656	2017—2018	5.5	4.0	4.0	4.0	3.8	5.8	4.5	5	4.6	7	5	5	5	9	8	9
隆优 5438	2017—2018	3.5	6.0	4.5	5.3	4.0	5.5	4.8	5	4.5	5	5	5	5	9	9	9
五优 308（CK）	2017—2018	4.3	4.0	5.5	7.0	7.0	6.8	5.8	7	5.8	9	7	7	7	9	8	9
广两优 373	2018	5.0	2.5	2.3	1.8	2.0	5.5	3.2	5	3.2	5	5	5	5	9	9	9
两优 810	2018	3.8	4.0	2.5	2.5	2.0	4.0	3.2	3	3.2	3	5	5	5	9	9	9
晖两优 8612	2018	5.8	4.3	2.8	2.3	2.8	4.8	3.8	5	3.8	5	5	5	5	9	9	9
泰优晶占	2018	5.3	5.0	6.3	6.5	7.0	4.5	5.8	7	5.8	7	5	5	5	9	9	9
野香优美丝	2018	3.8	3.0	4.0	5.8	3.8	2.8	3.9	5	3.9	5	7	7	7	9	9	9
早丰 A/亮莹	2018	5.3	4.8	7.3	5.0	7.3	5.8	6.0	7	6.0	7	5	5	5	9	9	9
五优珍丝苗	2018	4.3	4.8	2.5	5.0	2.5	5.0	4.0	5	4.0	5	5	5	5	9	9	9
旺两优 911	2018	4.3	4.3	4.3	6.3	5.3	4.5	4.9	7	4.9	7	5	5	5	9	9	9
五优 308（CK）	2018	4.3	4.0	5.5	7.0	7.0	6.8	5.8	7	5.8	7	7	7	7	9	9	9
感病虫（CK）	2018	7.5	8.8	7.5	8.8	8.5	8.5	8.3	9	8.3	9	9	9	9	9	9	9

注：1. 稻瘟病综合指数=叶瘟平均级×25%+穗瘟发病率平均级×25%+穗瘟损失率平均级×50%。

2. 白叶枯病和褐飞虱鉴定单位分别为湖南省农业科学院水稻所和中国水稻研究所稻作发展中心。

3. 感白叶枯病、褐飞虱（CK）分别为金刚 30、TN1。

表 20-7 晚籼早熟 A 组（183111N-A）米质检测分析结果

品种名称	年份	糙米率（%）	精米率（%）	整精米率（%）	粒长（毫米）	长宽比	垩白粒率（%）	垩白度（%）	透明度（级）	碱消值（级）	胶稠度（毫米）	直链淀粉（%）	部标（等级）
顺丰优 656	2017—2018	82.4	73.5	63.7	6.6	3.2	8	1.4	1	5.6	70	16.0	优 3
隆优 5438	2017—2018	82.3	69.8	55.1	7.1	3.4	7	1.0	1	4.9	77	15.8	普通
荃早优 851	2017—2018	81.8	70.7	60.1	6.9	3.2	5	0.8	1	6.9	66	18.7	优 2
五优 308（CK）	2017—2018	82.4	74.3	68.6	6.4	2.9	20	3.2	1	6.1	55	20.9	优 3
野香优美丝	2018	82.0	71.6	58.2	7.1	3.5	6	0.7	1	6.9	72	16.9	优 1
五优珍丝苗	2018	81.5	70.6	59.2	6.5	2.9	9	1.4	1	4.9	77	16.0	普通
早丰 A/亮莹	2018	82.1	71.3	58.6	6.8	3.3	11	1.5	1	6.8	62	19.9	优 2
两优 810	2018	81.5	71.1	52.6	7.0	3.3	13	1.5	1	5.6	79	16.5	优 3
广两优 373	2018	82.8	73.2	54.8	7.5	3.2	26	3.5	1	6.6	77	16.9	优 3
旺两优 911	2018	82.0	72.9	60.8	6.6	3.1	6	0.7	1	5.6	72	15.8	优 3
泰优晶占	2018	81.3	70.0	54.8	7.0	3.4	8	1.1	1	5.2	80	16.3	优 3
晖两优 8612	2018	81.8	71.0	57.2	6.8	3.2	14	1.9	1	4.7	80	15.9	普通
五优 308（CK）	2018	82.8	72.8	61.7	6.5	2.9	19	2.8	1	6.1	74	22.5	普通

注：1. 供样单位：中国水稻研究所（2017—2018 年）、江西省种子管理局（2017—2018 年）、湖南岳阳市农科所（2017—2018 年）。

2. 检测单位：农业农村部稻米及制品质量监督检验测试中心。

表 20-8-1　晚籼早熟 A 组（183111N-A）区试品种在各试点的产量、生育期及主要农艺经济性状表现

品种名称/试验点	亩产（千克）	比 CK ±%	产量位次	播种期（月/日）	齐穗期（月/日）	成熟期（月/日）	全生育期（天）	有效穗（万/亩）	株高（厘米）	穗长（厘米）	总粒数/穗	实粒数/穗	结实率（%）	千粒重（克）	杂株率（%）	倒伏性	穗颈瘟	纹枯病	稻曲病	综评等级
顺丰优 656																				
安徽黄山市种子站	618.72	1.29	6	6/13	9/1	10/12	121	22.3	102.0	20.8	134.0	122.0	91.0	23.2	—	直	未发	未发	轻	B
安徽芜湖市种子站	620.16	11.71	3	6/15	8/21	9/25	102	16.6	99.2	23.4	190.6	171.6	90.0	23.1	0.2	直	未发	轻	轻	A
湖北荆州市农业科学院	646.85	8.98	3	6/20	9/2	10/13	115	26.5	103.4	20.4	142.0	117.0	82.4	22.2	0.3	直	未发	未发	未发	A
湖北团风县金锣港原种场	703.32	9.78	2	6/24	9/5	10/13	111	25.8	113.2	21.2	157.6	138.7	88.0	22.3	0.2	倒	轻	轻	轻	B
湖北孝感市农业科学院	700.68	10.87	3	6/20	9/3	10/22	124	25.0	106.2	23.0	209.6	171.8	82.0	22.4	0.0	斜	轻	轻	轻	A
湖南省贺家山原种场	686.34	2.57	3	6/20	8/27	10/10	112	19.1	115.6	22.9	186.4	165.4	88.7	26.5	—	直	未发	轻	无	B
湖南省水稻研究所	582.54	1.54	7	6/23	9/7	10/17	116	21.1	87.6	23.7	173.4	155.7	89.8	25.1	0.3	直	未发	轻	无	B
湖南岳阳市农科所	666.67	6.97	5	6/22	9/5	10/11	111	21.5	105.6	23.3	183.1	146.5	80.0	25.6	0.0	直	未发	无	—	A
江西赣州市农科所	625.66	5.15	4	6/24	9/20	10/26	124	25.8	87.5	23.5	150.4	122.7	81.6	20.5	1.5	直	无	无	轻	A
江西九江市农科所	553.23	6.92	6	6/15	9/2	10/12	119	24.6	103.7	20.8	145.6	127.9	87.8	21.9	0.0	直	未发	轻	未发	B
江西省邓家埠水稻原种场	583.88	3.54	6	6/25	9/12	10/19	116	24.4	93.4	20.0	123.4	104.5	84.7	23.2	0.0	直	未发	轻	轻	B
江西省种子管理局	637.83	3.91	4	6/29	9/5	10/17	110	24.9	99.6	21.3	173.3	163.4	94.3	23.8	0.7	直	未发	轻	未发	A
江西宜春市农科所	698.32	4.77	2	6/20	9/4	10/13	115	17.3	105.4	22.4	159.8	142.9	89.4	21.1	0.3	直	未发	轻	轻	B
浙江金华市农业科学院	649.70	-4.86	9	6/18	8/29	10/5	109	17.5	115.4	21.7	174.0	160.7	92.4	24.6	0.0	直	未发	轻	未发	A
中国水稻研究所	691.18	8.39	3	6/15	8/30	10/16	123	19.5	108.3	22.6	163.1	145.3	89.1	22.5	0.0	伏	未发	轻	—	A

综合评级：A—好，B—较好，C—中等，D—一般。

表 20-8-2　晚籼早熟 A 组（183111N-A）区试品种在各试点的产量、生育期及主要农艺经济性状表现

品种名称/试验点	亩产（千克）	比 CK ±%	产量位次	播种期（月/日）	齐穗期（月/日）	成熟期（月/日）	全生育期（天）	有效穗（万/亩）	株高（厘米）	穗长（厘米）	总粒数/穗	实粒数/穗	结实率（%）	千粒重（克）	杂株率（%）	倒伏性	穗颈瘟	纹枯病	稻曲病	综评等级
野香优美丝																				
安徽黄山市种子站	605.35	-0.90	9	6/13	9/8	10/12	121	22.5	116.0	22.1	154.0	115.0	74.7	23.6	0.7	直	未发	未发	轻	B
安徽芜湖市种子站	575.15	3.60	8	6/15	8/28	10/5	112	15.3	112.1	23.6	167.4	145.8	87.1	26.9	0.1	直	未发	轻	无	D
湖北荆州市农业科学院	615.03	3.62	7	6/20	9/8	10/17	119	28.3	113.6	20.6	105.5	87.6	83.0	24.6	0.4	直	未发	未发	轻	C
湖北团风县金锣港原种场	655.51	2.31	9	6/24	9/15	10/16	114	24.5	120.9	22.3	137.8	125.5	91.1	25.3	1.2	直	无	轻	未发	B
湖北孝感市农业科学院	678.17	7.31	5	6/20	9/9	10/22	124	26.0	118.9	24.7	213.6	157.8	73.9	24.4	0.0	直	轻	轻	轻	A
湖南省贺家山原种场	678.84	1.45	6	6/20	9/2	10/15	117	21.0	127.7	24.1	204.3	175.5	85.9	26.4	—	直	未发	轻	轻	B
湖南省水稻研究所	585.88	2.12	6	6/23	9/12	10/21	120	18.2	107.3	25.7	172.9	131.3	75.9	27.5	0.8	直	未发	轻	无	B
湖南岳阳市农科所	638.27	2.41	8	6/22	9/10	10/13	113	23.7	116.2	24.3	176.7	137.6	77.9	26.7	1.0	直	未发	轻	—	C
江西赣州市农科所	615.66	3.47	5	6/24	9/23	10/28	126	22.2	100.4	23.9	121.5	95.0	78.2	23.0	0.0	直	无	无	轻	A
江西九江市农科所	545.23	5.38	7	6/15	9/7	10/12	119	18.4	120.7	22.3	145.7	124.3	85.3	25.4	0.0	直	未发	无	未发	B
江西省邓家埠水稻原种场	560.72	-0.56	10	6/25	9/17	10/13	110	22.4	102.0	22.3	143.4	111.4	77.7	23.5	0.3	直	未发	轻	轻	B
江西省种子管理局	639.50	4.18	2	6/29	9/7	10/19	112	22.6	105.5	22.5	148.5	137.1	92.3	26.7	1.8	直	未发	轻	未发	A
江西宜春市农科所	688.49	3.30	3	6/20	9/11	10/15	117	25.3	116.7	22.8	134.3	96.4	71.8	21.6	0.7	直	未发	轻	轻	B
浙江金华市农业科学院	583.36	-14.57	12	6/18	9/3	10/10	114	16.9	123.6	22.1	136.5	118.9	87.1	27.0	0.0	直	未发	轻	未发	C
中国水稻研究所	631.16	-1.02	10	6/15	9/4	10/18	125	19.1	120.6	23.8	148.9	133.7	89.8	24.3	0.0	直	未发	轻	—	C

综合评级：A—好，B—较好，C—中等，D——般。

表 20-8-3　晚籼早熟 A 组（183111N-A）区试品种在各试点的产量、生育期及主要农艺经济性状表现

品种名称/试验点	亩产（千克）	比 CK ±%	产量位次	播种期（月/日）	齐穗期（月/日）	成熟期（月/日）	全生育期（天）	有效穗（万/亩）	株高（厘米）	穗长（厘米）	总粒数/穗	实粒数/穗	结实率（%）	千粒重（克）	杂株率（%）	倒伏性	穗颈瘟	纹枯病	稻曲病	综评等级
隆优 5438																				
安徽黄山市种子站	573.94	-6.04	11	6/13	9/8	10/13	122	21.8	114.2	21.7	128.6	109.0	84.8	24.7	—	直	未发	未发	中	B
安徽芜湖市种子站	571.81	3.00	9	6/15	8/23	9/25	102	14.3	113.2	24.2	192.6	165.6	86.0	25.3	1.3	直	未发	轻	轻	C
湖北荆州市农业科学院	585.54	-1.35	10	6/20	9/5	10/20	122	29.0	118.9	21.1	154.9	80.7	52.1	24.3	0.5	直	未发	未发	未发	D
湖北团风县金锣港原种场	695.82	8.61	4	6/24	9/7	10/19	117	24.8	119.0	21.7	187.9	148.3	78.9	22.4	0.1	倒	轻	轻	未发	B
湖北孝感市农业科学院	713.85	12.95	1	6/20	9/2	10/23	125	24.9	120.2	24.6	236.9	166.0	70.1	23.4	0.0	倒	轻	轻	轻	B
湖南省贺家山原种场	646.83	-3.34	10	6/20	8/28	10/11	113	20.3	132.3	23.2	204.8	186.3	91.0	24.4	—	直	未发	轻	无	C
湖南省水稻研究所	615.53	7.29	1	6/23	9/5	10/12	111	17.8	103.8	24.3	192.0	147.0	76.6	26.4	0.0	直	未发	轻	无	A
湖南岳阳市农科所	656.64	5.36	7	6/22	9/5	10/11	111	23.5	110.8	24.2	208.3	168.5	80.9	26.1	0.0	直	未发	轻	—	B
江西赣州市农科所	633.16	6.42	2	6/24	9/14	10/26	124	27.4	95.9	23.7	172.6	141.8	82.2	21.5	0.0	直	无	无	轻	A
江西九江市农科所	532.40	2.90	9	6/15	9/3	10/13	120	21.2	113.1	21.8	166.9	142.9	85.6	24.4	0.0	直	未发	轻	未发	C
江西省邓家埠水稻原种场	630.69	11.85	1	6/25	9/11	10/18	115	20.7	100.8	22.1	161.6	128.1	79.3	24.9	4.5	直	未发	轻	轻	A
江西省种子管理局	587.32	-4.32	11	6/29	9/6	10/19	112	21.8	111.7	21.1	148.7	136.0	91.5	26.1	0.9	直	未发	轻	未发	C
江西宜春市农科所	675.67	1.38	6	6/20	9/6	10/16	118	19.1	116.6	23.6	205.1	159.2	77.6	20.6	0.3	伏	未发	无	轻	C
浙江金华市农业科学院	738.93	8.21	1	6/18	8/30	10/5	109	16.8	122.4	21.0	200.3	169.7	84.7	23.9	0.0	斜	未发	轻	未发	A
中国水稻研究所	710.01	11.35	1	6/15	8/29	10/17	124	19.1	116.9	23.2	157.9	113.6	71.9	23.0	0.0	伏	未发	轻	—	A

综合评级：A—好，B—较好，C—中等，D——般。

表 20-8-4 晚籼早熟 A 组（183111N-A）区试品种在各试点的产量、生育期及主要农艺经济性状表现

品种名称/试验点	亩产（千克）	比 CK ±%	产量位次	播种期（月/日）	齐穗期（月/日）	成熟期（月/日）	全生育期（天）	有效穗（万/亩）	株高（厘米）	穗长（厘米）	总粒数/穗	实粒数/穗	结实率（%）	千粒重（克）	杂株率（%）	倒伏性	穗颈瘟	纹枯病	稻曲病	综评等级
五优珍丝苗																				
安徽黄山市种子站	621.72	1.78	5	6/13	9/3	10/13	122	20.1	100.0	21.1	156.3	135.2	86.5	22.9	0.9	直	未发	未发	轻	B
安徽芜湖市种子站	595.15	7.21	7	6/15	8/25	9/30	107	14.0	98.4	22.8	221.6	194.0	87.5	23.2	1.7	直	未发	轻	无	B
湖北荆州市农业科学院	650.01	9.51	2	6/20	9/4	10/18	120	26.8	107.5	19.6	141.2	115.8	82.0	22.7	0.2	直	未发	未发	未发	A
湖北团风县金锣港原种场	704.82	10.01	1	6/24	9/11	10/21	119	24.8	110.4	19.3	146.7	131.8	89.8	21.4	0.1	直	无	轻	未发	A
湖北孝感市农业科学院	671.50	6.25	7	6/20	9/7	10/24	126	26.1	110.5	22.3	229.1	175.3	76.5	21.6	0.0	直	轻	轻	轻	A
湖南省贺家山原种场	680.51	1.69	5	6/20	9/1	10/15	117	20.4	122.0	20.9	189.7	168.0	88.6	22.5	—	直	未发	轻	无	B
湖南省水稻研究所	564.22	-1.66	11	6/23	9/12	10/21	120	21.5	96.7	23.1	175.1	122.4	69.9	25.6	0.1	直	未发	轻	无	C
湖南岳阳市农科所	665.00	6.70	6	6/22	9/8	10/12	112	23.9	108.8	22.4	157.8	128.8	81.6	25.2	0.0	直	未发	无	—	A
江西赣州市农科所	628.66	5.66	3	6/24	9/16	10/23	121	31.8	87.6	20.2	100.0	83.1	83.1	22.0	0.0	直	无	无	轻	A
江西九江市农科所	554.56	7.18	5	6/15	9/5	10/14	121	22.2	116.3	21.1	159.9	131.5	82.2	22.6	0.0	直	未发	重	未发	B
江西省邓家埠水稻原种场	578.21	2.54	8	6/25	9/14	10/25	122	23.7	97.4	20.8	135.9	111.9	82.3	23.1	0.0	直	未发	轻	轻	B
江西省种子管理局	636.50	3.69	5	6/29	9/7	10/19	112	25.4	96.9	20.2	150.4	139.2	92.6	24.6	0.9	直	未发	轻	未发	A
江西宜春市农科所	656.34	-1.52	10	6/20	9/11	10/15	117	22.3	95.2	20.9	165.0	148.5	90.0	20.5	0.3	直	未发	无	轻	C
浙江金华市农业科学院	679.85	-0.44	5	6/18	8/31	10/10	114	18.0	117.6	20.7	191.2	172.1	90.0	22.7	0.0	斜	未发	轻	未发	A
中国水稻研究所	651.17	2.12	6	6/15	9/3	10/18	125	21.9	110.7	22.9	172.9	135.7	78.5	20.7	0.0	直	未发	轻	—	B

综合评级：A—好，B—较好，C—中等，D——般。

表 20-8-5　晚籼早熟 A 组（183111N-A）区试品种在各试点的产量、生育期及主要农艺经济性状表现

品种名称/试验点	亩产（千克）	比 CK ±%	产量位次	播种期（月/日）	齐穗期（月/日）	成熟期（月/日）	全生育期（天）	有效穗（万/亩）	株高（厘米）	穗长（厘米）	总粒数/穗	实粒数/穗	结实率（%）	千粒重（克）	杂株率（%）	倒伏性	穗颈瘟	纹枯病	稻曲病	综评等级
早丰 A/亮莹																				
安徽黄山市种子站	602.68	-1.34	10	6/13	9/2	10/12	121	21.4	110.0	19.2	149.0	121.0	81.2	23.3	—	直	未发	未发	中	B
安徽芜湖市种子站	510.13	-8.11	12	6/15	8/23	9/26	103	14.2	111.6	22.4	205.6	158.2	76.9	24.1	0.2	直	未发	轻	无	A
湖北荆州市农业科学院	589.37	-0.70	9	6/20	9/4	10/18	120	23.5	118.4	21.0	164.4	121.6	74.0	22.3	0.2	直	未发	未发	轻	C
湖北团风县金锣港原种场	615.20	-3.98	12	6/24	9/9	10/18	116	20.7	111.5	20.7	149.7	133.8	89.4	23.2	0.2	直	轻	轻	未发	B
湖北孝感市农业科学院	668.84	5.83	8	6/20	9/5	10/24	126	22.0	114.1	22.3	233.6	179.1	76.7	21.8	0.0	直	轻	轻	轻	B
湖南省贺家山原种场	510.13	-23.77	12	6/20	8/31	10/12	114	20.3	128.5	21.0	197.2	149.3	75.7	24.3	—	直	未发	轻	轻	D
湖南省水稻研究所	578.55	0.84	8	6/23	9/8	10/17	116	19.1	91.6	21.6	168.0	130.6	77.7	25.7	0.0	直	未发	轻	无	B
湖南岳阳市农科所	615.71	-1.21	12	6/22	9/7	10/12	112	22.3	108.6	22.6	194.4	148.5	76.4	26.0	0.0	直	未发	无	—	B
江西赣州市农科所	605.99	1.85	8	6/24	9/15	10/25	123	24.2	88.8	23.4	147.0	119.1	81.0	22.5	1.0	直	无	无	轻	B
江西九江市农科所	555.72	7.41	4	6/15	9/4	10/12	119	19.0	115.4	21.6	193.6	168.0	86.8	24.4	0.0	直	未发	重	未发	B
江西省邓家埠水稻原种场	550.89	-2.30	11	6/25	9/12	10/14	111	21.0	103.6	20.3	134.9	115.0	85.2	23.4	0.0	直	未发	轻	轻	B
江西省种子管理局	616.82	0.49	7	6/29	9/6	10/19	112	21.2	103.0	20.1	152.4	143.6	94.2	25.3	0.7	直	未发	轻	未发	B
江西宜春市农科所	663.17	-0.50	9	6/20	9/7	10/16	118	21.9	112.2	21.1	165.8	139.2	84.0	21.8	—	直	未发	无	中	C
浙江金华市农业科学院	629.86	-7.76	11	6/18	8/30	10/7	111	15.4	121.7	19.9	180.9	163.7	90.5	24.7	0.0	倒	未发	轻	未发	B
中国水稻研究所	640.00	0.37	7	6/15	9/2	10/19	126	19.0	114.7	23.1	183.5	146.9	80.1	21.4	0.0	直	未发	轻	—	B

综合评级：A—好，B—较好，C—中等，D——般。

表 20-8-6　晚籼早熟 A 组（183111N-A）区试品种在各试点的产量、生育期及主要农艺经济性状表现

品种名称/试验点	亩产（千克）	比 CK ±%	产量位次	播种期（月/日）	齐穗期（月/日）	成熟期（月/日）	全生育期（天）	有效穗（万/亩）	株高（厘米）	穗长（厘米）	总粒数/穗	实粒数/穗	结实率（%）	千粒重（克）	杂株率（%）	倒伏性	穗颈瘟	纹枯病	稻曲病	综评等级
五优 308（CK）																				
安徽黄山市种子站	610.86	0.00	7	6/13	9/1	10/12	121	20.9	106.2	21.0	150.9	131.8	87.3	23.8	—	直	未发	未发	轻	B
安徽芜湖市种子站	555.14	0.00	10	6/15	8/23	9/26	103	17.3	106.1	23.9	177.2	146.4	82.6	23.1	1.8	直	未发	轻	轻	A
湖北荆州市农业科学院	593.54	0.00	8	6/20	9/4	10/18	120	28.3	118.9	19.8	126.1	85.1	67.5	22.7	0.3	直	未发	未发	轻	C
湖北团风县金锣港原种场	640.68	0.00	10	6/24	9/10	10/22	120	24.5	113.4	21.5	144.4	129.3	89.5	21.6	0.2	倒	无	轻	未发	C
湖北孝感市农业科学院	631.99	0.00	11	6/20	9/6	10/25	127	26.1	116.2	22.3	200.8	140.8	70.1	23.1	0.0	直	轻	轻	轻	B
湖南省贺家山原种场	669.17	0.00	8	6/20	8/31	10/15	117	20.0	125.5	22.6	202.9	174.5	86.0	24.3	—	斜	未发	轻	无	B
湖南省水稻研究所	573.72	0.00	10	6/23	9/10	10/20	119	18.8	96.6	24.0	174.1	140.9	80.9	25.5	0.0	直	未发	轻	无	C
湖南岳阳市农科所	623.23	0.00	10	6/22	9/8	10/12	112	23.6	112.6	22.8	177.4	148.8	83.9	25.4	0.0	直	未发	轻	—	B
江西赣州市农科所	594.99	0.00	10	6/24	9/16	10/28	126	26.9	88.3	21.2	124.2	98.9	79.6	22.5	0.0	直	无	轻	无	A
江西九江市农科所	517.41	0.00	10	6/15	9/4	10/14	121	23.2	114.5	20.0	150.2	112.7	75.0	22.4	0.0	直	未发	重	未发	C
江西省邓家埠水稻原种场	563.89	0.00	9	6/25	9/14	10/25	122	21.4	99.8	22.0	152.3	119.3	78.3	23.5	0.0	直	未发	轻	轻	B
江西省种子管理局	613.82	0.00	10	6/29	9/6	10/20	113	25.4	103.1	21.6	163.1	151.7	93.0	25.6	0.4	直	未发	轻	未发	B
江西宜春市农科所	666.50	0.00	8	6/20	9/4	10/16	118	21.0	105.7	22.4	158.4	126.9	80.1	20.5	0.3	直	未发	轻	轻	C
浙江金华市农业科学院	682.88	0.00	4	6/18	8/29	10/10	114	19.1	117.7	20.0	175.8	148.3	84.4	24.0	0.0	倒	未发	轻	未发	A
中国水稻研究所	637.66	0.00	8	6/15	9/2	10/19	126	20.7	111.9	23.0	148.9	123.6	83.0	21.2	1.9	伏	未发	轻	—	B

综合评级：A—好，B—较好，C—中等，D——般。

表 20-8-7　晚籼早熟 A 组（183111N-A）区试品种在各试点的产量、生育期及主要农艺经济性状表现

品种名称/试验点	亩产（千克）	比 CK ±%	产量位次	播种期（月/日）	齐穗期（月/日）	成熟期（月/日）	全生育期（天）	有效穗（万/亩）	株高（厘米）	穗长（厘米）	总粒数/穗	实粒数/穗	结实率（%）	千粒重（克）	杂株率（%）	倒伏性	穗颈瘟	纹枯病	稻曲病	综评等级
两优 810																				
安徽黄山市种子站	649.29	6.29	2	6/13	9/3	10/14	123	24.5	106.4	20.8	128.0	112.0	87.5	24.7	—	直	未发	未发	轻	B
安徽芜湖市种子站	598.49	7.81	6	6/15	8/23	9/25	102	20.2	105.1	23.5	135.0	123.0	91.1	25.4	0.2	直	未发	轻	无	D
湖北荆州市农业科学院	623.19	5.00	5	6/20	9/2	10/15	117	24.3	108.2	20.8	137.8	96.4	70.0	25.2	0.4	直	未发	未发	未发	B
湖北团风县金锣港原种场	677.00	5.67	7	6/24	9/9	10/19	117	24.6	113.9	22.7	148.5	121.6	81.9	26.2	0.1	倒	无	轻	未发	B
湖北孝感市农业科学院	659.33	4.33	10	6/20	9/6	10/24	126	24.5	112.0	24.2	225.4	153.9	68.3	25.0	0.0	直	轻	轻	轻	B
湖南省贺家山原种场	676.17	1.05	7	6/20	8/31	10/15	117	18.4	124.0	22.6	197.9	176.3	89.1	26.0	—	直	未发	轻	无	B
湖南省水稻研究所	551.56	-3.86	12	6/23	9/9	10/18	117	23.1	100.8	24.5	169.7	125.8	74.1	27.5	0.5	直	未发	轻	无	D
湖南岳阳市农科所	673.35	8.04	3	6/22	9/8	10/12	112	23.7	110.6	22.1	170.9	134.3	78.6	25.9	0.0	直	未发	无	—	A
江西赣州市农科所	595.32	0.06	9	6/24	9/21	10/28	126	29.2	96.5	23.0	136.7	80.6	59.0	24.5	0.0	直	无	无	无	A
江西九江市农科所	559.39	8.11	3	6/15	9/4	10/14	121	22.8	108.9	21.6	154.4	115.0	74.5	25.3	0.0	直	未发	重	未发	A
江西省邓家埠水稻原种场	595.71	5.64	5	6/25	9/14	10/20	117	22.7	105.0	22.0	130.6	112.2	85.9	24.0	0.9	直	未发	轻	轻	A
江西省种子管理局	636.16	3.64	6	6/29	9/6	10/19	112	25.2	101.3	21.6	145.0	131.6	90.8	27.4	0.9	直	未发	轻	未发	A
江西宜春市农科所	670.00	0.53	7	6/20	9/7	10/14	116	22.4	103.7	23.7	218.2	171.7	78.7	21.6	—	直	未发	轻	轻	C
浙江金华市农业科学院	669.09	-2.02	6	6/18	8/31	10/10	114	17.8	115.0	21.5	163.9	150.5	91.8	26.0	0.0	倒	未发	轻	未发	A
中国水稻研究所	662.84	3.95	5	6/15	9/1	10/18	125	21.3	108.9	22.5	166.1	148.2	89.2	24.1	0.0	直	未发	轻	—	B

综合评级：A—好，B—较好，C—中等，D—一般。

表 20-8-8 晚籼早熟 A 组（183111N-A）区试品种在各试点的产量、生育期及主要农艺经济性状表现

品种名称/试验点	亩产（千克）	比 CK ±%	产量位次	播种期（月/日）	齐穗期（月/日）	成熟期（月/日）	全生育期（天）	有效穗（万/亩）	株高（厘米）	穗长（厘米）	总粒数/穗	实粒数/穗	结实率（%）	千粒重（克）	杂株率（%）	倒伏性	穗颈瘟	纹枯病	稻曲病	综评等级
广两优 373																				
安徽黄山市种子站	636.09	4.13	3	6/13	9/7	10/12	121	21.6	121.2	23.7	123.0	93.4	75.9	31.5	—	直	未发	未发	无	B
安徽芜湖市种子站	626.83	12.91	1	6/15	8/29	10/6	113	14.5	120.2	26.7	143.6	135.4	94.3	33.7	0.2	直	未发	轻	无	A
湖北荆州市农业科学院	583.88	-1.63	11	6/20	9/6	10/18	120	18.3	119.3	23.9	140.0	101.9	72.8	28.6	0.8	直	未发	未发	未发	D
湖北团风县金锣港原种场	620.86	-3.09	11	6/24	9/15	10/24	122	24.3	122.2	22.7	113.5	102.0	89.9	30.4	0.2	直	无	轻	未发	C
湖北孝感市农业科学院	673.34	6.54	6	6/20	9/9	10/24	126	22.8	122.3	25.8	188.7	121.3	64.3	28.4	0.0	直	轻	轻	轻	C
湖南省贺家山原种场	658.83	-1.54	9	6/20	9/2	10/16	118	19.6	135.2	24.3	156.6	134.3	85.8	30.4	—	倒	未发	中	无	B
湖南省水稻研究所	599.87	4.56	4	6/23	9/12	10/22	121	17.2	105.4	26.0	158.7	121.5	76.6	29.3	0.6	直	未发	轻	无	B
湖南岳阳市农科所	616.54	-1.07	11	6/22	9/11	10/14	114	23.8	116.8	24.9	156.8	131.3	83.7	29.5	0.0	直	未发	无	—	C
江西赣州市农科所	570.48	-4.12	11	6/24	9/23	10/28	126	19.0	106.5	25.5	127.0	83.8	66.0	29.5	0.0	直	无	轻	轻	B
江西九江市农科所	496.59	-4.02	12	6/15	9/6	10/13	120	18.0	123.1	25.3	160.4	126.0	78.6	31.5	0.0	直	未发	无	未发	D
江西省邓家埠水稻原种场	582.21	3.25	7	6/25	9/17	10/16	113	21.0	103.4	24.8	133.6	96.7	72.4	29.5	0.9	直	未发	轻	轻	B
江西省种子管理局	615.99	0.35	9	6/29	9/11	10/23	116	18.9	112.7	24.6	136.7	121.5	88.9	32.5	2.0	直	未发	轻	未发	B
江西宜春市农科所	615.03	-7.72	12	6/20	9/11	10/16	118	16.5	112.8	23.4	164.0	145.1	88.5	27.3	—	直	未发	无	轻	D
浙江金华市农业科学院	684.24	0.20	3	6/18	9/4	10/8	112	14.8	124.2	24.6	165.5	150.4	90.9	32.8	0.0	直	未发	轻	未发	A
中国水稻研究所	627.83	-1.54	11	6/15	9/6	10/22	129	18.5	119.7	24.1	142.0	115.9	81.6	28.0	0.0	倒	未发	轻	—	C

综合评级：A—好，B—较好，C—中等，D——般。

表 20-8-9 晚籼早熟 A 组（183111N-A）区试品种在各试点的产量、生育期及主要农艺经济性状表现

品种名称/试验点	亩产（千克）	比 CK ±%	产量位次	播种期（月/日）	齐穗期（月/日）	成熟期（月/日）	全生育期（天）	有效穗（万/亩）	株高（厘米）	穗长（厘米）	总粒数/穗	实粒数/穗	结实率（%）	千粒重（克）	杂株率（%）	倒伏性	穗颈瘟	纹枯病	稻曲病	综评等级
旺两优 911																				
安徽黄山市种子站	653.80	7.03	1	6/13	9/3	10/12	121	17.5	112.2	25.3	204.8	167.6	81.8	22.9	—	直	未发	未发	中	B
安徽芜湖市种子站	610.16	9.91	5	6/15	8/24	9/25	102	14.4	106.7	26.4	211.8	192.8	91.0	23.0	0.2	直	未发	轻	轻	A
湖北荆州市农业科学院	641.35	8.05	4	6/20	9/4	10/15	117	18.3	116.0	25.1	202.0	154.9	76.7	23.0	0.3	直	未发	未发	未发	B
湖北团风县金锣港原种场	697.99	8.94	3	6/24	9/8	10/21	119	25.3	112.5	23.7	174.5	143.4	82.2	22.5	0.0	斜	轻	轻	未发	A
湖北孝感市农业科学院	698.01	10.45	4	6/20	9/3	10/23	125	22.4	114.1	27.0	283.9	208.1	73.3	22.5	0.0	直	轻	轻	轻	A
湖南省贺家山原种场	696.51	4.09	1	6/20	8/31	10/14	116	17.7	126.2	26.8	224.0	193.3	86.3	24.3	—	直	未发	轻	无	A
湖南省水稻研究所	591.71	3.14	5	6/23	9/7	10/15	114	17.6	100.2	28.8	231.9	177.6	76.6	25.0	1.0	直	未发	轻	无	B
湖南岳阳市农科所	676.70	8.58	1	6/22	9/8	10/12	112	23.4	110.8	25.3	196.2	151.5	77.2	24.8	0.0	直	未发	无	—	A
江西赣州市农科所	612.16	2.89	6	6/24	9/21	10/28	126	19.1	97.4	25.5	201.6	132.5	65.7	24.0	0.0	直	无	无	轻	A
江西九江市农科所	567.72	9.72	2	6/15	9/2	10/14	121	16.8	112.6	25.7	211.8	173.5	81.9	23.5	0.0	直	未发	中	未发	A
江西省邓家埠水稻原种场	599.20	6.26	3	6/25	9/13	10/23	120	17.4	100.6	25.6	178.9	152.9	85.5	23.8	0.3	直	未发	轻	轻	A
江西省种子管理局	643.83	4.89	1	6/29	9/6	10/19	112	25.8	101.7	24.7	194.4	170.6	87.8	24.4	0.4	直	未发	轻	未发	A
江西宜春市农科所	700.82	5.15	1	6/20	9/7	10/14	116	18.3	104.0	26.6	232.8	187.1	80.4	21.4	—	直	未发	无	轻	A
浙江金华市农业科学院	668.34	-2.13	7	6/18	8/31	10/10	114	14.8	119.2	24.8	222.7	193.0	86.7	24.0	0.0	直	未发	轻	未发	A
中国水稻研究所	665.17	4.31	4	6/15	9/3	10/18	125	18.0	113.2	27.1	210.2	159.1	75.7	23.0	0.0	直	未发	轻	—	B

综合评级：A—好，B—较好，C—中等，D—一般。

表 20-8-10　晚籼早熟 A 组（183111N-A）区试品种在各试点的产量、生育期及主要农艺经济性状表现

品种名称/试验点	亩产（千克）	比 CK ±%	产量位次	播种期（月/日）	齐穗期（月/日）	成熟期（月/日）	全生育期（天）	有效穗（万/亩）	株高（厘米）	穗长（厘米）	总粒数/穗	实粒数/穗	结实率（%）	千粒重（克）	杂株率（%）	倒伏性	穗颈瘟	纹枯病	稻曲病	综评等级
泰优晶占																				
安徽黄山市种子站	609.36	-0.25	8	6/13	9/1	10/12	121	28.1	105.2	21.2	116.3	102.9	88.5	23.2	—	斜	未发	未发	轻	B
安徽芜湖市种子站	516.80	-6.91	11	6/15	8/23	9/26	103	16.6	118.5	22.0	165.4	146.2	88.4	22.5	1.7	直	未发	轻	无	B
湖北荆州市农业科学院	549.39	-7.44	12	6/20	9/2	10/17	119	26.8	113.2	20.7	128.3	88.8	69.2	22.9	0.2	斜	未发	未发	未发	D
湖北团风县金锣港原种场	673.33	5.10	8	6/24	9/9	10/20	118	27.5	114.8	20.7	125.2	112.9	90.2	23.5	0.4	伏	无	轻	未发	B
湖北孝感市农业科学院	629.16	-0.45	12	6/20	9/6	10/27	129	27.5	118.5	22.8	179.1	123.4	68.9	22.4	1.2	倒	轻	轻	轻	C
湖南省贺家山原种场	584.15	-12.71	11	6/20	8/30	10/14	116	25.4	131.7	21.7	149.5	128.3	85.8	25.0	—	伏	未发	中	无	C
湖南省水稻研究所	606.20	5.66	2	6/23	9/8	10/18	117	24.1	96.1	25.0	152.8	106.3	69.6	26.6	0.8	直	未发	轻	无	A
湖南岳阳市农科所	631.58	1.34	9	6/22	9/9	10/13	113	23.2	116.2	23.4	157.5	117.3	74.5	24.2	0.0	直	未发	无	—	B
江西赣州市农科所	567.14	-4.68	12	6/24	9/16	10/30	128	31.2	92.6	22.1	108.2	75.6	69.9	23.0	0.5	直	无	无	无	B
江西九江市农科所	503.08	-2.77	11	6/15	9/4	10/16	123	25.4	116.3	21.3	130.3	112.9	86.6	23.3	0.0	直	未发	无	未发	D
江西省邓家埠水稻原种场	597.54	5.97	4	6/25	9/13	10/24	121	24.4	100.2	22.9	142.7	110.2	77.2	23.3	0.0	直	未发	轻	轻	A
江西省种子管理局	584.48	-4.78	12	6/29	9/5	10/18	111	26.4	106.4	20.2	114.6	105.5	92.1	24.7	1.1	直	未发	轻	未发	C
江西宜春市农科所	646.51	-3.00	11	6/20	9/5	10/14	116	21.1	110.2	21.6	123.7	86.4	69.8	20.3	0.6	伏	未发	无	轻	C
浙江金华市农业科学院	637.13	-6.70	10	6/18	8/29	10/12	116	19.8	124.1	21.0	138.1	126.7	91.7	24.2	0.7	倒	未发	轻	未发	B
中国水稻研究所	604.32	-5.23	12	6/15	9/3	10/18	125	26.3	114.6	21.6	110.3	94.7	85.9	22.3	1.6	伏	未发	轻	—	C

综合评级：A—好，B—较好，C—中等，D——般。

表 20-8-11　晚籼早熟 A 组（183111N-A）区试品种在各试点的产量、生育期及主要农艺经济性状表现

品种名称/试验点	亩产（千克）	比 CK ±%	产量位次	播种期（月/日）	齐穗期（月/日）	成熟期（月/日）	全生育期（天）	有效穗（万/亩）	株高（厘米）	穗长（厘米）	总粒数/穗	实粒数/穗	结实率（%）	千粒重（克）	杂株率（%）	倒伏性	穗颈瘟	纹枯病	稻曲病	综评等级
晖两优 8612																				
安徽黄山市种子站	558.23	-8.62	12	6/13	9/29	10/12	121	21.1	110.8	22.0	145.8	124.3	85.3	24.0	—	斜	未发	未发	无	B
安徽芜湖市种子站	623.49	12.31	2	6/15	8/22	9/26	103	14.7	115.3	24.7	228.0	189.0	82.9	23.9	0.2	直	未发	轻	无	B
湖北荆州市农业科学院	654.84	10.33	1	6/20	9/1	10/15	117	22.0	119.7	22.3	156.9	131.2	83.6	24.3	0.3	直	未发	未发	未发	A
湖北团风县金锣港原种场	681.33	6.34	6	6/24	9/9	10/21	119	24.3	117.2	23.8	168.5	137.2	81.4	23.1	0.0	倒	无	轻	未发	B
湖北孝感市农业科学院	702.18	11.11	2	6/20	9/5	10/23	125	22.0	117.6	25.3	225.9	180.2	79.8	25.0	0.0	直	轻	轻	轻	A
湖南省贺家山原种场	688.51	2.89	2	6/20	8/29	10/12	114	18.9	136.5	22.9	174.6	145.0	83.0	24.8	—	斜	未发	轻	无	A
湖南省水稻研究所	606.03	5.63	3	6/23	9/8	10/17	116	19.0	97.8	27.7	209.3	165.5	79.1	26.6	0.0	直	未发	轻	无	A
湖南岳阳市农科所	671.68	7.77	4	6/22	9/4	10/10	110	23.6	110.2	23.8	176.6	149.9	84.9	25.9	1.5	直	未发	轻	—	A
江西赣州市农科所	635.00	6.72	1	6/24	9/13	10/21	119	23.9	92.5	23.2	126.3	97.2	77.0	22.0	0.0	直	轻	无	无	A
江西九江市农科所	577.21	11.56	1	6/15	9/3	10/13	120	19.2	116.7	23.3	163.9	130.6	79.7	24.7	0.0	直	未发	无	未发	A
江西省邓家埠水稻原种场	600.87	6.56	2	6/25	9/10	10/18	115	21.4	98.0	22.2	158.1	126.7	80.1	23.4	0.0	直	未发	轻	轻	A
江西省种子管理局	616.49	0.44	8	6/29	9/5	10/18	111	18.6	108.5	23.0	183.0	169.9	92.8	25.0	0.4	直	未发	轻	未发	B
江西宜春市农科所	680.16	2.05	5	6/20	9/3	10/13	115	21.6	109.0	23.3	191.3	178.4	93.3	23.2	—	直	未发	轻	无	C
浙江金华市农业科学院	716.66	4.95	2	6/18	8/27	10/7	111	18.9	121.6	22.7	168.1	148.7	88.5	24.1	0.0	倒	未发	轻	未发	A
中国水稻研究所	691.51	8.44	2	6/15	8/27	10/16	123	21.2	114.8	26.3	185.5	146.9	79.2	24.0	0.0	伏	未发	轻	—	A

综合评级：A—好，B—较好，C—中等，D——般。

表 20-8-12　晚籼早熟 A 组（183111N-A）区试品种在各试点的产量、生育期及主要农艺经济性状表现

品种名称/试验点	亩产（千克）	比 CK ±%	产量位次	播种期（月/日）	齐穗期（月/日）	成熟期（月/日）	全生育期（天）	有效穗（万/亩）	株高（厘米）	穗长（厘米）	总粒数/穗	实粒数/穗	结实率（%）	千粒重（克）	杂株率（%）	倒伏性	穗颈瘟	纹枯病	稻曲病	综评等级
荃早优 851																				
安徽黄山市种子站	629.58	3.06	4	6/13	9/1	10/12	121	21.3	105.6	20.1	138.2	121.3	87.8	23.9	2.3	直	未发	未发	轻	B
安徽芜湖市种子站	610.16	9.91	4	6/15	8/22	9/26	103	19.4	102.3	21.0	158.4	143.2	90.4	22.9	0.2	直	未发	轻	无	B
湖北荆州市农业科学院	617.19	3.99	6	6/20	9/2	10/13	115	23.8	111.2	19.9	147.4	126.1	85.5	22.7	1.9	直	未发	未发	未发	B
湖北团风县金锣港原种场	690.49	7.77	5	6/24	9/6	10/16	114	26.1	112.4	19.1	135.5	124.8	92.1	22.7	3.9	倒	轻	轻	未发	B
湖北孝感市农业科学院	664.00	5.07	9	6/20	9/3	10/22	124	26.6	115.9	21.3	219.0	168.1	76.8	21.4	3.8	直	轻	轻	轻	B
湖南省贺家山原种场	685.17	2.39	4	6/20	8/29	10/12	114	20.6	120.6	19.8	159.7	141.4	88.5	24.2	1.5	直	未发	中	无	A
湖南省水稻研究所	575.22	0.26	9	6/23	9/8	10/17	116	19.6	99.0	24.6	173.0	140.4	81.2	25.5	0.5	直	未发	轻	无	B
湖南岳阳市农科所	675.02	8.31	2	6/22	9/5	10/11	111	22.5	110.8	23.6	182.2	152.5	83.7	25.2	2.0	直	未发	无	—	A
江西赣州市农科所	610.49	2.60	7	6/24	9/13	10/25	123	23.9	84.7	20.8	115.8	102.5	88.5	22.0	0.5	直	无	无	轻	A
江西九江市农科所	544.73	5.28	8	6/15	9/3	10/13	120	20.4	108.0	21.0	177.0	160.1	90.5	23.2	2.3	直	未发	轻	未发	B
江西省邓家埠水稻原种场	526.24	-6.68	12	6/25	9/10	10/13	110	23.4	102.4	18.7	115.2	102.7	89.1	23.1	0.0	直	未发	轻	轻	C
江西省种子管理局	639.16	4.13	3	6/29	9/5	10/18	111	27.1	102.7	20.6	182.1	172.9	94.9	24.8	0.9	直	未发	轻	未发	A
江西宜春市农科所	686.33	2.97	4	6/20	9/4	10/13	115	15.2	104.0	21.2	173.3	156.7	90.4	20.8	1.5	直	未发	无	轻	B
浙江金华市农业科学院	655.31	-4.04	8	6/18	8/30	10/7	111	16.9	117.8	18.9	164.3	155.6	94.7	22.9	2.7	直	未发	轻	未发	A
中国水稻研究所	632.99	-0.73	9	6/15	9/1	10/18	125	22.2	112.1	21.8	166.7	145.6	87.3	20.5	4.7	直	未发	轻	—	C

综合评级：A—好，B—较好，C—中等，D——一般。

表 20-9-1　晚籼早熟 A 组生产试验（183111N-A-S）品种在各试验点的产量、生育期、主要特征、田间抗性表现

品种名称/试验点	亩产（千克）	比 CK± %	播种期（月/日）	齐穗期（月/日）	成熟期（月/日）	全生育期（天）	耐寒性	整齐度	杂株率（%）	株型	叶色	叶姿	长势	熟期转色	倒伏性	落粒性	叶瘟	穗颈瘟	白叶枯病	纹枯病
顺丰优 656																				
安徽黄山市种子站	568.57	0.21	6/13	9/2	10/12	121	未发	整齐	—	适中	绿	一般	一般	好	直	中	未发	未发	未发	未发
湖北团风县金锣港原种场	693.07	6.42	6/24	9/10	10/15	113	强	整齐	0.3	适中	绿	挺直	繁茂	好	倒	易	轻	轻	未发	轻
湖南衡南县种子局	530.90	3.25	6/22	9/5	10/16	116	强	整齐	—	适中	浓绿	挺直	繁茂	好	直	易	无	无	无	无
湖南邵阳市农科所	553.02	8.37	6/22	9/2	10/12	112	强	整齐	0.0	适中	绿	一般	繁茂	好	直	难	未发	未发	未发	未发
湖南省贺家山原种场	593.01	1.82	6/20	9/10	10/27	129	弱	一般	—	适中	绿	一般	一般	中	直	易	未发	未发	未发	轻
江西奉新县种子局	557.18	13.90	6/25	9/8	10/10	107	未发	整齐		紧凑	淡绿	挺直	中等	好	直		无	无	无	
江西省种子管理局	630.93	3.73	6/29	9/6	10/19	112	强	整齐	0.7	适中	绿	一般	繁茂	好	直	易	未发	未发	未发	轻
江西现代种业有限公司	510.85	0.04	6/22	9/19	10/10	110	强	整齐	0.0	适中	浓绿	挺直	繁茂	好	直	难	未发	未发	未发	轻
荃早优 851																				
安徽黄山市种子站	586.99	3.46	6/13	9/1	10/12	121	未发	整齐	2.0	适中	绿	一般	一般	好	直	中	未发	未发	未发	未发
湖北团风县金锣港原种场	633.47	-2.73	6/24	9/13	10/22	120	强	整齐	15.4	适中	绿	挺直	繁茂	好	直	易	轻	轻	未发	轻
湖南衡南县种子局	549.62	6.89	6/22	9/5	10/17	117	强	一般	2.8	适中	绿	挺直	繁茂	好	直	中	无	无	无	无
湖南邵阳市农科所	556.14	8.98	6/22	9/2	10/12	112	强	整齐	0.0	适中	绿	一般	繁茂	好	直	难	未发	未发	未发	未发
湖南省贺家山原种场	590.21	1.34	6/20	9/10	10/28	130	中	一般	3.2	紧束	绿	一般	一般	中	直	易	未发	未发	未发	中
江西奉新县种子局	560.35	14.55	6/25	9/9	10/11	108	未发	整齐		紧凑	淡绿	挺直	中等	好	直		无	无	无	
江西省种子管理局	634.33	4.29	6/29	9/6	10/19	112	强	整齐	1.4	适中	绿	一般	繁茂	好	直	易	未发	未发	未发	轻
江西现代种业有限公司	515.65	0.98	6/22	9/19	10/10	110	强	整齐	0.0	适中	浓绿	挺直	繁茂	好	直	难	未发	未发	未发	轻

表 20-9-2　晚籼早熟 A 组生产试验（183111N-A-S）品种在各试验点的产量、生育期、主要特征、田间抗性表现

品种名称/试验点	亩产（千克）	比 CK± %	播种期（月/日）	齐穗期（月/日）	成熟期（月/日）	全生育期（天）	耐寒性	整齐度	杂株率（%）	株型	叶色	叶姿	长势	熟期转色	倒伏性	落粒性	叶瘟	穗颈瘟	白叶枯病	纹枯病
五优 308（CK）																				
安徽黄山市种子站	567.37	0.00	6/13	9/2	10/14	123	未发	整齐	—	适中	绿	一般	一般	好	直	中	未发	未发	未发	未发
湖北团风县金锣港原种场	651.27	0.00	6/24	9/13	10/21	119	强	整齐	0.6	适中	绿	挺直	繁茂	好	倒	易	轻	轻	未发	轻
湖南衡南县种子局	514.19	0.00	6/22	9/6	10/18	118	强	整齐	—	适中	绿	挺直	繁茂	好	直	中	无	无	无	无
湖南邵阳市农科所	510.29	0.00	6/22	9/3	10/13	113	强	整齐	0.0	适中	绿	一般	繁茂	好	直	中	未发	未发	未发	未发
湖南省贺家山原种场	582.41	0.00	6/20	9/13	10/29	131	中	一般	—	适中	浓绿	一般	繁茂	中	直	易	未发	未发	未发	轻
江西奉新县种子局	489.18	0.00	6/25	9/4	10/8	105	未发	整齐		紧凑	淡绿	挺直	繁茂	好	直		无	无	无	
江西省种子管理局	608.23	0.00	6/29	9/7	10/20	113	强	整齐	0.6	适中	浓绿	一般	繁茂	好	直	易	未发	未发	未发	轻
江西现代种业有限公司	510.65	0.00	6/22	9/19	10/10	110	强	整齐	0.0	适中	浓绿	挺直	繁茂	好	直	难	未发	未发	未发	轻

第二十一章　2018 年长江中下游晚籼早熟 B 组国家水稻品种试验汇总报告

一、试验概况

（一）试验目的

鉴定评价我国长江中下游稻区新选育和引进的晚籼早熟新品种（组合，下同）的丰产性、稳产性、适应性、抗性、米质及其他重要性状表现，为国家水稻品种审定提供科学依据。

（二）参试品种

区试品种 11 个，除腾两优 1818 为续试品种外，其余品种均为新参试品种，以五优 308（CK）为对照；生产试验品种 2 个，也以五优 308（CK）为对照。品种编号、名称、类型、亲本组合、选育/供种单位见表 21-1。

（三）承试单位

区试点 15 个，生产试验点 8 个，分布在安徽、湖北、湖南、江西和浙江 5 个省区。承试单位、试验地点、经纬度、海拔高度、试验负责人及执行人见表 21-2。

（四）试验设计、栽培管理与观察记载

各试验点均按《2018 年国稻科企水稻联合体试验实施方案》及 NY/T 1300—2007《农作物品种区域试验技术规范　水稻》进行试验。

区试采用完全随机区组排列，3 次重复，小区面积 0.02 亩。生产试验采用大区随机排列，不设重复，大区面积 0.5 亩。

分区试、生产试验，同组试验所有品种同期播种、移栽，施肥水平中等偏上，其他栽培管理措施与当地大田生产相同。

观察记载项目与标准按 NY/T 1300—2007《农作物品种区域试验技术规范　水稻》以及《国家水稻品种试验观察记载项目、方法及标准》《南方稻区国家水稻品种区试及生产试验记载表》等的要求执行。

（五）特性鉴定

1. 抗性鉴定

浙江省农业科学院植微所、湖南省农业科学院植保所、湖北宜昌市农科所、安徽省农业科学院植保所、福建上杭县茶地乡农技站和江西井冈山企业集团农技服务中心负责稻瘟病抗性鉴定。湖南省农业科学院水稻所负责白叶枯病抗性鉴定。鉴定采用人工接菌与病区自然诱发相结合。中国水稻研究所稻作发展中心负责稻飞虱抗性鉴定。湖南省贺家山原种场负责生产试验品种抽穗期耐冷性鉴定。鉴定用种子均由主持单位中国水稻研究所统一提供。

2. 米质分析

江西省种子管理局、湖南岳阳市农科所和中国水稻研究所试验点提供样品，农业农村部稻米及制品质量监督检验测试中心负责检测分析。

3. DNA 指纹特异性与一致性

中国水稻研究所国家水稻改良中心进行参试品种的特异性、同名品种年度间及不同样品间的一致性鉴定。

（六）试验评价

依据 NY/T 1300—2007《农作物品种区域试验技术规范　水稻》、试验实地检查考察情况以及试验点对试验实施情况和品种表现情况所做的说明，对各试验（鉴定）点试验（鉴定）结果的可靠性、完整性、准确性等进行分析评估，确保汇总质量。

2018 年所有区试点、生产试验点以及特性鉴定点的试验（鉴定）结果正常，全部纳入汇总。

（七）品种评价

依据国家农作物品种审定委员会 2017 年发布的《主要农作物品种审定标准（国家级）》，对参试品种进行分析评价。

产量联合方差分析采用固定模型，品种间产量差异多重比较采用 Duncan's 新复极差法；参试品种的丰产性主要以品种在区试和生产试验中相对于对照品种产量增减产百分率来衡量；参试品种的适应性主要以品种在区试和生产试验中比对照品种增产的试验点百分率来衡量；参试品种的稳产性主要以品种在年度间区试中相对于对照品种产量的差异变化程度来衡量。

参试品种的生育期主要以全生育期比对照品种长短的天数来衡量。

参试品种的抗性以指定的鉴定单位的鉴定结果为主要依据，对稻瘟病抗性的主要评价指标为综合指数和穗瘟损失率最高级，对其他病虫害抗性的主要评价指标为最高级。

参试品种的温度敏感性以结实率低于 65%的区试点数来衡量。

参试品种的米质评价按照农业行业标准 NY/T 593—2013《食用稻品种品质》，分优质 1 级、优质 2 级、优质 3 级，未达到优质级的品种米质均为普通级。

二、结果分析

（一）产量

依据比对照的增减产幅度衡量：在 2018 年区试参试品种中，产量高、比对照增产 5%以上的品种有济优 6553、隆香优晶占和腾两优 1818；产量较高、比对照增产 3%~5%的品种有荆楚优 87 和晖两优 5438；产量中等、比对照增减产 3%以内的品种有晖两优 534、广泰优 226、陵两优 1273 和泰优 396；产量一般、比对照减产 3%以上的品种有野香优油丝和两优 869。

区试参试品种产量汇总结果见表 21-3，生产试验参试品种产量汇总结果见表 21-4。

（二）生育期

依据全生育期比对照长短的天数衡量：在 2018 年区试参试品种中，荆楚优 87、陵两优 1273、两优 869 比对照五优 308 长，熟期较迟；其他品种的全生育期介于 114.9~118.7 天，均不同程度的早于对照五优 308，熟期适宜。

区试参试品种生育期汇总结果见表 21-3，生产试验参试品种生育期汇总结果见表 21-4。

（三）主要农艺经济性状

区试参试品种分蘖率、有效穗、成穗率、株高、穗长、每穗总粒数、每穗实粒数、结实率、千粒重等主要农艺经济性状汇总结果见表 21-3。

（四）抗性

对稻瘟病的抗性，根据 1~2 年鉴定结果，稻瘟病穗瘟损失率最高级 3 级的品种有荆楚优 87、济优 6553、野香优油丝、两优 869；穗瘟损失率最高级 5 级的品种有广泰优 226、隆香优晶占、晖两优 534；穗瘟损失率最高级 7 级的品种有腾两优 1818、陵两优 1273、晖两优 5438；穗瘟损失率最高级 9 级的品种有泰优 396。

生产试验参试品种特性鉴定结果见表 21-4，区试参试品种抗性鉴定结果见表 21-5 和表 21-6。

（五）米质

依据农业行业标准 NY/T 593—2013《食用稻品种品质》，根据 1~2 年的检测结果：优质 2 级的品种有两优 869、广泰优 226；优质 3 级的品种有腾两优 1818、晖两优 534、济优 6553 和隆香晶占；其他参试品种均为普通级，米质中等或一般。

区试参试品种米质指标表现及等级见表 21-7。

（六）品种在各试验点表现

区试参试品种在各试验点的表现情况见表 21-8，生产试验参试品种在各试验点的表现情况见表 21-9。

三、品种简评

（一）生产试验品种

1. 玖两优 305

2016 年初试平均亩产 614.19 千克，比五优 308（CK）增产 5.34%，增产点比例 85.7%；2017 年续试平均亩产 601.21 千克，比五优 308（CK）增产 5.58%，增产点比例 92.9%；两年区试平均亩产 607.70 千克，比五优 308（CK）增产 5.46%，增产点比例 89.3%；2018 年生产试验平均亩产 586.36 千克，比五优 308（CK）增产 5.80%，增产点比例 100.0%。全生育期两年区试平均 118.0 天，比五优 308（CK）早熟 1.9 天。主要农艺性状两年区试综合表现：有效穗 21.8 万穗/亩，株高 100.6 厘米，穗长 23.0 厘米，每穗总粒数 178.6 粒，结实率 77.6%，千粒重 23.6 克。抗性两年综合表现：稻瘟病综合指数年度分别为 6.1 级、5.9 级，穗瘟损失率最高级 9 级；白叶枯病 5 级；褐飞虱 9 级；抽穗期耐冷性中等。米质主要指标两年综合表现：糙米率 82.6%，整精米率 68.2%，长宽比 3.0，垩白粒率 12%，垩白度 2.9%，透明度 1 级，碱消值 7.0 级，胶稠度 45 毫米，直链淀粉含量 23.9%，综合评级为国标等外、部标普通。

2018 年国家水稻品种试验年会审议意见：已完成试验程序，可以申报国家审定。

2. 两优 007

2016 年初试平均亩产 586.50 千克，比五优 308（CK）增产 0.59%，增产点比例 57.1%；2017 年续试平均亩产 573.84 千克，比五优 308（CK）增产 0.78%，增产点比例 57.1%；两年区试平均亩产 580.71 千克，比五优 308（CK）增产 0.68%，增产点比例 57.1%；2018 年生产试验平均亩产 571.01 千克，比五优 308（CK）增产 3.03%，增产点比例 75.0%。全生育期两年区试平均 119.1 天，比五优 308（CK）早熟 0.8 天。主要农艺性状两年区试综合表现：有效穗 21.2 万穗/亩，株高 102.4 厘米，穗长 21.8 厘米，每穗总粒数 159.0 粒，结实率 83.3%，千粒重 24.7 克。抗性两年综合表现：稻瘟病综合指数年度分别为 3.5 级、3.0 级，穗瘟损失率最高级 3 级；白叶枯病 7 级；褐飞虱 9 级；抽穗期耐冷性强。米质主要指标两年综合表现：糙米率 82.5%，整精米率 66.9%，长宽比 3.2，垩白粒率 7%，垩白度 1.2%，透明度 1 级，碱消值 5.7 级，胶稠度 74 毫米，直链淀粉含量 18.3%，综合评级为国标优质 2 级、部标优质 3 级。

2018 年国家水稻品种试验年会审议意见：已完成试验程序，可以申报国家审定。

（二）续试品种

腾两优 1818

2017 年初试平均亩产 595.39 千克，比五优 308（CK）增产 4.56%，增产点比例 85.7%；2018 年续试平均亩产 645.63 千克，比五优 308（CK）增产 5.01%，增产点比例 86.7%；两年区试平均亩产 620.51 千克，比五优 308（CK）增产 4.79%，增产点比例 86.2%。全生育期两年区试平均 116.0 天，比五优 308（CK）早熟 3.7 天。主要农艺性状两年区试综合表现：有效穗 21.7 万穗/亩，株高 109.9 厘米，穗长 22.6 厘米，每穗总粒数 149.6 粒，结实率 87.7%，千粒重 24.4 克。抗性两年综合表现：

稻瘟病综合指数年度分别为4.6级、4.9级，穗瘟损失率最高级7级；白叶枯病7级；褐飞虱9级。米质表现：糙米率81.9%，精米率71.9%，整精米率53.2%，粒长7.3毫米，长宽比3.7，垩白粒率6%，垩白度0.9%，透明度1级，碱消值6.1级，胶稠度75毫米，直链淀粉含量15.2%，综合评级为优质3级。

2018年国家水稻品种试验年会审议意见：2019年进行生产试验。

（三）初试品种

1. 济优6553

2018年初试平均亩产651.87千克，比五优308（CK）增产6.02%，增产点比例93.3%。全生育期118.4天，比五优308（CK）早熟0.7天。主要农艺性状表现：有效穗22.8万穗/亩，株高107.0厘米，穗长22.7厘米，每穗总粒数164.5粒，结实率83.6%，结实率小于65%的点0个，千粒重24.1克。抗性表现：稻瘟病综合指数3.4级，穗瘟损失率最高级3级；白叶枯病5级；褐飞虱9级。米质表现：糙米率81.9%，精米率70.5%，整精米率53.3%，粒长7.3毫米，长宽比3.6，垩白粒率6.7%，垩白度0.9%，透明度1级，碱消值6.0级，胶稠度76毫米，直链淀粉含量17.0%，综合评级为优质3级。

2018年国家水稻品种试验年会审议意见：2019年续试并进行生产试验。

2. 隆香优晶占

2018年初试平均亩产645.72千克，比五优308（CK）增产5.02%，增产点比例93.3%。全生育期116.4天，比五优308（CK）早熟2.7天。主要农艺性状表现：有效穗22.3万穗/亩，株高106.1厘米，穗长22.1厘米，每穗总粒数171.4粒，结实率83.8%，结实率小于65%的点0个，千粒重23.9克。抗性表现：稻瘟病综合指数5.5级，穗瘟损失率最高级5级；白叶枯病5级；褐飞虱9级。米质表现：糙米率82.5%，精米率71.8%，整精米率57.0%，粒长7.1毫米，长宽比3.4，垩白粒率8.0%，垩白度1.0%，透明度1级，碱消值5.5级，胶稠度75毫米，直链淀粉含量16.1%，综合评级为优质3级。

2018年国家水稻品种试验年会审议意见：2019年续试并进行生产试验。

3. 荆楚优87

2018年初试平均亩产638.99千克，比五优308（CK）增产3.93%，增产点比例86.7%。全生育期119.3天，比五优308（CK）迟熟0.2天。主要农艺性状表现：有效穗22.1万穗/亩，株高111.0厘米，穗长22.1厘米，每穗总粒数158.3粒，结实率80.7%，结实率小于65%的点0个，千粒重26.4克。抗性表现：稻瘟病综合指数3.1级，穗瘟损失率最高级3级；白叶枯病5级；褐飞虱9级。米质表现：糙米率82.4%，精米率71.2%，整精米率54.2%，粒长7.1毫米，长宽比3.2，垩白粒率13.3%，垩白度1.5%，透明度1级，碱消值6.2级，胶稠度71毫米，直链淀粉含量22.4%，综合评级为普通。

2018年国家水稻品种试验年会审议意见：2019年续试。

4. 晖两优5438

2018年初试平均亩产633.94千克，比五优308（CK）增产3.11%，增产点比例66.7%。全生育期115.5天，比五优308（CK）早熟3.6天。主要农艺性状表现：有效穗22.1万穗/亩，株高110.9厘米，穗长22.9厘米，每穗总粒数172.8粒，结实率79.7%，结实率小于65%的点0个，千粒重23.8克。抗性表现：稻瘟病综合指数4.8级，穗瘟损失率最高级7级；白叶枯病7级；褐飞虱9级。米质表现：糙米率82.2%，精米率70.8%，整精米率58.9%，粒长6.9毫米，长宽比3.3，垩白粒率10.7%，垩白度1.4%，透明度2级，碱消值4.7级，胶稠度78毫米，直链淀粉含量15.7%，综合评级为普通。

2018年国家水稻品种试验年会审议意见：终止试验。

5. 晖两优534

2018年初试平均亩产631.14千克，比五优308（CK）增产2.65%，增产点比例66.7%。全生育期114.9天，比五优308（CK）早熟4.2天。主要农艺性状表现：有效穗23.5万穗/亩，株高105.8

厘米，穗长22.6厘米，每穗总粒数162.7粒，结实率86.4%，结实率小于65%的点0个，千粒重22.3克。抗性表现：稻瘟病综合指数4.5级，穗瘟损失率最高级5级；白叶枯病7级；褐飞虱7级。米质表现：糙米率81.5%，精米率71.6%，整精米率64.1%，粒长6.7毫米，长宽比3.3，垩白粒率8.0%，垩白度1.4%，透明度1级，碱消值5.5级，胶稠度77毫米，直链淀粉含量15.6%，综合评级为优质3级。

2018年国家水稻品种试验年会审议意见：2019年续试。

6. 广泰优226

2018年初试平均亩产626.80千克，比五优308（CK）增产1.95%，增产点比例66.7%。全生育期117.1天，比五优308（CK）早熟2.0天。主要农艺性状表现：有效穗21.7万穗/亩，株高111.3厘米，穗长22.4厘米，每穗总粒数165.0粒，结实率81.1%，结实率小于65%的点0个，千粒重25.9克。抗性表现：稻瘟病综合指数3.8级，穗瘟损失率最高级5级；白叶枯病5级；褐飞虱9级。米质表现：糙米率82.3%，精米率71.2%，整精米率56.7%，粒长7.2毫米，长宽比3.4，垩白粒率5.7%，垩白度0.7%，透明度1级，碱消值6.8级，胶稠度71毫米，直链淀粉含量17.7%，综合评级为优质2级。

2018年国家水稻品种试验年会审议意见：2019年续试。

7. 陵两优1273

2018年初试平均亩产626.26千克，比五优308（CK）增产1.86%，增产点比例80.0%。全生育期119.7天，比五优308（CK）迟熟0.6天。主要农艺性状表现：有效穗21.7万穗/亩，株高109.1厘米，穗长22.0厘米，每穗总粒数162.8粒，结实率83.9%，结实率小于65%的点0个，千粒重24.6克。抗性表现：稻瘟病综合指数6.1级，穗瘟损失率最高级7级；白叶枯病7级；褐飞虱9级。米质表现：糙米率82.1%，精米率69.5%，整精米率51.7%，粒长6.9毫米，长宽比3.2，垩白粒率9.0%，垩白度1.2%，透明度1级，碱消值6.6级，胶稠度76毫米，直链淀粉含量25.6%，综合评级为普通。

2018年国家水稻品种试验年会审议意见：终止试验。

8. 泰优396

2018年初试平均亩产605.71千克，比五优308（CK）减产1.48%，增产点比例33.3%。全生育期118.7天，比五优308（CK）早熟0.4天。主要农艺性状表现：有效穗21.1万穗/亩，株高114.9厘米，穗长22.4厘米，每穗总粒数168.4粒，结实率81.2%，结实率小于65%的点0个，千粒重24.1克。抗性表现：稻瘟病综合指数5.8级，穗瘟损失率最高级9级；白叶枯病7级；褐飞虱9级。米质表现：糙米率82.6%，精米率70.9%，整精米率52.5%，粒长7.4毫米，长宽比3.8，垩白粒率7.7%，垩白度1.0%，透明度1级，碱消值6.9级，胶稠度70毫米，直链淀粉含量22.3%，综合评级为普通。

2018年国家水稻品种试验年会审议意见：终止试验。

9. 两优869

2018年初试平均亩产593.72千克，比五优308（CK）减产3.43%，增产点比例33.3%。全生育期122.9天，比五优308（CK）迟熟3.8天。主要农艺性状表现：有效穗22.1万穗/亩，株高104.9厘米，穗长23.5厘米，每穗总粒数155.7粒，结实率76.5%，结实率小于65%的点2个，千粒重25.7克。抗性表现：稻瘟病综合指数3.5级，穗瘟损失率最高级3级；白叶枯病5级；褐飞虱7级。米质表现：糙米率81.6%，精米率70.5%，整精米率55.7%，粒长6.9毫米，长宽比3.1，垩白粒率6.3%，垩白度0.8%，透明度1级，碱消值7.0级，胶稠度71毫米，直链淀粉含量16.6%，综合评级为优质2级。

2018年国家水稻品种试验年会审议意见：终止试验。

10. 野香优油丝

2018年初试平均亩产588.12千克，比五优308（CK）减产4.34%，增产点比例53.3%。全生育期117.3天，比五优308（CK）早熟1.8天。主要农艺性状表现：有效穗25.1万穗/亩，株高124.7厘米，穗长23.7厘米，每穗总粒数150.0粒，结实率82.8%，结实率小于65%的点1个，千粒重

20.6克。抗性表现：稻瘟病综合指数3.9级，穗瘟损失率最高级3级；白叶枯病5级；褐飞虱9级。米质表现：糙米率81.8%，精米率70.5%，整精米率47.4%，粒长7.3毫米，长宽比4.0，垩白粒率3.0%，垩白度0.6%，透明度1级，碱消值6.9级，胶稠度68毫米，直链淀粉含量16.3%，综合评级为普通。

2018年国家水稻品种试验年会审议意见：终止试验。

表 21-1 晚籼早熟 B 组（183111N-B）区试参试品种基本情况

品种名称	试验编号	抗鉴编号	品种类型	亲本组合	申请者（非个人）	选育/供种单位
区试						
*晖两优 5438	1	5	杂交稻	华晖 217S/华恢 5438	湖南隆平高科种业科学研究院有限公司，湖南亚华种业科学研究院	湖南亚华种业科学研究院
*泰优 396	2	10	杂交稻	泰丰 A/昌恢 396	江西农业大学农学院	江西农业大学农学院
*野香优油丝	3	9	杂交稻	野香 A/R 油丝	湖南粮安种业科技有限公司	湖南粮安种业科技有限公司
*晖两优 534	4	11	杂交稻	华晖 217S/R534	湖南亚华种业科学研究院，广东省农业科学院水稻研究所，深圳隆平金谷种业有限公司，湖南隆平高科种业科学研究院有限公司	湖南亚华种业科学研究院
腾两优 1818	5	8	杂交稻	腾 138S/R1818	湖南大农种业科技有限公司	湖南大农种业科技有限公司
*两优 869	6	12	杂交稻	2148S/YR069	安徽荃银高科种业股份有限公司	安徽荃银高科种业股份有限公司
*荆楚优 87	7	1	杂交稻	荆楚 814A/R7	湖北龙稻种业科技有限公司	湖北龙稻种业科技有限公司
*济优 6553	8	3	杂交稻	济 A/R6553	深圳市兆农农业科技有限公司	深圳市兆农农业科技有限公司
*陵两优 1273	9	2	杂交稻	湘陵 628S/R1273	江西金山种业有限公司	江西金山种业有限公司
*广泰优 226	10	4	杂交稻	广泰 A/广恢 226	江西科源种业有限公司、广东省农业科学院水稻研究所	江西科源种业有限公司、广东省农业科学院水稻研究所
五优 308（CK）	11	7	杂交稻	五丰 A×广恢 308	广东省农业科学院水稻所	
*隆香优晶占	12	6	杂交稻	隆香 634A/金晶占	广州市金粤生物科技有限公司	广州市金粤生物科技有限公司、湖南民升种业科学研究院有限公司
生产试验						
玖两优 305	1		杂交稻	33S×R305	湖南鑫盛华丰种业科技有限公司、湖北铁信种业有限公司	湖北铁信种业有限公司
两优 007	3		杂交稻	邵 55S×R007	湖南绿丰种业科技有限公司	湖南绿丰种业科技有限公司
五优 308（CK）	2		杂交稻	五丰 A×广恢 308	广东省农业科学院水稻所	

注：*为 2018 年新参试品种

表 21-2 晚籼早熟 B 组（183111N-B）区试及生产试验点基本情况

承试单位	试验地点	经度	纬度	海拔高度（米）	试验负责人及执行人
区试					
安徽黄山市种子站	黄山市农科所双桥基地	118°14′	29°40′	134.0	汪琪、金荣华
安徽芜湖市种子站	南陵县籍山镇新坝村	118°13′	30°58′	8.0	陈炜平、朱国平
湖北金锣港原种场	团风县农科所试验田	114°54′	30°42′	20.3	刘春江
湖北荆州市农业科学院	沙市东郊王家桥	112°02′	30°24′	32.0	徐正猛
湖北孝感市农业科学院	院试验基地	113°51′	30°56′	25.0	刘华曙
湖南省贺家山原种场	常德市贺家山	111°54′	29°01′	28.2	曾跃华
湖南省水稻研究所	长沙市东郊马坡岭	113°05′	28°12′	44.9	傅黎明、周昆、凌伟其
湖南岳阳市农科所	岳阳市麻塘	113°05′	29°26′	32.0	黄四民、袁熙军
江西邓家埠水稻原种场	余江县东郊	116°51′	28°12′	37.7	陈治杰、刘红声
江西赣州市农科所	赣州市	114°57′	25°51′	123.8	刘海平、谢芳腾
江西九江市农科所	九江县马回岭镇	115°48′	29°26′	45.0	潘世文、刘中来、李三元、李坤、宋惠洁
江西省种子管理局	南昌市莲塘	115°27′	28°09′	25.0	彭从胜、祝鱼水
江西宜春市农科所	宜春市	114°23′	27°47′	128.5	谭桂英、周城勇、胡远琼
浙江金华市农业科学院	金华市汤溪镇寺平村	119°12′	29°06′	60.2	陈晓阳、周建霞、虞涛、陈丽平
中国水稻研究所	杭州市富阳区	120°19′	30°12′	7.2	杨仕华、夏俊辉、施彩娟
生产试验					
江西省种子管理局	南昌市莲塘	115°27′	28°09′	25.0	彭从胜、祝鱼水
江西现代种业股份有限公司	赣州市赣县江口镇优良村	115°06′	25°54′	110.0	余厚理、刘席中
江西奉新县种子局	奉新县赤岸镇沿里村	114°45′	28°34′	350.0	李小平、金兵华
湖南省贺家山原种场	常德市贺家山	111°54′	29°01′	28.2	曾跃华
湖南邵阳市农科所	邵阳县谷洲镇古楼村	111°50′	27°10′	252.0	贺淼尧、龙俐华、刘光华
湖南衡南县种子局	衡南县松江镇	112°06′	26°32′	50.0	吴先浩、李卫东
湖北金锣港原种场	团风县农科所试验田	114°54′	30°42′	20.0	刘春江
安徽黄山市种子站	黄山市农科所双桥基地	118°14′	29°40′	134.0	汪琪、金荣华

表 21-3　晚籼早熟 B 组（183111N-B）区试品种产量、生育期及主要农艺经济性状汇总分析结果

品种名称	区试年份	亩产（千克）	比 CK± %	比 CK 增产点（%）	产量差异显著性		结实率<65%点	全生育期（天）	比 CK± 天	有效穗（万/亩）	株高（厘米）	穗长（厘米）	总粒数/穗	实粒数/穗	结实率（%）	千粒重（克）
					5%	1%										
腾两优 1818	2017—2018	620.51	4.79	86.2				116.0	-3.7	21.7	109.9	22.6	149.6	131.3	87.7	24.4
五优 308（CK）	2017—2018	592.13	0.00	0.0				119.7	0.0	21.6	108.2	22.0	163.7	134.4	82.1	23.6
济优 6553	2018	651.87	6.02	93.3	a	A	0	118.4	-0.7	22.8	107.0	22.7	164.5	137.4	83.6	24.1
隆香优晶占	2018	645.72	5.02	93.3	ab	AB	0	116.4	-2.7	22.3	106.1	22.1	171.4	143.7	83.8	23.9
腾两优 1818	2018	645.63	5.01	86.7	ab	AB	0	115.2	-3.9	22.4	111.4	22.5	152.1	134.7	88.6	24.4
荆楚优 87	2018	638.99	3.93	86.7	bc	BC	0	119.3	0.2	22.1	111.0	22.1	158.3	127.8	80.7	26.4
晖两优 5438	2018	633.94	3.11	66.7	c	CD	0	115.5	-3.6	22.1	110.9	22.9	172.8	137.8	79.7	23.8
晖两优 534	2018	631.14	2.65	66.7	cd	CD	0	114.9	-4.2	23.5	105.8	22.6	162.7	140.6	86.4	22.3
广泰优 226	2018	626.80	1.95	66.7	d	D	0	117.1	-2.0	21.7	111.3	22.4	165.0	133.7	81.1	25.9
陵两优 1273	2018	626.26	1.86	80.0	d	D	0	119.7	0.6	21.7	109.1	22.0	162.8	136.5	83.9	24.6
五优 308（CK）	2018	614.83	0.00	0.0	e	E	0	119.1	0.0	22.5	109.2	21.8	165.4	136.0	82.2	23.5
泰优 396	2018	605.71	-1.48	33.3	f	F	0	118.7	-0.4	21.1	114.9	22.4	168.4	136.7	81.2	24.1
两优 869	2018	593.72	-3.43	33.3	g	G	2	122.9	3.8	22.1	104.9	23.5	155.7	119.1	76.5	25.7
野香优油丝	2018	588.12	-4.34	53.3	g	G	1	117.3	-1.8	25.1	124.7	23.7	150.0	124.2	82.8	20.6

表 21-4　晚籼早熟 B 组生产试验（183111N-B-S）品种产量、生育期、综合评级及抽穗期耐冷性

品种名称	玖两优 305	两优 007	五优 308（CK）
生产试验汇总表现			
全生育期（天）	116.1	115.6	116.5
比 CK±天	-0.4	-0.9	0.0
亩产（千克）	586.36	571.01	554.20
产量比 CK±%	5.80	3.03	0.00
增产试验点比例（%）	100.0	75.0	0.0
各生产试验点综合评价等级			
安徽黄山市种子站	B	B	B
湖北团风县金锣港原种场	A	A	B
湖南衡南县种子局	B	B	B
湖南邵阳市农科所	B	B	B
湖南省贺家山原种场	A	B	B
江西奉新县种子局	A	C	C
江西省种子管理局	A	C	B
江西现代种业有限公司	A	A	A
抽穗期耐冷性	中等	强	中等

注：1. 综合评价等级：A—好，B—较好，C—中等，D——般。
　　2. 耐冷性为湖南省湖南贺家山原种场鉴定结果。

表 21-5　长江中下游晚籼早熟 B 组（183111N-B）品种稻瘟病抗性各地鉴定结果（2018 年）

品种名称	浙江					湖南					湖北					安徽					福建					江西				
	叶瘟	穗瘟发病		穗瘟损失		叶瘟	穗瘟发病		穗瘟损失		叶瘟	穗瘟发病		穗瘟损失		叶瘟	穗瘟发病		穗瘟损失		叶瘟	穗瘟发病		穗瘟损失		叶瘟	穗瘟发病		穗瘟损失	
	级	%	级	%	级	级	%	级	%	级	级	%	级	%	级	级	%	级	%	级	级	%	级	%	级	级	%	级	%	级
荆楚优 87	3	22	5	7	3	3	32	7	5	1	3	17	5	5	1	2	35	7	13	3	4	12	5	4	1	4	47	7	4	1
陵两优 1273	4	34	7	11	3	5	55	9	17	5	6	55	9	17	5	4	70	9	44	7	7	81	9	49	7	4	100	9	23	5
济优 6553	2	35	7	13	3	3	41	7	6	3	2	10	3	2	1	2	29	7	10	3	3	11	5	4	1	3	71	9	8	3
广泰优 226	3	67	9	9	3	4	40	7	6	3	3	13	5	4	1	2	14	5	4	1	4	15	5	6	3	4	100	9	21	5
晖两优 5438	4	33	7	11	3	6	72	9	31	7	4	22	5	8	3	3	18	5	6	3	4	24	5	13	3	5	100	9	22	5
隆香优晶占	5	38	7	13	3	5	62	9	18	5	6	45	7	20	5	3	55	9	24	5	6	44	7	18	5	3	100	9	25	5
五优 308（CK）	5	24	5	8	3	4	57	9	14	3	5	39	7	16	5	3	62	9	34	7	6	53	9	27	5	3	100	9	35	7
腾两优 1818	1	31	7	12	3	5	61	9	16	5	4	18	5	6	3	3	63	9	35	7	5	25	5	10	3	4	100	9	16	5
野香优油丝	2	63	9	7	3	3	35	7	6	3	3	12	5	4	1	4	26	7	13	3	5	21	5	10	3	3	100	9	9	3
泰优 396	5	29	7	11	3	6	60	9	16	5	6	47	7	23	5	2	10	3	3	1	8	100	9	96	9	5	100	9	51	9
晖两优 534	3	44	7	13	3	6	65	9	20	5	4	25	5	9	3	3	23	5	7	3	4	22	5	10	3	4	100	9	23	5
两优 869	3	37	7	13	3	5	50	7	11	3	2	10	3	2	1	3	29	7	9	3	4	11	5	6	3	2	45	9	4	1
感稻瘟病（CK）	7	87	9	38	7	8	78	9	51	9	7	73	9	38	7	8	100	9	82	9	9	100	9	73	9	7	100	9	73	9

注：1. 鉴定单位：浙江省农业科学院植微所、湖南省农业科学院植保所、湖北宜昌市农业科学院、安徽省农业科学院植保所、福建上杭县茶地乡农技站、江西井冈山企业集团农技服务中心。

2. 感稻瘟病（CK）：浙江为 Wh26，湖北为鄂宜 105，湖南、江西为湘晚籼 11 号，安徽为原丰早，福建为明恢 86+龙黑糯 2 号。

表 21-6　长江中下游晚籼早熟 B 组（183111N-B）品种对主要病虫抗性综合评价结果（2017—2018 年）

品种名称	区试年份	稻瘟病										白叶枯病（级）			褐飞虱（级）		
		2018 年各地综合指数							2018 年穗瘟损失率最高级	1~2 年综合评价		2018 年	1~2 年综合评价		2018 年	1~2 年综合评价	
		浙江	湖南	湖北	安徽	福建	江西	平均		平均综合指数	穗瘟损失率最高级		平均	最高		平均	最高
腾两优 1818	2017—2018	3.5	6.0	3.8	6.5	3.8	5.8	4.9	7	4.7	7	7	7	7	9	9	9
五优 308（CK）	2017—2018	4.0	4.8	5.5	6.5	6.0	6.5	5.6	7	5.5	9	7	7	7	9	9	9
荆楚优 87	2018	3.5	3.0	2.5	3.8	2.5	3.3	3.1	3	3.1	3	5	5	5	9	9	9
陵两优 1273	2018	4.3	6.0	6.3	6.8	7.0	5.8	6.1	7	6.1	7	7	7	7	9	9	9
济优 6553	2018	3.8	4.0	1.8	3.8	2.5	4.5	3.4	3	3.4	3	5	5	5	9	9	9
广泰优 226	2018	4.5	4.3	2.5	2.3	3.5	5.8	3.8	5	3.8	5	5	5	5	9	9	9
晖两优 5438	2018	4.3	7.3	3.8	3.5	3.5	6.0	4.8	7	4.8	7	7	7	7	9	9	9
隆香优晶占	2018	4.5	6.0	5.8	5.5	5.5	5.5	5.5	5	5.5	5	5	5	5	9	9	9
野香优油丝	2018	4.3	4.0	2.5	4.3	3.8	4.5	3.9	3	3.9	3	5	5	5	9	9	9
泰优 396	2018	4.5	6.3	5.8	1.8	8.3	8.0	5.8	9	5.8	9	7	7	7	9	9	9
晖两优 534	2018	4.0	6.3	3.8	3.5	3.5	5.8	4.5	5	4.5	5	7	7	7	7	7	7
两优 869	2018	4.0	4.5	1.8	4.0	3.5	3.3	3.5	3	3.5	3	5	5	5	7	7	7
五优 308（CK）	2018	4.0	4.8	5.5	6.5	6.0	6.5	5.6	7	5.6	7	7	7	7	9	9	9
感病虫（CK）	2018	7.5	8.8	7.5	8.8	8.5	8.5	8.3	9	8.3	9	9	9	9	9	9	9

注：1. 稻瘟病综合指数=叶瘟平均级×25%+穗瘟发病率平均级×25%+穗瘟损失率平均级×50%。

2. 白叶枯病和褐飞虱鉴定单位分别为湖南省农业科学院水稻所和中国水稻研究所稻作发展中心。

3. 感白叶枯病、褐飞虱 CK 分别为金刚 30、TN1。

表 21-7　晚籼早熟 B 组（183111N-B）米质检测分析结果

品种名称	年份	糙米率（%）	精米率（%）	整精米率（%）	粒长（毫米）	长宽比	垩白粒率（%）	垩白度（%）	透明度（级）	碱消值（级）	胶稠度（毫米）	直链淀粉（%）	部标（等级）
腾两优 1818	2017—2018	81.9	71.9	53.2	7.3	3.7	6	0.9	1	6.1	75	15.2	优 3
五优 308（CK）	2017—2018	82.8	72.8	60.8	6.4	2.9	17	2.6	2	6.1	74	22.0	优 3
晖两优 5438	2018	82.2	70.8	58.9	6.9	3.3	11	1.4	2	4.7	78	15.7	普通
泰优 396	2018	82.6	70.9	52.5	7.4	3.8	8	1.0	1	6.9	70	22.3	普通
野香优油丝	2018	81.8	70.5	47.4	7.3	4.0	3	0.6	1	6.9	68	16.3	普通
晖两优 534	2018	81.5	71.6	64.1	6.7	3.3	8	1.4	1	5.5	77	15.6	优 3
两优 869	2018	81.6	70.5	55.7	6.9	3.1	6	0.8	1	7.0	71	16.6	优 2
荆楚优 87	2018	82.4	71.2	54.2	7.1	3.2	13	1.5	1	6.2	71	22.4	普通
济优 6553	2018	81.9	70.5	53.3	7.3	3.6	7	0.9	1	6.0	76	17.0	优 3
陵两优 1273	2018	82.1	69.5	51.7	6.9	3.2	9	1.2	1	6.6	76	25.6	普通
广泰优 226	2018	82.3	71.2	56.7	7.2	3.4	6	0.7	1	6.8	71	17.7	优 2
隆香优晶占	2018	82.5	71.8	57.0	7.1	3.4	8	1.0	1	5.5	75	16.1	优 3
五优 308（CK）	2018	82.8	72.8	60.8	6.4	2.9	17	2.6	2	6.1	74	22.0	优 3

注：1. 供样单位：中国水稻研究所（2017—2018 年）、江西省种子管理局（2017—2018 年）、湖南岳阳市农科所（2017—2018 年）。

2. 检测单位：农业农村部稻米及制品质量监督检验测试中心。

表 21-8-1 晚籼早熟 B 组（183111N-B）区试品种在各试点的产量、生育期及主要农艺经济性状表现

品种名称/试验点	亩产（千克）	比 CK ±%	产量位次	播种期（月/日）	齐穗期（月/日）	成熟期（月/日）	全生育期（天）	有效穗（万/亩）	株高（厘米）	穗长（厘米）	总粒数/穗	实粒数/穗	结实率（%）	千粒重（克）	杂株率（%）	倒伏性	穗颈瘟	纹枯病	稻曲病	综评等级
晖两优 5438																				
安徽黄山市种子站	667.34	5.97	3	6/13	8/28	10/9	118	22.5	110.6	22.7	154.1	127.8	82.9	23.5	1.1	直	未发	未发	轻	B
安徽芜湖市种子站	615.16	10.15	3	6/15	8/22	9/25	102	20.7	111.2	22.5	148.2	128.4	86.6	24.3	0.3	直	未发	轻	无	A
湖北荆州市农业科学院	664.84	10.40	3	6/20	9/1	10/15	117	25.3	118.9	22.5	169.7	119.5	70.4	23.7	0.4	斜	未发	未发	未发	A
湖北团风县金锣港原种场	677.66	-1.69	9	6/24	9/8	10/12	110	23.3	108.7	21.5	153.3	107.4	70.1	25.6	0.2	直	轻	轻	未发	C
湖北孝感市农业科学院	640.33	-0.36	8	6/20	9/3	10/22	124	25.0	119.8	24.1	235.9	176.0	74.6	22.8	0.0	倒	轻	轻	轻	B
湖南省贺家山原种场	644.83	-2.12	10	6/20	8/29	10/12	114	20.5	133.5	22.3	175.2	145.5	83.0	23.3	—	直	未发	轻	轻	C
湖南省水稻研究所	592.54	4.34	6	6/23	9/8	10/15	114	19.1	96.0	23.9	165.7	126.7	76.5	27.2	0.0	直	未发	轻	无	B
湖南岳阳市农科所	648.29	3.47	9	6/22	9/5	10/10	110	22.6	110.2	24.7	211.4	162.6	76.9	24.7	0.0	直	未发	轻	—	B
江西赣州市农科所	636.66	0.95	7	6/24	9/14	10/25	123	29.3	94.1	23.7	186.0	134.6	72.4	21.5	1.5	直	无	无	无	B
江西九江市农科所	486.09	-7.95	12	6/15	9/3	10/12	119	21.6	112.8	23.3	184.3	162.5	88.2	24.1	0.0	直	未发	中	未发	D
江西省邓家埠水稻原种场	587.88	4.62	7	6/25	9/9	10/20	117	20.4	93.0	21.8	142.0	123.7	87.1	23.8	0.0	直	未发	轻	轻	B
江西省种子管理局	628.83	1.04	6	6/29	9/5	10/16	109	24.2	109.2	21.7	148.5	139.0	93.6	26.0	0.4	直	未发	轻	未发	B
江西宜春市农科所	629.19	-3.13	9	6/20	9/2	10/14	116	20.3	114.5	23.2	162.2	121.7	75.0	20.5	0.5	伏	无	轻	无	C
浙江金华市农业科学院	703.48	11.88	2	6/18	8/27	10/12	116	17.8	120.0	22.8	196.9	165.0	83.8	24.1	0.0	倒	未发	轻	未发	A
中国水稻研究所	686.01	9.68	3	6/15	8/29	10/16	123	19.0	110.9	23.1	158.6	126.6	79.8	22.2	0.9	直	未发	轻	—	A

综合评级：A—好，B—较好，C—中等，D——般。

表 21-8-2 晚籼早熟 B 组（183111N-B）区试品种在各试点的产量、生育期及主要农艺经济性状表现

品种名称/试验点	亩产（千克）	比 CK ±%	产量位次	播种期（月/日）	齐穗期（月/日）	成熟期（月/日）	全生育期（天）	有效穗（万/亩）	株高（厘米）	穗长（厘米）	总粒数/穗	实粒数/穗	结实率（%）	千粒重（克）	杂株率（%）	倒伏性	穗颈瘟	纹枯病	稻曲病	综评等级
泰优 396																				
安徽黄山市种子站	612.20	-2.79	11	6/13	9/3	10/12	121	19.3	117.8	21.8	158.1	140.5	88.9	23.0	—	斜	未发	未发	轻	B
安徽芜湖市种子站	521.80	-6.57	12	6/15	8/25	9/30	107	17.4	112.3	22.9	157.8	134.6	85.3	23.8	0.2	直	未发	轻	无	A
湖北荆州市农业科学院	592.54	-1.60	11	6/20	9/5	10/17	119	23.5	122.3	21.4	169.7	120.3	70.9	23.1	0.6	斜	未发	未发	未发	D
湖北团风县金锣港原种场	698.32	1.30	7	6/24	9/11	10/20	118	23.8	111.3	21.7	143.2	108.4	75.7	25.1	0.2	倒	未发	轻	未发	A
湖北孝感市农业科学院	662.84	3.14	4	6/20	9/7	10/24	126	23.6	121.1	22.3	209.7	154.4	73.6	24.3	0.4	倒	轻	轻	轻	B
湖南省贺家山原种场	623.16	-5.41	12	6/20	9/1	10/15	117	21.3	126.8	21.8	185.2	149.7	80.8	24.8	—	倒	未发	中	轻	C
湖南省水稻研究所	556.39	-2.02	12	6/23	9/13	10/21	120	18.3	99.9	24.6	193.1	161.1	83.4	27.2	0.3	直	未发	轻	无	D
湖南岳阳市农科所	658.32	5.07	5	6/22	9/8	10/13	113	23.5	110.6	24.2	179.5	135.7	75.6	26.2	0.0	直	未发	轻	—	B
江西赣州市农科所	621.83	-1.40	10	6/24	9/20	10/29	127	27.2	111.1	23.2	154.6	103.8	67.1	23.0	2.0	直	无	无	无	B
江西九江市农科所	510.25	-3.38	10	6/15	9/5	10/14	121	18.6	120.1	21.6	159.3	129.1	81.0	23.7	0.0	直	未发	重	未发	D
江西省邓家埠水稻原种场	605.70	7.80	3	6/25	9/12	10/20	117	20.0	104.5	21.9	150.9	127.5	84.5	24.3	0.3	直	未发	轻	轻	A
江西省种子管理局	629.33	1.12	5	6/29	9/8	10/21	114	26.6	105.4	21.9	161.8	152.0	93.9	25.2	0.9	直	未发	轻	未发	B
江西宜春市农科所	591.37	-8.95	10	6/20	9/8	10/15	117	17.7	115.8	22.8	167.9	147.9	88.1	20.8	—	直	无	无	轻	C
浙江金华市农业科学院	580.78	-7.64	11	6/18	8/31	10/14	118	17.4	128.8	21.3	161.5	143.9	89.1	23.4	0.4	倒	未发	轻	未发	B
中国水稻研究所	620.82	-0.75	8	6/15	9/2	10/18	125	19.0	115.7	23.3	173.0	141.8	82.0	23.2	0.0	伏	未发	轻	—	C

综合评级：A—好，B—较好，C—中等，D——一般。

表 21-8-3 晚籼早熟 B 组（183111N-B）区试品种在各试点的产量、生育期及主要农艺经济性状表现

品种名称/试验点	亩产（千克）	比 CK ±%	产量位次	播种期（月/日）	齐穗期（月/日）	成熟期（月/日）	全生育期（天）	有效穗（万/亩）	株高（厘米）	穗长（厘米）	总粒数/穗	实粒数/穗	结实率（%）	千粒重（克）	杂株率（%）	倒伏性	穗颈瘟	纹枯病	稻曲病	综评等级
野香优油丝																				
安徽黄山市种子站	559.74	-11.12	12	6/13	9/6	10/11	120	25.2	128.0	23.0	130.0	112.3	86.4	19.9	—	倒	未发	未发	无	B
安徽芜湖市种子站	568.48	1.79	7	6/15	8/24	9/25	102	25.4	122.3	23.2	127.6	114.6	89.8	19.9	0.2	倒	未发	轻	无	A
湖北荆州市农业科学院	668.67	11.04	1	6/20	9/7	10/13	115	30.3	130.7	21.5	138.6	102.9	74.2	20.1	0.5	斜	未发	未发	未发	A
湖北团风县金锣港原种场	718.98	4.30	4	6/24	9/13	10/20	118	27.0	128.7	23.6	161.6	139.6	86.4	21.8	0.3	倒	未发	轻	未发	B
湖北孝感市农业科学院	614.82	-4.33	11	6/20	9/10	10/24	126	24.0	125.6	24.5	193.3	160.8	83.2	19.3	0.0	倒	轻	轻	轻	B
湖南省贺家山原种场	658.33	-0.08	8	6/20	9/1	10/13	115	25.0	139.4	23.2	155.9	125.0	80.2	20.1	—	倒	未发	轻	轻	C
湖南省水稻研究所	576.21	1.47	8	6/23	9/12	10/21	120	20.0	108.6	26.1	159.1	129.9	81.6	24.8	0.5	直	未发	轻	无	C
湖南岳阳市农科所	624.90	-0.27	11	6/22	9/12	10/16	116	23.7	126.8	24.8	195.0	145.7	74.7	23.2	2.0	直	未发	无	—	C
江西赣州市农科所	656.83	4.15	3	6/24	9/22	10/28	126	30.2	120.3	24.8	153.0	96.3	62.9	20.5	0.0	直	无	无	无	A
江西九江市农科所	556.72	5.43	3	6/15	9/7	10/13	120	22.4	124.9	22.4	128.1	99.7	77.8	20.0	0.0	直	未发	无	未发	A
江西省邓家埠水稻原种场	591.71	5.31	6	6/25	9/17	10/20	117	24.0	118.8	24.5	148.4	128.0	86.3	19.8	0.3	直	未发	轻	轻	A
江西省种子管理局	647.33	4.02	3	6/29	9/7	10/19	112	29.7	114.3	22.7	130.8	118.2	90.4	21.4	0.9	直	未发	轻	未发	A
江西宜春市农科所	428.29	-34.06	12	6/20	9/11	10/16	118	28.2	123.6	23.4	143.4	131.6	91.8	19.3	—	伏	无	中	轻	D
浙江金华市农业科学院	460.66	-26.74	12	6/18	9/3	10/5	109	18.4	135.6	23.5	144.5	133.0	92.0	20.4	1.1	倒	未发	轻	未发	C
中国水稻研究所	490.12	-21.64	12	6/15	9/4	10/19	126	22.6	123.6	23.9	141.0	124.9	88.6	19.0	0.9	伏	未发	轻	—	D

综合评级：A—好，B—较好，C—中等，D—一般。

表 21-8-4　晚籼早熟 B 组（183111N-B）区试品种在各试点的产量、生育期及主要农艺经济性状表现

品种名称/试验点	亩产（千克）	比 CK ±%	产量位次	播种期（月/日）	齐穗期（月/日）	成熟期（月/日）	全生育期（天）	有效穗（万/亩）	株高（厘米）	穗长（厘米）	总粒数/穗	实粒数/穗	结实率（%）	千粒重（克）	杂株率（%）	倒伏性	穗颈瘟	纹枯病	稻曲病	综评等级
晖两优 534																				
安徽黄山市种子站	615.54	-2.25	10	6/13	8/28	10/10	119	23.1	102.0	22.0	147.7	132.3	89.6	21.4	—	斜	未发	未发	轻	B
安徽芜湖市种子站	576.81	3.28	6	6/15	8/20	9/24	101	14.1	103.5	24.8	196.4	186.8	95.1	23.1	0.2	直	未发	轻	轻	C
湖北荆州市农业科学院	618.86	2.77	9	6/20	9/1	10/12	114	26.3	112.7	21.5	151.1	120.3	79.6	21.3	0.4	斜	未发	未发	未发	C
湖北团风县金锣港原种场	728.14	5.63	2	6/24	9/7	10/18	116	23.5	108.6	22.8	165.4	139.9	84.6	23.3	0.2	倒	未发	轻	未发	B
湖北孝感市农业科学院	620.66	-3.42	10	6/20	9/3	10/22	124	27.5	115.8	23.6	234.9	166.8	71.0	22.3	0.4	伏	轻	轻	轻	C
湖南省贺家山原种场	691.84	5.01	1	6/20	8/29	10/11	113	22.3	122.8	22.7	166.2	150.6	90.6	22.4	—	斜	未发	中	无	A
湖南省水稻研究所	596.87	5.10	5	6/23	9/5	10/13	112	22.4	91.2	23.4	174.8	152.5	87.2	24.1	0.1	直	未发	轻	无	B
湖南岳阳市农科所	665.00	6.13	4	6/22	9/5	10/10	110	22.2	110.0	23.2	161.8	129.9	80.3	24.5	1.0	直	未发	轻	—	A
江西赣州市农科所	606.49	-3.83	11	6/24	9/13	10/26	124	23.4	91.0	23.9	152.3	136.2	89.4	21.5	2.0	直	无	无	无	B
江西九江市农科所	530.90	0.54	7	6/15	9/2	10/12	119	24.0	111.3	22.4	159.3	147.2	92.4	22.8	0.0	直	未发	轻	未发	C
江西省邓家埠水稻原种场	550.89	-1.96	11	6/25	9/8	10/16	113	27.7	86.4	18.4	105.5	94.6	89.7	21.2	0.9	直	未发	轻	轻	B
江西省种子管理局	630.49	1.31	4	6/29	9/4	10/16	109	26.1	105.0	21.7	152.4	147.0	96.5	23.8	1.1	直	未发	轻	未发	A
江西宜春市农科所	646.35	-0.49	8	6/20	9/1	10/13	115	26.9	105.3	22.6	155.3	120.9	77.8	20.0	—	伏	无	中	轻	C
浙江金华市农业科学院	718.78	14.31	1	6/18	8/27	10/7	111	20.6	113.6	21.9	167.3	156.5	93.5	22.3	0.0	倒	未发	轻	未发	A
中国水稻研究所	669.50	7.04	4	6/15	8/29	10/17	124	21.7	107.3	23.7	150.2	128.2	85.4	20.8	0.0	伏	未发	轻	—	A

综合评级：A—好，B—较好，C—中等，D——般。

表 21-8-5 晚籼早熟 B 组（183111N-B）区试品种在各试点的产量、生育期及主要农艺经济性状表现

品种名称/试验点	亩产（千克）	比 CK ±%	产量位次	播种期（月/日）	齐穗期（月/日）	成熟期（月/日）	全生育期（天）	有效穗（万/亩）	株高（厘米）	穗长（厘米）	总粒数/穗	实粒数/穗	结实率（%）	千粒重（克）	杂株率（%）	倒伏性	穗颈瘟	纹枯病	稻曲病	综评等级
腾两优 1818																				
安徽黄山市种子站	628.91	-0.13	9	6/13	8/31	10/12	121	21.7	111.2	22.2	134.2	122.2	91.1	24.2	—	直	未发	未发	轻	B
安徽芜湖市种子站	605.15	8.36	4	6/15	8/22	9/25	102	17.9	103.7	22.7	152.0	143.8	94.6	24.4	0.3	直	未发	轻	无	A
湖北荆州市农业科学院	667.17	10.79	2	6/20	9/1	10/11	113	24.5	117.8	20.7	141.8	126.2	89.0	22.7	0.6	直	未发	未发	未发	A
湖北团风县金锣港原种场	720.98	4.59	3	6/24	9/7	10/13	111	24.5	110.8	22.3	167.5	122.2	73.0	25.1	0.3	直	未发	轻	未发	A
湖北孝感市农业科学院	697.18	8.48	3	6/20	9/3	10/21	123	25.0	120.1	22.9	189.9	168.9	88.9	24.4	0.0	直	轻	轻	轻	A
湖南省贺家山原种场	671.84	1.97	3	6/20	8/29	10/12	114	20.2	127.1	21.3	155.9	144.9	92.9	25.6	—	直	未发	中	轻	B
湖南省水稻研究所	561.72	-1.09	11	6/23	9/7	10/15	114	19.8	99.6	25.5	143.5	126.7	88.3	26.6	0.0	直	未发	轻	无	C
湖南岳阳市农科所	678.37	8.27	1	6/22	9/6	10/11	111	24.2	112.8	24.4	162.2	137.2	84.6	25.5	1.0	直	未发	无	—	A
江西赣州市农科所	679.34	7.72	1	6/24	9/14	10/27	125	23.1	98.1	24.0	169.8	120.5	71.0	22.5	0.0	直	无	无	无	A
江西九江市农科所	567.22	7.41	2	6/15	9/2	10/10	117	26.6	110.3	20.8	132.9	122.7	92.3	24.8	0.0	直	未发	无	未发	A
江西省邓家埠水稻原种场	587.54	4.57	8	6/25	9/8	10/13	110	23.7	93.7	20.1	118.1	107.3	90.9	23.8	0.9	直	未发	轻	轻	B
江西省种子管理局	648.67	4.23	2	6/29	9/6	10/19	112	27.8	110.4	21.0	145.5	140.6	96.6	25.9	0.4	直	未发	轻	未发	A
江西宜春市农科所	675.00	3.92	4	6/20	9/2	10/13	115	20.3	115.7	24.2	158.6	148.1	93.4	23.2	0.5	直	无	无	轻	B
浙江金华市农业科学院	638.04	1.47	7	6/18	8/30	10/12	116	16.8	123.3	22.1	163.9	153.8	93.8	25.1	0.4	倒	未发	轻	未发	A
中国水稻研究所	657.33	5.09	5	6/15	8/29	10/17	124	19.9	115.9	22.9	145.6	135.1	92.8	22.8	0.3	直	未发	轻	—	A

综合评级：A—好，B—较好，C—中等，D——般。

表 21-8-6 晚籼早熟 B 组（183111N-B）区试品种在各试点的产量、生育期及主要农艺经济性状表现

品种名称/试验点	亩产（千克）	比 CK ±%	产量位次	播种期（月/日）	齐穗期（月/日）	成熟期（月/日）	全生育期（天）	有效穗（万/亩）	株高（厘米）	穗长（厘米）	总粒数/穗	实粒数/穗	结实率（%）	千粒重（克）	杂株率（%）	倒伏性	穗颈瘟	纹枯病	稻曲病	综评等级
两优 869																				
安徽黄山市种子站	661.66	5.07	4	6/13	9/10	10/14	123	22.9	103.2	21.6	136.7	113.5	83.0	25.6	—	直	未发	未发	无	B
安徽芜湖市种子站	625.16	11.94	2	6/15	8/31	10/6	113	19.4	98.2	23.4	149.6	130.4	87.2	25.7	0.1	直	未发	轻	无	B
湖北荆州市农业科学院	572.05	-5.01	12	6/20	9/10	10/26	128	22.3	104.2	23.1	156.0	103.8	66.5	25.0	0.9	直	未发	未发	未发	D
湖北团风县金锣港原种场	586.88	-14.86	12	6/24	9/24	10/26	124	26.0	112.3	18.4	110.3	68.0	61.7	25.6	0.2	直	未发	轻	未发	C
湖北孝感市农业科学院	538.97	-16.13	12	6/20	9/20	11/2	135	28.5	112.7	25.7	197.0	126.1	64.0	25.9	0.0	直	轻	轻	轻	C
湖南省贺家山原种场	638.50	-3.09	11	6/20	9/9	10/23	125	19.7	114.5	24.6	183.4	152.8	83.3	27.0	—	直	未发	轻	无	C
湖南省水稻研究所	589.04	3.72	7	6/23	9/21	10/25	124	20.5	99.2	25.9	161.0	112.6	69.9	28.5	1.5	直	未发	轻	无	B
湖南岳阳市农科所	624.90	-0.27	12	6/22	9/12	10/16	116	23.6	110.6	23.6	197.5	148.7	75.3	25.6	0.0	直	未发	无	—	C
江西赣州市农科所	519.13	-17.68	12	6/24	9/29	10/2	100	25.6	96.5	24.2	189.6	123.4	65.1	24.0	0.0	直	无	无	无	B
江西九江市农科所	547.90	3.75	4	6/15	9/9	10/19	126	18.0	101.7	23.0	146.9	110.0	74.9	25.1	0.8	直	未发	重	未发	B
江西省邓家埠水稻原种场	538.07	-4.24	12	6/25	9/21	10/31	128	23.0	101.0	24.2	115.8	85.8	74.1	28.9	0.3	直	未发	轻	轻	B
江西省种子管理局	663.50	6.62	1	6/29	9/16	10/30	123	21.2	97.9	23.4	139.4	135.1	96.9	28.0	0.9	直	未发	轻	未发	B
江西宜春市农科所	580.21	-10.67	11	6/20	9/19	10/23	125	21.0	107.6	24.3	165.3	125.8	76.1	23.0	0.4	直	无	无	轻	C
浙江金华市农业科学院	601.53	-4.34	10	6/18	9/10	10/16	120	19.0	106.4	21.8	139.4	131.6	94.4	25.9	0.0	直	未发	轻	未发	B
中国水稻研究所	618.32	-1.15	9	6/15	9/12	10/27	134	20.8	108.1	24.6	148.1	118.3	79.9	21.8	0.0	直	未发	轻	—	C

综合评级：A—好，B—较好，C—中等，D—一般。

表 21-8-7 晚籼早熟 B 组（183111N-B）区试品种在各试点的产量、生育期及主要农艺经济性状表现

品种名称/试验点	亩产（千克）	比 CK ±%	产量位次	播种期（月/日）	齐穗期（月/日）	成熟期（月/日）	全生育期（天）	有效穗（万/亩）	株高（厘米）	穗长（厘米）	总粒数/穗	实粒数/穗	结实率（%）	千粒重（克）	杂株率（%）	倒伏性	穗颈瘟	纹枯病	稻曲病	综评等级
荆楚优 87																				
安徽黄山市种子站	677.86	7.64	1	6/13	9/6	10/13	122	19.2	110.2	20.8	155.0	135.0	87.1	26.4	—	直	未发	未发	中	B
安徽芜湖市种子站	560.14	0.30	9	6/15	8/27	10/4	111	16.4	108.4	21.9	162.8	133.2	81.8	26.5	0.1	直	未发	轻	无	C
湖北荆州市农业科学院	643.18	6.81	5	6/20	9/6	10/20	122	27.0	115.8	20.6	145.4	103.3	71.0	24.8	0.2	直	未发	未发	轻	B
湖北团风县金锣港原种场	715.31	3.77	5	6/24	9/13	10/18	116	26.3	114.9	22.1	137.0	102.8	75.0	27.6	1.6	直	未发	轻	未发	A
湖北孝感市农业科学院	637.66	-0.78	9	6/20	9/8	10/25	127	23.9	118.6	23.5	195.0	148.2	76.0	25.8	2.0	直	轻	轻	轻	B
湖南省贺家山原种场	666.17	1.11	6	6/20	9/2	10/15	117	18.6	125.1	20.3	169.7	127.1	74.9	27.5	1.8	直	未发	轻	中	B
湖南省水稻研究所	607.87	7.04	2	6/23	9/10	10/17	116	23.8	96.6	25.6	152.4	137.0	89.9	29.5	0.6	直	未发	轻	无	A
湖南岳阳市农科所	670.01	6.93	2	6/22	9/8	10/12	112	23.8	112.8	23.7	168.3	133.8	79.5	27.6	1.5	直	未发	无	—	A
江西赣州市农科所	673.67	6.82	2	6/24	9/20	10/28	126	24.9	103.9	23.2	168.1	129.0	76.7	23.5	1.0	直	无	无	无	A
江西九江市农科所	574.22	8.74	1	6/15	9/5	10/14	121	23.0	113.4	22.4	146.3	117.1	80.0	25.8	2.5	直	未发	无	未发	A
江西省邓家埠水稻原种场	593.21	5.57	5	6/25	9/14	10/23	120	20.7	97.8	21.2	133.9	111.7	83.4	26.2	0.0	直	未发	轻	轻	A
江西省种子管理局	622.99	0.11	9	6/29	9/12	10/24	117	22.6	103.3	21.1	144.0	136.7	94.9	28.9	1.3	直	未发	轻	未发	B
江西宜春市农科所	693.82	6.82	1	6/20	9/7	10/14	116	19.6	113.0	23.6	213.1	175.2	82.2	24.0	0.8	直	无	无	轻	A
浙江金华市农业科学院	636.22	1.18	8	6/18	9/4	10/14	118	20.4	120.4	19.3	134.5	113.8	84.6	25.9	0.4	倒	未发	轻	未发	A
中国水稻研究所	612.49	-2.08	11	6/15	9/6	10/21	128	20.8	110.7	22.9	149.3	113.5	76.0	26.4	0.6	直	未发	轻	—	C

综合评级：A—好，B—较好，C—中等，D——般。

表 21-8-8　晚籼早熟 B 组（183111N-B）区试品种在各试点的产量、生育期及主要农艺经济性状表现

品种名称/试验点	亩产（千克）	比 CK ±%	产量位次	播种期（月/日）	齐穗期（月/日）	成熟期（月/日）	全生育期（天）	有效穗（万/亩）	株高（厘米）	穗长（厘米）	总粒数/穗	实粒数/穗	结实率（%）	千粒重（克）	杂株率（%）	倒伏性	穗颈瘟	纹枯病	稻曲病	综评等级
济优 6553																				
安徽黄山市种子站	669.51	6.32	2	6/13	9/3	10/13	122	22.6	110.8	23.2	141.3	124.5	88.1	24.6	—	直	未发	未发	轻	B
安徽芜湖市种子站	630.16	12.83	1	6/15	8/24	9/28	105	18.2	96.4	23.9	178.2	157.0	88.1	23.2	0.1	直	未发	轻	无	C
湖北荆州市农业科学院	643.68	6.89	4	6/20	9/6	10/20	122	25.3	112.1	21.8	162.3	122.1	75.2	22.8	0.4	直	未发	未发	未发	B
湖北团风县金锣港原种场	758.46	10.03	1	6/24	9/12	10/25	123	26.4	106.8	22.3	138.4	111.9	80.9	25.5	0.3	直	未发	轻	未发	B
湖北孝感市农业科学院	727.69	13.23	1	6/20	9/3	10/21	123	25.6	115.9	24.2	245.2	182.8	74.6	23.4	0.0	直	轻	轻	轻	A
湖南省贺家山原种场	670.17	1.72	4	6/20	9/1	10/14	116	22.3	120.9	22.6	161.4	140.9	87.3	24.8	—	直	未发	轻	无	B
湖南省水稻研究所	573.72	1.03	9	6/23	9/9	10/17	116	23.4	95.8	21.7	174.2	145.5	83.5	25.9	0.0	直	未发	轻	无	C
湖南岳阳市农科所	654.97	4.53	8	6/22	9/7	10/12	112	22.8	110.6	23.5	176.8	140.9	79.7	26.6	0.0	直	未发	无	—	B
江西赣州市农科所	632.33	0.26	8	6/24	9/19	10/27	125	25.6	98.4	24.1	159.4	123.8	77.7	23.0	1.0	直	无	无	无	B
江西九江市农科所	501.25	-5.08	11	6/15	9/4	10/15	122	23.4	109.6	22.3	160.6	130.8	81.4	24.4	0.0	直	未发	无	未发	D
江西省邓家埠水稻原种场	597.37	6.31	4	6/25	9/12	10/20	117	17.0	90.2	23.0	162.4	151.6	93.3	24.5	0.0	直	未发	轻	轻	A
江西省种子管理局	625.33	0.48	8	6/29	9/8	10/21	114	21.6	99.0	22.3	171.7	165.7	96.5	25.7	0.9	直	未发	轻	未发	C
江西宜春市农科所	693.66	6.80	2	6/20	9/7	10/15	117	24.3	111.7	22.1	148.4	111.9	75.4	20.5	—	直	无	无	轻	A
浙江金华市农业科学院	690.76	9.85	4	6/18	9/1	10/12	116	21.0	115.3	21.8	143.7	136.0	94.6	24.5	0.0	倒	未发	轻	未发	A
中国水稻研究所	709.01	13.35	2	6/15	9/3	10/19	126	22.2	112.1	21.5	142.9	116.1	81.2	22.7	0.0	直	未发	轻	—	A

综合评级：A—好，B—较好，C—中等，D——般。

表 21-8-9 晚籼早熟 B 组（183111N-B）区试品种在各试点的产量、生育期及主要农艺经济性状表现

品种名称/试验点	亩产（千克）	比 CK ±%	产量位次	播种期（月/日）	齐穗期（月/日）	成熟期（月/日）	全生育期（天）	有效穗（万/亩）	株高（厘米）	穗长（厘米）	总粒数/穗	实粒数/穗	结实率（%）	千粒重（克）	杂株率（%）	倒伏性	穗颈瘟	纹枯病	稻曲病	综评等级
陵两优 1273																				
安徽黄山市种子站	658.65	4.59	6	6/13	9/3	10/12	121	21.8	111.6	20.6	131.0	118.3	90.3	24.8	—	直	未发	未发	轻	B
安徽芜湖市种子站	581.82	4.18	5	6/15	8/27	10/4	111	16.8	100.9	22.3	160.8	141.4	87.9	25.2	0.2	直	未发	轻	无	C
湖北荆州市农业科学院	629.19	4.48	8	6/20	9/8	10/18	120	26.0	110.5	20.9	143.5	112.1	78.1	23.3	0.3	直	未发	未发	未发	C
湖北团风县金锣港原种场	611.03	-11.36	11	6/24	9/13	10/24	122	22.3	112.6	22.5	150.3	120.4	80.1	26.7	0.2	直	未发	轻	轻	C
湖北孝感市农业科学院	659.33	2.59	5	6/20	9/9	10/24	126	26.1	113.3	23.2	215.2	169.3	78.7	23.5	0.0	直	轻	轻	轻	B
湖南省贺家山原种场	666.84	1.22	5	6/20	9/4	10/18	120	21.3	121.4	21.1	181.8	150.8	82.9	24.5	—	直	未发	轻	无	B
湖南省水稻研究所	604.70	6.48	4	6/23	9/11	10/20	119	18.3	97.2	22.5	152.7	137.4	90.0	26.8	0.0	直	未发	轻	无	B
湖南岳阳市农科所	656.64	4.80	6	6/22	9/10	10/15	115	23.5	116.2	23.5	177.1	136.2	76.9	25.9	0.0	直	未发	轻	—	B
江西赣州市农科所	637.50	1.08	6	6/24	9/19	10/25	123	27.4	102.7	22.9	166.3	140.5	84.5	23.5	0.0	直	无	无	无	B
江西九江市农科所	511.91	-3.06	9	6/15	9/6	10/16	123	20.8	112.7	21.7	171.9	147.2	85.6	25.2	0.0	直	未发	无	未发	D
江西省邓家埠水稻原种场	614.53	9.37	1	6/25	9/17	10/22	119	19.0	100.7	22.2	173.2	138.8	80.1	24.2	0.3	直	未发	轻	轻	A
江西省种子管理局	617.82	-0.72	11	6/29	9/12	10/24	117	20.4	100.5	21.7	146.1	136.9	93.7	26.8	0.4	直	未发	轻	轻	B
江西宜春市农科所	663.34	2.13	6	6/20	9/9	10/16	118	23.1	111.8	22.3	173.9	142.0	81.7	20.4	—	直	无	无	轻	C
浙江金华市农业科学院	645.46	2.65	6	6/18	9/2	10/10	114	18.6	116.3	20.6	146.6	131.0	89.4	24.5	0.2	倒	未发	轻	未发	A
中国水稻研究所	635.16	1.55	6	6/15	9/6	10/21	128	20.3	107.8	21.4	151.2	125.3	82.9	23.1	0.0	直	未发	轻	—	B

综合评级：A—好，B—较好，C—中等，D——一般。

表 21-8-10　晚籼早熟 B 组（183111N-B）区试品种在各试点的产量、生育期及主要农艺经济性状表现

品种名称/试验点	亩产（千克）	比 CK ±%	产量位次	播种期（月/日）	齐穗期（月/日）	成熟期（月/日）	全生育期（天）	有效穗（万/亩）	株高（厘米）	穗长（厘米）	总粒数/穗	实粒数/穗	结实率（%）	千粒重（克）	杂株率（%）	倒伏性	穗颈瘟	纹枯病	稻曲病	综评等级
广泰优 226																				
安徽黄山市种子站	660.15	4.83	5	6/13	9/2	10/12	121	21.7	110.0	22.4	159.0	131.0	82.4	24.5	—	直	未发	未发	中	B
安徽芜湖市种子站	556.81	-0.30	11	6/15	8/24	9/26	103	16.3	106.8	22.3	163.4	141.6	86.7	25.2	0.2	直	未发	轻	无	D
湖北荆州市农业科学院	631.02	4.79	7	6/20	9/3	10/14	116	22.5	117.2	21.4	152.5	109.5	71.8	24.2	0.2	直	未发	未发	未发	C
湖北团风县金锣港原种场	660.01	-4.25	10	6/24	9/12	10/23	121	27.3	111.5	22.8	138.8	90.2	65.0	27.4	0.1	直	未发	轻	未发	C
湖北孝感市农业科学院	643.00	0.05	6	6/20	9/7	10/24	126	23.0	116.5	22.9	216.8	153.3	70.7	26.3	0.0	直	轻	轻	轻	A
湖南省贺家山原种场	654.83	-0.61	9	6/20	9/1	10/16	118	19.4	127.6	22.9	190.4	170.0	89.3	27.4	—	直	未发	轻	无	C
湖南省水稻研究所	605.20	6.57	3	6/23	9/8	10/15	114	20.5	99.4	23.4	186.6	141.6	75.9	27.3	0.0	直	未发	轻	无	B
湖南岳阳市农科所	666.67	6.40	3	6/22	9/7	10/12	112	23.9	118.6	23.8	174.7	130.2	74.5	27.6	0.0	直	未发	无	—	A
江西赣州市农科所	643.33	2.01	4	6/24	9/15	10/25	123	23.1	103.9	23.8	169.4	130.8	77.2	24.0	0.0	直	无	无	无	A
江西九江市农科所	535.90	1.48	6	6/15	9/5	10/15	122	18.8	112.6	21.9	159.7	134.6	84.3	26.6	0.0	直	未发	轻	未发	B
江西省邓家埠水稻原种场	558.39	-0.62	10	6/25	9/11	10/14	111	22.7	96.4	19.6	111.4	100.2	89.9	25.6	0.9	直	未发	轻	轻	B
江西省种子管理局	628.66	1.02	7	6/29	9/5	10/18	111	27.6	105.7	21.9	177.6	174.8	98.4	28.2	0.2	直	未发	轻	未发	B
江西宜春市农科所	689.83	6.21	3	6/20	9/9	10/16	118	21.0	112.2	22.1	130.7	109.1	83.5	24.1	0.3	直	无	无	轻	B
浙江金华市农业科学院	652.58	3.78	5	6/18	8/31	10/10	114	17.1	120.7	21.7	150.9	133.8	88.7	25.8	0.4	倒	未发	轻	未发	A
中国水稻研究所	615.66	-1.57	10	6/15	9/3	10/19	126	20.7	111.1	23.3	192.5	155.0	80.5	24.0	0.0	直	未发	轻	—	C

综合评级：A—好，B—较好，C—中等，D——般。

表 21-8-11　晚籼早熟 B 组（183111N-B）区试品种在各试点的产量、生育期及主要农艺经济性状表现

品种名称/试验点	亩产（千克）	比 CK ±%	产量位次	播种期（月/日）	齐穗期（月/日）	成熟期（月/日）	全生育期（天）	有效穗（万/亩）	株高（厘米）	穗长（厘米）	总粒数/穗	实粒数/穗	结实率（%）	千粒重（克）	杂株率（%）	倒伏性	穗颈瘟	纹枯病	稻曲病	综评等级
五优 308（CK）																				
安徽黄山市种子站	629.74	0.00	8	6/13	9/1	10/13	122	20.3	110.2	20.3	143.3	129.5	90.4	24.2	—	直	未发	未发	轻	B
安徽芜湖市种子站	558.48	0.00	10	6/15	8/24	9/26	103	17.4	107.2	21.6	176.6	146.2	82.8	23.2	1.8	直	未发	轻	轻	B
湖北荆州市农业科学院	602.20	0.00	10	6/20	9/5	10/20	122	24.5	113.3	20.2	146.9	111.8	76.1	22.6	0.4	伏	未发	未发	未发	D
湖北团风县金锣港原种场	689.33	0.00	8	6/24	9/10	10/22	120	24.3	110.6	22.1	182.6	130.8	71.6	24.3	0.2	直	未发	轻	未发	B
湖北孝感市农业科学院	642.66	0.00	7	6/20	9/6	10/25	127	26.9	116.3	22.5	212.0	149.8	70.7	22.9	0.0	直	轻	轻	轻	A
湖南省贺家山原种场	658.83	0.00	7	6/20	9/1	10/16	118	20.4	124.4	21.8	208.2	183.9	88.3	24.6	—	直	未发	中	无	B
湖南省水稻研究所	567.89	0.00	10	6/23	9/11	10/21	120	20.3	98.2	23.2	173.1	137.6	79.5	24.8	0.0	直	未发	轻	无	C
湖南岳阳市农科所	626.57	0.00	10	6/22	9/9	10/13	113	23.4	110.8	23.9	169.4	136.7	80.7	25.9	0.0	直	未发	轻	—	C
江西赣州市农科所	630.66	0.00	9	6/24	9/16	10/28	126	25.6	98.4	22.0	144.0	108.3	75.2	22.0	0.0	直	无	无	无	B
江西九江市农科所	528.07	0.00	8	6/15	9/4	10/14	121	20.8	114.6	20.6	150.7	132.8	88.1	23.0	0.0	直	未发	中	未发	C
江西省邓家埠水稻原种场	561.89	0.00	9	6/25	9/11	10/24	121	21.4	98.5	21.2	146.6	115.4	78.7	23.5	1.5	直	未发	轻	轻	B
江西省种子管理局	622.33	0.00	10	6/29	9/7	10/20	113	25.8	102.9	21.2	169.4	162.9	96.2	25.7	0.7	直	未发	轻	未发	B
江西宜春市农科所	649.51	0.00	7	6/20	9/8	10/16	118	24.9	105.2	22.3	150.2	122.7	81.7	21.7	—	直	无	无	轻	C
浙江金华市农业科学院	628.80	0.00	9	6/18	8/31	10/14	118	18.8	118.1	20.8	164.4	154.1	93.7	23.5	0.0	倒	未发	轻	未发	B
中国水稻研究所	625.49	0.00	7	6/15	9/2	10/18	125	22.6	108.8	23.4	143.5	117.7	82.0	21.2	0.0	伏	未发	轻	—	B

综合评级：A—好，B—较好，C—中等，D——般。

表 21-8-12 晚籼早熟 B 组（183111N-B）区试品种在各试点的产量、生育期及主要农艺经济性状表现

品种名称/试验点	亩产（千克）	比 CK ±%	产量位次	播种期（月/日）	齐穗期（月/日）	成熟期（月/日）	全生育期（天）	有效穗（万/亩）	株高（厘米）	穗长（厘米）	总粒数/穗	实粒数/穗	结实率（%）	千粒重（克）	杂株率（%）	倒伏性	穗颈瘟	纹枯病	稻曲病	综评等级
隆香优晶占																				
安徽黄山市种子站	649.63	3.16	7	6/13	9/1	10/12	121	21.3	104.4	22.1	162.0	134.5	83.0	23.3	—	直	未发	未发	轻	B
安徽芜湖市种子站	565.14	1.19	8	6/15	8/22	9/25	102	16.5	103.4	23.2	191.6	172.2	89.9	22.5	0.2	直	未发	轻	无	B
湖北荆州市农业科学院	637.35	5.84	6	6/20	9/2	10/13	115	26.8	114.5	21.1	149.8	104.3	69.6	24.2	0.3	直	未发	未发	未发	B
湖北团风县金锣港原种场	706.15	2.44	6	6/24	9/7	10/19	117	26.5	109.3	20.3	137.6	110.6	80.4	24.4	0.1	直	轻	轻	未发	A
湖北孝感市农业科学院	707.68	10.12	2	6/20	9/2	10/20	122	27.4	112.3	23.8	241.3	180.4	74.8	23.9	0.0	直	轻	轻	轻	A
湖南省贺家山原种场	684.17	3.85	2	6/20	8/29	10/13	115	20.7	120.5	21.9	190.7	166.7	87.4	24.4	—	直	未发	中	无	A
湖南省水稻研究所	609.37	7.30	1	6/23	9/7	10/13	112	20.3	89.0	24.0	189.6	159.7	84.2	26.6	0.0	直	未发	轻	无	A
湖南岳阳市农科所	656.64	4.80	7	6/22	9/6	10/11	111	23.6	105.6	23.6	177.4	147.1	82.9	25.6	0.0	直	未发	轻	—	A
江西赣州市农科所	637.83	1.14	5	6/24	9/18	10/27	125	27.9	96.0	23.2	172.5	133.4	77.3	22.0	0.0	直	无	无	无	A
江西九江市农科所	539.23	2.11	5	6/15	9/3	10/11	118	24.8	108.3	21.2	154.1	141.4	91.8	23.7	1.0	直	未发	轻	未发	B
江西省邓家埠水稻原种场	606.70	7.97	2	6/25	9/11	10/23	120	20.7	88.5	21.3	140.6	121.2	86.2	25.3	0.6	直	未发	轻	轻	A
江西省种子管理局	598.99	-3.75	12	6/29	9/6	10/19	112	20.4	101.7	20.7	152.9	147.0	96.1	23.8	0.7	直	未发	轻	未发	C
江西宜春市农科所	668.34	2.90	5	6/20	9/5	10/16	118	19.3	110.8	21.4	157.1	125.5	79.9	21.5	—	直	无	无	中	C
浙江金华市农业科学院	693.94	10.36	3	6/18	8/31	10/9	113	18.0	119.3	21.0	184.5	170.9	92.6	24.3	0.0	直	未发	轻	未发	A
中国水稻研究所	724.68	15.86	1	6/15	9/1	10/18	125	20.6	108.4	23.3	169.5	140.8	83.1	22.6	0.0	直	未发	轻	—	A

综合评级：A—好，B—较好，C—中等，D——般。

表 21-9-1　晚籼早熟 B 组生产试验（183111N-B-S）品种在各试验点的产量、生育期、主要特征、田间抗性表现

品种名称/试验点	亩产（千克）	比 CK± %	播种期（月/日）	齐穗期（月/日）	成熟期（月/日）	全生育期（天）	耐寒性	整齐度	杂株率（%）	株型	叶色	叶姿	长势	熟期转色	倒伏性	落粒性	叶瘟	穗颈瘟	白叶枯病	纹枯病
玖两优 305																				
安徽黄山市种子站	621.82	9.60	6/13	9/2	10/12	121	未发	整齐	—	适中	绿	一般	一般	好	直	中	未发	未发	未发	未发
湖北团风县金锣港原种场	684.67	5.13	6/24	9/13	10/20	118	强	整齐	0.8	适中	绿	挺直	繁茂	好	倒	易	轻	轻	未发	轻
湖南衡南县种子局	520.97	1.32	6/22	9/9	10/20	120	强	整齐	—	适中	浓绿	挺直	繁茂	好	直	中	无	无	无	无
湖南邵阳市农科所	527.78	3.43	6/22	9/3	10/12	112	强	整齐	0.0	适中	绿	一般	繁茂	中	直	难	未发	未发	未发	未发
湖南省贺家山原种场	628.61	7.93	6/20	9/12	10/28	130	中	整齐	—	紧束	浓绿	挺直	一般	中	直	中	未发	未发	未发	轻
江西奉新县种子局	565.68	15.64	6/25	9/6	10/9	106	未发	整齐		紧凑	淡绿	挺直	中等	好	直		无	无	无	
江西省种子管理局	629.69	3.53	6/29	9/7	10/19	112	强	整齐	0.7	适中	绿	一般	繁茂	好	直	易	未发	未发	未发	轻
江西现代种业有限公司	511.65	0.20	6/22	9/19	10/10	110	强	整齐	0.0	适中	浓绿	挺直	繁茂	好	直	难	未发	未发	未发	轻
两优 007																				
安徽黄山市种子站	610.61	7.62	6/13	9/2	10/13	122	未发	整齐	—	适中	绿	一般	一般	好	直	中	未发	未发	未发	未发
湖北团风县金锣港原种场	670.67	2.98	6/24	9/11	10/18	116	强	整齐	0.5	适中	绿	挺直	繁茂	好	直	易	轻	轻	未发	轻
湖南衡南县种子局	522.37	1.59	6/22	9/4	10/16	116	强	整齐	—	适中	浓绿	挺直	繁茂	好	直	中	无	无	无	无
湖南邵阳市农科所	537.38	5.31	6/22	9/2	10/12	112	强	整齐	0.0	适中	绿	一般	繁茂	好	直	难	未发	未发	未发	未发
湖南省贺家山原种场	617.41	6.01	6/20	9/11	10/27	129	中	一般	2.0	紧束	浓绿	一般	一般	好	直	中	未发	未发	未发	轻
江西奉新县种子局	516.68	5.62	6/25	9/7	10/10	107	未发	整齐		紧凑	淡绿	挺直	中等	好	直		无	无	无	
江西省种子管理局	582.69	-4.20	6/29	9/7	10/20	113	中	整齐	0.8	适中	绿	一般	繁茂	中	直	易	未发	未发	未发	轻
江西现代种业有限公司	510.25	-0.08	6/22	9/19	10/10	110	强	整齐	0.0	适中	浓绿	挺直	繁茂	好	直	难	未发	未发	未发	轻

表 21-9-2　晚籼早熟 B 组生产试验（183111N-B-S）品种在各试验点的产量、生育期、主要特征、田间抗性表现

品种名称/试验点	亩产（千克）	比 CK± %	播种期（月/日）	齐穗期（月/日）	成熟期（月/日）	全生育期（天）	耐寒性	整齐度	杂株率（%）	株型	叶色	叶姿	长势	熟期转色	倒伏性	落粒性	叶瘟	穗颈瘟	白叶枯病	纹枯病
五优 308（CK）																				
安徽黄山市种子站	567.37	0.00	6/13	9/2	10/14	123	未发	整齐	—	适中	绿	一般	一般	好	直	中	未发	未发	未发	未发
湖北团风县金锣港原种场	651.27	0.00	6/24	9/13	10/21	119	强	整齐	0.6	适中	绿	挺直	繁茂	好	倒	易	轻	轻	未发	轻
湖南衡南县种子局	514.19	0.00	6/22	9/6	10/18	118	强	整齐	—	适中	绿	挺直	繁茂	好	直	中	无	无	无	无
湖南邵阳市农科所	510.29	0.00	6/22	9/3	10/13	113	强	整齐	0.0	适中	绿	一般	繁茂	好	直	中	未发	未发	未发	未发
湖南省贺家山原种场	582.41	0.00	6/20	9/13	10/29	131	中	一般	—	适中	浓绿	一般	繁茂	中	直	易	未发	未发	未发	轻
江西奉新县种子局	489.18	0.00	6/25	9/4	10/8	105	未发	整齐		紧凑	淡绿	挺直	繁茂	好	直		无	无	无	
江西省种子管理局	608.23	0.00	6/29	9/7	10/20	113	强	整齐	0.6	适中	浓绿	一般	繁茂	好	直	易	未发	未发	未发	轻
江西现代种业有限公司	510.65	0.00	6/22	9/19	10/10	110	强	整齐	0.0	适中	浓绿	挺直	繁茂	好	直	难	未发	未发	未发	轻

第二十二章　2018年长江中下游晚籼中迟熟组国家水稻品种试验汇总报告

一、试验概况

（一）试验目的

鉴定评价我国长江中下游稻区新选育和引进的晚籼中迟熟新品种（组合，下同）的丰产性、稳产性、适应性、抗性、米质及其他重要性状表现，为国家水稻品种审定提供科学依据。

（二）参试品种

区试品种11个，除隆晶优4013为续试品种外，其余品种均为新参试品种，以天优华占（CK）为对照；生产试验品种6个，也以天优华占（CK）为对照。品种编号、名称、类型、亲本组合、选育/供种单位见表22-1。

（三）承试单位

区试点16个，生产试验点6个，分布在福建、广东、广西、湖南、江西和浙江6个省区。承试单位、试验地点、经纬度、海拔高度、试验负责人及执行人见表22-2。

（四）试验设计、栽培管理与观察记载

各试验点均按《2018年国稻科企水稻联合体试验实施方案》及NY/T 1300—2007《农作物品种区域试验技术规范　水稻》进行试验。

区试采用完全随机区组排列，3次重复，小区面积0.02亩。生产试验采用大区随机排列，不设重复，大区面积0.5亩。

分区试、生产试验，同组试验所有品种同期播种、移栽，施肥水平中等偏上，其他栽培管理措施与当地大田生产相同。

观察记载项目与标准按NY/T 1300—2007《农作物品种区域试验技术规范　水稻》以及《国家水稻品种试验观察记载项目、方法及标准》《南方稻区国家水稻品种区试及生产试验记载表》等的要求执行。

（五）特性鉴定

1. 抗性鉴定

浙江省农业科学院植微所、湖南省农业科学院植保所、湖北宜昌市农科所、安徽省农业科学院植保所、福建上杭县茶地乡农技站和江西井冈山企业集团农技服务中心负责稻瘟病抗性鉴定。湖南省农业科学院水稻所负责白叶枯病抗性鉴定。鉴定采用人工接菌与病区自然诱发相结合。中国水稻研究所稻作发展中心负责稻飞虱抗性鉴定。湖南省贺家山原种场负责生产试验品种抽穗期耐冷性鉴定。鉴定用种子均由主持单位中国水稻研究所统一提供。

2. 米质分析

江西省种子管理局、福建龙岩市新罗区良种场和中国水稻研究所试验点提供样品，农业农村部稻米及制品质量监督检验测试中心负责检测分析。

3. DNA指纹特异性与一致性

中国水稻研究所国家水稻改良中心进行参试品种的特异性、同名品种年度间及不同样品间的一致

性鉴定。

（六）试验评价

依据 NY/T 1300—2007《农作物品种区域试验技术规范　水稻》、试验实地检查考察情况以及试验点对试验实施情况和品种表现情况所做的说明，对各试验（鉴定）点试验（鉴定）结果的可靠性、完整性、准确性等进行分析评估，确保汇总质量。

2018 年福建莆田市荔城区良种场区试点品种编号遗失试验报废，福建龙岩市新罗区良种场区试点试验误差偏大，浙江温州市农业科学院区试点试验误差偏大、对照产量异常偏低，上述 3 个区试点的试验结果未纳入汇总；其余区试点、生产试验点以及特性鉴定点的试验（鉴定）结果正常，纳入汇总。

（七）品种评价

依据国家农作物品种审定委员会 2017 年发布的《主要农作物品种审定标准（国家级）》，对参试品种进行分析评价。

产量联合方差分析采用固定模型，品种间产量差异多重比较采用 Duncan's 新复极差法；参试品种的丰产性主要以品种在区试和生产试验中相对于对照品种产量增减产百分率来衡量；参试品种的适应性主要以品种在区试和生产试验中比对照品种增产的试验点百分率来衡量；参试品种的稳产性主要以品种在年度间区试中相对于对照品种产量的差异变化程度来衡量。

参试品种的生育期主要以全生育期比对照品种长短的天数来衡量。

参试品种的抗性以指定的鉴定单位的鉴定结果为主要依据，对稻瘟病抗性的主要评价指标为综合指数和穗瘟损失率最高级，对其他病虫害抗性的主要评价指标为最高级。

参试品种的温度敏感性以结实率低于 65%的区试点数来衡量。

参试品种的米质评价按照农业行业标准 NY/T 593—2013《食用稻品种品质》，分优质 1 级、优质 2 级、优质 3 级，未达到优质级的品种米质均为普通级。

二、结果分析

（一）产量

依据比对照的增减产幅度衡量：在 2018 年区试参试品种中，产量中等、比对照增减产 3%以内的品种有嘉诚优 1253、济优 9 号、创两优 602、康两优 911、隆晶优 4013、泰两优 1332 和荃优金 10 号；产量一般、比对照减产 3%以上的品种有鄂香优珍香占、五丰优 2801、兴两优 1821 和胜优青占。

区试参试品种产量汇总结果见表 22-3，生产试验参试品种产量汇总结果见表 22-4。

（二）生育期

依据全生育期比对照长短的天数衡量：在 2018 年区试参试品种中，熟期较早、比对照早熟的品种有嘉诚优 1253、济优 9 号、创两优 602 和兴两优 1821；其他品种的全生育期介于 119.5~133.3 天，比对照天优华占长 1~3 天，熟期基本适宜。

区试参试品种生育期汇总结果见表 22-3，生产试验参试品种生育期汇总结果见表 22-4。

（三）主要农艺经济性状

区试参试品种分蘖率、有效穗、成穗率、株高、穗长、每穗总粒数、每穗实粒数、结实率、千粒重等主要农艺经济性状汇总结果见表 22-3。

（四）抗性

对稻瘟病的抗性，根据 1~2 年鉴定结果，稻瘟病穗瘟损失率最高级 3 级的品种有隆晶优 4013、康两优 911；穗瘟损失率最高级 5 级的品种有泰两优 1332、胜优青占、创两优 602、嘉诚优 1253；穗瘟损失率最高级 7 级的品种有济优 9 号、荃优金 10 号、鄂香优珍香占、兴两优 1821；穗瘟损失率最高级 9 级的品种有五丰优 2801。

区试参试品种抗性鉴定结果见表 22-5 和表 22-6。

（五）米质

依据农业行业标准 NY/T 593—2013《食用稻品种品质》，根据 1～2 年的检测结果：优质 1 级的品种有隆晶优 4013、荃优金 10 号、泰两优 1332、胜优青占；优质 2 级的品种有嘉诚优 1253；优质 3 级的品种有康两优 911、鄂香优珍香占、兴两优 1821、济优 9 号和创两优 602；其他参试品种均为普通级，米质中等或一般。

区试参试品种米质指标表现及等级见表 22-7。

（六）品种在各试验点表现

区试参试品种在各试验点的表现情况见表 22-8，生产试验参试品种在各试验点的表现情况见表 22-9。

三、品种简评

（一）生产试验品种

1. Y 两优 911

2016 年初试平均亩产 584.86 千克，比天优华占（CK）增产 4.32%，增产点比例 87.5%；2017 年续试平均亩产 600.07 千克，比天优华占（CK）增产 4.52%，增产点比例 93.3%；两年区试平均亩产 592.47 千克，比天优华占（CK）增产 4.42%，增产点比例 90.4%；2018 年生产试验平均亩产 606.89 千克，比天优华占（CK）增产 5.52%，增产点比例 100.0%。全生育期两年区试平均 119.1 天，比天优华占（CK）早熟 1.3 天。主要农艺性状两年区试综合表现：有效穗 19.3 万穗/亩，株高 106.6 厘米，穗长 26.0 厘米，每穗总粒数 193.5 粒，结实率 82.4%，千粒重 23.2 克。抗性两年综合表现：稻瘟病综合指数年度分别为 4.3 级、5.2 级，穗瘟损失率最高 9 级；白叶枯病 5 级；褐飞虱 9 级。米质主要指标两年综合表现：糙米率 82.5%，整精米率 68.6%，长宽比 3.1，垩白粒率 16%，垩白度 2.6%，透明度 2 级，碱消值 5.4 级，胶稠度 62 毫米，直链淀粉含量 16.4%，综合评级为国标优质 2 级、部标优质 3 级。

2018 年国家水稻品种试验年会审议意见：已完成试验程序，可以申报国家审定。

2. 鑫丰优 3 号

2016 年初试平均亩产 554.22 千克，比天优华占（CK）减产 1.15%，增产点比例 43.8%；2017 年续试平均亩产 587.25 千克，比天优华占（CK）增产 2.28%，增产点比例 73.3%；两年区试平均亩产 570.73 千克，比天优华占（CK）增产 0.59%，增产点比例 58.5%；2018 年生产试验平均亩产 581.36 千克，比天优华占（CK）增产 1.76%，增产点比例 83.3%。全生育期两年区试平均 121.0 天，比天优华占（CK）迟熟 0.6 天。主要农艺性状两年区试综合表现：有效穗 20.8 万穗/亩，株高 103.4 厘米，穗长 23.8 厘米，每穗总粒数 163.9 粒，结实率 80.2%，千粒重 23.7 克。抗性两年综合表现：稻瘟病综合指数年度分别为 4.2 级、3.8 级，穗瘟损失率最高 5 级；白叶枯病 7 级；褐飞虱 7 级。米质主要指标两年综合表现：糙米率 81.7%，整精米率 64.4%，长宽比 3.5，垩白粒率 8%，垩白度 1.6%，透明度 1 级，碱消值 5.4 级，胶稠度 74 毫米，直链淀粉含量 16.0%，综合评级为国标优质 2 级、部标优质 3 级。

2018 年国家水稻品种试验年会审议意见：已完成试验程序，可以申报国家审定。

3. 扬籼优 713

2016 年初试平均亩产 569.50 千克，比天优华占（CK）增产 1.58%，增产点比例 75.0%；2017 年续试平均亩产 578.19 千克，比天优华占（CK）增产 0.70%，增产点比例 66.7%；两年区试平均亩产 573.85 千克，比天优华占（CK）增产 1.14%，增产点比例 70.8%；2018 年生产试验平均亩产

582.17千克，比天优华占（CK）增产0.97%，增产点比例83.3%。全生育期两年区试平均118.6天，比天优华占（CK）早熟1.8天。主要农艺性状两年区试综合表现：有效穗20.6万穗/亩，株高106.0厘米，穗长22.3厘米，每穗总粒数176.8粒，结实率80.4%，千粒重23.5克。抗性两年综合表现：稻瘟病综合指数年度分别为3.2级、3.0级，穗瘟损失率最高5级；白叶枯病5级；褐飞虱9级。米质主要指标两年综合表现：糙米率81.8%，整精米率65.5%，长宽比3.4，垩白粒率13%，垩白度2.6%，透明度1级，碱消值4.0级，胶稠度75毫米，直链淀粉含量15.2%，综合评级为国标优质3级、部标普通。

2018年国家水稻品种试验年会审议意见：已完成试验程序，可以申报国家审定。

4. 荃两优华占

2016年初试平均亩产575.12千克，比天优华占（CK）增产2.58%，增产点比例75.0%；2017年续试平均亩产571.53千克，比天优华占（CK）减产0.46%，增产点比例53.3%；两年区试平均亩产573.32千克，比天优华占（CK）增产1.04%，增产点比例64.2%；2018年生产试验平均亩产597.18千克，比天优华占（CK）增产4.52%，增产点比例100.0%。全生育期两年区试平均121.7天，比天优华占（CK）迟熟1.3天。主要农艺性状两年区试综合表现：有效穗19.5万穗/亩，株高108.2厘米，穗长21.7厘米，每穗总粒数173.0粒，结实率77.2%，千粒重24.9克。抗性两年综合表现：稻瘟病综合指数年度分别为3.7级、3.1级，穗瘟损失率最高5级；白叶枯病5级；褐飞虱9级。米质主要指标两年综合表现：糙米率82.8%，整精米率64.6%，长宽比3.1，垩白粒率15%，垩白度2.6%，透明度1级，碱消值5.8级，胶稠度71毫米，直链淀粉含量15.5%，综合评级为国标优质3级、部标优质3级。

2018年国家水稻品种试验年会审议意见：已完成试验程序，可以申报国家审定。

5. 鹏优6228

2016年初试平均亩产558.42千克，比天优华占（CK）减产0.40%，增产点比例50.0%；2017年续试平均亩产569.98千克，比天优华占（CK）减产0.73%，增产点比例53.3%；两年区试平均亩产564.20千克，比天优华占（CK）减产0.56%，增产点比例51.7%；2018年生产试验平均亩产595.64千克，比天优华占（CK）增产3.64%，增产点比例83.3%。全生育期两年区试平均119.1天，比天优华占（CK）早熟1.3天。主要农艺性状两年区试综合表现：有效穗19.8万穗/亩，株高108.4厘米，穗长21.3厘米，每穗总粒数158.8粒，结实率86.6%，千粒重25.1克。抗性两年综合表现：稻瘟病综合指数年度分别为3.0级、3.9级，穗瘟损失率最高7级；白叶枯病5级；褐飞虱9级。米质主要指标两年综合表现：糙米率82.4%，整精米率62.5%，长宽比3.0，垩白粒率10%，垩白度2.5%，透明度1级，碱消值6.9级，胶稠度68毫米，直链淀粉含量16.6%，综合评级为国标优质2级、部标优质2级。

2018年国家水稻品种试验年会审议意见：已完成试验程序，可以申报国家审定。

6. 隆晶优4013

2017年初试平均亩产559.14千克，比天优华占（CK）减产2.61%，增产点比例33.3%；2018年续试平均亩产593.96千克，比天优华占（CK）减产1.20%，增产点比例38.5%；两年区试平均亩产576.55千克，比天优华占（CK）减产1.89%，增产点比例35.9%；2018年生产试验平均亩产566.41千克，比天优华占（CK）减产0.63%，增产点比例50.0%。全生育期两年区试平均120.9天，比天优华占（CK）迟熟1.0天。主要农艺性状两年区试综合表现：有效穗19.8万穗/亩，株高112.6厘米，穗长23.5厘米，每穗总粒数161.0粒，结实率81.8%，千粒重25.7克。抗性两年综合表现：稻瘟病综合指数年度分别为3.2级、3.3级，穗瘟损失率最高3级；白叶枯病最高级7级；褐飞虱最高级9级。米质表现：糙米率81.8%，精米率72.3%，整精米率60.8%，粒长7.2毫米，长宽比3.4，垩白粒率4%，垩白度0.9%，透明度1级，碱消值6.8级，胶稠度72毫米，直链淀粉含量15.5%，综合评级为优质1级。

2018年国家水稻品种试验年会审议意见：已完成试验程序，可以申报国家审定。

（二）初试品种

1. 嘉诚优 1253

2018 年初试平均亩产 616.63 千克，比天优华占（CK）增产 2.57%，增产点比例 76.9%。全生育期 115.4 天，比天优华占（CK）早熟 4.0 天。主要农艺性状表现：有效穗 16.9 万穗/亩，株高 107.9 厘米，穗长 23.2 厘米，每穗总粒数 209.2 粒，结实率 83.1%，结实率小于 65%的点 0 个，千粒重 25.0 克。抗性表现：稻瘟病综合指数 4.7 级，穗瘟损失率最高级 5 级；白叶枯病 5 级；褐飞虱 9 级。米质表现：糙米率 82.0%，精米率 73.2%，整精米率 67.9%，粒长 6.3 毫米，长宽比 2.6，垩白粒率 18.0%，垩白度 2.6%，透明度 2 级，碱消值 6.9 级，胶稠度 72 毫米，直链淀粉含量 15.5%，综合评级为优质 2 级。

2018 年国家水稻品种试验年会审议意见：2019 年续试。

2. 济优 9 号

2018 年初试平均亩产 610.06 千克，比天优华占（CK）增产 1.48%，增产点比例 61.5%。全生育期 117.6 天，比天优华占（CK）早熟 1.8 天。主要农艺性状表现：有效穗 22.3 万穗/亩，株高 105.3 厘米，穗长 22.1 厘米，每穗总粒数 133.4 粒，结实率 87.8%，结实率小于 65%的点 0 个，千粒重 25.7 克。抗性表现：稻瘟病综合指数 5.2 级，穗瘟损失率最高级 7 级；白叶枯病 5 级；褐飞虱 9 级。米质表现：糙米率 83.4%，精米率 73.1%，整精米率 60.0%，粒长 7.4 毫米，长宽比 3.7，垩白粒率 15.5%，垩白度 1.8%，透明度 1 级，碱消值 7.0 级，胶稠度 80 毫米，直链淀粉含量 21.8%，综合评级为优质 3 级。

2018 年国家水稻品种试验年会审议意见：终止试验。

3. 创两优 602

2018 年初试平均亩产 605.63 千克，比天优华占（CK）增产 0.74%，增产点比例 69.2%。全生育期 117.5 天，比天优华占（CK）早熟 1.9 天。主要农艺性状表现：有效穗 20.8 万穗/亩，株高 112.8 厘米，穗长 23.4 厘米，每穗总粒数 145.5 粒，结实率 82.4%，结实率小于 65%的点 0 个，千粒重 25.9 克。抗性表现：稻瘟病综合指数 4.0 级，穗瘟损失率最高级 5 级；白叶枯病 9 级；褐飞虱 9 级。米质表现：糙米率 82.6%，精米率 71.9%，整精米率 60.6%，粒长 7.1 毫米，长宽比 3.3，垩白粒率 16.5%，垩白度 3.0%，透明度 2 级，碱消值 6.1 级，胶稠度 74 毫米，直链淀粉含量 21.3%，综合评级为优质 3 级。

2018 年国家水稻品种试验年会审议意见：终止试验。

4. 康两优 911

2018 年初试平均亩产 605.45 千克，比天优华占（CK）增产 0.71%，增产点比例 46.2%。全生育期 120.3 天，比天优华占（CK）迟熟 0.9 天。主要农艺性状表现：有效穗 17.6 万穗/亩，株高 110.4 厘米，穗长 26.7 厘米，每穗总粒数 199.7 粒，结实率 81.7%，结实率小于 65%的点 1 个，千粒重 24.1 克。抗性表现：稻瘟病综合指数 3.2 级，穗瘟损失率最高级 3 级；白叶枯病 5 级；褐飞虱 7 级。米质表现：糙米率 82.4%，精米率 74.0%，整精米率 67.3%，粒长 6.7 毫米，长宽比 3.1，垩白粒率 12.5%，垩白度 1.6%，透明度 2 级，碱消值 5.0 级，胶稠度 75 毫米，直链淀粉含量 15.6%，综合评级为优质 3 级。

2018 年国家水稻品种试验年会审议意见：终止试验。

5. 泰两优 1332

2018 年初试平均亩产 588.98 千克，比天优华占（CK）减产 2.03%，增产点比例 38.5%。全生育期 120.6 天，比天优华占（CK）迟熟 1.2 天。主要农艺性状表现：有效穗 23.6 万穗/亩，株高 106.5 厘米，穗长 21.2 厘米，每穗总粒数 133.5 粒，结实率 85.4%，结实率小于 65%的点 1 个，千粒重 22.5 克。抗性表现：稻瘟病综合指数 3.5 级，穗瘟损失率最高级 5 级；白叶枯病 5 级；褐飞虱 9 级。米质表现：糙米率 81.7%，精米率 72.6%，整精米率 65.6%，粒长 6.7 毫米，长宽比 3.2，垩白粒率 4.0%，垩白度 0.7%，透明度 1 级，碱消值 7.0 级，胶稠度 71 毫米，直链淀粉含量 15.4%，综合评级为优质 1 级。

2018 年国家水稻品种试验年会审议意见：2019 年续试。

6. 荃优金 10 号

2018 年初试平均亩产 585.39 千克，比天优华占（CK）减产 2.63%，增产点比例 30.8%。全生育期 122.3 天，比天优华占（CK）迟熟 2.9 天。主要农艺性状表现：有效穗 18.8 万穗/亩，株高 113.8 厘米，穗长 23.5 厘米，每穗总粒数 150.4 粒，结实率 83.7%，结实率小于 65%的点 0 个，千粒重 27.3 克。抗性表现：稻瘟病综合指数 3.7 级，穗瘟损失率最高级 7 级；白叶枯病 5 级；褐飞虱 9 级。米质表现：糙米率 82.7%，精米率 73.1%，整精米率 64.7%，粒长 7.0 毫米，长宽比 3.2，垩白粒率 8.0%，垩白度 1.0%，透明度 1 级，碱消值 6.6 级，胶稠度 75 毫米，直链淀粉含量 16.7%，综合评级为优质 1 级。

2018 年国家水稻品种试验年会审议意见：终止试验。

7. 鄂香优珍香占

2018 年初试平均亩产 575.01 千克，比天优华占（CK）减产 4.35%，增产点比例 23.1%。全生育期 119.5 天，比天优华占（CK）迟熟 0.1 天。主要农艺性状表现：有效穗 20.1 万穗/亩，株高 107.1 厘米，穗长 22.4 厘米，每穗总粒数 200.8 粒，结实率 71.0%，结实率小于 65%的点 4 个，千粒重 23.5 克。抗性表现：稻瘟病综合指数 4.1 级，穗瘟损失率最高级 7 级；白叶枯病 5 级；褐飞虱 7 级。米质表现：糙米率 82.2%，精米率 71.3%，整精米率 60.5%，粒长 6.9 毫米，长宽比 3.4，垩白粒率 4.5%，垩白度 0.8%，透明度 1 级，碱消值 5.8 级，胶稠度 77 毫米，直链淀粉含量 16.5%，综合评级为优质 3 级。

2018 年国家水稻品种试验年会审议意见：终止试验。

8. 五丰优 2801

2018 年初试平均亩产 566.84 千克，比天优华占（CK）减产 5.71%，增产点比例 23.1%。全生育期 120.1 天，比天优华占（CK）迟熟 0.7 天。主要农艺性状表现：有效穗 18.9 万穗/亩，株高 114.6 厘米，穗长 22.5 厘米，每穗总粒数 176.3 粒，结实率 79.0%，结实率小于 65%的点 1 个，千粒重 23.0 克。抗性表现：稻瘟病综合指数 6.2 级，穗瘟损失率最高级 9 级；白叶枯病 7 级；褐飞虱 9 级。米质表现：糙米率 81.8%，精米率 73.3%，整精米率 66.4%，粒长 6.2 毫米，长宽比 2.7，垩白粒率 11.0%，垩白度 1.7%，透明度 2 级，碱消值 4.7 级，胶稠度 77 毫米，直链淀粉含量 14.8%，综合评级为普通。

2018 年国家水稻品种试验年会审议意见：终止试验。

9. 兴两优 1821

2018 年初试平均亩产 556.87 千克，比天优华占（CK）减产 7.37%，增产点比例 0.0%。全生育期 118.7 天，比天优华占（CK）早熟 0.7 天。主要农艺性状表现：有效穗 23.3 万穗/亩，株高 106.3 厘米，穗长 21.8 厘米，每穗总粒数 140.9 粒，结实率 83.0%，结实率小于 65%的点 0 个，千粒重 22.3 克。抗性表现：稻瘟病综合指数 5.5 级，穗瘟损失率最高级 7 级；白叶枯病 7 级；褐飞虱 9 级。米质表现：糙米率 82.3%，精米率 70.9%，整精米率 57.7%，粒长 6.7 毫米，长宽比 3.2，垩白粒率 5.0%，垩白度 0.6%，透明度 1 级，碱消值 6.7 级，胶稠度 76 毫米，直链淀粉含量 21.2%，综合评级为优质 3 级。

2018 年国家水稻品种试验年会审议意见：终止试验。

10. 胜优青占

2018 年初试平均亩产 548.20 千克，比天优华占（CK）减产 8.81%，增产点比例 7.7%。全生育期 117.5 天，比天优华占（CK）早熟 1.9 天。主要农艺性状表现：有效穗 18.4 万穗/亩，株高 113.8 厘米，穗长 22.9 厘米，每穗总粒数 177.8 粒，结实率 81.6%，结实率小于 65%的点 0 个，千粒重 24.1 克。抗性表现：稻瘟病综合指数 4.9 级，穗瘟损失率最高级 5 级；白叶枯病 7 级；褐飞虱 7 级。米质表现：糙米率 82.2%，精米率 72.9%，整精米率 58.0%，粒长 7.1 毫米，长宽比 3.4，垩白粒率 7.0%，垩白度 1.0%，透明度 1 级，碱消值 6.7 级，胶稠度 65 毫米，直链淀粉含量 15.1%，综合评级为优质 1 级。

2018 年国家水稻品种试验年会审议意见：终止试验。

表 22-1 晚籼中迟熟组（183011N）区试及生产试验参试品种基本情况

品种名称	试验编号	抗鉴编号	品种类型	亲本组合	申请者（非个人）	选育/供种单位
区试						
*五丰优 2801	1	10	杂交稻	五丰 A×镛恢 2801	福建省福瑞华安种业科技有限公司、福建省将乐县农业科学研究所	福建省福瑞华安种业科技有限公司
*康两优 911	2	9	杂交稻	康 58S×创恢 911	湖南袁创超级稻技术有限公司	湖南袁创超级稻技术有限公司
*鄂香优珍香占	3	11	杂交稻	鄂香 4A/珍香占	湖南粮安种业科技有限公司	湖南粮安种业科技有限公司
*兴两优 1821	4	12	杂交稻	兴 1539S/WR1821	江西兴安种业有限公司	江西兴安种业有限公司
*荃优金 10 号	5	8	杂交稻	荃 9311A/金恢 10 号	安徽荃银高科种业股份有限公司、深圳市金谷美香实业有限公司	安徽荃银高科种业股份有限公司
隆晶优 4013	6	3	杂交稻	隆晶 4302A/华恢 4013	湖南亚华种业科学研究院	湖南亚华种业科学研究院
*泰两优 1332	7	1	杂交稻	泰 IS×1332		浙江科原种业有限公司、温州市农业科学院、深圳粤香种业科技有限公司
*济优 9 号	8	2	杂交稻	济 A/R7569	深圳市兆农农业科技有限公司	深圳市兆农农业科技有限公司
天优华占（CK）	9	5	杂交稻	天丰 A×华占	北京金色农华种业科技有限公司	
*胜优青占	10	4	杂交稻	胜 A/金青占	广州市金粤生物科技有限公司	广州市金粤生物科技有限公司
*嘉诚优 1253	11	7	杂交稻	嘉禾 212A/NP053	湖南鑫盛华丰种业科技有限公司、杭州众诚农业科技有限公司、浙江省嘉兴市农业科学研究院	湖南鑫盛华丰种业科技有限公司
*创两优 602	12	6	杂交稻	创 5S/G602	袁氏种业高科技有限公司	袁氏种业高科技有限公司
生产试验						
隆晶优 4013	1		杂交稻	隆晶 4302A/华恢 4013	湖南亚华种业科学研究院	湖南亚华种业科学研究院
荃两优华占	2		杂交稻	荃 211S/华占	安徽荃银高科种业股份有限公司	安徽荃银高科种业股份有限公司
鑫丰优 3 号	3		杂交稻	鑫丰 A×P656	湖南鑫盛华丰种业科技有限公司	湖南鑫盛华丰种业科技有限公司
鹏优 6228	4		杂交稻	鹏 A/R6228	深圳市兆农农业科技有限公司	深圳市兆农农业科技有限公司
天优华占（CK）	5		杂交稻	天丰 A×华占	北京金色农华种业科技有限公司	
Y 两优 911	6		杂交稻	Y58S×创恢 911	湖南袁创超级稻技术有限公司	湖南袁创超级稻技术有限公司
扬籼优 713	7		杂交稻	扬籼 7A×扬恢 713	江苏里下河地区农科所	江苏里下河地区农科所

注：*为 2018 年新参试品种

表 22-2　晚籼中迟熟组（183011N）区试及生产试验点基本情况

承试单位	试验地点	经度	纬度	海拔高度（米）	试验负责人及执行人
区试					
福建龙岩市新罗区良种场	龙岩市新罗区白沙镇南卓村	117°13′	25°23′	247.0	杨忠发
福建莆田市荔城区良种场	莆田市荔城区黄石镇沙坂	119°00′	25°26′	10.2	陈志森、郭忠庆
福建沙县良种场	沙县富口镇延溪村	117°43′	26°28′	120.0	黄秀泉、吴光煜、朱仕坤
广东韶关市农业科技推广中心	仁化县大桥镇古洋试验基地内				童小荣、梁浩、温建威、李素莲
广西桂林市农业科学院	桂林市雁山镇	110°12′	25°42′	174.0	莫千持、黄丽秀、蒋云伟
广西柳州市农科所	柳州市沙塘镇	109°22′	24°28′	99.1	黄斌、韦荣维、蒙月群
湖南郴州市农科所	郴州市苏仙区桥口镇	113°11′	25°26′	128.0	廖茂文
湖南省贺家山原种场	常德市贺家山	111°54′	29°01′	28.2	曾跃华
湖南省水稻研究所	长沙市东郊马坡岭	113°05′	28°12′	44.9	傅黎明、周昆、凌伟其
江西赣州市农科所	赣州市	114°57′	25°51′	123.8	刘海平、谢芳腾
江西吉安市农科所	吉安县凤凰镇	114°51′	26°56′	58.0	罗来保、陈茶光、周小玲
江西省种子管理局	南昌市莲塘	115°27′	28°09′	25.0	彭从胜、祝鱼水
江西宜春市农科所	宜春市	114°23′	27°48′	128.5	周城勇、谭桂英、胡远琼
浙江温州市农业科学院	温州市藤桥镇枫林岙村	120°40′	28°01′	6.0	王成豹
浙江金华市农业科学院	金华市汤溪镇寺平村	119°12′	29°06′	60.2	陈晓阳、周建霞、虞涛、陈丽平
中国水稻研究所	杭州市富阳区	120°19′	30°12′	7.2	杨仕华、夏俊辉、施彩娟
生产试验					
福建沙县良种场	沙县富口镇延溪村	117°43′	26°28′	120.0	黄秀泉、吴光煜、朱仕坤
江西省种子管理局	南昌市莲塘	115°27′	28°09′	25.0	彭从胜、祝鱼水
江西现代种业股份有限公司	赣州市赣县江口镇优良村	115°06′	25°54′	110.0	余厚理、刘席中
湖南省贺家山原种场	常德市贺家山	111°54′	29°01′	28.2	曾跃华
湖南邵阳市农科所	邵阳县谷洲镇古楼村	111°50′	27°10′	252.0	贺淼尧、龙俐华、刘光华
浙江温州市农业科学院	温州市藤桥镇枫林岙村	120°40′	28°01′	6.0	王成豹

表 22-3　晚籼中迟熟组（183011N）区试品种产量、生育期及主要农艺经济性状汇总分析结果

品种名称	区试年份	亩产（千克）	比 CK± %	比 CK 增产点（%）	产量差异显著性		结实率<65%点	全生育期（天）	比 CK± 天	有效穗（万/亩）	株高（厘米）	穗长（厘米）	总粒数/穗	实粒数/穗	结实率（%）	千粒重（克）
					5%	1%										
隆晶优 4013	2017—2018	576.55	-1.89	35.9				120.9	1.0	19.8	112.6	23.5	161.0	131.7	81.8	25.7
天优华占（CK）	2017—2018	587.67	0.00	0.0				119.9	0.0	20.4	107.1	21.9	164.4	133.3	81.1	24.6
嘉诚优 1253	2018	616.63	2.57	76.9	a	A	0	115.4	-4.0	16.9	107.9	23.2	209.2	173.8	83.1	25.0
济优 9 号	2018	610.06	1.48	61.5	b	AB	0	117.6	-1.8	22.3	105.3	22.1	133.4	117.1	87.8	25.7
创两优 602	2018	605.63	0.74	69.2	bc	BC	0	117.5	-1.9	20.8	112.8	23.4	145.5	120.0	82.4	25.9
康两优 911	2018	605.45	0.71	46.2	bc	BC	1	120.3	0.9	17.6	110.4	26.7	199.7	163.1	81.7	24.1
天优华占（CK）	2018	601.19	0.00	0.0	c	CD	0	119.4	0.0	20.6	108.9	21.8	155.9	128.6	82.5	24.7
隆晶优 4013	2018	593.96	-1.20	38.5	d	DE	1	120.2	0.8	19.9	113.7	22.9	149.3	124.0	83.0	25.9
泰两优 1332	2018	588.98	-2.03	38.5	de	EF	1	120.6	1.2	23.6	106.5	21.2	133.5	113.9	85.4	22.5
荃优金 10 号	2018	585.39	-2.63	30.8	e	F	0	122.3	2.9	18.8	113.8	23.5	150.4	125.8	83.7	27.3
鄂香优珍香占	2018	575.01	-4.35	23.1	f	G	4	119.5	0.1	20.1	107.1	22.4	200.8	142.6	71.0	23.5
五丰优 2801	2018	566.84	-5.71	23.1	g	H	1	120.1	0.7	18.9	114.6	22.5	176.3	139.3	79.0	23.0
兴两优 1821	2018	556.87	-7.37	0.0	h	I	0	118.7	-0.7	23.3	106.3	21.8	140.9	116.9	83.0	22.3
胜优青占	2018	548.20	-8.81	7.7	i	J	0	117.5	-1.9	18.4	113.8	22.9	177.8	145.0	81.6	24.1

表 22-4　长江中下游晚籼中迟熟组生产试验（183011N-S）品种产量、生育期及在各生产试验点综合评价等级

品种名称	隆晶优 4013	荃两优华占	鑫丰优 3 号	鹏优 6228	Y 两优 911	扬籼优 713	天优华占（CK）
生产试验汇总表现							
全生育期（天）	123.3	123.0	123.5	121.8	121.5	121.8	123.2
比 CK±天	0.1	-0.2	0.3	-1.4	-1.7	-1.4	0.0
亩产（千克）	566.41	597.18	581.36	595.64	606.89	582.17	574.07
产量比 CK±%	-0.63	4.52	1.76	3.64	5.52	0.97	0.00
增产点比例（%）	50.0	100.0	83.3	83.3	100.0	83.3	0.0
各生产试验点综合评价等级							
福建沙县良种场	B	A	B	A	A	A	B
湖南邵阳市农科所	C	B	C	B	B	B	B
湖南省贺家山原种场	B	B	B	B	A	B	B
江西省种子管理局	C	A	A	B	A	C	B
江西现代种业有限公司	A	A	A	A	A	A	A
浙江温州市农业科学院	B	B	B	A	A	C	C

注：1. 因生产试验品种较多，个别试验点试验加设 CK 后安排在两块田中进行，表中产量比 CK±%系与同田块 CK 比较的结果。

2. 综合评价等级：A—好，B—较好，C—中等，D——一般。

表 22-5 长江中下游晚籼中迟熟组（183011N）品种稻瘟病抗性各地鉴定结果（2018 年）

品种名称	浙江					湖南					湖北					安徽					福建					江西				
	叶瘟	穗瘟发病		穗瘟损失		叶瘟	穗瘟发病		穗瘟损失		叶瘟	穗瘟发病		穗瘟损失		叶瘟	穗瘟发病		穗瘟损失		叶瘟	穗瘟发病		穗瘟损失		叶瘟	穗瘟发病		穗瘟损失	
	级	%	级	%	级	级	%	级	%	级	级	%	级	%	级	级	%	级	%	级	级	%	级	%	级	级	%	级	%	级
泰两优 1332	3	19	5	7	3	3	32	7	5	1	3	13	5	4	1	4	45	7	18	5	4	15	5	6	3	3	31	7	2	1
济优 9 号	2	22	5	7	3	5	55	9	12	3	5	48	7	27	5	3	65	9	36	7	7	62	9	30	5	4	57	7	6	3
隆晶优 4013	4	19	5	4	1	3	32	5	5	1	4	19	5	6	3	3	23	5	7	3	5	20	5	8	3	3	29	7	1	1
胜优青占	4	35	7	12	3	5	58	9	14	3	5	27	7	15	5	3	50	7	23	5	5	28	7	13	3	4	100	7	20	5
天优华占（CK）	2	27	7	10	3	4	55	9	12	3	3	9	3	3	1	3	23	5	8	3	5	20	5	11	3	3	84	9	14	3
创两优 602	1	35	7	12	3	6	66	9	23	5	4	17	5	8	3	3	21	5	7	3	4	14	5	6	3	4	39	7	4	1
嘉诚优 1253	2	8	3	1	1	4	50	7	12	3	6	34	7	13	3	3	44	7	18	5	6	52	9	27	5	5	100	9	22	5
荃优金 10 号	3	17	5	3	1	3	32	5	5	1	5	21	5	7	3	4	72	9	47	7	4	17	5	8	3	2	27	7	1	1
康两优 911	1	27	7	11	3	4	48	7	13	3	3	12	5	4	1	3	25	5	8	3	3	11	5	4	1	3	41	7	4	1
五丰优 2801	2	24	5	8	3	5	55	9	12	3	6	76	9	35	7	4	63	9	35	7	8	88	9	60	9	5	100	9	20	5
鄂香优珍香占	3	38	7	13	3	3	32	5	5	1	5	13	5	6	3	3	23	5	7	3	5	15	5	7	3	4	100	9	33	7
兴两优 1821	3	64	9	10	3	4	53	9	16	5	6	49	7	18	5	3	48	7	22	5	7	58	9	34	7	3	71	9	8	3
感稻瘟病（CK）	7	87	9	38	7	8	78	9	51	9	7	73	9	38	7	8	100	9	82	9	9	100	9	73	9	7	100	9	73	9

注：1. 鉴定单位：浙江省农业科学院植微所、湖南省农业科学院植保所、湖北宜昌市农业科学院、安徽省农业科学院植保所、福建上杭县茶地乡农技站、江西井冈山企业集团农技服务中心。

2. 感稻瘟病（CK）：浙江为 Wh26，湖北为鄂宜 105，湖南、江西为湘晚籼 11 号，安徽为原丰早，福建为明恢 86+龙黑糯 2 号。

表 22-6 长江中下游晚籼中迟熟组（183011N）品种对主要病虫抗性综合评价结果（2017—2018 年）

品种名称	区试年份	稻瘟病										白叶枯病（级）			褐飞虱（级）		
		2018 年各地综合指数							2018 年穗瘟损失率最高级	1~2 年综合评价		2018 年	1~2 年综合评价		2018 年	1~2 年综合评价	
		浙江	湖南	湖北	安徽	福建	江西	平均		平均综合指数	穗瘟损失率最高级		平均	最高		平均	最高
隆晶优 4013	2017—2018	2.8	2.5	3.8	3.5	3.8	3.0	3.3	3	3.3	3	5	6	7	9	8	9
天优华占（CK）	2017—2018	3.8	4.8	2.0	3.5	3.8	4.5	3.8	3	3.3	3	5	6	7	7	6	7
泰两优 1332	2018	3.5	3.0	2.5	5.3	3.5	3.0	3.5	5	3.5	5	5	5	5	9	9	9
济优 9 号	2018	3.3	5.0	5.5	6.5	6.0	4.3	5.2	7	5.2	7	5	5	5	9	9	9
胜优青占	2018	4.3	5.0	5.5	5.0	4.3	5.3	4.9	5	4.9	5	7	7	7	7	7	7
创两优 602	2018	3.5	6.3	3.8	3.5	3.5	3.3	4.0	5	4.0	5	9	9	9	9	9	9
嘉诚优 1253	2018	1.8	4.3	4.8	5.0	6.0	6.0	4.7	5	4.7	5	5	5	5	9	9	9
荃优金 10 号	2018	2.5	2.5	4.0	6.8	3.5	2.8	3.7	7	3.7	7	5	5	5	9	9	9
康两优 911	2018	3.5	4.3	2.5	3.5	2.3	3.0	3.2	3	3.2	3	5	5	5	7	7	7
五丰优 2801	2018	3.3	5.0	7.3	6.8	8.3	6.0	6.2	9	6.2	9	7	7	7	9	9	9
鄂香优珍香占	2018	4.0	2.5	4.0	3.5	3.5	6.8	4.1	7	4.1	7	5	5	5	7	7	7
兴两优 1821	2018	4.5	5.8	5.8	5.0	7.0	4.5	5.5	7	5.5	7	7	7	7	9	9	9
天优华占（CK）	2018	3.8	4.8	2.0	3.5	3.8	4.5	3.8	3	3.8	3	5	5	5	7	7	7
感病虫（CK）	2018	7.5	8.8	7.5	8.8	8.5	8.5	8.3	9	8.3	9	9	9	9	9	9	9

注：1. 稻瘟病综合指数=叶瘟平均级×25%+穗瘟发病率平均级×25%+穗瘟损失率平均级×50%。

2. 白叶枯病和褐飞虱鉴定单位分别为湖南省农业科学院水稻所和中国水稻研究所稻作发展中心。

3. 感白叶枯病、褐飞虱（CK）分别为金刚 30、TN1。

表 22-7　晚籼中迟熟组（183011N）米质检测分析结果

品种名称	年份	糙米率（%）	精米率（%）	整精米率（%）	粒长（毫米）	长宽比	垩白粒率（%）	垩白度（%）	透明度（级）	碱消值（级）	胶稠度（毫米）	直链淀粉（%）	部标（等级）
隆晶优 4013	2017—2018	81.8	72.3	60.8	7.2	3.4	4	0.9	1	6.8	72	15.5	优 1
天优华占（CK）	2017—2018	82.6	71.0	57.9	6.9	3.3	8	1.3	1	5.4	80	21.7	优 3
五丰优 2801	2018	81.8	73.3	66.4	6.2	2.7	11	1.7	2	4.7	77	14.8	普通
康两优 911	2018	82.4	74.0	67.3	6.7	3.1	13	1.6	2	5.0	75	15.6	优 3
鄂香优珍香占	2018	82.2	71.3	60.5	6.9	3.4	5	0.8	1	5.8	77	16.5	优 3
兴两优 1821	2018	82.3	70.9	57.7	6.7	3.2	5	0.6	1	6.7	76	21.2	优 3
荃优金 10 号	2018	82.7	73.1	64.7	7.0	3.2	8	1.0	1	6.6	75	16.7	优 1
泰两优 1332	2018	81.7	72.6	65.6	6.7	3.2	4	0.7	1	7.0	71	15.4	优 1
济优 9 号	2018	83.4	73.1	60.0	7.4	3.7	16	1.8	1	7.0	80	21.8	优 3
胜优青占	2018	82.2	72.9	58.0	7.1	3.4	7	1.0	1	6.7	65	15.1	优 1
嘉诚优 1253	2018	82.0	73.2	67.9	6.3	2.6	18	2.6	2	6.9	72	15.5	优 2
创两优 602	2018	82.6	71.9	60.6	7.1	3.3	17	3.0	2	6.1	74	21.3	优 3
天优华占（CK）	2018	82.6	71.0	57.9	6.9	3.3	8	1.3	1	5.4	80	21.7	优 3

注：1. 供样单位：中国水稻研究所（2017—2018 年）、江西省种子管理局（2017—2018 年）、福建龙岩市新罗区良种场（2017 年）。

2. 检测单位：农业农村部稻米及制品质量监督检验测试中心。

表 22-8-1　晚籼中迟熟组（183011N）区试品种在各试点的产量、生育期及主要农艺经济性状表现

品种名称/试验点	亩产（千克）	比 CK ±%	产量位次	播种期（月/日）	齐穗期（月/日）	成熟期（月/日）	全生育期（天）	有效穗（万/亩）	株高（厘米）	穗长（厘米）	总粒数/穗	实粒数/穗	结实率（%）	千粒重（克）	杂株率（%）	倒伏性	穗颈瘟	纹枯病	稻曲病	综评等级
五丰优 2801																				
福建沙县良种场	571.15	-10.34	10	6/22	9/8	10/14	114	19.2	118.0	21.3	169.2	143.0	84.5	21.3	0.0	直	轻	轻	轻	B
广东韶关市农科推广中心	474.95	-3.94	10	7/2	9/17	10/31	121	17.8	121.7	20.8	160.6	117.8	73.3	24.0	0.0	直	无	轻	轻	A
广西桂林市农科所	454.11	1.07	8	7/5	9/23	11/1	119	16.4	104.4	20.7	152.9	117.2	76.7	23.8	0.0	直	无	轻	轻	C
广西柳州市农科所	480.37	-14.18	7	7/13	9/26	11/8	118	13.7	112.7	24.9	234.2	180.5	77.1	22.9	0.0	直	未发	轻	未发	C
湖南郴州市农科所	529.66	-4.80	8	6/15	9/4	10/6	113	17.0	116.4	21.5	167.5	135.2	80.7	23.9	0.5	直	未发	未发	未发	B
湖南省贺家山原种场	678.51	2.86	2	6/16	8/31	10/16	122	20.6	131.5	22.3	171.0	140.9	82.4	23.8	2.4	直	未发	轻	无	B
湖南省水稻研究所	545.40	-2.27	9	6/17	9/8	10/15	120	19.8	108.6	22.8	170.3	128.4	75.4	24.0	2.0	直	未发	轻	无	C
江西赣州市农科所	596.49	-8.58	10	6/24	9/23	10/30	128	23.0	106.3	24.6	198.1	122.9	62.0	22.5	0.0	直	无	轻	无	B
江西吉安市农科所	558.14	-1.38	7	6/24	9/16	10/21	119	20.6	106.5	22.3	172.9	131.2	75.9	23.2	0.4	直	未发	轻	无	B
江西省种子管理局	718.85	1.25	2	6/19	9/7	10/20	123	21.8	119.5	21.9	190.6	182.4	95.7	24.1	0.7	直	未发	轻	未发	B
江西宜春市农科所	601.20	-11.93	11	6/17	9/11	10/16	121	19.0	114.0	24.0	190.8	149.1	78.1	20.1	0.9	斜	无	无	轻	C
浙江金华市农业科学院	570.33	-12.77	12	6/18	9/1	10/10	114	16.5	117.7	21.0	149.9	133.5	89.1	23.9	0.9	直	未发	轻	未发	C
中国水稻研究所	589.82	-7.26	10	6/15	9/6	10/22	129	19.9	112.6	24.3	164.4	129.3	78.6	20.9	0.6	直	未发	轻	—	A

综合评级：A—好，B—较好，C—中等，D——般。

表 22-8-2 晚籼中迟熟组（183011N）区试品种在各试点的产量、生育期及主要农艺经济性状表现

品种名称/试验点	亩产（千克）	比 CK ±%	产量位次	播种期（月/日）	齐穗期（月/日）	成熟期（月/日）	全生育期（天）	有效穗（万/亩）	株高（厘米）	穗长（厘米）	总粒数/穗	实粒数/穗	结实率（%）	千粒重（克）	杂株率（%）	倒伏性	穗颈瘟	纹枯病	稻曲病	综评等级
康两优 911																				
福建沙县良种场	617.16	-3.12	4	6/22	9/10	10/14	114	15.5	117.3	25.8	191.8	170.9	89.1	22.9	0.3	直	无	轻	轻	A
广东韶关市农科推广中心	554.81	12.20	1	7/2	9/19	11/1	122	17.4	116.5	25.4	180.9	129.6	71.6	25.1	0.0	直	无	轻	轻	A
广西桂林市农科所	411.13	-8.49	12	7/5	9/28	11/9	127	16.1	95.9	21.6	116.7	89.7	76.9	26.5	0.6	直	无	轻	轻	D
广西柳州市农科所	494.74	-11.61	6	7/13	9/26	11/9	119	10.8	105.5	28.4	267.4	218.6	81.8	24.2	0.0	直	未发	轻	未发	C
湖南郴州市农科所	553.05	-0.60	6	6/15	9/4	10/7	114	16.3	109.0	23.5	217.2	160.5	73.9	24.4	0.1	直	未发	未发	未发	B
湖南省贺家山原种场	729.19	10.54	1	6/16	8/28	10/14	120	18.5	124.8	29.7	224.0	193.5	86.4	24.5	—	直	未发	轻	无	A
湖南省水稻研究所	606.70	8.72	2	6/17	9/4	10/12	117	16.7	107.7	29.6	193.1	171.7	88.9	25.0	0.0	直	未发	轻	无	A
江西赣州市农科所	637.16	-2.35	6	6/24	9/23	10/30	128	21.8	99.1	26.5	182.3	95.9	52.6	23.5	0.0	直	轻	无	无	A
江西吉安市农科所	562.14	-0.68	6	6/24	9/15	10/20	118	19.4	104.6	26.7	162.4	129.8	79.9	25.4	0.6	直	未发	轻	无	B
江西省种子管理局	716.35	0.89	3	6/19	9/5	10/19	122	19.0	114.1	27.8	237.2	228.5	96.3	24.5	0.4	直	未发	轻	未发	B
江西宜春市农科所	617.03	-9.61	10	6/17	9/8	10/16	121	24.6	112.4	26.6	164.0	127.2	77.6	21.3	—	直	无	无	轻	B
浙江金华市农业科学院	712.42	8.97	2	6/18	9/2	10/12	116	15.5	118.6	27.8	228.1	213.0	93.4	23.6	0.2	直	未发	轻	未发	A
中国水稻研究所	659.00	3.62	3	6/15	9/4	10/19	126	17.6	110.3	28.0	231.0	191.2	82.8	22.1	0	直	未发	轻	—	C

综合评级：A—好，B—较好，C—中等，D——一般。

表 22-8-3 晚籼中迟熟组（183011N）区试品种在各试点的产量、生育期及主要农艺经济性状表现

品种名称/试验点	亩产（千克）	比CK ±%	产量位次	播种期（月/日）	齐穗期（月/日）	成熟期（月/日）	全生育期（天）	有效穗（万/亩）	株高（厘米）	穗长（厘米）	总粒数/穗	实粒数/穗	结实率（%）	千粒重（克）	杂株率（%）	倒伏性	穗颈瘟	纹枯病	稻曲病	综评等级
鄂香优珍香占																				
福建沙县良种场	618.82	-2.85	3	6/22	9/10	10/17	117	20.1	111.8	20.7	186.0	155.8	83.8	23.7	0.0	直	轻	轻	轻	A
广东韶关市农科推广中心	487.79	-1.35	7	7/2	9/18	10/20	110	21.1	111.2	20.9	178.0	102.3	57.5	24.4	0.0	直	无	轻	轻	A
广西桂林市农科所	509.41	13.38	4	7/5	9/25	11/2	120	17.1	99.5	22.1	123.7	108.7	87.9	26.8	0.0	直	无	轻	轻	B
广西柳州市农科所	470.18	-16.00	9	7/13	9/28	11/10	120	14.2	102.6	24.0	223.5	143.5	64.2	25.3	0.0	直	未发	轻	未发	C
湖南郴州市农科所	512.78	-7.84	11	6/15	9/2	10/6	113	19.4	105.0	21.0	195.5	127.8	65.4	24.1	0.6	斜	未发	未发	未发	C
湖南省贺家山原种场	626.83	-4.98	10	6/16	8/29	10/14	120	20.7	121.5	23.1	234.9	187.3	79.7	21.8	—	倒	未发	中	无	C
湖南省水稻研究所	498.25	-10.72	11	6/17	9/7	10/15	120	21.0	102.2	22.6	202.2	141.8	70.1	23.0	0.0	斜	未发	轻	无	D
江西赣州市农科所	532.97	-18.32	12	6/24	9/23	10/31	129	24.1	103.0	22.7	216.5	93.5	43.2	23.4	0.0	直	无	轻	无	B
江西吉安市农科所	512.30	-9.48	12	6/24	9/18	10/23	121	21.6	99.3	22.5	156.6	107.7	68.8	24.8	0.3	直	未发	轻	无	D
江西省种子管理局	684.51	-3.59	8	6/19	9/7	10/19	122	20.2	112.7	22.7	236.9	214.4	90.5	25.1	0.7	直	未发	轻	未发	C
江西宜春市农科所	698.32	2.29	2	6/17	9/8	10/15	120	20.0	101.2	23.9	243.5	165.4	67.9	20.3	—	直	无	轻	轻	C
浙江金华市农业科学院	751.35	14.92	1	6/18	9/3	10/10	114	19.3	115.2	21.9	203.2	169.9	83.6	22.3	0.4	倒	未发	轻	未发	A
中国水稻研究所	571.65	-10.12	11	6/15	9/6	10/21	128	23.1	107.1	23.6	210.2	135.6	64.5	20.8	0	直	未发	轻	—	A

综合评级：A—好，B—较好，C—中等，D——般。

表 22-8-4 晚籼中迟熟组（183011N）区试品种在各试点的产量、生育期及主要农艺经济性状表现

品种名称/试验点	亩产（千克）	比 CK ±%	产量位次	播种期（月/日）	齐穗期（月/日）	成熟期（月/日）	全生育期（天）	有效穗（万/亩）	株高（厘米）	穗长（厘米）	总粒数/穗	实粒数/穗	结实率（%）	千粒重（克）	杂株率（%）	倒伏性	穗颈瘟	纹枯病	稻曲病	综评等级
兴两优 1821																				
福建沙县良种场	586.98	-7.85	9	6/22	9/9	10/11	111	22.5	114.3	20.5	139.3	127.5	91.5	22.4	0.3	直	无	轻	轻	B
广东韶关市农科推广中心	441.95	-10.62	12	7/2	9/17	10/24	114	18.4	113.0	19.5	120.0	104.5	87.1	23.8	0.0	直	无	轻	轻	B
广西桂林市农科所	414.13	-7.82	11	7/5	9/28	11/5	123	19.0	92.3	22.3	124.9	92.9	74.4	25.0	0.9	直	无	轻	轻	D
广西柳州市农科所	429.24	-23.31	12	7/13	9/28	11/9	119	17.2	99.8	22.4	157.0	115.8	73.8	23.6	0.0	直	未发	轻	未发	C
湖南郴州市农科所	542.86	-2.43	7	6/15	9/3	10/6	113	24.9	105.4	19.8	126.8	100.0	78.9	23.2	1.5	直	未发	未发	未发	C
湖南省贺家山原种场	621.16	-5.84	11	6/16	8/28	10/14	120	22.8	116.4	22.3	151.4	122.0	80.6	22.1	—	直	未发	中	无	C
湖南省水稻研究所	535.40	-4.06	10	6/17	9/6	10/15	120	25.6	101.4	23.9	141.6	126.9	89.6	23.0	0.0	直	未发	轻	无	C
江西赣州市农科所	548.97	-15.87	11	6/24	9/24	10/31	129	30.4	98.3	23.0	128.7	86.6	67.3	22.0	3.5	直	无	无	无	B
江西吉安市农科所	523.47	-7.51	10	6/24	9/16	10/19	117	23.0	99.4	21.7	141.3	114.3	80.9	22.2	0.8	直	未发	轻	无	D
江西省种子管理局	672.00	-5.35	10	6/19	9/4	10/17	120	26.2	112.3	21.7	169.9	156.5	92.1	23.1	1.3	直	未发	轻	未发	D
江西宜春市农科所	680.16	-0.37	6	6/17	9/7	10/15	120	25.9	101.2	23.8	155.4	123.5	79.5	19.4	0.6	直	无	轻	无	C
浙江金华市农业科学院	636.37	-2.66	10	6/18	8/30	10/7	111	23.8	118.6	19.6	141.6	129.3	91.3	21.7	0.2	倒	未发	轻	未发	B
中国水稻研究所	606.65	-4.61	7	6/15	9/4	10/19	126	23.4	109.8	22.3	133.7	119.7	89.5	18.7	0	直	未发	轻	—	B

综合评级：A—好，B—较好，C—中等，D——般。

表 22-8-5　晚籼中迟熟组（183011N）区试品种在各试点的产量、生育期及主要农艺经济性状表现

品种名称/试验点	亩产（千克）	比 CK ±%	产量位次	播种期（月/日）	齐穗期（月/日）	成熟期（月/日）	全生育期（天）	有效穗（万/亩）	株高（厘米）	穗长（厘米）	总粒数/穗	实粒数/穗	结实率（%）	千粒重（克）	杂株率（%）	倒伏性	穗颈瘟	纹枯病	稻曲病	综评等级
荃优金 10 号																				
福建沙县良种场	605.49	-4.95	6	6/22	9/12	10/15	115	17.6	122.5	21.5	135.9	123.9	91.2	27.2	0.2	直	轻	轻	轻	B
广东韶关市农科推广中心	489.46	-1.01	6	7/2	9/19	10/31	121	16.3	120.3	21.9	132.2	117.0	88.5	29.3	0.0	直	无	轻	轻	A
广西桂林市农科所	456.11	1.52	7	7/5	9/23	11/1	119	18.5	90.3	22.1	112.1	93.5	83.4	26.7	0.6	直	无	轻	轻	C
广西柳州市农科所	457.81	-18.21	11	7/13	10/2	11/12	122	14.0	103.6	25.4	161.2	129.6	80.4	29.4	0.0	直	未发	轻	未发	C
湖南郴州市农科所	514.79	-7.48	10	6/15	9/7	10/9	116	22.0	109.8	20.0	122.5	101.1	82.5	28.7	0.6	直	未发	未发	未发	B
湖南省贺家山原种场	667.84	1.24	6	6/16	9/2	10/17	123	19.0	135.0	23.6	195.4	170.4	87.2	25.7	—	直	未发	轻	无	B
湖南省水稻研究所	582.21	4.33	6	6/17	9/10	10/17	122	20.0	111.4	27.3	148.6	132.0	88.8	28.7	1.1	直	未发	轻	无	B
江西赣州市农科所	629.33	-3.55	7	6/24	9/27	11/2	131	21.4	104.9	23.7	142.8	109.9	77.0	27.0	1.5	直	无	无	无	B
江西吉安市农科所	556.81	-1.62	8	6/24	9/20	10/24	122	20.4	105.8	22.5	151.7	115.7	76.3	27.2	0.4	直	未发	轻	无	C
江西省种子管理局	708.35	-0.23	6	6/19	9/8	10/21	124	15.6	120.1	25.1	206.5	194.9	94.4	29.1	0.9	直	未发	轻	轻	B
江西宜春市农科所	677.83	-0.71	7	6/17	9/15	10/25	130	24.1	117.0	24.2	148.4	97.9	66.0	24.2	—	直	无	无	轻	C
浙江金华市农业科学院	666.22	1.90	6	6/18	9/6	10/10	114	17.6	125.2	23.2	148.1	132.2	89.3	26.7	0.9	直	未发	轻	未发	A
中国水稻研究所	597.82	-6.00	8	6/15	9/10	10/24	131	18.1	113.5	25.0	149.7	117.6	78.6	25.5	0.3	直	未发	轻	—	B

综合评级：A—好，B—较好，C—中等，D——般。

表 22-8-6　晚籼中迟熟组（183011N）区试品种在各试点的产量、生育期及主要农艺经济性状表现

品种名称/试验点	亩产（千克）	比 CK ±%	产量位次	播种期（月/日）	齐穗期（月/日）	成熟期（月/日）	全生育期（天）	有效穗（万/亩）	株高（厘米）	穗长（厘米）	总粒数/穗	实粒数/穗	结实率（%）	千粒重（克）	杂株率（%）	倒伏性	穗颈瘟	纹枯病	稻曲病	综评等级
隆晶优 4013																				
福建沙县良种场	542.47	-14.84	11	6/22	9/15	10/20	120	20.1	118.0	21.8	135.3	118.6	87.7	26.4	0.2	直	无	轻	轻	C
广东韶关市农科推广中心	528.80	6.95	2	7/2	9/19	10/29	119	18.6	118.4	21.5	133.7	111.6	83.5	27.2	0.0	直	无	轻	轻	A
广西桂林市农科所	515.74	14.79	3	7/5	9/19	10/27	114	17.1	93.6	20.3	129.8	109.1	84.1	26.7	0.0	直	无	轻	轻	A
广西柳州市农科所	510.28	-8.84	5	7/13	9/29	11/10	120	13.5	107.0	24.4	168.8	132.4	78.4	26.1	0.0	直	未发	轻	未发	C
湖南郴州市农科所	553.89	-0.45	5	6/15	9/5	10/8	115	21.4	111.8	19.5	132.6	109.6	82.7	27.8	0.5	直	未发	未发	未发	B
湖南省贺家山原种场	637.83	-3.31	9	6/16	8/30	10/14	120	19.7	130.0	23.4	160.6	145.1	90.3	25.5	—	倒	未发	中	无	C
湖南省水稻研究所	552.56	-0.99	8	6/17	9/7	10/15	120	20.0	115.0	25.3	173.9	149.5	86.0	26.2	0.5	直	未发	轻	无	C
江西赣州市农科所	652.50	0.00	4	6/24	9/23	10/31	129	24.9	105.1	24.0	144.4	84.9	58.8	25.0	0.0	直	无	无	无	A
江西吉安市农科所	569.15	0.56	4	6/24	9/18	10/21	119	22.8	106.6	22.8	146.1	111.3	76.2	25.9	0.4	直	未发	轻	无	B
江西省种子管理局	666.84	-6.08	11	6/19	9/6	10/20	123	19.8	122.3	23.2	179.5	161.2	89.8	27.0	0.7	直	未发	轻	未发	D
江西宜春市农科所	660.01	-3.32	8	6/17	9/11	10/16	121	21.9	114.2	23.4	133.4	110.0	82.5	23.3	—	直	无	轻	无	C
浙江金华市农业科学院	671.21	2.67	5	6/18	9/2	10/12	116	17.6	126.4	23.1	148.2	137.9	93.0	25.6	0.0	倒	未发	轻	未发	A
中国水稻研究所	660.17	3.80	2	6/15	9/5	10/20	127	21.0	110.2	25.2	154.6	130.3	84.3	24.1	0	直	未发	轻	—	B

综合评级：A—好，B—较好，C—中等，D——一般。

表 22-8-7　晚籼中迟熟组（183011N）区试品种在各试点的产量、生育期及主要农艺经济性状表现

品种名称/试验点	亩产（千克）	比 CK ±%	产量位次	播种期（月/日）	齐穗期（月/日）	成熟期（月/日）	全生育期（天）	有效穗（万/亩）	株高（厘米）	穗长（厘米）	总粒数/穗	实粒数/穗	结实率（%）	千粒重（克）	杂株率（%）	倒伏性	穗颈瘟	纹枯病	稻曲病	综评等级
泰两优 1332																				
福建沙县良种场	599.99	-5.81	8	6/22	9/12	10/17	117	24.6	113.6	20.3	121.5	114.1	93.9	21.6	0.3	直	无	轻	轻	B
广东韶关市农科推广中心	482.12	-2.50	9	7/2	9/20	10/29	119	18.1	110.9	20.1	131.6	121.5	92.3	24.0	0.0	直	无	轻	轻	A
广西桂林市农科所	423.79	-5.67	10	7/5	9/22	10/30	117	15.6	103.8	20.6	129.8	103.1	79.4	25.2	0.6	直	无	轻	轻	D
广西柳州市农科所	475.52	-15.05	8	7/13	10/2	11/12	122	16.6	96.0	21.8	136.6	110.8	81.1	23.6	0.0	直	未发	轻	未发	B
湖南郴州市农科所	556.73	0.06	3	6/15	9/6	10/6	113	25.5	104.4	20.2	122.4	103.1	84.2	23.5	0.5	直	未发	未发	未发	A
湖南省贺家山原种场	678.51	2.86	3	6/16	8/21	10/13	119	21.9	121.7	21.3	143.7	130.8	91.0	22.4	—	直	未发	轻	无	B
湖南省水稻研究所	594.04	6.45	4	6/17	9/9	10/17	122	24.6	103.8	22.3	144.4	128.8	89.2	23.2	0.0	直	未发	轻	无	B
江西赣州市农科所	627.83	-3.78	8	6/24	9/25	10/31	129	36.2	98.5	22.4	133.2	75.2	56.5	21.5	0.0	直	无	无	无	B
江西吉安市农科所	543.31	-4.01	9	6/24	9/19	10/22	120	24.4	100.1	21.8	133.6	107.7	80.6	22.6	0.3	直	未发	轻	无	C
江西省种子管理局	674.51	-5.00	9	6/19	9/9	10/21	124	26.8	106.3	21.8	143.4	133.7	93.2	21.9	1.1	直	未发	轻	未发	C
江西宜春市农科所	692.99	1.51	4	6/17	9/13	10/20	125	24.6	102.0	22.1	131.2	113.8	86.7	20.2	—	直	无	轻	无	C
浙江金华市农业科学院	641.22	-1.92	9	6/18	9/4	10/8	112	22.6	116.7	19.8	127.9	120.7	94.4	21.8	0.2	直	未发	轻	未发	B
中国水稻研究所	666.17	4.74	1	6/15	9/7	10/22	129	25.1	106.8	21.6	136.0	117.9	86.7	20.9	0	直	未发	轻	—	B

综合评级：A—好，B—较好，C—中等，D——般。

表 22-8-8　晚籼中迟熟组（183011N）区试品种在各试点的产量、生育期及主要农艺经济性状表现

品种名称/试验点	亩产（千克）	比 CK ±%	产量位次	播种期（月/日）	齐穗期（月/日）	成熟期（月/日）	全生育期（天）	有效穗（万/亩）	株高（厘米）	穗长（厘米）	总粒数/穗	实粒数/穗	结实率（%）	千粒重（克）	杂株率（%）	倒伏性	穗颈瘟	纹枯病	稻曲病	综评等级
济优 9 号																				
福建沙县良种场	600.65	-5.71	7	6/22	9/9	10/12	112	24.1	110.6	21.8	131.1	117.4	89.5	24.5	0.5	直	轻	轻	轻	B
广东韶关市农科推广中心	527.13	6.61	3	7/2	9/18	10/29	119	18.8	114.1	18.9	125.2	109.8	87.7	27.6	0.0	直	无	轻	轻	A
广西桂林市农科所	539.40	20.06	1	7/5	9/15	10/19	106	15.4	89.3	20.9	153.7	132.8	86.4	25.6	1.2	直	无	轻	轻	A
广西柳州市农科所	526.82	-5.88	3	7/13	9/27	11/6	116	17.4	101.5	22.2	119.1	105.2	88.3	26.4	0.0	直	未发	轻	未发	C
湖南郴州市农科所	528.32	-5.04	9	6/15	9/3	10/3	110	22.4	100.0	21.0	106.7	91.9	86.1	27.3	0.3	直	未发	未发	未发	B
湖南省贺家山原种场	650.33	-1.42	8	6/16	8/30	10/13	119	21.3	117.5	23.0	138.3	124.6	90.1	25.3	—	直	未发	轻	无	B
湖南省水稻研究所	585.54	4.92	5	6/17	9/6	10/15	120	19.1	104.0	23.3	150.5	130.4	86.6	27.3	0.0	直	未发	轻	无	B
江西赣州市农科所	680.84	4.34	1	6/24	9/20	10/29	127	32.3	98.4	24.2	143.7	110.0	76.5	25.0	0.0	直	无	无	无	A
江西吉安市农科所	587.65	3.83	1	6/24	9/16	10/21	119	21.0	100.0	22.2	141.7	117.8	83.1	25.6	1.0	直	未发	轻	无	A
江西省种子管理局	695.01	-2.11	7	6/19	9/6	10/19	122	24.2	111.5	22.4	150.8	143.2	95.0	26.1	0.7	直	未发	轻	未发	C
江西宜春市农科所	697.15	2.12	3	6/17	9/7	10/15	120	28.7	102.2	23.3	132.1	118.3	89.6	24.2	0.7	直	无	轻	无	C
浙江金华市农业科学院	660.46	1.02	7	6/18	9/4	10/9	113	21.9	112.4	21.3	136.2	126.5	92.9	25.5	0.2	直	未发	轻	未发	A
中国水稻研究所	651.50	2.44	4	6/15	9/4	10/19	126	23.5	106.9	23.3	105.1	94.1	89.5	23.3	0.6	直	未发	轻	—	C

综合评级：A—好，B—较好，C—中等，D——般。

表 22-8-9　晚籼中迟熟组（183011N）区试品种在各试点的产量、生育期及主要农艺经济性状表现

品种名称/试验点	亩产（千克）	比 CK ±%	产量位次	播种期（月/日）	齐穗期（月/日）	成熟期（月/日）	全生育期（天）	有效穗（万/亩）	株高（厘米）	穗长（厘米）	总粒数/穗	实粒数/穗	结实率（%）	千粒重（克）	杂株率（%）	倒伏性	穗颈瘟	纹枯病	稻曲病	综评等级
天优华占（CK）																				
福建沙县良种场	637.00	0.00	2	6/22	9/7	10/11	111	19.9	112.6	20.5	148.9	126.4	84.9	24.9	0.0	斜	无	轻	轻	A
广东韶关市农科推广中心	494.46	0.00	4	7/2	9/17	10/26	116	16.7	112.9	20.5	147.5	129.0	87.5	25.7	0.0	斜	无	轻	中	A
广西桂林市农科所	449.28	0.00	9	7/5	9/19	10/27	114	17.8	103.7	22.0	123.5	90.3	73.1	26.5	2.0	直	轻	轻	轻	C
广西柳州市农科所	559.74	0.00	2	7/13	9/26	11/8	118	17.2	100.7	23.0	171.1	145.3	84.9	23.8	0.0	直	未发	轻	未发	B
湖南郴州市农科所	556.39	0.00	4	6/15	9/3	10/6	113	23.7	102.6	20.3	134.9	106.1	78.7	26.5	0.6	直	未发	未发	未发	A
湖南省贺家山原种场	659.67	0.00	7	6/16	9/2	10/17	123	20.6	122.5	21.5	175.3	150.9	86.1	25.4	—	斜	未发	轻	无	B
湖南省水稻研究所	558.06	0.00	7	6/17	9/9	10/17	122	22.3	102.2	22.6	161.1	144.5	89.7	26.1	0.0	直	未发	轻	无	C
江西赣州市农科所	652.50	0.00	5	6/24	9/18	10/30	128	25.8	100.0	22.7	163.5	111.6	68.3	23.5	0.0	直	无	无	无	A
江西吉安市农科所	565.98	0.00	5	6/24	9/15	10/20	118	19.8	96.0	21.2	152.2	123.0	80.8	24.7	0.4	直	未发	轻	无	B
江西省种子管理局	710.01	0.00	5	6/19	9/7	10/20	123	19.6	118.3	22.6	198.7	187.3	94.3	26.0	0.9	直	未发	轻	未发	B
江西宜春市农科所	682.66	0.00	5	6/17	9/11	10/16	121	24.6	108.4	22.6	149.3	107.4	71.9	21.5	—	直	无	轻	轻	C
浙江金华市农业科学院	653.79	0.00	8	6/18	9/2	10/12	116	19.5	124.3	21.2	163.8	140.8	86.0	24.0	0.0	倒	未发	轻	未发	A
中国水稻研究所	636.00	0.00	5	6/15	9/7	10/22	129	20.3	111.0	22.7	136.8	108.7	79.5	22.7	0	直	未发	轻	—	B

综合评级：A—好，B—较好，C—中等，D——般。

表 22-8-10　晚籼中迟熟组（183011N）区试品种在各试点的产量、生育期及主要农艺经济性状表现

品种名称/试验点	亩产（千克）	比 CK ±%	产量位次	播种期（月/日）	齐穗期（月/日）	成熟期（月/日）	全生育期（天）	有效穗（万/亩）	株高（厘米）	穗长（厘米）	总粒数/穗	实粒数/穗	结实率（%）	千粒重（克）	杂株率（%）	倒伏性	穗颈瘟	纹枯病	稻曲病	综评等级
胜优青占																				
福建沙县良种场	513.30	-19.42	12	6/22	9/7	10/12	112	20.0	124.0	21.5	175.4	140.6	80.2	20.9	3.3	伏	轻	轻	轻	D
广东韶关市农科推广中心	453.62	-8.26	11	7/2	9/17	10/24	114	15.5	115.2	20.8	149.3	131.1	87.8	26.0	0.0	直	轻	轻	中	B
广西桂林市农科所	520.91	15.94	2	7/5	9/22	10/30	117	13.5	100.0	25.2	188.2	139.9	74.3	26.8	0.0	直	无	轻	轻	A
广西柳州市农科所	461.82	-17.49	10	7/13	9/26	11/8	118	12.6	106.2	23.4	192.7	162.8	84.5	25.5	0.0	直	未发	轻	未发	C
湖南郴州市农科所	505.27	-9.19	12	6/15	9/4	10/6	113	23.3	110.4	21.3	152.6	109.7	71.9	25.4	0.6	直	未发	未发	未发	C
湖南省贺家山原种场	562.14	-14.78	12	6/16	8/27	10/12	118	18.8	121.8	22.9	190.3	165.4	86.9	23.4	1.2	直	未发	中	无	D
湖南省水稻研究所	495.09	-11.28	12	6/17	9/4	10/12	117	21.1	103.4	23.4	168.8	150.4	89.1	27.0	0.0	直	未发	轻	无	D
江西赣州市农科所	603.99	-7.43	9	6/24	9/19	10/30	128	22.9	106.1	23.2	169.4	131.9	77.9	22.5	2.5	直	无	无	无	B
江西吉安市农科所	517.63	-8.54	11	6/24	9/14	10/17	115	20.0	106.4	23.5	178.3	133.4	74.8	22.9	0.5	直	未发	轻	无	C
江西省种子管理局	654.33	-7.84	12	6/19	9/4	10/18	121	19.0	128.4	24.1	228.1	207.9	91.1	25.3	0.7	直	未发	轻	未发	D
江西宜春市农科所	658.67	-3.51	9	6/17	9/5	10/14	119	14.7	114.4	24.0	201.2	143.4	71.3	20.8	—	直	无	轻	轻	D
浙江金华市农业科学院	613.05	-6.23	11	6/18	8/30	10/6	110	17.6	126.4	20.1	155.0	137.1	88.5	23.3	3.1	直	未发	轻	未发	B
中国水稻研究所	566.81	-10.88	12	6/15	9/3	10/18	125	19.9	117.3	23.7	162.3	131.8	81.2	23.2	1.9	直	未发	轻	—	C

综合评级：A—好，B—较好，C—中等，D——般。

表 22-8-11 晚籼中迟熟组（183011N）区试品种在各试点的产量、生育期及主要农艺经济性状表现

品种名称/试验点	亩产（千克）	比CK ±%	产量位次	播种期（月/日）	齐穗期（月/日）	成熟期（月/日）	全生育期（天）	有效穗（万/亩）	株高（厘米）	穗长（厘米）	总粒数/穗	实粒数/穗	结实率（%）	千粒重（克）	杂株率（%）	倒伏性	穗颈瘟	纹枯病	稻曲病	综评等级
嘉诚优 1253																				
福建沙县良种场	637.66	0.10	1	6/22	8/31	10/12	112	13.9	117.2	23.3	250.3	211.7	84.6	23.7	1.2	伏	无	轻	轻	A
广东韶关市农科推广中心	491.96	-0.51	5	7/2	9/7	10/14	104	16.5	104.1	22.5	179.9	131.9	73.3	24.5	0.0	直	无	轻	中	A
广西桂林市农科所	501.42	11.60	5	7/5	9/21	10/30	117	14.9	99.7	23.6	161.6	129.8	80.3	26.3	0.3	直	无	轻	轻	A
广西柳州市农科所	587.30	4.92	1	7/13	9/17	10/24	103	14.0	92.9	22.6	237.0	210.2	88.7	25.8	0.0	直	未发	轻	未发	B
湖南郴州市农科所	590.48	6.13	1	6/15	8/30	10/2	109	19.1	108.2	20.9	176.9	149.8	84.7	25.5	1.0	直	未发	未发	未发	A
湖南省贺家山原种场	671.50	1.79	5	6/16	9/3	10/17	123	16.7	121.0	22.9	219.5	184.1	83.9	26.3	—	直	未发	轻	轻	B
湖南省水稻研究所	613.03	9.85	1	6/17	9/5	10/12	117	18.5	103.4	23.8	212.5	179.4	84.4	27.5	2.5	直	未发	轻	无	A
江西赣州市农科所	675.67	3.55	3	6/24	9/8	10/22	120	23.6	93.2	23.4	180.5	167.7	92.9	24.0	2.0	直	轻	轻	无	A
江西吉安市农科所	583.15	3.03	2	6/24	9/7	10/12	110	18.6	99.2	22.9	187.3	144.8	77.3	25.4	0.9	直	未发	轻	无	B
江西省种子管理局	742.19	4.53	1	6/19	9/6	10/19	122	17.2	116.5	23.3	264.5	252.4	95.4	26.2	1.3	直	未发	轻	未发	A
江西宜春市农科所	599.20	-12.23	12	6/17	9/3	10/13	118	16.8	113.1	23.2	172.8	124.9	72.3	22.2	0.5	直	无	无	中	A
浙江金华市农业科学院	703.48	7.60	3	6/18	9/3	10/14	118	14.7	118.6	25.0	266.7	214.7	80.5	23.9	0.9	直	未发	轻	未发	A
中国水稻研究所	619.16	-2.65	6	6/15	9/5	10/20	127	14.9	115.9	24.5	210.2	158.5	75.4	24.2	0.3	直	未发	轻	—	A

综合评级：A—好，B—较好，C—中等，D——般。

表 22-8-12　晚籼中迟熟组（183011N）区试品种在各试点的产量、生育期及主要农艺经济性状表现

品种名称/试验点	亩产（千克）	比 CK ±%	产量位次	播种期（月/日）	齐穗期（月/日）	成熟期（月/日）	全生育期（天）	有效穗（万/亩）	株高（厘米）	穗长（厘米）	总粒数/穗	实粒数/穗	结实率（%）	千粒重（克）	杂株率（%）	倒伏性	穗颈瘟	纹枯病	稻曲病	综评等级
创两优 602																				
福建沙县良种场	616.99	-3.14	5	6/22	9/4	10/11	111	18.8	115.9	23.1	135.1	119.0	88.1	24.9	1.1	直	轻	轻	轻	B
广东韶关市农科推广中心	483.79	-2.16	8	7/2	9/14	10/22	112	18.7	117.7	20.7	121.9	106.2	87.1	26.7	0.0	直	轻	轻	中	A
广西桂林市农科所	458.11	1.96	6	7/5	9/24	11/2	120	19.3	99.7	20.6	123.6	91.1	73.7	24.8	1.2	直	无	轻	轻	C
广西柳州市农科所	516.96	-7.64	4	7/13	9/24	11/6	116	16.4	108.4	24.1	181.3	155.3	85.7	26.6	0.0	直	未发	轻	未发	C
湖南郴州市农科所	572.60	2.91	2	6/15	9/2	10/6	113	23.1	110.8	20.8	128.7	92.8	72.1	28.5	2.8	直	未发	未发	未发	B
湖南省贺家山原种场	674.84	2.30	4	6/16	8/28	10/14	120	19.9	129.8	24.2	145.3	120.0	82.6	25.8	—	直	未发	轻	无	B
湖南省水稻研究所	596.70	6.92	3	6/17	9/7	10/15	120	20.8	111.2	26.5	160.2	130.8	81.6	27.8	0.5	直	未发	轻	无	B
江西赣州市农科所	679.84	4.19	2	6/24	9/19	10/30	128	27.1	108.9	25.2	138.4	98.7	71.3	25.5	3.0	直	无	无	无	A
江西吉安市农科所	578.48	2.21	3	6/24	9/11	10/16	114	20.4	106.1	24.0	156.6	120.1	76.7	26.2	1.3	直	未发	轻	无	C
江西省种子管理局	710.35	0.05	4	6/19	9/3	10/18	121	23.2	116.4	23.3	151.9	142.7	93.9	27.4	0.9	直	未发	轻	未发	B
江西宜春市农科所	699.49	2.46	1	6/17	9/7	10/14	119	22.3	112.6	23.5	169.9	145.0	85.3	23.2	—	直	无	无	轻	B
浙江金华市农业科学院	691.36	5.75	4	6/18	8/29	10/7	111	20.1	114.3	23.3	134.3	118.6	88.3	26.6	2.7	直	未发	轻	未发	A
中国水稻研究所	593.65	-6.66	9	6/15	9/1	10/16	123	20.6	114.8	25.0	144.5	119.1	82.4	23.3	0	直	未发	轻	—	C

综合评级：A—好，B—较好，C—中等，D——般。

表 22-9-1 晚籼中迟熟组生产试验（183011N-S）品种在各试验点的产量、生育期、主要特征、田间抗性表现

品种名称/试验点	亩产（千克）	比 CK± %	播种期（月/日）	齐穗期（月/日）	成熟期（月/日）	全生育期（天）	耐寒性	整齐度	杂株率（%）	株型	叶色	叶姿	长势	熟期转色	倒伏性	落粒性	叶瘟	穗颈瘟	白叶枯病	纹枯病
隆晶优 4013																				
福建沙县良种场	581.73	0.45	6/22	9/15	10/19	119	强	整齐	0.0	适中	浓绿	一般	繁茂	好	直	中	轻	无	未发	轻
湖南邵阳市农科所	569.02	-3.42	6/16	9/5	10/16	122	强	整齐	0.0	适中	淡绿	一般	繁茂	好	直	易	未发	无	未发	未发
湖南省贺家山原种场	607.61	-1.33	6/16	9/9	10/26	132	未发	一般	—	适中	浓绿	披垂	繁茂	中	直	易	未发	未发	未发	中
江西省种子管理局	595.71	-5.25	6/21	9/11	10/22	123	强	整齐	0.5	适中	绿	一般	繁茂	中	直	易	未发	未发	未发	轻
江西现代种业有限公司	529.66	0.42	6/22	9/20	10/14	114	强	整齐	0.0	适中	浓绿	挺直	繁茂	好	直	难	未发	未发	未发	轻
浙江温州市农业科学院	514.75	5.38	6/29	9/21	11/6	130	未发	一般	0.0	适中	绿	一般	繁茂	好	直	中	未发	未发	轻	轻
荃两优华占																				
福建沙县良种场	631.21	9.00	6/22	9/12	10/18	118	强	整齐	0.0	适中	浓绿	一般	繁茂	好	直	中	轻	无	未发	轻
湖南邵阳市农科所	620.43	5.30	6/16	9/5	10/16	122	强	整齐	0.0	松散	绿	一般	繁茂	中	直	中	未发	无	未发	未发
湖南省贺家山原种场	623.61	1.27	6/16	9/11	10/27	133	未发	一般	—	松散	绿	一般	繁茂	好	直	中	未发	未发	未发	轻
江西省种子管理局	657.95	4.65	6/21	9/11	10/21	122	强	整齐	0.8	适中	绿	一般	繁茂	好	直	易	未发	未发	未发	轻
江西现代种业有限公司	528.66	0.23	6/22	9/19	10/13	113	强	整齐	0.0	适中	浓绿	挺直	繁茂	好	直	难	未发	未发	未发	轻
浙江温州市农业科学院	521.21	6.70	6/29	9/20	11/6	130	未发	一般	0.0	适中	浓绿	一般	一般	好	斜	中	未发	未发	轻	轻

表 22-9-2　晚籼中迟熟组生产试验（183011N-S）品种在各试验点的产量、生育期、主要特征、田间抗性表现

品种名称/试验点	亩产（千克）	比 CK±%	播种期（月/日）	齐穗期（月/日）	成熟期（月/日）	全生育期（天）	耐寒性	整齐度	杂株率（%）	株型	叶色	叶姿	长势	熟期转色	倒伏性	落粒性	叶瘟	穗颈瘟	白叶枯病	纹枯病
鑫丰优 3 号																				
福建沙县良种场	595.31	2.80	6/22	9/12	10/17	117	强	整齐	0.0	适中	浓绿	一般	繁茂	好	直	中	轻	无	未发	轻
湖南邵阳市农科所	572.22	-2.88	6/16	9/6	10/18	124	强	整齐	0.0	适中	绿	一般	繁茂	好	直	易	未发	无	未发	未发
湖南省贺家山原种场	625.81	1.62	6/16	9/13	10/27	133	未发	一般	—	适中	浓绿	披垂	一般	中	直	中	未发	未发	未发	中
江西省种子管理局	654.65	4.13	6/21	9/12	10/22	123	强	整齐	0.6	适中	浓绿	一般	繁茂	好	直	易	未发	未发	未发	轻
江西现代种业有限公司	530.46	0.57	6/22	9/20	10/14	114	强	整齐	0.0	适中	浓绿	挺直	繁茂	好	直	难	未发	未发	未发	轻
浙江温州市农业科学院	509.70	4.34	6/29	9/21	11/6	130	未发	整齐	0.0	适中	浓绿	一般	一般	好	直	中	未发	未发	轻	轻
鹏优 6228																				
福建沙县良种场	620.19	1.58	6/22	9/14	10/18	118	强	整齐	0.0	适中	浓绿	一般	繁茂	好	直	中	轻	无	未发	轻
湖南邵阳市农科所	616.50	4.64	6/16	9/5	10/14	120	强	一般	0.0	适中	绿	一般	繁茂	中	直	中	未发	轻	未发	未发
湖南省贺家山原种场	623.41	1.23	6/16	9/8	10/23	129	未发	一般	—	紧束	绿	一般	一般	好	直	中	未发	未发	未发	轻
江西省种子管理局	622.07	-1.05	6/21	9/9	10/21	122	强	整齐	0.9	适中	绿	一般	繁茂	中	直	易	未发	未发	未发	轻
江西现代种业有限公司	531.26	0.72	6/22	9/18	10/13	113	强	整齐	0.0	适中	浓绿	挺直	繁茂	好	直	难	未发	未发	未发	轻
浙江温州市农业科学院	560.41	14.72	6/29	9/20	11/5	129	未发	整齐	0.0	适中	浓绿	一般	一般	好	直	中	未发	未发	轻	轻

表 22-9-3　晚籼中迟熟组生产试验（183011N-S）品种在各试验点的产量、生育期、主要特征、田间抗性表现

品种名称/试验点	亩产（千克）	比 CK±%	播种期（月/日）	齐穗期（月/日）	成熟期（月/日）	全生育期（天）	耐寒性	整齐度	杂株率（%）	株型	叶色	叶姿	长势	熟期转色	倒伏性	落粒性	叶瘟	穗颈瘟	白叶枯病	纹枯病
Y 两优 911																				
福建沙县良种场	624.15	2.23	6/22	9/11	10/17	117	强	整齐	0.0	适中	浓绿	一般	繁茂	好	直	中	轻	无	未发	轻
湖南邵阳市农科所	622.95	5.73	6/16	9/4	10/14	120	强	整齐	0.0	松散	浓绿	挺直	繁茂	好	直	难	未发	无	未发	未发
湖南省贺家山原种场	638.51	3.69	6/16	9/7	10/25	131	未发	一般	—	松散	浓绿	挺直	繁茂	中	直	易	未发	未发	未发	轻
江西省种子管理局	654.79	4.15	6/21	9/7	10/19	120	强	整齐	0.8	适中	浓绿	挺直	繁茂	好	直	易	未发	未发	未发	轻
江西现代种业有限公司	531.26	0.72	6/22	9/18	10/13	113	强	整齐	0.0	适中	浓绿	挺直	繁茂	好	直	难	未发	未发	未发	轻
浙江温州市农业科学院	569.70	16.62	6/29	9/19	11/4	128	未发	整齐	0.0	适中	浓绿	挺直	一般	好	直	中	未发	未发	轻	轻
扬籼优 713																				
福建沙县良种场	621.11	1.73	6/22	9/8	10/13	113	强	整齐	0.3	适中	浓绿	一般	繁茂	好	伏	中	轻	无	未发	轻
湖南邵阳市农科所	611.94	3.86	6/16	9/5	10/15	121	强	整齐	0.0	松散	淡绿	一般	繁茂	好	直	难	未发	无	未发	未发
湖南省贺家山原种场	618.91	0.50	6/16	9/12	10/27	133	未发	一般	—	适中	绿	一般	一般	中	直	易	未发	未发	未发	轻
江西省种子管理局	618.09	-1.69	6/21	9/8	10/21	122	中	整齐	0.6	适中	绿	一般	繁茂	中	直	易	未发	未发	未发	轻
江西现代种业有限公司	529.06	0.30	6/22	9/20	10/14	114	强	整齐	0.0	适中	浓绿	挺直	繁茂	好	直	难	未发	未发	未发	轻
浙江温州市农业科学院	493.94	1.12	6/29	9/18	11/4	128	未发	整齐	0.0	适中	绿	一般	一般	好	倒	中	未发	未发	轻	轻

表 22-9-4　晚籼中迟熟组生产试验（183011N-S）品种在各试验点的产量、生育期、主要特征、田间抗性表现

品种名称/试验点	亩产（千克）	比 CK± %	播种期（月/日）	齐穗期（月/日）	成熟期（月/日）	全生育期（天）	耐寒性	整齐度	杂株率（%）	株型	叶色	叶姿	长势	熟期转色	倒伏性	落粒性	叶瘟	穗颈瘟	白叶枯病	纹枯病
天优华占（CK）																				
福建沙县良种场	594.82	0.00	6/22	9/9	10/14	114	强	整齐	0.0	适中	浓绿	一般	繁茂	好	伏	中	轻	无	未发	轻
湖南邵阳市农科所	589.18	0.00	6/16	9/6	10/17	123	强	整齐	0.0	适中	绿	一般	繁茂	中	直	中	未发	无	未发	未发
湖南省贺家山原种场	615.81	0.00	6/16	9/12	10/29	135	未发	一般	—	适中	绿	披垂	繁茂	中	直	易	未发	未发	未发	中
江西省种子管理局	628.69	0.00	6/21	9/13	10/23	124	强	整齐	0.9	适中	绿	一般	繁茂	好	直	易	未发	未发	未发	轻
江西现代种业有限公司	527.46	0.00	6/22	9/19	10/14	114	强	整齐	0.0	适中	浓绿	挺直	繁茂	好	直	难	未发	未发	未发	轻
浙江温州市农业科学院	488.49	0.00	6/29	9/20	11/5	129	未发	一般	0.0	适中	绿	一般	一般	好	倒	中	未发	未发	轻	轻

第二十三章　2018年长江中下游单季晚粳组国家水稻品种试验汇总报告

一、试验概况

（一）试验目的

鉴定评价我国长江中下游稻区新选育和引进的单季晚粳新品种（组合，下同）的丰产性、稳产性、适应性、抗性、米质及其他重要性状表现，为国家水稻品种审定提供科学依据。

（二）参试品种

区试品种11个，秀优7113、福两优1314、甬优7861、浙粳优1578、荃粳优46、常粳16-7为续试品种，其余为新参试品种，以嘉优5号（CK）为对照。生产试验品种4个，均为杂交组合，也以嘉优5号（CK）为对照。品种编号、名称、类型、亲本组合、选育/供种单位见表23-1。

（三）承试单位

区试点10个，生产试验点4个，分布在安徽、湖北、江苏、上海和浙江5个省市。承试单位、试验地点、经纬度、海拔高度、试验负责人及执行人见表23-2。

（四）试验设计、栽培管理与观察记载

各试验点均按《2018年南方稻区国家水稻品种试验实施方案》及NY/T 1300—2007《农作物品种区域试验技术规范　水稻》进行试验。

区试采用完全随机区组排列，3次重复，小区面积0.02亩。生产试验采用大区随机排列，不设重复，大区面积0.5亩。

分区试、生产试验，同组试验所有品种同期播种、移栽，施肥水平中等偏上，其他栽培管理措施与当地大田生产相同。

观察记载项目与标准按NY/T 1300—2007《农作物品种区域试验技术规范　水稻》以及《国家水稻品种试验观察记载项目、方法及标准》《南方稻区国家水稻品种区试及生产试验记载表》等的要求执行。

（五）特性鉴定

1. 抗性鉴定

浙江省农业科学院植微所、湖北省宜昌市农业科学院和安徽省农业科学院植保所负责稻瘟病抗性鉴定，鉴定采用人工接菌与病区自然诱发相结合；湖南省农业科学院水稻所负责白叶枯病抗性鉴定；江苏省农业科学院植保所负责条纹叶枯病抗性鉴定；中国水稻研究所稻作发展中心负责稻飞虱抗性鉴定。鉴定种子由中国水稻研究所试验点统一提供，鉴定结果由浙江省农业科学院植微所负责汇总。

2. 米质分析

湖北宜昌市农业科学院、江苏常熟市农科所和中国水稻研究所试验点分别提供样品，农业农村部稻米及制品质量监督检验测试中心负责检测分析。

3. DNA指纹特异性与一致性

中国水稻研究所国家水稻改良中心进行参试品种的特异性及续试、生产试验品种年度间的一致性鉴定。

（六）试验评价

依据 NY/T 1300—2007《农作物品种区域试验技术规范　水稻》、试验实地检查考察情况以及试验点对试验实施情况和品种表现情况所做的说明，对各试验（鉴定）点试验（鉴定）结果的可靠性、完整性、准确性等进行分析评估，确保汇总质量。

2018 年湖北宜昌市农业科学院区试点、孝感市农业科学院区试点对照产量异常偏低，浙江宁波市农业科学院区试及生产试验点遭遇台风导致严重倒伏，上述 3 个试验点的试验结果未纳入汇总；其余区试点、生产试验点以及特性鉴定点的试验（鉴定）结果正常，纳入汇总。

（七）品种评价

依据国家农作物品种审定委员会 2017 年发布的《主要农作物品种审定标准（国家级）》，对参试品种进行分析评价。

产量联合方差分析采用固定模型，品种间产量差异多重比较采用 Duncan's 新复极差法；参试品种的丰产性主要以品种在区试和生产试验中相对于对照品种产量增减产百分率来衡量；参试品种的适应性主要以品种在区试和生产试验中比对照品种增产的试验点百分率来衡量；参试品种的稳产性主要以品种在年度间区试中相对于对照品种产量的差异变化程度来衡量。

参试品种的生育期主要以全生育期比对照品种长短的天数来衡量。

参试品种的抗性以指定的鉴定单位的鉴定结果为主要依据，对稻瘟病抗性的主要评价指标为综合指数和穗瘟损失率最高级，对其他病虫害抗性的主要评价指标为最高级。

参试品种的温度敏感性以结实率低于 65%的区试点数来衡量。

参试品种的米质评价按照农业行业标准 NY/T 593—2013《食用稻品种品质》，分优质 1 级、优质 2 级、优质 3 级，未达到优质级的品种米质均为普通级。

二、结果分析

（一）产量

依据比对照的增减产幅度衡量：在 2018 年区试参试品种中，产量高、比对照增产 5%以上的品种有嘉优中科 9 号、秀优 4913、秀优 7113、浙粳优 1578、荃粳优 98、荃粳优 46、甬优 7861、常优 17-1 和福两优 1314；产量中等、比对照增减 3%以内的品种有常粳 16-7；产量一般、比对照减产 3%以上的品种有嘉禾 239。

区试参试品种产量汇总结果见表 23-3，生产试验参试品种产量汇总结果见表 23-4。

（二）生育期

依据全生育期比对照长短的天数衡量：在 2018 年区试参试品种中，熟期较早、比对照早熟的品种有嘉优中科 9 号、荃粳优 98、荃粳优 46、常优 17-1、常粳 16-7 和嘉禾 239；其他品种的全生育期介于 159. 0~161. 9 天，比对照嘉优 5 号长 1~3 天，熟期基本适宜。

区试参试品种生育期汇总结果见表 23-3，生产试验参试品种生育期汇总结果见表 23-4。

（三）主要农艺经济性状

区试参试品种分蘖率、有效穗、成穗率、株高、穗长、每穗总粒数、每穗实粒数、结实率、千粒重等主要农艺经济性状汇总结果见表 23-3。

（四）抗性

对稻瘟病的抗性，根据 1~2 年鉴定结果，稻瘟病穗瘟损失率最高级 1 级的品种有嘉禾 239、禾优 4913；穗瘟损失率最高级 3 级的品种有甬优 7861、浙粳优 1578、荃粳优 98；穗瘟损失率最高级 5 级的品种有秀优 7113、荃粳优 46、福两优 1314、常优 17-1；穗瘟损失率最高级 7 级的品种有常粳

16-7、嘉优中科 9 号。

区试参试品种抗性鉴定结果见表 23-5 和表 23-6。

(五) 米质

依据农业行业标准 NY/T 593—2013《食用稻品种品质》，根据 1~2 年的检测结果：优质 2 级的品种有甬优 7861；优质 3 级的品种有福两优 1314、浙粳优 1578、常粳 16-7、常优 17-1 和嘉禾 239；其他参试品种均为普通级，米质中等或一般。

区试参试品种米质指标表现及等级见表 23-7。

(六) 品种在各试验点表现

区试参试品种在各试验点的表现情况见表 23-8，生产试验参试品种在各试验点的表现情况见表 23-9。

三、品种简评

(一) 生产试验品种

1. 中嘉 8 号

2016 年初试平均亩产 648.68 千克，比嘉优 5 号（CK）增产 1.22%，增产点比例 66.7%；2017 年续试平均亩产 627.61 千克，比嘉优 5 号（CK）增产 1.01%，增产点比例 75.0%；两年区试平均亩产 638.15 千克，比嘉优 5 号（CK）增产 1.11%，增产点比例 70.8%；2018 年生产试验平均亩产 685.52 千克，比嘉优 5 号（CK）增产 1.35%，增产点比例 66.7%。全生育期两年区试平均 158.7 天，比嘉优 5 号（CK）迟熟 0.5 天。主要农艺性状两年区试综合表现：有效穗 18.6 万穗/亩，株高 108.1 厘米，穗长 20.3 厘米，每穗总粒数 155.5 粒，结实率 82.1%，千粒重 31.3 克。抗性两年综合表现：稻瘟病综合指数年度分别是 4.4 级、4.3 级，穗瘟损失率最高 7 级；白叶枯病 7 级；褐飞虱 9 级；条纹叶枯病 5 级。米质主要指标两年综合表现：糙米率 84.4%，整精米率 67.9%，长宽比 2.6，垩白粒率 24%，垩白度 2.7%，透明度 2 级，碱消值 6.9 级，胶稠度 70 毫米，直链淀粉含量 16.6%，综合评级为国标优质 2 级、部标优质 3 级。

2018 年国家水稻品种试验年会审议意见：已完成试验程序，可以申报国家审定。

2. 浙粳优 1578

2017 年初试平均亩产 670.71 千克，比嘉优 5 号（CK）增产 7.94%，增产点比例 87.5%；2018 年续试平均亩产 778.22 千克，比嘉优 5 号（CK）增产 17.18%，增产点比例 100.0%；两年区试平均亩产 724.46 千克，比嘉优 5 号（CK）增产 12.71%，增产点比例 93.8%；2018 年生产试验平均亩产 764.76 千克，比嘉优 5 号（CK）增产 13.06%，增产点比例 100.0%。全生育期两年区试平均 161.7 天，比嘉优 5 号（CK）迟熟 3.4 天。主要农艺性状两年区试综合表现：有效穗 15.5 万穗/亩，株高 119.8 厘米，穗长 20.7 厘米，每穗总粒数 272.0 粒，结实率 78.4%，千粒重 24.3 克。抗性两年综合表现：稻瘟病综合指数年度分别是 3.3 级、2.8 级，穗瘟损失率最高 3 级；白叶枯病最高级 5 级；褐飞虱最高级 9 级；条纹叶枯病最高级 5 级。米质表现：糙米率 81.6%，精米率 72.9%，整精米率 70.0%，粒长 5.6 毫米，长宽比 2.2，垩白粒率 13%，垩白度 1.7%，透明度 1 级，碱消值 6.0 级，胶稠度 76 毫米，直链淀粉含量 15.3%，综合评级为优质 3 级。

2018 年国家水稻品种试验年会审议意见：已完成试验程序，可以申报国家审定。

3. 秀优 7113

2017 年初试平均亩产 678.10 千克，比嘉优 5 号（CK）增产 9.13%，增产点比例 75.0%；2018 年续试平均亩产 782.63 千克，比嘉优 5 号（CK）增产 17.84%，增产点比例 100.0%；两年区试平均亩产 730.37 千克，比嘉优 5 号（CK）增产 13.67%，增产点比例 87.5%；2018 年生产试验平均亩产 750.89 千克，比嘉优 5 号（CK）增产 11.01%，增产点比例 100.0%。全生育期两年区试平均 159.3 天，比嘉优 5 号（CK）迟熟 1.0 天。主要农艺性状两年区试综合表现：有效穗 14.5 万穗/亩，株高

120.0 厘米，穗长 20.3 厘米，每穗总粒数 261.3 粒，结实率 76.3%，千粒重 26.1 克。抗性两年综合表现：稻瘟病综合指数年度分别是 3.5 级、3.5 级，穗瘟损失率最高 5 级；白叶枯病最高级 5 级；褐飞虱最高级 7 级；条纹叶枯病最高级 3 级。米质表现：糙米率 82.4%，精米率 75.5%，整精米率 72.1%，粒长 5.4 毫米，长宽比 2.0，垩白粒率 41%，垩白度 5.2%，透明度 2 级，碱消值 5.6 级，胶稠度 73 毫米，直链淀粉含量 15.0%，综合评级为普通。

2018 年国家水稻品种试验年会审议意见：已完成试验程序，可以申报国家审定。

4. 甬优 7861

2017 年初试平均亩产 630.56 千克，比嘉优 5 号（CK）增产 1.48%，增产点比例 50.0%；2018 年续试平均亩产 729.87 千克，比嘉优 5 号（CK）增产 9.90%，增产点比例 100.0%；两年区试平均亩产 680.21 千克，比嘉优 5 号（CK）增产 5.83%，增产点比例 75.0%；2018 年生产试验平均亩产 744.45 千克，比嘉优 5 号（CK）增产 10.06%，增产点比例 100.0%。全生育期两年区试平均 160.2 天，比嘉优 5 号（CK）迟熟 1.9 天。主要农艺性状两年区试综合表现：有效穗 15.6 万穗/亩，株高 120.3 厘米，穗长 22.0 厘米，每穗总粒数 251.8 粒，结实率 82.1%，千粒重 24.4 克。抗性两年综合表现：稻瘟病综合指数年度分别是 3.6 级、3.0 级，穗瘟损失率最高 3 级；白叶枯病最高级 5 级；褐飞虱最高级 9 级；条纹叶枯病最高级 5 级。米质表现：糙米率 82.8%，精米率 74.2%，整精米率 71.4%，粒长 5.6 毫米，长宽比 2.3，垩白粒率 11%，垩白度 1.9%，透明度 1 级，碱消值 7.0 级，胶稠度 71 毫米，直链淀粉含量 15.2%，综合评级为优质 2 级。

2018 年国家水稻品种试验年会审议意见：已完成试验程序，可以申报国家审定。

（二）续试品种

1. 荃粳优 46

2017 年初试平均亩产 662.53 千克，比嘉优 5 号（CK）增产 6.63%，增产点比例 75.0%；2018 年续试平均亩产 735.52 千克，比嘉优 5 号（CK）增产 10.75%，增产点比例 100.0%；两年区试平均亩产 699.02 千克，比嘉优 5 号（CK）增产 8.76%，增产点比例 87.5%。全生育期两年区试平均 152.5 天，比嘉优 5 号（CK）早熟 5.8 天。主要农艺性状两年区试综合表现：有效穗 16.3 万穗/亩，株高 122.5 厘米，穗长 19.5 厘米，每穗总粒数 237.2 粒，结实率 86.4%，千粒重 22.9 克。抗性两年综合表现：稻瘟病综合指数年度分别是 5.3 级、5.1 级，穗瘟损失率最高 5 级；白叶枯病最高级 5 级；褐飞虱最高级 9 级；条纹叶枯病最高级 5 级。米质表现：糙米率 83.1%，精米率 74.3%，整精米率 55.2%，粒长 5.5 毫米，长宽比 2.4，垩白粒率 11%，垩白度 1.7%，透明度 2 级，碱消值 5.5 级，胶稠度 68 毫米，直链淀粉含量 14.1%，综合评级为普通。

2018 年国家水稻品种试验年会审议意见：2019 年进行生产试验。

2. 福两优 1314

2017 年初试平均亩产 653.21 千克，比嘉优 5 号（CK）增产 5.13%，增产点比例 75.0%；2018 年续试平均亩产 708.28 千克，比嘉优 5 号（CK）增产 6.65%，增产点比例 85.7%；两年区试平均亩产 680.74 千克，比嘉优 5 号（CK）增产 5.91%，增产点比例 80.4%。全生育期两年区试平均 158.1 天，比嘉优 5 号（CK）早熟 0.2 天。主要农艺性状两年区试综合表现：有效穗 16.4 万穗/亩，株高 127.6 厘米，穗长 21.2 厘米，每穗总粒数 220.9 粒，结实率 78.8%，千粒重 25.3 克。抗性两年综合表现：稻瘟病综合指数年度分别是 3.5 级、3.1 级，穗瘟损失率最高 5 级；白叶枯病最高级 7 级；褐飞虱最高级 9 级；条纹叶枯病最高级 3 级。米质表现：糙米率 83.3%，精米率 75.1%，整精米率 71.1%，粒长 6.1 毫米，长宽比 2.5，垩白粒率 15%，垩白度 3.1%，透明度 2 级，碱消值 6.0 级，胶稠度 64 毫米，直链淀粉含量 14.0%，综合评级为优质 3 级。

2018 年国家水稻品种试验年会审议意见：2019 年进行生产试验。

3. 常粳 16-7

2017 年初试平均亩产 630.11 千克，比嘉优 5 号（CK）增产 1.41%，增产点比例 62.5%；2018 年续试平均亩产 661.64 千克，比嘉优 5 号（CK）减产 0.37%，增产点比例 71.4%；两年区试平均亩产 645.88 千克，比嘉优 5 号（CK）增产 0.49%，增产点比例 67.0%。全生育期两年区试平均 155.2

天，比嘉优5号（CK）早熟3.1天。主要农艺性状两年区试综合表现：有效穗19.4万穗/亩，株高105.1厘米，穗长16.6厘米，每穗总粒数140.0粒，结实率89.8%，千粒重29.3克。抗性两年综合表现：稻瘟病综合指数年度分别是6.1级、5.5级，穗瘟损失率最高7级；白叶枯病最高级5级；褐飞虱最高级9级；条纹叶枯病最高级5级。米质表现：糙米率85.1%，精米率76.3%，整精米率68.9%，粒长5.6毫米，长宽比2.0，垩白粒率22%，垩白度2.7%，透明度2级，碱消值6.8级，胶稠度61毫米，直链淀粉含量15.2%，综合评级为优质3级。

2018年国家水稻品种试验年会审议意见：2019年进行生产试验。

（三）初试品种

1. 嘉优中科9号

2018年初试平均亩产788.28千克，比嘉优5号（CK）增产18.70%，增产点比例100.0%。全生育期149.7天，比嘉优5号（CK）早熟9.2天。主要农艺性状表现：有效穗17.0万穗/亩，株高101.7厘米，穗长18.4厘米，每穗总粒数212.5粒，结实率83.0%，结实率小于65%的点1个，千粒重29.9克。抗性表现：稻瘟病综合指数6.0级，穗瘟损失率最高级7级；白叶枯病7级；褐飞虱9级；条纹叶枯病7级。米质表现：糙米率84.0%，精米率73.9%，整精米率41.8%，粒长5.7毫米，长宽比2.0，垩白粒率38.5%，垩白度5.4%，透明度2级，碱消值5.3级，胶稠度74毫米，直链淀粉含量14.7%，综合评级为普通。

2018年国家水稻品种试验年会审议意见：终止试验。

2. 秀优4913

2018年初试平均亩产785.47千克，比嘉优5号（CK）增产18.27%，增产点比例100.0%。全生育期159.0天，比嘉优5号（CK）迟熟0.1天。主要农艺性状表现：有效穗15.7万穗/亩，株高126.9厘米，穗长20.7厘米，每穗总粒数264.0粒，结实率81.5%，结实率小于65%的点0个，千粒重25.9克。抗性表现：稻瘟病综合指数2.0级，穗瘟损失率最高级1级；白叶枯病7级；褐飞虱9级；条纹叶枯病5级。米质表现：糙米率82.6%，精米率75.0%，整精米率70.7%，粒长5.7毫米，长宽比2.2，垩白粒率32.0%，垩白度3.9%，透明度2级，碱消值5.7级，胶稠度73毫米，直链淀粉含量15.1%，综合评级为普通。

2018年国家水稻品种试验年会审议意见：2019年续试并进行生产试验。

3. 荃粳优98

2018年初试平均亩产744.93千克，比嘉优5号（CK）增产12.17%，增产点比例71.4%。全生育期154.9天，比嘉优5号（CK）早熟4.0天。主要农艺性状表现：有效穗16.7万穗/亩，株高115.5厘米，穗长20.0厘米，每穗总粒数231.4粒，结实率82.2%，结实率小于65%的点0个，千粒重25.2克。抗性表现：稻瘟病综合指数4.3级，穗瘟损失率最高级3级；白叶枯病5级；褐飞虱9级；条纹叶枯病5级。米质表现：糙米率83.6%，精米率74.2%，整精米率54.9%，粒长5.6毫米，长宽比2.3，垩白粒率22.5%，垩白度3.1%，透明度2级，碱消值5.9级，胶稠度67毫米，直链淀粉含量14.2%，综合评级为普通。

2018年国家水稻品种试验年会审议意见：2019年续试并进行生产试验。

4. 常优17-1

2018年初试平均亩产717.26千克，比嘉优5号（CK）增产8.00%，增产点比例71.4%。全生育期155.0天，比嘉优5号（CK）早熟3.9天。主要农艺性状表现：有效穗16.1万穗/亩，株高127.6厘米，穗长20.1厘米，每穗总粒数204.5粒，结实率88.3%，结实率小于65%的点0个，千粒重26.2克。抗性表现：稻瘟病综合指数3.8级，穗瘟损失率最高级5级；白叶枯病5级；褐飞虱9级；条纹叶枯病5级。米质表现：糙米率82.9%，精米率74.1%，整精米率65.9%，粒长5.7毫米，长宽比2.2，垩白粒率13.0%，垩白度1.6%，透明度2级，碱消值6.7级，胶稠度66毫米，直链淀粉含量16.1%，综合评级为优质3级。

2018年国家水稻品种试验年会审议意见：2019年续试。

5. 嘉禾239

2018年初试平均亩产604.52千克，比嘉优5号（CK）减产8.97%，增产点比例14.3%。全生育期156.6天，比嘉优5号（CK）早熟2.3天。主要农艺性状表现：有效穗17.1万穗/亩，株高100.4厘米，穗长17.1厘米，每穗总粒数144.4粒，结实率88.5%，结实率小于65%的点0个，千粒重29.2克。抗性表现：稻瘟病综合指数2.1级，穗瘟损失率最高级1级；白叶枯病5级；褐飞虱9级；条纹叶枯病5级。米质表现：糙米率83.5%，精米率76.0%，整精米率70.0%，粒长5.6毫米，长宽比2.0，垩白粒率23.5%，垩白度3.5%，透明度1级，碱消值6.9级，胶稠度67毫米，直链淀粉含量16.2%，综合评级为优质3级。

2018年国家水稻品种试验年会审议意见：终止试验。

表 23-1 单季晚粳组（182021N）区试及生产试验参试品种基本情况

品种名称	试验编号	抗鉴编号	品种类型	亲本组合	申请者（非个人）	选育/供种单位
区试						
秀优 7113	1	5	杂交稻	K71A×XR13	浙江省嘉兴市农业科学研究院（所）、浙江勿忘农种业股份有限公司	浙江勿忘农种业股份有限公司
福两优 1314	2	8	杂交稻	福 228S×JR1310-4	湖南民生种业科技有限公司	湖南民生种业科技有限公司
*秀优 4913	3	9	杂交稻	K49A×XR13	浙江勿忘农种业股份有限公司	浙江勿忘农种业股份有限公司
*常优 17-1	4	1	杂交稻	513A/CR-954	常熟市农业科学研究所	常熟市农业科学研究所
甬优 7861	5	10	杂交稻	甬粳 78A×F6861	宁波市种子有限公司	宁波市种子有限公司
*荃粳优 98	6	12	杂交稻	荃粳 1A/荃粳恢 98	安徽荃银高科种业股份有限公司	安徽荃银高科种业股份有限公司
浙粳优 1578	7	11	杂交稻	浙粳 7A×浙粳恢 6022	浙江勿忘农种业股份有限公司、浙江省农业科学研究院作物与核技术利用研究所	浙江勿忘农种业股份有限公司
荃粳优 46	8	4	杂交稻	荃粳 1A/V46	安徽荃银高科种业股份有限公司	安徽荃银高科种业股份有限公司
常粳 16-7	9	2	常规稻	武运粳 31/常粳 13-9	常熟市农业科学研究所	常熟市农业科学研究所
*嘉禾 239	10	6	常规稻	秀水 134//嘉禾 212/嘉粳 3976	绍兴市舜达种业有限公司	绍兴市舜达种业有限公司
嘉优 5 号（CK）	11	3	杂交稻	嘉 335A×嘉恢 125	嘉兴市农业科学院	
*嘉优中科 9 号	12	7	杂交稻	嘉 92A/中科嘉恢 9 号	浙江省嘉兴市农业科学研究院（所）、中国科学院遗传与发育生物学研究所	浙江省嘉兴市农业科学研究院（所）、中国科学院遗传与发育生物学研究所
生产试验						
秀优 7113	1		杂交稻	K71A×XR13	浙江省嘉兴市农业科学研究院（所）、浙江勿忘农种业股份有限公司	浙江勿忘农种业股份有限公司
中嘉 8 号	2		常规稻	ZH558/嘉禾 218	中国水稻研究所	中国水稻研究所、嘉兴市农业科学研究院
浙粳优 1578	3		杂交稻	浙粳 7A×浙粳恢 6022	浙江勿忘农种业股份有限公司、浙江省农业科学研究院作物与核技术利用研究所	浙江勿忘农种业股份有限公司
嘉优 5 号（CK）	4		杂交稻	嘉 335A×嘉恢 125	嘉兴市农业科学院	
甬优 7861	5		杂交稻	甬粳 78A×F6861	宁波市种子有限公司	宁波市种子有限公司

注：*为 2018 年新参试品种

表 23-2 单季晚粳组（182021N）区试和生产试验点基本情况

承试单位	试验地点	经度	纬度	海拔高度（米）	试验负责人及执行人
区试					
安徽安庆市种子站	怀宁县农业技术推广所	116°41′	30°32′	50.0	刘文革、程凯青
安徽省农业科学院水稻所	庐江县郭河镇	117°24′	31°48′	8.3	倪大虎、余行道
湖北荆州市农业科学院	沙市东郊王家桥	112°02′	30°24′	32.0	徐正猛
湖北孝感市农业科学院	孝感市本院试验基地	113°51′	30°56′	25.0	刘长兵
湖北宜昌市农业科学院	枝江市问安镇四岗	111°05′	30°34′	60.0	田进山、施昌华
江苏常熟市农科所	常熟市大义小山基地	120°46′	31°39′	4.5	孙菊英、柯瑷、唐乐尧
江苏（武进）水稻研究所	常州市武进区	120°00′	31°08′	0.0	杨一琴
上海市农业科学院作物所	庄行综合试验基地	121°27′	30°56′	4.0	白建江
浙江宁波市农业科学院	宁波市鄞州区邱隘镇	120°20′	29°51′	3.0	黄宣、叶朝辉
中国水稻研究所	杭州市富阳区	120°19′	30°12′	7.2	杨仕华、夏俊辉、施彩娟
生产试验					
江苏（武进）水稻研究所	常州市武进区	120°00′	31°08′	0.0	杨一琴
安徽省农业科学院水稻所	庐江县郭河镇	117°24′	31°48′	8.3	倪大虎、余行道
上海市农业科学院作物所	庄行综合试验基地	121°27′	30°56′	4.0	白建江
浙江宁波市农业科学院	宁波市鄞州区邱隘镇	120°20′	29°51′	3.0	黄宣、叶朝辉

表 23-3　单季晚粳组（182021N）区试品种产量、生育期及主要农艺经济性状汇总分析结果

品种名称	区试年份	亩产（千克）	比 CK± %	比 CK 增产点（%）	产量差异显著性		结实率 <65%点	全生育期（天）	比 CK± 天	有效穗（万/亩）	株高（厘米）	穗长（厘米）	总粒数/穗	实粒数/穗	结实率（%）	千粒重（克）
					5%	1%										
秀优 7113	2017—2018	730. 37	13. 63	87. 5				159. 3	1. 0	14. 5	120. 0	20. 3	261. 3	199. 4	76. 3	26. 1
浙粳优 1578	2017—2018	724. 46	12. 71	93. 8				161. 7	3. 4	15. 5	119. 8	20. 7	272. 0	213. 4	78. 4	24. 3
甬优 7861	2017—2018	680. 21	5. 83	75. 0				160. 2	1. 9	15. 6	120. 3	22. 0	251. 8	206. 9	82. 1	24. 4
荃粳优 46	2017—2018	699. 02	8. 76	87. 5				152. 5	-5. 8	16. 3	122. 5	19. 5	237. 2	205. 0	86. 4	22. 9
福两优 1314	2017—2018	680. 74	5. 91	80. 4				158. 1	-0. 2	16. 4	127. 6	21. 2	220. 9	174. 2	78. 8	25. 3
常粳 16-7	2017—2018	645. 88	0. 49	67. 0				155. 2	-3. 1	19. 4	105. 1	16. 6	140. 0	125. 7	89. 8	29. 3
嘉优 5 号（CK）	2017—2018	642. 74	0. 00	0. 0				158. 3	0. 0	17. 0	112. 2	20. 4	164. 6	145. 6	88. 5	29. 1
嘉优中科 9 号	2018	788. 28	18. 70	100. 0	a	A	1	149. 7	-9. 2	17. 0	101. 7	18. 4	212. 5	176. 3	83. 0	29. 9
秀优 4913	2018	785. 47	18. 27	100. 0	a	A	0	159. 0	0. 1	15. 7	126. 9	20. 7	264. 0	215. 1	81. 5	25. 9
秀优 7113	2018	782. 63	17. 84	100. 0	a	A	1	159. 9	1. 0	14. 2	122. 9	20. 2	259. 9	208. 1	80. 1	26. 4
浙粳优 1578	2018	778. 22	17. 18	100. 0	a	A	0	161. 9	3. 0	15. 4	121. 3	20. 4	274. 9	221. 9	80. 7	25. 1
荃粳优 98	2018	744. 93	12. 17	71. 4	b	B	0	154. 9	-4. 0	16. 7	115. 5	20. 0	231. 4	190. 1	82. 2	25. 2
荃粳优 46	2018	735. 52	10. 75	100. 0	bc	B	0	153. 7	-5. 2	15. 4	123. 1	19. 6	238. 9	206. 9	86. 6	23. 7
甬优 7861	2018	729. 87	9. 90	100. 0	c	BC	0	159. 4	0. 5	15. 7	122. 2	21. 9	258. 2	216. 3	83. 8	24. 7
常优 17-1	2018	717. 26	8. 00	71. 4	d	CD	0	155. 0	-3. 9	16. 1	127. 6	20. 1	204. 5	180. 5	88. 3	26. 2
福两优 1314	2018	708. 28	6. 65	85. 7	d	D	0	161. 1	2. 2	16. 7	126. 7	19. 7	227. 6	179. 8	79. 0	24. 8
嘉优 5 号（CK）	2018	664. 12	0. 00	0. 0	e	E	0	158. 9	0. 0	16. 8	111. 8	21. 1	164. 5	147. 4	89. 6	28. 6
常粳 16-7	2018	661. 64	-0. 37	71. 4	e	E	0	155. 7	-3. 2	17. 9	104. 7	17. 0	144. 3	132. 1	91. 6	29. 6
嘉禾 239	2018	604. 52	-8. 97	14. 3	f	F	0	156. 6	-2. 3	17. 1	100. 4	17. 1	144. 4	127. 8	88. 5	29. 2

表 23-4　单季晚粳组（182021N）生产试验品种产量、生育期汇总结果及各试验点综合评价等级

品种名称	浙粳优 1578	秀优 7113	甬优 7861	中嘉 8 号	嘉优 5 号（CK）
生产试验汇总表现					
全生育期（天）	163.3	162.0	164.0	162.3	163.7
比 CK±天	-0.4	-1.7	0.3	-1.4	0.0
亩产（千克）	764.76	750.89	744.45	685.52	676.40
产量比 CK±%	13.06	11.01	10.06	1.35	0.00
增产点比例（%）	100.0	100.0	100.0	66.7	0.0
各生产试验点综合评价等级					
安徽省农业科学院水稻所	A	B	A	B	A
江苏（武进）水稻研究所	A	A	A	A	B
上海市农业科学院作物所	A	A	B	D	C

综合评价等级：A—好，B—较好，C—中等，D——般。

表 23-5　单季晚粳组（182021N）品种稻瘟病抗性各地鉴定结果（2018 年）

品种名称	浙江					湖北					安徽				
	叶瘟级	穗瘟发病		穗瘟损失		叶瘟级	穗瘟发病		穗瘟损失		叶瘟级	穗瘟发病		穗瘟损失	
		%	级	%	级		%	级	%	级		%	级	%	级
常优 17-1	1	63	9	26	5	4	27	7	7	3	1	12	5	3	1
常粳 16-7	7	84	9	36	7	5	31	7	12	3	5	26	7	9	3
嘉优 5 号（CK）	3	14	5	3	1	5	26	7	6	3	2	18	5	6	3
荃粳优 46	7	45	7	19	5	5	44	7	15	3	4	29	7	10	3
秀优 7113	2	23	5	8	3	3	38	7	10	3	2	23	5	8	3
嘉禾 239	3	6	3	1	1	4	6	3	1	1	1	13	5	4	1
嘉优中科 9 号	2	65	9	27	5	6	49	7	17	5	5	54	9	41	7
福两优 1314	3	19	5	4	1	3	17	5	3	1	4	37	7	15	3
秀优 4913	1	2	1	1	1	4	12	5	3	1	2	12	5	4	1
甬优 7861	3	5	1	1	1	3	3	1	1	1	3	28	7	10	3
浙粳优 1578	1	7	3	1	1	4	11	5	2	1	2	12	5	3	1
荃粳优 98	6	22	5	8	3	5	33	7	13	3	4	31	7	11	3
感稻瘟病（CK）	9	100	9	72	9	7	73	9	38	7	7	94	9	76	9

注：1. 鉴定单位：浙江省农业科学院植微所、湖北宜昌市农业科学院、安徽省农业科学院植保所。

2. 感稻瘟病（CK）：浙江、湖北、安徽分别为甬粳 11-10、鄂宜 105、长金糯 2 号。

表 23-6 单季晚粳组（182021N）品种对主要病虫抗性综合评价结果（2017—2018 年）

品种名称	区试年份	稻瘟病							白叶枯病（级）			褐飞虱（级）			条纹叶枯病		
		2018 年各地综合指数				2018 年	1~2 年综合评价		2018 年	1~2 年综合评价		2018 年	1~2 年综合评价		2018 年	1~2 年综合评价	
		浙江	湖北	安徽	平均	穗瘟损失率最高级	平均综合指数	穗瘟损失率最高级		平均	最高		平均	最高		平均	最高
秀优 7113	2017—2018	3.3	4.0	3.3	3.5	3	3.5	5	5	5	5	7	7	7	3	3	3
甬优 7861	2017—2018	1.5	1.5	4.0	2.3	3	3.0	3	5	5	5	9	9	9	5	5	5
浙粳优 1578	2017—2018	1.5	2.8	2.3	2.2	1	2.8	3	5	4	5	9	9	9	5	5	5
常粳 16-7	2017—2018	7.5	4.5	4.5	5.5	7	5.8	7	5	5	5	9	9	9	5	5	5
荃粳优 46	2017—2018	6.0	4.5	4.3	4.9	5	5.1	5	5	5	5	9	9	9	1	3	5
福两优 1314	2017—2018	2.5	2.5	4.3	3.1	3	3.3	5	7	7	7	9	9	9	3	3	3
嘉优 5 号（CK）	2017—2018	2.5	4.5	3.3	3.4	3	4.0	7	5	5	5	9	9	9	5	5	5
常优 17-1	2018	5.0	4.3	2.0	3.8	5	3.8	5	5	5	5	9	9	9	5	5	5
嘉禾 239	2018	2.0	2.3	2.0	2.1	1	2.1	1	5	5	5	9	9	9	5	5	5
嘉优中科 9 号	2018	5.3	5.8	7.0	6.0	7	6.0	7	7	7	7	9	9	9	7	7	7
秀优 4913	2018	1.0	2.8	2.3	2.0	1	2.0	1	7	7	7	9	9	9	5	5	5
荃粳优 98	2018	4.3	4.5	4.3	4.3	3	4.3	3	5	5	5	9	9	9	5	5	5
嘉优 5 号（CK）	2018	2.5	4.5	3.3	3.4	3	3.4	3	5	5	5	9	9	9	5	5	5
感病虫（CK）	2018	9.0	7.5	8.5	8.3	9	8.3	9	9	9	9	9	9	9	9	9	9

注：1. 稻瘟病综合指数=叶瘟平均级×25%+穗瘟发病率平均级×25%+穗瘟损失率平均级×50%。

2. 白叶枯病和褐飞虱鉴定单位分别为湖南省农业科学院水稻所和中国水稻研究所稻作发展中心。

3. 感白叶枯病、褐飞虱 CK 分别为金刚 30、TN1。

表 23-7　单季晚粳组（182021N）米质检测分析结果

品种名称	年份	糙米率（%）	精米率（%）	整精米率（%）	粒长（毫米）	长宽比	垩白粒率（%）	垩白度（%）	透明度（级）	碱消值（级）	胶稠度（毫米）	直链淀粉（%）	部标（等级）
秀优 7113	2017—2018	82.4	75.5	72.1	5.4	2.0	41	5.2	2	5.6	73	15.0	普通
福两优 1314	2017—2018	83.3	75.1	71.1	6.1	2.5	15	3.1	2	6.0	64	14.0	优 3
甬优 7861	2017—2018	82.8	74.2	71.4	5.6	2.3	11	1.9	1	7.0	71	15.2	优 2
浙粳优 1578	2017—2018	81.6	72.9	70.0	5.6	2.2	13	1.7	1	6.0	76	15.3	优 3
荃粳优 46	2017—2018	83.1	74.3	55.2	5.5	2.4	11	1.7	2	5.5	68	14.1	普通
常粳 16-7	2017—2018	85.1	76.3	68.9	5.6	2.0	22	2.7	2	6.8	61	15.2	优 3
嘉优 5 号（CK）	2017—2018	84.7	74.7	66.7	5.4	1.8	37	4.3	2	6.9	74	17.0	优 3
秀优 4913	2018	82.6	75.0	70.7	5.7	2.2	32	3.9	2	5.7	73	15.1	普通
常优 17-1	2018	82.9	74.1	65.9	5.7	2.2	13	1.6	2	6.7	66	16.1	优 3
荃粳优 98	2018	83.6	74.2	54.9	5.6	2.3	23	3.1	2	5.9	67	14.2	普通
嘉禾 239	2018	83.5	76.0	70.0	5.6	2.0	24	3.5	1	6.9	67	16.2	优 3
嘉优中科 9 号	2018	84.0	73.9	41.8	5.7	2.0	39	5.4	2	5.3	74	14.7	普通
嘉优 5 号（CK）	2018	84.7	74.7	66.7	5.4	1.8	37	4.3	2	6.9	74	17.0	优 3

注：1. 供样单位：江苏常熟市农科所（2017—2018 年）、湖北宜昌市农业科学院（2017 年）、中国水稻研究所（2017—2018 年）。

2. 检测单位：农业农村部稻米及制品质量监督检验测试中心。

表 23-8-1　单季晚粳组（182021N）区试品种在各试点的产量、生育期及主要农艺经济性状表现

品种名称/试验点	亩产（千克）	比CK ±%	产量位次	播种期（月/日）	齐穗期（月/日）	成熟期（月/日）	全生育期（天）	有效穗（万/亩）	株高（厘米）	穗长（厘米）	总粒数/穗	实粒数/穗	结实率（%）	千粒重（克）	杂株率（%）	倒伏性	穗颈瘟	纹枯病	稻曲病	综评等级
秀优 7113																				
安徽安庆市种子站	649.79	5.56	4	5/13	8/21	10/13	153	12.9	113.7	22.1	170.1	161.2	94.8	25.3	2.5	直	无	轻	重	C
安徽省农业科学院水稻所	679.66	4.08	9	5/13	8/31	10/26	166	12.2	125.0	18.2	285.9	168.5	58.9	27.4	0.0	—	未发	无	重	B
湖北荆州市农业科学院	822.26	30.65	2	5/19	8/26	10/11	145	14.3	121.5	20.1	304.6	238.9	78.4	24.7	0.4	直	未发	未发	轻	A
江苏（武进）水稻研究所	903.90	15.22	3	5/22	9/3	10/30	161	12.3	130.0	20.0	244.1	215.3	88.2	30.9	0.0	直	未发	轻	轻	A
江苏常熟市农科所	902.72	18.42	1	5/19	9/6	10/31	165	16.7	125.1	20.3	251.8	217.1	86.2	25.0	0.0	直	未发	轻	未发	A
上海市农业科学院作物所	804.24	31.03	3	5/22	9/3	11/6	168	18.2	127.3	19.5	275.9	224.0	81.2	27.3	0.0	直	未发	未发	未发	B
中国水稻研究所	715.85	21.26	1	5/30	9/6	11/7	161	12.7	118.0	20.9	286.9	231.4	80.7	24.5	0.7	直	未发	轻	—	A
福两优 1314																				
安徽安庆市种子站	651.13	5.78	3	5/13	8/25	10/19	159	14.6	109.5	20.7	223.0	189.6	85.0	23.5	2.1	直	无	轻	重	C
安徽省农业科学院水稻所	726.31	11.22	8	5/13	8/31	10/26	166	15.9	135.0	19.8	224.5	150.0	66.8	26.1	0.0	—	未发	无	重	B
湖北荆州市农业科学院	628.69	-0.11	11	5/19	8/29	10/10	144	15.8	125.9	19.1	216.3	162.9	75.3	23.9	0.3	直	未发	未发	轻	D
江苏（武进）水稻研究所	831.21	5.95	6	5/22	9/7	11/1	163	13.6	134.0	20.7	288.5	226.1	78.4	28.0	0.0	直	未发	轻	未发	B
江苏常熟市农科所	831.59	9.09	6	5/19	9/9	10/31	165	18.0	131.0	19.1	210.2	194.1	92.3	24.2	0.0	直	未发	轻	未发	B
上海市农业科学院作物所	636.33	3.68	8	5/22	9/5	11/5	167	21.6	132.7	18.9	189.6	156.8	82.7	24.0	1.0	直	未发	未发	未发	C
中国水稻研究所	652.67	10.56	6	5/30	9/10	11/10	164	17.2	118.8	19.9	241.3	179.0	74.2	23.6	2.1	直	未发	轻	—	A

综合评级：A—好，B—较好，C—中等，D——般。

表 23-8-2　单季晚粳组（182021N）区试品种在各试点的产量、生育期及主要农艺经济性状表现

品种名称/试验点	亩产（千克）	比 CK ±%	产量位次	播种期（月/日）	齐穗期（月/日）	成熟期（月/日）	全生育期（天）	有效穗（万/亩）	株高（厘米）	穗长（厘米）	总粒数/穗	实粒数/穗	结实率（%）	千粒重（克）	杂株率（%）	倒伏性	穗颈瘟	纹枯病	稻曲病	综评等级
秀优 4913																				
安徽安庆市种子站	641.61	4.23	5	5/13	8/21	10/17	157	14.1	110.6	22.4	262.9	224.9	85.5	23.5	2.4	直	无	轻	中	C
安徽省农业科学院水稻所	759.62	16.33	6	5/13	8/28	10/24	164	12.8	132.0	19.2	270.8	186.5	68.9	27.1	0.0	—	未发	无	重	B
湖北荆州市农业科学院	813.93	29.33	4	5/19	8/24	10/11	145	18.3	117.2	20.4	236.0	190.0	80.5	24.8	0.2	直	未发	未发	未发	B
江苏（武进）水稻研究所	913.90	16.49	1	5/22	8/30	10/26	157	13.5	137.0	20.0	253.4	204.2	80.6	29.7	0.0	直	未发	轻	未发	A
江苏常熟市农科所	878.73	15.28	3	5/19	9/3	10/31	165	17.6	132.0	19.8	217.8	198.9	91.3	25.5	0.0	直	未发	中	未发	A
上海市农业科学院作物所	811.29	32.18	2	5/22	9/3	11/5	167	19.2	133.1	20.0	255.7	216.9	84.8	26.7	0.0	直	未发	未发	未发	B
中国水稻研究所	679.17	15.05	2	5/30	9/1	11/4	158	14.5	126.1	23.3	351.1	284.5	81.0	24.3	0.0	直	未发	轻	—	A
常优 17-1																				
安徽安庆市种子站	639.77	3.94	6	5/13	8/19	10/16	156	15.1	121.5	20.2	231.3	218.5	94.5	24.9	2.0	直	无	轻	轻	D
安徽省农业科学院水稻所	749.63	14.80	7	5/13	8/23	10/20	160	14.6	135.5	20.3	217.8	160.9	73.9	26.0	0.0	—	未发	无	重	B
湖北荆州市农业科学院	782.28	24.30	6	5/19	8/24	10/14	148	15.8	126.2	20.8	240.2	182.8	76.1	24.8	0.4	直	未发	未发	未发	B
江苏（武进）水稻研究所	765.03	-2.49	10	5/22	8/30	10/24	155	13.6	129.0	19.0	190.0	186.1	97.9	31.3	0.0	直	未发	轻	未发	B
江苏常熟市农科所	852.58	11.84	4	5/19	8/30	10/25	159	18.1	120.6	17.9	190.3	176.6	92.8	26.6	0.0	直	未发	轻	未发	A
上海市农业科学院作物所	570.02	-7.13	12	5/22	8/28	10/28	159	21.4	133.6	23.3	185.7	173.5	93.4	25.4	0.0	直	未发	未发	未发	D
中国水稻研究所	661.50	12.06	5	5/30	8/28	10/25	148	14.3	126.6	19.5	176.1	165.0	93.7	24.2	0.0	倒	未发	轻	—	A

综合评级：A—好，B—较好，C—中等，D——一般。

表 23-8-3 单季晚粳组（182021N）区试品种在各试点的产量、生育期及主要农艺经济性状表现

品种名称/试验点	亩产（千克）	比 CK ±%	产量位次	播种期（月/日）	齐穗期（月/日）	成熟期（月/日）	全生育期（天）	有效穗（万/亩）	株高（厘米）	穗长（厘米）	总粒数/穗	实粒数/穗	结实率（%）	千粒重（克）	杂株率（%）	倒伏性	穗颈瘟	纹枯病	稻曲病	综评等级
甬优 7861																				
安徽安庆市种子站	630.91	2.50	8	5/13	8/25	10/18	158	13.9	113.9	23.1	232.6	199.3	85.7	23.9	2.6	直	无	轻	中	C
安徽省农业科学院水稻所	767.95	17.60	5	5/13	9/2	10/28	168	13.3	120.5	21.0	231.6	177.0	76.4	26.7	0.0	—	未发	无	轻	A
湖北荆州市农业科学院	667.00	5.98	8	5/19	8/30	10/8	142	14.3	128.9	21.5	246.5	197.8	80.2	24.4	0.2	直	未发	未发	未发	C
江苏（武进）水稻研究所	878.72	12.01	4	5/22	9/9	11/1	163	12.3	132.0	23.3	293.7	240.0	81.7	27.6	0.0	直	未发	轻	未发	B
江苏常熟市农科所	828.26	8.65	7	5/19	9/8	10/30	164	17.2	120.0	21.9	265.2	221.0	83.3	23.5	0.1	直	未发	轻	未发	B
上海市农业科学院作物所	725.22	18.16	6	5/22	9/5	11/3	165	22.8	123.4	20.6	252.1	221.0	87.7	24.2	0.0	直	未发	未发	未发	C
中国水稻研究所	610.99	3.50	8	5/30	9/6	11/2	156	16.4	116.9	21.7	285.9	257.8	90.2	22.6	0.0	直	未发	轻	—	B
荃粳优 98																				
安徽安庆市种子站	702.59	14.14	1	5/13	8/25	10/15	155	15.6	109.4	21.7	236.1	199.0	84.3	24.9	1.8	直	无	轻	轻	A
安徽省农业科学院水稻所	857.91	31.38	2	5/13	8/22	10/20	160	15.9	120.0	20.0	248.9	187.7	75.4	25.4	1.0	—	未发	无	无	A
湖北荆州市农业科学院	823.26	30.81	1	5/19	8/18	10/8	142	18.3	106.2	20.5	234.1	173.6	74.2	23.7	0.7	直	未发	未发	未发	A
江苏（武进）水稻研究所	770.53	-1.78	9	5/22	8/29	10/28	159	13.9	120.0	19.7	189.5	167.8	88.5	30.2	0.0	直	未发	轻	未发	B
江苏常熟市农科所	692.82	-9.11	11	5/19	8/27	10/26	160	16.4	116.5	16.5	201.1	178.5	88.8	24.1	0.5	直	未发	中	未发	C
上海市农业科学院作物所	749.21	22.07	5	5/22	8/26	10/27	158	20.8	120.9	19.6	262.6	221.9	84.5	25.1	0.0	直	未发	未发	未发	C
中国水稻研究所	618.16	4.72	7	5/30	8/25	10/27	150	15.9	115.2	21.7	247.3	202.3	81.8	22.9	1.4	直	未发	轻	—	B

综合评级：A—好，B—较好，C—中等，D——般。

表 23-8-4 单季晚粳组（182021N）区试品种在各试点的产量、生育期及主要农艺经济性状表现

品种名称/试验点	亩产（千克）	比CK ±%	产量位次	播种期（月/日）	齐穗期（月/日）	成熟期（月/日）	全生育期（天）	有效穗（万/亩）	株高（厘米）	穗长（厘米）	总粒数/穗	实粒数/穗	结实率（%）	千粒重（克）	杂株率（%）	倒伏性	穗颈瘟	纹枯病	稻曲病	综评等级
浙粳优 1578																				
安徽安庆市种子站	628.74	2.14	9	5/13	8/25	10/18	158	13.1	112.3	18.5	262.2	233.3	89.0	23.6	2.5	直	无	轻	重	C
安徽省农业科学院水稻所	884.56	35.46	1	5/13	9/1	10/26	166	12.8	125.0	20.0	257.8	183.9	71.3	26.7	0.0	—	未发	无	轻	A
湖北荆州市农业科学院	737.63	17.20	7	5/19	8/29	10/14	148	16.3	126.6	20.5	285.3	213.0	74.7	23.1	0.2	直	未发	未发	未发	C
江苏（武进）水稻研究所	910.73	16.09	2	5/22	9/10	11/5	167	13.4	118.0	21.8	277.8	214.6	77.2	27.8	0.0	直	未发	轻	未发	A
江苏常熟市农科所	832.75	9.24	5	5/19	9/7	11/2	167	16.1	121.8	21.1	245.0	220.1	89.8	25.0	0.0	直	未发	轻	未发	B
上海市农业科学院作物所	780.25	27.13	4	5/22	9/4	11/4	166	20.4	127.1	20.1	312.6	260.2	83.2	25.1	0.0	直	未发	未发	未发	B
中国水稻研究所	672.84	13.98	3	5/30	9/7	11/7	161	15.5	118.3	20.8	283.3	228.5	80.7	24.1	0.3	直	未发	轻	—	A
荃粳优 46																				
安徽安庆市种子站	698.25	13.44	2	5/13	8/15	10/14	154	14.5	112.0	20.3	245.3	208.9	85.2	22.4	2.1	直	无	轻	轻	B
安徽省农业科学院水稻所	809.60	23.98	3	5/13	8/23	10/20	160	15.2	125.5	19.7	250.1	203.1	81.2	23.6	2.2	—	未发	无	轻	A
湖北荆州市农业科学院	819.43	30.20	3	5/19	8/19	9/27	131	15.8	121.7	20.3	259.9	225.1	86.6	21.9	0.3	直	未发	未发	未发	A
江苏（武进）水稻研究所	791.04	0.83	7	5/22	8/27	10/25	156	15.1	127.0	18.9	189.6	166.8	88.0	27.1	0.0	直	未发	轻	未发	B
江苏常熟市农科所	770.12	1.03	9	5/19	8/28	10/27	161	16.8	123.3	18.9	211.6	180.9	85.5	25.4	0.6	直	未发	轻	未发	B
上海市农业科学院作物所	658.91	7.36	7	5/22	8/26	10/31	162	17.0	129.2	18.3	226.5	207.2	91.5	21.9	0.0	直	未发	未发	未发	C
中国水稻研究所	601.32	1.86	9	5/30	8/28	10/29	152	13.7	123.0	20.7	289.5	256.5	88.6	23.4	0.0	直	未发	轻	—	C

综合评级：A—好，B—较好，C—中等，D——般。

表 23-8-5　单季晚粳组（182021N）区试品种在各试点的产量、生育期及主要农艺经济性状表现

品种名称/试验点	亩产（千克）	比CK ±%	产量位次	播种期（月/日）	齐穗期（月/日）	成熟期（月/日）	全生育期（天）	有效穗（万/亩）	株高（厘米）	穗长（厘米）	总粒数/穗	实粒数/穗	结实率（%）	千粒重（克）	杂株率（%）	倒伏性	穗颈瘟	纹枯病	稻曲病	综评等级
常粳 16-7																				
安徽安庆市种子站	615.88	0.05	10	5/13	8/22	10/15	155	14.1	97.9	19.5	165.8	156.6	94.5	30.1	0.9	直	无	轻	轻	C
安徽省农业科学院水稻所	673.00	3.06	10	5/13	8/29	10/25	165	14.8	102.5	16.7	134.9	119.7	88.7	32.9	0.0	—	未发	无	无	A
湖北荆州市农业科学院	647.68	2.91	9	5/19	8/26	10/1	135	18.3	110.4	16.9	173.3	141.2	81.5	27.6	0.5	直	未发	未发	未发	C
江苏（武进）水稻研究所	690.51	-11.98	11	5/22	9/1	10/26	157	16.9	107.0	16.6	134.1	123.7	92.2	30.5	0.0	直	未发	轻	未发	C
江苏常熟市农科所	808.60	6.08	8	5/19	9/3	10/26	160	20.2	103.0	16.5	151.3	143.7	95.0	28.8	0.0	直	未发	轻	未发	B
上海市农业科学院作物所	627.87	2.30	9	5/22	9/3	11/4	166	21.4	110.1	15.5	127.5	122.4	96.0	30.2	0.0	直	未发	未发	未发	C
中国水稻研究所	567.98	-3.78	11	5/30	9/1	10/29	152	19.3	102.0	17.4	123.2	117.6	95.5	26.9	0.0	直	未发	轻	—	C
嘉禾 239																				
安徽安庆市种子站	579.62	-5.84	12	5/13	8/24	10/16	156	13.4	96.0	17.3	162.1	137.3	84.7	28.3	1.0	直	无	轻	轻	D
安徽省农业科学院水稻所	606.37	-7.14	12	5/13	8/31	10/26	166	12.6	97.5	15.6	162.5	137.6	84.7	31.4	0.0	—	未发	无	无	B
湖北荆州市农业科学院	580.05	-7.84	12	5/19	8/26	10/3	137	17.0	102.0	17.1	146.7	120.4	82.1	27.7	0.3	直	未发	未发	未发	D
江苏（武进）水稻研究所	679.67	-13.37	12	5/22	9/3	10/28	159	15.2	104.0	18.3	135.7	130.0	95.8	32.7	0.0	直	未发	轻	未发	C
江苏常熟市农科所	652.84	-14.36	12	5/19	9/6	10/27	161	18.1	101.8	16.8	142.1	135.2	95.1	27.7	0.0	直	未发	轻	未发	C
上海市农业科学院作物所	617.99	0.69	10	5/22	9/2	11/3	165	20.6	106.8	16.8	167.6	148.4	88.5	28.9	0.0	直	未发	未发	未发	D
中国水稻研究所	515.13	-12.74	12	5/30	9/2	10/29	152	22.8	95.0	17.6	94.4	85.6	90.7	28.0	0.7	直	未发	轻	—	D

综合评级：A—好，B—较好，C—中等，D——一般。

表 23-8-6　单季晚粳组（182021N）区试品种在各试点的产量、生育期及主要农艺经济性状表现

品种名称/试验点	亩产（千克）	比 CK ±%	产量位次	播种期（月/日）	齐穗期（月/日）	成熟期（月/日）	全生育期（天）	有效穗（万/亩）	株高（厘米）	穗长（厘米）	总粒数/穗	实粒数/穗	结实率（%）	千粒重（克）	杂株率（%）	倒伏性	穗颈瘟	纹枯病	稻曲病	综评等级
嘉优 5 号（CK）																				
安徽安庆市种子站	615.54	0.00	11	5/13	8/24	10/17	157	14.3	114.2	31.6	165.3	156.8	94.9	21.2	2.4	直	无	轻	轻	C
安徽省农业科学院水稻所	653.01	0.00	11	5/13	8/31	10/26	166	15.0	107.5	19.8	150.0	123.3	82.2	31.4	1.0	—	未发	无	无	A
湖北荆州市农业科学院	629.36	0.00	10	5/19	8/26	10/9	143	19.3	110.7	18.4	146.7	123.0	83.8	28.6	0.5	直	未发	未发	未发	D
江苏（武进）水稻研究所	784.53	0.00	8	5/22	9/2	10/28	159	13.4	116.0	22.0	193.6	175.1	90.4	30.2	0.0	直	未发	轻	未发	B
江苏常熟市农科所	762.29	0.00	10	5/19	9/4	10/30	164	17.6	110.7	17.1	166.1	151.4	91.1	28.8	0.1	直	未发	中	未发	B
上海市农业科学院作物所	613.76	0.00	11	5/22	9/3	11/5	167	19.4	116.4	18.3	155.5	140.3	90.2	31.0	1.0	直	未发	未发	未发	D
中国水稻研究所	590.32	0.00	10	5/30	8/27	11/2	156	18.9	106.9	20.2	174.5	161.8	92.7	28.9	0.3	直	未发	轻	—	C
嘉优中科 9 号																				
安徽安庆市种子站	638.60	3.75	7	5/13	8/11	10/13	153	14.6	95.8	19.3	196.4	172.6	87.9	30.4	1.8	直	无	轻	轻	C
安徽省农业科学院水稻所	776.28	18.88	4	5/13	8/14	10/15	155	13.5	105.0	18.1	239.2	149.3	62.4	32.2	1.2	—	未发	无	无	A
湖北荆州市农业科学院	796.61	26.57	5	5/19	8/12	10/1	135	22.8	102.4	18.4	161.6	129.5	80.1	28.9	0.0	直	未发	未发	轻	B
江苏（武进）水稻研究所	869.89	10.88	5	5/22	8/20	10/20	151	14.3	102.0	17.8	192.3	181.6	94.4	31.1	0.0	直	未发	轻	轻	B
江苏常熟市农科所	901.05	18.20	2	5/19	8/20	10/23	157	16.7	110.0	17.8	238.4	209.6	87.9	25.8	0.3	直	未发	中	未发	B
上海市农业科学院作物所	873.37	42.30	1	5/22	8/23	10/26	157	20.2	98.8	17.9	216.1	193.6	89.6	32.1	1.0	直	未发	未发	未发	A
中国水稻研究所	662.17	12.17	4	5/30	8/19	10/17	140	16.7	97.7	19.7	243.5	198.1	81.4	29.1	0.0	直	未发	轻	—	A

综合评级：A—好，B—较好，C—中等，D——般。

表 23-9　单季晚粳组（182021N）生产试验品种在各试验点的产量、生育期、主要特征及田间抗性表现

品种名称/试验点	亩产（千克）	比 CK ±%	播种期（月/日）	齐穗期（月/日）	成熟期（月/日）	全生育期（天）	耐寒性	整齐度	杂株率%	株型	叶色	叶姿	长势	熟期转色	倒伏性	落粒性	穗颈瘟	纹枯病	稻曲病
中嘉 8 号																			
安徽省农业科学院水稻所	652.68	10.49	5/13	9/1	10/27	167	未发	整齐	0.0	紧束	绿	挺直	繁茂	中	—	中	无	无	轻
江苏常州市武进区水稻所	782.70	3.30	5/22	9/3	10/27	158	未发	整齐	0.0	适中	绿	一般	繁茂	好	直	中	未发	轻	—
上海市农业科学院作物所	621.18	-8.76	5/22	9/3	10/31	162	强	一般	0.0	适中	淡绿	挺直	繁茂	好	直	易	未发	未发	未发
浙粳优 1578																			
安徽省农业科学院水稻所	699.65	18.44	5/13	9/1	10/25	165	未发	整齐	0.0	紧束	浓绿	挺直	繁茂	好	—	中	无	无	无
江苏常州市武进区水稻所	852.22	12.48	5/22	9/5	10/30	161	未发	整齐	0.0	适中	绿	一般	一般	中	直	易	未发	轻	—
上海市农业科学院作物所	742.41	9.05	5/22	9/3	11/2	164	强	整齐	0.0	适中	绿	挺直	繁茂	好	直	中	未发	未发	未发
甬优 7861																			
安徽省农业科学院水稻所	687.66	16.41	5/13	9/3	10/25	165	未发	整齐	0.0	紧束	浓绿	挺直	繁茂	好	—	中	无	无	无
江苏常州市武进区水稻所	840.71	10.96	5/22	9/8	10/30	161	未发	整齐	0.0	适中	绿	一般	一般	中	直	中	未发	轻	—
上海市农业科学院作物所	704.99	3.55	5/22	9/3	11/4	166	强	整齐	0.0	适中	绿	挺直	繁茂	好	直	易	未发	未发	未发
秀优 7113																			
安徽省农业科学院水稻所	623.69	5.58	5/13	8/31	10/25	165	未发	整齐	0.0	紧束	浓绿	挺直	繁茂	中	—	中	无	无	重
江苏常州市武进区水稻所	859.22	13.40	5/22	9/3	10/28	159	未发	整齐	0.0	适中	绿	一般	繁茂	好	直	易	未发	轻	—
上海市农业科学院作物所	769.75	13.07	5/22	9/2	10/31	162	强	整齐	0.0	适中	绿	挺直	繁茂	好	直	易	未发	未发	未发
嘉优 5 号（CK）																			
安徽省农业科学院水稻所	590.71	0.00	5/13	8/31	10/27	167	未发	一般	0.2	紧束	绿	挺直	繁茂	好	—	中	无	无	无
江苏常州市武进区水稻所	757.69	0.00	5/22	9/2	10/27	158	未发	整齐	0.0	适中	绿	一般	一般	中	直	中	未发	轻	—
上海市农业科学院作物所	680.79	0.00	5/22	9/1	11/4	166	强	整齐	0.0	适中	淡绿	挺直	繁茂	好	直	中	未发	未发	未发

第二十四章　2018 年长江中下游麦茬籼稻组国家水稻品种试验汇总报告

一、试验概况

（一）试验目的

鉴定评价我国长江中下游稻区新选育和引进的麦茬籼稻新品种（组合，下同）的丰产性、稳产性、适应性、抗性、米质及其他重要性状表现，为国家水稻品种审定提供科学依据。

（二）参试品种

参试品种 12 个，均为新参试品种，以五优 308（CK）为对照。品种名称、试验编号、抗鉴编号、品种类型、亲本组合、申请者（非个人）、选育/供种单位见表 24-1。

（三）承试单位

承试单位（试验点）12 个，分布在安徽、河南、湖北 3 个省区。承试单位、试验地点、经纬度、海拔高度、试验负责人及执行人见表 24-2。

（四）试验设计、栽培管理与观察记载

各试验点均按《2018 年南方稻区国家水稻品种试验实施方案》及 NY/T 1300—2007《农作物品种区域试验技术规范　水稻》进行试验。

区试采用完全随机区组排列，3 次重复，小区面积 0.02 亩。生产试验采用大区随机排列，不设重复，大区面积 0.5 亩。

分区试、生产试验，同组试验所有品种同期播种、移栽，施肥水平中等偏上，其他栽培管理措施与当地大田生产相同。

观察记载项目与标准按 NY/T 1300—2007《农作物品种区域试验技术规范　水稻》以及《国家水稻品种试验观察记载项目、方法及标准》《南方稻区国家水稻品种区试及生产试验记载表》等的要求执行。

（五）特性鉴定

抗性鉴定：浙江省农业科学院植微所、湖北省宜昌市农业科学院和安徽省农业科学院植保所负责稻瘟病抗性鉴定，鉴定采用人工接菌与病区自然诱发相结合；湖南省农业科学院水稻所负责白叶枯病抗性鉴定；中国水稻研究所稻作发展中心负责稻飞虱抗性鉴定。鉴定种子由中国水稻研究所试验点统一提供，鉴定结果由浙江省农业科学院植微所负责汇总。

米质分析：由河南省固始县水稻研究所、河南省信阳市种子管理站和安徽省东昌农业科技有限公司试验点提供样品，农业农村部稻米及制品质量监督检验测试中心负责检测分析。

DNA 指纹特异性与一致性：由中国水稻研究所国家水稻改良中心进行参试品种的特异性及续试、生产试验品种年度间的一致性鉴定。

（六）试验评价

依据 NY/T 1300—2007《农作物品种区域试验技术规范　水稻》、试验实地检查考察情况以及试验点对试验实施情况和品种表现情况所做的说明，对各试验（鉴定）点试验（鉴定）结果的可靠性、

有效性、准确性进行分析评估，确保试验质量。

2018年安徽省凤台县农科所试验点试验误差明显偏大，试验结果未纳入汇总；其余试验点以及特性鉴定点的试验（鉴定）结果正常，纳入汇总。

（七）品种评价

依据国家农作物品种审定委员会2017年发布的《主要农作物品种审定标准（国家级）》，对参试品种进行分析评价。

产量联合方差分析采用混合模型，品种间产量差异多重比较采用Duncan's新复极差法；参试品种的丰产性主要以品种在区试和生产试验中相对于对照品种产量衡量；参试品种的适应性主要以品种在区试和生产试验中比对照品种增产的试验点比例衡量；参试品种的稳产性主要以品种在年度间区试中相对于对照品种产量的差异变化程度衡量。

参试品种的生育期主要以全生育期比对照品种长短的天数衡量。

参试品种的抗性以指定的鉴定单位的鉴定结果为主要依据，对稻瘟病抗性的主要评价指标为综合指数和穗瘟损失率最高级，对其他病虫害抗性的主要评价指标为最高级。

参试品种的温度敏感性以结实率低于70%的试验点数衡量。

参试品种的抗倒性以倒伏试验点数衡量。

参试品种的米质评价按照农业行业标准NY/T 593—2013《食用稻品种品质》，分优质1级、优质2级、优质3级，未达到优质级的品种米质均为普通级。

二、结果分析

（一）产量

依据比对照增减产幅度衡量：在2017年区试品种中，产量高，比五优308（CK）增产5%以上的品种有旺两优911、两优6378等2个；产量较高，比五优308（CK）增产3%~5%的品种有信糯863、瑞两优1053等2个；产量中等、比五优308（CK）增减产3%以内的品种有创两优510、农两优金占、荣优225、荃早优851等4个；其余品种产量一般，比五优308（CK）减产在5%以上。

各参试品种的产量汇总结果见表24-3。

（二）生育期

依据全生育期比对照品种长短的天数衡量：农两优金占、创两优510熟期偏迟，全生育期比五优308（CK）长4~5天；其余品种熟期均适中或较早，与五优308（CK）相仿或明显早熟。

各参试品种的生育期汇总结果见表24-3。

（三）主要农艺经济性状

各参试品种的分蘖率、有效穗、成穗率、株高、每穗总粒数、每穗实粒数、结实率、千粒重等主要农艺经济性状汇总结果见表24-3。

（四）抗性

稻瘟病综合指数除信糯863达到6.7级外，其他品种均未超过6.0级。稻瘟病抗性较好的品种有荃早优851、两优6378、创两优510等3个，穗瘟损失率最高级均为3级（中抗）。其余品种稻瘟病抗性为中感或感，穗瘟损失率最高级5~7级。

对白叶枯病抗性较好的品种是两优6378，达到中抗水平（3级），其余品种为中感、感或高感（5~9级）。

所有品种均感或高感褐飞虱（7~9级）。

抗倒性较差的品种有T优3125和川优1727，倒伏试验点数均为5个。其余品种抗倒性较好，倒伏试验点数为0~2个。

各参试品种的抗性表现见表24-3、表24-4、表24-5。

（五）米质

依据农业行业标准NY/T 593—2013《食用稻品种品质》，达到优质2级的品种有T优3125等1个，达到优质3级的品种有旺两优911、两优6378、荃早优851、瑞两优1053等4个，其余品种为普通级。

各参试品种的米质指标表现和综合评级结果见表24-6。

（六）品种在各试验点的表现

各参试品种在各试验点的表现情况见表24-7-1至表24-7-13。

三、品种简评

1. 旺两优911

2018年初试平均亩产643.06千克，比五优308（CK）增产7.05%，增产点比例100%。全生育期123.5天，比五优308（CK）早熟3.1天。主要农艺性状表现：有效穗18.4万穗/亩，株高114.4厘米，穗长26.1厘米，每穗总粒数201.9粒，结实率82.9%，千粒重23.0克。抗性：结实率小于70%的点0个；倒伏试验点0个；稻瘟病综合指数5.4级，穗瘟损失率最高级7级；白叶枯病5级；褐飞虱9级。米质主要指标：糙米率80.2%，精米率70.8%，整精米率66.2%，粒长6.4毫米，长宽比3.1，垩白粒率3%，垩白度0.6%，透明度2级，碱消值5.6级，胶稠度75毫米，直链淀粉含量14.1%，综合评级为部标优质3级。

2018年国家水稻品种试验年会审议意见：2019年续试并进行生产试验。

2. 两优6378

2018年初试平均亩产630.85千克，比五优308（CK）增产5.01%，增产点比例90.9%。全生育期126.5天，比五优308（CK）早熟0.1天。主要农艺性状表现：有效穗19.2万穗/亩，株高113.2厘米，穗长22.7厘米，每穗总粒数186.1粒，结实率81.0%，千粒重23.9克。抗性：结实率小于70%的点0个；倒伏试验点0个；稻瘟病综合指数3.6级，穗瘟损失率最高级3级；白叶枯病3级；褐飞虱9级。米质主要指标：糙米率79.6%，精米率71.3%，整精米率59.0%，粒长6.8毫米，长宽比3.3，垩白粒率9%，垩白度1.4%，透明度1级，碱消值5.1级，胶稠度74毫米，直链淀粉含量15.2%，综合评级为部标优质3级。

2018年国家水稻品种试验年会审议意见：2019年续试并进行生产试验。

3. 信糯863

2018年初试平均亩产627.64千克，比五优308（CK）增产4.48%，增产点比例90.9%。全生育期122.4天，比五优308（CK）早熟4.2天。主要农艺性状表现：有效穗15.5万穗/亩，株高119.6厘米，穗长22.3厘米，每穗总粒数203.5粒，结实率88.6%，千粒重24.8克。抗性：结实率小于70%的点0个；倒伏试验点0个；稻瘟病综合指数6.7级，穗瘟损失率最高级7级；白叶枯病7级；褐飞虱9级。米质主要指标：糙米率77.3%，精米率67.4%，整精米率48.4%，粒长6.4毫米，长宽比2.8，碱消值4.9级，胶稠度100毫米，直链淀粉含量2.7%，综合评级为部标普通级。

2018年国家水稻品种试验年会审议意见：2019年终止试验。

4. 瑞两优1053

2018年初试平均亩产621.21千克，比五优308（CK）增产3.41%，增产点比例81.8%。全生育期122.4天，比五优308（CK）早熟4.2天。主要农艺性状表现：有效穗15.9万穗/亩，株高127.8厘米，穗长24.5厘米，每穗总粒数203.7粒，结实率84.4%，千粒重26.0克。抗性：结实率小于70%的点0个；倒伏试验点0个；稻瘟病综合指数4.1级，穗瘟损失率最高级5级；白叶枯病5级；褐飞虱9级。米质主要指标：糙米率79.4%，精米率70.6%，整精米率55.3%，粒长7.1毫米，长宽比3.4，垩白粒率10%，垩白度1.1%，透明度1级，碱消值5.7级，胶稠度78毫米，直链淀粉含量15.0%，综合评级为部标优质3级。

2018 年国家水稻品种试验年会审议意见：2019 年续试并进行生产试验。

5. 创两优 510

2018 年初试平均亩产 613. 52 千克，比五优 308（CK）增产 2. 13%，增产点比例 54. 5%。全生育期 130. 7 天，比五优 308（CK）迟熟 4. 1 天。主要农艺性状表现：有效穗 19. 2 万穗/亩，株高 111. 8 厘米，穗长 23. 7 厘米，每穗总粒数 199. 8 粒，结实率 76. 6%，千粒重 23. 2 克。抗性：结实率小于 70%的点 2 个；倒伏试验点 1 个；稻瘟病综合指数 3. 5 级，穗瘟损失率最高级 3 级；白叶枯病 5 级；褐飞虱 9 级。米质主要指标：糙米率 79. 4%，精米率 71. 0%，整精米率 62. 4%，粒长 6. 6 毫米，长宽比 3. 3，垩白粒率 11%，垩白度 2. 1%，透明度 2 级，碱消值 4. 8 级，胶稠度 78 毫米，直链淀粉含量 15. 7%，综合评级为部标普通级。

2018 年国家水稻品种试验年会审议意见：2019 年终止试验。

6. 农两优金占

2018 年初试平均亩产 603. 53 千克，比五优 308（CK）增产 0. 47%，增产点比例 54. 5%。全生育期 132. 0 天，比五优 308（CK）迟熟 5. 4 天。主要农艺性状表现：有效穗 17. 4 万穗/亩，株高 122. 3 厘米，穗长 25. 1 厘米，每穗总粒数 201. 8 粒，结实率 80. 1%，千粒重 23. 4 克。抗性：结实率小于 70%的点 1 个；倒伏试验点 0 个；稻瘟病综合指数 4. 1 级，穗瘟损失率最高级 7 级；白叶枯病 5 级；褐飞虱 7 级。米质主要指标：糙米率 80. 3%，精米率 71. 2%，整精米率 55. 7%，粒长 6. 8 毫米，长宽比 3. 3，垩白粒率 16%，垩白度 2. 4%，透明度 1 级，碱消值 6. 5 级，胶稠度 80 毫米，直链淀粉含量 23%，综合评级为部标普通级。

2018 年国家水稻品种试验年会审议意见：2019 年终止试验。

7. 荣优 225

2018 年初试平均亩产 602. 66 千克，比五优 308（CK）增产 0. 32%，增产点比例 54. 5%。全生育期 126. 8 天，比五优 308（CK）迟熟 0. 2 天。主要农艺性状表现：有效穗 18. 3 万穗/亩，株高 116. 6 厘米，穗长 23. 4 厘米，每穗总粒数 190. 1 粒，结实率 79. 9%，千粒重 24. 7 克。抗性：结实率小于 70%的点 0 个；倒伏试验点 0 个；稻瘟病综合指数 4. 5 级，穗瘟损失率最高级 7 级；白叶枯病 7 级；褐飞虱 9 级。米质主要指标：糙米率 81. 2%，精米率 72. 1%，整精米率 60. 3%，粒长 6. 8 毫米，长宽比 3. 1，垩白粒率 14%，垩白度 2. 0%，透明度 1 级，碱消值 6. 5 级，胶稠度 68 毫米，直链淀粉含量 24. 9%，综合评级为部标普通级。

2018 年国家水稻品种试验年会审议意见：2019 年终止试验。

8. 荃早优 851

2018 年初试平均亩产 602. 01 千克，比五优 308（CK）增产 0. 21%，增产点比例 27. 3%。全生育期 123. 7 天，比五优 308（CK）早熟 2. 9 天。主要农艺性状表现：有效穗 18. 4 万穗/亩，株高 113. 7 厘米，穗长 22. 5 厘米，每穗总粒数 185. 5 粒，结实率 81. 1%，千粒重 23. 8 克。抗性：结实率小于 70%的点 0 个；倒伏试验点 0 个；稻瘟病综合指数 3. 1 级，穗瘟损失率最高级 3 级；白叶枯病 5 级；褐飞虱 9 级。米质主要指标：糙米率 80. 4%，精米率 70. 8%，整精米率 63. 7%，粒长 6. 7 毫米，长宽比 3. 3，垩白粒率 4%，垩白度 0. 4%，透明度 1 级，碱消值 6. 8 级，胶稠度 56 毫米，直链淀粉含量 17. 7%，综合评级为部标优质 3 级。

2018 年国家水稻品种试验年会审议意见：2019 年续试并进行生产试验。

9. T 优 3125

2018 年初试平均亩产 567. 60 千克，比五优 308（CK）减产 5. 51%，增产点比例 9. 1%。全生育期 121. 2 天，比五优 308（CK）早熟 5. 4 天。主要农艺性状表现：有效穗 19. 3 万穗/亩，株高 111. 5 厘米，穗长 25. 1 厘米，每穗总粒数 164. 8 粒，结实率 81. 2%，千粒重 24. 2 克。抗性：结实率小于 70%的点 1 个；倒伏试验点 5 个；稻瘟病综合指数 4. 3 级，穗瘟损失率最高级 5 级；白叶枯病 5 级；褐飞虱 9 级。米质主要指标：糙米率 79. 5%，精米率 69. 3%，整精米率 55. 9%，粒长 7. 2 毫米，长宽比 3. 7，垩白粒率 10%，垩白度 1. 4%，透明度 1 级，碱消值 6. 8 级，胶稠度 73 毫米，直链淀粉含量 17. 0%，综合评级为部标优质 2 级。

2018 年国家水稻品种试验年会审议意见：2019 年终止试验。

10. 珈红优 093

2018 年初试平均亩产 539. 40 千克，比五优 308（CK）减产 10. 21%，增产点比例 9. 1%。全生育期 128. 2 天，比五优 308（CK）迟熟 1. 6 天。主要农艺性状表现：有效穗 17. 1 万穗/亩，株高 126. 3 厘米，穗长 25. 3 厘米，每穗总粒数 169. 2 粒，结实率 79. 5%，千粒重 27. 1 克。抗性：结实率小于 70%的点 1 个；倒伏试验点 0 个；稻瘟病综合指数 4. 6 级，穗瘟损失率最高级 7 级；白叶枯病 5 级；褐飞虱 9 级。米质主要指标：糙米率 78. 5%，精米率 69. 5%，整精米率 48. 4%，粒长 7. 0 毫米，长宽比 3. 2，垩白粒率 14%，垩白度 1. 7%，透明度 1 级，碱消值 6. 1 级，胶稠度 73 毫米，直链淀粉含量 16. 8%，综合评级为部标普通级。

2018 年国家水稻品种试验年会审议意见：2019 年终止试验。

11. 两优 585

2018 年初试平均亩产 519. 35 千克，比五优 308（CK）减产 13. 55%，增产点比例 9. 1%。全生育期 119. 7 天，比五优 308（CK）早熟 6. 9 天。主要农艺性状表现：有效穗 18. 0 万穗/亩，株高 105. 0 厘米，穗长 22. 8 厘米，每穗总粒数 151. 3 粒，结实率 82. 1%，千粒重 25. 7 克。抗性：结实率小于 70%的点 1 个；倒伏试验点 2 个；稻瘟病综合指数 5. 8 级，穗瘟损失率最高级 7 级；白叶枯病 5 级；褐飞虱 9 级。米质主要指标：糙米率 78. 8%，精米率 768. 6%，整精米率 47. 6%，粒长 7. 1 毫米，长宽比 3. 3，垩白粒率 20%，垩白度 2. 6%，透明度 1 级，碱消值 6. 8 级，胶稠度 51 毫米，直链淀粉含量 22. 2%，综合评级为部标普通级。

2018 年国家水稻品种试验年会审议意见：2019 年终止试验。

12. 川优 1727

2018 年初试平均亩产 506. 27 千克，比五优 308（CK）减产 15. 72%，增产点比例 0. 0%。全生育期 115. 5 天，比五优 308（CK）早熟 11. 1 天。主要农艺性状表现：有效穗 18. 1 万穗/亩，株高 118. 8 厘米，穗长 25. 0 厘米，每穗总粒数 139. 5 粒，结实率 82. 9%，千粒重 26. 9 克。抗性：结实率小于 70%的点 1 个；倒伏试验点 5 个；稻瘟病综合指数 5. 6 级，穗瘟损失率最高级 7 级；白叶枯病 9 级；褐飞虱 9 级。米质主要指标：糙米率 77. 9%，精米率 67. 1%，整精米率 50. 5%，粒长 7. 4 毫米，长宽比 3. 7，垩白粒率 19%，垩白度 2. 5%，透明度 2 级，碱消值 6. 9 级，胶稠度 46 毫米，直链淀粉含量 22. 3%，综合评级为部标普通级。

2018 年国家水稻品种试验年会审议意见：2019 年终止试验。

表 24-1 长江中下游麦茬籼稻组（2018NX-MCXD）区试品种基本情况

品种名称	试验编号	抗鉴编号	品种类型	亲本组合	申请者（非个人）	选育/供种单位
*信糯 863	1	6	杂	豫籼 9 号/特糯 2072	信阳市农业科学院	信阳市农业科学院
*两优 585	2	4	杂	豪 S/R585	安徽国豪农业科技有限公司	安徽国豪农业科技有限公司
*川优 1727	3	1	杂	川作 891A/成恢 727	四川省农业科学院作物所	四川省农业科学院作物所
*五优 308（CK）	4	7	杂	五丰 A×广恢 308		广东省农业科学院水稻所
*珈红优 093	5	2	杂	珈红 2A/1420093	武汉国英种业有限责任公司	武汉国英种业有限责任公司、武汉大学
*旺两优 911	6	8	杂	W115S×创恢 911	湖南袁创超级稻技术有限公司	湖南袁创超级稻技术有限公司
*创两优 510	7	12	杂	创 5S/R510	湖北省种子集团有限公司	湖北省种子集团有限公司
*荣优 225	8	3	杂	荣丰 A/R225	江西金山种业有限公司	江西金山种业有限公司
*两优 6378	9	11	杂	619S/R378	安徽省农业科学院水稻研究所	从夕汉、罗志祥、施伏芝、阮新民
*T 优 3125	10	13	杂	T2A/R3125	泸州泰丰种业有限公司	泸州泰丰种业有限公司
*荃早优 851	11	10	杂	荃早 A/YR851	安徽荃银高科种业股份有限公司	安徽荃银高科种业股份有限公司
*瑞两优 1053	12	5	杂	瑞丰 S×R1053	长沙利诚种业有限公司	长沙利诚种业有限公司
*农两优金占	13	9	杂	农 733S/现代金占	江西现代种业股份有限公司	江西现代种业股份有限公司

*为 2018 年新参试品种

表 24-2 长江中下游麦茬籼稻组（2018NX-MCXD）区试点基本情况

承试单位	试验地点	经度	纬度	海拔高度（米）	试验负责人及执行人
安徽东昌农业科技有限公司	定远县	117°32′	32°33′	90.0	黄建华
安徽凤台县农科所	凤台县	116°44′	32°42′	21.1	胡学友、胡燕
安徽六安市农业科学院	六安市金安区木南农业示范园	116°32′	31°53′	40.0	王斌
安徽省农业科学院水稻所	合肥市	117°25′	31°59′	20.0	施伏芝
安徽皖垦种业股份有限公司	合肥市	116°52′	33°05′	24.0	许化武
河南省固始县水稻研究所	固始县				陈震
河南省光山县种子管理站	光山县	114°54′	32°01′	49.4	杨光好、易大成
河南省信阳市种子管理站	信阳市	114°04′	32°06′	65.0	赵万兵
湖北随州市随县农科所	随州市随县	113°18′	31°54′	73.2	邹贤斌
湖北襄阳市农业科学院	襄阳市	112°06′	32°06′	67.0	田永宏、房振兵
湖北英山县种子管理局	英山县	115°41′	30°46′	120.0	饶登峰
湖北孝感市孝南区农科所	孝感市孝南区	114°10′	31°40′	25.0	陈庆元

表 24-3　长江中下游麦茬籼稻组（2018NX-MCXD）区试品种产量、生育期及主要农艺经济性状汇总分析结果

品种名称	区试年份	亩产（千克）	比 CK±%	比 CK 增产点（%）	产量差异显著性		结实率<70%点	倒伏点	全生育期（天）	比 CK±天	有效穗（万/亩）	株高（厘米）	穗长（厘米）	总粒数/穗	实粒数/穗	结实率（%）	千粒重（克）
					0.05	0.01											
旺两优 911	2018	643.06	7.05	100.0	a	A	0	0	123.5	-3.1	18.4	114.4	26.1	201.9	167.3	82.9	23.0
两优 6378	2018	630.85	5.01	90.9	b	B	0	0	126.5	-0.1	19.2	113.2	22.7	186.1	150.8	81.0	23.9
信糯 863	2018	627.64	4.48	90.9	bc	B	0	0	122.4	-4.2	15.5	119.6	22.3	203.5	180.4	88.6	24.8
瑞两优 1053	2018	621.21	3.41	81.8	cd	BC	0	0	122.4	-4.2	15.9	127.8	24.5	203.7	172.0	84.4	26.0
创两优 510	2018	613.52	2.13	54.5	d	CD	2	1	130.7	4.1	19.2	111.8	23.7	199.8	153.0	76.6	23.2
农两优金占	2018	603.53	0.47	54.5	e	DE	1	0	132.0	5.4	17.4	122.3	25.1	201.8	161.6	80.1	23.4
荣优 225	2018	602.66	0.32	54.5	e	DE	0	0	126.8	0.2	18.3	116.6	23.4	190.1	151.8	79.9	24.7
荃早优 851	2018	602.01	0.21	27.3	e	DE	0	0	123.7	-2.9	18.4	113.7	22.5	185.5	150.4	81.1	23.8
五优 308（CK）	2018	600.73	0.00	0.0	e	E	0	0	126.6	0.0	18.7	118.8	23.4	184.6	150.9	81.8	24.0
T 优 3125	2018	567.60	-5.51	9.1	f	F	1	5	121.2	-5.4	19.3	111.5	25.1	164.8	133.7	81.2	24.2
珈红优 093	2018	539.40	-10.21	9.1	g	G	1	0	128.2	1.6	17.1	126.3	25.3	169.2	134.5	79.5	27.1
两优 585	2018	519.35	-13.55	9.1	h	H	1	2	119.7	-6.9	18.0	105.0	22.8	151.3	124.3	82.1	25.7
川优 1727	2018	506.27	-15.72	0.0	i	I	1	5	115.5	-11.1	18.1	118.8	25.0	139.5	115.6	82.9	26.9

表 24-4　长江中下游麦茬籼稻组（2018NX-MCXD）品种稻瘟病抗性各地鉴定结果（2018 年）

品种名称	浙江					湖北					安徽				
	叶瘟级	穗瘟发病		穗瘟损失		叶瘟级	穗瘟发病		穗瘟损失		叶瘟级	穗瘟发病		穗瘟损失	
		%	级	%	级		%	级	%	级		%	级	%	级
川优 1727	3	77	9	32	7	5	61	9	31	7	2	24	5	8	3
珈红优 093	2	42	7	17	5	3	13	5	3	1	3	59	9	35	7
荣优 225	1	25	5	9	3	4	30	7	12	3	2	58	9	35	7
两优 585	2	38	7	17	5	6	72	9	43	7	2	52	9	22	5
瑞两优 1053	4	25	5	7	3	5	17	5	4	1	3	55	9	27	5
信糯 863	4	55	9	24	5	6	69	9	37	7	5	62	9	47	7
五优 308（CK）	3	18	5	6	3	5	32	7	11	3	4	64	9	48	7
旺两优 911	4	37	7	12	3	5	37	7	19	5	3	60	9	44	7
农两优金占	3	25	5	7	3	4	5	1	1	1	5	64	9	48	7
荃早优 851	3	31	7	10	3	3	17	5	6	3	2	9	3	3	1
两优 6378	3	60	9	7	3	5	31	7	10	3	2	10	3	3	1
创两优 510	6	36	7	11	3	3	11	5	2	1	2	25	5	8	3
T 优 3125	3	53	9	8	3	6	54	9	24	5	2	16	5	4	1
感稻瘟病（CK）	7	87	9	38	7	7	73	9	38	7	8	98	9	83	9

注：1. 鉴定单位：浙江省农业科学院植微所、湖北宜昌市农业科学院、安徽省农业科学院植保所。

2. 感稻瘟病（CK）：浙江、湖北、安徽分别为 Wh26、鄂宜 105、原丰早。

表 24-5　长江中下游麦茬籼稻组（2018NX-MCXD）品种对主要病虫抗性综合评价结果（2017—2018 年）

品种名称	区试年份	稻瘟病							白叶枯病（级）			褐飞虱（级）		
		2018 年各地综合指数				2018 年穗瘟损失率最高级	1~2 年综合评价		2018 年	1~2 年综合评价		2018 年	1~2 年综合评价	
		浙江	湖北	安徽	平均		平均综合指数	穗瘟损失率最高级		平均	最高		平均	最高
川优 1727	2018	6.5	7.0	3.3	5.6	7	5.6	7	9	9	9	9	9	9
珈红优 093	2018	4.8	2.5	6.5	4.6	7	4.6	7	5	5	5	9	9	9
荣优 225	2018	3.0	4.3	6.3	4.5	7	4.5	7	7	7	7	9	9	9
两优 585	2018	4.8	7.3	5.3	5.8	7	5.8	7	5	5	5	9	9	9
瑞两优 1053	2018	3.8	3.0	5.5	4.1	5	4.1	5	5	5	5	9	9	9
信糯 863	2018	5.8	7.3	7.0	6.7	7	6.7	7	7	7	7	9	9	9
五优 308（CK）	2018	3.5	4.5	6.8	4.9	7	4.9	7	9	9	9	9	9	9
旺两优 911	2018	4.3	5.5	6.5	5.4	7	5.4	7	5	5	5	9	9	9
农两优金占	2018	3.5	1.8	7.0	4.1	7	4.1	7	5	5	5	7	7	7
荃早优 851	2018	4.0	3.5	1.8	3.1	3	3.1	3	5	5	5	9	9	9
两优 6378	2018	4.5	4.5	1.8	3.6	3	3.6	3	3	3	3	9	9	9
创两优 510	2018	4.8	2.5	3.3	3.5	3	3.5	3	5	5	5	9	9	9
T 优 3125	2018	4.5	6.3	2.3	4.3	5	4.3	5	5	5	5	9	9	9
感病虫（CK）	2018	7.5	7.5	8.8	7.9	9	7.9	9	9	9	9	9	9	9

注：1. 稻瘟病综合指数=叶瘟平均级×25%+穗瘟发病率平均级×25%+穗瘟损失率平均级×50%。

2. 白叶枯病和褐飞虱鉴定单位分别为湖南省农业科学院水稻所和中国水稻研究所稻作发展中心。

3. 感白叶枯病、褐飞虱 CK 分别为金刚 30、TN1。

表 24-6　长江中下游麦茬籼稻组（2018NX-MCXD）品种米质检测分析结果

品种名称	年份	糙米率（%）	精米率（%）	整精米率（%）	粒长（毫米）	长宽比	垩白粒率（%）	垩白度（%）	透明度（级）	碱消值（级）	胶稠度（毫米）	直链淀粉（%）	部标（等级）
信糯 863	2018	77. 3	67. 4	48. 4	6. 4	2. 8				4. 9	100	2. 7	普通
两优 585	2018	78. 8	68. 6	47. 6	7. 1	3. 3	20	2. 6	1	6. 8	51	22. 2	普通
川优 1727	2018	77. 9	67. 1	50. 5	7. 4	3. 7	19	2. 5	2	6. 9	46	22. 3	普通
珈红优 093	2018	78. 5	69. 5	48. 4	7. 0	3. 2	14	1. 7	1	6. 1	73	16. 8	普通
旺两优 911	2018	80. 2	70. 8	66. 2	6. 4	3. 1	3	0. 6	2	5. 6	75	14. 1	优 3
创两优 510	2018	79. 4	71. 0	62. 4	6. 6	3. 3	11	2. 1	2	4. 8	78	15. 7	普通
荣优 225	2018	81. 2	72. 1	60. 3	6. 8	3. 1	14	2. 0	1	6. 5	68	24. 9	普通
两优 6378	2018	79. 6	71. 3	59. 0	6. 8	3. 3	9	1. 4	1	5. 1	74	15. 2	优 3
T 优 3125	2018	79. 5	69. 3	55. 9	7. 2	3. 7	10	1. 4	1	6. 8	73	17. 0	优 2
荃早优 851	2018	80. 4	70. 8	63. 7	6. 7	3. 3	4	0. 4	1	6. 8	56	17. 7	优 3
瑞两优 1053	2018	79. 4	70. 6	55. 3	7. 1	3. 4	10	1. 1	1	5. 7	78	15. 0	优 3
农两优金占	2018	80. 3	71. 2	55. 7	6. 8	3. 3	16	2. 4	1	6. 5	80	23. 0	普通
五优 308（CK）	2018	80. 5	72. 5	57. 9	6. 4	2. 9	26	3. 7	1	5. 9	68	22. 1	普通

注：1. 供样单位：安徽东昌农业科技有限公司（2018 年）、河南省固始县水稻研究所（2018 年）、河南省信阳市种子管理站（2018 年）。

2. 检测单位：农业农村部稻米及制品质量监督检验测试中心。

表 24-7-1 长江中下游麦茬籼稻组（2018NX-MCXD）区试品种在各试点的产量、生育期及主要农艺经济性状表现

品种名称/试验点	亩产（千克）	比 CK ±%	产量位次	播种期（月/日）	齐穗期（月/日）	成熟期（月/日）	全生育期（天）	有效穗（万/亩）	株高（厘米）	穗长（厘米）	总粒数/穗	实粒数/穗	结实率（%）	千粒重（克）	杂株率（%）	倒伏性	穗颈瘟	纹枯病	稻曲病	综评等级
信糯 863																				
安徽东昌农业科技有限公司	687.91	8.23	1	5/27	8/14	9/26	122	14.8	121.8	21.9	225.5	181.2	80.4	25.8	0.5	斜	未发	未发	轻	A
安徽六安市农业科学院	717.46	10.96	1	5/11	8/5	9/8	120	16.1	119.6	20.4	184.1	177.8	96.6	25.5	0.0	斜	无	无	无	A
安徽省农业科学院水稻所	628.52	5.16	3	5/28	8/14	9/20	115	15.2	115.0	23.0	216.2	182.9	84.6	22.8	—	斜	未发	无	无	A
安徽皖垦种业股份有限公司	677.36	8.89	2	5/15	8/11	10/1	139	15.1	118.0	24.5	289.6	237.6	82.0	20.8	0.2	斜	未发	无	未发	A
河南省固始县水稻研究所	541.02	0.34	5	5/26	8/16	10/6	133	15.8	116.2	22.3	185.9	162.8	87.6	25.8	2.4	直	未发	轻	中	A
河南省光山县种子管理站	556.06	4.36	4	5/21	8/12	9/15	117	13.8	116.0	22.1	192.8	176.6	91.6	25.2	0.3	直	无	无	无	A
河南省信阳市种子管理站	619.87	0.79	4	5/18	8/12	9/16	121	13.0	113.3	23.2	242.4	221.7	91.5	23.5	—	直	未发	轻	未发	B
湖北随州市随县农科所	629.74	7.81	8	4/30	8/5	9/8	131	18.6	117.2	17.3	137.2	133.9	97.6	27.5	0.0	直	未发	无	未发	B
湖北襄阳市农业科学院	611.99	1.66	6	5/4	8/1	9/3	122	14.3	126.8	22.9	203.6	196.0	96.3	24.9	0.0	直	未发	轻	未发	B
湖北孝感市孝南区农科所	673.17	1.43	4	5/21	8/8	9/8	110	16.2	124.2	24.0	217.6	188.2	86.5	22.7	0.5	直	未发	轻	未发	A
湖北英山县种子管理局	560.89	-1.46	9	5/19	8/10	9/12	116	17.1	127.8	23.3	143.8	125.2	87.1	28.5	0.0	直	轻	轻	轻	C

综合评级：A—好，B—较好，C—中等，D——般。

表 24-7-2 长江中下游麦茬籼稻组（2018NX-MCXD）区试品种在各试点的产量、生育期及主要农艺经济性状表现

品种名称/试验点	亩产（千克）	比 CK ±%	产量位次	播种期（月/日）	齐穗期（月/日）	成熟期（月/日）	全生育期（天）	有效穗（万/亩）	株高（厘米）	穗长（厘米）	总粒数/穗	实粒数/穗	结实率（%）	千粒重（克）	杂株率（%）	倒伏性	穗颈瘟	纹枯病	稻曲病	综评等级
两优 585																				
安徽东昌农业科技有限公司	598.04	-5.91	11	5/27	8/12	9/22	118	18.5	104.7	23.5	148.5	123.4	83.1	25.9	1.0	倒	未发	未发	无	B
安徽六安市农业科学院	544.03	-15.87	12	5/11	8/2	9/3	115	21.6	93.3	20.6	97.8	93.5	95.6	25.5	0.3	直	轻	无	无	C
安徽省农业科学院水稻所	504.58	-15.58	12	5/28	8/14	9/21	116	16.9	113.0	23.7	132.9	118.7	89.3	26.0	0.5	直	未发	无	无	D
安徽皖垦种业股份有限公司	544.86	-12.41	11	5/15	8/10	9/25	133	17.8	106.5	25.0	261.9	180.9	69.1	20.5	0.0	伏	未发	轻	未发	D
河南省固始县水稻研究所	483.88	-10.26	11	5/26	10/14	10/1	128	18.7	104.8	22.6	139.3	110.9	79.6	27.5	4.9	直	未发	轻	未发	D
河南省光山县种子管理站	472.68	-11.29	10	5/21	8/10	9/19	121	15.1	105.7	22.5	154.5	124.5	80.6	27.4	0.5	直	无	无	无	B
河南省信阳市种子管理站	399.50	-35.04	13	5/18	8/12	9/13	118	17.3	98.5	21.6	132.7	100.2	75.5	23.2	—	直	未发	轻	未发	D
湖北随州市随县农科所	518.63	-11.21	13	4/30	8/3	9/5	128	20.7	97.8	20.2	132.8	107.6	81.0	26.9	0.0	直	未发	无	未发	D
湖北襄阳市农业科学院	529.13	-12.10	11	5/4	7/27	8/30	118	16.6	104.7	23.8	156.7	146.4	93.4	26.8	0.0	直	未发	轻	未发	C
湖北孝感市孝南区农科所	539.30	-18.74	13	5/21	8/5	9/6	108	17.6	105.2	23.9	158.4	130.1	82.1	24.9	0.3	直	未发	轻	未发	D
湖北英山县种子管理局	578.21	1.58	6	5/19	8/8	9/10	114	17.3	121.2	23.8	149.2	130.8	87.7	27.8	0.0	直	未发	中	未发	B

综合评级：A—好，B—较好，C—中等，D——般。

表 24-7-3　长江中下游麦茬籼稻组（2018NX-MCXD）区试品种在各试点的产量、生育期及主要农艺经济性状表现

品种名称/试验点	亩产（千克）	比 CK ±%	产量位次	播种期（月/日）	齐穗期（月/日）	成熟期（月/日）	全生育期（天）	有效穗（万/亩）	株高（厘米）	穗长（厘米）	总粒数/穗	实粒数/穗	结实率（%）	千粒重（克）	杂株率（%）	倒伏性	穗颈瘟	纹枯病	稻曲病	综评等级
川优 1727																				
安徽东昌农业科技有限公司	608.50	-4.27	10	5/27	8/7	9/15	111	17.3	119.8	25.8	145.1	128.5	88.6	27.7	0.3	倒	未发	未发	无	B
安徽六安市农业科学院	437.76	-32.30	13	5/11	8/1	9/2	114	20.6	117.2	22.9	100.8	95.5	94.7	28.5	0.0	伏	轻	无	无	D
安徽省农业科学院水稻所	539.40	-9.75	11	5/28	8/11	9/16	111	18.9	122.0	25.7	117.6	105.6	89.8	27.7	—	倒	未发	无	无	D
安徽皖垦种业股份有限公司	485.72	-21.92	13	5/15	8/8	9/22	130	17.6	125.9	30.5	217.3	162.3	74.7	22.0	0.0	伏	未发	无	未发	D
河南省固始县水稻研究所	449.13	-16.70	13	5/26	8/9	9/22	119	20.1	115.6	25.2	134.2	99.4	74.1	25.7	0.8	斜	未发	轻	未发	D
河南省光山县种子管理站	419.55	-21.26	13	5/21	8/6	9/15	117	16.2	117.4	24.8	157.9	109.1	69.1	25.6	0.3	直	轻	无	轻	C
河南省信阳市种子管理站	488.89	-20.50	12	5/18	8/3	9/2	107	14.3	108.9	24.8	121.7	113.6	93.3	27.2	—	直	未发	轻	未发	D
湖北随州市随县农科所	522.81	-10.50	12	4/30	7/30	9/3	126	21.2	116.5	22.2	128.6	102.5	79.7	27.7	0.0	伏	未发	无	未发	D
湖北襄阳市农业科学院	524.47	-12.88	12	5/4	7/26	8/29	117	18.6	119.1	24.8	117.4	110.8	94.4	27.6	0.0	斜	未发	轻	未发	D
湖北孝感市孝南区农科所	551.97	-16.83	12	5/21	8/3	9/5	107	17.2	121.0	25.3	148.9	119.8	80.5	27.8	0.3	斜	未发	轻	未发	D
湖北英山县种子管理局	540.73	-5.00	13	5/19	8/5	9/8	112	16.6	123.5	22.7	144.7	124.8	86.2	28.8	0.0	直	未发	中	未发	C

综合评级：A—好，B—较好，C—中等，D——般。

表 24-7-4　长江中下游麦茬籼稻组（2018NX-MCXD）区试品种在各试点的产量、生育期及主要农艺经济性状表现

品种名称/试验点	亩产（千克）	比 CK ±%	产量位次	播种期（月/日）	齐穗期（月/日）	成熟期（月/日）	全生育期（天）	有效穗（万/亩）	株高（厘米）	穗长（厘米）	总粒数/穗	实粒数/穗	结实率（%）	千粒重（克）	杂株率（%）	倒伏性	穗颈瘟	纹枯病	稻曲病	综评等级
五优 308（CK）																				
安徽东昌农业科技有限公司	635.62	0.00	6	5/27	8/20	10/1	127	20.5	122.1	23.4	161.9	130.1	80.4	24.6	2.5	直	未发	未发	无	A
安徽六安市农业科学院	646.62	0.00	7	5/11	8/8	9/14	126	20.7	115.4	21.7	173.0	141.3	81.7	23.0	0.0	斜	无	无	轻	B
安徽省农业科学院水稻所	597.70	0.00	6	5/28	8/19	9/25	120	16.2	122.0	24.3	188.4	167.2	88.7	23.6	—	直	未发	无	无	A
安徽皖垦种业股份有限公司	622.06	0.00	7	5/15	8/16	10/9	147	17.6	118.7	25.0	267.1	210.1	78.7	23.8	0.0	直	未发	轻	未发	B
河南省固始县水稻研究所	539.18	0.00	6	5/26	8/19	10/3	130	18.1	116.6	22.6	172.6	147.7	85.6	23.9	3.3	直	未发	轻	未发	B
河南省光山县种子管理站	532.83	0.00	5	5/21	8/16	9/25	127	15.1	117.8	22.1	184.0	157.5	85.6	24.2	0.3	直	无	无	轻	A
河南省信阳市种子管理站	614.99	0.00	7	5/18	8/12	9/22	127	16.5	107.8	24.5	219.4	160.1	73.0	22.8	—	直	未发	轻	未发	B
湖北随州市随县农科所	584.13	0.00	10	4/30	8/8	9/10	133	22.3	119.7	22.9	156.7	127.3	81.2	24.6	0.0	直	未发	无	未发	B
湖北襄阳市农业科学院	601.99	0.00	8	5/4	8/4	9/7	126	20.8	124.3	22.7	170.8	147.3	86.2	22.8	0.0	直	未发	轻	未发	A
湖北孝感市孝南区农科所	663.67	0.00	6	5/21	8/10	9/11	113	20.8	119.6	23.8	188.9	142.9	75.6	22.0	0.3	直	未发	轻	未发	A
湖北英山县种子管理局	569.22	0.00	7	5/19	8/12	9/13	117	16.8	122.6	24.1	147.6	128.4	87.0	28.5	0.0	直	未发	轻	未发	B

综合评级：A—好，B—较好，C—中等，D——般。

表 24-7-5　长江中下游麦茬籼稻组（2018NX-MCXD）区试品种在各试点的产量、生育期及主要农艺经济性状表现

品种名称/试验点	亩产（千克）	比 CK ±%	产量位次	播种期（月/日）	齐穗期（月/日）	成熟期（月/日）	全生育期（天）	有效穗（万/亩）	株高（厘米）	穗长（厘米）	总粒数/穗	实粒数/穗	结实率（%）	千粒重（克）	杂株率（%）	倒伏性	穗颈瘟	纹枯病	稻曲病	综评等级
珈红优 093																				
安徽东昌农业科技有限公司	508.50	-20.00	13	5/27	8/25	10/5	131	17.7	122.7	25.8	142.0	108.4	76.3	27.1	26.6	直	未发	未发	轻	D
安徽六安市农业科学院	562.07	-13.07	11	5/11	8/16	9/25	137	18.3	127.6	25.1	171.1	142.4	83.2	27.4	7.8	直	无	无	中	D
安徽省农业科学院水稻所	476.10	-20.35	13	5/28	8/25	9/26	121	18.3	130.0	25.2	116.2	101.4	87.3	26.0	40.0	直	未发	无	无	D
安徽皖垦种业股份有限公司	593.49	-4.59	10	5/15	8/18	10/8	146	18.1	121.8	24.5	232.4	186.2	80.1	25.4	3.0	直	未发	无	未发	C
河南省固始县水稻研究所	486.39	-9.79	10	5/26	8/22	10/6	133	17.4	131.1	24.8	162.4	114.8	70.7	28.6	10.6	直	未发	轻	轻	D
河南省光山县种子管理站	519.47	-2.51	6	5/21	8/24	9/20	122	14.5	132.1	24.9	164.5	116.4	70.8	31.2	11.8	直	轻	无	轻	D
河南省信阳市种子管理站	533.84	-13.20	11	5/18	8/13	9/18	123	13.8	116.0	25.8	209.2	173.8	83.1	27.4	—	直	未发	轻	未发	D
湖北随州市随县农科所	634.42	8.61	7	4/30	8/7	9/13	136	19.3	125.3	24.5	162.8	135.7	83.4	26.5	0.0	直	未发	无	未发	A
湖北襄阳市农业科学院	512.80	-14.82	13	5/4	8/10	9/7	126	17.1	127.3	25.8	149.7	134.8	90.0	26.2	4.5	直	未发	轻	未发	D
湖北孝感市孝南区农科所	558.14	-15.90	11	5/21	8/15	9/15	117	16.8	127.1	27.9	202.4	135.6	67.0	25.1	6.8	直	未发	轻	未发	D
湖北英山县种子管理局	548.23	-3.69	12	5/19	8/13	9/14	118	16.3	128.2	24.5	148.4	130.5	87.9	27.6	2.5	直	轻	轻	未发	C

综合评级：A—好，B—较好，C—中等，D——般。

表 24-7-6　长江中下游麦茬籼稻组（2018NX-MCXD）区试品种在各试点的产量、生育期及主要农艺经济性状表现

品种名称/试验点	亩产（千克）	比 CK ±%	产量位次	播种期（月/日）	齐穗期（月/日）	成熟期（月/日）	全生育期（天）	有效穗（万/亩）	株高（厘米）	穗长（厘米）	总粒数/穗	实粒数/穗	结实率（%）	千粒重（克）	杂株率（%）	倒伏性	穗颈瘟	纹枯病	稻曲病	综评等级
旺两优 911																				
安徽东昌农业科技有限公司	687.59	8.18	2	5/27	8/14	9/27	123	16.7	115.3	27.2	201.2	167.6	83.3	24.9	0.3	直	未发	未发	无	A
安徽六安市农业科学院	673.69	4.19	4	5/11	8/5	9/7	119	20.3	106.8	23.9	167.5	149.3	89.1	23.2	0.0	直	无	无	无	A
安徽省农业科学院水稻所	634.19	6.10	1	5/28	8/15	9/21	116	17.1	113.0	26.3	206.2	172.8	83.8	22.8	—	直	未发	无	无	A
安徽皖垦种业股份有限公司	658.32	5.83	3	5/15	8/12	10/4	142	17.3	119.5	30.0	279.0	233.4	83.7	21.5	0.0	直	未发	无	未发	A
河南省固始县水稻研究所	569.93	5.70	1	5/26	8/19	10/6	133	16.8	114.8	26.9	221.1	184.6	83.5	22.2	2.4	直	未发	轻	轻	A
河南省光山县种子管理站	569.09	6.81	1	5/21	8/12	9/21	123	15.5	113.9	27.1	223.5	185.3	82.9	21.3	0.4	直	无	无	无	A
河南省信阳市种子管理站	636.03	3.42	1	5/18	8/10	9/14	119	17.3	104.7	24.3	211.8	163.6	77.2	21.3	—	直	未发	轻	未发	B
湖北随州市随县农科所	668.68	14.47	3	4/30	8/4	9/8	131	21.2	111.6	24.6	176.5	145.6	82.5	24.7	0.0	直	未发	无	未发	A
湖北襄阳市农业科学院	677.34	12.52	1	5/4	8/4	9/6	125	20.6	116.7	26.7	207.5	162.8	78.5	20.7	0.0	直	未发	中	轻	A
湖北孝感市孝南区农科所	679.67	2.41	2	5/21	8/9	9/9	111	21.6	117.3	26.6	179.0	143.9	80.4	22.0	0.5	直	未发	轻	未发	A
湖北英山县种子管理局	619.19	8.78	3	5/19	8/11	9/12	116	17.6	124.4	23.8	147.2	131.8	89.5	28.6	0.0	直	未发	未发	未发	A

综合评级：A—好，B—较好，C—中等，D——般。

表 24-7-7　长江中下游麦茬籼稻组（2018NX-MCXD）区试品种在各试点的产量、生育期及主要农艺经济性状表现

品种名称/试验点	亩产（千克）	比 CK ±%	产量位次	播种期（月/日）	齐穗期（月/日）	成熟期（月/日）	全生育期（天）	有效穗（万/亩）	株高（厘米）	穗长（厘米）	总粒数/穗	实粒数/穗	结实率（%）	千粒重（克）	杂株率（%）	倒伏性	穗颈瘟	纹枯病	稻曲病	综评等级
创两优 510																				
安徽东昌农业科技有限公司	625.66	-1.57	8	5/27	8/26	10/3	129	20.0	114.1	23.3	179.7	123.8	68.9	25.7	0.1	直	未发	未发	无	B
安徽六安市农业科学院	661.49	2.30	6	5/11	8/12	9/18	130	21.1	110.4	21.8	232.3	207.2	89.2	20.5	0.0	倒	轻	轻	轻	B
安徽省农业科学院水稻所	618.86	3.54	4	5/28	8/26	10/1	126	18.7	115.0	25.0	207.5	157.7	76.0	21.9	—	直	未发	轻	轻	B
安徽皖垦种业股份有限公司	685.88	10.26	1	5/15	8/24	10/9	147	17.5	107.5	26.0	264.2	201.1	76.1	25.2	0.0	直	未发	无	未发	A
河南省固始县水稻研究所	502.93	-6.72	9	5/26	8/26	10/10	137	17.8	107.8	23.1	196.2	144.6	73.7	22.7	1.6	斜	未发	轻	未发	C
河南省光山县种子管理站	454.64	-14.67	12	5/21	8/21	10/5	137	15.3	108.3	23.2	189.6	137.5	72.5	21.9	0.3	直	无	无	轻	C
河南省信阳市种子管理站	590.74	-3.94	10	5/18	8/8	9/20	125	18.2	104.5	21.9	198.2	133.0	67.1	21.3	—	直	未发	轻	未发	C
湖北随州市随县农科所	707.77	21.17	1	4/30	8/12	9/13	136	22.7	110.8	24.7	189.3	149.5	79.0	23.8	0.0	直	未发	轻	未发	A
湖北襄阳市农业科学院	660.84	9.78	2	5/4	8/10	9/12	131	20.4	118.2	24.3	198.4	147.3	74.2	23.0	0.0	直	未发	轻	未发	A
湖北孝感市孝南区农科所	686.34	3.42	1	5/21	8/17	9/17	119	22.4	110.4	24.9	196.1	153.5	78.3	20.7	0.3	直	未发	轻	未发	A
湖北英山县种子管理局	553.56	-2.75	10	5/19	8/16	9/17	121	16.6	122.5	22.3	146.2	127.3	87.1	28.5	0.0	直	轻	轻	未发	C

综合评级：A—好，B—较好，C—中等，D——般。

表 24-7-8　长江中下游麦茬籼稻组（2018NX-MCXD）区试品种在各试点的产量、生育期及主要农艺经济性状表现

品种名称/试验点	亩产（千克）	比 CK ±%	产量位次	播种期（月/日）	齐穗期（月/日）	成熟期（月/日）	全生育期（天）	有效穗（万/亩）	株高（厘米）	穗长（厘米）	总粒数/穗	实粒数/穗	结实率（%）	千粒重（克）	杂株率（%）	倒伏性	穗颈瘟	纹枯病	稻曲病	综评等级
荣优 225																				
安徽东昌农业科技有限公司	680.23	7.02	3	5/27	8/21	10/1	127	20.6	120.3	23.6	169.3	129.6	76.6	25.6	2.0	直	未发	未发	轻	A
安徽六安市农业科学院	624.56	-3.41	9	5/11	8/9	9/14	126	20.0	118.4	22.1	176.6	127.0	71.9	24.8	0.0	直	轻	无	轻	C
安徽省农业科学院水稻所	584.71	-2.17	7	5/28	8/18	9/24	119	17.7	122.0	24.7	185.6	148.7	80.1	23.6	—	直	未发	无	无	C
安徽皖垦种业股份有限公司	623.73	0.27	6	5/15	8/15	10/7	145	17.5	116.2	25.5	257.2	205.2	79.8	21.2	0.0	直	未发	轻	未发	B
河南省固始县水稻研究所	543.03	0.71	4	5/26	8/22	10/10	137	17.5	114.1	21.9	177.3	145.6	82.1	24.5	1.6	斜	未发	轻	未发	B
河南省光山县种子管理站	498.92	-6.36	9	5/21	8/15	9/25	127	14.7	114.5	21.8	181.5	144.8	79.8	24.4	0.2	直	无	无	无	B
河南省信阳市种子管理站	617.85	0.46	5	5/18	8/12	9/17	122	16.5	107.7	23.7	218.1	190.9	87.5	24.5	—	直	未发	轻	未发	B
湖北随州市随县农科所	604.35	3.46	9	4/30	8/10	9/12	135	23.2	118.2	21.6	171.2	132.6	77.5	26.2	0.0	直	未发	中	未发	B
湖北襄阳市农业科学院	596.65	-0.89	10	5/4	8/5	9/7	126	16.3	122.1	25.3	202.4	165.6	81.8	26.5	0.0	直	未发	轻	未发	B
湖北孝感市孝南区农科所	645.16	-2.79	10	5/21	8/12	9/12	114	19.2	119.4	24.6	202.2	146.7	72.6	22.9	0.3	直	未发	轻	未发	D
湖北英山县种子管理局	610.03	7.17	5	5/19	8/12	9/13	117	18.1	110.2	22.8	149.4	133.5	89.4	27.6	0.0	直	未发	未发	未发	A

综合评级：A—好，B—较好，C—中等，D——般。

表 24-7-9　长江中下游麦茬籼稻组（2018NX-MCXD）区试品种在各试点的产量、生育期及主要农艺经济性状表现

品种名称/试验点	亩产（千克）	比 CK ±%	产量位次	播种期（月/日）	齐穗期（月/日）	成熟期（月/日）	全生育期（天）	有效穗（万/亩）	株高（厘米）	穗长（厘米）	总粒数/穗	实粒数/穗	结实率（%）	千粒重（克）	杂株率（%）	倒伏性	穗颈瘟	纹枯病	稻曲病	综评等级
两优 6378																				
安徽东昌农业科技有限公司	620.43	-2.39	9	5/27	8/18	10/1	127	21.1	114.3	22.4	162.2	115.5	71.2	25.6	1.8	直	未发	未发	轻	B
安徽六安市农业科学院	679.37	5.06	3	5/11	8/7	9/13	125	21.3	100.0	21.1	170.8	153.1	89.6	20.7	0.0	直	轻	无	轻	A
安徽省农业科学院水稻所	629.36	5.30	2	5/28	8/18	9/24	119	18.1	116.0	23.5	182.2	150.5	82.6	24.1	—	直	未发	无	无	A
安徽皖垦种业股份有限公司	625.23	0.51	5	5/15	8/16	10/8	146	18.4	109.5	24.0	253.9	194.5	76.6	24.7	0.0	直	未发	无	未发	B
河南省固始县水稻研究所	555.06	2.94	2	5/26	8/19	10/10	137	17.4	121.6	22.2	178.8	150.7	84.3	24.7	2.4	直	未发	轻	未发	A
河南省光山县种子管理站	565.08	6.05	3	5/21	8/16	9/27	129	17.9	120.9	22.3	190.9	136.1	71.3	24.0	0.3	直	无	轻	轻	A
河南省信阳市种子管理站	624.25	1.50	3	5/18	8/10	9/17	122	17.1	102.9	20.5	206.7	154.0	74.5	21.4	—	直	未发	轻	未发	B
湖北随州市随县农科所	692.57	18.56	2	4/30	8/7	9/13	136	22.1	106.3	21.7	186.7	156.3	83.7	24.8	0.0	直	未发	无	未发	A
湖北襄阳市农业科学院	644.16	7.01	3	5/4	8/1	9/4	123	18.4	113.1	23.2	171.8	163.9	95.4	22.8	0.0	直	未发	轻	未发	A
湖北孝感市孝南区农科所	665.34	0.25	5	5/21	8/9	9/9	111	20.6	115.0	24.7	192.3	149.6	77.8	21.8	0.3	直	未发	轻	未发	A
湖北英山县种子管理局	638.52	12.17	2	5/19	8/12	9/13	117	18.5	125.7	24.2	151.2	134.6	89.0	27.8	0.0	直	未发	未发	未发	A

综合评级：A—好，B—较好，C—中等，D——一般。

表 24-7-10　长江中下游麦茬籼稻组（2018NX-MCXD）区试品种在各试点的产量、生育期及主要农艺经济性状表现

品种名称/试验点	亩产（千克）	比 CK ±%	产量位次	播种期（月/日）	齐穗期（月/日）	成熟期（月/日）	全生育期（天）	有效穗（万/亩）	株高（厘米）	穗长（厘米）	总粒数/穗	实粒数/穗	结实率（%）	千粒重（克）	杂株率（%）	倒伏性	穗颈瘟	纹枯病	稻曲病	综评等级
T 优 3125																				
安徽东昌农业科技有限公司	629.09	-1.03	7	5/27	8/13	9/25	121	21.8	114.5	25.4	143.1	112.9	78.9	25.7	1.8	倒	未发	未发	无	B
安徽六安市农业科学院	611.03	-5.50	10	5/11	8/4	9/7	119	21.5	105.3	22.9	120.2	108.4	90.2	25.4	0.0	直	轻	无	无	C
安徽省农业科学院水稻所	545.06	-8.81	10	5/28	8/18	9/25	120	18.3	115.0	25.3	164.2	143.9	87.6	24.2	—	倒	未发	无	无	C
安徽皖垦种业股份有限公司	534.84	-14.02	12	5/15	8/10	10/1	139	17.0	112.5	29.5	290.8	202.5	69.6	22.3	0.0	倒	未发	轻	未发	D
河南省固始县水稻研究所	475.02	-11.90	12	5/26	8/16	10/6	133	21.4	111.8	25.7	144.1	109.9	76.3	24.5	2.4	伏	未发	轻	未发	D
河南省光山县种子管理站	469.68	-11.85	11	5/21	8/10	9/20	122	17.3	112.8	25.6	151.6	116.9	77.1	24.6	0.4	直	无	无	无	B
河南省信阳市种子管理站	594.28	-3.37	9	5/18	8/6	9/5	110	19.2	105.3	23.6	145.8	115.8	79.4	23.5	—	直	未发	轻	未发	C
湖北随州市随县农科所	564.75	-3.32	11	4/30	8/3	9/6	129	22.5	107.6	21.3	145.9	115.7	79.3	23.7	0.0	倒	未发	重	未发	D
湖北襄阳市农业科学院	609.32	1.22	7	5/4	7/27	8/29	117	18.6	108.1	27.1	175.8	159.4	90.7	21.2	0.0	直	未发	轻	未发	B
湖北孝感市孝南区农科所	659.50	-0.63	7	5/21	8/6	9/7	109	18.4	122.8	27.1	184.8	156.8	84.8	23.4	0.5	直	未发	轻	未发	B
湖北英山县种子管理局	551.06	-3.19	11	5/19	8/8	9/10	114	16.5	110.5	22.2	146.1	128.7	88.1	28.2	0.0	直	轻	轻	未发	C

综合评级：A—好，B—较好，C—中等，D——一般。

表 24-7-11　长江中下游麦茬籼稻组（2018NX-MCXD）区试品种在各试点的产量、生育期及主要农艺经济性状表现

品种名称/试验点	亩产（千克）	比 CK ±%	产量位次	播种期（月/日）	齐穗期（月/日）	成熟期（月/日）	全生育期（天）	有效穗（万/亩）	株高（厘米）	穗长（厘米）	总粒数/穗	实粒数/穗	结实率（%）	千粒重（克）	杂株率（%）	倒伏性	穗颈瘟	纹枯病	稻曲病	综评等级
荃早优 851																				
安徽东昌农业科技有限公司	676.96	6.50	4	5/27	8/16	9/28	124	20.3	116.0	23.7	176.1	134.1	76.1	25.3	1.2	直	未发	未发	无	A
安徽六安市农业科学院	642.94	-0.57	8	5/11	8/6	9/11	123	22.2	110.7	19.3	131.5	113.9	86.6	22.6	0.4	直	轻	无	无	C
安徽省农业科学院水稻所	573.05	-4.12	8	5/28	8/15	9/21	116	17.2	117.0	23.2	172.1	151.1	87.8	22.5	0.5	直	未发	无	无	C
安徽皖垦种业股份有限公司	598.83	-3.73	9	5/15	8/12	10/5	143	16.3	116.6	26.5	289.9	207.7	71.6	24.1	0.1	斜	未发	无	未发	C
河南省固始县水稻研究所	527.82	-2.11	8	5/26	8/12	10/6	133	19.7	107.4	21.4	174.2	138.7	79.6	23.1	2.4	直	未发	轻	轻	C
河南省光山县种子管理站	502.59	-5.67	7	5/21	8/12	9/21	123	16.1	108.6	22.1	180.3	140.8	78.1	23.1	0.8	直	无	轻	无	B
河南省信阳市种子管理站	599.50	-2.52	8	5/18	8/10	9/14	119	16.6	108.1	19.4	185.9	158.2	85.1	21.9	—	直	未发	轻	未发	C
湖北随州市随县农科所	656.48	12.39	4	4/30	8/7	9/9	132	21.7	109.3	21.5	170.2	139.5	82.0	23.7	0.0	直	未发	无	未发	A
湖北襄阳市农业科学院	621.99	3.32	5	5/4	8/1	9/3	122	16.3	117.7	23.6	200.5	191.3	95.4	23.9	0.0	直	未发	轻	未发	B
湖北孝感市孝南区农科所	657.83	-0.88	8	5/21	8/9	9/9	111	20.0	114.8	23.1	210.7	149.9	71.1	22.1	1.8	直	未发	轻	未发	B
湖北英山县种子管理局	564.05	-0.91	8	5/19	8/10	9/11	115	16.3	124.8	23.7	148.6	128.8	86.7	29.1	0.0	直	轻	轻	未发	C

综合评级：A—好，B—较好，C—中等，D——般。

表 24-7-12　长江中下游麦茬籼稻组（2018NX-MCXD）区试品种在各试点的产量、生育期及主要农艺经济性状表现

品种名称/试验点	亩产（千克）	比 CK ±%	产量位次	播种期（月/日）	齐穗期（月/日）	成熟期（月/日）	全生育期（天）	有效穗（万/亩）	株高（厘米）	穗长（厘米）	总粒数/穗	实粒数/穗	结实率（%）	千粒重（克）	杂株率（%）	倒伏性	穗颈瘟	纹枯病	稻曲病	综评等级
瑞两优 1053																				
安徽东昌农业科技有限公司	665.53	4.71	5	5/27	8/18	9/30	126	14.1	124.8	25.1	221.2	180.0	81.4	26.5	0.5	直	未发	未发	无	A
安徽六安市农业科学院	673.19	4.11	5	5/11	8/7	9/8	120	19.0	129.2	23.4	162.6	139.4	85.7	27.0	0.0	直	轻	轻	无	A
安徽省农业科学院水稻所	557.72	-6.69	9	5/28	8/16	9/23	118	14.3	135.0	24.1	208.2	180.9	86.9	26.2	—	直	未发	无	无	C
安徽皖垦种业股份有限公司	602.34	-3.17	8	5/15	8/15	9/30	138	12.8	131.4	27.5	300.0	254.8	84.9	24.5	0.1	直	未发	无	未发	C
河南省固始县水稻研究所	549.04	1.83	3	5/26	8/19	10/3	130	14.9	129.4	23.6	192.6	160.6	83.4	25.6	2.0	直	未发	轻	未发	A
河南省光山县种子管理站	567.59	6.52	2	5/21	8/12	9/21	123	15.9	128.5	23.7	198.5	165.2	83.2	23.4	0.3	直	无	无	无	A
河南省信阳市种子管理站	628.62	2.22	2	5/18	8/10	9/7	112	12.0	121.7	24.2	255.0	209.5	82.2	23.6	—	直	未发	轻	未发	B
湖北随州市随县农科所	640.77	9.70	6	4/30	8/5	9/8	131	20.9	126.5	22.3	157.3	131.7	83.7	28.3	0.0	直	未发	无	未发	A
湖北襄阳市农业科学院	624.16	3.68	4	5/4	7/31	9/2	121	13.9	123.9	25.1	196.5	179.1	91.1	27.2	0.0	直	未发	轻	未发	B
湖北孝感市孝南区农科所	673.51	1.48	3	5/21	8/9	9/9	111	18.2	128.7	25.8	197.5	155.4	78.7	25.5	0.3	直	未发	轻	未发	A
湖北英山县种子管理局	650.84	14.34	1	5/19	8/11	9/12	116	18.4	127.2	25.1	151.8	135.5	89.3	28.2	0.0	直	未发	未发	未发	A

综合评级：A—好，B—较好，C—中等，D——般。

表 24-7-13 长江中下游麦茬籼稻组（2018NX-MCXD）区试品种在各试点的产量、生育期及主要农艺经济性状表现

品种名称/试验点	亩产（千克）	比 CK ±%	产量位次	播种期（月/日）	齐穗期（月/日）	成熟期（月/日）	全生育期（天）	有效穗（万/亩）	株高（厘米）	穗长（厘米）	总粒数/穗	实粒数/穗	结实率（%）	千粒重（克）	杂株率（%）	倒伏性	穗颈瘟	纹枯病	稻曲病	综评等级
农两优金占																				
安徽东昌农业科技有限公司	524.02	-17.56	12	5/27	8/28	10/5	131	18.9	123.9	25.2	193.5	128.6	66.5	22.2	2.0	直	未发	未发	中	B
安徽六安市农业科学院	699.25	8.14	2	5/11	8/18	9/23	135	19.3	121.4	22.3	183.1	163.7	89.4	23.7	0.3	直	轻	无	轻	B
安徽省农业科学院水稻所	611.53	2.31	5	5/28	8/28	10/3	128	17.9	122.0	23.7	180.7	146.5	81.1	23.4	—	直	未发	轻	轻	B
安徽皖垦种业股份有限公司	639.27	2.77	4	5/15	8/26	10/12	150	18.4	118.8	27.2	265.2	218.3	82.3	21.6	0.2	直	未发	无	未发	A
河南省固始县水稻研究所	537.68	-0.28	7	5/26	10/24	10/6	133	15.5	124.8	25.7	227.6	175.7	77.2	23.2	5.7	直	未发	轻	未发	B
河南省光山县种子管理站	499.75	-6.21	8	5/21	8/27	10/11	143	13.1	125.9	25.6	235.4	179.6	76.3	23.1	0.4	直	无	无	轻	C
河南省信阳市种子管理站	617.01	0.33	6	5/18	8/21	9/25	130	14.0	115.2	24.3	199.8	159.8	80.0	23.0	—	直	未发	轻	未发	B
湖北随州市随县农科所	643.61	10.18	5	4/30	8/13	9/17	140	20.3	123.3	23.5	168.7	140.6	83.3	24.5	0.0	直	未发	中	未发	B
湖北襄阳市农业科学院	598.65	-0.55	9	5/4	8/8	9/10	129	16.1	121.1	27.0	229.1	178.3	77.8	23.5	0.0	直	未发	轻	未发	B
湖北孝感市孝南区农科所	657.00	-1.00	9	5/21	8/16	9/16	118	19.8	122.6	26.8	182.0	148.8	81.8	22.3	0.3	直	未发	轻	未发	B
湖北英山县种子管理局	611.03	7.35	4	5/19	8/14	9/11	115	18.3	126.8	24.7	154.5	137.7	89.1	26.8	0.0	直	未发	未发	未发	A

综合评级：A—好，B—较好，C—中等，D—一般。

第二十五章　2018 年武陵山区中籼组国家水稻品种试验汇总报告

一、试验概况

（一）试验目的

鉴定评价我国武陵山稻区新选育和引进的水稻新品种（组合，下同）的丰产性、稳定性、适应性、抗性、米质及其他重要性状表现，为国家水稻品种审定提供科学依据。

（二）参试品种

区试品种 12 个，其中初试品种 8 个，续试品种 4 个；生产试验品种 4 个，其中晶两优 534、晶两优 1206 为续生同步品种；区试、生试均以瑞优 399（CK）为对照。品种名称、类型、亲本组合、选育/供种单位见表 25-1。

（三）承试单位

区试点 11 个，生产试验点 7 个，分布在湖北、湖南、贵州和重庆 4 个省市。承试单位、试验地点、经纬度、海拔高度、试验负责人及执行人见表 25-2。

（四）试验设计

各试验点均按农技种函〔2018〕30 号《全国农技中心关于印发 2018 年国家水稻品种试验实施方案的通知》及 NY/T 1300—2007《农作物品种区域试验技术规范　水稻》进行试验。

区试采用完全随机区组设计，3 次重复，小区面积 13.3 米^2（0.02 亩）。生产试验采用大区随机排列，不设重复，大区面积 333 米^2（0.5 亩）。

分区试、生产试验，同组试验所有品种同期播种、移栽，施肥水平中等偏上，其他栽培管理措施与当地大田生产相同。

观察记载项目与标准按 NY/T 1300—2007《农作物品种区域试验技术规范　水稻》以及《国家水稻品种试验观察记载项目、方法及标准》等的要求执行。

（五）特性鉴定

抗性鉴定：由湖北省恩施州农业科学院植保土肥所负责参试品种的稻瘟病、纹枯病、稻曲病和耐冷性鉴定。稻瘟病通过设置病圃，采用自然诱发鉴定法鉴定；纹枯病和稻曲病通过设置病圃，采用自然鉴定法鉴定；抽穗扬花期耐冷性鉴定，执行湖北省 DB42/T 1404—2018《水稻品种抽穗扬花期耐冷性鉴定与评价技术规程》，采用高低山鉴定圃相结合的自然诱发鉴定法。鉴定种子由湖北省恩施州种子管理局统一提供。承试单位、试验地点、经纬度、海拔高度、试验负责人及执行人见表 25-2。

米质分析：由湖南省湘西州农业科学院、重庆市黔江区种子管理站和湖北省恩施州种子管理局试验点分别提供样品，由农业农村部食品质量监督检验测试中心（武汉）负责检测分析。

DNA 鉴定：由中国水稻研究所进行 DNA 指纹鉴定。

转基因鉴定：由深圳市农业科技促进中心［农业农村部农作物种子质量和转基因成分监督检验测试中心（深圳）］进行转基因鉴定。

（六）试验执行情况

为保证国家水稻试验能够规范进行，年初，根据《全国农技中心关于印发 2018 年国家水稻品种试验实施方案的通知（农技种函〔2018〕30号）》，制订了本组试验方案下发给各承试单位，从整个试验过程来看，全部试验点都能按照试验方案要求进行试验。

8月19—24日，恩施州种子管理局组织试验主持人、抗性鉴定、品种选育和管理等专家组成区试考察组，对4省市的武陵山区国家水稻品种区试点、生产试验点和病害鉴定点进行了区试考察，重点考察了武陵山区国家水稻品种区试相关试点区试、生试方案执行情况以及参试品种表现。从考察情况看，各承试单位对区试工作非常重视，安排专人负责，精心组织，严格管理，区试质量有了明显提高，试验执行情况正常，符合试验方案要求。考察组针对个别单位存在的主要问题以及试验的执行情况等现场交换了意见。通过考察对今后提高区试质量和品种的科学评判奠定了基础。

（七）统计分析

按照NY/T 1300—2007《农作物品种区域试验技术规范　水稻》等有关试验质量评价标准，对各试验（鉴定）点试验（鉴定）结果的可靠性、完整性、准确性、可比性以及对照品种表现情况等进行分析评估，确保汇总质量。2018年区试重庆市秀山县种子管理站试验点7月下旬褐灰虱突然暴发成灾，而且8月6日大风倒伏严重，该试验点结果不纳入汇总，其余10个区试点的试验结果正常，列入汇总；2018年生产试验湖北康农种业股份有限公司试验点4月22日下暴雨引发泥石流冲坏苗床而无秧苗致使试验报废，该试验点不纳入汇总，其余6个生产试验点的试验结果正常列入汇总。

统计分析汇总在试运行的“国家水稻品种试验数据管理平台”上进行。

产量联合方差分析采用混合模型，品种间产量差异多重比较采用Duncan's新复极差法；参试品种的丰产性主要以品种在区试和生产试验中相对于对照品种产量及组平均产量衡量；参试品种的适应性主要以品种在区试中比对照品种增产的试验点比例衡量；参试品种的稳定性主要以品种在年度间区试中相对于对照品种产量的差异变化程度衡量。

参试品种的生育期主要以全生育期比对照品种长短的天数衡量。

参试品种的抗性以指定的鉴定单位的鉴定结果为主要依据，对稻瘟病抗性的主要评价指标为综合抗性指数和穗瘟损失率最高级，对其他病害抗性的主要评价指标为病级或最高级。

参试品种的米质检测、评价按照农业行业《食用稻品种品质》标准，分优质一、二、三级，未到达优质级的品种米质为普通级。

二、结果分析

（一）产量

2018年区试中，瑞优399（CK）平均亩产629.12千克，比所有参试品种产量平均值625.58千克（组平均，下同）高0.57%，居第8位。依据组平均增减产幅度，产量较高的品种晶两优1377、晶两优1206、蓉优981和涵优308，产量居前4位，平均亩产643.75~651.34千克，比瑞优399（CK）增产2.33%~3.53%，比组平均增产2.90%~4.12%；产量中等的品种有荃9优83，平均亩产635.04千克，居第5位，比瑞优399（CK）增产0.94%，比组平均增产1.51%。其他品种产量一般或较差。品种产量、比对照及组平均增减产百分率、品种间产量差异显著性、比对照增产试验点比例等汇总结果见表25-3。

2018年生产试验中，瑞优399（CK）平均亩产569.70千克，比组平均产量581.53千克低2.03%，居第4位。所有参试品种均表现良好，平均亩产566.73~597.72千克，比瑞优399（CK）增产-0.52%~4.92%。品种产量、比对照增减产百分率等汇总结果见表25-4。

（二）生育期

2018年区试中，瑞优399（CK）全生育期146.8天。参试品种全生育期在140.3~145.9天，熟期均比对照早。品种全生育期及比对照长短天数见表25-3。

2018年生产试验中，瑞优399（CK）全生育期144.8天。参试品种全生育期介于139.8~141.8天，所有参试品种熟期适宜品种全生育期及比对照长短天数见表25-4。

（三）主要农艺经济性状

品种有效穗、株高、穗长、每穗总粒数、每穗实粒数、结实率、千粒重等主要农艺经济性状汇总结果见表 25-3。

（四）抗性

2018 年区试中，瑞优 399（CK）中抗稻瘟病，中抗纹枯病，感稻曲病，耐冷性为中间型。依据穗瘟损失率最高级，除旺两优 958 为中感稻瘟病外，其他参试品种为抗稻瘟病，所有参试品种的稻瘟病综合抗性指数≤3.9。旺两优 958 纹枯病为高感。晶两优 534 和晶两优 1206 稻曲病为高感。涵优 308 和晶两优 1377 耐冷性为敏感型。区试品种稻瘟病抗性鉴定结果见表 25-5，区试品种抗病性鉴定综合评价见表 25-6，区试品种耐冷性鉴定结果与评价见表 25-7。

2018 年生产试验中，M 两优 1689 为敏感型。生产试验品种耐冷性鉴定结果与评价见表 25-7。

（五）米质

经农业农村部食品质量监督检验测试中心（武汉）检测，区试品种晶两优 1206 达到农业行业 NY/T 593—2013《食用稻品种品质》标准二级，晶两优 1377 和晶两优 534 达到标准三级，其他品种米质为普通级。品种出糙率、整精米率、粒长、长宽比、垩白粒率、垩白度、胶稠度、直链淀粉等米质性状表现见表 25-8。

（六）品种在各试验点表现

区试、生产试验品种在各试验点的产量、生育期、主要农艺经济性状等见表 25-9 至表 25-10。

三、品种简评

（一）生产试验品种

1. M 两优 1689

2016 年初试平均亩产 608.77 千克，居第 9 位，比瑞优 399（CK）增产 1.40%，不显著，增产点比例 63.6%；2017 年续试平均亩产 614.60 千克，居第 7 位，比瑞优 399（CK）增产 2.25%，达显著水平，增产点比例 55.6%；两年区试平均亩产 611.69 千克，比瑞优 399（CK）增产 1.83%，增产点比例 60.0%。2018 年生产试验平均亩产 594.14 千克，比瑞优 399（CK）增产 4.29%，增产点比例 83.3%。全生育期两年区试平均 144.3 天，比瑞优 399（CK）早熟 4.9 天。主要农艺性状两年区试综合表现：有效穗 18.0 万穗/亩，株高 113.1 厘米，穗长 23.6 厘米，每穗总粒数 182.2 粒，结实率 84.5%，千粒重 24.2 克。抗性两年综合表现：稻瘟病综合抗性指数年度分别为 2.0 和 2.2，穗瘟损失率最高级 1 级；纹枯病最高级 5 级；稻曲病最高级 7 级。2017 年区试、2018 年生产试验耐冷性均为敏感型。米质主要指标两年综合表现：整精米率 54.2%，长宽比 3.3，垩白粒率 30%，垩白度 8.7%，胶稠度 63 毫米，直链淀粉含量 14.9%。

2018 年国家水稻品种试验年会审议意见：完成试验程序。

2. 川农优 308

2016 年初试平均亩产 613.55 千克，居第 8 位，比瑞优 399（CK）增产 2.20%，达极显著水平，增产点比例 81.8%；2017 年续试平均亩产 586.50 千克，居第 11 位，比瑞优 399（CK）减产 2.42%，达显著水平，增产点比例 44.4%；两年区试平均亩产 600.03 千克，比瑞优 399（CK）减产 0.11%，增产点比例 65.0%。2018 年生产试验平均亩产 566.73 千克，比瑞优 399（CK）减产 0.52%，增产点比例 66.7%。全生育期两年区试平均 146.1 天，比瑞优 399（CK）早熟 3.1 天。主要农艺性状两年区试综合表现：有效穗 16.3 万穗/亩，株高 118.8 厘米，穗长 25.0 厘米，每穗总粒数 185.5 粒，结实率 80.5%，千粒重 26.4 克。抗性两年综合表现：稻瘟病综合抗性指数年度分别为 1.6 和 1.9，穗瘟损失率最高级 1 级；纹枯病最高级 5 级；稻曲病最高级 9 级；2017 年区试、2018 年生产试验耐冷性分别为敏感型和中间型。米质主要指标两年综合表现：整精米率 51.5%，长宽比 3.2，垩白粒率 34%，垩白度 9.7%，胶稠度 34 毫米，直链淀粉含量 20.3%。

2018 年国家水稻品种试验年会审议意见：完成试验程序。

（二）续生同步品种

1. 晶两优 1206

2017 年初试平均亩产 619.62 千克，居第 4 位，比瑞优 399（CK）增产 3.09%，达极显著水平，增产点比例 66.7%；2018 年续试平均亩产 645.79 千克，居第 2 位，比瑞优 399（CK）增产 2.65%，达极显著水平，增产点比例 80.0%；两年区试平均亩产 632.71 千克，比瑞优 399（CK）增产 2.86%，增产点比例 73.7%。2018 年生产试验平均亩产 597.72 千克，比瑞优 399（CK）增产 4.92%，增产点比例 83.3%。全生育期两年区试平均 146.1 天，比瑞优 399（CK）早熟 2.7 天。主要农艺性状两年区试综合表现：有效穗 17.5 万穗/亩，株高 115.5 厘米，穗长 25.1 厘米，每穗总粒数 185.0 粒，结实率 84.9%，千粒重 24.4 克。抗性两年综合表现：稻瘟病综合抗性指数年度分别为 1.8 和 1.6，穗瘟损失率最高级 1 级；纹枯病最高级 5 级；稻曲病最高级 9 级；2017 年区试、2018 年区生试耐冷性均为中间型。米质主要指标两年综合表现：整精米率 65.3%，长宽比 3.0，垩白粒率 8%，垩白度 2.0%，胶稠度 79 毫米，直链淀粉含量 14.3%，达到农业行业《食用稻品种品质》标准二级。

2018 年国家水稻品种试验年会审议意见：完成试验程序。

2. 晶两优 534

2017 年初试平均亩产 625.65 千克，居第 3 位，比瑞优 399（CK）增产 4.09%，达极显著水平，增产点比例 77.8%；2018 年续试平均亩产 629.39 千克，居第 7 位，比瑞优 399（CK）增产 0.04%，不显著，增产点比例 70.0%；两年区试平均亩产 627.52 千克，比瑞优 399（CK）增产 2.02%，增产点比例 73.7%。2018 年生产试验平均亩产 579.38 千克，比瑞优 399（CK）增产 1.70%，增产点比例 50.0%。全生育期两年区试平均 146.1 天，比瑞优 399（CK）早熟 2.7 天。主要农艺性状两年区试综合表现：有效穗 18.5 万穗/亩，株高 113.8 厘米，穗长 24.9 厘米，每穗总粒数 184.0 粒，结实率 83.2%，千粒重 23.5 克。抗性两年综合表现：稻瘟病综合抗性指数年度分别为 2.0 和 1.9，穗瘟损失率最高级 1 级；纹枯病最高级 5 级；稻曲病最高级 9 级；2017 年区试、2018 年区生试耐冷性均为中间型。米质主要指标两年综合表现：整精米率 63.9%，长宽比 3.0，垩白粒率 19%，垩白度 4.3%，胶稠度 68 毫米，直链淀粉含量 15.3%，达到国家《优质稻谷》标准 3 级、农业行业《食用稻品种品质》标准三级。

2018 年国家水稻品种试验年会审议意见：完成试验程序。

（三）续试品种

1. 晶两优 1377

2017 年初试平均亩产 614.81 千克，居第 6 位，比瑞优 399（CK）增产 2.29%，达显著水平，增产点比例 77.8%；2018 年续试平均亩产 651.34 千克，居第 1 位，比瑞优 399（CK）增产 3.53%，达极显著水平，增产点比例 80.0%；两年区试平均亩产 633.08 千克，比瑞优 399（CK）增产 2.92%，增产点比例 78.9%。全生育期两年区试平均 146.8 天，比瑞优 399（CK）早熟 2.0 天。主要农艺性状两年区试综合表现：有效穗 17.0 万穗/亩，株高 113.7 厘米，穗长 25.1 厘米，每穗总粒数 192.7 粒，结实率 83.2%，千粒重 23.8 克。抗性两年综合表现：稻瘟病综合抗性指数年度分别为 2.6 和 1.9，穗瘟损失率最高级 3 级；纹枯病最高级 7 级；稻曲病最高级 9 级；两年区试耐冷性均为敏感型。米质主要指标两年综合表现：整精米率 61.6%，长宽比 3.0，垩白粒率 18%，垩白度 4.3%，胶稠度 77 毫米，直链淀粉含量 15.2%，达到国家《优质稻谷》标准 3 级、农业行业《食用稻品种品质》标准三级。

2018 年国家水稻品种试验年会审议意见：2019 年生产试验。

2. 涵优 308

2017 年初试平均亩产 632.36 千克，居第 1 位，比瑞优 399（CK）增产 5.21%，达极显著水平，增产点比例 88.9%；2018 年续试平均亩产 643.75 千克，居第 4 位，比瑞优 399（CK）增产 2.33%，达极显著水平，增产点比例 70.0%；两年区试平均亩产 638.06 千克，比瑞优 399（CK）增产 3.73%，增产点比例 78.9%。全生育期两年区试平均 143.5 天，比瑞优 399（CK）早熟 5.3 天。主要农艺性状两年区试综合表现：有效穗 16.4 万穗/亩，株高 114.5 厘米，穗长 25.3 厘米，每穗总粒数 173.7 粒，结实率 79.0%，千粒重 29.9 克。抗性两年综合表现：稻瘟病综合抗性指数年度分别为 2.5 和 2.2，穗瘟损失率最高级 3 级，纹枯病最高级 7 级，稻曲病最高级 5 级；两年区试耐冷性均为敏感型。米质主要指标两年综合表现：整精米率 43.9%，长宽比 3.1，垩白粒率 43%，垩白度 10.6%，胶稠度 59 毫米，直链淀粉含量 15.1%。

2018 年国家水稻品种试验年会审议意见：2019 年生产试验。

（四）初试品种

1. 蓉优 981

2018 年初试平均亩产 645.23 千克，居第 3 位，比瑞优 399（CK）增产 2.56%，达极显著水平，增产点比例 60.0%。全生育期 142.3 天，比瑞优 399（CK）早熟 4.5 天。主要农艺性状表现：有效穗 15.9 万穗/亩，株高 123.1 厘米，穗长 25.2 厘米，每穗总粒数 183.5 粒，结实率 79.9%，千粒重 29.3 克。抗性：稻瘟病综合抗性指数 2.2，穗瘟损失率最高级 1 级；纹枯病 5 级；稻曲病 1 级；耐冷性为中间型。米质主要指标：整精米率 41.7%，长宽比 3.2，垩白粒率 38%，垩白度 10.4%，胶稠度 90 毫米，直链淀粉含量 13.0%。

2018 年国家水稻品种试验年会审议意见：2019 年续试。

2. 荃 9 优 83

2018 年初试平均亩产 635.04 千克，居第 5 位，比瑞优 399（CK）增产 0.94%，不显著，增产点比例 70.0%。全生育期 141.0 天，比瑞优 399（CK）早熟 5.8 天。主要农艺性状表现：有效穗 14.9 万穗/亩，株高 118.8 厘米，穗长 24.7 厘米，每穗总粒数 181.2 粒，结实率 83.0%，千粒重 29.2 克。抗性：稻瘟病综合抗性指数 2.2，穗瘟损失率最高级 1 级；纹枯病 7 级；稻曲病 3 级；耐冷性为中间型。米质主要指标：整精米率 56.0%，长宽比 2.8，垩白粒率 30%，垩白度 7.1%，胶稠度 87 毫米，直链淀粉含量 14.0%。

2018 年国家水稻品种试验年会审议意见：2019 年续试。

3. 晶两优 8612

2018 年初试平均亩产 630.07 千克，居第 6 位，比瑞优 399（CK）增产 0.15%，不显著，增产点比例 50.0%。全生育期 144.9 天，比瑞优 399（CK）早熟 1.9 天。主要农艺性状表现：有效穗 16.6 万穗/亩，株高 116.7 厘米，穗长 25.4 厘米，每穗总粒数 192.9 粒，结实率 83.2%，千粒重 24.2 克。抗性：稻瘟病综合抗性指数 2.1，穗瘟损失率最高级 1 级；纹枯病 7 级；稻曲病 5 级；耐冷性为中间型。米质主要指标：整精米率 61.0%，长宽比 3.0，垩白粒率 24%，垩白度 5.6%，胶稠度 90 毫米，直链淀粉含量 13.6%。

2018 年国家水稻品种试验年会审议意见：2019 年续试。

4. 宜香优 2115

2018 年初试平均亩产 626.10 千克，居第 9 位，比瑞优 399（CK）减产 0.48%，不显著，增产点比例 40.0%。全生育期 143.7 天，比瑞优 399（CK）早熟 3.1 天。主要农艺性状表现：有效穗 15.5 万穗/亩，株高 123.8 厘米，穗长 26.9 厘米，每穗总粒数 164.6 粒，结实率 82.8%，千粒重 31.8 克。抗性：稻瘟病综合抗性指数 2.2，穗瘟损失率最高级 1 级；纹枯病 7 级；稻曲病 1 级；耐冷性为中间型。米质主要指标：整精米率 51.7%，长宽比 3.1，垩白粒率 20%，垩白度 4.7%，胶稠度 80 毫米，直链淀粉含量 14.8%。

2018 年国家水稻品种试验年会审议意见：2019 年续试。

5. 明优 308

2018 年初试平均亩产 618.45 千克，居第 10 位，比瑞优 399（CK）减产 1.70%，不显著，增产点比例 60.0%，全生育期 140.8 天，比瑞优 399（CK）早熟 6.0 天。主要农艺性状表现：有效穗

15.9万穗/亩，株高111.5厘米，穗长24.5厘米，每穗总粒数158.1粒，结实率83.8%，千粒重31.5克。抗性：稻瘟病综合抗性指数2.0，穗瘟损失率最高级1级；纹枯病7级；稻曲病3级；耐冷性为中间型。米质主要指标：整精米率47.0%，长宽比3.1，垩白粒率34%，垩白度8.8%，胶稠度90毫米，直链淀粉含量12.3%。

2018年国家水稻品种试验年会审议意见：2019年续试。

6. 陵优7904

2018年初试平均亩产601.00千克，居第11位，比瑞优399（CK）减产4.47%，达极显著水平，增产点比例20.0%。全生育期142.3天，比瑞优399（CK）早熟4.5天。主要农艺性状表现：有效穗16.8万穗/亩，株高120.2厘米，穗长24.3厘米，每穗总粒数190.3粒，结实率81.6%，千粒重24.7克。抗性：稻瘟病综合抗性指数1.9，穗瘟损失率最高级1级；纹枯病7级；稻曲病7级；耐冷性为中间型。米质主要指标：整精米率47.8%，长宽比3.1，垩白粒率30%，垩白度7.5%，胶稠度88毫米，直链淀粉含量12.7%。

2018年国家水稻品种试验年会审议意见：2019年续试。

7. 恩两优542

2018年初试平均亩产595.59千克，居第12位，比瑞优399（CK）减产5.33%，达极显著水平，增产点比例30.0%。全生育期140.3天，比瑞优399（CK）早熟6.5天。主要农艺性状表现：有效穗15.3万穗/亩，株高116.8厘米，穗长26.6厘米，每穗总粒数175.8粒，结实率85.8%，千粒重27.3克。抗性：稻瘟病综合抗性指数2.0，穗瘟损失率最高级1级；纹枯病7级；稻曲病3级；耐冷性为中间型。米质主要指标：整精米率45.0%，长宽比3.1，垩白粒率23%，垩白度6.4%，胶稠度79毫米，直链淀粉含量13.1%。

2018年国家水稻品种试验年会审议意见：终止试验。

8. 旺两优958

2018年初试平均亩产581.63千克，居第13位，比瑞优399（CK）减产7.55%，达极显著水平，增产点比例40.0%。全生育期140.9天，比瑞优399（CK）早熟5.9天。主要农艺性状表现：有效穗17.5万穗/亩，株高104.8厘米，穗长22.7厘米，每穗总粒数164.7粒，结实率84.2%，千粒重24.9克。抗性：稻瘟病综合抗性指数3.9，穗瘟损失率最高级5级；纹枯病9级；稻曲病5级；耐冷性为中间型。米质主要指标：整精米率48.9%，长宽比3.0，垩白粒率25%，垩白度6.5%，胶稠度85毫米，直链淀粉含量13.6%。

2018年国家水稻品种试验年会审议意见：终止试验。

表 25-1　2018 年武陵山区中籼组区试及生产试验参试品种基本情况

序号	品种编号	品种名称	品种类型	亲本组合	申请者	选育/供种单位
区试						
1	武稻区 01	＊荃 9 优 83	杂交稻	荃 9311A/长恢 83	长江大学	长江大学
2	武稻区 02	＊陵优 7904	杂交稻	陵 7A/涪恢 904	重庆市渝东南农业科学院	重庆市渝东南农业科学院
3	武稻区 03	＊蓉优 981	杂交稻	蓉 18A/G981	贵州省水稻研究所	贵州省水稻研究所、成都市农林农学院作物研究所
4	武稻区 04	＊晶两优 8612	杂交稻	晶 4155S/华恢 8612	湖南亚华种业科学研究院	袁隆平农业高科技股份有限公司，湖南亚华种业科学研究院，湖南隆平高科种业科学研究院有限公司
5	武稻区 05	＊旺两优 958	杂交稻	W115S/创恢 958	湖南袁创超级稻技术有限公司	湖南袁创超级稻技术有限公司
6	武稻区 06	＊宜香优 2115	杂交稻	宜香 1A/雅恢 2115	四川绿丹至诚种业有限公司	四川绿丹至诚种业有限公司、四川农业大学农学院、宜宾市农业科学院
7	武稻区 07	涵优 308	杂交稻	涵丰 A/帮恢 308	重庆帮豪种业股份有限公司、福建农林大学	重庆帮豪种业股份有限公司、福建农林大学
8	武稻区 08	＊恩两优 542	杂交稻	恩 1S/恩恢 542	恩施土家族苗族自治农业科学院	恩施土家族苗族自治农业科学院
9	武稻区 09	晶两优 1377	杂交稻	晶 4155S/R1377	广汉泰利隆农作物研究所	广汉泰利隆农作物研究所
10	武稻区 10	＊明优 308	杂交稻	明禾 A/帮恢 308	重庆帮豪种业股份有限公司、三明市农业科学研究院	重庆帮豪种业股份有限公司、三明市农业科学研究院
11	武稻区 11	瑞优 399（CK）	杂交稻	瑞 1A/瑞恢 399		四川科瑞种业有限公司
12	武稻区 12	晶两优 534	杂交稻	晶 4155S/R534	湖南亚华种业科学研究院	袁隆平农业高科技股份有限公司、广东省农业科学院水稻研究所、深圳隆平金谷种业有限公司、湖南隆平高科种业科学研究院有限公司
13	武稻区 13	晶两优 1206	杂交稻	晶 4155S/R1206	袁隆平农业高科技股份有限公司	袁隆平农业高科技股份有限公司、湖南隆平高科种业科学研究院有限公司
生产试验						
1		M 两优 1689	杂交稻	M4001S×R1689	湖南民生种业科技有限公司	湖南民生种业科技有限公司
2		川农优 308	杂交稻	川农 1A/蜀恢 308	四川农业大学	四川农业大学
3		▲晶两优 534	杂交稻	晶 4155S/R534	湖南亚华种业科学研究院	袁隆平农业高科技股份有限公司、广东省农业科学院水稻研究所、深圳隆平金谷种业有限公司、湖南隆平高科种业科学研究院有限公司
4		▲晶两优 1206	杂交稻	晶 4155S/R1206	袁隆平农业高科技股份有限公司	袁隆平农业高科技股份有限公司、湖南隆平高科种业科学研究院有限公司
5		瑞优 399（CK）	杂交稻	瑞 1A×瑞恢 399		四川科瑞种业有限公司

注：＊表示 2018 年新参试品种。▲表示续生同步试验品种。

表 25-2　2018 年武陵山区中籼组区试与生产试验试点基本情况

试验点	试验地点	经度	纬度	海拔（米）	试验负责人及执行人
湖北恩施州种子管理局★■	宣恩县椒园镇水田坝村	109°42′	30°03′	740	钟育海 赵如敏 文聃 秦光才 卓宁敏
湖北恩施州农业科学院（稻油所）▲	恩施市红庙（恩施州农业科学院试验基地）	109°27′	30°19′	423	李洪胜 李继辉 黄海清 李春勇
湖北康农种业股份有限公司▲	长阳土家族自治县磨市镇芦溪村	111°20′	30°31′	78	彭绪冰 李城忠 彭勇宜
重庆黔江区种子管理站■▲	黔江区阿蓬江镇龙田居委 1 组	108°43′	29°09′	462	周沈军 张益明 王晓宏 张晓梅
重庆武隆区农业技术推广中心	武隆区长坝镇鹅冠村石坝组	107°46′	29°33′	384	刘芳 蔡会 唐静
重庆秀山县种子管理站▲	秀山县清溪场镇东林居委会三组	108°43′	28°09′	380	刘建 谢雪梅
湖南龙山县种子管理站▲	龙山县石羔街道办事处干比村	109°27′	29°33′	482	陈向军 杨迎春
湖南张家界永定区粮油站	张家界永定区尹家溪镇马口村	110°27′	29°08′	217	袁永召
湖南湘西州农业科学院■▲	吉首市林木山村	109°45′	28°20′	210	刘庭云 全华 麻庆 彭源
贵州铜仁科学院▲	铜仁市碧江区坝黄镇铜仁科学院试验基地	109°11′	27°43′	272	吴兰英 欧根友 杨粟栋
贵州思南县种子管理站	思南县许家坝镇许家坝村	108°06′	27°52′	570	安兴智 徐文霞 李昊昊
湖北恩施州农业科学院（植保土肥所）●	恩施市红庙（恩施州农业科学院试验基地）	109°27′	30°19′	423	王林 吴双清 吴尧 揭春玉
	咸丰县高乐山镇青山坡村	109°11′	29°43′	680	
	恩施市白果乡两河口村	109°12′	30°07′	1005	
	恩施市新塘乡下坝村	109°46′	30°11′	1500	

注：★统一提供抗性、DNA 指纹和转基因鉴定种子试点；■米质分析样品供试点；▲同时是区试和生试点；●同时是区生试病害及耐冷性鉴定试点。

表 25-3　武陵山区中籼组区试组区试品种产量、生育期及主要农艺经济性状汇总分析结果

品种名称	区试年份	亩产（千克）	比 CK ±%	较 CK 增产点比例（%）	比组平均 ±%	5% 显著性	1% 显著性	回归系数	生育期（d）	生育期比 CK±天	有效穗（万/亩）	株高（厘米）	穗长（厘米）	总粒数（粒/穗）	实粒数（粒/穗）	结实率（%）	千粒重（克）	结实率小于 70 点数
涵优 308	2017—2018	638.06	3.73	78.9	3.59	—	—	—	143.5	-5.3	16.4	114.5	25.3	173.7	137.3	79.0	29.9	2
晶两优 1377	2017—2018	633.08	2.92	78.9	2.78	—	—	—	146.8	-2.0	17.0	113.7	25.1	192.7	160.3	83.2	23.8	0
晶两优 1206	2017—2018	632.71	2.86	73.7	2.72	—	—	—	146.1	-2.7	17.5	115.5	25.1	185.0	157.0	84.9	24.4	1
晶两优 534	2017—2018	627.52	2.02	73.7	1.88	—	—	—	146.1	-2.7	18.5	113.8	24.9	184.0	153.0	83.2	23.5	1
瑞优 399（CK）	2017—2018	615.09	—	—	-0.14	—	—	—	148.8	—	15.7	122.9	24.4	174.3	142.3	81.6	29.2	0
晶两优 1377	2018	651.34	3.53	80.0	4.12	a	A	0.97	145.9	-0.9	17.4	115.1	24.9	191.4	164.0	85.7	23.7	0
晶两优 1206	2018	645.79	2.65	80.0	3.23	ab	AB	1.00	144.1	-2.7	17.8	116.7	24.8	185.3	159.5	86.1	24.0	0
蓉优 981	2018	645.23	2.56	60.0	3.14	ab	AB	1.06	142.3	-4.5	15.9	123.1	25.2	183.5	146.6	79.9	29.3	1
涵优 308	2018	643.75	2.33	70.0	2.90	ab	ABC	1.16	142.9	-3.9	16.6	114.7	24.6	165.9	134.2	80.9	30.1	1
荃 9 优 83	2018	635.04	0.94	70.0	1.51	bc	BCD	0.91	141.0	-5.8	14.9	118.8	24.7	181.2	150.4	83.0	29.2	0
晶两优 8612	2018	630.07	0.15	50.0	0.72	c	CDE	1.31	144.9	-1.9	16.6	116.7	25.4	192.9	160.4	83.2	24.2	0
晶两优 534	2018	629.39	0.04	70.0	0.61	cd	CDE	0.89	144.1	-2.7	18.5	115.0	24.1	182.2	152.3	83.6	23.5	1
瑞优 399（CK）	2018	629.12	—	—	0.57	cd	DE	1.00	146.8	—	15.7	123.8	23.5	169.1	141.4	83.6	29.6	0
宜香优 2115	2018	626.10	-0.48	40.0	0.08	cd	DE	0.94	143.7	-3.1	15.5	123.8	26.9	164.6	136.3	82.8	31.8	1
明优 308	2018	618.45	-1.70	60.0	-1.14	d	E	1.27	140.8	-6.0	15.9	111.5	24.5	158.1	132.5	83.8	31.5	0
陵优 7904	2018	601.00	-4.47	20.0	-3.93	e	F	0.96	142.3	-4.5	16.8	120.2	24.3	190.3	155.2	81.6	24.7	0
恩两优 542	2018	595.59	-5.33	30.0	-4.79	e	FG	0.85	140.3	-6.5	15.3	116.8	26.6	175.8	150.8	85.8	27.3	0
旺两优 958	2018	581.63	-7.55	40.0	-7.03	f	G	0.68	140.9	-5.9	17.5	104.8	22.7	164.7	138.7	84.2	24.9	0

表 25-4　武陵山区中籼组生试组生产试验和续生同步品种产量、生育期汇总

品种名称	生育期（天）	生育期比 CK±天	亩产（千克）	比 CK±%	比组平均±%	较 CK 增产比例（%）
晶两优 1206	141.8	-3.0	597.72	4.92	2.78	83.3
M 两优 1689	139.8	-5.0	594.14	4.29	2.17	83.3
晶两优 534	141.8	-3.0	579.38	1.70	-0.37	50.0
瑞优 399（CK）	144.8	—	569.70	—	-2.03	—
川农优 308	141.7	-3.1	566.73	-0.52	-2.55	66.7

表 25-5　武陵山区中籼组区试抗性鉴定组品种稻瘟病抗性鉴定各鉴定点结果（2018 年）

品种名称	红庙病圃						咸丰病圃						两河病圃					
	叶瘟	穗瘟发病		穗瘟损失		综合指数	叶瘟	穗瘟发病		穗瘟损失		综合指数	叶瘟	穗瘟发病		穗瘟损失		综合指数
		%	级	%	级			%	级	%	级			%	级	%	级	
荃 9 优 83	2	6. 0	3	0. 8	1	1. 8	3	9. 0	3	1. 1	1	2. 0	4	15. 0	5	4. 4	1	2. 8
陵优 7904	2	6. 0	3	0. 6	1	1. 8	3	9. 0	3	1. 2	1	2. 0	2	7. 0	3	1. 4	1	1. 8
蓉优 981	2	6. 0	3	0. 6	1	1. 8	3	11. 0	5	1. 5	1	2. 5	2	14. 0	5	2. 8	1	2. 3
晶两优 8612	2	6. 0	3	0. 8	1	1. 8	4	12. 0	5	1. 5	1	2. 8	2	9. 0	3	1. 2	1	1. 8
旺两优 958	2	13. 0	5	1. 7	1	2. 3	4	33. 0	7	8. 7	3	4. 2	4	48. 0	7	15. 3	5	5. 3
宜香优 2115	2	7. 0	3	0. 8	1	1. 8	3	14. 0	5	1. 8	1	2. 5	2	17. 0	5	2. 5	1	2. 3
涵优 308	2	9. 0	3	1. 1	1	1. 8	3	15. 0	5	3. 2	1	2. 5	2	18. 0	5	3. 0	1	2. 3
恩两优 542	2	9. 0	3	1. 2	1	1. 8	3	8. 0	3	0. 9	1	2. 0	2	11. 0	5	1. 6	1	2. 3
晶两优 1377	2	4. 0	1	0. 5	1	1. 3	3	12. 0	5	1. 8	1	2. 5	2	9. 0	3	1. 1	1	1. 8
明优 308	2	6. 0	3	0. 6	1	1. 8	3	7. 0	3	0. 8	1	2. 0	2	16. 0	5	3. 8	1	2. 3
瑞优 399（CK）	2	4. 0	1	0. 5	1	1. 3	6	26. 0	7	7. 9	3	4. 8	4	30. 0	7	12. 5	3	4. 3
晶两优 534	2	6. 0	3	0. 6	1	1. 8	3	7. 0	3	0. 7	1	2. 0	2	8. 0	3	1. 0	1	1. 8
晶两优 1206	2	4. 0	1	0. 5	1	1. 3	2	6. 0	3	0. 8	1	1. 8	2	9. 0	3	1. 2	1	1. 8

注：鉴定单位：湖北省恩施州农业科学院植保土肥所。

表 25-6　武陵山区中籼组区试抗性鉴定组品种抗病性鉴定综合评价（2017—2018 年）

品种名称	年份	稻瘟病							纹枯病				稻曲病			
		2018 年		2017 年		2017—2018 年			2018 年	2017 年	2017—2018 年		2018 年	2017 年	2017—2018 年	
		抗性指数	损失最高级	抗性指数	损失最高级	抗性指数最大值	损失最高级	抗性评价	病级	病级	最高病级	抗性评价	病级	病级	最高病级	抗性评价
涵优 308	2017—2018	2.2	1	2.5	3	2.5	3	中抗	7	5	7	感病	5	3	5	中感
晶两优 1377	2017—2018	1.9	1	2.6	3	2.6	3	中抗	7	7	7	感病	7	9	9	高感
晶两优 534	2017—2018	1.9	1	2.0	1	2.0	1	抗病	5	5	5	中感	9	9	9	高感
晶两优 1206	2017—2018	1.6	1	1.8	1	1.8	1	抗病	5	5	5	中感	9	9	9	高感
瑞优 399（CK）	2017—2018	3.5	3	3.5	3	3.5	3	中抗	3	5	5	中感	7	9	9	高感
荃 9 优 83	2018	2.2	1			2.2	1	抗病	7		7	感病	3		3	发病
陵优 7904	2018	1.9	1			1.9	1	抗病	7		7	感病	7		7	感病
蓉优 981	2018	2.2	1			2.2	1	抗病	5		5	中感	1		1	发病
晶两优 8612	2018	2.1	1			2.1	1	抗病	7		7	感病	5		5	中感
旺两优 958	2018	3.9	5			3.9	5	中感	9		9	高感	5		5	中感
宜香优 2115	2018	2.2	1			2.2	1	抗病	7		7	感病	1		1	发病
恩两优 542	2018	2.0	1			2.0	1	抗病	7		7	感病	3		3	发病
明优 308	2018	2.0	1			2.0	1	抗病	7		7	感病	3		3	发病

表 25-7　武陵山区中籼组区生试抗性鉴定组试验品种耐冷性鉴定结果与评价

试验组别	品种名称	年份	耐冷性处理始期（月/日）	耐冷性处理止期（月/日）	处理温度平均值（℃）	处理温度最大值（℃）	处理温度最小值（℃）	抽穗扬花期高山低温处理秕粒率（%）	耐冷级别	抽穗期耐冷评价
区试	荃 9 优 83	2018	08/01	08/09	18.7	19.1	18.5	44.1	5	中间型
	陵优 7904	2018	08/01	08/09	18.7	19.1	18.5	38.6	5	中间型
	蓉优 981	2018	08/01	08/09	18.7	19.1	18.5	38.3	5	中间型
	晶两优 8612	2018	08/01	08/09	18.7	19.1	18.5	37.3	5	中间型
	旺两优 958	2018	08/01	08/09	18.7	19.1	18.5	35.7	5	中间型
	宜香优 2115	2018	08/01	08/09	18.7	19.1	18.5	30.4	5	中间型
	涵优 308	2018	08/01	08/09	18.7	19.1	18.5	46.5	7	敏感型
	恩两优 542	2018	08/01	08/09	18.7	19.1	18.5	37.0	5	中间型
	晶两优 1377	2018	08/01	08/09	18.7	19.1	18.5	46.2	7	敏感型
	明优 308	2018	08/01	08/09	18.7	19.1	18.5	31.9	5	中间型
	瑞优 399（CK）	2018	08/01	08/09	18.7	19.1	18.5	36.7	5	中间型
	晶两优 534	2018	08/01	08/09	18.7	19.1	18.5	40.9	5	中间型
	晶两优 1206	2018	08/01	08/09	18.7	19.1	18.5	40.3	5	中间型
生产试验	晶两优 534	2018	08/01	08/09	18.7	19.1	18.5	32.6	5	中间型
	晶两优 1206	2018	08/01	08/09	18.7	19.1	18.5	41.0	5	中间型
	M 两优 1689	2018	08/01	08/09	18.7	19.1	18.5	45.5	7	敏感型
	川农优 308	2018	08/01	08/09	18.7	19.1	18.5	44.4	5	中间型
	瑞优 399（CK）	2018	08/01	08/09	18.7	19.1	18.5	33.3	5	中间型

注：耐冷性鉴定单位：湖北省恩施州农业科学院植保土肥所。

表 25-8 武陵山区中籼组区试组品种米质检测分析结果

品种名称	年份	糙米率（%）	精米率（%）	整精米率（%）	粒长（毫米）	长宽比	垩白粒率（%）	垩白度（%）	透明度（级）	碱消值（级）	胶稠度（毫米）	直链淀粉含量（%）	水分（%）	部标等级	国标等级
涵优 308	2017—2018	79.6	70.0	43.9	7.0	3.1	43	10.6	1	4.4	59	15.1	11.3	普通	—
晶两优 1377	2017—2018	80.2	71.9	61.6	6.2	3.0	18	4.3	1	6.0	77	15.2	11.5	优 3	优 3
瑞优 399（CK）	2017—2018	79.0	66.8	50.2	6.9	3.1	44	10.4	2	5.0	50	20.6	11.4	普通	—
晶两优 534	2017—2018	79.9	71.5	63.9	6.1	3.0	19	4.3	1	6.4	68	15.3	11.9	优 3	优 3
晶两优 1206	2017—2018	79.2	68.8	65.3	6.2	3.0	8	2.0	1	6.0	79	14.3	11.2	优 2	—
荃 9 优 83	2018	79.4	66.8	56.0	6.6	2.8	30	7.1	1	6.0	87	14.0	12.1	普通	—
陵优 7904	2018	80.0	65.7	47.8	6.3	3.1	30	7.5	1	3.0	88	12.7	12.4	普通	—
蓉优 981	2018	79.5	63.8	41.7	6.8	3.2	38	10.4	2	3.0	90	13.0	11.7	普通	—
晶两优 8612	2018	77.8	66.7	61.0	6.3	3.0	24	5.6	1	3.8	90	13.6	12.3	普通	—
旺两优 958	2018	78.4	64.3	48.9	6.1	3.0	25	6.5	2	4.3	85	13.6	12.2	普通	—
宜香优 2115	2018	77.7	64.9	51.7	7.2	3.1	20	4.7	2	5.8	80	14.8	12.3	普通	—
涵优 308	2018	76.7	65.6	42.0	7.3	3.2	40	9.2	2	3.0	81	13.7	12.4	普通	—
恩两优 542	2018	76.5	64.5	45.0	6.6	3.1	23	6.4	2	5.0	79	13.1	10.8	普通	—
晶两优 1377	2018	79.5	68.1	62.5	6.2	3.1	16	3.4	1	6.0	87	14.3	11.0	优 3	—
明优 308	2018	78.1	64.1	47.0	6.6	3.1	34	8.8	2	3.3	90	12.3	11.7	普通	—
瑞优 399（CK）	2018	79.0	66.8	50.2	6.9	3.1	44	10.4	2	5.0	50	20.6	11.4	普通	—
晶两优 534	2018	78.3	67.4	63.0	6.1	3.0	15	3.3	1	5.5	80	14.3	11.8	优 3	—
晶两优 1206	2018	79.2	68.8	65.3	6.2	3.0	8	2.0	1	6.0	79	14.3	11.2	优 2	—

注：1. 样品提供单位：重庆市黔江区种子管理站（2017—2018 年）、湖南省湘西州农业科学院（2017—2018 年）、湖北省恩施州种子管理局（2017—2018 年）；

2. 检测分析单位：农业农村部食品质量监督检验测试中心（武汉）。

表 25-9-1 武陵山区中籼组区试组品种在各试点的产量、生育期及主要经济性状表现（荃 9 优 83）

品种名称/试验点	亩产（千克）	比 CK ±%	位次	播种期	齐穗期	成熟期	全生育期（天）	有效穗（万/亩）	株高（厘米）	穗长（厘米）	总粒数（粒/穗）	实粒数（粒/穗）	结实率（%）	千粒重（克）	杂株率（%）	倒伏程度	综合评级
湖北康农种业股份有限公司	623.20	5.73	3	04/04	07/28	09/02	151.0	16.6	128.0	22.4	169.0	132.0	78.1	29.4	0.0	斜	A
湖北恩施州农业科学院	559.34	7.21	3	04/02	07/17	08/15	135.0	16.0	105.6	27.2	131.7	100.6	76.4	27.4	0.2	伏	A
湖北恩施州种子管理局	690.57	4.21	8	04/04	08/05	09/03	152.0	16.3	108.5	23.0	161.0	138.0	85.7	30.6	0.0	直	A
湖南张家界永定区粮油站	538.78	-7.12	12	04/28	08/09	09/09	134.0	13.9	131.0	24.6	174.6	156.0	89.3	30.1	0.0	直	B
湖南湘西州农业科学院	688.90	4.17	3	04/24	08/03	09/06	135.0	14.3	125.2	25.3	183.7	157.6	85.8	30.7	—	直	A
湖南龙山县种子管理站	684.39	6.53	7	04/09	07/29	08/28	141.0	15.1	125.9	24.6	197.4	166.5	84.3	28.2	—	直	B
贵州思南县种子管理站	736.71	5.51	3	04/21	08/06	09/09	141.0	14.8	134.4	24.9	181.5	161.5	89.0	32.5	0.8	直	A
贵州铜仁科学院	598.13	6.46	2	04/23	07/28	09/07	137.0	15.5	129.6	25.7	176.2	150.2	85.2	29.6	0.0	直	A
重庆武隆区农业技术推广中心	709.29	-11.25	7	03/24	07/12	08/13	142.0	13.6	85.3	26.5	273.5	197.2	72.1	25.8	0.0	直	B
重庆黔江区种子管理站	521.06	-9.26	8	04/09	07/26	08/29	142.0	13.2	114.7	22.9	163.2	144.7	88.7	27.8	0.0	直	B
平均值	635.04	0.94	5	—	—	—	141.0	14.9	118.8	24.7	181.2	150.4	83.0	29.2	0.1	—	—

注：综合评级 A—好，B—较好，C—中等，D——般。

表 25-9-2 武陵山区中籼组区试组品种在各试点的产量、生育期及主要经济性状表现（陵优 7904）

品种名称/试验点	亩产（千克）	比 CK ±%	位次	播种期	齐穗期	成熟期	全生育期（天）	有效穗（万/亩）	株高（厘米）	穗长（厘米）	总粒数（粒/穗）	实粒数（粒/穗）	结实率（%）	千粒重（克）	杂株率（%）	倒伏程度	综合评级
湖北康农种业股份有限公司	576.73	-2.15	12	04/04	07/30	09/02	151.0	18.2	134.0	25.0	167.0	128.0	76.6	24.9	0.0	倒	C
湖北恩施州农业科学院	428.45	-17.88	13	04/02	07/21	08/17	137.0	18.9	104.4	26.2	160.3	128.4	80.1	22.9	0.2	伏	D
湖北恩施州种子管理局	647.27	-2.32	11	04/04	08/13	09/11	160.0	18.0	124.6	22.3	174.0	137.5	79.0	24.6	0.5	直	D
湖南张家界永定区粮油站	566.36	-2.36	8	04/28	08/11	09/08	133.0	16.3	125.6	24.4	177.7	156.4	88.0	25.0	0.0	斜	A
湖南湘西州农业科学院	645.44	-2.40	10	04/24	08/05	09/08	137.0	13.5	133.5	26.1	231.8	193.5	83.5	25.2	—	直	C
湖南龙山县种子管理站	660.65	2.84	10	04/09	07/30	08/26	139.0	16.2	121.3	24.7	193.8	160.4	82.8	26.3	—	直	C
贵州思南县种子管理站	618.02	-11.49	13	04/21	08/03	09/09	141.0	15.7	131.5	25.3	213.0	171.0	80.3	24.9	0.2	直	C
贵州铜仁科学院	577.73	2.83	7	04/23	07/28	09/07	137.0	16.0	136.6	26.8	178.5	148.8	83.4	25.7	0.0	直	C
重庆武隆区农业技术推广中心	752.26	-5.88	5	03/24	07/16	08/16	145.0	14.4	92.1	21.2	269.2	223.0	82.8	23.6	0.0	直	B
重庆黔江区种子管理站	537.11	-6.46	6	04/09	07/25	08/30	143.0	21.2	98.5	21.0	137.3	105.3	76.7	23.7	0.0	直	B
平均值	601.00	-4.47	11	—	—	—	142.3	16.8	120.2	24.3	190.3	155.2	81.6	24.7	0.1	—	—

注：综合评级 A—好，B—较好，C—中等，D——般。

表 25-9-3　武陵山区中籼组区试组品种在各试点的产量、生育期及主要经济性状表现（蓉优 981）

品种名称/试验点	亩产（千克）	比 CK ±%	位次	播种期	齐穗期	成熟期	全生育期（天）	有效穗（万/亩）	株高（厘米）	穗长（厘米）	总粒数（粒/穗）	实粒数（粒/穗）	结实率（%）	千粒重（克）	杂株率（%）	倒伏程度	综合评级
湖北康农种业股份有限公司	602.47	2.21	10	04/04	08/02	09/04	153.0	17.4	127.0	24.4	149.0	116.0	77.9	30.5	0.2	伏	B
湖北恩施州农业科学院	514.04	-1.47	9	04/02	07/18	08/16	136.0	18.4	112.0	26.5	159.3	133.6	83.9	28.2	0.1	伏	C
湖北恩施州种子管理局	726.34	9.61	2	04/04	08/08	09/05	154.0	14.2	118.0	25.1	192.9	169.9	88.1	30.5	1.0	直	A
湖南张家界永定区粮油站	628.05	8.27	3	04/28	08/11	09/08	133.0	14.4	132.6	23.7	148.4	128.7	86.7	29.9	1.0	斜	A
湖南湘西州农业科学院	639.42	-3.31	11	04/24	08/05	09/08	137.0	14.3	133.6	27.8	196.5	150.7	76.7	30.1	—	直	D
湖南龙山县种子管理站	738.72	14.99	2	04/09	07/30	08/27	140.0	17.0	123.6	24.7	168.7	149.1	88.4	29.5	—	直	A
贵州思南县种子管理站	726.34	4.02	6	04/21	08/05	09/12	144.0	15.3	133.1	26.8	212.9	166.4	78.2	30.8	0.3	直	B
贵州铜仁科学院	571.05	1.64	8	04/23	07/27	09/07	137.0	15.5	127.4	24.8	158.3	140.2	88.6	30.0	0.2	直	C
重庆武隆区农业技术推广中心	746.57	-6.59	6	03/24	07/16	08/17	146.0	18.0	116.4	22.5	262.3	159.9	61.0	26.3	1.8	直	B
重庆黔江区种子管理站	559.34	-2.59	4	04/09	07/23	08/30	143.0	14.1	107.0	25.9	186.4	151.6	81.3	27.1	0.0	直	B
平均值	645.23	2.56	3	—	—	—	142.3	15.9	123.1	25.2	183.5	146.6	79.9	29.3	0.6	—	—

注：综合评级 A—好，B—较好，C—中等，D—一般。

表 25-9-4　武陵山区中籼组区试组品种在各试点的产量、生育期及主要经济性状表现（晶两优 8612）

品种名称/试验点	亩产（千克）	比 CK ±%	位次	播种期	齐穗期	成熟期	全生育期（天）	有效穗（万/亩）	株高（厘米）	穗长（厘米）	总粒数（粒/穗）	实粒数（粒/穗）	结实率（%）	千粒重（克）	杂株率（%）	倒伏程度	综合评级
湖北康农种业股份有限公司	608.32	3.20	7	04/04	08/04	09/06	155.0	16.9	124.0	25.4	165.0	136.0	82.4	27.7	0.1	直	B
湖北恩施州农业科学院	508.36	-2.56	10	04/02	07/22	08/20	140.0	16.4	103.2	26.8	179.4	132.1	73.6	20.2	0.1	伏	C
湖北恩施州种子管理局	699.76	5.60	5	04/04	08/11	09/08	157.0	20.4	115.0	23.5	188.3	166.6	88.5	23.8	0.0	直	A
湖南张家界永定区粮油站	556.17	-4.12	11	04/28	08/11	09/12	137.0	15.2	119.1	24.1	152.2	133.9	88.0	24.1	0.5	直	B
湖南湘西州农业科学院	623.54	-5.71	12	04/24	08/02	09/05	134.0	13.3	115.2	29.1	239.8	202.5	84.4	23.0	—	直	D
湖南龙山县种子管理站	704.95	9.73	6	04/09	07/31	08/31	144.0	18.5	118.4	25.9	174.2	155.0	89.0	25.6	—	直	A
贵州思南县种子管理站	741.39	6.18	1	04/21	08/08	09/18	150.0	16.0	125.5	26.9	238.9	196.3	82.2	25.6	1.0	直	A
贵州铜仁科学院	590.10	5.03	4	04/23	08/01	09/10	140.0	16.5	126.4	25.1	169.5	151.3	89.3	25.3	0.0	直	B
重庆武隆区农业技术推广中心	752.59	-5.84	4	03/24	07/21	08/18	147.0	16.5	97.3	22.8	244.6	190.1	77.7	23.6	0.0	直	B
重庆黔江区种子管理站	515.55	-10.22	9	04/09	07/29	09/01	145.0	16.6	122.4	24.7	176.8	140.3	79.4	23.4	0.0	直	B
平均值	630.07	0.15	6	—	—	—	144.9	16.6	116.7	25.4	192.9	160.4	83.2	24.2	0.2	—	—

注：综合评级 A—好，B—较好，C—中等，D—一般。

表 25-9-5　武陵山区中籼组区试组品种在各试点的产量、生育期及主要经济性状表现（旺两优 958）

品种名称/试验点	亩产（千克）	比 CK ±%	位次	播种期	齐穗期	成熟期	全生育期（天）	有效穗（万/亩）	株高（厘米）	穗长（厘米）	总粒数（粒/穗）	实粒数（粒/穗）	结实率（%）	千粒重（克）	杂株率（%）	倒伏程度	综合评级
湖北康农种业股份有限公司	617.69	4.79	5	04/04	07/29	09/01	150.0	21.8	110.0	20.4	145.0	118.0	81.4	25.0	0.0	直	B
湖北恩施州农业科学院	526.08	0.83	7	04/02	07/19	08/18	138.0	19.5	99.9	24.5	145.8	110.4	75.7	23.8	0.1	伏	B
湖北恩施州种子管理局	487.96	-26.36	13	04/04	08/05	09/03	152.0	17.8	101.7	24.3	138.9	116.9	84.2	23.8	1.0	直	D
湖南张家界永定区粮油站	558.84	-3.66	10	04/28	08/05	09/03	128.0	18.3	109.1	23.3	140.8	127.6	90.6	26.3	1.0	直	A
湖南湘西州农业科学院	694.08	4.95	2	04/24	08/02	09/05	134.0	14.5	109.2	25.4	213.9	184.6	86.3	25.9	—	直	A
湖南龙山县种子管理站	625.21	-2.68	12	04/09	07/26	08/28	141.0	19.1	102.7	22.5	149.9	134.1	89.5	25.7	—	直	D
贵州思南县种子管理站	701.44	0.46	9	04/21	08/04	09/11	143.0	17.0	124.3	22.7	179.6	159.4	88.8	26.2	1.3	直	C
贵州铜仁科学院	528.08	-6.01	13	04/23	07/30	09/09	139.0	15.0	114.1	23.1	158.4	138.9	87.7	25.4	0.0	直	D
重庆武隆区农业技术推广中心	663.32	-17.01	11	03/24	07/14	08/15	144.0	12.8	76.3	20.7	228.3	190.4	83.4	25.0	0.0	直	D
重庆黔江区种子管理站	413.57	-27.98	12	04/09	08/24	08/27	140.0	18.8	100.5	19.7	146.8	107.1	73.0	21.4	0.0	直	D
平均值	581.63	-7.55	13	—	—	—	140.9	17.5	104.8	22.7	164.7	138.7	84.2	24.9	0.4	—	—

注：综合评级 A—好，B—较好，C—中等，D——般。

表 25-9-6　武陵山区中籼组区试组品种在各试点的产量、生育期及主要经济性状表现（宜香优 2115）

品种名称/试验点	亩产（千克）	比 CK ±%	位次	播种期	齐穗期	成熟期	全生育期（天）	有效穗（万/亩）	株高（厘米）	穗长（厘米）	总粒数（粒/穗）	实粒数（粒/穗）	结实率（%）	千粒重（克）	杂株率（%）	倒伏程度	综合评级
湖北康农种业股份有限公司	629.39	6.78	1	04/04	08/01	09/02	151.0	16.1	137.0	26.2	168.0	135.0	80.4	29.9	0.0	斜	A
湖北恩施州农业科学院	479.27	-8.14	12	04/02	07/20	08/18	138.0	16.6	113.1	29.1	105.3	89.3	84.8	36.1	0.1	伏	D
湖北恩施州种子管理局	692.58	4.52	6	04/04	08/11	09/10	159.0	13.9	104.1	25.8	192.9	168.9	87.6	30.2	0.0	直	A
湖南张家界永定区粮油站	562.19	-3.08	9	04/28	08/11	09/15	140.0	15.0	137.5	29.3	168.4	149.5	88.8	32.0	0.0	直	A
湖南湘西州农业科学院	676.70	2.33	5	04/24	08/08	09/11	140.0	13.9	143.2	29.0	178.2	152.7	85.7	32.0	—	直	B
湖南龙山县种子管理站	706.45	9.97	5	04/09	07/30	08/28	141.0	17.0	136.5	25.0	157.7	141.0	89.4	30.8	—	直	A
贵州思南县种子管理站	682.71	-2.23	12	04/21	08/03	09/09	141.0	14.6	132.5	28.6	161.0	144.6	89.8	34.8	0.3	直	C
贵州铜仁科学院	545.13	-2.98	11	04/23	07/29	09/08	138.0	15.5	131.4	26.9	145.2	123.5	85.1	32.0	0.0	直	C
重庆武隆区农业技术推广中心	793.55	-0.71	2	03/24	07/16	08/20	149.0	16.3	84.4	21.9	242.8	152.8	62.9	30.5	0.0	直	A
重庆黔江区种子管理站	492.98	-14.15	10	04/09	07/24	08/27	140.0	15.6	118.0	27.3	126.0	105.8	84.0	30.1	0.0	直	C
平均值	626.10	-0.48	9	—	—	—	143.7	15.5	123.8	26.9	164.6	136.3	82.8	31.8	0.1	—	—

注：综合评级 A—好，B—较好，C—中等，D——般。

表 25-9-7　武陵山区中籼组区试组品种在各试点的产量、生育期及主要经济性状表现（涵优 308）

品种名称/试验点	亩产（千克）	比 CK ±%	位次	播种期	齐穗期	成熟期	全生育期（天）	有效穗（万/亩）	株高（厘米）	穗长（厘米）	总粒数（粒/穗）	实粒数（粒/穗）	结实率（%）	千粒重（克）	杂株率（%）	倒伏程度	综合评级
湖北康农种业股份有限公司	610.83	3.63	6	04/04	08/01	09/04	153.0	18.2	132.0	22.7	141.0	112.0	79.4	30.3	0.0	直	B
湖北恩施州农业科学院	569.37	9.13	1	04/02	07/19	08/16	136.0	16.0	105.2	27.8	166.8	125.4	75.2	29.6	0.1	伏	A
湖北恩施州种子管理局	792.71	19.63	1	04/04	08/18	09/07	156.0	19.2	121.8	22.6	148.7	128.7	86.6	32.6	0.5	直	B
湖南张家界永定区粮油站	597.63	3.03	5	04/28	08/10	09/12	137.0	14.3	115.6	25.2	153.3	126.3	82.4	30.2	0.0	直	A
湖南湘西州农业科学院	712.30	7.71	1	04/24	08/05	09/08	137.0	14.1	123.7	27.4	210.9	167.9	79.6	30.4	—	直	A
湖南龙山县种子管理站	616.52	-4.03	13	04/09	07/27	08/28	141.0	17.0	115.2	26.1	148.9	131.3	88.2	29.0	—	直	D
贵州思南县种子管理站	734.03	5.12	5	04/21	08/04	09/14	146.0	16.3	127.8	25.4	163.3	147.0	90.0	32.2	0.3	直	A
贵州铜仁科学院	593.61	5.65	3	04/23	07/30	09/09	139.0	16.1	117.5	23.4	158.2	142.3	89.9	30.1	0.0	直	B
重庆武隆区农业技术推广中心	681.38	-14.75	10	03/24	07/14	08/14	143.0	16.6	84.7	22.1	254.1	165.8	65.2	27.2	0.5	直	C
重庆黔江区种子管理站	529.09	-7.86	7	04/09	07/24	08/28	141.0	18.4	103.0	23.3	113.3	94.8	83.7	29.4	0.0	直	B
平均值	643.75	2.33	4	—	—	—	142.9	16.6	114.7	24.6	165.9	134.2	80.9	30.1	0.2	—	—

注：综合评级 A—好，B—较好，C—中等，D—一般。

表 25-9-8　武陵山区中籼组区试组品种在各试点的产量、生育期及主要经济性状表现（恩两优 542）

品种名称/试验点	亩产（千克）	比 CK ±%	位次	播种期	齐穗期	成熟期	全生育期（天）	有效穗（万/亩）	株高（厘米）	穗长（厘米）	总粒数（粒/穗）	实粒数（粒/穗）	结实率（%）	千粒重（克）	杂株率（%）	倒伏程度	综合评级
湖北康农种业股份有限公司	559.01	-5.16	13	04/04	07/31	09/01	150.0	21.8	121.0	24.3	131.0	103.0	78.6	25.7	0.0	直	C
湖北恩施州农业科学院	561.02	7.53	2	04/02	07/19	08/17	137.0	15.6	110.7	26.8	154.5	135.2	87.5	28.4	0.1	伏	A
湖北恩施州种子管理局	624.54	-5.75	12	04/04	08/05	09/03	152.0	15.1	96.2	26.3	176.0	152.0	86.4	27.3	0.5	直	B
湖南张家界永定区粮油站	612.67	5.62	4	04/28	08/04	09/09	134.0	13.5	128.8	27.4	169.5	151.8	89.6	28.9	0.0	斜	A
湖南湘西州农业科学院	616.68	-6.75	13	04/24	07/31	09/03	132.0	13.0	126.3	30.8	216.7	180.3	83.2	27.6	—	直	D
湖南龙山县种子管理站	662.82	3.17	9	04/09	07/26	08/24	137.0	16.1	130.1	27.5	171.7	153.0	89.1	27.2	—	直	C
贵州思南县种子管理站	698.09	-0.02	11	04/21	08/01	09/10	142.0	14.1	121.8	28.0	226.6	190.5	84.1	27.2	0.5	直	C
贵州铜仁科学院	533.77	-5.00	12	04/23	07/26	09/05	135.0	15.1	120.1	25.7	154.3	132.5	85.9	27.8	0.0	直	D
重庆武隆区农业技术推广中心	684.22	-14.39	8	03/24	07/13	08/16	145.0	13.7	101.0	23.3	231.7	200.5	86.5	25.8	0.0	直	C
重庆黔江区种子管理站	403.04	-29.81	13	04/09	07/24	08/26	139.0	14.9	111.5	25.4	126.4	109.5	86.6	26.6	0.0	直	D
平均值	595.59	-5.33	12	—	—	—	140.3	15.3	116.8	26.6	175.8	150.8	85.8	27.3	0.1	—	—

注：综合评级 A—好，B—较好，C—中等，D—一般。

表 25-9-9　武陵山区中籼组区试组品种在各试点的产量、生育期及主要经济性状表现（晶两优 1377）

品种名称/试验点	亩产（千克）	比 CK ±%	位次	播种期	齐穗期	成熟期	全生育期（天）	有效穗（万/亩）	株高（厘米）	穗长（厘米）	总粒数（粒/穗）	实粒数（粒/穗）	结实率（%）	千粒重（克）	杂株率（%）	倒伏程度	综合评级
湖北康农种业股份有限公司	604.14	2.50	9	04/04	08/04	09/03	152.0	22.4	115.0	22.2	143.0	120.0	83.9	23.7	0.0	直	B
湖北恩施州农业科学院	539.79	3.46	5	04/02	07/23	08/20	140.0	18.4	105.6	24.4	155.0	128.0	82.6	23.3	0.8	伏	B
湖北恩施州种子管理局	711.97	7.44	4	04/04	08/10	09/08	157.0	14.8	114.2	24.6	218.0	192.0	88.1	25.1	0.0	直	B
湖南张家界永定区粮油站	634.57	9.40	1	04/28	08/11	09/15	140.0	17.6	128.9	25.7	186.4	156.7	84.1	22.1	0.0	直	A
湖南湘西州农业科学院	667.50	0.93	6	04/24	08/04	09/07	136.0	13.0	115.7	29.1	246.7	217.2	88.0	24.2	—	直	B
湖南龙山县种子管理站	667.84	3.96	8	04/09	08/01	08/31	144.0	18.6	114.7	24.5	164.4	142.1	86.4	25.9	—	直	B
贵州思南县种子管理站	735.20	5.29	4	04/21	08/09	09/23	155.0	16.8	121.0	25.6	207.6	188.5	90.8	24.5	1.4	直	A
贵州铜仁科学院	551.15	-1.90	10	04/23	08/02	09/12	142.0	15.7	124.6	25.0	178.7	143.6	80.4	24.5	0.1	直	C
重庆武隆区农业技术推广中心	792.88	-0.79	3	03/24	07/16	08/20	149.0	17.1	104.1	24.6	258.5	216.1	83.6	21.6	0.5	直	A
重庆黔江区种子管理站	608.32	5.94	1	04/09	07/29	08/31	144.0	19.6	106.8	23.1	156.0	135.6	86.9	22.3	0.0	直	A
平均值	651.34	3.53	1	—	—	—	145.9	17.4	115.1	24.9	191.4	164.0	85.7	23.7	0.4	—	—

注：综合评级 A—好，B—较好，C—中等，D——般。

表 25-9-10　武陵山区中籼组区试组品种在各试点的产量、生育期及主要经济性状表现（明优 308）

品种名称/试验点	亩产（千克）	比 CK ±%	位次	播种期	齐穗期	成熟期	全生育期（天）	有效穗（万/亩）	株高（厘米）	穗长（厘米）	总粒数（粒/穗）	实粒数（粒/穗）	结实率（%）	千粒重（克）	杂株率（%）	倒伏程度	综合评级
湖北康农种业股份有限公司	629.22	6.75	2	04/04	07/28	09/04	153.0	17.2	125.0	24.2	158.0	129.0	81.6	30.1	0.1	直	A
湖北恩施州农业科学院	505.18	-3.17	11	04/02	07/17	08/16	136.0	17.0	105.9	25.7	120.4	96.8	80.4	31.6	0.6	伏	D
湖北恩施州种子管理局	720.49	8.73	3	04/04	08/05	09/05	154.0	13.6	110.8	23.3	187.2	163.2	87.2	33.5	0.5	直	C
湖南张家界永定区粮油站	535.94	-7.61	13	04/28	08/09	09/08	133.0	16.6	127.3	25.6	142.4	118.3	83.1	32.3	0.0	斜	B
湖南湘西州农业科学院	681.88	3.11	4	04/24	08/03	09/06	135.0	13.8	119.2	26.1	194.5	162.2	83.4	31.0	—	直	B
湖南龙山县种子管理站	713.97	11.14	4	04/09	07/25	08/26	139.0	19.8	119.8	24.1	142.3	125.6	88.3	29.6	—	直	A
贵州思南县种子管理站	708.12	1.41	7	04/21	08/04	09/09	141.0	15.5	123.4	26.2	175.1	150.8	86.1	33.1	0.4	直	B
贵州铜仁科学院	581.58	3.51	6	04/23	07/27	09/06	136.0	14.8	121.6	26.0	165.8	142.0	85.6	31.2	0.0	直	C
重庆武隆区农业技术推广中心	682.55	-14.60	9	03/24	07/09	08/12	141.0	15.4	78.8	22.3	192.5	145.9	75.8	30.7	0.3	直	C
重庆黔江区种子管理站	425.61	-25.88	11	04/09	07/24	08/27	140.0	15.2	83.0	21.0	103.0	90.7	88.1	31.4	1.5	直	D
平均值	618.45	-1.70	10	—	—	—	140.8	15.9	111.5	24.5	158.1	132.5	83.8	31.5	0.4	—	—

注：综合评级 A—好，B—较好，C—中等，D——般。

表 25-9-11　武陵山区中籼组区试组品种在各试点的产量、生育期及主要经济性状表现（瑞优 399（CK））

品种名称/试验点	亩产（千克）	比 CK ±%	位次	播种期	齐穗期	成熟期	全生育期（天）	有效穗（万/亩）	株高（厘米）	穗长（厘米）	总粒数（粒/穗）	实粒数（粒/穗）	结实率（%）	千粒重（克）	杂株率（%）	倒伏程度	综合评级
湖北康农种业股份有限公司	589.43	0.00	11	04/04	08/04	09/07	156.0	17.6	132.0	22.7	152.0	116.0	76.3	30.0	0.0	倒	B
湖北恩施州农业科学院	521.73	0.00	8	04/02	07/26	08/21	141.0	17.1	113.9	25.8	125.9	98.4	78.2	29.9	0.1	伏	C
湖北恩施州种子管理局	662.65	0.00	10	04/04	08/15	09/15	164.0	13.7	113.2	23.1	187.1	164.1	87.7	29.9	1.0	直	C
湖南张家界永定区粮油站	580.07	0.00	7	04/28	08/12	09/12	137.0	12.7	129.8	22.7	158.7	132.5	83.5	30.5	0.5	直	A
湖南湘西州农业科学院	661.32	0.00	7	04/24	08/08	09/11	140.0	13.5	135.2	24.8	194.5	159.5	82.0	31.0	1.2	直	C
湖南龙山县种子管理站	642.43	0.00	11	04/09	08/01	08/31	144.0	17.6	129.9	23.7	161.5	140.8	87.2	27.1	—	直	C
贵州思南县种子管理站	698.26	0.00	10	04/21	08/09	09/16	148.0	15.1	131.0	24.1	176.9	159.2	90.0	31.5	0.3	直	B
贵州铜仁科学院	561.85	0.00	9	04/23	08/02	09/11	141.0	15.3	132.9	24.3	167.2	147.8	88.4	28.5	0.0	直	C
重庆武隆区农业技术推广中心	799.23	0.00	1	03/24	07/23	08/22	151.0	14.9	98.4	22.3	254.7	193.9	76.1	27.8	0.0	直	A
重庆黔江区种子管理站	574.22	0.00	3	04/09	07/31	09/02	146.0	19.2	121.3	21.2	112.0	101.5	90.6	29.5	0.5	直	A
平均值	629.12	0.00	8	—	—	—	146.8	15.7	123.8	23.5	169.1	141.4	83.6	29.6	0.4	—	—

注：综合评级 A—好，B—较好，C—中等，D—一般。

表 25-9-12　武陵山区中籼组区试组品种在各试点的产量、生育期及主要经济性状表现（晶两优 534）

品种名称/试验点	亩产（千克）	比 CK ±%	位次	播种期	齐穗期	成熟期	全生育期（天）	有效穗（万/亩）	株高（厘米）	穗长（厘米）	总粒数（粒/穗）	实粒数（粒/穗）	结实率（%）	千粒重（克）	杂株率（%）	倒伏程度	综合评级
湖北康农种业股份有限公司	608.16	3.18	8	04/04	08/03	09/04	153.0	22.5	116.0	23.3	153.0	109.0	71.2	25.1	0.1	斜	B
湖北恩施州农业科学院	535.44	2.63	6	04/02	07/19	08/17	137.0	22.4	102.9	23.1	125.7	99.1	78.8	21.6	0.2	伏	B
湖北恩施州种子管理局	683.88	3.20	9	04/04	08/10	09/08	157.0	22.0	112.1	24.4	156.1	133.1	85.3	23.8	0.5	直	A
湖南张家界永定区粮油站	586.43	1.10	6	04/28	08/11	09/12	137.0	15.6	129.8	25.8	193.9	177.5	91.5	24.0	0.0	直	A
湖南湘西州农业科学院	657.81	-0.53	8	04/24	08/03	09/06	135.0	14.8	115.6	26.6	215.7	192.7	89.3	23.7	—	直	C
湖南龙山县种子管理站	715.98	11.45	3	04/09	07/31	08/28	141.0	16.8	114.4	22.7	213.2	191.8	90.0	23.2	—	直	B
贵州思南县种子管理站	738.21	5.72	2	04/21	08/08	09/17	149.0	17.1	124.7	25.5	194.5	181.2	93.2	24.7	0.1	直	A
贵州铜仁科学院	582.08	3.60	5	04/23	07/31	09/10	140.0	16.0	126.6	23.9	164.3	144.6	88.0	25.4	0.0	直	C
重庆武隆区农业技术推广中心	644.77	-19.33	13	03/24	07/16	08/19	148.0	17.8	101.8	22.2	261.0	172.9	66.2	20.2	0.5	直	D
重庆黔江区种子管理站	541.12	-5.76	5	04/09	07/28	08/31	144.0	19.6	106.5	23.9	144.9	120.6	83.2	22.8	0.0	直	B
平均值	629.39	0.04	7	—	—	—	144.1	18.5	115.0	24.1	182.2	152.3	83.6	23.5	0.2	—	—

注：综合评级 A—好，B—较好，C—中等，D—一般。

表 25-9-13　武陵山区中籼组区试组品种在各试点的产量、生育期及主要经济性状表现（晶两优 1206）

品种名称/试验点	亩产（千克）	比 CK ±%	位次	播种期	齐穗期	成熟期	全生育期（天）	有效穗（万/亩）	株高（厘米）	穗长（厘米）	总粒数（粒/穗）	实粒数（粒/穗）	结实率（%）	千粒重（克）	杂株率（%）	倒伏程度	综合评级
湖北康农种业股份有限公司	618.35	4.91	4	04/14	08/03	09/04	143.0	22.6	117.0	24.7	142.0	115.0	81.0	24.1	0.0	倒	B
湖北恩施州农业科学院	551.32	5.67	4	04/02	07/20	08/18	138.0	21.6	108.3	22.2	132.3	113.1	85.5	24.3	0.2	伏	B
湖北恩施州种子管理局	692.24	4.47	7	04/04	08/10	09/08	157.0	17.2	116.4	24.0	195.5	174.5	89.3	23.0	0.5	直	A
湖南张家界永定区粮油站	629.05	8.44	2	04/28	08/13	09/15	140.0	17.2	128.6	26.2	191.6	159.5	83.2	23.4	0.0	直	A
湖南湘西州农业科学院	648.28	-1.97	9	04/24	08/05	09/08	137.0	14.5	118.3	27.7	207.4	187.4	90.4	23.8	—	直	C
湖南龙山县种子管理站	766.63	19.33	1	04/09	07/31	08/29	142.0	19.2	120.2	24.9	190.6	164.0	86.0	24.6	—	直	A
贵州思南县种子管理站	706.79	1.22	8	04/21	08/08	09/20	152.0	16.9	128.8	23.8	189.9	171.9	90.5	25.5	0.3	直	B
贵州铜仁科学院	603.31	7.38	1	04/23	07/31	09/10	140.0	15.8	124.4	27.2	190.2	167.6	88.1	25.5	0.0	直	A
重庆武隆区农业技术推广中心	652.62	-18.34	12	03/24	07/17	08/18	147.0	14.4	89.3	21.7	270.9	215.9	79.7	21.3	0.5	直	D
重庆黔江区种子管理站	589.27	2.62	2	04/09	07/28	09/01	145.0	18.8	116.0	25.1	142.6	125.7	88.1	24.3	0.0	直	A
平均值	645.79	2.65	2	—	—	—	144.1	17.8	116.7	24.8	185.3	159.5	86.1	24.0	0.2	—	—

注：综合评级 A—好，B—较好，C—中等，D——般。

表 25-10-1　武陵山区中籼组生试组品种在各试点的产量、生育期、主要特征、田间抗性表现（川农优 308）

品种名称/试验点	亩产（千克）	比 CK ±%	位次	播种期	齐穗期	成熟期	全生育期（天）	耐寒性	整齐度	杂株率（%）	株型	叶色	叶姿	长势	熟期转色	倒伏程度	落粒性	叶瘟	穗颈瘟	稻曲病	纹枯病	综合评级
湖北恩施州农业科学院	475.49	6.85	1	04/02	07/23	08/19	139.0	未发	整齐	0.1	适中	绿	挺直	繁茂	好	伏	易	轻	未发	未发	重	A
湖南湘西州农业科学院	628.72	-2.03	5	04/24	08/05	09/08	137.0	未发	整齐	—	适中	绿	挺直	繁茂	中	直	中	未发	未发	未发	未发	B
湖南龙山县种子管理站	677.60	0.30	4	04/09	07/31	08/27	140.0	强	整齐	—	适中	绿	挺直	繁茂	好	直	中	无	无	无	无	B
贵州铜仁科学院	600.58	3.63	3	04/23	07/29	09/08	138.0	未发	整齐	0.0	适中	绿	一般	一般	好	直	易	轻	轻	未发	轻	C
重庆秀山县种子管理站	570.90	7.95	1	03/27	07/21	08/26	152.0	未发	整齐	0.0	松散	浓绿	一般	繁茂	好	直	中	无	无	无	轻	A
重庆黔江区种子管理站	447.09	-18.33	5	04/09	07/26	08/31	144.0	未发	整齐	0.0	适中	绿	挺直	繁茂	中	直	中	未发	未发	未发	轻	C

注：综合评级 A—好，B—较好，C—中等，D——般。

表 25-10-2　武陵山区中籼组生试组品种在各试点的产量、生育期、主要特征、田间抗性表现（M 两优 1689）

品种名称/试验点	亩产（千克）	比 CK ±%	位次	播种期	齐穗期	成熟期	全生育期（天）	耐寒性	整齐度	杂株率（%）	株型	叶色	叶姿	长势	熟期转色	倒伏程度	落粒性	叶瘟	穗颈瘟	稻曲病	纹枯病	综合评级
湖北恩施州农业科学院	424.82	-4.53	5	04/02	07/19	08/15	135.0	未发	整齐	1.0	适中	浓绿	一般	繁茂	好	伏	易	轻	未发	未发	重	B
湖南湘西州农业科学院	677.80	5.62	1	04/24	08/01	09/04	133.0	未发	整齐	—	适中	浓绿	挺直	繁茂	好	直	中	未发	未发	未发	未发	A
湖南龙山县种子管理站	722.60	6.96	2	04/09	07/29	08/26	139.0	强	整齐	—	适中	绿	挺直	繁茂	好	直	中	无	无	无	无	A
贵州铜仁科学院	604.53	4.31	2	04/23	07/28	09/07	137.0	未发	整齐	0.0	适中	绿	一般	繁茂	好	直	易	无	轻	未发	轻	B
重庆秀山县种子管理站	533.48	0.87	4	03/27	07/20	08/26	152.0	未发	一般	0.0	松散	绿	挺直	繁茂	好	直	中	无	无	无	轻	C
重庆黔江区种子管理站	601.60	9.89	1	04/09	08/26	08/30	143.0	未发	整齐	0.0	适中	绿	挺直	繁茂	好	直	中	未发	未发	未发	轻	A

注：综合评级 A—好，B—较好，C—中等，D——般。

表 25-10-3　武陵山区中籼组生试组品种在各试点的产量、生育期、主要特征、田间抗性表现（晶两优 534）

品种名称/试验点	亩产（千克）	比 CK ±%	位次	播种期	齐穗期	成熟期	全生育期（天）	耐寒性	整齐度	杂株率（%）	株型	叶色	叶姿	长势	熟期转色	倒伏程度	落粒性	叶瘟	穗颈瘟	稻曲病	纹枯病	综合评级
湖北恩施州农业科学院	438.74	-1.40	4	04/02	07/20	08/18	138.0	未发	整齐	1.0	适中	绿	一般	繁茂	好	伏	易	轻	未发	未发	重	B
湖南湘西州农业科学院	633.89	-1.23	4	04/24	08/03	09/06	135.0	未发	整齐	—	适中	绿	挺直	繁茂	好	直	中	未发	未发	未发	未发	B
湖南龙山县种子管理站	717.60	6.22	3	04/09	08/01	08/28	141.0	强	整齐	—	适中	绿	挺直	繁茂	好	直	中	无	无	无	无	A
贵州铜仁科学院	593.99	2.49	4	04/23	07/29	09/09	139.0	未发	一般	0.2	适中	浓绿	一般	繁茂	好	直	易	无	轻	未发	轻	C
重庆秀山县种子管理站	554.49	4.84	3	03/27	07/24	08/28	154.0	未发	一般	0.0	松散	绿	挺直	一般	好	直	中	无	无	无	轻	B
重庆黔江区种子管理站	537.59	-1.80	4	04/09	07/29	08/31	144.0	未发	整齐	0.0	适中	绿	挺直	繁茂	好	直	中	未发	未发	未发	轻	B

注：综合评级 A—好，B—较好，C—中等，D——般。

表 25-10-4　武陵山区中籼组生试组品种在各试点的产量、生育期、主要特征、田间抗性表现（晶两优 1206）

品种名称/试验点	亩产（千克）	比 CK ±%	位次	播种期	齐穗期	成熟期	全生育期（天）	耐寒性	整齐度	杂株率（%）	株型	叶色	叶姿	长势	熟期转色	倒伏程度	落粒性	叶瘟	穗颈瘟	稻曲病	纹枯病	综合评级
湖北恩施州农业科学院	470.29	5.69	2	04/02	07/21	08/19	139.0	未发	整齐	0.8	适中	绿	挺直	一般	好	伏	易	轻	未发	未发	重	A
湖南湘西州农业科学院	638.80	-0.46	3	04/24	08/03	09/06	135.0	未发	整齐	—	适中	绿	挺直	繁茂	好	直	中	未发	未发	未发	未发	B
湖南龙山县种子管理站	730.60	8.14	1	04/09	07/31	08/29	142.0	强	整齐	—	适中	绿	挺直	繁茂	好	直	中	无	无	无	无	A
贵州铜仁科学院	620.75	7.11	1	04/23	07/28	09/08	138.0	未发	整齐	0.0	适中	浓绿	一般	繁茂	好	直	易	无	无	未发	轻	A
重庆秀山县种子管理站	568.09	7.42	2	03/27	07/24	08/28	154.0	未发	整齐	0.0	松散	浓绿	挺直	繁茂	好	直	中	无	无	无	轻	A
重庆黔江区种子管理站	557.80	1.89	2	04/09	07/27	08/30	143.0	未发	整齐	0.0	适中	绿	挺直	繁茂	好	直	中	未发	未发	未发	轻	A

注：综合评级 A—好，B—较好，C—中等，D——般。

表 25-10-5　武陵山区中籼组生试组品种在各试点的产量、生育期、主要特征、田间抗性表现（瑞优 399（CK））

品种名称/试验点	亩产（千克）	比 CK ±%	位次	播种期	齐穗期	成熟期	全生育期（天）	耐寒性	整齐度	杂株率（%）	株型	叶色	叶姿	长势	熟期转色	倒伏程度	落粒性	叶瘟	穗颈瘟	稻曲病	纹枯病	综合评级
湖北恩施州农业科学院	444.99	0.00	3	04/02	07/26	08/22	142.0	未发	整齐	0.7	适中	绿	挺直	一般	好	伏	易	轻	未发	未发	重	B
湖南湘西州农业科学院	641.76	0.00	2	04/24	09/08	09/11	140.0	未发	整齐	—	适中	绿	挺直	繁茂	中	直	中	未发	未发	未发	未发	B
湖南龙山县种子管理站	675.59	0.00	5	04/09	08/08	08/31	144.0	强	整齐	—	适中	绿	挺直	繁茂	好	直	中	无	无	无	无	B
贵州铜仁科学院	579.57	0.00	5	04/23	07/31	09/11	141.0	未发	整齐	0.0	适中	淡绿	一般	繁茂	好	直	易	无	轻	未发	轻	C
重庆秀山县种子管理站	528.87	0.00	5	03/27	07/25	08/30	156.0	未发	一般	0.0	紧束	绿	一般	一般	好	直	中	无	无	无	中	C
重庆黔江区种子管理站	547.44	0.00	3	04/09	07/30	09/02	146.0	未发	整齐	0.0	适中	绿	挺直	繁茂	好	直	中	未发	未发	未发	轻	B

注：综合评级 A—好，B—较好，C—中等，D——般。

下　　篇

2018 年度北方稻区国家水稻区试品种报告

第二十六章　2018 年黄淮海粳稻 A 组国家水稻品种试验汇总报告

一、试验概况

（一）试验目的

鉴定评价我国黄淮海稻区选育和引进的水稻新品种（组合，下同）的丰产性、稳产性、适应性、抗逆性、品质及其他重要特征特性表现，为国家水稻品种审定提供科学依据。

（二）参试品种

区试品种 12 个，全部为常规品种，其中连粳 16117、宏稻 59、皖垦粳 2181、中作 1401 为续试品种，其他品种为新参试品种，以徐稻 3 号（CK）为对照；生试品种 5 个，全部为常规品种，也以徐稻 3 号（CK）为对照。品种名称、类型、亲本组合、选育/供种单位见表 26-1。

（三）承试单位

区试点 11 个，生产试验点 7 个，分布在河南、山东、安徽和江苏 4 省区。承试单位、试验地点、经纬度、海拔高度、试验负责人及执行人见表 26-2。

（四）试验设计

各试验点均按照《2018 年北方稻区国家水稻品种试验实施方案》及 NY/T 1300—2007《农作物品种区域试验技术规范　水稻》进行试验。

区试采用完全随机区组设计，3 次重复，小区面积 0.02 亩。生产试验采用大区随机排列，不设重复，大区面积 0.5 亩。

同组试验所有参试品种同期播种、移栽，施肥水平中等偏上，其他栽培管理措施与当地大田生产相同。

观察记载项目与标准按 NY/T 1300—2007《农作物品种区域试验技术规范　水稻》《国家水稻品种试验观察记载项目、方法及标准》《北方稻区国家水稻品种区试及生产试验记载表》等的要求执行。

（五）特性鉴定

抗性鉴定：天津市农业科学院植保所和江苏省农业科学院植保所负责稻瘟病抗性鉴定，采用人工接菌与病区自然诱发相结合；江苏省农业科学院植保所负责条纹叶枯病和黑条矮缩病抗性鉴定，河南省农业科学院植保所参加黑条矮缩病抗性鉴定。鉴定用种由中国农业科学院作物科学研究所统一提供，稻瘟病鉴定结果由天津市农业科学院植保所负责汇总。

米质分析：河南省农业科学院粮作所、山东省水稻所和江苏省宿迁农科所试点提供米质分析样品，农业农村部食品质量监督检验测试中心（武汉）负责米质分析。

DNA 指纹鉴定：中国农业科学院作物科学研究所负责参试品种的特异性及续试品种年度间的一致性检测。

转基因检测：由深圳市农业科技促进中心［农业农村部农作物种子质量和转基因成分监督检验测试中心（深圳）］进行转基因鉴定。

（六）试验执行情况

依据 NY/T 1300—2007《农作物品种区域试验技术规范　水稻》，参考区试考察情况及试验点特殊事件报备情况，对各试验点试验结果的可靠性、有效性、准确性以及对照品种表现情况等进行分析评估，确保汇总质量。2018 年区试各试点试验结果正常，全部列入汇总。

（七）统计分析

统计分析汇总在试运行的“国家水稻品种试验数据管理平台”上进行。

产量联合方差分析采用混合模型，品种间差异多重比较采用 Duncan's 新复极差法。品种丰产性主要以品种在区试和生产试验中相对于对照产量的高低衡量；参试品种的适应性以品种在区试中较对照增产的试验点比例衡量；参试品种的稳产性主要以品种在年度间区试中较对照品种产量的差异变化程度衡量。

参试品种的生育期主要以全生育期较对照品种生育期的长短天数衡量。

参试品种的抗性以指定鉴定单位的鉴定结果为主要依据，对稻瘟病抗性的主要评价指标为综合抗性指数和穗颈瘟损失率最高级，对其他病虫害抗性的主要评价指标为最高级。

参试品种的米质评价按照农业行业标准 NY/T 593—2013《食用稻品种品质》，分优质一级、优质二级、优质三级，未达到优质的品种米质均为普通级。

二、结果分析

（一）产量

2018 年区域试验中，徐稻 3 号（CK）平均亩产 597.32 千克，居第 12 位。依据比对照增减产幅度：嘉优中科 8 号、连粳 16117、宏稻 59、隆运 7100 和新粮 12 号，产量高，比徐稻 3 号（CK）增产 5%以上；皖垦粳 2181、精华 153、镇稻 9128 和中作 1401，产量较高，比徐稻 3 号（CK）增产 3%～5%；天隆粳 131、宁 7618 和苏秀 7118 产量中等，比徐稻 3 号（CK）增减产在 3%以内。区试及生产试验产量汇总结果见表 26-3、表 26-4。

（二）生育期

2018 年区域试验中，徐稻 3 号（CK）全生育期 153.3 天。依据全生育期比对照品种长短的天数衡量：隆运 7100、新粮 12 号和宁 7618 熟期早，比徐稻 3 号（CK）早熟 3～7 天；其余品种熟期适中，全生育期与徐稻 3 号（CK）相差不大。区试及生产试验品种生育期汇总结果见表 26-3、表 26-4。

（三）主要农艺及经济性状

区试品种有效穗、株高、穗长、每穗总粒数、结实率、千粒重等主要农艺经济性状汇总结果见表 26-3。

（四）抗病性

嘉优中科 8 号稻瘟病综合指数超过 5.0，其他品种综合指数均小于或等于 5.0；镇稻 9128、嘉优中科 8 号、宁 7618、精华 153 和天隆粳 131 穗瘟损失率最高级均大于 5 级，其他品种穗瘟损失率最高级均小于或等于 5 级。

所有品种条纹叶枯病抗性级别均为 5 级。

区试品种稻瘟病和条纹叶枯病的抗性鉴定结果见表 26-5。

各生试品种黑条矮缩病的鉴定结果见表 26-4。

（五）米质

依据农业行业标准 NY/T 593—2013《食用稻品种品质》，连粳 16117、宏稻 59、中作 1401 和精华 153 米质达优质二级，其余品种米质均为普通级。

区试品种米质性状表现和综合评级结果见表 26-6。

（六）品种在各试点表现

区试品种在各试点的表现情况见表 26-7-1 至表 26-7-13。

生试品种在各试点的表现情况见表 26-8-1 至表 26-8-3。

三、品种评价

（一）生产试验品种

1. 赛粳 16

2016 年初试平均亩产 661.44 千克，较徐稻 3 号（CK）增产 4.92%，增产点比例 100%。2017 年续试平均亩产 631.65 千克，较徐稻 3 号（CK）增产 4.11%，增产点比例 81.8%。两年区域试验平均亩产 646.54 千克，较徐稻 3 号（CK）增产 4.52%，增产点比例 90.9%。2018 年生产试验平均亩产 643.76 千克，较徐稻 3 号（CK）增产 5.09%，增产点比例 85.7%。全生育期两年区试平均 155.9 天，较徐稻 3 号（CK）早熟 0.8 天。主要农艺性状两年区试综合表现：有效穗 21.8 万穗/亩，株高 101.5 厘米，穗长 16.5 厘米，每穗总粒数 138.4 粒，结实率 86.3%，千粒重 27.1 克。抗性：稻瘟病综合指数两年分别为 4.0 级和 4.8 级，穗瘟损失率最高级 5 级，条纹叶枯病 5 级。主要米质指标两年综合表现：糙米率 84.7%，整精米率 67.4%，垩白度 8%，透明度 1 级，直链淀粉含量 15.7%，胶稠度 72 毫米，碱消值 6.8。

2018 年国家水稻品种试验年会审议意见：已完成试验程序，可以申报国家品种审定。

2. W023

2016 年初试平均亩产 655.39 千克，较徐稻 3 号（CK）增产 3.96%，增产点比例 72.7%。2017 年续试平均亩产 610.24 千克，较徐稻 3 号（CK）增产 0.58%，增产点比例 72.7%。两年区域试验平均亩产 632.82 千克，较徐稻 3 号（CK）增产 2.3%，增产点比例 72.7%。2018 年生产试验平均亩产 641.43 千克，较徐稻 3 号（CK）增产 4.71%，增产点比例 100%。全生育期两年区试平均 153.5 天，比徐稻 3 号（CK）早熟 3.2 天。主要农艺性状两年区试综合表现：有效穗 21.4 万穗/亩，株高 89.9 厘米，穗长 17 厘米，每穗总粒数 166.4 粒，结实率 85.3%，千粒重 23.7 克。抗性：稻瘟病综合指数两年分别为 4.4 级和 4.2 级，穗瘟损失率最高级 5 级，条纹叶枯病 5 级。主要米质指标两年综合表现：糙米率 83.9%，整精米率 63.8%，垩白度 10.2%，透明度 1 级，直链淀粉含量 16.2%，胶稠度 61 毫米，碱消值 7.0。

2018 年国家水稻品种试验年会审议意见：已完成试验程序，可以申报国家品种审定。

3. 皖垦粳 2181

2017 年初试平均亩产 643.18 千克，较徐稻 3 号（CK）增产 6.01%，增产点比例 90.9%。2018 年续试平均亩产 626.73 千克，比徐稻 3 号（CK）增产 4.92%，增产点比例 100.0%。两年区试平均亩产 634.93 千克，比徐稻 3 号（CK）增产 5.47%，增产点比例 95.5%。2018 年生产试验平均亩产 648.18 千克，比徐稻 3 号（CK）增产 5.81%，增产点比例 100.0%。全生育期两年区试平均 154.0 天，比徐稻 3 号（CK）早熟 1.5 天。主要农艺性状两年区试综合表现：有效穗 21.4 万穗/亩，株高 98.0 厘米，穗长 16.5 厘米，总粒数 143.6 粒/穗，结实率 85.7%，千粒重 26.8 克。抗性：稻瘟病综合指数两年分别为 4.3 级和 4.4 级，穗瘟损失率最高级 5 级，条纹叶枯病 5 级。主要米质指标两年综合表现：糙米率 83.7%，整精米率 65%，垩白度 6.2%，透明度 1 级，直链淀粉含量 14.6%，胶稠度 78 毫米，碱消值 6.9。

2018 年国家水稻品种试验年会审议意见：已完成试验程序，可以申报国家品种审定。

4. 宏稻 59

2017 年初试平均亩产 645.41 千克，较徐稻 3 号（CK）增产 6.38%，增产点比例 90.9%。2018 年续试平均亩产 638.79 千克，比徐稻 3 号（CK）增产 6.94%，增产点比例 100.0%。两年区试平均亩产 642.08 千克，比徐稻 3 号（CK）增产 6.67%，增产点比例 95.5%。2018 年生产试验平均亩产 649.99 千克，比徐稻 3 号（CK）增产 6.11%，增产点比例 85.7%。全生育期两年区试平均 156.7 天，比徐稻 3 号（CK）晚熟 1.2 天。主要农艺性状两年区试综合表现：有效穗 21.4 万穗/亩，株高 101.7 厘米，穗长 16.8 厘米，总粒数 144.3 粒/穗，结实率 84.5%，千粒重 25.9 克，抗性：稻瘟病综合指数两年分别为 3.8 级和 2.4 级，穗瘟损失率最高级 3 级，条纹叶枯病 5 级。主要米质指标两年综合表现：糙米率 84.1%，整精米率 70.5%，垩白度 2.9%，透明度 1 级，直链淀粉含量 15.1%，胶稠度 75 毫米，碱消值 7.0，达部标优质二级。

2018 年国家水稻品种试验年会审议意见：已完成试验程序，可以申报国家品种审定。

5. 连粳 16117

2017 年初试平均亩产 627.89 千克，较徐稻 3 号（CK）增产 3.49%，增产点比例 81.8%。2018 年续试平均亩产 649.3 千克，比徐稻 3 号（CK）增产 8.70%，增产点比例 100.0%。两年区试平均亩产 638.6 千克，比徐稻 3 号（CK）增产 6.11%，增产点比例 90.9%。2018 年生产试验平均亩产 669.98 千克，比徐稻 3 号（CK）增产 9.37%，增产点比例 85.7%。全生育期两年区试平均 155.1 天，比徐稻 3 号（CK）早熟 0.4 天。主要农艺性状两年区试综合表现：有效穗 22.7 万穗/亩，株高 100.6 厘米，穗长 16.0 厘米，总粒数 141.7 粒/穗，结实率 85.1%，千粒重 25.3 克。抗性：稻瘟病综合指数两年分别为 4.2 级和 4.1 级，穗瘟损失率最高级 5 级，条纹叶枯病 5 级。主要米质指标两年综合表现：糙米率 84%，整精米率 70.9%，糯米，透明度 1 级，直链淀粉含量 1.2%，胶稠度 100 毫米，碱消值 7.0，达部标优质二级。

2018 年国家水稻品种试验年会审议意见：已完成试验程序，可以申报国家品种审定。

（二）续试品种

中作 1401

2017 年初试平均亩产 617.73 千克，较徐稻 3 号（CK）增产 1.82%，增产点比例 63.6%。2018 年续试平均亩产 619.9 千克，比徐稻 3 号（CK）增产 3.78%，增产点比例 90.9%。两年区试平均亩产 618.77 千克，比徐稻 3 号（CK）增产 2.79%，增产点比例 77.3%。全生育期平均 156.1 天，较对照徐稻 3 号晚熟 0.6 天。主要农艺性状两年区试综合表现：有效穗 22.5 万穗/亩，株高 101.3 厘米，穗长 17.0 厘米，总粒数 152.5 粒/穗，结实率 83.2%，千粒重 23.3 克。抗性：稻瘟病综合指数两年分别为 4.0 级和 3 级，穗瘟损失率最高级 3 级，条纹叶枯病 5 级。主要米质指标两年综合表现：糙米率 82.1%，整精米率 68.3%，垩白度 2.5%，透明度 1 级，直链淀粉含量 15.5%，胶稠度 75 毫米，碱消值 7.0，达部标优质二级。

2018 年国家水稻品种试验年会审议意见：2019 年进行生产试验。

（三）初试品种

1. 嘉优中科 8 号

2018 年初试平均亩产 681.22 千克，比徐稻 3 号（CK）增产 14.05%，增产点比例 100.0%，全生育期 152.6 天，比徐稻 3 号（CK）早熟 0.6 天。主要农艺性状表现：有效穗 16.5 万穗/亩，株高 108.2 厘米，穗长 19.5 厘米，总粒数 222.4 粒/穗，结实率 79.0%，千粒重 27.1 克。抗性：稻瘟病综合指数 5.3 级，穗瘟损失率最高级 9 级，条纹叶枯病 5 级。米质主要指标：糙米率 83.2%，整精米率 64.1%，垩白度 14.3%，透明度 2 级，直链淀粉含量 13.9%，胶稠度 79 毫米，碱消值 5.0。

2018 年国家水稻品种试验年会审议意见：终止试验。

2. 隆运 7100

2018 年初试平均亩产 636.0 千克，比徐稻 3 号（CK）增产 6.48%，增产点比例 100.0%，全生育期 149.4 天，比徐稻 3 号（CK）早熟 3.9 天。主要农艺性状表现：有效穗 19.3 万穗/亩，株高 95.4 厘米，穗长 17.7 厘米，总粒数 165.1 粒/穗，结实率 84.7%，千粒重 25.5 克。抗性：稻瘟病综合指数 3.7 级，穗瘟损失率最高级 5 级，条纹叶枯病 5 级。米质主要指标：糙米率 83.5%，整精米率 61.5%，垩白度 9.7%，透明度 1 级，直链淀粉含量 14.2%，胶稠度 73 毫米，碱消值 6.3。

2018 年国家水稻品种试验年会审议意见：2019 年续试并进行生产试验。

3. 新粮 12 号

2018 年初试平均亩产 635.18 千克，比徐稻 3 号（CK）增产 6.34%，增产点比例 100.0%，全生育期 150.8 天，比徐稻 3 号（CK）早熟 2.5 天。主要农艺性状表现：有效穗 22.9 万穗/亩，株高 90.8 厘米，穗长 16.7 厘米，总粒数 148.0 粒/穗，结实率 86.4%，千粒重 24.8 克。抗性：稻瘟病综合指数 2.8 级，穗瘟损失率最高级 3 级，条纹叶枯病 5 级。米质主要指标：糙米率 82.6%，整精米率 67.7%，垩白度 6.4%，透明度 1 级，直链淀粉含量 15.1%，胶稠度 66 毫米，碱消值 6.3。

2018 年国家水稻品种试验年会审议意见：2019 年续试并进行生产试验。

4. 精华 153

2018 年初试平均亩产 626.71 千克，比徐稻 3 号（CK）增产 4.92%，增产点比例 100.0%，全生育期 153.1 天，比徐稻 3 号（CK）早熟 0.2 天。主要农艺性状表现：有效穗 18.9 万穗/亩，株高 103.3 厘米，穗长 19.7 厘米，总粒数 155.0 粒/穗，结实率 87.7%，千粒重 26.8 克。抗性：稻瘟病综合指数 4.8 级，穗瘟损失率最高级 7 级，条纹叶枯病 5 级。米质主要指标：糙米率 82.3%，整精米率 70.5%，垩白度 2.5%，透明度 1 级，直链淀粉含量 14.9%，胶稠度 71 毫米，碱消值 7.0，达部标优质二级。

2018 年国家水稻品种试验年会审议意见：终止试验。

5. 镇稻 9128

2018 年初试平均亩产 624.19 千克，比徐稻 3 号（CK）增产 4.50%，增产点比例 72.7%。全生育期 153.8 天，比徐稻 3 号（CK）晚熟 0.5 天。主要农艺性状表现：有效穗 22.3 万穗/亩，株高 100.3 厘米，穗长 16.1 厘米，总粒数 129.6 粒/穗，结实率 89.1%，千粒重 27.1 克。抗性：稻瘟病综合指数 3.8 级，穗瘟损失率最高级 7 级，条纹叶枯病 5 级。米质主要指标：糙米率 84.6%，整精米率 67.3%，垩白度 5.2%，透明度 1 级，直链淀粉含量 14.5%，胶稠度 71 毫米，碱消值 6.6。

2018 年国家水稻品种试验年会审议意见：终止试验。

6. 天隆粳 131

2018 年初试平均亩产 602.79 千克，比徐稻 3 号（CK）增产 0.92%，增产点比例 63.6%，全生育期 151.4 天，比徐稻 3 号（CK）早熟 1.9 天。主要农艺性状表现：有效穗 20.6 万穗/亩，株高 94.2 厘米，穗长 16.8 厘米，总粒数 148.4 粒/穗，结实率 88.1%，千粒重 25.7 克。抗性：稻瘟病综合指数 4.1 级，穗瘟损失率最高级 7 级，条纹叶枯病 5 级。米质主要指标：糙米率 82.9%，整精米率 67.9%，垩白度 6.7%，透明度 1 级，直链淀粉含量 15.6%，胶稠度 74 毫米，碱消值 6.3。

2018 年国家水稻品种试验年会审议意见：终止试验。

7. 宁 7618

2018 年初试平均亩产 599.52 千克，比徐稻 3 号（CK）增产 0.37%，增产点比例 63.6%，全生育期 149.7 天，比徐稻 3 号（CK）早熟 3.5 天。主要农艺性状表现：有效穗 18.4 万穗/亩，株高 103.1 厘米，穗长 16.3 厘米，总粒数 141.6 粒/穗，结实率 86.8%，千粒重 27.4 克。抗性：稻瘟病综合指数 3.9 级，穗瘟损失率最高级 7 级，条纹叶枯病 5 级。米质主要指标：糙米率 84.2%，整精米率 65.1%，垩白度 6.9%，透明度 2 级，直链淀粉含量 15.0%，胶稠度 62 毫米，碱消值 6.8。

2018 年国家水稻品种试验年会审议意见：终止试验。

8. 苏秀 7118

2018 年初试平均亩产 593.72 千克，比徐稻 3 号（CK）减产 0.60%，增产点比例 54.5%，全生育期 152.5 天，比徐稻 3 号（CK）早熟 0.82 天。主要农艺性状表现：有效穗 19.5 万穗/亩，株高 93.7 厘米，穗长 16.1 厘米，总粒数 163.9 粒/穗，结实率 82.2%，千粒重 24.7 克。抗性：稻瘟病综合指数 3.6 级，穗瘟损失率最高级 3 级，条纹叶枯病 5 级。米质主要指标：糙米率 82.2%，整精米率 67.6%，垩白度 7.4%，透明度 1 级，直链淀粉含量 14.7%，胶稠度 61 毫米，碱消值 6.6。

2018 年国家水稻品种试验年会审议意见：终止试验。

表 26-1　2018 年黄淮海粳稻 A 组参试品种基本情况

编号	品种名称	品种类型	亲本组合	申请单位	选育/供种单位
区试					
A7	连粳 16117	常规稻	连粳 05-45/H401	中国种子集团有限公司	连云港市农业科学院、中国种子集团有限公司
A3	宏稻 59	常规稻	玉稻 518/新稻 21	河南师范大学水稻新种质研究所	河南师范大学水稻新种质研究所
A2	皖垦粳 2181	常规稻	武运粳 21/武运粳 8 号	中国农业大学农学院、安徽皖垦种业股份有限公司	中国农业大学农学院、安徽皖垦种业股份有限公司
A5	中作 1401	常规稻	金稻 787/雨田 304	中国农业科学院作物科学研究所	中国农业科学院作物科学研究所
A6	*隆运 7100	常规稻	武 2341/盐 11040	安徽源隆生态农业有限公司	安徽源隆生态农业有限公司
A10	*苏秀 7118	常规稻	淮稻 5 号/SC15//SC4	南京苏乐种业科技有限公司	南京苏乐种业科技有限公司
A1	*镇稻 9128	常规稻	镇糯 19 号/镇稻 9424	江苏焦点农业科技有限公司	江苏焦点农业科技有限公司
A9	*宁 7618	常规稻	徐 61625/Y0923	江苏省农业科学院粮食作物研究所	江苏省农业科学院粮食作物研究所
A8	*新粮 12 号	常规稻	郑稻 19/五粳 04136	新乡市新粮水稻研究所	新乡市新粮水稻研究所
A4	*嘉优中科 8 号	杂交稻	嘉 57A×中科嘉恢 8 号	中国科学院遗传与发育生物学研究所，浙江省嘉兴市农业科学研究院（所）	中国科学院遗传与发育生物学研究所，浙江省嘉兴市农业科学研究院（所）
A12	*精华 153	常规稻	武运粳 21/盐稻 9977F10	郯城县种苗研究所	郯城县种苗研究所
A13	*天隆粳 131	常规稻	隆粳 71/连粳 7 号//徐稻 3 号	天津天隆科技股份有限公司	天津天隆科技股份有限公司
A11	徐稻 3 号（CK）	常规稻	镇稻 88/台湾稻 C	江苏徐淮地区徐州农科所	江苏徐淮地区徐州农科所
生产试验					
S4	连粳 16117	常规稻	连粳 05-45/H401	中国种子集团有限公司	连云港市农业科学院、中国种子集团有限公司
S5	皖垦粳 2181	常规稻	武运粳 21/武运粳 8 号	中国农业大学农学院、安徽皖垦种业股份有限公司	中国农业大学农学院、安徽皖垦种业股份有限公司
S6	宏稻 59	常规稻	玉稻 518/新稻 21	河南师范大学水稻新种质研究所	河南师范大学水稻新种质研究所
S2	赛粳 16	常规稻	镇稻 681/盐稻 3872	安徽赛诺种业有限公司	安徽赛诺种业有限公司
S3	W023	常规稻	武运粳 30/大粮 203	南京农业大学水稻研究所	南京农业大学水稻研究所
S1	徐稻 3 号（CK）	常规稻	镇稻 88/台湾稻 C	江苏徐淮地区徐州农科所	江苏徐淮地区徐州农科所

注：*2018 年新参试品种。

表 26-2　2018 年黄淮海粳稻 A 组区试与生产试点基本情况

承试单位	试验地点	经度	纬度	海拔（米）	试验负责人及执行人
安徽省凤台县农科所▲	安徽省凤台县	116°37′	32°46′	23.4	刘士斌
安徽省华成种业股份有限公司	安徽省宿州市东十里天益青集团院内	117°00′	33°35′	21.0	刘飞
山东省临沂市农业科学院水稻所	山东省临沂市兰山区涑河北街 351 号	118°33′	35°05′	66.5	张瑞华
山东省水稻所▲	山东省济南市历城区桑园路 2 号	116°09′	35°36′	34.0	周学标、李广贤、孙召文
山东郯城种子公司▲	郯城县皇亭路 88 号	118°17′	34°38′	33.0	杨百战
江苏省农业科学院宿迁农科所▲	泗阳县人民南路	118°42′	33°41′	22.3	陈卫军、陈春、赖上坤、王磊
江苏省徐州市农科所▲	徐州市东郊东贺村	117°18′	34°12′	34.3	王健康、郭荣良
江苏省连云港市农业科学院	连云港市海连东路 26 号	119°09′	34°35′	4.5	徐大勇
河南省信阳市农业科学院	河南省信阳市河南路 20 号	114°05′	32°07′	75.9	鲁伟林
河南省农业科学院粮作所▲	河南省郑州市农业路 1 号	114°09′	35°14′	69.0	王生轩
河南省新乡市农业科学院▲	河南省辉县市城西	113°49′	35°27′	96.4	王书玉

注：▲同时承担区试和生产试验

表 26-3　黄淮海粳稻 A 组区试品种产量及主要性状汇总分析结果

品种名称	区试年份	亩产（千克）	比 CK±%	增产点比例（%）	5%显著性	1%显著性	回归系数	生育期（天）	比 CK±天	有效穗（万/亩）	株高（厘米）	穗长（厘米）	总粒数（粒/穗）	结实率（%）	千粒重（克）
宏稻 59	2017—2018	642.08	6.66	95.5	—	—	—	156.7	1.2	21.4	101.7	16.8	144.3	84.5	25.9
连粳 16117	2017—2018	638.60	6.09	90.9	—	—	—	155.1	-0.4	22.7	100.6	16.0	141.7	85.1	25.3
皖垦粳 2181	2017—2018	634.93	5.48	95.5	—	—	—	154.0	-1.5	21.4	98.0	16.5	143.6	85.7	26.8
中作 1401	2017—2018	618.77	2.79	77.3	—	—	—	156.1	0.6	22.5	101.3	17.0	152.5	83.2	23.3
徐稻 3 号	2017—2018	601.96	—	—	—	—	—	155.5	—	22.8	97.0	16.8	131.7	85.8	25.9
嘉优中科 8 号	2018	681.22	14.05	100.0	a	A	1.22	152.6	-0.6	16.5	108.2	19.5	222.4	79.0	27.1
连粳 16117	2018	649.30	8.70	100.0	b	B	1.07	152.3	-1.0	21.7	102.1	16.3	144.7	88.3	25.3
宏稻 59	2018	638.79	6.94	100.0	c	BC	0.94	154.6	1.4	21.1	102.4	16.7	150.4	84.1	25.8

（续表）

品种名称	区试年份	亩产（千克）	比 CK±%	增产点比例（%）	5%显著性	1%显著性	回归系数	生育期（天）	比 CK±天	有效穗（万/亩）	株高（厘米）	穗长（厘米）	总粒数（粒/穗）	结实率（%）	千粒重（克）
隆运 7100	2018	636.00	6.48	100.0	c	CD	0.87	149.4	-3.9	19.3	95.4	17.7	165.1	84.7	25.5
新粮 12 号	2018	635.18	6.34	100.0	c	CD	1.07	150.8	-2.5	22.9	90.8	16.7	148.0	86.4	24.8
皖垦粳 2181	2018	626.73	4.92	100.0	d	DE	0.76	151.6	-1.6	21.2	99.1	16.2	143.3	86.7	26.7
精华 153	2018	626.71	4.92	100.0	d	DE	1.10	153.1	-0.2	18.9	103.3	19.7	155.0	87.7	26.8
镇稻 9128	2018	624.19	4.50	72.7	d	E	0.94	153.8	0.5	22.3	100.3	16.1	129.6	89.1	27.1
中作 1401	2018	619.90	3.78	90.9	d	E	0.99	153.7	0.5	22.4	102.1	16.8	151.2	82.0	23.2
天隆粳 131	2018	602.79	0.92	63.6	e	F	1.57	151.4	-1.9	20.6	94.2	16.8	148.4	88.1	25.7
宁 7618	2018	599.52	0.37	63.6	ef	F	0.68	149.7	-3.5	18.4	103.1	16.3	141.6	86.8	27.4
徐稻 3 号	2018	597.32	0.00	0.0	ef	F	0.90	153.3	0.0	21.7	97.8	17.3	138.1	86.5	26.0
苏秀 7118	2018	593.72	-0.60	54.5	f	F	0.88	152.5	-0.8	19.5	93.7	16.1	163.9	82.2	24.7

表 26-4　黄淮海粳稻 A 组生产试验品种主要性状结果汇总

品种名称	产量			生育期		黑条矮缩病抗性			
	亩产（千克）	比 CK±%	增产点比例（%）	生育期（天）	比 CK±天	发病率（接种）（%）	病级（接种）	发病率（诱发）（%）	病级（诱发）
连粳 16117	669.98	9.37	85.7	152.7	-0.7	73.53	9	5.81	3
皖垦粳 2181	648.18	5.81	100.0	152.0	-1.4	48.57	7	6.42	3
宏稻 59	649.99	6.11	85.7	154.3	0.9	35.29	7	3.07	1
赛粳 16	643.76	5.09	85.7	153.3	-0.1	58.82	9	5.32	3
W023	641.43	4.71	100.0	150.4	-3.0	78.26	9	9.72	3
徐稻 3 号	612.58			153.4	0.0	87.50	9	3.62	1

注：黑条矮缩病人工接种鉴定：江苏省农业科学院植保所；田间自然诱发鉴定：河南省农业科学院植保所。

表 26-5 黄淮海粳稻 A 组区试品种对主要病害抗性鉴定结果汇总（2017—2018 年）

品种名称	区试年份	稻瘟病														条纹叶枯病		
		2018 年天津					2018 年江苏					2018 年		1~2 年综合评价				
		苗叶瘟（级）	穗瘟发病率		穗瘟损失率		苗叶瘟（级）	穗瘟发病率		穗瘟损失率		平均综合指数	损失率最高级	平均综合指数	损失率最高级	2018 年（级）	2017 年（级）	1~2 年最高（级）
			%	病级	%	病级		%	病级	%	病级							
皖垦粳 2181	2017—2018	5	97.6	9	24.8	5	0	19	5	8.7	3	4.4	5	4.4	5	5	5	5
宏稻 59	2017—2018	2	58.8	9	4.7	1	1	7	3	3.3	1	2.4	1	3.1	3	5	5	5
中作 1401	2017—2018	1	50.0	7	3.6	1	1	29	7	9.6	3	3.0	3	3.5	3	5	5	5
连粳 16117	2017—2018	3	69.0	9	25.9	5	0	19	5	5.8	3	4.1	5	4.2	5	5	5	5
徐稻 3 号（CK）	2017—2018	1	77.3	9	14.8	3	1	55	9	20.3	5	4.5	5	4.5	5	3	5	5
镇稻 9128	2018	2	100.0	9	36.5	7	0	8	3	2.6	1	3.8	7	3.8	7	5		5
嘉优中科 8 号	2018	2	100.0	9	61.6	9	0	43	7	10.2	3	5.3	9	5.3	9	5		5
隆运 7100	2018	3	80.0	9	26.0	5	2	24	3	5.0	1	3.6	5	3.6	5	5		5
新粮 12 号	2018	2	58.7	9	5.9	3	0	8	3	3.0	1	2.8	3	2.8	3	5		5
宁 7618	2018	3	95.8	9	44.8	7	0	8	3	3.8	1	3.9	7	3.9	7	5		5
苏秀 7118	2018	4	64.3	9	7.0	3	0	37	7	5.0	1	3.5	3	3.5	3	5		5
精华 153	2018	4	100.0	9	37.0	7	0	25	5	9.0	3	4.8	7	4.8	7	5		5
天隆粳 131	2018	2	80.0	9	35.2	7	0	14	5	4.0	1	4.0	7	4.0	7	5		5

注：1. 稻瘟病综合指数=叶瘟平均级×25%+穗瘟发病率平均级×25%+穗瘟损失率平均级×50%。

2. 稻瘟病鉴定单位：天津市农业科学院植保所、江苏省农业科学院植保所；条纹叶枯病鉴定单位：江苏省农业科学院植保所。

表 26-6　黄淮海粳稻 A 组区试品种米质分析结果

品种名称	年份	糙米率（%）	精米率（%）	整精米率（%）	粒长（毫米）	粒型长宽比	垩白粒率（%）	垩白度（%）	直链淀粉含量（%）	胶稠度（毫米）	碱消值（级）	透明度（级）	部标（等级）
徐稻 3 号	2017—2018	84.1	73.9	69.8	4.9	1.8	22.0	6.2	15.6	69	5.5	1	普通
连粳 16117	2017—2018	84.0	73.6	70.9	4.9	1.7	2.3	糯米	1.2	100	7.0	1	优二
皖垦粳 2181	2017—2018	83.7	72.9	65.0	5.0	1.8	25.7	6.2	14.6	78	6.9	1	普通
宏稻 59	2017—2018	84.1	73.7	70.5	5.0	1.8	12.3	2.9	15.1	75	7.0	1	优二
中作 1401	2017—2018	82.1	72.2	68.3	5.4	2.3	11.0	2.5	15.5	75	7.0	1	优二
徐稻 3 号	2018	84.1	73.9	69.8	4.9	1.8	22.0	6.2	15.6	69	5.5	1	普通
连粳 16117	2018	84.0	73.6	70.9	4.9	1.7	2.3	糯米	1.2	100	7.0	1	优二
皖垦粳 2181	2018	83.7	72.9	65.0	5.0	1.8	25.7	6.2	14.6	78	6.9	1	普通
宏稻 59	2018	84.1	73.7	70.5	5.0	1.8	12.3	2.9	15.1	75	7.0	1	优二
中作 1401	2018	82.1	72.2	68.3	5.4	2.3	11.0	2.5	15.5	75	7.0	1	优二
隆运 7100	2018	83.5	71.4	61.5	5.0	1.8	28.7	9.7	14.2	73	6.3	1	普通
苏秀 7118	2018	82.2	71.1	67.6	4.9	1.8	25.7	7.4	14.7	61	6.6	1	普通
镇稻 9128	2018	84.6	73.5	67.3	5.3	1.9	24.7	5.2	14.5	71	6.6	1	普通
宁 7618	2018	84.2	73.2	65.1	5.1	1.8	32.0	6.9	15.0	62	6.8	2	普通
新粮 12 号	2018	82.6	71.9	67.7	4.9	1.8	28.0	6.4	15.1	66	6.3	1	普通
嘉优中科 8 号	2018	83.2	73.9	64.1	5.7	2.1	59.0	14.3	13.9	79	5.0	2	普通
精华 153	2018	82.3	73.8	70.5	5.7	2.2	17.7	2.5	14.9	71	7.0	1	优二
天隆粳 131	2018	82.9	73.1	67.9	4.9	1.8	29.3	6.7	15.6	74	6.3	1	普通

注：1. 样品提供单位：河南省农业科学院粮作所、山东省水稻所和江苏省农业科学院宿迁农科所。

2. 检测分析单位：农业农村部食品质量监督检验测试中心（武汉）。

表 26-7-1　黄淮海粳稻 A 组区试品种在各试点的产量、生育期及经济性状表现（连粳 16117）

品种名称/试验点	亩产（千克）	产量位次	比 CK±%	综合评级	播种期（月/日）	齐穗期（月/日）	成熟期（月/日）	全生育期（天）	有效穗（万/亩）	株高（厘米）	穗长（厘米）	总粒数（粒/穗）	结实率（%）	千粒重（克）
安徽省凤台县农科所	666.50	7	8.46	B	05/14	08/22	09/28	137	21.4	104.3	16.4	154.0	95.7	24.1
安徽省华成种业股份有限公司	525.91	11	4.24	B	05/08	08/25	10/09	154	28.4	107.0	15.8	153.2	88.9	23.1
山东省临沂市农业科学院水稻所	652.46	1	8.96	A	05/14	09/04	10/28	167	21.9	89.3	16.2	149.7	75.2	27.6
山东省水稻所	743.56	1	27.08	A	05/16	09/02	10/23	160	21.7	110.9	15.2	113.7	94.8	26.4
山东郯城种子公司	636.07	7	2.39	A	05/14	08/27	10/10	149	19.1	93.8	18.8	191.3	86.7	28.7
江苏省农业科学院宿迁农科所	692.08	5	7.9	A	05/12	08/27	10/14	155	24.6	112.0	14.5	121.5	90.7	25.2
江苏省徐州市农科所	691.07	2	7.15	A	05/21	08/27	10/10	142	19.8	108.7	17.1	132.0	89.8	24.7
江苏省连云港市农业科学院	574.39	2	6.91	A	05/10	08/27	10/09	152	19.5	98.1	17.3	138.6	90.1	24.7
河南省信阳市农业科学院	605.15	7	1.66	C	05/20	08/18	10/05	138	21.2	98.4	17.2	162.4	85.5	24.3
河南省农业科学院粮作所	654.63	2	10.12	B	05/05	08/25	10/16	164	19.9	99.4	16.6	158.9	85.9	25.2
河南省新乡市农业科学院	700.43	2	10.64	A	05/08	08/27	10/12	157	21.5	101.5	14.4	116.1	87.9	24.7
平均值	649.30	—	—	—	—	—	—	152.3	21.7	102.1	16.3	144.7	88.3	25.3

注：综合评级：A—好，B—较好，C—中等，D——般。

表 26-7-2　黄淮海粳稻 A 组区试品种在各试点的产量、生育期及经济性状表现（宏稻 59）

品种名称/试验点	亩产（千克）	产量位次	比 CK±%	综合评级	播种期（月/日）	齐穗期（月/日）	成熟期（月/日）	全生育期（天）	有效穗（万/亩）	株高（厘米）	穗长（厘米）	总粒数（粒/穗）	结实率（%）	千粒重（克）
安徽省凤台县农科所	641.26	9	4.35	C	05/14	08/23	10/04	143	24.4	106.5	16.1	127.5	89.3	24.6
安徽省华成种业股份有限公司	531.76	7	5.4	B	05/08	08/29	10/10	155	28.6	100.0	19.5	159.8	85.7	21.2
山东省临沂市农业科学院水稻所	638.41	5	6.61	B	05/14	09/04	10/30	169	20.2	93.5	15.4	157.1	77.2	27.9
山东省水稻所	718.82	3	22.86	A	05/16	08/30	10/22	159	18.8	107.5	15.8	130.4	92.4	27.5
山东郯城种子公司	639.25	6	2.91	B	05/14	08/26	10/07	146	20.2	98.5	16.2	136.5	79.0	24.9
江苏省农业科学院宿迁农科所	675.69	7	5.34	B	05/12	08/24	10/17	158	20.6	103.0	13.9	133.6	93.9	27.4
江苏省徐州市农科所	672.68	4	4.3	A	05/21	08/31	10/16	148	20.6	105.3	17.3	141.7	79.6	27.2

（续表）

品种名称/试验点	亩产（千克）	产量位次	比 CK± %	综合评级	播种期（月/日）	齐穗期（月/日）	成熟期（月/日）	全生育期（天）	有效穗（万/亩）	株高（厘米）	穗长（厘米）	总粒数（粒/穗）	结实率（%）	千粒重（克）
江苏省连云港市农业科学院	559.34	9	4.11	A	05/10	08/30	10/11	154	19.7	104.2	18.2	128.6	91.9	25.8
河南省信阳市农业科学院	617.69	5	3.76	B	05/20	08/20	10/08	141	20.4	102.1	18.4	181.2	75.3	26.4
河南省农业科学院粮作所	643.93	5	8.32	B	05/05	08/29	10/22	170	17.1	105.2	17.5	189.7	83.6	26.4
河南省新乡市农业科学院	687.90	3	8.66	A	05/08	08/30	10/13	158	21.7	100.2	14.9	168.1	76.7	24.6
平均值	638.79	—	—	—	—	—	—	154.6	21.1	102.4	16.7	150.4	84.1	25.8

注：综合评级：A—好，B—较好，C—中等，D——般。

表 26-7-3　黄淮海粳稻 A 组区试品种在各试点的产量、生育期及经济性状表现（皖垦粳 2181）

品种名称/试验点	亩产（千克）	产量位次	比 CK± %	综合评级	播种期（月/日）	齐穗期（月/日）	成熟期（月/日）	全生育期（天）	有效穗（万/亩）	株高（厘米）	穗长（厘米）	总粒数（粒/穗）	结实率（%）	千粒重（克）
安徽省凤台县农科所	666.67	6	8.49	C	05/14	08/18	10/01	140	25.2	105.3	16.4	158.7	89.5	25.5
安徽省华成种业股份有限公司	544.13	1	7.85	B	05/08	08/22	10/08	153	28.3	95.0	16.2	151.4	89.3	22.7
山东省临沂市农业科学院水稻所	629.39	8	5.11	B	05/14	08/30	10/25	164	20.4	90.2	16.0	152.6	77.6	27.1
山东省水稻所	624.37	7	6.71	A	05/16	09/03	10/23	160	20.0	105.7	15.2	108.8	95.1	27.8
山东郯城种子公司	635.57	8	2.31	B	05/14	08/27	10/07	146	19.6	102.5	17.0	131.4	91.3	30.4
江苏省农业科学院宿迁农科所	686.39	6	7.01	B	05/12	08/31	10/17	158	20.8	106.0	16.4	131.7	94.7	26.0
江苏省徐州市农科所	662.32	6	2.7	A	05/21	08/27	10/10	142	21.5	100.0	15.7	126.5	83.2	27.3
江苏省连云港市农业科学院	561.02	7	4.42	A	05/10	08/23	10/08	151	19.6	91.3	16.6	121.6	90.7	27.3
河南省信阳市农业科学院	606.82	6	1.94	B	05/20	08/16	10/04	137	18.7	91.1	16.4	171.4	77.7	29.0
河南省农业科学院粮作所	610.16	9	2.64	C	05/05	08/23	10/12	160	17.3	105.0	17.3	171.8	89.2	25.7
河南省新乡市农业科学院	667.17	6	5.39	B	05/08	08/27	10/12	157	21.8	98.5	15.2	150.6	75.2	25.1
平均值	626.73	—	—	—	—	—	—	151.6	21.2	99.1	16.2	143.3	86.7	26.7

注：综合评级：A—好，B—较好，C—中等，D——般。

表 26-7-4　黄淮海粳稻 A 组区试品种在各试点的产量、生育期及经济性状表现（中作 1401）

品种名称/试验点	亩产（千克）	产量位次	比 CK± %	综合评级	播种期（月/日）	齐穗期（月/日）	成熟期（月/日）	全生育期（天）	有效穗（万/亩）	株高（厘米）	穗长（厘米）	总粒数（粒/穗）	结实率（%）	千粒重（克）
安徽省凤台县农科所	591.94	13	-3.67	C	05/14	08/25	10/05	144	28.2	112.2	15.3	111.9	84.3	20.9
安徽省华成种业股份有限公司	520.06	12	3.08	C	05/08	08/31	10/09	154	21.7	101.0	16.3	161.8	77.5	19.3
山东省临沂市农业科学院水稻所	633.4	6	5.78	B	05/14	09/04	10/28	167	23.7	87.3	17.4	181.9	63.1	24.4
山东省水稻所	688.06	4	17.6	B	05/16	09/01	10/22	159	20.9	106.1	16.8	142.7	93.0	23.7
山东郯城种子公司	632.56	11	1.83	C	05/14	08/20	10/02	141	18.7	95.3	16.8	147.7	86.5	26.5
江苏省农业科学院宿迁农科所	645.27	10	0.6	B	05/12	08/31	10/17	158	25.8	111.0	17.6	147.3	79.6	22.6
江苏省徐州市农科所	648.11	11	0.49	B	05/21	08/31	10/15	147	21.9	102.7	17.8	130.7	85.6	23.7
江苏省连云港市农业科学院	553.99	11	3.11	B	05/10	08/30	10/07	150	20.5	101.3	16.2	139.5	90.0	22.8
河南省信阳市农业科学院	620.69	4	4.27	B	05/20	08/22	10/10	143	23.3	101.3	16.5	166.2	80.7	23.6
河南省农业科学院粮作所	622.2	7	4.67	C	05/05	08/30	10/23	171	18.3	104.2	17.0	183.7	87.6	24.2
河南省新乡市农业科学院	662.65	7	4.67	B	05/08	08/29	10/12	157	23.3	100.4	16.7	149.3	74.0	24.0
平均值	619.90	—	—	—	—	—	—	153.7	22.4	102.1	16.8	151.2	82	23.2

注：综合评级：A—好，B—较好，C—中等，D—一般。

表 26-7-5　黄淮海粳稻 A 组区试品种在各试点的产量、生育期及经济性状表现（隆运 7100）

品种名称/试验点	亩产（千克）	产量位次	比 CK± %	综合评级	播种期（月/日）	齐穗期（月/日）	成熟期（月/日）	全生育期（天）	有效穗（万/亩）	株高（厘米）	穗长（厘米）	总粒数（粒/穗）	结实率（%）	千粒重（克）
安徽省凤台县农科所	683.05	2	11.15	C	05/14	08/15	10/02	141	18.0	98.2	18.3	202.5	83.4	25.3
安徽省华成种业股份有限公司	530.93	8	5.24	A	05/08	08/13	10/09	154	21.6	96.0	16.1	166.0	78.3	26.6
山东省临沂市农业科学院水稻所	648.44	2	8.29	A	05/14	08/21	10/22	161	19.5	89.2	18.9	138.4	86.1	28.5
山东省水稻所	680.71	5	16.34	A	05/16	08/30	10/22	159	18.8	104.2	17.0	139.3	95.8	23.5
山东郯城种子公司	649.45	3	4.55	B	05/14	08/21	10/07	146	18.2	90.5	15.8	163.8	67.3	26.1
江苏省农业科学院宿迁农科所	694.75	4	8.31	A	05/12	08/19	10/13	154	20.8	105.0	19.7	167.7	88.1	23.2
江苏省徐州市农科所	660.81	7	2.46	A	05/21	08/22	10/06	138	18.3	94.2	16.1	157.2	90.2	26.7
江苏省连云港市农业科学院	561.85	6	4.57	B	05/10	08/22	10/05	148	19.6	87.6	17.1	132.6	93.8	24.8
河南省信阳市农业科学院	599.13	8	0.65	C	05/20	08/14	10/04	137	19.5	86.7	17.4	164.4	82.8	27.3
河南省农业科学院粮作所	647.44	4	8.91	B	05/05	08/17	10/06	154	17.8	97.2	18.3	183.5	87.2	24.3
河南省新乡市农业科学院	639.42	9	1	C	05/08	08/19	10/06	151	20.4	100.7	20.5	201.2	79.0	23.9
平均值	636.00	—	—	—	—	—	—	149.4	19.3	95.4	17.7	165.1	84.7	25.5

注：综合评级：A—好，B—较好，C—中等，D—一般。

表 26-7-6　黄淮海粳稻 A 组区试品种在各试点的产量、生育期及经济性状表现（苏秀 7118）

品种名称/试验点	亩产（千克）	产量位次	比 CK±%	综合评级	播种期（月/日）	齐穗期（月/日）	成熟期（月/日）	全生育期（天）	有效穗（万/亩）	株高（厘米）	穗长（厘米）	总粒数（粒/穗）	结实率（%）	千粒重（克）
安徽省凤台县农科所	633.06	10	3.02	C	05/14	09/15	10/01	140	24.8	95.6	15.0	186.0	82.0	22.3
安徽省华成种业股份有限公司	541.79	3	7.39	B	05/08	08/20	10/10	155	21.2	97.0	16.7	194.1	83.0	21.1
山东省临沂市农业科学院水稻所	583.75	12	-2.51	C	05/14	08/27	10/28	167	18.1	83.5	17.3	181.6	71.4	26.3
山东省水稻所	596.96	11	2.03	B	05/16	08/31	10/22	159	20.5	104.3	14.3	105.3	93.5	25.6
山东郯城种子公司	634.90	10	2.21	B	05/14	08/19	10/04	143	18.3	97.8	17.5	173.1	79.6	27.2
江苏省农业科学院宿迁农科所	617.69	13	-3.70	C	05/12	08/20	10/17	158	18.3	100.0	17.1	164.9	83.0	24.6
江苏省徐州市农科所	633.06	13	-1.84	B	05/21	08/26	10/14	146	19.0	96.5	15.6	155.4	83.1	26.3
江苏省连云港市农业科学院	544.80	12	1.40	C	05/10	08/24	10/08	151	18.6	86.9	17.3	140.8	89.7	24.0
河南省信阳市农业科学院	537.78	12	-9.66	D	05/20	08/18	10/08	141	17.9	84.4	15.3	185.3	79.7	23.9
河南省农业科学院粮作所	566.53	11	-4.70	D	05/05	08/19	10/14	162	16.7	92.0	16.3	164.2	85.7	25.5
河南省新乡市农业科学院	640.59	8	1.19	C	05/08	08/24	10/10	155	20.7	92.8	14.7	152.4	73.1	24.9
平均值	593.72	—	—	—	—	—	—	152.5	19.5	93.7	16.1	163.9	82.2	24.7

注：综合评级：A—好，B—较好，C—中等，D——般。

表 26-7-7　黄淮海粳稻 A 组区试品种在各试点的产量、生育期及经济性状表现（镇稻 9128）

品种名称/试验点	亩产（千克）	产量位次	比 CK±%	综合评级	播种期（月/日）	齐穗期（月/日）	成熟期（月/日）	全生育期（天）	有效穗（万/亩）	株高（厘米）	穗长（厘米）	总粒数（粒/穗）	结实率（%）	千粒重（克）
安徽省凤台县农科所	680.37	3	10.72	C	05/14	08/23	10/03	142	23.8	107.9	15.5	135.4	93.0	26.7
安徽省华成种业股份有限公司	528.75	9	4.80	B	05/08	08/27	10/10	155	36.2	97.0	15.2	138.4	88.3	20.1
山东省临沂市农业科学院水稻所	588.77	11	-1.68	C	05/14	09/04	10/27	166	19.8	90.4	18.0	120.5	91.0	28.6
山东省水稻所	655.97	6	12.11	B	05/16	08/31	10/22	159	21.1	108.9	15.4	91.5	96.6	30.9
山东郯城种子公司	645.94	4	3.98	C	05/14	08/19	10/06	145	20.5	86.0	17.0	158.4	75.4	25.2
江苏省农业科学院宿迁农科所	700.94	3	9.28	A	05/12	08/29	10/16	157	21.2	113.0	14.7	126.6	93.6	28.5
江苏省徐州市农科所	674.36	3	4.56	A	05/21	08/30	10/15	147	19.3	104.4	17.6	150.9	91.0	24.5
江苏省连云港市农业科学院	557.84	10	3.83	C	05/10	08/29	10/10	153	20.6	97.4	16.1	106.8	90.4	29.4
河南省信阳市农业科学院	591.27	10	-0.67	D	05/20	08/21	10/06	139	19.2	95.6	15.8	138.3	86.3	30.4
河南省农业科学院粮作所	619.86	8	4.27	B	05/05	08/29	10/23	171	18.9	99.4	16.1	138.4	93.1	28.6
河南省新乡市农业科学院	622.03	11	-1.74	C	05/08	08/29	10/13	158	25.1	102.8	15.8	120.6	81.3	25.2
平均值	624.19	—	—	—	—	—	—	153.8	22.3	100.3	16.1	129.6	89.1	27.1

注：综合评级：A—好，B—较好，C—中等，D——般。

表 26-7-8　黄淮海粳稻 A 组区试品种在各试点的产量、生育期及经济性状表现（宁 7618）

品种名称/试验点	亩产（千克）	产量位次	比 CK±%	综合评级	播种期（月/日）	齐穗期（月/日）	成熟期（月/日）	全生育期（天）	有效穗（万/亩）	株高（厘米）	穗长（厘米）	总粒数（粒/穗）	结实率（%）	千粒重（克）
安徽省凤台县农科所	643.26	8	4.68	C	05/14	08/15	10/01	140	18.6	110.8	18.4	169.1	83.0	26.4
安徽省华成种业股份有限公司	536.44	4	6.33	B	05/08	08/18	10/09	154	20.0	101.0	17.4	177.8	90.8	22.6
山东省临沂市农业科学院水稻所	570.21	13	-4.77	D	05/14	08/27	10/24	163	18.2	92.2	17.8	138.4	84.0	27.8
山东省水稻所	621.86	8	6.28	A	05/16	08/29	10/22	159	18.5	108.9	15.6	113.4	96.3	29.0
山东郯城种子公司	641.42	5	3.25	A	05/14	08/19	10/06	145	18.5	98.5	16.0	118.8	88.6	29.8
江苏省农业科学院宿迁农科所	666.16	9	3.86	B	05/12	08/20	10/12	153	20.1	112.0	16.5	136.8	93.7	26.8
江苏省徐州市农科所	670.01	5	3.89	A	05/21	08/23	10/08	140	16.9	104.5	16.9	150.3	82.1	28.6
江苏省连云港市农业科学院	568.54	3	5.82	B	05/10	08/23	10/07	150	19.2	95.3	15.2	120.9	90.2	28.0
河南省信阳市农业科学院	534.10	13	-10.28	D	05/20	08/14	10/02	135	16.6	96.0	16.0	146.9	87.2	29.9
河南省农业科学院粮作所	529.76	12	-10.88	C	05/05	08/19	10/08	156	15.8	109.5	16.1	163.1	85.2	27.7
河南省新乡市农业科学院	613.00	12	-3.17	D	05/08	08/21	10/07	152	19.9	105.7	13.1	122.0	73.8	24.8
平均值	599.52	—	—	—	—	—	—	149.7	18.4	103.1	16.3	141.6	86.8	27.4

注：综合评级：A—好，B—较好，C—中等，D—一般。

表 26-7-9　黄淮海粳稻 A 组区试品种在各试点的产量、生育期及经济性状表现（新粮 12 号）

品种名称/试验点	亩产（千克）	产量位次	比 CK±%	综合评级	播种期（月/日）	齐穗期（月/日）	成熟期（月/日）	全生育期（天）	有效穗（万/亩）	株高（厘米）	穗长（厘米）	总粒数（粒/穗）	结实率（%）	千粒重（克）
安徽省凤台县农科所	668.17	5	8.73	C	05/14	08/13	10/03	142	25.6	87.6	16.8	162.4	87.7	20.1
安徽省华成种业股份有限公司	528.58	10	4.77	B	05/08	08/21	10/10	155	31.8	80.0	16.1	129.4	87.6	23.5
山东省临沂市农业科学院水稻所	644.43	3	7.62	A	05/14	08/27	10/24	163	22.9	81.3	17.3	176.2	64.5	25.5
山东省水稻所	613.51	10	4.86	B	05/16	08/24	10/18	155	20.9	96.2	15.8	110.1	94.2	24.6
山东郯城种子公司	657.30	1	5.81	A	05/14	08/20	10/08	147	17.8	102.8	20.2	233.8	76.0	28.8
江苏省农业科学院宿迁农科所	702.11	2	9.46	A	05/12	08/19	10/15	156	24.4	99.0	16.2	127.1	94.6	24.0
江苏省徐州市农科所	652.12	9	1.11	A	05/21	08/23	10/08	140	22.7	92.5	16.2	127.3	90.7	25.3
江苏省连云港市农业科学院	563.69	5	4.92	B	05/10	08/22	10/09	152	22.4	88.8	15.9	118.9	91.1	23.8
河南省信阳市农业科学院	633.73	3	6.46	A	05/20	08/17	10/07	140	20.6	84.9	15.8	164.3	86.7	25.8
河南省农业科学院粮作所	649.11	3	9.20	B	05/05	08/20	10/08	156	19.8	95.7	16.4	139.1	91.3	26.7
河南省新乡市农业科学院	674.19	4	6.50	B	05/08	08/20	10/08	153	23.5	90.4	16.5	139.5	85.9	24.5
平均值	635.18	—	—	—	—	—	—	150.8	22.9	90.8	16.7	148	86.4	24.8

注：综合评级：A—好，B—较好，C—中等，D—一般。

表 26-7-10 黄淮海粳稻 A 组区试品种在各试点的产量、生育期及经济性状表现（嘉优中科 8 号）

品种名称/试验点	亩产（千克）	产量位次	比 CK± %	综合评级	播种期（月/日）	齐穗期（月/日）	成熟期（月/日）	全生育期（天）	有效穗（万/亩）	株高（厘米）	穗长（厘米）	总粒数（粒/穗）	结实率（%）	千粒重（克）
安徽省凤台县农科所	752.92	1	22.52	B	05/14	08/13	10/03	142	18.2	105.3	19.9	262.2	69.1	27.9
安徽省华成种业股份有限公司	532.1	6	5.47	B	05/08	08/18	10/08	153	19.6	112.0	20.3	195.6	79.7	27.1
山东省临沂市农业科学院水稻所	614.84	9	2.68	C	05/14	08/30	10/27	166	13.8	101.5	20.6	198.8	83.0	27.8
山东省水稻所	729.86	2	24.74	B	05/16	08/25	10/20	157	14.2	119.8	21.3	209.3	92.0	30.2
山东郯城种子公司	635.24	9	2.26	B	05/14	09/01	10/12	151	20.0	100.8	16.5	183.8	72.0	22.5
江苏省农业科学院宿迁农科所	828.99	1	29.24	A	05/12	08/19	10/17	158	18.4	117.0	19.9	251.8	81.6	26.2
江苏省徐州市农科所	709.63	1	10.03	A	05/21	08/22	10/12	144	15.0	113.4	19.4	199.6	73.3	27.9
江苏省连云港市农业科学院	612.00	1	13.91	A	05/10	08/24	10/08	151	16.0	104.3	20.1	196.6	83.5	26.1
河南省信阳市农业科学院	644.77	1	8.31	A	05/20	08/15	10/04	137	12.4	102.6	20.1	304.8	76.0	27.4
河南省农业科学院粮作所	704.61	1	18.53	C	05/05	08/19	10/15	163	14.4	109.6	19.3	235.7	85.7	27.9
河南省新乡市农业科学院	728.52	1	15.08	A	05/08	08/19	10/12	157	19.3	103.4	17.3	208.4	72.7	26.6
平均值	681.23	—	—	—	—	—	—	152.6	16.5	108.2	19.5	222.4	79	27.1

注：综合评级：A—好，B—较好，C—中等，D——般。

表 26-7-11 黄淮海粳稻 A 组区试品种在各试点的产量、生育期及经济性状表现（精华 153）

品种名称/试验点	亩产（千克）	产量位次	比 CK± %	综合评级	播种期（月/日）	齐穗期（月/日）	成熟期（月/日）	全生育期（天）	有效穗（万/亩）	株高（厘米）	穗长（厘米）	总粒数（粒/穗）	结实率（%）	千粒重（克）
安徽省凤台县农科所	616.68	11	0.35	C	05/14	08/20	10/02	141	21.6	108.1	20.0	146.4	90.7	25.6
安徽省华成种业股份有限公司	542.29	2	7.49	A	05/08	08/29	10/10	155	23.6	96.0	19.9	169.8	81.3	24.8
山东省临沂市农业科学院水稻所	641.42	4	7.12	A	05/14	08/30	10/27	166	19.5	95.6	18.7	150.7	81.9	27.3
山东省水稻所	615.51	9	5.20	B	05/16	08/31	10/22	159	17.4	109.0	17.5	108.8	94.6	31.6
山东郯城种子公司	655.30	2	5.49	B	05/14	08/20	10/08	147	19.7	97.8	19.1	190.5	80.2	28.2
江苏省农业科学院宿迁农科所	642.09	11	0.1	B	05/12	08/24	10/17	158	18.2	113.0	20.3	140.4	95.2	26.9
江苏省徐州市农科所	656.80	8	1.84	B	05/21	08/29	10/13	145	16.8	106.6	19.5	148.4	87.3	26.5
江苏省连云港市农业科学院	567.70	4	5.66	A	05/10	08/28	10/05	148	18.9	101.9	21.4	124.6	91.8	27.2
河南省信阳市农业科学院	640.42	2	7.58	A	05/20	08/18	10/08	141	17.3	97.3	20.2	191.7	85.7	26.8
河南省农业科学院粮作所	642.59	6	8.10	C	05/05	08/26	10/19	167	16.3	106.7	20.2	179.0	90.6	25.7
河南省新乡市农业科学院	673.02	5	6.31	B	05/08	08/27	10/12	157	18.5	104.5	20.0	154.3	85.6	24.5
平均值	626.71	—	—	—	—	—	—	153.1	18.9	103.3	19.7	155	87.7	26.8

注：综合评级：A—好，B—较好，C—中等，D——般。

表 26-7-12　黄淮海粳稻 A 组区试品种在各试点的产量、生育期及经济性状表现（天隆粳 131）

品种名称/试验点	亩产（千克）	产量位次	比 CK±%	综合评级	播种期（月/日）	齐穗期（月/日）	成熟期（月/日）	全生育期（天）	有效穗（万/亩）	株高（厘米）	穗长（厘米）	总粒数（粒/穗）	结实率（%）	千粒重（克）
安徽省凤台县农科所	679.70	4	10.61	C	05/14	08/15	10/01	140	29.8	97.6	16.5	148.1	87.7	25.1
安徽省华成种业股份有限公司	535.77	5	6.20	B	05/08	08/22	10/10	155	22.2	85.0	17.2	164.8	78.9	23.3
山东省临沂市农业科学院水稻所	631.39	7	5.44	B	05/14	08/28	10/25	164	22.1	81.4	15.7	135.6	84.5	26.0
山东省水稻所	580.57	13	-0.77	B	05/16	08/27	10/21	158	17.3	87.8	16.3	113.7	94.4	27.4
山东郯城种子公司	631.56	12	1.67	B	05/14	08/23	10/06	145	18.5	107.3	22.8	241.1	88.0	26.9
江苏省农业科学院宿迁农科所	673.52	8	5.00	B	05/12	08/20	10/15	156	21.2	102.0	14.5	138.9	94.2	25.0
江苏省徐州市农科所	650.12	10	0.8	A	05/21	08/24	10/08	140	21.2	97.6	16.6	125.8	89.3	27.1
江苏省连云港市农业科学院	560.51	8	4.32	B	05/10	08/25	10/07	150	20.5	90.8	16.6	119.3	91.6	26.5
河南省信阳市农业科学院	559.34	11	-6.04	D	05/20	08/16	10/03	136	20.2	88.2	16.1	153.0	86.9	24.5
河南省农业科学院粮作所	521.73	13	-12.23	D	05/05	08/21	10/18	166	15.7	98.8	16.8	156.9	90.2	25.3
河南省新乡市农业科学院	606.49	13	-4.2	D	05/08	09/23	10/10	155	18.4	99.8	16.1	135.3	83.1	25.3
平均值	602.79	—	—	—	—	—	—	151.4	20.6	94.2	16.8	148.4	88.1	25.7

注：综合评级：A—好，B—较好，C—中等，D——般。

表 26-7-13　黄淮海粳稻 A 组区试品种在各试点的产量、生育期及经济性状表现（徐稻 3 号）

品种名称/试验点	亩产（千克）	产量位次	比 CK±%	综合评级	播种期（月/日）	齐穗期（月/日）	成熟期（月/日）	全生育期（天）	有效穗（万/亩）	株高（厘米）	穗长（厘米）	总粒数（粒/穗）	结实率（%）	千粒重（克）
安徽省凤台县农科所	614.51	12	0	C	05/14	08/19	10/03	142	22.4	105.1	16.4	147.5	81.4	23.6
安徽省华成种业股份有限公司	504.51	13	0	B	05/08	08/22	10/08	153	27.1	97.0	17.6	162.5	86.9	21.8
山东省临沂市农业科学院水稻所	598.8	10	0	C	05/14	08/31	10/26	165	22.6	86.5	17.1	134.1	72.9	28.2
山东省水稻所	585.09	12	0	C	05/16	08/31	10/22	159	18.9	104.8	23.8	107.2	96.9	26.4
山东郯城种子公司	621.20	13	0	C	05/14	08/27	10/10	149	19.0	97.1	16.9	141.6	78.5	27.2
江苏省农业科学院宿迁农科所	641.42	12	0	B	05/12	08/25	10/14	155	22.6	106.0	15.6	129.3	85.9	27.5
江苏省徐州市农科所	644.93	12	0	A	05/21	08/27	10/10	142	20.1	99.3	17.5	145.2	96.2	27.9
江苏省连云港市农业科学院	537.28	13	0	B	05/10	08/26	10/08	151	20.6	93.2	17.1	114.5	91.4	26.7
河南省信阳市农业科学院	595.28	9	0	C	05/20	08/18	10/10	143	20.4	93.1	16.5	155.9	87.4	25.3
河南省农业科学院粮作所	594.45	10	0	C	05/05	08/28	10/21	169	20.5	96.4	16.8	133.3	88.2	26.8
河南省新乡市农业科学院	633.06	10	0	C	05/08	09/29	10/13	158	24.1	97.8	15.4	148.2	85.5	25.0
平均值	597.32	—	—	—	—	—	—	153.3	21.7	97.8	17.3	138.1	86.5	26.0

注：综合评级：A—好，B—较好，C—中等，D——般。

表 26-8-1　黄淮海粳稻 A 组生产试验品种在各试点的主要性状表现

品种名称/试验点	亩产（千克）	比 CK± %	播种期（月/日）	移栽期（月/日）	齐穗期（月/日）	成熟期（月/日）	全生育期（天）	耐寒性	整齐度	杂株率（%）	熟期转色	倒伏程度	落粒性	叶瘟	穗颈瘟	白叶枯病	纹枯病
连粳 16117																	
安徽省凤台县农科所	619.63	10.31	05/14	06/18	08/20	09/30	139	未发	一般	0	中	直	中	无	无	无	轻
山东省水稻所	672.01	24.94	05/16	06/20	09/02	10/23	160	强	整齐	0	好	直	中	无	无	无	轻
山东郯城种子公司	620.59	-4.82	05/14	06/20	08/29	10/10	149	中	一般	0	中	直	难	未发	未发	未发	轻
江苏省农业科学院宿迁农科所	731.34	12.95	05/12	06/15	08/26	10/15	156	未发	整齐	0	好	直	难	无	无	未发	轻
江苏省徐州市农科所	725.09	8.38	05/21	06/19	08/26	10/06	138	强	整齐	0	—	—	—	未发	—	未发	轻
河南省农业科学院粮作所	635.57	7.88	05/06	06/21	08/29	10/21	168	强	整齐	0	中	直	难	无	无	无	轻
河南省新乡市农业科学院	685.61	8.69	05/08	06/12	08/29	10/14	159	强	整齐	0	好	直	难	未发	未发	无	轻
平均值	669.98	9.37	—	—	—	—	152.7	—	—	—	—	—	—	—	—	—	—
皖垦粳 2181																	
安徽省凤台县农科所	592.99	5.57	05/14	06/18	08/19	10/01	140	未发	一般	0	好	直	中	无	无	无	轻
山东省水稻所	582.73	8.34	05/16	06/20	09/03	10/23	160	强	整齐	0	好	直	易	无	无	无	轻
山东郯城种子公司	680.60	4.39	05/14	06/20	08/24	10/06	145	中	整齐	0	中	直	难	未发	未发	未发	轻
江苏省农业科学院宿迁农科所	692.72	6.99	05/12	06/15	08/23	10/14	155	未发	整齐	0	好	直	难	轻	无	未发	轻
江苏省徐州市农科所	703.05	5.09	05/21	06/19	08/23	10/06	138	强	整齐	0	—	—	—	未发	—	未发	轻
河南省农业科学院粮作所	620.57	5.33	05/06	06/21	08/26	10/19	166	强	整齐	0	好	直	难	无	无	无	轻
河南省新乡市农业科学院	664.60	5.36	05/08	06/12	08/30	10/15	160	强	整齐	0	好	直	难	未发	未发	无	轻
平均值	648.18	5.81	—	—	—	—	152	—	—	—	—	—	—	—	—	—	—

表 26-8-2 黄淮海粳稻 A 组生产试验品种在各试点的主要性状表现

品种名称/试验点	亩产（千克）	比 CK± %	播种期（月/日）	移栽期（月/日）	齐穗期（月/日）	成熟期（月/日）	全生育期（天）	耐寒性	整齐度	杂株率（%）	熟期转色	倒伏程度	落粒性	叶瘟	穗颈瘟	白叶枯病	纹枯病
宏稻 59																	
安徽省凤台县农科所	584.72	4.09	05/14	06/18	08/25	10/04	143	未发	一般	0	中	直	中	无	无	无	轻
山东省水稻所	621.91	15.62	05/16	06/20	08/30	10/22	159	强	整齐	0	好	直	中	无	无	无	轻
山东郯城种子公司	644.79	-1.11	05/14	06/20	08/27	10/08	147	中	一般	0	中	直	难	未发	未发	未发	轻
江苏省农业科学院宿迁农科所	696.70	7.60	05/12	06/15	08/29	10/17	158	未发	整齐	0	好	直	中	无	无	未发	轻
江苏省徐州市农科所	713.07	6.59	05/21	06/19	08/30	10/12	144	强	整齐	0	—	—	—	未发	—	未发	轻
河南省农业科学院粮作所	608.17	3.23	05/06	06/21	09/01	10/22	169	强	一般	0	中	直	难	无	无	无	轻
河南省新乡市农业科学院	680.60	7.90	05/08	06/12	08/31	10/15	160	强	整齐	0	好	直	难	未发	未发	无	轻
平均值	649.99	6.11	—	—	—	—	154.3	—	—	—	—	—	—	—	—	—	—
赛粳 16																	
安徽省凤台县农科所	601.90	7.15	05/14	06/18	08/19	10/01	140	未发	一般	0	好	直	中	无	无	无	轻
山东省水稻所	578.67	7.59	05/16	06/20	09/01	10/23	160	强	整齐	0	好	直	中	无	无	无	轻
山东郯城种子公司	651.20	-0.12	05/14	06/20	09/02	10/12	151	强	一般	0	中	直	难	未发	未发	未发	轻
江苏省农业科学院宿迁农科所	701.91	8.40	05/12	06/15	08/21	10/13	154	未发	整齐	0	好	直	难	轻	无	未发	轻
江苏省徐州市农科所	691.04	3.29	05/21	06/19	08/25	10/08	140	强	整齐	0	—	—	—	未发	—	未发	轻
河南省农业科学院粮作所	628.78	6.72	05/06	06/21	08/28	10/23	170	强	一般	0	好	直	难	无	无	无	轻
河南省新乡市农业科学院	652.80	3.49	05/08	06/12	08/29	10/13	158	强	整齐	0	好	直	难	未发	未发	无	轻
平均值	643.76	5.09	—	—	—	—	153.3	—	—	—	—	—	—	—	—	—	—

表 26-8-3　黄淮海粳稻 A 组生产试验品种在各试点的主要性状表现

品种名称/试验点	亩产（千克）	比 CK± %	播种期（月/日）	移栽期（月/日）	齐穗期（月/日）	成熟期（月/日）	全生育期（天）	耐寒性	整齐度	杂株率（%）	熟期转色	倒伏程度	落粒性	叶瘟	穗颈瘟	白叶枯病	纹枯病
W023																	
安徽省凤台县农科所	629.24	12.02	05/14	06/18	08/13	10/04	143	未发	一般	0	中	直	中	无	无	无	轻
山东省水稻所	563.22	4.71	05/16	06/20	08/21	10/18	155	强	整齐	0	好	直	中	无	无	无	轻
山东郯城种子公司	657.41	0.83	05/14	06/20	08/22	10/08	147	中	一般	0.1	中	直	难	未发	未发	未发	轻
江苏省农业科学院宿迁农科所	663.29	2.44	05/12	06/15	08/15	10/12	153	未发	一般	5	中	直	中	轻	轻	未发	中
江苏省徐州市农科所	711.07	6.29	05/21	06/19	08/19	10/04	136	强	整齐	0	—	—	—	未发	—	未发	轻
河南省农业科学院粮作所	602.76	2.31	05/06	06/21	08/20	10/18	165	强	一般	0.1	好	直	难	无	无	无	轻
河南省新乡市农业科学院	662.99	5.10	05/08	06/12	08/18	10/09	154	强	整齐	0	好	直	难	未发	未发	无	轻
平均值	641.43	4.71	—	—	—	—	150.4	—	—	—	—	—	—	—	—	—	—
徐稻 3 号（CK）																	
安徽省凤台县农科所	561.72	0	05/14	06/18	08/20	10/03	142	未发	一般	0	中	直	中	无	无	无	轻
山东省水稻所	537.87	0	05/16	06/20	08/31	10/22	159	强	整齐	0	好	直	中	无	无	无	轻
山东郯城种子公司	652.00	0	05/14	06/20	08/28	10/10	149	中	一般	0	中	直	难	未发	未发	未发	轻
江苏省农业科学院宿迁农科所	647.49	0	05/12	06/15	08/24	10/14	155	未发	整齐	0	好	直	难	轻	轻	未发	中
江苏省徐州市农科所	669.00	0	05/21	06/19	08/26	10/10	142	强	整齐	0	—	—	—	未发	—	未发	轻
河南省农业科学院粮作所	589.16	0	05/06	06/21	08/30	10/20	167	强	整齐	0	好	直	难	无	无	无	轻
河南省新乡市农业科学院	630.79	0	05/08	06/12	08/30	10/15	160	强	整齐	0	好	直	难	未发	未发	无	轻
平均值	612.58	—	—	—	—	—	153.4	—	—	—	—	—	—	—	—	—	—

第二十七章　2018年黄淮海粳稻B组国家水稻品种试验汇总报告

一、试验概况

（一）试验目的

鉴定评价我国黄淮海稻区选育和引进的水稻新品种（组合，下同）的丰产性、稳产性、适应性、抗逆性、米质及其他重要特征特性表现，为国家水稻品种审定提供科学依据。

（二）参试品种

区试品种12个，全部为常规品种，其中科粳稻1号、津粳优2186、圣012和盐稻15198为续试品种，其他品种为新参试品种，以徐稻3号（CK）为对照；生试品种3个，全部为常规品种，也以徐稻3号（CK）为对照。品种名称、类型、亲本组合、选育/供种单位见表27-1。

（三）承试单位

区试点11个，生产试验点7个，分布在河南、山东、安徽和江苏4省区。承试单位、试验地点、经纬度、海拔高度、试验负责人及执行人见表27-2。

（四）试验设计

各试验点均按照《2018年北方稻区国家水稻品种试验实施方案》及NY/T 1300—2007《农作物品种区域试验技术规范　水稻》进行试验。

区试采用完全随机区组设计，3次重复，小区面积0.02亩。生产试验采用大区随机排列，不设重复，大区面积0.5亩。

同组试验所有参试品种同期播种、移栽，施肥水平中等偏上，其他栽培管理措施与当地大田生产相同。

观察记载项目与标准按NY/T 1300—2007《农作物品种区域试验技术规范　水稻》《国家水稻品种试验观察记载项目、方法及标准》《北方稻区国家水稻品种区试及生产试验记载表》等的要求执行。

（五）特性鉴定

抗性鉴定：天津市农业科学院植保所和江苏省农业科学院植保所负责稻瘟病抗性鉴定，采用人工接菌与病区自然诱发相结合；江苏省农业科学院植保所负责条纹叶枯病和黑条矮缩病抗性鉴定，河南省农业科学院植保所参加黑条矮缩病抗性鉴定。鉴定用种由中国农业科学院作物科学研究所统一提供，稻瘟病鉴定结果由天津市农业科学院植保所负责汇总。

米质分析：河南省农业科学院粮作所、山东省水稻所和江苏省宿迁农科所试点提供米质分析样品，农业农村部食品质量监督检验测试中心（武汉）负责米质分析。

DNA指纹鉴定：中国农业科学院作物科学研究所负责参试品种的特异性及续试品种年度间的一致性检测。

转基因检测：由深圳市农业科技促进中心［农业农村部农作物种子质量和转基因成分监督检验测试中心（深圳）］进行转基因鉴定。

（六）试验执行情况

依据 NY/T 1300—2007《农作物品种区域试验技术规范　水稻》，参考区试考察情况及试验点特殊事件报备情况，对各试验点试验结果的可靠性、有效性、准确性进行分析评估，确保汇总质量。2018 年各试点试验结果正常，全部列入汇总。

（七）统计分析

统计分析汇总在试运行的“国家水稻品种试验数据管理平台”上进行。

产量联合方差分析采用混合模型，品种间差异多重比较采用 Duncan's 新复极差法。品种丰产性主要以品种在区试和生产试验中相对于对照产量的高低衡量；参试品种的适应性以品种在区试中较对照增产的试验点比例衡量；参试品种的稳产性主要以品种在年度间区试中较对照品种产量的差异变化程度衡量。

参试品种的生育期主要以全生育期较对照品种生育期的长短天数衡量。

参试品种的抗性以指定鉴定单位的鉴定结果为主要依据，对稻瘟病抗性的主要评价指标为综合指数和穗瘟损失率最高级，对其他病虫害抗性的主要评价指标为最高级。

参试品种的米质评价按照农业行业标准 NY/T 593—2013《食用稻品种品质》，分优质一级、优质二级、优质三级，未达到优质的品种米质均为普通级。

二、结果分析

（一）产量

2018 年区域试验中，徐稻 3 号（CK）平均亩产 597.38 千克，居第 11 位。依据比对照增减产幅度：津粳优 2186，科粳稻 1 号和盐稻 15198 产量高，比徐稻 3 号（CK）增产 5%以上；皖垦糯 392、大粮 306、连粳 17411、圣 012 和中作 1705 产量较高，比徐稻 3 号（CK）增产 3%～5%；W043、科粳 188、扬粳 413 和新稻 51 产量中等，比徐稻 3 号（CK）增减产在 3%以内。区试及生产试验产量汇总结果见表 27-3、表 27-4。

（二）生育期

2018 年区域试验中，徐稻 3 号（CK）全生育期 153.2 天。依据全生育期比对照品种长短的天数衡量：科粳 188、津粳优 2186 和中作 1705 熟期早，比徐稻 3 号（CK）早熟 3 天左右；其余品种熟期适中，全生育期与徐稻 3 号（CK）相差不大。区试及生产试验品种生育期汇总结果见表 27-3、表 27-4。

（三）主要农艺及经济性状

区试品种有效穗、株高、穗长、每穗总粒数、结实率、千粒重等主要农艺经济性状汇总结果见表 27-3。

（四）抗病性

新稻 51 稻瘟病综合指数超过 5.0，其他品种稻瘟病综合指数小于或等于 5.0；盐稻 15198、W043、皖垦糯 392、新稻 51 和连粳 17411 穗瘟损失率最高级为 7 级，其他品种穗瘟损失率最高级均小于或等于 5 级。

科粳 188、扬粳 413 和津粳优 2186 条纹叶枯病 3 级，其他品种条纹叶枯病 5 级。

区试品种稻瘟病和条纹叶枯病的抗性鉴定结果见表 27-5。

生试品种黑条矮缩病的鉴定结果见表 27-4。

（五）米质

依据农业行业标准 NY/T 593—2013《食用稻品种品质》，大粮 306 米质达优质二级，圣 012、盐稻 15198、皖垦糯 392、中作 1705 和 W043 米质达优质三级，其余品种米质均为普通级。

区试品种米质性状表现和综合评级结果见表 27-6。

（六）品种在各试点表现

区试品种在各试点的表现情况见表 27-7-1 至表 27-7-13。

生试品种在各试点的表现情况见表 27-8-1 至表 27-8-2。

三、品种评价

（一）生产试验品种

1. 津粳优 2186

2017 年初试平均亩产 682.16 千克，比徐稻 3 号（CK）增产 12%，增产点比例 100%。2018 年续试平均亩产 673.96 千克，比徐稻 3 号（CK）增产 12.82%，增产点比例 100.0%。两年区试平均亩产 678.06 千克，比徐稻 3 号（CK）增产 12.41%，增产点比例 100.0%。2018 年生试平均亩产 678.7 千克，比徐稻 3 号（CK）增产 9.63%，增产点比例 85.7%。全生育期两年区试平均 148.9 天，比徐稻 3 号（CK）早熟 6.5 天。主要农艺性状两年区试综合表现：有效穗 18.2 万穗/亩，株高 120.2 厘米，穗长 19.7 厘米，总粒数 208.6 粒/穗，结实率 83.6%，千粒重 23.7 克。抗性：稻瘟病综合指数两年分别为 5.0 级和 5.0 级，穗瘟损失率最高级 5 级，条纹叶枯病 3 级。主要米质指标两年综合表现：糙米率 82.1%，整精米率 68.7%，垩白度 7.9%，透明度 1 级，直链淀粉含量 13.8%，胶稠度 72 毫米，碱消值 4.0。

2018 年国家水稻品种试验年会审议意见：已完成试验程序，可以申报国家审定。

2. 科粳稻 1 号

2017 年初试平均亩产 645.97 千克，比徐稻 3 号（CK）增产 6.06%，增产点比例 100%。2018 年续试平均亩产 632.73 千克，比徐稻 3 号（CK）增产 5.92%，增产点比例 100.0%。两年区试平均亩产 639.32 千克，比徐稻 3 号（CK）增产 5.99%，增产点比例 100.0%。2018 年生试平均亩产 637.43 千克，比徐稻 3 号（CK）增产 2.97%，增产点比例 85.7%。全生育期两年区试平均 152.3 天，比徐稻 3 号（CK）早熟 3.1 天。主要性状两年区试综合表现：有效穗 19.7 万穗/亩，株高 94.9 厘米，穗长 16.5 厘米，总粒数 168.8 粒/穗，结实率 84.5%，千粒重 24.5 克。抗性：稻瘟病综合指数两年分别为 3.7 级和 3.5 级，穗瘟损失率最高级 3 级，条纹叶枯病 5 级。主要米质指标两年综合表现：糙米率 83.6%，整精米率 62.1%，垩白度 9.2%，透明度 1 级，直链淀粉含量 14.3%，胶稠度 66 毫米，碱消值 6.5。

2018 年国家水稻品种试验年会审议意见：已完成试验程序，可以申报国家审定。

3. 圣 012

2017 年初试平均亩产 637.02 千克，比徐稻 3 号（CK）增产 4.59%，增产点比例 81.8%。2018 年续试平均亩产 622.02 千克，比徐稻 3 号（CK）增产 4.12%，增产点比例 100.0%。两年区试平均亩产 629.5 千克，比徐稻 3 号（CK）增产 4.36%，增产点比例 90.9%。2018 年生产试验平均亩产 655.61 千克，比徐稻 3 号（CK）增产 5.90%，增产点比例 85.7%。全生育期两年区试平均 155.3 天，比徐稻 3 号（CK）早熟 0.1 天。主要农艺性状两年综合表现：有效穗 21.5 万穗/亩，株高 100.1 厘米，穗长 16.6 厘米，总粒数 143.8 粒/穗，结实率 86.9%，千粒重 26.3 克。抗性：稻瘟病综合指数两年分别为 2.8 级和 3.0 级，穗瘟损失率最高级 3 级，条纹叶枯病 5 级。主要米质指标两年综合表现：糙米率 84.3%，整精米率 73.4%，垩白度 4.3%，透明度 1 级，直链淀粉含量 15.0%，胶稠度 72 毫米，碱消值 6.0，达部标优质三级。

2018 年国家水稻品种试验年会审议意见：已完成试验程序，可以申报国家审定。

（二）续试品种

盐稻 15198

2017 年初试平均亩产 639.46 千克，比徐稻 3 号（CK）增产 4.99%，增产点比例 81.8%。2018

年续试平均亩产 628.55 千克，比徐稻 3 号（CK）增产 5.22%，增产点比例 100.0%。两年区试平均亩产 633.99 千克，比徐稻 3 号（CK）增产 5.11%，增产点比例 90.9%。全生育期两年区试平均 155.8 天，比徐稻 3 号（CK）晚熟 0.4 天。主要农艺性状两年综合表现：有效穗 20.7 万穗/亩，株高 96.1 厘米，穗长 15.7 厘米，总粒数 147.8 粒/穗，结实率 87.2%，千粒重 26.5 克。抗性：稻瘟病综合指数两年分别为 4.2 级和 3.9 级，穗瘟损失率最高级 7 级，条纹叶枯病 5 级。主要米质指标两年综合表现：糙米率 84.6%，整精米率 69.5%，垩白度 3.2%，透明度 1 级，直链淀粉含量 14.9%，胶稠度 70 毫米，碱消值 6.5，达部标优质三级。

2018 年国家水稻品种试验年会审议意见：终止试验。

（三）初试品种

1. 皖垦糯 392

2018 年初试平均亩产 627.15 千克，比徐稻 3 号（CK）增产 4.98%，增产点比例 90.9%。全生育期 153.1 天，比徐稻 3 号（CK）早熟 0.1 天。主要农艺性状表现：有效穗 19.3 万穗/亩，株高 104.4 厘米，穗长 16.2 厘米，总粒数 165.1 粒/穗，结实率 82.4%，千粒重 25.5 克。抗性：稻瘟病综合指数 4.3 级，穗瘟损失率最高级 7 级，条纹叶枯病 5 级。主要米质指标：糙米率 85%，整精米率 70.9%，糯米，透明度 2 级，直链淀粉含量 1.1%，胶稠度 100 毫米，碱消值 7.0，达部标优质三级。

2018 年国家水稻品种试验年会审议意见：终止试验。

2. 大粮 306

2018 年初试平均亩产 624.54 千克，比徐稻 3 号（CK）增产 4.55%，增产点比例 100.0%。全生育期 154.5 天，比徐稻 3 号（CK）晚熟 1.3 天。主要农艺性状表现：有效穗 19.7 万穗/亩，株高 99.0 厘米，穗长 16.1 厘米，总粒数 149.6 粒/穗，结实率 89.6%，千粒重 25.6 克。抗性：稻瘟病综合指数 2.5 级，穗瘟损失率最高级 3 级，条纹叶枯病 5 级。主要米质指标：糙米率 84.4%，整精米率 70.9%，垩白度 2.5%，透明度 1 级，直链淀粉含量 14.9%，胶稠度 71 毫米，碱消值 7.0，达部标优质二级。

2018 年国家水稻品种试验年会审议意见：2019 年续试并进行生产试验。

3. 连粳 17411

2018 年初试平均亩产 624.46 千克，比徐稻 3 号（CK）增产 4.53%，增产点比例 90.9%。全生育期 153.5 天，比徐稻 3 号（CK）晚熟 0.3 天。主要农艺性状表现：有效穗 19.7 万穗/亩，株高 97.6 厘米，穗长 17.7 厘米，总粒数 153.3 粒/穗，结实率 87.0%，千粒重 25.6 克。抗性：稻瘟病综合指数 4.4 级，穗瘟损失率最高级 7 级，条纹叶枯病 5 级。主要米质指标：糙米率 84.6%，整精米率 70.2%，垩白度 5.8%，透明度 1 级，直链淀粉含量 15.8%，胶稠度 64 毫米，碱消值 6.9。

2018 年国家水稻品种试验年会审议意见：终止试验。

4. 中作 1705

2018 年初试平均亩产 619.3 千克，比徐稻 3 号（CK）增产 3.66%，增产点比例 90.9%。全生育期 149.5 天，比徐稻 3 号（CK）早熟 3.6 天。主要农艺性状表现：有效穗 20.5 万穗/亩，株高 103.8 厘米，穗长 17.4 厘米，总粒数 148.2 粒/穗，结实率 87.9%，千粒重 25.3 克。抗性：稻瘟病综合指数 3.3 级，穗瘟损失率最高级 3 级，条纹叶枯病 5 级。主要米质指标：糙米率 84.2%，整精米率 63.6%，垩白度 3.5%，透明度 1 级，直链淀粉含量 14.3%，胶稠度 74 毫米，碱消值 6.0，达部标优质三级。

2018 年国家水稻品种试验年会审议意见：2019 年续试并进行生产试验。

5. W043

2018 年初试平均亩产 610.36 千克，比徐稻 3 号（CK）增产 2.17%，增产点比例 72.7%。全生育期 153.3 天，比徐稻 3 号（CK）晚熟 0.1 天。主要性状表现：有效穗 19.0 万穗/亩，株高 101.8 厘米，穗长 17.3 厘米，总粒数 165.4 粒/穗，结实率 84.7%，千粒重 26.1 克。抗性：稻瘟病综合指数 4.2 级，穗瘟损失率最高级 7 级，条纹叶枯病 5 级。主要米质指标：糙米率 83.3%，整精米率 69.2%，垩白度 4.3%，透明度 1 级，直链淀粉含量 15.2%，胶稠度 75 毫米，碱消值 6.7，达部标优质三级。

2018 年国家水稻品种试验年会审议意见：终止试验。

6. 科粳 188

2018 年初试平均亩产 599. 19 千克，比徐稻 3 号（CK）增产 0. 30%，增产点比例 54. 5%。全生育期 146. 2 天，比徐稻 3 号（CK）早熟 7. 0 天。主要农艺性状表现：有效穗 18. 9 万穗/亩，株高 84. 5 厘米，穗长 15. 4 厘米，总粒数 167. 8 粒/穗，结实率 81. 5%，千粒重 25. 3 克。抗性：稻瘟病综合指数 3. 9 级，穗瘟损失率最高级 3 级，条纹叶枯病 3 级。主要米质指标：糙米率 83. 8%，整精米率 58. 8%，垩白度 36. 4%，透明度 2 级，直链淀粉含量 12. 9%，胶稠度 79 毫米，碱消值 5. 8。

2018 年国家水稻品种试验年会审议意见：终止试验。

7. 扬粳 413

2018 年初试平均亩产 596. 49 千克，比徐稻 3 号（CK）减产 0. 15%，增产点比例 54. 5%。全生育期 150. 5 天，比徐稻 3 号（CK）早熟 2. 6 天。主要性状表现：有效穗 21. 8 万穗/亩，株高 92. 7 厘米，穗长 16. 4 厘米，总粒数 142. 4 粒/穗，结实率 78. 2%，千粒重 24. 2 克。抗性：稻瘟病综合指数 3. 0 级，穗瘟损失率最高级 3 级，条纹叶枯病 3 级。主要米质指标：糙米率 84. 4%，整精米率 70. 9%，垩白度 5. 3%，透明度 1 级，直链淀粉含量 14. 2%，胶稠度 68 毫米，碱消值 6. 7。

2018 年国家水稻品种试验年会审议意见：终止试验。

8. 新稻 51

2018 年初试平均亩产 586. 48 千克，比徐稻 3 号（CK）减产 1. 82%，增产点比例 45. 5%。全生育期 151. 5 天，比徐稻 3 号（CK）早熟 1. 7 天。主要农艺性状表现：有效穗 18. 8 万穗/亩，株高 109. 8 厘米，穗长 19. 1 厘米，总粒数 160. 1 粒/穗，结实率 87. 1%，千粒重 26. 6 克。抗性：稻瘟病综合指数 6. 3 级，穗瘟损失率最高级 7 级，条纹叶枯病 5 级。主要米质指标：糙米率 83. 2%，整精米率 65. 5%，垩白度 5. 6%，透明度 2 级，直链淀粉含量 15. 0%，胶稠度 66 毫米，碱消值 6. 3。

2018 年国家水稻品种试验年会审议意见：终止试验。

表 27-1　2018 年黄淮海粳稻 B 组参试品种基本情况

编号	品种名称	品种类型	亲本组合	申请单位	选育/供种单位
区试					
B2	科粳稻 1 号	常规稻	KT54/KT109	河南三农种业有限公司、昆山科腾生物科技有限公司	河南三农种业有限公司、昆山科腾生物科技有限公司
B8	津粳优 2186	杂交稻	津 218A×涟恢 6 号	江苏省金地种业科技有限公司、天津市农作物研究所	江苏省金地种业科技有限公司、天津市农作物研究所
B1	圣 012	常规稻	圣稻 18/阳光 600	山东省水稻研究所	山东省水稻研究所
B3	盐稻 15198	常规稻	盐稻 9 号/武运粳 21 号	江苏沿海地区农业科学研究所、中国科学院遗传与发育生物学研究所	江苏沿海地区农业科学研究所
B10	*皖垦糯 392	常规稻	99-25/皖垦糯 1 号	安徽皖垦种业股份有限公司	安徽皖垦种业股份有限公司
B6	*中作 1705	常规稻	大粮 2032/垦稻 2016	中国农业科学院作物科学研究所	中国农业科学院作物科学研究所
B7	*扬粳 413	常规稻	扬粳 094/扬粳 019	江苏里下河地区农业科学研究所	江苏里下河地区农业科学研究所
B4	*科粳 188	常规稻	丙 7362/秀水 519//SD276	昆山科腾生物科技有限公司	昆山科腾生物科技有限公司
B12	*新稻 51	常规稻	新稻 25/连粳 7 号//玉稻 518	河南省新乡市农业科学院	河南省新乡市农业科学院
B13	*连粳 17411	常规稻	盐粳 172/连粳 05592	连云港市农业科学院	连云港市农业科学院
B9	*W043	常规稻	丙 11-1/宁粳 7 号//W035	南京农业大学农学院	南京农业大学农学院
B11	*大粮 306	常规稻	圣稻 14/圣 06134	临沂市金秋大粮农业科技有限公司	临沂市金秋大粮农业科技有限公司
B5	徐稻 3 号（CK）	常规稻	镇稻 88/台湾稻 C	江苏徐淮地区徐州农科所	江苏徐淮地区徐州农科所
生产试验					
S7	科粳稻 1 号	常规稻	KT54/KT109	河南三农种业有限公司、昆山科腾生物科技有限公司	河南三农种业有限公司、昆山科腾生物科技有限公司
S8	津粳优 2186	杂交稻	津 218A×涟恢 6 号	江苏省金地种业科技有限公司、天津市农作物研究所	江苏省金地种业科技有限公司、天津市农作物研究所
S9	圣 012	常规稻	圣稻 18/阳光 600	山东省水稻研究所	山东省水稻研究所
S1	徐稻 3 号（CK）	常规稻	镇稻 88/台湾稻 C	江苏徐淮地区徐州农科所	江苏徐淮地区徐州农科所

注：*2018 年新参试品种。

表 27-2　2018 年黄淮海粳稻 B 组区试与生产试点基本情况

承试单位	试验地点	经度	纬度	海拔（米）	试验负责人及执行人
安徽省凤台县农科所▲	安徽省凤台县	116°37′	32°46′	23.4	刘士斌
安徽省华成种业股份有限公司	安徽省宿州市东十里天益青集团院内	117°00′	33°35′	21.0	刘飞
山东省临沂市农业科学院水稻所	山东省临沂市兰山区涑河北街 351 号	118°33′	35°05′	66.5	张瑞华
山东省水稻所▲	山东省济南市历城区桑园路 2 号	116°09′	35°36′	34.0	周学标、李广贤、孙召文
山东郯城种子公司▲	郯城县皇亭路 88 号	118°17′	34°38′	33.0	杨百战
江苏省农业科学院宿迁农科所▲	泗阳县人民南路	118°42′	33°41′	22.3	陈卫军、陈春、赖上坤、王磊
江苏省徐州市农科所▲	徐州市东郊东贺村	117°18′	34°12′	34.3	王健康、郭荣良
江苏省连云港市农业科学院	连云港市海连东路 26 号	119°09′	34°35′	4.5	徐大勇
河南省信阳市农业科学院	河南省信阳市河南路 20 号	114°05′	32°07′	75.9	鲁伟林
河南省农业科学院粮作所▲	河南省郑州市农业路 1 号	114°09′	35°14′	69.0	王生轩
河南省新乡市农业科学院▲	河南省辉县市城西	113°49′	35°27′	96.4	王书玉

注：▲同时承担区试和生产试验

表 27-3　黄淮海粳稻 B 组区试品种产量及主要性状汇总分析结果

品种名称	区试年份	亩产（千克）	比 CK± %	增产点比例（%）	5%显著性	1%显著性	回归系数	生育期（天）	比 CK± 天	有效穗（万/亩）	株高（厘米）	穗长（厘米）	总粒数（粒/穗）	结实率（%）	千粒重（克）
津粳优 2186	2017—2018	678.06	12.41	100.0	—	—	—	148.9	-6.5	18.2	120.2	19.7	208.6	83.6	23.7
科粳稻 1 号	2017—2018	639.32	5.99	100.0	—	—	—	152.3	-3.1	19.7	94.9	16.5	168.8	84.5	24.5
盐稻 15198	2017—2018	633.99	5.11	90.9	—	—	—	155.8	0.4	20.7	96.1	15.7	147.8	87.2	26.5
圣 012	2017—2018	629.50	4.36	90.9	—	—	—	155.3	-0.1	21.5	100.1	16.6	143.8	86.9	26.3
徐稻 3 号	2017—2018	603.20	—	—	—	—	—	155.4	—	22.4	96.3	16.3	131.5	84.8	25.7
津粳优 2186	2018	673.96	12.82	100.0	a	A	1.06	149.0	-4.2	17.5	120	18.9	215.7	80.1	23.9
科粳稻 1 号	2018	632.73	5.92	100.0	b	B	1.07	150.7	-2.5	18.9	94.6	16.5	179.1	83.5	24.2
盐稻 15198	2018	628.55	5.22	100.0	bc	BC	1.02	153.6	0.5	20.2	95.2	15.5	146.7	86.9	26.4
皖垦糯 392	2018	627.15	4.98	90.9	bc	BC	1.04	153.1	-0.1	19.3	104.4	16.2	165.1	82.4	25.5
大粮 306	2018	624.54	4.55	100.0	cd	BC	0.95	154.5	1.3	19.7	99	16.1	149.6	89.6	25.6
连粳 17411	2018	624.46	4.53	90.9	cd	BC	0.89	153.5	0.3	19.7	97.6	17.7	153.3	87	25.6
圣 012	2018	622.02	4.12	100.0	cd	C	0.94	153.3	0.1	20.9	101.2	16.4	142.7	86.6	26.3
中作 1705	2018	619.25	3.66	90.9	d	CD	0.91	149.5	-3.6	20.5	103.8	17.4	148.2	87.9	25.3
W043	2018	610.36	2.17	72.7	e	D	1.14	153.3	0.1	19	101.8	17.3	165.4	84.7	26.1

（续表）

品种名称	区试年份	亩产（千克）	比 CK± %	增产点比例（%）	5%显著性	1%显著性	回归系数	生育期（天）	比 CK± 天	有效穗（万/亩）	株高（厘米）	穗长（厘米）	总粒数（粒/穗）	结实率（%）	千粒重（克）
科粳 188	2018	599. 19	0. 3	54. 5	f	E	0. 99	146. 2	−7	18. 9	84. 5	15. 4	167. 8	81. 5	25. 3
徐稻 3 号	2018	597. 38	0	0	f	E	1. 02	153. 2	0	21. 3	97. 8	16. 5	136. 5	84. 9	25. 9
扬粳 413	2018	596. 49	−0. 15	54. 5	f	EF	0. 98	150. 5	−2. 6	21. 8	92. 7	16. 4	142. 4	78. 2	24. 2
新稻 51	2018	586. 49	−1. 82	45. 5	g	F	0. 98	151. 5	−1. 7	18. 8	109. 8	19. 1	160. 1	87. 1	26. 6

表 27–4　黄淮海粳稻 B 组生产试验品种主要性状汇总

品种名称	产量			生育期		黑条矮缩病抗性			
	亩产（千克）	比 CK± %	增产点比例（%）	生育期（天）	比 CK± 天	发病率（接种）（%）	病级（接种）	发病率（诱发）（%）	病级（诱发）
科粳稻 1 号	637. 43	2. 97	85. 7	151. 3	−1. 6	94. 29	9	8. 48	3
津粳优 2186	678. 68	9. 63	85. 7	147. 0	−5. 9	40. 00	7	3. 95	1
圣 012	655. 61	5. 90	85. 7	153. 3	0. 4	80. 65	9	2. 11	1
徐稻 3 号	612. 58			152. 9		87. 50	9	3. 62	1

注：黑条矮缩病人工接种鉴定：江苏省农业科学院植保所；田间自然诱发鉴定：河南省农业科学院植保所。

表 27–5　黄淮海粳稻 B 组区试品种对主要病害抗性鉴定结果汇总（2017—2018 年）

品种名称	区试年份	稻瘟病														条纹叶枯病		
		2018 年天津					2018 年江苏					2018 年		1~2 年综合评价		2018 年（级）	2017 年（级）	1~2 年最高（级）
		苗叶瘟（级）	穗瘟发病率		穗瘟损失率		苗叶瘟（级）	穗瘟发病率		穗瘟损失率		平均综合指数	损失率最高级	平均综合指数	损失率最高级			
			%	病级	%	病级		%	病级	%	病级							
圣 012	2017—2018	3	39. 4	7	3. 8	1	5	17	5	3. 3	1	3. 0	1	2. 9	3	5	5	5
科粳稻 1 号	2017—2018	1	69. 6	9	7. 4	3	1	22	5	8. 3	3	3. 5	3	3. 6	3	3	5	5
盐稻 15198	2017—2018	3	97. 2	9	42. 4	7	0	10	3	4. 0	1	3. 9	7	4. 1	7	5	5	5
津粳优 2186	2017—2018	1	100	9	15. 9	5	1	72	9	17. 0	5	5. 0	5	5. 0	5	3	3	3
徐稻 3 号（CK）	2017—2018	1	73. 7	9	9. 2	3	3	59	9	18. 6	5	4. 8	5	4. 8	5	5	5	5
科粳 188	2018	1	65. 4	9	7. 9	3	0	82	9	14. 1	3	3. 9	3	3. 9	3	3		3
中作 1705	2018	1	74. 2	9	10. 5	3	1	10	3	5. 6	3	3. 3	3	3. 3	3	5		5

（续表）

品种名称	区试年份	稻瘟病														条纹叶枯病		
		2018 年天津					2018 年江苏					2018 年		1~2 年综合评价		2018 年（级）	2017 年（级）	1~2 年最高（级）
		苗叶瘟（级）	穗瘟发病率		穗瘟损失率		苗叶瘟（级）	穗瘟发病率		穗瘟损失率		平均综合指数	损失率最高级	平均综合指数	损失率最高级			
			%	病级	%	病级		%	病级	%	病级							
扬粳 413	2018	2	74.2	9	8.5	3	0	25	5	4.2	1	3.0	3	3.0	3	3		3
W043	2018	4	93.3	9	45.5	7	1	9	3	4.8	1	4.2	7	4.2	7	5		5
皖垦糯 392	2018	1	73.7	9	30.8	7	3	16	5	4.3	1	4.3	7	4.3	7	5		5
大粮 306	2018	1	33.3	7	2.2	1	1	9	3	5.9	3	2.5	3	2.5	3	5		5
新稻 51	2018	3	84.6	9	31.5	7	5	67	9	28.5	5	6.3	7	6.3	7	5		5
连粳 17411	2018	2	97.0	9	32.6	7	1	9	3	6.3	3	4.4	7	4.4	7	5		5

注：1. 稻瘟病综合指数=叶瘟平均级×25%+穗瘟发病率平均级×25%+穗瘟损失率平均级×50%。

2. 稻瘟病鉴定单位：天津市农业科学院植保所、江苏省农业科学院植保所；条纹叶枯病鉴定单位：江苏省农业科学院植保所。

表 27-6　黄淮海粳稻 B 组区试品种米质分析结果

品种名称	年份	糙米率（%）	精米率（%）	整精米率（%）	粒长（毫米）	粒型长宽比	垩白粒率（%）	垩白度（%）	直链淀粉含量（%）	胶稠度（毫米）	碱消值（级）	透明度（级）	部标（等级）
徐稻 3 号	2017—2018	84.2	73.5	69.1	4.9	1.8	25.7	5.5	15.3	71	5.5	1	普通
科粳稻 1 号	2017—2018	83.6	73.2	62.1	4.5	1.7	36.0	9.2	14.3	66	6.5	1	普通
津粳优 2186	2017—2018	82.1	73.0	68.7	5.3	2.2	32.3	7.9	13.8	72	4.0	1	普通
圣 012	2017—2018	84.3	75.0	73.4	4.8	1.8	13.7	4.3	15.0	72	6.0	1	优三
盐稻 15198	2017—2018	84.6	74.5	69.5	4.9	1.7	17.3	3.2	14.9	70	6.5	1	优三
徐稻 3 号	2018	84.2	73.5	69.1	4.9	1.8	25.7	5.5	15.3	71	5.5	1	普通
科粳稻 1 号	2018	83.6	73.2	62.1	4.5	1.7	36.0	9.2	14.3	66	6.5	1	普通
津粳优 2186	2018	82.1	73.0	68.7	5.3	2.2	32.3	7.9	13.8	72	4.0	1	普通
圣 012	2018	84.3	75.0	73.4	4.8	1.8	13.7	4.3	15.0	72	6.0	1	优三
盐稻 15198	2018	84.6	74.5	69.5	4.9	1.7	17.3	3.2	14.9	70	6.5	1	优三
皖垦糯 392	2018	85.0	75.6	70.9	4.5	1.6	4.0	糯米	1.1	100	7.0	2	优三

（续表）

品种名称	年份	糙米率（%）	精米率（%）	整精米率（%）	粒长（毫米）	粒型长宽比	垩白粒率（%）	垩白度（%）	直链淀粉含量（%）	胶稠度（毫米）	碱消值（级）	透明度（级）	部标（等级）
中作 1705	2018	84. 2	73. 6	63. 6	4. 9	1. 8	15. 7	3. 5	14. 3	74	6. 0	1	优三
扬粳 413	2018	84. 4	73. 8	70. 9	4. 6	1. 7	20. 7	5. 3	14. 2	68	6. 7	1	普通
科粳 188	2018	83. 8	68. 0	58. 5	4. 6	1. 7	78. 3	36. 4	12. 9	79	5. 8	2	普通
新稻 51	2018	83. 2	72. 0	65. 5	5. 0	1. 9	21. 0	5. 6	15. 0	66	6. 3	2	普通
连粳 17411	2018	84. 6	74. 4	70. 2	5. 4	2. 1	25. 0	5. 8	15. 8	64	6. 9	1	普通
W043	2018	83. 3	72. 1	69. 2	4. 9	1. 7	19. 0	4. 3	15. 2	75	6. 7	1	优三
大粮 306	2018	84. 4	74. 1	70. 9	4. 8	1. 7	9. 7	2. 5	14. 9	71	7. 0	1	优二

注：1. 样品提供单位：河南省农业科学院粮作所、山东省水稻所和江苏省农业科学院宿迁农科所。

2. 检测分析单位：农业农村部食品质量监督检验测试中心（武汉）。

表 27-7-1　黄淮海粳稻 B 组区试品种在各试点的产量、生育期及经济性状表现（科粳稻 1 号）

品种名称/试验点	亩产（千克）	产量位次	比 CK±%	综合评级	播种期（月/日）	齐穗期（月/日）	成熟期（月/日）	全生育期（天）	有效穗（万/亩）	株高（厘米）	穗长（厘米）	总粒数（粒/穗）	结实率（%）	千粒重（克）
安徽省凤台县农科所	641. 09	6	2. 95	C	05/14	08/12	10/01	140	17. 6	91. 1	17. 4	225. 8	79. 9	22. 3
安徽省华成种业股份有限公司	540. 12	4	8. 21	B	05/08	08/19	10/09	154	24. 6	94	16. 2	185. 4	76. 3	20. 2
山东省临沂市农业科学院水稻所	630. 89	4	6. 07	B	05/14	08/24	10/26	165	15. 2	88. 6	18. 1	256. 2	69. 9	23. 8
山东省水稻所	597. 29	7	3. 18	B	05/16	09/03	10/23	160	17. 3	101. 8	15. 7	124. 2	92. 9	25. 3
山东郯城种子公司	639. 25	8	0. 98	B	05/14	08/19	10/06	145	19	89	16. 6	162. 2	77. 1	24. 1
江苏省农业科学院宿迁农科所	692. 24	2	9. 78	A	05/12	08/15	10/07	148	21	102	16. 1	161. 5	84	24
江苏省徐州市农科所	675. 36	7	4. 02	B	05/21	08/22	10/10	142	20. 5	105. 1	17	188. 5	86. 5	25. 3
江苏省连云港市农业科学院	546. 47	8	4. 31	A	05/10	08/21	10/04	147	17. 6	89. 7	16. 8	134. 9	92. 2	25. 7
河南省信阳市农业科学院	644. 10	2	7. 09	A	05/20	08/13	10/06	139	17. 5	91. 7	16. 5	197. 1	88. 6	25. 8
河南省农业科学院粮作所	647. 44	3	8. 52	B	05/05	08/18	10/18	166	16. 3	99. 8	16. 7	177. 4	88. 9	25. 5
河南省新乡市农业科学院	705. 78	3	10. 15	A	05/08	08/19	10/07	152	21. 5	88	14. 5	157. 2	82. 4	24
平均值	632. 73	—	—	—	—	—	—	150. 7	18. 9	94. 6	16. 5	179. 1	83. 5	24. 2

注：综合评级：A—好，B—较好，C—中等，D—一般。

表 27-7-2 黄淮海粳稻 B 组区试品种在各试点的产量、生育期及经济性状表现（津粳优 2186）

品种名称/试验点	亩产（千克）	产量位次	比 CK± %	综合评级	播种期（月/日）	齐穗期（月/日）	成熟期（月/日）	全生育期（天）	有效穗（万/亩）	株高（厘米）	穗长（厘米）	总粒数（粒/穗）	结实率（%）	千粒重（克）
安徽省凤台县农科所	712.14	1	14.36	C	05/14	08/10	10/02	141	18.6	126.8	22.2	298.1	77.7	22.7
安徽省华成种业股份有限公司	574.72	1	15.14	A	05/08	08/17	10/07	152	18.9	127.0	18.7	265.2	68.7	21.1
山东省临沂市农业科学院水稻所	652.79	1	9.75	A	05/14	08/20	10/24	163	19.8	110.3	14.5	185.8	75.2	24.5
山东省水稻所	769.64	1	32.95	A	05/16	09/01	10/22	159	15.3	131.1	21.2	193.3	94.5	23.8
山东郯城种子公司	642.59	7	1.51	B	05/14	09/01	10/12	151	19.2	92.6	13.3	135.6	67.6	24.7
江苏省农业科学院宿迁农科所	744.06	1	18	A	05/12	08/12	10/07	148	18.2	135.0	19.7	201.1	83.2	24.0
江苏省徐州市农科所	691.91	2	6.57	B	05/21	08/16	09/28	130	16.1	125.4	20.3	210.3	81.1	23.5
江苏省连云港市农业科学院	542.29	11	3.51	B	05/10	08/15	10/02	145	17.0	107.3	18.1	136.9	93.4	26.5
河南省信阳市农业科学院	653.63	1	8.67	A	05/20	08/12	10/09	142	15.7	118.2	20.7	285.9	76.0	22.9
河南省农业科学院粮作所	709.79	1	18.97	B	05/05	08/08	10/06	154	15.6	120.7	20.2	236.6	83.6	25.8
河南省新乡市农业科学院	719.99	1	12.37	A	05/08	09/10	10/09	154	18.6	125.2	18.9	224.3	79.8	23.9
平均值	673.96	—	—	—	—	—	—	149	17.5	120.0	18.9	215.7	80.1	23.9

注：综合评级：A—好，B—较好，C—中等，D——般。

表 27-7-3 黄淮海粳稻 B 组区试品种在各试点的产量、生育期及经济性状表现（圣 012）

品种名称/试验点	亩产（千克）	产量位次	比 CK± %	综合评级	播种期（月/日）	齐穗期（月/日）	成熟期（月/日）	全生育期（天）	有效穗（万/亩）	株高（厘米）	穗长（厘米）	总粒数（粒/穗）	结实率（%）	千粒重（克）
安徽省凤台县农科所	646.10	3	3.76	C	05/14	08/22	10/04	143	21.0	103.9	16.0	146.5	85.7	24.1
安徽省华成种业股份有限公司	525.58	8	5.29	B	05/08	08/26	10/10	155	27.6	96.0	16.7	127.2	87.6	25.3
山东省临沂市农业科学院水稻所	619.86	8	4.22	B	05/14	09/04	10/26	165	18.0	92.4	16.6	150.4	81.4	28.6
山东省水稻所	608.66	3	5.14	A	05/16	09/02	10/22	159	20.5	109.5	15.7	109.3	95.8	28.6
山东郯城种子公司	649.11	3	2.54	B	05/14	08/19	10/05	144	19.0	98.9	17.5	211.2	61.7	23.9
江苏省农业科学院宿迁农科所	645.94	8	2.44	B	05/12	08/25	10/14	155	21.4	108.0	16.2	131.3	91.9	26.9
江苏省徐州市农科所	684.22	4	5.38	A	05/21	08/29	10/12	144	21.6	106.1	16.9	132.4	94.0	27.7
江苏省连云港市农业科学院	545.64	9	4.15	B	05/10	08/27	10/06	149	18.9	92.6	16.2	118.8	91.7	28.1
河南省信阳市农业科学院	612.50	5	1.83	B	05/20	08/19	10/10	143	19.7	100.7	17.3	170.7	87.8	24.8
河南省农业科学院粮作所	629.05	8	5.44	C	05/05	08/29	10/23	171	18.8	101.2	16.4	150.6	89.8	26.4
河南省新乡市农业科学院	675.53	8	5.43	C	05/08	08/29	10/13	158	23.3	104.3	14.6	121.2	85.6	24.8
平均值	622.02	—	—	—	—	—	—	153.3	20.9	101.2	16.4	142.7	86.6	26.3

注：综合评级：A—好，B—较好，C—中等，D——般。

表 27-7-4　黄淮海粳稻 B 组区试品种在各试点的产量、生育期及经济性状表现（盐稻 15198）

品种名称/试验点	亩产（千克）	产量位次	比 CK± %	综合评级	播种期（月/日）	齐穗期（月/日）	成熟期（月/日）	全生育期（天）	有效穗（万/亩）	株高（厘米）	穗长（厘米）	总粒数（粒/穗）	结实率（%）	千粒重（克）
安徽省凤台县农科所	638.08	10	2.47	C	05/14	08/24	10/03	142	18.6	97.0	15.6	148.7	91.6	26.5
安徽省华成种业股份有限公司	544.97	2	9.18	A	05/08	09/01	10/11	156	25.0	93.0	15.4	149.4	89.3	26.1
山东省临沂市农业科学院水稻所	629.39	5	5.82	B	05/14	09/04	10/28	167	22.0	84.3	19.3	147.5	77.5	25.3
山东省水稻所	602.14	4	4.01	B	05/16	09/04	10/23	160	18.7	98.8	13.8	114.7	92.9	26.0
山东郯城种子公司	642.59	6	1.51	A	05/14	08/12	09/28	137	19.5	85.4	15.4	181.8	73.8	27.7
江苏省农业科学院宿迁农科所	661.98	4	4.98	B	05/12	09/02	10/18	159	20.8	102.0	15.1	134.7	86.8	27.8
江苏省徐州市农科所	687.56	3	5.9	A	05/21	08/31	10/10	142	16.9	100.7	16.3	149.2	92.0	29.0
江苏省连云港市农业科学院	549.82	5	4.95	B	05/10	08/30	10/11	154	19.4	93.5	14.8	119.9	92.2	26.2
河南省信阳市农业科学院	610.00	6	1.42	B	05/20	08/21	10/09	142	19.5	97.3	16.9	162.9	87.0	25.9
河南省农业科学院粮作所	637.75	6	6.89	C	05/05	09/01	10/25	173	20.1	96.7	14.8	142.4	91.7	25.8
河南省新乡市农业科学院	709.79	2	10.77	A	05/08	08/30	10/13	158	21.5	98.0	13.5	163.0	81.4	24.0
平均值	628.55	—	—	—	—	—	—	153.6	20.2	95.2	15.5	146.7	86.9	26.4

注：综合评级：A—好，B—较好，C—中等，D——般。

表 27-7-5　黄淮海粳稻 B 组区试品种在各试点的产量、生育期及经济性状表现（皖垦糯 392）

品种名称/试验点	亩产（千克）	产量位次	比 CK± %	综合评级	播种期（月/日）	齐穗期（月/日）	成熟期（月/日）	全生育期（天）	有效穗（万/亩）	株高（厘米）	穗长（厘米）	总粒数（粒/穗）	结实率（%）	千粒重（克）
安徽省凤台县农科所	660.65	2	6.09	B	05/14	08/22	10/02	141	19.4	109.0	16.0	205.2	93.6	25.6
安徽省华成种业股份有限公司	526.24	6	5.43	B	05/08	08/25	10/10	155	23.1	102.0	16.4	188.8	76.9	23.6
山东省临沂市农业科学院水稻所	626.38	6	5.31	B	05/14	09/04	10/27	166	21.8	91.5	19.1	166.2	65.7	26.9
山东省水稻所	690.91	2	19.35	B	05/16	09/01	10/22	159	18.3	108.3	14.3	138.3	96.1	27.5
山东郯城种子公司	636.24	9	0.5	B	05/14	08/25	10/07	146	18.8	96.6	16.4	134.8	80.9	25.0
江苏省农业科学院宿迁农科所	653.13	6	3.58	A	05/12	08/28	10/15	156	20.1	115.0	14.1	134.9	93.1	26.5
江苏省徐州市农科所	668.17	8	2.91	A	05/21	08/28	10/10	142	16.2	103.9	16.3	156.5	87.2	26.2
江苏省连云港市农业科学院	545.30	10	4.08	B	05/10	08/25	10/07	150	18.7	101.7	17.5	133.4	93.9	23.8
河南省信阳市农业科学院	581.08	10	-3.39	D	05/20	08/17	10/07	140	17.9	107.6	18.1	241.3	60.0	26.4
河南省农业科学院粮作所	643.26	4	7.82	B	05/05	08/27	10/22	170	19.3	107.4	15.2	178.5	81.0	24.9
河南省新乡市农业科学院	667.33	9	4.15	C	05/08	08/28	10/14	159	18.6	105.6	15.2	138.5	78.3	23.9
平均值	627.15	—	—	—	—	—	—	153.1	19.3	104.4	16.2	165.1	82.4	25.5

注：综合评级：A—好，B—较好，C—中等，D——般。

表 27-7-6　黄淮海粳稻 B 组区试品种在各试点的产量、生育期及经济性状表现（中作 1705）

品种名称/试验点	亩产（千克）	产量位次	比 CK±%	综合评级	播种期（月/日）	齐穗期（月/日）	成熟期（月/日）	全生育期（天）	有效穗（万/亩）	株高（厘米）	穗长（厘米）	总粒数（粒/穗）	结实率（%）	千粒重（克）
安徽省凤台县农科所	638.08	9	2.47	C	05/14	08/14	09/28	137	21.2	102.9	18.6	194.8	88.6	23.3
安徽省华成种业股份有限公司	516.21	11	3.42	B	05/08	08/19	10/08	153	25.4	94.0	17.6	157.0	80.9	22.9
山东省临沂市农业科学院水稻所	622.87	7	4.72	B	05/14	08/26	10/23	162	20.3	98.7	15.3	185.4	68.8	25.1
山东省水稻所	594.45	9	2.69	B	05/16	08/26	10/20	157	19.1	105.8	17.6	113.1	95.8	25.6
山东郯城种子公司	647.44	4	2.27	B	05/14	08/27	10/09	148	19.5	94.6	16.7	163.6	88.4	26.4
江苏省农业科学院宿迁农科所	619.36	12	-1.78	C	05/12	08/19	10/08	149	21.4	118.0	16.9	123.0	97.5	24.8
江苏省徐州市农科所	662.32	10	2.01	B	05/21	08/22	10/04	136	18.1	110.7	18.4	129.2	91.8	25.4
江苏省连云港市农业科学院	563.52	1	7.56	A	05/10	08/23	10/10	153	19.2	96.9	17.5	116.9	92.0	28.2
河南省信阳市农业科学院	635.41	4	5.64	A	05/20	08/13	10/04	137	19.7	105.8	18.8	170.0	87.2	25.3
河南省农业科学院粮作所	635.24	7	6.47	C	05/05	08/20	10/10	158	20.6	112.4	17.0	138.1	90.2	26.6
河南省新乡市农业科学院	676.86	7	5.64	B	05/08	08/21	10/10	155	21.0	101.6	16.6	139.0	85.8	24.8
平均值	619.25	—	—	—	—	—	—	149.5	20.5	103.8	17.4	148.2	87.9	25.3

注：综合评级：A—好，B—较好，C—中等，D——般。

表 27-7-7　黄淮海粳稻 B 组区试品种在各试点的产量、生育期及经济性状表现（扬粳 413）

品种名称/试验点	亩产（千克）	产量位次	比 CK±%	综合评级	播种期（月/日）	齐穗期（月/日）	成熟期（月/日）	全生育期（天）	有效穗（万/亩）	株高（厘米）	穗长（厘米）	总粒数（粒/穗）	结实率（%）	千粒重（克）
安徽省凤台县农科所	611.00	13	-1.88	C	05/14	08/18	10/02	141	22.4	93.8	16.2	164.2	82.5	23.1
安徽省华成种业股份有限公司	525.07	9	5.19	B	05/08	08/24	10/10	155	27.4	82.0	16.6	152.0	89.5	23.4
山东省临沂市农业科学院水稻所	616.35	9	3.63	B	05/14	08/30	10/24	163	21.2	80.6	15.4	154.9	76.3	25.3
山东省水稻所	578.23	12	-0.12	B	05/16	08/30	10/22	159	20.9	94.5	14.2	110.9	83.3	25.6
山东郯城种子公司	666.33	1	5.26	A	05/14	08/16	10/03	142	18.7	118.2	20.4	167.4	8.5	24.0
江苏省农业科学院宿迁农科所	656.8	5	4.16	B	05/12	08/20	10/09	150	23.6	94.0	14.5	129.1	95.2	23.1
江苏省徐州市农科所	682.88	5	5.17	A	05/21	08/27	10/06	138	24.5	96.9	16.2	142.4	85.5	25.1
江苏省连云港市农业科学院	547.98	7	4.6	B	05/10	08/23	10/09	152	20.1	83.6	15.7	127.3	90.2	24.8
河南省信阳市农业科学院	518.72	13	-13.76	D	05/20	08/16	10/10	143	19.2	92.0	22.5	152.9	88.2	22.8
河南省农业科学院粮作所	537.44	13	-9.92	D	05/05	08/21	10/10	158	18.1	87.3	14.7	138.9	83.3	25.3
河南省新乡市农业科学院	620.53	13	-3.16	D	05/08	08/23	10/10	155	23.2	96.3	14.1	126.8	78.1	23.3
平均值	596.48	—	—	—	—	—	—	150.5	21.8	92.7	16.4	142.4	78.2	24.2

注：综合评级：A—好，B—较好，C—中等，D——般。

表 27-7-8　黄淮海粳稻 B 组区试品种在各试点的产量、生育期及经济性状表现（科粳 188）

品种名称/试验点	亩产（千克）	产量位次	比 CK± %	综合评级	播种期（月/日）	齐穗期（月/日）	成熟期（月/日）	全生育期（天）	有效穗（万/亩）	株高（厘米）	穗长（厘米）	总粒数（粒/穗）	结实率（%）	千粒重（克）
安徽省凤台县农科所	636.07	11	2.15	C	05/14	08/06	09/25	134	19.2	84.5	15.5	208.5	72.4	23.1
安徽省华成种业股份有限公司	540.79	3	8.34	B	05/08	08/12	10/10	155	24.4	78.0	16.1	185.0	80.5	23.7
山东省临沂市农业科学院水稻所	614.84	10	3.37	B	05/14	08/16	10/20	159	18.3	78.8	16.6	172.9	72.0	27.7
山东省水稻所	597.46	6	3.21	B	05/16	08/15	10/17	154	17.6	87.0	14.0	128.5	89.7	25.9
山东郯城种子公司	628.89	11	-0.66	A	05/14	08/27	10/08	147	19.0	102.2	18.4	153.5	87.4	27.3
江苏省农业科学院宿迁农科所	647.27	7	2.65	B	05/12	08/11	10/03	144	20.4	90.0	15.7	172.6	78.9	24.5
江苏省徐州市农科所	633.57	12	-2.42	B	05/21	08/15	10/06	138	15.9	88.7	14.3	152.0	91.3	27.9
江苏省连云港市农业科学院	523.07	13	-0.16	C	05/10	08/12	10/03	146	19.8	76.5	13.1	121.6	90.9	24.7
河南省信阳市农业科学院	541.79	12	-9.92	D	05/20	08/08	10/01	134	16.4	80.8	16.1	210.7	78.3	23.7
河南省农业科学院粮作所	562.69	12	-5.69	D	05/05	08/09	09/27	145	17.3	84.8	14.6	155.1	81.6	26.1
河南省新乡市农业科学院	664.66	10	3.73	C	05/08	08/15	10/07	152	19.3	77.9	14.5	185.6	74.0	24.2
平均值	599.19	—	—	—	—	—	—	146.2	18.9	84.5	15.4	167.8	81.5	25.3

注：综合评级：A—好，B—较好，C—中等，D——般。

表 27-7-9　黄淮海粳稻 B 组区试品种在各试点的产量、生育期及经济性状表现（新稻 51）

品种名称/试验点	亩产（千克）	产量位次	比 CK± %	综合评级	播种期（月/日）	齐穗期（月/日）	成熟期（月/日）	全生育期（天）	有效穗（万/亩）	株高（厘米）	穗长（厘米）	总粒数（粒/穗）	结实率（%）	千粒重（克）
安徽省凤台县农科所	638.92	8	2.6	C	05/14	08/19	10/01	140	21.6	109.3	19.9	216.8	87.4	25.5
安徽省华成种业股份有限公司	477.93	13	-4.25	D	05/08	08/20	10/07	152	22.7	107.0	15.8	151.2	86.0	25.5
山东省临沂市农业科学院水稻所	561.68	13	-5.57	C	05/14	08/26	10/25	164	18.0	104.3	18.4	115.3	97.7	28.1
山东省水稻所	448.34	13	-22.55	C	05/16	08/29	10/22	159	20.1	109.2	16.9	123.5	91.3	26.6
山东郯城种子公司	612.84	13	-3.19	B	05/14	08/20	10/06	145	18.9	113.1	19.3	170.3	84.3	27.5
江苏省农业科学院宿迁农科所	610.5	13	-3.18	C	05/12	08/20	10/12	153	20.8	115.0	21.6	164.5	76.2	26.9
江苏省徐州市农科所	632.23	13	-2.63	B	05/21	08/23	10/08	140	13.5	117.2	19.2	158.6	95.3	27.3
江苏省连云港市农业科学院	550.65	4	5.11	B	05/10	08/24	10/04	147	18.2	103.9	17.7	131.9	90.7	27.0
河南省信阳市农业科学院	607.15	7	0.94	C	05/20	08/17	10/07	140	15.8	113.5	26.0	231.4	75.0	26.2
河南省农业科学院粮作所	613.17	10	2.77	C	05/05	08/21	10/22	170	18.3	112.2	18.4	151.8	89.9	26.0
河南省新乡市农业科学院	697.93	5	8.92	B	05/08	08/19	10/11	156	18.6	102.7	17.3	146.0	84.8	25.8
平均值	586.49	—	—	—	—	—	—	151.5	18.8	109.8	19.1	160.1	87.1	26.6

注：综合评级：A—好，B—较好，C—中等，D——般。

表 27-7-10　黄淮海粳稻 B 组区试品种在各试点的产量、生育期及经济性状表现（连粳 17411）

品种名称/试验点	亩产（千克）	产量位次	比 CK± %	综合评级	播种期（月/日）	齐穗期（月/日）	成熟期（月/日）	全生育期（天）	有效穗（万/亩）	株高（厘米）	穗长（厘米）	总粒数（粒/穗）	结实率（%）	千粒重（克）
安徽省凤台县农科所	645.94	4	3.73	B	05/14	08/20	10/02	141	19.0	97.2	18.3	201.9	87.2	23.7
安徽省华成种业股份有限公司	532.10	5	6.6	A	05/08	08/24	10/10	155	24.7	98.0	16.9	168.4	87.2	22.6
山东省临沂市农业科学院水稻所	638.92	3	7.42	A	05/14	08/31	10/25	164	20.1	87.2	19.3	159.1	80.1	25.2
山东省水稻所	594.78	8	2.74	A	05/16	09/02	10/23	160	18.5	103.9	16.3	121.4	94.4	26.5
山东郯城种子公司	619.52	12	-2.14	C	05/14	08/27	10/10	149	19.5	97.6	16.9	125.0	73.5	26.1
江苏省农业科学院宿迁农科所	641.26	9	1.7	B	05/12	08/25	10/14	155	20.4	100.0	17.0	134.8	92.9	25.7
江苏省徐州市农科所	681.88	6	5.02	A	05/21	08/28	10/10	142	16.4	100.1	17.7	150.3	94.3	26.3
江苏省连云港市农业科学院	559.51	2	6.8	B	05/10	08/27	10/09	152	17.2	93.6	18.5	127.9	91.4	28.5
河南省信阳市农业科学院	602.81	8	0.22	C	05/20	08/16	10/08	141	19.1	99.6	18.8	175.0	83.2	25.6
河南省农业科学院粮作所	653.79	2	9.58	C	05/05	08/27	10/23	171	19.5	97.2	16.2	154.3	89.2	26.4
河南省新乡市农业科学院	698.59	4	9.03	B	05/08	08/27	10/13	158	22.2	98.9	19.2	168.1	83.5	25.0
平均值	624.46	—	—	—	—	—	—	153.5	19.7	97.6	17.7	153.3	87.0	25.6

注：综合评级：A—好，B—较好，C—中等，D—一般。

表 27-7-11　黄淮海粳稻 B 组区试品种在各试点的产量、生育期及经济性状表现（W043）

品种名称/试验点	亩产（千克）	产量位次	比 CK± %	综合评级	播种期（月/日）	齐穗期（月/日）	成熟期（月/日）	全生育期（天）	有效穗（万/亩）	株高（厘米）	穗长（厘米）	总粒数（粒/穗）	结实率（%）	千粒重（克）
安徽省凤台县农科所	639.08	7	2.63	C	05/14	08/21	10/03	142	17.8	99.4	18.9	200.7	86.3	24.9
安徽省华成种业股份有限公司	525.91	7	5.36	B	05/08	08/25	10/10	155	21.1	97.0	17.3	186.6	83.6	25.5
山东省临沂市农业科学院水稻所	578.9	12	-2.67	C	05/14	08/31	10/27	166	19.2	97.4	13.9	180.4	59.2	29.2
山东省水稻所	593.11	10	2.45	B	05/16	08/31	10/22	159	17.1	105.1	15.7	132.0	95.3	26.1
山东郯城种子公司	645.27	5	1.93	B	05/14	08/23	10/06	145	18.9	102.6	16.0	182.4	88.8	25.5
江苏省农业科学院宿迁农科所	679.37	3	7.74	A	05/12	08/26	10/15	156	22.0	100.0	16.7	146.3	86.9	28.0
江苏省徐州市农科所	700.94	1	7.96	A	05/21	08/29	10/12	144	18.6	111.4	17.2	159.6	91.9	25.6
江苏省连云港市农业科学院	555.33	3	6	A	05/10	08/27	10/08	151	18.7	95.6	17.9	129.3	89.6	26.3
河南省信阳市农业科学院	544.13	11	-9.53	D	05/20	08/18	10/07	140	18.3	104.0	18.2	175.4	82.4	24.7
河南省农业科学院粮作所	622.87	9	4.4	C	05/05	08/25	10/23	171	17.9	102.4	19.0	174.6	88.0	24.4
河南省新乡市农业科学院	629.05	12	-1.83	D	05/08	08/25	10/12	157	19.2	104.4	19.2	151.7	79.7	26.7
平均值	610.36	—	—	—	—	—	—	153.3	19.0	101.8	17.3	165.4	84.7	26.1

注：综合评级：A—好，B—较好，C—中等，D—一般。

表 27-7-12　黄淮海粳稻 B 组区试品种在各试点的产量、生育期及经济性状表现（大粮 306）

品种名称/试验点	亩产（千克）	产量位次	比 CK± %	综合评级	播种期（月/日）	齐穗期（月/日）	成熟期（月/日）	全生育期（天）	有效穗（万/亩）	株高（厘米）	穗长（厘米）	总粒数（粒/穗）	结实率（%）	千粒重（克）
安徽省凤台县农科所	643.93	5	3.41	C	05/14	08/23	10/02	141	21.2	98.8	17.1	165.4	91.5	24.0
安徽省华成种业股份有限公司	517.55	10	3.68	B	05/08	08/28	10/11	156	24.4	98.0	15.9	185.0	82.5	22.2
山东省临沂市农业科学院水稻所	647.94	2	8.94	A	05/14	09/04	10/27	166	19.3	93.7	14.5	143.7	90.2	26.4
山东省水稻所	598.29	5	3.35	B	05/16	09/02	10/23	160	19.9	101.9	14.2	107.1	95.3	28.2
山东郯城种子公司	651.12	2	2.85	A	05/14	08/26	10/07	146	19.1	99.6	16.9	135.8	86.5	27.2
江苏省农业科学院宿迁农科所	638.08	10	1.19	A	05/12	08/30	10/18	159	21.0	102.0	16.1	131.2	94.1	26.0
江苏省徐州市农科所	664.16	9	2.29	B	05/21	08/30	10/14	146	16.1	100.6	17.1	151.6	95.7	26.4
江苏省连云港市农业科学院	548.98	6	4.79	B	05/10	08/29	10/11	154	19.0	95.3	15.4	121.7	93.8	26.0
河南省信阳市农业科学院	639.08	3	6.25	A	05/20	08/21	10/08	141	18.4	101.9	17.9	190.6	85.6	25.1
河南省农业科学院粮作所	641.42	5	7.51	B	05/05	08/29	10/24	172	18.8	96.8	15.6	160.2	87.5	25.3
河南省新乡市农业科学院	679.37	6	6.03	B	05/08	08/26	10/13	158	19.8	100.0	16.0	153.8	82.7	24.3
平均值	624.54	—	—	—	—	—	—	154.5	19.7	99.0	16.1	149.6	89.6	25.6

注：综合评级：A—好，B—较好，C—中等，D——般。

表 27-7-13　黄淮海粳稻 B 组区试品种在各试点的产量、生育期及经济性状表现（徐稻 3 号）

品种名称/试验点	亩产（千克）	产量位次	比 CK± %	综合评级	播种期（月/日）	齐穗期（月/日）	成熟期（月/日）	全生育期（天）	有效穗（万/亩）	株高（厘米）	穗长（厘米）	总粒数（粒/穗）	结实率（%）	千粒重（克）
安徽省凤台县农科所	622.70	12	0	C	05/14	08/19	10/03	142	20.3	102.2	16.1	137.3	83.7	24.1
安徽省华成种业股份有限公司	499.16	12	0	C	05/08	08/24	10/09	154	24.5	93.0	16.1	151.2	84.5	23.8
山东省临沂市农业科学院水稻所	594.78	11	0	C	05/14	08/31	10/26	165	22.9	88.6	17.3	138.6	70.9	27.2
山东省水稻所	578.90	11	0	C	05/16	08/31	10/22	159	19.7	106.6	14.3	101.3	96.4	27.0
山东郯城种子公司	633.06	10	0	B	05/14	08/21	10/07	146	19.3	104.9	18.6	135.8	81.6	24.8
江苏省农业科学院宿迁农科所	630.56	11	0	B	05/12	08/24	10/14	155	21.8	100.0	15.3	115.7	89.5	27.6
江苏省徐州市农科所	649.28	11	0	A	05/21	09/29	10/11	143	22.1	101.1	16.7	135.6	89.7	27.1
江苏省连云港市农业科学院	523.90	12	0	B	05/10	08/26	10/08	151	19.4	90.7	17.5	124.4	90.4	25.8
河南省信阳市农业科学院	601.47	9	0	C	05/20	08/18	10/10	143	18.9	95.8	17.8	176.1	83.3	25.7
河南省农业科学院粮作所	596.62	11	0	C	05/05	08/28	10/21	169	21.1	95.9	15.9	130.0	91.0	26.7
河南省新乡市农业科学院	640.75	11	0	C	05/08	08/29	10/13	158	24.1	97.1	16.4	156.0	73.2	24.8
平均值	597.38	—	—	—	—	—	—	153.2	21.3	97.8	16.5	136.5	84.9	25.9

注：综合评级：A—好，B—较好，C—中等，D——般。

表 27-8-1　黄淮海粳稻 B 组生产试验品种在各试点的主要性状表现

品种名称/试验点	亩产（千克）	比 CK±%	播种期（月/日）	移栽期（月/日）	齐穗期（月/日）	成熟期（月/日）	全生育期（天）	耐寒性	整齐度	杂株率（%）	熟期转色	倒伏程度	落粒性	叶瘟	穗颈瘟	白叶枯病	纹枯病
科粳稻 1 号																	
安徽省凤台县农科所	572.76	4.13	05/14	06/18	08/13	10/02	141	未发	一般	0	中	直	中	无	无	无	轻
山东省水稻所	559.90	1.81	05/16	06/20	09/03	10/23	160	强	整齐	0	好	直	中	无	无	无	轻
山东郯城种子公司	631.59	-7.47	05/14	06/20	08/29	10/10	149	中	一般	0	中	直	难	未发	未发	未发	轻
江苏省农业科学院宿迁农科所	681.50	6.27	05/12	06/15	08/15	10/10	151	未发	整齐	0	好	直	难	无	无	未发	轻
江苏省徐州市农科所	707.06	4.44	05/21	06/19	08/20	10/09	141	强	整齐	0	—	—	—	未发	—	未发	轻
河南省农业科学院粮作所	635.37	6.11	05/06	06/21	08/20	10/15	162	强	整齐	0	中	直	难	无	无	无	中
河南省新乡市农业科学院	673.81	6.31	05/08	06/11	08/21	10/10	155	强	整齐	0	好	直	难	未发	未发	无	轻
平均值	637.43	2.97	—	—	—	—	151.3	—	—	—	—	—	—	—	—	—	—
津粳优 2186																	
安徽省凤台县农科所	624.64	13.57	05/14	06/18	08/09	10/01	140	未发	一般	0	中	直	中	无	无	无	中
山东省水稻所	609.49	10.82	05/16	06/20	09/01	10/22	159	强	整齐	0	好	直	难	无	无	无	轻
山东郯城种子公司	664.60	-2.64	05/14	06/20	08/28	10/06	145	强	一般	0	中	直	难	未发	未发	未发	轻
江苏省农业科学院宿迁农科所	745.54	16.26	05/12	06/15	08/12	10/08	149	未发	整齐	0	好	直	难	无	无	未发	轻
江苏省徐州市农科所	709.06	4.73	05/21	06/19	08/15	09/26	128	强	整齐	0	—	—	—	未发	—	未发	轻
河南省农业科学院粮作所	683.00	14.07	05/06	06/21	08/10	10/08	155	中	整齐	0.2	好	直	难	无	无	无	中
河南省新乡市农业科学院	714.41	12.72	05/08	06/11	08/14	10/08	153	强	整齐	0	好	直	难	未发	未发	无	轻
平均值	678.68	9.63	—	—	—	—	147	—	—	—	—	—	—	—	—	—	—

表 27-8-2　黄淮海粳稻 B 组生产试验品种在各试点的主要性状表现

品种名称/试验点	亩产（千克）	比 CK± %	播种期（月/日）	移栽期（月/日）	齐穗期（月/日）	成熟期（月/日）	全生育期（天）	耐寒性	整齐度	杂株率（%）	熟期转色	倒伏程度	落粒性	叶瘟	穗颈瘟	白叶枯病	纹枯病
圣 012																	
安徽省凤台县农科所	577.27	4.95	05/14	06/18	08/22	10/04	143	未发	一般	0	好	直	中	无	无	无	轻
山东省水稻所	639.80	16.34	05/16	06/20	09/02	10/22	159	强	整齐	0	好	直	中	无	无	无	轻
山东郯城种子公司	677.80	-0.70	05/14	06/20	08/20	10/08	147	中	整齐	0	中	直	难	未发	未发	未发	轻
江苏省农业科学院宿迁农科所	667.30	4.06	05/12	06/15	08/24	10/14	155	未发	整齐	0	好	直	难	无	无	未发	无
江苏省徐州市农科所	725.09	7.10	05/21	06/19	08/28	10/09	141	强	整齐	0	—	—	—	未发	—	未发	轻
河南省农业科学院粮作所	632.59	5.65	05/06	06/21	08/30	10/22	169	强	一般	0	中	直	难	无	无	无	轻
河南省新乡市农业科学院	669.40	5.62	05/08	06/11	08/29	10/14	159	强	整齐	0	好	直	难	未发	未发	无	轻
平均值	655.61	5.90	—	—	—	—	153.3	—	—	—	—	—	—	—	—	—	—
徐稻 3 号（CK）																	
安徽省凤台县农科所	550.02	0	05/14	06/18	08/20	10/03	142	未发	一般	0	中	直	中	无	无	无	轻
山东省水稻所	549.96	0	05/16	06/20	08/31	10/22	159	强	整齐	0	好	直	中	无	无	无	轻
山东郯城种子公司	682.60	0	05/14	06/20	08/19	10/06	145	中	一般	0	好	直	难	未发	未发	未发	轻
江苏省农业科学院宿迁农科所	641.28	0	05/12	06/15	08/23	10/14	155	未发	整齐	0	好	直	难	轻	轻	未发	轻
江苏省徐州市农科所	677.02	0	05/21	06/19	08/26	10/10	142	强	整齐	0	—	—	—	未发	—	未发	轻
河南省农业科学院粮作所	598.76	0	05/06	06/21	08/30	10/20	167	强	整齐	0	好	直	难	无	无	无	轻
河南省新乡市农业科学院	633.79	0	05/08	06/11	08/30	10/15	160	强	整齐	0	好	直	难	未发	未发	无	轻
平均值	619.06		—	—	—	—	152.9	—	—	—	—	—	—	—	—	—	—

第二十八章　2018 年黄淮海粳稻 C 组国家水稻品种试验汇总报告

一、试验概况

（一）试验目的

鉴定评价我国黄淮海稻区选育和引进的水稻新品种（组合，下同）的丰产性、稳产性、适应性、抗逆性、品质及其他重要特征特性表现，为国家水稻品种审定提供科学依据。

（二）参试品种

区试品种 12 个，全部为常规品种，其中信粳 1787 和科粳 365 为续试品种，其他品种为新参试品种，以徐稻 3 号（CK）为对照；生试品种 2 个，全部为常规品种，也以徐稻 3 号（CK）为对照。品种名称、类型、亲本组合、选育/供种单位见表 28-1。

（三）承试单位

区试点 11 个，生产试验点 7 个，分布在河南、山东、安徽和江苏 4 省区。承试单位、试验地点、经纬度、海拔高度、试验负责人及执行人见表 28-2。

（四）试验设计

各试验点均按照《2018 年北方稻区国家水稻品种试验实施方案》及 NY/T 1300—2007《农作物品种区域试验技术规范　水稻》进行试验。

区试采用完全随机区组设计，3 次重复，小区面积 0.02 亩。生产试验采用大区随机排列，不设重复，大区面积 0.5 亩。

同组试验所有参试品种同期播种、移栽，施肥水平中等偏上，其他栽培管理措施与当地大田生产相同。

观察记载项目与标准按 NY/T 1300—2007《农作物品种区域试验技术规范　水稻》《国家水稻品种试验观察记载项目、方法及标准》《北方稻区国家水稻品种区试及生产试验记载表》等的要求执行。

（五）特性鉴定

抗性鉴定：天津市农业科学院植保所和江苏省农业科学院植保所负责稻瘟病抗性鉴定，采用人工接菌与病区自然诱发相结合；江苏省农业科学院植保所负责条纹叶枯病和黑条矮缩病抗性鉴定，河南省农业科学院植保所参加黑条矮缩病抗性鉴定。鉴定用种由中国农业科学院作物科学研究所统一提供，稻瘟病鉴定结果由天津市农业科学院植保所负责汇总。

米质分析：河南省农业科学院粮作所、山东省水稻所和江苏省宿迁农科所试点提供米质分析样品，农业农村部食品质量监督检验测试中心（武汉）负责米质分析。

DNA 指纹鉴定：中国农业科学院作物科学研究所负责参试品种的特异性及续试品种年度间的一致性检测。

转基因检测：由深圳市农业科技促进中心［农业农村部农作物种子质量和转基因成分监督检验测试中心（深圳）］进行转基因鉴定。

（六）试验执行情况

依据 NY/T 1300—2007《农作物品种区域试验技术规范　水稻》，参考区试考察情况及试验点特殊事件报备情况，对各试验点试验结果的可靠性、有效性、准确性进行分析评估，确保汇总质量。2018 年各试点试验结果正常，全部列入汇总。

（七）统计分析

统计分析汇总在试运行的“国家水稻品种试验数据管理平台”上进行。

产量联合方差分析采用混合模型，品种间差异多重比较采用 Duncan's 新复极差法。品种丰产性主要以品种在区试和生产试验中相对于对照产量的高低衡量；参试品种的适应性以品种在区试中较对照增产的试验点比例衡量；参试品种的稳产性主要以品种在年度间区试中较对照品种产量的差异变化程度衡量。

参试品种的生育期主要以全生育期较对照品种生育期的长短天数衡量。

参试品种的抗性以指定鉴定单位的鉴定结果为主要依据，对稻瘟病抗性的主要评价指标为综合指数和穗瘟损失率最高级，对其他病虫害抗性的主要评价指标为最高级。

参试品种的米质评价按照农业行业标准 NY/T 593—2013《食用稻品种品质》，分优质一级、优质二级、优质三级，未达到优质的品种米质均为普通级。

二、结果分析

（一）产量

2018 年区域试验中，徐稻 3 号（CK）平均亩产 599.46 千克，居第 13 位。依据比对照增减产幅度：信粳 1787、连粳 17317 和徐 50619 产量高，比徐稻 3 号（CK）增产 5%以上；科粳 365、圣稻 053、泗稻 15-208 和淮粳糯 20 产量较高，比徐稻 3 号（CK）增产 3%～5%；淮稻 6128、金粳 616、连粳 17212、武育 355 和扬辐粳 5166 产量中等，比徐稻 3 号（CK）增产在 3%以内。区试及生产试验产量汇总结果见表 28-3、表 28-4。

（二）生育期

2018 年区域试验中，徐稻 3 号（CK）全生育期 156.2 天。依据全生育期比对照品种长短的天数衡量：金粳 616、连粳 17212、武育 355 和扬辐粳 5166 熟期早，较对照徐稻 3 号早熟 6 天左右；其余品种熟期适中，全生育期与徐稻 3 号（CK）相差不大。品种全生育期及比对照长短天数见表 28-3。

（三）主要农艺及经济性状

区试品种有效穗、株高、穗长、每穗总粒数、结实率、千粒重等主要农艺经济性状汇总结果见表 28-3。

（四）抗病性

泗稻 15-208 和武育 355 稻瘟病综合指数超过 5.0 级，其他品种稻瘟病综合指数均小于或等于 5.0 级；武育 355 和淮稻 6128 穗瘟损失率最高级 7 级；泗稻 15-208 穗瘟损失率最高级为 9 级，其他品种穗瘟损失率最高级均未超过 5 级。

徐 50619 条纹叶枯病 7 级，武育 355 和连粳 17212 条纹叶枯病 3 级，其余品种条纹叶枯病均为 5 级。

区试品种稻瘟病和条纹叶枯病的抗性鉴定结果见表 28-5。

生试品种黑条矮缩病的鉴定结果见表 28-4。

（五）米质

依据农业行业标准 NY/T 593—2013《食用稻品种品质》，大粮 306 米质达部标优质二级，圣 012、盐稻 15198、皖垦糯 392、中作 1705 和 W043 米质达部标优质三级，其他品种米质均为普通级。

区试品种米质性状表现和综合评级结果见表 28-6。

（六）品种在各试点表现

区试品种在各试点的表现情况见表 28-7-1 至表 28-7-13。

生试品种在各试点的表现情况见表 28-8-1 至表 28-8-2。

三、品种评价

（一）生产试验品种

1. 信粳 1787

2017 年初试平均亩产 647 千克，比徐稻 3 号（CK）增产 6.57%，增产点比例 100%。2018 年续试平均亩产 634.69 千克，比徐稻 3 号（CK）增产 5.88%，增产点比例 100.0%。两年区试平均亩产 640.85 千克，比徐稻 3 号（CK）增产 6.23%，增产点比例 100.0%。2018 年生产试验平均亩产 640.98 千克，比徐稻 3 号（CK）增产 4.82%，增产点比例 85.7%。全生育期两年区试平均 158.7 天，比徐稻 3 号（CK）晚熟 1.7 天。主要农艺性状两年区试综合表现：有效穗 19.5 万穗/亩，株高 109.3 厘米，穗长 16.3 厘米，总粒数 163.1 粒/穗，结实率 83.6%，千粒重 26.2 克。抗性：稻瘟病综合指数两年分别为 4.2 级和 3.7 级，穗瘟损失率最高级 3 级，条纹叶枯病 5 级。主要米质指标两年综合表现：糙米率 83.5%，整精米率 66.2%，垩白度 8.8%，透明度 1 级，直链淀粉含量 15.4%，胶稠度 65 毫米，碱消值 6.8。

2018 年国家水稻品种试验年会审议意见：已完成试验程序，可以申报国家审定。

2. 科粳 365

2017 年初试平均亩产 638.79 千克，比徐稻 3 号（CK）增产 5.21%，增产点比例 90.9%。2018 年续试平均亩产 626.77 千克，比徐稻 3 号（CK）增产 4.56%，增产点比例 90.9%。两年区试平均亩产 632.77 千克，比徐稻 3 号（CK）增产 4.89%，增产点比例 90.9%。2018 年生产试验平均亩产 622.82 千克，比徐稻 3 号（CK）增产 1.85%，增产点比例 85.7%。全生育期两年区试平均 156.8 天，比徐稻 3 号（CK）早熟 0.2 天。主要农艺性状两年区试综合表现：有效穗 19.7 万穗/亩，株高 94.8 厘米，穗长 15.4 厘米，总粒数 164.5 粒/穗，结实率 82.5%，千粒重 25.8 克。抗性：稻瘟病综合指数两年分别为 2.7 级和 2.3 级，穗瘟损失率最高级 1 级，条纹叶枯病 5 级。主要米质指标两年综合表现：糙米率 81.3%，整精米率 65.6%，垩白度 5.0%，透明度 1 级，直链淀粉含量 14.6%，胶稠度 64 毫米，碱消值 6.7，达到部标优质三级。

2018 年国家水稻品种试验年会审议意见：已完成试验程序，可以申报国家审定。

（二）初试品种

1. 连粳 17317

2018 年初试平均亩产 634.01 千克，比徐稻 3 号（CK）增产 5.76%，增产点比例 100.00%。全生育期 154.8 天，比徐稻 3 号（CK）早熟 1.4 天。主要农艺性状表现：有效穗 21.7 万穗/亩，株高 98.7 厘米，穗长 16.6 厘米，总粒数 158.8 粒/穗，结实率 85.8%，千粒重 24.4 克。抗性：稻瘟病综合指数 3.7 级，穗瘟损失率最高级 3 级，条纹叶枯病 5 级。主要米质指标：糙米率 83.7%，整精米率 68.9%，垩白度 4.6%，透明度 1 级，直链淀粉含量 14.6%，胶稠度 67 毫米，碱消值 6.3，达部标优质三级。

2018 年国家水稻品种试验年会审议意见：2019 年续试并进行生产试验。

2. 徐 50619

2018 年初试平均亩产 631.13 千克，比徐稻 3 号（CK）增产 5.28%，增产点比例 100.0%。全生育期 153.5 天，比徐稻 3 号（CK）早熟 2.6 天。主要农艺性状表现：有效穗 21.9 万穗/亩，株高 96.7 厘米，穗长 16.1 厘米，总粒数 150.8 粒/穗，结实率 90.7%，千粒重 24.8 克。抗性：稻瘟病综合指数 3.3 级，穗瘟损失率最高级 3 级，条纹叶枯病 7 级。主要米质指标：糙米率 80.8%，整精米率 66%，垩白度 5.9%，透明度 1 级，直链淀粉含量 15.1%，胶稠度 67 毫米，碱消值 6.3。

2018 年国家水稻品种试验年会审议意见：终止试验。

3. 圣稻 053

2018 年初试平均亩产 624.24 千克，比徐稻 3 号（CK）增产 4.13%，增产点比例 81.8%。全生育期 152.6 天，比徐稻 3 号（CK）早熟 3.5 天。主要农艺性状表现：有效穗 19.9 万穗/亩，株高 107.3 厘米，穗长 16.8 厘米，总粒数 143.2 粒/穗，结实率 94.4%，千粒重 25.1 克。抗性：稻瘟病综合指数 3.4 级，穗瘟损失率最高级 1 级，条纹叶枯病 5 级。主要米质指标：糙米率 83.6%，整精米率 68%，垩白度 4.8%，透明度 2 级，直链淀粉含量 14.4%，胶稠度 74 毫米，碱消值 6.3，达部标优质三级。

2018 年国家水稻品种试验年会审议意见：2019 年续试并进行生产试验。

4. 泗稻 15-208

2018 年初试平均亩产 623.38 千克，比徐稻 3 号（CK）增产 3.99%，增产点比例 90.9%。全生育期 153.2 天，比徐稻 3 号（CK）早熟 3.0 天。主要农艺性状表现：有效穗 18.9 万穗/亩，株高 102.7 厘米，穗长 18.7 厘米，总粒数 149.8 粒/穗，结实率 87.8%，千粒重 26.4 克，稻瘟病综合指数 5.1 级，穗瘟损失率最高级 9 级，条纹叶枯病 5 级。主要米质指标：糙米率 81.9%，整精米率 68.6%，垩白度 1.4%，透明度 1 级，直链淀粉含量 15.6%，胶稠度 74 毫米，碱消值 7.0，达到部标优质二级。

2018 年国家水稻品种试验年会审议意见：终止试验。

5. 淮粳糯 20

2018 年初试平均亩产 623.17 千克，比徐稻 3 号（CK）增产 3.95%，增产点比例 90.9%。全生育期 155.3 天，比徐稻 3 号（CK）早熟 0.9 天。主要农艺性状表现：有效穗 20.1 万穗/亩，株高 99.2 厘米，穗长 16.7 厘米，总粒数 143.1 粒/穗，结实率 84.4%，千粒重 28.0 克。抗性：稻瘟病综合指数 3.4 级，穗瘟损失率最高级 3 级，条纹叶枯病 5 级。主要米质指标：糙米率 83.7%，整精米率 60.1%，糯米，透明度 1 级，直链淀粉含量 1.2%，胶稠度 100 毫米，碱消值 6.8。

2018 年国家水稻品种试验年会审议意见：2019 年续试。

6. 淮稻 6128

2018 年初试平均亩产 613.0 千克，比徐稻 3 号（CK）增产 2.26%，增产点比例 81.8%。全生育期 154.3 天，比徐稻 3 号（CK）早熟 1.9 天。主要农艺性状表现：有效穗 20.6 万穗/亩，株高 110.9 厘米，穗长 16.2 厘米，总粒数 147.3 粒/穗，结实率 85.9%，千粒重 24.6 克。抗性：稻瘟病综合指数 4.0 级，穗瘟损失率最高级 7 级，条纹叶枯病 5 级。主要米质指标：糙米率 84.2%，整精米率 68.4%，垩白度 3.9%，透明度 2 级，直链淀粉含量 15.6%，胶稠度 62 毫米，碱消值 6.8，达到部标优质三级。

2018 年国家水稻品种试验年会审议意见：终止试验。

7. 金粳 616

2018 年初试平均亩产 610.22 千克，比徐稻 3 号（CK）增产 1.79%，增产点比例 72.7%。全生育期 149.6 天，比徐稻 3 号（CK）早熟 6.5 天。主要农艺性状表现：有效穗 19.7 万穗/亩，株高 90.8 厘米，穗长 15.7 厘米，总粒数 135.2 粒/穗，结实率 87.8%，千粒重 28.7 克。抗性：稻瘟病综合指数 4.0 级，穗瘟损失率最高级 5 级，条纹叶枯病 5 级。主要米质指标：糙米率 80.3%，整精米率 63.4%，垩白度 5.0%，透明度 1 级，直链淀粉含量 15.6%，胶稠度 72 毫米，碱消值 6.5，达到部标优质三级。

2018 年国家水稻品种试验年会审议意见：2019 年续试。

8. 连粳 17212

2018 年初试平均亩产 610.06 千克，比徐稻 3 号（CK）增产 1.77%，增产点比例 72.7%。全生育期 150.4 天，比徐稻 3 号（CK）早熟 5.8 天。主要农艺性状表现：有效穗 20.4 万穗/亩，株高 90.3 厘米，穗长 16.3 厘米，总粒数 135.9 粒/穗，结实率 88.5%，千粒重 25.9 克。抗性：稻瘟病综合指数 2.6 级，穗瘟损失率最高级 3 级，条纹叶枯病 3 级。主要米质指标：糙米率 83.4%，整精米率

60.3%，垩白度4.7%，透明度1级，直链淀粉含量14.9%，胶稠度67毫米，碱消值6.3。

2018年国家水稻品种试验年会审议意见：2019年续试。

9. 武育355

2018年初试平均亩产607.7千克，比徐稻3号（CK）增产1.37%，增产点比例54.5%。全生育期150.7天，比徐稻3号（CK）早熟5.5天。主要农艺性状表现：有效穗19.0万穗/亩，株高95.9厘米，穗长17.7厘米，总粒数150.2粒/穗，结实率88.7%，千粒重26.7克。抗性：稻瘟病综合指数6.3级，穗瘟损失率最高级7级，条纹叶枯病3级。主要米质指标：糙米率84.1%，整精米率65.6%，垩白度5.9%，透明度2级，直链淀粉含量15.3%，胶稠度67毫米，碱消值6.3。

2018年国家水稻品种试验年会审议意见：终止试验。

10. 扬辐粳5166

2018年初试平均亩产602.78千克，比徐稻3号（CK）增产0.55%，增产点比例63.6%。全生育期150.7天，比徐稻3号（CK）早熟5.5天。主要农艺性状表现：有效穗20.1万穗/亩，株高98.9厘米，穗长17.5厘米，总粒数130.9粒/穗，结实率89.0%，千粒重27.6克。抗性：稻瘟病综合指数3.0级，穗瘟损失率最高级3级，条纹叶枯病5级。主要米质指标：糙米率84.6%，整精米率66.5%，垩白度8.0%，透明度1级，直链淀粉含量15.0%，胶稠度81毫米，碱消值6.2。

2018年国家水稻品种试验年会审议意见：终止试验。

表 28-1　2018 年黄淮海粳稻 C 组参试品种基本情况

编号	品种名称	品种类型	亲本组合	申请单位	选育/供种单位
区试					
C6	信粳 1787	常规稻	新 1709/金粳 787	信阳市农业科学院	鲁伟林，余新春，严德远
C4	科粳 365	常规稻	丙 97405/秀水 1402//SD109	昆山科腾生物科技有限公司	昆山科腾生物科技有限公司
C2	*淮粳糯 20	常规稻	淮糯 12/武育糯 16	安徽华韵生物科技有限公司	安徽华韵生物科技有限公司
C1	*连粳 17317	常规稻	08JD356/09 迟播区 06	连云港市农业科学院	连云港市农业科学院
C5	*武育 355	常规稻	武运粳 24 号/沈农 514//武津粳 1 号	江苏（武进）水稻研究所	江苏（武进）水稻研究所
C3	*泗稻 15-208	常规稻	苏秀 867/淮稻 5 号	江苏省农业科学院宿迁农科所	江苏省农业科学院宿迁农科所
C7	*淮稻 6128	常规稻	淮稻 5 号/连粳 7 号//隆粳 968	江苏徐淮地区淮阴农业科学研究所	江苏徐淮地区淮阴农业科学研究所
C8	*扬辐粳 5166	常规稻	武运粳 1131/H266 辐照	安徽五斗农业科技有限公司	安徽五斗农业科技有限公司
C11	*徐 50619	常规稻	苏秀 326/武运粳 21 号	江苏徐淮地区徐州农业科学研究所	江苏徐淮地区徐州农业科学研究所
C12	*金粳 616	常规稻	苏秀 867/金粳 667//苏秀 867	天津市水稻研究所	天津市水稻研究所
C10	*圣稻 053	常规稻	圣稻 974/W1132	山东省水稻研究所	山东省水稻研究所
C13	*连粳 17212	常规稻	07 中预 32/武 2330//08 中区 6	中国种子集团有限公司	中国种子集团有限公司
C9	徐稻 3 号（CK）	常规稻	镇稻 88/台湾稻 C	江苏徐淮地区徐州农科所	江苏徐淮地区徐州农科所
生产试验					
S10	信粳 1787	常规稻	新 1709/金粳 787	信阳市农业科学院	鲁伟林，余新春，严德远
S11	科粳 365	常规稻	丙 97405/秀水 1402//SD109	昆山科腾生物科技有限公司	昆山科腾生物科技有限公司
S1	徐稻 3 号	常规稻	镇稻 88/台湾稻 C	江苏徐淮地区徐州农科所	江苏徐淮地区徐州农科所

注：*2018 年新参试品种。

表 28-2　2018 年黄淮海粳稻 C 组区试与生产试点基本情况

承试单位	试验地点	经度	纬度	海拔（米）	试验负责人及执行人
安徽省凤台县农科所▲	安徽省凤台县	116°37′	32°46′	23.4	刘士斌
安徽省华成种业股份有限公司	安徽省宿州市东十里天益青集团院内	117°00′	33°35′	21.0	刘飞
山东省临沂市农业科学院水稻所	山东省临沂市兰山区涑河北街 351 号	118°33′	35°05′	66.5	张瑞华

（续表）

承试单位	试验地点	经度	纬度	海拔（米）	试验负责人及执行人
山东省水稻所▲	山东省济南市历城区桑园路 2 号	116°09′	35°36′	34.0	周学标、李广贤、孙召文
山东郯城种子公司▲	郯城县皇亭路 88 号	118°17′	34°38′	33.0	杨百战
江苏省农业科学院宿迁农科所▲	泗阳县人民南路	118°42′	33°41′	22.3	陈卫军、陈春、赖上坤、王磊
江苏省徐州市农科所▲	徐州市东郊东贺村	117°18′	34°12′	34.3	王健康、郭荣良
江苏省连云港市农业科学院	连云港市海连东路 26 号	119°09′	34°35′	4.5	徐大勇
河南省信阳市农业科学院	河南省信阳市河南路 20 号	114°05′	32°07′	75.9	鲁伟林
河南省农业科学院粮作所▲	河南省郑州市农业路 1 号	114°09′	35°14′	69.0	王生轩
河南省新乡市农业科学院▲	河南省辉县市城西	113°49′	35°27′	96.4	王书玉

注：▲同时承担区试和生产试验。

表 28-3　黄淮海粳稻 C 组区试品种产量及主要性状汇总分析结果

品种名称	区试年份	亩产（千克）	比 CK± %	增产点比例（%）	5%显著性	1%显著性	回归系数	生育期（天）	比 CK± 天	有效穗（万/亩）	株高（厘米）	穗长（厘米）	总粒数（粒/穗）	结实率（%）	千粒重（克）
信粳 1787	2017—2018	640.85	6.23	100.0	—	—	—	158.7	1.7	19.5	109.3	16.3	163.1	83.6	26.2
科粳 365	2017—2018	632.77	4.89	90.9	—	—	—	156.8	-0.2	19.7	94.8	15.4	164.5	82.5	25.8
徐稻 3 号	2017—2018	603.27	—	—	—	—	—	157.0	—	22.7	95.8	16.3	132.6	84.4	26.0
信粳 1787	2018	634.69	5.88	100.0	a	A	1.00	156.0	-0.2	19.1	109.0	16.2	168.1	83.6	26.2
连粳 17317	2018	634.01	5.76	100.0	a	A	0.84	154.8	-1.4	21.7	98.7	16.6	158.8	85.8	24.4
徐 50619	2018	631.13	5.28	100.0	ab	AB	0.83	153.5	-2.6	21.9	96.7	16.1	150.8	90.7	24.8
科粳 365	2018	626.77	4.56	90.9	bc	AB	1.13	154.3	-1.9	19.4	94.7	15.5	173.0	82.7	25.4
圣稻 053	2018	624.24	4.13	81.8	bc	B	1.08	152.6	-3.5	19.9	107.3	16.8	143.2	94.4	25.1
泗稻 15-208	2018	623.38	3.99	90.9	c	B	0.98	153.2	-3.0	18.9	102.7	18.7	149.8	87.8	26.4
淮粳糯 20	2018	623.17	3.95	90.9	c	B	1.11	155.3	-0.9	20.1	99.2	16.7	143.1	84.4	28
淮稻 6128	2018	613.00	2.26	81.8	d	C	0.99	154.3	-1.9	20.6	110.9	16.2	147.3	85.9	24.6
金粳 616	2018	610.22	1.79	72.7	d	CD	1.00	149.6	-6.5	19.7	90.8	15.7	135.2	87.8	28.7

（续表）

品种名称	区试年份	亩产（千克）	比 CK± %	增产点比例（%）	5%显著性	1%显著性	回归系数	生育期（天）	比 CK± 天	有效穗（万/亩）	株高（厘米）	穗长（厘米）	总粒数（粒/穗）	结实率（%）	千粒重（克）
连粳 17212	2018	610.06	1.77	72.7	d	CD	0.97	150.4	-5.8	20.4	90.3	16.3	135.9	88.5	25.9
武育 355	2018	607.70	1.37	54.5	de	CDE	1.25	150.7	-5.5	19.0	95.9	17.7	150.2	88.7	26.7
扬辐粳 5166	2018	602.78	0.55	63.6	ef	DE	0.82	150.7	-5.5	20.1	98.9	17.5	130.9	89.0	27.6
徐稻 3 号	2018	599.46	0	0	f	E	0.99	156.2	0	21.3	96.0	16.3	137.2	86.0	26.6

表 28-4　黄淮海粳稻 C 组生产试验品种主要性状结果汇总

品种名称	产量			生育期		黑条矮缩病抗性			
	亩产（千克）	比 CK± %	增产点比例（%）	生育期（天）	比 CK± 天	发病率（接种）（%）	病级（接种）	发病率（诱发）（%）	病级（诱发）
信粳 1787	640.98	4.82	85.7	156.3	2.2	96.3	9	4.55	1
科粳 365	622.82	1.85	85.7	154.0	-0.1	83.33	9	4.24	1
徐稻 3 号	611.48			154.1		87.50	9	3.62	1

注：黑条矮缩病人工接种鉴定：江苏省农业科学院植保所；田间自然诱发鉴定：河南省农业科学院植保所。

表 28-5　黄淮海粳稻 C 组区试品种对主要病害抗性鉴定结果汇总（2017—2018 年）

品种名称	区试年份	稻瘟病														条纹叶枯病		
		2018 年天津					2018 年江苏					2018 年		1~2 年综合评价		2018 年（级）	2017 年（级）	1~2 年最高（级）
		苗叶瘟（级）	穗瘟发病率 %	穗瘟发病率 病级	穗瘟损失率 %	穗瘟损失率 病级	苗叶瘟（级）	穗瘟发病率 %	穗瘟发病率 病级	穗瘟损失率 %	穗瘟损失率 病级	平均综合指数	损失率最高级	平均综合指数	损失率最高级			
科粳 365	2017—2018	1	60.0	9	3.0	1	1	10	3	4.8	1	2.3	1	2.5	1	5	5	5
信粳 1787	2017—2018	2	65.9	9	7.3	3	1	25	5	10.9	3	3.7	3	3.9	3	5	5	5
徐稻 3 号（CK）	2017—2018	1	80.0	9	8.5	3	3	57	9	15.8	5	4.8	5	5.0	5	5	5	5
连粳 17317	2018	6	93.8	9	14.1	3	3	10	3	4.4	1	3.7	3	3.7	3	5		5
淮粳糯 20	2018	2	83.3	9	11.2	3	5	10	3	4.2	1	3.4	3	3.4	3	5		5
泗稻 15-208	2018	1	100.0	9	81.0	9	2	24	5	6.5	3	5.1	9	5.1	9	5		5

（续表）

品种名称	区试年份	稻瘟病														条纹叶枯病		
		2018 年天津					2018 年江苏					2018 年		1~2 年综合评价		2018 年（级）	2017 年（级）	1~2 年最高（级）
		苗叶瘟（级）	穗瘟发病率		穗瘟损失率		苗叶瘟（级）	穗瘟发病率		穗瘟损失率		平均综合指数	损失率最高级	平均综合指数	损失率最高级			
			%	病级	%	病级		%	病级	%	病级							
武育 355	2018	3	81.0	9	46.7	7	1	93	9	33	7	6.3	7	6.3	7	3		3
淮稻 6128	2018	2	97.9	9	36.0	7	0	20	5	3.0	1	4.0	7	4.0	7	5		5
扬辐粳 5166	2018	2	61.8	9	7.1	3	2	10	3	3.2	1	3.0	3	3.0	3	5		5
圣稻 053	2018	2	35.7	7	1.8	1	3	37	7	14.4	3	3.4	3	3.4	3	5		5
徐 50619	2018	1	81.0	9	10.1	3	3	17	5	4.4	1	3.3	3	3.3	3	7		7
金粳 616	2018	1	100.0	9	21.3	5	1	19	5	7.0	3	4.0	5	4.0	5	5		5
连粳 17212	2018	1	81.8	9	10.2	3	0	8	3	3.1	1	2.6	3	2.6	3	3		3

注：1. 稻瘟病综合指数=叶瘟平均级×25%+穗瘟发病率平均级×25%+穗瘟损失率平均级×50%。

2. 稻瘟病鉴定单位：天津市农业科学院植保所、江苏省农业科学院植保所；条纹叶枯病鉴定单位：江苏省农业科学院植保所。

表 28-6　黄淮海粳稻 C 组区试品种米质分析结果

品种名称	年份	糙米率（%）	精米率（%）	整精米率（%）	粒长（毫米）	粒型长宽比	垩白粒率（%）	垩白度（%）	直链淀粉含量（%）	胶稠度（毫米）	碱消值（级）	透明度（级）	部标（等级）
徐稻 3 号	2017—2018	84.0	72.9	69.6	4.9	1.8	25.0	6.6	15.8	74	4.3	2	普通
信粳 1787	2017—2018	83.5	70.9	66.2	5.0	1.7	37.7	8.8	15.4	65	6.8	1	普通
科粳 365	2017—2018	81.3	69.1	65.6	4.7	1.7	21.3	5.0	14.6	64	6.7	1	优三
徐稻 3 号	2018	84.0	72.9	69.6	4.9	1.8	25.0	6.6	15.8	74	4.3	2	普通
信粳 1787	2018	83.5	70.9	66.2	5.0	1.7	37.7	8.8	15.4	65	6.8	1	普通
科粳 365	2018	81.3	69.1	65.6	4.7	1.7	21.3	5.0	14.6	64	6.7	1	优三
淮粳糯 20	2018	83.7	70.3	60.1	4.8	1.6	14.7	糯米	1.2	100	6.8	1	普通
连粳 17317	2018	83.7	72.6	68.9	5.1	2.0	18.0	4.6	14.6	67	6.3	1	优三
武育 355	2018	84.1	73.6	65.6	5.2	1.9	23.3	5.9	15.3	67	6.3	2	普通
泗稻 15-208	2018	81.9	72.6	68.6	5.8	2.3	7.0	1.4	15.6	74	7.0	1	优二

（续表）

品种名称	年份	糙米率（%）	精米率（%）	整精米率（%）	粒长（毫米）	粒型长宽比	垩白粒率（%）	垩白度（%）	直链淀粉含量（%）	胶稠度（毫米）	碱消值（级）	透明度（级）	部标（等级）
淮稻 6128	2018	84. 2	72. 1	68. 4	4. 9	1. 8	16. 7	3. 9	15. 6	62	6. 8	2	优三
扬辐粳 5166	2018	84. 6	73. 5	66. 5	4. 9	1. 8	30. 3	8. 0	15. 0	81	6. 2	1	普通
徐 50619	2018	80. 8	68. 9	66. 0	4. 9	1. 8	21. 3	5. 9	15. 1	67	6. 3	1	普通
金粳 616	2018	80. 3	69. 2	63. 4	5. 3	1. 9	32. 0	5. 0	15. 6	72	6. 5	1	优三
圣稻 053	2018	83. 6	71. 7	68. 0	4. 9	1. 9	24. 3	4. 8	14. 4	74	6. 3	2	优三
连粳 17212	2018	83. 4	73. 2	60. 3	4. 8	1. 8	17. 3	4. 7	14. 9	67	6. 3	1	普通

注：1. 样品提供单位：河南省农业科学院粮作所、山东省水稻所和江苏省农业科学院宿迁农科所。

2. 检测分析单位：农业农村部食品质量监督检验测试中心（武汉）。

表 28-7-1　黄淮海粳稻 C 组区试品种在各试点的产量、生育期及经济性状表现（信粳 1787）

品种名称/试验点	亩产（千克）	产量位次	比 CK± %	综合评级	播种期（月/日）	齐穗期（月/日）	成熟期（月/日）	全生育期（天）	有效穗（万/亩）	株高（厘米）	穗长（厘米）	总粒数（粒/穗）	结实率（%）	千粒重（克）
安徽省凤台县农科所	661. 82	5	6. 77	C	05/14	08/29	10/08	147	19. 8	110. 7	16. 6	185. 8	84. 8	24. 7
安徽省华成种业股份有限公司	541. 12	3	6. 62	B	05/08	09/07	10/13	158	22. 3	111. 0	16. 9	204. 5	67. 7	21. 1
山东省临沂市农业科学院水稻所	639. 42	2	7. 6	A	05/14	09/05	10/30	169	19. 3	101. 5	16. 8	169. 2	76. 5	26. 2
山东省水稻所	602. 81	6	4. 58	B	05/16	09/05	10/25	162	17. 6	114. 9	15. 6	116. 5	95. 3	27. 3
山东郯城种子公司	648. 95	4	0. 67	B	05/14	08/28	10/10	149	19. 2	108. 7	17. 7	168. 1	92. 0	26. 1
江苏省农业科学院宿迁农科所	637. 58	4	3. 73	B	05/12	08/31	10/17	158	19. 8	110. 0	14. 2	135. 3	89. 5	28. 2
江苏省徐州市农科所	685. 05	6	4. 57	B	05/21	09/07	10/12	144	18. 0	117. 8	17. 1	181. 5	75. 5	30. 8
江苏省连云港市农业科学院	569. 37	1	6. 8	B	05/10	08/27	10/09	152	18. 2	105. 3	15. 8	130. 8	91. 0	27. 4
河南省信阳市农业科学院	649. 61	1	7. 29	A	05/20	08/22	10/11	144	16. 9	100. 1	17. 5	204. 8	83. 3	26. 8
河南省农业科学院粮作所	649. 95	2	7. 43	C	05/05	09/02	10/25	173	18. 5	112. 1	15. 8	165. 0	86. 0	25. 8
河南省新乡市农业科学院	695. 92	1	9. 06	A	05/08	07/31	10/15	160	20. 2	107. 0	14. 0	187. 1	77. 6	24. 1
平均值	634. 69	—	—	—	—	—	—	156	19. 1	109. 0	16. 2	168. 1	83. 6	26. 2

注：综合评级：A—好，B—较好，C—中等，D—一般。

表 28-7-2　黄淮海粳稻 C 组区试品种在各试点的产量、生育期及经济性状表现（科粳 365）

品种名称/试验点	亩产（千克）	产量位次	比 CK± %	综合评级	播种期（月/日）	齐穗期（月/日）	成熟期（月/日）	全生育期（天）	有效穗（万/亩）	株高（厘米）	穗长（厘米）	总粒数（粒/穗）	结实率（%）	千粒重（克）
安徽省凤台县农科所	640.09	11	3.26	C	05/14	08/20	10/05	144	21.2	94.7	15.1	197.0	97.9	22.1
安徽省华成种业股份有限公司	550.48	1	8.46	B	05/08	08/25	10/11	156	23.6	93.0	16.7	202.1	72.3	22.2
山东省临沂市农业科学院水稻所	636.41	3	7.09	A	05/14	09/05	10/30	169	19.7	84.7	15.1	224.1	53.1	27.9
山东省水稻所	607.99	3	5.48	A	05/16	09/04	10/23	160	17.1	104.2	13.6	134.8	93.4	24.7
山东郯城种子公司	647.94	7	0.52	A	05/14	08/20	10/08	147	19.8	99.6	19.8	177.2	93.1	27.5
江苏省农业科学院宿迁农科所	618.19	11	0.57	B	05/12	08/25	10/13	154	18.2	93.0	14.1	136.0	91.9	25.4
江苏省徐州市农科所	651.79	13	-0.51	B	05/21	08/31	10/16	148	16.7	95.1	15.8	177.8	63.9	27.3
江苏省连云港市农业科学院	553.83	9	3.89	B	05/10	08/25	10/06	149	18.7	89.9	14.2	125.3	91.7	27.2
河南省信阳市农业科学院	645.10	2	6.54	A	05/20	08/18	10/08	141	18.3	98.3	15.5	197.5	86.0	24.5
河南省农业科学院粮作所	649.11	3	7.29	C	05/05	08/27	10/22	170	19.6	95.3	15.0	155.6	87.6	25.9
河南省新乡市农业科学院	693.58	2	8.7	A	05/08	08/29	10/14	159	20.6	93.5	15.1	175.9	79.1	25.2
平均值	626.77	—	—	A	—	—	—	154.3	19.4	94.7	15.5	173.0	82.7	25.4

注：综合评级：A—好，B—较好，C—中等，D——一般。

表 28-7-3　黄淮海粳稻 C 组区试品种在各试点的产量、生育期及经济性状表现（淮粳糯 20）

品种名称/试验点	亩产（千克）	产量位次	比 CK± %	综合评级	播种期（月/日）	齐穗期（月/日）	成熟期（月/日）	全生育期（天）	有效穗（万/亩）	株高（厘米）	穗长（厘米）	总粒数（粒/穗）	结实率（%）	千粒重（克）
安徽省凤台县农科所	670.51	4	8.17	B	05/14	08/23	10/04	143	20.4	102.5	17.7	176.8	82.6	27.7
安徽省华成种业股份有限公司	539.62	4	6.32	B	05/08	09/01	10/12	157	23.5	97.0	15.9	138.4	90.5	24.4
山东省临沂市农业科学院水稻所	628.89	5	5.82	B	05/14	09/05	10/30	169	20.4	91.2	18.1	146.5	67.4	32.3
山东省水稻所	599.63	9	4.03	A	05/16	09/02	10/22	159	18.8	104.5	15.8	111.7	95.9	28.6
山东郯城种子公司	646.10	8	0.23	B	05/14	08/27	10/10	149	18.7	110.2	15.5	186.5	74.1	25.8
江苏省农业科学院宿迁农科所	635.91	7	3.45	B	05/12	08/28	10/14	155	20.8	96.0	15.5	120.2	93.4	29.4
江苏省徐州市农科所	671.01	9	2.42	B	05/21	09/02	10/18	150	21.0	101.4	16.6	134.5	81.7	29.4
江苏省连云港市农业科学院	559.51	8	4.95	B	05/10	08/29	10/11	154	17.4	92.6	18.6	123.3	90.8	30.0
河南省信阳市农业科学院	638.75	3	5.49	A	05/20	08/23	10/10	143	19.5	95.7	18.2	161.3	87.8	27.2
河南省农业科学院粮作所	647.94	4	7.1	B	05/05	08/28	10/22	170	18.4	96.0	17.0	150.5	90.0	27.6
河南省新乡市农业科学院	617.02	13	-3.3	D	05/08	08/29	10/14	159	22.1	104.0	15.0	124.3	74.7	25.7
平均值	623.17	—	—	—	—	—	—	155.3	20.1	99.2	16.7	143.1	84.4	28.0

注：综合评级：A—好，B—较好，C—中等，D——一般。

表 28-7-4 黄淮海粳稻 C 组区试品种在各试点的产量、生育期及经济性状表现（连粳 17317）

品种名称/试验点	亩产（千克）	产量位次	比 CK± %	综合评级	播种期（月/日）	齐穗期（月/日）	成熟期（月/日）	全生育期（天）	有效穗（万/亩）	株高（厘米）	穗长（厘米）	总粒数（粒/穗）	结实率（%）	千粒重（克）
安徽省凤台县农科所	676.86	3	9.2	C	05/14	08/18	11/01	171	28.4	106.6	18.2	209.1	82.8	21.5
安徽省华成种业股份有限公司	533.60	7	5.14	A	05/08	08/22	10/10	155	29.2	97.0	17.4	191.0	67.5	20.3
山东省临沂市农业科学院水稻所	642.93	1	8.19	A	05/14	09/03	10/27	166	23.1	92.4	14.9	127.1	89.9	25.0
山东省水稻所	601.80	7	4.41	A	05/16	09/01	10/22	159	18.7	105.2	15.7	116.5	96.1	24.8
山东郯城种子公司	647.94	6	0.52	A	05/14	08/19	10/06	145	18.2	87.9	16.7	140.1	87.9	30.9
江苏省农业科学院宿迁农科所	636.41	6	3.54	A	05/12	08/23	10/12	153	19.4	104.0	14.1	143.2	91.5	24.8
江苏省徐州市农科所	699.26	3	6.74	A	05/21	08/27	10/10	142	21.1	101.9	17.0	147.4	88.5	23.9
江苏省连云港市农业科学院	563.52	5	5.71	B	05/10	08/23	10/03	146	18.3	90.6	18.4	141.7	91.3	24.7
河南省信阳市农业科学院	625.54	5	3.31	B	05/20	08/16	10/07	140	19.8	97.7	17.8	191.5	80.8	23.9
河南省农业科学院粮作所	655.30	1	8.32	B	05/05	08/25	10/21	169	18.7	101.1	17.3	178.2	88.2	24.5
河南省新乡市农业科学院	690.91	3	8.28	A	05/08	08/27	10/12	157	24.0	100.8	14.7	160.8	79.2	23.8
平均值	634.01	—	—	—	—	—	—	154.8	21.7	98.7	16.6	158.8	85.8	24.4

注：综合评级：A—好，B—较好，C—中等，D——般。

表 28-7-5 黄淮海粳稻 C 组区试品种在各试点的产量、生育期及经济性状表现（武育 355）

品种名称/试验点	亩产（千克）	产量位次	比 CK± %	综合评级	播种期（月/日）	齐穗期（月/日）	成熟期（月/日）	全生育期（天）	有效穗（万/亩）	株高（厘米）	穗长（厘米）	总粒数（粒/穗）	结实率（%）	千粒重（克）
安徽省凤台县农科所	680.87	2	9.84	C	05/14	08/14	10/01	140	21.2	98.2	18.9	182.1	89.4	26.8
安徽省华成种业股份有限公司	524.24	12	3.29	B	05/08	08/26	10/09	154	21.5	90.0	17.3	146.7	85.8	26.8
山东省临沂市农业科学院水稻所	560.18	13	-5.74	C	05/14	08/31	10/26	165	19.2	88.6	18.2	148.4	73.1	27.5
山东省水稻所	564.19	13	-2.12	B	05/16	08/24	10/22	159	15.8	106.4	17.6	117.5	95.8	27.0
山东郯城种子公司	641.42	10	-0.49	B	05/14	08/23	10/07	146	19.7	99.8	17.7	172.5	83.8	24.1
江苏省农业科学院宿迁农科所	670.68	1	9.11	A	05/12	08/16	10/08	149	19.2	96.0	18.0	154.0	95.8	27.2
江苏省徐州市农科所	667.17	10	1.84	B	05/21	08/29	10/12	144	17.3	101.2	18.4	155.1	94.1	29.2
江苏省连云港市农业科学院	545.47	12	2.32	B	05/10	08/19	10/06	149	18.6	83.6	16.8	129.4	92.6	26.9
河南省信阳市农业科学院	562.02	11	-7.18	D	05/20	08/16	10/07	140	17.6	101.4	18.2	171.2	83.0	26.6
河南省农业科学院粮作所	643.93	6	6.44	C	05/05	08/18	10/10	158	16.8	97.2	17.8	162.0	91.7	26.8
河南省新乡市农业科学院	624.54	11	-2.12	C	05/08	08/19	10/09	154	21.6	92.6	15.5	113.4	90.7	25.2
平均值	607.7	—	—	—	—	—	—	150.7	19.0	95.9	17.7	150.2	88.7	26.7

注：综合评级：A—好，B—较好，C—中等，D——般。

表 28-7-6 黄淮海粳稻 C 组区试品种在各试点的产量、生育期及经济性状表现（泗稻 15-208）

品种名称/试验点	亩产（千克）	产量位次	比 CK± %	综合评级	播种期（月/日）	齐穗期（月/日）	成熟期（月/日）	全生育期（天）	有效穗（万/亩）	株高（厘米）	穗长（厘米）	总粒数（粒/穗）	结实率（%）	千粒重（克）
安徽省凤台县农科所	643.09	8	3.75	C	05/14	08/18	10/04	143	19.6	104.3	19.9	188.5	88.1	23.4
安徽省华成种业股份有限公司	529.42	10	4.32	B	05/08	08/25	10/11	156	22.8	102.0	18.0	147.3	82.3	25.4
山东省临沂市农业科学院水稻所	626.38	6	5.4	B	05/14	09/03	10/26	165	18.1	91.7	19.8	151.9	86.0	26.6
山东省水稻所	604.48	5	4.87	B	05/16	08/31	10/22	159	16.2	109.1	16.7	120.1	93.7	27.9
山东郯城种子公司	640.59	11	-0.62	C	05/14	08/24	10/08	147	19.0	107.0	18.3	154.1	81.6	25.5
江苏省农业科学院宿迁农科所	636.74	5	3.59	B	05/12	08/22	10/10	151	19.2	103.0	18.6	145.9	96.3	26.4
江苏省徐州市农科所	682.55	7	4.19	A	05/21	08/29	10/12	144	16.5	106.9	19.0	132.4	91.4	28.7
江苏省连云港市农业科学院	565.19	3	6.02	A	05/10	08/28	10/10	153	18.2	96.0	16.8	120.6	90.2	30.1
河南省信阳市农业科学院	621.03	6	2.57	B	05/20	08/18	10/10	143	20.8	101.7	20.1	166.0	85.5	25.1
河南省农业科学院粮作所	632.06	8	4.48	C	05/05	08/26	10/20	168	17.9	103.5	19.0	173.6	88.1	25.8
河南省新乡市农业科学院	675.69	6	5.89	B	05/08	08/24	10/11	156	19.8	104.7	19.9	147.1	82.1	25.8
平均值	623.38	—	—	—	—	—	—	153.2	18.9	102.7	18.7	149.8	87.8	26.4

注：综合评级：A—好，B—较好，C—中等，D——一般。

表 28-7-7 黄淮海粳稻 C 组区试品种在各试点的产量、生育期及经济性状表现（淮稻 6128）

品种名称/试验点	亩产（千克）	产量位次	比 CK± %	综合评级	播种期（月/日）	齐穗期（月/日）	成熟期（月/日）	全生育期（天）	有效穗（万/亩）	株高（厘米）	穗长（厘米）	总粒数（粒/穗）	结实率（%）	千粒重（克）
安徽省凤台县农科所	628.55	12	1.4	C	05/14	08/21	10/02	141	20.2	117.5	19.7	145.4	86.0	22.1
安徽省华成种业股份有限公司	529.09	11	4.25	B	05/08	09/02	10/12	157	29.4	110.0	15.4	155.5	76.3	21.5
山东省临沂市农业科学院水稻所	565.19	12	-4.89	C	05/14	09/05	10/31	170	19.6	102.4	16.6	159.2	70.7	26.3
山东省水稻所	599.97	8	4.09	B	05/16	09/03	10/22	159	17.1	118.3	14.4	119.5	97.1	25.6
山东郯城种子公司	651.79	3	1.12	A	05/14	08/21	10/08	147	20.5	106.4	18.5	127.3	89.6	26.9
江苏省农业科学院宿迁农科所	644.43	2	4.84	B	05/12	08/28	10/13	154	20.4	113.0	14.4	136.8	90.1	25.7
江苏省徐州市农科所	690.57	4	5.41	B	05/21	09/02	10/14	146	22.4	122.8	16.1	161.7	86.8	25.0
江苏省连云港市农业科学院	561.02	6	5.24	B	05/10	08/28	10/10	153	19.4	96.4	16.2	136.4	90.9	24.2
河南省信阳市农业科学院	546.3	13	-9.77	D	05/20	08/20	10/06	139	16.5	113.3	17.5	201.5	86.3	23.1
河南省农业科学院粮作所	639.42	7	5.69	C	05/05	08/31	10/25	173	19.8	109.8	15.5	145.4	85.8	26.4
河南省新乡市农业科学院	686.73	4	7.62	B	05/08	08/29	10/13	158	21.6	110.0	13.8	131.8	85.7	24.2
平均值	613.01	—	—	—	—	—	—	154.3	20.6	110.9	16.2	147.3	85.9	24.6

注：综合评级：A—好，B—较好，C—中等，D——一般。

表 28-7-8　黄淮海粳稻 C 组区试品种在各试点的产量、生育期及经济性状表现（扬辐粳 5166）

品种名称/试验点	亩产（千克）	产量位次	比 CK±%	综合评级	播种期（月/日）	齐穗期（月/日）	成熟期（月/日）	全生育期（天）	有效穗（万/亩）	株高（厘米）	穗长（厘米）	总粒数（粒/穗）	结实率（%）	千粒重（克）
安徽省凤台县农科所	644.10	7	3.91	C	05/14	08/15	09/29	138	19.2	98.1	18.4	149.1	86.0	26.9
安徽省华成种业股份有限公司	534.10	6	5.24	B	05/08	08/22	10/10	155	22.4	90.0	16.5	151.6	87.5	27.1
山东省临沂市农业科学院水稻所	631.89	4	6.33	B	05/14	08/30	10/27	166	19.4	95.3	19.1	133.5	88.7	28.1
山东省水稻所	567.54	12	-1.54	B	05/16	08/30	10/22	159	19.4	104.8	16.3	93.6	94.7	27.9
山东郯城种子公司	659.64	1	2.33	A	05/14	09/05	10/15	154	19.6	110.4	14.8	107.1	74.9	27.1
江苏省农业科学院宿迁农科所	634.40	8	3.21	B	05/12	08/19	10/10	151	20.3	101.0	16.3	129.7	90.4	28.9
江苏省徐州市农科所	685.56	5	4.64	A	05/21	08/26	10/08	140	22.3	102.5	18.6	147.8	91.7	28.3
江苏省连云港市农业科学院	550.65	11	3.29	B	05/10	08/19	10/05	148	19.1	84.4	18.7	124.9	93.3	25.5
河南省信阳市农业科学院	559.34	12	-7.62	D	05/20	08/16	10/04	137	18.3	96.6	18.2	142.5	86.7	29.1
河南省农业科学院粮作所	545.30	12	-9.86	D	05/05	08/20	10/08	156	18.6	99.1	16.7	137.5	90.5	27.3
河南省新乡市农业科学院	618.02	12	-3.14	D	05/08	08/20	10/09	154	22.7	105.2	18.5	122.9	94.4	27.9
平均值	602.78	—	—	—	—	—	—	150.7	20.1	98.9	17.5	130.9	89.0	27.6

注：综合评级：A—好，B—较好，C—中等，D——般。

表 28-7-9　黄淮海粳稻 C 组区试品种在各试点的产量、生育期及经济性状表现（徐 50619）

品种名称/试验点	亩产（千克）	产量位次	比 CK±%	综合评级	播种期（月/日）	齐穗期（月/日）	成熟期（月/日）	全生育期（天）	有效穗（万/亩）	株高（厘米）	穗长（厘米）	总粒数（粒/穗）	结实率（%）	千粒重（克）
安徽省凤台县农科所	642.76	9	3.69	C	05/14	08/17	10/05	144	23.8	100.1	15.9	149.9	83.3	22.9
安徽省华成种业股份有限公司	530.76	8	4.58	B	05/08	08/20	10/10	155	31.2	96.0	17.2	159.6	78.7	21.0
山东省临沂市农业科学院水稻所	616.85	9	3.8	B	05/14	08/30	10/25	164	21.8	85.6	16.8	149.3	75.8	25.9
山东省水稻所	647.11	1	12.27	B	05/16	08/28	10/22	159	20.4	103.8	14.2	121.5	93.7	23.4
山东郯城种子公司	648.44	5	0.6	B	05/14	08/28	10/12	151	18.2	93.2	14.9	159.2	79.3	27.0
江苏省农业科学院宿迁农科所	626.04	9	1.85	B	05/12	08/21	10/12	153	22.2	96.0	16.8	150.2	93.1	23.1
江苏省徐州市农科所	703.94	2	7.45	A	05/21	08/27	10/12	144	20.5	102.4	16.8	150.5	90.8	26.2
江苏省连云港市农业科学院	564.36	4	5.86	A	05/10	08/26	10/09	152	18.8	88.8	16.2	118.4	91.6	28.2
河南省信阳市农业科学院	637.58	4	5.3	A	05/20	08/18	10/10	143	18.7	96.7	16.6	181.5	87.8	25.8
河南省农业科学院粮作所	646.77	5	6.91	C	05/05	08/25	10/19	167	20.7	101.4	16.3	147.9	88.6	24.7
河南省新乡市农业科学院	677.87	5	6.24	B	05/08	08/26	10/12	157	24.2	99.8	15.7	170.8	134.8	24.6
平均值	631.13	—	—	—	—	—	—	153.5	21.9	96.7	16.1	150.8	90.7	24.8

注：综合评级：A—好，B—较好，C—中等，D——般。

表 28-7-10　黄淮海粳稻 C 组区试品种在各试点的产量、生育期及经济性状表现（金粳 616）

品种名称/试验点	亩产（千克）	产量位次	比 CK± %	综合评级	播种期（月/日）	齐穗期（月/日）	成熟期（月/日）	全生育期（天）	有效穗（万/亩）	株高（厘米）	穗长（厘米）	总粒数（粒/穗）	结实率（%）	千粒重（克）
安徽省凤台县农科所	650.12	6	4.88	C	05/14	08/09	09/30	139	24.2	93.1	16.0	139.9	80.5	27.1
安徽省华成种业股份有限公司	541.79	2	6.75	B	05/08	08/18	10/10	155	22.4	94.0	17.1	160.4	85.7	28.3
山东省临沂市农业科学院水稻所	620.36	8	4.39	B	05/14	08/26	10/24	163	17.5	86.3	16.2	154.8	83.1	28.5
山东省水稻所	597.12	10	3.6	B	05/16	08/22	10/18	155	18.7	88.8	14.6	111.3	93.4	29.4
山东郯城种子公司	639.25	12	-0.83	B	05/14	08/22	10/07	146	20.2	98.1	15.2	124.7	74.4	26.6
江苏省农业科学院宿迁农科所	620.53	10	0.95	C	05/12	08/15	10/08	149	19.0	88.0	14.9	135.8	94.7	29.0
江苏省徐州市农科所	679.04	8	3.65	B	05/21	08/21	10/10	142	19.3	95.8	16.2	136.4	93.0	29.5
江苏省连云港市农业科学院	551.32	10	3.42	B	05/10	08/20	10/03	146	17.2	83.6	14.3	115.9	92.2	30.8
河南省信阳市农业科学院	603.98	8	-0.25	C	05/20	08/14	10/06	139	18.6	88.0	16.3	148.6	88.8	29.2
河南省农业科学院粮作所	536.27	13	-11.36	D	05/05	08/16	10/10	158	18.3	94.5	16.2	131.5	89.5	27.9
河南省新乡市农业科学院	672.68	8	5.42	C	05/08	08/19	10/09	154	20.8	88.6	16.1	127.5	90.0	29.5
平均值	610.22	—	—	—	—	—	—	149.6	19.7	90.8	15.7	135.2	87.8	28.7

注：综合评级：A—好，B—较好，C—中等，D——般。

表 28-7-11　黄淮海粳稻 C 组区试品种在各试点的产量、生育期及经济性状表现（圣稻 053）

品种名称/试验点	亩产（千克）	产量位次	比 CK± %	综合评级	播种期（月/日）	齐穗期（月/日）	成熟期（月/日）	全生育期（天）	有效穗（万/亩）	株高（厘米）	穗长（厘米）	总粒数（粒/穗）	结实率（%）	千粒重（克）
安徽省凤台县农科所	716.31	1	15.56	C	05/14	08/19	10/01	140	19.4	111.4	18.6	136.8	151.2	23.4
安徽省华成种业股份有限公司	530.42	9	4.51	B	05/08	08/24	10/09	154	19.7	100.0	17.1	175.5	89.9	24.3
山东省临沂市农业科学院水稻所	623.87	7	4.98	B	05/14	09/04	10/27	166	20.7	108.2	15.9	178.6	75.2	23.2
山东省水稻所	615.01	2	6.7	A	05/16	09/01	10/22	159	18.3	112.5	14.7	110.0	95.3	27.2
山东郯城种子公司	652.62	2	1.24	B	05/14	08/23	10/06	145	21.1	93.1	15.5	107.5	92.7	25.9
江苏省农业科学院宿迁农科所	643.76	3	4.73	A	05/12	08/23	10/12	153	21.6	110.0	16.0	128.7	92.3	27.1
江苏省徐州市农科所	708.62	1	8.16	A	05/21	08/29	10/12	144	17.7	117.5	18.1	139.7	92.2	26.9
江苏省连云港市农业科学院	560.18	7	5.08	B	05/10	08/26	10/05	148	18.9	100.1	18.5	127.3	91.8	26.3
河南省信阳市农业科学院	562.35	10	-7.12	D	05/20	08/18	10/07	140	18.9	114.8	18.6	185.1	78.7	23.7
河南省农业科学院粮作所	582.75	11	-3.67	C	05/05	08/29	10/24	172	19.9	104.2	15.3	140.5	89.9	24.6
河南省新乡市农业科学院	670.68	9	5.11	C	05/08	08/27	10/13	158	22.2	109.0	16.6	145.1	89.0	23.8
平均值	624.23	—	—	—	—	—	—	152.6	19.9	107.3	16.8	143.2	94.4	25.1

注：综合评级：A—好，B—较好，C—中等，D——般。

表 28-7-12　黄淮海粳稻 C 组区试品种在各试点的产量、生育期及经济性状表现（连粳 17212）

品种名称/试验点	亩产（千克）	产量位次	比 CK±%	综合评级	播种期（月/日）	齐穗期（月/日）	成熟期（月/日）	全生育期（天）	有效穗（万/亩）	株高（厘米）	穗长（厘米）	总粒数（粒/穗）	结实率（%）	千粒重（克）
安徽省凤台县农科所	642.09	10	3.59	C	05/14	08/15	09/30	139	20.8	93.8	16.8	171.7	86.5	24.0
安徽省华成种业股份有限公司	534.77	5	5.37	B	05/08	08/21	10/10	155	25.2	92.0	16.2	129.1	90.1	24.7
山东省临沂市农业科学院水稻所	612.84	10	3.12	B	05/14	08/28	10/24	163	18.9	77.8	17.4	136.4	87.4	27.8
山东省水稻所	607.82	4	5.45	B	05/16	08/21	10/18	155	18.8	93.9	16.1	108.5	94.8	26.2
山东郯城种子公司	616.35	13	-4.38	C	05/14	08/27	10/10	149	19.0	97.3	17.1	146.7	77.3	25.9
江苏省农业科学院宿迁农科所	588.93	13	-4.19	C	05/12	08/18	10/09	150	18.2	87.0	15.9	127.3	96.0	26.2
江苏省徐州市农科所	657.81	11	0.41	B	05/21	08/27	10/08	140	22.6	97.8	15.7	119.4	90.5	26.7
江苏省连云港市农业科学院	567.70	2	6.49	B	05/10	08/23	10/02	145	18.8	85.7	16.9	124.9	93.9	26.4
河南省信阳市农业科学院	595.28	9	-1.68	C	05/20	08/15	10/02	135	18.7	84.0	16.3	161.4	89.8	25.5
河南省农业科学院粮作所	611.67	9	1.11	C	05/05	08/24	10/20	168	19.6	90.3	16.2	134.8	90.7	27.5
河南省新乡市农业科学院	675.36	7	5.84	B	05/08	08/22	10/10	155	24.3	93.7	14.8	134.8	76.0	24.5
平均值	610.06	—	—	—	—	—	—	150.4	20.4	90.3	16.3	135.9	88.5	25.9

注：综合评级：A—好，B—较好，C—中等，D——般。

表 28-7-13　黄淮海粳稻 C 组区试品种在各试点的产量、生育期及经济性状表现（徐稻 3 号）

品种名称/试验点	亩产（千克）	产量位次	比 CK±%	综合评级	播种期（月/日）	齐穗期（月/日）	成熟期（月/日）	全生育期（天）	有效穗（万/亩）	株高（厘米）	穗长（厘米）	总粒数（粒/穗）	结实率（%）	千粒重（克）
安徽省凤台县农科所	619.86	13	0	C	05/14	08/19	10/03	142	22.6	101.5	15.5	132.7	85.2	23.9
安徽省华成种业股份有限公司	507.52	13	0	C	05/08	08/22	10/09	154	26	99.0	16.8	159.6	74.9	24.9
山东省临沂市农业科学院水稻所	594.28	11	0	C	05/14	08/31	10/26	165	20.4	85.6	16.2	134.2	82.2	27.3
山东省水稻所	576.39	11	0	C	05/16	08/31	10/22	159	18.7	107.9	14.6	99.9	96.9	28.3
山东郯城种子公司	644.60	9	0	B	05/14	08/27	10/09	148	19.5	89.8	17.9	160.6	78.0	30.1
江苏省农业科学院宿迁农科所	614.68	12	0	B	05/12	08/23	10/13	154	20.4	95.0	16.0	133.4	90.5	26.9
江苏省徐州市农科所	655.13	12	0	—	05/21	08/29	11/12	175	22.2	102.2	17.1	126.4	90.5	27.2
江苏省连云港市农业科学院	533.10	13	0	B	05/10	08/26	10/08	151	19.7	91.1	15.1	116.5	90.4	26.6
河南省信阳市农业科学院	605.48	7	0	C	05/20	08/18	10/10	143	19.2	90.1	16.9	161.8	88.3	26.0
河南省农业科学院粮作所	604.98	10	0	C	05/05	08/28	10/21	169	20.6	95.6	16.8	137.8	89.1	26.3
河南省新乡市农业科学院	638.08	10	0	C	05/08	08/29	10/13	158	24.6	98.2	16.0	146.2	80.0	25.0
平均值	599.46	—	—	—	—	—	—	156.2	21.3	96.0	16.3	137.2	86.0	26.6

注：综合评级：A—好，B—较好，C—中等，D——般。

表 28-8-1　黄淮海粳稻 C 组生产试验品种在各试点的主要性状表现

品种名称/试验点	亩产（千克）	比 CK±%	播种期（月/日）	移栽期（月/日）	齐穗期（月/日）	成熟期（月/日）	全生育期（天）	耐寒性	整齐度	杂株率（%）	熟期转色	倒伏程度	落粒性	叶瘟	穗颈瘟	白叶枯病	纹枯病
信粳 1787																	
安徽省凤台县农科所	567.15	6.87	05/14	06/18	08/29	10/08	147	未发	整齐	0	中	直	中	无	无	无	轻
山东省水稻所	561.38	2.70	05/16	06/20	09/05	10/25	162	强	整齐	0	好	直	易	无	无	无	轻
山东郯城种子公司	640.60	-1.93	05/14	06/20	08/29	10/13	152	中	一般	0.1	中	直	难	未发	未发	未发	轻
江苏省农业科学院宿迁农科所	677.50	5.65	05/12	06/15	08/31	10/19	160	中	整齐	0	中	直	难	无	无	未发	无
江苏省徐州市农科所	711.07	5.97	05/21	06/19	09/04	10/10	142	强	整齐	0	—	—	—	未发	—	未发	轻
河南省农业科学院粮作所	660.99	7.70	05/06	06/21	09/04	10/24	171	强	整齐	0	中	直	中	无	无	无	轻
河南省新乡市农业科学院	668.20	7.12	05/08	06/11	09/01	10/15	160	强	整齐	0	好	直	难	未发	未发	无	轻
平均值	640.98	4.82	—	—	—	—	156.3	—	—	—	—	—	—	—	—	—	—
科粳 365																	
安徽省凤台县农科所	558.64	5.26	05/14	06/18	08/21	10/05	144	未发	一般	0	中	直	中	无	无	无	轻
山东省水稻所	552.25	1.03	05/16	06/20	09/04	10/23	160	强	整齐	0	好	直	易	无	无	无	轻
山东郯城种子公司	601.38	-7.93	05/14	06/20	08/29	10/10	149	中	一般	0	中	直	难	未发	未发	未发	轻
江苏省农业科学院宿迁农科所	657.69	2.56	05/12	06/15	08/26	10/08	149	未发	整齐	0	好	直	难	轻	无	未发	无
江苏省徐州市农科所	683.02	1.79	05/21	06/19	08/28	10/13	145	强	整齐	0	—	—	—	未发	—	未发	轻
河南省农业科学院粮作所	647.39	5.48	05/06	06/21	08/31	10/24	171	强	整齐	0	中	直	难	无	无	无	中
河南省新乡市农业科学院	659.39	5.71	05/08	06/11	11/29	10/15	160	强	整齐	0	好	直	难	未发	未发	无	轻
平均值	622.82	1.85	—	—	—	—	154.0	—	—	—	—	—	—	—	—	—	—

表 28-8-2　黄淮海粳稻 C 组生产试验品种在各试点的主要性状表现

品种名称/试验点	亩产（千克）	比 CK±%	播种期（月/日）	移栽期（月/日）	齐穗期（月/日）	成熟期（月/日）	全生育期（天）	耐寒性	整齐度	杂株率（%）	熟期转色	倒伏程度	落粒性	叶瘟	穗颈瘟	白叶枯病	纹枯病
徐稻 3 号（CK）																	
安徽省凤台县农科所	530.70	0	05/14	06/18	08/20	10/03	142	未发	一般	0	中	直	中	无	无	无	轻
山东省水稻所	546.64	0	05/16	06/20	08/31	10/22	159	强	整齐	0	好	直	中	无	无	无	轻
山东郯城种子公司	653.20	0	05/14	06/20	09/07	10/15	154	强	整齐	0	中	直	难	未发	未发	未发	轻
江苏省农业科学院宿迁农科所	641.28	0	05/12	06/15	08/23	10/14	155	未发	整齐	0	好	直	难	轻	轻	未发	轻
江苏省徐州市农科所	671.01	0	05/21	06/19	08/26	10/10	142	强	整齐	0	—	—	—	未发	—	未发	轻
河南省农业科学院粮作所	613.76	0	05/06	06/21	08/30	10/20	167	强	整齐	0	好	直	难	无	无	无	轻
河南省新乡市农业科学院	623.80	0	05/08	06/11	08/30	10/15	160	强	整齐	0	好	直	难	未发	未发	无	轻
平均值	611.48	—	—	—	—	—	154.1	—	—	—	—	—	—	—	—	—	—

第二十九章 2018年京津唐粳稻组国家水稻品种试验汇总报告

一、试验概况

（一）试验目的

鉴定评价我国京津唐粳稻区选育和引进的水稻新品种（组合，下同）的丰产性、稳产性、适应性、抗逆性、米质及其他重要特征特性表现，为国家水稻品种审定提供科学依据。

（二）参试品种

区试品种11个，隆优469为杂交组合，其余品种均为常规品种；其中津粳253、津原97、中作1431和隆优469为续试品种，其他品种为新参试品种，以津原45（CK）为对照；生试品种4个，隆优469为杂交组合，其余品种均为常规品种，也以津原45（CK）为对照。品种名称、类型、亲本组合、选育/供种单位见表29-1。

（三）承试单位

区试点7个，生产试验点4个，分布在山东省、河北省、天津市和北京市4个省市。承试单位、试验地点、经纬度、海拔高度、试验负责人及执行人见表29-2。

（四）试验设计

各试验点均按照《2018年北方稻区国家水稻品种试验实施方案》及NY/T 1300—2007《农作物品种区域试验技术规范 水稻》进行试验。

区试采用完全随机区组设计，3次重复，小区面积0.02亩。生产试验采用大区随机排列，不设重复，大区面积0.5亩。

同组试验所有参试品种同期播种、移栽，施肥水平中等偏上，其他栽培管理措施与当地大田生产相同。

观察记载项目与标准按NY/T 1300—2007《农作物品种区域试验技术规范 水稻》《国家水稻品种试验观察记载项目、方法及标准》以及《北方稻区国家水稻品种区试及生产试验记载表》等的要求执行。

（五）特性鉴定

抗性鉴定：天津市农业科学院植保所和辽宁省农业科学院植保所负责稻瘟病抗性鉴定，采用人工接菌与病区自然诱发相结合；江苏省农业科学院植保所负责条纹叶枯病抗性鉴定。鉴定用种由中国农业科学院作物科学研究所统一提供，稻瘟病鉴定结果由天津市农业科学院植保所负责汇总。

米质分析：河北省农林科学院滨海农业研究所、天津市原种场和中国农业科学院作物科学研究所负责提供米质分析样品，农业农村部食品质量监督检验测试中心（武汉）负责米质分析。

DNA指纹鉴定：中国农业科学院作物科学研究所负责参试品种的特异性及续试品种年度间的一致性检测。

转基因检测：由深圳市农业科技促进中心［农业农村部农作物种子质量和转基因成分监督检验测试中心（深圳）］进行转基因鉴定。

（六）试验执行情况

依据 NY/T 1300—2007《农作物品种区域试验技术规范　水稻》，参考区试考察情况及试验点特殊事件报备情况，对各试验点试验结果的可靠性、有效性、准确性进行分析评估，确保汇总质量。2018 年山东省东营市一邦试点由于 8 月份暴雨积水和 10 月初大风降温，造成所有品种成熟较晚，产量较低，没有纳入汇总。其余试点试验结果正常，列入汇总。

（七）统计分析

统计分析汇总在试运行的“国家水稻品种试验数据管理平台”上进行。

产量联合方差分析采用混合模型，品种间差异多重比较采用 Duncan's 新复极差法。品种丰产性主要以品种在区试和生产试验中相对于对照产量的高低衡量；参试品种的适应性以品种在区试中较对照增产的试验点比例衡量；参试品种的稳产性主要以品种在年度间区试中较对照品种产量的差异变化程度衡量。

参试品种的生育期主要以全生育期较对照品种生育期的长短天数衡量。

参试品种的抗性以指定鉴定单位的鉴定结果为主要依据，对稻瘟病抗性的主要评价指标为综合指数和穗瘟损失率最高级，对其他病虫害抗性的主要评价指标为最高级。

参试品种的米质评价按照农业行业标准 NY/T 593—2013《食用稻品种品质》，分优质一级、优质二级、优质三级，未达到优质的品种米质均为普通级。

二、结果分析

（一）产量

2018 年区域试验中，津原 45（CK）平均亩产 588.96 千克，居第 10 位。依据比对照增减产幅度：津粳 253、金粳 518、中作 1431、津原 898、津原 97、济示 03 和金稻 919 产量高，比津原 45（CK）增产 5%以上；垦香 48 和中作 1702 产量较高，比津原 45（CK）增产 3%~5%；滨糯 9 号和隆优 469 产量中等，比津原 45（CK）减产在 3%以内。区试及生产试验产量汇总结果见表 29-3、表 29-4。

（二）生育期

2018 年区域试验中，津原 45（CK）全生育期 174.2 天。依据全生育期比对照品种长短的天数衡量：隆优 469 熟期早，较津原 45（CK）早熟 9.7 天；其他品种熟期适中，全生育期与津原 45（CK）相差不大。品种全生育期及比对照长短天数见表 29-3。

（三）主要农艺及经济性状

区试品种有效穗、株高、穗长、每穗总粒数、结实率、千粒重等主要农艺经济性状汇总结果见表 29-3 和表 29-4。

（四）抗病性

所有品种稻瘟病综合指数均小于 5.0；津原 45（CK）穗瘟损失率最高级 7 级，津原 898 和滨糯 9 号穗瘟损失率最高级 9 级，其他品种穗瘟损失率最高级均小于或等于 5 级。

隆优 469 条纹叶枯病 1 级，金稻 919 和金粳 518 条纹叶枯病 3 级，其他品种条纹叶枯病均为 5 级。

区试品种稻瘟病和条纹叶枯病的抗性鉴定结果见表 29-5。

（五）米质

依据农业行业标准 NY/T 593—2013《食用稻品种品质》，金稻 919 米质达部标优质二级，津粳 253、津原 97、垦香 48、滨糯 9 号、津原 898、金粳 518 和济示 03 米质达部标优质三级，其他品种米质均为普通级。

区试品种米质性状表现和综合评级结果见表 29-6。

(六) 品种在各试点表现

区试品种在各试点的表现情况见表 29-7-1 至表 29-7-6。

生试品种在各试点的表现情况见表 29-8-1 至表 29-8-3。

三、品种评价

(一) 生试品种

1. 津粳 253

2017 年初试平均亩产 715.93 千克，较津原 45（CK）增产 10.48%，增产点比例 100%。2018 年续试平均亩产 651.73 千克，较津原 45（CK）增产 10.66%，增产点比例 100.0%。两年区试平均亩产 686.3 千克，较津原 45（CK）增产 10.56%，增产点比例 100.0%。2018 年生产试验平均亩产 617.86 千克，较津原 45（CK）增产 10.37%，增产点比例 100%。全生育期两年区试平均 177.5 天，比津原 45（CK）晚熟 3 天。主要农艺性状两年区试综合表现：有效穗 23.3 万穗/亩，株高 103.3 厘米，穗长 15.1 厘米，每穗总粒数 117.8 粒，结实率 93.9%，千粒重 26.7 克。抗性：稻瘟病综合指数两年分别为 4.8 级和 2.3 级，穗瘟损失率最高级 5 级，条纹叶枯病 5 级。主要米质性状两年综合表现：糙米率 85.5%，整精米率 71.8%，垩白度 5.0%，透明度 1 级，直链淀粉含量 15.4%，胶稠度 67 毫米，碱消值 6.6，达部标优质三级。

2018 年国家水稻品种试验年会审议意见：已完成试验程序，可以申报国家审定。

2. 津原 97

2017 年初试平均亩产 701.64 千克，较津原 45（CK）增产 8.28%，增产点比例 100%。2018 年续试平均亩产 630.11 千克，较津原 45（CK）增产 6.99%，增产点比例 83.3%。两年区试平均亩产 668.63 千克，较津原 45（CK）增产 7.71%，增产点比例 92.3%。2018 年生产试验平均亩产 619.40 千克，较津原 45（CK）增产 10.65%，增产点比例 100%。全生育期两年区试平均 170.8 天，比津原 45（CK）早熟 3.7 天。主要农艺性状两年区试综合表现：有效穗 16.4 万穗/亩，株高 102.1 厘米，穗长 20 厘米，每穗总粒数 162.3 粒，结实率 89.6%，千粒重 27.1 克。抗性：稻瘟病综合指数两年分别为 2.4 级和 4.4 级，穗瘟损失率最高级 5 级，条纹叶枯病 5 级。主要米质性状两年综合表现：糙米率 82.9%，整精米率 71.6%，垩白度 4.7%，透明度 1 级，直链淀粉含量 14.3%，胶稠度 88 毫米，碱消值 6.2，达部标优质三级。

2018 年国家水稻品种试验年会审议意见：已完成试验程序，可以申报国家审定。

3. 中作 1431

2017 年初试平均亩产 669.73 千克，较津原 45（CK）增产 6.42%，增产点比例 80%。2018 年续试平均亩产 639.14 千克，较津原 45（CK）增产 8.52%，增产点比例 100%。两年区试平均亩产 653.04 千克，较津原 45（CK）增产 5.2%，增产点比例 90.9%。2018 年生产试验平均亩产 613.77 千克，较津原 45（CK）增产 9.64%，增产点比例 100%。全生育期两年区试平均 176.9 天，比津原 45（CK）晚熟 2.4 天。主要农艺性状两年区试综合表现：有效穗 19.5 万穗/亩，株高 102 厘米，穗长 17.7 厘米，每穗总粒数 170 粒，结实率 88.3%，千粒重 24.3 克。抗性：稻瘟病综合指数两年分别为 3.2 级和 3.5 级，穗瘟损失率最高级 5 级，条纹叶枯病 5 级。主要米质性状两年综合表现：糙米率 83.4%，整精米率 66.4%，垩白度 5.2%，透明度 1 级，直链淀粉含量 13.7%，胶稠度 85 毫米，碱消值 6.6。

2018 年国家水稻品种试验年会审议意见：已完成试验程序，可以申报国家审定。

4. 隆优 469

2017 年初试平均亩产 686.26 千克，较津原 45（CK）增产 5.9%，增产点比例 57.1%。2018 年续试平均亩产 586.54 千克，较津原 45（CK）减产 0.41%，增产点比例 66.7%。两年区试平均亩产

640.24千克，较津原45（CK）增产3.14%，增产点比例61.5%。2018年生产试验平均亩产552.29千克，较津原45（CK）减产1.34%，增产点比例50%。全生育期两年区试平均164.9天，比对津原45（CK）早熟9.7天。主要农艺性状两年区试综合表现：有效穗16.9万穗/亩，株高127.2厘米，穗长21.9厘米，每穗总粒数175.4粒，结实率89.6%，千粒重25.1克。抗性：稻瘟病综合指数两年分别为3.1级和4.5级，穗瘟损失率最高级5级，条纹叶枯病1级。主要米质性状两年综合表现：糙米率81.8%，整精米率60.8%，垩白度9.5%，透明度2级，直链淀粉含量13.5%，胶稠度79毫米，碱消值3.5。

2018年国家水稻品种试验年会审议意见：已完成试验程序，可以申报国家审定。

（二）续试品种

垦香48

2017年初试平均亩产671.93千克，较津原45（CK）增产3.69%，增产点比例71.4%。2018年续试平均亩产616.68千克，较津原45（CK）增产4.71%，增产点比例83.3%。两年区试平均亩产646.43千克，较津原45（CK）增产4.14%，增产点比例76.9%。全生育期两年区试平均172.1天，比津原45（CK）早熟2.4天。主要农艺性状两年区试综合表现：有效穗20.9万穗/亩，株高110.2厘米，穗长18.2厘米，每穗总粒数127.1粒，结实率94.5%，千粒重25.5克。抗性：稻瘟病综合指数两年分别为2.8级和2.7级，穗瘟损失率最高级5级，条纹叶枯病5级。主要米质性状两年综合表现：糙米率83.4%，整精米率70.3%，垩白度5.0%，透明度1级，直链淀粉含量14.1%，胶稠度86毫米，碱消值6.6，达部标优质三级。

2018年国家水稻品种试验年会审议意见：2019年进行生产试验。

（三）初试品种

1. 金粳518

2018年初试平均亩产640.53千克，比津原45（CK）增产8.76%，增产点比例83.3%。全生育期170.7天，比津原45（CK）早熟3.5天。主要农艺性状表现：有效穗22.4万穗/亩，株高101.8厘米，穗长16.1厘米，总粒数110.5粒/穗，结实率92.0%，千粒重27.8克。抗性：稻瘟病综合指数3.5级，穗瘟损失率最高级5级，条纹叶枯病3级。主要米质性状：糙米率84.8%，整精米率65.6%，垩白度4.1%，透明度2级，直链淀粉含量14.6%，胶稠度81毫米，碱消值6.2，达部标优质三级。

2018年国家水稻品种试验年会审议意见：2019年续试并进行生产试验。

2. 津原898

2018年初试平均亩产635.66千克，比津原45（CK）增产7.93%，增产点比例100.0%。全生育期176.5天，比津原45（CK）晚熟2.3天。主要农艺性状表现：有效穗20.7万穗/亩，株高110.2厘米，穗长17.7厘米，总粒数126.2粒/穗，结实率93.5%，千粒重25.1克。抗性：稻瘟病综合指数3.5级，穗瘟损失率最高级9级，条纹叶枯病5级。主要米质性状：糙米率82.2%，整精米率68%，垩白度3.3%，透明度2级，直链淀粉含量14.3%，胶稠度73毫米，碱消值6.6，达部标优质三级。

2018年国家水稻品种试验年会审议意见：终止试验。

3. 济示03

2018年初试平均亩产627.66千克，比津原45（CK）增产6.57%，增产点比例100.0%，全生育期172.7天，比津原45（CK）早熟1.5天。主要农艺性状表现：有效穗22.6万穗/亩，株高112.2厘米，穗长16.9厘米，总粒数117.2粒/穗，结实率93.5%，千粒重26.0克。抗性：稻瘟病综合指数3.2级，穗瘟损失率最高级5级，条纹叶枯病5级。主要米质性状：糙米率84.5%，整精米率65.2%，垩白度3.4%，透明度2级，直链淀粉含量14.3%，胶稠度75毫米，碱消值6.6，达部标优质三级。

2018年国家水稻品种试验年会审议意见：2019年续试并进行生产试验。

4. 金稻 919

2018 年初试平均亩产 620.44 千克，比津原 45（CK）增产 5.35%，增产点比例 100.0%。全生育期 175.2 天，比津原 45（CK）晚熟 1.0 天。主要农艺性状表现：有效穗 21.5 万穗/亩，株高 111.8 厘米，穗长 21.5 厘米，总粒数 112.8 粒/穗，结实率 92.5%，千粒重 25.6 克。抗性：稻瘟病综合指数 2.7 级，穗瘟损失率最高级 5 级，条纹叶枯病 3 级。主要米质性状：糙米率 84.1%，整精米率 73%，垩白度 2.1%，透明度 1 级，直链淀粉含量 16.1%，胶稠度 73 毫米，碱消值 7.0，达部标优质二级。

2018 年国家水稻品种试验年会审议意见：2019 年续试并进行生产试验。

5. 中作 1702

2018 年初试平均亩产 613.26 千克，比津原 45（CK）增产 4.13%，增产点比例 83.3%。全生育期 174.3 天，比津原 45（CK）晚熟 0.2 天。主要农艺性状表现：有效穗 23.1 万穗/亩，株高 118.0 厘米，穗长 17.3 厘米，总粒数 119.4 粒/穗，结实率 91.3%，千粒重 25.5 克。抗性：稻瘟病综合指数 2.0 级，穗瘟损失率最高级 3 级，条纹叶枯病 5 级。主要米质性状：糙米率 82.9%，整精米率 69%，垩白度 5.6%，透明度 1 级，直链淀粉含量 15.3%，胶稠度 70 毫米，碱消值 6.5。

2018 年国家水稻品种试验年会审议意见：2019 年续试。

6. 滨糯 9 号

2018 年初试平均亩产 587.23 千克，比津原 45（CK）减产 0.29%，增产点比例 66.7%。全生育期 170.3 天，比津原 45（CK）早熟 3.8 天。主要农艺性状表现：有效穗 18.3 万穗/亩，株高 112.6 厘米，穗长 20.1 厘米，总粒数 150.0 粒/穗，结实率 81.6%，千粒重 25.8 克。抗性：稻瘟病综合指数 3.9 级，穗瘟损失率最高级 9 级，条纹叶枯病 5 级。主要米质性状：糙米率 81.2%，整精米率 63.8%，糯米，透明度 1 级，直链淀粉含量 1.3%，胶稠度 100 毫米，碱消值 6.2，达部标优质三级。

2018 年国家水稻品种试验年会审议意见：终止试验。

表 29-1　2018 年京津唐粳稻组参试品种基本情况

编号	品种名称	品种类型	亲本组合	申请单位	选育/供种单位
区试					
D5	津粳 253	常规稻	津稻 1007/津原 47	天津市水稻研究所	天津市水稻研究所
D1	津原 97	常规稻	盐丰 47/津原 45//津原 11/津原 E28	天津市原种场	天津市原种场
D8	中作 1431	常规稻	连粳 6 号/中作 0836	中国农业科学院作物科学研究所	中国农业科学院作物科学研究所
D12	隆优 469	杂交稻	L451A×LR169	天津天隆科技有限公司	天津天隆科技有限公司
D9	垦香 48	常规稻	武运粳 21/05-118	河北省农林科学院滨海农业研究所	河北省农林科学院滨海农业研究所
D10	*滨糯 9 号	常规稻	冀糯 1 号/垦糯 8 号	河北省农林科学院滨海农业研究所	河北省农林科学院滨海农业研究所
D6	*津原 898	常规稻	津原 89/盐粳 218	天津市原种场	天津市原种场
D11	*金粳 518	常规稻	金粳 818 系选	天津市农作物研究所	天津市农作物研究所
D7	*金稻 919	常规稻	津稻 169/京香 132//津稻 179	天津市水稻研究所	天津市水稻研究所
D4	*中作 1702	常规稻	苏秀 867/垦育 88	中国农业科学院作物科学研究所	中国农业科学院作物科学研究所
D2	*济示 03	常规稻	圣稻 14/圣 06134	山东省水稻研究所	山东省水稻研究所
D3	津原 45（CK）	常规稻	月之光系选	天津市原种场	天津市原种场
生产试验					
1	津粳 253	常规稻	津稻 1007/津原 47	天津市水稻研究所	天津市水稻研究所
2	津原 97	常规稻	盐丰 47/津原 45//津原 11/津原 E28	天津市原种场	天津市原种场
3	中作 1431	常规稻	连粳 6 号/中作 0836	中国农业科学院作物科学研究所	中国农业科学院作物科学研究所
4	隆优 469	杂交稻	L451A×LR169	天津天隆科技有限公司	天津天隆科技有限公司
5	津原 45（CK）	常规稻	月之光系选	天津市原种场	天津市原种场

注：*2018 年新参试品种。

表 29-2　2018 年京津唐粳稻组区试与生产试点基本情况

承试单位	试验地点	经度	纬度	海拔（米）	试验负责人及执行人
中国农业科学院作物科学研究所	北京市昌平区农业科学院作科所试验基地	116°15′	40°10′	60.0	王洁、袁龙照
天津市原种场▲	天津市宁河县廉庄乡大于庄北	117°40′	39°27′	2.8	于福安、赵长海
天津市水稻研究所▲	天津市西青区津静公路 17 公里处天津市农业高新技术示范园区院内	117°17′	39°44′	6.0	苏京平、耿雷跃
山东省东营市一邦农业科技开发有限公司	山东省东营市垦利区永安镇 28 村	118°05′	37°15′	4.1	毕崇明
河北省农林科学院滨海农业研究所▲	河北省唐山市曹妃甸区滨海大街道 63 号	118°37′	39°17′	3.0	张启星
河北省芦台农场农业技术推广站	河北省芦台农场农业技术推广站	117°44′	39°22′	2.0	刘桂萍
秦皇岛凤艳家庭农场▲	抚宁县留守营镇张各前村 147 号	119°13′	39°52′	7.4	李守训

注：▲同时承担区试和生产试验

表 29-3　京津唐粳稻组区试品种产量及主要性状汇总分析结果

品种名称	区试年份	亩产（千克）	比 CK± %	增产点比例（%）	5%显著性	1%显著性	生育期（天）	比 CK± 天	有效穗（万/亩）	株高（厘米）	穗长（厘米）	总粒数（粒/穗）	结实率（%）	千粒重（克）
津原 45	2017—2018	620.75					174.5		23.8	114.4	18.9	118.7	92.2	23.3
津粳 253	2017—2018	686.30	10.56	100.0			177.5	3.0	23.3	103.3	15.1	117.8	93.9	26.7
津原 97	2017—2018	668.63	7.71	92.3			170.8	-3.7	16.4	102.1	20.0	162.3	89.6	27.1
中作 1431	2017—2018	653.04	5.20	90.9			176.9	2.4	19.5	102.0	17.7	170.0	88.3	24.3
隆优 469	2017—2018	640.24	3.14	61.5			164.9	-9.7	16.9	127.2	21.9	175.4	89.6	25.1
垦香 48	2017—2018	646.43	4.14	76.9			172.1	-2.4	20.9	110.2	18.2	127.1	94.5	25.5
津粳 253	2018	651.73	10.66	100	a	A	178.3	4.2	22.3	103.3	14.9	107.9	94.6	25.9
金粳 518	2018	640.53	8.76	83.3	ab	AB	170.7	-3.5	22.4	101.8	16.1	110.5	92.0	27.8

（续表）

品种名称	区试年份	亩产（千克）	比 CK± %	增产点比例（%）	5%显著性	1%显著性	生育期（天）	比 CK± 天	有效穗（万/亩）	株高（厘米）	穗长（厘米）	总粒数（粒/穗）	结实率（%）	千粒重（克）
中作 1431	2018	639. 14	8. 52	100	ab	AB	178	3. 8	19. 4	103	17. 4	153. 9	89. 9	24. 4
津原 898	2018	635. 66	7. 93	100	b	ABC	176. 5	2. 3	20. 7	110. 2	17. 7	126. 2	93. 5	25. 1
津原 97	2018	630. 11	6. 99	83. 3	bc	BCD	173. 3	−0. 8	15. 7	103. 3	20. 4	157. 7	89. 7	26. 3
济示 03	2018	627. 66	6. 57	100	bc	BCD	172. 7	−1. 5	22. 6	112. 2	16. 9	117. 2	93. 5	26
金稻 919	2018	620. 44	5. 35	100	cd	CD	175. 2	1	21. 5	111. 8	21. 5	112. 8	92. 5	25. 6
垦香 48	2018	616. 68	4. 71	83. 3	cd	D	174. 2	0	21. 0	112. 1	18	113. 3	95. 5	24. 8
中作 1702	2018	613. 26	4. 13	83. 3	d	D	174. 3	0. 2	23. 1	118	17. 3	119. 4	91. 3	25. 5
津原 45	2018	588. 96	0	0	e	E	174. 2	0	23. 7	114. 3	19. 1	102. 5	94	23. 1
滨糯 9 号	2018	587. 23	−0. 29	66. 7	e	E	170. 3	−3. 8	18. 3	112. 6	20. 1	150	81. 6	25. 8
隆优 469	2018	586. 54	−0. 41	66. 7	e	E	164. 7	−9. 5	16. 0	128. 4	21. 7	167. 7	88. 0	24. 5

表 29-4　京津塘粳稻组生产试验品种主要性状汇总表

品种名称	产量			生育期	
	亩产（千克）	比 CK±%	增产点比例（%）	生育期（天）	生育期比 CK±天
津粳 253	617. 86	10. 37	100. 0	178. 5	3. 0
津原 97	619. 4	10. 65	100. 0	173. 5	−2. 0
中作 1431	613. 77	9. 64	100. 0	179. 8	4. 3
隆优 469	552. 29	−1. 34	50. 0	163. 0	−12. 5
津原 45	559. 79			175. 5	

表 29-5　京津唐粳稻组区试品种对主要病害抗性鉴定结果汇总（2017—2018 年）

品种名称	区试年份	稻瘟病														条纹叶枯病		
		2018 年天津					2018 年江苏					2018 年		1~2 年综合评价		2018 年（级）	2017 年（级）	1~2 年最高（级）
		苗叶瘟（级）	穗瘟发病率		穗瘟损失率		苗叶瘟（级）	穗瘟发病率		穗瘟损失率		平均综合指数	损失率最高级	平均综合指数	损失率最高级			
			%	病级	%	病级		%	病级	%	病级							
津原 97	2017—2018	5	86.0	9	11.3	3	0	19.8	5	14.3	5	4.4	5	3.4	5	5	5	5
津粳 253	2017—2018	3	88.2	9	13.2	3	0	0.0	0	0.0	0	2.3	3	3.6	5	5	5	5
中作 1431	2017—2018	4	81.3	9	17.7	5	0	9.7	3	3.6	1	3.5	5	3.4	5	5	5	5
垦香 48	2017—2018	2	90.6	9	21.1	5	0	0.0	0	0.0	0	2.7	5	2.8	5	5	5	5
隆优 469	2017—2018	2	100.0	9	26.9	5	0	24.5	5	16.2	5	4.5	5	3.8	5	1	1	1
津原 45（CK）	2017—2018	1	88.2	9	15.9	5	8	0.0	0	0.0	0	3.5	5	4.8	7	5	5	5
济示 03	2018	3	96.4	9	19.3	5	0	4.8	1	1.9	1	3.1	5	3.1	5	5		5
中作 1702	2018	1	89.5	9	14.3	3	0	0.0	0	0.0	0	2.0	3	2.0	3	5		5
津原 898	2018	1	100.0	9	65.2	9	0	0.0	0	0.0	0	3.5	9	3.5	9	5		5
金稻 919	2018	1	40.9	7	17.5	5	3	0.0	0	0.0	0	2.8	5	2.8	5	3		3
滨糯 9 号	2018	1	100.0	9	85.9	9	0	3.9	1	0.8	1	3.9	9	3.9	9	5		5
金粳 518	2018	3	93.1	9	19.2	5	3	4.4	1	1.2	1	3.5	5	3.5	5	3		3

注：1. 稻瘟病综合指数=叶瘟平均级×25%+穗瘟发病率平均级×25%+穗瘟损失率平均级×50%。

2. 稻瘟病鉴定单位：天津市农业科学院植保所、江苏省农业科学院植保所；条纹叶枯病鉴定单位：江苏省农业科学院植保所。

表 29-6　京津唐粳稻组区试品种米质分析结果

品种名称	年份	糙米率（%）	精米率（%）	整精米率（%）	粒长（毫米）	粒型长宽比	垩白粒率（%）	垩白度（%）	直链淀粉含量（%）	胶稠度（毫米）	碱消值（级）	透明度（级）	部标（等级）
津原 45（CK）	2017—2018	83.7	76.2	74.0	4.8	1.7	27.7	5.6	15.1	66	6.6	2	普通
津粳 253	2017—2018	85.5	75.7	71.8	4.8	1.7	24.0	5.0	15.4	67	6.6	1	优三
津原 97	2017—2018	82.9	73.9	71.6	5.4	2.0	14.3	4.7	14.3	88	6.2	1	优三
中作 1431	2017—2018	83.4	73.5	66.4	5.1	1.9	15.0	5.2	13.7	85	6.6	1	普通
隆优 469	2017—2018	81.8	73.0	60.8	5.7	2.4	28.3	9.5	13.5	79	3.5	2	普通
垦香 48	2017—2018	83.4	74.6	70.3	5.2	2.0	16.7	5.0	14.1	86	6.6	1	优三
津粳 253	2018	85.5	75.7	71.8	4.8	1.7	24.0	5.0	15.4	67	6.6	1	优三
津原 97	2018	82.9	73.9	71.6	5.4	2.0	14.3	4.7	14.3	88	6.2	1	优三
中作 1431	2018	83.4	73.5	66.4	5.1	1.9	15.0	5.2	13.7	85	6.6	1	普通
隆优 469	2018	81.8	73.0	60.8	5.7	2.4	28.3	9.5	13.5	79	3.5	2	普通
垦香 48	2018	83.4	74.6	70.3	5.2	2.0	16.7	5.0	14.1	86	6.6	1	优三
滨糯 9 号	2018	81.2	73.1	63.8	5.3	2.1	3.0	糯米	1.3	100	6.2	1	优三
津原 898	2018	82.2	73.3	68.0	5.1	2.0	13.0	3.3	14.3	73	6.6	2	优三
金粳 518	2018	84.8	74.1	65.6	4.9	1.7	22.3	4.1	14.6	81	6.2	2	优三
金稻 919	2018	84.1	74.9	73.0	5.1	1.9	14.0	2.1	16.1	73	7.0	1	优二
中作 1702	2018	82.9	73.0	69.0	5.2	1.9	21.7	5.6	15.3	70	6.5	1	普通
济示 03	2018	84.5	75.3	65.2	5.1	2.0	14.3	3.4	14.4	75	6.6	2	优三
津原 45	2018	83.7	76.2	74.0	4.8	1.7	27.7	5.6	15.1	66	6.6	2	普通

注：1. 样品提供单位：河北省农林科学院滨海农业研究所、天津市原种场和中国农业科学院作物科学研究所

2. 检测分析单位：农业农村部食品质量监督检验测试中心（武汉）。

表 29-7-1 京津唐粳稻组区试品种在各试点的产量、生育期及经济性状表现

品种名称/试验点	亩产（千克）	产量位次	比 CK±%	综合评级	播种期（月/日）	齐穗期（月/日）	成熟期（月/日）	全生育期（天）	有效穗（万/亩）	株高（厘米）	穗长（厘米）	总粒数（粒/穗）	结实率（%）	千粒重（克）
津粳 253														
中国农业科学院作物科学研究所	550. 32	1	8. 33	A	04/10	08/21	10/06	179	19. 7	95. 2	14. 1	125. 1	96. 3	26. 3
天津市原种场	626. 88	1	16. 10	A	04/10	08/21	10/03	176	21. 6	97. 7	13. 4	93	92. 5	24. 6
天津市水稻研究所	708. 46	2	12. 68	B	04/15	08/23	10/10	178	15. 8	105. 1	15. 9	134. 1	93. 4	22. 4
河北省农林科学院滨海农业研究所	733. 87	1	8. 72	A	04/20	08/17	10/13	176	26. 4	114. 3	14. 8	91	94. 5	26. 5
河北省芦台农场农业技术推广站	703. 28	2	10. 25	A	04/08	08/19	09/26	171	20. 6	104. 5	16. 6	137. 6	95. 9	27. 1
秦皇岛凤艳家庭农场	587. 60	7	7. 99	B	04/05	08/24	10/12	190	30	103	14. 7	66. 5	94. 9	28. 3
平均值	651. 74	—	—	—	—	—	—	178. 3	22. 3	103. 3	14. 9	107. 9	94. 6	25. 9
津原 97														
中国农业科学院作物科学研究所	472. 92	9	-6. 91	B	04/10	08/17	10/05	178	14. 6	96. 1	20	169. 2	82	26. 2
天津市原种场	610. 16	2	13	A	04/10	08/16	10/05	178	14. 8	97	20	162	88. 3	28. 5
天津市水稻研究所	675. 53	8	7. 45	A	04/15	08/13	09/30	168	11. 4	101. 5	23	194. 6	92. 9	23. 9
河北省农林科学院滨海农业研究所	715. 48	6	5. 99	B	04/20	08/09	10/01	164	15. 5	115. 3	20. 5	147	85. 7	26. 1
河北省芦台农场农业技术推广站	695. 59	4	9. 04	A	04/08	08/18	09/26	171	19. 4	107. 1	21. 3	151. 5	90. 4	27. 2
秦皇岛凤艳家庭农场	611. 00	3	12. 29	A	04/05	08/11	10/03	181	18. 4	103	17. 7	122	98. 9	26
平均值	630. 11	—	—	—	—	—	—	173. 3	15. 7	103. 3	20. 4	157. 7	89. 7	26. 3

注：综合评级：A—好，B—较好，C—中等，D——般。

表 29-7-2　京津唐粳稻组区试品种在各试点的产量、生育期及经济性状表现

品种名称/试验点	亩产（千克）	产量位次	比 CK±%	综合评级	播种期（月/日）	齐穗期（月/日）	成熟期（月/日）	全生育期（天）	有效穗（万/亩）	株高（厘米）	穗长（厘米）	总粒数（粒/穗）	结实率（%）	千粒重（克）
中作 1431														
中国农业科学院作物科学研究所	525.07	4	3.36	A	04/10	08/20	10/05	178	18.8	92.6	17.7	175.8	87	24.8
天津市原种场	560.01	8	3.72	C	04/10	08/20	10/04	177	15.9	100.9	18.5	197	87.8	24.6
天津市水稻研究所	682.21	7	8.51	A	04/15	08/20	10/06	174	15	108.1	17.7	157.7	91.2	21.3
河北省农林科学院滨海农业研究所	719.49	4	6.59	A	04/20	08/18	10/11	174	21.6	109.5	17.1	132	87.1	24.2
河北省芦台农场农业技术推广站	685.22	7	7.42	A	04/08	08/16	09/27	172	18	104.7	17.5	167.1	92.1	25.4
秦皇岛凤艳家庭农场	662.82	1	21.81	A	04/05	08/22	10/15	193	27.3	102	15.9	93.5	93.9	26.2
平均值	639.14	—	—	—	—	—	—	178	19.4	103	17.4	153.9	89.9	24.4
隆优 469														
中国农业科学院作物科学研究所	439.65	11	−13.46	C	04/10	08/02	09/28	171	14.4	113	20.9	161.5	78	25.1
天津市原种场	476.43	11	−11.76	D	04/10	08/04	09/17	160	14.2	131.6	25.1	256	82.4	23.6
天津市水稻研究所	643.76	11	2.39	B	04/15	08/02	09/24	162	11.7	136.8	18.3	158.5	97	22.8
河北省农林科学院滨海农业研究所	694.42	10	2.87	B	04/20	08/03	09/25	158	16.8	136.5	22.2	138	87	23.9
河北省芦台农场农业技术推广站	671.51	9	5.27	B	04/08	08/13	09/19	164	17.1	135.2	22.7	178.2	90	25.5
秦皇岛凤艳家庭农场	593.45	5	9.06	B	04/05	08/10	09/25	173	21.5	117	21	114	93.8	26.1
平均值	586.54	—	—	—	—	—	—	164.7	16	128.4	21.7	167.7	88	24.5

注：综合评级：A—好，B—较好，C—中等，D——般。

表 29-7-3　京津唐粳稻组区试品种在各试点的产量、生育期及经济性状表现

品种名称/试验点	亩产（千克）	产量位次	比 CK±%	综合评级	播种期（月/日）	齐穗期（月/日）	成熟期（月/日）	全生育期（天）	有效穗（万/亩）	株高（厘米）	穗长（厘米）	总粒数（粒/穗）	结实率（%）	千粒重（克）
垦香 48														
中国农业科学院作物科学研究所	462.39	10	-8.98	C	04/10	08/17	10/03	176	19.5	97.5	16.3	103.1	95.5	25.4
天津市原种场	575.06	6	6.5	B	04/10	08/16	09/30	173	17.6	109	18.7	130	93.8	24.1
天津市水稻研究所	692.24	4	10.1	A	04/15	08/16	10/01	169	15.3	116.7	19.7	157.1	97.6	23.9
河北省农林科学院滨海农业研究所	695.75	8	3.07	B	04/20	08/18	10/10	173	19.9	118.4	17.5	85	92.9	24
河北省芦台农场农业技术推广站	684.55	8	7.31	A	04/08	08/17	09/26	171	20.5	113.9	18	141.9	96.2	25.2
秦皇岛凤艳家庭农场	590.10	6	8.45	B	04/05	08/20	10/05	183	33.3	117	17.6	62.9	97.1	26.3
平均值	616.68	—	—	—	—	—	—	174.2	21	112.1	18	113.3	95.5	24.8
滨糯 9 号														
中国农业科学院作物科学研究所	384.65	12	-24.28	B	04/10	08/15	09/30	173	16	95.7	18.2	129.1	77.8	26.7
天津市原种场	468.07	12	-13.31	D	04/10	08/08	10/01	174	19.5	108.5	20.3	166	66.9	26.9
天津市水稻研究所	658.81	10	4.79	D	04/15	08/07	09/25	163	12.8	113.2	22.1	199	84.7	24.5
河北省农林科学院滨海农业研究所	686.73	11	1.73	B	04/20	08/08	09/30	163	15.5	125.2	20.3	145	75.2	25.4
河北省芦台农场农业技术推广站	693.25	5	8.68	A	04/08	08/13	09/25	170	19.7	112.7	20.4	153.7	90.9	26
秦皇岛凤艳家庭农场	631.89	2	16.13	A	04/05	08/18	10/01	179	26	120	19.5	107.2	93.8	25.4
平均值	587.23	—	—	—	—	—	—	170.3	18.3	112.6	20.1	150	81.6	25.8

注：综合评级：A—好，B—较好，C—中等，D——般。

表 29-7-4　京津唐粳稻组区试品种在各试点的产量、生育期及经济性状表现

品种名称/试验点	亩产（千克）	产量位次	比 CK± %	综合评级	播种期（月/日）	齐穗期（月/日）	成熟期（月/日）	全生育期（天）	有效穗（万/亩）	株高（厘米）	穗长（厘米）	总粒数（粒/穗）	结实率（%）	千粒重（克）
津原 898														
中国农业科学院作物科学研究所	536.27	3	5.56	B	04/10	08/19	10/02	175	19.5	101.2	17.2	142.2	94.3	25.6
天津市原种场	601.80	4	11.45	A	04/10	08/18	10/06	179	20	105.3	16.6	126	86.5	26.1
天津市水稻研究所	688.90	5	9.57	A	04/15	08/15	10/01	169	15	110.1	19.5	172	96.5	23.8
河北省农林科学院滨海农业研究所	706.45	7	4.66	A	04/20	08/17	10/08	171	22.1	120	16.1	117	92.3	25.1
河北省芦台农场农业技术推广站	701.27	3	9.93	A	04/08	08/18	09/27	172	21.8	113.5	17	133.6	95.5	26.2
秦皇岛凤艳家庭农场	579.24	9	6.45	B	04/05	08/27	10/15	193	26	111	19.5	66.6	95.6	23.5
平均值	635.66	—	—	—	—	—	—	176.5	20.7	110.2	17.7	126.2	93.5	25.1
金粳 518														
中国农业科学院作物科学研究所	474.09	8	-6.68	B	04/10	08/11	09/25	168	18.4	89.4	15.3	98.6	86.3	27.8
天津市原种场	601.80	3	11.45	A	04/10	09/10	09/29	172	20.5	99.8	17.1	130	94.6	30.3
天津市水稻研究所	740.72	1	17.81	A	04/15	08/08	09/25	163	17.3	99.8	15.9	143.9	88.5	24.3
河北省农林科学院滨海农业研究所	716.48	5	6.14	A	04/20	08/11	10/06	169	22.1	112.4	16.8	89	92.1	28.4
河北省芦台农场农业技术推广站	711.63	1	11.56	A	04/08	08/15	09/24	169	21.8	105.2	17.7	136.8	91.4	27.1
秦皇岛凤艳家庭农场	598.46	4	9.98	B	04/05	08/16	10/05	183	34.4	104	13.7	64.4	99.1	29
平均值	640.53	—	—	—	—	—	—	170.7	22.4	101.8	16.1	110.5	92	27.8

注：综合评级：A—好，B—较好，C—中等，D——般。

表 29-7-5　京津唐粳稻组区试品种在各试点的产量、生育期及经济性状表现

品种名称/试验点	亩产（千克）	产量位次	比 CK± %	综合评级	播种期（月/日）	齐穗期（月/日）	成熟期（月/日）	全生育期（天）	有效穗（万/亩）	株高（厘米）	穗长（厘米）	总粒数（粒/穗）	结实率（%）	千粒重（克）
金稻 919														
中国农业科学院作物科学研究所	521.40	5	2.63	A	04/10	08/14	10/04	177	17.8	103.6	21	124.4	92.9	25.8
天津市原种场	568.37	7	5.26	B	04/07	08/12	10/01	177	22.1	107.8	21.1	131	90.1	26.5
天津市水稻研究所	685.56	6	9.04	A	04/15	08/12	10/01	169	18.2	111.5	23.9	149.8	92.4	22.7
河北省农林科学院滨海农业研究所	695.08	9	2.97	B	04/20	08/14	10/06	169	20.1	119.7	21	88	92	24.9
河北省芦台农场农业技术推广站	691.41	6	8.39	A	04/08	08/16	09/23	168	21.6	113.9	20.1	130.7	93.7	27.4
秦皇岛风艳家庭农场	560.85	10	3.07	B	04/05	08/22	10/13	191	29.3	114	21.6	52.8	94.1	26.5
平均值	620.45	—	—	—	—	—	—	175.2	21.5	111.8	21.5	112.8	92.5	25.6
中作 1702														
中国农业科学院作物科学研究所	488.30	7	-3.88	B	04/10	08/18	10/02	175	20.9	104.3	16.8	116.3	91	26.6
天津市原种场	556.67	9	3.1	C	04/10	08/12	09/30	173	22.7	115.3	17.4	137	90.5	26.5
天津市水稻研究所	660.48	9	5.05	B	04/15	08/16	10/10	178	18.5	126.7	18	144.6	93.4	20.9
河北省农林科学院滨海农业研究所	728.85	2	7.97	A	04/20	08/13	10/05	168	22.1	133.2	17.9	107	89.7	26.2
河北省芦台农场农业技术推广站	666.00	10	4.4	B	04/08	08/17	09/26	171	19.5	117.3	16.9	156.2	89.5	25
秦皇岛风艳家庭农场	579.24	8	6.45	B	04/05	08/16	10/03	181	34.8	111	17	55.5	93.7	27.5
平均值	613.26	—	—	—	—	—	—	174.3	23.1	118	17.3	119.4	91.3	25.5

注：综合评级：A—好，B—较好，C—中等，D——般。

表 29-7-6　京津唐粳稻组区试品种在各试点的产量、生育期及经济性状表现

品种名称/试验点	亩产（千克）	产量位次	比 CK±%	综合评级	播种期（月/日）	齐穗期（月/日）	成熟期（月/日）	全生育期（天）	有效穗（万/亩）	株高（厘米）	穗长（厘米）	总粒数（粒/穗）	结实率（%）	千粒重（克）
济示 03														
中国农业科学院作物科学研究所	538.78	2	6.05	B	04/10	08/18	09/30	173	18.6	99.5	16.3	108.3	93.7	25.7
天津市原种场	585.09	5	8.36	B	04/10	08/12	10/02	175	20.4	108.2	17.5	126	92.1	28.1
天津市水稻研究所	705.62	3	12.23	A	04/15	08/15	09/28	166	16.2	112.7	19.6	178.5	91.2	22.7
河北省农林科学院滨海农业研究所	725.84	3	7.53	A	04/20	08/16	10/09	172	20.7	126.4	18.5	105	89.5	25.4
河北省芦台农场农业技术推广站	658.14	11	3.17	B	04/08	08/20	09/26	171	21	116.4	16.1	131.1	96.8	25.5
秦皇岛凤艳家庭农场	552.49	11	1.54	C	04/05	08/26	10/01	179	38.6	110	13.5	54.1	97.4	28.3
平均值	627.66	—	—	—	—	—	—	172.7	22.6	112.2	16.9	117.2	93.5	26
津原 45														
中国农业科学院作物科学研究所	508.02	6	0	B	04/10	08/20	10/05	178	21.1	108.1	18	105.6	93.8	23
天津市原种场	539.95	10	0	C	04/10	08/18	10/02	175	24.9	109.2	18.9	116	93.1	23
天津市水稻研究所	628.72	12	0	C	04/15	08/15	10/02	170	18.9	116.2	19.2	104.8	89.5	20.4
河北省农林科学院滨海农业研究所	675.02	12	0	B	04/20	08/15	10/05	168	25.2	127.7	20.2	85	92.9	22.5
河北省芦台农场农业技术推广站	637.91	12	0	B	04/08	08/17	09/23	168	19.4	109.4	19.3	141.2	95.8	25
秦皇岛凤艳家庭农场	544.13	12	0	B	04/05	08/22	10/08	186	32.6	115	19.2	62.1	98.6	24.5
平均值	588.96	—	—	—	—	—	—	174.2	23.7	114.3	19.1	102.5	94	23.1

注：综合评级：A—好，B—较好，C—中等，D—一般。

表 29-8-1　京津唐粳稻组生产试验品种在各试点的主要性状表现

品种名称/试验点	亩产（千克）	比 CK±%	播种期（月/日）	移栽期（月/日）	齐穗期（月/日）	成熟期（月/日）	全生育期（天）	耐寒性	整齐度	杂株率（%）	熟期转色	倒伏程度	落粒性	叶瘟	穗颈瘟	白叶枯病	纹枯病
津粳 253																	
天津市原种场	657.99	8.06	04/10	05/17	08/07	10/02	175	强	整齐	0	好	直	难	无	无	未发	未发
天津市水稻研究所	567.93	8.94	04/15	05/29	08/22	10/07	175	强	整齐	0	中	直	难	无	无	无	无
河北省农林科学院滨海农业研究所	671.79	13.88	04/20	05/25	08/17	10/13	176	未发	整齐	0	好	直	难	未发	未发	未发	轻
秦皇岛凤艳家庭农场	573.72	10.53	04/05	05/13	08/24	10/10	188	强	整齐	0	好	斜	中	轻	未发	未发	轻
平均值	617.86	10.37	—	—	—	—	178.5	—	—	—	—	—	—	—	—	—	—
津原 97																	
天津市原种场	676.01	11.02	04/10	05/17	08/12	09/29	172	强	一般	0.3	好	直	难	无	无	未发	未发
天津市水稻研究所	565.75	8.52	04/15	05/29	08/14	10/04	172	强	整齐	0	好	直	难	无	无	无	无
河北省农林科学院滨海农业研究所	616.06	4.43	04/20	05/25	08/09	10/01	164	未发	整齐	0	好	直	难	未发	未发	未发	轻
秦皇岛凤艳家庭农场	619.79	19.41	04/05	05/13	08/09	10/08	186	强	一般	0	好	直	难	轻	未发	未发	轻
平均值	619.4	10.65	—	—	—	—	173.5	—	—	—	—	—	—	—	—	—	—
中作 1431																	
天津市原种场	632.95	3.95	04/10	05/17	08/19	10/03	176	强	整齐	0	好	直	难	无	无	未发	未发
天津市水稻研究所	560.14	7.45	04/15	05/29	08/21	10/08	176	强	整齐	0	中	直	难	无	无	无	轻
河北省农林科学院滨海农业研究所	628.56	6.55	04/20	05/25	08/18	10/11	174	未发	整齐	0	好	直	难	未发	未发	未发	轻
秦皇岛凤艳家庭农场	633.41	22.03	04/05	05/13	08/19	10/15	193	强	一般	0	好	直	难	轻	未发	未发	轻
平均值	613.77	9.64	—	—	—	—	179.8	—	—	—	—	—	—	—	—	—	—

表 29-8-2　京津唐粳稻组生产试验品种在各试点的主要性状表现

品种名称/试验点	亩产（千克）	比 CK±%	播种期（月/日）	移栽期（月/日）	齐穗期（月/日）	成熟期（月/日）	全生育期（天）	耐寒性	整齐度	杂株率（%）	熟期转色	倒伏程度	落粒性	叶瘟	穗颈瘟	白叶枯病	纹枯病
隆优 469																	
天津市原种场	525.79	-13.65	04/10	05/17	08/01	09/20	163	强	整齐	1.3	好	直	难	无	无	未发	未发
天津市水稻研究所	506.70	-2.8	04/15	05/29	08/01	09/20	158	强	整齐	0	好	直	中	无	无	无	无
河北省农林科学院滨海农业研究所	605.69	2.68	04/20	05/25	08/03	09/25	158	未发	整齐	0	好	直	难	未发	未发	未发	轻
秦皇岛凤艳家庭农场	570.96	10	04/05	05/13	08/08	09/25	173	强	不齐	0	好	直	易	重	未发	未发	轻
平均值	552.29	-1.34	—	—	—	—	163	—	—	—	—	—	—	—	—	—	—
津原 45（CK）																	
天津市原种场	608.91	0	04/10	05/17	08/06	10/02	175	强	整齐	0	好	直	难	无	无	未发	未发
天津市水稻研究所	521.32	0	04/15	05/29	08/16	10/05	173	强	整齐	0	好	直	难	无	无	无	轻
河北省农林科学院滨海农业研究所	589.90	0	04/20	05/25	08/15	10/05	168	未发	整齐	0	好	直	难	未发	未发	未发	轻
秦皇岛凤艳家庭农场	519.04	0	04/05	05/13	08/21	10/08	186	强	整齐	0	好	直	难	轻	未发	未发	轻
平均值	559.79	—	—	—	—	—	175.5	—	—	—	—	—	—	—	—	—	—

第三十章　2018 年中早粳晚熟组国家水稻品种试验汇总报告

一、试验概况

（一）试验目的

鉴定评价我国中早粳晚熟组稻区选育和引进的水稻新品种（组合，下同）的丰产性、稳产性、适应性、抗逆性、米质及其他重要特征特性表现，为国家水稻品种审定提供科学依据。

（二）参试品种

区试品种 11 个，全部为常规品种；其中津原 58 为续试品种，其他品种为新参试品种，以津原 85（CK）为对照；生试品种 1 个，为常规品种，也以津原 85（CK）为对照。品种名称、类型、亲本组合、选育/供种单位见表 30-1。

（三）承试单位

区试点 9 个，生产试验点 5 个，分布在辽宁省、新疆、天津市、河北省、北京市 5 个省区。承试单位、试验地点、经纬度、海拔高度、试验负责人及执行人见表 30-2。

（四）试验设计

各试验点均按照《2018 年北方稻区国家水稻品种试验实施方案》及 NY/T 1300—2007《农作物品种区域试验技术规范　水稻》进行试验。

区试采用完全随机区组设计，3 次重复，小区面积 0.02 亩。生产试验采用大区随机排列，不设重复，大区面积 0.5 亩。

同组试验所有参试品种同期播种、移栽，施肥水平中等偏上，其他栽培管理措施与当地大田生产相同。

观察记载项目与标准按 NY/T 1300—2007《农作物品种区域试验技术规范　水稻》《国家水稻品种试验观察记载项目、方法及标准》《北方稻区国家水稻品种区试及生产试验记载表》等的要求执行。

（五）特性鉴定

抗性鉴定：天津市农业科学院植保所和辽宁省农业科学院植保所负责稻瘟病抗性鉴定，采用人工接菌与病区自然诱发相结合。鉴定用种由中国农业科学院作物科学研究所统一提供，稻瘟病鉴定结果由天津市农业科学院植保所负责汇总。

米质分析：辽宁省水稻研究所、天津市原种场和中国农业科学院作物科学研究所提供米质分析样品，农业农村部食品质量监督检验测试中心（武汉）负责米质分析。

DNA 指纹鉴定：中国农业科学院作物科学研究所负责参试品种的特异性及续试品种年度间的一致性检测。

转基因检测：由深圳市农业科技促进中心［农业农村部农作物种子质量和转基因成分监督检验测试中心（深圳）］进行转基因鉴定。

（六）试验执行情况

依据 NY/T 1300—2007《农作物品种区域试验技术规范　水稻》，参考区试考察情况及试验点特殊事件报备情况，对各试验点试验结果的可靠性、有效性、准确性进行分析评估，确保汇总质量。2018 年各点试验结果正常，全部列入汇总。

（七）统计分析

统计分析汇总在试运行的“国家水稻品种试验数据管理平台”上进行。

产量联合方差分析采用混合模型，品种间差异多重比较采用 Duncan's 新复极差法。品种丰产性主要以品种在区试和生产试验中相对于对照产量的高低衡量；参试品种的适应性以品种在区试中较对照增产的试验点比例衡量；参试品种的稳产性主要以品种在年度间区试中较对照品种产量的差异变化程度衡量。

参试品种的生育期主要以全生育期较对照品种生育期的长短天数衡量。

参试品种的抗性以指定鉴定单位的鉴定结果为主要依据，对稻瘟病抗性的主要评价指标为综合指数和穗瘟损失率最高级，对其他病虫害抗性的主要评价指标为最高级。

参试品种的米质评价按照农业行业标准 NY/T 593—2013《食用稻品种品质》，分优质一级、优质二级、优质三级，未达到优质的品种米质均为普通级。

二、结果分析

（一）产量

2018 年区域试验中，津原 85（CK）平均亩产 559. 38 千克，居第 8 位。依据比对照增减产幅度：中科发 17-6、津原 58 和津原 59 产量高，较津原 85（CK）增产 5%以上；中作 1703 产量较高，比津原 85（CK）4. 83%；盐粳 1403、科垦 1721、锦稻 109 和金粳 518 产量中等，较津原 85（CK）增减产在 3%以内；丹粳糯 3 号、北粳 1501 和津稻 332 产量一般，较津原 85（CK）减产在 3%以上。区试及生产试验产量汇总结果见表 30-3、表 30-4。

（二）生育期

2018 年区域试验中，津原 85（CK）全生育期 154. 3 天。依据全生育期比对照品种长短的天数衡量：金粳 616、连粳 17212、武育 355 和扬辐粳 5166 熟期早，比津原 85（CK）早熟 6 天左右，其他品种熟期适中，与津原 85（CK）差别不大。品种全生育期及比对照长短天数见表 30-3。

（三）主要农艺及经济性状

区试品种有效穗、株高、穗长、每穗总粒数、结实率、千粒重等主要农艺经济性状汇总结果见表 30-3。

（四）抗病性

中作 1703、盐粳 1403 和津原 85（CK）稻瘟病综合抗性指数均大于 5. 0，其他品种稻瘟病综合指数都小于或等于 5. 0；中作 1703、锦稻 109、津稻 332、津原 59、盐粳 1403 和津原 85（CK）穗瘟损失率最高级均大于 5 级，其他品种穗瘟损失率最高级均小于或等于 5 级。

区试品种稻瘟病抗性鉴定结果见表 30-5。

（五）米质

依据农业行业标准 NY/T 593—2013《食用稻品种品质》，锦稻 109 米质达部标优质二级，津原 58、丹粳糯 3 号、津稻 332、金粳 518 和津原 45（CK）米质达部标优质三级，其他品种米质均为普通级。

区试品种米质性状表现和综合评级结果见表30-6。

（六）品种在各试点表现

区试品种在各试点的表现情况见表30-7-1至表30-7-12。

生试品种在各试点的表现情况见表30-8。

三、品种评价

（一）生试品种

津原58

2017年初试平均亩产704.63千克，较津原85（CK）增产10.89%，增产点比例100%。2018年续试平均亩产626.23千克，较对津原85（CK）增产11.95%，增产点比例100%。两年区试平均亩产665.43千克，较津原85（CK）增产11.39%，增产点比例100%。2018年生产试验平均亩产663.60千克，较津原85（CK）增产7.13%，增产点比例100%。全生育期两年区试平均158.9天，比津原85（CK）晚熟2.3天。主要农艺性状两年区试综合表现为：有效穗23.3万穗/亩，株高109.7厘米，穗长18.7厘米，每穗总粒数154.6粒，结实率89.8%，千粒重22.4克。抗性：稻瘟病综合指数两年分别为4.6级和5.0级，穗瘟损失率最高级5级。主要米质指标两年综合表现：糙米率82.4%，整精米率70.4%，垩白度4.2%，透明度1级，直链淀粉含量15%，胶稠度62毫米，碱消值6.9，达部标优质三级。

2018年国家水稻品种试验年会审议意见：已完成试验程序，可以申报国家审定。

（二）初试品种

1. 中科发17-6

2018年初试平均亩产647.87千克，比津原85（CK）增产15.82%，增产点比例100.0%。全生育期154.7天，比津原85（CK）晚熟0.3天。主要农艺性状表现：有效穗22.7万穗/亩，株高100.9厘米，穗长16.6厘米，总粒数125.0粒/穗，结实率90.8%，千粒重27.9克。抗性：稻瘟病综合指数3.5级，穗瘟损失率最高级5级。主要米质指标：糙米率83.3%，整精米率58.2%，垩白度20.9%，透明度1级，直链淀粉含量15.6%，胶稠度71毫米，碱消值4.7。

2018年国家水稻品种试验年会审议意见：2019年续试并进行生产试验。

2. 津原59

2018年初试平均亩产603.87千克，比津原85（CK）增产7.95%，增产点比例66.7%。全生育期157.4天，比津原85（CK）晚熟3.1天。主要农艺性状表现：有效穗22.2万穗/亩，株高107.0厘米，穗长17.2厘米，总粒数137.6粒/穗，结实率87.4%，千粒重24.7克。抗性：稻瘟病综合指数4.0级，穗瘟损失率最高级7级。主要米质指标：糙米率82.8%，整精米率72.4%，垩白度5.5%，透明度1级，直链淀粉含量14.4%，胶稠度81毫米，碱消值6.0。

2018年国家水稻品种试验年会审议意见：终止试验。

3. 中作1703

2018年初试平均亩产586.39千克，比津原85（CK）增产4.83%，增产点比例+66.67%。全生育期157.4天，比津原85（CK）晚熟3.1天。主要农艺性状表现：有效穗20.9万穗/亩，株高108.2厘米，穗长17.0厘米，总粒数135.0粒/穗，结实率86.3%，千粒重25.9克。抗性：稻瘟病综合指数5.7级，穗瘟损失率最高级9级。主要米质指标：糙米率81.9%，整精米率60.6%，垩白度6.4%，透明度1级，直链淀粉含量14.5%，胶稠度70毫米，碱消值6.2。

2018年国家水稻品种试验年会审议意见：终止试验。

4. 盐粳1403

2018年初试平均亩产562.13千克，比津原85（CK）增产0.49%，增产点比例44.4%。全生育期155.7天，比津原85（CK）晚熟1.3天。主要农艺性状表现：有效穗22.2万穗/亩，株高101.2

厘米，穗长 16.6 厘米，总粒数 124.4 粒/穗，结实率 88.7%，千粒重 24.3 克。抗性：稻瘟病综合指数 5.5 级，穗瘟损失率最高级 9 级。主要米质指标：糙米率 81%，整精米率 62.8%，垩白度 29.8%，透明度 2 级，直链淀粉含量 13.7%，胶稠度 81 毫米，碱消值 3.0。

2018 年国家水稻品种试验年会审议意见：终止试验。

5. 科垦 1721

2018 年初试平均亩产 559.85 千克，比津原 85（CK）增产 0.08%，增产点比例+33.3%。全生育期 152.6 天，比津原 85（CK）早熟 1.8 天。主要农艺性状表现：有效穗 22.5 万穗/亩，株高 103.5 厘米，穗长 15.8 厘米，总粒数 126.1 粒/穗，结实率 90.7%，千粒重 22.8 克。抗性：稻瘟病综合指数 3.0 级，穗瘟损失率最高级 5 级。主要米质指标：糙米率 83.5%，整精米率 67.6%，垩白度 16.8%，透明度 2 级，直链淀粉含量 13.8%，胶稠度 71 毫米，碱消值 5.7。

2018 年国家水稻品种试验年会审议意见：终止试验。

6. 锦稻 109

2018 年初试平均亩产 555.35 千克，比津原 85（CK）减产 0.72%，增产点比例 66.67%。全生育期 157.3 天，比津原 85（CK）晚熟 3.0 天。主要农艺性状表现：有效穗 25.1 万穗/亩，株高 99.6 厘米，穗长 16.8 厘米，总粒数 109.4 粒/穗，结实率 92.2%，千粒重 25.3 克。抗性：稻瘟病综合指数 4.0 级，穗瘟损失率最高级 9 级。主要米质指标：糙米率 82.3%，整精米率 67.1%，垩白度 2.9%，透明度 1 级，直链淀粉含量 14.9%，胶稠度 72 毫米，碱消值 7.0，达部标优质二级。

2018 年国家水稻品种试验年会审议意见：终止试验。

7. 金粳 518

2018 年初试平均亩产 548.89 千克，比津原 85（CK）减产 1.88%，增产点比例 55.6%。全生育期 165.8 天，比津原 85（CK）晚熟 11.4 天。主要农艺性状表现：有效穗 22.9 万穗/亩，株高 97.5 厘米，穗长 15.1 厘米，总粒数 105.7 粒/穗，结实率 91.1%，千粒重 26.7 克。抗性：稻瘟病综合指数 2.7 级，穗瘟损失率最高级 5 级。主要米质指标：糙米率 83.9%，整精米率 64.9%，垩白度 4.4%，透明度 2 级，直链淀粉含量 14.6%，胶稠度 73 毫米，碱消值 6.5，达部标优质三级。

2018 年国家水稻品种试验年会审议意见：终止试验。

8. 丹粳糯 3 号

2018 年初试平均亩产 537.17 千克，比津原 85（CK）减产 3.97%，增产点比例 33.3%。全生育期 158.7 天，比津原 85（CK）晚熟 4.3 天。主要农艺性状表现：有效穗 20.1 万穗/亩，株高 111.1 厘米，穗长 15.6 厘米，总粒数 142.3 粒/穗，结实率 85.2%，千粒重 23.9 克。抗性：稻瘟病综合指数 2.3 级，穗瘟损失率最高级 3。主要米质指标：糙米率 82.2%，整精米率 66.1%，糯米，透明度 1 级，直链淀粉含量 1.5%，胶稠度 95 毫米，碱消值 6.0，达部标优质三级。

2018 年国家水稻品种试验年会审议意见：终止试验。

9. 北粳 1501

2018 年初试平均亩产 508.67 千克，比津原 85（CK）减产 9.06%，增产点比例 11.1%。全生育期 156.4 天，比津原 85（CK）晚熟 2.1 天。主要农艺性状表现：有效穗 18.6 万穗/亩，株高 95.6 厘米，穗长 15.5 厘米，总粒数 133.7 粒/穗，结实率 88.8%，千粒重 25.6 克。抗性：稻瘟病综合指数 2.5 级，穗瘟损失率最高级 3 级。主要米质指标：糙米率 82.2%，整精米率 61.5%，垩白度 6.9%，透明度 2 级，直链淀粉含量 14.6%，胶稠度 71 毫米，碱消值 6.0。

2018 年国家水稻品种试验年会审议意见：终止试验。

10. 津稻 332

2018 年初试平均亩产 485.14 千克，比津原 85（CK）减产 13.27%，增产点比例 11.1%。全生育期 157.0 天，比津原 85（CK）晚熟 2.7 天。主要农艺性状表现：有效穗 22.0 万穗/亩，株高 87.4 厘米，穗长 14.8 厘米，总粒数 101.5 粒/穗，结实率 87.3%，千粒重 24.5 克。抗性：稻瘟病综合指数 3.3 级，穗瘟损失率最高级 7 级。主要米质指标：糙米率 82.5%，整精米率 63.2%，垩白度 4.2%，透明度 2 级，直链淀粉含量 13.2%，胶稠度 75 毫米，碱消值 6.3，达部标优质三级。

2018 年国家水稻品种试验年会审议意见：终止试验。

表 30-1　2018 年中早粳晚熟组参试品种基本情况

编号	品种名称	品种类型	亲本组合	申请单位	选育/供种单位
区试					
E13	津原 58	常规稻	盐粳 218/津原 E28	天津市原种场	天津市原种场
E4	*科垦 1721	常规稻	吉粳 88 导入系/武香粳 14//辽星 1 号	中国农业科学院作物科学研究所、安徽皖垦种业股份有限公司	中国农业科学院作物科学研究所、安徽皖垦种业股份有限公司
E5	*中作 1703	常规稻	金粳 175//垦稻 2016/中作 59	中国农业科学院作物科学研究所	中国农业科学院作物科学研究所
E3	*中科发 17-6	常规稻	辽星 1 号/嘉 53	中国科学院遗传与发育生物学研究所	中国科学院遗传与发育生物学研究所
E7	*锦稻 109	常规稻	锦丰 1 号系选/-	盘锦北方农业技术开发有限公司	盘锦北方农业技术开发有限公司
E12	*丹粳糯 3 号	常规稻	辽东 128/丹糯 2 号	丹东农业科学院	丹东农业科学院
E8	*津稻 332	常规稻	津稻 565/龙粳 31	天津市水稻研究所	天津市水稻研究所
E11	*盐粳 1403	常规稻	秋田小町/盐粳 48//桥科 951	辽宁省盐碱地利用研究所	辽宁省盐碱地利用研究所
E10	*津原 59	常规稻	津原 53/津原 E28	天津市原种场	天津市原种场
E9	*北粳 1501	常规稻	盐丰 47/港原 8 号//沈农 265	沈阳农业大学水稻研究所	沈阳农业大学水稻研究所
E1	*金粳 518	常规稻	金粳 818 系选/-	天津市农作物研究所	天津市农作物研究所
E2	津原 85（CK）	常规稻	中作 321/辽盐 2 号	天津市原种场	天津市原种场
生产试验					
1	津原 58	常规稻	盐粳 218/津原 E28	天津市原种场	天津市原种场
2	津原 85（CK）	常规稻	中作 321/辽盐 2 号	天津市原种场	天津市原种场

注：*2018 年新参试品种。

表 30-2　2018 年中早粳晚熟组区试与生产试点基本情况

承试单位	试验地点	经度	纬度	海拔（米）	试验负责人及执行人
中国农业科学院作物科学研究所	北京市昌平区农业科学院作科所试验基地	116°15′	40°10′	60.0	王洁、袁龙照
国家粳稻工程技术研究中心辽阳试验站	辽宁省辽阳市灯塔市古城子村	123°18′	41°25′	0.0	于洪兰
天津市原种场▲	天津市宁河县廉庄乡大于庄北	117°40′	39°27′	2.8	于福安、赵长海
天津市水稻研究所▲	天津市西青区津静公路 17 公里处天津市农业高新技术示范园区院内	117°17′	39°44′	6.0	苏京平
新疆农业科学院温宿水稻试验站▲	新疆阿克苏地区温宿县托乎拉乡	80°07′	41°17′	1040	王奉斌、文孝荣
河北省农林科学院滨海农业研究所	河北省唐山市唐海县迎宾路 24 号	118°37′	39°17′	3.0	张启星、耿雷跃
盘锦北方农业技术开发有限公司▲	辽宁盘锦市大洼县城北	122°04′	41°01′	5.5	许雷、许华勇、王营
辽宁东港市示范场	辽宁东港市十字街镇龙山村西侧	124°02′	39°58′	0.0	王镇
辽宁省水稻研究所▲	辽宁省沈阳市苏家屯枫杨路 129 号	126°19′	41°39′	345	韩勇、姜秀英、吕军

注：▲同时承担区试和生产试验。

表 30-3　中早粳晚熟组区试品种产量及主要性状汇总分析结果

品种名称	区试年份	亩产（千克）	比 CK± %	增产点比例（%）	5%显著性	1%显著性	生育期（天）	比 CK± 天	有效穗（万/亩）	株高（厘米）	穗长（厘米）	总粒数（粒/穗）	结实率（%）	千粒重（克）
津原 85	2017—2018	597.40					156.7	0.0	28.0	94.6	20.7	103.3	92.0	25.1
津原 58	2017—2018	665.43	11.39	100.0			158.9	2.3	23.3	109.7	18.7	154.6	89.8	22.4
中科发 17-6	2018	647.87	15.82	100.0	a	A	154.7	0.3	22.7	100.9	16.6	125	90.8	27.9
津原 58	2018	626.23	11.95	100.0	b	B	158.4	4.1	22.8	109.2	19.1	152.1	87	21.7
津原 59	2018	603.87	7.95	66.7	c	C	157.4	3.1	22.2	107	17.2	137.6	87.4	24.7
中作 1703	2018	586.39	4.83	66.7	d	D	157.4	3.1	20.9	108.2	17	135	86.3	25.9
盐粳 1403	2018	562.13	0.49	44.4	e	E	155.7	1.3	22.2	101.2	16.6	124.4	88.7	24.3
科垦 1721	2018	559.85	0.08	33.3	ef	E	152.6	−1.8	22.5	103.5	15.8	126.1	90.7	22.8
津原 85	2018	559.38	0	0	ef	E	154.3	0	28.3	94.1	21.2	97.8	89.3	24.8
锦稻 109	2018	555.35	−0.72	66.7	ef	E	157.3	3.0	25.1	99.6	16.8	109.4	92.2	25.3
金粳 518	2018	548.89	−1.88	55.6	fg	EF	165.8	11.4	22.9	97.5	15.1	105.7	91.1	26.7
丹粳糯 3 号	2018	537.17	−3.97	33.3	g	F	158.7	4.3	20.1	111.1	15.6	142.3	85.2	23.9
北粳 1501	2018	508.67	−9.06	11.1	h	G	156.4	2.1	18.6	95.6	15.5	133.7	88.8	25.6
津稻 332	2018	485.14	−13.27	11.1	i	H	157	2.7	22	87.4	14.8	101.5	87.3	24.5

表 30-4　中早粳晚熟组生产试验品种主要性状汇总表

品种名称	产量			生育期	
	亩产（千克）	比 CK±%	增产点比例（%）	生育期（天）	生育期比 CK±天
津原 58	663.6	7.13	100.0	157.4	2.0
津原 85	619.44			155.4	

表 30-5　中早粳晚熟组水稻区试品种稻瘟病抗性鉴定结果

品种名称	区试年份	2018 年天津植保所					2018 年辽宁植保所					2018 年		2017 年		1~2 年综合评价	
		苗叶瘟（级）	发病率		损失率		苗叶瘟（级）	发病率		损失率		平均综合指数	损失率最高级	平均综合指数	损失率最高级	平均综合指数	损失率最高级
			%	病级	%	病级		%	病级	%	病级						
津原 58	2017—2018	4	95.2	9	23	5	0	37.8	7	21.5	5	5.0	5	4.6	5	4.8	5
津原 85（CK）	2017—2018	1	92.0	9	23.8	5	4	47.6	7	24.3	5	5.1	5	6.1	7	5.6	7
中科发 17-6	2018	2	85.3	9	23.4	5	4	4.7	1	1.3	1	3.5	5			3.5	5
科垦 1721	2018	2	92.3	9	21.5	5	0	4.5	1	1.1	1	3.0	5			3.0	5
中作 1703	2018	2	60.7	9	4.6	1	5	92.4	9	78.5	9	5.7	9			5.7	9
锦稻 109	2018	5	100.0	9	54.3	9	0	0.0	0	0.0	0	4.0	9			4.0	9
津稻 332	2018	2	89.3	9	36.6	7	1	0.0	0	0.0	0	3.3	7			3.3	7
北粳 1501	2018	2	54.8	9	5.6	3	0	3.2	1	0.7	1	2.5	3			2.5	3
津原 59	2018	5	91.2	9	44.3	7	1	2.8	1	0.5	1	4.0	7			4.0	7
盐粳 1403	2018	6	100.0	9	63	9	0	23.6	5	9.8	3	5.5	9			5.5	9
丹粳糯 3 号	2018	3	85.7	9	5.4	3	0	0.0	0	0.0	0	2.3	3			2.3	3
金粳 518	2018	2	100.0	9	19.4	5	0	0.0	0	0.0	0	2.8	5			2.8	5

注：1. 稻瘟病综合指数=叶瘟平均级×25%+穗瘟发病率平均级×25%+穗瘟损失率平均级×50%。

2. 稻瘟病鉴定单位：天津市农业科学院植保所和辽宁省农业科学院植保所。

表 30-6　中早粳晚熟组区试品种米质分析结果

品种名称	年份	糙米率（%）	精米率（%）	整精米率（%）	粒长（毫米）	粒型长宽比	垩白粒率（%）	垩白度（%）	直链淀粉含量（%）	胶稠度（毫米）	碱消值（级）	透明度（级）	部标（等级）
津原 85（CK）	2017—2018	83.0	74.8	64.3	4.8	1.8	10.3	3.2	14.8	62	6.5	1	优三
津原 58	2017—2018	82.4	75.3	70.4	4.6	1.8	30.0	4.2	15.0	62	6.9	1	优三
辽 16 优 06	2018	81.6	73.0	64.0	5.5	2.3	36.7	8.4	13.6	72	6.5	2	普通
津原 58	2018	82.3	73.7	70.7	4.7	1.8	21.3	6.7	13.4	74	6.3	1	普通
科垦 1721	2018	83.5	72.6	67.6	4.8	1.8	48.3	16.8	13.8	71	5.7	2	普通
中科发 17-6	2018	83.3	71.4	58.2	5.6	2.1	44.3	20.9	15.6	71	4.7	1	普通
中作 1703	2018	81.9	70.3	60.6	5.2	1.9	24.7	6.4	14.5	70	6.2	1	普通
锦稻 109	2018	82.3	72.1	67.1	5.1	1.9	13.7	2.9	14.9	72	7.0	1	优二
丹粳糯 3 号	2018	82.2	72.3	66.1	4.5	1.7	4.3	糯米	1.5	95	6.0	1	优三
津稻 332	2018	82.5	71.9	63.2	4.8	1.7	16.3	4.2	13.2	75	6.3	2	优三
盐粳 1403	2018	81.0	69.6	62.8	4.9	1.8	66.3	29.8	13.7	81	3.0	2	普通
津原 59	2018	82.8	72.4	65.1	4.9	1.8	23.0	5.5	14.4	81	6.0	1	普通
北粳 1501	2018	82.2	71.1	61.5	4.8	1.7	31.0	6.9	14.6	71	6.0	2	普通
津原 85	2018	82.6	73.1	56.5	5.0	1.8	22.3	4.9	13.7	70	6.2	2	普通
金粳 518	2018	83.9	74.4	64.9	5.1	1.8	17.3	4.4	14.6	73	6.5	2	优三

注：1. 样品提供单位：辽宁省水稻研究所、天津市原种场和中国农业科学院作物科学研究所。

2. 检测分析单位：农业农村部食品质量监督检验测试中心（武汉）。

表 30-7-1　中早粳晚熟组区试品种在各试点的产量、生育期及经济性状表现（津原 58）

品种名称/试验点	亩产（千克）	产量位次	比 CK± %	综合评级	播种期（月/日）	齐穗期（月/日）	成熟期（月/日）	全生育期（天）	有效穗（万/亩）	株高（厘米）	穗长（厘米）	总粒数（粒/穗）	结实率（%）	千粒重（克）
中国农业科学院作物科学研究所	497. 16	6	4. 98	B	05/08	08/11	09/30	145	17. 9	104. 9	20. 2	188. 0	92. 3	22. 0
国家粳稻工程技术研究中心辽阳试验站	690. 24	4	30. 96	C	04/08	08/07	09/20	165	29. 8	114. 0	18. 6	142. 7	82. 3	23. 6
天津市原种场	548. 98	2	18. 43	A	05/05	08/10	09/30	148	21. 3	96. 4	20. 2	120. 0	85. 0	20. 6
天津市水稻研究所	665. 5	5	9. 31	A	05/14	08/13	10/01	140	16. 0	113. 7	19. 0	236. 5	85. 1	20. 3
新疆农业科学院温宿水稻试验站	703. 44	3	4. 13	B	04/08	08/13	09/26	171	28. 7	91. 0	16. 7	159. 3	90. 3	20. 2
河北省农林科学院滨海农业研究所	703. 44	3	15. 51	A	04/20	08/03	09/26	159	18. 2	122. 1	19. 4	123. 0	88. 6	21. 3
盘锦北方农业技术开发有限公司	594. 78	6	11. 64	B	04/13	08/10	09/30	170	33. 2	124. 0	18. 4	110. 5	91. 6	20. 3
辽宁东港市示范场	564. 69	3	6. 12	C	04/19	08/13	10/07	171	15. 4	110. 0	21. 4	165. 0	94. 5	24. 3
辽宁省水稻研究所	667. 84	4	9. 12	A	04/23	08/07	09/27	157	24. 9	106. 5	17. 9	123. 8	72. 9	22. 6
平均值	626. 23	—	—	—	—	—	—	158. 4	22. 8	109. 2	19. 1	152. 1	87. 0	21. 7

注：综合评级：A—好，B—较好，C—中等，D—一般。

表 30-7-2　中早粳晚熟组区试品种在各试点的产量、生育期及经济性状表现（科垦 1721）

品种名称/试验点	亩产（千克）	产量位次	比 CK± %	综合评级	播种期（月/日）	齐穗期（月/日）	成熟期（月/日）	全生育期（天）	有效穗（万/亩）	株高（厘米）	穗长（厘米）	总粒数（粒/穗）	结实率（%）	千粒重（克）
中国农业科学院作物科学研究所	444. 33	10	-6. 18	B	05/08	08/07	09/25	140	19. 3	94. 1	15. 6	149. 4	91. 5	23. 4
国家粳稻工程技术研究中心辽阳试验站	727. 18	1	37. 96	B	04/08	08/01	09/19	164	24. 6	115. 0	18. 1	136. 9	84. 1	23. 8
天津市原种场	451. 85	7	-2. 53	C	05/05	08/03	09/25	143	20. 1	100. 8	15. 9	110. 0	92. 7	21. 2
天津市水稻研究所	587. 09	11	-3. 57	D	05/14	08/07	09/20	129	17. 1	92. 6	16. 9	166. 2	90. 6	23. 7
新疆农业科学院温宿水稻试验站	640. 25	7	-5. 22	C	04/08	08/07	09/16	161	29. 8	87. 0	14. 7	125. 6	94. 3	22. 7
河北省农林科学院滨海农业研究所	521. 73	13	-14. 33	D	04/20	07/26	09/16	149	20. 6	108. 3	14. 6	86. 4	95. 0	22. 3
盘锦北方农业技术开发有限公司	547. 47	9	2. 76	C	04/13	07/30	09/25	165	26. 4	116. 0	14. 0	99. 5	93. 6	22. 7
辽宁东港市示范场	501. 5	7	-5. 75	C	04/19	08/09	10/02	166	22. 4	114. 0	15. 5	123. 6	95. 5	24. 4
辽宁省水稻研究所	617. 18	8	0. 85	C	04/23	08/02	09/26	156	21. 9	103. 4	16. 8	137. 5	78. 8	21. 1
平均值	559. 84	—	—	—	—	—	—	152. 6	22. 5	103. 5	15. 8	126. 1	90. 7	22. 8

注：综合评级：A—好，B—较好，C—中等，D—一般。

表 30-7-3　中早粳晚熟组区试品种在各试点的产量、生育期及经济性状表现（中作 1703）

品种名称/试验点	亩产（千克）	产量位次	比 CK±%	综合评级	播种期（月/日）	齐穗期（月/日）	成熟期（月/日）	全生育期（天）	有效穗（万/亩）	株高（厘米）	穗长（厘米）	总粒数（粒/穗）	结实率（%）	千粒重（克）
中国农业科学院作物科学研究所	544.8	2	15.04	A	05/08	08/09	09/26	141	18.6	101.7	18.5	176.2	93.2	28.0
国家粳稻工程技术研究中心辽阳试验站	693.58	3	31.59	C	04/08	08/01	09/19	164	18.1	111.0	17.9	162.0	74.7	26.9
天津市原种场	407.05	10	-12.19	C	05/05	08/06	09/30	148	19.3	100.3	16.8	123.0	85.4	25.5
天津市水稻研究所	707.29	1	16.17	A	05/14	08/08	09/29	138	14.7	116.3	16.7	140.9	89.2	26.6
新疆农业科学院温宿水稻试验站	519.39	11	-23.11	C	04/08	08/11	09/26	171	26.8	85.0	15.7	149.2	91.7	23.8
河北省农林科学院滨海农业研究所	697.42	4	14.52	A	04/20	07/30	09/24	157	20.7	114.6	16.4	115.5	89.8	25.5
盘锦北方农业技术开发有限公司	610.66	4	14.62	A	04/13	08/05	09/27	167	26.9	122.0	17.3	109.2	92.8	25.5
辽宁东港市示范场	453.36	12	-14.8	D	04/19	08/11	10/06	170	18.2	110.0	16.6	101.4	90.5	25.7
辽宁省水稻研究所	643.93	5	5.22	A	04/23	08/07	10/01	161	24.4	113.2	17.5	137.4	69.3	25.8
平均值	586.39	—	—	—	—	—	—	157.4	20.9	108.2	17.0	135.0	86.3	25.9

注：综合评级：A—好，B—较好，C—中等，D——般。

表 30-7-4　中早粳晚熟组区试品种在各试点的产量、生育期及经济性状表现（中科发 17-6）

品种名称/试验点	亩产（千克）	产量位次	比 CK±%	综合评级	播种期（月/日）	齐穗期（月/日）	成熟期（月/日）	全生育期（天）	有效穗（万/亩）	株高（厘米）	穗长（厘米）	总粒数（粒/穗）	结实率（%）	千粒重（克）
中国农业科学院作物科学研究所	547.98	1	15.71	B	05/08	08/08	09/26	141	18.8	100.6	17.9	176.9	94.2	29.4
国家粳稻工程技术研究中心辽阳试验站	656.97	5	24.64	B	04/08	07/30	09/18	163	26.1	100.0	18.5	144.9	88.0	29.4
天津市原种场	544.13	3	17.38	A	05/05	08/06	09/28	146	20.1	98.1	17.1	124.0	91.1	27.2
天津市水稻研究所	667.17	4	9.58	A	05/14	08/09	09/25	134	17.7	102.8	17.1	145.5	97.2	26.7
新疆农业科学院温宿水稻试验站	755.77	2	11.88	B	04/08	08/08	09/20	165	27.4	82.0	14.9	122.5	94.9	26.3
河北省农林科学院滨海农业研究所	645.60	7	6.01	C	04/20	07/27	09/20	153	19.2	107.7	15.9	97.5	89.5	28.3
盘锦北方农业技术开发有限公司	638.75	2	19.89	A	04/13	08/03	09/25	165	26.9	106.0	15.9	89.6	96.0	28.5
辽宁东港市示范场	593.78	2	11.59	C	04/19	08/11	10/04	168	23.8	105.0	15.7	85.2	97.1	25.8
辽宁省水稻研究所	780.67	1	27.56	A	04/23	08/04	09/27	157	24.6	105.6	16.5	139.2	69.3	29.1
平均值	647.87	—	—	—	—	—	—	154.7	22.7	100.9	16.6	125.0	90.8	27.9

注：综合评级：A—好，B—较好，C—中等，D——般。

表 30-7-5　中早粳晚熟组区试品种在各试点的产量、生育期及经济性状表现（锦稻 109）

品种名称/试验点	亩产（千克）	产量位次	比 CK± %	综合评级	播种期（月/日）	齐穗期（月/日）	成熟期（月/日）	全生育期（天）	有效穗（万/亩）	株高（厘米）	穗长（厘米）	总粒数（粒/穗）	结实率（%）	千粒重（克）
中国农业科学院作物科学研究所	484.29	8	2.26	C	05/08	08/12	09/28	143	17.6	96.4	16.9	131.4	93.3	25.6
国家粳稻工程技术研究中心辽阳试验站	563.69	8	6.95	B	04/08	08/07	09/20	165	36.4	106.3	17.6	85.6	93.8	26.1
天津市原种场	437.65	8	-5.59	C	05/05	08/07	10/10	158	21.3	95.5	16.0	95.0	85.3	26.6
天津市水稻研究所	625.38	7	2.72	B	05/14	08/10	09/25	134	17.0	95.3	18.3	158.5	97.0	24.9
新疆农业科学院温宿水稻试验站	680.37	4	0.72	B	04/08	08/10	09/22	167	31.4	88.0	15.3	134.1	96.5	24.7
河北省农林科学院滨海农业研究所	533.77	12	-12.35	D	04/20	08/02	09/22	155	23.0	109.7	16.8	80.9	86.2	25.1
盘锦北方农业技术开发有限公司	594.45	7	11.58	B	04/13	08/05	09/27	167	33.1	109.0	16.6	79.5	94.8	26.0
辽宁东港市示范场	460.88	11	-13.38	D	04/19	08/12	10/05	169	21.0	100.0	16.8	100.0	95.0	25.3
辽宁省水稻研究所	617.69	7	0.93	C	04/23	08/07	09/28	158	24.9	96.2	17.1	119.3	87.7	23.2
平均值	555.35	—	—	—	—	—	—	157.3	25.1	99.6	16.8	109.4	92.2	25.3

注：综合评级：A—好，B—较好，C—中等，D——般。

表 30-7-6　中早粳晚熟组区试品种在各试点的产量、生育期及经济性状表现（丹粳糯 3 号）

品种名称/试验点	亩产（千克）	产量位次	比 CK± %	综合评级	播种期（月/日）	齐穗期（月/日）	成熟期（月/日）	全生育期（天）	有效穗（万/亩）	株高（厘米）	穗长（厘米）	总粒数（粒/穗）	结实率（%）	千粒重（克）
中国农业科学院作物科学研究所	409.06	11	-13.63	B	05/08	08/11	09/26	141	15.8	110.9	16.9	167.7	75.7	24.2
国家粳稻工程技术研究中心辽阳试验站	700.27	2	32.86	B	04/08	08/07	09/19	164	24.2	118.3	16.0	147.1	91.4	28.6
天津市原种场	376.63	13	-18.75	D	05/05	08/05	10/08	156	18.6	102.5	15.2	136.0	83.8	21.2
天津市水稻研究所	563.86	12	-7.39	D	05/14	08/10	09/30	139	14.7	107.8	17.1	152.0	89.2	23.6
新疆农业科学院温宿水稻试验站	576.56	10	-14.65	C	04/08	08/12	09/26	171	22.5	95.0	12.9	137.7	81.9	22.6
河北省农林科学院滨海农业研究所	572.55	9	-5.98	D	04/20	08/02	09/28	161	16.8	113.7	15.2	105.1	86.4	24.2
盘锦北方农业技术开发有限公司	472.25	12	-11.36	D	04/13	08/05	09/28	168	24.1	120.0	15.1	116.4	88.7	22.8
辽宁东港市示范场	535.1	4	0.56	C	04/19	08/13	10/07	171	21.0	110.0	15.3	120.1	88.2	25.2
辽宁省水稻研究所	628.22	6	2.65	C	04/23	08/08	09/27	157	23.6	121.5	16.5	198.7	81.8	22.5
平均值	537.17	—	—	—	—	—	—	158.7	20.1	111.1	15.6	142.3	85.2	23.9

注：综合评级：A—好，B—较好，C—中等，D——般。

表 30-7-7　中早粳晚熟组区试品种在各试点的产量、生育期及经济性状表现（津稻 332）

品种名称/试验点	亩产（千克）	产量位次	比 CK± %	综合评级	播种期（月/日）	齐穗期（月/日）	成熟期（月/日）	全生育期（天）	有效穗（万/亩）	株高（厘米）	穗长（厘米）	总粒数（粒/穗）	结实率（%）	千粒重（克）
中国农业科学院作物科学研究所	365.76	13	-22.77	C	05/08	08/12	09/26	141	20.1	80.7	15.5	120.2	88.3	25.1
国家粳稻工程技术研究中心辽阳试验站	433.8	13	-17.7	D	04/08	08/01	09/20	165	24.5	91.7	15.0	99.2	88.0	24.5
天津市原种场	385.15	12	-16.91	D	05/05	08/05	10/12	160	17.1	80.5	14.0	92.0	84.8	24.6
天津市水稻研究所	622.03	8	2.17	B	05/14	08/07	09/22	131	17.4	80.0	13.9	114.9	92.2	21.5
新疆农业科学院温宿水稻试验站	518.89	12	-23.19	C	04/08	08/07	09/20	165	29.4	74.0	14.0	95.8	94.4	22.4
河北省农林科学院滨海农业研究所	556.17	11	-8.67	D	04/20	07/29	09/23	156	22.1	100.9	16.0	87.7	80.0	25.2
盘锦北方农业技术开发有限公司	442.66	13	-16.91	D	04/13	08/05	10/03	173	26.9	90.0	13.7	77.3	86.0	26.4
辽宁东港市示范场	487.96	9	-8.3	C	04/19	08/08	10/02	166	16.8	95.0	16.4	124.5	91.2	26.0
辽宁省水稻研究所	553.83	12	-9.5	D	04/23	08/05	09/26	156	23.9	93.5	14.5	102.2	80.7	24.8
平均值	485.14	—	—	—	—	—	—	157	22.0	87.4	14.8	101.5	87.3	24.5

注：综合评级：A—好，B—较好，C—中等，D——般。

表 30-7-8　中早粳晚熟组区试品种在各试点的产量、生育期及经济性状表现（盐粳 1403）

品种名称/试验点	亩产（千克）	产量位次	比 CK± %	综合评级	播种期（月/日）	齐穗期（月/日）	成熟期（月/日）	全生育期（天）	有效穗（万/亩）	株高（厘米）	穗长（厘米）	总粒数（粒/穗）	结实率（%）	千粒重（克）
中国农业科学院作物科学研究所	486.46	7	2.72	B	05/08	08/07	09/24	139	17.8	95.5	17.5	147.5	88.4	25.3
国家粳稻工程技术研究中心辽阳试验站	503.51	11	-4.47	C	04/08	07/30	09/20	165	27.7	108.3	16.2	97.4	91.5	26.1
天津市原种场	435.31	9	-6.09	C	05/05	08/03	10/08	156	19.4	97.2	17.3	142.0	81.7	23.1
天津市水稻研究所	590.6	10	-2.99	D	05/14	08/06	09/20	129	17.9	98.1	19.2	161.8	89.2	24.5
新疆农业科学院温宿水稻试验站	591.61	9	-12.42	C	04/08	08/10	09/22	167	27.4	92.0	15.5	126.5	91.8	23.8
河北省农林科学院滨海农业研究所	682.71	5	12.11	B	04/20	07/26	09/17	150	19.9	107.6	16.0	105.0	91.9	21.1
盘锦北方农业技术开发有限公司	590.6	8	10.86	B	04/13	08/01	09/28	168	24.5	106.0	15.0	94.2	93.0	25.2
辽宁东港市示范场	496.49	8	-6.69	D	04/19	08/10	10/03	167	22.4	107.0	15.7	100.9	94.5	25.1
辽宁省水稻研究所	681.88	3	11.42	A	04/23	08/02	09/30	160	22.9	99.4	16.6	144.4	76.0	24.2
平均值	562.13	—	—	—	—	—	—	155.7	22.2	101.2	16.6	124.4	88.7	24.3

注：综合评级：A—好，B—较好，C—中等，D——般。

表 30-7-9　中早粳晚熟组区试品种在各试点的产量、生育期及经济性状表现（津原 59）

品种名称/试验点	亩产（千克）	产量位次	比 CK± %	综合评级	播种期（月/日）	齐穗期（月/日）	成熟期（月/日）	全生育期（天）	有效穗（万/亩）	株高（厘米）	穗长（厘米）	总粒数（粒/穗）	结实率（%）	千粒重（克）
中国农业科学院作物科学研究所	510.2	5	7.73	A	05/08	08/11	09/26	141	18.9	99.1	18.8	180.1	93.9	24.1
国家粳稻工程技术研究中心辽阳试验站	626.88	6	18.93	C	04/08	07/31	09/21	166	23.1	107.7	17.2	131.0	90.4	23.4
天津市原种场	473.75	5	2.2	B	05/05	08/08	10/03	151	19.4	102.4	17.6	132.0	75.8	34.8
天津市水稻研究所	678.87	2	11.5	A	05/14	08/12	10/01	140	19.3	108.6	19.9	161.8	96.5	21.8
新疆农业科学院温宿水稻试验站	673.02	6	-0.37	B	04/08	08/12	09/28	173	31.7	90.0	14.9	141.2	87.7	24.6
河北省农林科学院滨海农业研究所	717.15	1	17.76	A	04/20	07/30	09/22	155	21.6	115.3	15.8	108.3	91.5	22.5
盘锦北方农业技术开发有限公司	661.15	1	24.1	A	04/13	08/04	09/26	166	20.8	118.0	17.2	142.3	93.7	23.5
辽宁东港市示范场	485.96	10	-8.67	D	04/19	08/11	10/05	169	19.6	110.0	17.5	125.8	87.4	24.8
辽宁省水稻研究所	607.82	11	-0.68	D	04/23	08/09	09/26	156	25.7	111.7	16.1	115.9	69.8	22.4
平均值	603.87	—	—	—	—	—	—	157.4	22.2	107.0	17.2	137.6	87.4	24.7

注：综合评级：A—好，B—较好，C—中等，D——般。

表 30-7-10　中早粳晚熟组区试品种在各试点的产量、生育期及经济性状表现（北粳 1501）

品种名称/试验点	亩产（千克）	产量位次	比 CK± %	综合评级	播种期（月/日）	齐穗期（月/日）	成熟期（月/日）	全生育期（天）	有效穗（万/亩）	株高（厘米）	穗长（厘米）	总粒数（粒/穗）	结实率（%）	千粒重（克）
中国农业科学院作物科学研究所	370.95	12	-21.67	C	05/08	08/11	09/25	140	15.8	92.6	16.8	172.3	71.2	26.4
国家粳稻工程技术研究中心辽阳试验站	560.18	9	6.28	B	04/08	08/01	09/18	163	15.7	96.7	15.5	131.5	90.3	23.6
天津市原种场	393.35	11	-15.15	D	05/05	08/09	10/08	156	14.8	88.0	15.0	123.0	91.1	26.6
天津市水稻研究所	530.59	13	-12.85	D	05/14	08/11	09/23	132	14.7	93.2	18.9	198.1	90.9	25.5
新疆农业科学院温宿水稻试验站	625.54	8	-7.4	C	04/08	08/11	09/20	165	27.6	78.0	13.1	119.3	93.2	24.6
河北省农林科学院滨海农业研究所	566.53	10	-6.97	D	04/20	07/30	09/24	157	14.5	104.2	14.8	116.9	87.9	25.7
盘锦北方农业技术开发有限公司	481.28	11	-9.66	D	04/13	08/04	09/26	166	20.0	101.0	15.6	110.6	93.3	26.3
辽宁东港市示范场	439.82	13	-17.34	D	04/19	08/13	10/07	171	19.6	110.0	15.2	119.2	91.4	24.8
辽宁省水稻研究所	609.83	10	-0.35	C	04/23	08/09	09/28	158	24.6	96.4	14.4	112.2	89.6	26.6
平均值	508.67	—	—	—	—	—	—	156.4	18.6	95.6	15.5	133.7	88.8	25.6

注：综合评级：A—好，B—较好，C—中等，D——般。

表 30-7-11　中早粳晚熟组区试品种在各试点的产量、生育期及经济性状表现（金粳 518）

品种名称/试验点	亩产（千克）	产量位次	比 CK±%	综合评级	播种期（月/日）	齐穗期（月/日）	成熟期（月/日）	全生育期（天）	有效穗（万/亩）	株高（厘米）	穗长（厘米）	总粒数（粒/穗）	结实率（%）	千粒重（克）
中国农业科学院作物科学研究所	525.07	3	10.87	B	05/08	08/19	10/04	149	20.4	89.8	16.6	133.1	94.1	27.6
国家粳稻工程技术研究中心辽阳试验站	479.94	12	-8.94	D	04/08	08/17	09/25	170	24.5	103.3	14.8	98.3	91.1	25.6
天津市原种场	560.68	1	20.95	A	05/05	08/18	10/07	155	17.7	101.2	15.0	106.0	96.2	30.4
天津市水稻研究所	672.18	3	10.41	A	05/14	08/18	09/30	139	18.9	85.2	16.3	118.3	97.1	25.9
新疆农业科学院温宿水稻试验站	369.94	13	-45.24	D	04/08	08/25	10/08	183	28.7	84.0	13.8	109.1	89.5	26.0
河北省农林科学院滨海农业研究所	668	6	9.69	B	04/20	08/11	10/06	169	18.5	108.2	15.2	90.7	93.6	29.5
盘锦北方农业技术开发有限公司	628.05	3	17.89	A	04/13	08/24	10/12	182	29.7	112.0	13.7	85.2	93.3	27.0
辽宁东港市示范场	503.51	6	-5.37	C	04/19	08/19	10/13	177	25.2	95.0	15.1	96.0	95.4	26.3
辽宁省水稻研究所	532.6	13	-12.97	D	04/23	08/13	10/08	168	22.9	99.2	15.6	114.6	69.6	21.6
平均值	548.89	—	—	—	—	—	—	165.8	22.9	97.5	15.1	105.7	91.1	26.7

注：综合评级：A—好，B—较好，C—中等，D——般。

表 30-7-12　中早粳晚熟组区试品种在各试点的产量、生育期及经济性状表现（津原 85）

品种名称/试验点	亩产（千克）	产量位次	比 CK±%	综合评级	播种期（月/日）	齐穗期（月/日）	成熟期（月/日）	全生育期（天）	有效穗（万/亩）	株高（厘米）	穗长（厘米）	总粒数（粒/穗）	结实率（%）	千粒重（克）
中国农业科学院作物科学研究所	473.59	9	0	B	05/08	08/12	09/28	143	23.7	94.7	23.5	112.8	93.7	25.8
国家粳稻工程技术研究中心辽阳试验站	527.08	10	0	C	04/08	08/01	09/17	162	32.5	101.3	19.8	87.3	84.9	25.1
天津市原种场	463.56	6	0	C	05/05	08/07	09/25	143	25.1	81.6	21.8	91.0	91.2	26.1
天津市水稻研究所	608.83	9	0	C	05/14	08/07	09/20	129	20.9	103.9	24.7	158.4	94.7	25.3
新疆农业科学院温宿水稻试验站	675.53	5	0	B	04/08	08/10	09/22	167	36.9	80.0	18.7	109.4	95.9	23.7
河北省农林科学院滨海农业研究所	608.99	8	0	C	04/20	07/30	09/19	152	27.7	101.8	21.5	74.1	92.8	24.1
盘锦北方农业技术开发有限公司	532.76	10	0	C	04/13	08/05	09/26	166	33.9	92.0	19.0	67.3	92.0	25.2
辽宁东港市示范场	532.1	5	0	C	04/19	08/11	10/05	169	29.4	95.0	21.1	82.3	87.6	24.7
辽宁省水稻研究所	612	9	0	B	04/23	08/08	09/28	158	24.6	96.3	20.5	97.9	71.1	23.6
平均值	559.38	—	—	—	—	—	—	154.3	28.3	94.1	21.2	97.8	89.3	24.8

注：综合评级：A—好，B—较好，C—中等，D——般。

表 30-8　中早粳晚熟组生产试验品种在各试点的主要性状表现

品种名称/试验点	亩产（千克）	比 CK± %	播种期（月/日）	移栽期（月/日）	齐穗期（月/日）	成熟期（月/日）	全生育期（天）	耐寒性	整齐度	杂株率（%）	熟期转色	倒伏程度	落粒性	叶瘟	穗颈瘟	白叶枯病	纹枯病
津原 58																	
天津市原种场	642.38	16.09	05/05	06/01	08/10	10/02	150	强	整齐	0	好	直	难	无	无	未发	未发
天津市水稻研究所	561.94	9.73	05/14	06/23	08/14	10/01	140	强	整齐	0	中	直	难	无	无	无	无
新疆农业科学院温宿水稻试验站	869.34	1.95	04/08	05/06	08/12	09/28	173	强	整齐	0	好	直	难	无	未发	未发	未发
盘锦北方农业技术开发有限公司	605.59	6.4	04/13	05/18	08/06	09/30	170	中	整齐	0	好	直	难	无	无	无	轻
辽宁省水稻研究所	638.76	4.73	04/23	05/22	08/07	09/24	154	强	一般	0	好	直	中	未发	未发	未发	未发
平均值	663.60	7.13	—	—	—	—	157.4	—	—	—	—	—	—	—	—	—	—
津原 85（CK）																	
天津市原种场	553.33	0	05/05	06/01	08/07	09/26	144	强	整齐	0	好	直	难	无	无	未发	未发
天津市水稻研究所	512.11	0	05/14	06/23	08/12	09/30	139	强	整齐	0	好	直	难	轻	无	无	无
新疆农业科学院温宿水稻试验站	852.68	0	04/08	05/06	08/12	09/25	170	强	整齐	0	好	直	难	无	未发	未发	未发
盘锦北方农业技术开发有限公司	569.17	0	04/13	05/18	08/05	09/27	167	强	整齐	0	中	直	难	无	无	无	重
辽宁省水稻研究所	609.91	0	04/23	05/22	08/04	09/27	157	强	整齐	0	好	直	中	未发	未发	未发	未发
平均值	619.44	—	—	—	—	—	155.4	—	—	—	—	—	—	—	—	—	—

第三十一章　2018 年中早粳中熟组国家水稻品种试验汇总报告

一、试验概况

（一）试验目的

鉴定评价我国中早粳中熟组稻区选育和引进的水稻新品种（组合，下同）的丰产性、稳产性、适应性、抗逆性、米质及其他重要特征特性表现，为国家水稻品种审定提供科学依据。

（二）参试品种

区试品种 12 个，全部为常规品种；其中通育 265、吉大 788、锦稻 108、吉粳 811 为续试品种，其他品种为新参试品种，以秋光（CK）为对照；生试品种 2 个，全部为常规品种，也以秋光（CK）为对照。品种名称、类型、亲本组合、选育/供种单位见表 31-1。

（三）承试单位

区试点 9 个，生产试验点 4 个，分布在内蒙古、辽宁省、吉林省、宁夏、新疆 5 个省区。承试单位、试验地点、经纬度、海拔高度、试验负责人及执行人见表 31-2。

（四）试验设计

各试验点均按照《2018 年北方稻区国家水稻品种试验实施方案》及 NY/T 1300—2007《农作物品种区域试验技术规范　水稻》进行试验。

区试采用完全随机区组设计，3 次重复，小区面积 0.02 亩。生产试验采用大区随机排列，不设重复，大区面积 0.5 亩。

同组试验所有参试品种同期播种、移栽，施肥水平中等偏上，其他栽培管理措施与当地大田生产相同。

观察记载项目与标准按 NY/T 1300—2007《农作物品种区域试验技术规范　水稻》《国家水稻品种试验观察记载项目、方法及标准》《北方稻区国家水稻品种区试及生产试验记载表》等的要求执行。

（五）特性鉴定

抗性鉴定：吉林省农业科学院植保所、通化市农业科学院和辽宁省农业科学院植保所负责稻瘟病抗性鉴定，采用人工接菌与病区自然诱发相结合。鉴定用种由中国农业科学院作物科学研究所统一提供，稻瘟病鉴定结果由吉林省农业科学院植保所负责汇总。

米质分析：吉林省农业科学院水稻所、辽宁开原市农科所和宁夏农业科学院作物所负责提供米质分析样品，农业农村部食品质量监督检验测试中心（武汉）负责米质分析。

DNA 指纹鉴定：中国农业科学院作物科学研究所负责参试品种的特异性及续试品种年度间的一致性检测。

转基因检测：由深圳市农业科技促进中心［农业农村部农作物种子质量和转基因成分监督检验测试中心（深圳）］进行转基因鉴定。

（六）试验执行情况

依据 NY/T 1300—2007《农作物品种区域试验技术规范　水稻》，参考区试考察情况及试验点特殊事件报备情况，对各试验点试验结果的可靠性、有效性、准确性进行分析评估，确保汇总质量。2018 年各点试验结果正常，全部列入汇总。

（七）统计分析

统计分析汇总在试运行的“国家水稻品种试验数据管理平台”上进行。

产量联合方差分析采用混合模型，品种间差异多重比较采用 Duncan's 新复极差法。品种丰产性主要以品种在区试和生产试验中相对于对照产量的高低衡量；参试品种的适应性以品种在区试中较对照增产的试验点比例衡量；参试品种的稳产性主要以品种在年度间区试中较对照品种产量的差异变化程度衡量。

参试品种的生育期主要以全生育期较对照品种生育期的长短天数衡量。

参试品种的抗性以指定鉴定单位的鉴定结果为主要依据，对稻瘟病抗性的主要评价指标为综合指数和穗瘟损失率最高级，对其他病虫害抗性的主要评价指标为最高级。

参试品种的米质评价按照农业行业标准 NY/T 593—2013《食用稻品种品质》，分优质一级、优质二级、优质三级，未达到优质的品种米质均为普通级。

二、结果分析

（一）产量

2018 年区域试验中，秋光（CK）平均亩产 654.59 千克，居第 11 位。依据比对照增减产幅度：通育 265 产量高，比秋光（CK）增产 5%以上；吉粳 811 和吉大 788 产量较高，比秋光（CK）增产 3%~5%；其余品种产量中等，比秋光（CK）增减产在 3%以内。区试及生产试验产量汇总结果见表 31-3、表 31-4。

（二）生育期

2018 年区域试验中，秋光（CK）全生育期 154.0 天。依据全生育期比对照品种长短的天数衡量：所有品种熟期适中，全生育期与对照秋光相差不大。品种全生育期及比对照长短天数见表 31-3。

（三）主要农艺及经济性状

区试品种有效穗、株高、穗长、每穗总粒数、结实率、千粒重等主要农艺经济性状汇总结果见表 31-3。

（四）抗病性

秋光（CK）稻瘟病综合指数大于 5.0，其余品种稻瘟病综合指数均小于 5.0；锦稻 301 和秋光（CK）穗瘟损失率最高级均为 9 级，通育 265 和沈稻 158 穗瘟损失率最高级均为 7 级，其他品种穗瘟损失率最高级均小于或等于 5 级，其中吉粳 821 和吉粳 823 穗瘟损失率最高级为 1 级。

区试品种稻瘟病抗性鉴定结果见表 31-5 和表 31-6。

（五）米质

依据农业行业标准 NY/T 593—2013《食用稻品种品质》，吉粳 811、锦稻 108、吉粳 823、中作 1704、沈农稻 546 和沈稻 158 米质达部标优质二级，锦稻 108、吉粳 811、吉粳 821、中科发 7 号、吉大 788、通育 265 和秋光米质达部标优质三级，其他品种米质为普通级。

区试品种米质性状表现和综合评级结果见表 31-7。

（六）品种在各试点表现

区试品种在各试点的表现情况见表 31-8-1 至表 31-8-13。

生试品种在各试点的表现情况见表 31-9。

三、品种评价

（一）生产试验品种

1. 通育 265

2017 年初试平均亩产 678.02 千克，比秋光（CK）增产 3.93%，增产点比例 87.5%。2018 年续试平均亩产 696.14 千克，比秋光（CK）增产 6.35%，增产点比例 100%。两年区域试验平均亩产 687.61 千克，比秋光（CK）增产 5.21%，增产点比例 94.1%。2018 年生产试验平均亩产 650.69 千克，较秋光（CK）增产 5.06%，增产点比例 100%。全生育期两年区试平均 152.9 天，比秋光（CK）晚熟 0.9 天。主要农艺性状两年区试综合表现：有效穗 27.7 万穗/亩，株高 90.0 厘米，穗长 17.1 厘米，每穗总粒数 147.7 粒，结实率 86.4%，千粒重 22.0 克。抗性：稻瘟病综合指数两年分别为 0.3 级和 2.0 级，穗瘟损失率最高级 7 级。主要米质指标两年综合表现：糙米率 83.5%，整精米率 71.6%，垩白度 4%，透明度 1 级，直链淀粉含量 15.9%，胶稠度 60 毫米，碱消值 7.0，达部标优质三级。

2018 年国家水稻品种试验年会审议意见：已完成试验程序，可以申报国家审定。

2. 吉大 788

2017 年初试平均亩产 666.23 千克，比秋光（CK）增产 2.13%，增产点比例 100%。2018 年续试平均亩产 677.01 千克，比秋光（CK）增产 3.42%，增产点比例 88.9%。两年区域试验平均亩产 671.94 千克，比秋光（CK）增产 2.82%，增产点比例 94.1%。2018 年生产试验平均亩产 650.09 千克，较秋光（CK）增产 4.96%，增产点比例 100%。全生育期两年区试平均 151.9 天，比秋光（CK）早熟 0.2 天。主要农艺性状两年区试综合表现：有效穗 29.9 万穗/亩，株高 105.4 厘米，穗长 17.4 厘米，每穗总粒数 112.6 粒，结实率 85.1%，千粒重 25.6 克。抗性：稻瘟病综合指数两年分别为 1.0 级和 1.6 级，穗瘟损失率最高级 3 级。主要米质指标两年综合表现：糙米率 82.3%，整精米率 71.7%，垩白度 3.9%，透明度 1 级，直链淀粉含量 16.5%，胶稠度 61 毫米，碱消值 7.0，达部标优质三级。

2018 年国家水稻品种试验年会审议意见：已完成试验程序，可以申报国家审定。

（二）续试品种

1. 吉粳 811

2017 年初试平均亩产 648.42 千克，比秋光（CK）减产 0.6%，增产点比例 37.5%。2018 年续试平均亩产 684.11 千克，比秋光（CK）增产 4.51%，增产点比例 100%。两年区域试验平均亩产 667.31 千克，比秋光（CK）增产 2.11%，增产点比例 64.7%。全生育期两年区试平均 152.8 天，比秋光（CK）晚熟 0.8 天。主要农艺性状两年区试综合表现：有效穗 29.2 万穗/亩，株高 91.7 厘米，穗长 17.7 厘米，每穗总粒数 133.1 粒，结实率 84.6%，千粒重 23.2 克。抗性：稻瘟病综合指数两年分别为 2.2 级和 1.4 级，穗瘟损失率最高级 3 级。主要米质指标两年综合表现：糙米率 84.2%，整精米率 72.9%，垩白度 1.9%，透明度 1 级，直链淀粉含量 16.0%，胶稠度 71 毫米，碱消值 7.0，达部标优质二级。

2018 年国家水稻品种试验年会审议意见：2019 年进行生产试验。

2. 锦稻 108

2017 年初试平均亩产 644.81 千克，比秋光（CK）减产 1.16%，增产点比例 25%。2018 年续试平均亩产 673.52 千克，比秋光（CK）增产 2.89%，增产点比例 66.7%。两年区域试验平均亩产 660.01 千克，比秋光（CK）增产 0.99%，增产点比例 47.1%。全生育期两年区试平均 152.8 天，比秋光（CK）晚熟0.8天。主要农艺性状两年区试综合表现：有效穗27.3万穗/亩，株高103.9厘米，穗长16.7厘米，每穗总粒数124粒，结实率88.7%，千粒重25.7克。抗性：稻瘟病综合指数两年分别为2.0级和1.5级，穗瘟损失率最高级3级。主要米质指标两年综合表现：糙米率81.7%，整精米率71.6%，垩白度2.3%，透明度1级，直链淀粉含量16.0%，胶稠度70毫米，碱消值7.0，达部标优质二级。

2018年国家水稻品种试验年会审议意见：2019年进行生产试验。

（三）初试品种

1. 中作1704

2018年初试平均亩产671.46千克，比秋光（CK）增产2.58%，增产点比例77.8%，全生育期157.2天，比秋光（CK）晚熟3.2天。主要农艺性状表现：有效穗29.6万穗/亩，株高93.8厘米，穗长15.9厘米，总粒数102.5粒/穗，结实率81.4%，千粒重27.4克。抗性：稻瘟病综合指数2.1级，穗瘟损失率最高级5级。主要米质指标：糙米率82.6%，整精米率71.5%，垩白度3.0%，透明度1级，直链淀粉含量16.5%，胶稠度70毫米，碱消值7.0，达部标优质二级。

2018年国家水稻品种试验年会审议意见：2019年续试并进行生产试验。

2. 沈农稻546

2018年初试平均亩产670.08千克，比秋光（CK）增产2.37%，增产点比例77.8%，全生育期157.1天，比秋光（CK）晚熟3.1天。主要农艺性状表现：有效穗29.2万穗/亩，株高107.2厘米，穗长16.1厘米，总粒数110.1粒/穗，结实率84.9%，千粒重24.7克。稻瘟病综合指数2.1级，穗瘟损失率最高级3级。主要米质指标：糙米率82.6%，整精米率74.2%，垩白度2.2%，透明度1级，直链淀粉含量15%，胶稠度73毫米，碱消值7.0，达部标优质二级。

2018年国家水稻品种试验年会审议意见：2019年续试并进行生产试验。

3. 沈稻158

2018年初试平均亩产665.92千克，比秋光（CK）增产1.73%，增产点比例66.67%。全生育期157.2天，比秋光（CK）晚熟3.2天。主要农艺性状表现：有效穗28.0万穗/亩，株高108.2厘米，穗长17.4厘米，总粒数130.0粒/穗，结实率84.3%，千粒重24.2克。抗性：稻瘟病综合指数2.9级，穗瘟损失率最高级7级。主要米质指标：糙米率83.2%，整精米率73.3%，垩白度1.3%，透明度1级，直链淀粉含量14.5%，胶稠度71毫米，碱消值7.0，达部标优质二级。

2018年国家水稻品种试验年会审议意见：终止试验。

4. 长粳838

2018年初试平均亩产662.15千克，比秋光（CK）增产1.15%，增产点比例55.6%。全生育期152.4天，比秋光（CK）早熟1.6天。主要农艺性状表现：有效穗28.8万穗/亩，株高104.4厘米，穗长17.8厘米，总粒数109.5粒/穗，结实率91.2%，千粒重22.9克。抗性：稻瘟病综合指数2.2级，穗瘟损失率最高级5级。主要米质指标：糙米率83.6%，整精米率74.8%，垩白度6.3%，透明度1级，直链淀粉含量14%，胶稠度76毫米，碱消值6.7。

2018年国家水稻品种试验年会审议意见：终止试验。

5. 吉粳821

2018年初试平均亩产661.11千克，比秋光（CK）增产1.00%，增产点比例66.7%。全生育期152.8天，比秋光（CK）早熟1.2天。主要农艺性状表现：有效穗27.6万穗/亩，株高102.2厘米，穗长17.1厘米，总粒数131.7粒/穗，结实率85.2%，千粒重21.3克。抗性：稻瘟病综合指数1.0级，穗瘟损失率最高级1级。主要米质指标：糙米率83.4%，整精米率73.4%，垩白度4.9%，透明度1级，直链淀粉含量14.0%，胶稠度74毫米，碱消值6.7，达部标优质三级。

2018年国家水稻品种试验年会审议意见：2019年续试并进行生产试验。

6. 锦稻301

2018年初试平均亩产656.84千克，比秋光（CK）增产0.34%，增产点比例55.6%。全生育期153.1天，比秋光（CK）早熟0.9天。主要农艺性状表现：有效穗29.5万穗/亩，株高112.0厘米，穗长 18.3 厘米，总粒数 126.6 粒/穗，结实率 83.7%，千粒重 21.4 克。抗性：稻瘟病综合指数 4.1 级，穗瘟损失率最高级 9 级。主要米质指标：糙米率 84.3%，整精米率 74%，垩白度 8.6%，透明度 1 级，直链淀粉含量 13.0%，胶稠度 81 毫米，碱消值 6.5。

2018 年国家水稻品种试验年会审议意见：终止试验。

7. 吉粳 823

2018 年初试平均亩产 647.03 千克，比秋光（CK）减产 1.15%，增产点比例 44.4%。全生育期 151.4 天，比秋光（CK）早熟 2.6 天。主要农艺性状表现：有效穗 30.6 万穗/亩，株高 102.3 厘米，穗长 17.5 厘米，总粒数 106.2 粒/穗，结实率 90.3%，千粒重 23.2 克。抗性：稻瘟病综合指数 1.0 级，穗瘟损失率最高级 1 级。主要米质指标：糙米率 83.6%，整精米率 73.8%，垩白度 2.4%，透明度 1 级，直链淀粉含量 13.8%，胶稠度 72 毫米，碱消值 7.0，达部标优质二级。

2018 年国家水稻品种试验年会审议意见：2019 年续试并进行生产试验。

8. 中科发 7 号

2018 年初试平均亩产 643.78 千克，比秋光（CK）减产 1.65%，增产点比例 33.3%. 全生育期 154.9 天，比秋光（CK）晚熟 0.9 天。主要农艺性状表现：有效穗 34.3 万穗/亩，株高 99.7 厘米，穗长 15.7 厘米，总粒数 110.3 粒/穗，结实率 74.2%，千粒重 24.7 克。抗性：稻瘟病综合指数 2.9 级，穗瘟损失率最高级 5 级。主要米质指标：糙米率 81.1%，整精米率 69.3%，垩白度 3.8%，透明度 1 级，直链淀粉含量 14.3%，胶稠度 69 毫米，碱消值 6.6，达部标优质三级。

2018 年国家水稻品种试验年会审议意见：终止试验。

表 31-1　2018 年中早粳中熟组参试品种基本情况

编号	品种名称	品种类型	亲本组合	申请单位	选育/供种单位
区试					
F11	通育 265	常规稻	通院 515//通育 245/GM125	通化市农业科学研究院	通化市农业科学研究院
F4	吉大 788	常规稻	吉粳 88/通科 18	吉林大学植物科学学院、公主岭市金福源农业科技有限公司	吉林大学植物科学学院、公主岭市金福源农业科技有限公司
F13	锦稻 108	常规稻	PF309 系选	盘锦北方农业技术开发有限公司	盘锦北方农业技术开发有限公司
F9	吉粳 811	常规稻	松辽 7/填渝一号 S//吉粳 88	吉林省农业科学院水稻研究所	吉林省农业科学院水稻研究所
F8	*长粳 838	常规稻	吉粳 803/通科 17	长春市农业科学院	长春市农业科学院
F10	*吉粳 823	常规稻	五台一号/吉粳 88	吉林省农业科学院	吉林省农业科学院
F2	*吉粳 821	常规稻	10Q4-7/吉粳 803	吉林省农业科学院	吉林省农业科学院
F3	*中科发 7 号	常规稻	空育 131/南方长粒粳//空育 131/K22	中国科学院遗传与发育生物学研究所	中国科学院遗传与发育生物学研究所
F7	*中作 1704	常规稻	中作 1058/密阳 84	中国农业科学院作物科学研究所	中国农业科学院作物科学研究所
F6	*沈农稻 546	常规稻	辽粳 454/沈农 315	沈阳农业大学农学院	沈阳农业大学农学院
F5	*锦稻 301	常规稻	锦稻 106 系选	盘锦北方农业技术开发有限公司	盘锦北方农业技术开发有限公司
F12	*沈稻 158	常规稻	沈农 315/沈稻 3 号	沈阳裕赓种业有限公司	沈阳裕赓种业有限公司
F1	秋 光	常规稻	丰锦/黎明	吉林省农业科学院水稻研究所	吉林省农业科学院水稻研究所
生产试验					
1	通育 265	常规稻	通院 515/（通育 245/GM125）	通化市农业科学研究院	通化市农业科学研究院
2	吉大 788	常规稻	吉粳 88/通科 18	吉林大学植物科学学院、公主岭市金福源农业科技有限公司	吉林大学植物科学学院、公主岭市金福源农业科技有限公司
3	秋 光	常规稻	丰锦/黎明	吉林省农业科学院水稻研究所	吉林省农业科学院水稻研究所

注：*2018 年新参试品种。

表 31-2　2018 年中早粳中熟组区试与生产试点基本情况

承试单位	试验地点	经度	纬度	海拔（米）	试验负责人及执行人
吉林省农业科学院水稻所	吉林公主岭市南崴子	124°48′	43°31′	200.1	全成哲
宁夏农业科学院作物所▲	宁夏永宁县王太堡	106°06′	38°17′	1118	强爱玲
宁夏钧凯种业有限公司	宁夏吴忠市金积工业园区江南路	106°08′	37°56′	1100	綦占林
新疆农一师农科所	新疆阿拉尔农一师农科所	81°17′	40°36′	1012	吴向东
新疆农业科学院粮作所▲	乌鲁木齐市南昌路 403 号	87°34′	43°49′	836	李冬
翁牛特旗塔拉农作物机械化种植专业合作社	翁牛特旗乌丹镇少郎河大街行政办公区 5 号楼 709 室	119°45′	42°48′	410	张志刚
辽宁开原市农科所▲	辽宁开原市铁西街义和路 66 号	124°03′	42°32′	98.2	齐国锋
辽宁省水稻研究所	辽宁省沈阳市苏家屯枫杨路 129 号	126°19′	41°39′	345	韩勇、姜秀英、吕军
辽宁省铁岭市农业科学院▲	铁岭市银洲区柴河街南段 238 号	123°52′	42°18′	85.4	孙国才、崔月峰

注：▲同时承担区试和生产试验。

表 31-3　中早粳中熟组区试品种产量及主要性状汇总分析结果

品种名称	区试年份	亩产（千克）	比 CK± %	增产点比例（%）	5%显著性	1%显著性	生育期（天）	比 CK± 天	有效穗（万/亩）	株高（厘米）	穗长（厘米）	总粒数（粒/穗）	结实率（%）	千粒重（克）
秋光（CK）	2017—2018	653.54					152.0	0.0	37.3	101.5	17.1	94.8	82.3	26.0
通育 265	2017—2018	687.61	5.21	94.1			152.9	0.9	27.7	90.0	17.1	147.7	86.4	22.0
吉大 788	2017—2018	671.94	2.82	94.1			151.9	-0.2	29.9	105.4	17.4	112.6	85.1	25.6
吉粳 811	2017—2018	667.31	2.11	64.7			152.8	0.8	29.2	91.7	17.7	133.1	84.6	23.2
锦稻 108	2017—2018	660.01	0.99	47.1			152.8	0.8	27.3	103.9	16.7	124.0	88.7	25.7
通育 265	2018	696.14	6.35	100.0	a	A	153.6	-0.4	27.0	92.5	16.9	145.7	85.4	21.7
吉粳 811	2018	684.11	4.51	100.0	ab	AB	153.7	-0.3	28.6	92.3	18.1	133.9	88.2	22.5
吉大 788	2018	677.01	3.42	88.9	bc	ABC	152.2	-1.8	28.2	107.2	18.2	114.1	86.1	25.7

（续表）

品种名称	区试年份	亩产（千克）	比 CK±%	增产点比例（%）	5%显著性	1%显著性	生育期（天）	比 CK±天	有效穗（万/亩）	株高（厘米）	穗长（厘米）	总粒数（粒/穗）	结实率（%）	千粒重（克）
锦稻 108	2018	673.52	2.89	66.7	bcd	ABC	153.7	-0.3	27.0	105.2	16.9	127.1	88.6	25.4
中作 1704	2018	671.46	2.58	77.8	bcde	BC	157.2	3.2	29.6	93.8	15.9	102.5	81.4	27.4
沈农稻 546	2018	670.08	2.37	77.8	bcde	BC	157.1	3.1	29.2	107.2	16.1	110.1	84.9	24.7
沈稻 158	2018	665.92	1.73	66.7	cde	BCD	157.2	3.2	28.0	108.2	17.4	130.0	84.3	24.2
长粳 838	2018	662.15	1.15	55.6	cdef	BCD	152.4	-1.6	28.8	104.4	17.8	109.5	91.2	22.9
吉粳 821	2018	661.11	1	66.7	cdefg	CD	152.8	-1.2	27.6	102.2	17.1	131.7	85.2	21.3
锦稻 301	2018	656.84	0.34	55.6	defg	CD	153.1	-0.9	29.5	112.0	18.3	126.6	83.7	21.4
秋光	2018	654.59	0	0	efg	CD	154.0	0	36.8	102.9	17.1	92.8	82.6	25.9
吉粳 823	2018	647.03	-1.15	44.4	fg	D	151.4	-2.6	30.6	102.3	17.5	106.2	90.3	23.2
中科发 7 号	2018	643.78	-1.65	33.3	g	D	154.9	0.9	34.3	99.7	15.7	110.3	74.2	24.7

表 31-4　中早粳中熟组生产试验品种主要性状汇总表

品种名称	产量			生育期	
	亩产（千克）	比 CK±%	增产点比例（%）	生育期（天）	生育期比 CK±天
通育 265	650.69	5.06	100.0	156.5	-0.3
吉大 788	650.09	4.96	100.0	156.0	-0.8
秋光	619.36			156.8	

表 31-5　2018 年中早粳中熟组水稻品种稻瘟病抗性鉴定结果

品种名称	苗瘟病级	通化市农业科学院					东丰县横道河					吉林省农业科学院					辽宁省农业科学院				
		叶瘟病级	发病率		损失率		叶瘟病级	发病率		损失率		叶瘟病级	发病率		损失率		叶瘟病级	发病率		损失率	
			%	级	%	级		%	级	%	级		%	级	%	级		%	级	%	级
秋光（CK）	6	4	81	9	70.5	9	2	67	9	34.8	7	0	4	1	1.2	1	6	87.2	9	73.1	9
吉粳 821	0	0	11	5	0.6	1	0	7	3	1.0	1	0	0	0	0.0	0	1	3.3	1	0.7	1
中科发 7 号	4	0	33	7	17.4	5	7	29	7	10.1	1	5	2	1	0.1	1	0	9.8	3	3.6	1
吉大 788	0	0	24	5	15.0	3	2	1	1	0.7	1	0	1	1	0.1	1	3	5.2	3	1.2	1
锦稻 301	5	0	7	3	0.4	1	5	50	7	28.8	5	3	0	0	0.0	0	8	100	9	91.5	9
沈农稻 546	4	0	6	3	0.3	1	1	21	5	14.6	3	0	4	1	0.2	1	0	16.7	5	7.5	3
中作 1704	0	0	11	5	0.6	1	1	4	1	0.8	1	1	7	3	0.4	1	0	29.5	7	18.2	5
长粳 838	4	0	0	0	0.0	1	2	2	1	0.1	1	2	3	1	0.2	1	4	34.1	7	21.2	5
吉粳 811	0	0	10	3	1.1	1	1	8	3	2.3	1	1	18	5	2.1	1	1	4.2	1	1.1	1
吉粳 823	0	2	2	1	0.3	1	2	0	0	0.0	0	2	7	3	0.4	1	0	3.7	1	0.8	1
通育 265	0	0	3	1	2.0	1	2	0	0	0.0	0	1	10	3	1.6	1	0	48.6	7	31.2	7
沈稻 158	0	0	15	5	0.8	1	1	0	0	0.0	0	0	27	7	13.7	3	4	54.8	9	31.7	7
锦稻 108	0	0	2	1	0.1	1	1	0	0	0.0	0	1	14	5	4.0	1	0	27.3	7	9.1	3

注：稻瘟病鉴定单位：吉林省农业科学院植保所、辽宁省农业科学院植保所和通化市农业科学院。

表 31-6　中早粳中熟组水稻品种对稻瘟病抗性综合评价汇总结果

品　种	区试年份	2018 年					2017 年		1~2 年综合评价	
		苗、叶瘟平均级	穗瘟发病率平均级	穗瘟损失率平均级	平均综合指数	穗瘟损失率（最高级）	平均综合指数	穗瘟损失率（最高级）	平均综合指数	穗瘟损失率（最高级）
秋光（CK）	2017—2018	3.6	7.0	6.5	5.9	9	6.3	9	6.1	9
吉大 788	2017—2018	1.0	2.5	1.5	1.6	3	1.0	1	1.3	3
吉粳 811	2017—2018	0.6	3.0	1.0	1.4	1	2.2	3	1.8	3
通育 265	2017—2018	0.6	2.8	2.3	2.0	7	0.3	1	1.4	7
锦稻 108	2017—2018	0.4	3.3	1.3	1.5	3	2.0	3	1.8	3
吉粳 821	2018	0.2	2.3	0.8	1.0	1			1.0	1
中科发 7 号	2018	3.2	4.5	2.0	2.9	5			2.9	5
锦稻 301	2018	4.2	4.8	3.8	4.1	9			4.1	9
沈农稻 546	2018	1.0	3.5	2.0	2.1	3			2.1	3
中作 1704	2018	0.4	4.0	2.0	2.1	5			2.1	5
长粳 838	2018	2.4	2.3	2.0	2.2	5			2.2	5
吉粳 823	2018	1.2	1.3	0.8	1.0	1			1.0	1
沈稻 158	2018	1.0	5.3	2.8	2.9	7			2.9	7

注：稻瘟病综合指数=叶瘟平均级×25%+穗瘟发病率平均级×25%+穗瘟损失率平均级×50%。

表 31-7　中早粳中熟组区试品种米质分析结果

品种名称	年份	糙米率（%）	精米率（%）	整精米率（%）	粒长（毫米）	粒型长宽比	垩白粒率（%）	垩白度（%）	直链淀粉含量（%）	胶稠度（毫米）	碱消值（级）	透明度（级）	部标（等级）
秋光（CK）	2017—2018	84.3	75.4	70.6	5.2	1.8	20.3	4.9	15.2	64	6.6	1	优三
通育 265	2017—2018	83.5	77.1	71.6	4.2	1.5	14.7	4.0	15.9	60	7.0	1	优三
吉大 788	2017—2018	82.3	76.7	71.7	4.9	1.8	16.7	3.9	16.5	61	7.0	1	优三
吉粳 811	2017—2018	84.2	77.5	72.9	4.5	1.7	8.0	1.9	16.0	71	7.0	1	优二
锦稻 108	2017—2018	81.7	74.5	71.6	5.6	2.3	10.3	2.3	16.0	70	7.0	1	优二
通育 265	2018	82.4	74.0	73.0	4.3	1.5	21.0	7.0	13.7	72	6.3	1	普通
吉大 788	2018	83.7	73.4	70.8	4.9	1.7	32.0	10.2	15.3	63	6.6	1	普通
锦稻 108	2018	80.8	71.4	70.8	5.6	2.3	14.7	3.7	15.3	62	6.3	1	优三
吉粳 811	2018	83.6	74.6	73.8	4.6	1.7	16.7	4.1	14.0	74	6.7	1	优三
长粳 838	2018	83.6	75.4	74.8	4.7	1.7	20.0	6.3	14.0	76	6.7	1	普通
吉粳 823	2018	83.6	74.6	73.8	4.5	1.6	10.7	2.4	13.8	72	7.0	1	优二
吉粳 821	2018	83.4	74.4	73.4	4.4	1.7	15.7	4.9	14.0	74	6.7	1	优三
中科发 7 号	2018	81.1	71.5	69.3	6.0	2.4	18.0	3.8	14.3	69	6.6	1	优三
中作 1704	2018	82.6	73.8	71.5	5.1	1.8	14.0	3.0	16.5	70	7.0	1	优二
沈农稻 546	2018	82.6	75.0	74.2	5.1	1.9	10.7	2.2	15.0	73	7.0	1	优二
锦稻 301	2018	84.3	74.8	74.0	4.5	1.7	23.0	8.6	13.0	81	6.5	1	普通
沈稻 158	2018	83.2	74.3	73.3	5.0	2.0	10.0	1.3	14.5	71	7.0	1	优二
秋光	2018	84.3	75.4	70.6	5.2	1.8	20.3	4.9	15.2	64	6.6	1	优三

注：1. 样品提供单位：吉林省农业科学院水稻所、辽宁开原市农科所和宁夏农业科学院作物所。

2. 检测分析单位：农业农村部食品质量监督检验测试中心（武汉）。

表 31-8-1　中早粳中熟组区试品种在各试点的产量、生育期及经济性状表现（通育 265）

品种名称/试验点	亩产（千克）	产量位次	比 CK±%	综合评级	播种期（月/日）	齐穗期（月/日）	成熟期（月/日）	全生育期（天）	有效穗（万/亩）	株高（厘米）	穗长（厘米）	总粒数（粒/穗）	结实率（%）	千粒重（克）
吉林省农业科学院水稻所	583.92	1	4.77	B	04/16	07/30	09/17	154	21.7	94.3	18.3	148.2	80.1	22.0
宁夏农业科学院作物所	830.99	2	7.64	A	04/17	07/25	09/10	146	33.6	88.2	16.5	122.9	89.7	21.4
宁夏吴忠市利通区种子管理站	789.70	3	0.04	A	04/17	07/28	09/14	150	29.9	83.6	18.4	128.0	73.4	21.4
新疆农一师农科所	767.30	4	3.40	C	04/21	07/23	09/10	142	30.9	75.4	14.6	120.1	94.2	21.1
新疆农业科学院粮作所	736.71	5	5.20	A	04/23	08/10	09/28	158	30.5	97.7	12.6	123.5	89.7	22.8
翁牛特旗塔拉农作物机械化种植专业合作社	705.45	1	12.53	B	04/15	08/01	09/29	167	25.6	93.7	14.9	116.1	93.6	22.3
辽宁开原市农科所	618.52	5	4.94	B	04/19	08/02	09/26	160	25.4	95.3	18.9	191.3	82.0	21.8
辽宁省水稻研究所	612.84	1	16.86	B	05/04	08/04	09/25	144	18.4	107.1	19.3	189.5	86.2	20.4
辽宁省铁岭市农业科学院	619.86	3	5.13	A	04/10	07/27	09/18	161	26.9	97.3	18.6	171.5	79.6	22.5
平均值	696.14	—	—	—	—	—	—	153.6	27.0	92.5	16.9	145.7	85.4	21.7

注：综合评级：A—好，B—较好，C—中等，D——般。

表 31-8-2　中早粳中熟组区试品种在各试点的产量、生育期及经济性状表现（吉大 788）

品种名称/试验点	亩产（千克）	产量位次	比 CK±%	综合评级	播种期（月/日）	齐穗期（月/日）	成熟期（月/日）	全生育期（天）	有效穗（万/亩）	株高（厘米）	穗长（厘米）	总粒数（粒/穗）	结实率（%）	千粒重（克）
吉林省农业科学院水稻所	575.56	5	3.27	B	04/16	07/25	09/13	150	21.9	106.9	18.0	119.7	92.0	24.3
宁夏农业科学院作物所	829.65	3	7.47	A	04/17	07/22	09/06	142	36.2	102.2	17.5	103.4	84.4	24.5
宁夏吴忠市利通区种子管理站	746.91	13	-5.38	D	04/17	08/01	09/17	153	22.2	111.5	19.5	117.0	83.8	22.2
新疆农一师农科所	781.01	3	5.25	B	04/21	07/19	09/05	137	32.6	91.6	15.8	96.5	93.4	25.8
新疆农业科学院粮作所	752.42	2	7.45	A	04/23	08/11	09/29	159	32.2	96.3	18.6	137.3	86.3	28.0
翁牛特旗塔拉农作物机械化种植专业合作社	641.92	9	2.40	B	04/15	08/07	09/27	165	25.9	117.3	17.4	100.0	94.3	28.5
辽宁开原市农科所	616.68	7	4.62	B	04/19	08/03	09/22	156	27.6	108.7	18.5	124.2	75.0	27.3
辽宁省水稻研究所	543.8	9	3.7	C	05/04	08/01	09/26	145	24.4	114.6	20.6	113.3	93.4	25.2
辽宁省铁岭市农业科学院	605.15	7	2.64	B	04/10	07/30	09/20	163	31.1	115.6	17.9	115.4	72.4	25.5
平均值	677.01	—	—	—	—	—	—	152.2	28.2	107.2	18.2	114.1	86.1	25.7

注：综合评级：A—好，B—较好，C—中等，D——般。

表 31-8-3　中早粳中熟组区试品种在各试点的产量、生育期及经济性状表现（锦稻 108）

品种名称/试验点	亩产（千克）	产量位次	比 CK± %	综合评级	播种期（月/日）	齐穗期（月/日）	成熟期（月/日）	全生育期（天）	有效穗（万/亩）	株高（厘米）	穗长（厘米）	总粒数（粒/穗）	结实率（%）	千粒重（克）
吉林省农业科学院水稻所	547.14	10	−1.83	D	04/16	07/31	09/19	156	18.9	108.7	17.5	131.7	90.4	27.1
宁夏农业科学院作物所	777.67	9	0.74	C	04/17	07/28	09/12	148	41.5	108.1	15.9	108.9	90.6	23.7
宁夏吴忠市利通区种子管理站	771.31	5	−2.29	B	04/17	07/30	09/14	150	27.9	97.4	19.3	93.0	81.7	22.8
新疆农一师农科所	711.3	11	−4.15	D	04/21	07/23	09/06	138	29.7	97.8	14.4	98.3	91.8	26.2
新疆农业科学院粮作所	746.07	3	6.54	A	04/23	08/07	09/28	158	31.1	90.2	15.3	143.3	84.3	25.4
翁牛特旗塔拉农作物机械化种植专业合作社	665.33	5	6.13	B	04/15	08/07	09/27	165	23.5	111.3	16.4	104.6	93.2	27.9
辽宁开原市农科所	640.75	2	8.71	A	04/19	08/03	09/24	158	25.1	106.0	17.8	158.4	84.7	25.0
辽宁省水稻研究所	571.38	4	8.96	A	05/04	08/04	09/26	145	20.7	112.3	18.4	149.3	93.7	24.7
辽宁省铁岭市农业科学院	630.72	1	6.97	A	04/10	07/29	09/22	165	24.3	115.0	17.4	156.6	87.1	25.5
平均值	673.52	—	—	—	—	—	—	153.7	27.0	105.2	16.9	127.1	88.6	25.4

注：综合评级：A—好，B—较好，C—中等，D——般。

表 31-8-4　中早粳中熟组区试品种在各试点的产量、生育期及经济性状表现（吉粳 811）

品种名称/试验点	亩产（千克）	产量位次	比 CK± %	综合评级	播种期（月/日）	齐穗期（月/日）	成熟期（月/日）	全生育期（天）	有效穗（万/亩）	株高（厘米）	穗长（厘米）	总粒数（粒/穗）	结实率（%）	千粒重（克）
吉林省农业科学院水稻所	581.91	3	4.41	B	04/16	08/02	09/20	157	23.0	92.5	18.4	136.9	92.2	23.2
宁夏农业科学院作物所	837.18	1	8.45	A	04/17	07/27	09/11	147	40.2	93.9	17.4	114.3	93.4	22.3
宁夏吴忠市利通区种子管理站	813.61	1	3.07	A	04/17	07/30	09/15	151	23.5	86.9	19.2	138.0	77.5	19.6
新疆农一师农科所	743.73	6	0.23	C	04/21	07/23	09/10	142	29.3	81.0	15.6	118.6	94.4	22.7
新疆农业科学院粮作所	764.63	1	9.19	A	04/23	08/09	09/27	157	32.5	89.0	17.6	116.7	88.4	22.9
翁牛特旗塔拉农作物机械化种植专业合作社	633.57	10	1.07	A	04/15	08/10	09/25	163	25.9	98.2	16.5	115.6	94.2	23.5
辽宁开原市农科所	599.80	8	1.76	C	04/19	08/03	09/24	158	29.2	93.5	19.4	156.8	85.9	22.8
辽宁省水稻研究所	561.52	5	7.08	A	05/04	08/04	09/25	144	24.9	95.4	19.6	152.2	90.3	22.2
辽宁省铁岭市农业科学院	621.03	2	5.33	A	04/10	07/30	09/21	164	29.3	100.3	19.3	155.8	77.2	23.5
平均值	684.11	—	—	—	—	—	—	153.7	28.6	92.3	18.1	133.9	88.2	22.5

注：综合评级：A—好，B—较好，C—中等，D——般。

表 31-8-5 中早粳中熟组区试品种在各试点的产量、生育期及经济性状表现（长粳 838）

品种名称/试验点	亩产（千克）	产量位次	比 CK± %	综合评级	播种期（月/日）	齐穗期（月/日）	成熟期（月/日）	全生育期（天）	有效穗（万/亩）	株高（厘米）	穗长（厘米）	总粒数（粒/穗）	结实率（%）	千粒重（克）
吉林省农业科学院水稻所	583.75	2	4.74	B	04/16	08/01	09/19	156	21.2	112.5	20.2	141.6	90.8	25.0
宁夏农业科学院作物所	818.79	5	6.06	B	04/17	07/26	09/10	146	36.9	106.9	18.2	107.5	91.5	23.2
宁夏吴忠市利通区种子管理站	756.10	9	-4.21	C	04/17	07/27	09/12	148	23.3	88.3	19.3	102.0	88.2	21.4
新疆农一师农科所	700.43	12	-5.61	D	04/21	07/23	09/08	140	34.0	96.4	16.6	99.7	93.7	22.4
新疆农业科学院粮作所	699.26	12	-0.14	B	04/23	08/06	09/25	155	29.8	94.8	13.0	82.0	96.8	23.7
翁牛特旗塔拉农作物机械化种植专业合作社	672.02	4	7.20	A	04/15	08/07	09/27	165	32.4	108.5	19.2	103.6	88.9	21.5
辽宁开原市农科所	618.02	6	4.85	A	04/19	08/04	09/22	156	36.8	106.3	17.5	113.5	89.4	23.3
辽宁省水稻研究所	536.27	12	2.26	C	05/04	08/03	09/25	144	16.5	112.3	18.3	119.0	93.4	22.3
辽宁省铁岭市农业科学院	574.72	11	-2.52	C	04/10	07/29	09/19	162	28.3	114.0	18.3	116.7	87.7	23.4
平均值	662.15	—	—	—	—	—	—	152.4	28.8	104.4	17.8	109.5	91.2	22.9

注：综合评级：A—好，B—较好，C—中等，D—一般。

表 31-8-6 中早粳中熟组区试品种在各试点的产量、生育期及经济性状表现（吉粳 823）

品种名称/试验点	亩产（千克）	产量位次	比 CK± %	综合评级	播种期（月/日）	齐穗期（月/日）	成熟期（月/日）	全生育期（天）	有效穗（万/亩）	株高（厘米）	穗长（厘米）	总粒数（粒/穗）	结实率（%）	千粒重（克）
吉林省农业科学院水稻所	569.37	6	2.16	C	04/16	07/31	09/18	155	23.3	103.4	17.6	103.0	87.9	23.8
宁夏农业科学院作物所	724.51	13	-6.15	D	04/17	07/26	09/09	145	44.5	97.6	16.4	75.8	89.3	21.5
宁夏吴忠市利通区种子管理站	759.11	8	-3.83	C	04/17	07/27	09/11	147	24.0	96.2	19.5	132.0	82.6	22.9
新疆农一师农科所	670.51	13	-9.64	D	04/21	07/25	09/08	140	35.1	93.0	15.4	88.7	93.0	22.4
新疆农业科学院粮作所	744.40	4	6.30	A	04/23	08/05	09/28	158	29.8	99.9	15.7	125.3	91.7	25.4
翁牛特旗塔拉农作物机械化种植专业合作社	648.61	7	3.47	A	04/15	08/07	09/20	158	26.8	111.2	17.6	105.2	98.0	24.2
辽宁开原市农科所	586.09	12	-0.57	D	04/19	08/03	09/20	154	26.3	98.3	18.9	127.9	83.7	23.0
辽宁省水稻研究所	543.80	8	3.70	C	05/04	08/04	09/25	144	26.2	108.4	18.0	106.1	95.9	22.2
辽宁省铁岭市农业科学院	576.90	10	-2.15	C	04/10	07/30	09/19	162	39.0	113.0	18.8	91.5	90.4	23.4
平均值	647.03	—	—	—	—	—	—	151.4	30.6	102.3	17.5	106.2	90.3	23.2

注：综合评级：A—好，B—较好，C—中等，D—一般。

表 31-8-7　中早粳中熟组区试品种在各试点的产量、生育期及经济性状表现（吉粳 821）

品种名称/试验点	亩产（千克）	产量位次	比 CK±%	综合评级	播种期（月/日）	齐穗期（月/日）	成熟期（月/日）	全生育期（天）	有效穗（万/亩）	株高（厘米）	穗长（厘米）	总粒数（粒/穗）	结实率（%）	千粒重（克）
吉林省农业科学院水稻所	580.57	4	4.17	B	04/16	07/31	09/18	155	21.8	106.4	17.2	143.6	91.7	21.7
宁夏农业科学院作物所	817.62	6	5.91	B	04/17	07/26	09/10	146	41.0	108.0	16.3	121.5	92.6	19.1
宁夏吴忠市利通区种子管理站	747.74	12	-5.27	D	04/17	07/27	09/13	149	23.1	85.7	19.0	129.0	72.9	19.9
新疆农一师农科所	725.51	10	-2.23	C	04/21	07/24	09/10	142	34.7	93.7	14.6	106.3	93.8	20.3
新疆农业科学院粮作所	653.46	13	-6.68	C	04/23	08/05	09/28	158	29.1	95.5	19.3	105.6	84.2	25.8
翁牛特旗塔拉农作物机械化种植专业合作社	677.03	3	8.00	A	04/15	08/07	09/23	161	26.4	107.7	15.5	126.4	85.9	22.3
辽宁开原市农科所	597.79	9	1.42	C	04/19	08/01	09/23	157	26.7	106.5	16.8	153.4	79.2	21.5
辽宁省水稻研究所	543.13	10	3.57	C	05/04	08/03	09/24	143	17.5	106.5	18.3	160.4	80.4	20.7
辽宁省铁岭市农业科学院	607.15	6	2.98	B	04/10	07/28	09/21	164	28.4	109.9	16.6	138.7	86.0	20.2
平均值	661.11	—	—	—	—	—	—	152.8	27.6	102.2	17.1	131.7	85.2	21.3

注：综合评级：A—好，B—较好，C—中等，D——般。

表 31-8-8　中早粳中熟组区试品种在各试点的产量、生育期及经济性状表现（中科发 7 号）

品种名称/试验点	亩产（千克）	产量位次	比 CK±%	综合评级	播种期（月/日）	齐穗期（月/日）	成熟期（月/日）	全生育期（天）	有效穗（万/亩）	株高（厘米）	穗长（厘米）	总粒数（粒/穗）	结实率（%）	千粒重（克）
吉林省农业科学院水稻所	519.56	13	-6.78	D	04/16	07/28	09/17	154	26.1	96.0	16.0	115.1	83.0	26.3
宁夏农业科学院作物所	761.62	11	-1.34	C	04/17	07/26	09/12	148	48.1	98.6	16.1	89.2	79.0	22.0
宁夏吴忠市利通区种子管理站	753.26	10	-4.57	D	04/17	07/30	09/15	151	39.4	89.6	17.3	103.0	72.8	23.5
新疆农一师农科所	730.69	8	-1.53	C	04/21	07/25	09/15	147	37.3	94.3	14.7	97.9	86.9	23.1
新疆农业科学院粮作所	714.14	9	1.98	B	04/23	08/04	10/02	162	28.7	102.6	15.8	112.4	71.0	23.5
翁牛特旗塔拉农作物机械化种植专业合作社	601.80	12	-4.00	B	04/15	08/05	09/25	163	30.2	104.5	13.4	104.1	72.6	29.4
辽宁开原市农科所	593.28	10	0.65	C	04/19	08/07	09/28	162	30.9	94.1	15.8	102.1	66.7	26.8
辽宁省水稻研究所	536.44	11	2.29	C	05/04	08/03	09/24	143	31.9	111.3	16.7	147.7	72.4	23.7
辽宁省铁岭市农业科学院	583.25	9	-1.08	C	04/10	07/26	09/21	164	36.5	106.6	15.4	121.0	63.1	24.1
平均值	643.78	—	—	—	—	—	—	154.9	34.3	99.7	15.7	110.3	74.2	24.7

注：综合评级：A—好，B—较好，C—中等，D——般。

表 31-8-9　中早粳中熟组区试品种在各试点的产量、生育期及经济性状表现（中作 1704）

品种名称/试验点	亩产（千克）	产量位次	比 CK±%	综合评级	播种期（月/日）	齐穗期（月/日）	成熟期（月/日）	全生育期（天）	有效穗（万/亩）	株高（厘米）	穗长（厘米）	总粒数（粒/穗）	结实率（%）	千粒重（克）
吉林省农业科学院水稻所	521.23	12	-6.48	D	04/16	08/06	09/25	162	25.5	92.5	16.3	107.1	86.7	29.0
宁夏农业科学院作物所	826.65	4	7.08	B	04/17	07/30	09/15	151	46.0	91.4	15.9	86.2	94.9	25.0
宁夏吴忠市利通区种子管理站	765.63	6	-3.01	B	04/17	08/01	09/15	151	20.9	84.3	17.6	99.0	85.9	23.4
新疆农一师农科所	759.28	5	2.32	C	04/21	08/01	09/16	148	27.8	82.6	15.5	102.2	92.6	28.6
新疆农业科学院粮作所	709.46	10	1.31	A	04/23	08/13	10/03	163	28.1	104.3	17.3	113.3	92.5	25.5
翁牛特旗塔拉农作物机械化种植专业合作社	641.92	8	2.40	B	04/15	08/10	09/27	165	31.2	94.5	13.5	96.4	67.8	29.5
辽宁开原市农科所	658.14	1	11.66	A	04/19	08/10	09/28	162	30.3	94.7	15.5	95.1	65.4	29.5
辽宁省水稻研究所	552.32	7	5.32	B	05/04	08/09	09/27	146	23.7	100.2	15.4	108.8	85.5	27.1
辽宁省铁岭市农业科学院	608.49	5	3.20	B	04/10	08/01	09/24	167	32.6	99.9	16.5	114.8	61.7	29.2
平均值	671.46	—	—	—	—	—	—	157.2	29.6	93.8	15.9	102.5	81.4	27.4

注：综合评级：A—好，B—较好，C—中等，D——般。

表 31-8-10　中早粳中熟组区试品种在各试点的产量、生育期及经济性状表现（沈农稻 546）

品种名称/试验点	亩产（千克）	产量位次	比 CK±%	综合评级	播种期（月/日）	齐穗期（月/日）	成熟期（月/日）	全生育期（天）	有效穗（万/亩）	株高（厘米）	穗长（厘米）	总粒数（粒/穗）	结实率（%）	千粒重（克）
吉林省农业科学院水稻所	566.03	8	1.56	C	04/16	08/06	09/25	162	21.4	109.9	17.0	120.0	88.3	25.6
宁夏农业科学院作物所	792.04	8	2.60	C	04/17	07/30	09/14	150	39.9	106.4	16.6	102.2	88.8	22.9
宁夏吴忠市利通区种子管理站	806.92	2	2.22	A	04/17	08/05	09/19	155	24.9	103.8	19.3	123.0	84.6	23.4
新疆农一师农科所	728.68	9	-1.80	C	04/21	08/05	09/15	147	30.9	100.9	15.5	97.3	91.5	25.2
新疆农业科学院粮作所	721.16	6	2.98	A	04/23	08/11	10/03	163	27.6	96.6	12.6	96.5	76.9	24.3
翁牛特旗塔拉农作物机械化种植专业合作社	648.61	6	3.47	A	04/15	08/15	09/27	165	28.9	102.1	13.4	85.4	96.1	26.8
辽宁开原市农科所	624.54	4	5.96	A	04/19	08/12	09/27	161	27.2	112.3	17.3	114.1	82.0	25.5
辽宁省水稻研究所	571.38	3	8.96	A	05/04	08/09	09/24	143	22.5	112.9	17.6	146.6	86.7	23.3
辽宁省铁岭市农业科学院	571.38	12	-3.09	C	04/10	08/05	09/25	168	39.9	120.1	15.8	105.8	69.1	25.1
平均值	670.08	—	—	—	—	—	—	157.1	29.2	107.2	16.1	110.1	84.9	24.7

注：综合评级：A—好，B—较好，C—中等，D——般。

表 31-8-11　中早粳中熟组区试品种在各试点的产量、生育期及经济性状表现（锦稻 301）

品种名称/试验点	亩产（千克）	产量位次	比 CK± %	综合评级	播种期（月/日）	齐穗期（月/日）	成熟期（月/日）	全生育期（天）	有效穗（万/亩）	株高（厘米）	穗长（厘米）	总粒数（粒/穗）	结实率（%）	千粒重（克）
吉林省农业科学院水稻所	540.29	11	-3.06	D	04/16	07/31	09/18	155	23.3	116.9	18.9	137.4	82.7	21.9
宁夏农业科学院作物所	793.04	7	2.73	C	04/17	07/26	09/09	145	40.9	110.2	17.7	107.1	90.0	20.3
宁夏吴忠市利通区种子管理站	748.75	11	-5.15	D	04/17	07/30	09/16	152	35.6	117.4	22.0	134.0	76.1	19.8
新疆农一师农科所	787.70	2	6.15	B	04/21	07/24	09/14	146	34.9	102.5	16.8	117.2	92.4	19.4
新疆农业科学院粮作所	719.83	7	2.79	B	04/23	08/13	09/25	155	28.6	92.7	15.4	106.2	78.3	22.5
翁牛特旗塔拉农作物机械化种植专业合作社	682.05	2	8.80	A	04/15	08/04	09/24	162	24.3	120.4	17.2	134.5	90.4	22.3
辽宁开原市农科所	548.48	13	-6.95	D	04/19	08/02	09/18	152	27.8	110.7	19.0	127.4	72.9	22.5
辽宁省水稻研究所	557.84	6	6.37	B	05/04	08/05	09/26	145	17.4	117.6	19.9	151.6	92.9	21.9
辽宁省铁岭市农业科学院	533.60	13	-9.50	D	04/10	08/30	09/23	166	32.9	119.5	17.8	124.4	77.9	21.8
平均值	656.84	—	—	—	—	—	—	153.1	29.5	112.0	18.3	126.6	83.7	21.4

注：综合评级：A—好，B—较好，C—中等，D——一般。

表 31-8-12　中早粳中熟组区试品种在各试点的产量、生育期及经济性状表现（沈稻 158）

品种名称/试验点	亩产（千克）	产量位次	比 CK± %	综合评级	播种期（月/日）	齐穗期（月/日）	成熟期（月/日）	全生育期（天）	有效穗（万/亩）	株高（厘米）	穗长（厘米）	总粒数（粒/穗）	结实率（%）	千粒重（克）
吉林省农业科学院水稻所	568.04	7	1.92	C	04/16	08/07	09/26	163	21.2	112.8	18.0	142.9	89.3	23.9
宁夏农业科学院作物所	749.41	12	-2.92	C	04/17	07/30	09/14	150	31.9	106.2	18.1	121.3	87.0	21.9
宁夏吴忠市利通区种子管理站	763.46	7	-3.28	C	04/17	08/05	09/19	155	27.3	105.1	16.7	92.0	81.5	21.8
新疆农一师农科所	825.98	1	11.31	A	04/21	08/03	09/16	148	32.6	96.4	15.7	105.3	95.0	24.1
新疆农业科学院粮作所	715.14	8	2.12	B	04/23	08/05	10/01	161	31.9	96.1	14.6	98.3	80.8	24.7
翁牛特旗塔拉农作物机械化种植专业合作社	529.92	13	-15.47	B	04/15	08/08	09/28	166	24.9	109.2	16.3	118.3	88.9	26.2
辽宁开原市农科所	632.4	3	7.29	A	04/19	08/02	09/26	160	25.2	114.6	19.8	184.9	71.3	25.5
辽宁省水稻研究所	591.94	2	12.88	A	05/04	08/09	09/25	144	27.1	119.2	19.2	170.0	90.4	24.2
辽宁省铁岭市农业科学院	617.02	4	4.65	B	04/10	08/05	09/25	168	29.5	113.8	17.8	137.2	74.1	25.4
平均值	665.92	—	—	—	—	—	—	157.2	28.0	108.2	17.4	130.0	84.3	24.2

注：综合评级：A—好，B—较好，C—中等，D——一般。

表 31-8-13　中早粳中熟组区试品种在各试点的产量、生育期及经济性状表现（秋光）

品种名称/试验点	亩产（千克）	产量位次	比 CK± %	综合评级	播种期（月/日）	齐穗期（月/日）	成熟期（月/日）	全生育期（天）	有效穗（万/亩）	株高（厘米）	穗长（厘米）	总粒数（粒/穗）	结实率（%）	千粒重（克）
吉林省农业科学院水稻所	557.34	9	0	C	04/16	08/01	09/19	156	29.7	106.6	18.3	79.7	86.8	26.2
宁夏农业科学院作物所	771.98	10	0	C	04/17	07/24	09/09	145	54.5	100.6	17.1	77.4	89.7	24.5
宁夏吴忠市利通区种子管理站	789.37	4	0	B	04/17	07/30	09/16	152	30.4	96.3	16.7	116.0	87.9	24.7
新疆农一师农科所	742.06	7	0	C	04/21	07/24	09/10	142	39.7	91.8	15.7	81.3	95.0	25.4
新疆农业科学院粮作所	700.27	11	0	B	04/23	08/10	09/29	159	40.1	94.7	15.2	108.8	82.6	25.4
翁牛特旗塔拉农作物机械化种植专业合作社	626.88	11	0	—	04/15	08/07	09/25	163	27.5	109.7	17.4	96.4	78.2	26.2
辽宁开原市农科所	589.43	11	0	C	04/19	08/05	09/25	159	44.8	110.5	16.5	91.7	67.9	27.3
辽宁省水稻研究所	524.41	13	0	C	05/04	08/06	09/25	144	28.7	109.5	19.8	101.4	83.2	26.0
辽宁省铁岭市农业科学院	589.60	8	0	B	04/10	07/30	09/23	166	36.0	106.6	17.5	82.4	72.2	27.3
平均值	654.59	—	—	—	—	—	—	154	36.8	102.9	17.1	92.8	82.6	25.9

注：综合评级：A—好，B—较好，C—中等，D—一般。

表 31-9　中早粳中熟组生产试验品种在各试点的主要性状表现

品种名称/试验点	亩产（千克）	比 CK±%	播种期（月/日）	移栽期（月/日）	齐穗期（月/日）	成熟期（月/日）	全生育期（天）	耐寒性	整齐度	杂株率（%）	熟期转色	倒伏程度	落粒性	叶瘟	穗颈瘟	白叶枯病	纹枯病
通育 265																	
宁夏农业科学院作物所	666.00	3.64	04/16	05/16	07/25	09/10	147	未发	整齐	0	中	直	难	轻	轻	未发	未发
新疆农业科学院粮作所	655.32	1.26	04/23	05/24	08/10	09/28	158	未发	整齐	0	好	直	难	未发	未发	未发	未发
辽宁开原市农科所	633.65	6.89	04/19	05/27	08/05	09/25	159	中	整齐	—	差	直	难	轻	未发	未发	轻
辽宁省铁岭市农业科学院	647.77	8.89	04/10	05/19	07/29	09/19	162	强	整齐	0	好	—	难	未发	未发	未发	轻
平均值	650.69	5.06	—	—	—	—	156.5	—	—	—	—	—	—	—	—	—	—
吉大 788																	
宁夏农业科学院作物所	693.22	7.88	04/16	05/16	07/22	09/06	143	未发	整齐	0	好	直	难	中	轻	未发	未发
新疆农业科学院粮作所	669.98	3.53	04/23	05/24	08/11	09/29	159	未发	整齐	0	好	直	难	未发	未发	未发	未发
辽宁开原市农科所	611.42	3.14	04/19	05/27	08/05	09/23	157	强	整齐	—	中	直	难	无	未发	未发	轻
辽宁省铁岭市农业科学院	625.74	5.19	04/10	05/19	08/01	09/22	165	中	整齐	0	好	倒	难	未发	未发	未发	轻
平均值	650.09	4.96	—	—	—	—	156	—	—	—	—	—	—	—	—	—	—
秋光（CK）																	
宁夏农业科学院作物所	642.58	0	04/16	05/16	07/24	09/09	146	未发	整齐	0	好	直	难	轻	轻	未发	未发
新疆农业科学院粮作所	647.15	0	04/23	05/24	08/11	09/25	155	未发	整齐	0	好	斜	难	未发	未发	未发	未发
辽宁开原市农科所	592.83	0	04/19	05/27	08/07	09/24	158	中	整齐	—	中	斜	难	无	未发	未发	中
辽宁省铁岭市农业科学院	594.89	0	04/10	05/19	08/01	09/25	168	强	整齐	0	好	斜	难	未发	未发	未发	轻
平均值	619.36	—	—	—	—	—	156.8	—	—	—	—	—	—	—	—	—	—

第三十二章　2018 年早粳晚熟组国家水稻品种试验汇总报告

一、试验概况

（一）试验目的

鉴定评价我国早粳晚熟组稻区选育和引进的水稻新品种（组合，下同）的丰产性、稳产性、适应性、抗逆性、米质及其他重要特征特性表现，为国家水稻品种审定提供科学依据。

（二）参试品种

区试品种 12 个，全部为常规品种；其中吉洋 46、通粳 887、吉农大 538、松辽 639 为续试品种，其他品种为新参试品种，以吉玉粳（CK）为对照；生试品种 5 个，全部为常规品种，也以吉玉粳（CK）为对照。品种名称、类型、亲本组合、选育/供种单位见表 32-1。

（三）承试单位

区试点 9 个，生产试验点 5 个，分布在内蒙古、辽宁省、黑龙江省、吉林省、宁夏 5 个省区。承试单位、试验地点、经纬度、海拔高度、试验负责人及执行人见表 32-2。

（四）试验设计

各试验点均按照《2018 年北方稻区国家水稻品种试验实施方案》及 NY/T 1300—2007《农作物品种区域试验技术规范　水稻》进行试验。

区试采用完全随机区组设计，3 次重复，小区面积 0.02 亩。生产试验采用大区随机排列，不设重复，大区面积 0.5 亩。

同组试验所有参试品种同期播种、移栽，施肥水平中等偏上，其他栽培管理措施与当地大田生产相同。

观察记载项目与标准按 NY/T 1300—2007《农作物品种区域试验技术规范　水稻》《国家水稻品种试验观察记载项目、方法及标准》《北方稻区国家水稻品种区试及生产试验记载表》等的要求执行。

（五）特性鉴定

抗性鉴定：吉林省农业科学院植保所、通化市农业科学院和辽宁省农业科学院植保所负责稻瘟病抗性鉴定，采用人工接菌与病区自然诱发相结合。鉴定用种由中国农业科学院作物科学研究所统一提供，稻瘟病鉴定结果由吉林省农业科学院植保所负责汇总。

米质分析：吉林省农业科学院水稻所、辽宁开原市农科所和宁夏农业科学院作物所提供米质分析样品，农业农村部食品质量监督检验测试中心（武汉）负责米质分析。

DNA 指纹鉴定：中国农业科学院作物科学研究所负责参试品种的特异性及续试品种年度间的一致性检测。

转基因检测：由深圳市农业科技促进中心［农业农村部农作物种子质量和转基因成分监督检验测试中心（深圳）］进行转基因鉴定。

（六）试验执行情况

依据 NY/T 1300—2007《农作物品种区域试验技术规范　水稻》，参考区试考察情况及试验点特殊事件报备情况，对各试验点试验结果的可靠性、有效性、准确性进行分析评估，确保汇总质量。2018 年宁夏区原种场试点由于暴风雨造成区试多数品种倒伏，对照产量较低，试验报废，不予汇总，其余点试验结果正常，列入汇总。

（七）统计分析

统计分析汇总在试运行的“国家水稻品种试验数据管理平台”上进行。

产量联合方差分析采用混合模型，品种间差异多重比较采用 Duncan's 新复极差法。品种丰产性主要以品种在区试和生产试验中相对于对照产量的高低衡量；参试品种的适应性以品种在区试中较对照增产的试验点比例衡量；参试品种的稳产性主要以品种在年度间区试中较对照品种产量的差异变化程度衡量。

参试品种的生育期主要以全生育期较对照品种生育期的长短天数衡量。

参试品种的抗性以指定鉴定单位的鉴定结果为主要依据，对稻瘟病抗性的主要评价指标为综合指数和穗瘟损失率最高级，对其他病虫害抗性的主要评价指标为最高级。

参试品种的米质评价按照农业行业标准 NY/T 593—2013《食用稻品种品质》，分优质一级、优质二级、优质三级，未达到优质的品种米质均为普通级。

二、结果分析

（一）产量

2018 年区域试验中，吉玉粳（CK）平均亩产 551.86 千克，居第 11 位。依据比对照增减产幅度：通粳 887、吉作 188、吉农大 538、吉大 211 和松辽 639 产量高，比吉玉粳（CK）增产 5%以上；中科发 10 号产量较高，比吉玉粳（CK）增产 3.79%；沈稻 171、吉粳 312 和龙稻 27 产量中等，比吉玉粳（CK）增减产 3%以内；中龙粳 8 号产量一般，比吉玉粳（CK）减产 6.84%。区试及生产试验产量汇总结果见表 32-3、表 32-4。

（二）生育期

2018 年区域试验中，吉玉粳（CK）全生育期 145.3 天。依据全生育期比对照品种长短的天数衡量：所有品种熟期适中，全生育期都较龙稻 20（CK）相差 5 天以内。品种全生育期及比对照长短天数见表 32-3。

（三）主要农艺及经济性状

区试品种有效穗、株高、穗长、每穗总粒数、结实率、千粒重等主要农艺经济性状汇总结果见表 32-3。

（四）抗病性

所有品种稻瘟病综合抗性指数均未超过 5.0；中科发 10 号、松辽 639、吉粳 312、龙稻 27、中龙粳 8 号、通粳 887 和吉玉粳（CK）穗瘟损失率最高级均等于或大于 7 级，其他品种穗瘟损失率最高级均小于或等于 5 级，其中，吉洋 46 穗瘟损失率最高级 1 级。

品种在各稻瘟病抗性鉴定点的鉴定结果及汇总结果见表 32-5 和表 32-6。

（五）米质

依据农业行业标准 NY/T 593—2013《食用稻品种品质》，中科发 10 号和沈稻 171 米质达部标优质二级，吉洋 46、松辽 639、吉农大 538、龙稻 27、中龙粳 8 号、吉农大 673 和吉大 211 米质达部标优质三级，其他品种米质均为普通级。

区试品种米质性状表现和综合评级结果见表 32-7。

（六）品种在各试点表现

区试品种在各试点的表现情况见表 32-8-1 至表 32-8-7。

生试品种在各试点的表现情况见表 32-9-1 至表 32-9-3。

三、品种评价

（一）生产试验品种

1. 长选 808

2016 年初试平均亩产 652.5 千克，较吉玉粳（CK）增产 0.94%，增产点比例 62.5%。2017 年续试平均亩产 649.63 千克，较吉玉粳（CK）增产 5.53%，增产点比例 88.9%。两年区域试验平均亩产 650.98 千克，较吉玉粳（CK）增产 3.31%，增产点比例 76.5%。2018 年生产试验平均亩产 583.94 千克，较对照吉玉粳增产 4.85%，增产点比例 80.0%。全生育期两年区试平均 151.1 天，比吉玉粳（CK）晚熟 5.8 天。主要农艺性状两年区试综合表现：有效穗 25.8 万穗/亩，株高 99.9 厘米，穗长 15.6 厘米，每穗总粒数 123.4 粒，结实率 90.1%，千粒重 23.7 克。抗性：稻瘟病综合指数两年分别为 1.3 级和 1.7 级，穗瘟损失率最高级 5 级。主要米质指标两年综合表现：糙米率 83%，整精米率 68.1%，垩白度 3%，透明度 1 级，直链淀粉含量 16.5%，胶稠度 60 毫米，碱消值 7.0，达部标优质三级。

2018 年国家水稻品种试验年会审议意见：已完成试验程序，可以申报国家审定。

2. 吉洋 46

2017 年初试平均亩产 676.11 千克，较吉玉粳（CK）增产 9.83%，增产点比例 100%。2018 年续试平均亩产 611.37 千克，较吉玉粳（CK）增产 10.78%，增产点比例 100.0%。两年区域试验平均亩产 687.58 千克，较吉玉粳（CK）增产 10.26%，增产点比例 100%。2018 年生产试验平均亩产 599.78 千克，较吉玉粳（CK）增产 7.69%，增产点比例 100.0%。全生育期两年区试平均 149.7 天，比吉玉粳（CK）晚熟 5.2 天。主要农艺性状两年区试综合表现：有效穗 24.4 万穗/亩，株高 108.4 厘米，穗长 18.7 厘米，每穗总粒数 124.2 粒，结实率 86%，千粒重 25.2 克。抗性：稻瘟病综合指数两年分别为 1.8 级和 1.6 级，穗瘟损失率最高级 1 级。主要米质指标两年综合表现：糙米率 85.6%，整精米率 73.5%，垩白度 5.0%，透明度 1 级，直链淀粉含量 14%，胶稠度 68 毫米，碱消值 6.8，达部标优质三级。

2018 年国家水稻品种试验年会审议意见：已完成试验程序，可以申报国家审定。

3. 通粳 887

2017 年初试平均亩产 663.44 千克，较吉玉粳（CK）增产 7.78%，增产点比例 100.0%。2018 年续试平均亩产 605.98 千克，较吉玉粳（CK）增产 9.81%，增产点比例 100.0%。两年区域试验平均亩产 638.94 千克，较吉玉粳（CK）增产 8.68%，增产点比例 100%。2018 年生产试验平均亩产 591.17 千克，较吉玉粳（CK）增产 6.15%，增产点比例 80.0%。全生育期两年区试平均 146.9 天，比吉玉粳（CK）晚熟 2.4 天。主要农艺性状两年区试综合表现：有效穗 31.4 万穗/亩，株高 102.4 厘米，穗长 17.3 厘米，每穗总粒数 94.9 粒，结实率 89.5%，千粒重 25.2 克。抗性：稻瘟病综合指数两年分别为 1.9 级和 4.5 级，穗瘟损失率最高级 9 级。主要米质指标两年综合表现：糙米率 84.7%，整精米率 72.5%，垩白度 7.8%，透明度 1 级，直链淀粉含量 15.2%，胶稠度 68 毫米，碱消值 6.7。

2018 年国家水稻品种试验年会审议意见：已完成试验程序，可以申报国家审定。

4. 松辽 639

2017 年初试平均亩产 643.02 千克，较吉玉粳（CK）增产 4.46%，增产点比例 77.8%。2018 年续试平均亩产 586.32 千克，较吉玉粳（CK）增产 6.24%，增产点比例 100.0%。两年区域试验平均亩产616.34千克，较吉玉粳（CK）增产5.25%，增产点比例82.4%。2018年生产试验平均亩产583.56千克，较吉玉粳（CK）增产4.78%，增产点比例80.0%。全生育期两年区试平均149.5天，比吉玉粳（CK）晚熟5天。主要农艺性状两年区试综合表现：有效穗25.9万穗/亩，株高108.6厘米，穗长17.5厘米，每穗总粒数120.7粒，结实率89.0%，千粒重23.1克。抗性：稻瘟病综合指数两年分别为2.5级和3.2级，穗瘟损失率最高级7级。主要米质指标两年综合表现：糙米率85.1%，整精米率74.9%，垩白度4.3%，透明度1级，直链淀粉含量14.6%，胶稠度73毫米，碱消值6.8，达部标优质三级。

2018年国家水稻品种试验年会审议意见：已完成试验程序，可以申报国家审定。

5. 吉农大538

2017年初试平均亩产642.91千克，较吉玉粳（CK）增产4.44%，增产点比例100%。2018年续试平均亩产594.26千克，较吉玉粳（CK）增产7.68%，增产点比例100.0%。两年区域试验平均亩产620.02千克，较吉玉粳（CK）增产5.88%，增产点比例100%。2018年生产试验平均亩产627.89千克，较吉玉粳（CK）增产12.74%，增产点比例100%。全生育期两年区试平均148.6天，比吉玉粳（CK）晚熟4.1天。主要农艺性状两年区试综合表现：有效穗26.0万穗/亩，株高113.8厘米，穗长17.9厘米，每穗总粒数103粒，结实率88.4%，千粒重24.5克。抗性：稻瘟病综合指数两年分别为1.9级和1.9级，穗瘟损失率最高级5级。主要米质指标：糙米率83.1%，整精米率69.8%，垩白度3.2%，透明度1级，直链淀粉含量14.8%，胶稠度64毫米，碱消值6.8，达部标优质三级。

2018年国家水稻品种试验年会审议意见：已完成试验程序，可以申报国家审定。

（二）初试品种

1. 吉农大673

2018年初试平均亩产610.31千克，比吉玉粳（CK）增产10.59%，增产点比例100.0%。全生育期148.9天，比吉玉粳（CK）晚熟3.6天。主要农艺性状表现：有效穗22.0万穗/亩，株高111.1厘米，穗长19.5厘米，总粒数149.3粒/穗，结实率82.0%，千粒重22.3克。抗性：稻瘟病综合指数1.9级，穗瘟损失率最高级5级。主要米质指标：糙米率84.2%，整精米率74.4%，垩白度4.4%，透明度1级，直链淀粉含量13.9%，胶稠度77毫米，碱消值6.7，达部标优质三级。

2018年国家水稻品种试验年会审议意见：2019年续试并进行生产试验。

2. 吉作188

2018年初试平均亩产604.94千克，比吉玉粳（CK）增产9.62%，增产点比例87.5%。全生育期147.8天，比吉玉粳（CK）晚熟2.5天。主要农艺性状表现：有效穗22.1万穗/亩，株高105.3厘米，穗长17.3厘米，总粒数150.5粒/穗，结实率83.9%，千粒重21.3克。抗性：稻瘟病综合指数3.0级，穗瘟损失率最高级5级。主要米质指标：糙米率83.9%，整精米率74.5%，垩白度9.6%，透明度2级，直链淀粉含量14.4%，胶稠度68毫米，碱消值6.7。

2018年国家水稻品种试验年会审议意见：2019年续试并进行生产试验。

3. 吉大211

2018年初试平均亩产588.03千克，比吉玉粳（CK）增产6.55%，增产点比例87.5%。全生育期147.8天，比吉玉粳（CK）晚熟2.5天。主要农艺性状表现：有效穗27.4万穗/亩，株高96.7厘米，穗长15.4厘米，总粒数114.5粒/穗，结实率89.2%，千粒重23.1克。抗性：稻瘟病综合指数1.5级，穗瘟损失率最高级3级。主要米质指标：糙米率81.6%，整精米率65.3%，垩白度4.6%，透明度1级，直链淀粉含量15.2%，胶稠度60毫米，碱消值6.8，达部标优质三级。

2018年国家水稻品种试验年会审议意见：2019年续试并进行生产试验。

4. 中科发10号

2018年初试平均亩产572.78千克，比吉玉粳（CK）增产3.79%，增产点比例100.0%。全生育期149.0天，比吉玉粳（CK）晚熟3.8天。主要农艺性状表现：有效穗30.7万穗/亩，株高103.1厘米，穗长17.9厘米，总粒数105.7粒/穗，结实率80.0%，千粒重24.0克。抗性：稻瘟病综合指数4.4级，穗瘟损失率最高级9级。主要米质指标：糙米率83.9%，整精米率72.7%，垩白度2.3%，透明度 1 级，直链淀粉含量 14.7%，胶稠度 74 毫米，碱消值 7.0，达部标优质二级。

2018 年国家水稻品种试验年会审议意见：终止试验。

5. 沈稻 171

2018 年初试平均亩产 560.28 千克，比吉玉粳（CK）增产 1.53%，增产点比例 62.5%。全生育期 148.6 天，比吉玉粳（CK）晚熟 3.4 天。主要农艺性状表现：有效穗 24.7 万穗/亩，株高 115.5 厘米，穗长 16.3 厘米，总粒数 110.5 粒/穗，结实率 83.0%，千粒重 26.3 克。抗性：稻瘟病综合指数 1.8 级，穗瘟损失率最高级 5 级。主要米质指标：糙米率 83.9%，整精米率 72.7%，垩白度 2.3%，透明度 1 级，直链淀粉含量 14.7%，胶稠度 74 毫米，碱消值 7.0，达部标优质二级。

2018 年国家水稻品种试验年会审议意见：2019 年续试并进行生产试验。

6. 吉粳 312

2018 年初试平均亩产 555.9 千克，比吉玉粳（CK）增产 0.73%，增产点比例 62.5%。生育期 146.4 天，比吉玉粳（CK）晚熟 1.1 天。主要农艺性状表现：有效穗 24.4 万穗/亩，株高 96.5 厘米，穗长 16.5 厘米，总粒数 129.6 粒/穗，结实率 88.5%，千粒重 22.9 克。抗性：稻瘟病综合指数 3.9 级，穗瘟损失率最高级 7 级。主要米质指标：糙米率 82.0%，整精米率 65.8%，垩白度 5.8%，透明度 1 级，直链淀粉含量 14.9%，胶稠度 60 毫米，碱消值 6.3。

2018 年国家水稻品种试验年会审议意见：终止试验。

7. 龙稻 27

2018 年初试平均亩产 537.49 千克，比吉玉粳（CK）减产 2.61%，增产点比例 37.5%。全生育期 143.8 天，比吉玉粳（CK）早熟 1.5 天。主要农艺性状表现：有效穗 30.8 万穗/亩，株高 101.9 厘米，穗长 17.6 厘米，总粒数 93.0 粒/穗，结实率 88.5%，千粒重 23.1 克。抗性：稻瘟病综合指数 2.9 级，穗瘟损失率最高级 9 级。主要米质指标：糙米率 83.2%，整精米率 67.8%，垩白度 3.9%，透明度 1 级，直链淀粉含量 15.0%，胶稠度 71 毫米，碱消值 6.0，达部标优质三级。

2018 年国家水稻品种试验年会审议意见：终止试验。

8. 中龙粳 8 号

2018 年初试平均亩产 514.1 千克，比吉玉粳（CK）减产 6.84%，增产点比例 37.5%。全生育期 140.9 天，比吉玉粳（CK）早熟 4.4 天。主要农艺性状表现：有效穗 26.6 万穗/亩，株高 89.9 厘米，穗长 17.8 厘米，总粒数 94.6 粒/穗，结实率 87.4%，千粒重 25.1 克。抗性：稻瘟病综合指数 2.3 级，穗瘟损失率最高级 7 级。主要米质指标：糙米率 82.8%，整精米率 65.5%，垩白度 4.3%，透明度 1 级，直链淀粉含量 14.5%，胶稠度 62 毫米，碱消值 6.5，达部标优质三级。

2018 年国家水稻品种试验年会审议意见：终止试验。

表 32-1　2018 年早粳晚熟组参试品种基本情况

编号	品种名称	品种类型	亲本组合	申请单位（选育/供种单位）
区试				
G9	吉洋 46	常规稻	JY67/吉粳 88	梅河口吉洋种业有限责任公司、吉林省吉阳农业科学研究院
G13	通粳 887	常规稻	通粳 797/吉粳 88	通化市农业科学研究院
G7	吉农大 538	常规稻	松粳 3/吉粳 86	吉林农业大学
G2	松辽 639	常规稻	松辽 06-6/吉粳 83	公主岭市松辽农业科学研究所
G4	*龙稻 27	常规稻	吉粳 88/松粳 9	黑龙江省农业科学院耕作栽培研究所
G5	*中龙粳 8 号	常规稻	誉丰 7 号/稻花香 2 号	中国科学院北方粳稻分子育种联合研究中心、中国科学院遗传与发育生物学研究所、中国农业科学院深圳基因组研究所
G6	*吉作 188	常规稻	JY201/吉粳 88	梅河口吉洋种业有限责任公司、吉林省吉阳农业科学研究院
G8	*吉农大 673	常规稻	吉农大 19/松粳 3	吉林农业大学
G3	*吉粳 312	常规稻	08F1-32/吉粳 88	吉林省农业科学院
G12	*吉大 211	常规稻	长白 19 号/通育 8 号	吉林大学植物科学学院、公主岭市金福源农业科技有限公司
G1	*中科发 10 号	常规稻	空育 131/南方长粒粳//空育 131/K22///空育 131	中国科学院遗传与发育生物学研究所
G10	*沈稻 171	常规稻	吉粳 88/沈稻 9 号	沈阳裕赓种业有限公司
G11	吉玉粳	常规稻	恢 73/秋光	吉林省农业科学院水稻所
生产试验				
1	吉洋 46	常规稻	JY67/吉粳 88	梅河口吉洋种业有限责任公司，吉林省吉阳农业科学研究院
2	通粳 887	常规稻	通粳 797/吉粳 88	通化市农业科学研究院
3	吉农大 538	常规稻	松粳 3/吉粳 86	吉林农业大学
4	松辽 639	常规稻	松辽 06-6/吉粳 83	公主岭市松辽农业科学研究所
5	长选 808	常规稻	特优 8/五优一	长春市农业科学院水稻所
6	吉玉粳	常规稻	恢 73/秋光	吉林省农业科学院水稻所

注：*2018 年新参试品种。

表 32-2　2018 年早粳晚熟组区试与生产试点基本情况

承试单位	试验地点	经度	纬度	海拔（米）	试验负责人及执行人
吉林市农业科学院水稻所▲	吉林市九站	126°28′	43°57′	183.4	王孝甲
吉林省农业科学院水稻所	吉林公主岭市南崴子	124°48′	43°31′	200.1	全成哲
吉林省通化市农业科学院	吉林省梅河口市海龙镇	125°38′	42°31′	339.9	初秀成
宁夏农业科学院作物所	宁夏永宁县王太堡	106°06′	38°17′	1118.0	强爱玲
宁夏区原种场▲	宁夏银川市贺兰县北郊宁夏原种场	106°22′	38°35′	1100.0	黄玉锋
翁牛特旗塔拉农作物机械化种植专业合作社▲	翁牛特旗乌丹镇少郎河大街行政办公区5 号楼 709 室	119°45′	42°48′	410.0	张志刚
辽宁开原市农科所	辽宁开原市铁西街义和路 66 号	124°03′	42°32′	98.2	齐国锋
辽宁省桓仁瑞丰大田作物种植专业合作社▲	桓仁县桓仁镇永红街 03 组 3 栋 0 单元14 号	125°21′	41°16′	240.3	王祥久
黑龙江省哈尔滨种子管理处▲	哈尔滨市道里区前进路运华广场 401 栋	127°09′	44°54′	194.6	王秀梅、关云志、冯延楠

注：▲同时承担区试和生产试验。

表 32-3　早粳晚熟组区试品种产量及主要性状汇总分析结果

品种名称	区试年份	亩产（千克）	比 CK± %	增产点比例（%）	5%显著性	1%显著性	生育期（天）	比 CK± 天	有效穗（万/亩）	株高（厘米）	穗长（厘米）	总粒数（粒/穗）	结实率（%）	千粒重（克）
吉玉粳	2017—2018	585.59					144.5	0.0	31.1	102.9	17.1	95.9	88.8	23.8
吉洋 46	2017—2018	687.58	10.26	100.0			149.7	5.2	24.4	108.4	18.7	124.2	86.0	25.2
通粳 887	2017—2018	638.94	8.68	100.0			146.9	2.4	31.4	102.4	17.3	94.9	89.5	25.2
松辽 639	2017—2018	616.34	5.25	82.4			149.5	5.0	25.9	108.6	17.5	120.7	89.0	23.1
吉农大 538	2017—2018	620.02	5.88	100.0			148.6	4.1	26.0	113.8	17.9	103.0	88.4	24.5
吉洋 46	2018	611.37	10.78	100.0	a	A	149.0	3.8	24.7	107.1	18.8	122.0	87.4	25.0
吉农大 673	2018	610.31	10.59	100.0	a	AB	148.9	3.6	22.0	111.1	19.5	149.3	82.0	22.3
通粳 887	2018	605.98	9.81	100.0	ab	AB	145.6	0.4	31.4	103.5	17.6	93.6	90.4	24.8
吉作 188	2018	604.94	9.62	87.5	ab	AB	147.8	2.5	22.1	105.3	17.3	150.5	83.9	21.3

（续表）

品种名称	区试年份	亩产（千克）	比 CK±%	增产点比例（%）	5%显著性	1%显著性	生育期（天）	比 CK±天	有效穗（万/亩）	株高（厘米）	穗长（厘米）	总粒数（粒/穗）	结实率（%）	千粒重（克）
吉农大 538	2018	594.26	7.68	100.0	bc	BC	148.1	2.9	25.2	111.9	18.7	103.3	89.3	24.5
吉大 211	2018	588.03	6.55	87.5	c	CD	147.8	2.5	27.4	96.7	15.4	114.5	89.2	23.1
松辽 639	2018	586.32	6.24	87.5	c	CD	148.4	3.1	25.4	110.3	17.6	115.9	92.0	23.3
中科发 10 号	2018	572.78	3.79	100.0	d	DE	149.0	3.8	30.7	103.1	17.9	105.7	80.0	24.0
沈稻 171	2018	560.28	1.53	62.5	e	EF	148.6	3.4	24.7	115.5	16.3	110.5	83.0	26.3
吉粳 312	2018	555.90	0.73	62.5	e	F	146.4	1.1	24.4	96.5	16.5	129.6	88.5	22.9
吉玉粳	2018	551.86	0	0	e	FG	145.3	0	32.0	102.5	17.2	93.0	87.9	23.2
龙稻 27	2018	537.49	-2.61	37.5	f	G	143.8	-1.5	30.8	101.9	17.6	93.0	88.5	23.1
中龙粳 8 号	2018	514.10	-6.84	37.5	g	H	140.9	-4.4	26.6	89.9	17.8	94.6	87.4	25.1

表 32-4　早粳晚熟组生产试验品种主要性状汇总表

品种名称	产量			生育期	
	亩产（千克）	比 CK±%	增产点比例（%）	生育期（天）	生育期比 CK±天
吉洋 46	599.78	7.69	100.0	144.8	3.2
通粳 887	591.17	6.15	80.0	142.0	0.4
吉农大 538	627.89	12.74	100	142.4	0.8
松辽 639	583.56	4.78	80.0	145.2	3.6
长选 808	583.94	4.85	80.0	145.2	3.6
吉玉粳	556.93			141.6	

表 32-5　2018 年早粳晚熟组水稻品种稻瘟病抗性鉴定结果

品种名称	苗瘟病级	通化市农业科学院					东丰县横道河					吉林省农业科学院					辽宁省农业科学院				
		叶瘟病级	发病率		损失率		叶瘟病级	发病率		损失率		叶瘟病级	发病率		损失率		叶瘟病级	发病率		损失率	
			%	级	%	级		%	级	%	级		%	级	%	级		%	级	%	级
中科发 10 号	4	0	32	7	15.0	3	8	92	9	66.9	9	5	4	1	1.2	1	1	26.8	7	13.9	3
松辽 639	5	1	7	3	0.4	1	1	7	3	1.4	1	1	12	5	7.9	3	0	74.1	9	45.2	7
吉粳 312	4	0	81	9	30.5	7	0	31	7	9.3	3	0	0	0	0	0	0	64.9	9	31.2	7
龙稻 27	3	0	95	9	55.8	9	2	19	5	2.2	1	2	4	1	0.2	1	1	3.7	1	1.1	1
中龙粳 8 号	0	2					3	100	9	49	7	1	1	1	1.0	1	1	9.5	3	3.3	1
吉作 188	2	3	16	5	1.7	1	2	7	3	0.4	1	2	19	5	10.9	3	0	31.5	7	17.2	5
吉农大 538	2	1	2	1	0.1	1	1	2	1	0.3	1	0	2	1	0.1	1	2	34.2	7	17.5	5
吉农大 673	0	0	3	1	0.2	1	2	7	3	1.3	1	1	2	1	0.1	1	0	41.7	7	26.3	5
吉洋 46	5	0	8	3	0.4	1	2	3	1	0.6	1	2	5	1	4.4	1	2	8.2	3	2.4	1
沈稻 171	0	0	3	1	0.2	1	0	5	1	0.3	1	1	1	1	0.1	1	2	38.5	7	16.8	5
吉玉粳（CK）	5	0	94	9	46.3	7	2	21	5	14.7	3	1	0	0	0	0	0	38.5	7	16.2	5
吉大 211	0	0	38	7	7.4	3	0	6	3	0.8	1	0	0	0	0	0	1	8.9	3	1.5	1
通粳 887	5	0	67	9	9.3	3	3	48	7	12.6	3	2	5	1	0.6	1	7	92.3	9	76.5	9

注：稻瘟病鉴定单位：吉林省农业科学院植保所、辽宁省农业科学院植保所和通化市农业科学院。

表 32-6　早粳晚熟组水稻品种对稻瘟病抗性综合评价汇总结果

品　种	区试年份	2018 年					2017 年		1~2 年综合评价	
		苗、叶瘟平均级	穗瘟发病率平均级	穗瘟损失率平均级	平均综合指数	穗瘟损失率（最高级）	平均综合指数	穗瘟损失率（最高级）	平均综合指数	穗瘟损失率（最高级）
松辽 639	2017—2018	1.6	5.0	3.0	3.2	7	2.5	3	2.9	7
吉农大 538	2017—2018	1.2	2.5	2.0	1.9	5	1.9	3	1.9	5
吉洋 46	2017—2018	2.2	2.0	1.0	1.6	1	1.8	1	1.7	1
吉玉粳	2017—2018	1.6	5.3	3.8	3.6	7	3.3	5	3.5	7
通粳 887	2017—2018	3.4	6.5	4.0	4.5	9	1.9	3	3.2	9
中科发 10 号	2018	3.6	6.0	4.0	4.4	9			4.4	9
吉粳 312	2018	0.8	6.3	4.3	3.9	7			3.9	7
龙稻 27	2018	1.6	4.0	3.0	2.9	9			2.9	9
中龙粳 8 号	2018	1.4	3.3	2.3	2.3	7			2.3	7
吉作 188	2018	1.8	5.0	2.5	3.0	5			3.0	5
吉农大 673	2018	0.6	3.0	2.0	1.9	5			1.9	5
沈稻 171	2018	0.6	2.5	2.0	1.8	5			1.8	5
吉大 211	2018	0.2	3.3	1.3	1.5	3			1.5	3

注：稻瘟病综合指数=叶瘟平均级×25%+穗瘟发病率平均级×25%+穗瘟损失率平均级×50%。

表 32-7　早粳晚熟组区试品种米质分析结果

品种名称	年份	糙米率（%）	精米率（%）	整精米率（%）	粒长（毫米）	粒型长宽比	垩白粒率（%）	垩白度（%）	直链淀粉含量（%）	胶稠度（毫米）	碱消值（级）	透明度（级）	部标（等级）
吉玉粳（CK）	2017—2018	83.4	73.5	64.3	4.5	1.6	21.0	6.2	14.5	68	6.3	1	普通
吉洋 46	2017—2018	85.6	76.6	73.5	4.8	1.8	14.7	5.0	14.0	68	6.8	1	优三
通粳 887	2017—2018	84.7	75.6	72.5	4.8	1.7	30.0	7.8	15.2	68	6.7	1	普通
松辽 639	2017—2018	85.1	77.1	74.9	4.4	1.7	12.7	4.3	14.6	73	6.8	1	优三
吉农大 538	2017—2018	83.1	75.4	69.8	4.9	1.8	11.3	3.2	14.8	64	6.8	1	优三
吉洋 46	2018	85.6	76.6	73.5	4.8	1.8	14.7	5.0	14.0	68	6.8	1	优三
通粳 887	2018	84.7	75.6	72.5	4.8	1.7	30.0	7.8	15.2	68	6.7	1	普通
吉农大 538	2018	83.1	75.4	69.8	4.9	1.8	11.3	3.2	14.8	64	6.8	1	优三
松辽 639	2018	85.1	77.1	74.9	4.4	1.7	12.7	4.3	14.6	73	6.8	1	优三
龙稻 27	2018	83.2	74.0	67.8	4.8	1.8	16.7	3.9	15.0	71	6.0	1	优三
中龙粳 8 号	2018	82.8	73.9	65.5	6.6	3.0	14.7	4.3	14.5	62	6.5	1	优三
吉作 188	2018	83.9	75.9	74.5	4.3	1.6	25.3	9.6	14.4	68	6.7	2	普通
吉粳 312	2018	82.0	74.6	65.8	5.1	2.1	19.3	5.8	14.9	60	6.3	1	普通
吉农大 673	2018	84.2	76.3	74.4	4.4	1.7	14.0	4.4	13.9	77	6.7	1	优三
吉大 211	2018	81.6	74.0	65.3	5.4	2.3	16.0	4.6	15.2	60	6.8	1	优三
中科发 10 号	2018	83.9	75.7	72.7	5.2	2.0	10.0	2.3	14.7	74	7.0	1	优二
沈稻 171	2018	83.9	75.7	72.7	5.2	2.0	10.0	2.3	14.7	74	7.0	1	优二
吉玉粳	2018	83.4	73.5	64.3	4.5	1.6	21.0	6.2	14.5	68	6.3	1	普通

注：1. 样品提供单位：吉林省农业科学院水稻所、辽宁开原市农科所和宁夏农业科学院作物所。

2. 检测分析单位：农业农村部食品质量监督检验测试中心（武汉）。

表 32-8-1　早粳晚熟组区试品种在各试点的产量、生育期及经济性状表现

品种名称/试验点	亩产（千克）	产量位次	比 CK±%	综合评级	播种期（月/日）	齐穗期（月/日）	成熟期（月/日）	全生育期（天）	有效穗（万/亩）	株高（厘米）	穗长（厘米）	总粒数（粒/穗）	结实率（%）	千粒重（克）
吉洋 46														
吉林市农业科学院水稻所	597.29	1	16.65	A	04/18	07/28	09/05	140	16.4	107.1	18.2	124.5	91.5	25.7
吉林省农业科学院水稻所	574.05	1	7.14	A	04/16	07/31	09/16	153	23.6	110.5	18.9	129.9	86.0	25.3
吉林省通化市农业科学院	591.77	7	2.02	C	04/12	07/31	09/15	156	20.3	113.4	21.7	107.6	82.2	25.8
宁夏农业科学院作物所	760.11	3	5.01	A	04/17	07/27	09/10	146	32.9	95.8	17.6	101.6	90.7	23.5
翁牛特旗塔拉农作物机械化种植专业合作社	606.82	6	15.6	B	04/20	08/07	09/17	150	27.6	102.5	16.8	93.7	97.7	23.9
辽宁开原市农科所	640.75	3	18.19	A	04/19	08/03	09/26	160	26.9	113.7	19.1	156.7	76.9	24.3
辽宁省桓仁瑞丰大田作物种植专业合作社	629.72	2	14.67	A	04/28	08/03	09/14	139	24.3	106.5	19.8	138.7	88.0	25.4
黑龙江省哈尔滨种子管理处	490.47	2	9.72	A	04/13	07/28	09/08	148	25.7	107.1	18.1	123	86.5	26.2
平均值	611.37	—	—	—	—	—	—	149	24.7	107.1	18.8	122	87.4	25
通粳 887														
吉林市农业科学院水稻所	571.55	3	11.62	A	04/18	07/27	09/03	138	21.5	109.3	17.4	91.1	92.0	24.5
吉林省农业科学院水稻所	572.55	2	6.86	A	04/16	07/27	09/12	149	26.8	103.4	17.5	105.3	91.2	25.2
吉林省通化市农业科学院	616.85	2	6.34	B	04/12	07/27	09/14	155	25.6	113.5	22.5	104.6	95.0	25.8
宁夏农业科学院作物所	771.31	1	6.56	B	04/17	07/24	09/08	144	52.6	94.2	15.3	84.7	94.0	23.6
翁牛特旗塔拉农作物机械化种植专业合作社	613.51	5	16.88	B	04/20	07/25	09/15	148	32.5	99.5	16.7	81.2	89.3	25.8
辽宁开原市农科所	635.91	4	17.3	A	04/19	08/03	09/17	151	37.8	103.7	16.9	98.8	80.8	23.8
辽宁省桓仁瑞丰大田作物种植专业合作社	599.63	5	9.19	B	04/28	07/31	09/11	136	22.1	96.9	17.5	81.6	94.5	26.9
黑龙江省哈尔滨种子管理处	466.57	5	4.38	C	04/13	07/26	09/04	144	32.0	107.2	17.0	101.6	86.6	23
平均值	605.99	—	—	—	—	—	—	145.6	31.4	103.5	17.6	93.6	90.4	24.8

注：综合评级：A—好，B—较好，C—中等，D——一般。

表 32-8-2　早粳晚熟组区试品种在各试点的产量、生育期及经济性状表现

品种名称/试验点	亩产（千克）	产量位次	比 CK± %	综合评级	播种期（月/日）	齐穗期（月/日）	成熟期（月/日）	全生育期（天）	有效穗（万/亩）	株高（厘米）	穗长（厘米）	总粒数（粒/穗）	结实率（%）	千粒重（克）
吉农大 538														
吉林市农业科学院水稻所	563.52	4	10.05	B	04/18	07/29	09/06	141	17.6	108	17.5	119.7	91.2	24.7
吉林省农业科学院水稻所	559.01	8	4.34	B	04/16	07/31	09/19	156	23.8	111.5	19.1	112.6	92.4	24.8
吉林省通化市农业科学院	596.79	5	2.88	C	04/12	08/01	09/11	152	22.1	120.9	20.8	72.7	96.6	24.8
宁夏农业科学院作物所	760.95	2	5.13	B	04/17	07/27	09/08	144	40.2	103.4	17.2	85.1	88.5	22.6
翁牛特旗塔拉农作物机械化种植专业合作社	621.86	4	18.47	C	04/20	08/01	09/16	149	24.6	109.6	20.5	110.2	86.8	26.2
辽宁开原市农科所	585.59	6	8.02	B	04/19	08/03	09/24	158	30.1	114.2	17.6	86.8	81.1	23.3
辽宁省桓仁瑞丰大田作物种植专业合作社	578.07	8	5.27	B	04/28	08/04	09/13	138	20.0	114.0	19.3	117.4	93.1	23.4
黑龙江省哈尔滨种子管理处	488.3	3	9.24	A	04/13	07/28	09/07	147	22.8	113.3	17.8	121.8	84.4	26
平均值	594.26	—	—	—	—	—	—	148.1	25.2	111.9	18.7	103.3	89.3	24.5
松辽 639														
吉林市农业科学院水稻所	543.13	9	6.07	B	04/18	07/29	09/09	144	16.4	108.4	18	146.3	93.7	23.3
吉林省农业科学院水稻所	568.04	4	6.02	A	04/16	07/30	09/17	154	24.3	111.3	18.4	115.6	91.0	23.3
吉林省通化市农业科学院	565.03	9	-2.59	D	04/12	07/30	09/14	155	18.3	116.4	19.6	136.3	94.4	23.4
宁夏农业科学院作物所	753.76	4	4.13	C	04/17	07/27	09/08	144	40.6	101.3	17.2	90.4	92.7	21.2
翁牛特旗塔拉农作物机械化种植专业合作社	625.21	3	19.11	B	04/20	08/05	09/16	149	25.9	109.2	17.6	108.5	88.8	24.9
辽宁开原市农科所	579.57	8	6.91	B	04/19	08/04	09/19	153	29.8	110.2	17.1	120.7	89.3	22
辽宁省桓仁瑞丰大田作物种植专业合作社	597.96	6	8.89	B	04/28	08/03	09/14	139	20.7	115.0	17.6	117.1	94.4	23.4
黑龙江省哈尔滨种子管理处	457.87	7	2.43	C	04/13	07/30	09/09	149	27.1	110.2	15.2	92.2	91.3	24.5
平均值	586.32	—	—	—	—	—	—	148.4	25.4	110.3	17.6	115.9	92	23.3

注：综合评级：A—好，B—较好，C—中等，D——般。

表 32-8-3　早粳晚熟组区试品种在各试点的产量、生育期及经济性状表现

品种名称/试验点	亩产（千克）	产量位次	比 CK± %	综合评级	播种期（月/日）	齐穗期（月/日）	成熟期（月/日）	全生育期（天）	有效穗（万/亩）	株高（厘米）	穗长（厘米）	总粒数（粒/穗）	结实率（%）	千粒重（克）
龙稻 27														
吉林市农业科学院水稻所	537.44	10	4.96	C	04/18	07/24	09/01	136	21.1	96.6	17.5	117.2	94.5	23.1
吉林省农业科学院水稻所	518.39	12	-3.24	D	04/16	07/21	09/07	144	27.3	98.8	17.7	90.5	91.4	23.3
吉林省通化市农业科学院	533.27	11	-8.07	D	04/12	07/24	09/15	156	24.7	106.8	20.2	102.2	83.0	24.4
宁夏农业科学院作物所	706.79	11	-2.36	D	04/17	07/21	09/05	141	52.4	95.7	16.2	87.6	86.1	21.8
翁牛特旗塔拉农作物机械化种植专业合作社	593.45	7	13.06	C	04/20	07/24	09/15	148	32.4	95.7	16.2	100.0	82.7	21.8
辽宁开原市农科所	491.64	12	-9.31	D	04/19	07/29	09/12	146	33.8	105.1	18.0	73.4	91.0	23.8
辽宁省桓仁瑞丰大田作物种植专业合作社	467.74	12	-14.82	D	04/28	07/31	09/10	135	25.9	111.0	17.9	84.7	90.3	23.8
黑龙江省哈尔滨种子管理处	451.19	9	0.94	C	04/13	07/25	09/04	144	28.9	105.5	17.0	88.0	88.6	22.8
平均值	537.49	—	—	—	—	—	—	143.8	30.8	101.9	17.6	93.0	88.5	23.1
中龙粳 8 号														
吉林市农业科学院水稻所	551.82	8	7.77	A	04/18	07/20	09/01	136	19.9	87.4	18.2	110.6	93.9	26.5
吉林省农业科学院水稻所	509.19	13	-4.96	D	04/16	07/19	09/06	143	22.6	84.5	17.9	102.1	92.9	24.7
吉林省通化市农业科学院	494.82	13	-14.7	D	04/12	07/21	08/30	140	14.3	93.1	18.6	77.6	91.1	23.6
宁夏农业科学院作物所	683.55	13	-5.57	D	04/17	07/21	09/05	141	52.1	89.7	16.5	89.5	79.2	23
翁牛特旗塔拉农作物机械化种植专业合作社	578.4	9	10.19	C	04/20	07/22	09/10	143	26.8	91.4	18.8	93.2	87.6	26.6
辽宁开原市农科所	407.72	13	-24.79	D	04/19	07/28	09/14	148	28.9	90.1	17.5	77.8	89.1	26.5
辽宁省桓仁瑞丰大田作物种植专业合作社	430.62	13	-21.58	D	04/28	07/31	09/08	133	21.0	87.0	17.9	96.3	91.4	26.7
黑龙江省哈尔滨种子管理处	456.70	8	2.17	C	04/13	07/23	09/03	143	27.5	95.6	17.0	109.6	74.3	23.2
平均值	514.1	—	—	—	—	—	—	140.9	26.6	89.9	17.8	94.6	87.4	25.1

注：综合评级：A—好，B—较好，C—中等，D——般。

表 32-8-4　早粳晚熟组区试品种在各试点的产量、生育期及经济性状表现

品种名称/试验点	亩产（千克）	产量位次	比 CK± %	综合评级	播种期（月/日）	齐穗期（月/日）	成熟期（月/日）	全生育期（天）	有效穗（万/亩）	株高（厘米）	穗长（厘米）	总粒数（粒/穗）	结实率（%）	千粒重（克）
吉作 188														
吉林市农业科学院水稻所	561.68	6	9.69	B	04/18	07/27	09/04	139	13.9	102.5	17.1	179.4	88.4	20.1
吉林省农业科学院水稻所	567.03	5	5.83	A	04/16	07/30	09/17	154	21.1	108.8	18.4	145.4	87.3	20.9
吉林省通化市农业科学院	618.52	1	6.63	A	04/12	08/01	09/08	149	19.6	110.5	20.9	177.7	79.9	21.8
宁夏农业科学院作物所	730.86	6	0.97	C	04/17	07/27	09/10	146	33.6	93.5	16.1	127.7	92.0	18.4
翁牛特旗塔拉农作物机械化种植专业合作社	656.97	2	25.16	B	04/20	08/02	09/17	150	22.7	104.4	19.3	121.1	87.0	27.1
辽宁开原市农科所	653.63	1	20.57	A	04/19	08/04	09/21	155	27.3	105	17.1	172.0	72.9	20.5
辽宁省桓仁瑞丰大田作物种植专业合作社	612.50	3	11.54	A	04/28	08/05	09/16	141	17.7	112.5	18.6	175.1	80.8	20.4
黑龙江省哈尔滨种子管理处	438.31	12	-1.95	D	04/13	07/29	09/08	148	20.9	105.2	11.2	105.8	83.2	21.5
平均值	604.94	—	—	—	—	—	—	147.8	22.1	105.3	17.3	150.5	83.9	21.3
吉农大 673														
吉林市农业科学院水稻所	580.07	2	13.29	A	04/18	07/29	09/04	139	16.7	118.2	19.3	186.1	80.7	21.6
吉林省农业科学院水稻所	541.46	10	1.06	C	04/16	07/31	09/16	153	19.9	115.7	21.4	143.3	80.5	21.6
吉林省通化市农业科学院	593.45	6	2.31	C	04/12	07/30	09/15	156	14.7	116.1	22.1	158.7	72.6	23.8
宁夏农业科学院作物所	746.74	5	3.16	B	04/17	07/24	09/09	145	36.7	102.3	16.8	115.3	89.9	19.5
翁牛特旗塔拉农作物机械化种植专业合作社	658.64	1	25.48	A	04/20	07/26	09/16	149	23.9	92.6	17.3	136.8	84.7	23.8
辽宁开原市农科所	622.37	5	14.8	A	04/19	08/03	09/26	160	23.7	118.2	20.8	176.9	72.2	22.3
辽宁省桓仁瑞丰大田作物种植专业合作社	647.11	1	17.84	A	04/28	08/03	09/15	140	16.6	112.0	19.9	149.2	90.8	22.6
黑龙江省哈尔滨种子管理处	492.64	1	10.21	A	04/13	07/30	09/09	149	24.1	113.5	18.2	128.0	84.4	23.1
平均值	610.31	—	—	—	—	—	—	148.9	22.0	111.1	19.5	149.3	82.0	22.3

注：综合评级：A—好，B—较好，C—中等，D——般。

表 32-8-5　早粳晚熟组区试品种在各试点的产量、生育期及经济性状表现

品种名称/试验点	亩产（千克）	产量位次	比 CK± %	综合评级	播种期（月/日）	齐穗期（月/日）	成熟期（月/日）	全生育期（天）	有效穗（万/亩）	株高（厘米）	穗长（厘米）	总粒数（粒/穗）	结实率（%）	千粒重（克）
吉粳 312														
吉林市农业科学院水稻所	521.06	12	1.76	B	04/18	07/26	09/04	139	15.9	95.3	17.0	153.2	92.4	23.7
吉林省农业科学院水稻所	569.71	3	6.33	A	04/16	07/24	09/12	149	21.7	95.7	17.7	141.6	90.4	22.8
吉林省通化市农业科学院	553.33	10	-4.61	D	04/12	07/28	09/22	163	15.0	99.9	18.3	198.1	84.3	23.6
宁夏农业科学院作物所	689.07	12	-4.8	C	04/17	07/21	09/06	142	43.0	86.6	15.1	103.6	82.8	20.9
翁牛特旗塔拉农作物机械化种植专业合作社	578.40	8	10.19	B	04/20	08/04	09/14	147	31.2	114.5	15.4	96.4	84.2	22.7
辽宁开原市农科所	579.57	7	6.91	B	04/19	07/31	09/17	151	30.8	92.5	16.1	112.2	85.7	23.3
辽宁省桓仁瑞丰大田作物种植专业合作社	477.60	11	-13.03	D	04/28	08/02	09/10	135	18.0	94.0	16.6	124.6	90.4	23.8
黑龙江省哈尔滨种子管理处	478.43	4	7.03	B	04/13	07/24	09/05	145	19.9	93.8	15.4	106.8	97.4	22.4
平均值	555.9	—	—	—	—	—	—	146.4	24.4	96.5	16.5	129.6	88.5	22.9
吉大 211														
吉林市农业科学院水稻所	553.49	7	8.1	B	04/18	07/29	09/04	139	17.9	99.9	16.0	119.6	92.9	23.3
吉林省农业科学院水稻所	565.19	6	5.49	A	04/16	07/31	09/18	155	23.6	100.0	15.5	110.4	89.6	24.6
吉林省通化市农业科学院	598.46	4	3.17	C	04/12	08/01	09/09	150	21.8	105.9	17.1	134.9	83.6	24.4
宁夏农业科学院作物所	729.35	7	0.76	C	04/17	07/25	09/09	145	46.1	94.3	14.5	102.3	91.3	20.9
翁牛特旗塔拉农作物机械化种植专业合作社	576.73	10	9.87	—	04/20	08/03	09/15	148	32.7	94.6	13.4	85.9	94.9	21.4
辽宁开原市农科所	647.78	2	19.49	A	04/19	08/03	09/24	158	31.9	97.7	15.6	129.8	80.7	23.3
辽宁省桓仁瑞丰大田作物种植专业合作社	588.43	7	7.15	C	04/28	08/01	09/14	139	20.1	90.5	16.4	128.8	92.0	23.4
黑龙江省哈尔滨种子管理处	444.83	11	-0.49	D	04/13	07/26	09/08	148	25.2	90.5	14.7	104.2	88.7	23.3
平均值	588.03	—	—	—	—	—	—	147.8	27.4	96.7	15.4	114.5	89.2	23.1

注：综合评级：A—好，B—较好，C—中等，D——般。

表 32-8-6　早粳晚熟组区试品种在各试点的产量、生育期及经济性状表现

品种名称/试验点	亩产（千克）	产量位次	比 CK± %	综合评级	播种期（月/日）	齐穗期（月/日）	成熟期（月/日）	全生育期（天）	有效穗（万/亩）	株高（厘米）	穗长（厘米）	总粒数（粒/穗）	结实率（%）	千粒重（克）
中科发 10 号														
吉林市农业科学院水稻所	561.68	5	9.69	C	04/18	07/26	09/03	138	19.7	106.6	17.5	119.8	82.4	24.5
吉林省农业科学院水稻所	562.52	7	4.99	B	04/16	07/27	09/14	151	29.1	104.4	18.1	105.9	87.6	24.8
吉林省通化市农业科学院	603.48	3	4.04	B	04/12	07/28	09/20	161	23.6	107.0	20.2	116.7	84.8	24.4
宁夏农业科学院作物所	725.84	8	0.28	C	04/17	07/24	09/09	145	46.7	97.0	16.1	81.5	86.1	21.9
翁牛特旗塔拉农作物机械化种植专业合作社	560.01	12	6.69	B	04/20	07/30	09/17	150	32.0	100.6	17.5	115.6	72.8	20.1
辽宁省开原市农科所	560.18	10	3.33	C	04/19	08/05	09/27	161	33.8	98.3	17.8	104.8	64.5	24.8
辽宁省桓仁瑞丰大田作物种植专业合作社	550.65	9	0.27	C	04/28	08/05	09/13	138	28.6	105.0	17.9	95.4	76.5	24.6
黑龙江省哈尔滨种子管理处	457.87	6	2.43	B	04/13	07/27	09/08	148	32.2	105.5	17.9	106.0	84.9	27.2
平均值	572.78	—	—	—	—	—	—	149	30.7	103.1	17.9	105.7	80.0	24
沈稻 171														
吉林市农业科学院水稻所	532.10	11	3.92	B	04/18	08/02	09/08	143	16.8	118.3	16.6	123.5	89.8	25.9
吉林省农业科学院水稻所	554.50	9	3.5	B	04/16	08/01	09/19	156	22.0	118.7	16.6	106.7	91.7	25.9
吉林省通化市农业科学院	499.83	12	-13.83	D	04/12	08/03	09/11	152	20.5	121.5	18.4	139.7	77.7	25
宁夏农业科学院作物所	707.29	10	-2.29	C	04/17	07/27	09/09	145	39.5	109.6	17.4	97.1	90.7	24.2
翁牛特旗塔拉农作物机械化种植专业合作社	565.03	11	7.64	—	04/20	08/05	09/15	148	26.7	114.7	14.6	106.9	70.7	28.1
辽宁省开原市农科所	579.40	9	6.87	B	04/19	08/07	09/24	158	27.3	117.1	15.9	94.5	86.9	27.5
辽宁省桓仁瑞丰大田作物种植专业合作社	609.16	4	10.93	B	04/28	08/05	09/12	137	20.1	111.3	16.8	110.1	90.1	25.7
黑龙江省哈尔滨种子管理处	434.97	13	-2.69	D	04/13	07/30	09/10	150	24.8	112.8	14.4	105.4	66.4	28
平均值	560.29	—	—	—	—	—	—	148.6	24.7	115.5	16.3	110.5	83.0	26.3

注：综合评级：A—好，B—较好，C—中等，D——般。

表 32-8-7　早粳晚熟组区试品种在各试点的产量、生育期及经济性状表现

品种名称/试验点	亩产（千克）	产量位次	比 CK±%	综合评级	播种期（月/日）	齐穗期（月/日）	成熟期（月/日）	全生育期（天）	有效穗（万/亩）	株高（厘米）	穗长（厘米）	总粒数（粒/穗）	结实率（%）	千粒重（克）
吉玉粳（CK）														
吉林市农业科学院水稻所	512.04	13	0	B	04/18	07/26	09/02	137	20.9	103.0	17.7	105.7	92.1	23.2
吉林省农业科学院水稻所	535.77	11	0	C	04/16	07/25	09/11	148	28.2	101.6	16.8	82.3	90.0	24.5
吉林省通化市农业科学院	580.07	8	0	C	04/12	07/24	09/15	156	25.4	105.2	19.5	89.2	90.7	23.4
宁夏农业科学院作物所	723.84	9	0	C	04/17	07/22	09/06	142	55.9	103.8	15.9	85.7	91.2	21.3
翁牛特旗塔拉农作物机械化种植专业合作社	524.91	13	0	C	04/20	07/29	09/16	149	28.5	101.5	16.4	102.4	83.6	21.5
辽宁省开原市农科所	542.13	11	0	C	04/19	07/30	09/16	150	45.8	101.9	16.7	83.5	82.9	23
辽宁省桓仁瑞丰大田作物种植专业合作社	549.15	10	0	C	04/28	07/28	09/10	135	22.2	97.2	17.7	87.6	92.2	23.4
黑龙江省哈尔滨种子管理处	447.01	10	0	C	04/13	07/25	09/05	145	29.4	105.4	16.6	107.2	80.2	25.4
平均值	551.87	—	—	—	—	—	—	145.3	32.0	102.5	17.2	93.0	87.9	23.2

注：综合评级：A—好，B—较好，C—中等，D——一般。

表 32-9-1 早粳晚熟组生产试验品种在各试点的主要性状表现

品种名称/试验点	亩产（千克）	比 CK± %	播种期（月/日）	移栽期（月/日）	齐穗期（月/日）	成熟期（月/日）	全生育期（天）	耐寒性	整齐度	杂株率（%）	熟期转色	倒伏程度	落粒性	叶瘟	穗颈瘟	白叶枯病	纹枯病
吉洋 46																	
吉林市农业科学院水稻所	544.00	6.08	04/16	04/25	07/28	09/04	141	强	整齐	0	好	直	难	未发	无	未发	轻
宁夏区原种场	813.64	6.27	04/15	05/16	07/23	09/05	143	强	整齐	0	好	斜	中	无	无	无	无
翁牛特旗塔拉农作物机械化种植专业合作社	603.71	4.11	04/20	05/19	08/04	09/15	148	中	整齐	0	中	直	难	未发	未发	未发	未发
辽宁省桓仁瑞丰大田作物种植专业合作社	564.33	18.56	04/23	05/29	08/04	09/13	143	强	整齐	0	好	直	难	无	无	无	轻
黑龙江省哈尔滨种子管理处	473.21	5.08	04/13	05/18	07/29	09/09	149	强	整齐	0	好	直	难	未发	未发	未发	未发
平均值	599.78	7.69	—	—	—	—	144.8	—	—	—	—	—	—	—	—	—	—
通粳 887																	
吉林市农业科学院水稻所	539.09	5.12	04/16	04/25	07/27	09/03	140	强	整齐	0	好	直	难	未发	无	未发	无
宁夏区原种场	753.05	-1.65	04/15	05/16	07/21	09/03	141	中	整齐	0.1	好	直	中	中	无	轻	无
翁牛特旗塔拉农作物机械化种植专业合作社	661.59	14.09	04/20	05/19	08/05	09/10	143	中	整齐	0	中	直	难	未发	未发	未发	未发
辽宁省桓仁瑞丰大田作物种植专业合作社	509.74	7.09	04/23	05/29	08/01	09/10	140	强	整齐	0	好	直	难	无	无	无	轻
黑龙江省哈尔滨种子管理处	492.36	9.34	04/13	05/18	07/26	09/06	146	强	整齐	0	好	直	难	未发	未发	未发	未发
平均值	591.17	6.15	—	—	—	—	142	—	—	—	—	—	—	—	—	—	—

表 32-9-2　早粳晚熟组生产试验品种在各试点的主要性状表现

品种名称/试验点	亩产（千克）	比 CK± %	播种期（月/日）	移栽期（月/日）	齐穗期（月/日）	成熟期（月/日）	全生育期（天）	耐寒性	整齐度	杂株率（%）	熟期转色	倒伏程度	落粒性	叶瘟	穗颈瘟	白叶枯病	纹枯病
吉农大 538																	
吉林市农业科学院水稻所	556.15	8.45	04/16	04/25	07/28	09/05	142	强	整齐	0	好	直	难	未发	无	未发	无
宁夏区原种场	900.57	17.62	04/15	05/16	07/23	09/01	139	强	整齐	0.1	中	直	中	无	无	无	无
翁牛特旗塔拉农作物机械化种植专业合作社	621.33	7.15	04/20	05/19	07/30	09/10	143	中	不齐	0	中	直	难	未发	未发	未发	未发
辽宁省桓仁瑞丰大田作物种植专业合作社	556.03	16.82	04/23	05/29	08/04	09/11	141	强	整齐	0	好	直	难	无	无	无	轻
黑龙江省哈尔滨种子管理处	505.38	12.23	04/13	05/18	07/27	09/07	147	强	整齐	0	好	直	难	未发	未发	未发	未发
平均值	627.89	12.74	—	—	—	—	142.4	—	—	—	—	—	—	—	—	—	—
松辽 639																	
吉林市农业科学院水稻所	531.06	3.56	04/16	04/25	07/29	09/07	144	强	整齐	0	好	直	难	未发	无	未发	无
宁夏区原种场	802.72	4.84	04/15	05/16	07/23	09/02	140	强	整齐	0.1	好	直	中	轻	无	无	无
翁牛特旗塔拉农作物机械化种植专业合作社	645.97	11.4	04/20	05/19	08/05	09/16	149	中	整齐	0	中	直	难	未发	未发	未发	未发
辽宁省桓仁瑞丰大田作物种植专业合作社	513.19	7.82	04/23	05/29	08/03	09/14	144	强	整齐	0	好	直	难	无	轻	无	轻
黑龙江省哈尔滨种子管理处	424.88	-5.65	04/13	05/18	07/30	09/09	149	强	一般	0	好	直	难	未发	未发	未发	未发
平均值	583.56	4.78	—	—	—	—	145.2	—	—	—	—	—	—	—	—	—	—

表 32-9-3　早粳晚熟组生产试验品种在各试点的主要性状表现

品种名称/试验点	亩产（千克）	比 CK± %	播种期（月/日）	移栽期（月/日）	齐穗期（月/日）	成熟期（月/日）	全生育期（天）	耐寒性	整齐度	杂株率（%）	熟期转色	倒伏程度	落粒性	叶瘟	穗颈瘟	白叶枯病	纹枯病
长选 808																	
吉林市农业科学院水稻所	551.85	7.61	04/16	04/25	11/29	09/06	143	强	整齐	0	好	直	难	未发	无	未发	无
宁夏区原种场	811.92	6.04	04/15	05/16	07/22	09/04	142	中	整齐	0	好	斜	中	轻	无	无	无
翁牛特旗塔拉农作物机械化种植专业合作社	632.35	9.05	04/20	05/19	08/02	09/12	145	中	整齐	0	中	直	难	未发	未发	未发	未发
辽宁省桓仁瑞丰大田作物种植专业合作社	476.79	0.17	04/23	05/29	08/02	09/16	146	强	整齐	0	好	直	难	无	无	无	无
黑龙江省哈尔滨种子管理处	446.77	-0.79	04/13	05/18	07/30	09/10	150	强	整齐	0	好	直	难	未发	未发	未发	未发
平均值	583.94	4.85	—	—	—	—	145.2	—	—	—	—	—	—	—	—	—	—
吉玉粳（CK）																	
吉林市农业科学院水稻所	512.81	0	04/16	04/25	07/26	09/02	139	强	整齐	0	好	直	难	未发	轻	未发	轻
宁夏区原种场	765.67	0	04/15	05/16	07/19	08/30	137	强	整齐	0	好	伏	中	无	无	无	无
翁牛特旗塔拉农作物机械化种植专业合作社	579.87	0	04/20	05/19	07/30	09/15	148	中	整齐	0	中	直	难	未发	未发	未发	未发
辽宁省桓仁瑞丰大田作物种植专业合作社	475.99	0	04/23	05/29	07/30	09/09	139	强	整齐	0	好	直	难	无	无	无	无
黑龙江省哈尔滨种子管理处	450.32	0	04/13	05/18	07/26	09/05	145	强	一般	0	好	直	难	未发	未发	未发	未发
平均值	556.93	—	—	—	—	—	141.6	—	—	—	—	—	—	—	—	—	—

第三十三章　2018 年早粳中熟组 国家水稻品种试验汇总报告

一、试验概况

（一）试验目的

鉴定评价我国早粳晚熟组稻区选育和引进的水稻新品种（组合，下同）的丰产性、稳产性、适应性、抗逆性、米质及其他重要特征特性表现，为国家水稻品种审定提供科学依据。

（二）参试品种

区试品种 12 个，全部为常规品种；其中北 0888、哈 146037、龙稻 185、北作 1 和中科发 8 号为续试品种，其他品种为新参试品种，以龙稻 20（CK）为对照；生试品种 1 个，常规品种，也以龙稻 20（CK）为对照。品种名称、类型、亲本组合、选育/供种单位见表 33-1。

（三）承试单位

区试点 9 个，生产试验点 5 个，分布在黑龙江省、吉林省、内蒙古 3 个省区。承试单位、试验地点、经纬度、海拔高度、试验负责人及执行人见表 33-2。

（四）试验设计

各试验点均按照《2018 年北方稻区国家水稻品种试验实施方案》及 NY/T 1300—2007《农作物品种区域试验技术规范　水稻》进行试验。

区试采用完全随机区组设计，3 次重复，小区面积 0.02 亩。生产试验采用大区随机排列，不设重复，大区面积 0.5 亩。

同组试验所有参试品种同期播种、移栽，施肥水平中等偏上，其他栽培管理措施与当地大田生产相同。

观察记载项目与标准按 NY/T 1300—2007《农作物品种区域试验技术规范　水稻》《国家水稻品种试验观察记载项目、方法及标准》《北方稻区国家水稻品种区试及生产试验记载表》等的要求执行。

（五）特性鉴定

抗性鉴定：吉林省农业科学院植保所和黑龙江省农业科学院栽培所负责稻瘟病抗性鉴定，采用人工接菌与病区自然诱发相结合。鉴定用种由中国农业科学院作物科学研究所统一提供，稻瘟病鉴定结果由吉林省农业科学院植保所负责汇总。

米质分析：黑龙江省农业科学院栽培所、黑龙江省农业科学院牡丹江分院和吉林市农业科学院提供米质分析样品，农业农村部食品质量监督检验测试中心（武汉）负责米质分析。

DNA 指纹鉴定：中国农业科学院作物科学研究所负责参试品种的特异性及续试品种年度间的一致性检测。

转基因检测：由深圳市农业科技促进中心［农业农村部农作物种子质量和转基因成分监督检验测试中心（深圳）］进行转基因鉴定。

（六）试验执行情况

依据 NY/T 1300—2007《农作物品种区域试验技术规范　水稻》，参考区试考察情况及试验点特殊事件报备情况，对各试验点试验结果的可靠性、有效性、准确性进行分析评估，确保汇总质量。2018 年所有试点试验正常，全部列入汇总。

（七）统计分析

统计分析汇总在试运行的“国家水稻品种试验数据管理平台”上进行。

产量联合方差分析采用混合模型，品种间差异多重比较采用 Duncan's 新复极差法。品种丰产性主要以品种在区试和生产试验中相对于对照产量的高低衡量；参试品种的适应性以品种在区试中较对照增产的试验点比例衡量；参试品种的稳产性主要以品种在年度间区试中较对照品种产量的差异变化程度衡量。

参试品种的生育期主要以全生育期较对照品种生育期的长短天数衡量。

参试品种的抗性以指定鉴定单位的鉴定结果为主要依据，对稻瘟病抗性的主要评价指标为综合指数和穗瘟损失率最高级，对其他病虫害抗性的主要评价指标为最高级。

参试品种的米质评价按照农业行业标准 NY/T 593—2013《食用稻品种品质》，分优质一级、优质二级、优质三级，未达到优质的品种米质均为普通级。

二、结果分析

（一）产量

2018 年区域试验中，龙稻 20（CK）平均亩产 562.54 千克，居第 12 位。龙稻 185 产量高，比龙稻 20（CK）增产 7.16%；哈 146037、北 0888、中科发 8 号、绥粳 111 和北作 1 产量较高，比龙稻 20（CK）增产 3%~5%；北作 118、吉农大 571、中科发 9 号、龙稻 195、鸿源 101 产量中等，比龙稻 20（CK）增产 3%以内；富稻 38 产量一般，比龙稻 20（CK）减产 3%以上。区试及生产试验产量汇总结果见表 33-3、表 33-4。

（二）生育期

2018 年区域试验中，龙稻 20（CK）全生育期 145.6 天。依据全生育期比对照品种长短的天数衡量：北作 1 早熟，较对照龙稻 20 早熟 5 天左右，其他品种熟期适中，全生育期较龙稻 20（CK）相差不超过 5 天。品种全生育期及比对照长短天数见表 33-3。

（三）主要农艺及经济性状

区试品种有效穗、株高、穗长、每穗总粒数、结实率、千粒重等主要农艺经济性状汇总结果见表 33-3。

（四）抗病性

鸿源 101 稻瘟病综合指数超过 5.0，其余品种稻瘟病综合指数均未超过 5.0；绥粳 111、龙稻 195、北作 118、北 0888、鸿源 101、哈 146037 和龙稻 20（CK）穗瘟损失率最高级等于或大于 7 级，北作 1 因鼠害没有鉴定结果，明年补做稻瘟病抗性鉴定，其他品种穗瘟损失率最高级均小于或等于 5 级。

品种在各稻瘟病抗性鉴定点的鉴定结果及汇总结果见表 33-5 和表 33-6。

（五）米质

依据农业行业标准 NY/T 593—2013《食用稻品种品质》，龙稻 185 米质达部标优质一级，北作 1、中科发 8 号、鸿源 101 和吉农大 571 米质达部标优质二级，北 0888、哈 146037、龙稻 195、北作 118、富稻 38、中科发 9 号和龙稻 20（CK）米质达部标优质三级；绥粳 111 米质为普通级。

区试品种米质性状表现和综合评级结果见表 33-7。

（六）品种在各试点表现

区试品种在各试点的表现情况见表 33-8-1 至表 33-8-13。

生试品种在各试点的表现情况见表 33-9。

三、品种评价

（一）生产试验品种

1. 哈 146037

2017 年初试平均亩产 584.79 千克，较龙稻 20（CK）增产 11.97%，增产点比例 100%。2018 年续试平均亩产 590.21 千克，较龙稻 20（CK）增产 4.92%，增产点比例 88.9%。两年区域试验平均亩产 587.66 千克，较龙稻 20（CK）增产 8.11%，增产点比例 94.1%。2018 年生产试验平均亩产 581.26 千克，较龙稻 20（CK）增产 3.88%，增产点比例 80%。全生育期两年区试平均 146.8 天，比龙稻 20（CK）晚熟 2.3 天。主要农艺性状两年区试综合表现：有效穗 26.7 万穗/亩，株高 103.4 米，穗长 18.8 厘米，每穗总粒数 129.4 粒，结实率 87.1%，千粒重 24.0 克。抗性：稻瘟病综合指数两年分别为 3.1 级和 4.2 级，穗瘟损失率最高级 9 级。主要米质指标两年综合表现：糙米率 82.8%，整精米率 65.3%，垩白度 4.6%，透明度 1 级，直链淀粉含量 16.8%，胶稠度 62 毫米，碱消值 7.0，达部标优质三级。

2018 年国家水稻品种试验年会审议意见：已完成试验程序，可以申报国家审定。

（二）续试品种

1. 龙稻 185

2017 年初试平均亩产 572.52 千克，较龙稻 20（CK）增产 9.62%，增产点比例 87.2%。2018 年续试平均亩产 602.83 千克，较龙稻 20（CK）增产 7.16%，增产点比例 100%。两年区域试验平均亩产 588.57 千克，较龙稻 20（CK）增产 8.27%，增产点比例 94.1%。全生育期两年区试平均 147.9 天，较龙稻 20（CK）晚熟 3.4 天。主要农艺性状两年区试综合表现：有效穗 26.9 万穗/亩，株高 108.2 米，穗长 19.5 厘米，每穗总粒数 127.8 粒，结实率 87.0%，千粒重 25.2 克。抗性：稻瘟病综合指数分别为 2.5 级和 1.4 级，穗瘟损失率最高级 5 级。主要米质指标两年综合表现：糙米率 83.1%，整精米率 69.1%，垩白度 1%，透明度 1 级，直链淀粉含量 17.5%，胶稠度 70 毫米，碱消值 7.0，达部标优质一级。

2018 年国家水稻品种试验年会审议意见：2019 年进行生产试验。

2. 北 0888

2017 年初试平均亩产 565.98 千克，较龙稻 20（CK）增产 8.37%，增产点比例 100%。2018 年续试平均亩产 587.13 千克，较龙稻 20（CK）增产 4.37%，增产点比例 88.9%。两年区域试验平均亩产 578.13 千克，较龙稻 20（CK）增产 6.35%，增产点比例 94.1%。全生育期两年区试平均 143.7 天，比龙稻 20（CK）早熟 0.8 天。主要农艺性状两年区试综合表现：有效穗 22.3 万穗/亩，株高 109.8 米，穗长 21.3 厘米，每穗总粒数 165.4 粒，结实率 84.1%，千粒重 25.3 克。抗性：稻瘟病综合指数两年分别为 2.5 级和 3.6 级，穗瘟损失率最高级 7 级。主要米质指标两年综合表现：糙米率 83.8%，整精米率 69.1%，垩白度 3.5%，透明度 1 级，直链淀粉含量 14.1%，胶稠度 70 毫米，碱消值 7.0，达部标优质三级。

2018 年国家水稻品种试验年会审议意见：终止试验。

3. 中科发 8 号

2017 年初试平均亩产 564.1 千克，较龙稻 20（CK）增产 8.01%，增产点比例 87.5%。2018 年续试平均亩产 583.86 千克，较龙稻 20（CK）增产 3.79%，增产点比例 77.8%。两年区域试验平均亩产 574.56 千克，较龙稻 20（CK）增产 5.7%，增产点比例 82.4%。全生育期两年区试平均 146.9 天，较龙稻20（CK）晚熟2.3天。主要农艺性状两年区试综合表现：有效穗29.8万穗/亩，株高99米，穗长17.7厘米，每穗总粒数121.1粒，结实率80%，千粒重27.2克。抗性：稻瘟病综合指数分别为3.0级和2.9级，穗瘟损失率最高级5级。主要米质指标两年综合表现：糙米率82.4%，整精米率66.1%，垩白度1%，透明度1级，直链淀粉含量16.5%，胶稠度71毫米，碱消值7.0，达部标优质二级。

2018年国家水稻品种试验年会审议意见：2019年进行生产试验。

4. 北作1

2017年初试平均亩产500.38千克，较龙稻20（CK）减产1.78%，增产点比例57.1%。2018年续试平均亩产579.57千克，较龙稻20（CK）增产3.03%，增产点比例88.9%。两年区域试验平均亩产544.92千克，较龙稻20（CK）增产0.25%，增产点比例75%。全生育期两年区试平均139.2天，较龙稻20（CK）早熟5.3天。主要农艺性状两年区试综合表现：有效穗24.9万穗/亩，株高95.1米，穗长15.5厘米，每穗总粒数111.0粒，结实率93.1%，千粒重26.4克。抗性：稻瘟病综合指数1.1级，穗瘟损失率最高级1级。主要米质指标两年综合表现：糙米率83.9%，整精米率67.3%，垩白度3.0%，透明度1级，直链淀粉含量14.6%，胶稠度78毫米，碱消值7.0，达部标优质二级。

2018年国家水稻品种试验年会审议意见：2019年进行生产试验（同时补做稻瘟病抗性鉴定）。

（三）初试品种

1. 绥粳111

2018年初试平均亩产579.79千克，比龙稻20（CK）增产3.07%，增产点比例66.7%。全生育期143.9天，比龙稻20（CK）早熟1.7天。主要农艺性状表现：有效穗27.1万穗/亩，株高105.6厘米，穗长19.0厘米，总粒数128.2粒/穗，结实率88.2%，千粒重24.5克。抗性：稻瘟病综合指数4.4级，穗瘟损失率最高级9级。主要米质指标：糙米率82.4%，整精米率67%，垩白度7.9%，透明度1级，直链淀粉含量15.0%，胶稠度60毫米，碱消值6.7。

2018年国家水稻品种试验年会审议意见：终止试验。

2. 北作118

2018年初试平均亩产579.07千克，比龙稻20（CK）增产2.94%，增产点比例88.9%。全生育期143.1天，比龙稻20（CK）早熟2.4天。主要农艺性状表现：有效穗25.9万穗/亩，株高112.0厘米，穗长17.1厘米，总粒数119.5粒/穗，结实率85.7%，千粒重24.6克。抗性：稻瘟病综合指数2.6级，穗瘟损失率最高级7级。主要米质指标：糙米率83.7%，整精米率68.3%，垩白度4.6%，透明度1级，直链淀粉含量14.9%，胶稠度65毫米，碱消值6.8，达部标优质三级。

2018年国家水稻品种试验年会审议意见：终止试验。

3. 吉农大571

2018年初试平均亩产578.85千克，比龙稻20（CK）增产2.90%，增产点比例88.9%。全生育期147.8天，比龙稻20（CK）晚熟2.2天。主要农艺性状表现：有效穗23.3万穗/亩，株高121.1厘米，穗长21.0厘米，总粒数131.5粒/穗，结实率85.7%，千粒重25.2克。抗性：稻瘟病综合指数3.1级，穗瘟损失率最高级5级。主要米质指标：糙米率81.4%，整精米率66.3%，垩白度2.0%，透明度1级，直链淀粉含量14.9%，胶稠度71毫米，碱消值7.0，达部标优质二级。

2018年国家水稻品种试验年会审议意见：2019年续试并进行生产试验。

4. 中科发9号

2018年初试平均亩产578.42千克，比龙稻20（CK）增产2.82%，增产点比例66.7%。全生育期147.2天，比龙稻20（CK）晚熟1.7天。主要农艺性状表现：有效穗27.3万穗/亩，株高102.2厘米，穗长18.8厘米，总粒数112.6粒/穗，结实率79.9%，千粒重26.1克。抗性：稻瘟病综合指数3.0级，穗瘟损失率最高级5级。主要米质指标：糙米率81.7%，整精米率63.1%，垩白度2.3%，透明度2级，直链淀粉含量16.7%，胶稠度60毫米，碱消值7.0，达部标优质三级。

2018年国家水稻品种试验年会审议意见：终止试验。

5. 龙稻 195

2018 年初试平均亩产 571.99 千克，比龙稻 20（CK）增产 1.68%，增产点比例 77.8%，全生育期 146.1 天。比龙稻 20（CK）晚熟 0.6 天。主要农艺性状表现：有效穗 22.7 万穗/亩，株高 130.3 厘米，穗长 21.1 厘米，总粒数 109.9 粒/穗，结实率 91.2%，千粒重 26.4 克。抗性：稻瘟病综合指数 3.7 级，穗瘟损失率最高级 9 级。主要米质指标：糙米率 83.1%，整精米率 63.6%，垩白度 4.3%，透明度 1 级，直链淀粉含量 16.2%，胶稠度 61 毫米，碱消值 6.8，达部标优质三级。

2018 年国家水稻品种试验年会审议意见：终止试验。

6. 鸿源 101

2018 年初试平均亩产 565.25 千克，比龙稻 20（CK）增产 0.48%，增产点比例 44.4%。全生育期 144.4 天，比龙稻 20（CK）早熟 1.1 天。主要农艺性状表现：有效穗 28.5 万穗/亩，株高 101.4 厘米，穗长 18.3 厘米，总粒数 98.8 粒/穗，结实率 78.9%，千粒重 23.6 克。抗性：稻瘟病综合指数 5.5 级，穗瘟损失率最高级 9 级。主要米质指标：糙米率 81.8%，整精米率 68.8%，垩白度 2.9%，透明度 2 级，直链淀粉含量 14.5%，胶稠度 70 毫米，碱消值 7.0，达部标优质二级。

2018 年国家水稻品种试验年会审议意见：终止试验。

7. 富稻 38

2018 年初试平均亩产 545.1 千克，比龙稻 20（CK）减产 3.10%，增产点比例 33.3%。全生育期 146.0 天，比龙稻 20（CK）晚熟 0.4 天。主要农艺性状表现：有效穗 24.4 万穗/亩，株高 98.2 厘米，穗长 20.7 厘米，总粒数 123.0 粒/穗，结实率 82.0%，千粒重 25.3 克。抗性：稻瘟病综合指数 1.1 级，穗瘟损失率最高级 1 级。主要米质指标：糙米率 79.2%，整精米率 63.7%，垩白度 3.4%，透明度 1 级，直链淀粉含量 14.7%，胶稠度 65 毫米，碱消值 6.8，达部标优质三级。

2018 年国家水稻品种试验年会审议意见：终止试验。

表 33-1 2018 年早粳中熟组参试品种基本情况

编号	品种名称	品种类型	亲本组合	申请单位（选育/供种单位）
区试				
H10	北 0888	常规稻	绥粳 4 号/北稻 2 号//松 98-131	黑龙江省北方稻作研究所
H12	哈 146037	常规稻	五优稻 4/龙稻 5	黑龙江省农业科学院耕作栽培研究所
H3	龙稻 185	常规稻	松粳 9 号/绥粳 8 号	黑龙江省农业科学院耕作栽培研究所
H5	北作 1	常规稻	越光//通育 308/龙稻 3	梅河口吉洋种业有限责任公司、吉林省吉阳农业科学研究院
H8	中科发 8 号	常规稻	空育 131/南方长粒粳	中国科学院遗传与发育生物学研究所、中国农业科学院深圳农业基因组研究所、中国科学院北方粳稻分子联合研究中心
H2	*绥粳 111	常规稻	绥粳 4 号/绥粳 8 号	黑龙江省农业科学院绥化分院
H4	*龙稻 195	常规稻	沈农 07-272/龙稻 4 号	黑龙江省农业科学院耕作栽培研究所
H11	*鸿源 101	常规稻	吉粳 105/哈 05-26	黑龙江孙斌鸿源农业开发集团有限责任公司
H6	*北作 118	常规稻	JY66/通 9856//龙粳 31	梅河口吉洋种业有限责任公司、吉林省吉阳农业科学研究院
H13	*吉农大 571	常规稻	吉农大 8 号/松 88-11	吉林农业大学
H1	*富稻 38	常规稻	稻花香 2 号/龙稻 18	黑龙江省富尔水稻研究院
H7	*中科发 9 号	常规稻	龙稻 18/南方长粒粳	中国科学院遗传与发育生物学研究所
H9	龙稻 20	常规稻	东农 423/龙稻 3 号	黑龙江省农业科学院耕作栽培研究所
生产试验				
1	哈 146037	常规种	五优稻 4/龙稻 5	黑龙江省农业科学院耕作栽培研究所
2	龙稻 20	常规种	东农 423/龙稻 3 号	黑龙江省农业科学院耕作栽培研究所

注：*2018 年新参试品种。

表 33-2 2018 年早粳中熟组区试与生产试点基本情况

承试单位	试验地点	经度	纬度	海拔（米）	试验负责人及执行人
兴安盟扎赉特旗绰尔蒙珠三安稻米专业合作社▲	兴安盟扎赉特旗好力保乡	123°28′	46°40′	156.0	柳玉山、吕维君
吉林农业大学	吉林省长春市新城大街 2888 号	125°24′	44°49′	199.0	凌凤楼
吉林市农业科学院▲	吉林市吉林经济技术开发区九站街	126°28′	43°57′	183.4	刘才哲
吉林省白城市农业科学院	吉林省白城市三合路 17 号	122°51′	45°39′	292.0	闫喜东
延边朝鲜族自治州农业科学院▲	吉林省龙井市河西街龙延路 359 号延边农业科学院作物所	129°30′	42°46′	245.0	王亮、徐伟豪
绥化市种子管理处▲	黑龙江省绥化市行署街长安胡同 1 号	46°38′	126°50′	180.0	麻大光、张洪宾
黑龙江省农业科学院栽培所▲	哈尔滨市南岗区学府路 368 号	126°59′	45°33′	135.0	白良明
黑龙江省农业科学院牡丹江分院	黑龙江省牡丹江市温春镇	129°30′	44°25′	250.6	孙玉友、魏才强
黑龙江省孙斌鸿源农业开发集团	黑龙江省佳木斯市桦南县铁西街站前路 28 号	130°30′	46°17′	187.0	邓钰富

注：▲同时承担区试和生产试验。

表 33-3　早粳中熟组区试品种产量及主要性状汇总分析结果

品种名称	区试年份	亩产（千克）	比 CK± %	增产点比例（%）	5%显著性	1%显著性	生育期（天）	比 CK± 天	有效穗（万/亩）	株高（厘米）	穗长（厘米）	总粒数（粒/穗）	结实率（%）	千粒重（克）
龙稻 20	2017—2018	543.59					144.5	0.0	26.5	105.6	20.0	129.5	85.7	24.4
哈 146037	2017—2018	587.66	8.11	94.1			146.8	2.3	26.7	103.4	18.8	129.4	87.1	24.0
龙稻 185	2017—2018	588.57	8.27	94.1			147.9	3.4	26.9	108.2	19.5	127.8	87.0	25.2
北 0888	2017—2018	578.13	6.35	94.1			143.7	-0.8	22.3	109.8	21.3	165.4	84.1	25.3
中科发 8 号	2017—2018	574.56	5.70	82.4			146.9	2.3	29.8	99.0	17.7	121.1	80.0	27.2
北作 1 号	2017—2018	544.92	0.25	75.0			139.2	-5.3	24.9	95.1	15.5	111.0	93.1	26.4
龙稻 185	2018	602.83	7.16	100.0	a	A	148.6	3.0	26.4	107.2	19.6	122.9	88.4	25.2
哈 146037	2018	590.21	4.92	88.9	ab	AB	150.1	4.6	26.0	107.3	19.2	139.1	88.4	22.8
北 0888	2018	587.13	4.37	88.9	b	ABC	144.1	-1.4	20.9	110.2	21.6	167.6	84.9	24.9
中科发 8 号	2018	583.86	3.79	77.8	bc	BC	148.2	2.7	28.5	100.0	17.9	113.0	82.7	26.5
绥粳 111	2018	579.79	3.07	66.7	bc	BCD	143.9	-1.7	27.1	105.6	19.0	128.2	88.2	24.5
北作 1	2018	579.57	3.03	88.9	bc	BCD	139.8	-5.8	25.6	98.3	15.2	110.1	91.5	26.4
北作 118	2018	579.07	2.94	88.9	bc	BCDE	143.1	-2.4	25.9	112.0	17.1	119.5	85.7	24.6
吉农大 571	2018	578.85	2.90	88.9	bc	BCDE	147.8	2.2	23.3	121.1	21.0	131.5	85.7	25.2
中科发 9 号	2018	578.42	2.82	66.7	bc	BCDE	147.2	1.7	27.3	102.2	18.8	112.6	79.9	26.1
龙稻 195	2018	571.99	1.68	77.8	cd	CDE	146.1	0.6	22.7	130.3	21.1	109.9	91.2	26.4
鸿源 101	2018	565.25	0.48	44.4	d	DE	144.4	-1.1	28.5	101.4	18.3	98.8	78.9	23.6
龙稻 20	2018	562.54	0	0	d	E	145.6	0	25.9	108.2	20.4	134.3	88.0	24.3
富稻 38	2018	545.10	-3.1	33.3	e	F	146	0.4	24.4	98.2	20.7	123.0	82.0	25.3

表 33-4　早粳中熟组生产试验品种主要性状汇总表

品种名称	产量			生育期	
	亩产（千克）	比 CK±%	增产点比例（%）	生育期（天）	生育期比 CK±天
哈 146037	581. 26	3. 88	80. 0	149. 0	4. 4
龙稻 20	559. 54			144. 6	

表 33-5　2018 年早粳中熟组水稻品种稻瘟病抗性鉴定结果

品种名称	苗瘟病级	通化市农业科学院					东丰县横道河					吉林省农业科学院					辽宁省农业科学院				
		叶瘟病级	发病率		损失率		叶瘟病级	发病率		损失率		叶瘟病级	发病率		损失率		叶瘟病级	发病率		损失率	
			%	级	%	级		%	级	%	级		%	级	%	级		%	级	%	级
富稻 38	2	0	46	7	7. 6	3	2	67	9	15. 8	5	1	14	5	2. 7	1	3	23	5	8. 0	3
绥粳 111	4	1	87	9	65. 6	9	2	37	7	7. 2	3	1	24	5	5. 4	3	3	19	5	7. 8	3
龙稻 185	2	2	7	3	0. 4	1	2	1	1	0. 1	1	1	4	1	0. 2	1	1	9	3	3. 8	1
龙稻 195	3	4	84	9	51. 6	9	2	26	7	3. 0	1	0	8	3	5. 6	3	3	8	3	2. 6	1
北作 1	5	1					1					0					3	22	5	10. 6	3
北作 118	5	1	92	9	37. 2	7	1					0					3	17	5	7. 0	3
中科发 9 号	2	0	55	9	4. 3	1	1	62	9	6. 1	3	0	0	0	0. 0	0	3	32	7	17. 6	5
中科发 8 号	4	1	32	7	14. 2	3	3	26	7	4. 6	1	1	2	1	0. 1	1	3	14	5	8. 6	3
龙稻 20（CK）	2	1	98	9	66. 6	9	1	72	9	24. 3	5	0	6	3	2. 7	1	3	28	7	16. 0	5
北 0888	3	0	94	9	47. 1	7	2	22	5	6. 3	3	2	6	3	0. 3	1	3	22	5	10. 0	3
鸿源 101	6	2	71	9	10. 0	3	2	98	9	35. 5	7	2	63	9	52. 5	9	3	12	5	6. 2	3
哈 146037	5	0	0	0	0. 0	0	7	100	9	53. 4	9	3	21	5	17. 5	5	3	23	5	9. 0	3
吉农大 571	5	1	11	5	0. 6	1	4	79	9	29. 6	5	2	2	1	0. 1	1	3	14	3	5. 8	3

注：稻瘟病鉴定单位：吉林省农业科学院植保所、黑龙江省农业科学院植保所和通化市农业科学院。

表 33-6 早粳中熟组水稻品种对稻瘟病抗性综合评价汇总结果

品 种	区试年份	2018 年					2017 年		1~2 年综合评价	
		苗、叶瘟平均级	穗瘟发病率平均级	穗瘟损失率平均级	平均综合指数	穗瘟损失率（最高级）	平均综合指数	穗瘟损失率（最高级）	平均综合指数	穗瘟损失率（最高级）
龙稻 185	2017—2018	1.6	2.0	1.0	1.4	1	2.5	5	2.0	5
北作 1	2017—2018	2.0	1.3	0.8	1.2	—	1.1	1	—	—
中科发 8 号	2017—2018	2.4	5.0	2.0	2.9	3	3.0	5	3.0	5
北 0888	2017—2018	2.0	5.5	3.5	3.6	7	2.5	5	3.1	7
哈 146037	2017—2018	3.6	4.8	4.3	4.2	9	3.1	3	3.7	9
龙稻 20（CK）	2017—2018	1.4	7.0	5.0	4.6	9	2.5	3	3.6	9
富稻 38	2018	1.6	6.5	3.0	3.5	5			3.5	5
绥粳 111	2018	2.2	6.5	4.5	4.4	9			4.4	9
龙稻 195	2018	2.4	5.5	3.5	3.7	9			3.7	9
北作 118	2018	2.0	3.5	2.5	2.6	7			2.6	7
中科发 9 号	2018	1.2	6.3	2.3	3.0	5			3.0	5
鸿源 101	2018	3.0	8.0	5.5	5.5	9			5.5	9
吉农大 571	2018	3.0	4.5	2.5	3.1	5			3.1	5

注：稻瘟病综合指数=叶瘟平均级×25%+穗瘟发病率平均级×25%+穗瘟损失率平均级×50%。

表 33-7　早粳中熟组区试品种米质分析结果

品种名称	年份	糙米率（%）	精米率（%）	整精米率（%）	粒长（毫米）	粒型长宽比	垩白粒率（%）	垩白度（%）	直链淀粉含量（%）	胶稠度（毫米）	碱消值（级）	透明度（级）	部标（等级）
龙稻 20（CK）	2017—2018	82. 9	74. 1	70. 2	5. 7	2. 2	13. 3	3. 6	15. 7	62	6. 8	2	优三
哈 146037	2017—2018	82. 8	74. 8	65. 3	4. 8	1. 8	18. 0	4. 6	16. 8	62	7. 0	1	优三
龙稻 185	2017—2018	83. 1	74. 1	69. 1	5. 4	2. 2	6. 0	1. 0	17. 5	70	7. 0	1	优一
北 0888	2017—2018	83. 8	72. 6	69. 1	4. 5	1. 7	13. 3	3. 5	14. 1	75	7. 0	1	优三
中科发 8 号	2017—2018	82. 4	74. 9	66. 1	6. 6	2. 7	7. 3	1. 0	16. 5	71	7. 0	1	优二
北作 1 号	2017—2018	83. 6	76. 8	69. 8	4. 8	1. 7	7. 7	1. 4	15. 9	74	7. 0	1	优二
北 0888	2018	83. 8	72. 6	69. 1	4. 5	1. 7	13. 3	3. 5	14. 1	75	7. 0	1	优三
哈 146037	2018	82. 8	72. 8	63. 7	5. 9	2. 5	21. 7	6. 3	15. 3	77	6. 8	2	普通
龙稻 185	2018	81. 7	72. 3	69. 0	5. 4	2. 2	8. 0	1. 2	17. 0	71	7. 0	1	优二
北作 1	2018	83. 9	73. 3	67. 3	4. 8	1. 7	14. 3	3. 0	14. 6	78	7. 0	1	优二
中科发 8 号	2018	82. 0	70. 7	63. 8	6. 6	2. 7	6. 7	1. 8	16. 7	63	6. 7	1	优三
绥粳 111	2018	82. 4	73. 2	67. 0	5. 2	2. 0	25. 3	7. 9	15. 0	60	6. 7	1	普通
龙稻 195	2018	83. 1	74. 7	63. 6	5. 6	2. 1	21. 3	4. 3	16. 2	61	6. 8	1	优三
鸿源 101	2018	81. 8	72. 2	68. 8	5. 7	2. 6	13. 3	2. 9	14. 5	70	7. 0	2	优二
北作 118	2018	83. 7	75. 7	68. 3	4. 7	1. 6	15. 0	4. 6	14. 9	65	6. 8	1	优三
吉农大 571	2018	81. 4	71. 8	66. 3	5. 7	2. 3	11. 3	2. 0	14. 9	71	7. 0	1	优二
富稻 38	2018	79. 2	69. 8	63. 7	5. 8	2. 3	14. 7	3. 4	14. 5	65	6. 8	1	优三
中科发 9 号	2018	81. 7	70. 8	63. 1	6. 3	2. 7	11. 3	2. 3	16. 7	60	7. 0	2	优三
龙稻 20	2018	82. 9	74. 1	70. 2	5. 7	2. 2	13. 3	3. 6	15. 7	62	6. 8	2	优三

注：1. 样品提供单位：黑龙江省农业科学院栽培所、黑龙江省农业科学院牡丹江分院和吉林市农业科学院。

2. 检测分析单位：农业农村部食品质量监督检验测试中心（武汉）。

表 33-8-1　早粳中熟组区试品种在各试点的产量、生育期及经济性状表现（北 0888）

品种名称/试验点	亩产（千克）	产量位次	比 CK± %	综合评级	播种期（月/日）	齐穗期（月/日）	成熟期（月/日）	全生育期（天）	有效穗（万/亩）	株高（厘米）	穗长（厘米）	总粒数（粒/穗）	结实率（%）	千粒重（克）
兴安盟扎赉特旗绰尔蒙珠三安稻米专业合作社	621.86	3	3.76	A	04/15	07/27	09/09	147	24.5	109.0	21.0	132.0	84.8	23.3
吉林农业大学	609.83	1	7.9	A	04/15	07/27	09/03	141	28.4	98.7	22.2	168.0	88.7	27.2
吉林市农业科学院	496.66	4	6.83	A	04/18	07/23	08/24	128	16.7	106.8	20.2	169.9	88.7	24.2
吉林省白城市农业科学院	652.79	5	7.66	A	04/13	07/20	09/01	141	17.8	120.0	20.8	166.0	89.0	25.2
延边朝鲜族自治州农业科学院	552.82	4	8.75	A	04/12	08/03	09/22	163	19.3	114.7	22.1	161.3	88.7	23.0
绥化市种子管理处	648.78	10	5.38	A	04/13	07/22	09/04	144	20.0	106.2	20.0	153.0	96.7	25.1
黑龙江省农业科学院栽培所	565.03	7	5.62	A	04/15	07/27	08/26	133	23.5	106.0	22.5	195.0	91.8	26.6
黑龙江省农业科学院牡丹江分院	563.69	10	-6.8	B	04/16	07/30	09/08	145	15.4	115.3	22.5	182.2	41.4	25.8
黑龙江省孙斌鸿源农业开发集团	572.72	7	1.66	B	04/08	07/24	09/10	155	22.5	115.5	23.4	181.3	94.1	23.4
平均值	587.13	—	—	—	—	—	—	144.1	20.9	110.2	21.6	167.6	84.9	24.9

注：综合评级：A—好，B—较好，C—中等，D——般。

表 33-8-2　早粳中熟组区试品种在各试点的产量、生育期及经济性状表现（哈 146037）

品种名称/试验点	亩产（千克）	产量位次	比 CK± %	综合评级	播种期（月/日）	齐穗期（月/日）	成熟期（月/日）	全生育期（天）	有效穗（万/亩）	株高（厘米）	穗长（厘米）	总粒数（粒/穗）	结实率（%）	千粒重（克）
兴安盟扎赉特旗绰尔蒙珠三安稻米专业合作社	655.3	1	9.34	A	04/15	07/30	09/13	151	24.8	109.2	18.0	128.0	84.4	25.1
吉林农业大学	584.92	5	3.49	A	04/15	08/03	09/10	148	33.9	105.6	20.6	157.0	87.9	23.5
吉林市农业科学院	492.48	7	5.93	A	04/18	07/29	09/02	137	15.6	108.4	17.7	127.5	94.4	22.1
吉林省白城市农业科学院	619.36	9	2.15	C	04/13	07/30	09/07	147	27.6	116.0	19.2	142.1	93.0	18.4
延边朝鲜族自治州农业科学院	557.34	3	9.63	A	04/12	08/10	09/28	169	28.6	115.7	20.1	110.6	88.4	19.7
绥化市种子管理处	661.48	4	7.44	A	04/13	07/30	09/06	146	21.0	88.3	18.2	131.0	96.9	24.6
黑龙江省农业科学院栽培所	575.06	1	7.5	A	04/15	08/05	09/04	142	25.4	112.0	20.1	184.0	95.7	25.0
黑龙江省农业科学院牡丹江分院	581.24	9	-3.9	C	04/16	08/08	09/15	152	20.7	104.7	19.2	122.4	61.1	23.5
黑龙江省孙斌鸿源农业开发集团	584.75	3	3.8	A	04/08	07/30	09/14	159	36.4	105.5	19.3	149.3	93.8	23.1
平均值	590.21	—	—	—	—	—	—	150.1	26.0	107.3	19.2	139.1	88.4	22.8

注：综合评级：A—好，B—较好，C—中等，D——般。

表 33-8-3　早粳中熟组区试品种在各试点的产量、生育期及经济性状表现（龙稻 185）

品种名称/试验点	亩产（千克）	产量位次	比 CK± %	综合评级	播种期（月/日）	齐穗期（月/日）	成熟期（月/日）	全生育期（天）	有效穗（万/亩）	株高（厘米）	穗长（厘米）	总粒数（粒/穗）	结实率（%）	千粒重（克）
兴安盟扎赉特旗绰尔蒙珠三安稻米专业合作社	641.92	2	7.11	A	04/15	07/30	09/13	151	24.4	106.0	18.0	120.0	85.8	25.7
吉林农业大学	604.48	3	6.95	A	04/15	08/05	09/07	145	27.3	100.6	20.4	129.0	89.9	27.4
吉林市农业科学院	500.84	3	7.73	B	04/18	07/27	08/30	134	17.5	105.7	19.0	119.9	92.0	26.0
吉林省白城市农业科学院	653.46	4	7.77	A	04/13	07/25	09/05	145	21.9	118.0	19.7	123.6	90.5	23.6
延边朝鲜族自治州农业科学院	545.64	6	7.33	B	04/12	08/09	09/28	169	35.2	116.0	18.4	92.4	91.6	23.6
绥化市种子管理处	680.87	1	10.59	A	04/13	08/01	09/08	148	22.0	92.5	19.0	132.0	94.7	25.7
黑龙江省农业科学院栽培所	568.37	2	6.25	A	04/15	07/31	08/31	138	26.7	106.0	20.0	138.0	90.6	25.7
黑龙江省农业科学院牡丹江分院	642.43	3	6.22	A	04/16	08/02	09/11	148	28.1	106.1	19.4	123.6	68.2	25.5
黑龙江省孙斌鸿源农业开发集团	587.43	2	4.27	A	04/08	07/30	09/14	159	34.2	113.7	22.3	127.3	92.6	23.7
平均值	602.83	—	—	—	—	—	—	148.6	26.4	107.2	19.6	122.9	88.4	25.2

注：综合评级：A—好，B—较好，C—中等，D——般。

表 33-8-4　早粳中熟组区试品种在各试点的产量、生育期及经济性状表现（北作 1）

品种名称/试验点	亩产（千克）	产量位次	比 CK± %	综合评级	播种期（月/日）	齐穗期（月/日）	成熟期（月/日）	全生育期（天）	有效穗（万/亩）	株高（厘米）	穗长（厘米）	总粒数（粒/穗）	结实率（%）	千粒重（克）
兴安盟扎赉特旗绰尔蒙珠三安稻米专业合作社	573.39	13	-4.32	C	04/15	07/20	09/02	140	24.3	99.0	13.0	114.0	83.3	24.5
吉林农业大学	570.21	8	0.89	B	04/15	07/17	08/25	132	30.9	81.5	14.4	92.0	92.4	26.5
吉林市农业科学院	491.81	8	5.79	A	04/18	07/19	08/21	125	14.6	94.1	15.1	104.5	96.3	28.5
吉林省白城市农业科学院	641.42	7	5.79	A	04/13	07/14	09/01	141	23.6	110.0	16.0	101.7	96.8	24.1
延边朝鲜族自治州农业科学院	531.26	7	4.5	B	04/12	07/25	09/16	157	27.1	108.3	14.9	87.0	94.1	26.3
绥化市种子管理处	630.72	12	2.44	A	04/13	07/20	09/04	144	26.0	112.1	15.0	121.0	95.9	30.0
黑龙江省农业科学院栽培所	551.65	10	3.12	A	04/15	07/20	08/22	129	25.1	91.0	17.3	143.0	94.4	24.3
黑龙江省农业科学院牡丹江分院	643.93	2	6.47	B	04/16	07/23	09/03	140	28.2	94.2	14.7	106.6	83.1	28.4
黑龙江省孙斌鸿源农业开发集团	581.74	6	3.26	A	04/08	07/20	09/05	150	30.2	94.2	16.1	121.0	86.8	25.1
平均值	579.57	—	—	—	—	—	—	139.8	25.6	98.3	15.2	110.1	91.5	26.4

注：综合评级：A—好，B—较好，C—中等，D——般。

表 33-8-5　早粳中熟组区试品种在各试点的产量、生育期及经济性状表现（中科发 8 号）

品种名称/试验点	亩产（千克）	产量位次	比 CK± %	综合评级	播种期（月/日）	齐穗期（月/日）	成熟期（月/日）	全生育期（天）	有效穗（万/亩）	株高（厘米）	穗长（厘米）	总粒数（粒/穗）	结实率（%）	千粒重（克）
兴安盟扎赉特旗绰尔蒙珠三安稻米专业合作社	601.8	8	0.42	B	04/15	07/29	09/12	150	25.0	100.0	18.1	116.0	87.1	23.6
吉林农业大学	540.45	13	-4.38	C	04/15	07/31	09/07	145	29.9	85.7	16.7	83.0	68.7	27.2
吉林市农业科学院	492.98	6	6.04	B	04/18	07/27	08/30	134	19.3	97.7	15.8	118.8	83.2	27.1
吉林省白城市农业科学院	658.47	3	8.6	A	04/13	07/24	09/05	145	26.6	109.0	17.2	103.2	76.8	26.4
延边朝鲜族自治州农业科学院	575.89	1	13.28	B	04/12	08/06	09/24	165	38.2	111.3	19.3	97.2	82.4	26.6
绥化市种子管理处	649.28	9	5.46	A	04/13	07/27	09/05	145	23.0	100.2	19.2	114.0	90.4	28.2
黑龙江省农业科学院栽培所	563.36	8	5.31	B	04/15	07/31	09/03	141	28.5	102.0	15.6	117.0	94.9	27.9
黑龙江省农业科学院牡丹江分院	633.4	5	4.73	B	04/16	08/03	09/11	148	26.9	91.5	18.8	113.2	76.6	28.4
黑龙江省孙斌鸿源农业开发集团	539.12	11	-4.3	C	04/08	08/01	09/16	161	38.7	102.5	20.7	154.3	84.3	23.2
平均值	583.86	—	—	—	—	—	—	148.2	28.5	100.0	17.9	113.0	82.7	26.5

注：综合评级：A—好，B—较好，C—中等，D——般。

表 33-8-6　早粳中熟组区试品种在各试点的产量、生育期及经济性状表现（绥粳 111）

品种名称/试验点	亩产（千克）	产量位次	比 CK± %	综合评级	播种期（月/日）	齐穗期（月/日）	成熟期（月/日）	全生育期（天）	有效穗（万/亩）	株高（厘米）	穗长（厘米）	总粒数（粒/穗）	结实率（%）	千粒重（克）
兴安盟扎赉特旗绰尔蒙珠三安稻米专业合作社	586.76	11	-2.09	B	04/15	07/27	09/07	145	24.6	107.0	17.5	125.0	84.8	23.0
吉林农业大学	549.98	11	-2.69	B	04/15	07/25	09/02	140	32.9	95.4	19.2	109.0	82.6	27.2
吉林市农业科学院	478.43	11	2.91	C	04/18	07/21	08/26	130	17.3	101.0	18.1	128.3	88.2	24.4
吉林省白城市农业科学院	574.22	12	-5.29	D	04/13	07/17	09/02	142	25.6	110.0	18.4	115.5	96.1	22.8
延边朝鲜族自治州农业科学院	570.71	2	12.26	C	04/12	08/01	09/20	161	30.1	113.0	20.6	115.3	90.8	22.7
绥化市种子管理处	662.15	3	7.55	A	04/13	07/20	09/04	144	22.0	108.4	20.8	136.0	89.0	29.8
黑龙江省农业科学院栽培所	566.7	4	5.94	B	04/15	07/26	08/26	133	25.3	102.0	18.6	146.0	100.0	24.0
黑龙江省农业科学院牡丹江分院	646.27	1	6.86	A	04/16	07/30	09/08	145	27.5	104.7	18.1	128.4	66.8	23.4
黑龙江省孙斌鸿源农业开发集团	582.91	5	3.47	B	04/08	07/26	09/10	155	39.0	109.3	19.7	150.0	95.5	23.5
平均值	579.79	—	—	—	—	—	—	143.9	27.1	105.6	19.0	128.2	88.2	24.5

注：综合评级：A—好，B—较好，C—中等，D——般。

表 33-8-7　早粳中熟组区试品种在各试点的产量、生育期及经济性状表现（龙稻 195）

品种名称/试验点	亩产（千克）	产量位次	比 CK± %	综合评级	播种期（月/日）	齐穗期（月/日）	成熟期（月/日）	全生育期（天）	有效穗（万/亩）	株高（厘米）	穗长（厘米）	总粒数（粒/穗）	结实率（%）	千粒重（克）
兴安盟扎赉特旗绰尔蒙珠三安稻米专业合作社	604. 31	7	0. 84	B	04/15	07/29	09/12	150	24. 2	124. 0	21. 0	115. 0	87. 8	25. 1
吉林农业大学	575. 39	7	1. 8	B	04/15	07/31	09/06	144	26. 5	120. 5	20. 7	114. 0	98. 2	27. 5
吉林市农业科学院	488. 97	10	5. 18	A	04/18	07/23	08/25	129	15. 5	129. 7	18. 9	102. 5	98. 1	26. 3
吉林省白城市农业科学院	622. 87	8	2. 73	B	04/13	07/23	09/04	144	20. 9	130. 0	20. 8	115. 8	96. 5	25. 7
延边朝鲜族自治州农业科学院	485. 46	10	-4. 5	C	04/12	08/03	09/22	163	16. 7	138. 0	22. 0	77. 0	96. 0	26. 4
绥化市种子管理处	670. 18	2	8. 85	A	04/13	07/28	09/05	145	22. 0	120. 8	20. 0	107. 0	98. 1	28. 1
黑龙江省农业科学院栽培所	565. 03	6	5. 62	A	04/15	07/29	08/30	137	26. 3	142. 0	21. 7	118. 0	84. 7	26. 4
黑龙江省农业科学院牡丹江分院	551. 82	11	-8. 76	B	04/16	07/29	09/07	144	22. 4	128. 6	20. 2	125. 4	68. 9	27. 2
黑龙江省孙斌鸿源农业开发集团	583. 92	4	3. 65	A	04/08	07/26	09/14	159	30. 2	138. 7	24. 3	114. 0	92. 7	24. 6
平均值	571. 99	—	—	—	—	—	—	146. 1	22. 7	130. 3	21. 1	109. 9	91. 2	26. 4

注：综合评级：A—好，B—较好，C—中等，D—一般。

表 33-8-8　早粳中熟组区试品种在各试点的产量、生育期及经济性状表现（鸿源 101）

品种名称/试验点	亩产（千克）	产量位次	比 CK± %	综合评级	播种期（月/日）	齐穗期（月/日）	成熟期（月/日）	全生育期（天）	有效穗（万/亩）	株高（厘米）	穗长（厘米）	总粒数（粒/穗）	结实率（%）	千粒重（克）
兴安盟扎赉特旗绰尔蒙珠三安稻米专业合作社	589. 27	10	-1. 67	B	04/15	07/27	09/08	146	25. 4	90. 0	17. 0	112. 0	83. 9	24. 7
吉林农业大学	554. 66	10	-1. 86	C	04/15	07/25	09/01	139	33. 5	92. 4	18. 6	101. 0	84. 2	27. 0
吉林市农业科学院	493. 31	5	6. 11	A	04/18	07/23	08/25	129	24. 9	98. 9	16. 8	98. 9	91. 4	21. 7
吉林省白城市农业科学院	598. 29	11	-1. 32	D	04/13	07/18	09/02	142	36. 4	110. 0	18. 6	97. 9	84. 8	23. 2
延边朝鲜族自治州农业科学院	439. 48	13	-13. 55	D	04/12	08/01	09/20	161	27. 9	110. 7	18. 6	51. 6	14. 3	17. 5
绥化市种子管理处	656. 64	7	6. 65	A	04/13	07/24	09/04	144	22. 0	103. 3	18. 8	126. 0	94. 4	26. 6
黑龙江省农业科学院栽培所	566. 7	3	5. 94	A	04/15	07/27	08/30	137	21. 0	106. 0	19. 5	102. 0	85. 3	26. 2
黑龙江省农业科学院牡丹江分院	638. 25	4	5. 53	A	04/16	08/01	09/09	146	28. 9	99. 8	18. 3	109. 2	77. 8	23. 9
黑龙江省孙斌鸿源农业开发集团	550. 65	10	-2. 26	C	04/08	07/24	09/11	156	36. 7	101. 2	18. 2	90. 3	93. 7	21. 3
平均值	565. 25	—	—	—	—	—	—	144. 4	28. 5	101. 4	18. 3	98. 8	78. 9	23. 6

注：综合评级：A—好，B—较好，C—中等，D—一般。

表 33-8-9　早粳中熟组区试品种在各试点的产量、生育期及经济性状表现（北作 118）

品种名称/试验点	亩产（千克）	产量位次	比 CK±%	综合评级	播种期（月/日）	齐穗期（月/日）	成熟期（月/日）	全生育期（天）	有效穗（万/亩）	株高（厘米）	穗长（厘米）	总粒数（粒/穗）	结实率（%）	千粒重（克）
兴安盟扎赉特旗绰尔蒙珠三安稻米专业合作社	607.66	5	1.39	C	04/15	07/21	09/06	144	24.0	111.0	17.5	132.0	84.8	22.3
吉林农业大学	580.07	6	2.63	B	04/15	07/20	08/27	134	32.1	100.5	16.8	99.0	86.9	24.5
吉林市农业科学院	489.3	9	5.25	A	04/18	07/21	08/25	129	19.9	107.6	15.3	108.4	90.5	26.3
吉林省白城市农业科学院	658.47	2	8.6	A	04/13	07/15	09/01	141	22.7	114.0	16.7	132.6	95.7	25.1
延边朝鲜族自治州农业科学院	444	12	-12.66	D	04/12	07/30	09/20	161	27.1	122.3	18.0	101.3	87.0	24.2
绥化市种子管理处	652.62	8	6	A	04/13	07/20	09/04	144	24.0	112.2	18.5	136.0	94.9	26.1
黑龙江省农业科学院栽培所	565.03	5	5.62	A	04/15	07/25	08/26	133	22.3	110.0	17.7	113.0	77.0	24.2
黑龙江省农业科学院牡丹江分院	622.53	6	2.93	B	04/16	07/27	09/05	142	26.9	110.7	16.7	128.8	59.7	25.0
黑龙江省孙斌鸿源农业开发集团	591.94	1	5.07	A	04/08	07/23	09/15	160	33.9	119.8	16.7	124.0	94.4	23.6
平均值	579.07	—	—	—	—	—	—	143.1	25.9	112.0	17.1	119.5	85.7	24.6

注：综合评级：A—好，B—较好，C—中等，D—一般。

表 33-8-10　早粳中熟组区试品种在各试点的产量、生育期及经济性状表现（吉农大 571）

品种名称/试验点	亩产（千克）	产量位次	比 CK±%	综合评级	播种期（月/日）	齐穗期（月/日）	成熟期（月/日）	全生育期（天）	有效穗（万/亩）	株高（厘米）	穗长（厘米）	总粒数（粒/穗）	结实率（%）	千粒重（克）
兴安盟扎赉特旗绰尔蒙珠三安稻米专业合作社	620.19	4	3.49	A	04/15	07/29	09/12	150	24.0	114.0	20.5	128.0	84.4	23.9
吉林农业大学	604.81	2	7.01	A	04/15	07/31	09/06	144	30.4	112.3	20.6	120.0	90.0	24.7
吉林市农业科学院	503.01	2	8.2	B	04/18	07/27	08/31	135	14.8	126.9	20.4	129.2	83.3	28.2
吉林省白城市农业科学院	660.48	1	8.93	A	04/13	07/25	09/04	144	20.3	136.0	20.9	134.6	85.8	23.6
延边朝鲜族自治州农业科学院	512.2	8	0.76	B	04/12	08/06	09/25	166	22.3	131.0	20.9	120.8	89.6	25.2
绥化市种子管理处	643.76	11	4.56	A	04/13	07/26	09/05	145	23.0	108.4	21.2	141.0	95.0	22.1
黑龙江省农业科学院栽培所	556.67	9	4.06	A	04/15	08/03	09/01	139	24.6	115.0	21.3	137.0	84.7	27.0
黑龙江省农业科学院牡丹江分院	542.79	12	-10.25	B	04/16	08/03	09/11	148	17.9	115.1	22.1	122.2	63.7	28.8
黑龙江省孙斌鸿源农业开发集团	565.7	8	0.42	B	04/08	07/28	09/14	159	32.0	131.6	21.2	150.6	94.8	23.3
平均值	578.85	—	—	—	—	—	—	147.8	23.3	121.1	21.0	131.5	85.7	25.2

注：综合评级：A—好，B—较好，C—中等，D—一般。

表 33-8-11　早粳中熟组区试品种在各试点的产量、生育期及经济性状表现（富稻 38）

品种名称/试验点	亩产（千克）	产量位次	比 CK± %	综合评级	播种期（月/日）	齐穗期（月/日）	成熟期（月/日）	全生育期（天）	有效穗（万/亩）	株高（厘米）	穗长（厘米）	总粒数（粒/穗）	结实率（%）	千粒重（克）
兴安盟扎赉特旗绰尔蒙珠三安稻米专业合作社	575.06	12	-4.04	B	04/15	07/30	09/13	151	24.5	97.0	18.2	120.0	85.0	23.2
吉林农业大学	594.78	4	5.24	D	04/15	08/03	09/10	148	26.8	87.7	21.7	127.0	81.9	28.1
吉林市农业科学院	472.58	12	1.65	B	04/18	07/27	09/01	136	16.4	93.2	19.0	118.9	91.8	24.9
吉林省白城市农业科学院	563.19	13	-7.11	D	04/13	07/25	09/04	144	20.7	110.0	21.2	136.5	84.8	23.5
延边朝鲜族自治州农业科学院	483.78	11	-4.84	C	04/12	08/08	09/28	169	30.4	104.3	20.5	93.3	76.1	22.3
绥化市种子管理处	659.14	6	7.06	A	04/13	08/03	09/07	147	25.0	90.5	19.8	140.0	88.6	26.3
黑龙江省农业科学院栽培所	519.89	13	-2.81	B	04/15	08/03	08/02	109	23.2	103.0	18.9	110.0	88.2	25.8
黑龙江省农业科学院牡丹江分院	505.01	13	-16.5	B	04/16	08/02	09/12	149	23.8	98.7	22.4	138.4	50.9	31.0
黑龙江省孙斌鸿源农业开发集团	532.43	13	-5.49	C	04/08	07/30	09/16	161	29.0	99.4	24.2	123.0	90.6	22.4
平均值	545.1	—	—	—	—	—	—	146	24.4	98.2	20.7	123.0	82.0	25.3

注：综合评级：A—好，B—较好，C—中等，D——一般。

表 33-8-12　早粳中熟组区试品种在各试点的产量、生育期及经济性状表现（中科发 9 号）

品种名称/试验点	亩产（千克）	产量位次	比 CK± %	综合评级	播种期（月/日）	齐穗期（月/日）	成熟期（月/日）	全生育期（天）	有效穗（万/亩）	株高（厘米）	穗长（厘米）	总粒数（粒/穗）	结实率（%）	千粒重（克）
兴安盟扎赉特旗绰尔蒙珠三安稻米专业合作社	605.98	6	1.11	B	04/15	08/05	09/15	153	24.8	106.0	17.5	116.0	85.3	24.8
吉林农业大学	545.13	12	-3.55	C	04/15	08/03	09/10	148	29.7	97.4	19.7	110.0	63.6	28.7
吉林市农业科学院	516.05	1	11	C	04/18	07/31	09/02	137	20.4	103.0	17.8	116.8	78.1	25.9
吉林省白城市农业科学院	650.45	6	7.28	A	04/13	07/30	09/08	148	27.3	110.0	18.6	132.6	79.6	23.6
延边朝鲜族自治州农业科学院	549.98	5	8.19	B	04/12	08/09	09/28	169	27.5	112.0	18.0	82.0	70.7	24.9
绥化市种子管理处	660.15	5	7.22	A	04/13	08/02	09/08	148	24.5	89.4	17.6	109.0	89.9	29.2
黑龙江省农业科学院栽培所	523.24	12	-2.19	A	04/15	08/03	08/06	113	25.6	108.0	18.8	143.0	93.0	28.0
黑龙江省农业科学院牡丹江分院	620.86	7	2.65	B	04/16	08/03	09/11	148	26.1	95.2	20.8	105.4	80.5	27.6
黑龙江省孙斌鸿源农业开发集团	533.93	12	-5.22	C	04/08	08/01	09/16	161	40.0	99.1	20.1	99.0	78.8	21.8
平均值	578.42	—	—	—	—	—	—	147.2	27.3	102.2	18.8	112.6	79.9	26.1

注：综合评级：A—好，B—较好，C—中等，D——一般。

表 33-8-13　早粳中熟组区试品种在各试点的产量、生育期及经济性状表现（龙稻 20）

品种名称/试验点	亩产（千克）	产量位次	比 CK± %	综合评级	播种期（月/日）	齐穗期（月/日）	成熟期（月/日）	全生育期（天）	有效穗（万/亩）	株高（厘米）	穗长（厘米）	总粒数（粒/穗）	结实率（%）	千粒重（克）
兴安盟扎赉特旗绰尔蒙珠三安稻米专业合作社	599.3	9	0	B	04/15	07/28	09/10	148	24.4	109.0	17.0	124.0	87.1	22.6
吉林农业大学	565.19	9	0	C	04/15	07/28	09/04	142	27.4	106.1	23.1	179.0	69.8	26.6
吉林市农业科学院	464.89	13	0	C	04/18	07/21	08/25	129	17.9	101.5	18.5	116.2	96.6	24.2
吉林省白城市农业科学院	606.32	10	0	—	04/13	07/23	09/03	143	23.9	110.0	21.3	133.3	97.2	24.4
延边朝鲜族自治州农业科学院	508.36	9	0	C	04/12	08/01	09/21	162	31.5	111.3	22.7	131.0	91.1	22.8
绥化市种子管理处	615.68	13	0	A	04/13	07/28	09/05	145	22.0	103.2	21.5	122.0	96.7	24.5
黑龙江省农业科学院栽培所	534.94	11	0	C	04/15	08/03	08/31	138	26.3	114.0	20.1	141.0	98.6	26.5
黑龙江省农业科学院牡丹江分院	604.81	8	0	B	04/16	07/31	09/09	146	24.7	108.6	19.0	149.8	59.1	23.5
黑龙江省孙斌鸿源农业开发集团	563.36	9	0	B	04/08	07/26	09/12	157	35.0	110.5	20.6	112.7	96.1	23.7
平均值	562.54	—	—	—	—	—	—	145.6	25.9	108.2	20.4	134.3	88.0	24.3

注：综合评级：A—好，B—较好，C—中等，D——般。

表 33-9　早粳中熟组生产试验品种在各试点的主要性状表现

品种名称/试验点	亩产（千克）	比 CK±%	播种期（月/日）	移栽期（月/日）	齐穗期（月/日）	成熟期（月/日）	全生育期（天）	耐寒性	整齐度	杂株率（%）	熟期转色	倒伏程度	落粒性	叶瘟	穗颈瘟	白叶枯病	纹枯病
哈 146037																	
兴安盟扎赉特旗绰尔蒙珠三安稻米专业合作社	663.39	11.7	04/15	05/21	07/30	09/13	151	强	整齐	—	好	直	难	无	无	未发	未发
吉林市农业科学院	508.48	7.28	04/18	05/23	07/29	09/02	137	强	整齐	0	好	直	难	未发	无	无	轻
延边朝鲜族自治州农业科学院	512.11	-9.67	04/12	05/25	08/10	09/28	169	强	一般	0	好	直	难	未发	未发	未发	轻
绥化市种子管理处	657.45	6.72	04/13	05/20	07/30	09/06	146	强	整齐	0	好	直	难	未发	未发	未发	未发
黑龙江省农业科学院栽培所	564.85	3.3	04/15	05/15	08/05	09/04	142	未发	整齐	0	好	直	难	未发	未发	未发	未发
平均值	581.26	3.88	—	—	—	—	149	—	—	—	—	—	—	—	—	—	—
龙稻 20																	
兴安盟扎赉特旗绰尔蒙珠三安稻米专业合作社	593.89	0	04/15	05/21	07/28	09/10	148	强	整齐	—	中	斜	难	无	无	未发	未发
吉林市农业科学院	473.97	0	04/18	05/23	07/26	08/26	130	强	整齐	0	好	直	难	未发	轻	无	轻
延边朝鲜族自治州农业科学院	566.95	0	04/12	05/25	08/01	09/21	162	中	一般	0	好	倒	难	未发	未发	未发	无
绥化市种子管理处	616.08	0	04/13	05/20	07/28	09/05	145	强	整齐	0	好	直	难	未发	未发	未发	未发
黑龙江省农业科学院栽培所	546.82	0	04/15	05/15	08/02	08/31	138	未发	整齐	0	好	直	难	未发	未发	未发	未发
平均值	559.54	—	—	—	—	—	144.6	—	—	—	—	—	—	—	—	—	—